Statistics for the Life Sciences, fourth edition

生物统计学（第四版）

迈拉 L. 塞缪尔斯
[美] 杰弗里 A. 威特默
安德鲁 A. 沙夫纳
编著

李春喜
姜丽娜
邵　云
张黛静
马建辉
译

中国轻工业出版社

图书在版编目（CIP）数据

生物统计学（第四版）/［美］迈拉 L. 塞缪尔斯（Myra L. Samuels）等编著；李春喜等译．—北京：中国轻工业出版社，2020.8
ISBN 978-7-5184-1268-6

Ⅰ．①生…　Ⅱ．①迈…②李…　Ⅲ．①生物统计　Ⅳ．①Q-332

中国版本图书馆 CIP 数据核字（2017）第 012348 号

责任编辑：江　娟　秦　功
策划编辑：江　娟　秦　功　　责任终审：唐是雯　　封面设计：锋尚设计
责任校对：燕　杰　李　靖　　责任监印：张　可　　版式设计：锋尚设计

出版发行：中国轻工业出版社（北京东长安街 6 号，邮编：100740）
印　　刷：河北鑫兆源印刷有限公司
经　　销：各地新华书店
版　　次：2020 年 8 月第 1 版第 2 次印刷
开　　本：787×1092　1/16　印张：38.5
字　　数：990 千字
书　　号：ISBN 978-7-5184-1268-6　定价：128.00 元
著作权合同登记　图字：01-2014-5022
邮购电话：010-65241695
发行电话：010-85119835　　传真：85113293
网　　址：http://www.chlip.com.cn
Email:club@chlip.com.cn.
如发现图书残缺请与我社邮购联系调换
200978J1C102ZYW

前　言

《生物统计学》是一本适合于生命科学各专业学生学习统计学的引导性教材。本教材的主要目的是：①让学生了解应用于生物学、医学和农学的统计学推断方法；②提升学生进行简单统计学分析和解释统计结果的能力；③提高学生对随机、混杂、独立性重复作用等基本统计学问题的理解能力。

风格与方法

《生物统计学》的写作采用口语风格，尽可能少地使用数学符号。除了代数基础知识，只要能读懂生物学或化学课本的人都可以读懂本教材，而不需要其他方面的要求。本教材适合于生物学、农学、医学和卫生科学、营养学、药学、动物科学、体育教育、林学和其他生命科学的在校大学生和毕业生使用。

实际数据资料的应用　实际案例比人为设计的例子更有趣、更有启发性。《生物统计学》采用了数百个代表生命科学广泛研究数据资料的实例和练习，所选的每个例子都说明了一个特殊的统计学问题，所设计的练习则是减少计算操作，把学生的注意力集中在概念及其理解上来。

强调理念　本教材的重点是统计学理念，不过分强调计算过程和数学公式表达。所涉及的概率论内容也仅为与统计学概念有关的部分。通过描述统计学和推断统计学的讨论，强调了解释的重要性。借助于重要的实例，可以让学生们知道，为研究所进行的统计学设计，对基础分布性质的了解，要获得所研究问题的答案，进行恰当的分析是十分重要的。这里要提醒学生，不要出现混淆统计学上的不显著和实际上的无意义等常见的错误，要利用置信区间来评价效应的大小。还要引导学生认识到随机抽样、随机化、效率和通过区组设计或校正进行无关变异控制等概念对实际研究设计的影响。大量的练习能够增强学生对这些理念的掌握。

方法的应用　研究数据资料的分析通常需要借助于计算机，本教材中有几个地方就给出了计算机绘制的图形。然而，学生学习统计学是为了利用数据获得实际工作经验，最好用纸、铅笔和手持式计算器，当然也可以用计算机。经验将有助于学生了解统计估计的性质和用途。这样，学生就可以为计算机的智能化应用做好准备，对输出结果给出恰当的说明和解释。相应，本教材中的大多数练习也都安排使用手持式计算器。不过，许多练习提供的是电子数据文件，这就需要使用计算机进行数据处理。因此，这些练习就明确地提出由计算机来完成（通常，如果手工计算复杂、繁重时，就需要使用计算机来进行计算。）

架构

本教材是按照一学期的最大课时量来安排内容的，这样可以对统计学功能、综合判断和基本设计原则进行讲授。教师可以根据需要按照四分之一课程或二分之一课程选择使用本教材的部分章节。本教材适合于系列课程的学期课程或基础课程。

下面简单介绍本教材的梗概。

第 1 章：绪论。生物学数据资料变异的类型和影响；相对于试验，观察研究的风险；随机抽样。

第 2 章：分布描述。频数分布，描述统计学，总体对样本的概念。

第 3、第 4 和第 5 章：理论准备。概率，二项分布和正态分布，抽样分布。

第 6 章：单个平均数和多个平均数差数的**置信区间**。

第 7 章：假设检验，侧重于 *t* 检验。随机性检验，Wilcoxon-Mann-Whitney 检验。

第 8 章：成对样本的检验。置信区间、*t* 检验、符号检验和 Wilcoxon 符号秩次检验。

第 9 章：单个比例的检验。置信区间和卡方拟合优度检验。

第 10 章：分类数据的关系。条件概率，列联表。选修部分包括 Fisher 精确检验、McNemar 检验和比值比。

第 11 章：方差分析。单向设计，多重比较步骤，单向区组方差分析，两向方差分析。选修部分包括对比和多重比较。

第 12 章：相关与回归。相关和样本直线回归的描述与推断以及它们之间的关系。

第 13 章：推断方法归纳。

本教材的后面附有统计表。这些临界值表特别容易使用，由于这些表格的编排布局是连续一致的，所以使用方法基本是一样的。

本教材后面的附录，为有兴趣的学生解决诸如 Wilcoxon-Mann-Whitney 无效分布计算等深度观察问题时选用。

第四版中变动的内容

老版第 8 章有关统计设计原则的部分材料，安排在新版的第 1 章。老版第 8 章的其他部分则分散到全书各章节，以期望学生能够深入领会包括数据收集问题、推断范围等统计学研究内容（许多内容如适当比例的作图等，不需要进行研究，直接应用即可。这些内容是统计学分析的核心部分，贯穿于全书）。

其他一些章节也重新进行了编排，变化情况如下。

- 单个比例的检验，从老版第 6 章移到了新版第 9 章；
- 平均数差数的置信区间，从老版第 7 章移到了新版第 6 章；
- 新版第 9 章呈现的是单个样本分类变量观察值的推断程序；
- 第 11 章提供了更深的两向方差分析和方差分析的多重比较步骤；
- 第 12 章现在是先介绍相关，然后才是回归，而不是其他方式。
- 本教材 25% 的习题是新的或是修正过的。和老版一样，多数习题都是基于生命科学各种有趣的重要研究课题得到的实际数据而设计的。在练习题中所选择的数据集都是在线提供。

• 用于符号检验、符号秩次检验和 Wilcoxon-Mann-Whitney 检验的统计表都进行了重新编排。

教师补充读物

在线教师解决方案手册

本手册提供了所有练习的解决方案。务必注意，所有解题方法和标记与核心内容使用的是一致的。Pearson 教育在线 www.pearsonhighered.com/irc 网站的目录上提供下载。

幻灯片（PowerPoint）

幻灯片提供了从教材中挑选出来的图形和表格，用于制作个性风格的 PowerPoint 讲义报告。

学生补充读物

学生解决方案手册（ISBN-13：978-0-321-69307-5；ISBN-10：0-321-69307-8）

本手册提供了所选练习的全部解决方案。务必注意，所有解题方法和标记与核心内容使用的一致。

可供选择的技术补充读物和软件包

数据集

本教材思考题和练习应用的大数据集可从 Pearson 统计资源和数据集网站 www.pearsonhighered.com/datasets 中的 .csv 文件下载。

StatCrunch™ 电子文本（ISBN-13：978-0-321-73050-3；ISBN-10：0-321-73050-X）

这是一本交互式在线教材，内含功能强大的、基于网络的统计软件 StatCrunch。软件中植入的 StatCrunch 键允许用户打开本教材所有数据集和表格。使用 StatCrunch 软件，只要点击此键，立即就能得到统计分析的结果。

Minitab 学生版（ISBN-13：978-0-321-11313-9；ISBN-10:0-321-11313-6）

Minitab 学生版是 Minitab 专业版的浓缩版本。它提供了所有统计方法和图形，还有高达 10,000 数据点的工作表。软件的个人副本与文本捆绑在一起。

JMP 学生版（ISBN-13：978-0-321-67212-4；ISBN-10: 0-321-67212-7）

JMP 学生版是由 SAS 软件研究所研制的一款使用方便的 JMP 桌面统计发现软件精简版，与文本捆绑提供。

IBM 公司的 SPSS（ISBN-13：978-0-321-67537-8；ISBN-10:0-321-67537-1）

统计与数据管理软件包 SPSS，也是与文本捆绑提供。

StatCrunch™

StatCrunch™ 是基于网络的统计软件，它允许用户进行复杂的分析，分享数据集，并且能够生成有说服力的数据报告。用户能够上传数据到 StatCrunch™，搜索 12,000 个以上的数据集，几乎覆盖了任意的兴趣主题。交互式的图形输出有助于用户理解统计概念，产生具有这些数据可视效果的报告。增加的特性包括：

• 分析所有数值、图形方法，允许用户从任意数据集获得更深的见解；

• 产生有助于用户根据其数据生成多种有说服力可视效果的选项报告；

• 为用户提供通过网络形式能够快速构建并管理调查的在线调查工具。

合格的使用者可以充分利用 StatCrunch。更多的信息，请访问 www.statcrunch.com 网站，或直接联系 Pearson 代理人。

Minitab、SPSS、JMP、StatCrunch、R、Excel 和 TI 绘图计算器还可以为不同的技术人员提供学习卡。

第四版致谢

《生物统计学》第四版保留了 Myra Samuels（迈拉 • 塞缪尔斯）的写作风格和思想。在 Myra 患癌不幸去世之前，她根据作为统计学教师和统计顾问的经验撰写了本教材第一版。没有她的观点和努力，就不可能有第一版的出版，更不用说第四版了。

许多研究工作者对本教材贡献了数据集，使本教材的内容更加丰富。多年来我们从与 David Moore, Dick Scheaffer, Murray Clayton, Alan Agresti, Don Bentley, 以及其他许多人的交谈中获益良多，在此一并表示感谢。

我们十分感谢 Chris Cumming 和 Joanne Dill 的语音指导和鼓励，十分感谢 Soma Roy 的细致审阅和宝贵意见。我们还非常感谢第三版的使用者指出了各种错误。特别是 Robert Wolf 和 Jeff May 针对现行版的改进给了我们许多建议。最后，我们对这一版的评论者表达我们的谢意，他们是：

Marjorie E. Bond（蒙莫斯大学）；

James Grover（德克萨斯 - 阿林顿大学）；

Leslie Hendrix（南卡罗来纳大学）；

Yi Huang（马里兰大学，巴尔的摩郡）；

Lawrence Kamin（博立顿大学）；

Tiantian Qin（珀杜大学）；

Dimitre Stefanov（艾克朗大学）。

特别感谢

献给 Merrilee，当我晚上独自写作这本教材时一直坚持为我准备夜宵。

献给 Michelle 和我的儿子 Ganden 和 Tashi，是他们耐心地陪伴着我，并给本教材以高度的热情。

译者序

美国 Pearson 集团 Prentice Hall 出版公司出版的《Statistics for the Life Sciences, 4/E》是一本在美国大学生命科学各专业应用范围很广、享有较高声誉的生物统计学教材。2014 年，在接受了中国轻工业出版社翻译《Statistics for the Life Sciences, 4/E》任务之后，认真仔细阅读了本教材，感觉其是作者团队精心打造、渐行渐善的一本生物统计学教材，具有独特的风格和极具实用性的特点，主要如下。

一是从实际问题出发，选择合适的统计方法。作者写作本教材的重点不是单纯的统计原理的介绍和方法的应用，而是从实际问题出发，列举了大量生命科学研究实际案例，对问题进行多层剖析、反复探究，选择合适的统计方法，进行统计分析、计算、推断和评估，更加强调解释的重要性，让学生更容易地从这些实际问题的分析和评估过程学习和了解统计学推断方法，提升学生分析问题和解释统计结果的能力，增强正确运用生物统计学方法的理念和水平。

二是教材编写风格独特，更适合于生命科学的学生使用。不像数理专业的学生具有较强的抽象思维能力，生命科学各专业的学生更多地开展具体的试验和观察，思维方式更偏向于形象思维，数理逻辑思维相对不足。所以本教材的写作更多采用的是口语化风格，尽可能少地使用数学符号。除了代数基础知识，只要能读懂生物学或化学课本的人都可以读懂本教材，而不需要其他方面的要求。所以，更适合于生物学、农学、医学和卫生科学、营养学、动物科学、体育教育、林学和其他生命科学的学生作为教材或课外参考材料使用。

三是十分注重实践练习，强调计算方法的应用。每个章节后提供了大量练习题是本教材的一大特点。这些练习题具有如下特征：一是几乎所有的练习题都是试验性和观察性研究的实际案例，增强了统计学方法应用的针对性；二是设计了相当多的计算机问题，给出了使用统计软件类型的提示；三是提供了部分重要练习题的答案，便于检验做题的正确性。这种设计不仅注重统计学方法的反复实践和训练，还注重借助于新型计算工具应用新的计算方法对数据开展更系统、更完整的分析，进行分析数据的图形描述，给出输出结果恰当的说明和解释，强化和提升学生运用统计学的实践能力。

对比国内的生物统计学教材和国内引进的生物统计学译著，还没有像本教材这样如此注重引入实际案例并进行细化分析，如此强调结果解释的重要性，如此重视高强度大容量实践练习的生物统计学专著和教材。为此，我深信此教材中译本的出版对丰富我国生物统计学教材类型、更新生物统计学教学理念、提升生物统计学教学水平将会产生积极的促进作用。

本教材的翻译是由李春喜、姜丽娜、邵云、张黛静、马建辉五位老师共同完成的，李春喜对全书进行了统稿。本书的翻译得到了中国轻工业出版社王朗女士的大力协助，在此表示衷心的感谢！由于译者水平有限，书中译文定会有不妥或错误之处，敬请读者给予批评并提出改进意见。

河南师范大学
2016年10月

目 录

1 绪论 ……… 001
1.1 统计学与生命科学 ……… 001
1.2 证据的类型 ……… 006
1.3 随机抽样 ……… 013

2 样本和总体描述 ……… 024
2.1 引言 ……… 024
2.2 频数分布 ……… 026
2.3 描述统计学：中心度量 ……… 037
2.4 箱线图 ……… 042
2.5 变量间的关系 ……… 048
2.6 离散性度量 ……… 055
2.7 变量转换（选修） ……… 063
2.8 统计推断 ……… 067
2.9 展望 ……… 072

3 概率和二项分布 ……… 077
3.1 概率与生命科学 ……… 077
3.2 概率导言 ……… 077
3.3 概率法则（选修） ……… 086
3.4 密度曲线 ……… 090
3.5 随机变量 ……… 094
3.6 二项式分布 ……… 098
3.7 二项式分布数据的拟合（选修） ……… 106

4 正态分布 ……… 112
4.1 引言 ……… 112
4.2 正态曲线 ……… 114
4.3 正态曲线下的面积 ……… 115
4.4 正态性评估 ……… 123
4.5 展望 ……… 132

5 抽样分布 ………… 135
5.1 基本概念 ………… 135
5.2 样本平均数 ………… 139
5.3 中心极限定理的说明（选修） ………… 148
5.4 二项分布的正态近似（选修） ………… 151
5.5 展望 ………… 156

6 置信区间 ………… 158
6.1 统计估计 ………… 158
6.2 平均数的标准误 ………… 159
6.3 μ 的置信区间 ………… 164
6.4 估计 μ 的研究计划 ………… 174
6.5 估算方法有效性的条件 ………… 176
6.6 两个样本平均数的比较 ………… 184
6.7 （$\mu_1-\mu_2$）的置信区间 ………… 190
6.8 展望与总结 ………… 196

7 两个独立样本的比较 ………… 201
7.1 假设检验：随机性检验 ………… 201
7.2 假设检验：t 检验 ………… 206
7.3 t 检验的进一步讨论 ………… 216
7.4 关联和因果关系 ………… 223
7.5 单尾 t 检验 ………… 231
7.6 统计显著性的更多解释 ………… 240
7.7 适度功效的设定（选修） ………… 245
7.8 学生氏 t 检验：条件和概述 ………… 251
7.9 假设检验原理的深入探讨 ………… 255
7.10 Wilcoxon-Mann-Whitney 检验 ………… 259
7.11 展望 ………… 267

8 成对样本的比较 ………… 275
8.1 导言 ………… 275
8.2 成对样本的 t 检验与置信区间 ………… 276
8.3 成对设计 ………… 285
8.4 符号检验 ………… 289
8.5 Wilcoxon 符号秩次检验 ………… 296
8.6 展望 ………… 300

9 分类数据：一个样本分布 …… 310
9.1 二项观察 …… 310
9.2 总体比例的置信区间 …… 315
9.3 其他置信水平（选修） …… 321
9.4 比例的区间估计：卡方拟合优度检验 …… 322
9.5 展望与总结 …… 332

10 分类数据：关系 …… 336
10.1 引言 …… 336
10.2 2×2 列联表的卡方检验 …… 338
10.3 2×2 列联表的独立性与关联性 …… 345
10.4 Fisher 精确检验（选修） …… 353
10.5 $r \times k$ 列联表 …… 357
10.6 方法的应用 …… 362
10.7 差分概率的置信区间 …… 365
10.8 成对数据与 2×2 列联表（选修） …… 367
10.9 相对风险和比值比（选修） …… 370
10.10 卡方检验总结 …… 378

11 多个独立样本平均数的比较 …… 383
11.1 引言 …… 383
11.2 基本的单因素方差分析 …… 387
11.3 方差分析模型 …… 395
11.4 整体 F 检验 …… 396
11.5 方法应用 …… 400
11.6 单因素随机区组设计 …… 404
11.7 二因素方差分析 …… 413
11.8 平均数的线性组合（选修） …… 420
11.9 多重比较（选修） …… 427
11.10 展望 …… 436

12 线性回归和相关 …… 442
12.1 引言 …… 442
12.2 相关系数 …… 444
12.3 拟合回归直线 …… 453
12.4 回归参数解释：线性模型 …… 465
12.5 关于 β_1 的统计推断 …… 470

12.6 回归和相关解释准则 …………………………………… 475
12.7 预测精度（选修）…………………………………… 485
12.8 展望 …………………………………… 489
12.9 公式归纳 …………………………………… 498

13 推断方法归纳 …………………………………… 507
13.1 引言 …………………………………… 507
13.2 数据分析示例 …………………………………… 509

各章附录 …………………………………… 521
各章注释 …………………………………… 539
统计表 …………………………………… 563
部分练习答案 …………………………………… 590
索引 …………………………………… 598

1 绪论

目标

这一章，我们将审视生命科学领域一系列应用统计学的例子，把对统计学领域的理解作为目标。我们还要：

- 解释试验与观察性研究的区别；
- 讨论无效、盲法和混杂的概念；
- 讨论统计学中随机抽样的作用。

1.1 统计学与生命科学

生命科学研究者经常在诊所、实验室、温室、农田等各种设施中进行调查。一般情况下，调查结果总是存在变异的。例如，服用同一药物的不同病人，所产生的反应总会有某种程度的不同；相同条件下进行的细胞培养也会显现一定的差别；相邻的小区种植相同基因的小麦，会产生不同数量的籽粒。当试验条件尽可能保持恒定时，其变异度通常是保持均等的。

生物学家所面临的难题，就是要分清生命系统中被变异响应或多或少所掩盖的类型。科学家必须能够从“噪声”中区别出“信号”来。

统计学就是在变异和不确定条件下理解数据并做出结论的科学。针对科学家和其他人员解决数据变异的需要，统计学科就应运而生了。统计学的概念与方法使调查者能够描述变异，并能制定研究计划，以对变异进行解释（例如，使采集数据中相对背景“噪声”的“信号”更强）。使用统计方法进行分析还可获取最大的信息量，并确定这些信息的可靠性。

我们给出几个例子来说明生物学数据的变异程度，并通过这种方式为生物学研究者提出变异的难题。我们简单考虑几个源自生命科学研究的统计学问题，并指出该问题在本书中的地位。

首先给出两个例子进行比较，一个是没有变异的试验，另一个则认为是有变异的。

例 1.1.1 炭疽病疫苗

炭疽病是羊和牛一种严重的疾病。1881 年，Louis Pasteur 进行了一个著名的试验，来证明预防炭疽病疫苗的效果。将 24 只绵羊作为一组接种疫苗，另一组 24 只绵羊为对照。然后，将这 48 只绵羊隔离进行炭疽杆菌致病培养。表 1.1.1 列出了试验结果[1]。表 1.1.1 的数据显示试验没有出现变异，所有接种疫苗的动物都活下来了，而没有接种疫苗的都死掉了。

表 1.1.1 绵羊对炭疽病的响应		
响 应	处 理	
	接种疫苗	不接种疫苗
炭疽病致死数	0	24
生存数	24	0
总 和	24	24
生存百分率	100%	0%

例 1.1.2
细菌与癌症

为了研究细菌对肿瘤发育的影响，研究者用肝肿瘤高自然发病率的小鼠作为试验材料。一组全部保持无菌状态，另一组则暴露在肠道细菌大肠杆菌中，肝肿瘤的发病率见表 1.1.2[2]。

表 1.1.2 小鼠肝肿瘤发病率		
响 应	处 理	
	大肠杆菌	无菌
肝肿瘤发病数	8	19
肝肿瘤未发病数	5	30
总 数	13	49
肝肿瘤发病百分率	62%	39%

对比表 1.1.1，表 1.1.2 的数据显示出了变异性，同样处理的小鼠其响应也不完全一样。由于这种变异性，使得表 1.1.2 中的结果意义不明：数据暗示暴露在大肠杆菌下增加了肝肿瘤发生的风险性，但这种可能性反映在不同百分率的差别上（62% 对 39%），它也许仅仅是偶然变异所造成的，而并非大肠杆菌的影响。如果用不同的动物进行重复试验，这个百分比有可能大大发生改变。

如果试验可以重复，通过下面的模拟试验就可以知道究竟发生了什么。取 62 张卡片，27（8+19）张写上“肝肿瘤”，另外 35（5+30）张写上“无肝肿瘤”。把卡片洗匀，随机抽出 13 张放成一堆（与大肠杆菌处理数一致），另 49 张作为第二堆。接着，数一下“大肠杆菌堆”中写有“肝肿瘤”的卡片张数（对应于小鼠暴露于大肠杆菌下发生肝肿瘤的数目），记录这个数字是否大于等于 8。这个过程就相当于把 27 例肝肿瘤小鼠随机分成两组（大肠杆菌和无菌），最后发生肝肿瘤的结果，与无菌处理小鼠肝肿瘤发生的最后数据相比，大肠杆菌小鼠不可能多，也不可能少。

如果我们重复这个过程很多次（比如说 1 亿次，可以借助计算机替代物理介质的卡片），就可以得到 8 个或更多个大肠杆菌组小鼠得肿瘤的概率大约为 13%。既然发生概率为 13% 不是什么奇怪的事，那么表 1.1.2 也就不可能提供暴露在大肠杆菌中能显著提高肝肿瘤发病率的证据来。

第 10 章我们将讨论如表 1.1.1 和表 1.1.2 所示的评价数据的统计方法。当然，在某些变异很小的试验下，没有特殊的统计分析也可以清晰地凸显出数据的信息。如果缺乏变异，其试验结果就需要大量的数据进行校正，这本身就是毫无价值的。例如，由于 Pasteur 炭疽病数据（表 1.1.1）根本就没有表现出变异，貌似可以直观地认为这些资料提供了疫苗功效的“可靠”证据。但是，要注意这个结论涉及这样的判断：如果 Pasteur 试验每组只有 3 只动物而不是 24 只，其“可靠”证据将会减少多少？用统计分析就可以进行这样的判断，确定变异是否真的被忽略了。因此，即使在缺乏变异的情况下，统计学观点也是很有用的。

下面两个例子进一步说明用统计学方法能够回答的问题。

例 1.1.3
淹水与 ATP

在一个根系代谢试验中，植物生理学家在温室种植了桦树幼苗。他对 4 棵幼苗进行淹水一天，另 4 棵作为对照。然后，采收了这些幼苗并进行三磷酸腺苷（ATP）分析。表 1.1.3 给出了 ATP 浓度变化（每毫克组织纳摩尔数），其示于图 1.1.1[3]。

表 1.1.3 桦树根系中的 ATP 浓度

单位：nmol/mg

淹水	对照
1.45	1.70
1.19	2.04
1.05	1.49
1.07	1.91

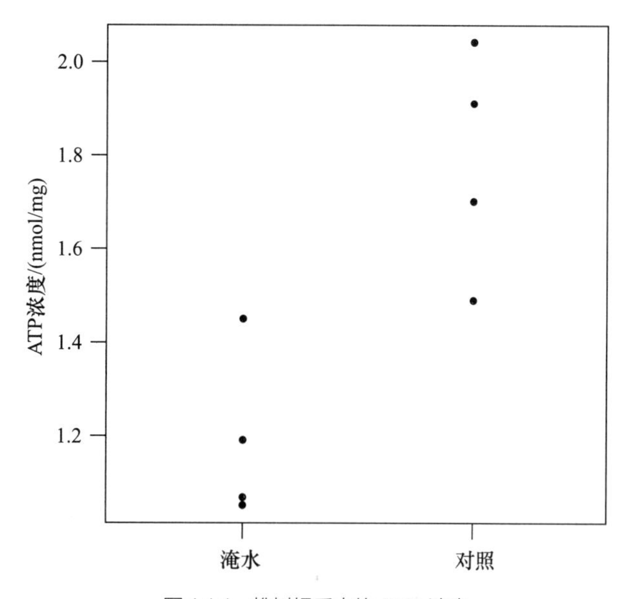

图 1.1.1 桦树根系中的 ATP 浓度

表 1.1.3 数据提出了以下几个问题：如何总结每个试验条件下的 ATP 值？这些数据能提供多少有关淹水效应的信息？淹水组 ATP 下降确实是由淹水效应的影响而不是由随机变异引进的证据是什么？为证实数据的显著效应，其试验规模需要多大？

第 2、第 6 和第 7 章将解决例 1.1.3 中出现的问题。这里我们能够解决的一个问题是，表 1.1.3 中的数据能否判断淹水对 ATP 浓度无效，还是能够提供淹水能显著影响 ATP 浓度的证据。如果判断无效是真实的，那么我们应该对 4 个淹水处理观察值都小于对照观察值感到惊讶吗？也许这仅仅是偶然发生的？如果我们用卡片写上数字 1.05、1.07、1.19、1.45、1.49、1.91、1.70 和 2.04，把这个卡片进行洗牌，随机把它们分成两堆，最后 4 个最小数在一堆而 4 个最大数在另一堆的概率是多少？结果是，在 35 次随机洗牌中出现 1 次，在如图 1.1.1 中所示的非平衡状态产生“唯一的机会”，其概率为 2.9%（因为 1/35=0.029）。这样，我们就得到淹水能影响 ATP 浓度的证据了。第 7 章中，我们将进一步讨论这个概念。

例 1.1.4
MAO 和精神分裂症

单胺氧化酶（MAO）被认为是在行为调节中起到作用的一种酶。为了解不同类型的精神分裂症病人的 MAO 活性水平是否也有不同，研究者从 42 个病人的血液样本中，测定了血小板中 MAO 活性。结果列入表 1.1.4 中，示于图 1.1.2（其值表示每

10^8个血小板每小时产生的苯甲醛的纳摩尔数。）[4] 注意，直观看图（图 1.1.2）要比读取表中的数据更容易。利用图形表达数据在数据分析中是很重要的。

表 1.1.4 精神分裂症病人的 MAO 活性

诊断类型	MAO 活性				
Ⅰ：慢性未分型精神分裂症（18 位病人）	6.8	4.1	7.3	14.2	18.8
	9.9	7.4	11.9	5.2	7.8
	7.8	8.7	12.7	14.5	10.7
	8.4	9.7	10.6		
Ⅱ：带有偏执狂特征的未分型精神分裂症（16 位病人）	7.8	4.4	11.4	3.1	4.3
	10.1	1.5	7.4	5.2	10.0
	3.7	5.5	8.5	7.7	6.8
	3.1				
Ⅲ：偏执狂精神分裂症（8 位病人）	6.4	10.8	1.1	2.9	4.5
	5.8	9.4	6.8		

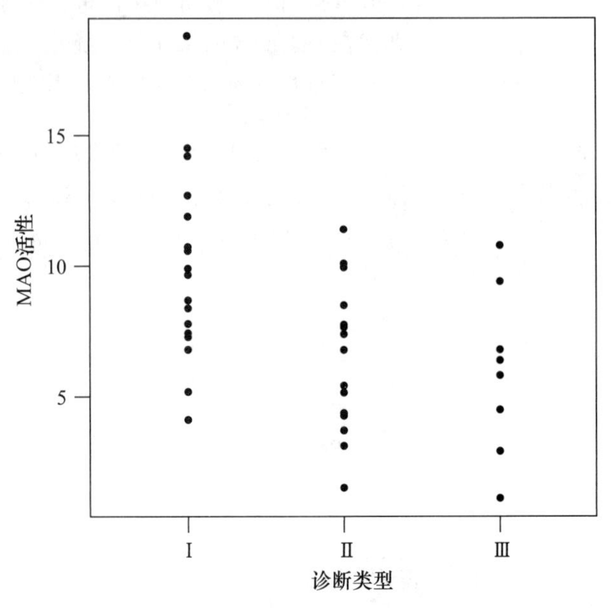

图 1.1.2 精神分裂症病人的 MAO 活性

为了分析 MAO 活性数据，自然就想到进行三组病人的比较，并描述比较结果的可靠性以及组间变异的特征。从生物学解释之外看待这些数据，就必须考虑下面更细致的问题：这些病人是怎么选择的？是从普通医院人群中选择的，还是在不同时间不同地点获得的三组数据？是否采用了预防措施，让测量了 MAO 活性的人并不知道对其进行了诊断？调查者是否在选择表 1.1.4 特殊分类目录之前考虑了更细的病人分类方式？看起来，这些问题都有些不相干，我们能让测量本身自己讲话吗？然而，我们明白，要合理解释这些数据就需要仔细考虑数据是如何获得的。

第 2、第 3 和第 8 章将讨论如何选择试验对象，如何防止调查者无意识的偏差。第 11 章我们将了解如何筛查能够导致严重误解的数据集搜集模式，给出这类搜集中易犯错误的指导。

下一个例子展示的是变异如何使试验结果失真，以及如何通过细致的试验设计使这种失真达到最小化。

例 1.1.5 昆虫幼虫的食物选择

苜蓿根象鼻虫（*Sitona hispidulus*）是三叶草根的食根害虫。昆虫学家进行了一项研究苜蓿根象鼻虫幼虫食物选择的试验。希望调查幼虫是否优先选择（自然状态下）全根长瘤且结瘤已被抑止的苜蓿根。调查者把幼虫释放于放置了有瘤根和无瘤根的盘子中。24h 后，计数选择两类根的幼虫数量。结果列于表 1.1.5 中[5]。

表 1.1.5 数据充分显示了苜蓿根象鼻虫幼虫更喜欢有瘤根。不过，我们对试验的描述掩盖了重要的一点，即我们并没有说明这些根是如何排列的。为了了解排列的关联性，假设试验只使用一个盘子，所有有瘤的根放在盘子的一边，所有无瘤的根放在另一边，如图 1.1.3（a）所示，然后在盘子中间释放 120 条幼虫。这个试验是有严重缺陷的，因为表 1.1.5 数据允许几个相互矛盾的解释，例如，①也许

幼虫真正地喜欢有瘤根；②也许盘子两边的温度稍有不同，幼虫只对温度有响应而对结瘤无响应；③一条幼虫偶然选择有瘤根，其他幼虫尾随其后进行效仿。由于这些可能性的存在，图 1.1.3（a）所示的试验排列只能提供幼虫食物偏爱方面较少的信息。

表 1.1.5 苜蓿根象鼻虫幼虫的食物选择

选择	幼虫数/条
选择有瘤根	46
选择无瘤根	12
其他（无选择、死亡、丢失）	62
合计	120

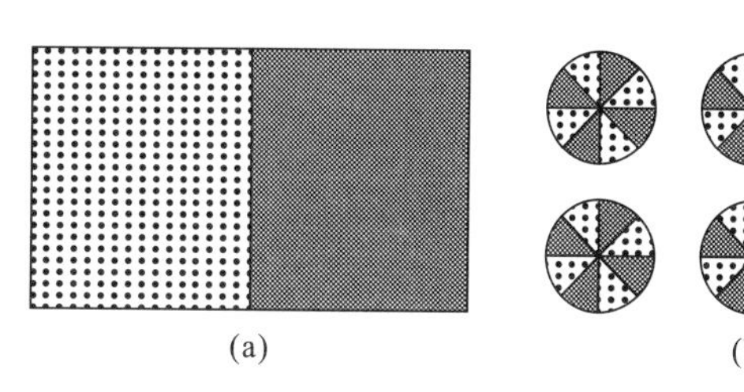

图 1.1.3 食物选择试验的可能排列
（暗影区域为有瘤根，亮影区域为无瘤根）
（a）差的排列 （b）好的排列

试验实际是按图 1.1.3（b）排列的，用 6 支盘子将有瘤和无瘤的根均衡排列。每个盘子中间释放 20 条幼虫。这种排列避免了图 1.1.3（a）排列的缺陷。由于进行了有瘤根和无瘤根的交替安排，因此任何环境条件（如温度）的波动会均等地影响两类根。通过几个盘子的使用，即使幼虫有相互跟随的趋向，研究者也能得到能够解释的数据。为了正确地分析这个试验，我们需要知道每个盘子的结果，表 1.1.5 浓缩性概括是不恰当的。

在第 11 章，我们将描述试验材料各种空间、时间排列方法，以及如何进行数据分析以尽可能获得较多的信息，同时还要注意不能对随机变异过度解读。

下面的例子是关于两个观测量之间关系的研究。

例 1.1.6

身体大小与能量消耗

一个人需要多少食物？为了调查身体大小对营养需求的依赖，研究者用水下称重技术测定了 7 个男性每个人的去脂体重，还测量了久坐不动条件下 24h 能量消耗总量。每个研究对象重复进行两次这样的测量。结果见表 1.1.6，图形绘制于图 1.1.4[6]。

对这些数据进行初步分析的目的就是描述去脂体重与能量消耗的关系，不仅要描述这种关系的总趋势，还要描述这种关系中的分散度或变异特征（还要注意，为了分析这些数据，需要解决如何对每个研究对象设置重复观测值的问题）。

例 1.1.6 的重点就是去脂体重和能量消耗两个变量间的关系。第 12 章将论述描述这种关系，以及量化其可靠性的方法。

展望

在合适的情况下，统计学家可利用计算机作为数据分析的工具，计算机生成的输出和统计图将贯穿本书。计算机是一个强大的工具，但使用它必须要谨慎。应用计算机使我们能够关注一些概念。统计学中应用计算机的危险是，我们没有仔细地观察数据，也没有询问关于这些数据的适当问题就径直进行计算。我们的目标是分析、理解和解释这些数据——这些数据是在特定语境中的数字，而不仅是用来进行计算的。

为了理解数据集，需要知道数据是为何和如何采集的。除了考虑广泛地应用统计学推断方法之外，我们还要考虑数据搜集问题和试验设计问题。同时，这些话题将为有一定背景知识的读者提供需要阅读科学文献、设计和分析简单研究项目的内容。

前面的例子说明了本书应该考虑的数据类型。事实上，每个例子都将作为适当章节的练习和例子出现。就像所举的例子，生命科学研究经常关注两组或多组观测值的比较，或者是两个或更多变量间的关系。我们将从最简单的情形——对单个组进行单个变量的观察，开始我们的学习。许多统计学基本概念将在这种非常简单的内容中引入。两组比较和更复杂的分析随后将在第 7 章和后面章节讨论。

表 1.1.6　去脂体重和能量消耗

对象	去脂体重 / kg	24h 能量消耗 / kcal	
1	49.3	1,851	1,936
2	59.3	2,209	1,891
3	68.3	2,283	2,423
4	48.1	1,885	1,791
5	57.6	1,929	1,967
6	78.1	2,490	2,567
7	76.1	2,484	2,653

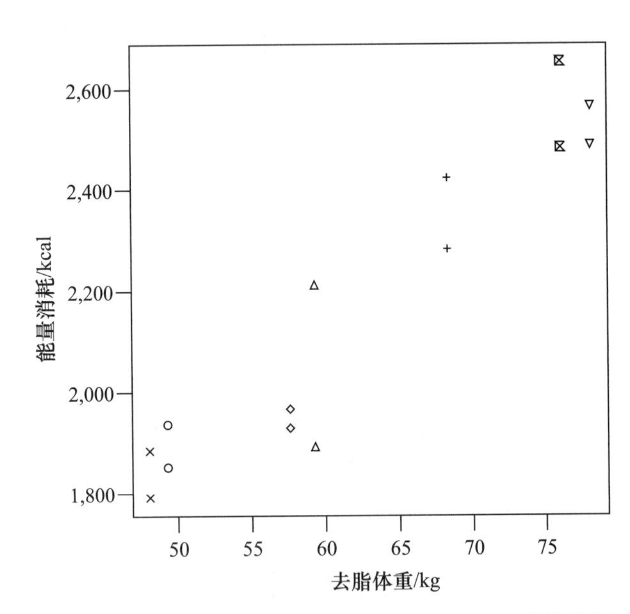

图 1.1.4　7 个男性去脂体重和能量消耗（每个男性用不同的符号表示）

1.2　证据的类型

研究者搜集信息，做出在各种背景下自然状态的推断。统计学的很多内容都是论述数据分析的，但统计学考虑的经常是科学调查如何计划和设计。我们就从所遇到三种证据的例子开始。

例 1.2.1
闪电与失聪

1911 年 7 月 15 日，65 岁的 Jane Decker 女士在她的房间被闪电击中。她一出生就聋了，但那次被击后，她的听力恢复了。这件事以“闪电治愈失聪”为题上了《纽约时报》的头条[7]。闪电治愈失聪是令人信服的证据吗？这种事情是巧合吗？治愈她的失聪，还有其他解释吗？

例 1.2.1 讨论的证据称为**轶事证据**（anecdotal evidence）。轶事就是关于一件有趣事件的短故事或例子，例如，闪电治愈失聪。轶事的积累经常会引导人们去推测或进行科学研究，但科学研究是一种非轶事的、能够建立科学理论的可预见形式。

例 1.2.2
性取向

一些研究认为性取向具有遗传基础。有这样一项研究，研究者测量了 30 位同性恋男性、30 位异性恋男性和 30 位异性恋女性大脑前连合（AC）的正中矢状面积。研究者发现，AC 数据表现为，异性恋女性大于异性恋男性，在同性恋男性表现更高。这些数据列于表 1.2.1，图示为图 1.2.1。

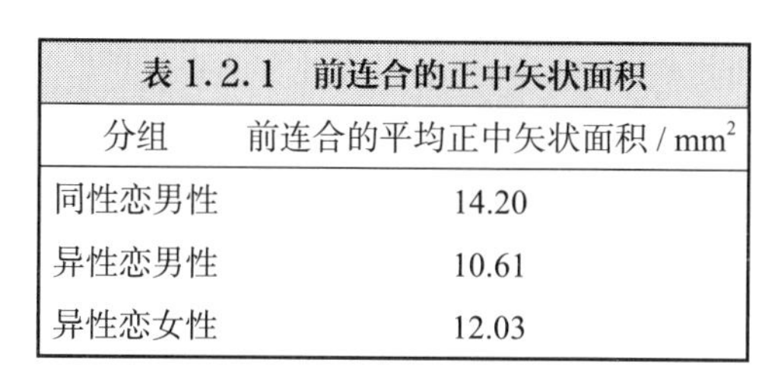

表 1.2.1 前连合的正中矢状面积

分组	前连合的平均正中矢状面积 / mm²
同性恋男性	14.20
异性恋男性	10.61
异性恋女性	12.03

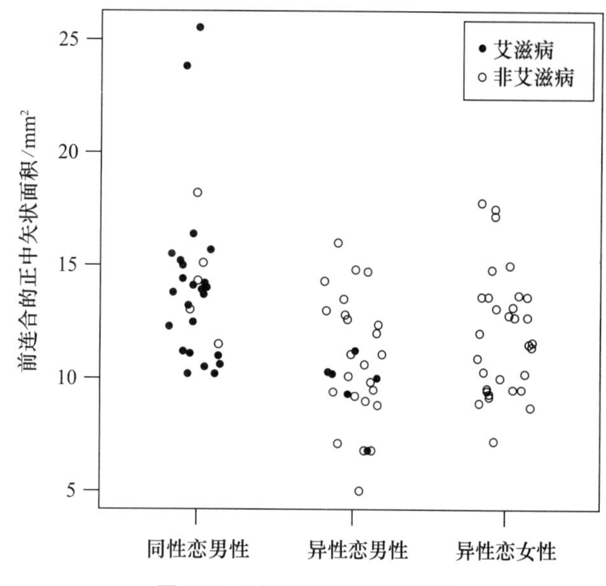

图 1.2.1 前连合的正中矢状面积

数据表明，同性恋男性的 AC 值比异性恋男性更接近异性恋女性。当分析这些数据时，我们应考虑两件事情：①有两位同性恋男性的测量值比其他任何测量值都大得多，有时这样的一两个极端值可能对研究结论有较大影响；② 30 位同性恋男性中有 24 位患有艾滋病，与此对应，30 位异性恋男性中只有 6 位患有艾滋病。如果艾滋病影响前连合的大小，那么这个因素就能部分解释两组男性的差异[8]。

例 1.2.2 呈现的是**观察性研究** (observational study)。在观察性研究中，研究者要从研究对象系统地搜集数据，研究者只能作为一个旁观者，并且是在没有操控的情况下进行研究的。通过系统检查观察性研究所得数据，就可以避免将观察和报告作为支持前述观点的唯一证据。然而，观察性研究也可能由于混杂变量被误导。在例 1.2.2 中我们注意到，患有艾滋病可以影响前连合的大小。可以说艾滋病的影响被混杂在此项研究性取向的效应中了。

注意，产生数据的背景在统计学中是至关重要的。这在例 1.2.2 中是很清楚的。数值本身可以被用来计算平均数或做出如图 1.2.1 的图形，但如果我们希望知道数据的含义，就必须了解产生这些数据的背景。这种背景告诉我们要警惕其他因素的作用，如上例中艾滋病的影响，就可能会影响前连合的大小。没有对背景进行判断的数据分析是无意义的。

例 1.2.3
健康和婚姻

在芬兰进行的研究发现，中年已婚人群在晚年很少患上认知功能障碍疾病（特别是阿尔茨海默病，即老年痴呆症）[9]。然而，仅从这样的观察性研究并不知道结婚是否能预防老年疾病，或者说那些患上认知功能障碍疾病的人是否很少有人结婚。

例 1.2.4
狗体内的毒性

在新的药物应用于人之前，普遍的做法是先在狗或其他动物身上进行试验。作为研究的一部分，新研制的药物要在 8 个雄性和 8 个雌性狗身上进行剂量为 8mg/kg 和 25mg/kg 的试验。在每个性别中，随机对 8 只狗分配两种剂量。在开始应用于人的研究之前，要对血液样本进行多项“终点”检测，如胆固醇、钠、葡萄糖等，目的是筛查狗体内的毒性。有一项终点检测指标是碱性磷酸酶水平（或者 APL，检测单位是 U/L）。数据见表 1.2.2 和图 1.2.2[10]。

表 1.2.2 碱性磷酸酶水平 单位：U/L

剂量 /（mg/kg）	雄性	雌性
8	171	150
	154	127
	104	152
	143	105
平均	143	133.5
25	80	101
	149	113
	138	161
	131	197
平均	124.5	143

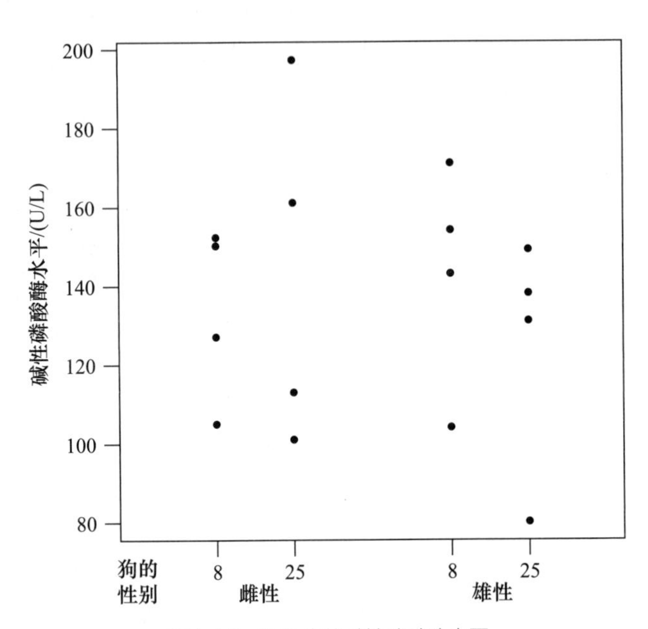

图 1.2.2 狗体内的碱性磷酸酶水平

这个试验考虑了狗的性别和剂量两个因素间互作效应的研究。下列情形下产生因素的互作效应：对雌性来说，剂量从 8mg/kg 增至 25mg/kg 的效应是正值，尽管正值很小（APL 平均值从 133.5 增至 143U/L），而对于雄性，剂量从 8mg/kg 增至 25mg/kg 的效应是负值（APL 平均值从 143 降至 124.5U/L）。研究这种互作的方法将在第 11 章中进行讨论。

例 1.2.4 呈现的是**试验**（expriment），在这个试验中，研究者施加了条件，本例中的药物剂量，就是施加在研究对象（狗）上的条件。通过随机对研究对象（狗）配置处理（药物剂量），我们就能绕开使观察性研究复杂化和推断结论限制性的混杂问题。随机化试验被认为是科学研究的“黄金标准”，但这些试验也会被一些困难所困扰。

以人为研究对象的试验经常要服用**安慰剂**（placebo），即一种惰性物质，比如糖丸。要知道，人们经常会表现出安慰剂反应，也就是他们往往会对任何处理都积极响应，即使它仅是一种惰性物质。这种生理反应可以是很大的。研究显示，安慰剂对大约三分之一陷入痛苦的人是有效的；这就是说，三分之一的疼痛患者在服用了“止痛药”（实质上就是糖丸）之后疼痛停止了。对支气管哮喘、心绞痛（流向心脏的血液减少所引起的复发性胸痛）和溃疡等疾病，使用安慰剂的病人中超过 60% 都产生了有益的临床结果[11]。当然，如果将安慰剂作为对照，那么就必须不能告诉他们是哪一个组的：一组进行积极治疗处理，而另一组则是服用安慰剂。

例 1.2.5
自闭症

自闭症是一种儿童远离正常活动、有时表现为好斗或重复性行为的严重疾病。1997年，一个患有自闭症的儿童服用了消化酶分泌素，其反应非常好。这种情况引入了一个将分泌素与安慰剂进行比较的试验（“临床试验”）。在这个试验中，服用分泌素的儿童被认为得到了改善。然而，服用安慰剂的儿童也被认为得到改善。在两组之间并不存在统计上的显著性差异。这样，分泌素组的积极反应仅只为是“安慰剂响应”，这就意味着服用分泌素并没有发现是有益的（与摄入试验物质相关联的正向反应除外）[12]。

安慰剂（placebo）一词的意思是“我很愿意”。反安慰剂（nocebo）一词（“我很害怕”）有时表述为对感觉上有但实际并不存在的危险的有害反应。下面的例子说明心理效应所能达到的影响程度。

例 1.2.6
支气管哮喘

一组遭受支气管哮喘痛苦的病人被告知他们服用了一种称为胸部收缩化学品的物质。在服用这个物质之后，他们中有几个表现出了支气管哮喘。然而，在试验期间，病人们又服用了一种被告知可以减轻症状的物质。在这种情况下，支气管痉挛是可以避免的。实际上，第二种物质和第一种是一样的：两者都是蒸馏水。看来，暗示的力量可以导致支气管痉挛；同样，暗示的力量也可以避免痉挛[13]。

与安慰剂处理相类似的是假象处理，它可以用于动物也可以用于人体。假象处理的一个例子就是用惰性物质比如盐水对对照动物进行注射。在一些外科治疗的研究中，对照动物（甚至偶尔也可以是人体）被用于进行模拟手术。

例 1.2.7
胸廓内动脉结扎术

在20世纪50年代，体内胸廓内动脉结扎外科技术是诊疗心绞痛疾病的一项普通治疗手段。在手术中，外科医生将胸廓内动脉进行结扎，其目的是增加侧支血液向心脏的流动。医生和病人都认为该手术是有效的治疗方法。1958年，动物体内胸廓内动脉结扎术的研究发现，这种手术无效，并且提出在人体进行这种手术的质疑。于是，开展了一项研究，把病人随机分配在两组中的一组。治疗组的病人接受了这种标准手术。对照组的病人仅做了切口的假手术，也像在真手术过程一样将胸廓内动脉暴露出来了，但并没有进行内动脉结扎其切口就被缝合住了。这些病人并不知道他们的手术是假的。两组的改善率几乎是相等的（进行假手术的病人比真手术的稍好一点，差异很小）。第二个随机对照研究也发现，接受假手术的病人与接受真手术的病人其效果是一样的。由于这些研究结果，内科医生停止了体内胸廓内动脉结扎术的应用[14]。

盲法

在人体试验中，特别是涉及安慰剂的使用试验，经常会用到**盲法**（blinding）。这意味着，所安排的处理必须对试验性研究对象进行保密。对研究对象使用盲法的目的是使他或她的预期对试验结果影响的程度最小化。如果研究对象对摄入药物产生心理反应，安慰剂反应将会在两组间进行平衡，因此任何组间的差异都能归因为主动处理的效应。

许多试验中，对估计研究对象反应的人也要采用盲法，也就是说，在整个试验过程中，他们对处理的安排都是不知情的。基于这样的认识，举例如下：

• 在一项进行两种治疗肝癌方案的比较研究中，放射科医生阅读了 X- 射线胶片来评估每个病人的进展情况。对 X- 射线胶片进行了编码，因此放射科医生并不能说出每个病人所接受的是哪一种治疗。

• 用三种食物中的一种饲喂老鼠，食物对老鼠肝的效应是由研究助理进行测定的，而研究助理并不知道每个老鼠饲喂了哪一种食物。

当然，需要有人跟踪哪个研究对象在哪个组里，但这个人不能是测定响应变量的那个人。对评估的人采用盲法最主要的原因是为了减少主观偏差对观察过程本身的影响：对结果有某些预期或想法的人可能会对结果产生无意识的影响。这样的偏差甚至可能在解剖技术、滴定过程等“客观”测量中显现出细小的变异。

在人类医学研究中，盲法还有其他用途。首先，病人要被问到他或她是否同意参与一项医学研究。如果问问题的医生已经知道病人将接受的治疗，那么通过劝阻某些病人或鼓励其他病人，医生就可以（有意识或无意识地）产生没有可比性的治疗组。这种带偏差的安排所产生的效应可能非常大，需要注意的是这种效应一般都容易出现在“新的”或“试验性的”治疗中[15]。在医学研究中使用盲法的另一个原因就是，医生也许（有意识或无意识地）为接受其优先推荐治疗方法的病人提供更多的心理激励，甚至是更好的照顾。

对研究对象和进行响应评估的人都进行回避的试验称为**双盲**（double-blind）试验。例 1.2.7 中的第一个胸廓内动脉结扎术试验就是按照双盲试验进行的。

必需的对照组

例 1.2.8
冠心平

让研究对象服用冠心平药物的试验表明，冠心平能够使胆固醇降低，减少冠状动脉疾病死亡的机会。研究者注意到，多数研究对象并没有服用试验协议中要求他们服用的药物。他们计算了每个研究对象服用胶囊的百分比，按照是否服用了给定药物的至少 80% 将研究对象分为两组。表 1.2.3 显示，服用规定药物至少 80% 的那些人 5 年死亡率大大低于不坚持服用胶囊的研究对象的对应比率。表面上看，这显示出服用胶囊能够降低死亡的比例。然而，在安慰剂对照试验组，也有不少研究对象服用的安慰剂胶囊并不到 80%。坚持按协议服用和不坚持服用的两个安慰剂组的死亡率与服用冠心平组的比率是很相似的。

表 1.2.3 冠心平试验的死亡率

	冠心平		安慰剂	
坚持程度	n	5 年死亡率	n	5 年死亡率
≥ 80%	708	15.0%	1,813	15.1%
<80%	357	24.6%	882	28.2%

冠心平试验似乎表明有两类研究对象：坚持协议的和不坚持协议的。第一组的死亡率比第二组低得多。这也许只不过是由于愿意遵守五年科学协议的人比不遵守

协议的人有良好的卫生习惯。从试验中得出的进一步结论是，在降低死亡率方面，冠心平并没有显现出比安慰剂更好的效果。如果没有安慰剂对照组，研究者也许会从研究中得出错误的结论，认为坚持服用冠心平降低了死亡率，而不是其他混杂效应使坚持服用的人不同于没有坚持服用的人[16]。

例 1.2.9
普通感冒

多年以前，研究者邀请认为自己特别容易患普通感冒的大学生作为试验的一部分。志愿者被随机分配到治疗组或对照组。在治疗组的志愿者要服用试验性疫苗胶囊，而在对照组的志愿者则被告知将服用一种疫苗，但实际上给他们服用的看起来是疫苗但实际内含物是乳糖而不是疫苗的安慰剂胶囊[17]。在研究期间两组中患感冒的人数都戏剧性地比前些年少，见表 1.2.4。

表 1.2.4 感冒疫苗试验中的感冒人数

	疫苗	安慰剂
n	201	203
前些年（从记忆开始）感冒平均人数	5.6	5.2
当年	1.7	1.6
减少 / %	70	69

治疗组患感冒的平均人数下降了 70%，如果不考虑对照组减少率是 69%，这将是惊人的证据：疫苗是有效的。

我们可把例 1.2.9 中感冒人数大幅度下降的原因主要归于安慰剂效应。然而，另一个统计的担忧是**固定偏差**（panel bias），它被认为是影响了研究对象行为的偏差，也就是，知道被进行研究的人经常会改变他们的行为。在该研究中，学生们报告了记忆中他们前些年所患感冒的次数。事实上，正是由于他们是研究的一部分而影响了他们的行为，使得他们在研究过程中很少患感冒。由于一些研究可能将他们限定为患感冒，在研究期间他们“每当患感冒时都需要向卫生服务机构报告”，结果在研究期间有些疾病没有得到报告（在把你归类为患感冒之前，你必须要生病吗）。

历史对照

在人体医学试验中，研究者特别不情愿运用随机分配。例如，假设研究者欲评估一项对治疗某种疾病有前途的新方法。可以说拒绝为任何病人治疗都是不道德的，因此目前所有病人都应该接受新的治疗。但是，哪些人作为对照组呢？一种可能就是用历史对照，也就是以前患同种疾病、用其他疗法的病人。用历史对照的一个困难是，用同样的诊断，甚至用同样的疗法，经常会有后面的病人比早期病人表现出更好的反应这样一种趋势。这种趋势已经通过比较在同一医学中心不同年份进行的试验得到了证实[18]。产生这种趋势的一个主要原因就是，病人群体的所有特征都可能随时间而变化。例如，由于诊断技术的改进，2001 年进行诊断的病人（具体来说就是乳腺癌）比 1991 年进行同样诊断（甚至进行同样的治疗）的病人会有更好的康复机会，原因是他们在病发的早期就得到了确诊。

医学研究者并不赞同历史对照的效力和价值。下面的例子说明了这个有争议问题的重要性。

例 1.2.10 冠状动脉疾病

冠状动脉疾病经常通过手术（如搭桥手术）进行治疗，但也可只通过药物进行治疗。许多研究都尝试对这类普通疾病手术治疗的效果进行评估。回顾 29 项这样的研究，每个研究都划分为采用随机对照或历史对照。29 项研究的结论归纳于表 1.2.5[19]。

表 1.2.5 冠状动脉疾病研究

	关于手术效果的结论		
对照类型	有效	无效	研究总数
随机	1	7	8
历史	16	5	21

表 1.2.5 表明，研究者更热衷于采用历史对照进行手术效果的评价，这比采用随机对照进行手术效果的评价更普遍。

采用历史对照的支持者认为，统计判断能够在目前病人组和历史对照组之间提供有意义的比较。例如，如果目前病人比历史对照组年轻，那么就能够在对年龄效应进行调整或校正的基础上进行数据分析。批评者则回应说这种调整是非常不恰当的。

历史对照的概念并不仅限于医学研究。每当研究者对于当前数据与过去数据进行比较时，这种问题都会出现。不管数据来自实验室、田间，还是来自门诊，研究者都必须面对这样的问题：过去的结果和现在的结果能够进行有意义的比较吗？有一个问题至少要问，无论试验材料还是环境条件，都有可能随着时间的推移而发生变化，使比较效果产生曲解。

练习 1.2.1—1.2.8

1.2.1 饮用水的氟化处理在美国一直是有争议的议题。纽约的纽堡是首批在水中加氟的社区之一。1944 年 3 月，宣布了开始向纽堡的水中加氟并从当年的 4 月 1 日开始供应的计划。在整个 4 月份，纽堡的市民抱怨他们出现了消化问题，并认为是由水的氟化引起的。然而，由于氟化设备的安装出现了延迟，直到 5 月 2 日氟化处理才得以开始[20]。解释安慰剂效应 / 反安慰剂效应与本例是怎样的关系。

1.2.2 人造脂肪是一种无热量、无脂肪、用于某些马铃薯片产品的添加剂。食品药品管理局同意使用人造脂肪之后，一些消费者抱怨人造脂肪引起胃痉挛和腹泻。在一项随机双盲试验中，为一部分研究对象提供了若干包含有人造脂肪的薯片，为另一部分研究对象提供的是普通薯片。在人造脂肪组，有 38% 的研究对象报告说有胃肠道症状。然而，在常规薯片组，有同样症状的为 37%，与人造脂肪组的结果相似（两组的百分比没有统计上的显著差异）。[21] 解释安慰剂效应 / 反安慰剂效应与本例是怎样的关系，再解释在本试验中为什么进行双盲试验很重要。

1.2.3（假设） 在一项针灸试验中，患有头痛的病人被随机分为两组，一组进行针灸治疗，另一组服用阿司匹林。针灸师进行针灸治疗效果的评估，并将其与阿司匹林组的结果进行比较。解释本试验由于未使用盲法，导致试验结果更倾向于针灸。

1.2.4 随机对照试验发现，维生素 C 对治疗晚期癌症病人没有效果[22]。然而，1976 年的一项研究报告认为服用维生素 C 的晚期癌症病人比历史对照生存的时间更长。用维生素 C 治疗的病人是外科医生从一家医院的癌症病人中选择出来的[23]。解释这个试验为什么更倾向于维生素 C 的效应。

1.2.5 2009 年 9 月 3 日，lifehacker.com 网站的博客上出现了一个患有慢性脚趾真菌病的人发的帖子。他写道，他患这个病很多年了，也尝试了多种治疗方法，之后他使用了下列方法，用沙子将其脚趾修薄，然后每天用醋酸和双氧水浸泡邦迪创可贴包着他的脚趾。这样重复了 100d。之后，他的趾甲长出来了，真菌病菌没有了。用统计学语言解释，这是哪种证据？这个有效治疗脚趾真菌病的过程是令人信服的证据吗？

1.2.6 对下列（a）、（b）、（c）三种情况，
（Ⅰ）说明研究是观察性的还是试验性的；
（Ⅱ）说明研究是盲法、双盲，或者两者都不是。如果研究属于盲法或者双盲，谁应该是不知情的？

（a）一项服用阿司匹林减少心脏病发作可能性的调查；

（b）一项出生在贫穷家庭（家庭收入不足 25,000 美元）的孩子是否有可能比出生在富裕家庭（家庭收入高于 65,000 美元）的孩子体重少 5.5 磅的调查；

（c）一项男性前连合（大脑的一部分）的正中矢状面大小与他的性趋向有无关系的研究。

1.2.7（假设） 为了评估一种新肥料的效果，研究者对菜园西边的西红柿植株施用了这种肥料，而对菜园东边的植株不施肥。后来他们测量了两边植株所产西红柿的重量，发现施用肥料植株西红柿要大于未施肥的植株。他们认为施肥是有效果的。

（a）这项研究是试验性研究还是观察性研究？为什么？

（b）这项研究是有严重缺陷的。用统计学语言解释这种缺陷和这种缺陷如何影响研究者得到结论的有效性。

（c）这项研究能用盲法的概念吗（即“盲法”这个词是否能应用于这项研究）？如果能，如何来做？双盲法能用吗？如果能，如何来做？

1.2.8 研究者研究了北卡罗来纳州年龄超过 65 岁的 1,718 人。他们发现，那些经常参加宗教仪式的人比不参加的有较强的免疫系统（由血液中白细胞介素 -6 蛋白水平来确定）[24]。这是否意味着参加宗教仪式能改善人的健康状况？为什么？

1.3 随机抽样

为了用数据解决研究问题，我们首先必须考虑如何搜集这些数据。我们如何搜集数据对分析方法甚至对研究的有效性有极大的影响。我们将仔细研究一些搜集数据的常见方法，尤其是**简单随机样本**（simple random sample）。

样本与总体

在搜集数据之前，我们首先要通过确认**总体**（population）来考虑我们的研究范围。总体由所有项目 / 动物 / 样品 / 植物等有兴趣的研究对象个体组成。下列都是总体的例子：

• 佛罗里达所有桦树幼苗；

• 蒙大拿州奥罗州立公园所有的浣熊；
• 美国所有患精神分裂症的人；
• 乔罗溪所有 100mL 水样品。

通常我们不能观察整个总体，因此，我们只能从总体的子集中搜集数据，得到容量为 n 的**样本**（sample）。从这个样本，我们得出总体作为一个整体的判断（图 1.3.1）。下列都是样本的例子：

• 选择 8 个（n=8）生长在温室中的佛罗里达桦树幼苗；
• 在蒙大拿州奥罗野营地陷阱中捕捉到的 13 只（n=13）浣熊；
• 对美国报纸中广告有反应的 42 位（n=42）患精神分裂症的人；
• 沿着乔罗溪 10 个定点一天采集到的 10 个（n=10）100mL 瓶装水样。

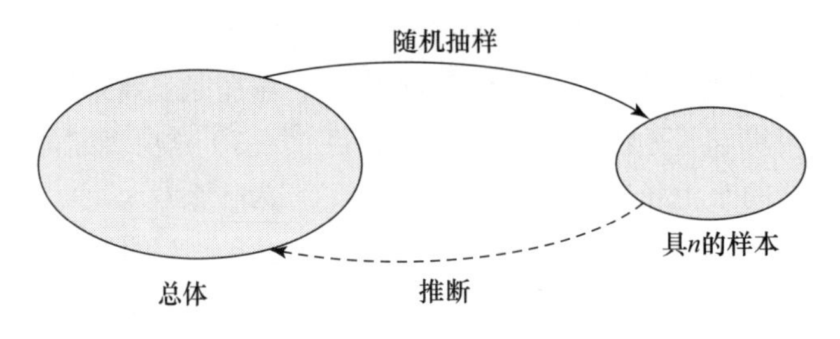

图 1.3.1　从总体中抽样

特别注意　在统计学术语中，样本的统计学含义和生物学中使用这个词的理解有时可能会有一些的混淆。如果生物学家采集了 20 个人的血液并测定了每份血液葡萄糖的浓度，可以说她得到了 20 个血液样本。然而，对统计学家，她会说有一个具有 20 个葡萄糖测定值、样本容量是 n=20 的样本。为了更明确一些，全书我们将对生物学家所指的样本使用术语样品。这样，我们可以说一个具 20 个血液样品的葡萄糖测定值样本。

从理论上说，我们的样本将是总体的代表性子集。然而，如果我们不细致，最后有可能获得有**偏差**（biased）的样本。一个有偏差的样本会造成总体特征系统性高估或系统性低估。例如，考察前面所述在野营地陷阱中捕捉到的浣熊样本。这些浣熊可能与总体有系统性的差异，它们可能比整个公园里的普通浣熊总体大一些（由于有足够的渠道获得垃圾箱和露营车中的食物），可能不那么胆怯（由于熟悉了周围喂它们食物的人），也可能寿命更长一些。

能够确保样本（最终）代表总体的方法就是应用随机抽样。

简单随机样本的定义

获得简单随机样本的过程可以通俗地用术语“标记票”来直观地表述，如用于抽彩票和抽彩销售。假设总体（如浣熊、病人、植物）中的每个成员都用一张票代表，把所有票都放进一个大箱子里面并混匀。然后，由一位蒙上眼睛的助理从箱子中抽出 n 张票，每张票抽出后重新混匀。这 n 张票就组成了样本（我们可直观地认为它相当于有 n 个助理同时伸进了箱子，每位助理取出一张票）。

理论上，我们可以定义随机抽样如下。

简单随机样本

具有 n 个个体的**简单随机样本**（simple random sample）是这样一种样本：在样本中，（a）总体中的每个成员都有同样的机会被抽中进入样本；（b）被选中的样本成员相互之间是独立的 [必要条件（b）的意思是总体中某一成员被选中的机会并不依赖于其他被选中的成员]。*

简单随机抽样也能够被看作是其他相同的方法。我们可以想象，每次从总体中选取一个样本成员；在简单随机抽样条件下，经过每一阶段的抽样后，总体中剩余的成员在下次被选取的概率是相等的。另一种观点认为是所有可能的样本容量为 n 的样本。如果所有的样本被抽到的机会是相同的，那么通过这个过程就得到了简单随机样本。

运用随机性

当我们进行统计学研究时，需要利用随机性。正如前面讨论的，通过随机方法我们得到了简单随机样本，即总体中的每个成员都有相同的被选中机会。在第 7 章，我们将讨论一些试验，以比较对一个样本成员进行不同处理产生的效应。为了进行这些试验，我们将对研究对象安排随机处理，这样，每个研究对象都有同样的机会接受处理 A 或处理 B。

遗憾的是，作为特殊情况，人是有意识的，不能运用随机性。我们不能消除无意识的偏差，这些偏差经常使我们系统性地排除或包含样本中某些个体（或者减少或增加选择某些个体的机会）。因此，当我们想得到一个随机样本时，我们必须用外部资源选择个体，如骰子、钱币和彩票等机械装置，计算机和计算器等能够产生随机数字的电子装置，或者利用书后统计表中的表 1。从箱子中取票的机械装置尽管简单，但很实用，所以我们将用随机数字进行样本选择。

如何选择随机样本

下面是从有限总体的个体中选取具 n 个个体随机样本的简单程序。

（a）制作**抽样框**（sampling frame）：对总体中的所有成员进行列表，每个成员都是经过确认的独一无二的数字。所有经过确认的数字必须有同样位数，例如，如果总体包括 75 个个体，确认的数字就可能是 01，02…75。

（b）从书后统计表中的表 1、计算器或计算机中读取数字。去掉与总体成员不一致的数字（例如，如果总体成员有 75 个个体，排列确认的数字为 01，02…75，那么就要略去数字 76，77…00）。继续这个过程，直到获得 n 个数字（忽略重复的同样数字）。

---

* 严格来说，必要条件 (b) 是：总体中的每一对成员都有相同的机会被选中进入样本，总体中每组 3 个成员也有同样的机会被选中进入样本，等等。相对应地，假设我们有 30 个人的总体，我们可以在每 10 张票中的每一张写上 3 个人的名字。然后，为了得到样本容量 n=3 的样本我们可以选取一张票，但这不是简单随机样本，因为 (1,2) 对在样本中抽样结束时，(1,4) 对并没有结束。这样，样本中成员的选取就不是相互独立的（这种抽样称为样本容量为 3 共 10 个组的“分组抽样”）。如果总体是无限的，那么专业的定义是：所有作为样本的一部分、具有一定容量的子集被选中的机会是等同的，这就相当于样本中的每个成员被独立选中是必要条件。

（c）选取确认数字的总体成员组成样本。

以下面例子来说明这个步骤。

例 1.3.1

假设我们要从一个具有 75 个成员的总体中选取容量为 6 的随机样本。把总体成员列为 01，02…75。利用书后统计表中的表 1、计算器或计算机获得一连串随机数字*。例如，我们的计算器可以产生下面的一串数字：

8 3 8 7 1 7 9 4 0 1 6 2 5 3 4 5 9 7 5 3 9 8 2 2

当我们检查成对的两位数字时，忽略掉已选出的确认两个位数配对大于 75 的数字：

~~83~~ ~~87~~ 17 ~~94~~ 01 62 53 45 ~~97~~ ~~53~~ ~~98~~ 22

这样，下列确认数字的总体成员将组成样本：17，01，62，53，45，22。

特别注意　在从书后统计表中的表 1、计算器或计算机随机获取数字的过程中，我们并没有严格地用术语随机表述。严格地讲，随机数字就是通过随机过程所产生的数字，例如，投掷一个有 10 个面的骰子。表 1 或计算器或计算机中的数字实际上是伪随机数字，它们都是由确定的过程（尽管这个过程可能很复杂）所产生的，这个过程是按模拟随机发生序列产生随机数字而设计的。

特别注意　如果总体很大，那么在获得样本时计算机软件就是很有用的。如果需要从具有 2,500 个成员的总体中选取大小为 15 的随机样本，就可以用计算机（或计算器）从 1 到 2,500 产生 15 个随机数字（如果 15 这个数字有重复，然后返回得到更多的随机数字）。

随机抽样时的实际问题

许多情况下，获得合适的简单随机是困难的，或者说是不可能的。例如，为了获取蒙大拿州奥罗州立公园一个浣熊随机样本，首先是制作一个样本框，它能够提供公园中每个浣熊一个独一无二的数字。然后，在产生确认我们样本的随机数字之后，就需要捕捉那些指定的浣熊。这是一项不可能完成的任务。

实际上，我们要做的是尽可能获得一个合适的随机样本。当合适的样本不现实时，重要的是要做好各种预案来保证研究中的研究对象能够进行观察，正如它们是从一些总体中通过随机抽样获得的。这就是说，样本应该是由总体中有相同机会被选取的个体组成的，并且其个体应该是独立被选取的。为了做到这一点，第一步就是要定义总体。下一步就是仔细检查选择观察单元的程序，并且提出问题：观察资料是在随机状态下选取的吗？以浣熊为例，首先要通过基于浣熊栖息地制作一个清晰的地理边界定义浣熊总体，在栖息地总体范围内使用各种诱饵和大小不同的陷阱，所设置陷阱的位置是随机选择的（我们可以用随机数字来代表栖息地总体内所对应的纬度和经度）。虽然仍然不理想（也许有些浣熊对陷阱感到害怕，也许小浣熊根本就没进入陷阱），这在某种程度上比非随机地选择公园里的非典型位置（比如野

* 多数计算器所产生的随机数字是用 0 至 1 之间的小数表示的。为了转换这些随机数字，简单的办法是忽略前面的零和小数，读取后面的小数点。为了获得一长串随机数字，用计算器的随机数字功能简单地重复获取即可。

营地）直接捕捉浣熊要好得多。据推测，大部分浣熊都有相同的机会进入陷阱（即相当于有相同的机会被选择），捕捉它很少或根本不会对其他浣熊产生影响（即它们被捕捉是独立的）。这样，似乎就有理由来处理观察资料了，好像它们是被随机选择的。

非简单随机抽样方法

有其他随机抽样的情形，但它们不是简单随机抽样。两个常见的非简单随机抽样的方法是**随机整群样本**（random cluster sample）和**分层随机样本**（stratified random sample）。为了说明整群样本的概念，我们要对用抽彩票的方式产生简单随机样本进行修正。用整群抽样，而不是对总体中每个成员指派一个独一无二的标记（或者 ID 数字），ID 数字只对整群个体进行指派。从箱子里抽取的标记，整群个体被选取出来组成样本，如下面例子和图 1.3.2 所示。

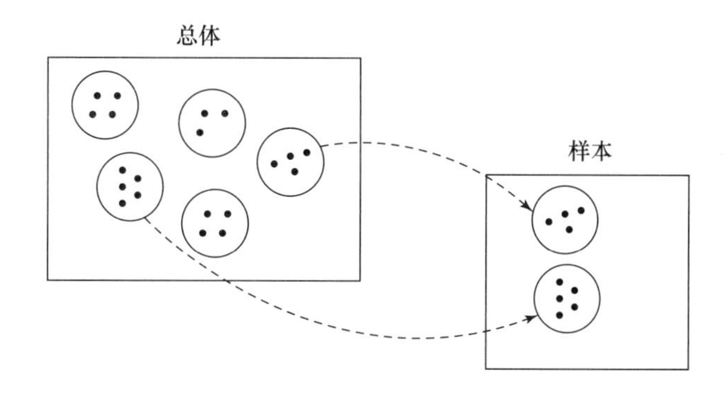

图 1.3.2 随机整群抽样。将总体分成若干群（圈），黑点代表群或（圈）内的个体。整群中的个体从总体中抽取出来形成样本

例 1.3.2 格拉西奥萨蓟

格拉西奥萨蓟（*Crisium loncholepis*）是原产于加利福尼亚瓜德罗普岛沙丘的一种濒危植物。在种子发芽研究中，从瓜德罗普岛沙丘的植物总体中随机选择 30 株植物，并收获这 30 株植物的所有种子。这些种子从瓜德罗普岛所有格拉西奥萨蓟种子总体中形成了一个整群样本，而个体植物被用来确认这些整群[25]。

分层随机样本是这样选取的：首先把总体分成若干个**层**（strata），即同质个体所组成的集合，然后生成多个简单随机样本，即每个层内生成一个样本，这些简单样本结合在一起组成样本（图 1.3.3）。下面是分层随机样本的例子。

例 1.3.3 沙蟹

在一项沙蟹（*Emerita analoga*）寄生性研究中，研究者按 5m 一带把沙滩到水边缘分成了若干个带，获得了一个沙蟹分层随机样本。这些带是按层选取的，因为蟹的寄生量系统上是可以根据到水边的距离来区分的，这样就可使每层内的寄生量比层间的寄生量更相似。第一层是平行于岸边线的水边缘以下 5m 带宽的沙滩。第二层是岸边线以上 5m 带宽的沙滩，紧接着是第三层和第四层（岸边线以上另两个 5m 带）。在每层内，随机抽取 25 只蟹，产生了样本总容量为 100 只蟹的样本[26]。

本书中所讨论的多数统计方法都是假定用从简单随机样本搜集到的数据进行工作的。由简单随机抽样选取的简单随机样本常被称为**随机样本**（random sample）。但是要注意，随机，实际上指的是抽样的过程，而不是样本本身。随机性并不是选择产生的具体样本的特性。

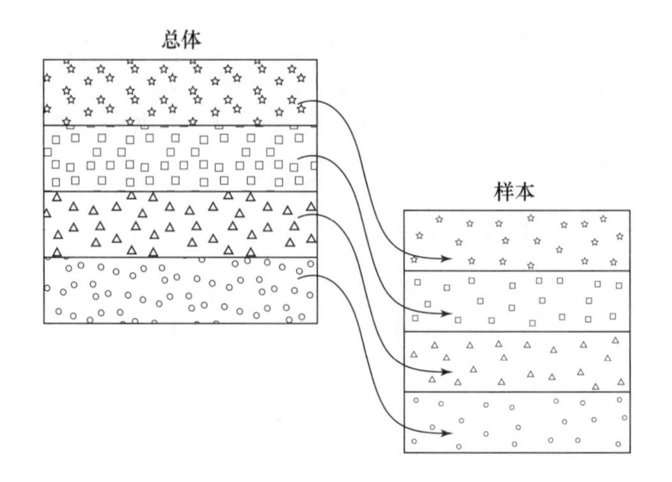

图1.3.3 分层随机抽样。将总体分成若干层，黑点代表各层内的个体。每个层内的个体是随机抽取并结合形成样本的

抽样误差

从一个有限样本推断一个大总体，我们如何才能获得其理论根据呢？统计学理论方法所指的就是样本–总体关系的理想模型。其被称为**随机抽样模型**（random sampling model），在该模型中，样本是通过从总体中随机抽样而选取的。这个模型可由图 1.3.1 表示。

随机抽样模型是很有用的，因为它提供了一个基础，以回答"样本怎么可能是（总体的）代表"这个问题。这个模型能够用来确定受偶然因素即"运气"的影响有多大。说得更明白一点，一个随机选取的样本不可能完全与所抽的总体相同。样本与总体间的这种差异称为**抽样随机误差**（chance error due to sampling）或**抽样误差**（sampling error）。在后面的章节，我们将了解到，随机抽样模型统计学理论能使试验中的抽样误差限制在一定范围内。这种误差量化的主要贡献是使统计学理论建立了科学思想。

我们的样本是随机选取的，因此抽样误差总是会存在的。然而，如果我们的抽样不是随机的，就可能产生不能预测的**抽样偏差**（sampling bias），从而增加抽样误差，这种抽样偏差是由于总体中的一些个体更容易被抽取而产生的系统性倾向。以下面两个例子来说明抽样偏差。

例 1.3.4 鱼的体长

生物学家计划测量切萨皮克海湾某个鱼群的体长分布。样本用渔网进行搜集。比较小的鱼很容易从网眼中游走。这样，捕到的小鱼就比大鱼少，这就产生了抽样偏差。

例 1.3.5 神经细胞的大小

神经解剖学家计划测量猫脑组织中个体神经细胞的大小。在检查组织样品时，研究者必须要决定样品中的上百个神经细胞选取哪些进行测量。有些神经细胞是不完整的，因为在进行组织解剖时，超薄切片机会切断一部分。如果只对完整细胞进行大小测量，就会由于制作超薄切片时使小的细胞被错过的机会大大增加，而产生偏差。

当抽样过程存在偏差时，因为存在系统性失真，样本不可能准确地代表总体。例如，在例 1.3.4 中，小鱼未能在样本中充分体现，这样样本中鱼的体长就会比总体中鱼的体长更长。

下面例子说明不同偏差的非随机性。

例 1.3.6 甜菜根中的蔗糖

农学家计划从大田中获得甜菜根样本，以测定其含糖量。假如他从一随机选取的小片田中获得了所有样品。这个抽样过程是无偏差的，但趋于产生过于同质的样本，因为田间的环境变异无法在样本中反映出来。

例 1.3.6 告诉我们，在数据分析时有一个重要原则，而这个原则有时被忽视：为了检查随机抽样模型的适用性，不仅需要查询抽样过程是否有偏差，而且也需要知道抽样过程能否反应总体的变异性。有缺陷的变异信息能够如偏差那样使科学结论严重失真。

我们现在考虑是否合理地应用随机抽样模型的几个例子。

例 1.3.7 玉米的抗真菌性

某玉米品种对真菌病害具有抗性。为了研究这种抗性的遗传特性，农学家对抗性品种和非抗性品种进行杂交，测定后代植株的抗性大小。试验中的实际后代被认为是来自特定杂交组合中所有的可能后代这一概念性总体的随机样本。

当研究的目的是比较两个或多个试验条件时，对总体进行狭义的定义是符合要求的，如下面的例子。

例 1.3.8 亚硝酸盐代谢

为了研究血液中亚硝酸盐向硝酸盐的转化，研究者用同位素标记的亚硝酸盐分子制成的溶液对 4 只新西兰白兔进行注射。注射 10min 后，测定每只兔子已经转化为硝酸盐的亚硝酸盐百分比 [27]。显然这 4 只动物并不是真正地从一特定总体中随机挑选出来的，尽管如此，把测定亚硝酸盐代谢看作是对新西兰白兔相似测定的随机样本也是合理的（这种表述假定年龄和性别与亚硝酸盐代谢无关）。

例 1.3.9 溃疡性结肠炎的治疗

医疗队进行了 A、B 两种疗法治疗溃疡性结肠炎的研究。研究中的所有病人都是某大城市中一个诊所的转诊病人。研究观察了每个病人对治疗满意的“响应”。在应用随机抽样模型中，研究者欲对所有城市转诊诊所里溃疡性结肠炎病人这个总体进行推断。首先，考虑实际响应概率。如果对所有城市转诊诊所里每种疗法响应的概率都是一样，那么这种推断就是无效的。然而，这种假设也稍有些问题，研究者可能认为总体被定义得太狭窄了，例如，本例仅是“被转入到这个诊所的溃疡性结肠炎病人这种类型”。即使这样一种狭义总体在比较性研究中也是有益的。例如，对于狭义总体，如果 A 疗法好于 B 疗法，说明对广义总体来说，A 法优于 B 法也是有道理的（即使实际响应概率可能与广义总体有差异）。实际上，这可能会更加有争议：广义的总体应该包括所有的溃疡性结肠炎病人，而不仅仅是城市转诊诊所里的那些溃疡性结肠炎病人。

在实际应用中，实际研究的总体经常要比真正现实的总体狭窄。为了对例 1.3.9 进行理论性的说明，必须要证明狭义总体的结果（或者，至少是结果的某些方面）能够有目的地推算出现实的总体。这种推算并不是统计学推断，只能限定在生物学范围内，而不是统计学的范畴。

在2.8节中，在我们进一步扩展统计学推断概念时，我们将介绍更多有关样本与总体间的联系的内容。

非抽样误差

除抽样误差外，在统计学研究中还提出了其他有关的内容。**非抽样误差**（nonsampling error）是指不是由抽样方法所引起的误差，也就是，即使对整个总体全部进行普查也会产生的误差。例如，提出问题的方式能够对人们如何回答这些问题产生影响，如例1.3.10所描述的。

例1.3.10 堕胎基金

1991年，美国最高法院做出了一项有争议的裁决，即支持禁止在联邦财政支持的家庭计划诊所进行堕胎咨询。在裁决后不久，进行了样本为1,000人的问卷调查，正如你知道的，美国最高法院最近做出了裁决：联邦政府不得将纳税人的资金用于家庭计划项目进行执行、咨询或提及堕胎作为家庭计划方法。总体上来说，你是赞成还是反对这项裁决？在这个样本中，48%的人赞成裁决，48%的反对，而4%的人没有意见。

几乎同时，通过不同的民意测验组织进行了一项独立民意调查，询问了超过1,200人，“你赞成还是反对最高法院的决定，即禁止诊所医生和医务人员在接受联邦资金的家庭计划中讨论堕胎吗？”在这个样本中，33%的人赞成这项决定，65%的人反对这项决定[28]。赞成意见百分比的差异太大了，无法把它归因于抽样中的随机误差。看来提问题的方式对回答问题的人有较强的影响。

另一类非随机误差是**无响应偏差**（nonresponse bias），它是由人们不回答调查中的有些问题或不返回调查问卷引起的。通常，通过邮件接受调查的人，只有三分之一完成了调查并返回给研究者（我们认为，对接受调查的人来说，即使他们中的一些人没有完成调查，甚至根本就没有返回调查，他们也是样本中的一部分）。如果回答问题的人与选择不回答问题的人不同（这是经常出现的情况，因为对问题有强烈感觉的人倾向于完成问卷，而其他人则会忽视问卷）。那么，所搜集到的数据将不能准确地代表总体。

例1.3.11 艾滋病检测

一个949名男性的样本，被问及是否愿意接受对其血液进行艾滋病的检测。同意进行检测的782人中有8人（1.02%）呈艾滋病阳性。然而，有些男性拒绝进行检测。进行这项研究的健康研究者，接触到了早期采自167位男性的血清样品，发现其中有9人（5.4%）为艾滋病阳性[29]。这样，拒绝进行检测的人比同意检测的人患有艾滋病的可能性要大很多。仅基于同意检测的人对艾滋病染病情况做出估计很可能大大低估了真实的患病率。

还有其他一些情况，就是在试验中会面临**缺失数据**（missing data）这样令人烦恼的问题，即按计划做了观察但不能得到数据。除了无响应外，这种情况可能的原因有试验动物或植物死亡、设备故障，或者是受试人群未能返回进行后续观察。

解决缺失数据最常见的方法就是仅使用已有数据而忽略观察中缺失的数据。这种方法相当简单，但使用起来必须要格外谨慎，因为基于已有数据所进行的比较可能会出现严重的偏差。例如，由于接受了试验处理导致试验小鼠死亡，引起了小鼠观察值的缺失，显然仅对活着的小鼠进行简单的比较是无效的。再举一个例子，如果病人认为治疗没有什么作用而退出了医学研究，那么只对其余病人进行分析就会产生严重失真的结果。

当然，最好是努力避免缺失数据。但如果数据确已缺失，在解释和报告结果时尽可能地考虑缺失的原因是至关重要的。

如果在存在偏差的情况下搜集数据，还可对数据产生误解。如果要问诸如“你每周有多少时间进行练习”这样的问题时，人们很难记得发生此事的日期，并且很可能给出一个不可靠的回答。也许正如研究者进行的观察那样，也会产生偏差，如下例显示。

例 1.3.12 糖与多动症

把认为自己年幼的儿子是“糖敏感”的母亲们随机分为两组。第一组的母亲被告知她们的儿子服用了大剂量的糖，而第二组的母亲们被告知她们的儿子服用的是安慰剂。事实上，所有的孩子服用的都是安慰剂。然而，在 25min 的研究周期内，第一组认为自己儿子是多动症的母亲要比第二组的母亲多得多[30]。而测量结果发现，第一组男孩实际上只比第二组稍微活跃一点。尽管人们普遍认为糖会引起多动行为，但是许多其他研究并没有发现糖消耗与儿童的活动之间有什么联系。这似乎预示着这些母亲们渲染了她们的观察[31]。

练习 1.3.1—1.3.6

1.3.1 在下列每项研究中，请确认用哪种抽样方法能够最好地描述数据搜集（或者被看作是数据搜集）的方式：简单随机抽样、随机整群抽样，还是分层随机抽样。对整群样本，确认有多少个群；对于分层样本，确认有多少个层。

（a）在新药物的临床试验中，对来自美国的三个随机抽取的儿科诊所中所有 257 位白血病人进行了登记注册；

（b）在一个农场随机确定位置，搜集了总数为 12 个的 10g 土壤样品，研究其物理和化学土壤剖面；

（c）在污染研究中，设定 4 个特定高度（100m、500m、1,000m、2,000m），每个高度取 3 个 100mL 的空气样品，共有 12 个 100mL 的样品；

（d）从葡萄园中的葡萄树中随机摘取葡萄总数为 20 个，以估计收成；

（e）对试验中的 24 条狗（随机选取 8 只小狗，随机选取 8 只中等狗，随机选取 8 只大狗）进行登记，以评估一项新的训练计划。

1.3.2 对下列每项研究，确认其偏差的来源，并描述：（i）它如何影响研究结论；（ii）你怎样更换抽样方法以避免产生偏差。

（a）从夜总会招聘 800 名志愿者进行登记，开展试验以评估新的治疗社交焦虑方法；

（b）在一项水污染研究中，从下了 15d 雨的小溪采集水样；

（c）为了研究低矮橡树（灌木橡树）的大小（直径），采用随机方法确定经纬度来选取 20 棵橡树。如果随机位置落在树冠范围之内，就选这棵树；否则，就选另一个随机位置的橡树；

（d）为了研究澳大利亚东南海岸岩鱼（*Epinephelus puscus*）大小的分布，记录了一天内用商业捕鱼船所捕岩鱼的长与宽（用标准的钩 - 线捕鱼方法）。

1.3.3（一项有趣的活动） 在一个检索卡片上按顺序写上数字 1、2、3、4。把这张卡片带到人多的地方（比如餐厅、图书馆、大学联盟），要求至少30个人看着卡片，并放在他们面前让其在脑中随机选择一个数字。记录他们的反应。

（a）如果人们认为是“随机的”，有多大比例的人应该对数字1有反应？同样，对数字2、数字3、数字4，有反应的人的比例是多少？

（b）对数字1有调查反应的比例是多少？同样，对数字2、数字3、数字4，有反应的比例是多少？

（c）其结果表明人们有随机选择的能力吗？

1.3.4 考虑一个具有600个带有独一无二ID个体的总体：001，002 … 600。用下面一串随机数字选取一个有5个个体的简单随机样本。列出你所选取样本个体的ID。

728121876442121593787803547216596851

1.3.5（抽样练习） 100个标有数字的椭圆集合，如下图所示，指出哪一个是虚拟椭圆生物体

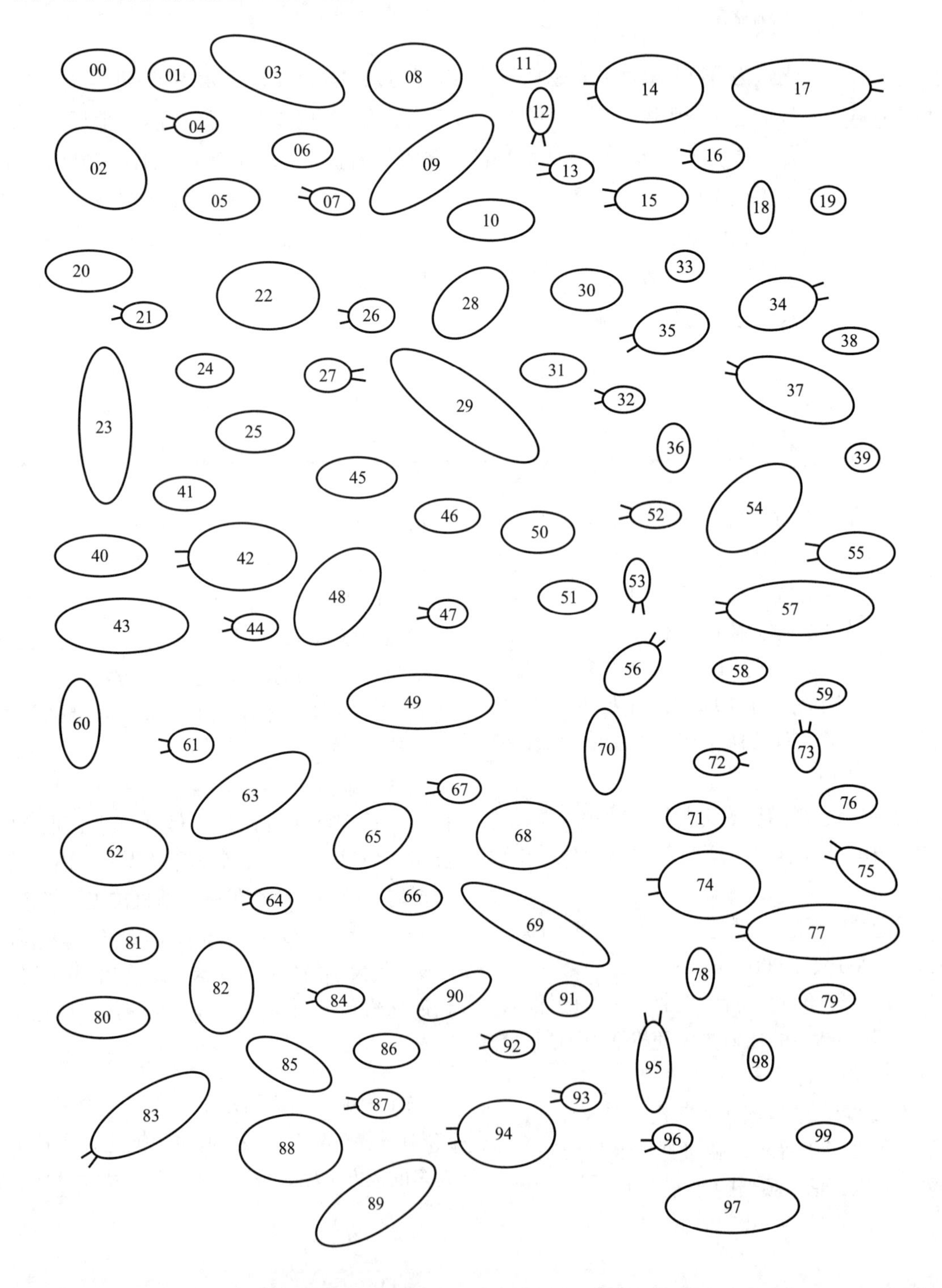

（*C. ellipticus*）自然总体的代表。这些椭圆分别用数字 01，02 … 99 表示以便于抽样。椭圆生物体（*C. ellipticus*）的某些个体是突变体，带有两尾短毛。

（a）根据你的判断，选取一个能够代表整个总体的、样本容量为 10 的样本。注明样本中突变体的编号。

（b）用随机数字（用书后统计表中的表 1 或计算器或计算机选取）从总体中选择一个样本容量为 10 的随机样本，并注明样本中突变体的编号。

1.3.6（抽样练习） 指出 100 个椭圆生物体集。

（a）用随机数字获取（用书后统计表中的表 1 或计算器或计算机）从总体中选择一个样本大小为 5 的随机样本，并注明样本中突变体的编号。

（b）重复（a）9 次，选取总共 10 个样本（10 个样本中，有些可以是重叠的）。

为了便于汇总全部结果，把你的结果填写在下面的表格中：

突变体数目	非突变体	次数（样本数目）
0	5	
1	4	
2	3	
3	2	
5	1	
		总数：10

2 样本和总体描述

目标

在这一章，我们将学习如何描述数据。尤其是我们将：

- 展示用于制作条形图和直方图的频数分布；
- 比较作为中间测量值的平均数和中位数；
- 说明如何构建和阅读点线图、箱线图和散点图等多种图形；
- 比较几种变异性的度量方法，重点是标准差；
- 检验变量的转换是如何影响分布的；
- 分析总体与样本之间的关系。

2.1 引言

统计学（statistics）是对数据进行分析和理解的科学。这一节，我们将引入数据处理的术语和表示符号。

变量

我们从**变量**（variable）这个概念开始。变量就是能以数值或类别来表示人或事的特性。例如，血型（A、B、AB、O）和年龄是对人进行度量的两种变量。

血型是**分类变量**（categorical variable）的一个例子：分类变量就是能够记录人或事有几个类别的变量。分类变量的例子有：

- 人的血型：A、B、AB、O；
- 鱼的性别：雄性、雌性；
- 花的颜色：红、粉、白；
- 种子的形状：褶皱、光滑。

对有些分类变量，其类别可以有意识地进行等序排列。这样的变量称为**序数**（ordinal）。例如，病人对治疗的反应可以是没有、部分或者全部。

年龄是**数值变量**（numeric variable）的例子。数值变量就是能对事物的量进行记录的变量。**连续型变量**（continuous variable）就是能进行连续尺度度量的数值变量。连续型变量例子有：

- 婴儿的体重；
- 血液样品中的胆固醇浓度；

• 溶液的光吸收值（OD）。

如重量，这种变量是连续型的，因为原则上两个重量可以任意地连接在一起。有些数值变量是非连续的，但可以落在可能值范围内的离散尺度上。**离散型变量**（discrete variable）就是我们能够列出可能数值的数值变量。例如，鸟巢中蛋的数目就是只能用 0，1，2，3……可能数值表示的离散型变量。其他离散型变量的例子有：

• 皮氏培养皿中细菌群落的数目；
• 病人被检出的癌性淋巴结数目；
• 碱基对上 DNA 片段的长度。

连续型变量和离散型变量的区别并没有严格的界限。毕竟，物理性测量总是要凑整的。我们称重肉用公牛最接近的是千克，老鼠最接近的是克，昆虫最接近的是毫克。严格说来，实际测量时的尺度总是离散的。连续尺度可以被认为是实际测量尺度的近似值。

观察单位

当我们搜集一个具 n 个人或事物的样本，并对其进行一个或多个样本的度量，我们把这些人或事物称为**观察单位**（observational units）或案例。下面是一些样本的例子。

样本	变量	观察单位
某医院 150 个新出生的婴儿	出生体重 / kg	一个婴儿
陷阱里捕捉到的 73 只惜古比天蚕蛾	性别	一只蛾子
单亲杂交的 81 株后代	花色	一株植物
6 只皮氏培养皿每只中的细菌群落	群落数目	一只皮氏培养皿

变量和观察值的表示符号

我们采用约定的符号来区分变量与变量的观察值。我们用大写字母如 Y 来表示变量，用小写字母如 y 来表示观察值本身（即数据）。因此，我们就可以对 Y= 出生体重（变量）和 $y = 7.9$ lb（观察值）的例子进行区分了。这种区分对解释有关变异性的基本概念是很有用处的。

练习 2.1.1—2.1.4

对下列练习中的每题，（i）说明研究中的变量；（ii）对每个变量，说明变量的类型（例如，分类的还是序数的、离散的）；（iii）说明观察单位（对事情的抽样）；（iv）确定样本容量。

2.1.1

（a）古生物学家测量了 36 个已绝种的哺乳动物 *Acropithecus rigidus* 样品最上面臼齿的宽度（mm）；

（b）对 65 个婴儿出生体重、出生日期和母亲种族进行记录。

2.1.2

（a）医生测量了 37 个孩子的身高和体重；

（b）在献血活动期间，血库对提供献血登记的每个人进行胆固醇的检查。一共有129人进行了献血登记。对他们中的每一个人，其血型和胆固醇含量都进行了记录。

2.1.3

（a）生物学家测定了25株植株的叶片数目；

（b）医生记录了以8周为一个周期内20位患有严重癫痫病的人癫痫发作的次数。

2.1.4

（a）环境保护主义者记录了18d的天气（晴天、少云、多云、雨天）和中午的停车数目；

（b）葡萄酒酿制专家测定了7桶葡萄酒的pH和剩余糖的含量（g/L）。

2.2 频数分布

理解给定变量数据集的第一步，是以汇总表形式考察数据和描述数据。在这一章，我们将从频数分布、集中性度量和离散性度量三个方面讨论汇总数据描述，这三个方面互为补充。这些方面将告诉我们数据的形状、集中性和分散性。

频数分布（frequency distribution）仅仅是频数或数据集中发生数目的表示方式。其信息可用表格形式或更生动的图形形式来呈现。**条形图**（bar chart）是分类数据最简单的图形显示方式，其分类变量代表了样本数据中每一类别的观察数目。这里有两个关于分类数据频数分布的例子。

例2.2.1

一品红的颜色

一品红可以是红色、粉色或者白色。在一项控制颜色遗传机理的研究中，某亲本杂交组合的182个后代按颜色进行了分类[1]。图2.2.1中的条形图是表2.2.1给出结果的图形显示。

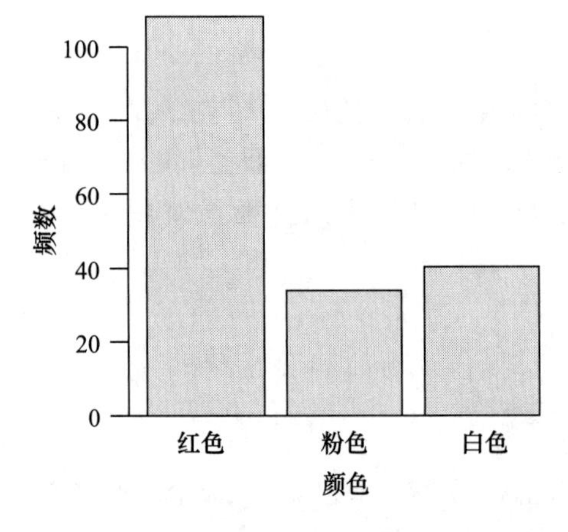

图2.2.1 182株一品红颜色条形图

表2.2.1 182株一品红的颜色

颜色	频数（植株数）
红色	108
粉色	34
白色	40
总数	182

例2.2.2

书包和颈部疼痛

澳大利亚生理学家注意到背负较重的书包是引起少女颈部疼痛的一个原因，因此选取了585名十几岁女孩为样本，询问了女孩们背书包时颈部疼痛发生情况（例如，从不、几乎不、有时、经常、总是）。将她们提供的数据汇总后列入表2.2.2，图2.2.2

（a）显示了其条形图[2]。当发生的变量为有序分类变量时，我们的表和图就应该遵从自然序列。图 2.2.2（b）显示的是同样的数据，但是以字母顺序排列（为多数软件所默认的设置），这使数据信息模糊不清。

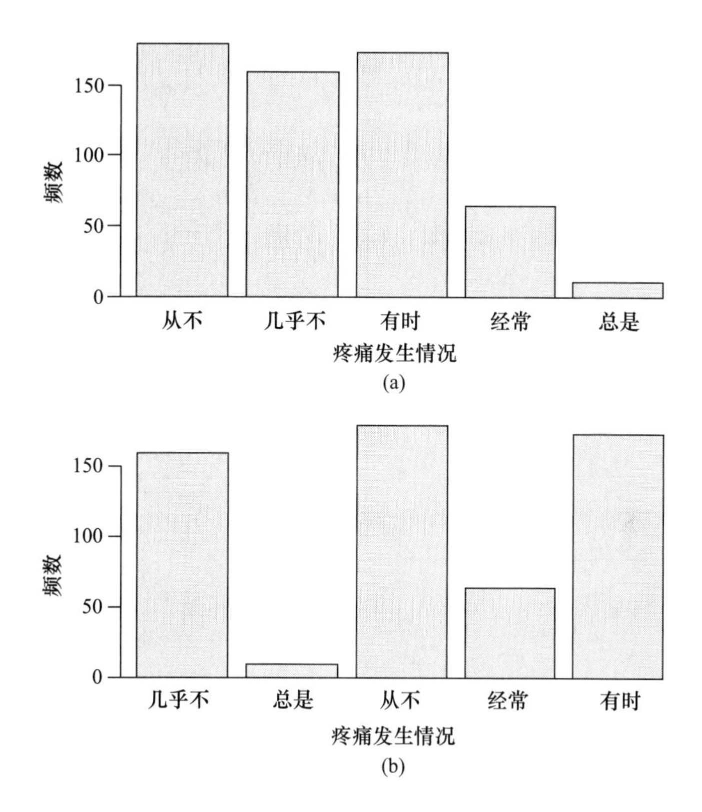

图 2.2.2 （a）585 名少女颈部疼痛发生情况条形图；（b）同样的数据但以字母顺序排列分类

表 2.2.2 与背书包相关联的颈部疼痛

发生情况	频数（女孩数）
从不	179
几乎不	159
有时	173
经常	64
总是	10
总数	585

点线图（dotplot）是在样本容量比较小时用于显示数值变量分布的简单图形。制作点线图时，我们画出一条覆盖数据范围的数据线，然后在数据线的上面点上点表示每个观察值，如下面例子所示。

例 2.2.3 婴儿死亡率

表 2.2.3 所示为 2009 年南美洲 12 个国家的婴儿死亡率（每 1,000 名婴儿安全出生中的婴儿死亡数）[3]。其分布如图 2.2.3 所示。

当在同一值上有两个或多个观察取值时，我们就在点线图的相应的点上再点点。这种效果与条线图上多个条的效果是相似的。如果我们建立一些条来代替这些点，那么我们就得到了一个**直方图**（histogram）。直方图与条线图相似，但它表示的是数值变量，这就意味着图中有自然顺序和变量尺度。在条线图中，（任何）条与条之间距离的大小是任意的，这是因为其所表示的数据是分类性的。在直方图中，变量的尺度决定了条的位置。下面例子所展示的就是频数分布的点线图和直方图。

表 2.2.3 12 个南美国家的婴儿死亡率

国家	婴儿死亡率
阿根廷	11.4
玻利维亚	44.7
巴西	22.6
智利	7.7
哥伦比亚	18.9
厄瓜多尔	20.9
圭亚那	30.0
巴拉圭	24.7
秘鲁	28.6
苏里南	18.8
乌拉圭	11.3
委内瑞拉	26.5

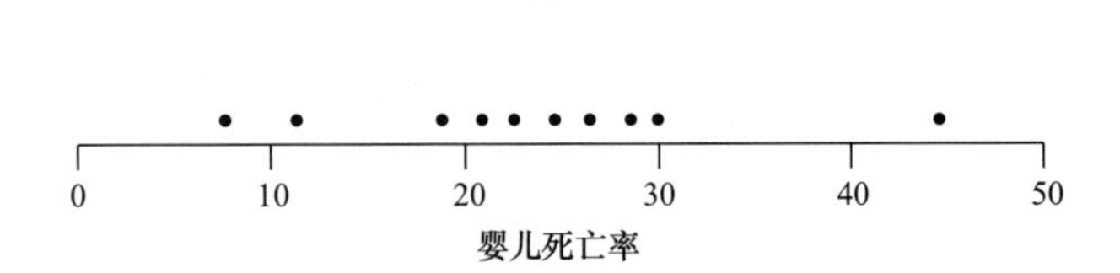

图 2.2.3 12 个南美国家婴儿死亡率点线图

例 2.2.4 母猪生小猪的数量

一组同一品种（3/4 杜洛克，1/4 约克夏）36 头两年龄的母猪与约克夏公猪进行配种。母猪生产 21d 后记录其成活猪仔数[4]。结果列于表 2.2.4，点线图如图 2.2.4 所示，直方图如图 2.2.5 所示。

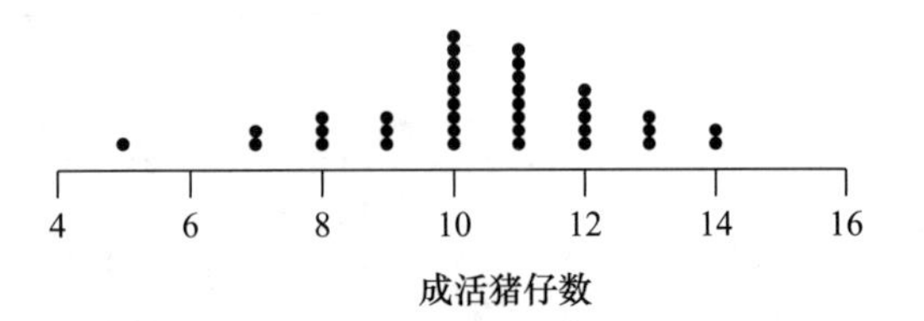

图 2.2.4 36 头母猪所生猪仔成活数点线图

表 2.2.4 36 头母猪所生猪仔成活数

猪仔数	频数（母猪数）
5	1
6	0
7	2
8	3
9	3
10	9
11	8
12	5
13	3
14	2
总数	36

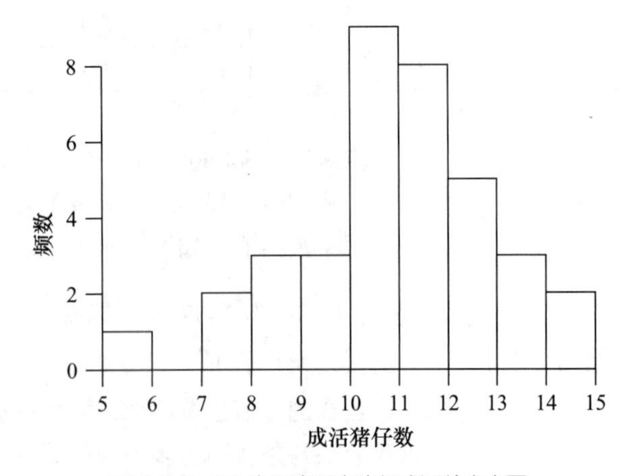

图 2.2.5 36 头母猪所生猪仔成活数直方图

相对频率

频数尺度经常可用**相对频率**（relative frequency）尺度替代：

$$相对频率=\frac{频数}{n}$$

如果具有不同 n 值的几个数据集放在一起进行比较时，相对频率是很有用的。换句话说，相对频率能够用百分频率来表示。其所表示的图形并不受频数尺度的影响，如下例所示。

例 2.2.5
一品红

例 2.2.1 中的一品红的颜色分布，可用表 2.2.5 频数、相对频率和百分频率表示，如图 2.2.6 所示。

表 2.2.5 182 株一品红的颜色

颜色	频数	相对频率	百分频率
红色	108	0.59	59
粉色	34	0.19	19
白色	40	0.22	22
总数	182	1.00	100

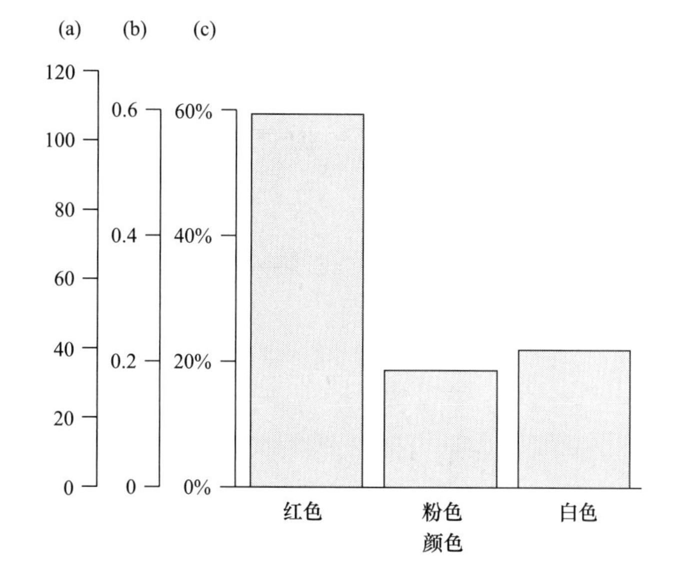

图 2.2.6 用三种尺度表示一品红颜色条形图
（a）频数
（b）相对频率
（c）百分频率

分组频数分布

在前述例子中，简单的未分组的频数分布提供了简明的数据汇总。对许多数据集来说，为了适当浓缩信息，对数据进行分组是必须的（对连续型变量，通常就是这种情况）。下面例子显示的就是分组频数分布。

例 2.2.6
血清 CK

肌酸磷酸激酶（CK）是一种与肌肉和大脑功能相关的酶。作为研究的一部分，需要确定 CK 值的自然变异，研究中对 36 名男性志愿者进行了抽血。他们血清的 CK 值（测量单位：U/L）见表 2.2.6[5]。表 2.2.7 所示为数据**分组**（classes）情况。例如，

[20,40)（所有值都在 $20 \leqslant y < 40$）这一组的频数是 1，表示只有 1 个 CK 值在这个范围内。用直方图表示的分组频数分布如图 2.2.7 所示。

表 2.2.6 36 名男子的血清 CK 值 单位：U/L

121	82	100	151	68	58
95	145	64	201	101	163
84	57	139	60	78	94
119	104	110	113	118	203
62	83	67	93	92	110
25	123	70	48	95	42

表 2.2.7 36 名男子血清 CK 值的频数分布

血清 CK 值 /(U/L)	频数（男子数）
[20,40)	1
[40,60)	4
[60,80)	7
[80,100)	8
[100,120)	8
[120,140)	3
[140,160)	2
[160,180)	1
[180,200)	0
[200,220)	2
总数	36

分组频数分布可以显示数据的基本特征。例如，直方图 2.2.7 显示，平均 CK 值大约是 100 U/L，并且大多数值为 60~140 U/L。另外，直方图还显示出了分布的形状。注意，CK 值是围绕着中心峰值或**众数**（mode）堆积的。在其众数的两边，频数下降，直到形成分布的**尾巴**（tails）。这些形状特征如图 2.2.8 所示。CK 值分布并不是对称的，而是有一点**向右端偏斜**（skewed to the right），这就意味着右尾比左尾延伸更多一些*。

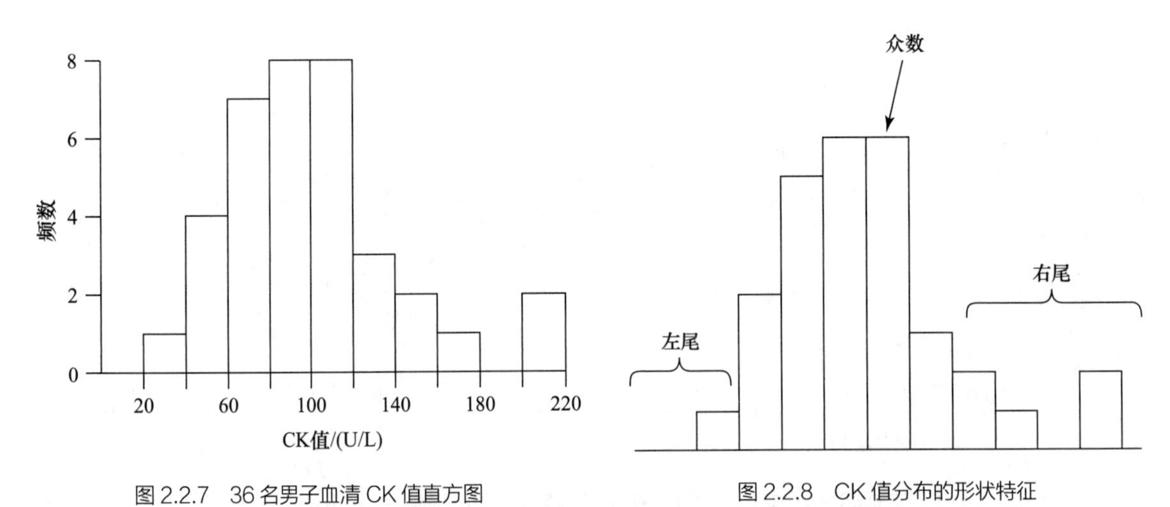

图 2.2.7 36 名男子血清 CK 值直方图　　图 2.2.8 CK 值分布的形状特征

当制作直方图时，我们需要决定有多少个分组和组宽度。如果用计算机软件来产生直方图，程序将为我们选择分组和组距，但多数软件允许我们改变组数，以确定合适的组距。如果数据集很大并且很分散，较好的办法就是对数据用一个以上的

* 为了有助于记忆偏态分布的哪尾是长尾，想象一下偏斜的延伸方向。分布的哪一边更向远离中心的方向延伸呢？向右偏斜的分布就是右尾延伸比左尾延伸多的分布。

直方图进行评判，如例 2.2.7 所做的那样。

例 2.2.7 学生身高

有一个 510 名大学生的样本，他们被问到身高是多少。注意：他们并没有进行测量，而是自己说出自己的身高[6]。图 2.2.9 显示出了分 7 个组、组距为 3in（1in = 2.54cm）的自报数值分布。由于只分了 7 个组，分布显得相当对称，并围绕 66in 有一个单峰值。

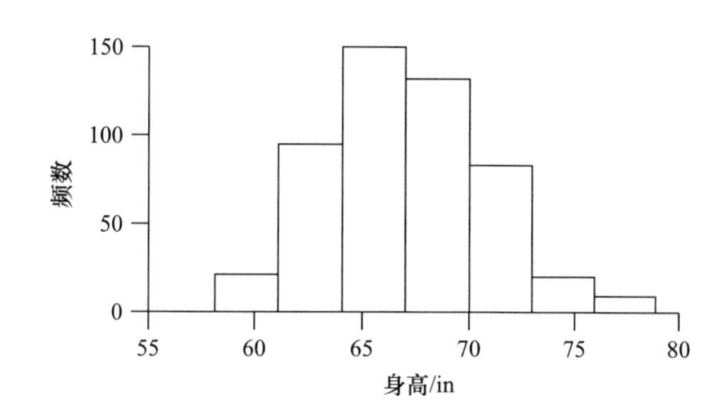

图 2.2.9 7 个分组（组距 =3in）的学生身高

图 2.2.10 所示为身高数据，但其直方图采用了 18 个分组，组距为 1.1。从这些数据可以直观地看到两个众数：女性一个，男性一个。

图 2.2.11 所示为另一组高度数据，这次使用了 37 个分组，组距为 0.5。分组较多的分布看起来像锯齿。在这种情况下，我们看到在多个观察值和少数观察值之间有另一种类型。在分布的中部，我们看到，有许多学生报告的身高都是 63in，只有少数学生报告的是 63.5in，报告为 64in 的又是多数，以此类推。这似乎是大多数同学都选择了最接近的 in！

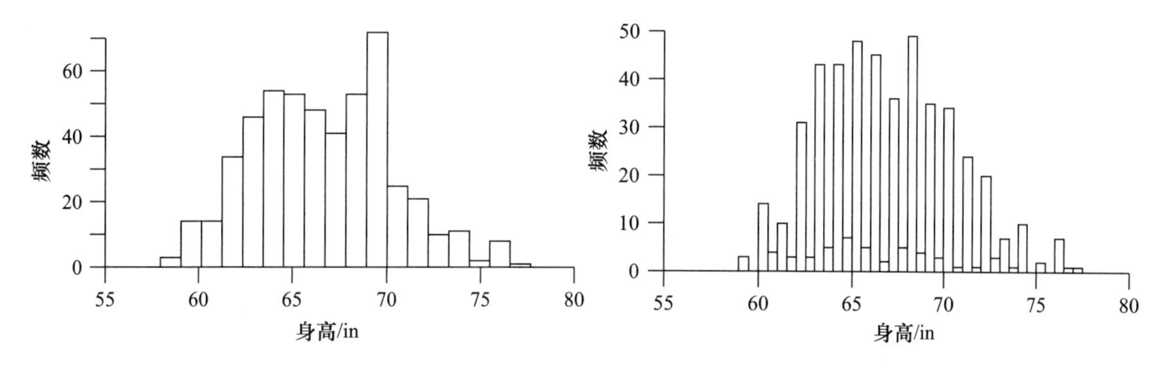

图 2.2.10 18 个分组（组距 =1.1in）的学生身高

图 2.2.11 37 个分组（组距 =0.5in）的学生身高

直方图的面积解析

直方图可以两种方式来观察。各个直方条的顶端勾勒出了分布的形状。每个直方条的面积就是相应频数的比例。通常，一个或几个直方条的面积能够解释为代表那些直方条分组的观察值数目。例如，图 2.2.12 所示为例 2.2.6 中 CK 值（肌酸磷酸激酶）分布的直方图。阴影面积是所有直方条总面积的 42%。也就是说，42% 的

CK值是处于所对应的组内，即36个中有15个或42%的值处于60U/L和100 U/L之间。

直方图的面积解析是一个简单而重要的理念。在后面与分布相关的内容中，我们将发现这种理念是不可缺少的。

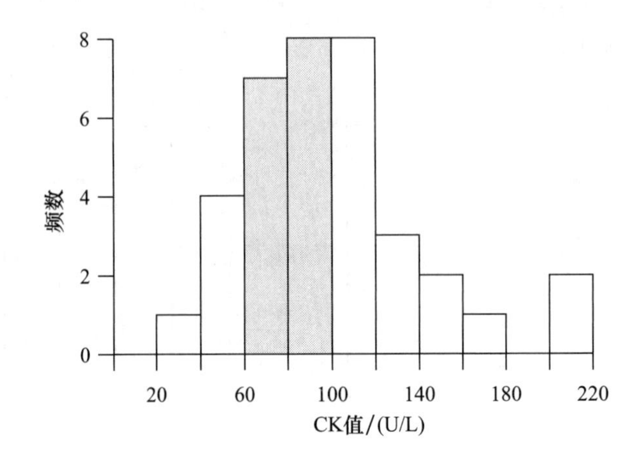

图 2.2.12 CK值（肌酸磷酸激酶）分布的直方图。阴影面积是总面积的42%，代表了42%的观察值

分布的形状

当讨论数据集时，我们希望描述分布的形状、中心和范围。本节我们集中讨论频数分布的形状，介绍生命科学中会遇到的几种不同的分布。分布的形状可以用一条近似直方图的光滑曲线来反映，如图2.2.13所示。

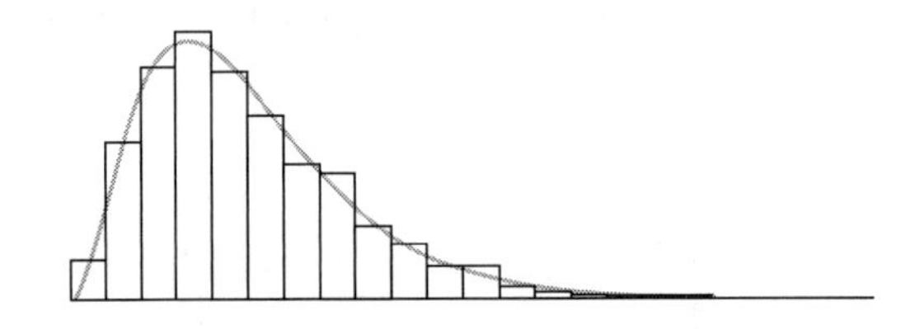

图 2.2.13 通过一条光滑曲线对直方图的近似表示

图2.2.14所示为几种分布的形状。对生物学数据来说，常见的形状是**单峰**（unimodal）的（有一个众数），并且稍微向右倾斜，如图2.2.14（c）所示。图2.2.14（a）那样近似钟形的也会出现。有时，分布是对称的，但因尾巴长度不同而呈不同的钟形，图2.2.14（b）所示为夸大了的形状。向左倾斜［图2.2.14（d）］和指数［图2.2.14（e）］形状的都很少见。图2.2.14（f）中的**双峰**（bimodality）曲线（两个众数），所代表的是观察单位中有区别的亚组的情况。

注意，我们所强调的形状特征，如众数数目、对称程度，都是无尺度的；也就是说，它们并不因描绘分布上主观选择的垂直和水平尺度而受到影响。相反，分布是否呈现出短而肥或高而瘦的特征，是会受分布描绘影响的，因此，它不是生物学变量所固有的特征。

下面三个例子说明了具有不同形状的生物学频数分布。第一个例子，形状提供的分布事实上是生物学的而不是非生物学的证据。

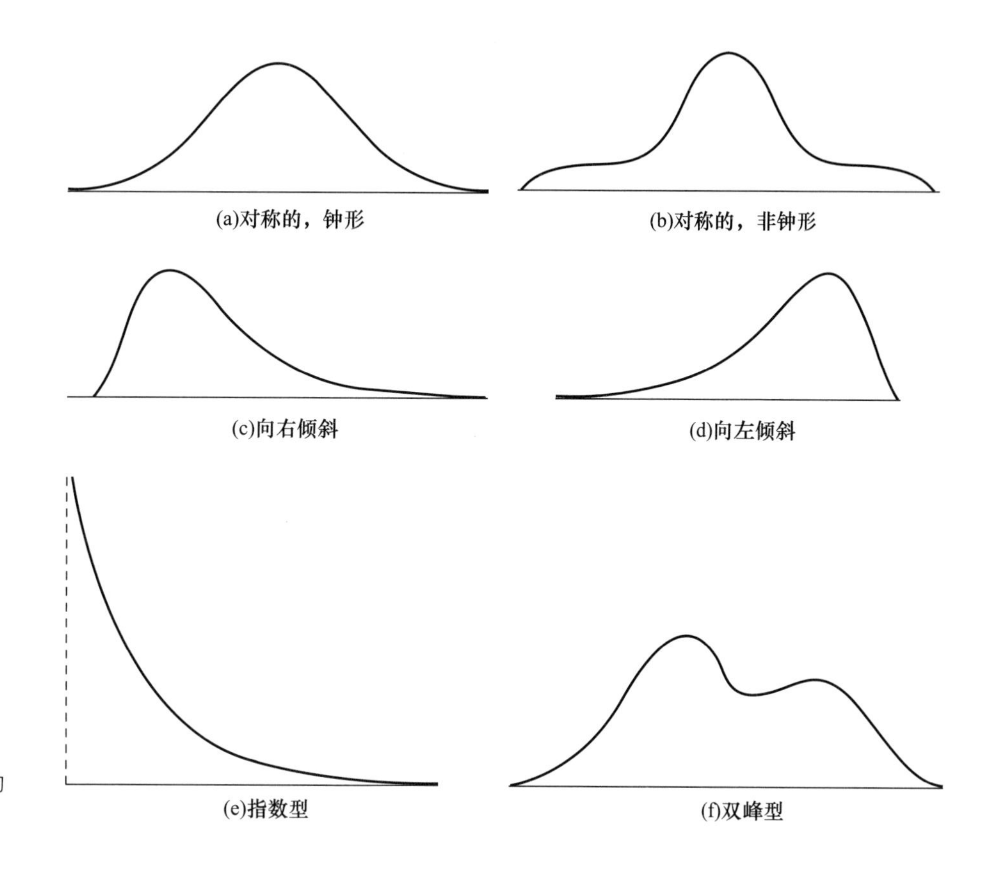

图 2.2.14 分布的形状

例 2.2.8 微化石

1977 年，古生物学家在 35 亿年前的岩石中发现了类似于藻类的显微化石结构。问题的核心是，这些结构是否就是生物的起源。争论的焦点在其大小的分布上，如图 2.2.15 所示。这个分布，其形状是单峰而且是相当对称的，类似于已知的微生物群落，而不是已知的非生物结构[7]。

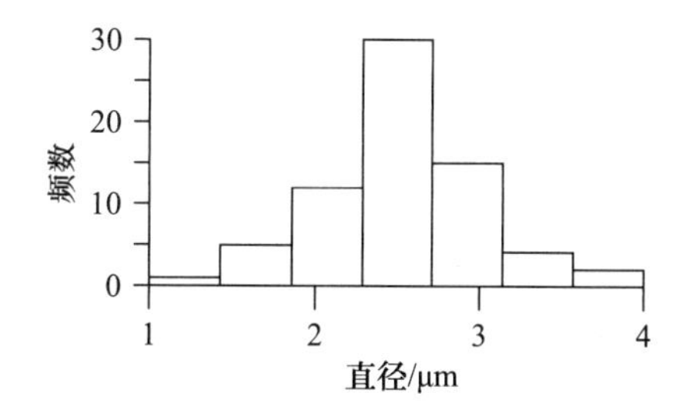

图 2.2.15 微化石的大小

例 2.2.9 细胞放电次数

神经生物学家观察了培养中的大鼠肌肉细胞与神经细胞一起放电的现象。连续 308 次放电的时间间隔分布如图 2.2.16 所示。我们注意到这是一个指数形的分布[8]。

例 2.2.10 大脑的质量

1988 年，P. Topinard 发布了几百个法国男性和女性大脑质量（g）的数据。男性和女性的数据分别如图 2.2.17（a）和（b）所示。男性的分布相当对称且为钟形；女性的分布稍微向右倾斜。图 2.2.17（c）部分显示的是男性和女性合在一起的大脑质量（g）分布。合在一起的分布略微呈单峰状[9]。

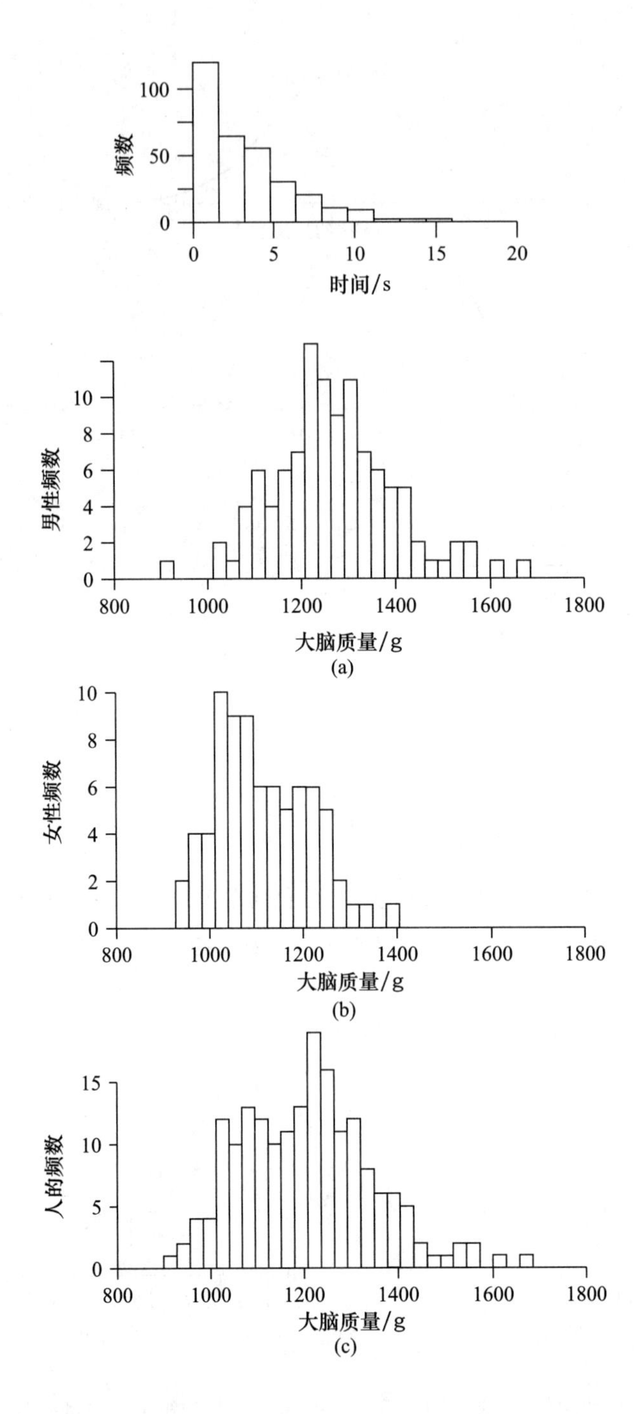

图 2.2.16 大鼠肌肉细胞放电的时间间隔

图 2.2.17 大脑质量

变异来源

在解析生物学数据时，了解变异的来源是有用的。一个数据集中观察值的变异常常反映出几个潜在因素的混合效应。下面两个例子说明了这种情况。

例 2.2.11 种子的质量

在区分环境效应与遗传效应的经典试验中，遗传学家对菜豆（*Phaseolus vulgaris*）的种子进行了称重。图 2.2.18（a）所示为来自一批商业种子中 5494 粒种子的质量分布；图 2.2.8（b）所示为从原种分离出单粒种子繁育的高纯度自交系中的 712 粒种子的质量分布。图 2.2.8（a）的变异性是由环境和遗传因素两方面决定的，对于

图 2.2.8（b），因为其植株在遗传上近乎相同，质量的变异性很大程度上是由环境影响的[10]。因此，自交系的变异性就比较小。

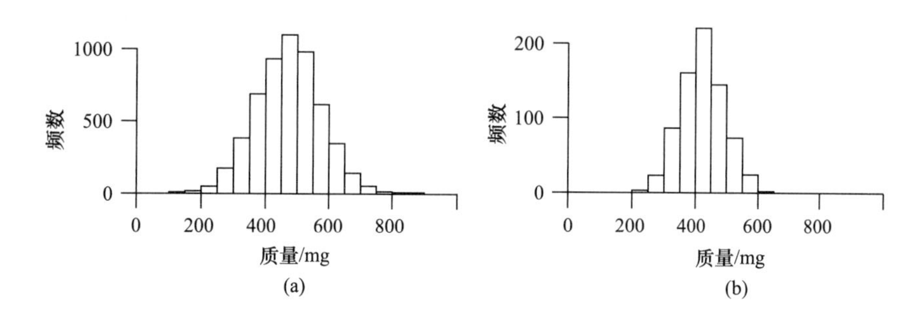

图 2.2.18 菜豆种子的质量

（a）来自于开放的选育群体

（b）来自于自交系

例 2.2.12 血清 ALT

丙氨酸转氨酶（ALT）是一种存在于大多数人体组织中的酶。图 2.2.19（a）所示为 129 个成年志愿者的血清 ALT 浓度。下面是各测量值间变异性的潜在来源：

1. 个体间

（a）遗传；

（b）环境。

2. 个体内

（a）生物学方面：随时间变化而变化；

（b）检测方面：不精确的检测。

最后来源的效应——检测变异，可以从图 2.2.19（b）中看出来，它显示的是同一血清样品 109 个检测值的频数分布；图示表明 ALT 检测是相当不准确的[11]。

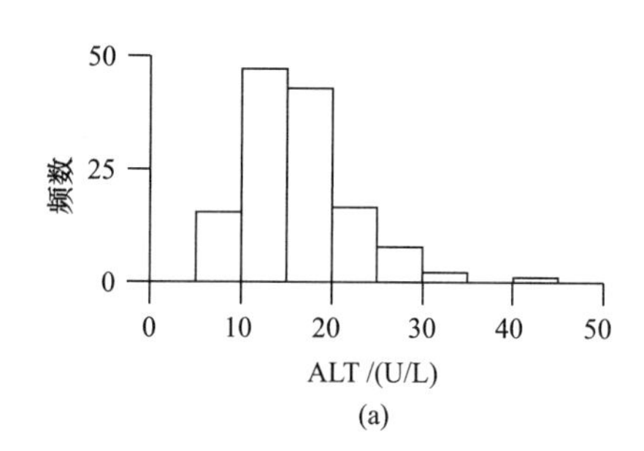

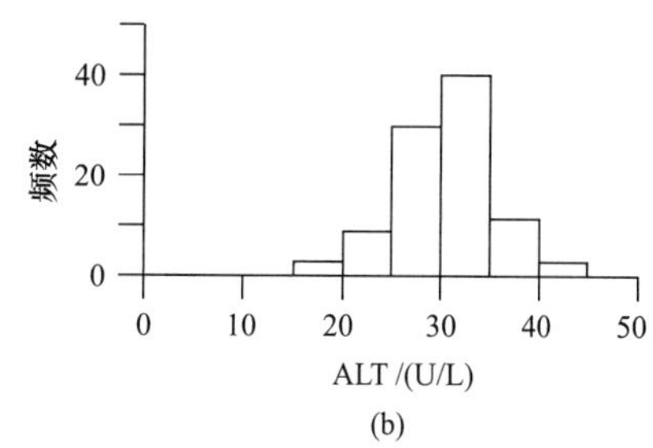

图 2.2.19 血清 ALT 测量值的分布

（a）129 个志愿者的测量值

（b）对同一样品 109 个测量值

练习 2.2.1—2.2.9

2.2.1 古生物学家测量了已灭绝动物 *Acropithecus rigidus* 36 个样品的最后一个臼齿的宽度（单位：mm）。结果如下[12]：

6.1 5.7 6.0 6.5 6.0 5.7
6.1 5.8 5.9 6.1 6.2 6.0
6.3 6.2 6.1 6.2 6.0 5.7
6.2 5.8 5.7 6.3 6.2 5.7
6.2 6.1 5.9 6.5 5.4 6.7
5.9 6.1 5.9 5.9 6.1 6.1

（a）构建频数分布，并列表，制作直方图；

（b）描述分布的形状。

2.2.2 在精神分裂症的研究中，研究人员测量了 18 位病人血液中血小板的单胺氧化酶（MAO）的活性。结果用每 10^8 个血小板产生苯甲醛的纳摩尔数来表示如下[13]：

6.8 8.4 8.7 11.9 14.2 18.8
9.9 4.1 9.7 12.7 5.2 7.8
7.8 7.4 7.3 10.6 14.5 10.7

构建这些数据的点线图。

2.2.3 考察练习 2.2.2 中所列数据，构建频数分布，并列表，制作直方图。

2.2.4 树突树是从神经细胞中生出的分支结构。作为大脑发育研究的一部分，从新生天竺鼠的大脑中取出 36 个神经细胞。研究人员记录了从每个细胞中生出的树突分支的数目。具体数目如下[14]：

23 30 54 28 31 29 34 35 30
27 21 43 51 35 51 49 35 24
26 29 21 29 37 27 28 33 33
23 37 27 40 48 41 20 30 57

构建这些数据的点线图。

2.2.5 考察练习 2.2.4 中所列数据，构建频数分布，并列表，制作直方图。

2.2.6 对牛奶进行定期测试可以估计奶牛所产蛋白质总量。下面是 28 头 2 年龄荷斯坦奶牛每年蛋白质生产值（lb）的总量。对所有动物来说，饮食、挤奶程序和其他条件都是一样的[15]。

425 481 477 434 410 397 438
545 528 496 502 529 500 465
539 408 513 496 477 445 546
471 495 445 565 499 508 426

构建频数分布，并列表，制作直方图。

2.2.7 兽医测定了 31 头健康狗左眼前房和血液血清中的葡萄糖浓度。下面的数据是前房葡萄糖测定值，用血液葡萄糖的百分比来表示[16]。

81 85 93 93 99 76 75 84
78 84 81 82 89 81 96 82
74 70 84 86 80 70 131 75
88 102 115 89 82 79 106

构建频数分布，并列表，制作直方图。

2.2.8 农学家测定了伊利诺斯 16 个当地杂交玉米品种的产量。单位为浦式耳 / 英亩（1 英亩 = $4.05\times10^3 m^2$，1 浦式耳 =36.37L）表示的数据如下[17]：

241 230 207 219 266 167
204 144 178 158 153
187 181 196 149 183

（a）构建这些数据的点线图；
（b）描述其分布的形状。

2.2.9（计算机求解） 锥体虫是引起人类和动物疾病的寄生虫。在对锥体虫形态学早期的研究中，研究人员测量了 500 个采自大鼠血液中锥体虫的长度。对结果进行了汇总，同时构建了频数分布[18]。

长度 / μm	频数（个体数）	长度 / μm	频数（个体数）
15	1	27	36
16	3	28	41
17	21	29	48
18	27	30	28
19	23	31	43
20	15	32	27
21	10	33	23
22	15	34	10
23	19	35	4
24	21	36	5
25	34	37	1
26	44	38	1

（a）采用 24 个分组构建这些数据的直方图（也就是，从 15 到 38 以每一个整数划分为一组）；
（b）直方图的哪种特性能够解释 500 个个体是两种有区别类型的混合体？
（c）构建只有 6 个分组的数据直方图。讨论该直方图如何提供了与（a）直方图质不同的信息。

2.3 描述统计学：中心度量

对于分类数据，频数分布可以简明而完整地对样本进行概括。对数值变量来说，频数分布作为较少数值度量的补充是有用的。从样本数据计算而得到数值度量称为**统计数**（statistic）*。**描述统计学**（descriptive statistics）就是描述一个数据集的统计学。通常，对样本描述的统计学就是根据所提供的与总体有关的信息进行的计算（见 2.8 节）。本节中，我们将讨论数据的中心度量。定义一个样本观察值的“中心”或“代表值”有几种不同的方式。我们将考察两个最广泛使用的中心度量：中位数和平均数。

中位数

也许数据集最简单的中心度量就是样本**中位数**（median）了。样本中位数就是最接近位于样本中间的值，它就是将排列好的数据分成两等份的那个数据值。为了找到中位数，首先要按升序对观察值进行排列。在排列好的数据中，中位数就是位于中间的那个值（如果 n 为奇数）或两个中间值的中间值（如果 n 为偶数）。我们用符号 $\tilde{y}$ 表示样本的中位数。例 2.3.1 说明了中位数的定义。

例 2.3.1
羔羊的增重

下面是给予相同饲喂条件下 6 只小羔羊 2 周的增重量（lb，1lb＝0.45kg）[19]：

11 13 19 2 10 1

观察值按顺序排列为：

1 2 10 11 13 19

增重量的中位数是：

$$\tilde{y}=\frac{10+11}{2}=10.5\ \text{lb}$$

中位数把按顺序排列的数据分成两个相等的部分（落入中位数上面和下面的观察值的数目是相同的）。图 2.3.1 所示为羔羊增重数据的点线图，并标注了 $\tilde{y}$ 的位置。

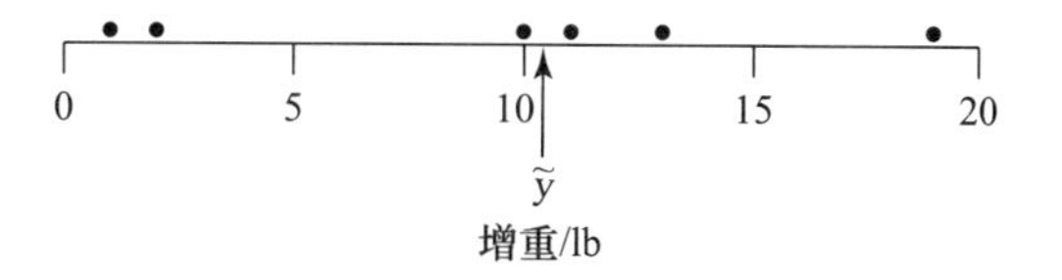

图 2.3.1 羔羊增重数据的点线图

例 2.3.2
羔羊的增重

假设样本包含一个以上的羔羊，具有 7 个按顺序排列的观察值，如下：

1 2 10 10 11 13 19

对于此样本，增重的中位数是：

$$\tilde{y}=10\ \text{lb}$$

* 基于整个总体的数值度量称为参数。将在 2.8 节中对其进行更详细的讨论。

（注意：在这个例子中，有两个羔羊的增重与中位数是相等的。第 4 个观察值，即第 2 个 10，就是中位数。）

定义中位数更正式的方法是根据有序排列的顺序位置来确定（数最小的观察值为顺序 1，其次为 2，以此类推）。中位数的顺序位置等于：

$$(0.5)(n+1)$$

如果 n=7，我们计算出（0.5）(n+1）=4，因此，中位数就是第四大的观察值；如果 n=6，我们有（0.5）(n+1）=3.5，因此，中位数就是第三大和第四大观察值之间的中间值。注意，该公式并不能给出中位数，它给出的是数据序列范围内中位数的位置。

平均数

最熟悉的中心度量是一般平均或**平均数**（mean）（有时称为算术平均数）。样本平均数就是观察值的总和除以观察值的数目。如果我们用 Y 表示变异，以 y_1，$y_2 \cdots y_n$ 表示一个样本中的观察值，那么我们就可以用符号 $\bar{y}$ 表示样本平均数。例 2.3.3 说明了这种表示方法。

例 2.3.3
羔羊的增重

下面是例 2.3.1 的数据：

11 13 19 2 10 1

这里，y_1=11，y_2=13，……，y_6=1。观察值的总和是 11+13+…+1=56。我们用“求和符号”把它写为 $\sum_{i=1}^{n} y_i = 56$。符号 $\sum_{i=1}^{n} y_i$ 表示多个 y_i 加起来。因此，当 n=6 时，$\sum_{i=1}^{n} y_i = y_1+y_2+y_3+y_4+y_5+y_6$。在这种情况下，我们得到 $\sum_{i=1}^{n} y_i$ = 11+13+19+2+10+1=56。

在这个样本中，6 只羔羊增重的平均数是：

$$\bar{y} = \frac{11+13+19+2+10+1}{6}$$

$$=9.33 \text{ lb}$$

样本平均数

样本平均数的一般定义是

$$\bar{y} = \frac{\sum_{i=1}^{n} y_i}{n}$$

这里，y_i 是样本观察值，n 是样本容量（也就是 y_i 的数目）。

中位数把数据分成两等份（也就是，上下具有相同的观察值数目）时，而平均数就是数据的“平衡点”。图 2.3.2 所示为羔羊增重数据的点线图，图中标注了中位数 $\tilde{y}$ 的位置。假如数据点是失重跷跷板上的儿童，那么如果支点放在 $\tilde{y}$ 处，跷跷板将倾斜，尽管每一边有相同数量的儿童。左边的儿童（低于 $\tilde{y}$）比右边的儿童（高于$\tilde{y}$）趋向于坐得更远一些，因此引起了跷跷板的倾斜。然而，如果支点置于$\bar{y}$处，跷跷板就会像图 2.3.3 那样完全平衡了。

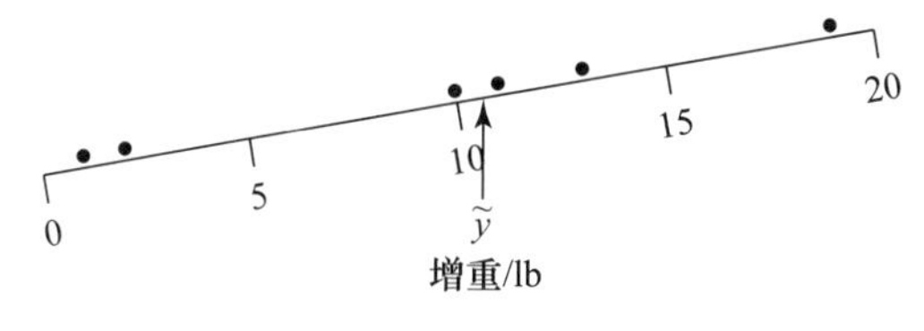

图 2.3.2 样本中位数作为平衡支点的羔羊增重数据点线图

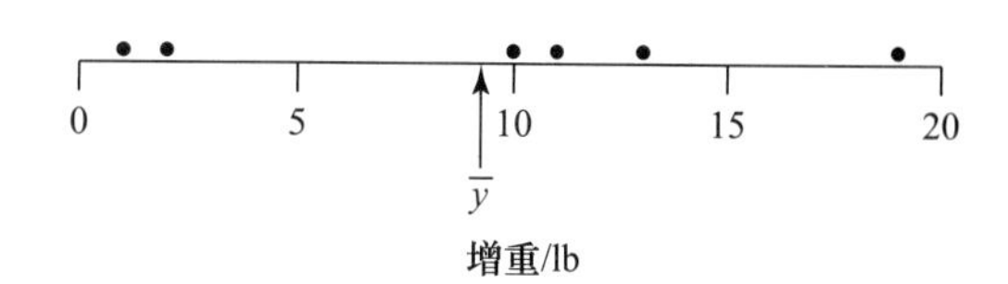

图 2.3.3 样本平均数作为平衡支点的羔羊增重数据点线图

数据点与平均数的差异称为**离差**（deviation）：离差 $i = y_i - \bar{y}$。平均数具有距离平均数离差之和为 0 的特性，也就是。$\sum_{i=1}^{n}(y_i - \bar{y}) = 0$ 。在这种情形下，平均数就是分布的中心，即正的离差与负的离差是平衡的。

例 2.3.4
羔羊的增重

对羔羊增重的数据，各个离差如下：

离差 $_1 = y_1 - \bar{y} = 11-9.33=1.67$

离差 $_2 = y_2 - \bar{y} = 13-9.33=3.67$

离差 $_3 = y_3 - \bar{y} = 19-9.33=9.67$

离差 $_4 = y_4 - \bar{y} = 2-9.33=-7.33$

离差 $_5 = y_5 - \bar{y} = 10-9.33=0.67$

离差 $_6 = y_6 - \bar{y} = 1-9.33=-8.33$

离差总和是 $\sum_{i=1}^{n}(y_i - \bar{y}) = 1.67+3.67+9.67-7.33+0.67-8.33=0$

稳健性 如果统计数的值相对不受数据较小部分变化（即使这种变化是剧烈的）的影响，就可以说这个统计数是**稳健**（robust）的或具有**抗性**（resistant）的。中位数就是稳健的统计数，但平均数就是稳健的，因为它会因仅一个观察值的改变而发生改变。例 2.3.5 说明了这种特性。

例 2.3.5
羔羊的增重

回顾羔羊增重的数据：

$$1 \quad 2 \quad 10 \quad 11 \quad 13 \quad 19$$

我们发现：

$$\bar{y} = 9.3, \quad \tilde{y} = 10.5$$

假设现在观察值 19 发生改变，甚至被略去。平均数或中位数将会受到什么影响呢？你可以通过想象图 2.3.3 中右边点来回移动来观察其影响。很清楚，平均数变化很大，而中位数受其影响较小。例如，

如果 19 改变为 12，平均数变成 8.2，中位数不改变；

如果 19 被省略掉，平均数变成 7.4，中位数变成 10。

这些改变并不是随意发生的；也就是说，样本的改变也许会来自同一喂养试验。当然，较大的变化，如 19 变为 100，将会剧烈地改变平均值。注意，它将不会对中位数有任何改变。

图示平均数和中位数

我们可以与分布的直方图相关联来图示平均数和中位数。中位数把直方图的底部粗略地分成了两半，这是因为中位数粗略地把观察值分成了两半（说“粗略”是因为有些观察值如图 2.3.3 与中位数重叠在一起了，还因为每组内的观察值与分布在组间并不一致）。平均数可视为直方图上的平衡点：如果直方图是用胶合板制成的，那么在平均数的位置进行支撑，它将是平衡的。

如果频数分布是对称的，其平均数与中位数是相等的，都落在分布的中心位置上。如果频数分布是倾斜的，两种度量都会拉向长尾的那边，但是平均数通常会比中位数拉得更远。倾斜的效应由下面例子来说明。

例 2.3.6 蟋蟀鸣叫时间

雄性摩门蟋蟀（*Anabrus simplex*）通过鸣叫来吸引同伴。农田研究者测量了 51 次失败鸣叫的持续时间，也就是直到雄性蟋蟀放弃鸣叫并离开其栖息处的时间[20]。图 2.3.4 所示 51 次鸣叫时间的直方图。表 2.3.1 所示原始数据。中位数为 3.7min，平均数是 4.3min。两个度量之间存在矛盾，这很大程度是由于分布的尾巴拖得太长；少数鸣叫时间很长而影响了平均数，但对中位数没有影响。

表 2.3.1 51 只蟋蟀的鸣叫时间 单位：min

4.3	3.9	17.4	2.3	0.8	1.5	0.7	3.7
24.1	9.4	5.6	3.7	5.2	3.9	4.2	3.5
6.6	6.2	2.0	0.8	2.0	3.7	4.7	
7.3	1.6	3.8	0.5	0.7	4.5	2.2	
4.0	6.5	1.2	4.5	1.7	1.8	1.4	
2.6	0.2	0.7	11.5	5.0	1.2	14.1	
4.0	2.7	1.6	3.5	2.8	0.7	8.6	

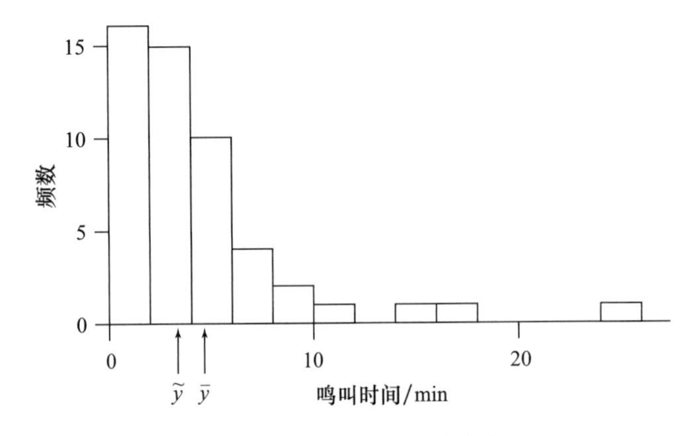

图 2.3.4 蟋蟀鸣叫时间直方图

平均数与中位数的对比

通常平均数与中位数都是数据集中心的合理度量。平均数与总和相关联。例如，如果 100 只羔羊的平均增重是 9 lb，那么总增重就是 900 lb，并且这个总和也许是农民的主要利益，因为它或多或少地直接转化为农民的利润。在某些情况下，平均数是没有意义的。例如，假设观察值是实施某种治疗方案的癌症病人生存的时间，大多数病人存活不超过 1 年，而少数人对治疗的反应较好并且能够存活 5 年甚至 10 年。在这种情况下，平均存活时间可能比大多数病人存活的时间要长；而中位数会更近似代表“典型”病人的情况。注意，平均存活时间在最后一个病人死亡之前是不能进行计算的，而中位数则不涉及这个缺点。在生物鉴定、生存和毒性研究等非寻常情况下，中位数可以很方便地计算出来，但平均数不能。

我们注意到，中位数比平均数具有更好的稳健性。如果数据集包含有一些远离数据主体的观察值，也就是“拉长”的尾巴，那么平均数就会过度地受这些少数不寻常观察值的影响。因此，这个“尾巴”可能是“摇尾狗”，我们不希望这种情形出现。在这样的情况下，中位数的抗性可能是有利的。

平均数的好处是，在某些情况下它比中位数更有效率。效率是统计学理论中的技术概念。粗略地讲，如果能够得到数据中所有信息的全部优点，这种方法就是有效率的。平均数在统计学经典方法中起着主要的作用，部分原因就是它的效率。

练习 2.3.1—2.3.16

2.3.1 虚构一个样本容量为 5、样本平均数是 20、各个观察值不相等的样本。

2.3.2 虚构一个样本容量为 5、样本平均数是 20、样本中位数是 15 的样本。

2.3.3 研究人员将致癌的（引起癌症的）化合物苯并芘应用到 5 只老鼠的皮肤上，48h 后测定肝组织中的浓度。结果（nmol/g）如下[21]：

6.3 5.9 7.0 6.9 5.9

确定其平均数和中位数。

2.3.4 考察练习 2.3.3 中的数据。所计算的平均数和中位数是否表明通常 48h 后肝组织中苯并芘浓度不等于 6.3 nmol/g？

2.3.5 6 位高血清胆固醇男性参与了一项研究，评估饮食对胆固醇含量的影响。在研究开始时，他们的血清胆固醇含量（mg/dL）如下[22]：

366 327 274 292 274 230

确定其平均数和中位数。

2.3.6 考察练习 2.3.5 中数据。假设将等于 400 的附加观察值加入样本中，7 个观察值的平均数和中位数将是多少？

2.3.7 对试验周期超过 140d 的肉用阉牛增重进行了测量。在同样食物条件下，9 头阉牛平均日增重（lb/d）如下[23]：

3.89 3.51 3.97 3.31 3.21

3.36 3.67 3.24 3.27

确定其平均数和中位数。

2.3.8 考察练习 2.3.7 中的数据。所计算的平均数和中位数是否表明通常阉牛增重为 3.5 lb/d？是否表明增重为 4.0 lb/d？

2.3.9 考察练习 2.3.7 中数据。假设将等于 2.46 的附加观察值加入样本中。10 个观察值的平均数和中位数将是多少？

2.3.10 作为经典突变试验的一部分，从所培养的细菌 *E. coli* 中取相同大小的 10 等份，确定了抗某种病毒的细菌数目。结果如下[24]：

14 15 13 21 15

14 26 16 20 13

（a）构建这些数据的频数分布，并绘制直方图；

（b）确定其平均数和中位数，并在直方图中标注其位置。

2.3.11 下表给出了 36 头母猪（如例 2.2.4）每窝产仔数（21d 后存活的仔猪的数目）。确定每窝产仔数的中位数（提示：注意，有 1 个 5，2 个 7，3 个 8，依此类推）。

猪仔数	频数（母猪数）
5	1
6	0
7	2
8	3
9	3
10	9
11	8
12	5
13	3
14	2
总和	36

2.3.12 考察练习 2.3.11 中数据。确定 36 个观察值的平均数［提示：注意，有 1 个 5，2 个 7，3 个 8，依此类推。因此，$\sum y_i = 5 + 7 + 7 + 8 + 8 + 8 + \cdots = 5 + 2(7) + 3(8) + \cdots$］。

2.3.13 下面是一个直方图。

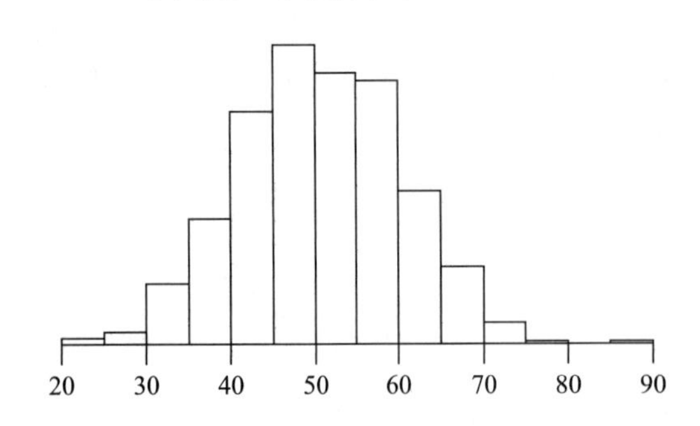

（a）估计该分布的中位数；（b）估计该分布的平均数。

2.3.14 考察练习 2.3.13 的直方图。通过“阅读”这个直方图，估计小于 40 的观察值的百分数。这个百分数接近 15%，25%，35%，还是 45%（注释：这个直方图没有给出频数，因为这里没有必要计算出每个分组中观察值的数目。并且小于 40 的观察值的百分数是能够通过审视面积进行估计的）？

2.3.15 下面是一个直方图。

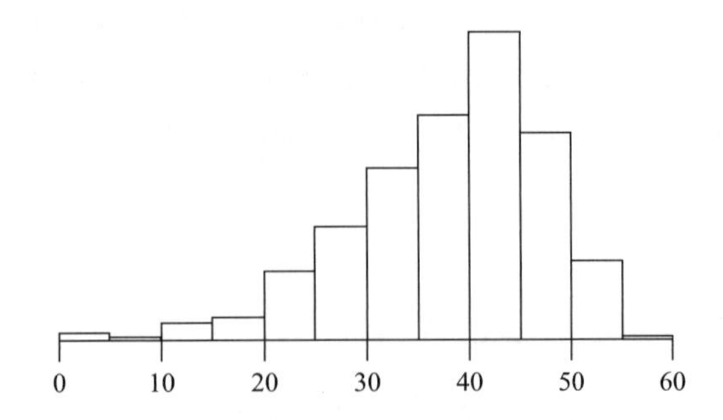

（a）估计该分布的中位数；（b）估计该分布的平均数。

2.3.16 考察练习 2.3.15 的直方图。通过“阅读”这个直方图，估计小于 45 的观察值的百分数。这个百分数接近 15%，25%，35%，还是 45%（注释：这个直方图没有给出频数，因为这里没有必要计算出每个分组中观察值的数目。并且小于 45 的观察值的百分数是能够通过审视面积进行估计的）？

2.4 箱线图

对于检查单个分布和进行多个分布的比较，箱线图都是最有效的图解之一，箱线图是本节的主题。在讨论箱线图之前，我们需要讨论四分位数。

四分位数和四分位数间距

分布的中位数把分布分成了两部分：下半部分和上半部分。一个分布的**四分位数**（quartile）就是把每半部分再分成两半，因此，把分布分成了 4 个四等份。**第一个四分位数**（first quartile）是数据集前面一半数据的中位数，用 Q_1 表示。**第三个四分位数**（three quartile）是数据集后面一半数据的中位数，用 Q_3 表示 *。下面的例子说明这些定义。

例 2.4.1 血压

7 位中年男子的心脏收缩压（mm Hg）如下[25]：

151　124　132　170　146　124　113

对这些数值按序排列，其样本是：

113　124　124　132　146　151　170

* 一些作者也使用其他四分位数的定义，一些计算机软件也如此。另一个常用的定义为，第一个四分位数为排序位置（0.25）（n+1），第三个四分位数为排序位置（0.75）（n+1）。这样，如果（n = 10），第一个四分位数的排序位置（0.25）（11）=2.75，也就是说，我们找到第一个四分数，并将在第 2 大和第 3 大观察值之间插入此数。如果 n 很大，那么不同作者使用不同定义之间的实际差异是很小的。

中位数是第 4 大观察值，为 132。在分布的下部分有三个点：113、124 和 124。这三个值的中位数是 124。因此，第一个四分位数 Q_1 是 124。
同样的，在分布的上部分有三个点：146、151 和 170。这三个值的中位数是 151。因此，第三个四分位数 Q_3 是 151。

113　124　124　132　146　151　170

　　　↑　　　　⋮　　　↑

第一个四分位数　中位数　第三个四分位数

Q_1　　　　　　Q_3

注意，中位数既没包括在分布的下部分也没包括在上部分。如果是样本容量 n 是偶数，那么正好是观察值的一半是其分布的下部分，另一半是上部分。

四分位数间距（interquartile range）是第一个四分位数与第三个四分位数之差，缩写为 IQR：IQR=Q_3–Q_1。对于例 2.4.1 血压数据，IQR 是 151–124=27。

例 2.4.2
脉动

测量了 12 位大学生的脉动[26]。该数据按次序排列，其中位数的位置由短线标注：

62　64　68　70　70　74 ⋮ 74　76　76　78　78　80

中位数是 $\frac{74+74}{2}=74$。分布下部分有 6 个观察值：62，64，68，70，70，74。因此，第一个四分位数是第 3 大和第 4 大数值的平均值：

$$Q_1=\frac{68+70}{2}=69$$

分布上部分的 6 个观察值为：74，76，76，78，78，80。因此，第三个四分位数是第 9 大和第 10 大数值（分布上部分中的第 3 大和第 4 大数值）的平均值：

$$Q_3=\frac{76+78}{2}=77$$

因此，其四分位数间距是：

$$\text{IQR} = 77-69 = 8$$

我们有：

62　64　68　70　70　74 ⋮ 74　76　76　78　78　80

　　　↑　　中位数　　↑

第一个四分位数　　　第三个四分位数

Q_1　　　　　　Q_3

最小的脉动值是 62，最大的脉动值是 80。

最小值、最大值、中位数和两个四分位数放在一起，被称为数据的**五数概括**（five-number summary）。

箱线图

箱线图（boxplot）是五数概括的图形展现。为了制作箱线图，我们首先要做一个数据线，然后标出最小值、四分位数 Q_1、中位数、四分位数 Q_3 和最大值的位置：

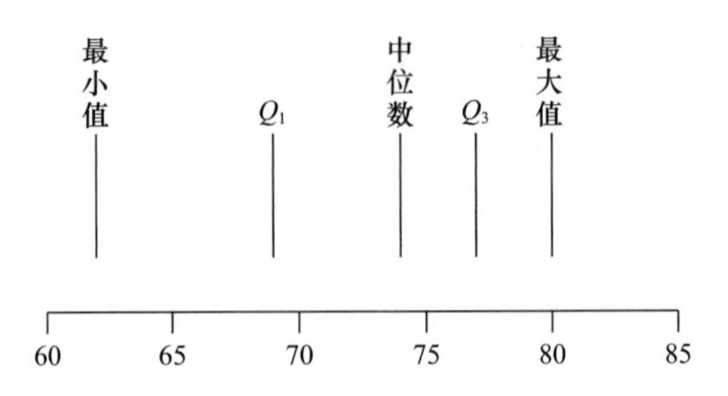

其次，我们做出连线四分位数的箱子：

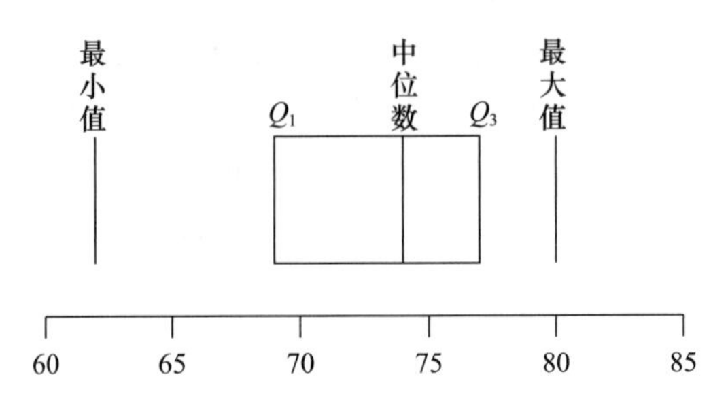

注意，四分数位间距与箱子的长度是相等的。最后，我们从 Q_1 向下扩展“细须”到最小值，从 Q_3 向上扩展“细须”至最大值：

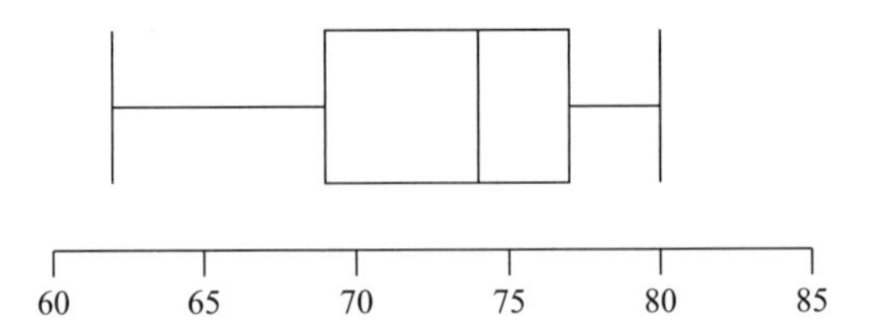

箱线图快速给出了分布的图示概括。我们能够从箱线上的中位数位置立即看到数据的中心在哪里。我们把最小值、最大值，以及分布中间一半的延伸（即代表箱子长度的四分位数间距）整体来看，则能了解总分布的分散情况。箱线图还给出了分布形状的信息。上述箱线图向下有一条长长的“细须”，指示其分布是向左倾斜的。例 2.4.3 显示了萝卜生长试验数据的箱线图 *。

例 2.4.3
萝卜生长

常见的生物学试验包括各种条件下萝卜幼苗的生长。其中的一个试验里，把湿润的纸巾放在一个塑料包中。用曲别针别在包底部向上的三分之一处，然后把萝卜种子沿着曲别针接缝处进行放置。一组学生将萝卜种子包置于完全黑暗处 3d，然后测量萝卜芽的长度，以 mm 为单位。他们搜集了 14 个观察值，数据列于表 2.4.1[27]。

表 2.4.1　3d 完全黑暗放置后萝卜的生长　　单位：mm

15	20	11	30	33
20	29	35	8	10
22	37	15	25	

* 本书中的这个箱线图和后面的箱线图格式上稍微有些变化。不同的计算机软件包做出的稍微有些不同，但所有箱线图都有基本相同的五数概括。

数据从小到大的排列为：

四分位数是 Q_1=15，Q_3=30。中位数 $\tilde{y}$=21，是两个中间值 20 和 22 的平均数。图 2.4.1 所示为该数据的箱线图。

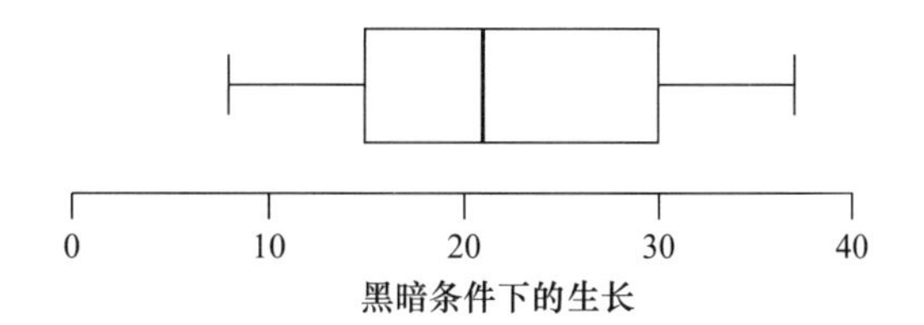

图 2.4.1 黑暗条件下萝卜生长数据的箱线图

异常值

有时，一个数据点与其余数据有很大的不同，它似乎与其他数据无关。这样的一个点称为**异常值**（outlier）。异常值也许是由于在数据记录时的记录错误或印刷错误所引起的，也可能是试验中设备故障所引起的，还可能是其他很多原因引起的。异常值是数据中最有趣的点。有时异常值告诉我们有关试验方案的问题（例如，在医学治疗中出现的设备故障或病人服用药物失败）。有时异常值可能提醒我们环境发生了变化（例如，医学试验中非正常的高或低的值能够表明病人患了一种疾病）。

人们经常非正式地使用术语“异常值”。但是，在统计实践中，有一个常用的“异常值”定义。为了给出异常值的定义，我们首先讨论栅栏的概念。分布的**下栅栏**（lower fence）为：

$$下栅栏 = Q_1 - 1.5 \times \text{IQR}$$

分布的**上栅栏**（upper fence）为：

$$上栅栏 = Q_3 + 1.5 \times \text{IQR}$$

这表明栅栏被定位于为除去箱线图箱子两边部分的 1.5 倍 IQR（即 1.5 × 箱子的长度）。

注意，栅栏并不需要数据值。事实上，在栅栏附近也许没有数据。栅栏仅仅是定位了样本分布的范围界限。这种界限给我们提供了确定异常值的方法。异常值是落在栅栏之外的数据点。也就是说，如果：

$$数据点 < Q_1 - 1.5 \times \text{IQR}$$

或

$$数据点 > Q_3 + 1.5 \times \text{IQR}$$

那么我们就称这个点为异常值。

例 2.4.4 脉动

在例 2.4.2 中，我们知道 Q_1=69，Q_3=77，IQR=8。这样，下栅栏是 69−1.5 × 8=69−12=57。任何小于 57 的点就是异常值。上栅栏是 77+1.5 × 8=77+12=89。任何大于

89 的点就是异常值。由于没有小于 57 或大于 89 的点，这个数据集中没有异常值。

例 2.4.5
光照条件下的萝卜生长

例 2.4.3 的数据是关于黑暗条件下萝卜幼苗的生长。在另一试验中，学生们在持续光照条件下测量了 14 株萝卜幼苗的生长情况。按顺序排列的观察值为：

3 5 5 7 7 8 9 ⋮ 10 10 10 10 14 20 21

↑ 中位数 ↑

第一个四分位数 第三个四分位数

Q_1 Q_3

这样，中位数是（9+10）/2=9.5，Q_1 是 7，Q_3 是 10。四分位数间距 IQR=10−7=3。下栅栏是 7−1.5 × 3=7−4.5=2.5，所以小于 2.5 的任何点都是异常值。上栅栏是 10+1.5 × 3=10+4.5=14.5，所以大于 14.5 的任何点都是异常值。因此，这个数据集中的两个最大数 20 和 21 是异常值。

我们定义确认异常值的方法是，在认为其是异常值之前，需要用大量数据确定极端观察值，因为四分位数和 IQR 是可以通过数据本身来确定。因此，在一个数据集中是异常值的点，在另一个数据集中也许并不是异常值。如果一个点与整个数据集中内存变异的关系是非正常的，我们就标记它为异常值。

异常值确定之后，人们经常会冒险从数据集中去除异常值。一般来说，这不是一个好主意。如果我们能够确认异常值是由于设备故障等原因引起的，那么我们就有理由在分析其余数据之前将异常值去除。然而，通常异常值是在没有合理的、外部的原因情况下出现的。在这种情况下，我们进行了简单的分析，并注意到有一个异常值的存在。在有些情况下，我们也许希望计算包括和去除异常值两种情况下的平均数，然后报告两者的计算结果，以表明异常值在综合分析中的效应。去除异常值是更可取的，因为异常值会掩盖有非正常数据点存在的事实。在用图形表达数据时，我们可以通过使用我们现在要介绍的改进的箱线图关注异常值。

改进的箱线图

箱线图概念标准的变化被称为改进的箱线图。**改进的箱线图**（modified boxplot）是任何异常值都能图示出分离点的箱线图。改进的箱线图优点是，它让我们能够快速地看到任何异常值的位置。

为了制作改进的箱线图，我们首先制作一个箱线图，不做最后一步。在画好箱线图的箱子后，我们要检查是否有异常值存在。如果没有异常值，那么我们就从箱子向外延伸细须到端点（最小值和最大值）。但是，如果在分布的上部有异常值，那么我们要用点或其他图形符号确定其位置。然后，我们从 Q_3 处向上延伸到不是异常值的最大数据点。同样，如果在分布的下部有异常值，那么我们加星号确定其位置并从 Q_1 处向下延伸到不是异常值的最小观察值。图 2.4.2 所示为持续光照条件下萝卜幼苗生长的分布。下栅栏与上栅栏之间的区域是白色的，而之外的区域是灰色的。

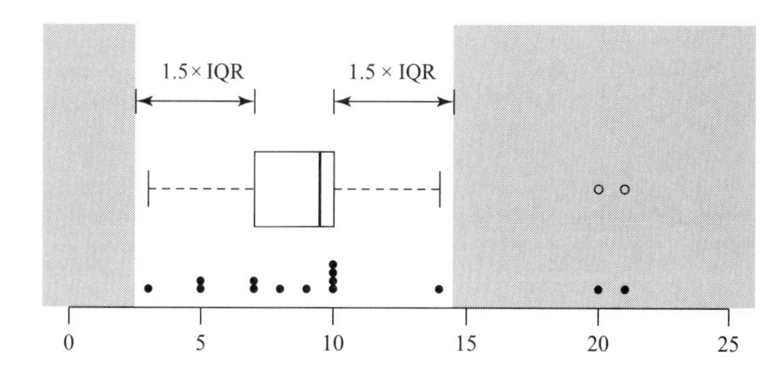

图 2.4.2 持续光照条件下萝卜生长数据的点线图和箱线图。灰色区域的点是异常值

图 2.4.3 所示为持续光照条件下萝卜生长数据的箱线图和改进的箱线图。

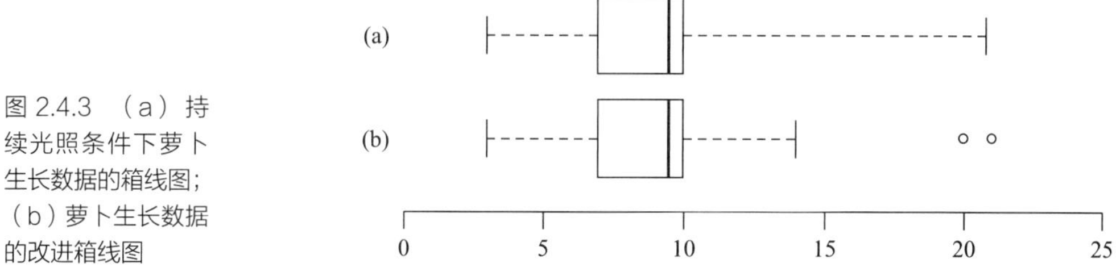

图 2.4.3 （a）持续光照条件下萝卜生长数据的箱线图；（b）萝卜生长数据的改进箱线图

当人们制作箱线图时，他们常常是制作改进的箱线图。计算机软件一般是根据用户需求制作箱线图时按程序产生改进的箱线图。因此，我们将使用术语“箱线图”来表示“改进的箱线图”。

练习 2.4.1—2.4.8

2.4.1 下面是练习 2.3.10 中关于 10 等份中每份抗病毒细菌数目的数据：

14	15	13	21	15
14	26	16	20	13

（a）确定其中位数和四分位数；

（b）确定其四分位数间距；

（c）为了成为异常值，这个数据集中的观察值将是多大？

2.4.2 下面是练习 2.2.2 中的 18 个单胺氧化酶（MAO）活性的测定值：

6.8	8.4	8.7	11.9	14.2	18.8
9.9	4.1	9.7	12.7	5.2	7.8
7.8	7.4	7.3	10.6	14.5	10.7

（a）确定其中位数和四分位数；

（b）确定其四分位数间距；

（c）为了成为异常值，这个数据集中的观察值将是多大？

（d）构建数据（改进的）箱线图。

2.4.3 在一项羊奶（用于制作干酪）研究中，研究人员测量了 11 头母羊三个月的羊奶产量。产量（L）如下[28]：

56.5	89.8	110.1	65.6	63.7	82.6
75.1	91.5	102.9	44.4	108.1	

（a）确定其中位数和四分位数；

（b）确定其四分位数间距；

（c）构建数据（改进的）箱线图。

2.4.4 对下面各直方图，利用直方图估计中位数和四分数，然后构建分布的箱线图。

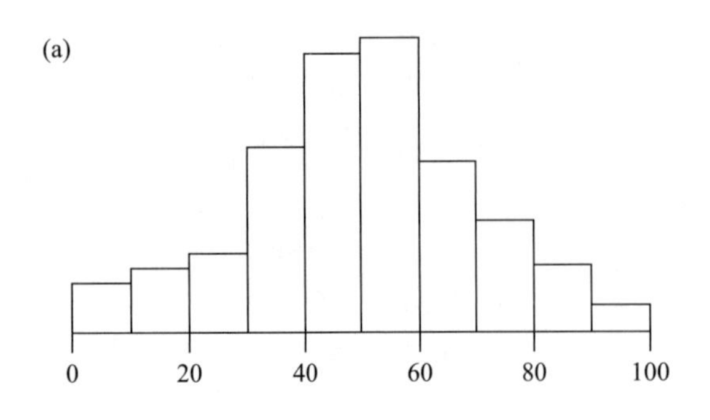

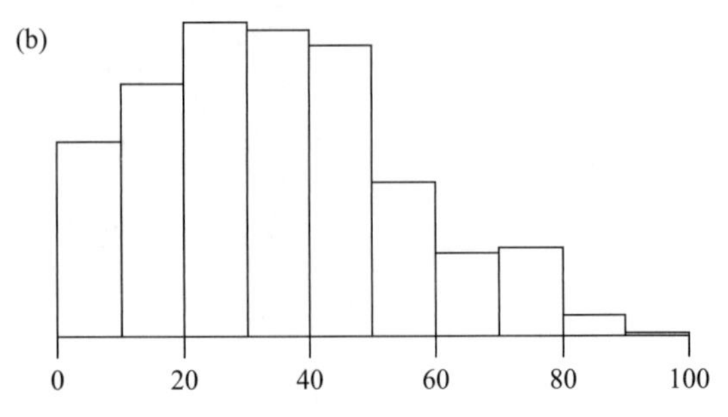

2.4.5 下面直方图与4个箱线图中的一个表示的是相同数据。哪个箱线图与直方图相匹配？请做出解释。

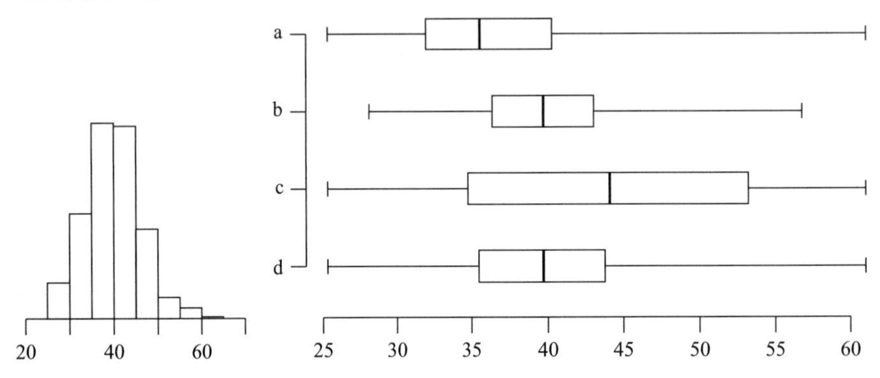

2.4.6 下面箱线图显示的一个数据集的五数概括。对于这些数据，其最小值是35，Q_1是42，中位数是49，Q_3是56，最大值是65。有可能出现数据中没有观察数等于42的情况吗？请做出解释。

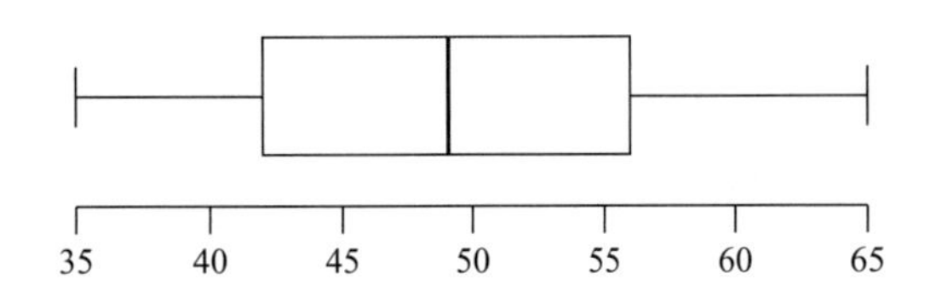

2.4.7 统计软件能够用来找出一个数据集的五数概括。下面是MINITAB软件描述Cl相关变量值的MINITAB表单。

变量	N	平均数	中位数	处理平均数	标准差	SE平均数
Cl	75	119.94	118.40	119.98	9.98	1.15

变量	最小值	最大值	Q1	Q3
Cl	95.16	145.11	113.59	127.42

（a）用MINITAB软件输出计算四分位数间距；

（b）这个数据集中有哪些异常值？

2.4.8 考察练习2.4.7中的数据。用给出的五数概括构建数据箱线图。

2.5　变量间的关系

在上节中，我们研究了包括数值和分类变量的**单变量**（univariate）概括。单变量概括就是一个简单变量的图示或数值概括。

直方图、箱线图、样本平均数和中位数都是数值型数据单变量概括的例子。条线图、频数和相对频率表是分类数据单变量概括的例子。本节中，我们来学习几个用于检查成对变量间关系的普通的**双变量**（bivariate）图示概括。

分类 – 分类关系

为了理解两个分类变量间的关系，我们首先要概括出数据的**双变量频数表**(bivariate frequency table)。与 2.2 节（一个单变量表）出现的频数分布表不同，双变量分布表包含行和列，每一维代表一个变量。行中所列变量和列中所列变量是随意选择的。下面例子考察了两个分类变量间的关系：大肠杆菌（*E. Coli*）来源与取样地点。

例 2.5.1
大肠杆菌（*E. Coli*）流域污染

为了确定莫罗贝湾三个地点粪便性初级污染源是否存在差异，在倾入莫罗贝湾的三个原始地采集了 n=623 的水样，其中乔罗溪 n_1=241，卢斯奥斯斯溪 n_2=256，桃花木泉 n_3=126[29]。利用 DNA 指纹图谱技术来确定每个水样中以大肠杆菌为优势菌株的肠道细菌。大肠杆菌来源分为五个类型：鸟、家养宠物（如猫或狗）、家畜（如马、牛、猪）、人和陆栖哺乳动物（如狐狸、老鼠、郊儿狼等）。因此，每个水样都有两个分类变量要确定：地点（乔罗溪、卢斯奥斯斯溪和桃花木泉）和大肠杆菌来源（鸟，…，陆栖哺乳动物）。表 2.5.1 所示为这些数据的频数分布表。

表 2.5.1　不同地点大肠杆菌来源频数分布表

地点	大肠杆菌来源					总数
	鸟	家养宠物	家畜	人	陆栖哺乳动物	
乔罗溪	46	29	106	38	22	241
卢斯奥斯斯溪	79	56	32	63	26	256
桃花木泉	35	23	0	60	8	126
总数	160	108	138	161	56	623

尽管表 2.5.1 提供了简洁的数据概括，但是我们很难发现数据是何种类型。检查其相对频数（行或列的比例）常常有助于我们进行有意义的比较，如下例。

例 2.5.2
大肠杆菌（*E. Coli*）流域污染

乔罗溪和桃花木泉的家养宠物中的大肠杆菌，哪个问题更大些？表 2.5.1 显示，乔罗溪的家养宠物大肠杆菌计数（29）高于桃花木泉（23），所以看起来似乎是乔罗溪的家养宠物的问题更大一些。然而，在乔罗溪采集的水样（n_1=241）多于桃花木泉（n_2=126），那么乔罗溪来源于家养宠物中的大肠杆菌相对频率（29/241=0.120）实际上低于桃花木泉（23/126=0.183）。表 2.5.2 所示为各行的百分数，以进行各个地点间的大肠杆菌来源的比较（注意，列的百分数在此处并没有意义，因为水样是按地点而不是按大肠杆菌来源采集的）。

表 2.5.2　不同地点大肠杆菌来源双变量相对频数表　　单位：%

地点	大肠杆菌来源					总数
	鸟	家养宠物	家畜	人	陆栖哺乳动物	
乔罗溪	19.1	12.0	44.0	15.8	9.1	100
卢斯奥斯斯溪	30.9	21.9	12.5	24.6	10.2	100
桃花木泉	27.8	18.3	0.0	47.6	6.3	100
总数	25.7	17.3	22.2	25.8	9.0	100

为了图示表 2.5.1 和表 2.5.2，我们可以检查一下**堆叠条形图**（stacked bar charts）。对堆叠频数条形图来说，每个条的整个高度代表了 X 分类变量（如地点）水平的样本容量，而片的高度或厚度则构成了 X 水平下 Y 分类（如大肠杆菌来源）计数条的代表值。图 2.5.1 所示为表 2.5.1 大肠杆菌污染数据的堆叠条形图。

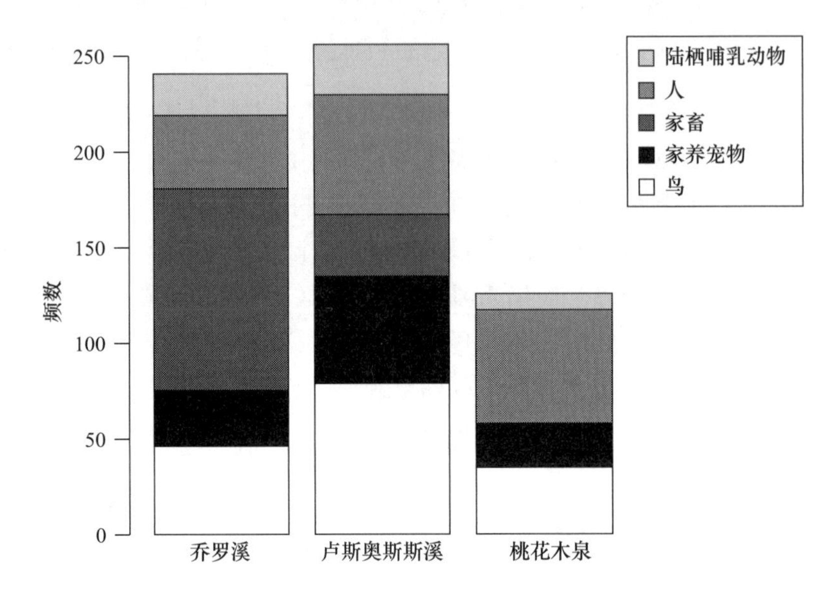

图 2.5.1　不同地点大肠杆菌来源堆叠频数图

和频数表一样，堆叠频数条形图也不利于进行三个地点的比较，因为这些地点的样本容量是不一样的（这个图形并不会突出样本容量上的差异。例如，很明显在桃花木泉采集的水样要少得多）。能较好地显示在另一个分类变量水平下一个分类变量贡献的图形是**堆叠相对频率**（stacked relative frequency）或百分数条形图，这种图形可以对双变量相对频数进行如表 2.5.2 的概括。图 2.5.2 所示为大肠杆菌污染流域数据的例子。这个图标准化了图 2.5.1 中的各个条，使其具有相同的高度（100%），能够对三个地点进行比较。

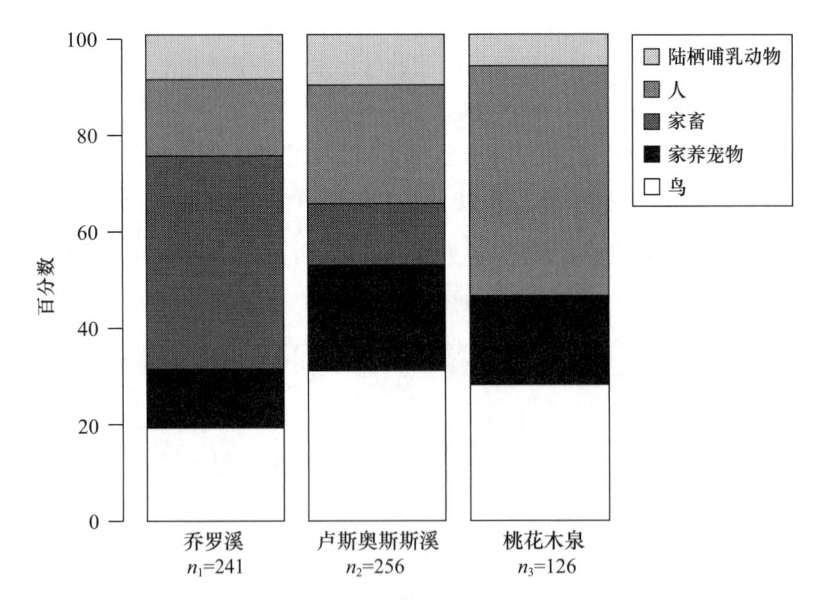

图 2.5.2　不同地点大肠杆菌来源堆叠相对频率（百分数）图

从图 2.5.2 可以很容易地看到，对乔罗溪来说，家畜对大肠杆菌的贡献最大；而在桃花木泉，人是污染产生的最基本原因。三个条形图中，各片的贡献呈现很大的差异，这表明在三个地点其大肠杆菌来源的贡献是不一样的。第 10 章中，我们将学习如何确定不同地点大肠杆菌来源中出现的差异，是否具有令人信服的证据证明有真实的差异，还是有可能是由于偶然变异所引起的。

数值 – 分类关系

在 2.4 节中，我们学习了基于五个数值（最小值、第一个四分位数、中位数、第三个四分位数、最大值）作图的箱线图。这是很有吸引力的图形，因为它们非常简单、简洁，还包含很容易读到的关于数据集的中心点、分散性、偏斜度，甚至异常值等信息。通过在同一图形中所显示的**并列式箱线图**（side-by-side boxplots），我们能够比较几组数据间的数值。我们现在考察例 2.4.3 萝卜幼苗生长的延伸内容。

例 2.5.3 萝卜生长

曝光能够改变初始萝卜幼苗生长吗？例 2.4.3 中完整的萝卜生长试验实际涉及总数为 42 粒萝卜种子，它们被随机分为三组（每组 14 粒种子），分别接受三种光照处理：24h 光照、白天光照（每天 12h 光照，12h 黑暗）和 24h 黑暗。3d 处理结束时，测量其芽长（mm）。因此，该研究中，每个幼苗有两个测量的变量：分类变量光照条件（光照、白天光照、黑暗）和数值变量芽长（mm）。图 2.5.3 所示为数据的并列式箱线图。从箱线图中，很容易比较三种条件下萝卜的生长：光照明显抑制幼苗的生长。不同光照条件间所观察到的生长差异仅是由于偶然变异引起的，还是光照真正改变了生长？在第 7 章和第 11 章，我们将学习对证据强弱进行数值度量并回答这个问题。

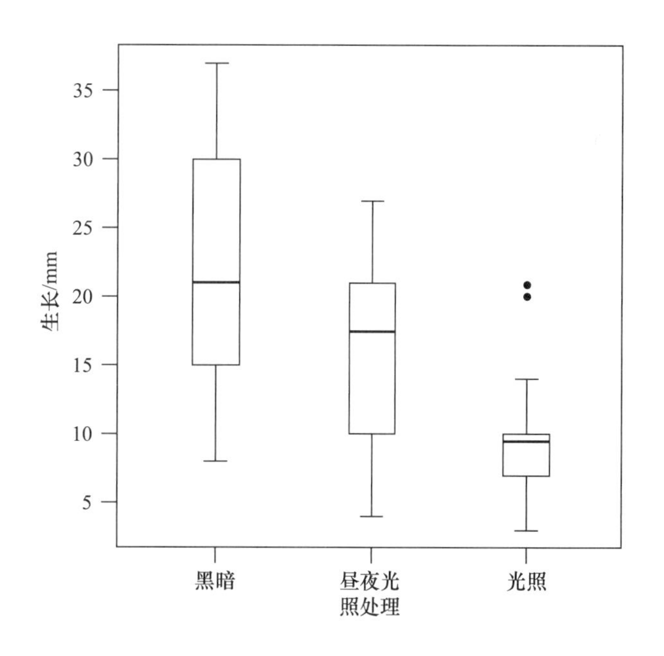

图 2.5.3 三种光照条件下（一直黑暗、半光照半黑暗、一直光照）萝卜生长数据的并列式箱线图

对于较小的数据集，我们还可以考虑数据的**并列式点线图**（side-by-side dotplots）。图 2.5.4 所示为例 2.5.3 萝卜生长数据的抖动并列式点线图。“抖动”是常用软件增加图形水平散射的选项，有助于减少点的重叠。选择并列式箱线图还是点线图，是个人的偏好。好的经验法则是尽可能选择最清楚且准确反映数据类型的图形（纸上有最少的墨迹）。对于萝卜生长这个例子，箱线图能够很清楚地比较三种光照处理的生长，而且没有隐藏点线图所表示的任何信息。

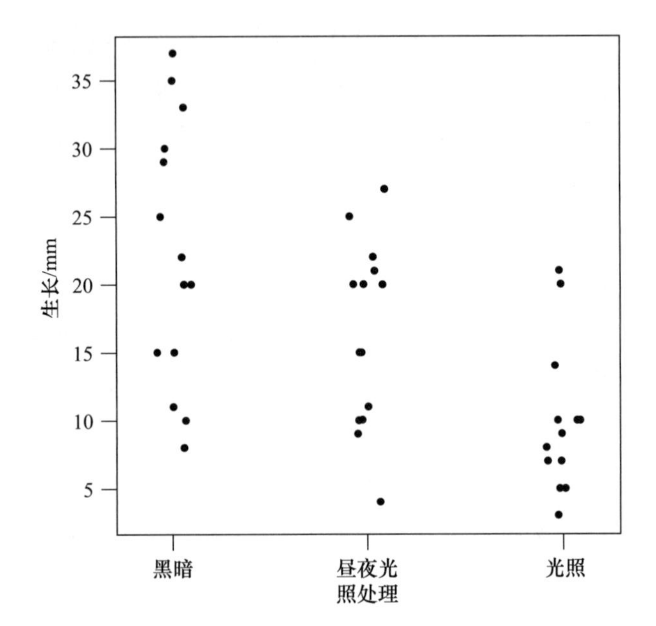

图 2.5.4 三种光照条件下（一直黑暗、半光照半黑暗、一直光照）萝卜生长的并列式抖动点线图

数值 – 数值关系

前面各个例子比较了几组间（如一个分类变量的不同水平）一个变量（分类的，也可以是数值的）的贡献。下一例子，我们来说明作为检查两个数值变量 X 和 Y 间关系工具的**散点图**（scatterplot）。散点图图示了在 x–y 平面图上将每对观察值（x, y）作为一个点。

例 2.5.4 鲸鱼硒浓度

海洋哺乳动物牙齿中的金属浓度能够作为其身体负担的生物指示吗？硒是一种必需元素，它在保护海洋哺乳动物免受汞（Hg）和其他金属元素毒害方面起着重要作用。作为因纽特每年传统的狩猎活动，在西北地区的麦肯齐三角洲捕获了 20 头白鲸[30]。研究者测定了每头鲸两个变量值：牙齿硒浓度（μg/g）和肝硒浓度（μg/g）。鲸鱼硒的浓度列于表 2.5.3。牙齿硒浓度（Y）对肝硒浓度（X）所做的散点图如图 2.5.5 所示。

表 2.5.3 20 头白鲸肝和牙齿硒浓度

鲸	肝硒 /（μg/g）	牙齿硒 /（μg/g）	鲸	肝硒 /（μg/g）	牙齿硒 /（μg/g）
1	6.23	140.16	11	15.28	112.63
2	6.79	133.32	12	18.68	245.07
3	7.92	135.34	13	22.08	140.48
4	8.02	127.82	14	27.55	177.93
5	9.34	108.67	15	32.83	160.73
6	10.00	146.22	16	36.04	227.60
7	10.57	131.18	17	37.74	177.69
8	11.04	145.51	18	40.00	174.23
9	12.36	163.24	19	41.23	206.30
10	14.53	136.55	20	45.47	141.31

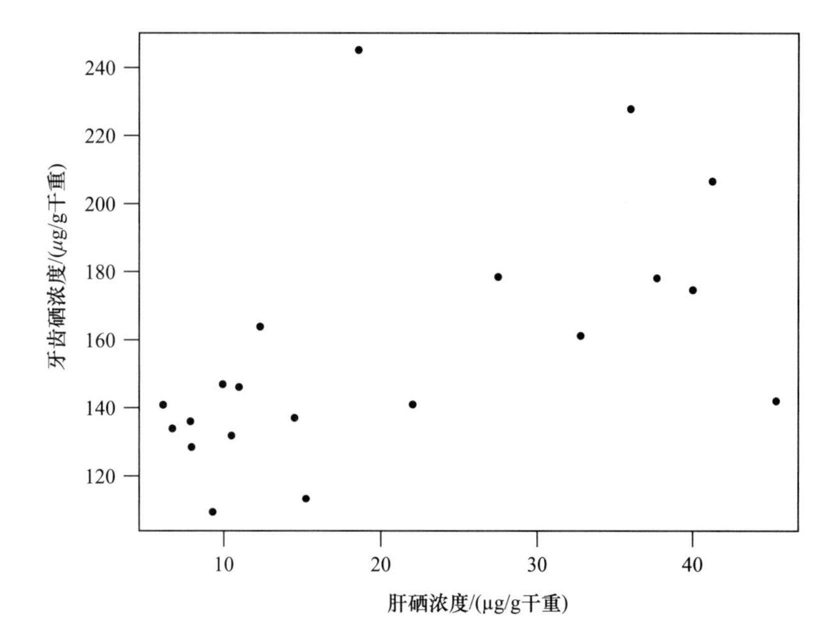

图 2.5.5 20 头白鲸牙齿硒浓度(Y)对肝硒浓度（ X ）的散点图

散点图对揭示数值变量间的关系是很有用的。图 2.5.6 是在图 2.5.5 鲸鱼硒浓度散点图中增加了两条线，以突出数据的增加趋势：牙齿硒浓度随肝硒浓度的增加而增加。那条虚线称为局部加权回归散点平滑线（lowess smooth，简称 **LOWESS 平滑线**），而直的实线称为**回归线**（regression line）。许多软件包允许人们方便地在散点图中增加这些线。LOWESS 平滑线在图示数据的曲线或非线性关系方面是很有用处的，而回归线主要强调的是线性趋势。一般来说，我们只在图中绘制出一种线型。在这种情况下，因为图的类型以线性的为主(LOWESS 平滑线也是相当直的)，我们选择实的回归线。在第 12 章，我们将学习如何建立能够最好概括数据的回归方程，并确定其数据表观趋势是由于偶然因素还是确有证据表明 X 与 Y 之间存在真实的关系。

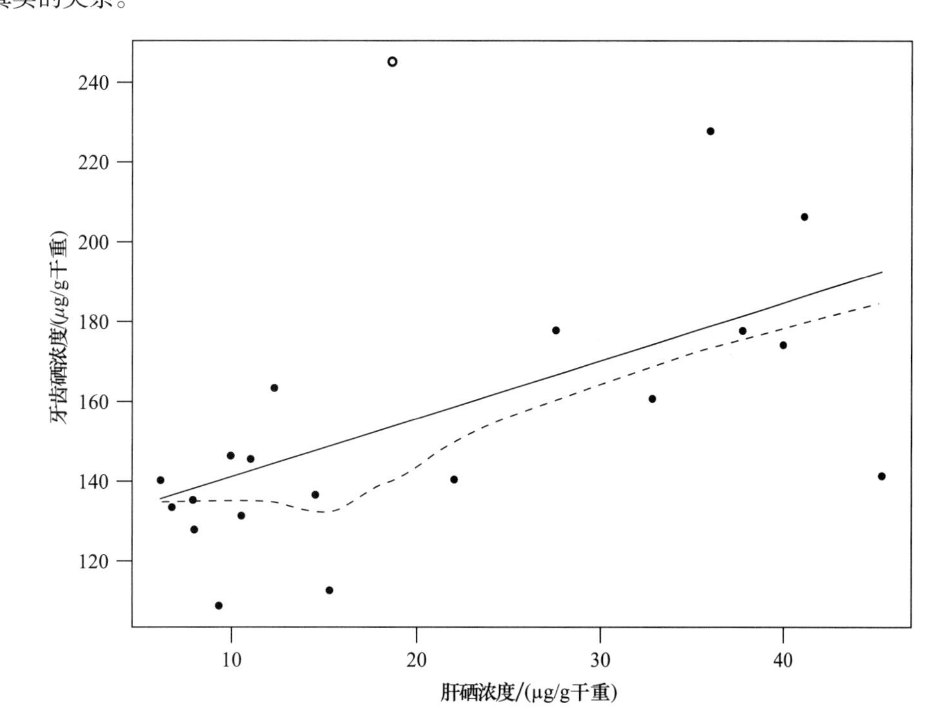

图 2.5.6 20 头白鲸牙齿硒浓度（ Y ）对肝硒浓度（ X ）带有回归（实线）和 LOWESS 平滑（虚线）概括线的散点图

除了揭示两个数值变量间的关系，散点图还有助于找出异常值，这些异常值在其他双变量图形（如直方图、单个箱线图等）中是不会被注意到的。图 2.5.6 中 o 在散点图中落在了远离其他点的地方。这个点的 X 值无论如何都不是不正常的，即使 Y 值很大时，它也没有出现极端值。通过散点图可以看出，鲸的这一对特殊数据（x, y）是不寻常的。

练习 2.5.1—2.5.3

2.5.1 幼龄期龙虾（*Homarus americanus*）的两只爪子是完全相同的。然而，到了成年期，两只爪子则分化为“压碎机”似的肥壮爪和“切割机”似的纤细爪。在其分化过程研究中，将 26 只幼龄虾放在光滑的塑料盘中进行饲养，18 只放在装有多个牡蛎片（牡蛎片能够用于锻炼它们的爪子）的盘中饲养。另外的 23 只放在仅有一个牡蛎片的盘中喂养。到成年时，所有龙虾爪子的构造汇总于表中[31]。

处理	爪子的构造		
	右压碎，左切割	右切割，左压碎	右和左切割（无压碎）
多个牡蛎片	8	9	1
光滑塑料	2	4	20
一个牡蛎片	7	9	7

（a）创建堆叠频数条形图来显示这些数据；
（b）创建堆叠相对频率条形图来显示这些数据；
（c）在你创建的（a）图和（b）图中，哪一个对于比较三种处理的爪子构造更有用？为什么？

2.5.2 在加利福尼亚，金背黄鼠（*Spermophilus lateralis*）的体长（mm）是随纬度不同而异吗？一位研究生在加利福尼亚州的 4 个纬度捕获了黄鼠。从南到北的地点依次为：赫米特、大熊、苏珊维尔和环形山体重[32]。

赫米特	大熊	苏珊维尔	环形山体重
263	274	245	273
256	256	272	291
251	249	263	278
242	264	260	281
248		271	
281			

（a）创建这些数据的并列点线图。考察这 4 个地点的地理位置，并在图中标出。以地点的字母顺序排列是最合适的，还是有更好的方法来排列地点分类？
（b）创建这些数据的并列箱线图。再次考察这 4 个地点的地理位置，并在图中标出；
（c）在你创建的（a）图和（b）图中，哪个更合适？为什么？

2.5.3 花楸（*Sorbus aucuparia*）是生长在高度范围比较宽范的一种树木。为了研究这种树对不同生境的适应性，研究人员搜集了英格兰北安古斯生长在不同海拔的 12 棵树带有附芽的细枝。研究人员把这些芽带回到实验室，测定了暗呼吸速率。附表显示了每批芽的来源高度（单位：m）和暗呼吸速率（以每小时每毫克组织干重中氧的微升数表示）[33]。

树	来源高度 X/m	暗呼吸速率 Y/[μL/(h·mg)]
1	90	0.11
2	230	0.20
3	240	0.13
4	260	0.15
5	330	0.18
6	400	0.16
7	410	0.23
8	550	0.18
9	590	0.23
10	610	0.26
11	700	0.32
12	790	0.37

（a）创建这些数据的散点图；
（b）如果软件允许，在图中加一条回归线以概括其趋势；
（c）如果软件允许，建立一个带 LOWESS 平滑线的散点图以概括其趋势。

2.6 离散性度量

我们已经考察了分布的形状与中心,但好的分布描述还应该有分布的分散特性，即样本中所有的观察值都近乎相等，还是本质上是不同的？在 2.4 节中，我们定义了四分位数间距，它是离散性的一个度量值。现在我们将考察离散性的其他度量值：全距、标准差和变异系数。

全距

样本的全距是样本中最大与最小观察值之间的差值。这里给出一个例子。

例 2.6.1 血压

例 2.4.1 给出了 7 位中年男子的心脏收缩压（mm Hg）如下：

113　124　124　132　146　151　170

对于这些数据，样本的全距是：

$$170-113=57\text{mm Hg}$$

全距是很容易算出来的，但它对极端数据很敏感，也就是说它是不稳定的。如果血压样本的最大值是 190 而不是 170，全距将会从 57 变为 77。

在 2.4 节中，我们定义了四分位数间距（IQR）为两个四分位数之差。与全距不同，IQR 是稳定的。血压数据的 IQR 是 151-124=27。如果血压样本中的最大值是 190 而不是 170，其 IQR 并不会发生改变，仍然是 27。

标准差

标准差是广泛用于度量离散性的经典方法。回想一下，离均差是观察值与样本平均数的差值：

$$\text{离均差} = \text{观察值} - \bar{y}$$

样本的标准差，或者样本**标准差**（standard deviation），是由特殊方式下的偏差的结合所确定的，可以由下框中的内容来描述：

样本标准差

样本标准差以 s 表示，由下面的公式定义：

$$s=\sqrt{\frac{\sum_{i=1}^{n}(y_i-\bar{y})^2}{n-1}}$$

在这个公式中，表达式 $\sum_{i=1}^{n}(y_i-\bar{y})^2$ 表示离均差的平方和。

因此，要找出样本的标准差，首先要找出离均差。然后：

（1）平方；

（2）相加；

（3）用 $n-1$ 来除；

（4）求平方根。

为了说明公式的用法，我们选择了一个特别容易计算的数据集，因为平均数是一个整数。

例 2.6.2
菊花生长

在菊花试验中，植物学家测量了生长在同一温室苗床上的五个植株茎的伸长（7d 的毫米数）。结果如下[34]：

76　72　65　70　82

把这些数据列成表置于表 2.6.1 的第一列中。样本平均数是：

$$\bar{y} = \frac{365}{5} = 73 \text{ mm}$$

离均差 $(y_i - \bar{y})$ 列于表 2.6.1 中的第二列；第一个观察值高于平均数 3 mm，第二个低于平均数 1 mm，依此类推。

表 2.6.1 的第三列表示离均差平方和为：

$$\sum_{i=1}^{n}(y_i - \bar{y})^2 = 164$$

表 2.6.1　样本标准差公式说明

观察值（y_i）	离均差（$y_i-\bar{y}$）	离均差平方（$y_i-\bar{y}$）^{2}
76	3	9
72	−1	1
65	−8	64
70	−3	9
82	9	81
总和 $365 = \sum_{i=1}^{n} y_i$	0	$164 = \sum_{i=1}^{n}(y_i - \bar{y})^2$

由于 n=5，标准差为：

$$s = \sqrt{\frac{164}{4}} = \sqrt{41} = 6.4\text{mm}$$

注意，s（mm）的单位与 Y 的单位是一样的。这是因为我们对离均差进行了平方，然后又求出了平方根。

样本**方差**（variance），表示为 s^2，就是标准差的平方：方差 $=s^2$。因此，$s=\sqrt{方差}$。

例 2.6.3
菊花生长

菊花生长数据的方差是：

$$s^2=41\text{mm}^2$$

注意，方差（mm^2）的单位与 Y 的单位不是一样的。

缩写 我们常常将“标准差”缩写为“SD”，符号 S 将在公式中使用。

s 定义的解释

每个离均差 $(y_i - \bar{y})$ 的大小（忽略符号）可以理解为相应观察值与样本平均数 $\bar{y}$ 之间的距离。图 2.6.1 所示为菊花生长数据（例 2.6.2）带有距离标注的图。

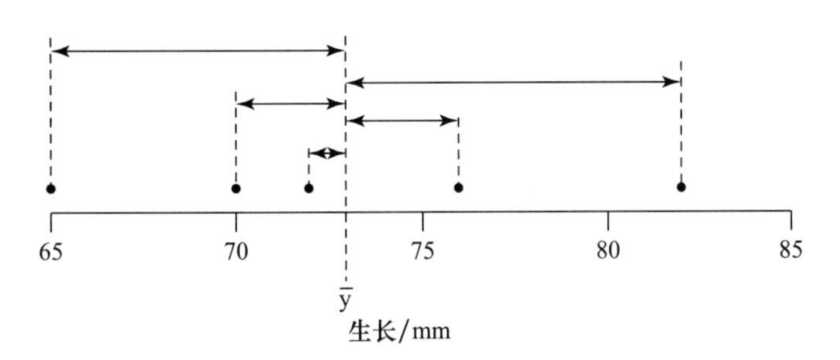

图 2.6.1 带有离均差距离指示的菊花生长数据图

从 s 的公式，我们可以看出每个离均差对 SD 的贡献。因此，具有相同容量但离均差很小的样本具有较小的 SD，如下面的例子。

例 2.6.4 菊花生长

如果例 2.6.2 菊花生长数据改变为：

75 72 73 75 70

那么，平均数是一样的（$\bar{y}$ =73mm），但 SD 变小了（s=2.1mm），这是因为观察值更接近于平均数了。两个样本的相对分散性可以很容易地从图 2.6.2 看出。

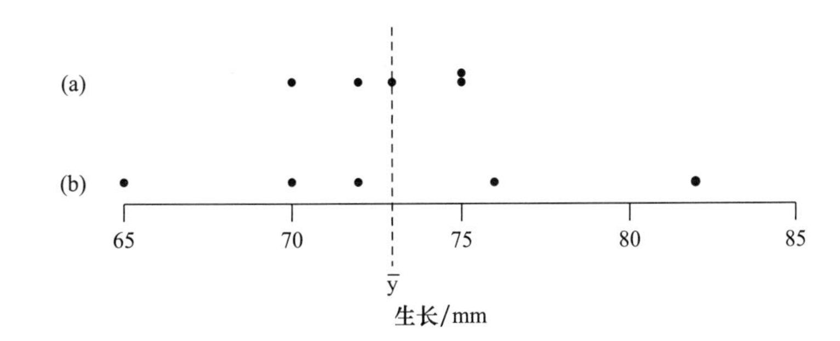

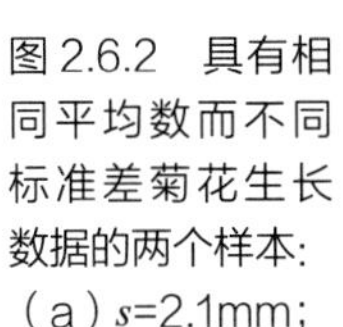

图 2.6.2 具有相同平均数而不同标准差菊花生长数据的两个样本：（a）s=2.1mm；（b）s=6.4mm

让我们更细致地观察离均差是如何结合生成 SD 的。公式要求用（n–1）来除。如果除数是 n 而不是（n–1），那么平方根符号内的数值将是离均差平方的平均数。除非 n 特别小，这样除以（n–1）而不是 n 所引起的膨胀就不是很大，因此，SD 可以近似理解为：

$$s \approx \sqrt{(y_i - \bar{y})^2 \text{的样本平均值}}$$

因此，可以近似将 SD 作为观察值远离平均数的“代表性”距离。

为什么是 n–1？ 由于除以 n 看起来更自然，你也许会奇怪为什么 SD 公式指定要用（n–1）来除。注意，离均差 $y_i - \bar{y}$ 之和总是 0。因此，一旦 n–1 个离均差计算出来后，最后一个离均差就被限制和约束了。这就意味着，在具有 n 个观察值的样本里，只有 n–1 个单元的信息是关于平均数的离差的。数量 n–1 被称为标准差或方差的**自由度**（degrees of freedom）。我们还可以用 n=1 极端情况来直观理解为何使用 n–1，如下面例子。

例 2.6.5
菊花生长

假设例 2.6.2 菊花生长只包含一株植株，因此样本就只有单个观察值 73 来构成。对于该样本，n–1 且 $\bar{y}$ =73。然而，SD 公式就出错了（出现了 0/0），所以 SD 无法计算。这是有原因的，因为样本没有给出在该试验条件下菊花生长的变异性信息。如果说 SD 公式用 n 来除，我们得到的 SD 就是 0，认为其变异很小或者没有变异。这样，通过仅一个植株的观察值是很难判断其结论的。

变异系数

变异系数（coefficient of variation）是标准差表示为平均数的百分数：变异系数 $= \frac{s}{\bar{y}} \times 100\%$。看下面例子。

例 2.6.6
菊花生长

对例 2.6.2 菊花生长数据，我们有 $\bar{y}$ =73.0mm 和 s=6.4mm。因此：

$$\frac{s}{\bar{y}} \times 100\% = \frac{6.4}{73.0} \times 100\% = 0.088 \times 100\% = 8.8\%$$

样本变异系数为 8.8%。因此，标准差相当于平均数的 8.8%。

注意，变异系数并不受尺度倍增改变的影响。例如，如果菊花数据用英寸而不是毫米表示，那么，$\bar{y}$和 s 都是英寸，其变异系数是不变的。由于不受尺度变化的影响，变异系数是常用于比较不同尺度下两个或多个变量离散性的度量方法。

例 2.6.7
女孩身高和体重

作为伯克利指导研究[35]的一部分，研究者测定了 13 位女孩两岁时的身高（cm）和体重（kg）。在两岁时，平均身高是 86.6cm，SD 是 2.9cm。因此，两岁身高的变异系数是：

$$\frac{s}{\bar{y}} \times 100\% = \frac{2.9}{86.6} \times 100\% = 0.033 \times 100\% = 3.3\%$$

两岁时的体重，平均值是 12.6 kg，其标准 SD 是 1.4 kg。因此，两岁体重的变异系数是：

$$\frac{s}{\bar{y}} \times 100\% = \frac{1.4}{12.6} \times 100\% = 0.111 \times 100\% = 11.1\%$$

当我们对变异性的度量以平均数的百分数表示时，认为体重的变异要大于身高的变异。体重的 SD 占了平均体重相当高的百分数，而身高的 SD 占了平均身高相当低的百分数。

离散性度量的图示

全距和四分位数间距很容易理解。全距是所有观察值的范围，而四分位数间距是观察值中间 50% 的粗略范围。根据数据集的直方图，全距可大体认为是直方图的宽度。四分位数是把区域粗略分成 4 个等份的数，四分位数间距就是第一个四分数和第三个四分位数之间的距离。下面例子说明这些区域。

例 2.6.8
牛的日增重

肉牛的性能可以通过测量标准饲喂条件下 140d 试验期内的日增重来评估。表 2.6.2 所示为同样喂养条件下 39 头公牛（夏洛来牛）平均日增重（kg/d），观察值按升序列于表中[36]。这些值的全距为 1.18 ~1.92kg/d。四分位数是 1.29kg/d、1.41kg/d 和 1.58kg/d。图 2.6.3 所示为数据的直方图、全距、四分位数和四分位数间距（IQR）。阴影部分代表了观察值中间的 50%（大约）。

表 2.6.2 39 头夏洛来公牛的平均日增重 单位：kg/d

1.18	1.24	1.29	1.37	1.41	1.51	1.58	1.72
1.20	1.26	1.33	1.37	1.41	1.53	1.59	1.76
1.23	1.27	1.34	1.38	1.44	1.55	1.64	1.83
1.23	1.29	1.36	1.40	1.48	1.57	1.64	1.92
1.23	1.29	1.36	1.41	1.50	1.58	1.65	

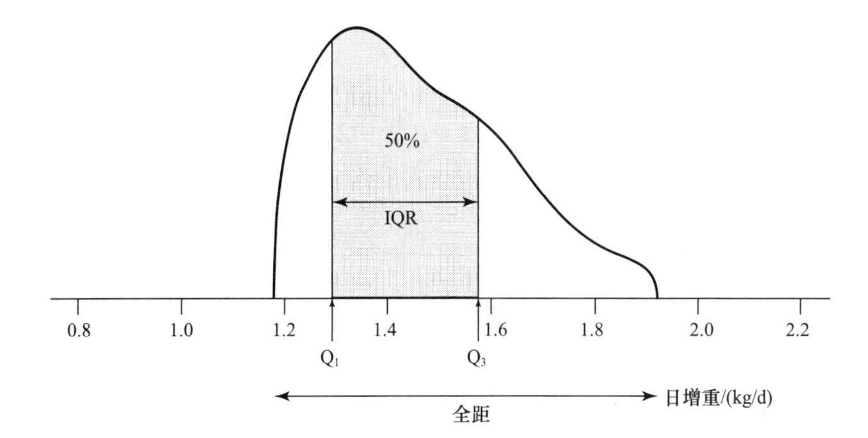

图 2.6.3 39 个日增重测量值的光滑直方图，显示了全距、四分位数和四分位间距（IQR）。阴影部分表示了观察值中间的 50%

标准差的可视化

我们已经了解了 SD 是观察值离开其平均数距离的组合度量。自然要问，平均数 ±1 SD 范围内、平均数 ±2 SD 范围内……各有多少观察值？下面例子就来解决这个问题。

例 2.6.9
牛的日增重

对例 2.6.8 日增重数据，平均数是$\bar{y}$=1.445kg/d，SD 是 s=0.183kg/d。在图 2.6.4 中，区间$\bar{y} \pm s$，$\bar{y} \pm 2s$ 和$\bar{y} \pm 3s$ 均在数据的直方图中进行标注。区间$\bar{y} \pm s$ 是：

$$1.445 \pm 0.183 \text{ 或 } 1.262\sim1.628$$

你可以从表 2.6.2 中判定，这个区间包含 39 个观察值中的 25 个。因此，25/39 或 64% 的观察值在平均数 ±1 SD 范围内，相应的区域为图 2.6.4 中阴影部分。区间是$\bar{y} \pm s$，即：

$$1.445 \pm 0.366 \text{ 或 } 1.079\sim1.811$$

此区间包含 37/39 或 95% 的观察值。可以自己判定区间$\bar{y} \pm 3s$ 包含所有的观察值。

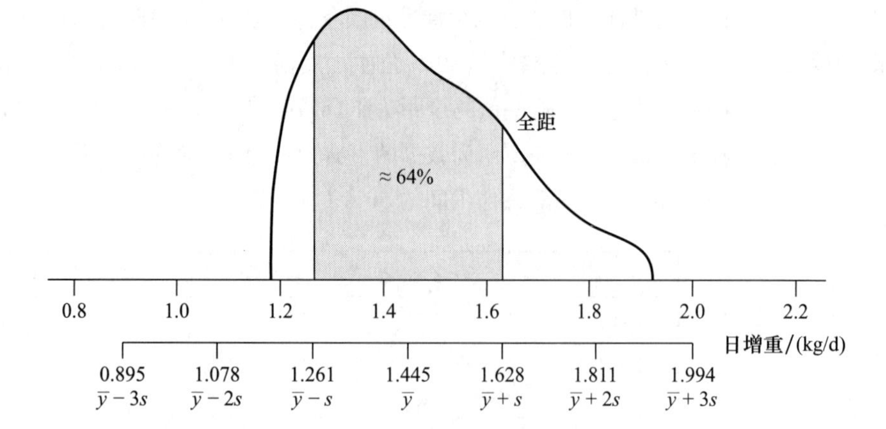

图 2.6.4 日增重直方图，显示了离开平均数 1、2、3 倍标准差的区间。阴影部分代表了观察值的 64%

事实证明，例 2.6.9 中发现的百分数是生命科学中十分经典的观察值分布。

经典百分数：经验法则

对于“完美形状”的分布，即不太偏斜、尾巴不过分长或短的单峰分布，我们预期会发现：

大约有 68% 的观察值在平均数 ±1 SD 范围内；

大约有 95% 的观察值在平均数 ±2 SD 范围内；

> 99% 的观察值在平均数 ±3 SD 范围内。

如果我们知道平均数和 SD，经典百分数能使我们粗略地勾画出频数分布的图形（68% 的值似乎是从天而降的。它的来源将在第 4 章进行介绍）。

从直方图估计 SD

如果我们仅仅知道平均数和 SD，经验法使我们能够粗略勾画出频数分布的图形。我们可以将直方图的中心想象为平均数，并围绕这一点向两边扩展 2 倍 SD 以上。当然，实际的分布也许是不对称的，但我们粗略绘制的图形经常是相当准确的。

关于这一点思考一下其他方法，我们可以审视直方图并估计 SD。要做到这一点，我们需要估计以平均数为中心并包含数据 95% 区间的端点。经验法则表明，这个区间粗略等于（$\bar{y}-2s$，$\bar{y}\pm 2s$），因此区间的长度大约是 SD 的 4 倍：

$$(\bar{y}-2s,\ \bar{y}\pm 2s)\text{ 有长度 }2s+2s=4s$$

这就意味着：

$$\text{区间长度}=4s$$

所以：

$$s\text{的估计值}=\frac{\text{区间长度}}{4}$$

当然，我们对覆盖中心数据 95% 区间的直观估计也可能是错的。再者，对于对称性的分布，运用经验法则的效果最好。因此，这种估计 SD 的方法将是一般性估计。当分布相当对称时，这种方法的效果最好，即使分布稍有些偏斜，它的效果也是相当好的。

例 2.6.10 运动后的脉动

一组 28 位成年人进行了 5min 的适当运动，然后研究者测量了他们的脉动。图 2.6.5 所示为其数据分布[37]。我们看到，大约 95% 的观测值在 75 到 125 之间*。因此，区间长度 50（125–75）就覆盖了数据中部的 95%。由此，我们可估计出 SD 是 50/4=12.5。实际的 SD 是 13.4，离我们的估计并不远。

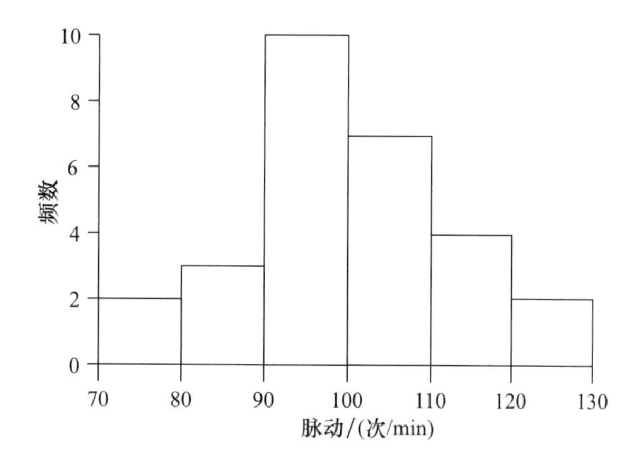

图 2.6.5 一组成年人适当运动后的脉动

如果样本很小或者频数分布的形状“不完美”，由经验法则给出的经典百分数也可能出现严重错误。例如，蟋蟀鸣叫时间数据（表 2.3.1 和图 2.3.4）有 s=4.4mm，$\bar{y}+s$ 含有 90% 的观察值。这就比经典的 68% 要高得多，因为 SD 分布有拖得很长的尾巴而使其过高。

离散性度量的比较

样本数据的离散性，或者分散性，能够用标准差、全距和四分位数间距来。全距是很容易理解的，但它也是很差的描述度量，因为它只依靠分布的尾部极值。与这相比，四分位数间距则描述了分布“身体”中部的分散情况。标准差则考虑到了所有的观察值，并且能够解释观察值围绕平均数的分散范围。然而，SD 受极端尾部观察值的影响而增大。四分位数间距是一个稳健的度量指标，而 SD 是不稳健的。当然，全距是高度不稳健的。

与全距和四分位数间距相比，SD 的描述性解释很少是直截了当的。无论如何，SD 是多数标准经典统计方法的基础。SD 享有对包括某些情况下有效性在内的各种技术性解释的经典地位。

后面章节将进一步重点介绍经典统计方法，探讨平均数和 SD 所起的中心作用。所以，本书主要讲述平均数和 SD，而不是其他描述性度量。

练习 2.6.1—2.6.16

2.6.1 计算下列虚构样本的标准差：

（a）16，13，18，13

（b）38，30，34，38，35

（c）1，-1，5，-1

（d）4，6，-1，4，2

* 利用直方图要精确地直观评价数据中间的 95% 是很困难的，但由于这仅仅是一个直观评估，我们并不需要得到精确值。我们对 SD 的直观估计也许各不相同，但它们都应该是比较接近的。

2.6.2 计算下列虚构样本的标准差：

（a）8，6，9，4，8

（b）4，7，5，4

（c）9，2，6，7，6

2.6.3

（a）虚构一个样本容量为5、离均差为（$y_i-\bar{y}$）为-3，-1，0，2，2的样本；

（b）计算虚构样本的标准差；

（c）对（b）来说，每个人所得到答案应该是一样的吗？为什么？

2.6.4 有四块地，每块346ft^2（1ft=0.3048m），种植同样的小麦品种“Beau”。每块地的产量（lb）如下：

35.1　30.6　36.9　29.8

（a）计算平均数和标准差；

（b）计算变异系数。

2.6.5 植物生理学家在温室中种植了桦树苗，并测定了其根系的ATP浓度（nmol ATP/mg组织）。（例1.1.3）经过同样处理的4株的结果（nmol ATP/mg组织）如下[39]：

1.15　1.19　1.05　1.07

（a）计算平均数和标准差；

（b）计算变异系数。

2.6.6 10位高血压病人参与的一项研究，来评价用噻吗洛尔药物降低血压的效果。下表显示了服用噻吗洛尔处理两周后所测定的心脏收缩血压[40]。计算血压“变化”的平均数和标准差（注意，有些值是负的）。

病人	血压/（mm Hg）		
	前	后	变化
1	172	159	−13
2	186	157	−29
3	170	163	−7
4	205	207	2
5	174	164	−10
6	184	141	−43
7	178	182	4
8	156	171	15
9	190	177	−13
10	168	138	−30

2.6.7 多巴胺是一种在大脑信号传导中起作用的化合物。药理学家测定了7只老鼠大脑中多巴胺的量。多巴胺水平（nmol/g）如下[41]：

6.8　5.3　6.0　5.9　6.8　7.4　6.2

（a）计算平均数和标准差；

（b）确定中位数和四分位数间距；

（c）计算变异系数；

（d）用10.4代替7.4，重复（a）和（b）。哪种度量表现得稳健，哪种不稳健？

2.6.8 在对蜥蜴（*Sceloporus occidentalis*）的研究中，生物学家测量了15只蜥蜴2min内跑的距离（mm）。结果（按升序列表）如下[42]：

18.4　22.2　24.5　26.4　27.5　28.7　30.6　32.9
32.9　34.0　34.8　37.5　42.1　45.5　45.5

（a）确定四分位数和四分位数间距；

（b）确定全距。

2.6.9 参阅练习2.6.8中跑的距离数据。其样本平均数是32.23 m，SD是8.07 m。在下列范围内观察值的百分数是多少？

（a）平均数的1倍SD；

（b）平均数的2倍SD。

2.6.10 比较练习2.6.9的结果与经验法则的预测值。

2.6.11 按升序列表的是36位健康男子血清肌酸激酶（CK）水平（U/L）（这些是例2.2.6中的数据）：

25	62	82	95	110	139
42	64	83	95	113	145
48	67	84	100	118	151
57	68	92	101	119	163
58	70	93	104	121	201
60	78	94	110	123	203

样本平均数 CK 水平是 98.3 U/L，SD 是 40.4 U/L。在下列范围内观察值的百分数是多少？

（a）平均数的 1 倍 SD；

（b）平均数的 2 倍 SD；

（c）平均数的 3 倍 SD。

2.6.12 比较练习 2.6.11 的结果与经验法则的预测值。

2.6.13 伯克利指导研究中测量了女孩 2 岁时的身高和体重，到 9 岁时再测一次。9 岁时的平均身高和平均体重要比 2 岁时大得多。同样，9 岁时身高和体重的 SD 也要比 2 岁时大得多。但身高的变异系数和体重的变异系数是多少呢？上述结果是，其中一个变量从 2 岁到 9 岁有适量的上升，但对另一个变量来说，其变异系数的增长却是相当地大。对身高和体重，你期望哪一个变量的变异系数从 2 岁到 9 岁改变地更多些呢？为什么？（提示：思考一下遗传因素是如何影响身高和体重的，环境因素是如何影响身高和体重的。）

2.6.14 考察例 2.6.7 中所提到的 13 个女孩。在 18 岁时，她们的平均身高是 166.3 cm，身高的 SD 是 6.8 cm。计算其变异系数。

2.6.15 这里有一直方图。估计分布的平均数和 SD。

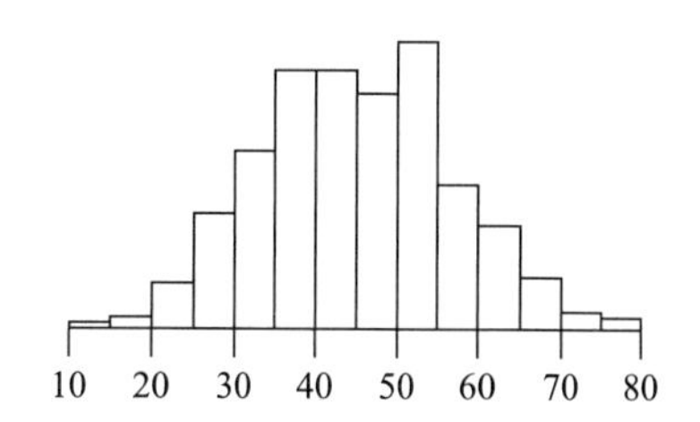

2.6.16 这里有一直方图。估计分布的平均数和 SD。

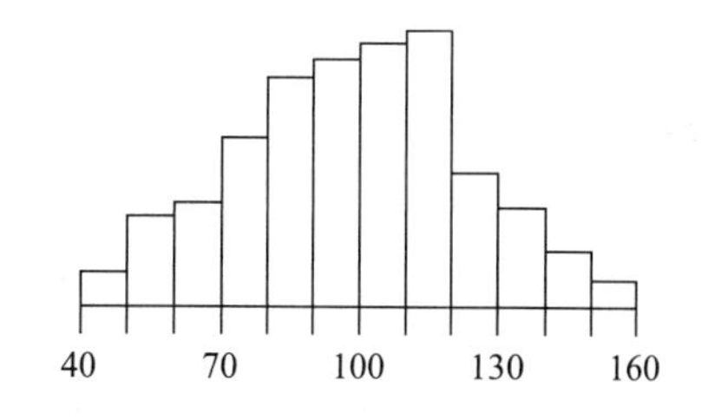

2.7 变量转换（选修）

有时当我们处理一个数据集时，发现进行变量转换是很便利的。例如，我们可以从 in 转换成 cm，或从° F 转换成℃。变量 Y 的转换，或者称为再表达，意味着用一个新的变量 Y' 来代替变量 Y。为了更方便地处理数据，了解观察变量转换对分布特征的影响是非常有用的。

最简单的转换是**线性**（linear）转换，这是因为 Y 对 Y' 的图形是一直线。线性转换常见的方法是改变度量尺度，以下面两例予以说明。

例 2.7.1
体重

假设用 Y 代表一个动物的体重，单位为 kg，我们决定用 lb 再表达其体重。那么：

Y= 单位为 kg 的体重

Y'= 单位为 lb 的体重

于是：

$$Y'=2.2Y$$

这就是**乘法**（multiplication）转换，因此 Y' 可以 Y 由乘以常数 2.2 计算而来。

例 2.7.2
体温

测量了 47 位妇女的基础体温（刚醒来时的温度）[43]。典型观察值 Y（用℃表示）为：

Y：36.23，36.41，36.77，36.15……

假如我们把这些数据由℃转换°F，称为新变量 Y'，则：

Y'：97.21，97.54，98.19，97.07……

Y 和 Y' 之间的关系是：

$$Y'=1.8Y+32$$

加法（additive,+32）和乘法（×1.8）变换的组合表明其是线性关系。

线性转换的另一种方法是**编码**（coding），这意味着将数据转换为方便进行处理的数值。下面是一例子。

例 2.7.3
体温

考察例 2.7.2 体温数据。如果我们将每个观察值都减去 36，这些数据就变成：

0.23，0.41，0.77，0.15……

这就是加法编码，因为我们对每一观察都加上了一常数（−36）。现在假如我们进一步转换数据变成：

23，41，77，15……

编码的这一步是乘法，因为每个观察值都乘以了一个常数（100）。

如前面例子所说明的，线性转换由以下步骤组成：①将所有观察值乘以一个常数；②将所有观察值加上一个常数；③两者都包括。

线性转换如何影响频数分布

数据的线性转换并不能改变其频数分布的基本形状。通过选用水平轴合适的标尺，你可以做出与原始直方图一致的转换后的直方图。例 2.7.4 说明了这一思路。

例 2.7.4
体温

图 2.7.1 所示为转换后的 47 个体温测量值的分布。转换时，首先对每个观察值都减去 36，然后再乘以 100（例 2.7.2 和例 2.7.3）。即，$Y'=(Y-36)\times 100$。图形表明，两个分布都能用不同的水平标尺的相同直方图来表示。

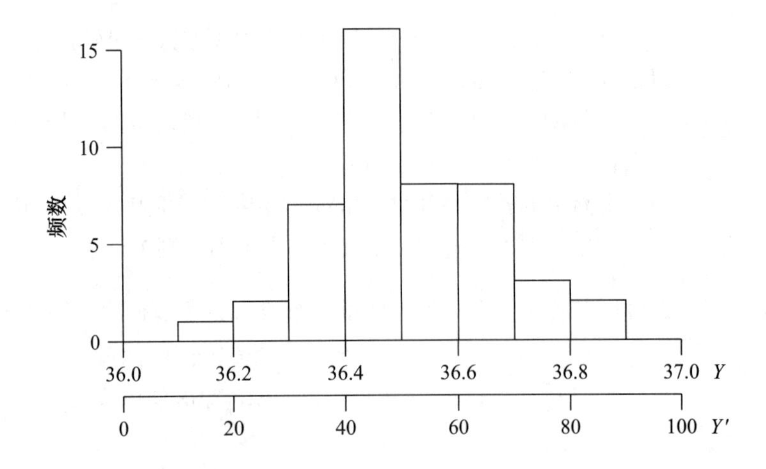

图 2.7.1 47 个体温测量值从原始数据分布和线性尺度转换后数据的分布

线性转换如何影响 $\bar{y}$ 和 s

线性转换对$\bar{y}$有影响是“自然的”。也就是说，在**线性转换**（linear transformation）条件下，$\bar{y}$可以像 Y 那样发生改变。例如，如果体温由℃转换°F，那么平均数也可以类似地转换为：

$$Y'=1.8Y+32 \text{ 所以 } \bar{y}'=1.8\bar{y}+32$$

Y 乘以一个正的常数对 s 有影响是"自然的"；如果 $Y'=c\times Y$，且 $c>0$，则有 $s'=c\times s$。例如，如果体重由 kg 转换为 lb，SD 同样可转换为：$s'=2.2s$。如果 $Y'=c\times Y$ 且 $c<0$，则 $s'=-c\times s$。通常，如果 $Y'=c\times Y$，则 $s'=|c|\times s$。

然而，加法转换并不影响 s。如果我们将数据加上或减去一个常数，我们并没有改变其分布是如何分散的，所以 s 并不发生变化。例如，我们并不能把每个体温观察值数据从℃转换到°F 那样来转换其 SD。我们将 SD 乘以 1.8，但不能加上 32。SD 没有因加法转换而发生变化。如果（从定义出发）回想一下 s 仅依赖离均差（$y_i-\bar{y}$）而不随加法转换而变化，上面的情况就不足为奇了。下面例子说明这一理念。

例 2.7.5

加法转换

考察一个简单的虚拟数据集，通过对每个观察值减去 20 进行编码。原始的和转换后的观察值列于表 2.7.1。

原始观察值的 SD 是：

$$s=\sqrt{\frac{(-1)^2+(0)^2+(2)^2+(-1)^2}{3}}$$
$$=1.4$$

表 2.7.1 加法转换的效果

	原始观察值（y）	离均差（$y_i-\bar{y}$）	转换后的观察值（y'）	离均差（$y_i'-\bar{y}$）
	25	–1	5	–1
	26	0	6	0
	28	2	8	2
	25	–1	5	–1
平均数	26		6	

因为离均差不受转换的影响，所以转换后的 SD 还是一样的：

$$s'=1.4$$

加法转换可有效地获得分布的直方图，且将其在数值线上向左或向右进行了移动。直方图的形状没有改变，离均差没有改变，所以 SD 也没有变化。另一方面，乘法转换则延伸或压缩了分布，所以 SD 随之变大或变小了。

其他统计数 在线性转换条件下，其他中心度量（如中位数）像$\bar{y}$一样发生改变，其他离散性度量（如四分位数间距）像 s 一样发生改变。四分位数自身的改变与$\bar{y}$一样。

非线性转换

数据有时可以用非线性形式进行再表达。非线性转换的例子有：

$$Y'=\sqrt{Y}$$
$$Y'=\log(Y)$$

$$Y' = \frac{1}{Y}$$

$$Y' = Y^2$$

这些转换都属于“非线性转换”，因为 Y' 对 Y 的图形是一条曲线而不是直线。用计算机能够很容易进行非线性转换。特别是对数转换是生物学中是最常见的，因为许多重要关系可以很简单地用“log”来表达。例如，在细菌克隆生长的某一阶段，就是随时间增加其 log (克隆大小) 的增长是恒速的［注意，对数可用于某些类似的度量尺度中，如 pH 的测定和地震级数（里氏级别）］。

非线性转换能够以复杂的状态影响数据。例如，平均数并不会在对数转换条件下“自然地”改变，平均数的对数与对数的平均数不是同一数值。此外，非线性转换（不同于线性转换）的确改变了频数分布的基本形状。

在后续的章节中，我们将会了解到，如果分布是向右倾斜的，如图 2.7.2 所示的蟋蟀鸣叫时间分布，那么我们就可以希望通过拉紧右尾这一转换使分布更接近对称。用 $Y' = \sqrt{Y}$ 可以拉紧分布的右尾，推出左尾。就这一点而言，用 $Y'=\log(Y)$ 转换会比 $\sqrt{Y}$ 更剧烈。下面例子呈现的就是这些转换的效果。

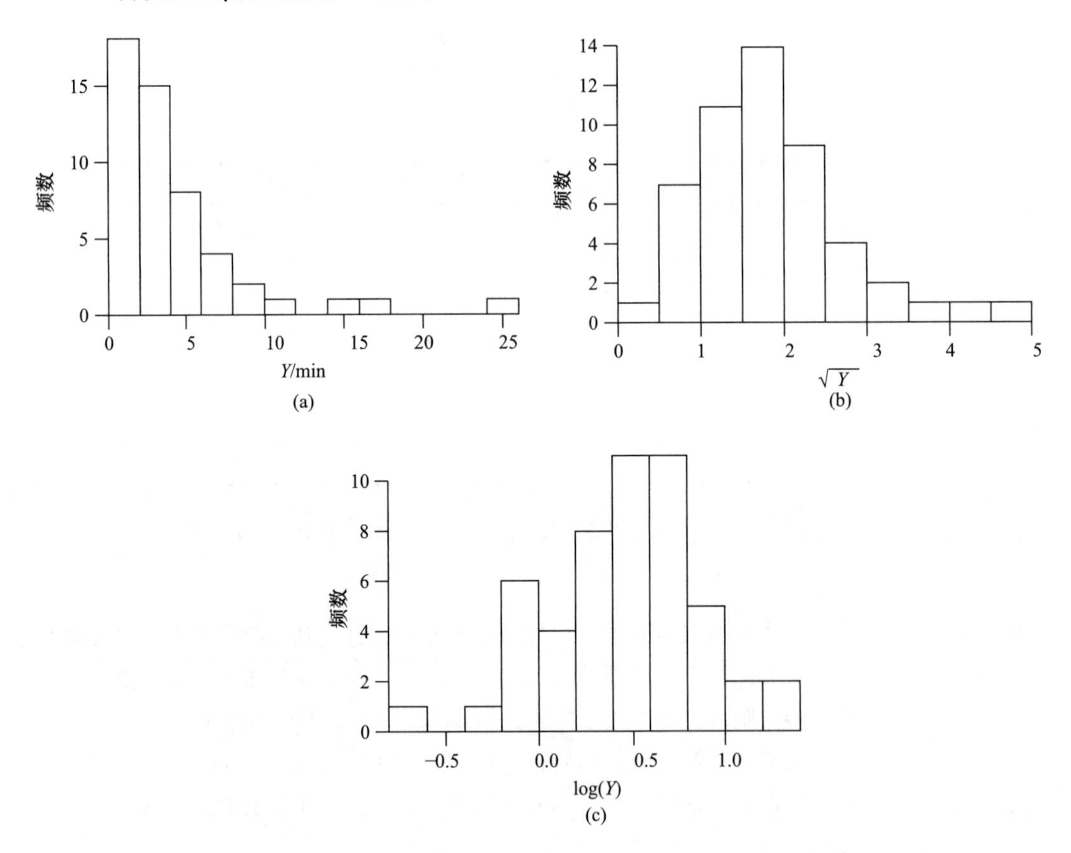

图 2.7.2　51 个观察值的 Y、$\sqrt{Y}$ 和 log（Y）（Y= 蟋蟀鸣叫时间）的分布

例 2.7.6
蟋蟀鸣叫时间

图 2.7.2（a）所示为表 2.3.1 蟋蟀鸣叫时间数据的分布。如果我们把这些数据进行平方根转换，转换后的数据就呈现出图 2.7.2（b）的分布。进行对数（以 10 为底）转换得出图 2.7.2（c）分布。注意，转换有原始分布“拉紧”伸展较长的上尾和“延伸”簇拥较多数值的下尾。

练习 2.7.1—2.7.6

2.7.1 生物学家对 24 只青蛙进行了 pH 的测定，典型数值是[44]：

7.43， 7.16， 7.51 ……

他计算得到的原始 pH 测定值的平均数为 7.373，标准差为 0.129。之后，他通过对每个观察值减去 7 再乘以 100 转换了这些数据。例如，7.43 转换为 43。转换后的数据是：

43，16，51 ……

转换后数据的平均数和标准差是多少？

2.7.2 47 个体温测量值数据集的平均数和 SD 如下[45]：

$\bar{y}$ =36.497℃ s=0.172℃

如果把 47 个测量值转换为°F，

（a）新的数据平均数和 SD 将是多少？

（b）新的数据变异系数将是多少？

2.7.3 研究人员测量了 20 头肉牛的平均日增重（单位：kg/d），典型数值是[46]：

1.39， 1.57， 1.44 ……

数据的平均数是 1.461，标准差是 0.178。

（a）用 lb/d 表示平均数和标准差（提示：1 kg=2.20 lb）；

（b）计算数据：变异系数：

（i）用 kg/d 表示；

（ii）用 lb/d 表示。

2.7.4 考察练习 2.7.3 中的数据。平均数和 SD 分别是 1.461 和 0.178。假设把数据

1.39， 1.57， 1.44 ……

转换为：

39， 57， 44 ……

转换后数据的平均数和标准差将是多少？

2.7.5 下面直方图显示了一个样本数据的分布：

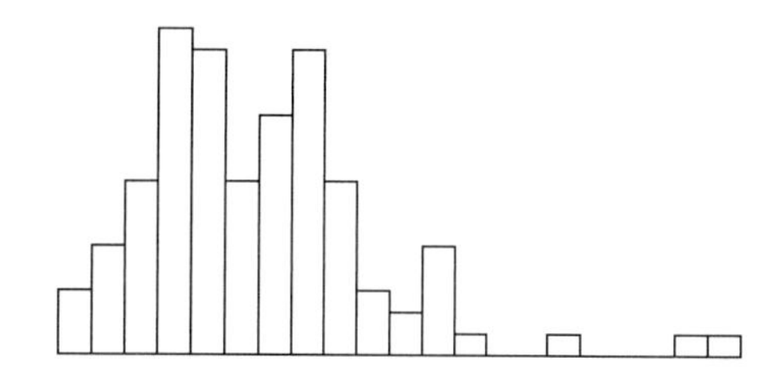

下列直方图，一个是进行平方根转换后的结果，另一个是进行对数转换后的结果。分辨出两个结果。你是如何判断的？

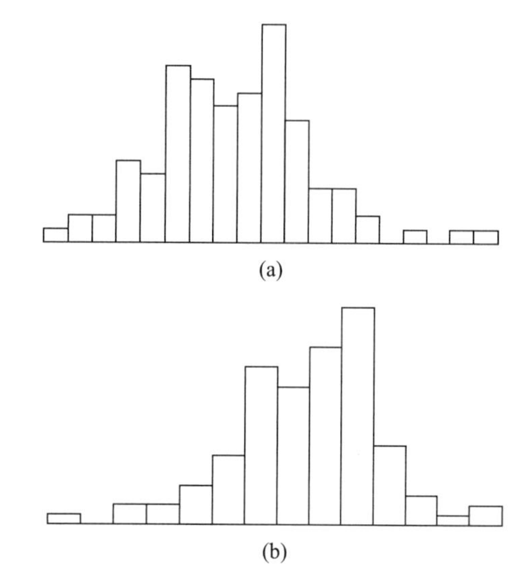

(a)

(b)

2.7.6（计算机问题） 文件“Exer2.7.6.csv”包含在具有文本说明的磁盘数据包里。这个文件含有从新生天竺鼠大脑里取出的神经细胞生出的树突分支数目的 36 个观察值（练习 2.2.4 中用到过这些数据）。打开文件，把数据输入到统计包中。做出这些数据的直方图，其直方图是向右倾斜的。现在考虑进行下列转换：$\sqrt{Y}$、$\log Y$，和 $1/\sqrt{Y}$。这些转换中哪一个能够使其结果分布更为对称？

2.8 统计推断

数据集的描述有时更关注数据本身。然而，研究人员通常概括和延伸研究结果，而不仅局限于我们实际观察到的动物、植物的特定分组和其他单元。统计学理论为

数据概括，建立1.3节中的随机抽样模型及考虑数据的变异性提供了合理基础。这个统计方法的关键理念是观察样本研究中的特定数据，而样本来自一个较大的总体，总体是科学或实践活动中的真正关注点。下面的例子说明这一理念。

例2.8.1
血型

在早期对ABO血型系统的研究中，研究人员测定了英格兰3,696人的血型。表2.8.1给出了结果[47]。

表2.8.1 3,696人的血型

血型	频数
A	1,634
B	327
AB	119
O	1,616
总数	3,696

这些数据并不是以了解这特定的3,696人的血型为目的而搜集的。相反，研究人员搜集数据的目的是研究一个较大总体血型的分布。例如，我们可以假定全英国人的血型分布应该与这3,696人的分布相类似。在这个特定情况下，血型A观察到的相对频率是：

$$\frac{1,634}{3,696}\text{或者 44\% A 型血}$$

由此可以我们推断，大约有44%的英国人是A型血。

根据来自总体的样本观察值对总体进行推断的过程，称为**统计推断**（statistical inference）。例如，例2.8.1中大约有44%的英国人是A型血的结论就是一个统计推断。推断可用图2.8.1表示。当然，这样的推断也许是完全错误的，即也许这3,696人通常并不能完全代表英国人。我们可能会对以下两种可能的难题而感到忧虑：①所选取的3,696人可能为A型血（或不是A型血）存在系统偏差；②所检查的人数太少，难以推论到数百万人的总体中。一般而言，事实证明总体大小为数百万并不是一个问题，选择人群的方式所出现的偏差则是一大问题。

在进行统计推断时，我们希望样本与总体非常相似，即样本是总体的代表。在1.3节中，我们了解了抽样误差和非抽样误差是如何造成非代表性样本的。然而，即使没有偏差，我们也必须要知道特定样本较好地代表总体的可能性有多大？重要的问题是：一个样本有多大可能性成为（总体的）代表？在第5章，我们将了解统计学理论是如何帮助回答这个问题的。

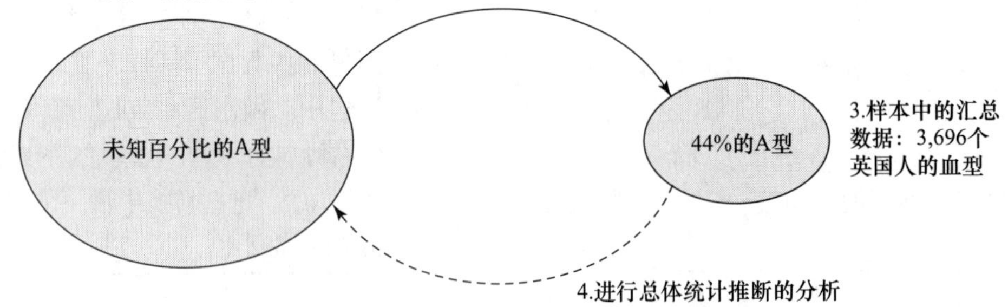

图2.8.1 关于血型A从样本到总体推断的图示

对总体的限定

在1.3节中，我们强调了所搜集的包含在样本中的个体集合应该是总体的代表。事实是，这个要求要比实际的需要更强烈一些。从根本上说，重要的是我们得到所感兴趣的变量度量值就是总体相应值的代表。下面例子出现了样本成员也许不是总体代表的情形,但可以说从这个样本中得到的度量值能够被看作是较大总体的代表。

例 2.8.2
血型

例 2.8.1 中这 3,696 位英国人实际是怎样选择的?从原始文件来看,这是一个“方便样本”,即研究人员的朋友、雇佣者和各种的非特定来源人群。认为这群人本身作为全部英国人民总体的代表几乎不存在偏差。尽管如此,有人可能怀疑他们的血型(或多或少)是否可以是总体的代表。也许选择的这些个体与血型并没有关系,这就会引起偏差,而这正是争论的内容所在[然而,争论的反对方也许就是以种族为基础的。例如,样本的种族分布与英格兰(总体)的种族分布存在巨大的差异,不同种族之间血型分布的差异也是众所周知的]。如果观察变量是血压而不是血型,代表性的争论貌似很少。我们知道,血压趋向于随年龄增长而增加,因此其选择过程中无疑会因特定年龄组(如更老的人群)而产生偏差。

正如例 2.8.2 所展示的,从样本中得到的度量值是否有可能成为从总体度量值的代表,不仅依赖观察单位(如这个情况中的人群)是如何选择的,还与所观察的变量有关。从理论上,我们用随机样本进行分析,但我们也注意到,在有些情况下获得随机样本并不可能或者不方便。然而,把我们的注意力转移到度量值本身而不是度量值所来源的个体,我们就可能经常质疑,我们的结果对一个大的总体是否具有普遍性(或缺少普遍性)。在这一过程中,我们把总体看作是在度量过程中由观察值或搜集到的具体数据所组成的,而不是人群或其他观察单位所组成的。下面给出另一个例子。

例 2.8.3
酒精与甲氧基 - 羟基 - 苯基乙二醇(MOPEG)

生化物质 MOPEG 在大脑功能中起着一定作用。7 位健康男性志愿者参与了饮酒是否会提高脑脊髓液中 MOPEG 浓度的研究。每位男子测定两次 MOPEG 浓度,试验开始时测定一次,饮 80 g 乙醇后再测一次。结果列于表 2.8.2[48]。

表 2.8.2 酒精对 MOPEG 的影响 单位:pmol/mL

志愿者	MOPEG 浓度		
	前	后	变化
1	46	56	10
2	47	52	5
3	41	47	6
4	45	48	3
5	37	37	0
6	48	51	3
7	58	62	4

让我们聚焦最右边的一栏,它表示的是 MOPEG 浓度的变化(即“后”测量与“前”测量之间的差异)。如果我们把这些数值看作是来自总体中的一个样本,我们需要明确试验条件的所有细节,脑脊髓样品如何获得,测量的精确时间和酒精消耗,还有志愿者自身的相关特性等。因此,我们可以限定总体如下:

总体健康男子饮用 80g 乙醇,前后都测定了其脊髓液中 MOPEG 浓度的变化,测定时间都在上午 8:00……(其他相关试验条件都需要在此处进行明确)。

如本试验一样，并没有唯一“正确”的总体限定。科学家在审阅试验结果时，可能会认为这种限定太宽了或者太窄了（例如，也许是否在上午 8：00 进行测定并不重要）。他可以根据对酒精和脑化学的了解来设想自己的条件，然后他就能够运用这些限定作为阐释这 7 位观测者的基础。

对总体的描述

因为观察值来自于样本，我们无法准确了解生物学总体的特征。通常，我们对总体的了解来自于样本。用统计学术语表述，我们说样本特性是相应总体特征的估计。因此，估计是统计推断的一种类型。

正如每个样本都有一个分布、一个平均数和一个标准差，我们也可以预想出一个总体分布、一个总体平均数和一个总体标准差。为了讨论从样本对总体的推断，我们需要一种描述总体的术语。这个术语与描述样本的术语是类似的。样本的特征称为**统计数**（statistic），总体的特征称为**参数**（parameter）。

比例

对于分类变量，我们可以通过计算总体中每类简单状态的比例或者相对频数来描述总体。下面是一简单例子。

例 2.8.4 燕麦植株

在某燕麦植株总体中，抗冠锈病的分布情况列于表 2.8.3[49]。

表 2.8.3 燕麦的抗病性

抗性	植株比例
高抗	0.47
中抗	0.43
感病	0.10
总数	1.00

特别注意 例 2.8.4 中所描述的总体是真实的，但它并不是一个特定的真实总体；任何真实总体的准确比例都是未知的。同样的原因，我们将在第 3、第 4 和第 5 章中的几个例子中使用虚设的但是真实的总体。

对分类数据来说，一个类别的样本比例是相对应总体比例的估计。由于这两个比例并不需要是一样的，因此，必须有一个记号来区别它们。我们对一个分类的总体比例用 p 来表示，而对样本比例用 $\hat{p}$ 表示：

$$p = \text{总体比例}$$
$$\hat{p} = \text{样本比例}$$

符号“^”解释为“对……的估计”。则，

$\hat{p}$ 是 p 的估计值。

我们用一个例子说明这一记号。

例 2.8.5 肝癌

11 位患有腺癌（肝癌的一种）的病人，用化疗制剂丝裂霉素进行治疗。其中 3 位病人显示出了正效应（定义为收缩的肿瘤至少有 50%）[50]。假设我们把这项研究的总体定义为“所有化疗病人的效应”，那么我们就可以对“正效应”类别的样本比例和总体比例表示如下：

p = 所有化疗病人中有正效应的比例

$\hat{p}$ = 本研究中 11 个病人中有正效应的比例

$$\hat{p} = \frac{3}{11} = 0.27$$

注意，p 是未知的，而 $\hat{p}$ 是已知的，它是 p 的估计值。

我们应该强调的是，当我们使用“估计值”这一术语时，可能是也可能不是好的估计值。例如，例 2.5.8 中的估计值 $\hat{p}$ 是基于很少病人得到的，这种基于较少数目观察值的估计会受相当大的不确定因素的影响。当然，估计过程是好是坏是一个重要问题，我们将在以后的章节中来回答这个问题。

其他描述性度量

如果观察变量是计量型的，我们可以考虑用描述性度量而不是比例，如平均数、四分位数和标准差等。这些数值都可以从样本数据计算出来，并且每个数值都是相应总体的估计。例如，样本中位数是总体中位数的估计。在后面的章节中，我们将特别聚焦平均数、标准差，所以我们需要给予总体平均数和标准差一特殊的记号。**总体平均数**（population mean）用 μ 表示，**总体 SD**（population SD）用 σ 表示。对计量变量 Y，我们定义如下：

$$\mu = Y \text{ 的总体平均值}$$

$$\sigma = \sqrt{(Y-\mu)^2 \text{ 的总体平均值}}$$

下面例子说明这些记号。

例 2.8.6

烟叶

农学家测量了 150 株相同品系（Havana）烟草的叶片数。结果列于表 2.8.4[51]。

表 2.8.4 烟草植株的叶片数

叶片数	频数（植株数）
17	3
18	22
19	44
20	42
21	22
22	10
23	6
24	1
总数	150

样本平均数为：

$$\bar{y} = 19.78 = 150 \text{ 株烟草平均叶片数}$$

总体平均数为：

$$\mu = \text{种植在这些条件下的 Havana 烟草植株的叶片平均数}$$

我们并不知道 μ 是多少，但我们可以把 $\bar{y}$=19.78 看作是 μ 的估计值。样本标准差是：

s =1.38=150 株植株叶片数的 SD

总体 SD 为:

σ= 种植在这些条件下的 Havana 烟草植株叶片数的 SD

我们并不知道 σ 是多少，但我们可以把 s =1.38 看作是 σ 的估计值 [*]。

2.9 展望

在这一章，我们考察了描述数据集的各种方法。我们还介绍了将样本特征看作是合适的确定总体相应特征的估计这一概念。

参数和统计数

一个分布的某些特征如平均数，是可以由单个数字来表示的，但有些特征如分布形状就不能用单个数字来表示。我们知道，描述样本的数值型度量称为统计数。相应地，描述总体的数值型度量称为参数。对大多数重要的数值型度量，我们给出了记号以区别统计数和参数。表 2.9.1 概括了这些标记，以方便查阅。

表 2.9.1 一些重要的统计数和参数记号

度量	样本值（统计数）	总体值（参数）
比例	$\hat{p}$	p
平均数	$\bar{y}$	μ
标准差	s	σ

展望

把样本特性（如 $\bar{y}$）作为相应总体特性（如 μ）的估计是理所应当的。但是，在这样考虑时，必须避免盲目的乐观。当然，如果样本完全代表了总体，那么其估计将是完全准确的。但是，这就产生了一个关键问题：样本可能是总体的代表吗？直觉告诉我们，如果观察单位选择得合适，那么样本应该或多或少代表了总体。直觉还告诉我们，大样本应该比小样本能够更好地代表总体。这些直觉基本上是正确的，但它们太模糊了，并不能在生命科学研究中提供实际指导。需要回答的实际问题是:

（1）调查者如何判断样本是否能够“或多或少”作为总体的代表?

（2）观察者如何能在特定情况下量化“或多或少”？

在 1.3 节，我们描述了一个基于随机抽样的理论概率模型，这个模型提供了对问题(1)进行判断的框架，在第6章我们将学习这个模型是如何具体解答问题(2)的。在第 6 章，我们还将专门考察如何分析数据集，以量化用样本平均数（$\bar{y}$）估计总体平均数（μ）的紧密程度。但是，在学习第 6 章的数据分析之前，我们需要在第 3、第 4 和第 5 章学习一些基础知识做一些铺垫，这些章节的内容对理解统计推断方法是不可缺少的基础。

---

* 你也许奇怪为什么用 $\bar{y}$ 和 s 来替代 $\hat{\mu}$ 和 $\hat{\sigma}$。一种回答是习惯。另一种回答是因为 ^ 的意思是估计，你也许有其他的估计。

补充练习 2.S.1—2.S.20

2.S.1 4个学生身高（单位：cm）的样本如下：180, 182, 179, 176。假设第5个学生加入这一组。这名学生的身高是多少才能使这一组的平均身高为181？

2.S.2 植物学家在同一温室沙床上种植了15株胡椒。21d后，她测量了每个植株的总茎长（cm），获得了如下数值[52]：

12.4	12.2	13.4
10.9	12.2	12.1
11.8	13.5	12.0
14.1	12.7	13.2
12.6	11.9	13.1

（a）构建这些数据的点线图，并标出四分位数的位置；
（b）计算四分位数间距。

2.S.3 在果蝇（*Drosophila melanogaster*）的习性研究中，生物学家测定了每只果蝇6min观测期内用嘴整理羽毛所用的总时间。下面是20只果蝇用嘴整理羽毛的时间（s）[53]：

34	24	10	16	52
76	33	31	46	24
18	26	57	32	25
48	22	48	29	19

（a）确定中位数和四分位数；
（b）确定四分位数间距；
（c）构建这些数据（改进的）箱线图。

2.S.4 为校准分析蛋白质含量的标准曲线，植物病理学家用分光光度计测量了蛋白质溶液的吸光率（波长500nm）。对每毫升水含有60μg蛋白质的标准溶液进行了27次重复测定，结果如下[54]：

0.111	0.115	0.115	0.110	0.099
0.121	0.107	0.107	0.100	0.110
0.106	0.116	0.098	0.116	0.108
0.098	0.120	0.123	0.124	0.122
0.116	0.130	0.114	0.100	0.123
0.119	0.107			

构建频数分布图，把这些数据做成一个表，并用直方图进行表示。

2.S.5 参阅练习2.S.4吸光率数据。
（a）确定中位数、四分位数和四分位数间距；
（b）吸光率多大才可以成为异常值。

2.S.6 分布的最小值与最大值的平均值被定义为中点。那么，中点是固定的统计数吗？为什么是或不是？

2.S.7 对20位严重癫痫患者进行了为期8周的观察。在观察期内每位病人突然发作的次数如下[55]：

5	0	9	6	0	0	5	0	6	1
5	0	0	0	0	7	0	0	4	7

（a）确定突然发作次数的中位数；
（b）确定突然发作次数的平均数；
（c）构建这些数据的直方图；
（d）频数分布的什么特征表明平均数和中位数都不能真正概括这些病人的表现？

2.S.8 计算下列虚拟样本的标准差：
（a）11，8，4，10，7；
（b）23，29，24，21，23；
（c）6，0，−3，2，5。

2.S.9 为了研究土壤中日本甲壳虫幼虫的空间分布，研究人员将3.6m×3.6m的玉米田分成144个0.3m² 的方块。他们计数了每个方块的幼虫数目*Y*，结果如下表所示[56]。

幼虫数目	频数（方块数目）
0	13
1	34
2	50
3	18
4	16
5	10
6	2
7	1
总数	144

（a）Y 的平均数和标准差分别是：$\bar{y}$=2.23 和 s=1.47。这些观察值的百分数是在哪个范围内：

（i）平均数的 1 倍标准差？

（ii）平均数的 2 倍标准差？

（b）确定所有 144 个方块幼虫的总数。这个数字与 $\bar{y}$ 有关吗？

（c）确定此分布的中位数。

2.S.10　身体健康的测量指标之一就是最大耗氧量，它是一个人能够耗氧的最大比率。9 位女大学生参与了为期 10 周的跑步机剧烈运动计划，于计划开始前和结束后分别测量其最大耗氧量。下表显示了前后测量值和变化值（前 – 后），所有数值都用每千克体重每分钟 O_2 的毫升数表示[57]。

参与者	最大耗氧量　单位：mL/（kg 体重・min）		
	前	后	变化
1	48.6	38.8	−9.8
2	38.0	40.7	2.7
3	31.2	32.0	0.8
4	45.5	45.4	−0.1
5	41.7	43.2	1.5
6	41.8	45.3	3.5
7	37.9	38.9	1.0
8	39.2	43.5	4.3
9	47.2	45.0	−2.2

根据最大耗氧量的变化（最右一栏）进行下列计算。

（a）计算平均数和标准差；

（b）确定中位数；

（c）从数据中取消参与者 1，然后重复（a）和（b）的计算。哪一个描述性度量指标显示出了稳健性，哪一个没有显示？

2.S.11　兽医解剖学家调查了矮种马肠神经细胞的空间排列情况。他从肠壁中取出了一块组织，将其切成了许多大小一样的部分，随机选择了 23 个部分计数其每部分神经细胞的数目。计数结果如下[58]：

35	19	33	34	17	26	16	40
28	30	23	12	27	33	22	31
28	28	35	23	23	19	29	

（a）确定中位数、四分位数和四分位数间距；

（b）构建数据的箱线图。

2.S.12　练习 2.S.11 构建了神经细胞数据的箱线图。这个图是否表明数据来自一个相当对称的分布？

2.S.13　遗传学家计数了果蝇（*Drosophila melanogaster*）腹部某些区域刚毛的数目。119 个个体结果列于表中[59]。

刚毛数目	果蝇数	刚毛数目	果蝇数
29	1	38	18
30	0	39	13
31	1	40	10
32	2	41	15
33	2	42	10
34	6	43	2
35	9	44	2
36	11	45	3
37	12	46	2

（a）确定刚毛的中位数；

（b）确定样本的第一个和第三个四分位数；

（c）制作数据的箱线图；

（d）样本平均数是 38.5，标准差为 3.20。落在平均数 1 倍标准差范围内观测值的百分数是多少？

2.S.14　香烟中的一氧化碳被认为对抽烟孕妇所怀胎儿有很大的危害。在这项假设性研究中，在怀孕妇女抽烟前后分别抽取其血液。测定了血液中与一氧化碳结合形成了碳氧血红蛋白（COHb）的血红蛋白的百分比。10 名妇女的数据结果列于表中[60]。

研究对象	血液 COHb / %		
	前	后	增加量
1	1.2	7.6	6.4
2	1.4	4.0	2.6
3	1.5	5.0	3.5
4	2.4	6.3	3.9
5	3.6	5.8	2.2
6	0.5	6.0	5.5

续表

研究对象	血液 COHb / %		
	前	后	增加量
7	2.0	6.4	4.4
8	1.5	5.0	3.5
9	1.0	4.2	3.2
10	1.7	5.2	3.5

（a）计算 COHb 增加量的平均数和标准差；

（b）计算抽烟前和抽烟后的 COHb 平均数。平均数的增加等于增加量的平均数吗？

（c）确定 COHb 增加量的中位数；

（d）对抽烟前测量值和抽烟后测量值重复（c）的计算。中位数的增加等于增加量的中位数吗？

2.S.15（计算机问题） 在一项印度医学研究中获得了 31 个感染了疟疾的幼儿血液样本。每名幼儿 1mL 血液中的疟疾寄生虫数按升序排列如下[61]。

100	140	140	271	400	435
455	770	826	1,400	1,540	1,640
1,920	2,280	2,340	3,672	4,914	6,160
6,560	6,741	7,609	8,547	9,560	10,516
14,960	16,855	18,600	22,995	29,800	83,200
134,232					

（a）以 10,000 为组距构建这些数据的频数分布，用直方图来表示这个分布；

（b）对每个观测值进行对数（以 10 为底）转换。构建转换数据的频数分布，用直方图表示其分布。对数转换影响频数分布的形状吗？

（c）计算原始数据的平均数和转换数据的平均数。对数的平均数等于平均数的对数吗？

（d）计算原始数据的中位数和对数转换数据的中位数。对数的中位数等于中位数的对数吗？

2.S.16 研究者测量并记录了俄亥俄州克里夫兰 41 年 6 月份降水量（单位：in）[62]。其最小值为 1.2，平均值 3.6，标准差是 1.6。下面哪一个近似是数据的直方图？你是如何判断的？

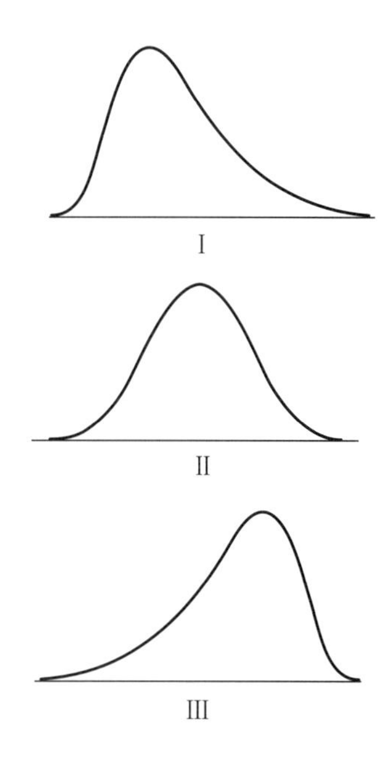

2.S.17 下列直方图（a）、（b）和（c）显示了三个分布。

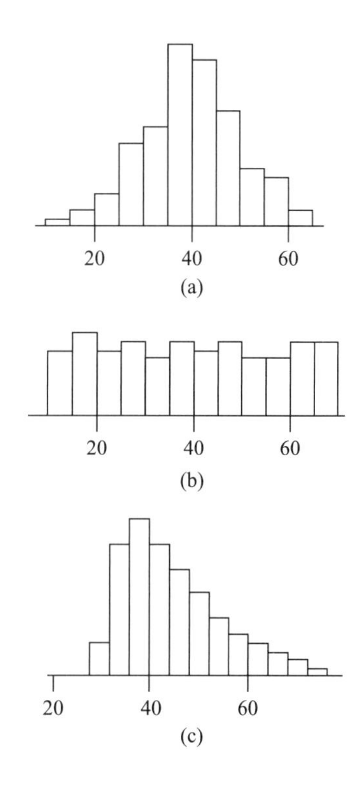

下面是计算机输出显示的三个分布的平均数、中位数和标准差，再加上另外一个分布的平均数、中位数和标准差。匹配具有这些统计数的直方图。解释其理由（其中一套统计数不需要用到）。

1. 计数 100
 平均数 41.3522
 中位数 39.5585
 标准差 13.0136

2. 计数 100
 平均数 39.6761
 中位数 39.5377
 标准差 10.0476

3. 计数 100
 平均数 37.7522
 中位数 39.5585
 标准差 13.0136

4. 计数 100
 平均数 39.6493
 中位数 39.5448
 标准差 17.5126

2.S.18 下列箱线图所示为不同医院心脏移植病人的死亡率（每100个病人一年内的死亡数）。规模小的医院每年移植数为5~9人，规模大的医院每年移植数为10人及其以上[63]。描述其分布，特别要注意对它们进行互相比较。要注意每个分布的形状、中心和分散性。

2.S.19（计算机问题） 医生测定了38位健康人血液样本的钙浓度（nmol/L）。数据列于下面[64]。

95	110	135	120	88	125
112	100	130	107	86	130
122	122	127	107	107	107
88	126	125	112	78	115
78	102	103	93	88	110
104	122	112	80	121	126
90	96				

计算这个分布中心和分散性的合适度量值。描述分布的形状和数据中任何异常的特征。

2.S.20 下面箱线图显示的数据与三个直方图其中一个相同。哪一个直方图与箱线图相匹配？解释原因。

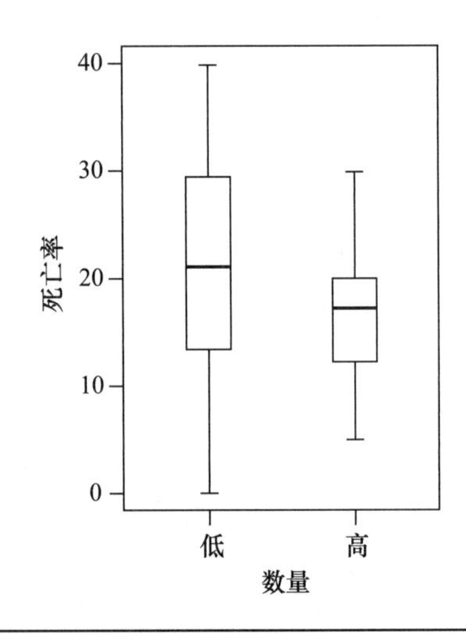

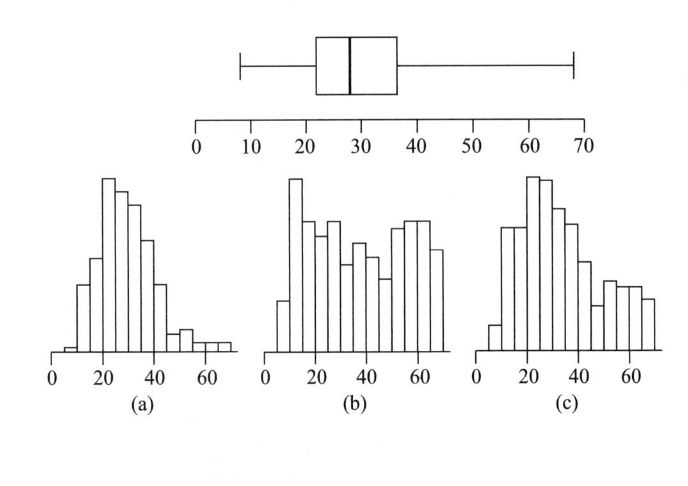

3 概率和二项分布

目标

本章我们主要学习概率的基本原理，包括：
- 概率中极限频率的定义；
- 概率树的应用；
- 随机变量的概念；
- 随机变量平均数和标准差的求解规则；
- 二项分布的应用。

3.1 概率与生命科学

概率或者偶然性在生命系统的科学研究中发挥着重要作用。有些生物学过程会直接受到偶然因素的影响，如我们比较熟悉的配子形成过程中发生的染色体分离，以及变异的发生。

尽管生物学过程本身与随机因素无关，但试验结果常常在某种程度上受到随机因素的影响，如环境条件的偶然波动、实验动物学在遗传组成上的随机变异等。通常，通过试验设计也会引入偶然因素；如在大田试验中，不同小麦品种被随机分配到各个小区（随机分配将在第 11 章进行讨论）。

统计数据分析的结论常以概率的形式进行表述。概率应用于统计分析不仅仅是因为随机因素会影响试验结果，还因为概率模型在给定某种模型假设下可以让我们对试验结果出现的可能性和不可能性量化，并给出相应的假设模型。本章我们将主要介绍概率相关术语，引入一些简单的概率应用工具。

3.2 概率导言

在本节，我们介绍概率相关术语及其解释。

基本概念

概率（probability）是对事件可能发生的量化描述。事件 E 的概率记为：

$$P\{E\}$$

概率$P\{E\}$是介于0与1之间的数值，并包括0与1。

我们只在随机操作的背景下来讨论概率$P\{E\}$，也就是说一个事件的发生至少部分是受偶然因素影响的。随机操作定义如下：每次进行的随机操作，事件E可能发生也可能不发生。通过以下两个例子来说明这个概念。

例3.2.1
抛硬币

考察我们熟悉的抛硬币的这一随机操作，确定事件：

E：正面朝上

每次抛硬币，其结果或者为正面朝上或者为背面向上，如果正面朝上和背面朝上机会相等，则其概率：

$$P\{E\}=\frac{1}{2}=0.5$$

这样理想化的硬币也称“公平”硬币。如果硬币“不公平”（可能有微小的弯曲），那么$P\{E\}$将是其他值而不是0.5，可能：

$$P\{E\}=0.6$$

例3.2.2
抛硬币

考察事件：

E：连续3次正面向上

对这种情况下，“抛掷一次硬币”就不是随机操作了，因为我们不可能在一次掷币中知道事件E是否会发生。合适的随机操作将是：

随机事件E：掷币3次。

另一个合适的随机操作是：

随机事件E：掷币100次。

可以这样理解，掷币100次，如果有连续3次背面朝上，我们认为事件E发生了。直觉告诉我们，事件E可能发生的概率在第二种操作（掷币100次）中要远远高于第一种操作（掷币3次）。这个直觉是正确的，在解释概率时要强调随机操作的重要性。

概率术语可被用来描述从总体中随机抽样的结果。这种思想最简单的应用是在样本容量n=1的抽样中，也就是说，从总体中随机选取1个成员。下面进行详细说明。

例3.2.3
果蝇抽样

某一试验室保存了比较大的果蝇（*Drosophila melanogaster*）总体。在这个总体中，由于变异的原因30%的个体为黑色，70%的个体为正常灰色。假设在总体中随机抽取一只果蝇，那么其可能为黑色的概率为0.3，正式定义如下：

E：抽取的果蝇为黑色

则：

$$P\{E\}=0.3$$

前面这个例子说明了概率和随机抽样之间的基本关系：随机抽取具有某种特征的一个个体的概率等于具有相同特征总体成员所占的比例。

概率的频率解释

概率的**频率解释**（frequency interpretation）通过将事件的发生概率与可测量的、能够命名的事件长期发生的相对频率相关联*，从而在概率和真实情况之间建立一条纽带。

根据频率解释，事件 E 的概率只有在随机操作无限次重复时才有意义。每次重复进行的随机操作，事件 E 可能发生也可能不发生。概率 $P\{E\}$ 可被理解为在随机操作无限重复操作的结果中得到事件 E 发生的相对频率。

特别地，假设随机操作重复很多次，每次操作中 E 发生或不发生都被记下。那么，就可表示为：

$$P\{E\} \leftrightarrow \frac{\#\text{事件}E\text{发生的次数}}{\#\text{随机操作的重复次数}}$$

上述表达式中的箭头表示"长远来看近似相等"，也就是说，如果随机操作重复多次，表达式两边将是近似相等的。以下为一简单例子。

例 3.2.4 抛硬币

再次考察以下掷币这一随机操作，事件：

E：正面朝上

如果硬币很平整，则有：

$$P\{E\} = 0.5 \leftrightarrow \frac{\text{正面朝上的次数}}{\text{掷币次数}}$$

上面表达式中箭头表明多次抛掷平整硬币后，我们预期硬币正面朝上的概率为50%。

下面两个例子阐述了更复杂事件相对频率的解释。

例 3.2.5 抛硬币

假设两次抛掷平整硬币。获得两次正面朝上的概率为 0.25（相关原因会在本节后面解释）。对这个概率有如下相对频率的解释。

随机操作：掷币两次

E：两次正面朝上

$$P\{E\} = 0.25 \leftrightarrow \frac{\#\text{两次正面朝上的次数}}{\#\text{掷币的次数}}$$

例 3.2.6 果蝇的抽样

在例 3.2.3 果蝇总体中，30% 果蝇为黑色，70% 果蝇为灰色。假设从总体中随机选取两只果蝇，两只果蝇为同样颜色的概率为 0.58（相关原因会在本节后面解释）。其概率解释如下：

随机操作：抽取一个容量为 n=2 的随机样本

E：样本中两只果蝇颜色相同

$$P\{E\} = 0.58 \leftrightarrow \frac{\#\text{两只果蝇为同样颜色的次数}}{\#\text{抽取}n=2\text{样本的次数}}$$

---

* 有些统计学家提出了不同的观点，认为事件的概率可表示为一个人对将要发生事件"可信的"的主观量化表达。基于"主观"理解的统计方法与本书介绍的内容有较大的不同。

我们可以将这个解释与一个具体的抽样试验联系起来。假设果蝇总体在一个非常大的容器里面，我们有一些装置用来在容器里随机选取果蝇。随机选取一只果蝇，然后再随机选取一只，这两只果蝇就组成了第一个 n=2 的样本。将它们的颜色记录之后，将两只果蝇重新放回容器中，又按照上述方法重复抽样操作。这样的抽样试验人工进行是非常乏味的，但可以很容易地用电脑模拟这个过程。表 3.2.1 所示用电脑模拟以样本容量 n=2 进行 10,000 次抽取果蝇样本的部分结果。每次随机操作重复完成之后（即每次抽取容量 n=2 的样本后），事件 E 的累积相对频率会被更新，如表 3.2.1 最右侧栏目所示。

表 3.2.1 电脑模拟果蝇取样的部分结果

样本数	颜色		E 是否发生	E 的频率（累积）
	第一个果蝇	第二个果蝇		
1	G	B	否	0.000
2	B	B	是	0.500
3	B	G	否	0.333
4	G	B	否	0.250
5	G	G	是	0.400
6	G	B	否	0.333
7	B	B	是	0.429
8	G	G	是	0.500
9	G	B	否	0.444
10	B	B	是	0.500
⋮	⋮	⋮	⋮	⋮
20	G	B	否	0.450
⋮	⋮	⋮	⋮	⋮
100	G	B	否	0.540
⋮	⋮	⋮	⋮	⋮
1000	G	G	是	0.596
⋮	⋮	⋮	⋮	⋮
10000	B	B	是	0.577

注：B= 黑色，G= 灰色。

图 3.2.1 所示为累积相对频率与取样数的关系图。值得注意的是随着样本数的增加，E 发生的相对频率接近于 0.58（即 $P\{E\}$）。换句话说，随着样本数的增加，在所有样本中同种颜色样本的比例接近于 58%。需要强调的是，同样颜色样本的绝对数并不完全趋向于接近 58%。例如，如果我们比较表 3.2.1 中前 100 样本和前 1,000 样本的结果，我们将发现：

	颜色相同	与 58% 的偏差
前 100 样本	54 或 54%	−4 或 4 %
前 1,000 样本	596 或 59.6%	+16 或 1.6%

需要注意的是，对于 1,000 个样本与 100 个样本相比，与 58% 的偏差，在绝对值方面是较大的，但在相对值方面（如百分数）是较小的。同样，对于 10,000 个样本来说，其与 58% 的偏差是相当大的（偏差为 –30），但其百分比偏差是很小的（30/10,000，为 0.3%）。在前 100 个样本中 4 个同色样本数的偏差并不会由于后面相应的较多样本所忽略掉，但也会陷入或淹没在较大的分母之中。

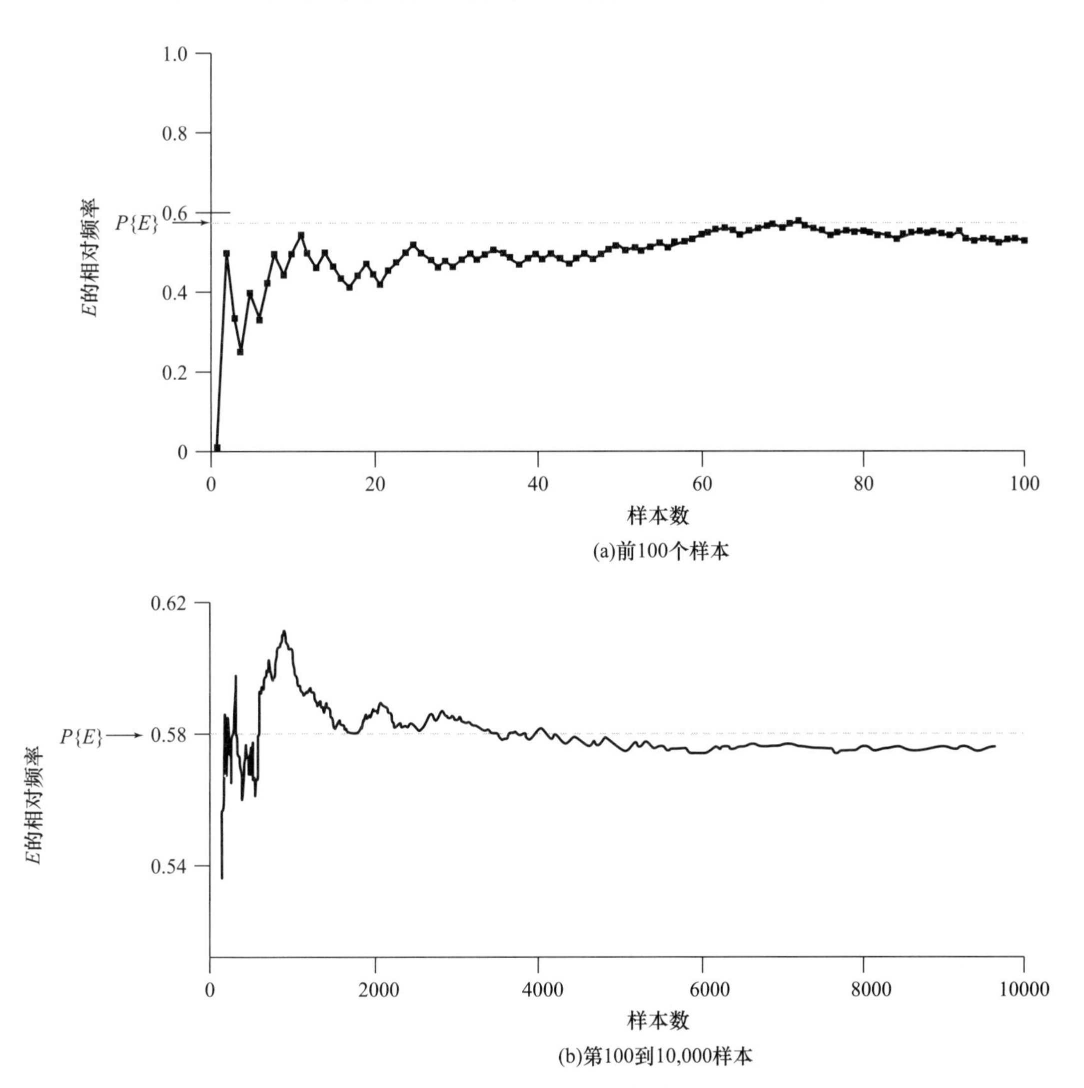

图 3.2.1 从果蝇总体中抽样的结果。注意，（a）和（b）中的坐标轴尺度是不一样的

概率树

通常情况下，**概率树**（probability tree）的应用对于概率问题的分析是非常有用的。概率树为问题的分解和组织所需要获取的信息提供了便捷的途径。下面的例子表明了这个理念的应用。

例 3.2.7 掷硬币

如果将一枚平整的硬币抛掷两次，则每次抛掷出现正面朝上的概率是 0.5。这种情况中概率树的第一部分显示出，第一次掷币会有两种结果，它们的概率均为 0.5。

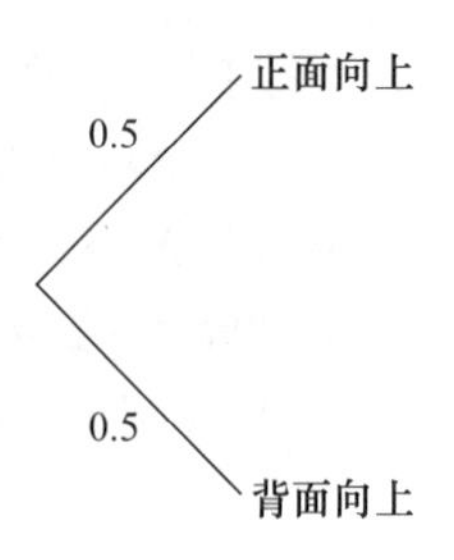

概率树进一步分析显示，对于第一次掷币的每个结果，第二次掷币都有相应的正面向上和背面朝上的结果，其概率均为0.5。

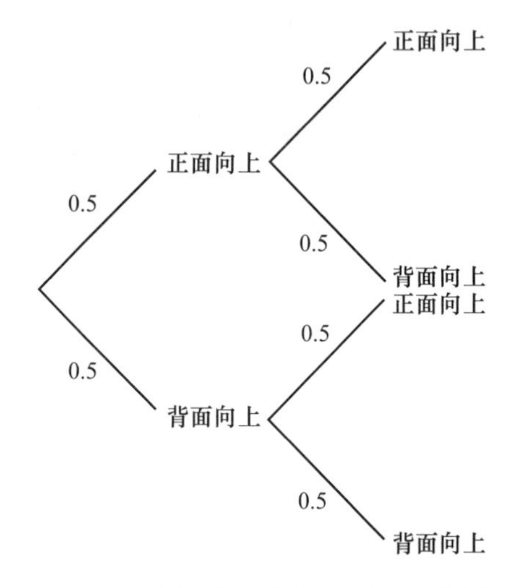

为了求得掷币两次正面向上的概率，我们通过概率树分析产生该事件的产生途径，并将所有可能的概率相加。图3.2.2中例子表明：

$$P\{\text{两次正面向上}\}=0.5\times 0.5=0.25$$

概率组合

如果一个事件的发生不止一种方式，概率的相对频率解释就能引导出子事件概率合适的组合。以下例进行说明。

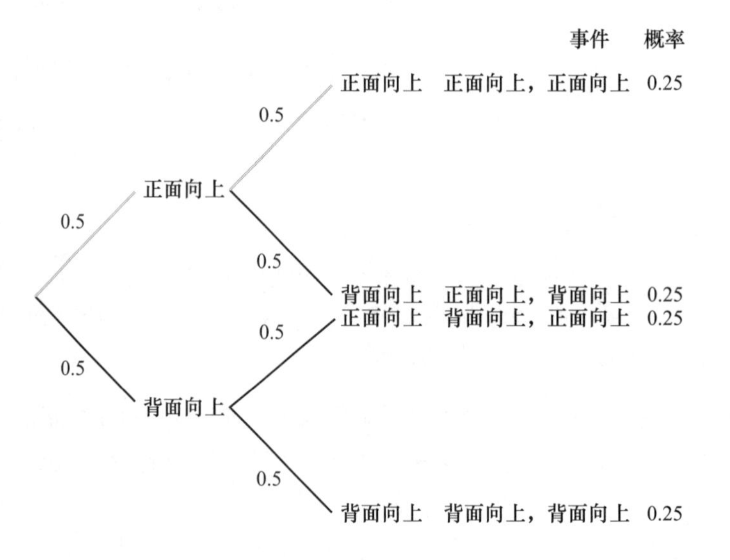

图3.2.2 掷币两次的概率树

例 3.2.8
果蝇抽样

例 3.2.3 和例 3.2.6 果蝇总体中，30% 是黑色，70% 是灰色。假设从总体中随机选取两只果蝇，我们希望找到两只果蝇为相同颜色的概率。图 3.2.3 的概率树显示，两只果蝇的样本会出现四种可能的结果。从概率树我们可以看出，得到两只黑色的果蝇的概率是 $0.3\times0.3=0.09$。同样得到两只灰色的果蝇概率是 $0.7\times0.7=0.49$。

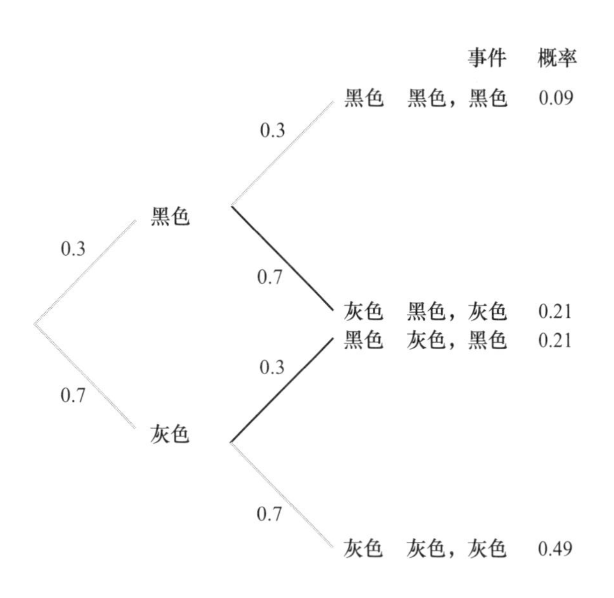

图 3.2.3 抽取两只果蝇样本的概率树

为了得到事件 E：样本中两个果蝇为同样颜色的概率，我们将黑色、黑色的概率与灰色、灰色的概率相加，得到 0.09+0.49=0.58。

在例 3.2.7 的掷币试验中，概率树的第二部分和第一部分有相同的结构，即正面向上和背面朝上的概率均为 0.5，那是因为第一次掷币的结果不影响第二次掷币正面朝上的概率。同样在例 3.2.8 中，不管第一次抽样果蝇是什么颜色，第二次抽样果蝇为黑色的概率均为 0.3，这是因为假设总体足够大，以至于去掉一只果蝇不会影响黑色果蝇所占的比例。然而，在一些情形下，概率树第二部分的处理方法需要与第一部分有所差别。

例 3.2.9
一氧化氮

低氧性呼吸衰竭对一些新生儿会产生严重的不良影响。如果一个新生儿出现这种情况，通常使用体外膜式氧合器（ECMO）来挽救其生命。然而 ECMO 具有伤害性，需要在心脏旁边的血管和动脉插入医疗管，所以医生一般不推荐使用这种方法。另一种治疗低氧性呼吸衰竭的方法是给新生儿吸入一氧化氮。为了检测这种治疗方法的疗效，新生儿患者被随机地分为吸入一氧化氮组和对照组[1]。在治疗组中，45.6% 的孩子的治疗效果是阴性的，这意味着患病的孩子要么需要 ECMO 治疗，要么就失去生命。在对照组中，63.6% 的孩子治疗效果是阴性的。图 3.2.4 所示为该试验的概率树。

如果从这些患病新生儿中随机抽取一个孩子，他有 0.5 的概率在治疗组中，并且有 0.456 的概率治疗效果是阴性。同样，他有 0.5 的概率在对照组中，在该组中有 0.636 的概率治疗效果是阴性的。因此，治疗效果为阴性的总概率为：

$$0.5 \times 0.456+0.5 \times 0.636=0.228+0.318=0.546$$

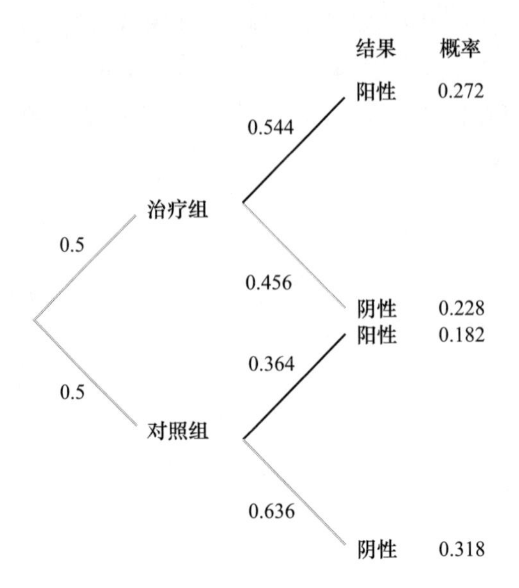

图 3.2.4 一氧化氮例子的概率树

例 3.2.10 医学检验

假定对一个人进行医学测试，来判断他是否患有某种特殊疾病。如果检验结果为患病，我们就说此人为“检验阳性”，如果检验结果为没有患病，我们则说此人为“检验阴性”。但与此同时也会存在两种错误，一种是检验结果显示患病，而实际上并没有患病，我们称为假阳性；另一种是检验结果为没有患病，而实际上患有该病，我们称为假阴性。

假设在一次检验中，如果一个人患有该种疾病，则有 95% 的可能性检验出来（敏感性测试）；如果一个人没有该疾病，则检验出其不患病的正确概率为 90%（特异性测试）。假如一个总体中有 8% 的患者，那么随机检验一个人结果呈阳性的概率为多少？

图 3.2.5 所示为上述情况的概率树，树中第一个分支将患病和不患病分开。如果某个人患病，我们用 0.95 表示结果呈阳性的概率；如果这个人没患病，我们用 0.10 表示结果呈阳性的概率。因此，任意抽取一人检验其呈阳性的概率为：

$$0.08 \times 0.95+0.92 \times 0.10=0.076+0.092=0.168$$

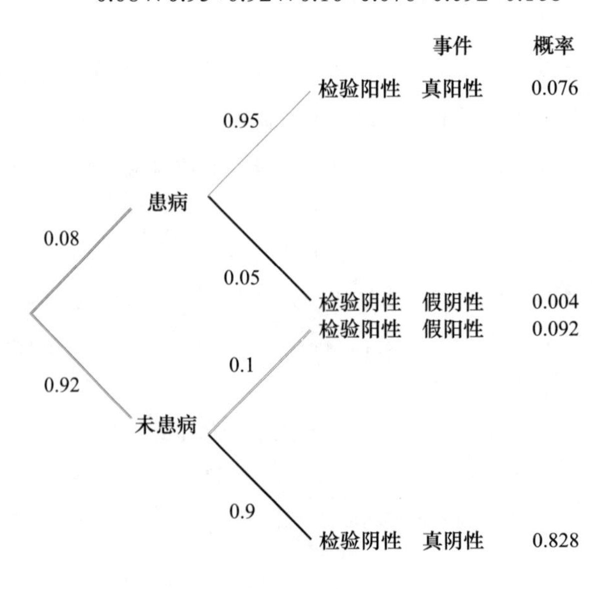

图 3.2.5 医学检验病例的概率树

例 3.2.11 假阳性

考察例 3.2.10 中的医学检验案例。如果某人检验结果呈阳性，那么这个人患病的可能性有多大？在例 3.2.10 中，我们发现总体中的 0.168（16.8%）检验为阳性，所以如果对 1,000 人进行检验，那么我们预期会有 168 人的检验结果为阳性。真阳性的概率是 0.076，因此被检验的 1,000 人中有 76 人的结果是真阳性。所以，在总数 168 个阳性结果中，我们预期有 76 个结果是真阳性，也就是说，某人确实患有此病并检验其结果呈阳性的概率为 $76/168 = 0.076/0.168 \approx 0.452$。在敏感性检验和特异性检验比例分别为 0.95 和 0.90 的情况下，这个概率比我们大多数人所期望的要小得多。

练习 3.2.1—3.2.7

3.2.1 在一个特定的淡水杜父鱼（*Cottus rotheus*）总体中，其尾椎数量的分布见下表[2]。

尾椎数量	鱼的百分数
20	3
21	51
22	40
23	6
总数	100

在总体中随机抽取一条鱼，计算以下尾椎数量的比例：

（a）等于 21；

（b）小于或等于 22；

（c）大于 21；

（d）小于 21。

3.2.2 某所大学中，55% 为女生。假定我们抽取包含两名学生的样本，用概率树分析以下事件的概率：

（a）两名都是女生；

（b）至少有一名是女生。

3.2.3 假设某种疾病为伴性遗传，后代中男性遗传该病的可能是 50%，但女性不会患病。进一步假设新生儿中有 51.3% 的概率为男孩。随机抽取一个孩子患病的概率是多少？

3.2.4 假设一个学生在做多项选择题，里面的内容学过的只有 40%，所以他只有 40% 的可能性知道答案。但即使他不知道答案，也仍然有 20% 的概率得出正确答案。如果从试卷中任意挑选一道题，计算该学生答对的概率为多少？

3.2.5 如果一名妇女进行了早期妊娠检测，其结果或者呈阳性，或者呈阴性，阳性结果表示该妇女怀孕了，阴性结果表示该妇女未怀孕。若该妇女真的怀孕了，那么结果为阳性的可能性 98%；若她没有怀孕，则结果显示阴性的概率是 99%，则：

（a）假设有 1,000 名妇女做早期妊娠检测，其中有 100 个人怀孕了，那么从中随机选取一个人，检测结果为阳性的概率是多少？

（b）假设有 1,000 名妇女做早期妊娠检测，并且其中有 50 个人怀孕了，那么从中随机挑选一人，检测结果为阳性的概率是多少？

3.2.6

（a）考察练习 3.2.5 中（a）部分。假设一名妇女检验结果为阳性，那么她真实怀孕的概率有多大？

（b）考察练习 3.2.5 中（b）部分。假设一名妇女检验结果为阳性，那么她真实怀孕的概率有多大？

3.2.7 假设有人患有某种疾病，其被检验出来的概率为 92%（也就是 92% 敏感性检验）；如果没有患病，则有 94% 的概率检验显示没有患病（也就是 94% 特异性检验），假设某总体中有 10% 的人患有该种疾病。

（a）任意抽取一个人，检验结果呈阳性的概率是多少？

（b）假设任意抽取的人检验结果是阳性，那么其真实患病的概率是多少？

3.3 概率法则（选修）

我们定义一个事件的概率为 $P\{E\}$，可被将看作是这个事件发生的长期相对频率。在本节，我们将简要地介绍几个法则以确定其概率。下面就从三个基本法则开始。

基本法则

法则（1）：事件 E 的概率总是在 0 和 1 之间。也就是说：

$$0 \leqslant P\{E\} \leqslant 1。$$

法则（2）：所有可能事件的概率之和为 1。也就是说，如果有可能事件集，为 E_1，$E_2 \cdots E_i$，那么 $\sum_{i=1}^{k} P\{E_i\} = 1$。

法则（3）：事件 E 不可能发生的概率用 E^C 表示，其值为 1 减去事件发生的概率，即 $P\{E^C\} = 1 - P\{E\}$（我们将 E^C 看作是 E 的对立事件）。

我们用一个例子来阐述这些法则。

例 3.3.1 血型

在美国，总体中 44% 的人是 O 型血，42% 为 A 型血，10% 是 B 型血，4% 为 AB 型血[3]。假设随机选取一个人，并判断其血型。给定血型的概率与其在总体中的比例是一致的。

（a）这个人是 O 型血的概率 $P\{\mathrm{O}\}$ =0.44；

（b）$P\{\mathrm{O}\} + P\{\mathrm{A}\} + P\{\mathrm{AB}\} = 0.44 + 0.42 + 0.10 + 0.04 = 1$；

（c）这个人不是 O 型血的概率 $P\{\mathrm{O}^C\} = 1 - 0.44 = 0.56$。也可用其他所有血型概率之和表示：$P\{\mathrm{O}^C\} = P\{\mathrm{A}\} + P\{\mathrm{B}\} + P\{\mathrm{AB}\}$ =0.42+0.10+0.04=0.56。

我们常常希望讨论两个或两个以上同时发生的事件。要做到这一点，我们就要找到一些有用的术语。如果两个事件不能同时发生，我们就说这两个事件是非关联的*。图 3.3.1 所示为一个维恩图，它描绘了包含两个互不相关事件构成不重叠区的一个矩形内所有可能结果的样本空间 S。

两个事件的和是指其中一个事件发生或者两个事件同时发生。两个事件的积就是指两个事件同时发生的事件。图 3.3.2 维恩图所示为用阴影的总面积表示两个事件的和，中间阴影重叠区域表示事件的积。

如果两个事件互斥，那么它们的和事件的概率为这两者各自概率之和。如果事件不是互斥的，那么它们的和事件的概率需用各自概率相加再减去交叉部分的概率（这部分被“计算了两次”）。

* 互不相关事件的另一种说法为“互斥”事件。

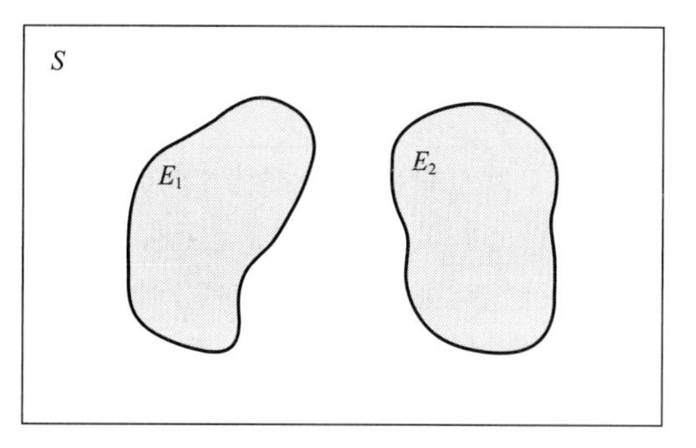

图 3.3.1 两个非关联事件的维恩图

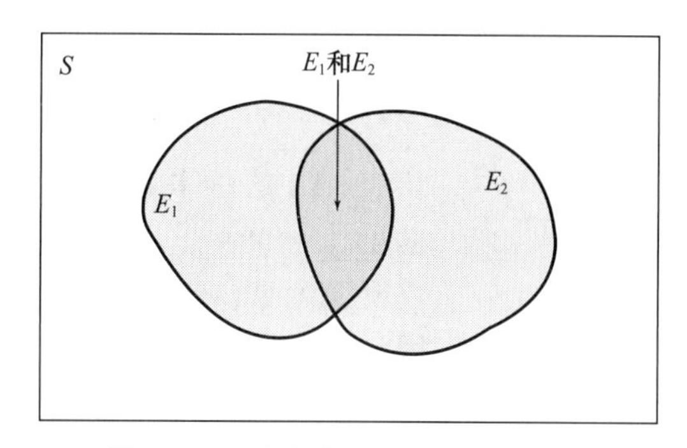

图 3.3.2 两个事件的和（阴影部分）和积（中间区域）的维恩图

加法法则

法则（4）：如果两个事件互斥，则

$$P\{E_1 \text{或} E_2\}=P\{E_1\}+P\{E_2\}$$

法则（5）：对于任意两个事件 E_1 和 E_2，有

$$P\{E_1 \text{或} E_2\}=P\{E_1\}+P\{E_2\}-P\{E_1 \text{和} E_2\}$$

我们通过例子来说明这些法则。

例 3.3.2
头发颜色和眼睛颜色

表 3.3.1 所示为 1,770 位德国男性头发颜色与眼睛颜色之间的关系[4]。

表 3.3.1 头发颜色和眼睛颜色

		头发颜色			
		棕色	黑色	红色	总数
眼睛颜色	棕色	400	300	20	720
	蓝色	800	200	50	1,050
	总数	1,200	500	70	1,770

（a）由于“黑色头发”和“红色头发”为互斥事件，如果从该总体中随机抽一个人，则 P\{ 黑色头发或红色头发 \}=P\{ 黑色头发 \}+P\{ 红色头发 \}=(500/1,770)+(70/1,770)=570/1,770；

（b）如果从该总体随机抽一个人，则 P\{ 黑色头发 \} = 500/1,770；

（c）如果从该总体随机抽一个人，则 P\{ 蓝色眼睛 \} = 1,050/1,770；

（d）“黑色头发”和“蓝色眼睛”不是互斥事件，因为总体中 200 个人具有黑色头发和蓝色眼睛。因此

P\{ 黑色头发或蓝色眼睛 \}=P\{ 黑色头发 \}+P\{ 蓝色眼睛 \}-P\{ 黑色头发和蓝色眼睛 \}= (500/1,770)+(1,050/1,770)−(200/1,770)=1,350/1,770。

如果一个事件的发生不影响另一个事件发生的概率，我们就说这两个事件是独立的。例如，如果一枚硬币被投掷两次，第二次投掷的结果相对于第一次是独立的，因为无论第一次结果是正面朝上还是背面朝上，都不会影响第二次投掷结果为背面朝上的概率。

如果两个事件不是独立的，我们就说事件是相关联的。当事件是相关联的，就

需要在另一个事件发生的基础上考虑该事件的条件概率。我们用符号 $P\{E_2 / E_1\}$ 表示 E_1 发生前提下 E_2 发生的概率。

例 3.3.3
头发颜色和眼睛颜色

从表 3.3.1 的总体中任意选取一个人，其为蓝眼睛的概率为 1,050/1,770，约为 59.3%。如果这个人是黑色头发，那么蓝色眼睛的条件概率是 200/500，为 40%。也就是说，P\{ 蓝色眼睛 / 黑色头发 \}=0.4。由于蓝眼睛的概率依赖于他头发的颜色，因此“黑色头发”和“蓝色眼睛”这两个事件是相关联的。

再次考察图 3.3.2，该图显示了两个区域的交集部分（E_1 和 E_2）。如果我们知道事件E_1已发生,那么就可以在维恩图上界定E_1的区域。要想知道E_2发生的可能性，则需考虑相对于整个 E_1 范围中的 E_1 和 E_2 的交集部分。在例 3.3.3 中，我们已经确定随机抽取的德国人为黑色头发，所以我们把目光集中到 500 个黑色头发人身上。在这些黑头发人中，有 200 个人是蓝色眼睛，这 200 人就是“黑色头发”和“蓝色眼睛”的交集部分。分数 200/500 就是有黑色头发又有蓝色眼睛的条件概率。

由此，我们得到给定 E_1 发生的前提下 E_2 发生的条件概率定义，定义如下：

定义

在 E_1 发生的前提下 E_2 发生的条件概率为：

$$P\{E_2/E_1\} = \frac{P\{E_1和E_2\}}{\Pr\{E_1\}}$$

已知 $P\{E_1\} > 0$。

例 3.3.4
头发颜色和眼睛颜色

考察表 3.3.1，从总体中随机选取一个人，这个人是黑色头发的前提下又是蓝色眼睛的概率是：

$$P\{蓝色眼睛 / 黑色头发\}=P\{黑色头发和蓝色眼睛\}/P\{黑色头发\}$$

$$= \frac{200/1770}{500/1770} = 0.40$$

在 3.2 节中，我们通过概率树学习了复合事件。这样做，就是运用我们现在已经知道的乘法法则。

乘法法则

法则（6）：如果两个事件 E_1 和 E_2 是独立的，则：

$$P\{E_1和E_2\} = P\{E_1\} \times P\{E_2\};$$

法则（7）：对于两个任意的事件 E_1 和 E_2

$$P\{E_1和E_2\} = P\{E_1\} \times P\{E_2/E_1\}。$$

例 3.3.5
掷硬币

如果向上掷币两次，这两次事件都是相互独立的。因此，两次全部正面朝上的概率是：

$$P\{两次正面朝上\} = P\{第一次正面朝上\} \times P\{第二次正面朝上\}$$
$$= 0.5 \times 0.5 = 0.25$$

例 3.3.6 血型

例 3.3.1 中提到美国人口中 44% 的人是 O 型血。实际上也有 15% 的人是 Rh 阴型血，其是独立于血型体系之外的。这样，我们随机选取一人，其既是 O 型血又是 Rh 阴型血的概率是：

$$P\{\text{O型和Rh阴型}\} = P\{\text{O型}\} \times P\{\text{Rh阴型}\} = 0.44 \times 0.15 = 0.066$$

例 3.3.7 头发颜色和眼睛颜色

从表 3.3.1 总体中随机抽一个人，这个人既是红色头发又是棕色眼睛的概率有多大？头发颜色和眼睛颜色两个事件是相关联的，所以要用到条件概率。这个人是红色头发的概率为 70/1,770。已知他是红色头发的前提下，又是棕色眼睛的条件概率为 20/70。因此：

$$P\{\text{红色头发和棕色眼睛}\} = P\{\text{红色头发}\} \times P\{\text{棕色眼睛} | \text{红色头发}\}$$
$$= (70/1,770) \times (20/70) = 20/1,770$$

有时，一个概率问题可以分成两个有条件的“部分”，各自分开处理，再把结果组合到一起。

总概率法则

法则（8）：对任意两个事件 E_1 和 E_2：

$$P\{E_1\} = P\{E_2\} \times P\{E_1/E_2\} + P\{E_2^C\} \times P\{E_1/E_2^C\}$$

例 3.3.8 手的大小

从由 60% 男性和 40% 女性组成的总体中随机选取一人。假设女性手小于 100 cm^2 的概率是 0.31，[5] 男性手小于 100 cm^2 的概率是 0.08。随机抽取的这个人，手小于 100 cm^2 的概率为多少？

如果已知被抽取的个体是女性，我们已经给出“小手”的概率是 0.31，如果已知被抽取的个体是男性，其为“小手”的概率是 0.08。因此，

$$P\{\text{手的大小} < 100\} = P\{\text{女性}\} \times P\{\text{手的大小} < 100 | \text{女性}\}$$
$$+ P\{\text{男性}\} \times P\{\text{手的大小} < 100 | \text{男性}\}$$
$$= 0.6 \times 0.31 + 0.4 \times 0.08$$
$$= 0.218$$

练习 3.3.1—3.3.5

3.3.1 一项关于健康风险和收入关系的研究中，研究者询问了一批住在马萨诸塞州的人一系列的问题[6]。一些结果列于下表。

	收入			
	低	中	高	总数
吸烟	634	332	247	1,213
不吸烟	1,846	1,622	1,868	5,336
总数	2,480	1,954	2,115	6,549

（a）本研究中某人吸烟的概率是多少？

（b）本研究中，在高收入的人群中，某人吸烟的条件概率是多少？

（c）吸烟和高收入是独立的吗？为什么？

3.3.2 考察练习 3.3.1 中的数据表。

（a）在本研究中，某人既是低收入又吸烟的概率是多少？

（b）在本研究中，某人不是低收入的概率是

多少？

（c）在本研究中，某人为中等收入的概率是多少？

（d）在本研究中，某人是低收入或中等收入的概率为多少？

3.3.3　下表数据来自练习 3.3.1 的研究结果。其中"压力"表示某人大部分时间都处于极度或相当的压力之下；"没有压力"表示某人大部分时间只感受到一点压力、压力不大或者根本没有压力。

	收入			
	低	中	高	总数
压力	526	274	216	1,016
没有压力	1,954	1,680	1,899	5,533
总数	2,480	1,954	2,115	6,549

（a）本研究中，某人处于压力状态的概率是多少？

（b）本研究中，假定某人来自高收入组，则其处于压力状态的概率是多少？

（c）比较（a）和（b）的答案，压力与高收入是否独立？为什么？

3.3.4　考察练习 3.3.3 中的数据表。

（a）本研究中，某人为低收入的概率是多少？

（b）本研究中，某人有压力，或者为低收入，或者既有压力又为低收入的概率是多少？

（c）本研究中，某人既有压力又为低收入的概率是多少？

3.3.5　假设一个已婚家庭总体中，丈夫抽烟的占 30%，妻子抽烟的占 20%，丈夫和妻子都抽烟的有 8%。丈夫和妻子吸烟情况（吸烟者和不吸烟者）是否相互独立？为什么是或者不是？

3.4　密度曲线

3.2 节中出现的关于概率的例子针对的是离散型变量。在本节中，我们将讨论连续型变量的概率。

相对频率直方图和密度曲线

在第 2 章中，我们讨论了用直方图来表示一个变量的频率分布。相对频率直方图就是我们对每个分类中观察值的比例（即相对频率）进行描述，而不是对类别中的观察值进行计数的直方图。我们可以把相对频率直方图看作是数据来自于总体的近似、真实分布。

尤其是观测资料为连续变量时，用一条光滑的曲线来描述频率分布常常是可取的。我们可将这条曲线看作是相对频率直方图组距很小时的理想化曲线。下面例子可说明这个思想。

例 3.4.1　血糖

葡萄糖含量的测定对于诊断是否患有糖尿病非常有帮助。血糖含量水平是在研究对象喝完 50mg 葡萄糖水溶液之后 1h 进行测量的。图 3.4.1 所示为某女性总体血糖测定结果的分布[7]，其中（a）组距为 10，（b）组距为 5，（c）是一条光滑的曲线。

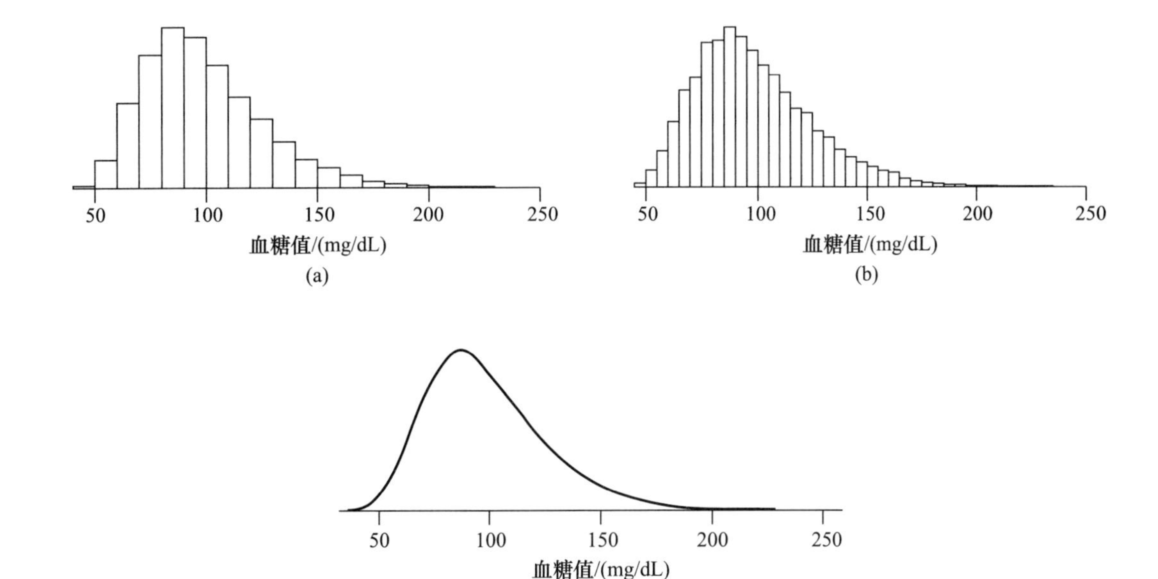

图 3.4.1 女性总体中血糖含量分布的不同表示

表示频率分布的光滑曲线称为**密度曲线**（density curve）。密度曲线的纵坐标画上刻度，称为**密度标度**（density scale）。当使用密度标度时，相对频率就用曲线下的面积来表示。正式地讲，这种关系可表示如下：

密度的理解

> 对任意两个数值 a 和 b，
>
> 密度曲线下 a 和 b 之间围成的面积 = a 和 b 之间 Y 值的比例
>
> 图 3.4.2 所示的关系用于任意分布。

按照对密度曲线的解释，在坐标系中 x 轴（包括 x 值）以上与曲线以下所围成的全部面积必定等于 1，如图 3.4.3 所示。

通过下面例子来解释密度曲线及其所围成面积。

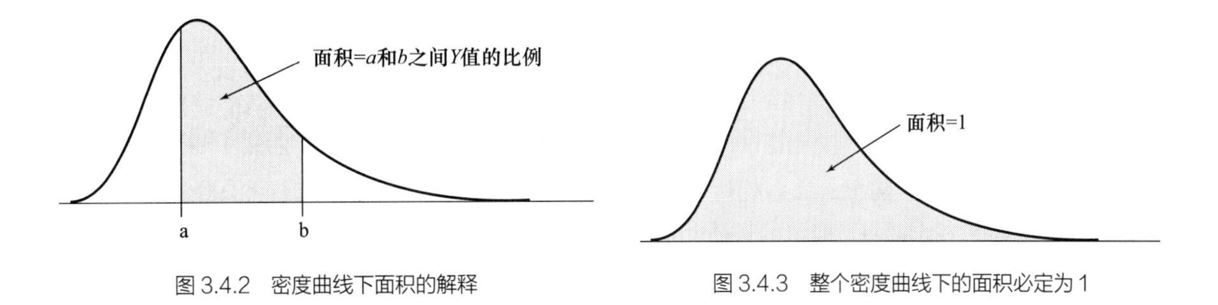

图 3.4.2 密度曲线下面积的解释

图 3.4.3 整个密度曲线下的面积必定为 1

例 3.4.2 血糖

图 3.4.4 是例 3.4.1 血糖含量分布的密度曲线，有明确的纵坐标标度显示。阴影区域的面积等于 0.42，也就是说大约有 42% 人的血糖含量在 100~150mg/dL。密度曲线下小于 100mg/dL 的区域面积为 0.50，说明血糖含量总体中位数是 100mg/dL。整

个曲线下的面积为 1。

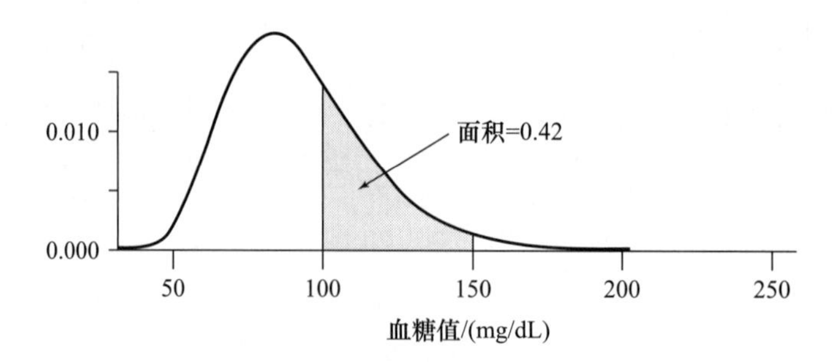

图 3.4.4 血糖密度曲线下面积的解释

连续悖论 对密度曲线下区域面积的解释有自相矛盾的元素。如果我们寻求某一单个特定 Y 值的相对频率，其结果为零。例如，假设我们要确定图 3.4.4 中血糖值等于 150mg/dL 的相对频率。图中所示区域面积是零。这似乎是没有意义的，对于任意变量 Y，它的相对频率的值怎么可能是零？让我们进一步探讨这个问题。如果两个血糖值比较接近，求出 149.5 mg/dL 到 150.5 mg/dL 之间的相对频率，其所对应的面积不为零。另一方面，如果把血糖值看成一个理想的连续型变量，那么任何特定值（如 150）的相对频率是零。这是一个不可否认的自相矛盾。这就好像有一条 1cm 的直线，然而直线上的每一个点的长等于零，这是矛盾的。事实上，连续悖论不会造成任何影响，我们不会讨论单个 Y 值的相对频率（正如我们不去讨论一个点的长度一样）。

概率和密度曲线

如果一个变量为连续分布，那么我们可以用变量的密度曲线来计算概率。连续变量的概率等于密度曲线下变量两点之间的面积。

例 3.4.3 血糖

考察例 3.4.2 所描述的血糖含量总体，从总体中任意抽取一个个体，考察血糖水平，单位为 mg/dL。我们从例 3.4.2 看到，总体中 42% 的人的血糖水平在 100mg/dL 到 150mg/dL。因此，$P\{100 \leqslant \text{血糖水平} \leqslant 150\} = 0.42$。

我们把血糖水平模型化为连续变量，这就意味着$P\{\text{血糖水平} = 100\} = 0$，就像我们上面所解释的那样。因此：

$$P\{100 \leqslant \text{血糖水平} \leqslant 150\} = P\{100 < \text{血糖水平} < 150\} = 0.42。$$

例 3.4.4 树的直径

树桩的直径是森林学中的一个重要变量。图 3.4.5 中的密度曲线表示一个道格拉斯冷杉 30 年树龄总体的直径分布（从地面向上 4.5ft 进行测量），曲线下的面积显示在图中[8]。随机选择一棵树，考察其直径（用 in 表示）。例如$P\{4 < \text{直径} < 6\} = 0.33$，欲找出随机选取树的直径大于 8in 的概率，我们就必须将曲线最后两个区域的面积加起来：$P\{\text{直径} > 8\} = 0.12 + 0.07 = 0.19$。

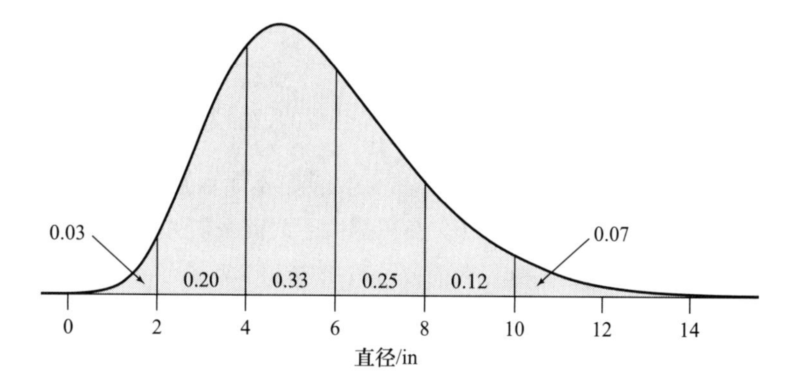

图 3.4.5 道格拉斯冷杉 30 年树龄的直径

练习 3.4.1—3.4.4

3.4.1 考察图 3.4.5 中道格拉斯冷杉 30 年树龄总体的直径（从地面向上 4.5ft 进行测量）分布密度曲线。曲线下的面积如图所示。求下列树直径的百分比是多少？

（a）4in 和 10in 之间？

（b）小于 4in？

（c）大于 6in？

3.4.2 从图 3.4.5 密度曲线所代表道格拉斯冷杉树总体中，随机抽取一棵，考察其直径。求解：

（a）$P\{直径<10\}$；

（b）$P\{直径>4\}$；

（c）$P\{2<直径<8\}$。

3.4.3 在某一锥虫属寄生虫（*Trypanosoma*）的总体中，个体体长的分布如下图的密度曲线所示。曲线下的面积如图所示[9]。

现从该总体中随机选择一条寄生虫，考察长度。求解：

（a）$P\{20<长度<30\}$；

（b）$P\{长度>20\}$；

（c）$P\{长度<20\}$。

3.4.4 根据练习 3.4.3 锥虫属寄生虫体长分布的密度曲线，假定抽取具有两个寄生虫的样本。求下列概率：

（a）两个寄生虫体长都小于 20μm？

（b）第一条寄生虫体长小于 20μm，第二条大于 25 μm？

（c）其中的一条寄生虫体长小于 20μm，而另一条大于 25μm？

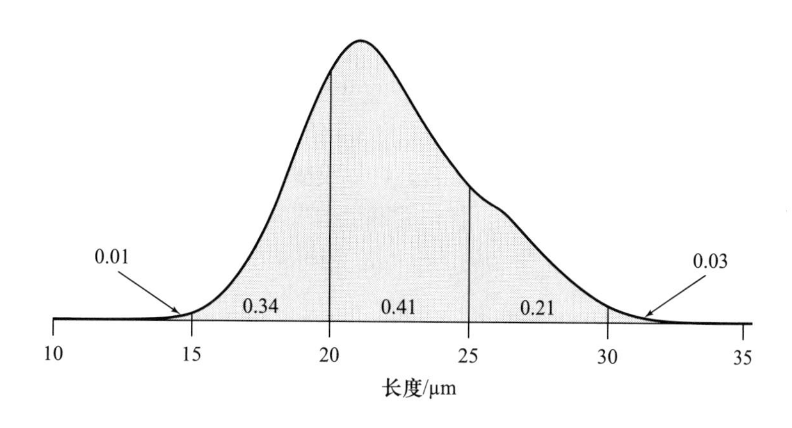

3.5　随机变量

随机变量是通过随机操作获得的数值型简单变量。下列例子说明了其思想。

例 3.5.1 掷骰子

考察掷骰子的随机操作。设随机变量 Y 表示抛掷骰子出现的点数。Y 可能的数值为 Y=1，2，3，4，5，6。在抛掷骰子之前我们并不知道 Y 的数值大小。如果我们知道骰子是否偏重，我们就可以确定 Y 作为某一特定值的概率，比如说 $P\{Y=4\}$，或者是一系列的数值，如 $P\{2\leqslant Y\leqslant 4\}$。例如，如果一枚骰子是非常均匀的，六个面出现的机会相等，那么：

$$P\{Y=4\}=\frac{1}{6}\approx 0.17$$

和

$$P\{2\leqslant Y\leqslant 4\}=\frac{3}{6}=0.5$$

例 3.5.2 家庭规模

假设从某一特定总体中任意抽取一个家庭，并设随机变量 Y 表示所选择家庭中孩子的数量，变量 Y 的可能值为 0，1，2，3 ……。Y 作为某一特定数值的概率等于有那么多孩子的家庭所占的比例。例如，如果 23% 的家庭有 2 个孩子，那么：

$$P\{Y=2\}=0.23$$

例 3.5.3 药物治疗

人们做完心脏手术之后通常会使用很多药物。设随机变量 Y 表示患者做完心脏手术后用药数量。如果我们知道全部总体中所有患者用药量的分布，那么我们可以明确 Y 作为一个具体值或落在某一区间内的概率。例如，52% 的病人需要 2、3、4 或 5 种药物治疗，则：

$$P\{2\leqslant Y\leqslant 5\}=0.52$$

例 3.5.4 男性身高

设随机变量 Y 表示从一特定总体中随机选取一名男性的身高。如果我们已知该总体身高的分布，那么就可以求出落在一定范围内 Y 值的概率。例如，如果 46% 的人身高在 65.2~70.4in，则：

$$P\{65.2\leqslant Y\leqslant 70.4\}=0.46。$$

例 3.5.1 至例 3.5.3 中每个变量都是离散型随机变量，这是由于在每种情况下我们都可以列出变量所有的可能值。与之相比，在例 3.5.4 中，身高是一个连续型随机变量。至少在理论上，身高可以落在区间内的任何一个有限数值上。当然我们测量和记录一个人的身高时，通常会近似成整英寸或半英寸。尽管如此，我们认为真实身高是真正的连续变量。我们用密度曲线来模拟连续随机变量的分布模型，这与 3.4 节中讨论的血糖水平和树的直径是一样的。

随机变量的平均数和方差

在第 2 章中，我们简要讨论了总体平均数和标准差的概念。对于离散型随机变量，如果知道随机变量的概率分布，我们就可以计算出总体的平均数和标准差。我们先来看平均数。

离散型随机变量 Y 的平均数定义为：

$$\mu_Y = \sum y_i P(Y = y_i)$$

其中，y_i 为对应的变量值，而且其总和包括所有可能的值。

随机变量的平均数也被称为期望值，经常用 E（Y）表示，即 E（Y）$=\mu_Y$。

例 3.5.5
鱼的椎骨

在某一特定淡水杜父鱼（*Cottus rotheus*）总体中，其尾椎数 Y 的分布见表 3.5.1[2]。

表 3.5.1 尾椎的分布

尾椎数量	鱼的百分数
20	3
21	51
22	40
23	6
总数	100

Y 的平均数是：

$$\begin{aligned}\mu_Y &= 20\times P\{Y=20\}+21\times P\{Y=21\}+22\times P\{Y=22\}+23\times P\{Y=23\}\\ &=20\times 0.3+21\times 0.51+22\times 0.40+23\times 0.06\\ &=21.49\end{aligned}$$

例 3.5.6
掷骰子

投掷一枚质地均匀的骰子，其六个面出现的机会均等，以随机变量 Y 表示骰子出现的点数。Y 的期望值，或者平均数为：

$$E(Y)=\mu_Y=1\times\frac{1}{6}+2\times\frac{1}{6}+3\times\frac{1}{6}+4\times\frac{1}{6}+5\times\frac{1}{6}+6\times\frac{1}{6}=\frac{21}{6}=3.5$$

为了得到随机变量的标准差，我们首先求出随机变量的方差 σ^2，然后再将其开方得到标准差 σ。

离散型随机变量 Y 的方差定义为：

$$\sigma_y^2 = \sum (y_i-\mu_Y)^2 P(Y=y_i)$$

其中 y_i 为对应的变量数值，而且其总和包括所有可能的值。

我们经常用 VAR(Y) 来表示 Y 的方差。

例 3.5.7
鱼的椎骨

考察表 3.5.1 中尾椎的分布。在例 3.5.5 中，我们知道 Y 的平均数 u_Y=21.49，Y 的方差为

$$\begin{aligned}\mathrm{VAR}(Y)=\sigma_Y^2 &= (20-21.49)^2\times P\{Y=20\}+(21-21.49)^2\times P\{Y=21\}\\ &\quad+(22-21.49)^2\times P\{Y=22\}+(23-21.49)^2\times P\{Y=23\}\\ &=(-1.49)^2\times 0.03+(-0.49)^2\times 0.51+(0.51)^2\times 0.40+(0.51)^2\times 0.06\\ &=0.4299\end{aligned}$$

Y 的标准差 $\sigma_Y=\sqrt{0.4299}\approx 0.6557$。

例 3.5.8
掷骰子

在例 3.5.6 中，我们知道对一枚均匀骰子进行投掷获得点数的平均数为 3.5（即 μ_Y=3.5）。对一均匀骰子进行投掷获得点数的方差为：

$$\begin{aligned}\sigma_Y^2 &= (1-3.5)^2\times P\{Y=1\}+(2-3.5)^2\times P\{Y=2\}+(3-3.5)^2\times P\{Y=3\}\\ &\quad +(4-3.5)^2\times P\{Y=4\}+(5-3.5)^2\times P\{Y=5\}+(6-3.5)^2\times P\{Y=6\}\\ &= (-2.5)^2\times\frac{1}{6}+(-1.5)^2\times\frac{1}{6}+(-0.5)^2\times\frac{1}{6}+(0.5)^2\times\frac{1}{6}+(1.5)^2\times\frac{1}{6}+(2.5)^2\times\frac{1}{6}\\ &= 17.5\times\frac{1}{6}\\ &\approx 2.9167\end{aligned}$$

Y 的标准差为 $\sigma_Y=\sqrt{2.9167}\approx 1.708$。

上述定义适合离散型随机变量。对连续型随机变量具有类似的定义，但它们与积分有关，这里就不再展开了。

加法和减法随机变量（选修）

如果我们将两个随机变量相加，可以理解为我们将其平均数相加。同样地，如果把两个随机变量的差值定义成一个新的变量，那么它们的平均数相减就可以得出其差值的平均数。如果一个随机变量与一个常数相乘（如把英尺转化成英寸，我们就乘以 12），其平均数等于该随机变量的平均数与这个常数相乘。如果我们将一个随机变量与一个常数相加，其平均数等于原变量平均数与该常数之和。

通过以下法则综合这些情况。

随机变量平均数的法则

法则（1）：如果 X 和 Y 是两个随机变量，则

$$\mu_{X+Y}=\mu_X+\mu_Y$$

$$\mu_{X-Y}=\mu_X-\mu_Y$$

法则（2）：如果 Y 是一个随机变量，a 和 b 为常数，则

$$\mu_{a+bY}=a+b\mu_Y$$

例 3.5.9
温度

某城市夏季平均温度 μ_Y 为 81 ℉。我们用公式℃=（℉ −32）×（5/9）或℃=（5/9）× ℉ −（5/9）×32，将℉转化为℃。因此，平均摄氏度为：（5/9）×81−（5/9）×32=45−17.78=27.22。

对于随机变量的标准差运算有些复杂。要先计算出方差，然后开平方根，得出我们想要的标准差。如果用一个常数与随机变量相乘（如把英寸乘以 2.54 转化成厘米），转换之后的方差相当于将原方差与这个常数的平方相乘，这具有标准差与常数相乘的效果。如果随机变量加上一个常数，我们并没有改变变量的相对分布，

所以其方差也没有变化。

例 3.5.10 英尺换算为英寸

设 Y 为一给定总体中某人的身高，单位用英尺来表示，假设 Y 的标准差是 $\sigma_Y = 0.35$ ft。如果想要从英尺换算为英寸，我们可以定义一个新的变量 X，且 X=12Y。Y 的方差是 0.35^2，则 X 的方差是 $12^2 \times 0.35^2$，也就是说，X 的标准差是 $\sigma_x = 12 \times 0.35 = 4.2$ in。

如果我们把两个相互独立的随机变量相加，我们将其方差相加得到新的方差*。而且，如果把两个相互独立的随机变量相减，我们仍是将其相加得到新的方差。如果想要求出两个相互独立的随机变量之和（或差）的标准差，我们首先要求出和（或差）的方差，然后再开平方根就得到其标准差。

例 3.5.11 质量

考察一支 10mL 的刻度量筒的质量。如果用分析天平重复称量几次，那么理论上我们预期每次称量的结果应该都是一样的。但事实上，每一次的读数都会发生变化。假设一台天平，读数的标准差是 0.03g，以 X 表示该天平的读数。假设第二个天平读数的标准差是 0.04g，以 Y 表示第二个天平的读数 [10]。

在两次测量中，如果人们用这两台天平来称量刻度量筒的质量，会得到两次测量的差值 $X-Y$，并且 $X-Y$ 的标准差是正值。为了求出 $X-Y$ 的标准差，我们首先要求出差值的方差。X 的方差是 0.03^2，Y 的方差是 0.04^2，两者差值的方差为 $0.03^2 + 0.04^2 = 0.0025$。$X-Y$ 的标准差是 0.0025 的平方根，为 0.05。

下面的法则总结了上述方差情况。

随机变量方差的法则

法则（3）：如果 Y 是一个随机变量，a 和 b 是常数，则

$$\sigma_{a+bY}^2 = b^2\sigma_Y^2$$

法则（4）：如果 X、Y 为两个独立的随机变量，则

$$\sigma_{X+Y}^2 = \sigma_X^2 + \sigma_Y^2$$

$$\sigma_{X-Y}^2 = \sigma_X^2 + \sigma_Y^2$$

* 如果我们把两个非独立的随机变量加起来，其和的方差依赖于两个变量之间的联系程度。举一个极端的例子，假设一个随机变量是另一个变量的负值，那么两个随机变量之和永远是零，所以其和的方差为零。这与我们把两个方差加起来的和是一样的。再举一个例子，假设 Y 是 20 道题测验中答对的题数，X 为答错的题数，那么 $X+Y$ 之和总是 20，这是不变的。因此 $X+Y$ 不存在变异性。因此，尽管 Y 的方差为正值，X 的方差也是正值，但 $X+Y$ 的方差为 0。

练习 3.5.1—3.5.8

3.5.1 在某一欧洲椋鸟的总体中，有5000个雏鸟的巢穴。附表所示为椋鸟每窝雏鸟数量的分布（每个鸟巢的孵化数）[11]。

鸟窝规模	频数（鸟巢数）
1	90
2	230
3	610
4	1400
5	1760
6	750
7	130
8	26
9	3
10	1
总数	5,000

假定从5000个鸟巢中随机选取一个鸟巢，用Y表示被选中的鸟巢雏鸟数量，求：

（a）$P\{Y=3\}$；

（b）$P\{Y\geqslant 7\}$；

（c）$P\{4\leqslant Y\leqslant 6\}$。

3.5.2 在练习3.5.1椋鸟总体中，所有的鸟巢合计有22,435只雏鸟（每窝有1只雏鸟，共有90只；每窝有2只雏鸟，共有460只；以此类推）。假设随机选择1只雏鸟，以Y'表示该雏鸟所在鸟巢的大小。

（a）计算$P\{Y'=3\}$；

（b）计算$P\{Y'\geqslant 7\}$；

（c）请解释为什么随机选择1只雏鸟并观察它所在鸟巢的大小不同于随机选择1个鸟巢。该解释将说明为什么此练习中（b）的答案高于练习3.5.1中（b）的答案。

3.5.3 计算练习3.5.1随机变量Y的平均数u_Y。

3.5.4 考察一个果蝇（*Drosophila melanogaster*）总体，由于突变使其中30%为黑色，70%是正常灰色。假设从总体中随机抽取3只果蝇，以Y表示这3只果蝇中黑色果蝇的个数。Y的概率分布见下表：

Y（黑色数目）	概率
0	0.343
1	0.441
2	0.189
3	0.027
总数	1.000

（a）计算$P\{Y\geqslant 2\}$；

（b）计算$P\{Y\leqslant 2\}$。

3.5.5 计算练习3.5.4随机变量Y的平均数μ_Y。

3.5.6 计算练习3.5.4随机变量Y的标准差σ_Y。

3.5.7 调查一群大学生，了解他们去年看了几次牙医[12]。看牙医的次数Y的概率分布见下表：

Y（看牙医的次数）	概率
0	0.15
1	0.50
2	0.35
总数	1.00

计算看牙医次数平均数μ_Y。

3.5.8 计算练习3.5.7随机变量Y的标准差σ_Y。

3.6 二项式分布

为了进一步理解概率和随机变量，我们现在介绍一种特殊类型的随机变量，这种变量称为**二项式**（binomial）。二项式随机变量的分布是与一种特殊的随机操作相关联的概率分布。这种随机操作是在被称为独立试验模型的一系列条件下来确定的。

独立试验模型

独立试验模型（independent-trials model）与一系列的随机“试验”有关。每次试验被认为有两种可能的结果，随意将其标记为“成功”和“失败”。每次试验成功的概率用字母 p 表示，并且假定从一次试验到下一个试验的 p 值是恒定的。此外，试验必须是独立的，这意味着每一个试验成功或失败并不取决于任何其他试验的结果。试验的总数以 n 表示。这些条件在下面的模型定义中进行归纳。

> 独立试验模型
>
> 进行一系列 n 次独立试验。每次试验的结果不是成功就是失败。每次试验成功的概率 p 都是相等的，与其他试验的结果无关。

下面例子来阐述独立试验模型描述的情况。

例 3.6.1 白化病

如果两个白化病基因携带者结婚，他们的孩子患白化病的概率是 1/4。无论第一个孩子是否患白化病，第二个孩子患白化病的概率都是 1/4。同样，第三个孩子是否患病与第一个、第二个孩子患病无关，以此类推。用“成功”表示患白化病，用“失败”表示不患白化病，独立试验模型适用于 p = 1/4 和 n = 家庭中孩子数的情况。

例 3.6.2 变异的猫

对内布拉斯加州奥马哈市中猫的研究发现，有 37% 具有某种变异特征 [13]。假设，37% 的猫都有这种变异特征，且猫的随机样本来自于同一总体。当随机抽取这些猫作为样本时，猫发生变异的概率是 0.37。每次抽到变异猫的概率是一样的，不论所抽其他猫的结果是什么。因为个别猫的移除并不会影响这个庞大总体中 0.37 这个突变比例。用标签“成功”来表示突变猫，用标签“失败”来表示未突变猫，该独立试验模型采用 p = 0.37 和 n = 样本容量的试验。

二项分布的例子

二项分布描述了进行 n 次独立试验基本随机操作时成功和失败出现不同次数的概率。在给出二项式分布的一般公式之前，我们先考察一个简单的例子。

例 3.6.3 白化病

假设两个白化病基因携带者结婚（如例 3.6.1），生育有两个孩子。那么两个孩子均患白化病的概率如下：

$$P\{\text{两个孩子都患有白化病}\}=\left(\frac{1}{4}\right)\left(\frac{1}{4}\right)=\frac{1}{16}$$

这个概率可以从考察概率的相对频率解释中得出来。假设有许多这样两个孩子的家庭，1/4 的家庭中第一个孩子患有白化病，并且他们中有 1/4 的家庭第二个孩子也患有白化病。因此，所有家庭中有两个患白化病孩子的概率是 1/4 的 1/4，即 1/16。同样两个孩子均未患白化病的概率如下：

$$P\{两个孩子均不患白化病\}=\left(\frac{3}{4}\right)\left(\frac{3}{4}\right)=\frac{9}{16}$$

现在我们考察一个孩子患白化病，而另一个孩子未患的概率。有这种情况下，有两种可能：

$$P\{第一个孩子患病，第二个孩子未患病\}=\left(\frac{1}{4}\right)\left(\frac{3}{4}\right)=\frac{3}{16}$$

$$P\{第一个孩子未患病，第二个孩子患病\}=\left(\frac{3}{4}\right)\left(\frac{1}{4}\right)=\frac{3}{16}$$

如何将这些概率结合，我们再次考虑概率的相对频率解释。许多这样有两个孩子的家庭，其中一个孩子患有白化病，一个孩子未患白化病的概率是两种概率的和，即：

$$\frac{3}{16}+\frac{3}{16}=\frac{6}{16}$$

因此，相应的概率就是：

$$P\{一个孩子患病，一个孩子未患病\}=\frac{6}{16}$$

分析这个问题的另一方法是应用概率树。概率树的第一个分支表示第一个孩子的出生；第二个分支表示第二个孩子的出生。四种可能的结果及其相应概率如图 3.6.1 所示。将这些概率整理，列于表 3.6.1。

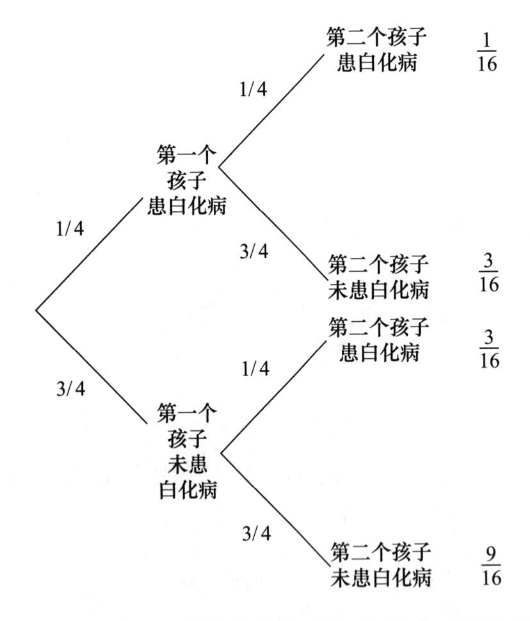

表 3.6.1 白化病孩子个数的概率树

孩子数		
患白化病	未患白化病	概率
0	2	$\frac{9}{16}$
1	1	$\frac{6}{16}$
2	0	$\frac{1}{16}$
		1

图 3.6.1 两个白化病基因携带者的孩子患有白化病的概率树

表 3.6.1 中的概率分布称为具有 p=1/4 和 n=2 的二项式分布。注意，这些概率加起来之和等于 1。这是因为所有的可能性都计算在内了。我们预期此类家庭中有 9/16 其孩子未患白化病，6/16 的家庭有一个孩子患有白化病，1/16 的家庭两个孩子均患有白化病；对于有两个孩子的家庭来说不再有其他的可能组合了。白化病携带者夫妇生育的两个孩子患有白化病的个数，是一个二项随机变量的例子。**二项**

随机变量（binomial random variable）是满足以下四个条件（缩写为 BInS）的随机变量。

二元结果：每次试验都有两个可能的结果（成功和失败）；

独立试验：各次试验的结果是相互独立的；

n 是固定的：试验的次数 n 是提前设定的；

相同的 p 值：在所有试验中，一次试验成功的概率是固定不变的。

二项分布公式

给定 n 和 p，我们可以应用公式来计算二项随机变量的概率。与例 3.6.3 的逻辑相似，我们可以证明这一公式（在附录 3.1 中将对此公式进一步讨论）。下面附框给出其公式。

二项分布公式

对二项随机变量 Y，在 n 次试验中 j 次成功（$n-j$ 次失败）的概率由下列公式给出：

$$P\{j\text{次成功}\}=P\{Y=j\}={}_nC_j p^j(1-p)^{n-j}$$

公式中的 ${}_nC_j$ 称为**二项系数**（binomial coefficient）。每个二项系数都是依赖 n 和 j 的整数。本书后统计表中的表 2 给出了二项系数的值，其计算公式为：

$${}_nC_j=\frac{n!}{j!(n-j)!}$$

其中 $x!$（“x- 阶乘”）可定义为：对于任意正整数 x，有

$$x!=x(x-1)(x-2)\ldots(2)(1)$$

且 0!=1。更多详情，见附录 3.1。

例如，n=5 的二项系数为：

j：0　1　2　3　4　5

${}_5C_j$：1　5　10　10　5　1

因此，n=5 的二项式概率见表 3.6.2。注意，表 3.6.2 的形式：p 的幂是升序（0，1，2，3，4，5），（$1-p$）的幂为降序（5，4，3，2，1，0）（在运用二项分布公式时，切记对于任意一个非零 x 都有 x^0 =1）。

表 3.6.2　n=5 的二项式概率

次数		
成功 j	失败 $n-j$	概率
0	5	$1p^0(1-p)^5$
1	4	$5p^1(1-p)^4$
2	3	$10p^2(1-p)^3$
3	2	$10p^3(1-p)^2$
4	1	$5p^4(1-p)^1$
5	0	$1p^5(1-p)^0$

下例以为例 n=5，描述了二项式分布的具体应用。

例 3.6.4 变异的猫　假设有一猫的总体，其中有 37% 的个体发生了变异。我们从这个总体中随机选取包含 5 个个体的样本（如例 3.6.2）。各种可能样本的概率由 n=5 和 p=0.37 的二项分布公式给出，结果列于表 3.6.3. 中。例如，包含 2 个变异、3 个非变异个体的样本概率是

$$10(0.37)^2(0.63)^3 \approx 0.34$$

因此，$P\{Y=3\} \approx 0.34$。也就是说样本容量为 5 的随机样本中大约有 34% 包含两个变异体和三个非变异体。

注意，表 3.6.3 中的概率相加得 1。由于它们包含了 100% 的可能性，在概率分布中的概率相加必定为 1。

表 3.6.3 中的二项分布用图形的形式表示出来，如图 3.6.2 所示。图中的峰值强调了概率分布是离散型的。

表 3.6.3　n=5、p=0.37 的二项式分布

个数		
变异	非变异	概率
0	5	0.10
1	4	0.29
2	3	0.34
3	2	0.20
4	1	0.06
5	0	0.01
		1.00

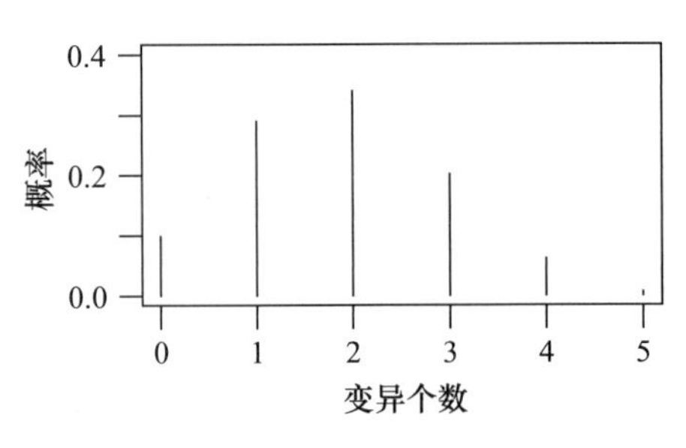

图 3.6.2　n=5、P=0.37 的二项式分布

注意　在应用独立试验模型和二项式分布时，我们对试验结果任意标上“成功”和“失败”的标签。例如，例 3.6.4 中，我们让“成功”=“变异体”且 p=0.37；或者，我们也可以让“成功”=“非变异体”且 p=0.37。这两者中任何一种标记都是正确的，唯一的要求就是需保持一致。

表 2 的注意事项　书后统计表中的表 2 中的下列特性值得注意：

（a）每一行的第一和最后一项为 1。这对任意一行都是适用的；也就是说，对于任意值 n，${}_nC_0=1$、${}_nC_n=1$。

（b）表中的每一行都是对称的，也就是说，${}_nC_j$ 和 ${}_nC_{n-j}$ 是相等的。

（c）为节省空间，表的下部的一些行是不完整的，但是可以用 ${}_nC_j$ 的对称性很容易地完成它们；如果你需要知道 ${}_nC_j$ 的值，你可以在书后统计表中的表 2 中查找 ${}_nC_{n-j}$ 的值。例如，假定 n=18。如果你想知道 ${}_{18}C_{15}$ 的值，你可以查找 ${}_{18}C_3$ 的值；${}_{18}C_{15}$ 和 ${}_{18}C_3$ 都等于 816。

计算时的注意事项　计算机和计算技术使得处理二项式公式中的小的或中等的 n 值更简单。n 值很大时，用二项式公式则是冗长乏味的，甚至用计算机计算二项式概率时也会受阻。但是，二项式公式也可以用其他方法来估计。其中的一种方法

将在 5.5 节选修部分进行讨论。

有时一个二项式概率问题会涉及两个或多个可能结果的组合。下面例子说明这一理念。

例 3.6.5
果蝇抽样

在一个大的果蝇（*Drosophila*）总体中，30% 的果蝇是黑色（B）的，70% 的果蝇是灰色（G）的。假设从总体中随机抽取两只果蝇（如例 3.2.3）。n=2 和 p=0.3 的二项式分布给出了所有可能结果的概率，列于表 3.6.4 中（应用二项式公式与通过图 3.2.3 概率树得出的结果是一样的）。

表 3.6.4

样本组合	Y	概率
两只都是灰色	0	0.49
一只黑色，一只灰色	1	0.42
两只都是黑色	2	0.09
		1

用 E 表示两只果蝇都是相同颜色的事件。那么 E 会出现两个情况：两只果蝇都是灰色的，或两只果蝇都是黑色的。为了得到 E 的概率，我们考察当进行多次重复抽样时，会发生的情况：有 49% 为两只果蝇都是灰色，有 9% 两只果蝇都是黑色。所以，两只果蝇为同种颜色的比例是 49% + 9% = 58%。因此，E 的概率是 $P\{E\}$ =0.58，如例 3.2.3 所示。

每当事件 E 出现两个或两个以上相互排斥的情况时，都可以运用例 3.6.5 的方法得出 $P\{E\}$。

例 3.6.6
血型

在美国，有 85% 的人是 Rh 阳性。假设我们随机抽取 6 个人作为一个样本，计数其中 Rh 阳性的人数。由于满足了 BInS 模型的条件，可以应用二项式模型：每次试验都有两个结果（Rh 阳性和 Rh 阴性），每次试验都是独立的（因为是随机取样），n 固定为 6，每个人是 Rh 阳性概率相等（p=0.85）。

用 Y 表示 6 个人中呈 Rh 阳性的人数。Y 可能值的概率由 n=6 和 p=0.85 的二项式分布公式中给出，结果见表 3.6.5。例如，Y=4 的概率为：

$$_6C_4(0.85)^4(0.15)^2 \approx 15(0.522)(0.0225) \approx 0.1762$$

如果我们想知道（6 个人的样本中）至少 4 个人是 Rh 阳性的概率，我们需要计算 $P\{Y \geq 4\} = P\{Y = 4\} + P\{Y = 5\} + P\{Y = 6\} =$ 0.1762+0.3993+0.3771=0.9526。也就是说，由 6 个人组成的样本中至少 4 个人是 Rh 阳性血的概率是 0.9526。

表 3.6.5　n=6 和 p=0.85 的二项式分布

成功的个数	概率
0	<0.0001
1	0.0004
2	0.0055
3	0.0415
4	0.1762
5	0.3993
6	0.3771
	1

对有些问题，计算不可能发生事件的概率比计算事件发生的概率要更容易。为了解决这类问题，我们可以用 1 减去不可能发生事件概率来计算发生事件的概率：$P\{E\}=1-p\{$ 事件 E 不可能发生 $\}$。下面举例说明。

例 3.6.7 血型

用 Y 来表示 6 个人中 Rh 阳性的人数。假设我们希望得到 Y 小于 6 的概率（也就是说，在所抽取的样本中，至少有一个人是 Rh 阴性的概率）。我们可以用 $P\{Y=0\}+P\{Y=1\}+...+P\{Y=5\}$ 直接求出。但是，我们能很容易地计算出 $P\{Y=6\}$，并且用 1 来减去它：

$$P\{Y<6\}=1-P\{Y=6\}=1-0.3771=0.6229\text{。}$$

二项式的平均数和标准差

投掷一枚质地均匀的硬币 10 次，我们期望能得到平均有五次正面向上。这是一个一般规则的例子：对一个二项式随机变量，平均数（也就是，成功次数的平均数）等于 np。这是一个直观的事实：每次试验成功的概率为 p，那么如果我们进行 n 次试验，np 就是成功的预期值。由附录 3.2，我们知道这一结果与 3.5 节计算随机变量和的平均数规则是一致的。二项式随机变量的标准差由 $\sqrt{np(1-p)}$ 给出。这个公式并不能直观地给出，书后的附录 3.2 中给出了其结果的推导。如投掷硬币 10 次，正面向上次数的标准差是：

$$\sqrt{10\times0.5\times0.5}=\sqrt{2.5}\approx1.58$$

例 3.6.8 血型

如例 3.6.3 所讨论的，如果以 Y 表示 6 个人的样本中 Rh 阳性的人数，那么用二项式模型可以求出与 Y 有关的概率。Y 最可能的值是 5（其概率为 0.3993）。Y 的平均数是 $6\times0.85=5.1$，也就是说如果我们进行多次抽样，每次抽取 6 个人，然后计数每个样本中 Rh 阳性的人数，然后求其平均数，我们预期得到 5.1。这些数据标准差是 $\sqrt{6\times0.85\times0.015}\approx0.87$。

二项式分布的应用

基于二项分布有一系列统计过程。我们将会在后面的章节中学习部分统计方法。当然，二项式分布只适用于生物学实际情况满足 BInS 条件的试验中。我们简要讨论这些条件的某些方面。

抽样的应用：独立试验模型和二项式分布最重要的作用，就是描述从观察变量为二歧分枝，也就是具有两个类别的分类变量（如例 3.6.5 中的黑色和灰色）的总体中进行随机抽样。如果样本容量只是总体容量中可以忽略的一小部分，那么移除样本中的个体并不会使总体组成发生明显的变化，这时应用二项分布是有效的（此时 BInS 中的 S 条件是满足的：每次试验的概率是相等的）。然而，如果样本不是总体中可以忽略的一部分，那么总体的组成就会因抽样进程发生改变，因此，涉及样本组成的“试验”不是独立的，试验成功的概率会随着抽样进程而改变。在这种情况下，由二项式公式得出的概率是不正确的。在大多数生物学研究中，总体经常很大，上述问题通常不会发生。

传染病：在一些应用中，传染病的现象使各次试验间的独立性条件无效。下面给出例子。

例 3.6.9 水痘

考察儿童水痘的发生。家庭中的每个孩子，可以根据一定年份中是否发生水痘来进行分类。我们可以把每个孩子看成一次“试验”，在一定年份中患水痘的孩子看作“成功”，但每次试验并不是独立的，这是因为一个孩子患水痘的可能性还依赖于他的兄弟姐妹是否患有水痘。举一个具体的例子，考察有五个孩子的家庭，假设每个孩子在一定年份患水痘的可能性是 0.10。运用二项式分布，可以得出五个孩子均患水痘的概率是：

$$P\{5\text{个孩子都患有水痘}\}=(0.10)^5=0.00001$$

但是，这个答案是不正确的；因为水痘是传染病，所以正确的概率应该会更高。有很多家庭，一个孩子患上水痘，其余四个孩子均会被第一个孩子传染而患上水痘，所以这五个孩子都可能患上水痘。

练习 3.6.1—3.6.10

3.6.1 豌豆（*Pisum sativum*）种子为黄色或绿色。某种杂交豌豆产生后代的比例为 3 黄色：1 绿色[14]。如果随机选择 4 个杂交后代种子，求以下概率：

（a）3 个黄色、1 个绿色；

（b）4 个都是黄色；

（c）4 个都是同种颜色。

3.6.2 在美国，42% 的人为 A 血型。考察 4 人组成的样本。以 Y 表示样本中为 A 血型的人数，计算：

（a）$P\{Y=0\}$；

（b）$P\{Y=1\}$；

（c）$P\{Y=2\}$；

（d）$P\{0\leqslant Y\leqslant 2\}$；

（e）$P\{0\leqslant Y\leqslant 2\}$。

3.6.3 某种药物可治愈 90% 的患钩虫病的儿童[15]。假设 20 名患钩虫的儿童接受治疗，并且把这些儿童看成是从总体中随机抽取的一个样本。计算以下概率：

（a）有 20 名儿童均得到治愈；

（b）除 1 名之外所有儿童得到治愈；

（c）恰好有 18 名儿童得到治愈；

（d）恰好有 90% 的儿童得到治愈。

3.6.4 蜗牛（*Limocolaria martensiana*）的壳有两种可能的颜色形式：有条纹的和苍白的。在一个蜗牛总体中，有 60% 的蜗牛具有条纹状的壳[16]。假设从这个总体中随机抽取 10 只蜗牛作为一个样本。求在该样本中，具有条纹状壳的蜗牛所占比例如下的概率：

（a）50%；　（b）60%；　（c）70%。

3.6.5 从练习 3.6.4 的蜗牛总体中随机抽取 10 只蜗牛的样本。

（a）有条纹状壳蜗牛的平均数是多少？

（b）有条纹状壳蜗牛的标准差是多少？

3.6.6 出生婴儿的性别比例大约是 105 男性：100 女性[17]。如果随机抽取 4 个婴儿，计算以下情况的概率；

（a）2 个婴儿是男性，2 个婴儿是女性？

（b）4 个婴儿均是男性?

（c）4 个婴儿是相同性别?

3.6.7 构建一个二项式集合（不同于本书中所展示的例子）和一个问题，设定问题的答案为 ${}_7C_3(0.8)^3(0.2)^5$。

3.6.8 神经母细胞瘤是一种严重的、罕见的疾病，但是可以进行治疗。现有一种尿液检测方法，即 VMA 检测，它对 70% 的神经母细胞瘤给出了有效的诊断[18]。已经证明这种检测可大规模应用于儿童筛查。假设有 300,000 名儿童被检测，其中有 8 名儿童患病。我们感兴趣的是，这种方法是否能检测到这 8 个儿童患有疾病。计算以下概率：

（a）八名病例均被检测到；

（b）只有一个病例未被检测到；

（c）两个或者更多病例未被检测到［提示：可以用（a）和（b）回答（c）］。

3.6.9 如果两个白化病携带者结婚，他们的每个孩子患有白化病的概率是 1/4（例 3.6.1）。如果该夫妇育有 6 个孩子，计算以下概率：

（a）所有孩子均未患有白化病？

（b）至少一个孩子患有白化病？［提示：可以用（a）来回答（b）；注意，“至少一个”指的是“一个或者更多”。］

3.6.10 在美国，儿童铅中毒是一个公共健康问题。在一特定人群中，8 名儿童中有 1 名血铅含量高（定义为 30 μg/dL 或者更高）[19]。从该总体中随机抽取 16 名儿童，计算以下概率：

（a）这些儿童血铅含量高？

（b）1 名儿童血铅含量高？

（c）2 名儿童血铅含量高？

（d）3 名或者更多儿童血铅含量高？［提示：用（a）–（c）回答（d）］

3.7 二项式分布数据的拟合（选修）

有时可直接获得数据来检查二项式分布的适用性。下面例子所描述的就是这样一种情况。

例 3.7.1 儿童性别

在一项人类性别比例的经典研究中，研究者根据孩子的性别对家庭进行分类。数据采自 19 世纪的德国，当时的大家庭还是很常见的[20]。表 3.7.1 所示为有 12 个孩子的 6,115 个家庭的调查情况。

我们感兴趣的是，这些家庭中的观测变量是否能用独立试验模型进行解释。我们通过二项式数据的拟合来探究其答案。

表 3.7.1 有 12 个孩子的 6,115 个家庭的性别比例

孩子数		观察频数（家庭数）
男孩	女孩	
0	12	3
1	11	24
2	10	104
3	9	286
4	8	670
5	7	1,033
6	6	1,343
7	5	1,112
8	4	829
9	3	478
10	2	181
11	1	45
12	0	7
		6,115

第一步，确定 $p=P\{男孩\}$的值。一种可能性就是假设 $p=0.50$。但是，既然我们已经知道人类出生的性别比例并不完全是 1 : 1（事实上，它更加偏向于男孩），

因此我们就不能进行这样的假设。我们对数据的 p 进行“调整”，也就是说，将确定一个 p 值，以便最好地拟合这些数据。我们观察到，所有家庭的孩子数是：

（12）（6,115）=73,380 名儿童

在这些孩子中，男孩数是：

(3)（0）+（24）（1）+…+（12）（7）=38,100 名男孩

因此，最适合这些数据的 p 值是：

$$p=\frac{38,100}{73,380}=0.519215$$

第二步，计算 n=12 和 p=0.519215 的二项式分布的概率。例如，3 个男孩和 9 个女孩的概率，计算如下：

$$_{12}C_3p^3(1-p)^9=220(0.519215)^3(0.480785)^9$$
$$\approx 0.042269$$

为了与观测数据进行比较，我们将每个概率乘以 6,115（家庭的总数）得到理论或“预期”频数。例如，有 3 个男孩和 9 个女孩的家庭预期值是：

（6,115）（0.042269）≈ 258.5

期望频数和观察频数均列于表 3.7.2 中。表 3.7.2 表明观察频数和二项式分布的预测数是一致的。但是经过仔细观察，尽管其差异不大，其遵循某一确定形式。与预期相比，观测结果具有较多的单一性别，或者说更倾向于单一性别。实际上，在一种性别或另一种性别占优势的 9 种家庭中，观察频数高于期望频数。而在 4 种更加“平衡”家庭中，观察频数低于期望频数。这种结果在表 3.7.2 中最后一列中可清晰地看到，它显示了观察频数与期望频数间差异的符号。因此，性别比例的观测值分布与最优的二项式分布相比，具有“尾部”较重、“中间”较轻的特征。

二项式分布的系统偏差表明，在不同家庭之间的观测变异并不能完全用独立试验模型进行解释 *。什么因素能解释这种矛盾呢？

表 3.7.2 性别比例数据和二项期望频数

孩子数		观察频数	期望频数	符号
男孩	女孩			（观察－期望）
0	12	3	0.9	+
1	11	24	12.1	+
2	10	104	71.8	+
3	9	286	258.5	+
4	8	670	628.1	+
5	7	1,033	1,085.2	−
6	6	1,343	1,367.3	−
7	5	1,112	1,265.6	−
8	4	829	854.3	−
9	3	478	410.0	+
10	2	181	132.8	+
11	1	45	26.1	+
12	0	7	2.3	+
		6,115	6,115.0	

* 二项式模型的 x^2 拟合优度检验表明，强有力的证据表明抽样过程中的偶然误差并不会对观察频数和期望频数造成很大的差异。我们将在第 9 章讨论拟合优度检验。

这是一个有趣的问题，它促使了多位学者对这些数据进行更详细的分析。我们简要讨论一下这些情况。

单性家庭占优势的一个解释，就是每个家庭出生男孩的概率是变化的。如果家庭之间的 p 值是变化的，家庭中的性别就会出现“跳跃”现象。从这一点来看，占优势的单性家庭的数目会更加夸大。为了使这种影响表现得更加直观，我们来考察表 3.7.3 中虚构的数据。

表 3.7.3 虚构的性别比例数据和二项期望频数

孩子数		观察频数	期望频数	符号（观察 - 期望）
男孩	女孩			
0	12	2,940	0.9	+
1	11	0	12.1	−
2	10	0	71.8	−
3	9	0	258.5	−
4	8	0	628.1	−
5	7	0	1,085.2	−
6	6	0	1,367.3	−
7	5	0	1,265.6	−
8	4	0	854.3	−
9	3	0	410.0	−
10	2	0	132.8	−
11	1	0	26.1	−
12	0	3,175	2.3	+
		6,115	6,115.0	

在虚构的数据集中，73,380 个儿童中有（3,175）（12）=38,100 个男孩，与真实的数据集一致。因此，最适 p 值（p=0.519215）是相同的，并且预期二项式频率与表 3.7.2 是相同的。在虚构的数据集中，只有单性的兄弟姐妹关系，所以这是家庭中性别“跳跃”的一个极端的例子。真实的数据集出现这种现象的可能性更低一些。对虚构数据集的一个解释就是一些家庭只有男孩（p=1），而另外一些家庭只有女孩（p=0）。平行来看，对真实数据集的一个解释是，p 值在家庭之间是有细微差异的。在生物学中 p 的变异性似乎是真实的，尽管引起这种变异的机制还没有被发现。

对于数目庞大的性别同质家庭的另一种解释，就是家庭中孩子们的性别确实相互之间有联系。从这一点来看，一个孩子的性别在某种程度上受到前面孩子性别的影响。这种解释在生物学上是难以置信的，因为我们无法想象生物是如何把这些之前的后代的性别“记忆”下来的。

例 3.7.1 表明，生物独立试验模型的拟合较差有可能具有生物学意义。但是，我们应该强调的是大多数二项式分布的统计应用都建立在假定独立试验模型是适用的这一基础上。在一个典型应用中，数据被看作是由 n 次试验组成的单个集合。如家庭性别比例这种 n=12 次试验的多个集合的数据，并不会经常遇到。

练习 3.7.1—3.7.3

3.7.1 例 3.7.1 进行的是有 12 个儿童的家庭的研究。一次与之相同的研究是针对有 6 个儿童的家庭进行的，数据结果列于下表。对其数据拟合二项式分布（期望频数精确到小数点后一位）。与例 3.7.1 中的结果进行比较，这两个数据集有什么共同特征？

孩子数		家庭数
男孩	女孩	
0	6	1,096
1	5	6,233
2	4	15,700
3	3	22,221
4	2	17,332
5	1	7,908
6	0	1,579
		72,069

3.7.2 一种研究致突变物质的重要方法，是将交配后 17d 的雌性小鼠处死，检查其子宫中胚胎的存活或死亡情况。分析该数据的经典方法，是假设存活或死亡的胚胎组成了一个独立二项式试验。下表数据取自于一项大型研究，得到了 310 只雌性小鼠数据，这些小鼠的子宫都含有 9 个胚胎，所有动物处理都是相同的（作为对照）[21]。

胚胎数		雌性小鼠数
死亡	存活	
0	9	136
1	8	103
2	7	50
3	6	13
4	5	6
5	4	1
6	3	1
7	2	0
8	1	0
9	0	0
		310

（a）对观察数据进行二项式分布拟合（期望频数精确到小数点后一位）。

（b）解释观察频数和期望频数之间的关系，数据与经典假设是否相符？

3.7.3 植物学专业的学生设计了一个有关巨柱仙人掌种子萌发的试验。作为试验的一部分，每个学生在一个小杯中种植了 5 粒种子，把小杯放在近窗处，查看每天的萌发（发芽）情况。将种植 7d 后全班学生的结果列于表中[22]。

种子数		学生数
萌发	不萌发	
0	5	17
1	4	53
2	3	94
3	2	79
4	1	33
5	0	4
		280

（a）对数据进行二项分布拟合（期望频数精确到小数点后一位）。

（b）两个学生 Fran 和 Bob 在课前进行了讨论。到第 7 天，Fran 所种植的种子均萌发，而 Bob 种植的种子均未萌发。Bob 想知道他是不是哪个步骤做错了。从观察到的 280 名学生的结果来看，你会对 Bob 提出什么意见？（提示：每个学生随机种植 5 粒种子，学生之间的不同结果能通过假定某些种子是饱满的而一些是干瘪的来进行解释吗？）

（c）构建一个虚拟的 280 个学生的数据集，具有与表中的观察数据同样的萌发百分率，但是所有学生结果要么和 Fran 的结果（全都萌发）一样，要么和 Bob 的结果（均未萌发）一样。如果真实的数据和虚构的数据集大致一样，对 Bob 的解释有什么不同呢？

补充练习 3.S.1—3.S.10

3.S.1 在美国，10% 的青春期女孩有缺铁症状[23]。假设随机抽取 2 名青春期女孩。计算以下概率：

（a）两名女孩均有缺铁症状；

（b）一名女孩有缺铁症状，另一名女孩没有缺铁症状。

3.S.2 在对蜈蚣生态学研究的准备过程中，把山毛榉树的地面划分为很多个 $1ft^3$ 的样方[24]。在某一时刻，样方里蜈蚣的分布见下表。

蜈蚣数	百分频率（样方 %）
0	45
1	36
2	14
3	4
4	1
	100

假设随机选取一个样方，以 Y 表示所选取样方中的蜈蚣数。计算：

（a）$P\{Y=1\}$；　　（b）$P\{Y\geqslant 2\}$。

3.S.3 参阅练习 3.S.2 给出的蜈蚣分布。假设随机选取 5 个样方。计算 3 个样方有蜈蚣而 2 个样方没有蜈蚣的概率。

3.S.4 参阅练习 3.S.2 给出的蜈蚣分布。假设随机选取 5 个样方。计算至少含有 1 个蜈蚣的样方数的预期值（也就是平均数）。

3.S.5 卷发在老鼠中属于一种隐形的遗传特征。如果卷发老鼠与直发老鼠（杂合体）交配，每个后代有 1/2 的概率为卷发[25]。考察多个进行这样交配的老鼠，每窝产生 5 只后代。每窝中是如下情况的概率是：

（a）2 只卷发和 3 只直发老鼠后代？

（b）3 只或者更多直发老鼠后代？

（c）相同类型的老鼠后代（全是卷发或者全是直发老鼠后代）？

3.S.6 某种药物会导致 1% 的患者肾脏损伤。假设有 50 个患者进行药物测试，计算下列情况的概率：

（a）所有患者均未产生肾脏损伤；

（b）1 个或者更多患者产生肾脏损伤［提示：用（a）来回答（b）］。

3.S.7 参阅练习 3.S.6。假设对 n 个患者进行药物试验，用 E 来表示一个或者更多患者产生肾脏损伤这一事件。概率 $P\{E\}$对建立药物安全标准是有很用的。

（a）计算 $n=100$ 时的 $P\{E\}$；

（b）n 多大时，$P\{E\}$大于 0.95?

3.S.8 为了研究人们欺骗测谎仪的能力，研究者有时会使用“犯罪意识”技术[26]。在这项技术中，一些受试者记忆 6 个普通单词，而另一些受试者没有记忆任何单词。研究者用多波动描记器（测谎仪）对每一位受试者进行如下测试。受试者随机阅读 24 个单词：6 个“关键”词（记忆表中的），以及每一个关键词都有 3 个意思相近或相关的“对照”词。如果受试者记忆了这 6 个单词，他或她会试图隐瞒这一事实。如果受试者在读到某个关键词时，他或他的皮肤电反应高于 3 个对照词的任意一个，那么我们就认为该受试者对这个关键词是“失败”的。因此，对于 6 个关键词中的每一个来说，即使是无辜的受试者也有 25% 的可能性表现为失败。如果一位受试者在进行测试时，有 4 个或 4 个以上的关键词都表现为失败，那么我们就认为该受试者是“有罪的”。如果一位无辜的受试者进行检测，他或她被认为是“有罪的”的概率是多少？

3.S.9 下列密度曲线所示为中年男性总体收缩压的分布[27]。曲线下的面积如图所示。假设从总体中随机选取一名男性，以 Y 来表示其血压。计算：

（a）$P\{120<Y<160\}$；

（b）$P\{Y<120\}$；

（c）$P\{Y>140\}$。

3.S.10 参阅练习 3.S.9 中的血压分布。假设从总体中随机选取 4 名男性，计算以下概率：

（a）所有 4 名男性的血压均高于 140mmHg；

（b）3 名男性的血压高于 140mmHg，1 名男性的血压为 140mmHg 或更低。

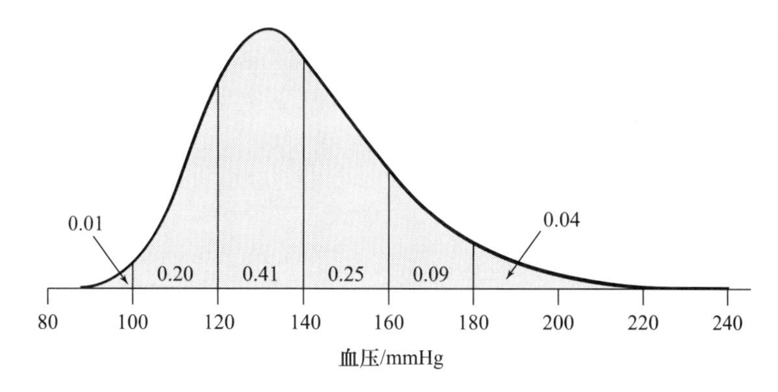

正态分布 4

目标

在这一章，我们将学习正态分布，包括：
- 正态曲线在建模分布中的应用；
- 应用正态曲线查找概率；
- 应用正态概率图评估数据集的正态性。

4.1 引言

在第二章，我们介绍了将数据集作为总体中一个样本的理念。在 3.4 节，我们了解了定量变量 Y 的总体分布可以用它的平均数 μ、标准差 σ 和用曲线下面积表示其相对频率的密度曲线来描述。在这一章，我们学习密度曲线的最重要类型：**正态曲线**（normal curve）。正态曲线是一条对称的“钟形”曲线，它的精确形式会在后面进行描述。通过正态曲线所表示的分布称为**正态分布**（normal distribution）。

正态分布家族在统计应用中有两个作用。最直接的作用就是可方便地对观察变量 Y 的分布进行估计；正态分布的第二个作用具有较强的理论性，将在第五章进行介绍。

下例中一个自然总体的分布可以由正态分布估计。

例 4.1.1 血清胆固醇

血液中胆固醇含量和心脏病发生之间的关系已经成为许多研究的方向。作为政府健康调查的一部分，研究者测量了包括儿童在内的美国人构成的大样本血清胆固醇含量。12~14 岁儿童血清胆固醇含量的分布非常接近平均数 μ=162mg/dL，标准差 σ=28mg/dL 的正态分布。图 4.1.1 所示为包含 727 个 12~14 岁儿童血清胆固醇含量样本的直方图及其叠加的正态曲线[1]。

为了说明平均数 μ、标准差 σ 与正态曲线的关系，图 4.1.2 所示为例 4.1.1 血清胆固醇含量分布的正态曲线，并在离开平均数 1、2、3 倍标准差处进行刻度标注。

正态分布可以从两个方面描述观测变量 Y 的分布：①作为基于样本 Y 值的近似光滑直方图；②作为 Y 总体分布的理想化分布。图 4.1.1 和图 4.1.2 的正态曲线可用以上任意一种方式进行解释。简单来说，在本章的后面内容中我们将把正态曲线看作是总体分布的代表。

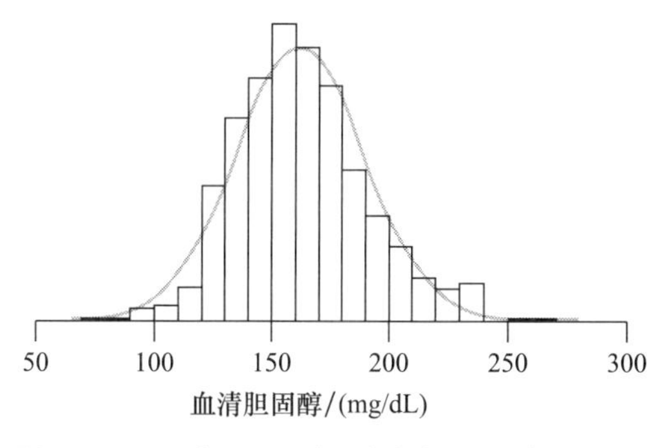

图 4.1.1 727 个 12~14 岁儿童血清胆固醇含量的分布

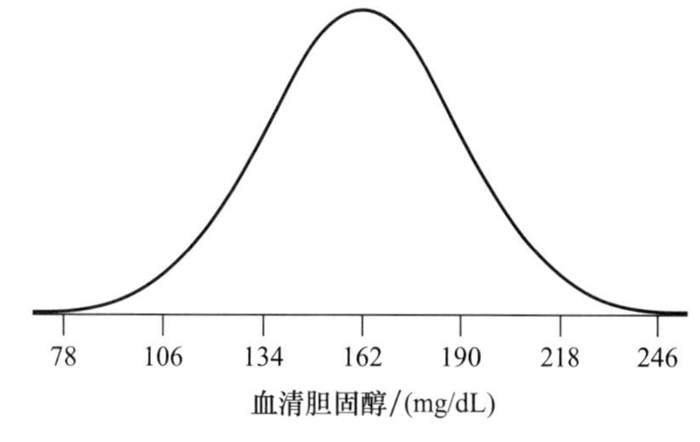

图 4.1.2 μ=162mg/dL，σ=28mg/dL 的血清胆固醇含量正态分布

进一步的实例

我们现在举三个正态曲线近似描述真实总体的例子。在每个图中，水平轴在平均数和 1 个标准差范围的位置进行了刻度标注。

例 4.1.2
蛋壳厚度

在鸡蛋的商业生产中，蛋壳破损是主要问题。因此，蛋壳厚度是一个重要的变量。在一项研究中，对大量白色来亨母鸡产蛋的蛋壳厚度进行了调查，其观察值为接近平均数 μ=0.38mm 和标准差 σ=0.03mm 的正态分布。该分布如图 4.1.3 所示[2]。

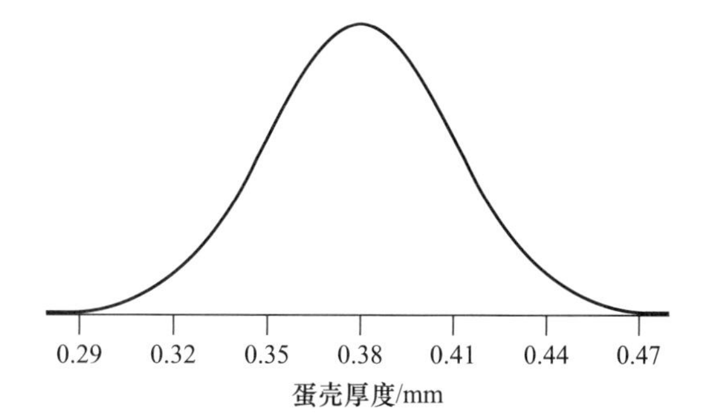

图 4.1.3 蛋壳厚度 μ=0.38mm 和 σ=0.03mm 的正态分布

例 4.1.3
神经细胞的峰值时间

在某神经细胞中，观察到其可以进行有节奏的重复自发放电，我们将其称为“时钟峰值”。这些峰值间隔时间尽管非常有规律，但也存在着变异。在一项研究中，发现单个家蝇（*Musca domestica*）的峰值时间间隔（以 ms 计）近似符合平均数 μ=15.6ms，标准差 σ=0.4ms 的正态分布。图 4.1.4 所示为该分布的描述[3]。

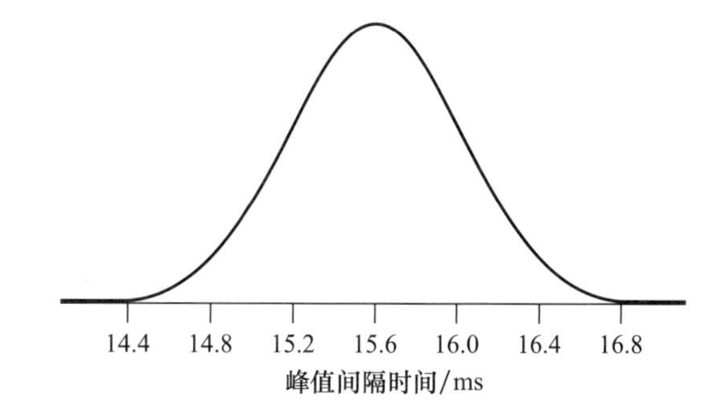

图 4.1.4 峰值间隔时间 μ=15.6ms，σ=0.4ms 的正态分布

上述例子阐明了不同种类的总体。例 4.1.3 中，整个总体仅由测量一个家蝇的数据组成。另一种类型的总体是具有测量误差的总体，由同一量值的重复测量值组

成。个体测量值与“真实值”之间的差异称为测量误差。测量误差不是错误产生的结果，而是因为测量仪器或测量过程不够精确造成的。测量误差的分布通常近似为正态分布；在这种情况下同一量值重复测量值分布的平均数即为该数量的真实值（假定测量仪器已正确校准），该分布的标准差就表示仪器的精确性。例 2.2.12 描述的就是测量误差分布的例子。下面为另一个例子。

例 4.1.4 测量误差

当某一电子仪器被用来计算微粒数目，如计算白细胞数目时，其测量误差分布近似为正态分布。对于同一份血液样品，其白细胞重复计数的标准差大约是真实值的 1.4%。因此，如果已知血液样本真实计数为 7,000 细胞 /mm³，其标准差大约为 100 细胞 /mm³，该样本重复测量计数分布如图 4.1.5 所示[4]。

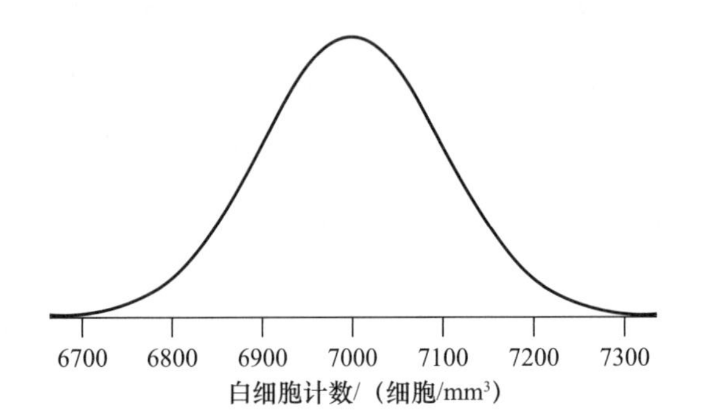

图 4.1.5 真实值 μ=7000 细胞 /mm³，标准差 σ=100 细胞 /mm³ 的血液样品中白细胞重复计数的正态分布

4.2 正态曲线

如 4.1 节中例子所显示的，在实际中有很多正态曲线，每个特定的正态曲线都是以平均数和标准差作为其特征的。如果一个变量 Y 符合一个平均数为 μ，标准差为 σ 的正态分布，则记为 $Y\sim N(\mu,\sigma)$。所有的正态曲线都可以用一个公式表示。尽管本书不直接使用这个公式，但是我们依然将这个公式介绍给大家，也是强调正态曲线不仅是对称曲线，而且是对称曲线的一个特定类型。

如果变量 Y 符合平均数为 μ 和标准差为 σ 的正态分布，则 Y 分布的密度曲线由下式给出：

$$f(y)=\frac{1}{\sigma\sqrt{2\pi}}e^{-\frac{1}{2}\left(\frac{y-\mu}{\sigma}\right)^2}$$

函数 $f(y)$ 为该分布的密度函数，表示函数曲线某一 y 点沿 y 轴的曲线高度。方程中的 e 和 π 是常数，e 近似等于 2.71，π 近似等于 3.14。

图 4.2.1 所示为一个正态曲线图。该曲线的形状像对称的钟形，集中在 $y=\mu$ 处。曲线中间向下（像倒扣的碗），两边尾部向上。拐点（也就是曲率方向变化的位置）位于 $y=\mu-\sigma$ 和 $y=\mu+\sigma$ 处，我们注意到曲线在拐点处接近直线。理论上，曲线延伸到 $-\infty$ 和 $+\infty$，事实上它绝不会与 y 轴相交；但是，在平均数的 3 倍标准差之外，曲线的高度就很低了。曲线下的面积等于 1（注意：曲线所围成的面积是有限的，即使曲线与 y 轴绝不会相交。这一点似乎是矛盾的。这个问题将在附录 4.1 中进行澄清）。

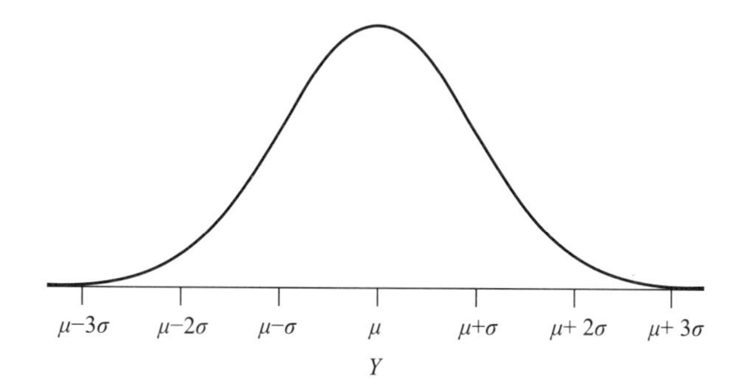

图 4.2.1 具有平均数 μ 和标准差 σ 的正态分布

所有正态曲线都有基本一样的形状，在某种意义上说只要选择合适的垂直和水平尺度，这些曲线看起来就是相同的（例如，我们注意到图 4.1.2 至图 4.1.5 曲线看起来就比较相似）。但是具有不同 μ 和 σ 值的正态曲线放置于相同刻度上，看起来就各不相同，如图 4.2.2 所示。由于正态曲线集中在处 $y=\mu$ 处，其在 y 轴的位置取决于 μ 值；曲线的宽度取决于 σ 值，曲线的高度也由 σ 决定。由于每一条曲线下的面积必等于 1，所以曲线 σ 值越小，其峰越高。这表明，其标准差越小，Y 值在平均数附近的集中度越高。

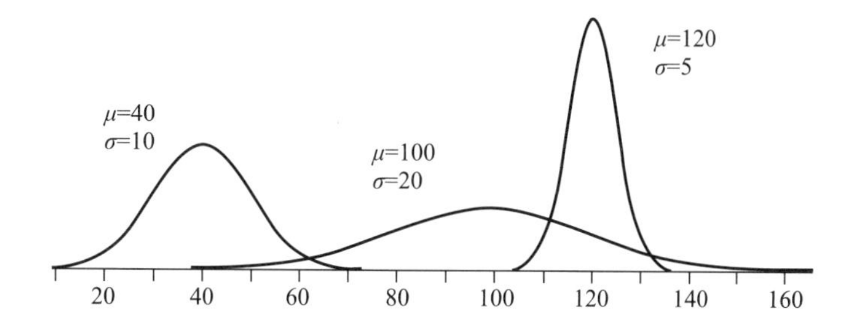

图 4.2.2 具有不同平均数和标准差的三条正态曲线

4.3 正态曲线下的面积

正如 3.4 节提到的，密度曲线可依据曲线下的面积进行量化解析。尽管面积可通过目测粗略地估计，但对于一些研究来说则需要相应面积的精确信息。

标准尺度

数学家已经把正态曲线下的面积计算出来，并制成表格以进行实际应用。由于所有的正态曲线通过水平尺度的适度转换，曲线下的对应面积均可相等，因此表格信息的使用非常便捷。变换尺度后的变量用 Z 来表示，两个尺度的关系如图 4.3.1 所示。

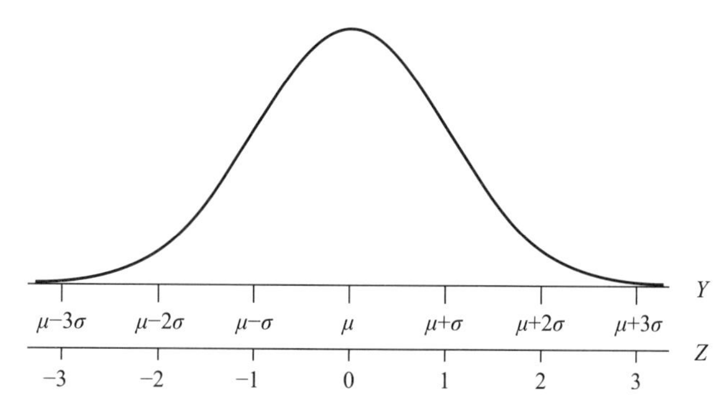

图 4.3.1 原有尺度（Y）和标准化尺度（Z）之间关系的正态分布曲线

如图 4.3.1 所示，Z 的尺度为距平均数的标准差：Z=1.0 相当于平均数加上 1.0 个标准差；Z=−2.5 相当于平均数减去 2.5 个标准差，以此类推。Z 尺度被称为**标准尺度**（standardized scale）。

Z 尺度和 Y 尺度对应关系可用下列方框中的方程表示。

标准化公式

$$Z=\frac{Y-\mu}{\sigma}$$

变量 Z 被称为**标准正态**（standard normal），它的分布符合平均数为 0、标准差为 1 的正态曲线。书后统计表中的表 3 给出了沿水平轴不同 Z 尺度标准正态曲线下的面积。表 3 中列出的每个面积是小于特定 Z 值的标准正态曲线下的面积。例如，当 Z=1.53 时，面积为 0.9370，这部分面积如图 4.3.2 阴影部分所示。

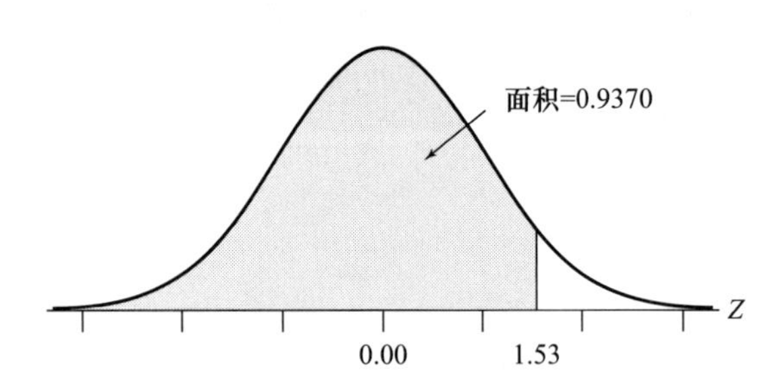

图 4.3.2 书后统计表中的表 3 用法说明

如果我们要计算大于给定 Z 值的面积，则用 1 减去表 3 所示面积。例如，大于 Z=1.53 值的面积，为 1.0000−0.9370=0.0630（图 4.3.3）。

如果要计算两个 Z 值间的面积［通常称为 ***Z* 值**（Z scores）］，可以用表 3 给出的两个面积相减求得。例如，求 Z 曲线下 Z=−1.2 和 Z=0.8 间的面积（图 4.3.4），我们用小于 Z=0.8 的面积 0.7881 减去小于 Z=−1.2 的面积 0.1151，可得 0.7881 − 0.1151=0.6730。

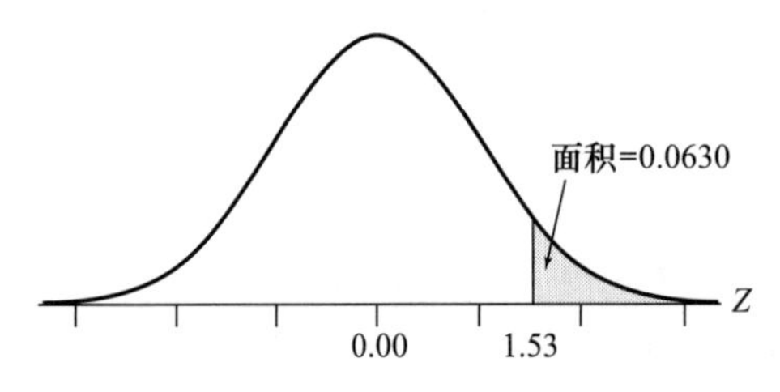

图 4.3.3 标准正态曲线下 Z 大于 1.53 的面积

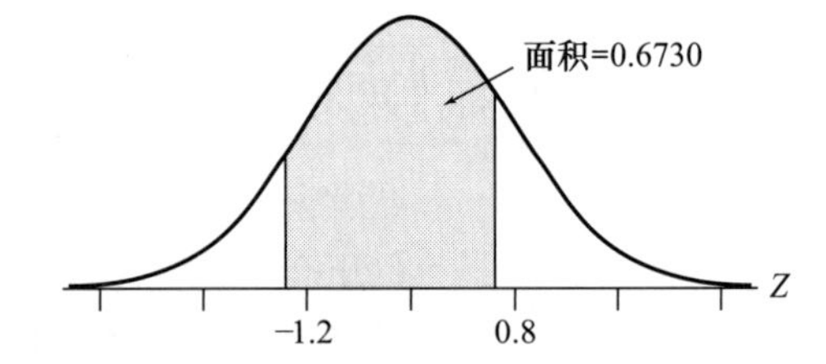

图 4.3.4 标准正态曲线下 −1.2 和 0.8 之间的面积

由书后统计表中的表 3，我们可以得知正态曲线下 Z=−1 和 Z=+1 间的面积为 0.8413−0.1578=0.6826。因此，对于任意正态分布，大约有 68% 的观察值在距平均数 ±1 个标准差范围内。同样地，标准正态曲线下 Z=−2 和 Z=+2 间的面积为 0.9772−0.0228=0.9544；标准正态曲线下 Z=−3 和 Z=+3 间的面积为 0.9987−0.0013=0.9974。这就意味着，对于任意正态分布，大约 95% 的观察值在 ±2 个标准正态离差区域内，大约 99.7% 的观察值在 ±3 个标准正态离差区域内（图 4.3.5）。例如，在图 4.1.2 血清胆固醇含量的理论分布中，68% 的血清胆固醇含量值为 134~190mg/dL，95% 的血清胆固醇含量值为 106~218mg/dL，并且实际上，所有观察值都介于 78~246mg/dL。图 4.3.6 所示为这些百分数。

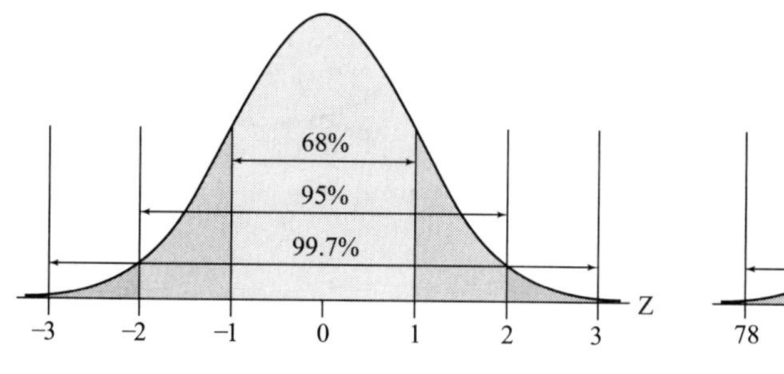

图 4.3.5 标准正态曲线下 −1 和 +1 之间、−2 和 +2 之间、−3 和 +3 之间的面积

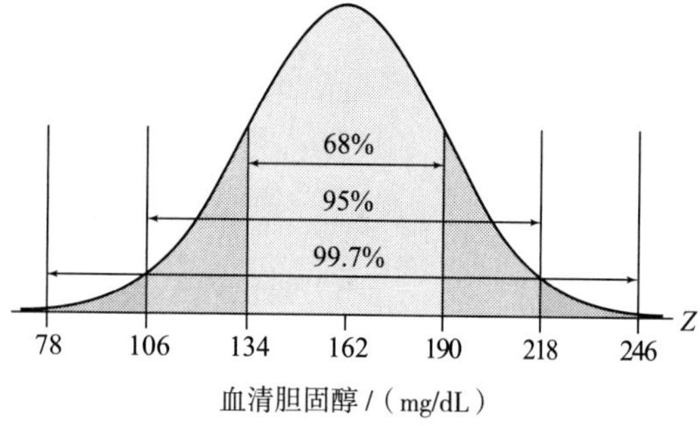

图 4.3.6 血清胆固醇含量分布以及 68 / 95 / 99.7 规则

如果变量 Y 服从正态分布，那么：

大约有 68% 的变量 y 在距平均数 ±1 个 SD 之间；

大约有 95% 的变量 y 在距平均数 ±2 个 SD 之间；

大约有 99.7% 的变量 y 在距平均数 ±3 个 SD 之间。

这些表述对近似正态分布的标准差给出了一个明确的解释（实际上，这些表述对于适度的非正态分布也是基本正确的。这就是在 2.6 节中，把 68%、95% 和 >99% 的百分数称为“典型”的“完美心形”分布的原因）。

正态曲线面积确定

利用标准化尺度的优点，我们可以用书后统计表中的表 3 来详细解答任一已知平均数和标准差的正态总体问题。下面通过例题说明表 3 的应用（当然，由于没有一个总体的分布会完全符合正态分布，所以例题所描述的总体是一个理想总体）。

例 4.3.1 鱼的体长

在某一鲱鱼（*Pomolobus aestivalis*）总体中，鱼的个体体长服从正态分布。鱼体长的平均数为 54.0mm，标准差为 4.5mm。[5] 我们应用表 3 来解答关于该总体的各种问题。

（a）鲱鱼体长小于 60mm 的百分数是多少?

图 4.3.7 所示为总体密度曲线，图中阴影部分即为所求面积。为了应用表 3，我们将该面积的 Y 尺度界限转变为 Z 尺度，如下所示：

当时 y=60 时，Z 值为：

$$Z=\frac{y-\mu}{\sigma}=\frac{60-54}{4.5}=1.33$$

因此，“体长小于 60mm 鲱鱼所占的百分数是多少？”的问题就等价于“Z 值小于 1.33 的标准正态曲线下的面积是多少？”通过查表 3，得知 Z=1.33 对应的面积为 0.9082，因此，有 90.82% 的鲱鱼体长小于 60mm。

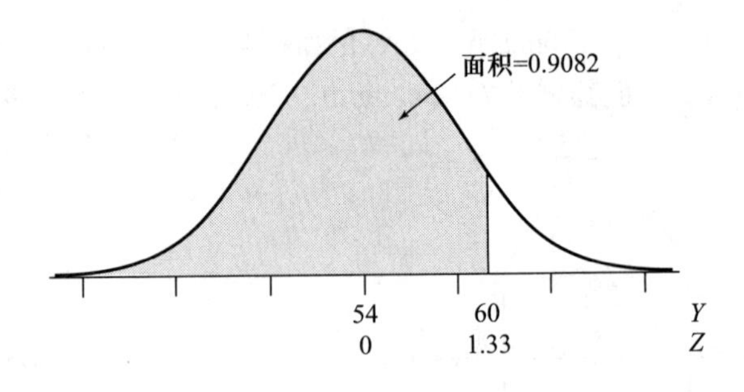

图 4.3.7　例 4.3.1（a）正态曲线下的面积

（b）鲱鱼体长大于 51mm 的百分数是多少？

y=51 时的标准化值为：

$$Z=\frac{y-\mu}{\sigma}=\frac{51-54}{4.5}=-0.67$$

因此，“鲱鱼体长大于 51mm 的百分数是多少？”的问题等价于“Z 大于 −0.67 标准正态曲线下的面积是多少？”图 4.3.8 所示为两者之间的关系。查表 3 得知，小于 Z=−0.67 的面积为 0.2514，则大于 Z=−0.67 的面积为 1−0.2514=0.7486。因此，有 74.86% 的鲱鱼体长大于 51mm。

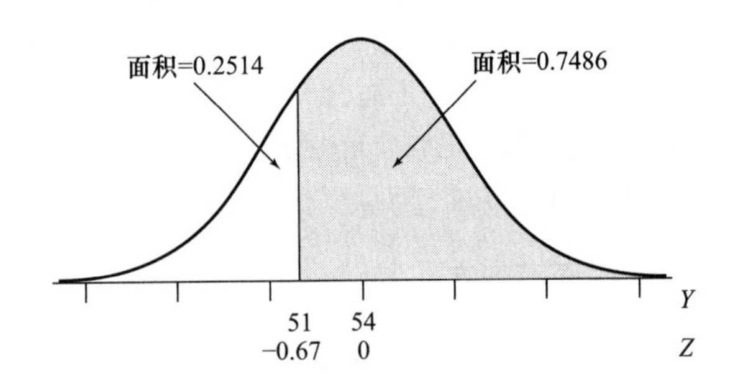

图 4.3.8　例 4.3.1（b）正态曲线下的面积

（c）鲱鱼体长在 51~60mm 的百分数是多少？

图 4.3.9 所示为所要求的面积。其面积可通过表 3 查得的两个面积之差求得。由（a），我们知道小于 y=60 的面积为 0.9082，由（b），我们知道小于 y=51 的面积为 0.2514。于是，所求面积为：

0.9082−0.2514=0.6568

因此，有 65.68% 的鲱鱼体长为 51~60mm。

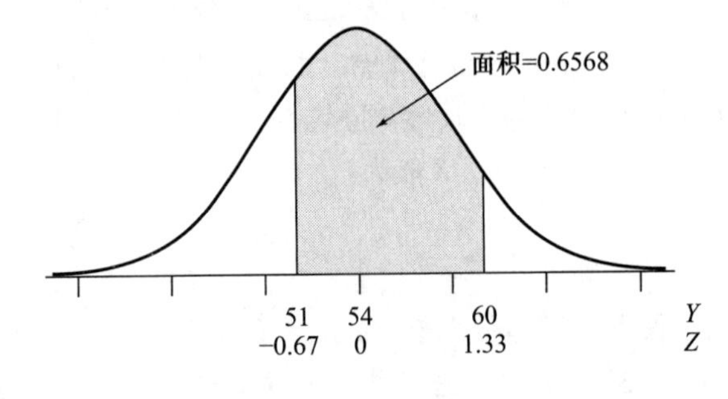

图 4.3.9　例 4.3.1（c）正态曲线下的面积

（d）鲱鱼体长在 58~60mm 的百分数是多少？

图 4.3.10 所示为所求面积。其面积可通过表 3 查得的两个面积之差求得。由（a），我们知道小于 y=60 的面积为 0.9082。为了计算小于 y=58 的面积，我们首先计算

出 y=58 对应的 Z 值：

$$Z=\frac{y-\mu}{\sigma}=\frac{58-54}{4.5}=0.89$$

小于 Z=0.89 的 Z 分布曲线下的面积为 0.8133。则所求面积为：

$$0.9082-0.8133=0.0949$$

因此，有 9.49% 鲱鱼体长为 58~60mm。

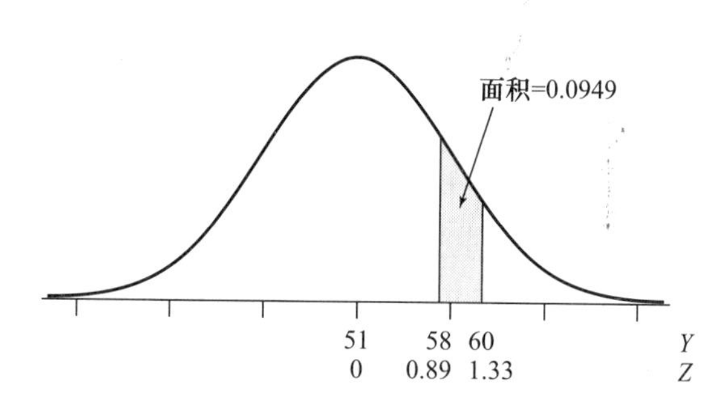

图 4.3.10 例 4.3.1（d）正态曲线下的面积

例 4.3.1 中求得的每个百分数都可以理解为相应的概率。以随机变量 Y 表示该总体中随机抽取一尾鱼的体长。则例 4.3.1 所示的结果表示为：

$$P\{Y<60\}=0.9082$$
$$P\{Y>51\}=0.7486$$
$$P\{51<Y<60\}=0.6568$$

和

$$P\{58<Y<60\}=0.0949$$

因此，正态分布可理解为连续的概率分布。

注意，由于理论上的正态分布是完全连续的，则概率：

$$P(Y>48) \text{ 和 } P(Y\geqslant 48)$$

是相等的（见 3.4 节）。这就是说：

$$\begin{aligned}P\{Y\geqslant 48\}&=P\{Y>48\}+P\{Y=48\}\\&=P\{Y>48\}+0\text{（因为 }Y\text{ 被认为是连续的）}\\&=P\{Y>48\}\end{aligned}$$

然而，如果我们测量的长度精确到毫米，则测量变量实际上是不连续的，那么 $P\{Y>48\}$ 和 $P\{Y\geqslant 48\}$ 就存在一定的差异。假如这种差异很重要，则在计算过程中通过考虑对测量分布的不连续进行优化（在 5.4 节，我们会看到这样的例子）。

逆读书后统计表中的表 3

在已确定是正态分布的情况下，有时需要“逆”读书后统计表中的表 3，也就是通过给定的面积查得相应的 Z 值而不是通过其他方法。例如，假设我们希望求得 Z 尺度去掉顶端 2.5% 所对应的 Z 值，则这个值是 1.96，如图 4.3.11 所示。

为了进一步推断，引入一些符号是非常有用的。我们用符号 Z_a 表示 $P\{Z<Z_a\}=1-a$ 或 $P\{Z>Z_a\}=a$ 所对应的数值，如图 4.3.12 所示。因此，$Z_{0.025}$=1.96。

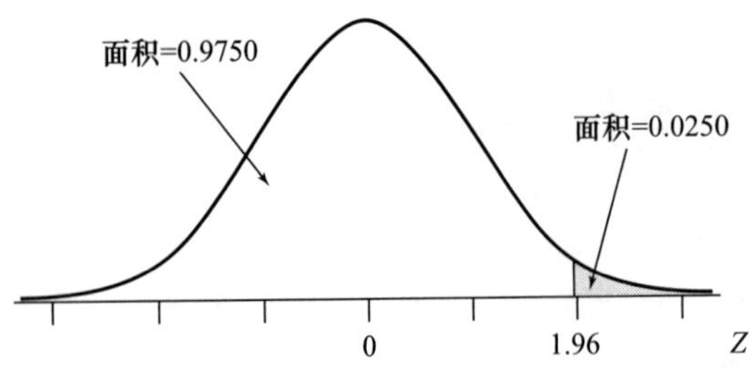

图 4.3.11 正态曲线下大于 1.96 的面积

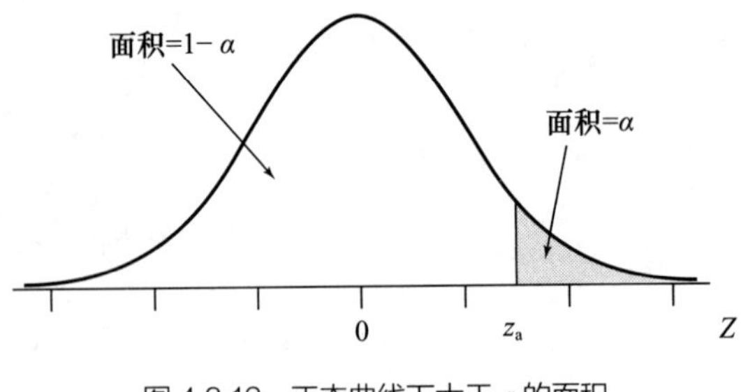

图 4.3.12 正态曲线下大于 a 的面积

当计算一个正态分布的百分位数时，我们通常需要求 Z_a 值。一个分布的百分位数将该分布划分成 100 等份，正如四分位数将其划分为四等份一样。假设我们想求出标准正态曲线中第 70 个百分位数。也就是说，我们要求出该分布的 $Z_{0.30}$ 的值，将标准正态分布划分为底部 70% 和顶部 30% 部分。如图 4.3.13 所示，我们需要在表 3 查找面积 0.7000。与此最接近的值是 0.6985，相应的 Z 值为 0.52。因此，$Z_{0.30}$=0.52。

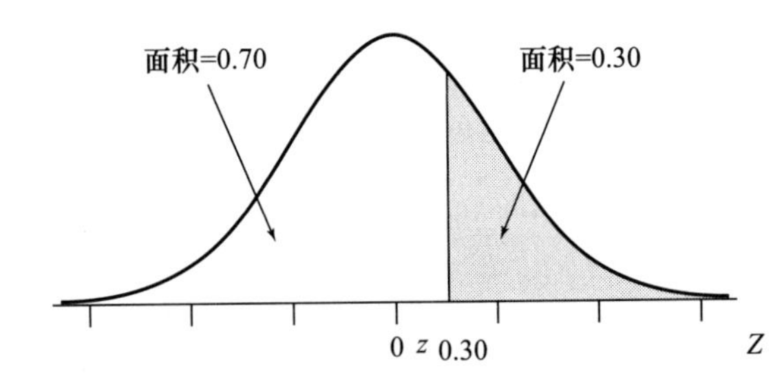

图 4.3.13 正态分布第 70 个百分位数

例 4.3.2 鱼的体长

（a）假设我们求例 4.3.1 中鱼体长分布的第 70 个百分位数。以 y^* 代表第 70 个百分位数。根据定义，70% 的鱼体长小于 y^* 值，30% 的鱼体长大于 y^* 值，如图 4.3.14 所示。

为了求得 y^* 值，我们应用刚才确定的 $Z_{0.30}$=0.52 值。接下来则需将 Z 值转化为 Y 的尺度。我们知道，如果已知 y^* 值，可以将它转化为标准正态（Z 尺度），相应的值为 0.52。因此，根据标准化方程，我们可得方程：

$$0.52 = \frac{y^* - 54}{4.5}$$

求解，得到 $y^*=54+0.52 \times 4.5=56.3$。鱼体长分布的第 70 个百分位数为 56.3mm。

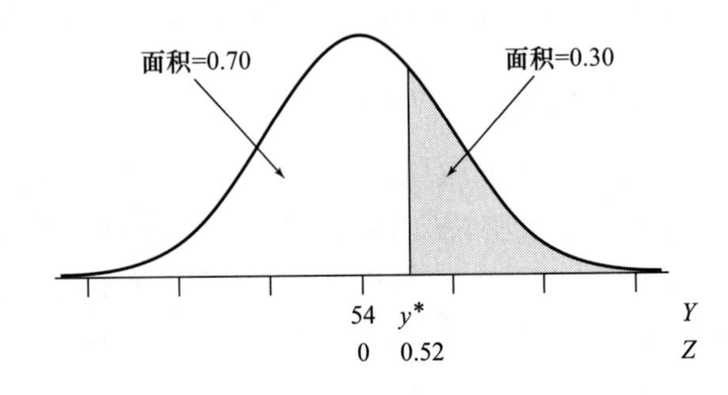

图 4.3.14 例 4.3.2（a）正态分布中第 70 个百分位数

（b）假设我们求例 4.3.1 中鱼体长分布的第 20 个百分位数。用 y^* 代表第 20 个百分位数。根据定义，20% 的鱼体长小于 y^* 值，80% 的鱼体长大于 y^* 值，如图 4.3.15 所示。

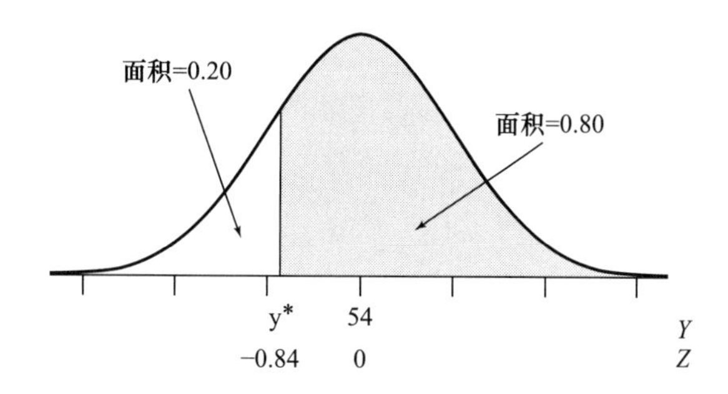

图 4.3.15 例 4.3.2（b）正态分布中第 20 个百分位数

为了求得 y^* 值，我们应首先求 Z 尺度，即第 20 个百分位数，也就是 $Z_{0.80}$ 的值。如图 4.3.15 所示，我们通过表 3 查找 0.2000 面积，最接近的面积为 0.2005，相应的 $Z=-0.84$。下一步需将 Z 值转换为 Y 尺度，根据标准化方程，得相应计算公式为：

$$-0.84=\frac{y^*-54}{4.5}$$

求解，得到 $y^*=54-0.84\times4.5=50.2$。鱼体长分布的第 20 个百分位数为 50.2mm。

解题技巧 需要应用书后统计表中的表 3 解决问题时，绘制该分布的草图（如图 4.3.7 至图 4.3.10 和图 4.3.14 至图 4.3.15）对于直接思考问题是非常有帮助的。

尽管应用表 3 进行前面所讨论的各种计算是非常方便的，但是应用计算机软件不需进行任何标准化处理即可直接计算出正态概率。

练习 4.3.1—4.3.16

4.3.1 假设某总体的观察值符合正态分布。总体中观测值如下的百分数是多少？

（a）距平均数 ±1.5 个标准差范围内？

（b）大于平均数 2.5 个标准差？

（c）距平均数（大于或小于）3.5 个标准差以外？

4.3.2

（a）一个正态分布第 90 个百分位数，大于平均数多少个标准差？

（b）一个正态分布第 10 个百分位数，小于平均数多少个标准差？

4.3.3 瑞典成年男性总体的大脑重量近似服从平均数为 1,400g 和标准差为 100g 的正态分布[6]。该总体大脑重量在以下情况的百分数为多少？

（a）小于等于 1,500g？

（b）在 1,325 到 1,500g 之间？

（c）大于等于 1,325g？

（d）大于等于 1,475g？

（e）1,475 到 1,600g 之间？

（f）1,200 到 1,325g 之间？

4.3.4 用 Y 代表练习 4.3.3 总体中随机抽取的大脑重量。求：

（a）$P\{Y\leqslant 1{,}325\}$；

（b）$P\{1{,}475\leqslant Y\leqslant 1{,}600\}$。

4.3.5 在一项农田试验中，研究者在一条件一致的大块试验田种植单一品种的小麦。这块试验田划分为多个小区（每小区 7 ft × 100ft），研究者测定每小区籽粒产量（lb）。这些小区产量服从平均数为 88 lb 和标准差为 7 lb 的正态分布[7]。计算小区产量如下的百分数：

（a）大于等于 80 lb？（b）大于等于 90 lb？
（c）小于等于 70 lb？（d）75~90 lb？
（e）90~100 lb？（f）75~80 lb？

4.3.6 参阅练习 4.3.5，以 Y 表示该试验田随机抽取一小区的产量。求：

（a）$P\{Y>90\}$；
（b）$P\{75<Y<90\}$。

4.3.7 考察标准正态分布 Z。求：

（a）$Z_{0.10}$；（b）$Z_{0.25}$；（c）$Z_{0.05}$；（d）$Z_{0.01}$。

4.3.8 对练习 4.3.5 中小麦产量的分布，求：

（a）第 65 个百分位数；（b）第 35 个百分位数。

4.3.9 12~14 岁儿童血清胆固醇含量服从平均数为 162mg/dL 和标准差为 28mg/dL 的正态分布。求以下 12~14 岁儿童血清胆固醇含量的百分数：

（a）大于等于 171？（b）小于等于 143？
（c）小于等于 194？（d）大于等于 105？
（e）166~194？（f）105~138？
（g）138~166？

4.3.10 参阅练习 4.3.9。假设从该总体中随机选择一名 13 岁儿童，用 Y 表示其血清胆固醇含量值。求：

（a）$P\{Y\geqslant 166\}$；
（b）$P\{166<Y<194\}$。

4.3.11 对练习 4.3.9 血清胆固醇含量分布，求：

（a）第 80 个百分位数；
（b）第 20 个百分位数。

4.3.12 使用某电子计数器计数血红细胞数量时，相同血液样品重复计数的标准差约为真实值的 0.8%，并且该重复计数的分布近似为正态分布[8]。例如，如果真实平均数为 5,000,000 细胞 / mm^3 时，则标准差为 40,000。

（a）若某样品血红细胞数目真实值为 5,000,000 细胞 /mm^3，则计数器得出 4,900,000 ~ 5,100,000 读数的概率为多少？

（b）若某样品血红细胞数目的真实值为 μ，则计数器会得出 0.98μ~1.02μ 读数的概率为多少？

（c）医院实验室每天都会测定大量样品。血红细胞计数与真实值之差为大于等于 2% 的百分数为多少？

4.3.13 对于某一向日葵植株总体，其 15d 增长量服从平均数为 3.18cm 和标准差为 0.53cm 的正态分布[9]。求以下植株增长量的百分数：

（a）大于等于 4cm？（b）小于等于 3cm？
（c）2.5~3.5cm？

4.3.14 参阅练习 4.3.13。向日葵植株增长量 90% 在哪个范围内？

4.3.15 对例 4.3.13 向日葵植株增长量的分布，其第 25 个百分位数为多少？

4.3.16 许多城市每年都会赞助马拉松赛跑。下面直方图所示为 2008 年 10,002 位选手完成罗马马拉松比赛时间的分布，并在图上附以正态曲线。最快的选手用 2h9min（129 min）完成了 28.1km，完成比赛的平均时间为 245 min，标准差为 40 min。利用正态曲线回答下列问题[10]。

（a）完成时间超过 200 min 的百分数是多少？
（b）完成时间的第 60 个百分位数为多少？
（c）我们注意到，除了在 240 min 周围外，图中其他位置都非常近似符合正态分布。我们怎么解释该分布出现的不一致现象？

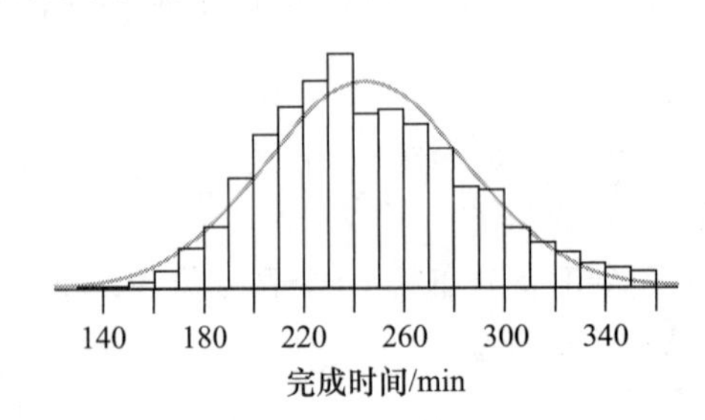

4.4 正态性评估

许多统计过程都是基于数据源于正态总体进行的。在这一节，我们将学习评估对某一数据集应用正态曲线模型是否合理的方法，如果不合理，我们该怎么进行分析。

由 4.3 节所学知识我们知道，如果变量 Y 服从正态分布，那么：

约有 68% 的 y 在平均数 ±1 个 SD 范围内；

约有 95% 的 y 在平均数 ±2 个 SD 范围内；

约有 99.7% 的 y 在平均数 ±3 个 SD 范围内。

我们可以用这些已知条件来检验一个数据集与正态曲线模型的接近程度。

例 4.4.1
血清胆固醇

例 4.1.1 中血清胆固醇含量数据的平均数为 162，标准差为 28。“平均数 ± 标准差”区间为：

（162–28，162+28）或（134，190）

该区间包含了 727 个观察值中的 509 个，或者说是包括了 70.0% 的观察值。同理，区间

（162–2×28，162+2×28）为（106，218）

包含了 727 个观测值中的 685 个，也就是 94.2%。最后，区间

（162–3×28，162+3×28）为（78，246）

包含了 727 个观测值中的 724 个，也就是 99.6%。这三个观测值实际百分数为：

70.0%，94.2% 和 99.6%

与理论百分数 68%，95% 和 99.7% 非常接近。这些结果支持 12~14 岁儿童血清胆固醇含量服从正态分布的假设。这个结论更加证明了图 4.1.1 的直观证据。

例 4.4.2
含水量

研究者分别对 83 个新鲜水果的含水量进行了测定[11]。图 4.4.1 显示该分布明显向左倾斜。这些数据的样本平均数为 80.7，样本标准差为 12.7。区间

（80.7–12.7，80.7+12.7）

包含了 83 个观测值中的 70 个，占 84.3%。区间

（80.7–2×12.7，80.7+2×12.7）

包含了 83 个观测值中的 78 个，占 94.0%。区间

（80.7–3×12.7，80.7+3×12.7）

包含了 83 个观测值中的 80 个，占 96.4%。这三个实际百分数

84.3%，94.0% 和 96.4%

与理论百分数

68%，95% 和 99.7%

相差较大，这是由于该分布形态与钟形相差甚远。这个结论更加证明了图 4.4.1 直观的证据。

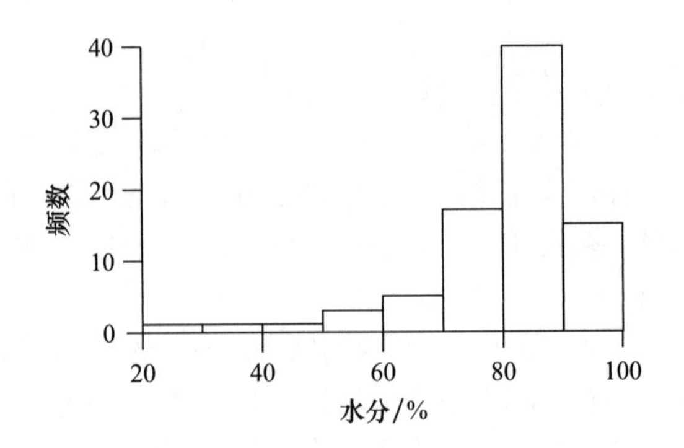

图 4.4.1　新鲜水果的含水量

正态概率图

正态概率图（normal probability plot）是用来评估正态性的特殊统计图。我们以 11 位女性身高（以 in 为单位）构成的样本为例展示该统计工具，身高数据从小到大排序：

61，62.5，63，64，64.5，65，66.5，67，68，68.5，70.5

根据这些数据，用正态曲线去模拟女性身高的分布有意义吗？图 4.4.2 所示为由这些数据做出的直方图，并附以样本平均数 65.5 和标准差 2.9 为参数的正态曲线。该直方图非常对称，但当我们分析的是一个小样本时，很难根据直方图来辨别总体分布的形状。

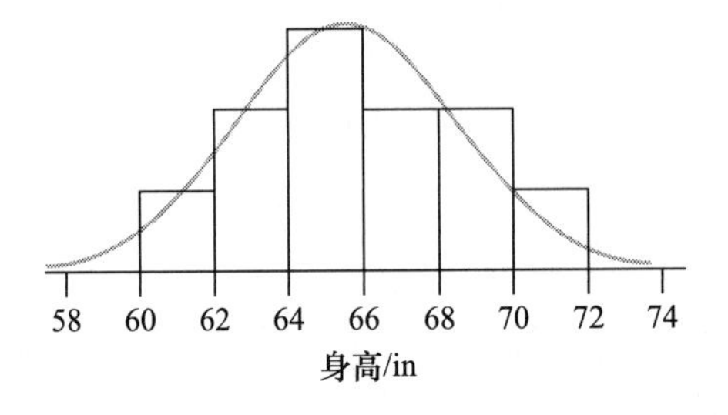

图 4.4.2　11 位女性身高的直方图

由于直观检验一个直方图并判断其是否为钟形是非常困难的，所以需要引入一个更直观简单的正态概率图*。正态概率图将观察值和预期值相比较得出散点图，从而判断总体是否服从正态分布。如果数据来源于一个正态总体，则正态概率图上的点应近似为一条直线，这比锯齿状直方图的钟形更能容易直观地识别出来。由于许多统计程序都是基于数据源于一个正态总体，所以正态性评估是非常重要的。

正态概率图的应用

在例 4.4.1 和 4.4.2 中，我们比较了在平均数 ±1，2，3 个标准差区间范围内观察值的比例，并且将这些数据与数据来自于正态分布总体的预期比例值进行了比较。我们能很自然地考察这些区间，但我们也会考察其他区间。例如，我们预期 86.6% 的正态数据落在平均数 ±1.5 个标准差范围，96.4% 的正态数据在平均数 ±2.1 个标准差之间**。我们甚至可以估算出单侧区间。例如，我们预期 84.1% 的正态数据

*　虽然视觉上比较直观简单，但这些图的构建是比较复杂的，通常由统计软件完成。

**　这些数值可用 4.3 节的方法得到证实。

值落在小于平均数 +1 个标准差的范围内。

除了对百分数进行比较，我们还可以将女性身高的实际观察值与数据预期值进行比较以判断数据是否来自正态总体。例如，在该样本中最矮的女性身高为 61in；也就是说，有 1/11（或 0.0909）的样本身高小于等于 61in。如果女性身高符合平均数为 65.5 和标准差为 2.9 的正态分布，那么我们能预期第 9.09 个百分位数为 $\mu - Z_{1-0.0909}\sigma = 65.5 - 1.34 \times 2.9$ *，即 61.6in。这个值与观察值 61in 非常接近。我们可以重复应用这个方法计算这 11 个观察值的预期身高。正态概率图提供了一个关于这些数据的直观比较。

因此，创建一个正态概率图的第一步，是要计算样本的百分位数。例 4.4.3 所示为这类计算，这是由统计软件来完成的典型案例。

例 4.4.3
11 位女性的身高

将身高数据按从小到大排序，我们发现样本中的 1/11（=9.1%）小于等于 61in，2/11（=18.2%）小于等于 62.5in，…10/11（90.9%）小于等于 68.5in，11/11（100%）小于等于 70.5in。然而，用这种非常简单的方式计算百分位数（也就是，$100 \times i/n$，其中 i 是排序的观察数）产生了一些难以置信的总体估计值。例如，总体中 100% 小于等于 70.5in，这是难以置信的，毕竟我们观测的只是个小样本；在一个大样本中，很可能会观察到身高更高的女性。为了矫正这个错误，我们用 $100[i-(1/2)]/n$ 表示每个数值更合理的比例，其中 i 是排序表中数据值的序号 **。表 4.4.1 所示为调整后的百分位。注意，这些值实际上不依赖于观察数据，而仅仅依赖于数据值在样本中的序号。

表 4.4.1 11 位女性身高的指标计算和百分位数

i	1	2	3	4	5	6	7	8	9	10	11
观察身高	61.0	62.5	63.0	64.0	64.5	65.0	66.5	67.0	68.0	68.5	70.5
百分位数 100（i/11）	9.09	18.18	27.27	36.36	45.45	54.55	63.64	72.73	81.82	90.91	100.00
调整的百分位数 100（i-1/2）/n	4.55	13.64	22.73	31.82	40.91	50.00	59.09	68.18	77.27	86.36	95.45

我们有了调整后的百分位数之后，就能应用表 3 或计算机得出相应的 Z 值。之后，我们就可以用已知的 Z 值计算理论身高 $\mu+Z\sigma$，如例 4.4.4 所示。

例 4.4.4
11 位女性的身高

最矮身高女性调整后的百分位为 4.55%。相应的 Z 值为 $Z_{(1-0.0455)}=Z_{0.9545}=-1.69$。本例中，样本的平均数和标准差分别是 65.5 和 2.9，所以在一个来自正态总体的 11 位女性身高样本中，最矮的女性的预期身高为 $65.5-1.69 \times 2.9 = 60.6$in。11 位女性的 Z 值和理论身高列于表 4.4.2。

* 原文为，$\mu + Z_{1-0.0909}\sigma = 65.5 - 1.34 \times 2.9$，有误。

** 不同的软件包计算的比例可能不同，也可根据样本容量对方程进行调整。上述公式是在软件包 R 中 $n > 10$ 的情况下使用的。

表 4.4.2 11 位女性身高的理论 Z 值计算

i	1	2	3	4	5	6	7	8	9	10	11
观察身高	61.0	62.5	63.0	64.0	64.5	65.0	66.5	67.0	68.0	68.5	70.5
调整的百分位数 $100(i\text{-}1/2)/n$	4.55	13.64	22.73	31.82	40.91	50.00	59.09	68.18	77.27	86.36	95.45
Z	−1.69	−1.10	−0.75	−0.47	−0.23	0.00	0.23	0.47	0.75	1.10	1.69
理论身高	60.6	62.3	63.4	64.1	64.8	65.5	66.2	66.7	67.6	68.7	70.4

下一步，通过绘制观察身高对理论身高的散点图，如图 4.4.3 所示，我们可以直观地比较这些值。本例中，散点近似为一条直线，表明这些观察值接近理论值，即对这些数据来说，正态模型提供了合理的近似值。如果数据不符合正态模型，那么图形将是非线性的，如曲线或 S 形线。

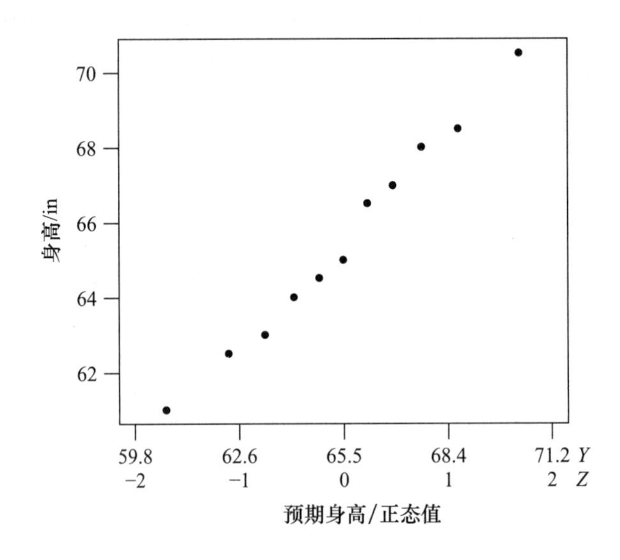

图 4.4.3 11 位女性身高的正态概率图

由于 Z 值和理论值是一一对应的，并不是通常如图 4.4.3 那样将这两组标签都放置在 x 轴上。通常，只显示 Z 值的标签 *。

正态性的确定

当然，即使从全符合正态分布的总体中抽取样本，我们也必须承认获取的样本和理论正态值之间存在着一定的变异。图 4.4.4 所示为从 $N(0,1)$ 分布中抽取样本的 6 个正态概率图。注意，6 个图大体上都成直线形。事实上，在一些图形中存在一定的“摇摆”度，但这些图形的重要特征是我们都可用一条直线描述这些散点的大致趋势，尽管一些散点与直线有一定的偏离，甚至少数点偏离还很大。

如果在正态概率图中，大部分散点没有落到直线上，或者说仅有少量散点在直线上，那么就说明这些数据并非来源于正态总体。例如，如果图的顶端向上弯曲，就说明该分布上端 y 值太大，以至于不能形成“钟形”；也就是说，该分布向右偏斜或具有较大的异常值，如图 4.4.5 所示。

---

* 有些软件程序是以正态值为纵轴、观察数据为横轴来绘制正态概率图的。

如果正态概率图的底端向下弯曲，就说明该分布下端 y 值太小，不能形成“钟形”；也就是说，该分布向左偏或具有较小的异常值。图 4.4.6 所示为例 4.4.2 新鲜水果含水量的分布，图形向左强烈倾斜。

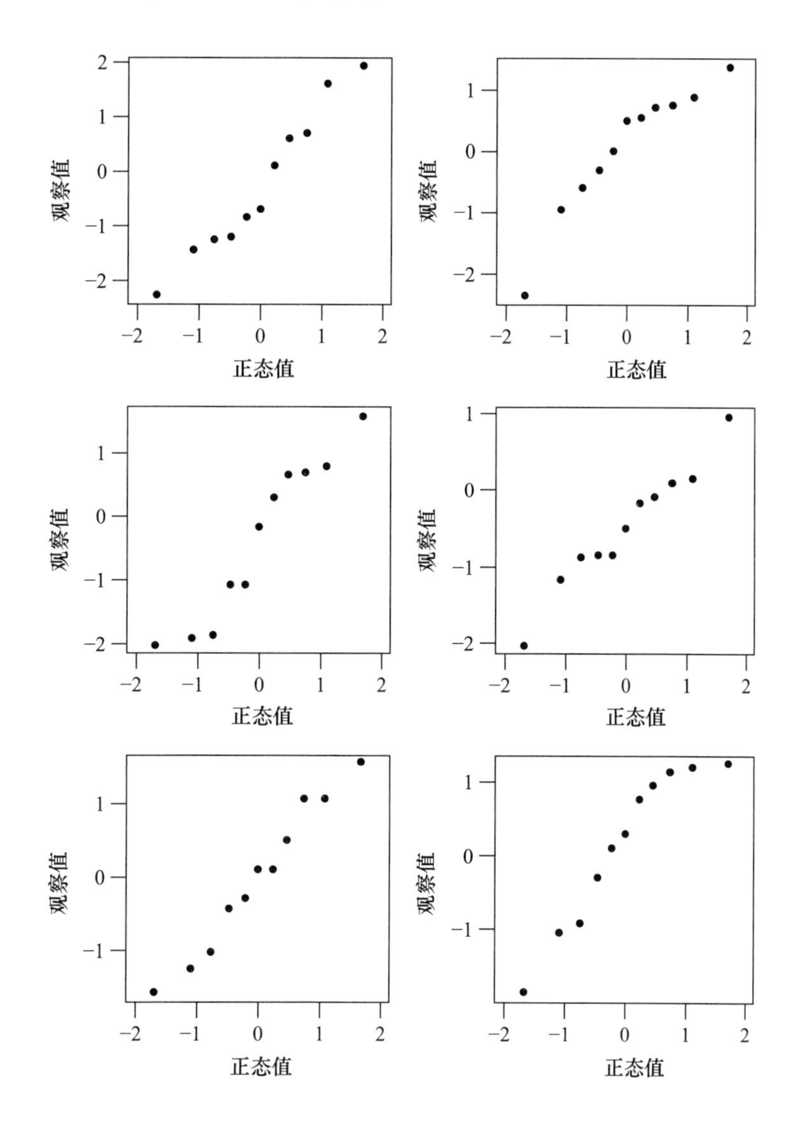

图 4.4.4 正态数据的正态概率图

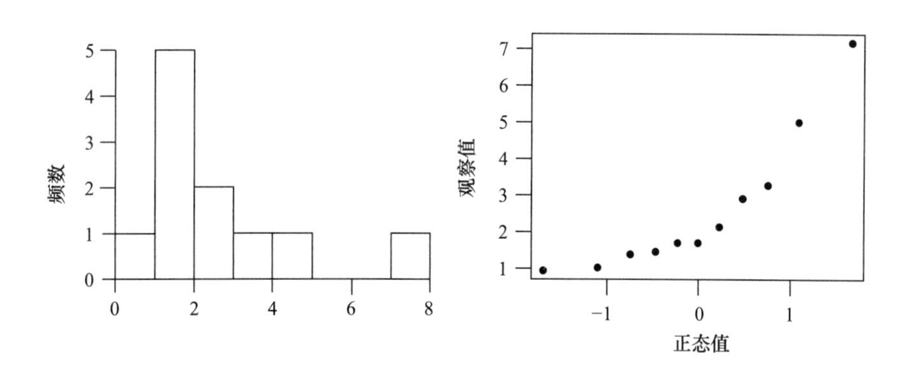

图 4.4.5 向右倾斜分布的直方图和正态概率图

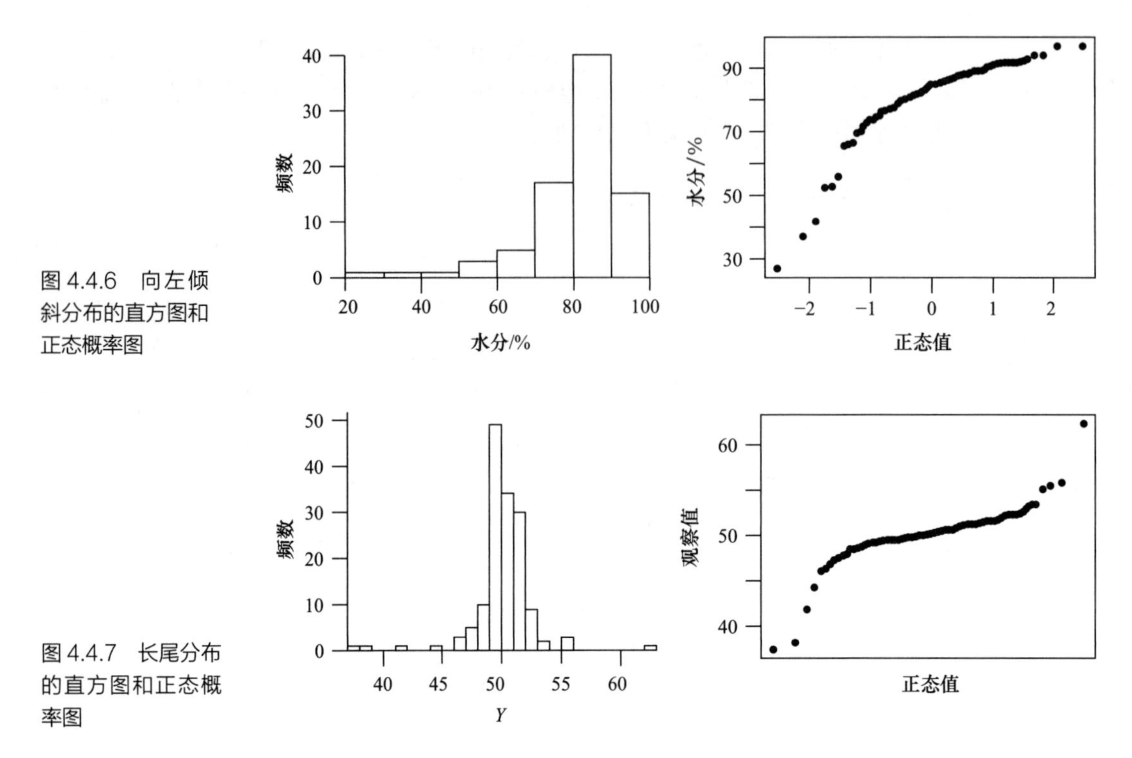

图 4.4.6　向左倾斜分布的直方图和正态概率图

图 4.4.7　长尾分布的直方图和正态概率图

如果一个分布与正态曲线相比有较长的左尾和较长的右尾，那么该分布的正态概率图将呈 S 形。图 4.4.7 所示为这种分布。

有时由于在测定过程中数据四舍五入，在一个样本中会重复出现相同的值。这就导致在正态概率图中出现了间隔现象，如图 4.4.8 所示，但这并不影响我们对该分布是否服从正态分布做出判断。

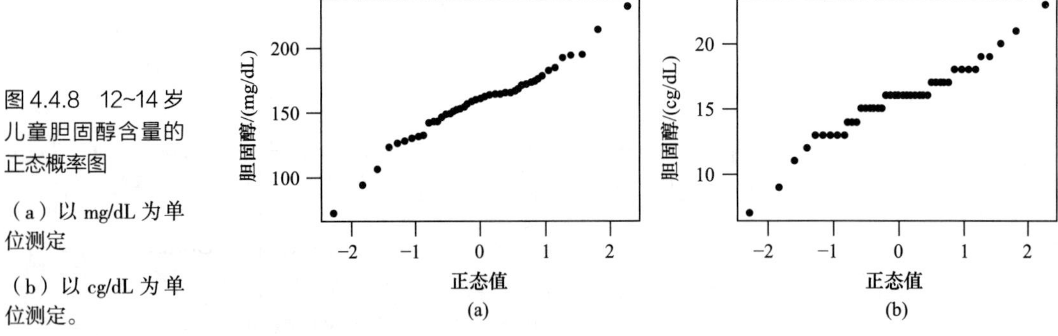

图 4.4.8　12~14 岁儿童胆固醇含量的正态概率图

（a）以 mg/dL 为单位测定

（b）以 cg/dL 为单位测定。

非正态数据的转换

正态概率图有助于我们评估数据是否来自正态分布。有些情况下，直方图或正态概率图会显示数据是非正态性的，但数据经过转换后会呈现为一个对称的钟形曲线。在这种情况下，我们可通过转换数据，继续在新的(转换后的)尺度上进行分析。

例 4.4.5
扁豆生长

图 4.4.9 的直方图和正态概率图所示为 47 株扁豆植株样本增长率的分布 [12]，以 cm/d 为单位。该分布向右偏斜。如果我们将每个观察值取对数，就会得到一个非常接近对称的分布。图 4.4.10 表明，在对数尺度上的生长率分布近似正态分布(在图 4.4.10 中，应用的是以 10 为底的对数 $\log_{10}$，我们也可以以其他数为底，如自然

对数 $\log_e=\ln$，其对分布形态的影响效果是一样的）。

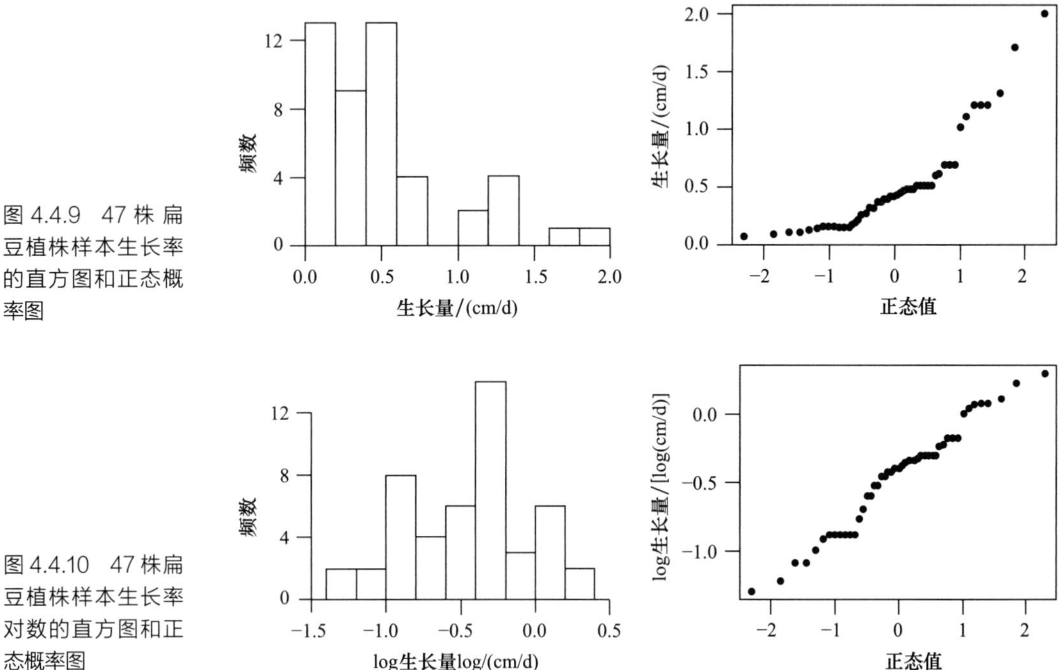

图 4.4.9 47 株扁豆植株样本生长率的直方图和正态概率图

图 4.4.10 47 株扁豆植株样本生长率对数的直方图和正态概率图

通常，如果分布向右偏斜，则应考虑做如下转换：$\sqrt{Y}$，$\log Y$，$1/\sqrt{Y}$，$1/Y$。这些转换将使较长右尾变短，拉长较短左尾，使分布更接近于对称。这些转换程度依次增强。因此，平方根转换是将较弱倾斜分布转换为趋于对称分布。但如果该分布倾斜加重就需要进行对数转换，以此类推。例如，我们在例 2.7.6 中看出平方根转换对右尾缩短的程度，而经 log 转换之后对右尾的缩短程度更为明显。如果变量 Y 分布向左倾斜，那么用 Y+1 转换比较有效。

非正态性的客观度量：Shapiro-Wilk 检验（选修）

即使正态概率图比直方图更能直观地评估正态性的偏离程度，但视觉感知仍然是主观的。概率图 4.4.4 的数据来自于一个正态总体，但对于未经视觉训练的人（甚至一些经过训练的人）也会认为少数图形为非正态性的。**Shapiro-Wilk 检验**（Shapiro-Wilk test）是对某些非正态数据进行数学意义上的评估的统计方法。正如正态概率图一样，该方法的运行机理是很复杂的，但幸运的是许多统计软件包可以完成这部分评估或正态性的相似性检验 *。

Shapiro-Wilk 检验输出的是一个 P 值 **，解释如下：

P 值 < 0.001　　证明非正态性很强；

P 值 < 0.01　　证明非正态性较强；

P 值 < 0.05　　证明非正态性中等；

---

* Ryan-Joiner、Anderson-Darling 和 Kolmogorov-Smirnoff 检验是统计软件中常见的其他非正态性检验方法。

** P 值不是检验正态性检验的唯一方法。我们将在第 7 章中更详细地对此叙述。在不同种假设的检验中，假设正确证据的权重（这种情况下，Shapiro-Wilk 检验数据为非正态性的假设）可以用 P 值进行分析。小的 P 值可被理解为问题中假设成立的有力证据。

P 值<0.1　　证明非正态性较弱；

P 值$\geqslant 0.1$　　证明无非正态性。

例 4.4.6 说明了例 4.4.5 中扁豆生长数据的 Shapiro-Wilk 检验。

例 4.4.6 扁豆生长

对图 4.4.9 未转换的扁豆数据，Shapiro-Wilk 检验的 P 值（来自于 R 统计软件包）为 0.000006。因此，很有力的证据证明扁豆生长数据不符合正态分布。然而，对图 4.4.10 转换后的数据，Shapiro-Wilk 检验的 P 值为 0.2090，表明没有有力的证据证明对数转换后的生长数据是非正态性的。

注意　在某种程度上说，使用检验程序和 P 值就像汽车上使用“发动机检查灯”一样。当 P 值很小时，表明为非正态性。这就像发动机灯亮着，你需要靠边停车并检查一下发动机的状况。同样，在后面的章节，当我们遇到非正态性数据时，需要认真评估该如何进行我们的分析。另一方面，当 P 值不是很小（$\geqslant 0.10$）时，不足以证明数据是非正态性的。这就像车的发动机灯没有亮，你会毫无顾忌地向前开，但这并不保证你的车完全没问题，车随时可能出现故障。当然，如果发动机检查灯没有亮而我们却一直担心，那么就会发现我们很矛盾，始终停留在路边。与之相似，用 Shapiro-Wilk 检验得出的 P 值不是很小（发动机检查灯没亮），只能说明不足以证明其非正态性，并不能确实保证其为正态总体。

练习 4.4.1—4.4.8

4.4.1　例 4.1.2 中，描述了一个鸡蛋总体的蛋壳厚度服从平均数 μ=0.38mm 和标准差 σ=0.03mm 的正态分布。用 68%-95%-99.7% 规则确定以平均数为中心的 68%、95%、99.7% 蛋壳厚度分布的区间。

4.4.2　下列三个正态概率图（a）、（b）、（c）是根据直方图 I、II、III 的分布绘制而成的。这些正态概率图分别对应哪个直方图？你是如何确定的？

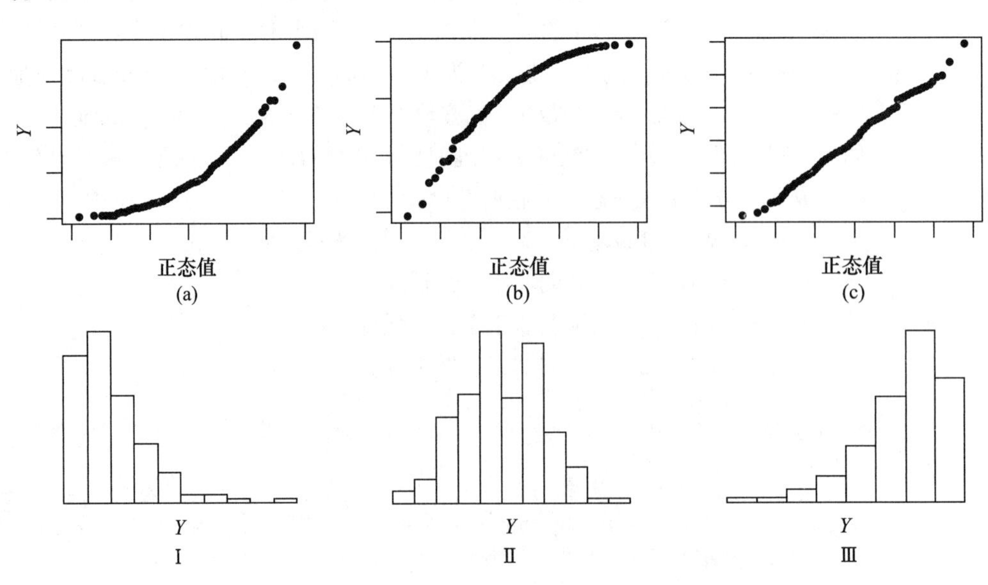

4.4.3 对下列正态概率图，绘制出相应数据的直方图。

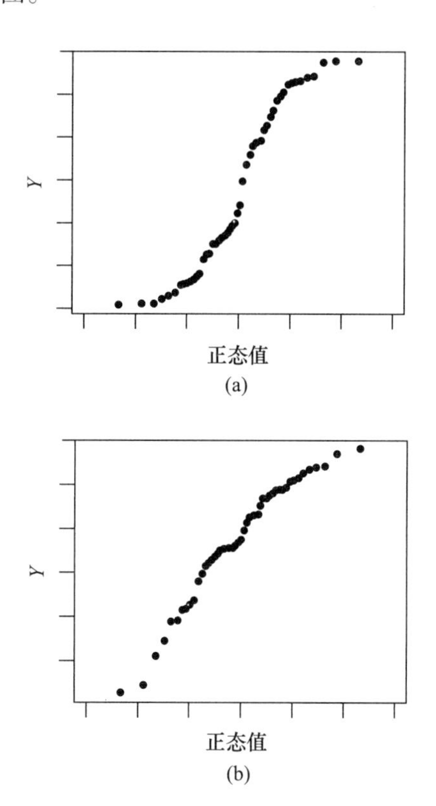

(a)

(b)

4.4.4 2007 年 1 月 1 日至 2009 年 1 月 1 日，加利福尼亚州的匹斯摩海滩日降雨量平均数为 0.02in，标准差为 0.11in。根据这些信息，你认为匹斯摩海滩的日降雨量符合正态分布的推断合理吗？为什么？（提示：考虑日降雨量的可能值[13]）

4.4.5 阿拉斯加州的朱诺 1945—2005 年每年 2 月 1 日最高温度的平均数为 1.1℃，标准差为 1.9℃[14]。

（a）根据以上信息，你认为阿拉斯加州的朱诺每年 2 月 1 日最高温度数据符合正态分布的推断合理么？解释原因。

（b）上述信息是否提供了有力的证据，说明阿拉斯加州的朱诺每年 2 月 1 日最高温度符合正态分布？解释原因。

4.4.6 下列正态概率图是根据 2001 年的环法自行车赛第 11 关（从法国格勒诺布尔到尚鲁斯）166 位单车骑手完成时间绘制成的。

（a）考察最快的骑手。如果这些数据来自于一个真实的正态分布总体，最快骑手实际所用时间比预期时间快、慢，还是大体相等？

（b）考察最慢的骑手。如果这些数据来自于一个真实的正态分布总体，最慢骑手实际所用时间比预期时间快，慢，还是大体相等？

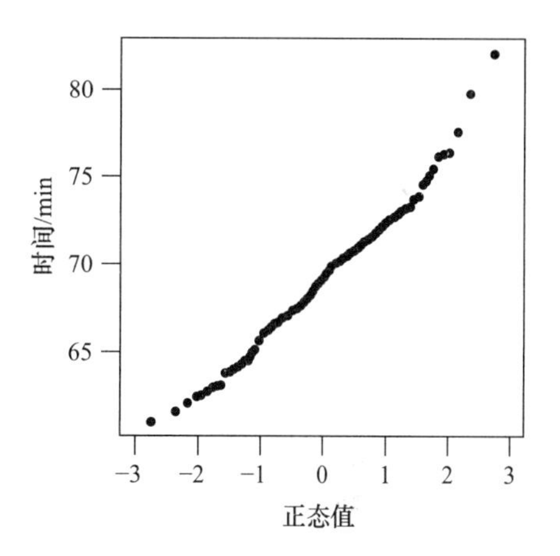

4.4.7 对概率图（a）和（b）中的数据进行 Shapiro–Wilk 检验，所得 P 值分别为 0.235 和 0.00015。各 P 值对应哪个图？判断的依据是什么？

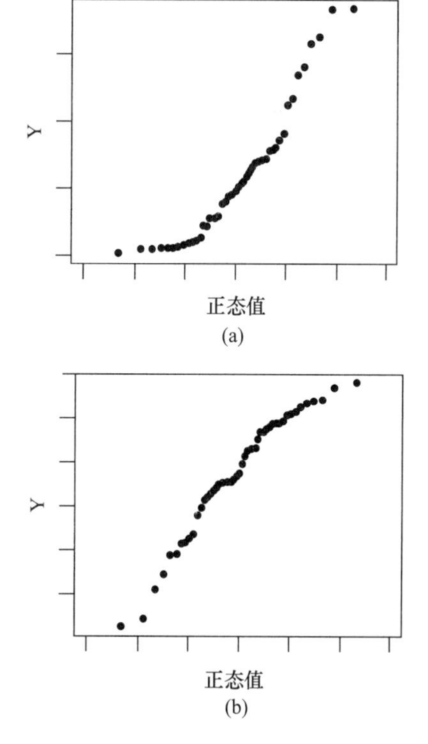

(a)

(b)

4.4.8

（a）对练习 4.4.3（b）中数据进行 Shapiro–Wilk

正态性检验，P 值为0.039。根据这个值进行判断，该数据来自于正态总体是否合理？

（b）对练习4.4.2（c）中数据进行Shapiro-Wilk正态性检验，P 值为0.770。根据这个值进行判断，该数据来自于正态总体是否合理？

（c）以（b）的 P 值可以证明数据来自于正态总体吗？

4.5 展望

正态分布是由德国数学家K.F.Gauss提出的，也称高斯分布（Gauss distribution）。正态这个词也具有"典型"或"一般"的含义，很容易使人产生严重的误解。例如，在医学背景下，"正常"的原意是"不反常"。因此，"血清胆固醇含量的正态总体"这句话容易让人费解，因为它可能指的是在"理想"健康状况下人们的血清胆固醇含量，或是指如例4.1.1中的一个高斯分布。事实上，对于正常（无病）总体许多变量的分布明显不符合正态分布（即不符合高斯分布）。

本章例题已经说明了正态分布的一个作用，即作为一个近似自然发生的生物学分布。如果一个自然分布能够较好地用正态分布进行估计，其平均数和标准差可为该分布提供一个完整的描述：平均数为该分布的中心，大约有68%的值在平均数±1个标准差范围内，大约有95%的值在平均数±2个标准差范围内，以此类推。

正如2.6节介绍的，68%和95%的基准也能近似适用于倾斜的分布（但如果该分布是倾斜的，那么68%并不是在平均数两侧对称分开的，95%也是如此）。然而，该基准并不适用两尾或单尾又长又窄的分布（即使它是对称的）（参见图2.2.13和图2.2.16）。

在以后的章节中，我们将会看到，有许多典型的统计方法是专门针对从正态分布总体所抽取的样本数据而设计和进行方程模拟的。我们也会看到，在很多实际情况下这些方法也适用于来自非正态总体中的样本。

尽管许多（也可能是大多数）自然生物分布应用偏斜曲线比正态曲线效果要好，但是正态分布仍是至关重要的。正态分布的一个主要的作用不是描述自然分布，而是用来描述被称为抽样分布的某种理论分布，进而用于数据统计分析。在第5章，我们将会看到即使许多原始数据不满足正态分布，但其抽样分布是接近于正态分布，正是这一性质使得正态分布在统计分析中非常重要。

补充练习4.S.1—4.S.21

4.S.1 某种酶的活性可以通过计量放射性标记分子的发射数量来进行测定。对于一个组织样品，连续10s期间计量的重复独立的观察值可视为（近似）正态分布[15]。假设某一组织样品10s期间的计数平均数为1200，标准差为35。以 Y 表示任意10s期间放射量。求：

（a）$P\{Y \geqslant 1250\}$；

（b）$P\{Y \leqslant 1175\}$；

（c）$P\{1150 \leqslant Y \leqslant 1250\}$；

（d）$P\{1150 \leqslant Y \leqslant 1175\}$。

4.S.2 一群母鸡所产鸡蛋的蛋壳厚度近似服从平均数为0.38mm和标准差为0.38mm的正态分布（如图4.1.2所示）。求蛋壳厚度分布的第95个百分位数？

4.S.3 参阅练习 4.S.2 蛋壳厚度分布。假设厚度小于等于 0.32mm 的蛋壳被定义为薄蛋壳。求：

（a）薄蛋壳所占的百分数为多少？

（b）假设从该总体中随机抽取大量鸡蛋，每 12 个鸡蛋装一盒。那么每盒中至少有 1 个为薄蛋壳的百分比为多少？（提示：首先计算出每盒中没有薄蛋壳鸡蛋的概率）

4.S.4 某一玉米植株总体高度符合平均数为 145cm 和标准差为 22cm 的正态分布 [16]。求以下株高的百分数：

（a）大于等于 100cm？

（b）小于等于 120cm？

（c）120~150cm？

（d）100~120cm？

（e）150~180cm？

（f）大于等于 180cm？

（g）小于等于 150cm？

4.S.5 假设从练习 4.S.4 玉米植株总体中随机抽取 4 株。求这 4 株玉米株高都不超过 150cm 的概率。

4.S.6 参阅练习 4.S.4 玉米植株总体。求株高分布的第 90 个百分位数。

4.S.7 对于练习 4.S.4 玉米植株总体，求其四分位数和四分位数间距。

4.S.8 假设某一总体的观察值为正态分布。

（a）求该总体 95% 的观察值在 Z 尺度上 $-Z^*$ 到 $+Z^*$ 之间时的 Z^* 值；

（b）求该总体 99% 的观察值在 Z 尺度上 $-Z^*$ 到 $+Z^*$ 之间时的 Z^* 值。

4.S.9 在某一苍蝇个体的神经细胞活动中，在脉冲“峰值”之间的时间间隔近似服从平均数为 15.6ms 和标准差为 0.4ms 的正态分布（如例 4.1.3 所示）。以 Y 表示随机抽取的峰值间隔。求：

（a）$P\{Y>15\}$；（b）$P\{Y>16.5\}$；

（c）$P\{15<Y<16.5\}$；（d）$P\{15<Y<15.5\}$。

4.S.10 对于练习 4.S.9 中峰值间隔的分布，求其四分位数和四分位数间距。

4.S.11 在 20~29 岁美国女性中，10% 的身高低于 60.8in，80% 的身高在 60.8~67.6in，10% 的身高超过 67.6 in [17]。假设该身高分布近似服从正态曲线，求该分布的平均数和标准差。

4.S.12 由 Stanford–Binet 智力测验测得某一特定儿童总体的 IQ（intelligence quotient）值服从正态分布。该 IQ 值的平均数为 100 分，标准差为 16 分 [18]。求该总体中儿童 IQ 值如下的百分数：

（a）大于等于 140？（b）小于等于 80？

（c）80~120？（d）80~140？

（e）120~140？

4.S.13 参阅练习 4.S.12 的 IQ 值分布。以 Y 表示从该总体中随机抽取一名儿童的 IQ 值，求 $P\{80<Y<140\}$。

4.S.14 参阅练习 4.S.12 的 IQ 值分布。假如从该总体中随机抽取 5 个儿童。求其中一名儿童 IQ 值小于等于 80，其余四名儿童 IQ 值大于 80 的概率（提示：先求出随机抽取一名儿童 IQ 值小于等于 80 的概率）。

4.S.15 某一血清转氨酶（ALT）的测定实验相当不精密。对某单一样品重复测定结果服从正态分布，其平均数为该样品真实 ALT 浓度，标准差为 4 U/L（参阅例 2.2.12）。假设某医院实验室每天测定大量样品，对每个样品只测定一次，将 ALT 读数大于等于 40 U/L 的样品标记为“偏高”。如果某一患者 ALT 真实活性为 35 U/L，其样品被标为“偏高”的概率为多少？

4.S.16 研究者测量一组研究对象的静息心率，然后让这些研究对象饮用 6oz（1oz=28.3495g）的咖啡，10min 后再次测量他们的心率。心率的变化服从平均每分钟增加 7.3 次和标准差为 11.1 的正态分布 [19]。用 Y 表示随机选择一人的心率变化。求：

（a）$P\{Y>10\}$；（b）$P\{Y>20\}$；

（c）$P\{5<Y<15\}$。

4.S.17 参阅练习 4.S.16 的心率分布。实事上，标准差大于平均数，并且该分布为正态分布，这就说明会有一些数据为负值，意味着此人的心率下降，而不是上升。现随机选择一个人，计算其心率为下降的概率，即计算 $P\{Y<10\}$。

4.S.18 参阅练习 4.S.16 的心率分布。假设我们从该分布中随机抽取容量为 400 的样本。预期观察值在 0~15 的有多少个？

4.S.19 参阅练习 4.S.16 的心率分布。如果我们用第 2 章的 1.5×IQR 规则来识别异常值，那么在上端的观察值要多大才会被认为是异常值？

4.S.20 如果已知练习 4.S.16 的心率分布服从正态分布。那么下列哪个 P 值比较符合从总体中随机抽取 15 个样本的 Shapiro–Wilk 检验结果？

（a）$P=0.0149$；（b）$P=0.1345$；

（c）$P=0.0498$；（d）$P=0.0042$。

4.S.21 下列四个正态概率图（a）、（b）、（c）、（d），是根据直方图Ⅰ、Ⅱ、Ⅲ的分布绘制而成的，另一直方图没有显示出来。这些正态概率图分别对应哪个直方图？你是如何判断的？（其中一个正态概率图没有）

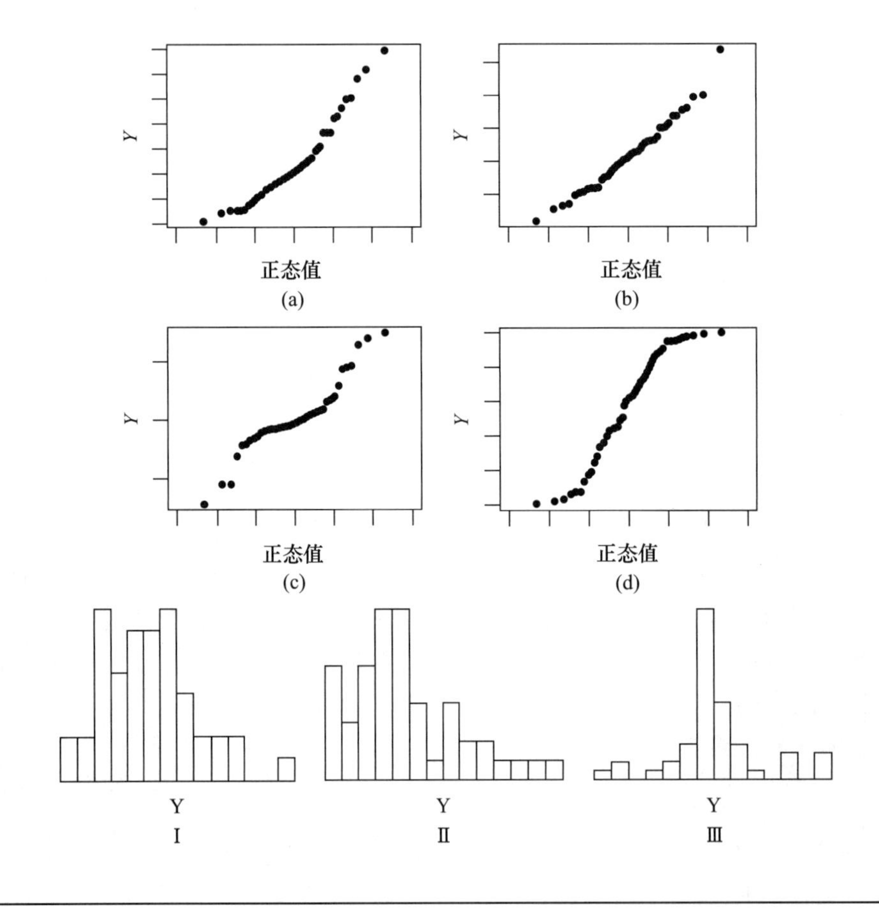

抽样分布 5

目标

在本章，我们将引入抽样分布的概念，这是经典统计推断的核心。我们将重点：
• 描述抽样分布；
• 说明样本容量与样本平均数准确性的关系；
• 探究中心极限定理；
• 证明正态分布如何用来估计二项式分布。

5.1 基本概念

数据分析的一个重要目标是区分数据特征是由真正的生物学本质所决定的还是偶然效应所造成的。如 1.3 节和 2.8 节所介绍的，随机抽样模型提供了对此进行区分的框架。我们将隐含的真实性看作总体，将所得到的数据看作是来自总体的随机样本，偶然效应则被视为抽样误差——也就是样本与总体之间的差异。

本章中，我们要学习一些基础理论知识，这些知识能使我们对预期抽样误差的大小进行明确的特别限制（尽管在第 1 章我们区分了试验研究和观察研究，在目前的讨论中，我们将任何科学调查都称为研究）。和前几章一样，我们还是继续把讨论的问题界定在只有一组数据（一个样本）研究的简单内容上。

抽样变异

来自于同一总体随机样本间的变异被称为**抽样变异**（sampling variability）。描述抽样变异某些特征的概率分布被称为**抽样分布**（sampling distribution）。通常情况下，一个随机样本与它所自来的总体具有相似性。当然我们也必须承认样本与总体之间存在一定程度的差异。抽样分布能够告诉我们样本与总体之间可能的相似性会有多大。

在本章中，我们将讨论抽样变异的部分内容，并且学习一种重要的抽样分布。从现在开始，我们将假定样本容量是总体容量中可以忽略的很小部分。这个假设简化了该理论，因为它保证在任何情况下抽样的过程都不会影响总体的组成。

元研究

根据随机抽样模型，我们把研究中的数据看作是来自总体的随机样本。一般情况下，我们获得的仅是一个简单随机样本，它来自一个容量很大的总体。然而，为了使抽样变异更加直观化，我们必须扩大推断框架，使其不仅只包括一个样本，而是包括从总体中抽得的所有可能样本。我们将这种扩大的推断框架称为**元研究**（meta-study）。元研究是由多个重复的值或同一项研究的多次重复组成的*。因此，如果开展的研究由同一总体中抽取容量为 n 的随机样本，那么相应的元研究则指从同一总体中重复抽取容量为 n 的随机样本。进行无限次重复抽样的过程中，需要在下一次抽样之前对每一个样本成员进行重置。图 5.1.1 所示为研究与元研究。

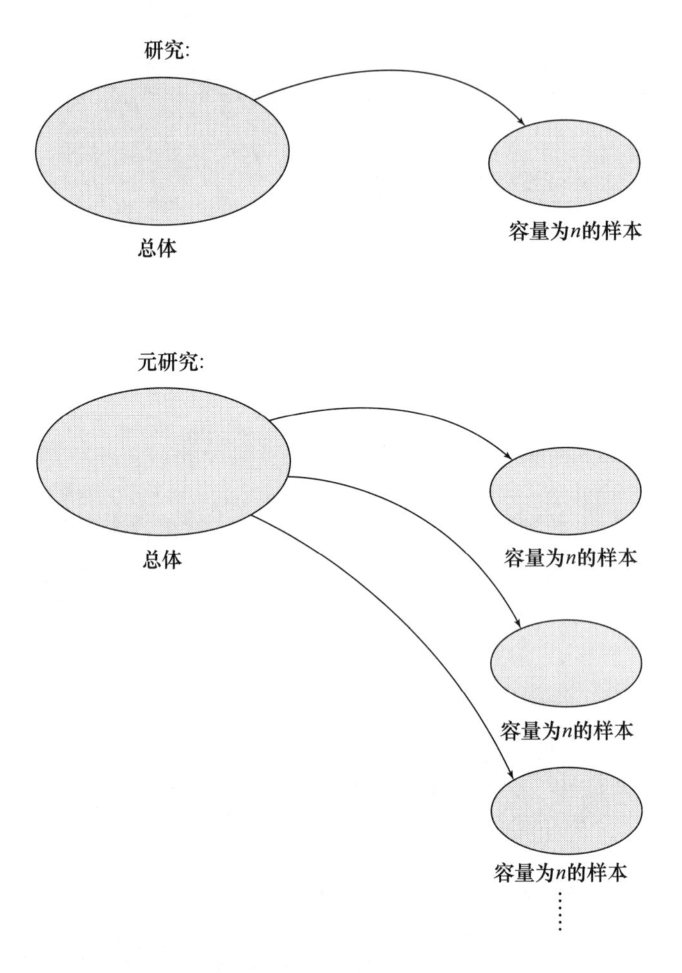

图 5.1.1　研究与元研究的图示

下面两个例子对元研究进行了解释。

例 5.1.1
小鼠血压

一项研究测量了 10 只小鼠给予某种药物后的血压变化。相应的元研究是从同一总体中重复抽取 n =10 的小鼠样本，并在相同的条件下测量小鼠的血压。

例 5.1.2
细菌生长

一项研究中，研究者观察了相同处理条件下 $n = 5$ 的带盖培养皿中的细菌生长情况。相应的元研究是重复准备 $n = 5$ 的带盖培养皿，并且用同样的方式进行观察。

需要注意的是，元研究只是理论构成而不是研究人员实际完成的操作。

元研究的概念为抽样变异和概率之间提供了一个联系纽带。回顾第 3 章所学知

* 元研究并非一个标准术语，它与元分析无关。元分析表示一种特殊的统计分析类型。

识，一个事件的概率可被理解为该事件发生的长期相对频率。随机样本的选择是一项随机操作；元研究由多次重复的这种随机操作所组成，因此随机样本的概率可以被理解为元研究中的相对频率。因此，元研究是将抽样分布直观化的一种方法：对于选定的统计方法，抽样分布描述了元研究中大量随机样本的变异性。

我们通过一个小的（虚构的）例子来说明抽样分布的概念。

例 5.1.3
膝关节置换术

考察一个 65~75 岁年龄段的女性总体，她们患有膝盖疼痛疾病，是膝关节置换手术主要人选。每位女性可做如下选择：需要花费 \$35,000 单膝关节置换的手术或需要花费 \$60,000 的双膝关节置换手术（显然，一次进行“双”膝关节置换比两次单膝关节置换便宜），或不进行手术。从保险公司的角度出发，考查一个容量为 $n = 3$ 的投保女性样本：治疗这三位女性共需多少费用？若三位女性都选择不治疗，则总费用最小，为零；而若三位女性都选择做双膝关节置换手术，则花费最多，为 \$180,000。为了使事情相对简单，假定 65~75 岁的女性总体中，四分之一选择双膝关节置换手术，二分之一选择单膝关节置换手术，其余四分之一选择不进行治疗。

表 5.1.1 所示为可能样本的完整情况，其中还包括不同情况下样本花费总和（以千美元为单位）及每种情况出现的概率。例如，三名女性都不进行手术治疗（“不，不，不”）的概率为（1/4）×（1/4）×（1/4）=1/64；前两位女性不进行手术治疗，第三位女性做单膝关节置换手术（“不，不，单”）的概率为（1/4）×（1/4）×（2/4）= 2/64。样本总费用共有 10 种可能：0，35，60，70，95，105，120，130，155 和 180。将样本总费用相同的概率相加，将表 5.1.2 中的第一列和第三列通过将花费相同的样本和样本的概率之和联系起来看，给出了样本总费用的抽样分布。例如，样本总费用为 70 的有三种方式，且每种方式的概率均为 4/64，其总和为 12/64。

表 5.1.1　膝关节置换术样本容量为 n=3 所有可能情况的费用

样本	费用 / 千美元	样本合计	概率
不，不，不	0，0，0	0	1/64
不，不，单	0，0，35	35	2/64
不，不，双	0，0，60	60	1/64
不，单，不	0，35，0	35	2/64
不，单，单	0，35，35	75	4/64
不，单，双	0，35，60	95	2/64
不，双，不	0，60，0	60	1/64
不，双，单	0，60，35	95	2/64
不，双，双	0，60，60	120	1/64
单，不，不	35，0，0	35	2/64
单，不，单	35，0，35	70	4/64
单，不，双	35，0，60	95	2/64
单，单，不	35，35，0	70	4/64
单，单，单	35，35，35	105	8/64
单，单，双	35，35，60	130	4/64

续表

样本	费用 / 千美元	样本合计	概率
单，双，不	35，60，0	95	2/64
单，双，单	35，60，35	130	4/64
单，双，双	35，60，60	155	2/64
双，不，不	60，0，0	60	1/64
双，不，单	60，0，35	95	2/64
双，不，双	60，0，60	120	1/64
双，单，不	60，35，0	95	2/64
双，单，单	60，35，35	130	4/64
双，单，双	60，35，60	155	2/64
双，双，不	60，60，0	120	1/64
双，双，单	60，60，35	155	2/64
双，双，双	60，60，60	180	1/64

表 5.1.2 中的第二列为样本平均数（保留小数点后一位），因此表的后两列给出了样本平均数的抽样分布。如图 5.1.2 所示，这两种分布的尺度进行了相互转换。保险公司可能会依据总费用进行发言，但这些看起来与平均费用是等价的。

表 5.1.2　样本容量 n=3 时的手术总费用的抽样分布

样本总计	样本平均数	概率
0	0.0	1/64
35	11.7	6/64
60	20.0	3/64
70	23.3	12/64
95	31.7	12/64
105	35.0	8/64
120	40.0	3/64
130	43.3	12/64
135	51.7	6/64
180	60.0	1/64

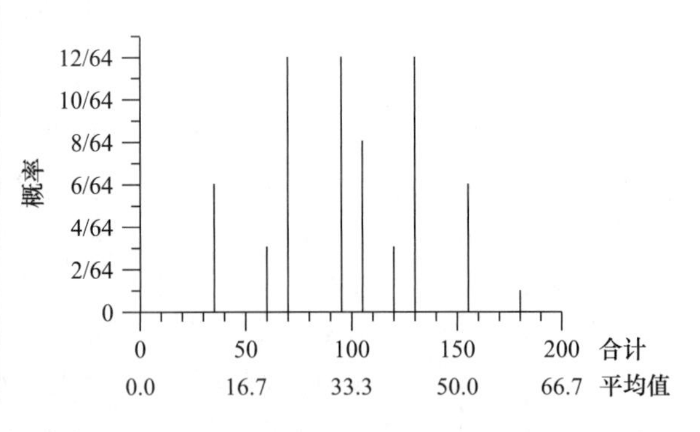

图 5.1.2　样本容量 n = 3 时的手术总费用的抽样分布图

与统计推断的关系

了解抽样分布使我们能够对所有可能样本的概率进行说明。例如，在例 5.1.3 中所提到的保险公司也许会问，对于包括三位女性进行膝关节置换手术所需总费用小于 \$110,000 样本的概率是多少？我们可以用表 5.1.2 中列出的前 6 个概率相加之和来回答这个问题，其总和为 42/64。当我们正式接触统计推断的概念时，我们将详述其原理。

练习 5.1.1—5.1.4

5.1.1 考察例 5.1.3，从膝关节置换总体中抽取容量为 3 的随机样本。样本所需总费用超过 \$125,000 的概率是多少？

5.1.2 考察例 5.1.3，从膝关节置换总体中抽取容量为 3 的随机样本。样本所需总费用在 80,000~125,000 美元的概率是多少？

5.1.3 考察例 5.1.3，从膝关节置换总体中抽取容量为 3 的随机样本。样本所需平均费用在 40,000~100,000 美元的概率是多少？

5.1.4 考察一个狗的假设总体，其中共有四种可能的体重：42 lb，48 lb，52 lb、58 lb，每一种出现的可能性是相等的。如果从这一总体中抽取一个容量为 n = 2 的样本，那么被选出的两只狗总体重的抽样分布是什么？也就是说，所有可能的体重总值及这些体重总值所对应的概率分别是多少？

5.2 样本平均数

对于定量变量，样本和总体可以用不同方式进行描述，如平均数、中位数、标准差等。对于这些描述性度量，抽样分布的性质（如形状、集中性、离散性等）并不是完全相同的。在这一节，我们将主要学习样本平均数的抽样分布。

$\bar{Y}$ 的抽样分布

样本平均数$\bar{y}$不仅能用来描述样本数据，也可以用于估计总体平均数 μ。自然有人会问，“$\bar{y}$与 μ 有多接近？”对于特定样本的平均数$\bar{y}$，我们不能回答这个问题，但如果我们依据随机抽样模型，并把样本平均数看作随机变量$\bar{Y}$，我们就能回答这个问题。因此，问题就变成：“与 μ 接近的$\bar{y}$可能是多少？”，我们可以用$\bar{Y}$的抽样分布进行回答，也就是描述$\bar{Y}$抽样变异的概率分布。

为了使$\bar{Y}$的抽样分布更加直观，设想以下步骤进行元研究：从平均数为 μ，标准差为 σ 的固定总体中重复抽取容量为 n 的随机样本；每个样本都有自己的平均数 $\bar{y}$。$\bar{Y}$的抽样分布详细说明了样本中$\bar{y}$的变化。图 5.2.1 所示为这种关系的说明。

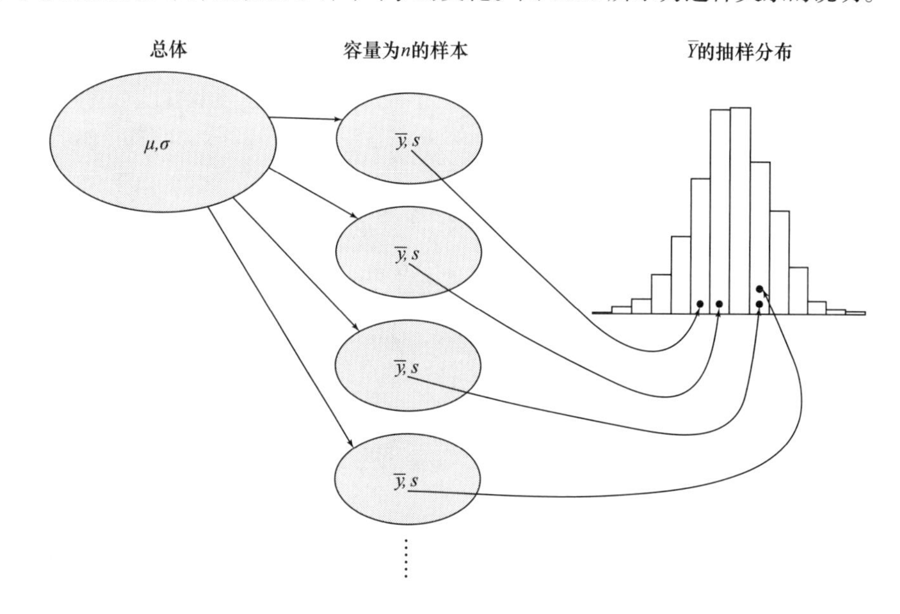

图 5.2.1 $\bar{Y}$ 抽样分布的图示

当我们将$\bar{Y}$视为随机变量时，需要清楚两个基本事实。第一个凭直觉即可知：通常，样本平均数等于总体平均数。也就是说，$\bar{Y}$的抽样分布的平均数等于μ；第二个事实不是很明显，$\bar{Y}$的标准差等同于Y的标准差除以样本容量的平方根。也就是说，$\bar{Y}$的标准差是$\sigma/\sqrt{n}$。

例 5.2.1 血清胆固醇

年龄在12~14岁的儿童血清胆固醇含量服从平均数μ= 162mg/dL和标准差=28mg/dL的正态分布[1]。如果我们抽取一个随机样本，我们预期样本平均数接近162，这意味着有的样本平均数要大于162，有的要小于162。上述公式表明，样本平均数的变异水平取决于总体胆固醇含量的变异水平σ。如果总体非常均匀同质（每一个人有近乎相同的胆固醇含量值，即σ很小），那么样本和样本平均数将非常相似，因而呈现出较低的变异性。若总体差异很大（即σ很大），那么样本（及样本平均数）将会变化很大。尽管研究者很少能控制σ的大小，但我们能控制样本容量n，n会影响样本平均数的变异。如果我们选取一个容量n=9的样本，则样本平均数的标准差为$28/\sqrt{9}=9.3$。这表明，粗略地讲，一个样本平均数$\bar{Y}$与另一个样本平均数的差值约为9.3mg/dL*。如果我们随机抽取一个更大的容量n=25的样本，那么样本平均数的标准差将会变小：$28/\sqrt{25}=5.6$，这意味着一个样本平均数与另一个样本平均数的差值约为5.6。随着样本容量增加，则样本平均数$\bar{Y}$的变异性将会降低。

我们现在将$\bar{Y}$抽样分布的基本事实作为定理进行表述。用数学统计学的方法能够证明这个定理，此处我们不再进行证明。这个定理描述了$\bar{Y}$抽样分布的平均数（记为$u_{\bar{Y}}$）、标准差（记为$\sigma_{\bar{Y}}$）及其形状**。

定理 5.2.1: $\bar{Y}$的抽样分布

（1）平均数 $\bar{Y}$抽样分布的平均数等于总体平均数，即：

$$\mu_{\bar{Y}} = \mu$$

（2）标准差 $\bar{Y}$抽样分布的标准差等于总体标准差除以样本容量的平方根，即：

$$\sigma_{\bar{Y}} = \frac{\sigma}{\sqrt{n}}$$

（3）形状

（a）如果Y的总体分布是正态分布，那么不管样本容量n为多少，$\bar{Y}$的抽样分布也是正态分布。

（b）中心极限定理：如果n足够大，即使Y的总体分布不服从正态分布，$\bar{Y}$的抽样分布也近似为正态分布。

* 严格来讲，标准差是度量平均数偏差的，而非连续观察值间的差值。

** 此处我们假定总体无限大，或者说等价于我们采用了重置抽样方法，这样总体永远不会被抽取完。如果我们从一个有限总体中采用非重置抽样方法，那么为得到正确的$\sigma_{\bar{Y}}$值，我们需要做一些调整。此处$\sigma_{\bar{Y}}$由$\frac{\sigma}{\sqrt{n}}\times\sqrt{\frac{N-n}{N-1}}$给出。$\sqrt{\frac{N-n}{N-1}}$被称为**有限总体校正系数**（finite population correction factor）。注意，若样本容量n占总体容量N的10%，那么校正系数为$\sqrt{\frac{0.9N}{N-1}}\approx 0.95$，调整度较小。因此，如果与$N$相比$n$值较小，那么有限总体校正系数接近于1，这表明它可以忽略不计。

定理 5.2.1 的（1）和（2）说明了抽样总体的平均数、标准差和$\overline{Y}$抽样分布平均数、标准差之间的关系。该定理（3）（a）则说明，如果观察变量 Y 抽样的总体服从正态分布，那么$\overline{Y}$的抽样分布同样服从正态分布，这些关系在图 5.2.2 中进行了说明。

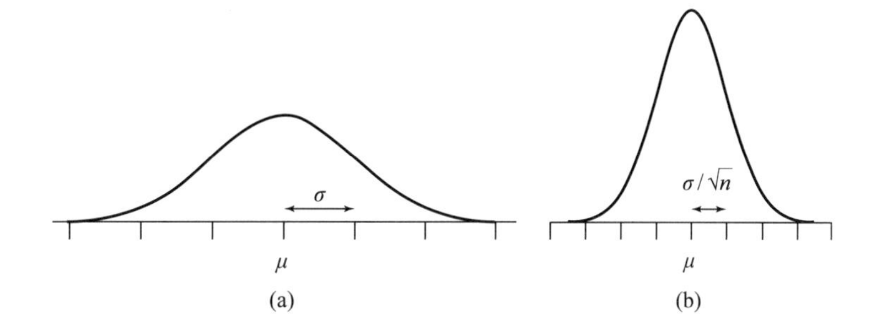

图 5.2.2 （a）正态分布变量 Y 的总体分布；（b）来自（a）中总体的样本 $\overline{Y}$ 的抽样分布

下面例子说明了定理 5.2.1 的（1）、（2）和（3）（a）部分的含义。

例 5.2.2 种子质量（mg）

从一个由菜豆（*Phaseotus vulgaris*）种子组成的大总体中进行抽样。总体中种子的质量服从平均数 μ=500mg 和标准差 σ =120mg 的正态分布[2]。假设现在对有 4 粒种子的随机样本进行称重，用$\overline{Y}$表示 4 粒种子的平均质量。那么，根据定理 5.2.1，$\overline{Y}$的抽样分布将服从具有如下平均数和标准差的正态分布：

$$\mu_{\overline{Y}} = \mu = 500 \text{ mg}$$

且

$$\sigma_{\overline{Y}} = \frac{\sigma}{\sqrt{n}} = \frac{120}{\sqrt{4}} = 60 \text{ mg}$$

因此，样本平均数的平均数等于 500mg，但具有容量为 4 的样本与另一个容量为 4 的样本之间的变异为大约有 2/3 的$\overline{Y}$在（500 ± 60）mg 之间，也就是介于 500−60=440mg 与 500+60=560mg 之间。同样，对于两个标准差，我们预期有 95% 的$\overline{Y}$在（500 ± 120）mg 之间，也就是说介于 500−120=380mg 与 500+120=620mg 之间。$\overline{Y}$ 的抽样分布如图 5.2.3 所示，标记刻度以一个标准差为一个单位。

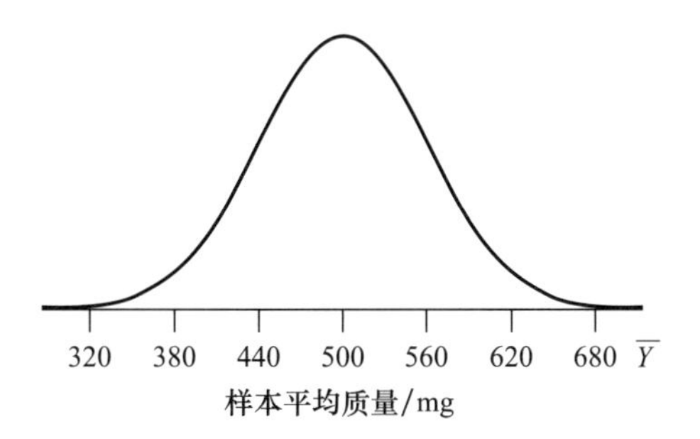

图 5.2.3 例 5.2.2 中 $\overline{Y}$ 的抽样分布

$\overline{Y}$的抽样分布表示了各种不同的可能$\overline{Y}$值的相对可能性。例如，假设我们想知道 4 粒种子的平均质量大于 550mg 的概率。概率如图 5.2.4 的阴影区域所示。注意，$\overline{y}$=550 必须用标准差 $\sigma_{\overline{Y}} = 60$ 而非 $\sigma = 120$ 转换成 Z 尺度：

$$Z = \frac{\overline{y} - \mu_{\overline{Y}}}{\sigma_{\overline{Y}}} = \frac{550 - 500}{60} = 0.83$$

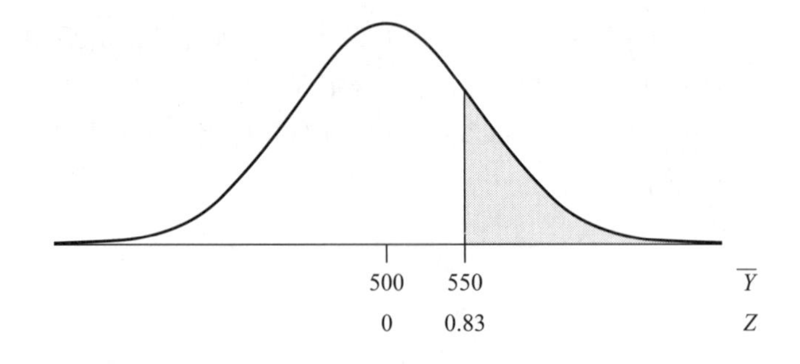

图 5.2.4 例 5.2.2 中$P\{\overline{Y}>550\}$的计算

由书后统计表中的表 3 知，Z=0.83 对应的面积为 0.7967。因此，

$$P\{\overline{Y} > 550\} = P\{Z > 0.83\} = 1 - 0.7967$$

$$= 0.2033 \approx 0.20$$

这一概率可用如下元研究这一术语来解释：如果我们从总体中选取多个由 4 粒种子组成的随机样本，那么约有 20% 的样本平均重量超过 550mg。

定理 5.2.1 中的（3）（b）被称为中心极限定理（Central Limit Theorem）。该定理表明，不管 Y 所在总体服从何种分布 *，只要样本容量足够大，那么$\overline{Y}$的抽样分布就近似服从正态分布。

中心极限定理的根本重要性在于，它可以在总体分布未知（实际上会经常出现）时应用。正是由于中心极限定理（还有其他相似定理），正态分布才在统计学中发挥着核心作用。

有人自然会问，中心极限定理所要求的样本容量为“多大”：为使$\overline{Y}$的抽样分布很好地近似为正态曲线，样本容量 n 必须为多大？答案是，n 的大小取决于总体分布的形状。如果总体分布形状呈正态性，则 n 可以为任意数。如果分布的形状为适度非正态，则需要适当的 n 值。如果分布形状为高度非正态，那么则需要相当大的 n 值（关于这种情况的具体的例子会在选修的 5.3 节中讲到）。

注释 我们在 5.1 节中讲过，如果样本容量相对于总体容量很小时，本章的理论是有效的。但是中心极限定理是关于大样本的陈述。这似乎有些矛盾：一个大样本如何成为一个小样本？实际上，并不存在矛盾。在典型的生物学应用中，总体容量可能是 10^6；而一个 n=100 的样本只是该总体中的一小部分，但对于中心极限定理的应用该样本已足够大（多数情况下）。

样本容量依赖性

考察在同一总体中抽取不同容量随机样本的可能情况。$\overline{Y}$的抽样分布在两个方面取决于样本容量 n 的大小。第一，它的标准差是

$$\sigma_{\overline{Y}} = \frac{\sigma}{\sqrt{n}}$$

与$\sqrt{n}$成反比。第二，如果总体分布不是正态分布，那么$\overline{Y}$抽样分布的形状就取决于样本大小 n，且 n 越大总体分布越接近正态分布。然而，如果总体服从正态分布，那么$\overline{Y}$的抽样分布总是正态性的，只有标准差依赖于 n 的大小。

* 从技术上讲，中心极限定理要求 Y 的分布有标准差。实际上，这种情况经常会遇到。

样本容量的两个作用中,第一个更为重要: n 越大 $\sigma_{\bar{Y}}$ 越小,因此用 $\bar{y}$ 来估计 μ 时,会得到较小的预期抽样误差。下面例子阐述了从正态总体中抽样的这种作用。

例 5.2.3
种子质量(mg)

图 5.2.5 所示为从例 5.2.2 菜豆总体中以不同样本容量进行抽样的 $\bar{Y}$ 的抽样分布。注意,n 越大,抽样分布越集中在总体平均数 μ= 500mg 周围。因此,n 越大,$\bar{Y}$ 与总体平均数接近的概率就越大。例如,考察 $\bar{Y}$ 在($\mu \pm 50$)mg 的概率,即 $P\{450 \leqslant \bar{Y} \leqslant 550\}$。表 5.2.1 所示为概率是如何取决于 n 值大小的。

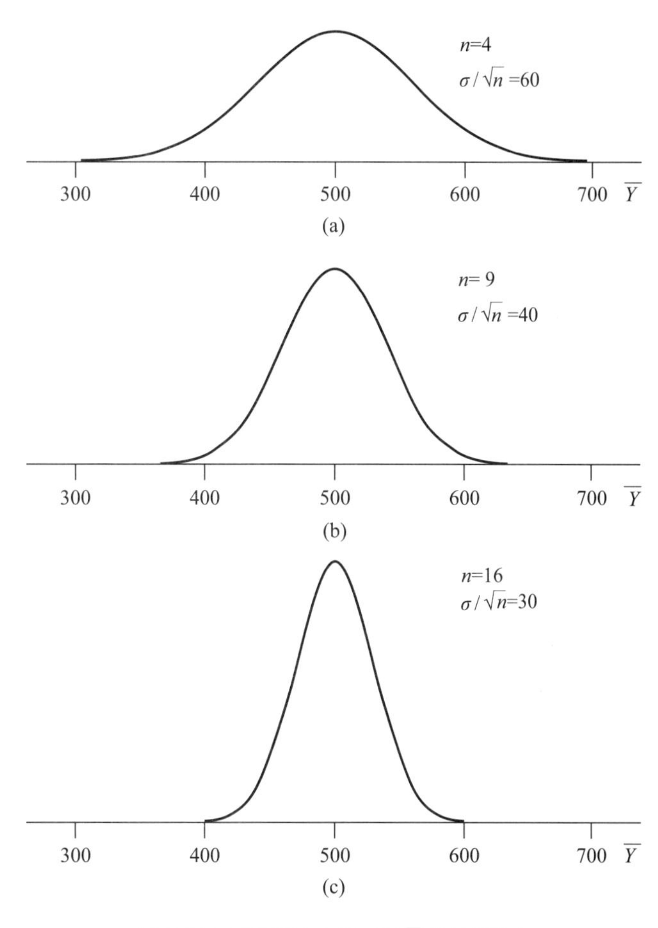

图 5.2.5 不同样本容量 n 下 $\bar{Y}$ 的抽样分布

表 5.2.1 n 与 $P\{450 \leqslant \bar{Y} \leqslant 550\}$ 的关系

n	$P\{450 \leqslant \bar{Y} \leqslant 550\}$
4	0.59
9	0.79
16	0.91
64	0.999

例 5.2.3 说明了 $\bar{Y}$ 与 μ 的接近程度是如何依赖于样本容量的。相对于小样本平均数来说,大样本平均数并不是必然接近 μ,只是其接近的概率更大。从这层意义来说,与小样本相比,大样本能够提供更多的关于总体平均数的信息。

总体、样本与抽样分布

对定理 5.2.1 进行思考,明确区分与定量变量 Y 相关的三种不同分布是非常重要的:①总体中 Y 的分布;② 数据样本中 Y 的分布;③ $\bar{Y}$ 的抽样分布。这三种分布的平均数和标准差在表 5.2.2 中进行了总结。

表 5.2.2 三种分布的平均数和标准差		
分 布	平均数	标准差
总体中的 Y	μ	σ
样本中的 Y	$\bar{y}$	s
（元研究中的）$\bar{Y}$	$\mu_{\bar{y}}=\mu$	$\sigma_{\bar{y}}=\frac{\sigma}{\sqrt{n}}$

下面例子说明了这三种分布的区别。

例 5.2.4
种子质量（mg）

对于例 5.2.2 中的菜豆总体，其总体平均数和标准差分别为 μ=500mg 和 σ=120mg；Y = 质量的总体分布如图 5.2.6（a）所示。假设我们从该总体中随机选择 n = 25 粒种子称重，将获得的数据列于表 5.2.3。

由表 5.2.3 的数据可知，样本平均数 $\bar{y}$ =526.1mg，样本标准差 s =113.7mg。图 5.2.6（b）所示为数据的直方图，这个直方图表示样本中 Y 的分布。$\bar{Y}$ 的抽样分布是一个理论分布，它与直方图所示的特定样本无关，而与重复样本容量 n = 25 的元研究密切相关。抽样分布的平均数和标准差分别为：

$$\mu_{\bar{Y}}=500\text{mg} \text{ 和 } \sigma_{\bar{Y}}=120/\sqrt{25}=24\text{mg}$$

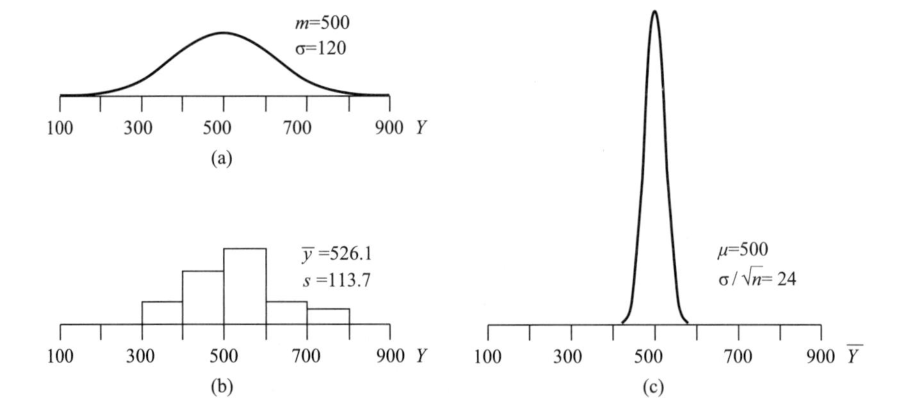

图 5.2.6 与 Y = 菜豆种子质量相关的三种分布

（a）Y 的总体分布
（b）Y 的 25 个观察值的分布
（c）n=25 $\bar{Y}$ 的抽样分布

表 5.2.3 25 粒菜豆种子的质量					单位：mg	
343	755	431	480	516	469	694
659	441	562	597	502	612	549
348	469	545	728	416	536	581
433	583	570	334			

抽样分布如图 5.2.6（c）所示。注意，图 5.2.6（a）和（b）的分布或多或少地有些相似；实际上，（b）的分布（以表 5.2.3 中的数据为基础）是（a）分布的估计（基于表 5.2.3 数据）。通过对比得知，（c）分布更狭窄，因为它表示平均数的分布而非单个观察值的分布。

抽样变异性的其他方面

前面的讨论主要集中在样本平均数 $\bar{Y}$ 的抽样变异性上。抽样变异性的另外两个重要方面是：①以样本标准差 s 表示的抽样变异性；②样本形状的抽样变异性，如以样本直方图表示。我们通过以下例题对这两个方面进行说明，并不对其进行正式的讨论。

例 5.2.5 种子质量（mg） 图 5.2.6（b）所示为从例 5.2.2 菜豆总体中抽取 25 个观察值所组成的随机样本；现在我们又从该总体中抽取了另外 8 个随机样本，如图 5.2.7 所示（这 9 个样本都是用计算机实际模拟的）。注意，尽管这些样本来自于同一个正态总体[图 5.2.6（a）]，这些直方图的形状仍是各不相同的。还需注意的是，样本标准差之间也存在着很大的变异。当然，如果样本容量较大（如 n = 100，而不是 25），抽样变异会减小；直方图会更接近于正态曲线，标准差也会更接近于总体值（σ=120）。

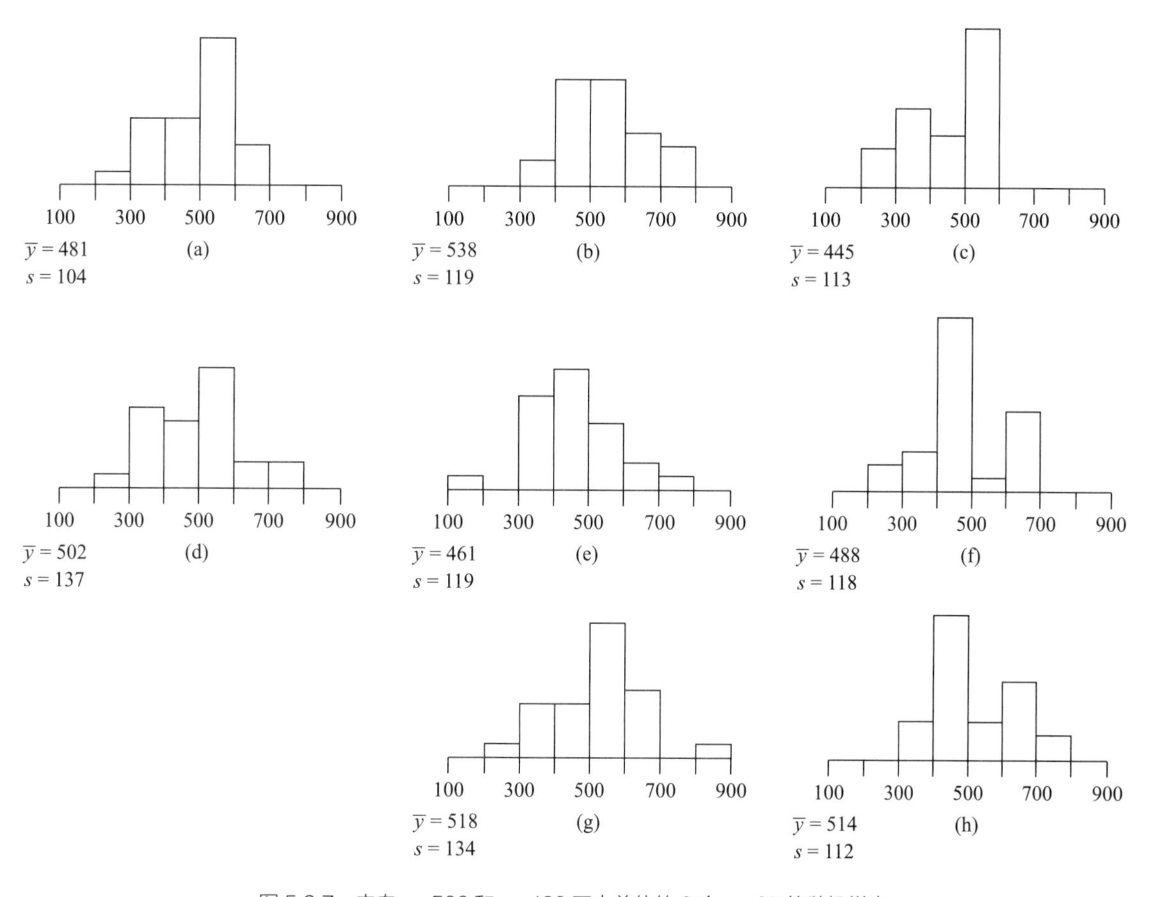

图 5.2.7 来自 μ=500 和 σ=120 正态总体的 8 个 n=25 的随机样本

练习 5.2.1—5.2.19

5.2.1（抽样练习） 参阅练习 1.3.5。图中所示为 100 个椭圆的集合，我们可以认为它代表了生物体 *C. ellipticus* 的自然总体。根据你的判断，从中选取一个能够合理代表该总体的具有 5 个椭圆的样本（为了更好地模拟现实生活中类似的判断，应该在没有对该总体进行过任何详细研究的基础上，凭直觉做出你的选择）。用米尺测量所选样本每个椭圆的长度。测量时，仅测量主体，不包括任何尾部，精确到毫米。计算这 5 个长度的平均数和标准差。为便于合并所得结果，平均数和标准差以毫米为单位，且保留两位小数。

5.2.2（抽样练习） 练习5.2.1的继续。进行随机抽样而不是“判断”抽样。为了进行该操作，选择10个随机数字（通过书后统计表中的表1或者计算器）。前2个数字代表所选样本中的第1个椭圆，以此类推，通过这10个随机数字，我们将会得到5个椭圆的随机样本。

5.2.3（抽样练习） 练习5.2.2的继续。选取一个20个椭圆的随机样本。

5.2.4 参阅练习5.2.2。以下是从100个椭圆的总体中选取一个由5个椭圆组成样本的方案。(i)从椭圆“位置”(也就是图位置)随机选取一个点；我们可以粗略地用铅笔在纸上点点，或者最好将坐标纸覆盖在图上然后使用随机数字的方法。(ii)若所选的点落在椭圆内，样本中包括此椭圆，否则重新开始步骤(i)。(iii)继续上述过程，直到选出5个椭圆。请解释为什么该方案不等同于随机抽样。这种方法会导致什么样的偏差，即它将使$\bar{y}$趋向于偏大还是偏小？

5.2.5 12~14岁少年总体的血清胆固醇含量服从平均数为162 mg/dL和标准差为28 mg/dL的正态分布（如例4.1.1所示）。

（a）12~14岁少年血清胆固醇含量在152~172 mg/dL的百分数是多少？

（b）假设我们从该总体中随机选取很多组，每组都包括9名12~14岁少年，那么这些组胆固醇含量平均数在152~172mg/dL的百分数是多少？

（c）若$\bar{Y}$代表从总体中随机抽取的9名12~14岁少年组成随机样本的胆固醇含量平均数，那么$P\{152\leqslant\bar{Y}\leqslant172\}$是多少？

5.2.6 用力呼气量（FEV）是衡量肺功能的一项重要指标，它是指人在1s内呼出气体的体积。Hernandez博士计划测量来自某总体由n名年轻女性所组成的随机样本的FEV，并以样本平均数$\bar{y}$作为总平均数的估计值。以E表示Hernandez所抽取样本的平均数在总体平均数±100mL范围这一事件。假设总体分布服从平均数为3000mL和标准差为400mL的正态分布[3]。计算下列$P\{E\}$值：

（a）$n=15$；

（b）$n=60$；

（c）样本容量如何影响$P\{E\}$值？也就是说，随着n的增加，$P\{E\}$将增大、减少还是保持不变？

5.2.7 参阅练习5.2.6。假设FEV的总体分布服从标准差为400mL的正态分布。

（a）如果$n=15$，总体平均数为2,800mL，计算$P\{E\}$；

（b）如果$n=15$，总体平均数为2,600mL，计算$P\{E\}$；

（c）$P\{E\}$是如何依赖于总体平均数的？

5.2.8 某玉米植株高度总体服从平均数为145cm和标准差为22cm的正态分布（如练习4.S.4所示）。

（a）植株高度在135~155cm的玉米植株所占比例为多少？

（b）假设我们从该总体中随机选取大量样本，每个样本都由16株玉米植株所构成。样本平均高度在135~155cm的样本比例为多少？

（c）若$\bar{Y}$表示来自该总体、容量为16的随机样本的平均高度，则$P\{135\leqslant\bar{Y}\leqslant172\}$为多少？

（d）若$\bar{Y}$表示来自该总体、容量为36的随机样本的平均高度，$P\{135\leqslant\bar{Y}\leqslant172\}$为多少？

5.2.9 海葵基部直径是衡量其年龄的一个指标。下列的密度曲线表示某一大的海葵总体的直径分布，总体平均直径为4.2cm，[4]标准差是1.4cm。以$\bar{Y}$表示从该总体中随机选取25个海葵的平均直径。

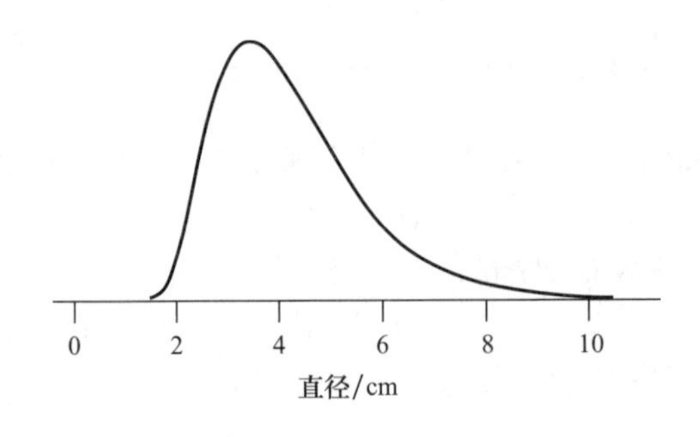

（a）计算 $P\{4\leqslant\bar{Y}\leqslant5\}$ 的近似值。

（b）尽管直径总体的分布明显不是正态的，为何（a）中的答案仍然近似正确？若样本容量为 2 而不是 25，那么用同样的方法是否也有效呢？为什么？

5.2.10 在某鱼总体中，鱼的体长近似服从平均数为 54.0mm 和标准差为 4.5mm 的正态分布。我们由例 4.3.1 知道，在这种情况下 65.68% 的鱼的体长为 51~60mm。假设从该总体中随机抽取一个包含 4 条鱼的样本。计算以下概率：

（a）4 条鱼的体长都在 51~60mm 的范围内；

（b）4 条鱼的平均体长在 51~60mm 的范围内。

5.2.11 练习 5.2.10 中，（b）的答案大于（a）的答案。思考一下，不管总体平均数和标准差为多少，这个结论总是成立吗？［提示：（a）中事件发生而（b）中事件不发生的情况会出现吗？］

5.2.12 Smith 教授布置了一项课堂练习，让学生运行计算机程序生成来自平均数为 50mm 和标准差为 9mm 总体的随机样本。每个学生选取容量为 n 的随机样本，并计算样本平均数。Smith 发现，大约 68% 的学生得到的样本平均数在 48.5~51.5mm。那么 n 为多少？（假设 n 足够大，且中心极限定理是适用的）

5.2.13 一项血清谷丙转氨酶（ALT）的测试相当不精确。单个样品的重复测试结果服从正态分布，该分布的平均数与样品的 ALT 浓度相等，标准差为 4U/L（如练习 4.S.15）。假设一个医院实验室每天测量大量样品，ALT 浓度大于等于 40 的样品被标记为“异常高”。如果一位病人真实的 ALT 浓度为 35U/L，计算他被标记为“异常高”的概率。

（a）如果报告值是单一测试的结果；

（b）如果报告值是同一样品中 3 个独立测试的平均数。

5.2.14 下列直方图分布的平均数为 162，标准差为 18。考察从总体分布中抽取 $n=9$ 的随机样本，并计算每个样本的平均数 $\bar{y}$。

（a）$\bar{Y}$抽样分布的平均数是多少？

（b）$\bar{Y}$抽样分布的标准差是多少？

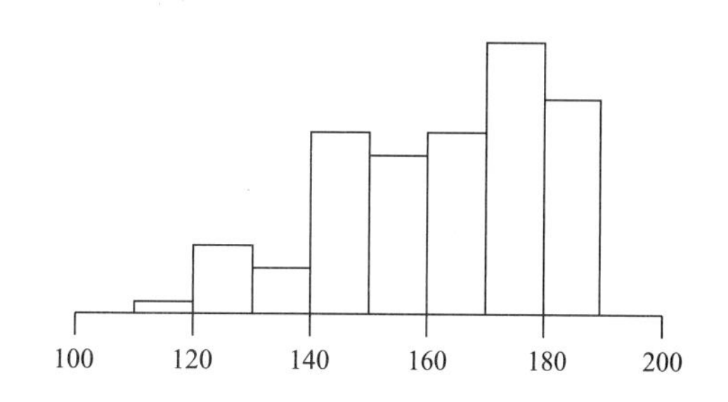

5.2.15 下列直方图分布的平均数为 41.5，标准差为 4.7。考察从总体分布中抽取 $n=4$ 的随机样本，并计算每个样本的平均数 $\bar{y}$。

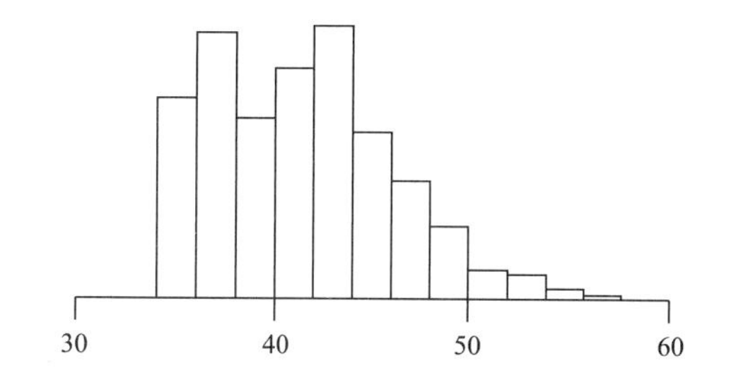

（a）$\bar{Y}$抽样分布的平均数是多少？

（b）$\bar{Y}$抽样分布的标准差是多少？

5.2.16 参阅练习 5.2.15 中的直方图。假设从该总体中抽取 100 个随机样本，并计算出每一个样本的平均数。如果我们绘出这 100 个样本平均数分布的直方图，我们预期直方图将会是什么样的形状？

（a）如果每个随机样本容量 $n=2$；

（b）如果每个随机样本容量 $n=25$。

5.2.17 参阅练习 5.2.15 中的直方图。假设从该总体中抽取 100 个随机样本，并计算出每一个样本的平均数。如果我们绘出这 100 样本平均数分布的直方图，每一个随机样本容量 $n=1$ 时，我们预计直方图将会呈现怎样的形状？也就是说，当样本容量 $n=1$ 时，平均数的抽样分布看起来是什么样的？

5.2.18 医学研究者测量了 100 名中年男性的心脏收缩压[5]。其结果如下列直方图所示，需要注意的是该分布是相当倾斜的。根据中心极限定理，如果样本容量是 $n=400$ 而不是 $n=100$，我们能预期血压读数分布的倾斜度会变小吗（或者说更趋于钟形）？请解释。

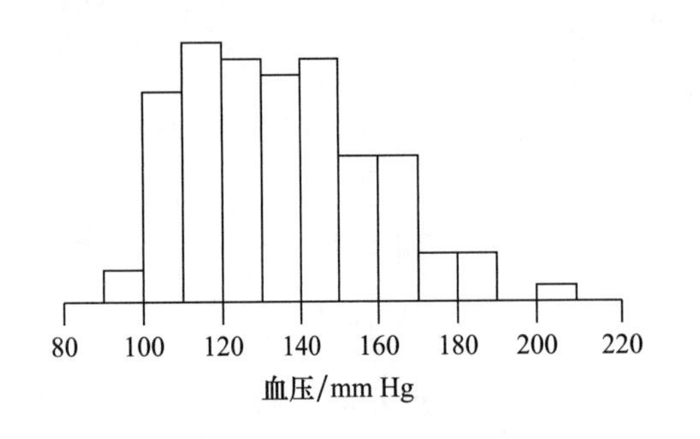

5.2.19 动脉血氧分压（PaO_2）是度量血液中氧含量的指标。假设新生儿 PaO_2 分布的平均数为 38mm Hg，[6] 标准差为 9mm Hg。如果我们从中选取一个 $n = 25$ 的样本，

（a）样本平均数大于 36 的概率为多少？

（b）样本平均数大于 41 的概率为多少？

5.3 中心极限定理的说明（选修）

正态分布在统计学中的重要性很大程度上取决于中心极限定理和其相关定理。本节我们将详细介绍中心极限定理。根据中心极限定理，如果 n 足够大，$\bar{Y}$ 的抽样分布近似为正态分布。如果我们考察来自一个固定非正态总体的很大很大的样本，则 n 越大，$\bar{Y}$ 的抽样分布越近似正态分布。下列例子展示了中心极限定理在两个非正态分布中的应用：一个为中度倾斜的分布（例 5.3.1），一个为高度倾斜的分布（例 5.3.2）。

例 5.3.1 眼面

果蝇（*Drosophila melanogaster*）眼睛中眼面的数目是遗传学研究的热点。某一果蝇总体该变量的分布可以图 5.3.1 的密度函数近似表示。该分布为中度倾斜，[7] 其总体平均数和标准差分别为 $\mu = 64$ 和 $\sigma = 22$。

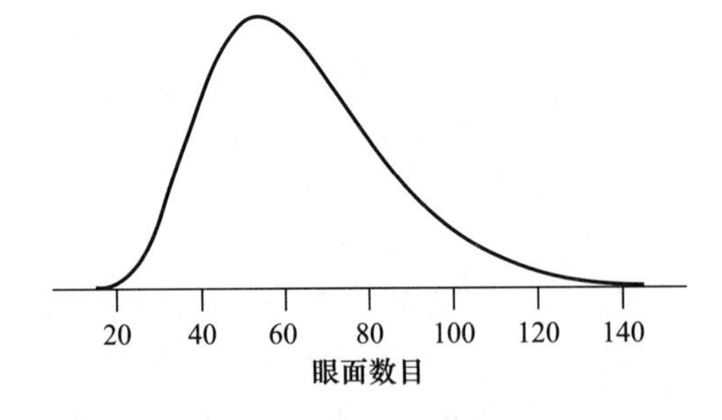

图 5.3.1 果蝇总体眼面数目的分布

从该总体中以不同样本容量抽样，样本 $\bar{Y}$ 的抽样分布如图 5.3.2 所示。为了清楚地显示这些分布的形状，我们用不同尺度进行绘图，样本容量 n 越大，水平轴尺度拉伸越大。注意，这些分布稍微向右倾斜，但当样本容量 n 较大时，倾斜程度减弱；当 $n=32$ 时，分布看起来与正态分布非常接近。

例 5.3.2 反应时间

心理学家测试了一个人将其食指从一个固定位置抬起到操作按钮所需时间。某人所用时间值（以 ms 计）的分布如图 5.3.3 所示。大约有 10% 第一次没碰到相应按钮，从而导致了时间延迟，如该分布的第二个峰所示 [8]。第一个峰集中在 115ms 处，第二个峰集中在 450ms 处。由于这两个峰的存在，使整个分布非常倾斜。该总体的

平均数和标准差分别为 μ=148ms 和 σ=105ms。

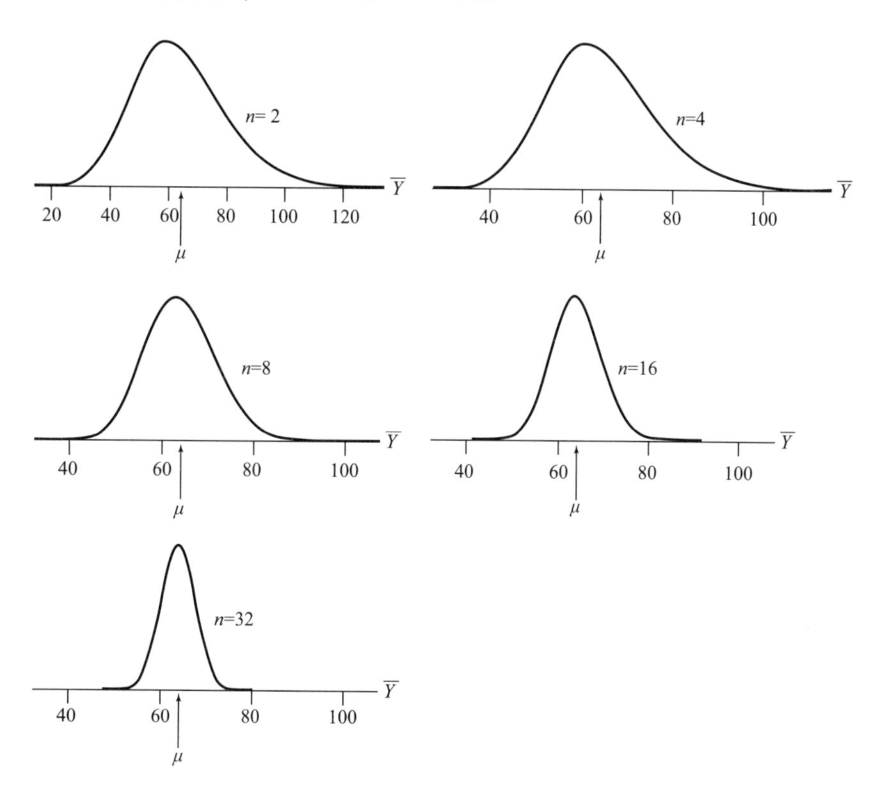

图 5.3.2 来自果蝇眼面总体的样本 $\overline{Y}$ 抽样分布

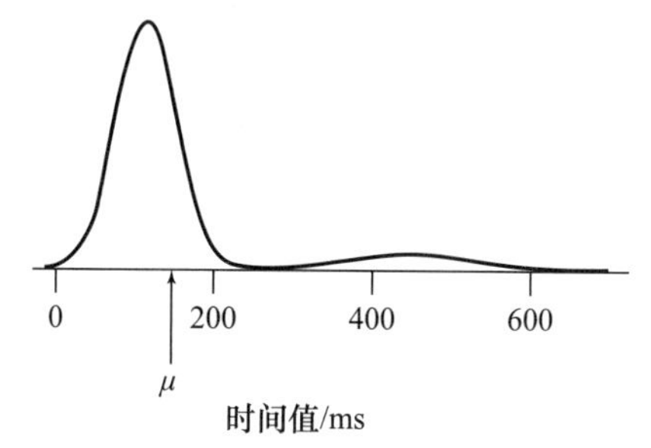

图 5.3.3 按钮时间值的分布

从时间值分布总体中，以不同样本容量进行抽样，样本$\overline{Y}$的抽样分布如图 5.3.4 所示。为了清楚地显示这些分布的形状，当 n 越大时，我们将 Y 的尺度拉伸越大。注意，对于小的 n，分布具有几个峰。随着 n 值增大，这些峰逐渐减小并最终消失，并且分布变得越来越对称。

例 5.3.1 和例 5.3.2 说明了在 5.2 节所提到的情况，也就是中心极限定理中需要"n 足够大"取决于总体分布的形状。如果总体分布仅为中度非正态性，中等样本容量 n 条件下，样本$\overline{Y}$的抽样分布即为近似正态分布（如例 5.3.1），而对一个高度非正态总体来说（如例 5.3.2），则需较大的 n。

然而，我们注意到，例 5.3.2 显示了中心极限定理具有相当大的延伸性。时间值分布的倾斜程度如此之大，以至于我们勉强能用平均数作为其概括性指标。即使在如此"糟糕情况"下，我们也能看到由于中心极限定理，n=64 时，抽样分布已经相对平滑和趋于对称了。

中心极限定理看起来相当神奇。为了进一步阐述它，我们来看下面例子中关于时间值抽样分布更详细的信息。

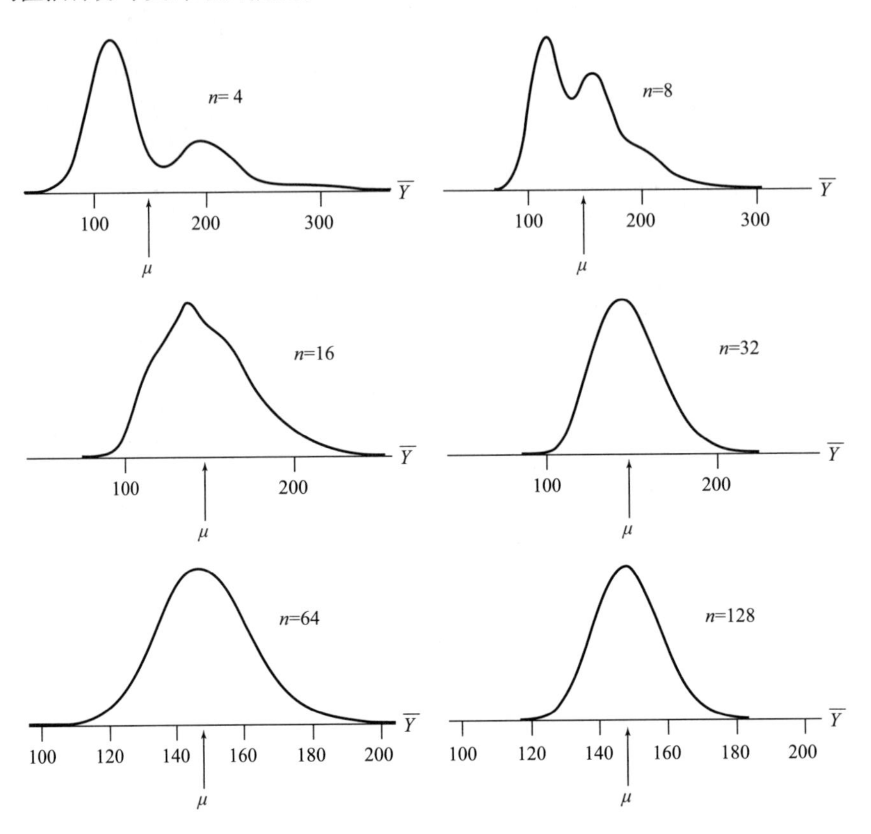

图 5.3.4 来自时间值总体的样本$\bar{Y}$抽样分布

例 5.3.3 反应时间

考察图 5.3.4 所示$\bar{Y}$的抽样分布。先来看一下 n=4 的分布，它是指按 4 次按钮平均时间的分布。该分布左边高峰表示 4 次按钮全部成功按下的情况，4 次时间大约都为 115ms。发生这样的结果约占 66%（根据二项式分布，0.9^4=0.66）。接下来的一个低峰表示 3 次按下每次耗时大约 115ms，1 次漏按耗时 450ms 的情况（注意，3 个 115 和 1 个 450 的平均数为 200，恰为第二个峰所对应的中心）。同样，第三个峰（几乎看不见）表示 4 次中有 2 次漏按的情况。表示 3 和 4 次漏按的峰值太低，在图中很难看到。

现在考察样本容量 n=8 的图。第一个峰表示 8 次都成功按下按钮（没有漏按）；第二个峰表示 7 次成功按下，1 次漏按；第三个峰表示 6 次成功按下，2 次漏按；以此类推。第四个及之后的峰混在一起。当 n=16 时，15 次成功按下、1 次漏按比 16 次成功按下更易观察到（可以用二项式分布来验证），因此有一个陡坡，与 16 次成功按下相对应，在峰值下与 15 次成功按下相对应；该峰右侧陡坡与 14 次成功按下 2 次漏按相对应。当 n=32 时，29 次成功按下，3 次漏按的结果更易观察到，该结果的平均时间约为：

$$\frac{(3)(450)+(29)(115)}{32}\approx 146\text{ ms}$$

位于该峰的中心位置。同理，更大 n 值的分布集中在 146ms 位置，即总体平均数。

练习 5.3.1—5.3.3

5.3.1　参阅例 5.3.3。在 n=4 时$\overline{Y}$的抽样分布中（如图 5.3.4 所示），下列峰值下近似面积是多少？

（a）第一个峰；

（b）第二个峰。

（提示：用二项式分布。）

5.3.2　参阅例 5.3.3。考察 n=2 时$\overline{Y}$的抽样分布（图 5.3.4 中未显示）。

（a）绘制抽样分布的草图。它有几个峰？标出每个峰（在 Y 轴上）的位置；

（b）计算每个峰下的近似面积（提示：应用二项式分布）。

5.3.3　参阅例 5.3.3。考察 n=1 时$\overline{Y}$的抽样分布（图 5.3.4 中未显示）。绘制关于该抽样分布的草图。它有几个峰？标出每个峰（在 Y 轴上）的位置。

5.4　二项分布的正态近似（选修）

由中心极限定理可知，随着样本容量增大，样本平均数的抽样分布就呈现为钟形。假设我们有一个大的二项总体，我们将其两类结果标记“1”（成功）和“0”（失败）。如果我们从中抽取一个样本，计算 1 出现的平均数，那么样本平均数就是 1 的样本比例，通常标记为$\hat{P}$，服从中心极限定理。这就表明，如果样本容量 n 足够大，则$\hat{P}$分布近似为正态分布。

注意，如果我们已知 1 的数目（如在 n 次试验中成功的次数），那么就可以知道 1 的比例，反之亦然。因此，二项分布的正态近似可以用两种等价的方式进行表示：按照成功的次数 Y，或按照成功的比例 $\hat{P}$。在下面定理中，我们对两种形式进行了表述。在该定理中，n 表示样本容量（或我们通常所说的，独立试验的次数），p 表示总体比例（或我们通常所说的，每次独立试验成功的概率）。

定理 5.4.1：二项分布的正态近似

（a）如果 n 足够大，那么成功次数 Y 的二项分布，可以近似为正态分布，其平均数和标准差为：

$$\text{平均数} = np$$

且

$$\text{标准差} = \sqrt{np(1-p)}$$

（b）如果 n 足够大，$\hat{P}$ 的抽样分布可近似为正态分布，其平均数和标准差为：

$$\text{平均数} = p$$

且

$$\text{标准差} = \frac{\sqrt{p(1-p)}}{n}$$

特别注意

（1）书后的附录 5.1 详细解释了二项分布的正态近似和中心极限定理之间的

关系。

（2）如书后的附录 3.2 所示，对于一个 0 和 1 的总体，1 的比例就是 p 值，标准差为 $\sigma=\sqrt{p(1-p)}$。定理 5.2.1 表明平均数的标准差为 $\frac{\sigma}{\sqrt{n}}$。我们将定理 5.2.1（b）中的 $\hat{P}$ 看作某种特殊的样本平均数，这是因为样本中的所有数据都是 0 和 1。因此，由定理 5.2.1，我们可以得到 $\hat{P}$ 的标准差为 $\frac{\sqrt{p(1-p)}}{\sqrt{n}}$ 或 $\sqrt{\frac{p(1-p)}{n}}$，与定理 5.4.1（b）所示的表述一致。

下面例子说明了定理 5.4.1 的应用。

例 5.4.1 二项分布的正态近似

考察一个 $n=50$、$p=0.3$ 的二项分布，如图 5.4.1（a）所示，用峰值表示概率，并附以正态曲线，其平均数和标准差为：

$$\text{平均数}=np=(50)(0.3)=15$$

$$\text{SD}=\sqrt{np(1-p)}=\sqrt{(50)(0.3)(0.7)}=3.24$$

注意，图 5.4.1（b）显示了 $n=50$、$p=0.3$ 二项分布的抽样分布：

$$\text{平均数}=p=0.3$$

$$\text{SD}=\frac{\sqrt{p(1-p)}}{n}=\sqrt{\frac{(0.3)(0.7)}{50}}=0.0648$$

注意，图 5.4.1（b）就是图 5.4.1（a）的重新标记版本。

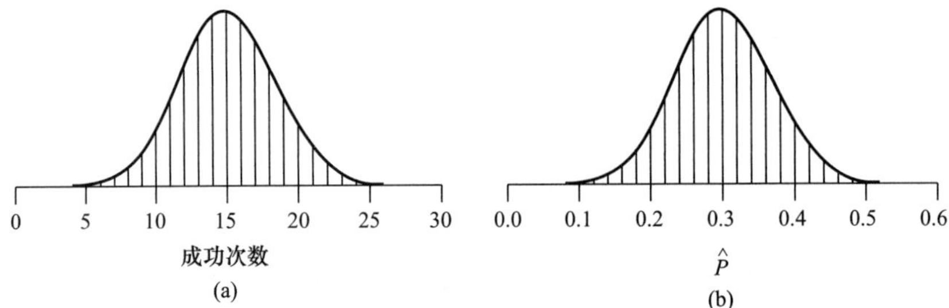

图 5.4.1 $n=50$、$p=0.3$ 的二项分布（黑色峰）的近似正态分布

为了阐述正态近似的应用，我们来计算 50 次独立试验至少 18 次成功的概率。我们可以用二项式公式计算出 50 次独立试验 18 次成功的概率，再加上 19 次成功的概率，20 次成功的概率，以此类推：

$$P\{\text{至少 18 次成功}\}={}_{50}C_{18}(0.3)^{18}(1\text{-}0.3)^{50\text{-}18}+{}_{50}C_{19}(0.3)^{19}(1-0.3)^{50\text{-}19}+\cdots\cdots$$

$$=0.0772+0.0558+\cdots\cdots=0.2178$$

该概率可由图 5.4.2 中“18”上方和右侧的面积直观地看出。概率的正态近似为正态曲线下相应的面积，如图 5.4.2 阴影所示部分。与 18 相应的 Z 值为：

$$Z=\frac{18-15}{3.2404}=0.93$$

通过书后统计表中的表 3，我们求得该面积为 1−0.8238=0.1762，与精确值 0.2178 还是相当近似的。由于二项分布是离散型变量的分布，而正态分布是连续型的分布，这种近似是可以改进的。我们在下面进行分析。

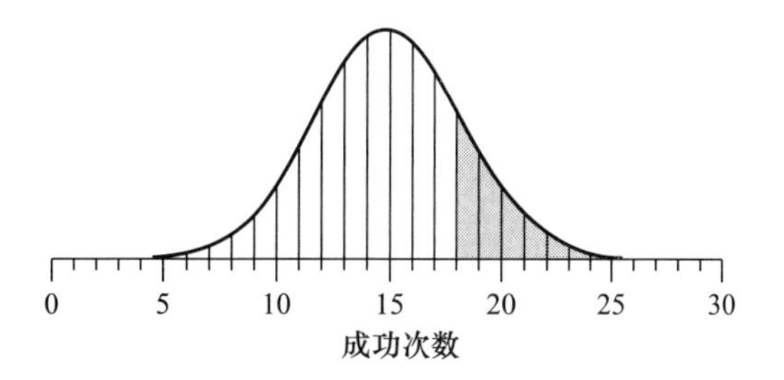

图 5.4.2 至少 18 次成功概率的正态近似

连续性矫正

正如第 4 章中所了解到的，由于正态分布是连续的，其概率是根据正态曲线下面积计算的，而不是任一特定值在正态曲线上的高度。由此，计算 $P\{Y=18\}$，即 18 次成功的概率，我们认为“18”覆盖的区间为 17.5~18.5，这样我们就考虑正态曲线下 17.5~18.5 的面积，如图 5.4.3 所示。同理，为了获得例 5.4.1 的一个更准确的近似，在求 Z 值时，我们可用 17.5 代替 18。这些都是连续性矫正的例子。

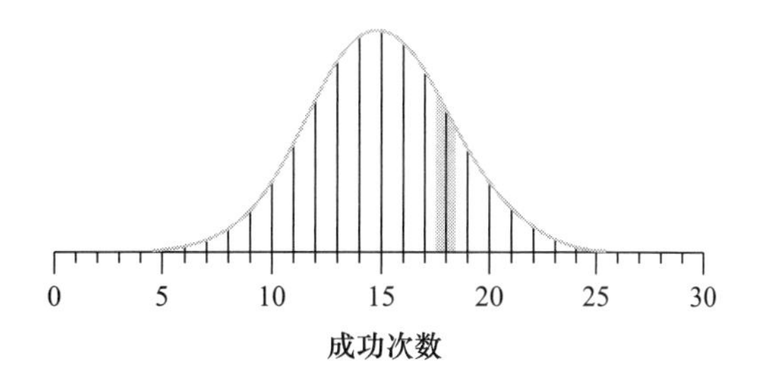

图 5.4.3 18 次成功概率的正态近似

例 5.4.2

应用正态近似进行连续性矫正，p=0.3 时，50 次试验中至少 18 次成功的概率近似值计算如下：

$$Z=\frac{17.5-15}{3.2404}=0.77$$

由书后统计表中的表 3，我们知道 0.77 以上的面积是 1−0.7794=0.2206，与精确值 0.2178 相当一致。这部分面积相应区域如图 5.4.4 所示。

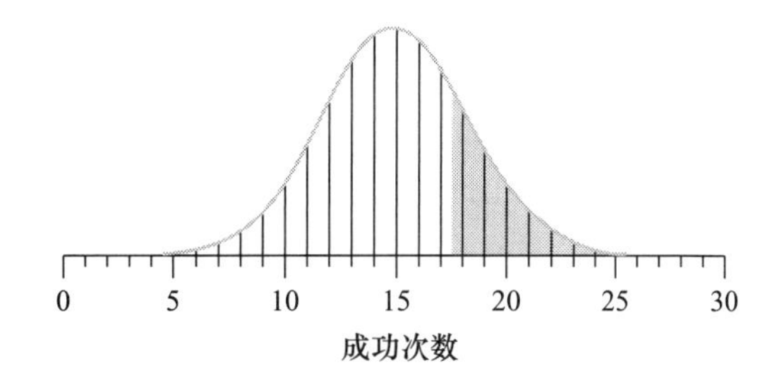

图 5.4.4 至少 18 次成功概率的改进的近似正态

例 5.4.3

为了阐明定理 5.4.1（b），我们再次假定 n=50 和 p=0.3 的二项分布。在 p=0.3 的二项式试验中，50 次试验至少有 40% 成功的概率是多少？也就是说，我们要计算的是 $P\{\hat{P}\geqslant 0.40\}$。此概率的近似正态如图 5.4.5 的阴影区域所示。通过连续性矫正，该面积的边界为 $\hat{P}=19.5/50=0.39$，与之对应的 Z 值为：

$$Z=\frac{0.39-0.30}{0.0648}=1.39$$

那么，其近似值（由书后统计表中的表3）为：

$$P\{\hat{P}\geqslant 0.40\}\approx 1-0.9177=0.0823$$

其与精确值0.0848（用二项式公式求得）非常一致。

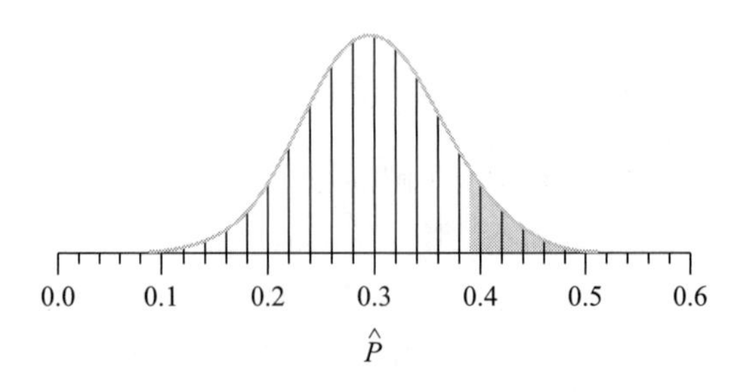

图5.4.5 $P\{\hat{P}\geqslant 0.40\}$的近似正态

注释 任何涉及二项式近似正态的问题都能通过两种方式解决：对Y而言，可用定理5.4.1（a）；对$\hat{P}$而言，可用该定理5.4.1（b）。尽管提出比例的问题是很自然的（例如，“$P\{\hat{P}\geqslant 0.70\}$是多少？”），依据二项计数$Y$来解决这类问题要更容易（例如，“$P\{\hat{Y}>35\}$是多少？”），尤其在应用连续性矫正时更是如此。对于一个二项式随机变量来说，下例阐述了将样本比例问题转化为成功次数问题的方法。

例5.4.4

考虑一个n=50和p=0.3的二项分布。50次试验中成功的样本比例为ˆ。图5.4.1（b）所示为附加正态曲线的$\hat{P}$的抽样分布。

假设我们要计算$0.24\leqslant\hat{P}\leqslant 0.36$的概率。因为$\hat{P}=Y/50$，那么需要计算$0.24\leqslant Y/50\leqslant 0.36$的概率，它与$12\leqslant Y\leqslant 18$的概率相同。也就是说，$P\{0.24\leqslant\hat{P}\leqslant 0.36\}=P\{12\leqslant Y\leqslant 18\}$。

我们知道，Y服从二项式分布，其平均数$=np=(50)(0.3)=15$，$\text{SD}=\sqrt{np(1-p)}=\sqrt{(50)(0.3)(0.7)}=3.24$。通过连续性矫正，我们可以求出$Z$值：

$$Z=\frac{11.5-15}{3.24}=-1.08$$

和

$$Z=\frac{18.5-15}{3.24}=1.08$$

由表3，有$P\{0.24\leqslant\hat{P}\leqslant 0.36\}=P\{12\leqslant Y\leqslant 18\}\approx 0.8599-0.1401=0.7198$。

n必须为多大？

定理5.4.1表明如果n足够“大”，二项分布就可以近似为正态分布。对于这种近似，了解n必须为多大才是合适的。n值依赖于p值。如果p=0.5，二项分布是对称的，即使n小到10，正态近似还是比较好的。但是，如果p=0.1，那么对于n=10的二项分布还是相当偏斜的，很难与正态曲线拟合；对于较大的n值，偏斜度减小，近似正态的效果较好。一个简单的拇指规则如下：

如果 np 和 np（$1-p$）大于等于 5，那么二项分布的正态近似就相当好。

例如，如果 n=50 和 p =0.3，如例 5.4.4，那么 np=15，np（$1-p$）=35。由于 15 ⩾ 5，35 ⩾ 5，根据拇指规则，正态近似相当好。

练习 5.4.1—5.4.13

5.4.1 投掷一枚质地均匀的硬币 20 次，计算 10 次正面朝上和 10 次背面朝上的概率。
（a）用二项分布公式进行计算；
（b）用正态近似连续性矫正进行计算。

5.4.2 在美国，44% 的人是 O 型血。假设选取 12 个人的随机样本。计算 6 人是 O 型血（和 6 人不是 O 型血）的概率：
（a）用二项分布公式进行计算；
（b）用正态近似进行计算。

5.4.3 参阅练习 5.4.2。运用正态近似计算最多 6 人是 O 型血的概率：
（a）不进行连续性矫正；
（b）进行连续性矫正。

5.4.4 一位流行病学家计划在某一总体中进行一项有关口服避孕药使用率的研究[9]。研究计划选择一个包括 n 位女性的随机样本，使用口服避孕药的样本比例（$\hat{P}$）作为总体比例（p）的估计值。假设实际的 p=12。运用近似正态分布（经过连续性矫正）确定下列情况时 $\hat{P}$ 在 p 值 ±0.03 范围内的概率：
（a）n=100；
（b）n=200。
［提示：如果你发现运用定理 5.4.1（b）进行计算有困难的话，尝试用定理 5.4.1（a）替代。］

5.4.5 在一项分析人们如何进行概率判断的研究中，大学生（没有概率或统计学背景）被问到以下问题[10]。某个城市有两个医院，在较大的医院中每天大约有 45 个婴儿出生，在较小的医院中每天大约有 15 个婴儿出生。如你所知，50% 的婴儿是男孩。然而，准确的男孩比例，每天都是变化的。这个比例有时比 50% 高，有时比 50% 低。
以一年为一个周期，每个医院记录了至少 60% 出生婴儿为男孩的天数。你认为哪个医院记录的天数更多？
• 较大的医院；
• 较小的医院；
• 大约一样（即两者差异在 5% 以内）。
（a）假设你是这项研究中的一员，凭直觉你会选择哪一个答案？
（b）运用近似正态（不经过连续性矫正）计算出合适的概率，给出正确的答案。

5.4.6 从 p=0.3 的二项总体中随机抽样，以 E 表示 $\hat{P}$ 在 $p\pm0.05$ 范围内这一事件。应用正态近似（不经过连续性矫正）计算样本容量为 n=400 的 $P\{E\}$。

5.4.7 参阅练习 5.4.6，当样本容量为 n=40（而不是 400），计算不经过连续性矫正的 $P\{E\}$。

5.4.8 参阅练习 5.4.6，当样本容量为 n=40（而不是 400），计算经过连续性矫正的 $P\{E\}$。

5.4.9 某甜豌豆植株杂交将产生紫花后代或者白花后代两种情况[11]，紫花的概率是 P=9/16。假设观测 n 个后代，以 $\hat{P}$ 代表开紫花植株的样本比例。偶然也会发生 $\hat{P}$ 可能更接近 1/2 而并不是 9/16 的情况。计算在如下情况时这种误差事件发生的概率：
（a）n=1；
（b）n=64；
（c）n=320。
（用不经过连续性矫正的正态近似进行计算。）

5.4.10 巨细胞病毒（CMV）（一般是良性的）是一种可感染一半青年的病毒[12]。如果随机选取一个包括 10 名青年的样本，计算样本中

30%~40%（包含）青年人感染 CMV 的概率：
（a）用二项分布公式进行计算；
（b）用经过连续性矫正的正态近似计算。

5.4.11 某贻贝（*Mytilus edulis*）总体中，80% 的个体被肠道寄生虫感染[13]。一位海洋学家计划对该总体中随机选择的100个贻贝进行检验。用不经过连续性矫正的正态近似，计算贻贝样本中 85% 或以上的个体被感染的概率。

5.4.12 参阅练习 5.4.11。运用连续性矫正的正态近似，计算贻贝样本中 85% 或以上的个体被感染的概率。

5.4.13 参阅练习 5.4.11。假设生物学家抽取包括 50 个个体的随机样本。应用正态近似，计算少于 35 个个体被感染的概率：
（a）不进行连续性矫正；
（b）进行连续性矫正。

5.5 展望

在这一章，我们提出了抽样分布的概念，并且重点介绍了$\bar{Y}$的抽样分布。当然，还有其他很多重要的抽样分布，如样本标准差的抽样分布和样本中位数的抽样分布。

让我们根据第 5 章的内容进一步了解随机样本模型。正如我们所看到的，随机样本并不一定是有代表性的样本*。但是应用抽样分布，研究者需要明确随机样本所预期的代表程度。例如，我们直觉上会认为来自同一总体的大样本要比小样本更具有代表性。在 5.1 节和 5.2 节，我们可以看到抽样分布通过明确随机样本代表性的概率，使这种模糊的直觉更为精确。因此，抽样分布可将“不确定问题确定化”[14]。

在第 6 章，我们将首次看到在数据分析中如何将抽样分布这一理论用于实际应用。我们将会发现，尽管第 5 章中的计算似乎需要未知参数（如μ和σ）的相关知识，然而在分析数据时，我们仍可仅运用样本本身所包含的信息来估计抽样误差的可能大小。

除了应用于数据分析，抽样分布还为分析比较不同方法的优缺点提供了基础。例如，考察从一个平均数为μ的正态总体中抽取样本。当然，样本平均数$\bar{Y}$是μ的估计值。但由于正态分布是对称的，它也是总体的中位数，因此样本中位数也是μ的估计值。那么，如何确定哪个估计值更好？这个问题依据抽样分布解答如下：统计学家已经证明，如果总体是正态的，从抽样分布来看，尽管样本中位数是以μ为中心，但是它的标准差大于$6/\sqrt{n}$，因此样本中位数的代表性要弱于样本平均数。

因此，与样本平均数比较，样本中位数是不太有效的（作为μ的估计值）；对于给定的样本容量n，样本中位数与样本平均数相比，提供μ的信息比较少（但是，如果总体为非正态，样本中位数比平均数会更有效）。

* 的确如此，但是有时候调查者会根据已知总体的变量（不是研究中所涉及的）来确定样本，使样本具有代表性。例如，在 1.3 节讨论的分层随机样本。本书给出的分析方法仅仅适用于简单随机抽样，并且需要经过适当修饰才能进行应用。

补充练习 5.S.1—5.S.12

（注：练习前带星号的为选做部分。）

5.S.1 在一项农田实验中，一块麦田被分成许多小区（每小区为 7ft × 100ft），研究者测定了每个小区的产量。这些小区的产量近似服从平均数为 88 lb 和标准差为 7 lb 的正态分布（如练习 4.3.5 所示）。以 $\bar{Y}$ 表示从该农田随机选取 5 个小区的平均产量。计算 $P\{\bar{Y}>90\}$。

5.S.2 从某学院学生总体中，抽取一个容量为 14 的随机样本，研究者测定了每位学生的舒张压。解释这种情况下样本平均数抽样分布的含义。

5.S.3 参阅练习 5.S.2。假设总体平均数为 70mmHg，总体标准差为 10mmHg。如果样本容量是 14，样本平均数抽样分布的标准差为多少？

5.S.4 某男生身高总体，遵循平均数为 69.7in 和标准差为 2.8in 的正态分布[15]。

（a）如果从该总体中随机选出一人，计算其身高大于 72in 的概率；

（b）如果从该总体中随机选出两人，计算：（i）两人身高均大于 72in 的概率；（ii）两人平均身高大于 72in 的概率。

5.S.5 假设一位植物学家进行了许多单株茄子盆栽实验，所有盆栽处理都是一致的，4 个盆为一组，放置于温室台上。经过 30d 的成长，测量了每株植株的总叶面积 Y。假设 Y 的总体分布近似于平均数为 800cm^2 和标准差为 90cm^2 的正态分布[16]。

（a）该总体中，植株叶面积在 750~850cm^2 的比例是多少？

（b）假设每组的 4 株植株被视为从总体中抽取的一个随机样本。每组植株叶面积平均数在 750~850cm^2 的比例是多少？

5.S.6 参阅练习 5.S.5。在温室中，什么因素会导致每一组植株都可视为来自相同总体随机样本的假设是无效的？

***5.S.7** 考察从 42% 为 A 型血的总体抽取 25 个人的随机样本。样本中 A 型血的比例大于 0.44 的概率是多少？运用经过连续性矫正的二项分布正态近似进行计算。

5.S.8 通过计量放射性标记的分子数量来测量某种酶的活性。对于一份给定的组织样品，连续 10s 的计数（近似）被认为是来自正态分布的独立重复观察值（如练习 4.S.1）。假设对于某组织样品 10s 计数的平均数是 1200，标准差是 35。对于这一样品，以 Y 代表 10s 计数，用 $\bar{Y}$ 代表六次 10s 计数的平均数。Y 和 $\bar{Y}$ 无偏差，它们的平均数都是 1200，但是这并不意味着两者完全相同。计算 $P\{1175\leqslant Y\leqslant 1225\}$ 和 $P\{1175\leqslant\bar{Y}\leqslant 1225\}$，并对两者进行比较。这种比较是否表明，与 10s 计数相比，1min 计数除以 6 将会倾向于得到更精确的结果？如何判断？

5.S.9 在某一实验室老鼠总体中，20 天龄的体重近似遵循平均体重为 8.3g 和标准差为 1.7g 的正态分布[17]。假设每 10 只老鼠为一窝并进行称量。如果每窝老鼠可视为来自该总体的随机样本，每窝老鼠总重量为 90g 或更大的概率是多少？（提示：每窝老鼠的总重量与每只老鼠的平均体重有什么关系？）

5.S.10 参阅练习 5.S.9。在现实中，什么因素会导致每窝老鼠被视为来自相同总体随机样本的假设是无效的？

5.S.11 从一植株总体中选取容量为 25 的随机样本，测定每株植株的重量，并将其相加得到样本的总重量。解释这种情况下样本总重量抽样分布的含义。

5.S.12 某啮齿类动物的颅骨宽度总体服从标准差为 10mm 的正态分布。以 $\bar{Y}$ 表示从总体中随机抽取 64 个颅骨宽度样本的平均数，以 μ 代表颅骨宽度的总体平均数。

（a）假设 $\mu=50$mm。计算 $P\{\bar{Y}$ 为 $\mu\pm 2$mm 范围$\}$；

（b）假设 $\mu=100$mm。计算 $P\{\bar{Y}$ 为 $\mu\pm 2$mm 范围$\}$；

（c）假设 μ 未知。能否计算出 $P\{\bar{Y}$ 为 $\mu\pm 2$mm 范围内$\}$？如果能，请计算结果。如果不能，请解释原因。

置信区间 6

目标

在这一章，我们正式学习统计推断。我们将：
- 引入标准误的概念，以量化估计值的不确定程度，并与标准差进行比较；
- 构建平均数的置信区间，并对其进行解释；
- 提供确定样本容量的方法，以达到预期的精度；
- 考察置信区间满足有效性的条件；
- 介绍平均数差数的标准误；
- 构建平均数差数的置信区间，并对其进行解释。

6.1 统计估计

本章我们要学习统计推断。我们知道，统计推断是建立在随机抽样模型的基础上：我们将数据看作是从总体中抽取的随机样本，通过样本的信息来推断总体的特征。统计估计是统计推断的一种形式，通过统计估计，我们利用所获取的数据来估计总体的某些特征并评价估计的精确度。请看下面这个例子。

例 6.1.1 蝴蝶的翅膀

作为身体组成研究的一部分，研究者在加利福尼亚州的海洋沙丘州立公园捕获了 14 只雄性黑脉金斑蝶，测量了它们的翅膀面积（用 cm^2 表示）。数据列于表 6.1.1[1]。

表 6.1.1 雄性黑脉金斑蝶的翅膀面积 单位：cm^2

33.9	33.0	30.6	36.6	36.5
34.0	36.1	32.0	28.0	32.0
32.2	32.2	32.3	30.0	

这些数据的平均数和标准差为：

$$\bar{y}=32.8143\approx 32.81\text{cm}^2 \text{ 和 } s=2.4757\approx 2.48\text{cm}^2$$

假设我们认为这 14 个观察值是来自于一个总体的随机样本；总体可以用平均数 μ 和标准差 σ 进行描述（不考虑其他的）。我们可以这样定义 μ 和 σ：

μ= 海洋沙丘地区雄性黑脉金斑蝶翅膀面积（总体）的平均数

σ= 海洋沙丘地区雄性黑脉金斑蝶翅膀面积（总体）的标准差

自然地，可以通过样本平均数来估计 μ，用样本标准差来估计 σ。因此，通过这 14 只蝴蝶的数据，我们可以认为：

32.81 是 μ 的估计值。

2.48 是 σ 的估计值。

我们知道，这些估计值会受到抽样误差的影响。注意，我们所指的并不仅仅是指度量误差；由于只测量了 14 只蝴蝶而不是整个蝴蝶总体，无论我们对每只蝴蝶的测量数据有多么准确，样本的信息仍然是不全面的。

通常，对于定量变量 Y 的观察值所构成的样本，样本平均数和 SD 是总体平均数和 SD 的估计值：

$\bar{y}$ 是 μ 的估计值。

s 是 σ 的估计值。

平均数和 SD 的标记符号，如图 6.1.1 所示。

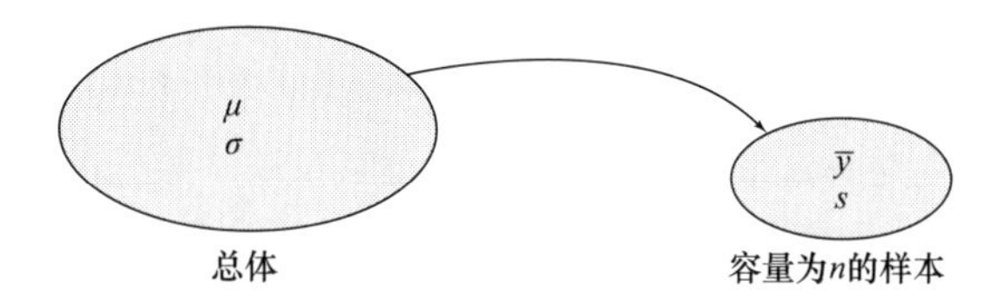

图 6.1.1 样本和总体的平均数、SD 的标记符号

我们的目的是估计 μ。我们还将介绍如何评价这种估计的可信度和精确度，以及如何确定样本容量以达到预期的精确度。

6.2 平均数的标准误

直观地看，用样本平均数 $\bar{y}$ 来作为 μ 的估计值是合理的。但是我们不知道如何评价这种估计的可信度。作为 μ 的估计值，样本平均数 $\bar{y}$ 并不精确，主要是由于它受到抽样误差的影响。在 5.3 节，我们了解了抽样误差的程度，也就是 $\bar{y}$ 和 μ 之间存在数量差异，它是通过 $\bar{Y}$ 的抽样分布来描述的（在一定的概率条件下）。$\bar{Y}$ 抽样分布的标准差为：

$$\sigma_{\bar{Y}} = \frac{\sigma}{\sqrt{n}}$$

由于 s 是 σ 的估计值，自然地 $s/\sqrt{n}$ 可以估计 $\sigma/\sqrt{n}$，这个统计数我们称为平均数的**标准误**（standard error）。平均数的标准误记为 $SE_{\bar{Y}}$ 或简写为 SE*。

> **定义**
>
> **平均数的标准误**（standard error of the mean）被定义为：
>
> $$SE_{\bar{Y}} = \frac{s}{\sqrt{n}}$$

下面例子对这个定义进行了说明。

例 6.2.1 蝴蝶的翅膀

对于例 6.1.1 中黑脉金斑蝶数据，我们知道 n=14，$\bar{y}$ =32.8143 ≈ 32.81cm²，

* 有些统计学者更倾向于称 $\sigma/\sqrt{n}$ 为标准误，称 $s/\sqrt{n}$ 为标准误的估计值。

s=2.4757 ≈ 2.48cm²。平均数的标准误为：

$$\mathrm{SE}_{\bar{Y}} = \frac{s}{\sqrt{n}}$$

$$= \frac{2.4757}{\sqrt{14}} = 0.6617\mathrm{cm}^2$$ ，近似值为 0.66cm²*。

正如我们知道的，SE 是 $\sigma_{\bar{Y}}$ 的估计值。在更实用的层面上，SE 可以解释为预期的抽样误差：粗略地讲，$\bar{y}$ 和 μ 之间的差异很少超过标准误。实际上，我们期望 $\bar{y}$ 在 μ 的一倍标准误范围内。因此，标准误能够度量 $\bar{y}$ 作为 μ 的估计值的可信度和精确度；SE 越小，估计的精确度越高。注意，SE 可从两个方面影响估计的可信度：①观察值本身的变异（以 s 表示）；②样本容量（n）。

标准误与标准差

标准误和标准差有时会产生混淆。正确区分标准误（SE）和标准差（s 或 SD）是非常重要的。这两个统计数反映了数据的不同特征。SD 表示数据的离散性，而 SE 描述了以样本平均数估计总体平均数的不可靠性（由于抽样误差而导致的）。下面看一个具体的例子。

例 6.2.2 羔羊出生体重

遗传学研究者测量了 28 只雌性羔羊的出生体重。这些羔羊都是 4 月份出生的，都是同一品种（兰布莱绵羊），都是单胎（没有双胎），并且它们双亲的饮食及环境条件都是相同的。羔羊出生体重的数据列于表 6.2.1[2]。

表 6.2.1 28 只兰布莱羔羊的出生体重 单位：kg

4.3	5.2	6.2	6.7	5.3	4.9	4.7
5.5	5.3	4.0	4.9	5.2	4.9	5.3
5.4	5.5	3.6	5.8	5.6	5.0	5.2
5.8	6.1	4.9	4.5	4.8	5.4	4.7

这些数据的平均数为 $\bar{y}$ =5.17kg，标准差为 s=0.65kg，标准误为 SE=0.12kg。SD（s）描述了样本中羔羊个体出生体重的变异性，而 SE 则表示了样本平均数（5.17kg）的变异性，它可被视为出生体重总体平均数的估计值。对羔羊出生体重数据，绘制成直方图，如图 6.2.1 所示。图 6.2.1 显示了标准差与标准误的区别，SD 表示的是观察值与样本平均数 $\bar{y}$ 的偏差，而 SE 表示的是 $\bar{y}$ 本身的变异。

SE 和 SD 还可以通过样本不同容量来进行对比。随着样本容量的增加，样本平均数和 SD 越来越接近于总体平均数和 SD；实际上这时数据的分布越来越接近于总体的分布。相比之下，标准误随着样本容量的增加而降低；当 n 很大时，SE 较小，因此样本平均数能够较为精确地估计总体平均数。下面例子说明这一结果。

* 统计学中四舍五入方法汇总

在描述平均数、标准差、平均数的标准误的结果时，推荐使用下面方法：

（1）标准误保留两位有效数字；

（2）$\bar{y}$ 和 s 的四舍五入要与 SE 相匹配，最后一位有效数字以十进位制舍入（有效数字的概念见附录 6.1）。例如，如果标准误保留到百分位，$\bar{y}$ 和 s 也保留到百分位。

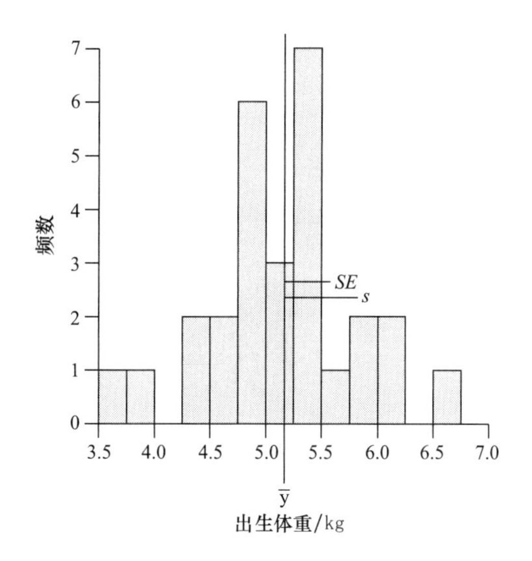

图 6.2.1 28 只羔羊的出生体重

例 6.2.3
羔羊出生体重

假设我们把例 6.2.2 中的数据看作是来自于总体中容量为 n=28 的随机样本，我们观察一下从同一总体中如果选择大容量的样本会发生什么样的结果，也就是说我们在同一条件下测量更多的兰布莱雌性羔羊出生体重。图 6.2.2 所示为我们所预期的各种结果；所给的数据是根据真实情况虚构的。对于非常大的 n，$\bar{y}$ 和 s 将会非常接近 μ 和 σ，这里：

μ= 在上述给定条件下雌性兰布莱羔羊出生的平均体重

σ= 在上述给定条件下雌性兰布莱羔羊出生体重的标准差

图 6.2.2 来自于羔羊出生体重总体不同容量的样本

	n=28	n=280	n=2800	$n\to\infty$
$\bar{y}$	5.17	5.19	5.14	$\bar{y}\to\mu$
s	0.65	0.67	0.65	$s\to\sigma$
SE	0.12	0.040	0.012	SE $\to 0$
样本分布				

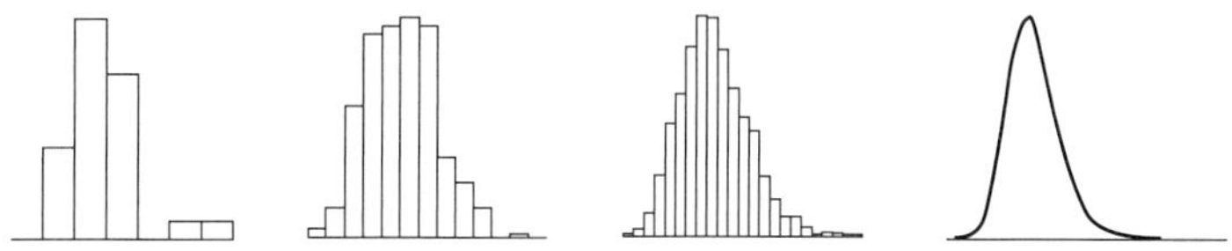

标准误和标准差的图示

好的数据表示方法可以提高科学报告的影响力和说服力。数据可以用图或表的形式进行表示。我们简略地进行讨论。

我们先讨论数据的图示，看下面例子。

例 6.2.4
MAO 和精神分裂症

单胺氧化酶（MAO）是人类行为研究中经常关注的一种酶。图 6.2.3 和图 6.2.4 所示为五组人群血小板中 MAO 的活性：I、II 和 III 组是三类精神分裂症患者（例 1.1.4），IV 和 V 组是作为对照组的健康男性和女性 [3]。MAO 活性测定值以每小时每 10^8 个血小板的苯甲醛的纳摩尔数表示。在图 6.2.3 和图 6.2.4 中，圆点［图 6.2.3（a）和图 6.2.4（a）］和直方条［图 6.2.3（b）和图 6.2.4（b）］表示每组的平均数，垂直线在图 6.2.3 中表示标准误，在图 6.2.4 中表示标准差。

图 6.2.3 MAO 数据以 $\bar{y}$±SE 表示，垂直线为标准误

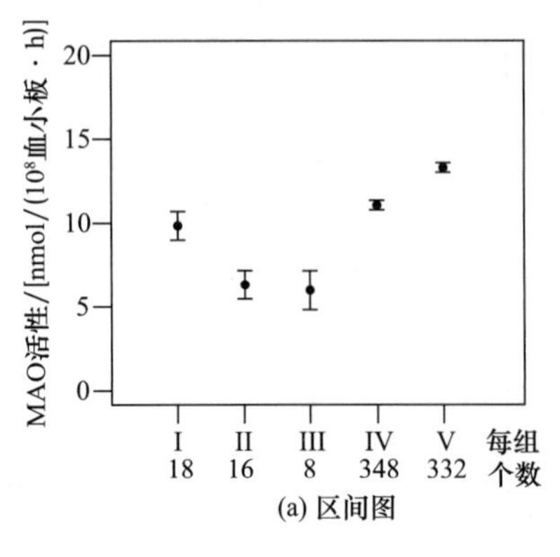

(a) 区间图

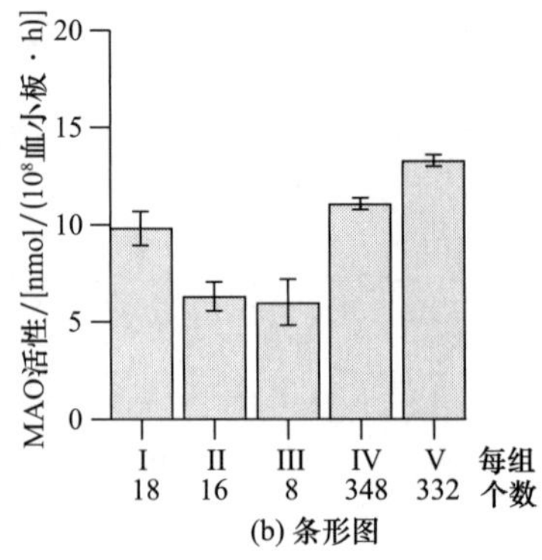

(b) 条形图

图 6.2.4 MAO 数据以 $\bar{y}$±SD 表示，垂直线为标准差

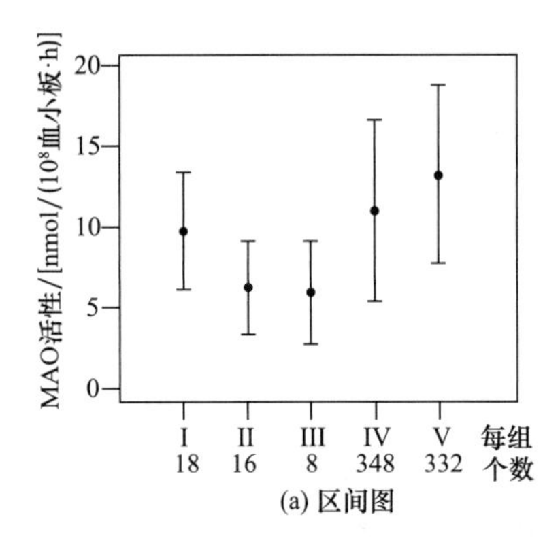

(a) 区间图

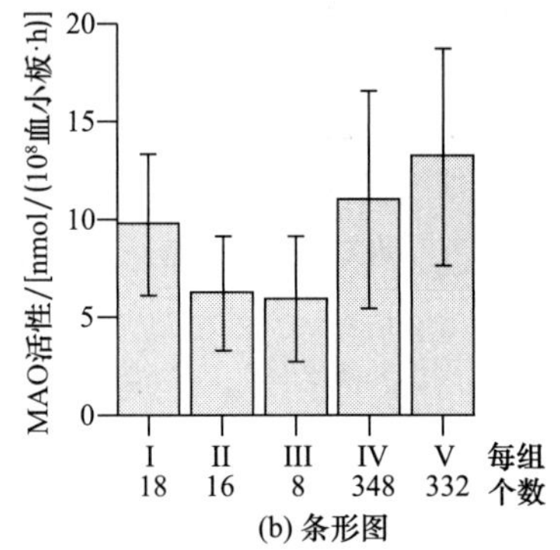

(b) 条形图

图 6.2.3 和图 6.2.4 表达了不同的信息。从图 6.2.3，我们可以看出：①每一组 MAO 的平均数；②每组平均数作为各自总体平均数估计值的可信度。从图 6.2.4，我们可以看出：①每一组 MAO 的平均数；②每组中 MAO 活性的变异性。例如，V 组中 MAO 值的变异性高于 I 组（图 6.2.4），但是由于其样本容量大，因而标准误比较小（图 6.2.3）。

根据图 6.2.3，读者可以对多组平均数进行比较，并且给出比较可信度的解释（对于两个或多个平均数的全面比较和讨论，我们将在第 7 章及之后的章节中介绍）。根据图 6.2.4，读者可以比较各组的平均数和标准差。并且，图 6.2.4 给读者提供了各组 MAO 值的重叠信息。如 IV 组和 V 组，在图 6.2.3 中两者看起来是分离的，而从图 6.2.4 中可以看出，两个组的 MAO 值有重叠。

当我们在图 6.2.3 和图 6.2.4 中用区间图表示五组数据的 MAO 活性时，我们通常选择其中一种形式。选择区间图还是条形图取决于个人的喜好和风格。并且，如前所述，以区间图表示 SD 还是 SE 主要取决于我们强调的是平均数的比较（SE）还是仅仅是观察数据变异性的概括总结（SD）*。

在一些科学报道中，数据以表格表示而不是图形。表 6.2.2 所示为将例 6.2.4 中 MAO 活性数据以表格形式表示的结果。如前所述的图，当我们正式表示结果时，只用标准差或标准误的一种类型，而不是两者都用。

---

* 通常为了使图更简洁，我们经常只显示标准差或标准误上半部分的误差条。

表 6.2.2 五组人群 MAO 活性

MAO 活性 / [nmol/ (10^8 血小板 · h)]				
组	n	平均数	SE	SD
I	18	9.81	0.85	3.62
II	16	6.28	0.72	2.88
III	8	5.97	1.13	3.19
IV	348	11.04	0.30	5.59
V	332	13.29	0.30	5.50

练习 6.2.1—6.2.7

6.2.1 药理学家测定了若干只小鼠大脑中的多巴胺含量，平均含量为 1,269ng/g，标准差为 145ng/g[4]。请计算下列情况下平均数的标准误：

（a）测量了 8 只小鼠；

（b）测量了 30 只小鼠。

6.2.2 农学家测量了 n 株玉米植株的高度[5]，平均数和标准差分别为 220cm 和 15cm。计算以下不同样本容量下平均数的标准误：

（a）n=25；

（b）n=100。

6.2.3 在评价饲料作物时，测量植株组织中各种成分的含量是非常重要的。在研究中，对苜蓿进行烘干、粉碎、过筛，分析了 5 份苜蓿（0.3g）样品中不溶性灰分的含量[6]。结果（g/kg）如下：

10.0 8.9 9.1 11.7 7.9

计算这些数据的平均数、标准差和平均数的标准误。

6.2.4 动物学家测量了 86 只一年龄白足鼠属鹿鼠（*Peromyscus*）的尾巴长度，平均数和标准差分别为 60.34mm 和 3.06mm。下表列出了数据的频数分布[7]。

尾巴长度 /mm	鹿鼠数
[52，54)	1
[54，56)	3
[56，58)	11
[58，60)	18
[60，62)	21
[62，64)	20
[64，66)	9
[66，68)	2
[68，70)	1
总数	86

（a）计算平均数的标准误；

（b）绘制数据直方图，在图中表示出 $\bar{y}\pm$SD 和 $\bar{y}\pm$SE 的区间（参见图 6.2.1）。

6.2.5 参阅习题 6.2.4 中鹿鼠的数据。假设动物学家要测定同一总体中另外 500 只鹿鼠的数据。在习题 6.2.4 数据的基础上：

（a）预测下 500 个新测量值的标准差是多少？

（b）预测下 500 个新测量值的标准误是多少？

6.2.6 在一项药理学研究中，研究者对试验动物做如下描述[8]："对体重（150±10）g 的老鼠进行某种化学物质注射……"，之后对其进行一些指标的测定。如果研究者认为这一组试验动物是同质的，那么 10g 应该是标准差还是标准误？解释其原因。

6.2.7 对下列情形，请判断是针对标准差还是标准误：

（a）其值是作为精确估计总体平均数的样本平均数的度量；

（b）其值是随样本容量的增加而保持不变的统计数；

（c）其值是随样本容量的增加而降低的统计数。

6.3　μ 的置信区间

在 6.2 节中，我们知道平均数标准误（SE）的度量表示的是$\bar{y}$与 μ 的偏离程度。本节我们详细地介绍这个概念。

μ 的置信区间：基本概念

图 6.3.1　导盲犬

图 6.3.1 描绘的是一只导盲犬。导盲犬视力很好，用一条隐性的弹簧皮带牵着。弹簧的张力使得导盲犬 2/3 的时间都在主人所处地点的 1 倍 SE 范围内，95% 的时间都在 2 倍 SE 范围内（只要带子不断，导盲犬是不可以到处跑的）。导盲犬在主人所处地点 2 倍 SE 范围之外的时间只有 5%，除非弹簧皮带断开，导盲犬可以到处跑。我们可以看见导盲犬，但我们更想知道人在哪里。既然人和导盲犬经常在相互 2 倍 SE 范围内，我们可以将"导盲犬 ±2 × SE"作为一个包括人的区间。实际上，我们认为有 95% 的概率保证人在这个区间内。

这就是**置信区间**（confidence interval）的基本概念。我们希望知道总体平均数 μ 的值，也就是与人的位置相关联的值，但是我们不能直接得到。我们能够看到的是样本平均数$\bar{y}$，也就是导盲犬的位置。用我们所得到的$\bar{y}$，与通过数据计算出来的标准误放在一起，就可以构建一个包含总体平均数 μ 的区间。我们称"导盲犬的位置 ±2 × SE"这个区间是盲人所处位置的 95% 置信区间［这个结论都依赖于模型是正确的：我们知道如果带子断了，即使知道导盲犬的位置，也不能告诉我们人所处位置的信息。同样，如果我们的统计模型不正确（如我们抽取的样本是偏态分布），那么样本平均数$\bar{y}$并不能提供我们有关总体平均数 μ 的信息］。

μ 的置信区间：数学计算

用盲人这个例子类推 *，我们说导盲犬 2/3 的时间都在人所处地点的 1 倍 SE 范围，95% 的时间都在 2 倍 SE 范围。这是建立在从正态分布获得随机样本$\bar{Y}$抽样分布的基础上的。如果 Z 是标准正态随机变量，那么 Z 在 ±2 范围的概率是 95%。精确地说，$P\{-1.96<Z<1.96\}=0.95$。从第五章我们知道，如果 Y 是正态分布，那么 $\frac{\bar{Y}-\mu}{\sigma/\sqrt{n}}$ 服从标准正态分布，则：

$$P\left\{-1.96<\frac{\bar{Y}-\mu}{\sigma/\sqrt{n}}<1.96\right\}=0.95 \qquad (6.3.1)$$

因此，

$$P\{-1.96\times\sigma/\sqrt{n}<\bar{Y}-\mu<1.96\times\sigma/\sqrt{n}\}=0.95$$

有：

$$P\{-\bar{Y}-1.96\times\sigma/\sqrt{n}<-\mu<-\bar{Y}+1.96\times\sigma/\sqrt{n}\}=0.95$$

于是，

$$P\{\bar{Y}-1.96\times\sigma/\sqrt{n}<\mu<\bar{Y}+1.96\times\sigma/\sqrt{n}\}=0.95$$

也就是说，区间为：

* 推断来自于 Geoff Jowett。

$$\bar{Y} \pm 1.96\frac{\sigma}{\sqrt{n}} \quad (6.3.2)$$

它将包含所有样本 95% 的 μ。

通常不能直接利用式（6.3.2）的区间进行数据分析，因为它包含参数 σ，而 σ 从样本数据中是得不到的。如果我们以它的估计值 s 代替 σ，那么可以根据数据计算区间，但是这样一来 95% 该如何解释？幸运的是，已经有学者解决了这一问题。这位学者就是在吉尼斯啤酒厂工作的英国人 W.S.Gosset。他于 1908 年以笔名“Student”发表了他的研究结果，该研究方法随后就以他的名字命名[9]。他在研究中发现，如果数据来自于一个正态分布总体，当我们以样本的 SD（s）代替式（6.3.2）区间中的 σ 时，95% 概率值可理解为 $\sigma/\sqrt{n}$ 的系数被一个合适的数值代替（也就是 1.96）。这个新的统计数表示为 $t_{0.025}$，与学生氏 t 分布有关。

学生氏 *t* 分布

学生氏 *t* 分布（student's *t* distributions）理论上是连续型变量的分布，在统计分析中应用广泛，这其中就包括置信区间的构建。学生氏 t 分布的整体形状与“自由度”有关，简写为“df”。图 6.3.2 所示为 df=3 和 df=10 两个自由度下的学生氏 t 分布以及标准正态分布。t 曲线是对称的，并且与正态分布一样呈钟形，但是它的标准差较大。随着自由度的增加，t 曲线越来越接近于正态分布曲线，因此，正态分布曲线可以看作是 df（df= ∞）趋近于无穷大时的 t 曲线。

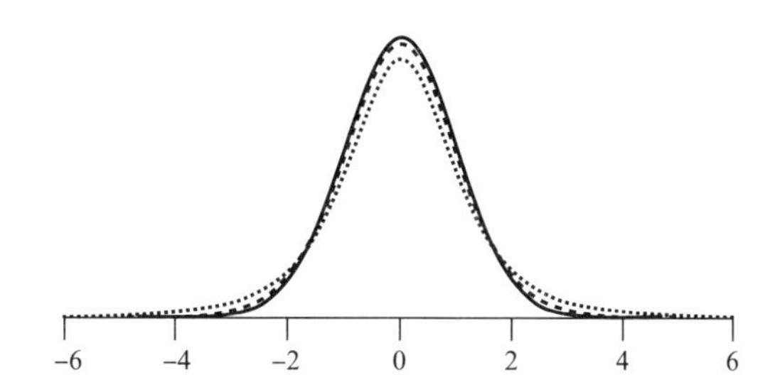

图 6.3.2 两条 t 分布曲线（圆点为 df=3 和虚线为 df=10）和正态分布曲线（df= ∞）

我们称统计数 $t_{0.025}$ 为学生氏 t 分布双尾概率为 5% 的临界值，它表示在 $-t_{0.025}$ 和 $+t_{0.025}$ 之间包含了 95% 的学生氏 t 分布曲线下的面积，如图 6.3.3 所示*。也就是说，$-t_{0.025}$ 左侧和 $+t_{0.025}$ 右侧的面积之和是 5%，图 6.3.3 中阴影部分的面积等于 0.05。注意，这部分阴影面积由左边和右边各一个 0.025 的面积所构成。

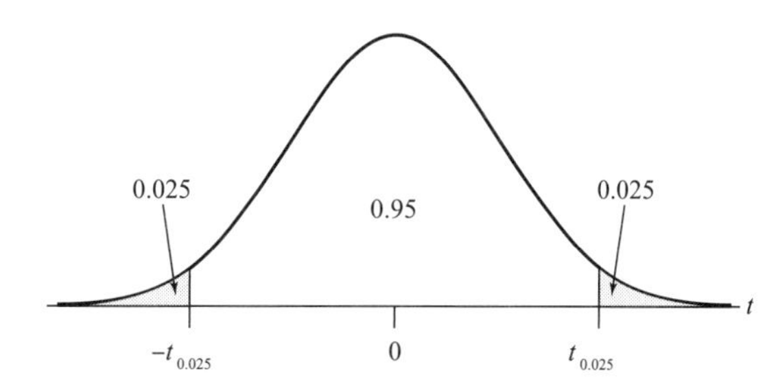

图 6.3.3 $t_{0.025}$ 临界值的定义

学生氏 t 分布的临界值列于书后统计表中的表 4。$t_{0.025}$ 值在上尾概率为 0.025 这一列。顺着该列由上往下看，我们发现 $t_{0.025}$ 值随着自由度的增加而降低；对于

* 在一些统计教材中，有时也用其他形式表示，如用 $t_{0.05}$ 或 $t_{0.975}$，而不是 $t_{0.05}$。

df= ∞（也就是正态分布），此时 $t_{0.025}$=1.960。我们也可从书后统计表中的表 3 中证实 ±1.96 这一区间（Z 值）包含了 95% 的正态分布曲线的面积。

书后统计表中的表4中其他列的数值均为临界值，可以推断这些临界值的含义。例如，$\pm t_{0.025}$ 这一区间包含了学生氏 t 分布 90% 的面积。

μ 的置信区间：方法

我们描述学生氏 t 分布的方法是为了构建 μ 的置信区间，它是建立在来自于正态总体的随机样本基础之上的。首先，假设我们选择 95% 的置信水平（也就是我们希望有 95% 的可信度）。为了构建 μ 的 95% 的置信区间，我们用下式计算区间的下限和上限：

$$\bar{y}-t_{0.025}\times \mathrm{SE}_{\bar{Y}} \quad 和 \quad \bar{y}+t_{0.025}\times \mathrm{SE}_{\bar{Y}}$$

也就是：

$$\bar{y}\pm t_{0.025}\frac{s}{\sqrt{n}}$$

这里，$t_{0.025}$ 临界值由 df=n−1 的学生氏 t 分布确定。

下面例子说明如何构建置信区间。

例 6.3.1 蝴蝶翅膀

对例 6.1.1 黑脉金斑蝶数据，有 n=14，$\bar{y}$ =32.8143cm^2，s=2.4757cm^2。图 6.3.4 所示为该数据的直方图和正态概率图。从图中可以看出，这些数据来自于一个正态总体。我们有 14 个观察值，因此自由度 df 为：

$$df=n-1=14-1=13$$

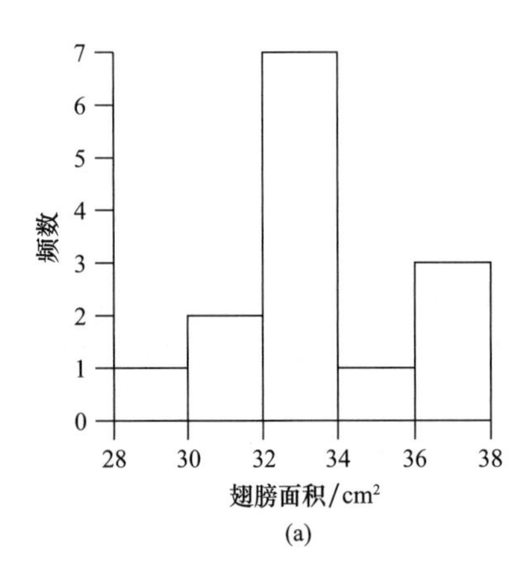

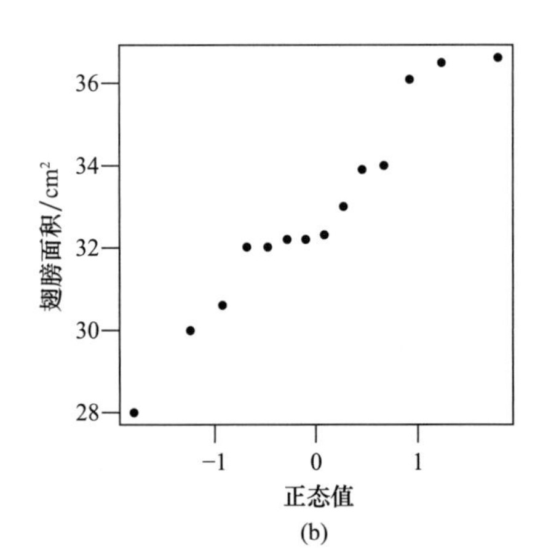

图 6.3.4 蝴蝶翅膀数据的直方图（a）和正态概率图（b）

由书后统计表中的表 4，我们知道

$$t_{0.025}=2.160$$

μ 的 95% 的置信区间为：

$$32.8143\pm 2.160\frac{2.4757}{\sqrt{14}}$$

$$32.8143\pm 1.4293$$

或者，近似为：

$$32.81\pm 1.43$$

也可以不用置信区间的表示形式，而是用区间的上下限，用下面式子进行计算：

$$32.81-1.43=31.38 \quad 和 \quad 32.81+1.43=32.24$$

此区间可被表示为：

$$(31.4, 34.2)$$

或者，以比较完整的形式写成下列“置信描述”：

$$31.4\text{cm}^2<\mu<34.2\text{cm}^2$$

这一置信描述表明加利福尼亚州的 Oceano Dunes 地区，雄性黑脉金斑蝶翅膀面积总体平均数有 95% 的概率在 31.4cm^2 和 34.2cm^2 之间。

95% 的置信度将在下面的例子中进行解释。

置信系数不为 95% 的条件下，我们也可以类推解释。例如，μ 的 90% 的置信区间是以 $t_{0.05}$ 代替 $t_{0.025}$ 进行构建的，计算如下：

$$\bar{y} \pm t_{0.05}\frac{s}{\sqrt{n}}$$

看下面这个例子。

例 6.3.2 蝴蝶翅膀

由书后统计表中的表 4，我们已知，df=13 时，$t_{0.05}$=1.771。因此，通过蝴蝶翅膀的数据可以计算 μ 的 90% 的置信区间为：

$$32.8143 \pm 1.771\frac{2.4757}{\sqrt{14}}$$

$$32.8143 \pm 1.1718$$

或者：

$$31.6<\mu<34.0$$

正如我们看到的，可以任意选择置信水平。对于蝴蝶翅膀面积的数据来说，95% 的置信区间为：

$$32.81 \pm 1.43$$

90% 的置信区间为：

$$32.81 \pm 1.17$$

因此，90% 的置信区间比 95% 的置信区间窄。如果我们希望 95% 的概率保证区间包含总体平均数 μ，那么我们需要一个比 90% 概率水平下的置信区间更宽的区间：置信水平越高，置信区间越大（样本容量不变时是这样的，但是我们注意到随着样本容量 n 增加，区间将变小）。

注释 统计数 $n-1$ 被称为自由度，这是因为（$y_i-\bar{y}$）之和为零，所以只有 $n-1$ 个变量值可以自由变动。对容量为 n 的样本，只有 $n-1$ 个个体提供了独立的变异信息，即 σ。如果我们仅考虑 n=1 的情况，这样就特别清楚了。容量为 1 的样本提供了总体平均数 μ 的部分信息，但是没有 σ 的有关信息，因此也就没有抽样误差的有关信息。也就是说，当 n=1 时，我们不能使用学生氏 t 分布方法来计算置信区间，原因是样本标准差不存在（参见例 2.6.5），并且也没有自由度 df=0 的临界值。样本容量 n 为 1 有时被称为特殊事件，例如，一个个体的药物治疗过程。当然，一个病例也能对医学知识有很大贡献，但是它并不能（本身）提供判断个体病例代表总体接近程度的基础。

置信区间和随机性

我们如何判断置信区间的可信度？为了回答这一问题，让我们假设样本是从正态分布总体中取得的一个随机样本。例如，考察 95% 的置信区间。解释置信水平（95%）的一种方法是参考同一总体重复取样的"元研究"。对每一个样本构建 μ 的 95% 置信区间，那么 95% 的置信区间将包含 μ。当然，试验中的观察数据只是包括众多可能样本中的一个，我们也可以自信地希望这个样本是 95% 中幸运的那一个，但是我们永远不可能知道。

下面例子用"元研究"更加直观地解释了置信水平。

例 6.3.3 蛋壳厚度　在某鸡蛋的大总体中（参见例 4.1.3 所述），蛋壳厚度的分布服从平均数 μ=0.38mm、标准差 σ=0.03mm 的正态分布。图 6.3.5 所示为这一总体中的若干典型样本，右边的图与 95% 的置信区间有关。样本容量分别为 n=5 和 n=20。注意，样本容量为 5 时，第二个置信区间没有包含 μ。在所有可能的置信区间里，两个样本中任何一个包含 μ 的比例为 95%。正如图 6.3.5 所示，样本容量越大，置信区间越窄。

置信水平可以被解释为概率，但这需要很谨慎。假设我们考虑 95% 的置信区间，那么下面的表述是正确的：

P{ 下一个样本将提供给我们包含 μ 的置信区间 }=0.95

然而，我们应该认识到在陈述中的置信区间是随机的，从数据中得到的值并不能正确地代替它。例如，我们在例 6.3.1 中发现蝴蝶翅膀面积平均数 95% 的置信区间为：

$$31.4\text{cm}^2 < \mu < 34.2\text{cm}^2 \qquad (6.3.3)$$

尽管如此，要说 $P\{31.4\text{cm}^2 < \mu < 34.2\text{cm}^2\}=0.95$ 则是不正确的。因为不管 μ 是不是在 31.4 和 34.2 之间，这种陈述都没有随机因素。如果 μ=32，那么 $P\{31.4\text{cm}^2 < \mu < 34.2\text{cm}^2\}=P\{31.4\text{cm}^2<32<34.2\text{cm}^2\}=1$（而不是 0.95）。下面的类似的分析将帮助我们解释清楚这一点。

假设用 Y 代表投掷一枚质地均匀的骰子正面朝上的点数，那么：

$$P(Y=2)=\frac{1}{6}$$

另一方面，如果我们现在投掷这个骰子，并且观察到正面朝上的点数是 5，那么很显然把这个数值代入上述概率公式 $P(5=2)=1/6$* 是不正确的。

按照我们之前的讨论，置信水平（如 95%）是方法的特性而不是一个特定区间的特性。如式（6.3.3）的描述，有可能是正确的也有可能是错误的，但是从长远来看，如果研究者进行了大量试验，每一次都可以构建一个如式（6.6.3）的 95% 的置信区间，那么 95% 的表述就是正确的。

---

* 即使这个骰子滚动到椅子下面，我们不能立刻看见正面朝上的点数是 5，"正面朝上点数是 2 的概率是 1/6"这一描述也是错误的（根据我们给定的概率的定义）。

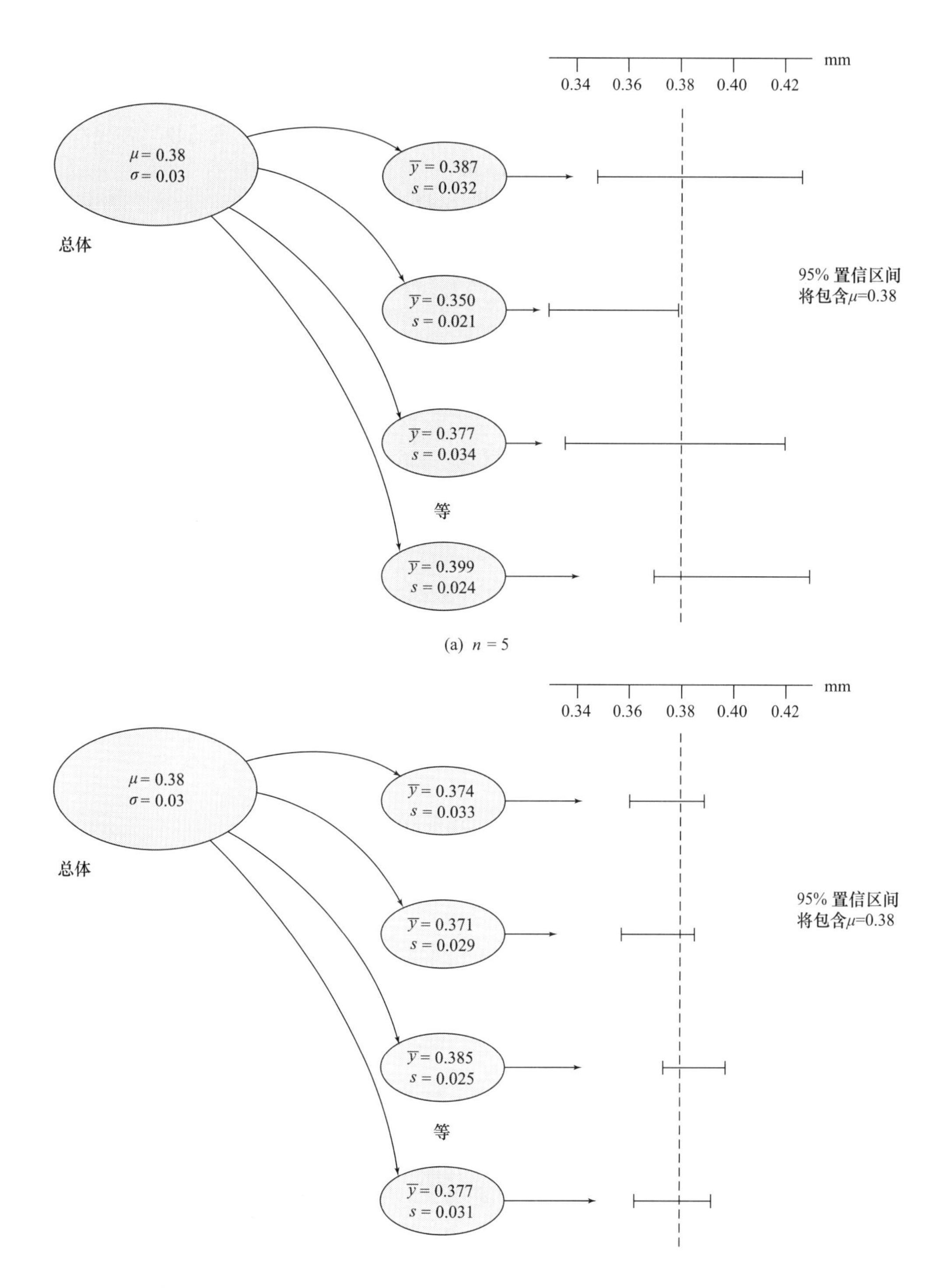

图 6.3.5 蛋壳厚度平均数的置信区间

置信区间的解释

例 6.3.4 骨密度

较低的骨密度常导致老年人臀部骨折。在一个激素代替疗法的评价试验中，研究者选择了年龄在 45~64 岁的 94 位女性，让她们服用一类结合雌性激素（CEE）[10]。服用药物36个月后，测定了这94位女性的骨密度值。平均骨密度为0.878g/cm²，标准差为0.126g/cm²。

因此，平均数的标准误为$0.126/\sqrt{94}=0.013$。我们并不清楚骨密度的分布是不是正态分布，但是在6.5节中我们将会知道，当样本容量比较大时，正态分布的条件并不是必需的。现在有94个观察值，因而自由度为93。为了构建95%的置信区间，我们需要知道t的值，我们用自由度为100（由书后统计表中的表4可知，表4中没有自由度为93的数据）时，查到$t_{0.025}$=1.984。μ的95%的置信区间为：

$$0.878 \pm 1.984(0.013)$$

或者，也可以近似为：

$$0.878 \pm 0.026$$

或者表示为：

$$(0.852,0.904)^{*}$$

因此，我们有95%的概率保证45~64岁服用CEE 36个月的女性，其臀部骨密度的平均数在0.852~0.904g/cm²。

例6.3.5 果实的种子

美洲苦草（*Vallisneria Americana*）是一种淡水植物，其果实内种子的数目各不相同。研究者随机抽取了12个果实构成一个样本，果实内种子的平均数为320，标准差为125。[11] 研究者期望种子数目服从或者近似服从正态分布。这些数据的正态概率图如图6.3.6所示。这样我们就可以使用正态分布模型来分析这些数据。

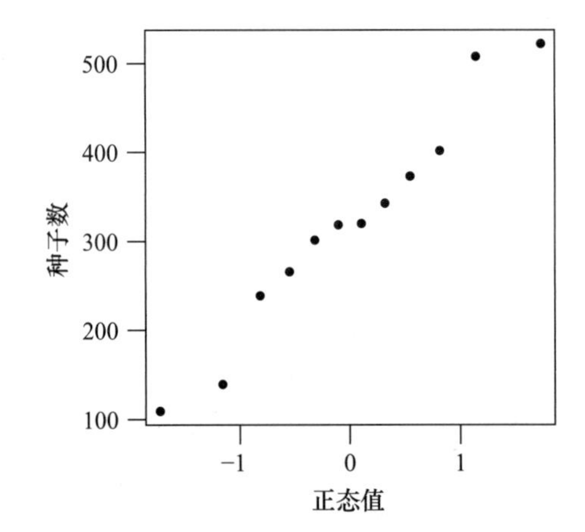

图6.3.6 美洲苦草果实内种子数的正态概率图

平均数的标准误为$125/\sqrt{12}=36$，样本的自由度为11，90%置信水平下的t值为$t_{0.05}$=1.796。μ的90%的置信区间为：

$$320 \pm 1.796(36)$$

或者，也可以近似为：

$$320 \pm 65$$

或者写为：

$$(255,385)$$

因此，我们有90%的概率保证美洲苦草果实内种子数量的（总体）平均数在255~385。

* 如果使用计算机计算置信区间，我们得到（0.8522，0.9038），100和93两个自由度下t值相差很小。

与 $\overline{Y}$ 抽样分布的关系

在这一部分，我们有必要回顾并且明白 μ 的置信区间与 $\overline{Y}$ 的抽样分布是有关系的。回顾 5.3 节，抽样分布的平均数是 μ，标准差是 $\sigma/\sqrt{n}$。图 6.3.7 所示为一个特定样本平均数（$\bar{y}$）和与之相关的 μ 的 95% 的置信区间，即与 $\overline{Y}$ 的抽样分布是部分重叠的。我们注意到，这一特定的置信区间包含 μ，将会有 95% 的样本发生这种情况。

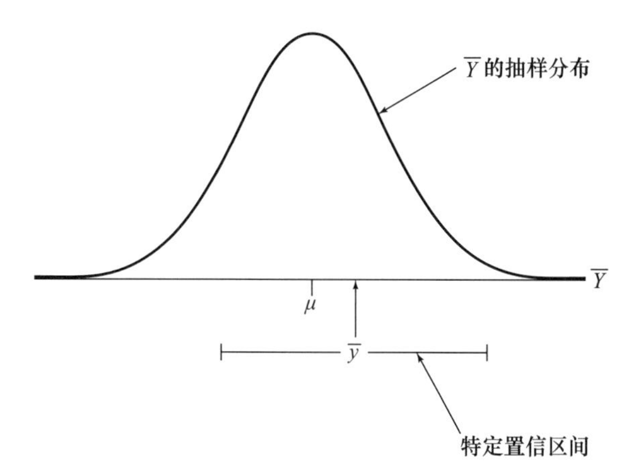

图 6.3.7 μ 的特定置信区间和 $\overline{Y}$ 的抽样分布之间的关系

单尾置信区间

多数情况下置信区间以“估计值 ± 误差限”表示，我们称之为双尾区间。当我们只关注一个低的临界值，或者一个高的临界值时，我们只需要构建单尾置信区间即可。下面这两个例子说明了 90% 和 95% 的概率水平下单尾置信区间的构建。

例 6.3.6 每个果实的种子数：90% 单尾区间

考察例 6.3.5 的数据，可以用来估计美洲苦草（*Vallisneria Americana*）果实内种子的数量。有时我们可能只需要一个总体平均数 μ 的低界值，并不关注 μ 有多大。由于 90% 概率水平下双尾置信区间是以 t 分布中间的 90% 的区域为基础建立起来的，因此我们使用 $\pm t_{0.05}$ 作为 t 值。而 90% 概率水平下单尾置信区间（低值）是建立在 $P(-t_{0.10} < t < \infty)=0.90$ 基础上的，置信区间的低界值是 $\bar{y}-t_{0.01}SE_{\bar{Y}}$，而它的上限是正无穷。在这个例子中，自由度为 11，t 值为 $t_{11,0.10}=1.363$，于是我们得到：

$$320-1.363\times 36=271$$

这个值就是下限。我们得到的区间为（271，∞）。因此，我们有 90% 的概率保证美洲苦草果实内种子的数量的（总体）平均数至少为 271 个。

例 6.3.7 每个果实的种子数：95% 单尾区间

95% 概率水下下单尾置信区间（低值）构造方法与上例 90% 概率水平下单尾置信区间的构建方法相同，只是所用的 t 值不同。对于美洲苦草（*Vallisneria Americana*）果实内种子数目的数据，我们有 $t_{11,0.05}=1.796$，于是我们得到：

$$320-1.796\times 36=255$$

此值就是下限。区间的结果是（255，∞）。因此，我们有 95% 的概率保证美洲苦草果实内种子的数量的（总体）平均数至少为 255 个。

练习 6.3.1—6.3.20

6.3.1（抽样练习） 参阅练习 5.3.1。用 5 个椭圆长度的样本以公式 $\bar{y}\pm(1.533)s/\sqrt{n}$ 构建 μ 的 80% 的置信区间。

6.3.2（抽样练习） 参阅练习 5.3.3。用 20 个椭圆长度的样本以公式 $\bar{y}\pm(1.328)s/\sqrt{n}$ 构建 μ 的 80% 的置信区间。

6.3.3 作为胸腺发育研究一部分，研究者测量了 5 个孵化了 14d 的鸡胚的胸腺重量（mg），数据如下[12]：

29.6　21.5　28.0　34.6　44.9

这些数据的平均数和标准差分别为 31.7 和 8.7。
（a）计算平均数的标准误；
（b）构建总体平均数 90% 的置信区间。

6.3.4 参阅练习 6.3.3 的数据。
（a）构建总体平均数 95% 的置信区间；
（b）解释（a）中所求得的置信区间。也就是解释区间中数字的含义（参见例 6.3.4 和例 6.3.5）。

6.3.5 选择 6 只健康的 3 年龄雌性萨福克绵羊，按照 10mg/kg 体重的剂量给它们注射了抗生素庆大霉素。注射后 1.5h，血清中庆大霉素的含量（μg/mL）如下[13]：

33　26　34　31　23　25

这些数据的平均数为 28.7，标准差为 4.6。
（a）构建总体平均数 95% 的置信区间；
（b）解释（a）中所估计总体平均数的意义（例 6.1.1）；
（c）在（a）中，所构建的置信区间几乎包含了所有的观察值，这个 95% 的置信区间是正确的吗？解释其原因。

6.3.6 动物学家测量了 86 只一年龄白足鼠属（*Peromyscus*）鹿鼠的尾巴长度，平均数和标准差分别为 60.34mm 和 3.06mm。平均数 95% 的置信区间为（59.77，61.09）。
（a）判断正误（并说明理由）：我们有 95% 的概率保证样本中 86 只个体尾巴长度的平均数在 59.77~61.09mm；
（b）判断正误（并说明理由）：我们有 95% 的概率保证总体中所有个体的尾巴长度的平均数在 59.77~61.09mm。

6.3.7 参阅练习 6.3.6。
（a）不进行任何计算，根据练习 6.3.6 数据构建的 80% 的置信区间将会变宽、变窄，还是不变？解释其原因。
（b）不进行任何计算，如果我们抽样的样本容量是 500 而不是 86，练习 6.3.6 数据所构建的 95% 的置信区间将会变宽、变窄，还是不变？解释其原因。

6.3.8 研究者测量了 94 位服用 CEE 的女性脊柱骨密度（参阅例 6.3.4，该例数据是这些个体的臀部骨密度），平均数为 1.016g/cm^2、标准差为 0.155g/cm^2。平均数 95% 的置信区间为（0.984，1.048）。
（a）判断正误（并说明理由）：样本中脊柱骨密度测量值有 95% 在 0.984~1.048；
（b）判断正误（并说明理由）：总体中脊柱骨密度测量值有 95% 在 0.984~1.048。

6.3.9 在例 6.3.4 的研究中有一个对照组。对照组中有 124 位女性服用的是安慰剂而不是有效的药物。研究结束之后，她们骨密度的平均数为 0.840g/cm^2。下面列出了 90%、85% 和 80% 3 个概率水平的置信区间。不进行计算，对这三个概率水平下的置信区间进行匹配，并解释原因。
置信水平：

90%　85%　80%

置信区间（不规则排列）：
（0.826，0.854）（0.824，0.856）（0.822，0.858）

6.3.10 人体在压力状态下脑垂体会分泌内啡肽（HBE）。为了研究有规律的活动能否影响放松（非紧张）状态下血液中 HBE 的含量，研究者选择了 10 位参加健身运动的人，分别在一月和五月测定了他们血液中 HBE 的值，结果列于下表[14]。

受试者	HBE 水平 /（pg/mL）		
	一月	五月	差值
1	42	22	20
2	47	29	18
3	37	9	28
4	9	9	0
5	33	26	7
6	70	36	34
7	54	38	16
8	27	32	−5
9	41	33	8
10	18	14	4
平均数	37.8	24.8	13.0
SD	17.6	10.9	12.4

（a）构建一月和五月 HBE 含量总体平均数差数 95% 的置信区间（提示：只需要用到表中最右边一列的数据）；
（b）解释（a）中所得到的置信区间，也就是，解释区间能提供的有关 HBE 水平的信息（参阅例 6.3.4 和例 6.3.5）；
（c）用区间的结果对答案进行解释，是否可以证明五月份的 HBE 含量低于一月份？（提示：所计算的区间包含 0 吗）

6.3.11 考察练习 6.3.10 的数据。正如此例，如果样本容量很小，为了使基于学生氏 t 分布的置信区间是有效的，数据必须取自一个正态分布总体。我们是否也可以认为 HBE 的差数也是服从正态分布的？你是如何判断的？

6.3.12 转化酶有利于炭疽病（*Colletotrichum graminicola*）菌的孢子萌发。一位植物学家在培养皿中培养了若干炭疽病菌的组织，在 90% 相对湿度环境下培养 24h 后，9 个培养皿中炭疽病菌组织中转化酶活性如下[15]：

平均数 =5,111 单位　SD=811 单位

（a）假设数据为取自正态总体中的一个随机样本。构建在上述研究条件下转化酶活性平均数 95% 的置信区间；
（b）解释（a）中所构建的置信区间，也就是，解释平均数区间中数字的含义（例 6.3.4 和例 6.3.5）；
（c）如果你只有原始数据，如何检查数据是否来自于一个正态总体？

6.3.13 作为牛贫血症研究的一部分，研究者选择了 36 只圣赫特鲁迪斯（*Santa Gertrudis*）母牛，给它们补充硒（2mg/d）。在其一年时间内，所有母牛的喂养条件都是一样的，并且都当年生产了第一胎小牛。一年后测定了这些母牛血液中硒的含量，平均数为 6.21 μ g/dL，标准差为 1.84 μ g/dL[16]。构建总体平均数 95% 的置信区间。

6.3.14 在一项簇状苹果芽蛾（*Platynota idaeusalis*）幼虫研究中，昆虫学者选择了在相同条件下进行培养并且蜕皮 6 次的 50 只幼虫，测量了这 50 只幼虫头部的宽度。头部宽度的平均数和标准差分别为 1.20mm 和 0.14mm。构建总体平均数 90% 的置信区间[17]。

6.3.15 在一项铝摄入对婴儿智力发展的影响研究中，92 名早产婴儿构成一样本。他们接受了一种特殊的铝缺乏的静脉治疗[18]。在 18 个月大时，使用贝利心知发展指标测量了他们神经系统的发育（贝利心知发展指标与 IQ 得分相似，普通人群的平均得分为 100）。其平均数 95% 的置信区间为（93.8，102.1）。
（a）解释这一区间，也就是，区间告诉我们早产儿接受静脉治疗后，神经系统发育情况怎样？
（b）这一区间是否表明抽样总体平均 IQ 低于普通总体的平均数 100？

6.3.16 101 位肾衰竭晚期患者接受了红细胞生成素的药物治疗[19]。患者平均血红蛋白为 10.3g/dL，SD 为 0.9g/dL。试构建总体平均数 95% 的置信区间。

6.3.17 在书后统计表中的表 4 中，我们知道自由度为 ∞ 时，$t_{0.025}$=1.960。展示如何用书后统计表中的表 3 来证实这个数值。

6.3.18 用书后统计表中的表 3 找到自由度为 ∞ 时 $t_{0.0025}$ 的值（不要试图篡改书后统计表中的表 4）。

6.3.19　数据经常以 $\bar{y}$±SE 表示。假设这个区间作为一个置信区间。如果样本容量很大，这一区间的置信水平将会如何变化？也就是说，以 $\bar{y}$±（1.00）SE 计算的区间包含总体平均数的概率会如何变化？［提示：回顾 $\bar{y}$±（1.96）SE 的置信水平是 95%］

6.3.20（练习 6.3.19 的继续）

（a）如果样本容量小但总体分布是正态的，区间 $\bar{y}$±SE 的置信水平与练习 6.3.19 相比是增加了还是减小了？解释其原因。

（b）如果 Y 的总体分布不是近似正态的，练习 6.3.19 的答案将会受到何种影响？

6.4　估计 μ 的研究计划

在搜集研究数据之前，要预先考虑通过数据得出的估计值是否足够精确。如果在一项耗费时间和财力的研究之后，发现标准误很大，以至于无法解决研究之初所提出的问题，则是一件令人痛苦的事情。

总体平均数估计的精确性取决于以下两个因素：①观测变量 Y 的总体变异性；②样本容量。

在有些情况下，变量 Y 的变异不能也不会减小。例如，野生生物生态学家可能研究自然条件下鱼的总体，总体中的个体存在异质性，且不能人为控制，而这种异质性实际上也可以作为研究的一个主题。再例如，在一项医疗调查中，我们不仅要知道病人接受治疗的平均响应，同时了解不同患者的响应变化也是很重要的，因此，只选择同一类患者组并不合适。

另一方面，尽可能控制外界条件保持不变是降低变量 Y 的变异的有效方法，这在对比研究中是非常适合的。例如，在一天中固定的时间测定生理指标，在可控的温度条件下得到个体的组织，参与试验的动物个体是同龄的。

假设我们能够使变量 Y 的变异尽可能小或者其变异是令人满意的，那么在估计总体平均数时，进一步推测多大的样本容量才能够保证我们获得预期的估计精确度？如果我们用标准误作为精确度的衡量标准，这个问题就容易解决了。我们知道，标准误的定义是：

$$\mathrm{SE}_{\bar{Y}}=\frac{s}{\sqrt{n}}$$

为确定 n 的值，我们必须：①指定预期获得的 SE 值；②通过初步推测或之前的试验研究，或者通过查阅相关文献，得到 SD 推测值。于是，样本容量可以通过下式进行试算

$$\text{预期SE}=\frac{\text{SD的推测值}}{\sqrt{n}}$$

下面这个例子解释如何使用这个公式。

例 6.4.1　蝴蝶的翅膀

例 6.1.1 中蝴蝶翅膀的数据，其结果可以用如下统计数进行表示：

$$\bar{y}=32.81\mathrm{cm}^2$$

$$s=2.48\mathrm{cm}^2$$

$$\mathrm{SE}=0.66\mathrm{cm}^2$$

假定研究者现在计划开展一项新的相关研究，预期 SE 不超过 0.4cm^2。研究者会参照之前的研究所取得的数据，得到 SD 的推测值，认为 SD 为 2.48cm^2。于是，预期的 n 必须满足下列关系：

$$SE=\frac{2.48}{\sqrt{n}}\leqslant 0.4$$

我们很容易就得到 $n\geqslant 38.4$。由于研究过程中不可能抽取 38.4 只蝴蝶，因此，在这项新的研究中，应该至少抽取 39 只蝴蝶。

你可能会奇怪研究者怎么能得到预期 SE 的值，如 0.4cm^2。这个值的确定取决于人们在估计 μ 时能够接受的误差程度。例如，假设例 6.4.1 的研究者有 95% 置信度保证下总体平均数 μ 的变化在 ±0.8 的范围。也就是说，研究者希望 μ 的 95% 置信区间为 $\bar{y}\pm 0.8$。这里，置信区间中“± 部分”被称为 95% 置信度的**误差临界值**（margin of error），为 $t_{0.025}\times SE$。$t_{0.025}$ 的精确值取决于自由度，但是 $t_{0.025}$ 的近似值常以 2 表示。因此，研究者希望 $2\times SE$ 不大于 0.8。这也就意味着 SE 的值不大于 0.4cm^2。

在对比研究中，我们通常主要考虑预期处理效应的大小。例如，研究者计划比较两个试验组或不同的总体，每一个总体或试验组的预期 SE 要小于（通常小于 1/4）两个组平均数差数的预期 *。因此，例 6.4.1 中蝴蝶研究者如果希望比较不同性别黑脉金斑蝶翅膀的面积，并且预期雌性和雄性蝴蝶翅膀面积的差值（平均数）约为 1.6cm^2，那么会选取 0.4cm^2 这个值。研究者就需要计划捕捉 39 只雄性蝴蝶个体和 39 只雌性蝴蝶个体。

为了明白样本容量 n 如何依赖于特定的精度，我们假设蝴蝶研究者指定的预期 SE 值为 0.2cm^2 而不是 0.4cm^2。那么，表达式为：

$$SE=\frac{2.48}{\sqrt{n}}\leqslant 0.2$$

计算得 n=153.76，因此研究者需要捕捉雄性个体和雌性个体各 154 只。因此，精度加倍（SE 减少一半），样本容量是之前的 4 倍而不是 2 倍。这种“收益递减”的现象主要是由于 SE 计算公式中的平方根造成的。

练习 6.4.1—6.4.5

6.4.1 在一项比较不同饮食对肉牛体重增加的影响的研究中，测量了肉牛接受处理 140d 之后体重增加量[20]。为了提高不同处理间比较的精度，研究者预期每个处理组平均数的标准误不超过 5kg。

（a）如果各饮食组体重增加量总体的标准差约为 20kg，为了达到比较小的标准误，这一组的肉牛应为多少头？

（b）假设标准差的推测值为之前的 2 倍，也就是 40kg，肉牛的数目也需要加倍吗？解释其原因。

6.4.2 医学研究者为了估计中年男性血清胆固醇含量总体平均数，要从总体中进行随机抽样。

* 这是区别处理之间差异，提高区别灵敏度的粗略指导方法。这里所指的灵敏度也称功效，将在第 7 章进行讨论。

他向统计学者进行咨询。这位医学研究者希望有 95% 的置信度保证估计总体平均数的变化范围在 ±6mg/dL 或者更小。因此，平均数的标准误为 3mg/dL 或更小。另外，研究者已经知道血清胆固醇含量总体的标准差约为 40mg/dL。[21] 该研究的样本容量需要多大？

6.4.3 在一项给大豆施用一种新的肥料研究中，植物生理学者计划测定生长两周后大豆茎秆的长度。之前的试验表明茎秆长度的标准差约为 1.2cm[22]。用这个值作为 σ 的推测值，确定需要多少株大豆才能满足该研究者预期的平均数标准误小于等于 0.2cm。

6.4.4 假设你现在要开展一项试验，检验不同饮食对火鸡增重的影响。观察变量 Y= 三周的增重（测量时期为出生后一周开始到三周后结束）。之前的试验结果表明在正常饮食条件下，Y 的标准差约为 80g。[23] 以这个值作为 σ 的推测值，试确定处理组中需要有多少只火鸡才能满足预期平均数的标准误不高于下列数值：

（a）20g；

（b）15g。

6.4.5 研究者计划比较两种类型的光照对豆类植物生长的影响。预期两组平均数的差值为 1in，每一组的标准差约为 1.5in。考虑到各组的预期 SE 应该不高于两组平均数差数的 1/4 这一原则，各组的样本容量应该为多少？

6.5 估算方法有效性的条件

对于连续型变量数据所构成的任何样本，都可以应用本章的方法来计算平均数、平均数的标准误以及各种置信区间；实际上，计算机的应用使之更加简单。然而，对这些数据描述的解释只在一定条件下才是有效的。

SE 公式有效性的条件

首先，我们认为样本平均数是总体平均数的估计值，这要求数据必须“近似”来自于某些总体中的随机样本。这在一定程度上是不可能的，任何超越实际数据之外的推理都是值得怀疑的。下面的例子说明这种现象。

例 6.5.1 大麻和智力 研究表明，10 位严重吸食大麻的人有相当高的智力，他们的平均 IQ 为 128.4，而普通人群的平均 IQ 为 100。这 10 个人参加了一个宗教组织，并在一些宗教仪式上使用大麻。他们决定加入这个组织也许与他们的智力水平有关，但是我们并不清楚这 10 个人（就 IQ 而言）是某个特定总体中的随机样本，因此我们没有明显的依据认为样本平均数（128.4）可以估计特定总体（如所有的严重吸食大麻者）的平均数。大麻对于 IQ 影响的推断是难以让人相信的，尤其是因为 IQ 的数据并不是来自于这 10 个人吸食大麻之前[24]。

其次，使用标准误的公式 $SE = s/\sqrt{n}$ 需要两个条件：

（1）总体容量必须比样本容量大。这个在生命科学研究中不是问题，样本容量通常是总体的 5%，不会使 SE 公式失效 *。

---

* 样本容量 n 是总体个数 N 的一部分，因此应该运用“有限总体校正系数”。这个系数是 $\sqrt{\frac{N-n}{N-1}}$，因此平均数的标准误为 $\frac{s}{\sqrt{n}} \times \sqrt{\frac{N-n}{N-1}}$。

（2）观察值彼此之间相互独立。这意味着 n 个观察值实际上给出了总体中 n 个独立个体的信息。

如果试验或抽样方案是**分层结构**（hierarchical structure），观察单元总是嵌套在抽样单元中，那么数据通常不是相互独立的。以下面例子进行说明。

例 6.5.2
狗的解剖

尾骨肌是位于犬类骨盆两侧的肌肉。作为解剖学研究的一部分，研究者测量了 21 只雌性狗左侧和右侧尾骨肌的重量。由此得到 $2\times21=42$ 个数值，但是我们只是从感兴趣的总体（雌性犬）中选择了 21 只个体。由于尾骨肌是对称的，因此得到的包括右侧尾骨肌和左侧尾骨肌的数据信息部分是多余的，得到的雌性犬尾骨肌数据只有 21 个是反映相互独立的个体的信息，而不是 42 个。因此，如果在使用 SE 公式时，用样本容量 $n=42$ 则是不正确的。数据的分层特性如图 6.5.1 所示[25]。

图 6.5.1 例 6.5.2 的分层数据结构

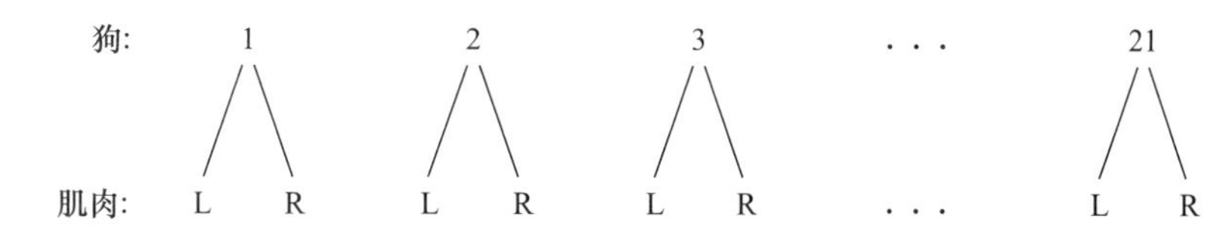

分层数据结构在生命科学中非常普遍。例如，3 只猫的 90 个神经细胞数据，4 个谷物穗子的 80 个籽粒数据，10 窝 60 只幼鼠数据。非独立观察值的典型例子是对同一个体进行重复度量所得到的数据，例如，一位医生测量了 10 位病人的血压，每位病人重复测量 3 次，她所得到的 30 个数据并不是彼此之间相互独立的。在某些情况下，如何正确处理分层数据是十分重要的，例如，可以取 3 次重复测量的血压值的平均数作为每一个个体的血压值。然而，在另一些情况下，数据的非独立性则是非常敏感的。例如，假设在研究 2 种饮食影响的试验中，选取来自 10 窝的 60 只幼鼠作为受试个体，数据的正确分析取决于试验的设计，这包括饮食是喂给母鼠还是喂给幼鼠，这 2 种饮食如何分配给动物个体。

有时，一项研究中数据受多个分层水平的影响，要把这些分层特性找出来并加以分类是很困难的，更重要的是我们要确定 n 的数量。以例 6.5.3 进行说明。

例 6.5.3
孢子萌发

引发玉米炭疽病的真菌研究中，主要关注的是存活下来的真菌孢子[26]。我们将真菌中的孢子悬浮于水中，然后置于有盖培养皿内的琼脂上，于不同环境条件下进行培养。之后，在每个培养皿里切出 10 个直径 3mm 的琼脂块，25℃培养 12h。在显微镜下观察每个琼脂块孢子的发芽情况，记录发芽孢子数和不发芽的孢子数。不同培养（处理）的环境条件如下：

T_1：70% 相对湿度环境条件下培养一周；

T_2：60% 相对湿度环境条件下培养一周；

T_3：60% 相对湿度环境条件下培养两周；

等等。

一共有 43 个处理。

该试验设计如图 6.5.2 所示。一共有 129 批孢子，随机接受 43 个处理，每个处理 3 次重复。每批孢子置于一个培养皿中，培养后每个培养皿里再切出 10 个琼脂块。

为了解决试验设计中提出的问题，我们先看一下原始数据。表 6.5.1 所示为“处理 1”下每个琼脂块上孢子的萌发率。

图 6.5.2　孢子萌发试验设计

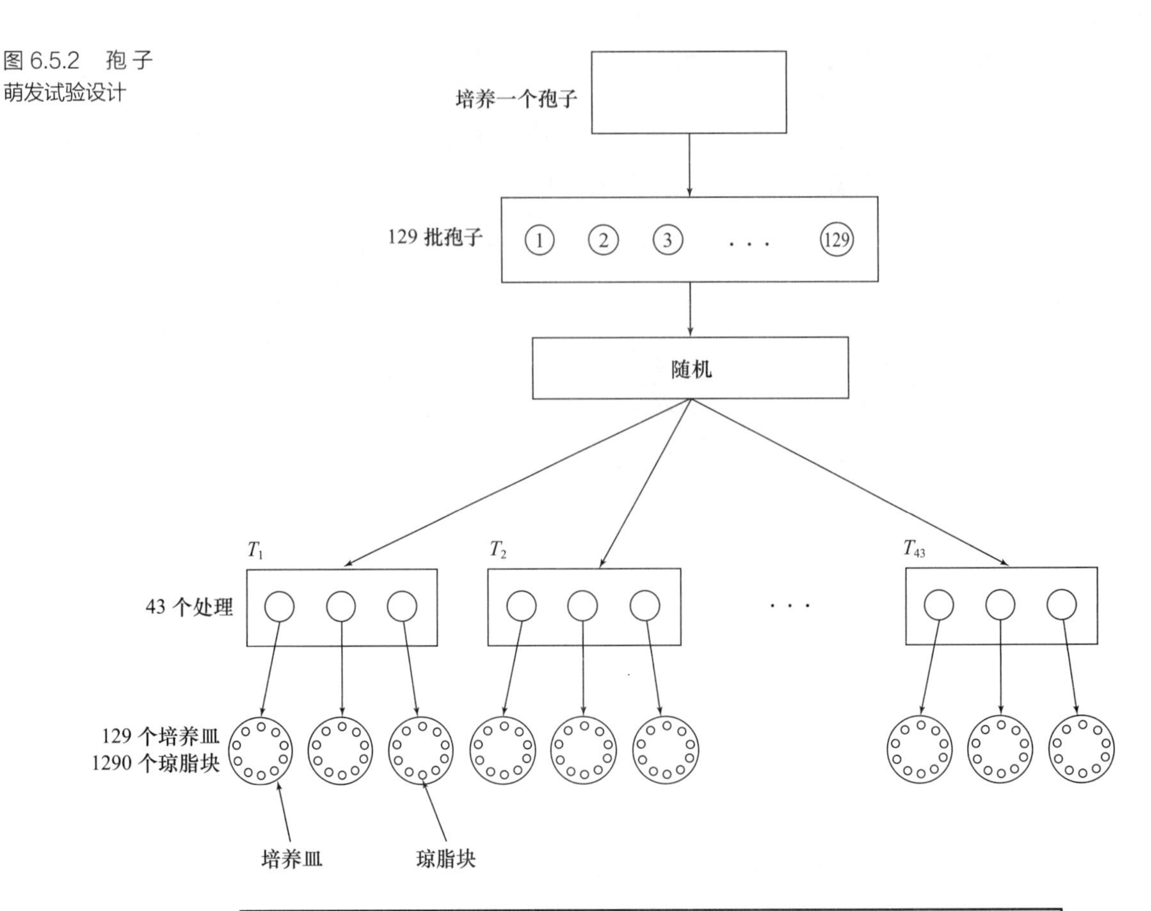

表 6.5.1　"处理 1"下每个琼脂块孢子的萌发率

	培养皿 Ⅰ	培养皿 Ⅱ	培养皿 Ⅲ
	49	66	49
	58	84	60
	48	83	54
	69	69	72
	45	72	57
	43	85	70
	60	59	65
	44	60	68
	44	75	66
	68	68	60
平均数	52.8	72.1	62.1
SD	10.1	9.5	7.4

表 6.5.1 表明，每个培养皿内及不同培养皿之间数据都不相同。同一培养皿内数据的变异性表明了孢子萌发率的局部变化，这可能主要是由于孢子自身特性的不同（一些孢子比其他孢子更成熟）。不同培养皿之间数据的变异性更大，其原因不仅包括局部变异，还包括不同批的孢子以及孢子在培养过程中温度和相对湿度的变化。

现在考察处理 1 与其他处理的区别。对于每个处理，我们考虑 30 个观察值是否合理？针对这一问题，我们考虑处理 1 平均数的标准误的计算问题。所有 30 个观察值的平均数和 SD 如下：

$$平均数=62.33$$
$$SD = 11.88$$

计算平均数的标准误：

$$SE_{\bar{Y}} = \frac{s}{\sqrt{n}} = \frac{11.88}{\sqrt{30}} = 2.2$$

也许你会认为，这样并不合理。数据存在分层现象，所以我们不能这样简单地应用 SE 的计算公式。计算 SE 一个可行的方法是将各培养皿的平均数看作是一个观察值，于是，我们得到下列结果*：

观察值：52.8，72.1，62.1

$$n=3$$
$$平均数=62.33$$
$$SD=9.65$$
$$SE_{\bar{Y}} = \frac{s}{\sqrt{n}} = \frac{9.65}{\sqrt{3}} = 5.6$$

注意，第一次错误分析计算的平均数（62.33）与看作整体计算得到的平均数是相等的，但是 SE 却减小了（是 2.2，而不是 5.6）。如果我们比较几个处理，这种情况始终存在。错误的分析使得 SE（单个的或者是混合的）很小，这样会导致我们过度地解释数据，使得本来不存在差异的处理间也产生了显著的差异。

应该强调的是，尽管正确分析并不是测量每个培养皿 1 个琼脂块孢子萌发数量，而是测量 10 个琼脂块孢子萌发数量，并将每个培养皿中 10 个琼脂块的孢子萌发的度量值合并为一个数据，但这并不是浪费时间。10 个琼脂块的平均数比 1 个琼脂块的结果更好地估计了整个培养皿孢子萌发数量的平均数，测量 10 个琼脂块的结果提高了精度，减小了培养皿之间的标准差。例如，对于处理 1，标准差为 9.65，如果每个培养皿测量较少的琼脂块，那么标准差也许会增加。

例 6.5.3 中提到的问题会使许多粗心的研究者上当。重复度量同一个生物体（如例 6.5.2）就会得到分层结构的数据，认识这一点相当容易。但是例 6.5.3 中的分层结构数据有着不同的来源，这是由于观察单元是每一个琼脂块，而每一个琼脂块不是随机地接受处理的。并且，随机接受处理的是不同批的孢子，这些不同批次的孢子随后被置于有盖培养皿中，然后被分成 10 个琼脂块。在试验设计的术语中，琼脂块是培养皿内的**区组**或**窝组**（nested）。当观察单元是一个随机接受试验处理单元内的区组时，潜在的分层结构就会在数据中存在。应该指出的是，这种可能性是潜在的，在一些案例中，非分层结构数据的分析方法是可取的。例如，如果试验表明不同培养皿之间的差异可以忽略不计，那么我们在数据分析时就可以忽略数据的分层特性。这个决定有时是很困难的，需要统计学家给出建议。

分层数据结构问题对于试验设计和数据分析来说都具有重要的意义。我们应该选择合适的样本容量（n），以便决定试验是否包含了足够的重复。作为一个简单的例子，假设我们要进行如例 6.5.3 的孢子萌发试验，但是每个处理只有 1 个培养

* 另外一种方法，是将每一个培养皿中 10 个琼脂块的萌发孢子数和未萌发孢子数合并起来，计算萌发率。

皿而不是3个。假设研究中涉及3个处理，每个处理1个培养皿。采用这种设计方法，我们能从培养皿间的固有差异中区别出处理差异吗？答案是不能。处理间的差异以及培养皿间的差异将会相互混淆在一起。从表6.5.1中能够很容易地看到这种状况，也就是假设培养皿I、II和III接受不同的处理，并且我们也没有其他的数据。这样就很难提取处理间差异的有用信息，除非我们确信培养皿之间的差异是可以忽略的。

我们在6.4节已经知道，如何用SD的初始估计值来计算样本容量以达到预期的精度，也就是达到一定的SE。这些观点在分层数据结构的试验中也同样适用。例如，假设一位植物学家计划进行如例6.5.3的孢子萌发试验。如果决定每个培养皿取10个琼脂块，那么剩下的问题就是决定每个处理培养皿的数量了。这个问题我们用6.4节的知识可以解决，将培养皿作为试验单位，使用预先估计的不同培养皿之间的SD（例6.5.3中是9.65）。然而，如果希望每个培养皿的琼脂块数和每个处理的培养皿个数两个都是最优的，就需要请教统计学家了。

μ 置信区间有效性的条件

μ 的置信区间为$SE_{\bar{Y}}$做出了明确的数量上的解释。请注意，数据必须是来源于相关总体的随机样本。如果在抽样过程中有偏差，那么建立置信区间所依赖的抽样分布不再具有之前所说的特点：也就是偏态抽样的样本平均数不能提供总体平均数的信息。用 t 分布构建置信区间方法的有效性同样依赖于观察变量 Y 总体分布的形状。如果 Y 的总体服从正态分布，那么学生氏 t 分布的方法是**有效**（valid）的，也就是说，置信区间包含 μ 的概率就等于置信水平（如95%的置信水平）。同样，这也适用于近似正态分布的总体。即使总体分布不是正态分布，如果样本容量很大，我们也认为利用 t 分布的方法构建置信区间是有效的。即使总体分布不能假设为近似正态分布，我们也经常用这种方法来构建置信区间。

从实际应用来看，重要的问题是：为了使置信区间近似有效，样本容量必须是多大？可以肯定的是，这一问题的答案取决于总体分布非正态性的程度：如果总体的非正态性只是中等程度，那么 n 也不必很大。表6.5.2所示为从3个不同总体中抽样，利用 t 分布建立的置信区间包含总体 μ 的实际概率[27]。不同总体分布的形状图如图6.5.3所示。

表6.5.2 置信区间包含总体平均数的实际概率

(a) 95%置信区间

	样本容量						
	2	4	8	16	32	64	很大
总体1	0.95	0.95	0.95	0.95	0.95	0.95	0.95
总体2	0.94	0.93	0.94	0.94	0.95	0.95	0.95
总体3	0.87	0.53	0.57	0.80	0.88	0.92	0.95

(b) 99%置信区间

	样本容量						
	2	4	8	16	32	64	很大
总体1	0.99	0.99	0.99	0.99	0.99	0.99	0.99
总体2	0.99	0.98	0.98	0.98	0.99	0.99	0.99
总体3	0.97	0.82	0.60	0.81	0.93	0.96	0.99

图 6.5.3 3 个种总体分布

（a）正态分布
（b）向右轻度偏斜
（c）向右严重偏斜

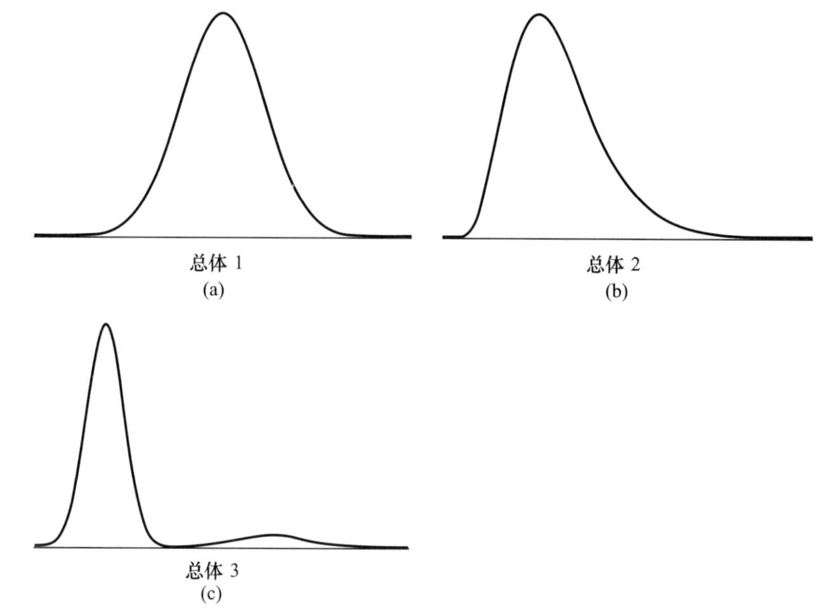

总体 1 是正态分布，总体 2 是中度偏态分布，总体 3 是高度偏态分布，即“L 形”分布（总体 2 和总体 3 已在 5.3 节中进行了讨论）。

对于总体 1，表 6.5.2 表明置信区间的方法对于所有样本容量都是非常有效的，即使 n=2 也同样有效。对于总体 2，这种方法近似有效，即使对相当小的样本也是近似有效的。对于总体 3，这种方法对于小样本几乎无效，而对于 n=64 以上的大样本才近似有效。总体来说，总体 3 是一个“糟糕的案例”。由于总体 3 的分布呈现一个特殊的形状，因此平均数并不能作为一个有意义的统计数。

条件概述

概括来讲，如果满足下列条件，可以用学生氏 t 分布方法构建 μ 的置信区间。

1. 试验研究设计中要满足的条件

（a）数据必须是来自于一个大总体的随机样本；

（b）样本中各个观察值之间必须是相互独立的。

2. 总体分布形状要满足的条件

（a）如果 n 小，总体分布必须为近似正态分布；

（b）如果 n 大，总体分布可以不是正态分布或近似正态分布。

上述条件中，数据来自于随机样本是最重要的条件。

上述条件 2（b）中需要的“大”，依赖于总体非正态性的程度（如例 6.5.3）。在很多实际情况下，中等大小的样本容量（也就是 n=20~30）就可以了。

条件的确认

实际上，我们前面所说的“条件”通常是“假定的”而不是已知的事实。然而，在给定条件下，核实这些条件是否合理是很重要的。

为了明确随机抽样模型是否适用一项特定研究，我们要详细检查试验设计，尤其是要注意试验材料的选择有可能带来的偏差，以及由于数据的分层结构而使得观察值之间不是相互独立的情况。

至于总体分布是不是近似正态分布，我们可以从之前类似数据的研究来进行判断。如果信息的来源仅仅就是手边的数据，那么就要用数据的直方图和正态概率图来粗略检查其正态性。但是，对于小样本或中等容量的样本，这样的检查是相当粗略的。例如，如果我们回看图 5.2.7，就会发现即使来自于正态分布总体的容量为 25 的样本，看起来也不是明确的正态分布*。当然，如果样本容量大，样本的直方图就能够很好地提供总体分布形状的信息。然而，如果 n 很大，那么正态性是否满足其实也并不重要了。

无论如何，粗略的检查总比不检查好一些，每次数据分析前都应先检查数据的分布图，尤其是要注意那些偏离分布中心较远的数据。

有时数据的直方图或正态概率图表明数据并不是来自正态总体。如果样本容量较小，那么学生氏 t 分布的方法并不能给我们一个有效的结果。然而，如果我们把数据转换成近似服从正态性，继而分析转换后的数据则是可行的。

例 6.5.4 泥沙沉积量

泥沙沉积量，也就是测量水中悬浮沉积物的量，可以作为河流水质的一个度量指标。泥沙沉积量的分布通常是一个偏态分布。然而，将每一个观察值取对数，转换后数据的分布很好地服从正态分布。图 6.5.4 所示为从俄亥俄州北部黑河采集水样的泥沙沉积量正态概率图，其采集数为 n=9d，水样中泥沙沉积量的单位以 mg/L 表示，（a）表示水样中泥沙沉积量的正态概率图，（b）是将数据取对数［即 ln（mg/L）］后的正态概率图[28]。

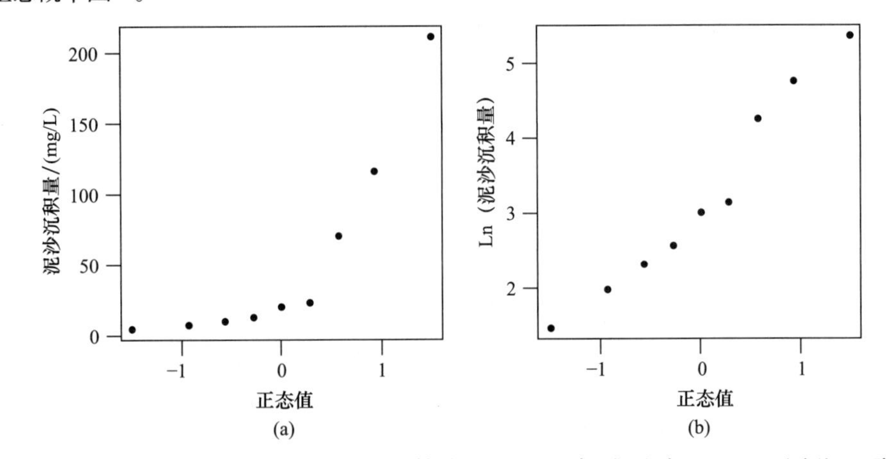

图 6.5.4 9d 采集黑河水样泥沙沉积量（mg/L）的正态概率图**

（a）以 mg/L 为单位

（b）以自然对数值［ln（mg/L）］为单位

泥沙沉积量的自然对数值的平均数为 $\bar{y}$=3.21，标准差为 s=1.33。因此，平均数的标准误为 $1.33/\sqrt{9}=0.44$。95% 置信区间中 t 临界值为 $t_{8,0.025}$=2.306。因此，μ 的 95% 的置信区间为：

$$3.21 \pm 2.306 \times 0.44$$

或者近似为：

$$3.21 \pm 1.01$$

也可以写作：

$$(2.20, 4.22)$$

* 我们可以通过一种更客观的方法如 4.4 节中的 Shapiro-Wilk 检验以图解的方法来判定正态性。

** 对原始数据用 Shapiro-Wilk 方法（见 4.4 节）进行正态性检验，得到 P 值为 0.0039，说明未转换的数据不服从正态分布。与之相比，将测定数据进行自然对数转换，Shapiro-Wilk 检验的 P 值为 0.6551，表明数据服从正态分布。当然我们也可将数据转换成以 10 为底的对数值。

因此，我们有 95% 的置信度保证黑河水样泥沙沉积量自然对数值的平均数在 2.20~4.22*。

练习 6.5.1—6.5.8

6.5.1 SGOT 是一种表示心肌受损后活力恢复的酶。在一项研究中，测定了 31 位病人接受心脏外科手术后 18h 血清中 SGOT 的活性[29]。平均数和标准差分别为 49.3U/L 和 68.3U/L。如果我们认为这 31 个观察值是来自同一总体中的样本，数据的哪些特征能够使我们怀疑总体分布不是正态分布？

6.5.2 树突树是由神经细胞体发出的分枝状结构。在一项大脑发育的研究中，研究者分析了 7 只成年豚鼠的脑组织。研究者随机选择了脑部一个特定区域的神经细胞，得到了这些神经细胞发出的树突分枝数量。研究中一共选择了 36 个细胞，结果如下所示[30]：

38	42	25	35	35	33	48	53	17
24	26	26	47	28	24	35	38	26
38	29	49	26	41	26	35	38	44
25	45	28	31	46	32	39	59	53

上述数据的平均数和标准差分别为 35.67 和 9.99。假定我们要构建总体平均数 95% 的置信区间。我们计算出标准误为：

$$SE_{\bar{Y}} = \frac{9.99}{\sqrt{36}} = 1.67$$

得到置信区间为：

$$35.67 \pm 2.042(1.67)$$

或者表示为：

$$32.3 < \mu < 39.1$$

（a）基于什么理由，我们要对上述分析提出质疑？（提示：这些观察值是不是相互独立的）

（b）以［15,20），［20,25）……进行分组，绘制数据分布的直方图。根据分布图的形状，能否支持上述（a）的质疑？如果支持，请解释原因。

6.5.3 在一项研究胰岛素分泌调节的试验中，以 7 只狗作为受试对象，对其迷走神经进行电刺激，采集电刺激前与电刺激后的血液样本。对于每一个个体来说，胰腺静脉血浆中免疫反应性胰岛素含量（μU/mL）的增加（电刺激后的值减去电刺激前的值）数据如下[31]：

30　100　60　30　130　1,060　30

对这些数据，用学生氏 t 分布的方法得出总体平均数 95% 的置信区间为：

$$-145 < \mu < 556$$

在这个案例中，学生氏 t 分布的方法是否合适？为什么？

6.5.4 在一项寄生虫 – 寄主关系的研究中，242 只地中海粉斑螟（*Ephestia*）的幼虫接受了来自姬蜂的寄生虫感染。下表所示为地中海粉斑螟幼虫个体中姬蜂的虫卵数[32]。

姬蜂虫卵数（y）	地中海粉螟幼虫个体数
0	21
1	77
2	52
3	41
4	23
5	13
6	9
7	1
8	2
9	0
10	2
11	0
12	0
13	0
14	0
15	1
总数	242

* 应该指出的是，我们建立的是泥沙沉积量对数值的总体平均数的置信区间。由于对数转换是非线性的，转换成对数后的平均数并不是原始数据平均数的对数值，因此，对这个置信区间的上下限进行反转换并不能将总体（原始数据）平均数的置信区间转换为初始的 mg/L 这一单位。然而，我们可以 $\exp(2.2+1.33^2/2)$ 和 $\exp[(4.22+1.33^2/2)]$ 得到一个近似的置信区间［这是基于对数正态分布（数据对数转换后呈钟形分布）的平均数是 $\exp(\mu+\mu^2/2)$］。

上述数据，$\bar{y}$ =2.368，s=1.950。用学生氏 t 方法构建了 μ 的 95% 置信区间，每只地中海粉螟幼虫体内姬蜂虫卵数的总体平均数为 $2.12< \mu <2.61$。

（a）Y 总体分布为近似正态分布的假设是否合理？解释其原因；

（b）根据（a）中的答案，基于何种原因你认为上述数据可以使用学生氏 t 方法。

6.5.5　下边的正态概率图所示为 9 棵美国梧桐直径的分布，以 cm 为单位[33]。

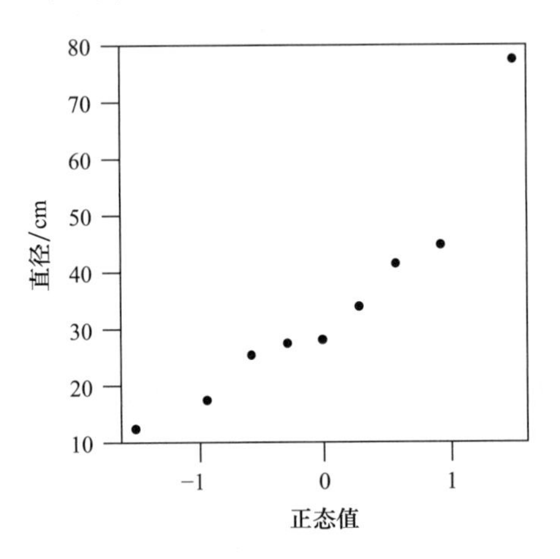

由于正态概率图不是线性的，说明在使用学生氏 t 方法构建置信区间之前需要进行数据转换。原始数据为：

12.4　44.8　28.2　77.6　34　17.5　41.5　25.5　27.5

（a）将观察值进行平方根转换，然后构建平均数 90% 的置信区间；

（b）解释（a）所建立的置信区间，也就是解释这些树木直径平方根的置信区间。

6.5.6　将菠菜细胞在细胞培养瓶中进行培养，研究了 4 种处理对菠菜细胞生长的影响。对于每个处理，研究者随机选择了 2 个培养瓶。处理一定时间后，将每个培养瓶中随机取 3 份样品（每份 1mL），测定了每份样品中的细胞密度，因此，每个处理就得到了 6 个细胞密度的测定值。在计算每个处理平均数的标准误时，研究者计算了 6 个测定值的标准差，并且用其除以$\sqrt{6}$。在计算标准误时，用这种方法计算为什么是有缺陷的？

6.5.7　在大豆品种试验中，采用盆栽方法将其种植于温室中，每个品种 10 株。植株收获时，每株随机选择 5 粒种子分别测定出油率。因此，每个品种就得到 50 个观察值。为了计算每一个品种平均数的标准误，研究者计算了 50 个观察值的标准差并除以$\sqrt{50}$。这样计算的合理性为什么是值得怀疑的？

6.5.8　在一项濒危植物保育计划中，总体为 255 株康登氏焦油植物（濒危）全部从当地移植到一个新的地方[34]。移植一年后，从 255 株中随机选择其中的 30 株测定了其根茎结合部（根的上部紧接表层土壤的部分）的直径。如果总体只是由这 255 种植株构成，解释为什么使用学生氏 t 分布的方法构建根茎结合部直径 μ 的置信区间不合理？

6.6　两个样本平均数的比较

在之前的内容，我们讨论了定量数据中一个样本的分析方法。然而，实际上，许多科学研究涉及来自不同总体的两个或多个样本的比较。当观察变量是数量型数据时，两个样本的比较主要包括以下方面：①平均数的比较；②标准差的比较；③分布形状的比较。在本节，实际上也是贯穿全书，重点强调的就是平均数的比较以及与转换有关的比较。为比较平均数，我们先讨论构建置信区间的方法，这部分也是 6.3 节的延伸，在第 7 章我们将会介绍假设检验的方法。

标注

图 6.6.1 所示为两个样本比较的标注。这种标注方式与我们之前的标注方法

是一样的，只是现在需要用下标（1 或者 2）来区分两个样本。两个“总体”可以是自然存在的总体（例 6.1.1），也可以是在一定试验条件下概念上的总体（例 6.3.4）。不论是哪一种，每个样本的数据都被看作是从相应总体中随机抽取的。

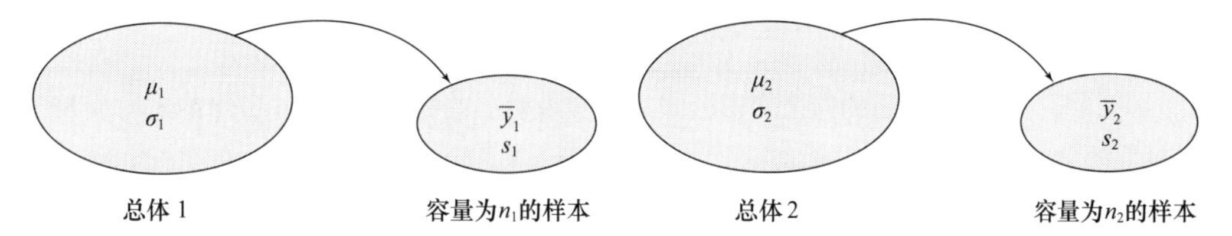

图 6.6.1 两个样本比较的标注

在下一节，我们将学习用于置信区间计算和假设检验的一些简单方法。

$(\bar{Y}_1-\bar{Y}_2)$ 的标准误

在这一节，我们要引入一个基本的统计数来比较两个样本：样本平均数差数的标准误。

基本概念

我们知道样本平均数$\bar{Y}$的精度可以用标准误来表示，其标准误为：

$$\mathrm{SE}_{\bar{Y}}=\frac{s}{\sqrt{n}}$$

为比较两个样本平均数，首先要考虑它们的差值：

$$\bar{Y}_1-\bar{Y}_2$$

这个差值可以作为（$\mu_1-\mu_2$）的估计值。为表示估计的抽样误差，我们需要知道样本平均数差数（$\bar{Y}_1-\bar{Y}_2$）的标准误。我们以下例进行说明。

例 6.6.1
肺活量

肺活量是一个人深吸气后所呼出的气体量。我们可能会认为铜管乐器演奏者肺活量的平均数要高于同年龄、同性别、同身高的其他人。在一项研究中，测定了 8 位铜管乐器演奏者和 7 位对照个体的肺活量。表 6.6.1 所示为该数据[35]。

样本平均数差数为：

$$\bar{y}_1-\bar{y}_2=4.83-4.74=0.09$$

我们知道$\bar{y}_1$和$\bar{y}_2$都受抽样误差的影响，因此其差值（0.09）也会受到抽样误差的影响。（$\bar{Y}_1-\bar{Y}_2$）的标准误表明了$\bar{Y}_1$和$\bar{Y}_2$差值的精度。

表 6.6.1 肺活量 单位：L

	铜管乐器演奏者	对照
	4.7	4.2
	4.6	4.7
	4.3	5.1
	4.5	4.7
	5.5	5.0
	4.9	
	5.3	
n	7	5
$\bar{y}$	4.83	4.74
s	0.435	0.351

定义

$\bar{Y}_1-\bar{Y}_2$ 的标准误（standard error of $\bar{Y}_1-\bar{Y}_2$）为：

$$SE_{(\bar{Y}_1-\bar{Y}_2)}=\sqrt{\frac{s_1^2}{n_1}+\frac{s_2^2}{n_2}}$$

下面的这个变形公式进一步说明了差数的 SE 与各自样本平均数 SE 的关系：

$$SE_{(\bar{Y}_1-\bar{Y}_2)}=\sqrt{SE_1^2+SE_2^2}$$

这里，

$$SE_1=SE_{\bar{Y}_1}=\frac{s_1}{\sqrt{n_1}}$$

$$SE_2=SE_{\bar{Y}_2}=\frac{s_2}{\sqrt{n_2}}$$

注意 这个变形公式表明“标准误以勾股定理的形式相加”。当我们有两个独立样本时，我们可以得到各个样本平均数的标准误，将其平方后再相加，然后计算其和的平方根。图 6.6.2 所示为这一方法。

图 6.6.2 平均数差数的 SE

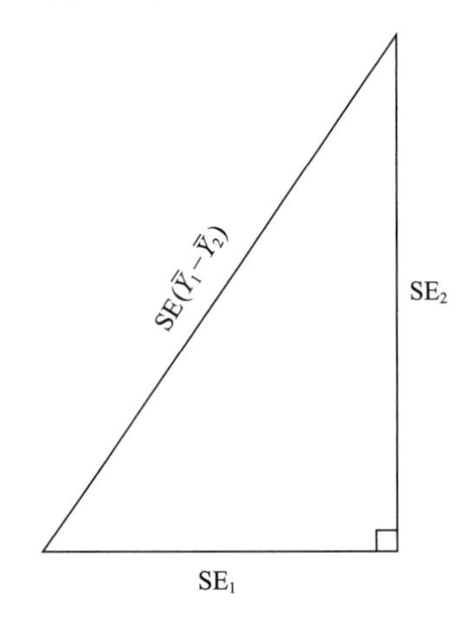

计算差数 SE 时，我们在公式 $SE_{(\bar{Y}_1-\bar{Y}_2)}=\sqrt{SE_1^2+SE_2^2}$ 中是加而不是减，这也许有些奇怪。然而，正如我们在 3.5 节中讨论的，差数的变异依赖于每一部分的变异。不论我们是$\bar{Y}_1+\bar{Y}_2$，还是$\bar{Y}_1-\bar{Y}_2$，与$\bar{Y}_2$有关的干扰（如 SE_2）都增加了整体的不确定性。$\bar{Y}_2$的变异越大，$\bar{Y}_1-\bar{Y}_2$ 的变异也就越大。公式 $SE_{(\bar{Y}_1-\bar{Y}_2)}=\sqrt{SE_1^2+SE_2^2}$ 表明了这种变异性。

我们以下面的例子来说明公式。

例 6.6.2 肺活量 对于肺活量数据，初始的计算结果见表 6.6.2。

表 6.6.2 肺活量数据计算结果

	铜管乐器演奏者	对照
s^2	0.1892	0.1232
n	7	5
SE	0.164	0.157

（$\bar{Y}_1-\bar{Y}_2$）的 SE 为：

$$SE_{(\bar{Y}_1-\bar{Y}_2)}=\sqrt{\frac{0.1892}{7}+\frac{0.1232}{5}}=0.227\approx 0.23$$

也就是：

$$0.227=\sqrt{(0.164)^2+(0.157)^2}$$

由此可以知道平均数差数的 SE 小于两个平均数 SE 的和，大于其中任何一个平均数的 SE。

例 6.6.3
扁桃腺摘除术

以需要摘除扁桃腺的儿童为研究对象，将传统外科手术和射频消融辅助囊内扁桃腺摘除术进行比较。研究中一项关键的度量指标是手术后 4d 的疼痛值，分值范围为 0~10。表 6.6.3 所示为两组疼痛分值的平均数和标准差[36]。

表 6.6.3　疼痛值

	手术类型	
	传统手术	射频消融
平均数	4.3	1.9
SD	2.8	1.8
n	49	52

表 6.6.3 中的数据表明，接受传统手术的 49 位儿童术后 4d 疼痛值的标准差为 2.8。因此，传统手术疼痛值平均数的 SE 为 $2.8/\sqrt{49}=0.40$。接受射频消融手术的 52 位儿童，其 SD 是 1.8，得到其平均数的 SE 为 $1.8/\sqrt{52}=0.2496$。两个平均数差数的标准误为 $\sqrt{0.40^2+0.25^2}=0.4717\approx 0.47$。

合并标准误（选修）

前述的标准误通常被认为是“非合并的”标准误。许多统计软件包允许用户指定使用“合并”标准误，下面我们对其简要介绍。

我们知道标准差 s 的平方，也就是样本方差 s^2，定义：

$$s^2=\frac{\sum(\bar{y}_i-\bar{y})^2}{n-1}$$

合并方差是第一个样本的方差 s_1^2 和第二个样本方差 s_2^2 的加权平均数，权数为每一个样本的自由度，也就是 n_i-1：

$$s^2_{合并}=\frac{(n_1-1)s_1^2+(n_2-1)s_2^2}{(n_1-1)+(n_2-1)}=\frac{(n_1-1)s_1^2+(n_2-1)s_2^2}{(n_1+n_2-2)}$$

合并标准误定义为：

$$SE_{合并}=\sqrt{s^2_{合并}\left(\frac{1}{n_1}+\frac{1}{n_2}\right)}$$

我们举例说明。

例 6.6.4
肺活量

对于肺活量数据，我们得到 s_1^2=0.1892，s_2^2=0.1232。合并方差为：

$$s^2_{合并}=\frac{(7-1)0.1892+(5-1)0.1232}{(7+5-2)}=0.1628$$

合并 SE 为：

$$SE_{合并}=\sqrt{0.1628\left(\frac{1}{7}+\frac{1}{5}\right)}=0.236$$

从例 6.6.2 我们知道，对于相同的数据来说，未合并的 SE 为 0.227。

如果样本容量相等（$n_1=n_2$）或者样本标准差相等（$s_1=s_2$），那么未合并与合并的方法将得到同样的$SE_{(\bar{Y}_1-\bar{Y}_2)}$。如果样本容量和样本 SD 差异不是很大时，两种方法计算出的结果不会有太大区别。

为比较两个 SE 的计算公式，我们将它们写出来：

$$SE_{(\bar{Y}_1-\bar{Y}_2)}=\sqrt{\frac{s_1^2}{n_1}+\frac{s_2^2}{n_2}}$$

和

$$SE_{合并}=\sqrt{\frac{s_{合并}^2}{n_1}+\frac{s_{合并}^2}{n_2}}$$

在合并方差的方法中，两个方差 s_1^2 和 s_2^2 被一个合并的方差 $s_{合并}^2$代替，而 $s_{合并}^2$是由两个样本计算出来的。

合并 SE 和未合并 SE 具有相同的作用，都是用来估计（$\bar{Y}_1-\bar{Y}_2$）抽样分布的标准差。实际上，标准差为：

$$\sigma_{(\bar{Y}_1-\bar{Y}_2)}=\sqrt{\frac{\sigma_1^2}{n_1}+\frac{\sigma_2^2}{n_2}}$$

可以看出这个公式与$SE_{(\bar{Y}_1-\bar{Y}_2)}$ 公式很相似。

如果样本容量不相等（$n_1\neq n_2$），在分析数据计算标准误时就需要考虑是否使用合并的方法。选择何种方法，依赖于我们是否假设总体 SD（σ_1 和 σ_2）是否相等。如果 $\sigma_1=\sigma_2$，我们应该采用合并的方法，因为在这种情况下，合并的标准差 $s_{合并}$是总体 SD 的最优估计值。然而，在这种情况下，未合并的方法得到的 SE 与合并方法得到的 SE 非常相近。如果 $\sigma_1\neq\sigma_2$，则应采用不合并的方法，因为在这种情况下，合并的标准差 $s_{合并}$并不是 σ_1或者 σ_2 的估计值，因此合并的方法不适用。当 $\sigma_1=\sigma_2$ 时，这两种方法本质上是一致的，当 $\sigma_1\neq\sigma_2$ 时，合并的方法并不适用，因此多数统计学者更倾向于使用不合并的方法。当适用合并方法时，采用合并方法并不能得到更多的信息，但是当合并方法不适用而我们采用时，则会失去很多信息。许多统计软件将未合并的方法设为默认方法，用户如果希望合并方差，就需要明确选择使用合并的方法。

练习 6.6.1—6.6.9

6.6.1 两个样本的数据结果如下所示：

	样本 1	样本 2
n	6	12
$\bar{y}$	40	50
s	4.3	5.7

计算（$\bar{Y}_1-\bar{Y}_2$）的标准误。

6.6.2 计算下列数据（$\bar{Y}_1-\bar{Y}_2$）的标准误：

	样本 1	样本 2
n	10	10
$\bar{y}$	125	217
s	44.2	28.7

6.6.3 计算下列数据（$\bar{Y}_1-\bar{Y}_2$）的标准误：

	样本 1	样本 2
n	5	7
$\bar{y}$	44	47
s	6.5	8.4

6.6.4 考察练习 6.6.3 的数据。如果样本容量加倍，而平均数和 SD 保持不变，如下表所示，计算$\bar{Y}_1-\bar{Y}_2$的标准误。

	样本 1	样本 2
n	10	14
$\bar{y}$	44	47
s	6.5	8.4

6.6.5 两个样本的数据如下：

	样本 1	样本 2
$\bar{y}$	96.2	87.3
SE	3.7	4.6

计算（$\bar{Y}_1-\bar{Y}_2$）的标准误。

6.6.6 由两个样本的数据得到如下结果：

	样本 1	样本 2
n	22	21
$\bar{y}$	1.7	2.4
SE	0.5	0.7

计算（$\bar{Y}_1-\bar{Y}_2$）的标准误。

6.6.7 例 6.6.3 报道了儿童摘除扁桃腺后的疼痛值测量指标。研究中另一个测量指标是两组儿童泰诺林的使用剂量。数据如下：

	手术类型	
	传统手术	射频消融
n	49	52
$\bar{y}$	3.0	2.3
SD	2.4	2.0

计算（$\bar{Y}_1-\bar{Y}_2$）的标准误。

6.6.8 两种莴苣在给定的环境下生长 16d。下表所示为两个品种莴苣的叶片干重（以 g 表示）。其中“Salad Bowl”品种测定了 9 株，“Bibb”品种测定了 6 株，数据如下[37]。

	Salad Bowl	Bibb
	3.06	1.31
	2.78	1.17
	2.87	1.72
	3.52	1.20
	3.81	1.55
	3.60	1.53
	3.30	
	2.77	
	3.62	
$\bar{y}$	3.259	1.413
s	0.400	0.220

由这些数据计算（$\bar{Y}_1-\bar{Y}_2$）的标准误。

6.6.9 一些肥皂制造商销售一种抗菌皂。然而，人们也许会认为普通的肥皂也能杀死细菌。为了研究这一问题，研究者准备了普通的非抗菌皂溶液，以无菌水溶液作为对照。两种溶液置于有盖培养皿内，并分别添加大肠杆菌（*E.coli*）。培养 24h 后，计数每个培养皿中的细菌菌落[38]。数据列于下表中。

	对照（第 1 组）	普通肥皂（第 2 组）
	30	76
	36	27
	66	16
	21	30
	63	26
	38	46
	35	6
	45	
n	8	7
$\bar{y}$	41.8	32.4
s	15.6	22.8
SD	5.5	8.6

由这些数据计算（$\bar{Y}_1-\bar{Y}_2$）的标准误。

6.7 （$\mu_1-\mu_2$）的置信区间

比较两个样本平均数的方法之一是构建总体平均数差数的置信区间，也就是（$\mu_1-\mu_2$）的置信区间。本章已经介绍了一个正态分布总体μ的95%置信区间为：

$$\bar{y} \pm t_{0.025}\mathrm{SE}_{\bar{Y}}$$

由此可以推出，（$\mu_1-\mu_2$）95%的置信区间为：

$$(\bar{y}_1 - \bar{y}_2) \pm t_{0.025}\mathrm{SE}_{(\bar{Y}_1-\bar{Y}_2)}$$

临界值$t_{0.025}$可以由学生氏t分布得出，自由度为*：

$$\mathrm{df} = \frac{(\mathrm{SE}_1^2 + \mathrm{SE}_2^2)^2}{\mathrm{SE}_1^4/(n_1-1) + \mathrm{SE}_2^4/(n_2-1)} \quad (6.7.1)$$

此处，$\mathrm{SE}_1 = s_1/\sqrt{n_1}$，$\mathrm{SE}_2 = s_2/\sqrt{n_2}$。

当然，由式（6.7.1）计算自由度，非常复杂且浪费时间。多数计算机软件利用一些图形计算器来计算式（6.7.1）。获得近似自由度的一个简单方法是使用（n_1–1）和（n_2–1）中比较小的那个值。通过这种方法得到的置信区间是保守的，因为当使用$t_{0.025}$作为临界值时，真正的置信水平略高于95%。第三种方法是以n_1+n_2-2作为自由度的近似值。这种方法稍微随便一些，是因为使用$t_{0.025}$作为临界值时，真正的置信水平略低于95%。

由此可以类推使用其他置信系数构建置信区间，例如，构建90%的置信区间，我们就需要使用$t_{0.05}$代替$t_{0.025}$。

下面例子说明（$\mu_1-\mu_2$）置信区间的构建。

例6.7.1 速生植物

油菜（*Brassica campestris*）是威斯康星州一种快速生长的植物，因其生长周期快而被作为试验材料以研究环境因素对植物生长的影响。在一项研究中，对7株油菜用嘧啶醇（ancy）进行处理，而另外8株则以清水处理作为对照。生长14d后，测量植株的高度，以cm表示[39]。数据见表6.7.1。

表6.7.1 对照组和嘧啶醇（ancy）处理组植株生长14d的高度 单位：cm

	对照（第1组）	嘧啶醇（第2组）
	10.0	13.2
	13.2	19.5
	19.8	11.0
	19.3	5.8
	21.2	12.8
	13.9	7.1
	20.3	7.7
	9.6	
n	8	7
$\bar{y}$	15.9	11.0
s	4.8	4.7
SE	1.7	1.8

* 严格地讲，此处用来构建置信区间所需要的分布取决于未知总体的标准差σ_1和σ_2，而不是学生氏t分布。然而，式（6.7.1）所得到自由度下的学生氏t分布是一个很好的近似方法。这就是我们所知道的Welch方法和Satterthwaite方法。

平行点线图和正态概率图（图 6.7.1）表明两个样本分布都是对称的钟形。并且，由于高度的分布通常服从正态分布，我们预期植株高度的分布也呈正态分布。点线图表明嘧啶醇组的分布低于对照组的分布，样本平均数差数为 15.9−11.0=4.9。平均数差数的 SE 为：

$$SE_{(\bar{Y}_1-\bar{Y}_2)}=\sqrt{\frac{4.8^2}{8}+\frac{4.7^2}{7}}=2.46$$

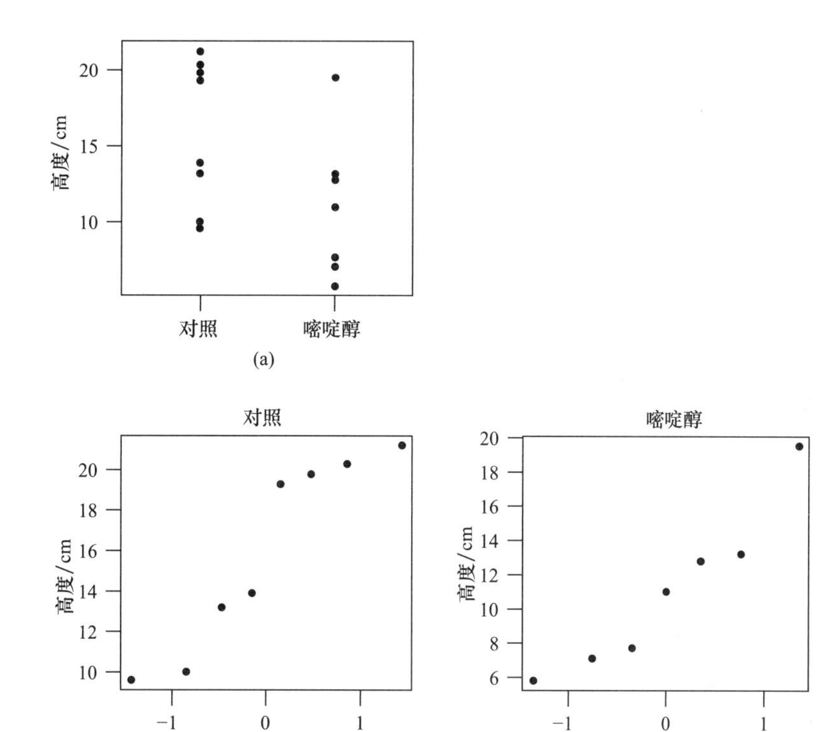

图 6.7.1 （a）平行点线图；（b）对照组速生植物高度的正态概率图和（c）嘧啶醇组速生植物高度的正态概率图

利用式（6.7.1），我们得到自由度为 12.8：

$$df=\frac{(1.7^2+1.8^2)^2}{1.7^4/7+1.8^4/6}=12.8$$

通过计算机计算，我们知道 95% 置信区间中自由度为 12.8 时 t 值为 $t_{12.8,0.025}$=2.164（如果没有计算机，我们可以将自由度近似为 12，在这种情况下，t 值为 2.179。自由度由 12.8 变为 12，对最终的答案影响很小）。

由此给出置信区间的式子：

$$(15.9-11.0)\pm(2.164)(2.46)$$

或者写为：

$$4.9\pm5.32$$

（$\mu_1-\mu_2$）95% 的置信区间为：

$$(-0.42,10.22)$$

也可以近似为：

$$(-0.4,10.2)$$

因此，我们有 95% 的置信度保证速生植物接受水处理生长 14d 后植株高度总体平均数（μ_1）与嘧啶醇处理组平均数（μ_2）相比，最少低 0.4cm，最多高 10.2cm。

例 6.7.2 速生植物

我们说构建平均数差数置信区间的保守方法是使用（n_1-1）和（n_2-1）中比较小的那个值作为自由度。对于例 6.7.1 中的数据，如果使用这种方法，则自由度为 6，t 值为 2.447。在这种情况下，（$\mu_1-\mu_2$）95% 的置信区间为：

$$(15.9-11.0)\pm(2.447)(2.46)$$

即：

$$4.9\pm6.02$$

（$\mu_1-\mu_2$）95% 的置信区间为：

$$(-1.1,10.9)$$

用这种方法构建的置信区间相对保守一些，因为这个区间比例 6.7.1 中所建立的区间要宽。

例 6.7.3 胸腔质量

生物学家推断雄性黑脉金斑蝶的胸腔平均数比雌性大。测量 7 只雄性和 8 只雌性黑脉金斑蝶数据，所得出结果如表 6.7.2 和图 6.7.2 所示（这些数据来自例 6.1.1 研究中的另一部分）。

表 6.7.2 胸腔质量 单位：mg

	雄性	雌性
	67	73
	73	54
	85	61
	84	63
	78	66
	63	57
	80	75
		58
n	7	8
$\bar{y}$	75.7	63.4
s	8.4	7.5
SE	3.2	2.7

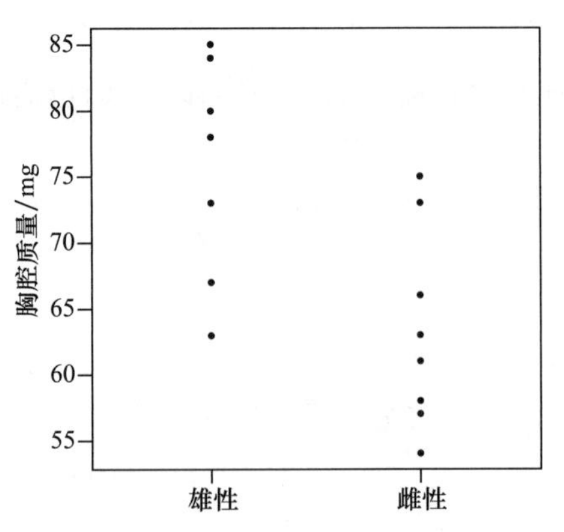

图 6.7.2 胸腔质量的平行点线图

由表 6.7.2 的数据，得到（$\bar{Y}_1-\bar{Y}_2$）的 SE：

$$SE_{(\bar{Y}_1-\bar{Y}_2)}=\sqrt{\frac{8.4^2}{7}+\frac{7.5^2}{8}}=4.14$$

由式（6.7.1），计算自由度：

$$df=\frac{(3.2^2+2.7^2)^2}{\frac{3.2^4}{6}+\frac{2.7^4}{7}}=12.3$$

对于 95% 的置信区间，t 值为 $t_{12.3,0.025}$=2.173（我们也可以将自由度近似为 12，这种情况下 t 的系数为 2.179。自由度 12.3 改变为 12，对最终结果的影响很小）。置信区间的式子如下：

$$(75.7-63.4)\pm(2.173)(4.14)$$

或者写为：

$$12.3\pm9.0$$

（$\mu_1-\mu_2$）95% 置信区间为：

$$(3.3,21.3)$$

根据这个置信区间，我们有 95% 的置信度保证雄性黑脉金斑蝶胸腔重量的总体平均数（μ_1）比雌性（μ_2）最少重 3.3mg，最多重 21.3mg。

同样，对于 90% 的置信区间，t 值为 $t_{12.3,0.05}$=1.779。置信区间为：

$$(75.7-63.4)\pm(1.779)(4.14)$$

或者写为：

$$12.3\pm7.4$$

（$\mu_1-\mu_2$）90% 置信区间为：

$$(4.9,19.7)$$

根据这个置信区间，我们有 90% 的置信度保证雄性黑脉金斑蝶胸腔重量的总体平均数（μ_1）比雌性（μ_2）最少重 4.9mg，最多重 19.7mg。

有效性的条件 在 6.5 节中，我们描述了平均数置信区间有效性的条件：①数据应该是一个随机样本；②数据应该来自于正态分布总体。同样，当比较两个平均数时，这两个样本应该是来自于正态分布总体的两个相互独立的随机样本。如果样本容量大，正态性这一条件就不一定必须满足（根据中心极限定理）。

练习 6.7.1—6.7.14

6.7.1 表 6.6.3 中数据来自两种手术类型的比较。接受传统扁桃腺摘除术的 49 位儿童的平均疼痛值为 4.3，SD 为 2.8。接受射频消融辅助囊内扁桃腺摘除术的 52 位儿童疼痛值的平均数和 SD 分别为 1.9 和 1.8。根据这些数据，计算两种手术类型疼痛值总体平均数差数 95% 的置信区间［注：根据式（6.7.1）得出上述数据的自由度为 81.1］。

6.7.2 阿魏酸是一种复合物，在玉米抗病性方面有着重要的作用。一位植物学家测定了种植于黑暗和光照 / 黑暗交替环境下玉米幼苗中的水溶性阿魏酸含量。结果（以每克组织所含阿魏酸的纳摩尔数表示）见下表[40]。

	黑暗	光周期
n	4	4
−	92	115
s	13	13

（a）构建两种光照环境下水溶性阿魏酸含量差值 95% 的置信区间（假设数据来自于两个正态分布总体）。［注：根据式（6.7.1）得出上述数据的自由度为 6。］

（b）重复（a），构建两种光照环境下水溶性阿魏酸含量差数 90% 的置信区间。

6.7.3（练习 6.7.2 的继续） 根据练习 6.7.2（a）的结果，填空："我们有 95% 的置信度保证总体平均数差数最小为____nmol/g。"

6.7.4 为了研究以生物反馈和冥想为主要内容的放松训练是否有利于降低高血压，受试个体随机地分在生物反馈组和对照组，生物反馈组接受了 8 周的训练。下表所示为 8 周后收缩压的降低值（单位：mmHg）[41]。[注：根据式（6.7.1）得出这些数据的自由度为 190]

	生物反馈组	对照组
n	99	93
$\bar{y}$	13.8	4.0
SE	1.34	1.30

（a）构建平均数差数 95% 的置信区间；
（b）根据上下文解释（a）所得的置信区间。

6.7.5 考察练习 6.7.4 的数据，假设我们认为血压数据不是来自正态分布。这是否意味着练习 6.7.3 所得置信区间是无效的？解释其原因。

6.7.6 凝血时间是血液凝固能力的一项度量指标。测定了 10 只抗生素处理后的老鼠和 10 只对照组老鼠的凝血时间（单位：s）如下[42]：

	抗生素组	对照组
n	10	10
$\bar{y}$	25	23
s	10	8

（a）构建总体平均数差数 95% 的置信区间（假定数据来自于两个正态分布总体）。[注：根据式（6.7.1）得出上述数据的自由度为 17.2。]
（b）为什么（a）中的数据的分布是正态分布的假设很重要？
（c）根据上下文解释（a）中的置信区间。

6.7.7 下表所示为黑色丽蝇注射帕吉林和盐水（对照）之后蔗糖的消耗量（以 30min 后的毫克数表示）[43]：

	对照组	帕吉林组
n	900	905
$\bar{y}$	14.9	46.5
s	5.4	11.7

（a）构建总体平均数差数 95% 的置信区间。[注：根据式（6.7.1）得出上述数据的自由度为 1，274]
（b）重复（a），构建总体平均数差数 99% 的置信区间。

6.7.8 在摩门蟋蟀（*Anabrus simplex*）求偶行为的野外调查研究中，生物学家观察到在配对之前一些雌性求偶成功而另一些则被雄性个体拒绝。由此，生物学家提出疑问，是不是身体大小在求偶成功中有一定的作用。下表所示为求偶成功和失败两组雌性个体头部宽度（单位：mm）[44]。

	成功	失败
n	22	17
$\bar{y}$	8.498	8.440
s	0.283	0.262

（a）构建总体平均数差数 95% 的置信区间[注：根据式（6.7.1）得出上述数据的自由度为 35.7]。
（b）根据上下文解释（a）中所得的置信区间。
（c）有无明显证据表明求偶成功的雌性个体头部宽度总体平均数高于求偶失败的雌性个体？用（a）所得的置信区间解释该答案。

6.7.9 在评价饮食对血压影响的试验中，154 位成年人接受富含水果和蔬菜的饮食，另外 154 位成年人接受标准饮食。研究开始时测量了这 308 位个体的血压值。8 周后，再次测定了这 308 位成年人的血压值，记录了每一个体血压值的变化。富含水果和蔬菜组个体收缩压比标准饮食组平均高 2.8mmHg。两组总体平均数差数 97.5% 的置信区间为（0.9，4.7）[45]。请解释这一置信区间，也就是解释区间中数值的含义（参见例 6.7.1 和例 6.7.3）。

6.7.10 考察练习 6.7.9 中的试验研究。对于同样的个体，富含水果和蔬菜组个体舒张压比标准饮食组平均高 1.1mmHg。总体平均数差数 97.5% 的置信区间为（-0.3，2.4）。请解释这一置信区间，也就是解释区间中数值的含义（参见例 6.7.1 和例 6.7.3）。

6.7.11 研究者对咖啡因对心率影响的短期效应非常感兴趣。有一批志愿者参与了测试，研究者测量了他们安静状态下的心率。然后，让他们每人饮用了 6oz 的咖啡。其中，9 人所饮用的咖啡中含有咖啡因，11 人所饮用的咖啡中不含有咖啡因。10min 后，再次测量他们的心率。下表所示为心率的变化数据，正数表示心率增加，负数表示心率降低[46]。

	含咖啡因	不含咖啡因
	28	26
	11	1
	–3	0
	14	–4
	–2	–4
	–4	14
	18	16
	2	8
	2	0
		18
		–10
n	9	11
$\bar{y}$	7.3	5.9
s	11.1	11.2
SE	3.7	3.4

（a）根据这些数据构建含咖啡因咖啡影响心率变化与不含咖啡因咖啡影响心率变化总体平均数差数 90% 的置信区间。[注：根据式（6.7.1）得出上述数据的自由度为 17.3]

（b）根据（a）所得到的置信区间，是否能够认为咖啡因不会影响心率?

（c）根据（a）所得到的置信区间，是否能够认为咖啡因会影响心率? 如果认为咖啡因会影响心率，影响的程度如何?

（d）你所得出的（b）和（c）的答案矛盾吗? 解释其原因。

6.7.12 考察练习 6.7.11 中的试验数据。如果每组的观察数目比较少，练习 6.7.11 所得到的置信区间只有在总体分布为正态分布时有效。这里，正态分布条件是否合理? 用适当的图形对答案进行解释。

6.7.13 研究者调查了红光和绿光对豆科植物生长速率的影响。下表所示为种子萌发 2 周后从地表到第一分枝的高度（单位：in）[47]。用这些数据构建红光和绿光条件下豆科植物生长高度总体平均数差数 95% 的置信区间［注：根据式（6.7.1）得出这些数据的自由度为 38］。

	红光	绿光
	8.4	8.6
	8.4	5.9
	10.0	4.6
	8.8	9.1
	7.1	9.8
	9.4	10.1
	8.8	6.0
	4.3	10.4
	9.0	10.8
	8.4	9.6
	7.1	10.5
	9.6	9.0
	9.3	8.6
	8.6	10.5
	6.1	9.9
	8.4	11.1
	10.4	5.5
		8.2
		8.3
		10.0
		8.7
		9.8
		9.5
		11.0
		8.0
n	17	25
$\bar{y}$	8.36	8.94
s	1.50	1.78
SE	0.36	0.36

6.7.14 练习 6.7.13 中的数据尤其是红光组的数据，其分布是偏态分布。这是否意味着练习 6.7.13 所构建的置信区间是无效的? 无论是否有效，解释其原因。

6.8 展望与总结

在这一节，我们将第6章的单个样本数据的观点和分析方法与其他章节的相关内容进行联系。同时，我们对第6章的方法进行总结。

抽样分布和数据分析

$\overline{Y}$ 抽样分布理论（5.3节）要求总体参数 μ 和 σ 都是已知的，而实际中我们并不确定两者的具体数值。在第6章，我们知道如何通过样本提供的信息推断 μ 和（$\mu_1-\mu_2$），并且能够估计推断的精度。这样，抽样分布理论就能给出数据分析的实际方法。

在后续章节中，我们将学习较为复杂的数据分析法。每种方法都来自于一个合适的抽样分布；然而，在大多数情况下，我们并没有详细地研究抽样分布。

置信水平的选择

在说明置信区间的方法中，我们经常选择的是95%置信水平。然而，我们应该知道，置信水平是可以任选的。在实际中，我们确实经常选择95%作为置信水平，但选择其他置信水平如80%也是正确的。

其他方法的特征

这一章我们主要讨论了总体平均数 μ 和总体平均数差数（$\mu_1-\mu_2$）的估计方法。在一些情况下，我们也可能希望估计总体的其他参数，如总体比例（将在第9章讨论）。本章的方法可以扩展到一些复杂的情况；例如，评价度量技术时，我们的关注点是技术的重复性，这可以用重复度量的标准差来表示。另一个例子，在定义健康的界限时，医学研究者希望能估计某总体血清胆固醇含量第95个百分位。正如平均数的精度可以由标准误或者置信区间表示，我们也可以用统计学的方法来明确总体标准差或者第95个百分位等参数估计的精度。

估计方法总结

为方便查阅，我们将本章介绍的置信区间构建的方法列于下框中。

平均数的标准误

$$SE_{\overline{Y}}=\frac{s}{\sqrt{n}}$$

μ 的置信区间

95% 置信区间：$\bar{y}\pm t_{0.025}SE_{\overline{Y}}$

t 的临界值 $t_{0.025}$ 可由 $df=n-1$ 的 t 分布得到。

类似地，也可得出其他置信水平（如90%、99%等）的区间（用 $t_{0.05}$，$t_{0.005}$ 等）。

下列条件下，置信区间公式是有效的：①数据是来自于一个大总体的随机样本；②观察值是独立的；③总体是正态分布。如果 n 比较大，条件；③不太重要。

$\bar{y}_1-\bar{y}_2$ 的标准误

$$\mathrm{SE}_{(\bar{Y}_1-\bar{Y}_2)}=\sqrt{\frac{s_1^2}{n_1}+\frac{s_2^2}{n_2}}=\sqrt{\mathrm{SE}_1^2+\mathrm{SE}_2^2}$$

$\mu_1-\mu_2$ 的置信区间

95% 的置信区间为：

$$(\bar{y}_1-\bar{y}_2)\pm t_{0.025}\mathrm{SE}_{(\bar{Y}_1-\bar{Y}_2)}$$

临界 $t_{0.025}$ 可由 t 分布得到，其自由度为：

$$\mathrm{df}=\frac{(\mathrm{SE}_1^2+\mathrm{SE}_2^2)^2}{\mathrm{SE}_1^4/(n_1-1)+\mathrm{SE}_2^4/(n_2-1)}$$

此处 $\mathrm{SE}_1=s_1/\sqrt{n_1}$， $\mathrm{SE}_2=s_2/\sqrt{n_2}$。

类似地，其他置信度（如 90%、99% 等）的置信区间（用 $t_{0.05}$、$t_{0.005}$ 等）。

下列条件下，置信区间公式是有效的：①数据来自于两个相互独立的随机样本；②每个样本内的观察值是相互独立的；③每个总体都是正态分布。如果 n 比较大，条件③不太重要。

补充练习 6.S.1—6.S.20

6.S.1 为了研究血液中亚硝酸盐转化为硝酸盐，研究者选择了 4 只兔子，对其注射了放射性标记的亚硝酸盐分子。注射 10min 后，测定了每只兔子体内转化为硝酸盐的亚硝酸盐百分数。结果如下[48]：

51.1　55.4　48.0　49.5

（a）对这些数据，计算平均数、标准差和平均数的标准误；

（b）构建总体平均百分数 95% 的置信区间；

（c）不进行任何计算，能否判断 99% 的置信区间是比（b）所建立的置信区间宽、窄还是相等？为什么？

6.S.2 小麦茎秆的直径是一项重要的度量指标，因为它与其茎秆的破损密切相关，而茎秆的破损直接影响小麦的收获。一位农学家测量了 8 株红皮软粒冬小麦“Tetrastichon”花后 3 周的茎秆直径。数据（单位：mm）如下[49]：

2.3　2.6　2.4　2.2　2.3　2.5　1.9　2.0

数据的平均数和标准差分别为 2.275 和 0.238。

（a）计算平均数的标准误；

（b）构建总体平均数 95% 的置信区间；

（c）用语言解释（b）中估计的总体平均数（参见例 6.1.1）。

6.S.3 参阅练习 6.S.2。

（a）需要满足置信区间有效性的条件是什么？

（b）这些条件满足吗？你是如何知道的？

（c）这些条件中，哪个最重要？

6.S.4 参阅练习 6.S.2。假设 8 株数据是预试验数据，现在农学家希望重新设计一个试验，期望平均数的标准误仅为 0.33mm。那么在这项研究中，他应该测量多少个植株？

6.S.5 20 只果蝇（*Drosophila melanogaster*）幼虫在 37℃条件下培养 30min。从理论上来说，在这样的温度下位于果蝇唾液腺的多线染色体会解体，在显微镜下可以看到染色体臂上产生的突起。下面的正态概率图表明，这些突起的分布符合正态分布[50]。20 个突起观察值的平均数和标准差分别为 4.3 和 2.03。

（a）构建 μ 的 95% 置信区间；

（b）根据上下文，描述 μ 的含义，也就是，（a）所得到的置信区间是哪个统计数的置信区间？

（c）正态概率图表明水平线上的点呈线性，这种类型数据呈现这种特征奇怪吗？解释其原因。

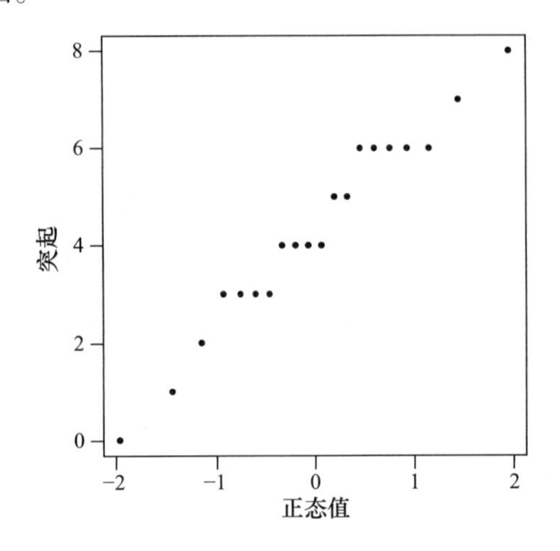

6.S.6　调查了1353名女性9个月以上的月经周期时间。第一个周期的平均时间是28.86d，标准差为4.24d[51]。

（a）构建月经周期总体平均数99%的置信区间；

（b）环境节律会影响生物周期，因此我们可以按照农历月的长度假设月经周期的总体平均数为29.5d。（a）所构建的置信区间与这个假设是否一致？

6.S.7　参阅练习6.S.6中月经周期的数据。

（a）在研究的整个时间段内，我们得到了12,247个月经周期数据。对这12,247个数据，我们得到平均数为28.22d。解释为什么我们预期这个平均数会低于练习6.S.6所得到的平均数（28.86）。（提示：如果每个女性的数据都是固定的，哪些个体对全部12247个值影响较大）

（b）我们以每一个女性前四个周期的数据来代替练习6.S.6中第一个周期的数据，这样我们得到1353×4=5412个观察值。由此可以计算出这5412个数据的平均数和标准差，以SD除以$\sqrt{5412}$得到标准误。这样得到的标准误要比练习6.S.5得到的标准误要小很多。为什么这样的方法不合理？

6.S.8　参阅例6.2.2中28只羔羊的数据，平均数和SD分别为5.1679kg和0.6544kg，标准误为0.1237kg。

（a）构建总体平均数95%的置信区间；

（b）构建总体平均数99%的置信区间。

（c）解释（a）所得到的置信区间，也就是解释置信区间中数值的含义。（提示：参见例6.3.4和例6.3.5）

（d）研究者在报告或文章中总是将数据以$\bar{y}\pm SD$ (5.17±0.65)或者$\bar{y}\pm SE$ (5.17±0.12)表示。如果这项研究的研究者期望比较这些兰布莱绵羊与其他羔羊的出生体重平均数，将采取何种方式表示数据？

6.S.9　参阅练习6.S.8。

（a）置信区间有效性的条件是什么？

（b）上述（a）中哪个条件能够以图6.2.1中的直方图进行粗略检查？

（c）我们排除了孪生体重数据。如果数据中包含孪生体重数据，置信区间是否有效？为什么？

6.S.10　研究者调查了西非贝宁Lama森林69个植被点的树种数量[52]。树种数量最低为1，最高为12。样本平均数和SD分别为6.8和2.4，因此计算95%的置信区间为（6.2，7.4）。然而，我们知道每个植被点的树种数量都是整数。这是否意味着置信区间应该为（7，7）？或者意味着我们可以将置信区间上下限近似为(6，7)？还是置信区间应该为（6.2，7.4）？解释其原因。

6.S.11　在研究血液化学组成自然变化中，测量了84位健康女性血清中钾的含量。平均数和标准差分别为4.36mEq/L和0.42mEq/L。下表所示为数据的频数分布[53]。

血清钾含量（mEq/L）	女性数量
[3.1，3.4）	1
[3.4，3.7）	2
[3.7，4.0）	7
[4.0，4.3）	22
[4.3，4.6）	28
[4.6，4.9）	16
[4.9，5.2）	4
[5.2，5.5）	3
[5.5，5.8）	1
总数	84

（a）计算平均数的标准误；
（b）绘制数据直方图，并在图中标注出$\bar{y}$±SD和$\bar{y}$±SE的区间（参见图6.2.1）。
（c）构建总体平均数95%的置信区间；
（d）解释（c）所构建的置信区间，也就是解释区间中数值的含义。（提示：参见例6.3.4和例6.3.5）

6.S.12 参阅练习6.S.11。在医学诊断中，医生总是用“参照界限值”判断血液化学值，我们以健康人群数95%的值作为界限值。平均数95%的置信区间是不是可以作为女性血钾含量的“参照界限值”？解释其原因。

6.S.13 参阅练习6.S.11。假设第二年进行了一项相似的研究，测定了200位健康女性的血钾含量。根据练习6.S.11，请对下列数据进行预测：
（a）新测定数据的SD；
（b）新测定数据的SE。

6.S.14 农学家在一个小区中随机选择了6株小麦植株，然后从每株小麦的主茎穗上选取了12粒种子，进行称重、烘干、再称重，计算了每一植株种子的含水量。结果如下[54]：

62.7 63.6 60.9 63.0 62.7 63.7

（a）计算平均数、标准差和平均数的标准误；
（b）构建总体平均数90%的置信区间。

6.S.15 作为国家健康与营养调查（NHANES）研究的一部分，调查了1139位70岁及以上男性体内血红蛋白的含量[55]。平均数和标准差分别为145.3g/L和12.87g/L。
（a）根据这些数据构建μ的95%置信区间；
（b）上述（a）所构建的置信区间能否告诉我们样本值95%的界限？解释其原因；
（c）上述（a）所构建的置信区间能否告诉我们总体值95%的界限？解释其原因。

6.S.16 测定了位于美国加利福尼亚州圣路易斯奥比斯波Creek牛奶厂每周废弃物中大肠杆菌的数量（以MPN/100mL表示），16周的测定结果如下[56]。

203	215	240	236	217	296	301	190
197	203	210	215	270	290	310	287

（a）超过225MPN/100mL的值被认为是危险的，何种类型的单尾区间（上限或者下限）对于评价Creek牛奶厂是合适的？解释其原因；
（b）使用95%的置信度，构建（a）中所选择的置信区间；
（c）根据（b）所建立的区间，关于水的安全性，你会得出什么结论？

6.S.17 测量了38人的血压值（收缩压与舒张压的平均数）[57]。平均数为94.5（mmHg）。数据的直方图如下。

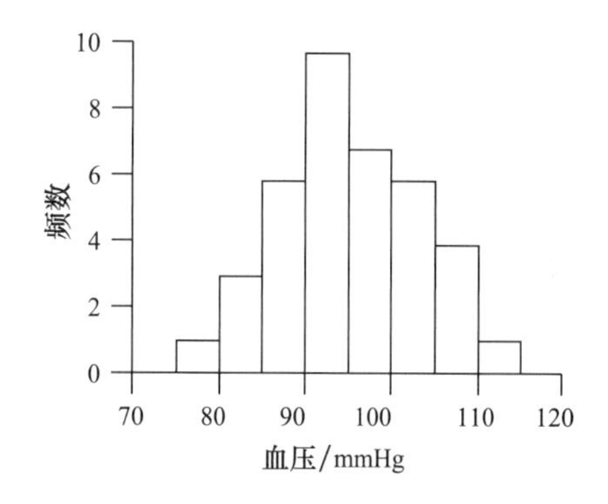

下面哪个是血压总体平均数95%的置信区间？解释其原因。
（i）94.5±16
（ii）94.5±18
（iii）94.5±2.6
（iv）94.5±1.3

6.S.18 假设你预期以95%的置信度估计你所在学校学生血压的平均数在2mmHg变化范围。
（a）将练习6.S.17中的数据看作是已有的研究数据，为达到预期期望，需要调查的样本容量（大约）是多少？（提示：需要利用图来做出视觉估计）
（b）假设你所在的学校是一个只有500位学生的私立学校。根据你所确定的样本容量得到的区间是否有效？请加以解释。你认为这个区间会宽一些还是会窄一些？

6.S.19 我们知道怀孕期间摄入酒精会对胎儿造成伤害。为了研究这一现象，对10只孕鼠进行低剂量酒精处理。当孕鼠分娩时，测量每一只幼鼠的出生体重。假设一共出生了85只幼鼠，我们就得到了 85 个 Y= 出生体重的观察值。为计算这 85 个观察值平均数的标准误，研究者计算了这 85 个观察值的标准差并除以 $\sqrt{85}$ 。基于什么样的理由，会有人反对用这种方法计算 SE？

6.S.20 市场上食品所标注的营养成分含量是否准确？在一项研究中，研究者抽取了 13 包某冷冻低热量鸡肉，在其包装上标注每包鸡肉含 941J 热量。抽取的 13 包热量数据的平均数和标准差分别为 1280J 和 213J。

（a）构建这种冷冻鸡肉卡路里热量总体平均数 95% 的置信区间；

（b）根据（a）所计算的置信区间，如何看待包装上所标注的卡路里热量；

（c）制造商提供的商品，如果含量低于所承诺的含量时将会受到处罚。这与（a）和（b）的结果有何关系？

7 两个独立样本的比较

目标

在这一章，我们将通过介绍假设检验进一步学习两个独立样本的比较。我们将：
- 探讨应用随机化进行统计推断的基础；
- 示范如何应用 t 检验进行两个样本平均数的比较，并解释此检验与两个平均数差数置信区间的关系；
- 讨论 P 值的含义；
- 仔细辨析混淆和虚假（限制研究效用）的关联关系；
- 对比因果推断和关联推断及它们与试验研究和观察研究的关系；
- 讨论显著性水平、效应大小、第Ⅰ类错误、第Ⅱ类错误和功效的概念；
- 区分定向的和非定向的检验方法，分析如何比较这些检验的 P 值；
- 考察 t 检验有效性应用的条件；
- 展示应用 Wilcoxon-Mann-Whitney 检验对不同分布进行比较。

7.1 假设检验：随机性检验

假设从同一个总体中抽取一个样本，然后将其随机分成两个部分，我们预期这个样本的两个部分看起来很相似，但又不完全相同。现在假设从两个不同的总体中抽取样本，如果这两个样本彼此非常相似，我们也许相信这两个总体是完全一样的；如果这两个样本差异很大，则说明这两个总体是不同的总体。问题是，"两个样本间有多大的差异才能让我们相信两个样本所属的总体实际是不同的？"

解决这个问题的一种方法是比较两个样本平均数，通过比较我们所预期的随机因素所造成的差异大小来确定两者差异有多大*。随机性检验给我们提供了度量两个样本平均数差值变异性的一种方法。

例 7.1.1
柔韧性

研究人员调查了 7 位女性的柔韧性，其中 4 人是有氧运动班的，另 3 人是舞蹈演员。研究者记录了"坐位体前屈"（每人坐在地板上向前伸展的距离）的数据**。其测量数据（单位：cm）见表 7.1.1[1]。

* 另一种方法是比较两个样本的中位数而不是平均数。我们这里比较的是平均数，因此在下一节将会介绍基于平均数比较的类似 t 检验的过程。

** 这个数据是一个更大范围研究的部分内容。为了简化资料，我们选取了全部研究的一个子集进行讨论。

表7.1.1 柔韧性数据 单位：cm	
有氧运动	舞蹈
38	48
45	59
58	61
64	
平均数 51.25	56.00

这些数据为柔韧性与成为舞蹈演员是否关联提供了证据？

如果一名舞蹈演员没有有效提高柔韧性，则会对该研究中来自同一个总体的7个数据产生疑问：一些女性比其他人具有更大的躯体柔韧性，但这与其成为舞蹈演员毫无关系。

另一种说法是断言：这7个体前屈数据来自于一个总体；“有氧运动”和“舞蹈”的分类标签是任意的，与（通过坐位体前屈度量）柔韧性毫无关系。

如果以上关于例7.1.1的说法是正确的，则将7个观察值任意重新安排成4个有氧运动、3个舞蹈的两组，其结果与其他任何排列是一样的。实际上，我们可以假设在7张卡片上写上这7个调查结果，然后洗牌，再抽出其中的4张作为“有氧运动”观察组，另外3张作为“舞蹈”观察组。

例7.1.2 柔韧性

将7个坐位体前屈度量值分成4个和3个的两组，共有35种可能。表7.1.2所示为35种可能结果的每个数据，随之列出每组样本平均数的差数（为便于后续的数据计算，差值保留到小数点后两位）。上述研究中的2个样本列在第一组，其他34组样本排列方式列于其后。

表7.1.2 柔韧性数据（续） 单位：cm

样本1（有氧运动）	样本2（舞蹈）	样本1平均数	样本2平均数	平均数差数
38 45 58 64	48 59 61	51.25	56.00	**−4.75**
38 45 58 48	64 59 61	47.25	61.33	**−14.08**
38 45 58 59	64 48 61	50.00	57.67	**−7.67**
38 45 58 61	64 48 59	50.50	57.00	**−6.50**
38 45 64 48	58 59 61	48.75	59.33	**−10.58**
38 45 64 59	58 48 61	51.50	55.67	**−4.17**
38 45 64 61	58 48 59	52.00	55.00	**−3.00**
38 45 48 59	58 64 61	47.50	61.00	**−13.50**
38 45 48 61	58 64 59	48.00	60.33	**−12.33**
38 45 59 61	58 64 48	50.75	56.67	**−5.92**
38 58 64 48	45 59 61	52.00	55.00	−3.00
38 58 64 59	45 48 61	54.75	51.33	3.42
38 58 64 61	45 48 59	55.25	50.67	4.58
38 58 48 59	45 64 61	50.75	56.67	**−5.92**
38 58 48 61	45 64 59	51.25	56.00	**−4.75**
38 58 59 61	45 64 48	54.00	52.33	1.67
38 64 48 59	45 58 61	52.25	54.67	−2.42
38 64 48 61	45 58 59	52.75	54.00	−1.25
38 64 59 61	45 58 48	55.50	50.33	**5.17**
38 48 59 61	45 58 64	51.50	55.67	−4.17
45 58 64 48	38 59 61	53.75	52.67	1.08
45 58 64 59	38 48 61	56.50	49.00	**7.50**
45 58 64 61	38 48 59	57.00	48.33	**8.67**
45 58 48 59	38 64 61	52.50	54.33	−1.83
45 58 48 61	38 64 59	53.00	53.67	−0.67

续表

样本 1 （有氧运动）	样本 2 （舞蹈）	样本 1 平均数	样本 2 平均数	平均数 差数
45 58 59 61	38 64 48	55.75	50.00	**5.75**
45 64 48 59	38 58 61	54.00	52.33	1.67
45 64 48 61	38 58 59	54.50	51.67	2.83
45 64 59 61	38 58 48	57.25	48.00	**9.25**
45 48 59 61	38 58 64	53.25	53.33	−0.08
58 64 48 59	38 45 61	57.25	48.00	**9.25**
58 64 48 61	38 45 59	57.75	47.33	**10.42**
58 64 59 61	38 45 48	60.50	43.67	**16.83**
58 48 59 61	38 45 64	56.50	49.00	**7.50**
64 48 59 61	38 45 58	58.00	47.00	**11.00**

图 7.1.1 所示为 35 组可能值的位置。加重颜色的观察结果 −4.75，落在了距整个分布的中间不远处。

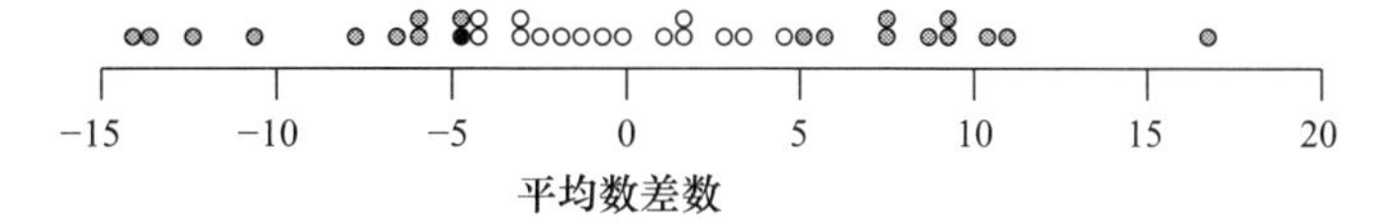

图 7.1.1 “平均数差数”的分布。其中观察结果 −4.75 标记为黑色，而大于等于（从数值大小上）4.75 的观察值结果标记为灰色。

假设“有氧运动”和“舞蹈”的标记实际上是随意的，且与坐位体前屈毫无关系。那么，表 7.1.2 列出的 35 组结果和图 7.1.1 中显示的就会非常相似。这意味着表格中最后一栏的平均数差数也是相近的。在这 35 个差数中，有 20 个其绝对值大于或等于研究中得到的差数 −4.75 的绝对值，我们将其在表中字体加粗或在图中涂成黑色或灰色。这样，如果上面断言是正确的（即“有氧运动”和“舞蹈”分组是任意的），则获得样本平均数差数绝对值比调查中差数的绝对值偏大的概率为 20/35。

分数 20/35 约等于 0.57，这是相当大的。因此，观察数据与“有氧运动”和“舞蹈”分组是任意的且与柔韧性毫无关系的断言是一致的。如果该断言正确，我们可以认为绝对值为 4.75 或大于一半的样本平均数差数，只是偶然因素造成的。所以，该数据没有为“柔韧性与舞蹈训练相关联”提供什么有力的证据。

例 7.1.2 的过程称为**随机性检验**（randomization test）*。在随机性检验中，将观察数据随机分配到不同组中，以便确认观察值差数有多大可能是由于偶然因素所引起的。

注释 在 7.2 节中，我们将介绍 t 检验的步骤，它常常能够为随机性检验提供一个合理的近似值。例 7.1.2 中计算得到的值 20/35（0.57）称为 P 值（这个概念，我们早在 4.4 节用正态分布的 Shapiro-Wilk 检验内容来做出推断时就介绍过。在 7.2 节中，我们将对其应用做更为详细的说明）。对于例 7.1.1 数据，t 检验结果的 P 值为 0.54。我们可以认为 t 检验中 P 值为 0.54 就是随机性检验中 P 值为 0.57 的近似值。

* 许多人也将其称为置换检验，因为它列出了数据所有可能的排列组合。

大样本

当面对如例 7.1.1 的小样本时，我们可以列出随机分配观察值到不同组中所有可能的结果。但下面的例子要介绍如何处理大样本的方法，其结果不可能被一一列示。

例 7.1.3
叶面积

植物生理学家研究了机械胁迫对大豆植株生长的影响。将单株盆栽幼苗分为两组，第一组幼苗每天两次摇动胁迫 20min，而第二组（对照组）没有受到胁迫。待植株生长 16d 后，取植株并测定每株叶面积（cm^2）。数据列于表 7.1.3，同时绘图于图 7.1.2 中 [2]。

表 7.1.3　叶面积数据　单位：cm^2

对照	胁迫
314	283
320	312
310	291
340	259
299	216
268	201
345	267
271	326
285	241
平均数 305.8	266.2

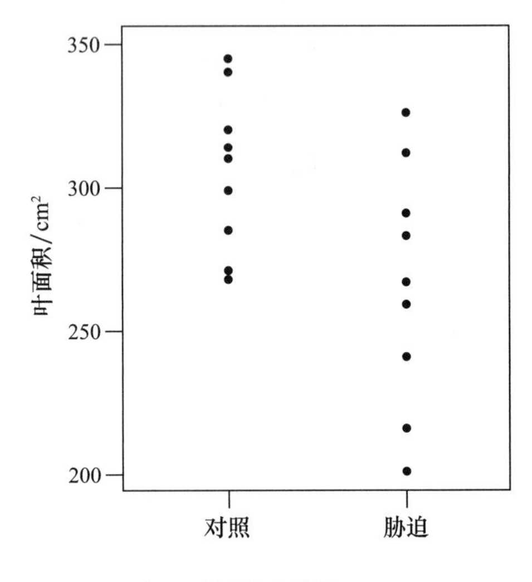

图 7.1.2　叶面积的平行点线图

受胁迫植株的平均数低于对照植株，图 7.1.2 提供了两组间差异的可视证据。另一方面，点线图重叠相当多。或许，因摇动而使植株受到胁迫并没有从实际上影响其叶面积，试验观察的差值（305.8−266.2=39.6）仅仅是由于偶然因素造成的。也就是说，“对照”与“胁迫”条件与叶面积没有关系。如果这是事实，那么我们认为这 18 株幼苗是来自于同一个总体，而“对照”与“胁迫”的分组是任意的。

在例 7.1.2 中，我们列出了分为两组的所有可能方式。但在此例中，从 18 株幼苗中选 9 株作为对照组（其余 9 株作为胁迫组）可能的分配方式共有 48,620 种。因此，不可能做出一个类似表 7.1.2 的表格并列出所有可能的结果。无论如何，我们要做的是从这 48,620 种可能结果中进行随机抽样。一种方式是：①将这 18 个观察值逐一写在 18 张卡片上；②重新洗牌；③随机抽出其中的 9 个作为对照组，其余的作为胁迫组；④计算样本平均数的差数；⑤记录样本平均数差数的绝对值是否至少为 39.6；⑥重复①～⑤步骤。

分析样本平均数差数的绝对值大于等于试验中得到的 39.6 这个值的次数的比例。这是反驳“摇动植株使其受到胁迫对叶面积没有实际效果”断言的度量依据。

我们更愿意用计算机来替代这 18 张卡片，去模拟完成同样的事。在一个 1,000 次的模拟试验中，只有 36 次试验其样本平均数差数的绝对值等于 39.6*。这意味着

*　在此例中，我们也用计算机分析了 48,620 种可能结果的平均数差数，并统计了差数绝对值大于 39.6 的数目。但是，随着样本变大，列出所有可能结果的计算量增大（即使使用高速计算机），且仅有少数能得到比我们上述模拟过程更精确的结果。

观察值差数为 39.6 不是偶然出现的——虽然其出现的概率仅为 3.6%。因此我们可以得出结论：对植株进行的胁迫对其叶面积是有影响的。也就是说，摇动幼苗会导致植株平均叶面积下降。

备注 取采用 t 检验（将在 7.2 章节中介绍）得到的 P 值为 0.033，非常近似于随机性检验中得到的 P 值 0.036。

练习 7.1.1—7.1.3

7.1.1 假设有含 5 个男性的样本和 5 个女性的样本，通过随机性检验以比较性别与变量 Y= 脉动的关系。此外，我们发现在随机化下 252 个可能中有 120 个结果其平均数差数大于等于这两个观察样本平均数的差数。试问该随机性检验能否提供性别差异与脉搏有关的证据？请用该随机结果判断答案的正确性。

7.1.2 在一项食用铬（Cr）对糖尿病症状影响的研究中，一部分大鼠被饲喂低铬饲料，其他则饲喂正常饲料。响应变量是用放射性分子标记肝脏酶 GITH 的活性。结果如下表所示，以 $\times 10^3$/（min•g 肝脏）计[3]。低铬饲料样本平均数为 49.17，正常饲料样本平均数为 51.90；因此其样本平均数差数为 −2.73。将 5 个观察值分为样本容量为 3 和 2 的两组，共有 10 种可能的随机结果：

（a）将 10 种随机结果列表，其中每一结果均由原始设计观察值分配至两组中得到，并分别计算出每种结果“低铬饲料 − 正常饲料”平均数的差数；

（b）在 10 个随机结果中，样本平均数差数从 0 到我们观察到的样本平均数差值 −2.73，共有多少个？

低铬饲料	正常饲料
42.3	53.1
51.5	50.7
53.7	

（c）是否存在食用铬影响 GITH 肝脏酶活性的证据？请用该随机结果判断答案的正确性。

7.1.3 下表所示为将 *E.coli*（大肠杆菌）接种到培养皿并培养了 24h 后各个有盖培养皿中所呈现的细菌菌落的数量。“肥皂处理”的培养皿含有普通肥皂制成的溶液，而“对照处理”的培养皿含有无菌水配制的溶液（这些数据只是练习 6.6.9 中大量数据中的一个子集）。对照组的样本平均数为 44，肥皂组为 39.7；因此其样本平均数差数为 4.3，对照组平均数较大，以期望肥皂的抑菌效果能够显著。将 6 个观察值分为样本容量均为 3 的两组，共有 20 种可能的随机结果：

（a）将 20 种随机试验结果列表，其中每一结果均由原始设计观察值分配至两组中得到，并分别计算出每种结果“对照处理 − 肥皂处理”的平均数差数；

（b）在 20 个随机结果中，样本平均数差数大于等于 4.3 的有多少个？

（c）是否存在肥皂抑制大肠杆菌生长的证据？请用该随机试验结果判断答案的正确性。

对照处理	肥皂处理
30	76
36	27
66	16

7.2　假设检验：*t* 检验

在第 6 章，我们了解到两个平均数的比较可以通过其差数（$\mu_1-\mu_2$）的置信区间来进行。现在我们将探讨平均数比较的另一种方法，该方法被称为“假设检验”。其基本思路是：先提出一个假设公式，认为 μ_1 与 μ_2 不同，然后判断数据是否能提供足够的证据支持该假设成立。

无效假设与备择假设

认为 μ_1 与 μ_2 不等的假设称为**备择假设**（alternative hypothesis，或**研究假设** research hypothesis），缩写为 H_A，被记作：

$$H_A: \mu_1 \neq \mu_2$$

与之对立的假设称为**无效假设**（null hypothesis）：

$$H_0: \mu_1 = \mu_2$$

它认为 μ_1 与 μ_2 是相等的。通常，研究者更习惯采用下面例子中的非正式方式进行表达。

例 7.2.1
甲苯与大脑

滥用含甲苯的物质（如胶）能引发各种神经疾病。在一项其毒害效应机制的研究中，研究者检测了暴露于装满甲苯气体的大鼠大脑中几种化学物质的浓度，同时以未暴露的大鼠作为对照。表 7.2.1 和图 7.2.1 所示为 6 只暴露处理大鼠与 5 只对照大鼠大脑髓质区域化学物质去甲肾上腺素（NE）的浓度[4]。

表 7.2.1　NE 含量　　单位：ng/g

	甲苯（组 1）	对照（组 2）
	543	535
	523	385
	431	502
	635	412
	564	387
	549	
n	6	5
$\bar{y}$	540.8	444.2
s	66.1	69.6
SE	27	31

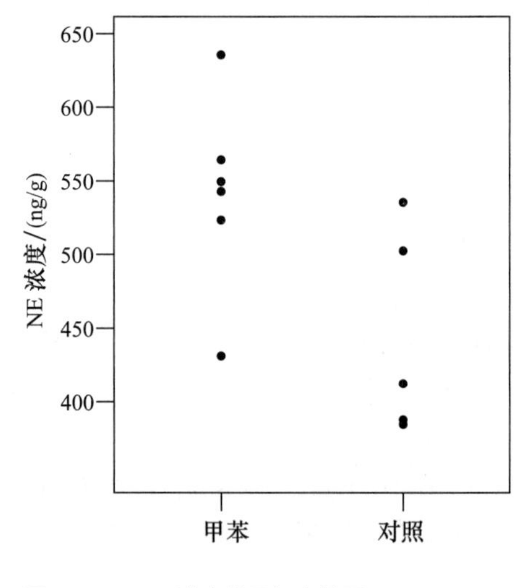

图 7.2.1　NE 浓度的平行点线图

甲苯组 NE 观察值平均数（$\bar{y}_1$=54.08ng/g）显著高于对照组平均数（$\bar{y}_2$=444.2ng/g）。有人可能质疑该观察值差数是否反映真实的生物学现象——甲苯的效应，或者事实上甲苯可能根本无效，$\bar{y}_1$与$\bar{y}_2$之间的观察值差数仅反映了偶然性偏差。相应的假设可以非正式地描述为：

H_0^*：甲苯对大鼠髓质 NE 浓度无效。

H_A^*：甲苯对大鼠髓质 NE 浓度有效。

因为其所推断的内容不同，所以我们将这个非正式的描述标记为不同的符号（即

H_0^* 与 H_A^*，而不是 H_0 与 H_A）。在例 7.2.1 中，该非正式备择假设认为，不仅存在一个差异，而且这个差异是由甲苯造成的 *。

统计学上的**假设检验**（test of hypothesis）就是评估数据中是否存在强有力的证据支持 H_A 的过程。如果任何来自 H_0（H_A 的对立假设）的偏差都不能轻易地归属于随机因素（即抽样误差），则认为这些数据存在足够的证据支持 H_A 成立。

t 统计数

我们提出该问题检验的无效假设为：

$$H_0 : \mu_1 = \mu_2$$

对应的备择假设为：

$$H_A : \mu_1 \neq \mu_2$$

注意，无效假设表示两组平均数相等，即它们的差数为 0：

$$H_0 : \mu_1 = \mu_2 \longleftrightarrow H_0 : \mu_1 - \mu_2 = 0$$

备择假设则表明平均数差数不等于零：

$$H_A : \mu_1 \neq \mu_2 \longleftrightarrow H_A : \mu_1 - \mu_2 \neq 0$$

***t* 检验**（*t*-test）是在两个假设中进行选择的标准方法。*t* 检验的第一步是计算**检验统计数**（test statistic），在 *t* 检验中表示为

$$t_s = \frac{(\bar{y}_1 - \bar{y}_2) - 0}{\mathrm{SE}_{(\bar{Y}_1 - \bar{Y}_2)}}$$

注意，我们之所以用 $\bar{y}_1 - \bar{y}_2$ 减去 0，是因为 H_0 认为 $\mu_1 - \mu_2$ 等于 0；“$(\bar{y}_1 - \bar{y}_2) - 0$”的写法提醒我们注意检验的内容。$t_s$ 的下标“s”提示该值是由数据计算而得到的（“s”表示“样本”）。t_s 值就是 *t* 检验的检验统计数；也就是说，t_s 提供了作为检验过程的基础数据汇总结果。注意 t_s 的结构：它是反映样本平均数差数（$\bar{y}$, s）与 H_0 正确（零差异）时我们预期其差数之间相距多少的度量值，它与差数标准误 SE 有关，这是我们期望找到的反映随机样本平均数差数的变量值。举例说明如下。

例 7.2.2
甲苯与大脑

根据例 7.2.1 大脑 NE 数据，（$\bar{Y}_1 - \bar{Y}_2$）的 SE 是：

$$\mathrm{SE}_{(\bar{Y}_1 - \bar{Y}_2)} = \sqrt{\frac{66.1^2}{6} + \frac{69.6^2}{5}} = 41.195$$

t_s 值为：

$$t_s = \frac{(540.8 - 444.2) - 0}{41.195} = 2.34$$

t 统计数表明，$\bar{y}_1$ 与 $\bar{y}_2$ 平均数差数与 0 的差值大约是 2.3 倍 SE，0 是在甲苯对 NE 无效的情况下我们所预期的差值。

我们如何判断是否有充分的证据证明 H_A 是成立的？样本平均数完全相同，因而统计数 *t* 等于 0（t_s=0），则证据不充分（更倾向于支持 H_0 成立）。但是，即使无效假设 H_0 正确有效，我们也不期望 t_s 为 0；我们期望的是由于抽样差异性［可

* 当然，我们描述的 H_0^* 与 H_A^* 是缩写形式。完整的假设应该包含所有相关的试验条件：成年雄性大鼠，1000mg/kg 甲苯气体持续处理 8h 等。我们使用缩写形式的假设不会引起任何歧义。

通过$SE_{(\bar{Y}_1-\bar{Y}_2)}$度量］而使得样本平均数彼此不同。幸运的是，我们知道预期的抽样差异性。事实上，当无效假设为正确时，$\bar{Y}$，s中的随机差异不太可能超过标准误的两倍。为了使其精确，可用数学语言表达如下：

如果H_0正确，那么t_s的抽样分布接近学生氏t分布，其自由度由式（6.7.1）给出*。

前面的论述在一些条件成立下才是正确的。概括来说：我们要求独立随机样本要来自于正态分布总体。这些条件将在7.9节详细介绍。

t检验过程的本质是判断t_s值在学生氏t分布中的位置，如图7.2.2所示。如果t_s接近中心，如图7.2.2（a）所示，那么可以认为数据支持H_0成立，这是因为观察到的（$\bar{Y}_1-\bar{Y}_2$）差数和与0的距离完全可以归因于抽样误差导致的随机偏差（H_0反映样本平均数相等，因为它认为总体平均数相等）。

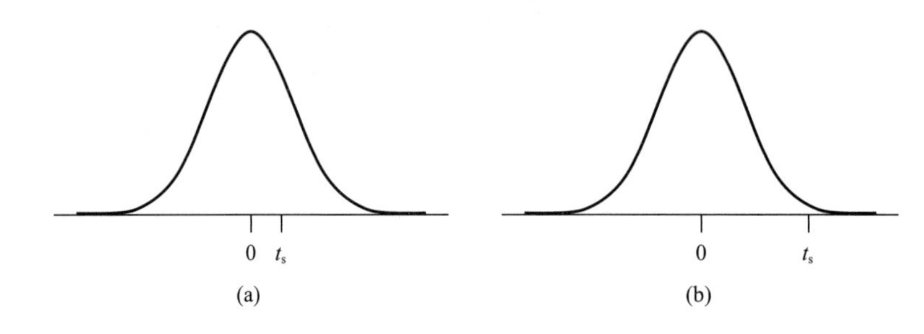

图7.2.2 t检验的实质

（a）数据支持H_0成立（即缺乏显著的证据支持H_A成立） （b）数据不支持H_0成立（即具有显著的证据支持H_A成立）

相反地，如果如图7.2.2（b）那样t_s落在t分布的尾部末端，那么数据可以作为支持H_A成立的证据，因为观察结果不能直接归因于随机偏差。也就是说，如果H_0正确，那么t_s不大可能落在t分布的尾部末端。

*P*值

为了判断某一观察值t_s是否“远”在t分布的尾部末端，我们需要一个能够确定t_s在t分布中所在位置的定量尺度。这个尺度就是由P值提供的，其（在目前内容下）可定义如下：

用于检验的***P*值**（P-value）是学生氏t分布曲线下$-t_s$与t_s之外的两尾的面积。

因此，P值（有时简写为“P”）就是图7.2.3中阴影部分的面积。注意，我们定义的P值是两个尾部面积之和；有时也称为“双尾”P值。

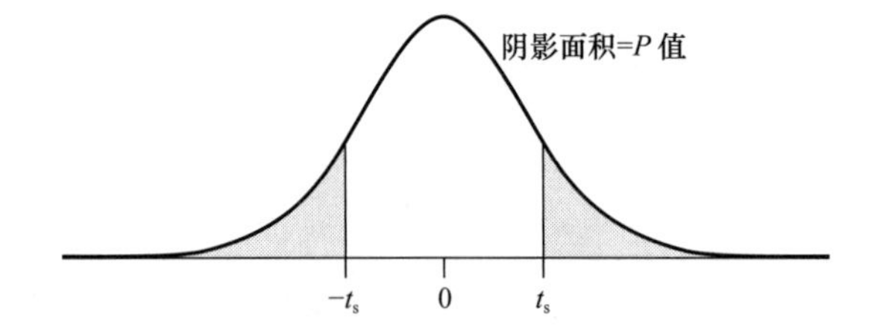

图7.2.3 t检验的双尾P值

例7.2.3 甲苯与大脑

对例7.2.1中的大脑NE数据，t_s值为2.34。我们会问，“如果H_0正确，也就是我们预期$\bar{Y}_1-\bar{Y}_2=0$，则通常$\bar{Y}_1-\bar{Y}_2$与0的差数是标准误2.34倍的概率是多少？”该P值回答了这个问题。由式（6.7.1）得出了该数据的自由度为8.47。因此，P值是t分布曲线下（自由度为8.47）±2.34之外的面积。图7.2.4所示为计算机制图显示的该面积，其值为0.0454。

* 正如6.8节中提到的，为更好地对式（6.7.1）拟合，要用n_1-1和n_2-1中较小的为自由度。

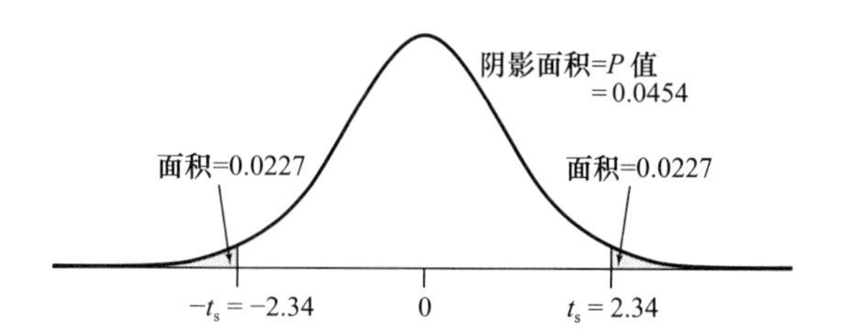

图 7.2.4 甲苯数据的双尾 P 值

定义

假设检验的 **P 值**（P-value）是在无效假设成立的条件下，检验统计数大于等于实际计算得到检验统计数值的概率值。

从 P 值定义中可以看出，P 值是数据和 H_0 吻合度的度量值，因此也是支持 H_A 成立的度量值：较大的 P 值（接近于 1）表示 t_s 值接近 t 分布的中心（即缺乏支持 H_A 的证据），反之较小的 P 值（接近于 0）表示 t_s 值位于 t 分布的尾部末端（即支持 H_A 成立的证据）。

从 t 检验中得出的结论

P 值是数据中为支持 H_A 成立提供证据的度量值，但是如何界定该证据为多少才是充分的呢？多数人认为 P 值为 0.0001 即为强有力的佐证，而 P 值为 0.80 则表示证据不充分，但其中间的值又怎么解释呢？比如，P 值为 0.10 时能否作为 H_A 成立的证据？从直观上看答案并不明确。

在很多科学研究中，并不必要划出明确的界线。然而，在很多情况下，我们需要做出一个决定。例如，食品和药物管理局（FDA）必须要对药物制造商提供的数据是否足以证明该药物能被批准做出决定。再例如，化肥制造商必须要对开发一种新型肥料是否有证据证明进行深入研究所需费用很充足而做出决定。

做决定时需要在证据是否充分之间划分出一条明确的界线。对 P 值而言，这个临界值称为检验的**显著水平**（significance level），记作希腊字母 α。α 值的选择因人们做的决定而有不同。一般常用的 α 有 0.10、0.05 和 0.01。如果数据的 P 值小于等于 α，则认为该数据提供了支持 H_A 成立的令人满意的显著证据；我们也可称为拒绝 H_0。如果数据的 P 值大于 α，我们则认为该数据证明 H_A 成立的证据不足，因此不拒绝 H_0。

用 t 检验来做决定的例子如下。

例 7.2.4 甲苯与大脑

将例 7.2.1 大脑 NE 的试验数据汇总在表 7.2.2 中。假设我们要在 5% 显著水平下做出决定，即 α=0.05。在例 7.2.3 中我们已得到这些数据的 P 值为 0.0454。这意味着以下两种情况必会发生其一：① H_0 是正确的，我们偶然得到了一组异常数据；② H_0 是错误的。如果 H_0 正确，我们观察到 $\bar{y}_1$ 与 $\bar{y}_2$ 之间发生差异只有大约 4.5% 的机会。因为该 P 值（0.0454）小于 0.05，我们应拒绝 H_0，而得出结论：该数据为支持 H_A 成立提供了令人满意的显著证据。P 值等于 0.0454 的结果足以说明了证据的可靠性。

表 7.2.2 NE含量 单位：ng/g

	甲苯	对照
n	6	5
$\bar{y}$	540.8	444.2
s	66.1	69.6

结论 在0.05的显著水平下，该数据为甲苯能提高NE浓度提供了足够的证据（P值=0.0454）*。

下面的例子展示了在0.05的显著性水平下，缺乏足够的支持H_A成立的证据的t检验过程。

例 7.2.5 速生植物

在例6.7.1中，我们看到用嘧啶醇处理的速生植物的平均高度低于用水处理（对照），数据汇总于表7.2.3中。样本平均数差数为15.9−11.0=4.9。其差数的SE为：

$$SE_{(\bar{Y}_1-\bar{Y}_2)}=\sqrt{\frac{4.8^2}{8}+\frac{4.7^2}{7}}=2.46$$

表 7.2.3 对照和嘧啶醇处理的植物生长14d的高度

	对照	嘧啶醇
n	8	7
$\bar{y}$	15.9	11.0
s	4.8	4.7

假设我们在检验时选择α=0.05，

$$H_0: \mu_1=\mu_2\ （即\ \mu_1-\mu_2=0）$$

所对应的备择假设为：

$$H_A: \mu_1\neq\mu_2\ （即\ \mu_1-\mu_2\neq0）$$

则检验统计数的值为：

$$t_s=\frac{(15.9-11.0)}{2.46}=1.99$$

从式（6.7.1）已知该t分布的自由度为12.8。检验的P值是统计数t与0之间距离大于等于1.99的概率。如图7.2.5所示该概率为0.0678（该4位小数的P值由计算机计算而得）。因为该P值大于α，故支持H_A的证据不足；因此，我们不能拒绝H_0。也就是说，这些数据没有提供足够的证据来证明μ_1和μ_2不同；我们观察到的$\bar{y}_1$与$\bar{y}_2$之间的差异很可能是随机误差所致。

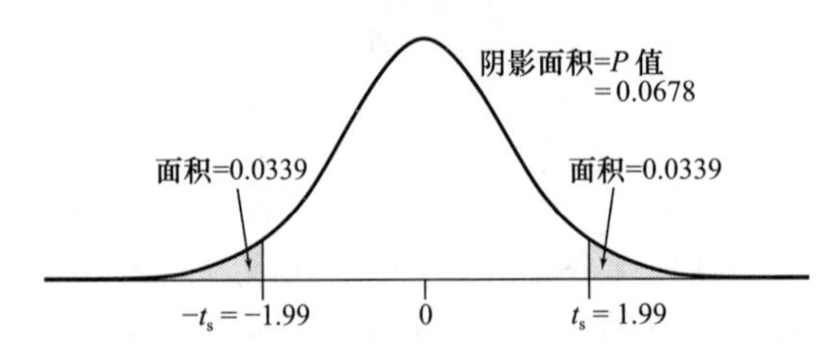

图 7.2.5 嘧啶醇数据的双尾P值

结论 在0.05显著性水平下，该数据（P值=0.0678）未能提供充分的证据以证明嘧啶醇和水处理对速生植物生长影响的差异（在我们设置的试验条件下）是正确的。

* 因为备择假设是$H_A: \mu_1\neq\mu_2$，一些人会认为："我们得出的结论是甲苯影响NE浓度"，而不是甲苯提高NE浓度。

注意，仔细分析例 7.2.5 中的结论。我们并没有证明无效假设成立的证据，只是没有拒绝它的充分证据。当我们未拒绝 H_0 时，只是缺乏证据证明 H_0 是错误的，这不代表 H_0 就是正确的。天文学家 Carl Sagan（在另一个情况下）用简明的话语总结了这种证据原则[5]：

证据缺失不代表证据不存在。

换句话说，不拒绝 H_0 不代表接受 H_0（为了避免混淆，最好不要用“接受 H_0”这样的说法）。

不拒绝 H_0 暗示着数据满足 H_0 的假设，但是该数据也可能与 H_A 相配。例如，在例 7.2.5 中，我们发现观察到的样本平均数差数可能来自于抽样偏差，但是该结论不能排除观察到的差异是由嘧啶醇处理而造成真实效应的可能性（排除这种可能性的方法将在 7.7 节和选修 7.8 节中进行讨论）。

在检验假设时，研究人员从假设 H_0 正确开始，然后判断数据是否与假设相悖。即使研究人员认为无效假设很难以置信，这种判断从逻辑上也能说得通。例如，在例 7.2.5 中，关于在使用或不用嘧啶醇之间是否真的存在一些差异（也许非常小）可能会有争论。而我们不拒绝 H_0 的事实并不代表就接受 H_0。

运用表格与运用技术

在分析数据时，我们如何决定一个检验的 P 值呢？计算机统计软件和计算器可以提供精确的 P 值。如果这些检验是不可行的，那么我们可以运用式（6.7.1）得到自由度，但是其值需要四舍五入取整数。保守的选择方法是使用 n_1-1 和 n_2-1 中的较小值作为检验的自由度。另一个变通的方法是把 n_1+n_2-2 作为自由度［式（6.7.1）总能从 n_1-1、n_2-1 中的较小保守值和 n_1+n_2-2 的值中得出自由度］。我们可以用书后统计表中的表 4 中有限的信息给 P 值划分区间，而不用精确地计算 P 值。用保守方法得出的 P 值或多或少会比精确的 P 值大一些；而用变通方法得出的 P 值则会比精确的 P 值略偏小一些。下面的例子说明了划分区间的过程。

例 7.2.6 速生植物

对速生植物生长数据来说，统计数 t 的值（见例 7.2.5 的计算）为 t_s=1.99。n_1-1 和 n_2-1 中较小的值为 7−1=6，因此保守的自由度是 6。而变通自由度是 8+7−2=13。书后统计表中的表 4 的部分内容复制如下，其中关键数字加粗显示。

上尾概率

df	0.05	0.04	0.03
6	**1.943**	**2.104**	2.313
7	1.895	2.046	2.241
8	1.860	2.004	2.189
9	1.833	1.973	2.150
10	1.812	1.948	2.120
11	1.796	1.928	2.096
12	1.782	1.912	2.076
13	1.771	**1.899**	**2.060**

我们以保守自由度 6 开始。从前面的表格（或者从书后统计表中的表 4）中查表得到 $t_{6,0.05}$=1.943 和 $t_{6,0.04}$=2.104。基于自由度为 6 的 t 分布，相应的保守 P 值的范

围在图 7.2.6 中用阴影表示。因为 t_s 在临界值为 0.04~0.05，所以上尾面积一定在 0.04~0.05；因此，保守 P 值必定在 0.08~0.10。

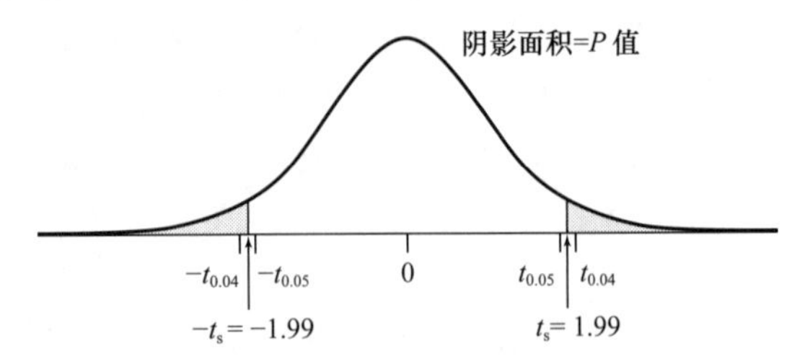

图 7.2.6　例 7.2.6 中保守的 P 值

变通的自由度是 8+7−2=13。从前面的表格（或者从书后统计表中的表 4）中查表得到 $t_{13,0.04}$=1.899 和 $t_{13,0.03}$=2.060。因为 t_s 在临界值为 0.03~0.04，所以上尾面积一定在 0.06~0.08；因此，变通的 P 值必定在 0.06~0.08。

将两者综合起来，可得：

$$0.06<P \text{ 值 } <0.10$$

如果观察值 t_s 不在书后统计表中的表 4 的范围中，那么 P 值区间只能在一侧。例如，如果 t_s 大于 $t_{0.0005}$，则双尾 P 值区间为：

$$P \text{ 值 } <0.001$$

t 检验结果报告

在报告 t 检验结果时，研究人员可以在特定的显著性水平 α 下做出推断，从而得到明确的结论（即阐明是否有显著的证据来支持 H_A 成立）。或者也可以用下面的措辞来描述结果以做出简单地推断："有强有力的证据表明……"或"证据显示出……"，再或者"没有直观的证据显示……"。在撰写发表的报告时，最好陈述一下 P 值，这样读者可以自己做出判断。

结果分析中经常会用到"显著性"这个概念。例如，在 α=0.05 情况下，一个观察到的差异如果大到足以为 H_A 成立提供显著的证据，则可以叙述为"在 5% 水平上具有统计意义上的显著性"。在例 7.2.4 中，我们看到在甲苯数据中，因为 P 值为 0.0454（小于 0.05），所以观察到的两个样本平均数差数在 5% 水平上具有统计意义上的显著性。相反，在例 7.2.5 的速生植物数据中，因为速生植物数据的 P 值为 0.0678，故在 5% 水平上不具有统计意义上的显著性。但是，在 α=0.10 水平上，速生植物数据的样本平均数差数的 P 值小于 0.10，因此其具有统计意义上的显著性。当对 α 没有特殊要求时，通常取值为 0.05，但我们应该明确，α 本身是一个可以任意选取的值，0.05 并非"指定的"显著水平。不幸的是，"显著性"这一概念很容易让人误解，所以需要慎重使用；我们将在 7.7 节中继续陈述这一点。

注释　在这一节中，我们考察了 $H_0:\mu_1=\mu_2$（即 $\mu_1-\mu_2=0$）和 $H_A:\mu_1\neq\mu_2$（即 $\mu_1-\mu_2\neq 0$）两种检验形式；这是最常见的一对假设。然而，也可能我们希望用某一特殊的非零数据（记为 c）将检验假设设为 $\mu_1>\mu_2$。为了检验 $H_0:\mu_1-\mu_2=c$ 和 $H_A:\mu_1-\mu_2\neq c$，我们用 t 检验的检验统计数计算如下：

$$t_s=\frac{(\bar{y}_1-\bar{y}_2)-c}{\mathrm{SE}_{(\bar{Y}_1-\bar{Y}_2)}}$$

从这点来看，该检验与前面讲的检验是一样的（即当 c=0 时一样）。

练习 7.2.1—7.2.17

注：回答假设检验的问题时应该包括对设定内容做出的结论性陈述（见例 7.2.4 和 7.2.5）。

7.2.1 对下面数据集，用书后统计表中的表 4 确定 t 检验的双尾 P 值区间。

（a）

	样本 1	样本 2
n	4	3
$\bar{y}$	735	854
$SE_{(\bar{Y}_1-\bar{Y}_2)}=38$（df=4）		

（b）

	样本 1	样本 2
n	7	7
$\bar{y}$	5.3	5.0
$SE_{(\bar{Y}_1-\bar{Y}_2)}=0.24$（df=12）		

（c）

	样本 1	样本 2
n	15	20
$\bar{y}$	36	30
$SE_{(\bar{Y}_1-\bar{Y}_2)}=1.3$（df=30）		

7.2.2 对下面数据集，用书后统计表中的表 4 确定 t 检验的双尾 P 值区间。

（a）

	样本 1	样本 2
n	8	5
$\bar{y}$	100.2	106.8
$SE_{(\bar{Y}_1-\bar{Y}_2)}=5.7$（df=10）		

（b）

	样本 1	样本 2
n	8	8
$\bar{y}$	49.8	44.3
$SE_{(\bar{Y}_1-\bar{Y}_2)}=1.9$（df=13）		

（c）

	样本 1	样本 2
n	10	15
$\bar{y}$	3.58	3.00
$SE_{(\bar{Y}_1-\bar{Y}_2)}=0.12$（df=19）		

7.2.3 对下面每一种情况，提出检验假设 $H_0: \mu_1=\mu_2$，对应假设 $H_A: \mu_1 \neq \mu_2$。试述是否存在证明 H_A 成立的显著证据。

（a）P 值 =0.085，α=0.10；

（b）P 值 =0.065，α=0.05；

（c）t_s=3.75（df=19），α=0.01；

（d）t_s=1.85（df=12），α=0.05。

7.2.4 对下面每一种情况，提出检验假设 $H_0: \mu_1=\mu_2$，对应假设 $H_A: \mu_1 \neq \mu_2$。试述是否存在证明 H_A 成立的显著证据。

（a）P 值 =0.046，α=0.02；

（b）P 值 =0.033，α=0.05；

（c）t_s=2.26（df=5），α=0.10；

（d）t_s=1.94（df=16），α =0.05。

7.2.5 在牛的营养需求研究中，研究人员测定了在 78d 内牛体重的增长量。两个饲喂牛的品种为：Hereford（HH）和 Brown Swiss/Hereford（SH），测定结果列于下表中[6]［注：由式（6.7.1）得 df=71.9。］

	HH	SH
n	33	51
$\bar{y}$	18.3	13.9
s	17.8	19.1

在 α=0.10 水平，对其平均数进行 t 检验。

7.2.6 背膘厚度是评估猪肉质量的一个变量。一位动物学家测量了两种饲料喂养条件下猪的背膘厚度（cm），结果如下表所示[7]。

	饲料 1	饲料 2
$\bar{y}$	3.49	3.05
s	0.40	0.40

考虑用 t 检验来比较两种饲料。假设每种饲喂条件下猪的数量为如下值时，请确定 P 值的区间：

（a）5；

（b）10；

（c）15。

用 n_1+n_2-2 作为近似的自由度。

7.2.7 心脏病人经常受到冠状动脉痉挛的困扰。生物胺可能对这种痉挛发挥重要作用。一个研究小组测量了因心脏病死亡的人冠状动脉的胺含量，同时测定了以其他病因死亡的病人作对照组的数据。血清素（5-羟色胺）的浓度见下表[8]。

	血清素 /（ng/g）	
	心脏病	对照
n	8	12
$\bar{y}$	3840	5310
SE	850	640

（a）在该数据中，$(\bar{Y}_1-\bar{Y}_2)$ 的 SE 是 1,064，df=14.3（可以约等于 14）。在 5% 的显著性水平下用 t 检验进行平均数的比较。

（b）验证（a）中的$SE_{(\bar{Y}_1-\bar{Y}_2)}$的值。

7.2.8 在一项对周期蝉（十七年蝉，*Magicicada septendecim*）的研究中，研究人员测量了 110 只蜕蝉的后足胫节长度，其雄性和雌性的测量数据见下表[9]。

胫节长度 /μm			
分组	n	平均数	SD
雄性	60	78.42	2.87
雌性	50	80.44	3.52

（a）用 t 检验对该种昆虫后足胫节长度与性别的关联性进行分析。显著性水平取 5%［注：由式（6.7.1）得 df=94.3］。

（b）根据前面的数据，如果给出该品种某只蝉的后足胫节长度，是否能客观地推测出它的性别？为什么？

（c）重复（a）的 t 检验，假设平均数和标准差如表中所列，但样本容量减少到原来的 1/10（包括 6 雄 5 雌）［注：由式（6.7.1）得 df=7.8］。

7.2.9 假设两组试验对象，常氧组（"正常氧气"）提供正常呼吸气体，低氧组提供减少氧气量的混合气体模拟高海拔条件。测定其进行自行车运动 5min 后的心肌供血量（MBF），结果［mL/（min·g）］见下表所示[10]［注：由式（6.7.1）得 df=12.2］。

在 α=0.05 水平，用 t 检验法研究低氧对心肌供血量的影响。

	常氧	低氧
	3.45	6.37
	3.09	5.69
	3.09	5.58
	2.65	5.27
	2.49	5.11
	2.33	4.88
	2.28	4.68
	2.24	3.50
	2.17	
	1.34	
n	10	8
$\bar{y}$	2.51	5.14
s	0.60	0.84

7.2.10 在胸腺发育研究中，研究人员称量了 10 只小鸡胚胎的胸腺重量。其中 5 只孵化 14d，另外 5 只孵化 15d。胸腺重量的结果如下表所示[11]［注：由式（6.7.1）得 df=7.7］。

	胸腺重量 /mg	
	14d	15d
	29.6	32.7
	21.5	40.3
	28.0	23.7
	34.6	25.2
	44.9	24.2
n	5	5
$\bar{y}$	31.72	29.22
s	8.73	7.19

（a）在 α=0.10 水平下，用 t 检验对平均数进行比较。

（b）注意孵化时间越长的小鸡胸腺重量越轻。这种"反向"结果是否意外，或者说是否可以把这样的结果归因于偶然因素？请做出解释。

7.2.11 作为根系代谢试验的一部分，植物生理学家在温室里种下桦树种子。他将四株幼苗浸水一天，而另外四株作为对照。然后取幼苗，分析根部 ATP 含量。结果（nmol ATP/mg）见下表[12]［注：由式（6.7.1）得 df=5.6］。

	浸水	对照
	1.45	1.70
	1.19	2.04
	1.05	1.49
	1.07	1.91
n	4	4
$\bar{y}$	1.190	1.785
s	0.184	0.241

在 α=0.05 水平下，用 t 检验研究浸水效果。

7.2.12 一般外科手术后，病人血量会明显贫乏。在一项研究中，立即测量每位病人术后血浆总循环量。将“血浆扩容剂”注入血流后，再一次测量血浆量，并计算出增加的血浆量（mL）。试验中选用两种血浆扩容剂，分别是白蛋白（25 位病人）和聚明胶（14 位病人）。血浆增加量见下表[13]［注：由式（6.7.1）得 df=33.6］。
在 α=0.01 水平下，用 t 检验比较两种处理下血浆增加量的平均数。

	白蛋白	聚明胶
n	25	14
平均数增加量	490	240
SE	60	30

7.2.13 营养学家开展了用两种高纤维饮食来降低血清胆固醇水平的调查。患有高胆固醇的 20 人被随机分配到食用“燕麦”和“豆”的两组，为期 21d。下表所示为血清胆固醇水平的下降量（即试验前减去试验后的差）[14]。请在 5% 显著性水平下，用 t 检验比较两种饮食的差异［注：由式（6.7.1）得 df=17.9］。

	胆固醇下降量 /（mg/dL）		
饮食	n	平均数	SD
燕麦	10	53.6	31.1
豆	10	55.5	29.4

7.2.14 假设我们在 α=0.05 水平下，进行 t 检验，P 值为 0.03。对以下各项，试判断其正确性并解释原因。
（a）在 α=0.05 水平下，拒绝 H_0；
（b）在 α=0.05 水平下，具有显著的证据支持 H_A 成立；
（c）如果 α 为 0.10，拒绝 H_0；
（d）在 α=0.10 水平下，不具有显著的证据支持 H_A 成立；
（e）如果 H_0 正确，则获得大于等于 t_s 值检验统计数的对应概率为 3%；
（f）H_0 正确的概率为 3%。

7.2.15 假设我们在 α=0.10 水平下，进行 t 检验，P 值为 0.07。对以下各项，试判断其正确性并解释原因。
（a）在 α=0.10 水平下，拒绝 H_0；
（b）在 α=0.10 水平下，具有显著的证据支持 H_A 成立；
（c）如果 α=0.05，则拒绝 H_0；
（d）在 α=0.05 水平下，不具有显著的证据支持 H_A 成立；
（e）$\bar{Y}_1$ 大于 $\bar{Y}_2$ 的概率为 0.07。

7.2.16 下表所示为在培养皿中接种 *E.coli*（大肠杆菌）并培养 24h 后出现的细菌菌落数。标有“肥皂”的培养皿中含有用普通肥皂制成的溶液；而标有“对照”的培养皿中含有用无菌水制成的溶液（该数据来自练习 6.6.9）。

	对照	肥皂
	30	76
	36	27
	66	16
	21	30
	63	26
	38	46
	35	6
	45	
n	8	7
$\bar{y}$	41.8	32.4
s	15.6	22.8
SE	5.5	8.6

在 α=0.10 水平下，用 t 检验分析肥皂是否影响细菌的菌落数［注：由式（6.7.1）得 df=10.4］。

7.2.17 研究人员调查了肥料对盆栽植物萝卜幼

苗生长的影响。他们随机选取一些萝卜种子作对照，同时将另一些种在添加了肥料棒的铝制栽培容器中。这两个处理的其他试验条件控制一致。下表所示为萌发两周后植株高度（cm）的数据[15]。

在 α=0.05 水平下，用 t 检验判断施肥是否对萝卜幼苗的生长具有影响［注：由式（6.7.1）得 df=53.5］。

对照组		施肥组	
3.4	1.6	2.8	1.9
4.4	2.9	1.9	2.7
3.5	2.3	3.6	2.3
2.9	2.8	1.2	1.8
2.7	2.5	2.4	2.7
2.6	2.3	2.2	2.6
3.7	1.6	3.6	1.3
2.7	1.6	1.2	3.0
2.3	3.0	0.9	1.4
2.0	2.3	1.5	1.2
1.8	3.2	2.4	2.6
2.3	2.0	1.7	1.8
2.4	2.6	1.4	1.7
2.5	2.4	1.8	1.5
n	28		28
$\bar{y}$	2.58		2.04
s	0.65		0.72

7.3　t 检验的进一步讨论

在本节，我们将对 t 检验的方法和解释做进一步充分讨论。

假设检验与置信区间的关系

对于 μ_1 和 μ_2 的比较，置信区间与假设检验两种方法之间有着密切的联系。例如，考察（$\mu_1-\mu_2$）95% 置信区间的估计和在 5% 显著性水平下的 t 检验的关系。t 检验与置信区间估计使用了同样的三个数据，即（$\bar{Y}_1-\bar{Y}_2$），$SE_{(\bar{Y}_1-\bar{Y}_2)}$和 $t_{0.025}$，只是其具体操作方式不同。

在 t 检验中，当 α=0.05 时，如果 P 值小于等于 0.05，则可认为具有显著的证据支持 H_A 成立（拒绝）。这仅仅发生在检验统计数 t_s 位于 t 分布尾部的末端，大于等于 $\pm t_{0.025}$ 时。如果 t_s 的绝对值（以 $|t_s|$ 表示）大于等于 $t_{0.025}$，那么 P 值就小于等于 0.05，我们可以认为有显著的证据支持 H_A 成立；如果 $|t_s|$ 小于 $t_{0.025}$，那么 P 值大于 0.05，我们就缺乏显著证据支持 H_A 成立。图 7.3.1 所示即为这种关系。

因此，当且仅当 $|t_s|<t_{0.025}$ 时，我们缺乏支持 H_A: $\mu_1-\mu_2\neq 0$ 的显著证据。也就是说，在下面的条件下我们缺乏支持 H_A 的显著证据：

$$\frac{|\bar{y}_1-\bar{y}_2|}{SE_{(\bar{Y}_1-\bar{Y}_2)}}<t_{0.025}$$

上式可转换为：

$$|\bar{y}_1-\bar{y}_2|<t_{0.025}SE_{(\bar{Y}_1-\bar{Y}_2)}$$

或者：

$$-t_{0.025}SE_{(\bar{Y}_1-\bar{Y}_2)}<|\bar{y}_1-\bar{y}_2|<t_{0.025}SE_{(\bar{Y}_1-\bar{Y}_2)}$$

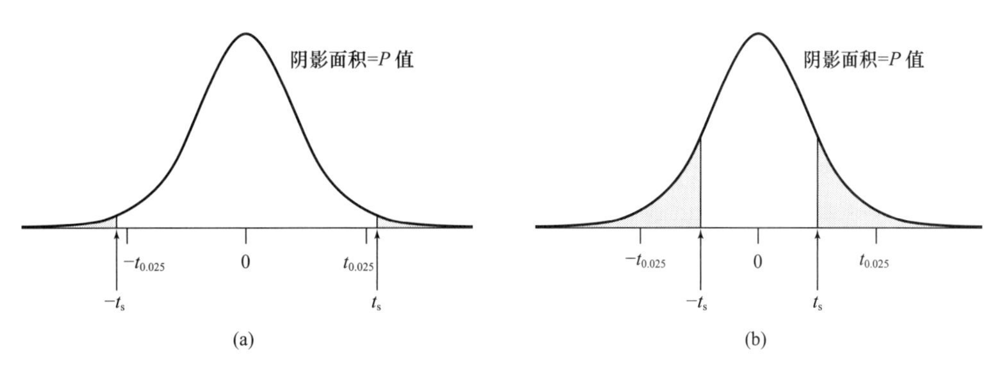

图 7.3.1 α=0.05 时 t 检验可能出现的结果

（a）如果 $|t_s| \geqslant t_{0.025}$，则 P 值≤ $t_{0.25}$，故有显著证据支持 H_A 成立（即拒绝 H_0） （b）如果 $|t_s|<t_{0.025}$，则 P 值 >0.05，故缺乏显著证据支持 H_A 成立。

上式可转换为：

$$-(\bar{y}_1-\bar{y}_2)-t_{0.025}\mathrm{SE}_{(\bar{Y}_1-\bar{Y}_2)}<0<-(\bar{y}_1-\bar{y}_2)+t_{0.025}\mathrm{SE}_{(\bar{Y}_1-\bar{Y}_2)}$$

或：

$$(\bar{y}_1-\bar{y}_2)+t_{0.025}\mathrm{SE}_{(\bar{Y}_1-\bar{Y}_2)}>0>(\bar{y}_1-\bar{y}_2)-t_{0.025}\mathrm{SE}_{(\bar{Y}_1-\bar{Y}_2)}$$

或：

$$(\bar{y}_1-\bar{y}_2)-t_{0.025}\mathrm{SE}_{(\bar{Y}_1-\bar{Y}_2)}<0<(\bar{y}_1-\bar{y}_2)+t_{0.025}\mathrm{SE}_{(\bar{Y}_1-\bar{Y}_2)}$$

因此，在 α=0.05 的条件下，当且仅当（$\mu_1-\mu_2$）的置信区间包括 0 时，我们认为缺乏显著的证据支持 H_A：$\mu_1-\mu_2 \neq 0$。相反，在（$\mu_1-\mu_2$）的 95% 的置信区间中不包括 0 时，则我们可以认为具有显著的证据支持 H_A：$\mu_1-\mu_2 \neq 0$ 成立（90% 置信区间的估计和 α=0.10 时的检验也存在着同样的关系，以此类推）。现举例说明。

例 7.3.1 小龙虾的长度

生物学家从俄亥俄州中部的上凯霍加河（CUY）和派恩溪东岔（EFP）两条河中，采集品种为 *Orconectes sanborii* 的小龙虾的样本，测量了每只捕获小龙虾个体的长度（mm）[16]。表 7.3.1 所示为汇总的统计数值，图 7.3.2 所示为该数据的平行箱线图。来自 EFP 的样本的分布低于来自 CUY 的样本的分布，两个分布均相当对称。

表 7.3.1 小龙虾数据：长度

单位：mm

	CUY	EFP
n	30	30
$\bar{y}$	22.91	21.97
s	3.78	2.90

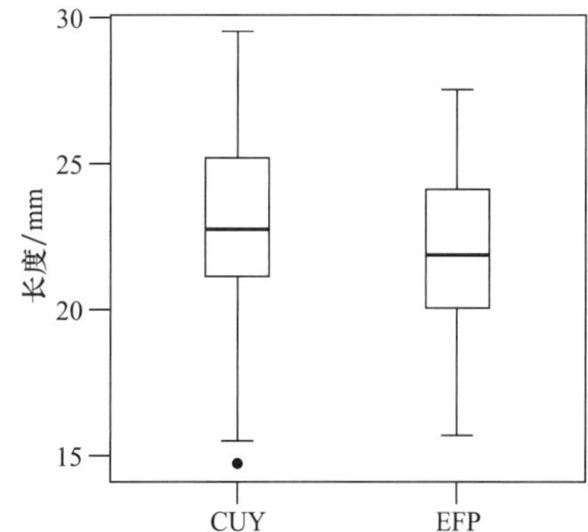

图 7.3.2 小龙虾数据的箱线图

以上数据中，CUY 和 EFP 的 SE_s 分别为 $3.78/\sqrt{30}=0.69$ 和 $2.90/\sqrt{30}=0.53$。自由度为：

$$\mathrm{df}=\frac{(0.69^2+0.53^2)^2}{0.69^4/30+0.53^4/30}=56.3$$

在 α=0.05 水平下，t 检验所需的数据为：

$$\bar{y}_1-\bar{y}_2=22.91-21.97=0.94$$

以及：

$$\mathrm{SE}_{(\bar{Y}_1-\bar{Y}_2)}=\sqrt{0.69^2+0.53^2}=0.87$$

则检验统计数为：

$$t_s=\frac{(22.91-21.97)-0}{0.87}=\frac{0.94}{0.87}=1.08$$

本次检验的 P 值（用计算机查找）为 0.2850，大于 0.05，所以我们不能拒绝 H_0（查书后统计表中的表 4，在 df=50 的情况下，P 值在 0.20~0.40）。

如果我们对（$\mu_1-\mu_2$）进行 95% 置信区间的估计，可以得到：

$$0.94\pm2.006\times0.87$$

或者（−2.68，0.81）*。

该置信区间包括零，与 t 检验中没有显著的证据支持 H_A: $\mu_1-\mu_2\neq0$ 相一致。注意，检验和置信区间估计的对等关系具有普遍意义。通过置信区间估计，μ_1 可能比 μ_2 小 2.68，或者大 0.81；那么，我们无法确认 μ_1 是否大于（或小于，或等于）μ_2。

在学生氏 t 检验方法中，置信区间估计与假设检验使用了不同的方式，但使用的是相同的基本信息。置信区间的优点在于，它反映出 μ_1 和 μ_2 之间差异的范围。而假设检验的优点在于，P 值在一个连续的区间内可以有力地证明 μ_1 和 μ_2 之间确实存在差异。在 7.7 节中，我们将进一步探讨如何用置信区间解释 t 检验。在后面的章节中，我们还会遇到其他的假设检验，而那些检验并不能简单地用置信区间估计来进行说明。

对 α 的解释

在分析数据或者在数据基础上做出推断时，常常需要选择某一显著水平 α。如何选择 α=0.05 还是 α=0.10 或是其他数值呢？这需要对 α 做出合理的解释，以帮助我们做出判断。具体解释如下。

回顾 7.2 节，如果 H_0 正确，t_s 的抽样分布是学生氏 t 分布。我们假设 df=60 且 α 值为 0.05，则临界值（来自表 4）$t_{0.025}$=2.000。图 7.3.3 所示为学生氏 t 分布图形及 ±2.000 的临界值。图中阴影部分的总面积为 0.05，它被均分为两个区域，面积各为 0.025。我们可以认为，图 7.3.3 即为判断证据是否足够显著支持 H_A 成立的正式准则：如果观察值 t_s 落入 t_s 坐标轴上的阴影区域，即可说明具有显著的证据支持 H_A 成立。但是如果 H_0 正确，发生这种情况的概率仅为 5%。因此，我们可以认为：

当 H_0 正确时，P{数据提供显著的证据支持 H_A 成立}=0.05。

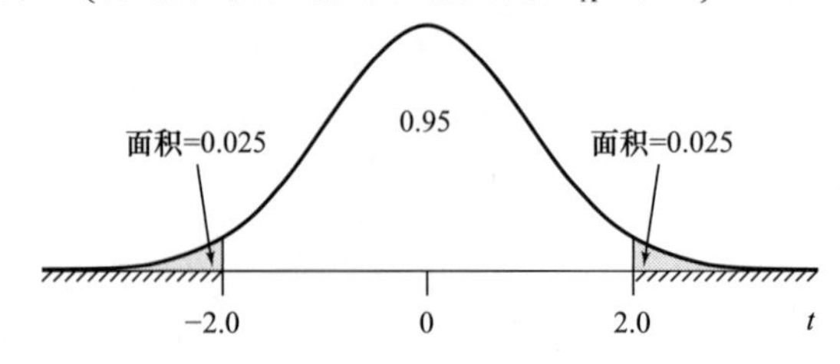

图 7.3.3 在 α 为 0.05 水平下的 t 检验。如果 t_s 落在阴影区域则表示有显著的证据支持 H_A 成立

* 自由度为 56.3 时的 $t_{0.025}$=2.006。如果自由度选取 50（即如果我们从书后统计表中的表 4 查表而不是借助计算机），则乘数 t 为 2.009。这使得该置信区间结果几乎没有差异。

这个概率在从两个总体中重复抽样并计算 t_s 值的元研究（图 7.3.4）中很有意义。值得注意的是，该概率是指 H_0 正确的情况。为了形象地描述这种情形，你需要暂时放下疑虑，在例 7.3.2 中来一场想象之旅。

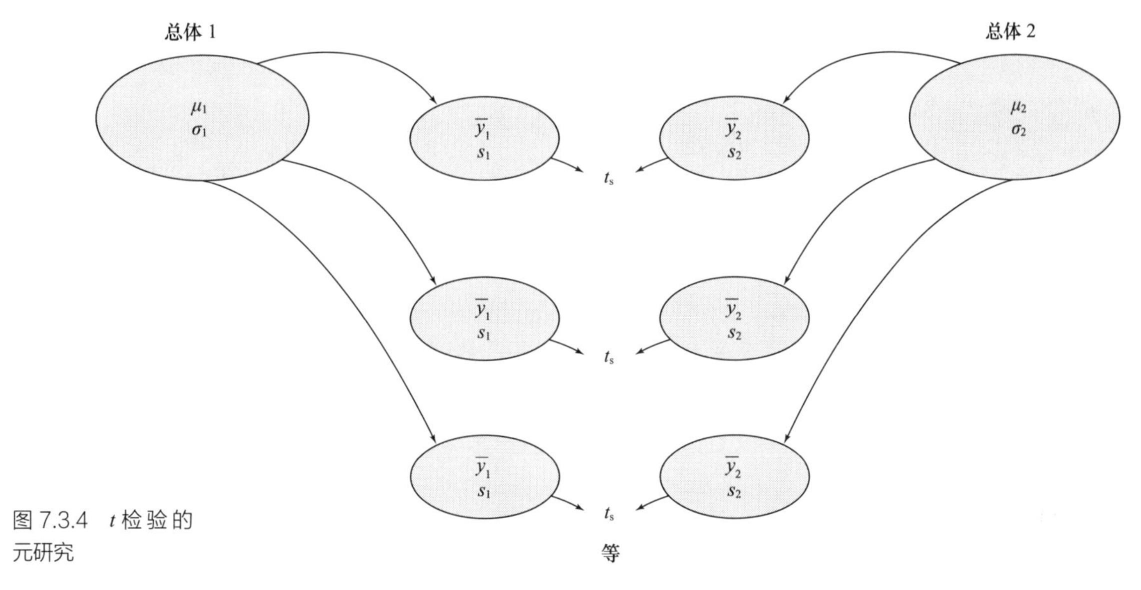

图 7.3.4 t 检验的元研究

例 7.3.2
音乐和金盏花*

想象一个科学团队对“音乐对金盏花生长的影响”抱有极大的兴趣。研究的科目之一是关注巴赫（Bach）或者莫扎特（Mozart）的音乐是否能促进植物增高。受试植物被随机分配在接受巴赫（处理 1）或者莫扎特（处理 2）音乐的组中，持续处理一段时间后，调查植株的高度。该无效假设为：

H_0：金盏花在接受巴赫或者莫扎特音乐处理下生长同样良好。

或者：

$$H_0: \mu_1=\mu_2$$

其中：

μ_1= 接受巴赫音乐的金盏花平均高度

μ_2= 接受莫扎特音乐的金盏花平均高度

让我们假定讨论一下“H_0 事实上是正确的”。现在假设有很多研究者进行了巴赫和莫扎特音乐试验，每一个试验结果数据的自由度都是 60。如果每位研究者都选用 α=0.05 的 t 检验来分析自己的数据。研究者们将会得到什么结论呢？在图 7.3.4 的元研究中，假设每一对样本代表一位不同的研究者的结果。既然我们假设 μ_1 和 μ_2 实际上是相等的，则 t_s 值偏离 0 只是由于随机抽样误差所致。如果将所有研究者的结果汇总在一起则会得到 t_s 值的一个频率分布，这个分布符合自由度为 60 的学生氏 t 曲线。研究者可如图 7.3.3 那样做出推断，因此我们预期他们的研究情况如下：

95% 的研究者（正确地）未找到显著的证据支持 H_A 成立；

2.5% 的研究者找到显著的证据支持 H_A 成立并（错误地）得出植物更易于在巴赫音乐中生长的结论；

2.5% 的研究者找到显著的证据支持 H_A 成立并（错误地）得出植物更易于在莫

* 本例纯属虚构。

扎特音乐中生长的结论。

因此，共有 5% 的研究者会得支持备择假设的显著证据。

例 7.3.2 提供了一个解释 α 的方法。当然，在分析数据时，我们不用元研究而是用一个单独的试验来完成。当在 5% 显著水平进行 t 检验时，我们扮演的正是例 7.3.2 中研究者的角色，而其他研究者则是假想出来的。如果我们有显著证据支持 H_A 的证据，则会有两种可能结果：

（a）事实上 H_A 是正确的；

（b）事实上 H_0 是正确的，但我们却不幸成为为 H_A 成立提供显著证据的那 5% 所获数据之中的一位。在这种情况下，我们则会把支持 H_A 成立的显著证据作为一种“误检”。

我们“自信”地声称有显著证据支持 H_A 成立，因为第二种可能结果发生的概率微乎其微（假设我们把 5% 看作是很小的百分比）。当然，我们永远不知道（除非有人重复这个试验）是否自己成为了这不幸的 5% 人群之一。

显著性水平与 *P* 值 学生们有时候发现难以区分显著性水平 α 与 P 值[*]。对 t 检验而言，α 与 P 值都位于学生氏 t 分布曲线的尾部区域。但是 α 是一个人为规定的数值，它可以（而且应该）在查看数据之前确定。相反地，P 值是由数据所决定的；实际上，得出 P 值是描述数据的一种方式。你会发现这一点在比较图 7.2.3 和图 7.3.3 时很有帮助。阴影部分的面积在前者代表 P 值，而在后者则代表 α 值。

第Ⅰ类错误和第Ⅱ类错误

我们知道，α 可以理解为一个概率：

如果 H_0 是正确的，$\alpha=P\{$ 找到显著的证据支持 H_A 成立 $\}$。

当 H_0 正确的时候，认为数据提供的证据足以证明 H_A 成立，此时就犯了**第Ⅰ类错误**（Type I error）。在确定 α 时，我们就等于确定了避免第Ⅰ类错误的保护水平。许多研究者认为 5% 是一个可接受的小概率。如果我们觉得 5% 不够小，可以选择一个更保守的 α 值，如 $\alpha=0.01$；在这种情况下，我们拒绝正确的无效假设的百分比不再是 5%，而是 1%。

事实上，α 的选择依赖于特定的试验内容。例如，管理机构可能需要关于对一种有毒药物效果进行更严格证明，而不是相对无害的结果。一个人对 α 值的选择还可能会受到该研究中某现象先验观点的影响。例如，假如一位农学家质疑某种土壤处理方法。在评估这种处理方法的新研究中，他可能会选择一个非常保守的显著水平（如 $\alpha=0.001$）以解释其质疑观点，这就意味着需要很多证据来说服他认为该处理是有效的。正因如此，撰写调查报告时应该包含 P 值，这样每一位读者才能自由选择自己的 α 值去评价报告结果。

如果 H_A 是正确的，但是我们没能找到显著的证据支持 H_A 成立，就会犯**第Ⅱ类错误**（Type II error）。表 7.3.2 所示为第Ⅰ类错误和第Ⅱ类错误可能发生的条件。例如，如果我们找到显著的证据证明 H_A 成立，那么就可以排除第Ⅱ类错误发生的可能性，但拒绝 H_0 时，我们可能已经犯了第Ⅰ类错误。

---

* 不幸地，“显著水平”的概念并未一直被所有撰写统计学的人使用。一些作者在我们使用 P 值的地方使用“显著水平”或“显著概率”的概念。

表 7.3.2 检验 H_0 的可能结果

		条件	
		H_0 正确	H_A 正确
推断	缺乏显著的证据支持 H_A	正确	第Ⅱ类错误
	具有显著的证据支持 H_A	第Ⅰ类错误	正确

犯第Ⅰ类错误和第Ⅱ类错误的后果可能迥然不同。下面的两个例子显示了其后果会有哪些不同。

例 7.3.3 大麻和脑垂体

大麻素是大麻中的一种成分，它可以通过胎盘和母乳进行母婴传播。假设我们用怀孕的母鼠进行下列试验：我们为一组母鼠注射一定剂量的大麻素，而另一组作为对照。然后检测其后代的脑垂体功能。提出假设如下：

H_0：大麻素不会影响后代脑垂体；

H_A：大麻素会影响后代脑垂体。

如果实际上大麻素不会影响后代的脑垂体，但是我们由试验数据得出有显著证据支持 H_A 成立的结论，此时我们就犯了第Ⅰ类错误；如果将该结论公之于众，其后果则会引起不必要的恐慌。另一方面，如果大麻素对后代脑垂体确有影响，但 t 检验的结果显示缺乏显著的证据支持 H_A 成立，则会发生第Ⅱ类错误；其后果会让部分吸食大麻的妈妈们找到令人无法辩解的借口。

例 7.3.4 免疫治疗

化疗是治疗某种癌症的标准处置方法。假设我们开展了一项以免疫治疗（采用刺激免疫系统的方法）作为化疗补充措施效果研究的临床试验。将病人分为化疗和化疗加免疫治疗两组。提出假设如下：

H_0：免疫治疗对提高存活率无效。

H_A：免疫治疗有助于提高存活率。

如果免疫治疗确实无效，但我们由试验数据得出有显著证据支持 H_A 成立的结论，因此结论显示免疫治疗是有效的，我们就犯了第Ⅰ类错误。如果该结论被医学界采纳，其后果可能会将使这种糟糕的、危险的，且毫无用处的免疫治疗方法得以广泛应用。另一方面，如果免疫治疗确实有效，但是我们的数据不能引导我们发现这个事实（可能因为我们的样本容量太小），则会发生第Ⅱ类错误，其后果与第Ⅰ类错误完全不同：人们将会沿用标准治疗方法，直到有人提供令人信服的证据证明免疫治疗的加入是有效的。如果我们仍然“相信”免疫治疗，则可实施另一个试验（或许有较大的样本容量），再次尝试证明其有效性。

正如前面的例子所述，第Ⅰ类错误与第Ⅱ类错误的后果通常有很大区别。两种类型错误发生的可能性也许大相径庭。如果 H_0 是正确的，则显著性水平 α 就是足以证明 H_A 成立的概率值。因为 α 是人为选择的，假设检验的程序通过控制出错的风险来“避免”发生第Ⅰ类错误。这种控制与样本容量和其他因素无关。相反，犯第Ⅱ类错误的可能性则受到很多因素影响，其值可大可小。特别是进行小样本容量的试验时，发生第Ⅱ类错误的风险常常很高。

现在让我们来重新审视天文学家 Carl Sagan 的格言，即“证据缺失不代表证据不存在”。因为犯第Ⅰ类错误的风险是可控制的，而犯第Ⅱ类错误的风险却不可控制，我们更有理由拒绝无效假设而不是不拒绝它。例如，假设我们正在检验某种土壤添加剂是否对玉米产量有效。如果我们有显著的证据支持 H_A，则认为该添加剂是有效的。会出现两种情况：①我们是正确的；②我们犯了第Ⅰ类错误。既然第Ⅰ类错误的风险是可控的，我们就能对该添加剂有效的结论有相应的自信（尽管不一定非常有效）。另一方面，假如数据缺少证明添加剂有效性的证据，即我们没有证据支持 H_A 成立，那么会有以下两种情况：①我们是正确的（即 H_0 是正确的）；②我们犯了第Ⅱ类错误。由于出现第Ⅱ类错误的风险可能很高，我们无法保证该添加剂是无效的。为了证明添加剂无效，我们需要做进一步分析来补充假设检验，如做置信区间估计或者第Ⅱ类错误发生概率的分析。我们会在 7.6 节和 7.7 节中对此进行更详细的讨论。

功效

正如我们所见，第Ⅱ类错误是一个很重要的概念，犯第Ⅱ类错误的概率记作 β。

如果 H_A 是正确的，则 $\beta=P\{$缺乏显著的证据支持 H_A 成立$\}$。

当 H_A 是正确的，不犯第Ⅱ类错误的概率，即当 H_A 是正确的，有显著的证据支持 H_A 成立的概率，被称为统计检验的**功效**（power）。

如果 H_A 是正确的，功效 $=1-\beta=P\{$有显著的证据支持 H_A 成立$\}$。

因此，t 检验的功效是对该检验灵敏度的衡量，或者可以说是当 μ_1 和 μ_2 之间的差异确实存在时检验程序察觉该差异的能力。这样说来，功效类似于显微镜的分析能力。

在调查中，统计检验的功效受很多因素影响，包括样本容量、受试对象的固有差异、μ_1 和 μ_2 差数的大小。保持非试验因素一致，使用较大的样本容量可以获得更多的信息，从而增加功效。另外，我们发现某些统计检验比其他的检验更有效，某些试验设计比其他的设计更有效。

科学调查的设计应该一直考虑到功效。没有人想要在实验室或田间付出冗长甚至昂贵的劳动代价后，才发现在数据分析中样本容量不够或试验材料多变，以至于没有发现那些被认为重要的试验效果。有两种可用的方法能够帮助研究者确定足够的样本容量的：一是确定每个标准误应该有多小，并用 6.4 节的分析方法选择 n 值；二是对统计功效进行定量分析。这种对于 t 检验的分析将会在 7.7 节中进行讨论。

练习 7.3.1—7.3.8

7.3.1（抽样练习）　用练习 3.3.1 中收集到的 100 个椭圆代表有机体 *C.ellipticus* 的自然总体，使用随机数字（从书后统计表中的表 1 查表或者用计算器中提取）抽取包括 5 个椭圆的两个随机样本，测量每个椭圆的长度，测量值精确到毫米。

（a）在 $\alpha=0.05$ 水平下，用 t 检验法比较两个样本的平均数；

（b）对（a）的分析是否导致了第Ⅰ类错误，或第Ⅱ类错误，或没有错误？

7.3.2（抽样练习）　模拟从下面两个不同的总体中进行随机抽样。首先，继续像练习 7.3.1 那样抽取包括 5 个椭圆的两个随机样本并测量它们的长度。然后将其中一个样本的每个测量值加上 6mm。

（a）在 $\alpha=0.05$ 水平下，用 t 检验法比较两个样本的平均数；

（b）对（a）的分析是否导致了第Ⅰ类错误，或第Ⅱ类错误，或没有错误？

7.3.3（抽样练习） 准备如下模拟数据。首先，继续像练习 7.3.1 那样抽取包括 5 个椭圆的两个随机样本，并测量它们的长度。然后抛一枚硬币。如果硬币正面朝上，将其中一个样本的每个测量值加上 6mm。如果硬币反面朝上，则两样本均不做修改。

（a）准备两份模拟数据。学生那一份只显示原始数据；老师那一份同时显示修改（如果进行了修改）的样本；

（b）将老师那一份交给老师，要求将学生那一份交换给其他学生；

（c）收到另一个学生的材料后，用 α=0.05 水平的双尾 t 检验来比较其两个样本的平均数。如果拒绝 H_0，则确定该样本已被修改。

7.3.4 假设有一种新药要向美国食品药品管理局（FDA）报批。无效假设为药物是无效的。如果 FDA 批准了该药，哪种类型的错误不太可能发生，是第Ⅰ类错误还是第Ⅱ类错误？

7.3.5 在例 7.3.1 中，无效假设未被拒绝。则在该 t 检验中，哪种类型的错误可能发生，是第Ⅰ类错误还是第Ⅱ类错误？

7.3.6 假设（$\mu_1-\mu_2$）95% 的置信区间经过计算得到（1.4，6.7）。如果我们在 α=0.05 水平下，对 H_0：$\mu_1-\mu_2$=0 与 H_A：$\mu_1-\mu_2 \neq 0$ 进行检验。我们会拒绝无效假设吗？为什么？

7.3.7 假设（$\mu_1-\mu_2$）95% 的置信区间经过计算为（−7.4，−2.3）。如果我们在 α=0.10 水平下，对 H_0：$\mu_1-\mu_2$=0 与 H_A：$\mu_1-\mu_2 \neq 0$ 进行检验，我们会拒绝无效假设吗？为什么？

7.3.8 某乳制品研究人员开发出了一项制作干酪的新技术，与传统方法相比，该新技术在不影响干酪品质的情况下大大缩短了凝乳的时间。用这项新技术来改造干酪生产车间需要先期投资上百万美元，但是如果它确实能缩短凝乳时间（即使是少量缩短时间）在长期运营后，它也将提高公司的利润。然而，如果新技术并不比传统方法好，改造工程将会带来一次财政失误。故在做改造决定之前，需要进行一项新旧方法培养时间比较的试验。

（a）该试验的无效假设和备择假设是什么？

（b）在这个问题上，第Ⅰ类错误的后果会是什么？

（c）在这个问题上，第Ⅱ类错误的后果会是什么？

（d）在你看来，哪种类型错误的后果更严重？请解释说明（也可以两方面都讨论）。

7.4 关联和因果关系

在比较两个总体时，我们通常关注两个变量本身的关系：一个是**响应变量**（response variable）Y，它是度量指标结果的变量；另一个是**自变量**（explanation variable）X，它是用于解释或预测结果的变量。接下来，我们用从**试验**（experiment）中收集的数据来判断是否有证据证明 X 对 Y 的平均数有影响。也就是说，我们可以提出这样的问题：X 的变化是否会引起 Y 的变化？例如，甲苯是否会影响大脑去甲肾上腺素的平均含量？仅仅根据**观察性研究**（observational study），我们得出的结论非常有限，我们无法对 X 和 Y 间的因果关系做出断言，而只能判断出两者的相关性。例如，我们会问，X 的变化与 Y 的平均数的变化有关联吗？或者说，有证据证明两个总体 Y 的平均数不同吗？例如，取自两个不同地点的小龙虾有不同的平均长度吗？

由此可见，数据收集的方法（通过试验或观察研究）决定了我们研究这类问题的能力。以下所示为比较两个样本平均数适于不同类型研究的例子，并对这些研究类型做进一步的讨论。

例 7.4.1

男性和女性的红细胞比容

红细胞比容水平是反映血液中红细胞含量的度量值。表 7.4.1 所示为 17 岁美国青年中两个样本（分别是 489 位男性和 469 位女性）红细胞比容值的样本平均数和标准差[17]。

表 7.4.1 红细胞比容 单位：%

	男性	女性
平均数	45.8	40.6
SD	2.8	2.9

例 7.4.2

优降宁与蔗糖消耗

开展一项精神类药物优降宁对黑色绿头苍蝇伏蝇（*Phormia regina*）进食行为影响的研究。响应变量是一只苍蝇在 30min 内摄入的蔗糖（糖）溶液量。试验者将苍蝇分为两组：一组接受优降宁注射（905 只苍蝇），而另一对照组注射盐水（900 只苍蝇）。这两组处理响应变量的对比为优降宁的效果提供了一个间接的评价依据（有人可能建议采用一种更直接的方法，对每只苍蝇测量两次药效——第一次在注射优降宁之后，第二次在注射盐水之后。但是，因为检测过程会对苍蝇造成干扰，以至于每只苍蝇只能被检测一次，所以这种直接的方法并不可行）。表 7.4.2 所示为这两组处理的平均数和标准差[18]。

表 7.4.2 蔗糖消耗量 单位：mg

	对照组	优降宁组
平均数	14.9	46.5
SD	5.4	11.7

例 7.4.1 和例 7.4.2 都包含了两个样本的比较，但是要注意两项研究在根本上是不同的。在例 7.4.1 中，样本来自于两个原本存在的总体；研究者只不过就是个观察者：

总体 1：17 岁美国男性红细胞比容值。

总体 2：17 岁美国女性红细胞比容值。

相反，例 7.4.2 中的两个总体并非实际存在，而是受特殊的试验条件限定；在一定程度上，两个总体是由试验干预创造出来的。

总体 1：注射盐水的苍蝇蔗糖消耗量。

总体 2：注射优降宁的苍蝇蔗糖消耗量。

这两种双样本比较的类型（由观察和试验而来）在研究中应用都很广泛。对两种类型的分析方法基本相同，但对结果的解释常常有所不同。例如，在例 7.4.2 中可能会顺理成章地认为优降宁引起了蔗糖消耗量的增加，而类似的观点在例 7.4.1 中却不适用。

观察研究与试验研究

在对生物学研究结果的解释中考虑的一个主要因素就是该研究是观察性的还

是试验性的。在一项试验中，研究者干预或者控制试验条件*。而在**观察性研究**（observational study）中，研究者仅仅观察存在的状况，如下面的例子所示。

例 7.4.3

吸烟

在吸烟的影响这项研究中，试验与观察两种研究方法都得以应用。在动物身上的影响可以用试验的方法研究，因为动物（例如狗）可以被分在不同的处理组中，而这些处理组都可施加不同剂量的吸烟处理。而对人类的影响通常用观察的方法进行研究。例如，在一项研究中，调查了孕妇的吸烟习惯、饮食习惯等[19]。在婴儿出生后跟踪她们身体和心理的发展变化。一项惊人的发现与婴儿的出生体重有关：吸烟孕妇的孩子的初始重量轻于不吸烟孕妇。这种差异性不是随机出现的（P 值 $<10^{-5}$）。然而，我们无法确认这种差异是由吸烟所致，因为吸烟的女性跟不吸烟的女性除了在吸烟这个因素上不同以外，还有很多生活方式上的差异。例如，她们有不同的饮食习惯。

正如例 7.4.3 所示，在观察研究中很难判断确切的因果关系。相反，在试验研究中研究者通过控制试验条件的方法，这种因果关系则较易于分辨。为了更好地说明这个观点，参考一下胆固醇含量研究的例子。假设在临床试验中有一组高胆固醇水平的病人（也就是进行一项医学试验），其中随机选出一些病人服用新型药物，而其他病人则服用过去有适度疗效的标准药物。如果两个样本的 t 检验显示出服用新药病人的平均胆固醇水平比服用标准药物的病人低很多，则研究者可以得出结论：新药物导致了这个显著的结果，它比标准药物疗效要好。

现在用两个样本的 t 检验法比较 50 岁人群随机样本和 25 岁人群随机样本的胆固醇的平均水平。假设由两个样本的 t 检验得到一个很小的 P 值，50 岁人群的胆固醇水平高于 25 岁人群。我们相当自信地认为胆固醇含量会随着年龄的增加而提高。然而，很有可能还存在其他的原因。例如，饮食习惯会随着时间的推移而改变，50 岁的人不吃 25 岁的人吃的食物，以至于 25 岁人的胆固醇含量较低；或许 25 岁人群到了 50 岁还保持同样的饮食习惯，他们也会在 50 岁还保持同样低的胆固醇水平。

再来看第三个例子，比较购房者和租房者的随机样本。假设经两个样本的 t 检验发现，购房者的胆固醇平均含量明显高于租房者。我们不应下结论说买房子使人胆固醇含量升高。而是应该考虑，买房子的人年龄往往比租房的人更大一点。最有可能的事实就是年龄是相关因素，这就解释了为什么购房者的胆固醇含量比租房者高。

以上三个例子都进行了两个样本的 t 检验，并拒绝了 H_0。甚至我们在每次检验中可能使用了同一个 P 值。但是我们从这三个例子中得到的结论却截然不同。我们可以做出的推断是由数据收集的方式决定的。通过试验研究法我们可以判断其因果关系，而通过观察研究我们只能做出一些猜测。有时候观察研究会让我们确信有因果机制在发生作用；但我们会发现得出这样的结论具有一定的风险。正因如此，研究者更愿意付出较大的努力实施可控的试验研究以获得因果关系的结论，而不愿意进行观察研究。

* 被控制的条件必须界定两个被比较总体的因素。例如，如果五位男性和五位女性服用同样的药物，那么比较的因素就是性别，这种男女之间的比较属于观察研究而不是试验研究。

观察研究的深入探讨

解释观察研究的困难有两个基本来源：
从总体中进行非随机抽样；
无法控制的无关变量。
下面的例子将从这两方面进行阐述。

例 7.4.4
种族和大脑尺寸

在 19 世纪，人们为试图“科学地”证明某些种族劣于其他种族付出了很多努力。该课题的领军研究者是美国医师 S.G.Morton，他曾因人类大脑尺寸研究得到广泛的赞誉。在其一生中，Morton 收集了不同来源的人类颅骨，并且仔细测量了这上百个颅骨的颅腔容量，他的数据看起来说明了（正如他猜想的）“劣等”种族有着较小的颅腔容量。表 7.4.3 所示为 Morton 开展的白种人和印第安人颅骨比较的数据[20]。根据 t 检验，这两个样本的差异具有“统计学意义上的显著性”（P 值 <0.001）。但是这有意义吗？

表 7.4.3 颅腔容量 单位：in^3

	白种人	印第安人
平均数	87	82
SD	8	10
n	52	144

首先，用颅腔容量作为衡量智力标准的观念不应再受到重视。抛开这个问题，人们仍可以质疑印第安人的平均颅腔容量是否就真的比白人小。这个超越实际数据的推断要求该数据应该是来自各自总体中的随机样本。当然，因为 Morton 只是测量了凑巧他能得到的颅骨，因此，事实上 Morton 的数据不是由随机样本得到，而是出于“方便的样本”。但是这些数据能被认为是“好似”来自于随机抽样的吗？解决这个问题的一种方法是找到结果偏倚的来源。1997 年，著名的生物学家 Stephen Jay Gould 带着这样的想法重新检查了 Morton 的数据，并且确实发现了几个结果偏倚的来源。例如，144 个印第安人的颅骨代表着很多不同的部落。碰巧的是，颅骨中的 25%（即其中 36 个颅骨）来自于印加秘鲁人（Inca Peruvians），他们是有着小颅骨的小骨架人群，而相对地，几乎没有来自像易洛魁人（Iroquois）这样的大颅骨部落的人。很明显，印第安人和白人之间的比较是没有意义的，除非以某种方式调整这种失衡。当 Gould 对该方法进行调整后，他发现印第安人和白人之间的差异消失了。

尽管 Morton 的颅骨事件发生在 100 年以前，它仍能提醒我们警惕推断的陷阱。Morton 是一位认真的研究者，他很仔细地做了准确测量。Gould 的复检可能会忽视他数据中的陷阱，因为这个陷阱是无形的。也就是说，它们与选择样本的过程有关而不是与测量本身有关。

当我们查看一系列观察数据时，有时可能会被表面的完整性和客观性所迷惑，以至于忘记问一下这些观察单元（被观察的人或物）是如何被抽取的。这个问题应该铭记于心。如果抽样是随意的而不是真正意义上的随机，其结果就可能严重失真。

混淆

很多观察研究致力于发现某种因果关系。这种发现可能因为无关变量无法控制的（也可能是未知的）干预而变得很难。调查者必须遵循以下准则：

关联关系不是因果关系。

例如，众所周知，食用高纤膳食的人群有较低的结肠癌发病率。但是这个观察结果并未表明是高纤膳食而不是其他因素保护人体不得肠道癌。

接下来的例子显示了无法控制的无关变量是如何影响观察研究的，以及我们可以采取什么措施进行辨别。

例 7.4.5 吸烟和出生体重 在一项对孕妇的大型观察研究中，我们发现吸烟的女性比不吸烟女性更易于生出较轻的婴儿[19]（该研究已在例 7.4.3 提到过）。吸烟可能通过干扰氧气和营养物质流过胎盘从而导致婴儿出生体重减轻，这看起来貌似可信。但是，当然貌似可信不能算作证据。事实上，调查者发现吸烟者跟不吸烟者在许多其他方面也有差异。例如，吸烟者比不吸烟者喝了更多的威士忌酒。酒精的摄入看起来也可能导致体重的下降。

在例 7.4.5 中存在三个变量；我们分别记为 X= 吸烟，Y= 出生体重，Z= 酒精摄入量。X 和 Y 之间有关联关系，但是它们之间是否有因果关系呢？或者 Z 和 Y 之间是否有因果关系？图 7.4.1 所示为这种情况下变量关系的图解。X 的变化和 Y 的变化相关。然而，Z 的变化也和 Y 的变化相关。我们则认为 X 对 Y 的效应与 Z 对 Y 的效应**混淆**（confounded）在一起。在例 7.4.5 中，我们认为吸烟对出生体重的效应与酒精摄入量对出生体重的效应相混淆。在观察研究中，效应值的混淆是一个常见的问题。

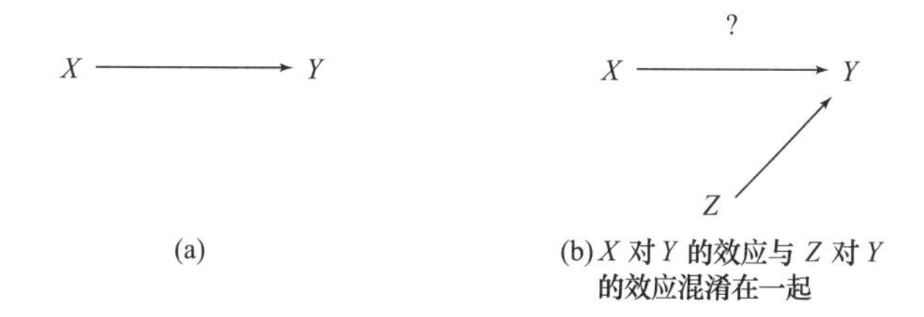

图 7.4.1 因果关系和混淆示意图

例 7.4.6 吸烟和出生体重 例 7.4.5 中提到过的研究揭示出很多混淆在一起的变量。例如，吸烟者比不吸烟者喝了更多咖啡。另外，更令人费解的是吸烟者比不吸烟者更早来月经。这个现象（月经初潮提前）不太可能是吸烟所致，因为其发生（在几乎所有的案例中）在女性开始吸烟之前。有一种解释为：这两个总体（吸烟女性和不吸烟女性）在生理方面存在差异；因此，可以得出，婴儿出生体重的减轻是因为母亲是“吸烟者，而不是吸烟本身”[21]。

近期大量研究试图解释母亲吸烟和婴儿发育之间的关系。在一项研究中，除了吸烟习惯之外，研究者还观察到了大约 50 个无关变量，包括母亲的年龄、体重、身高、血型、上臂围、宗教、教育程度、收入等[22]。通过复杂的统计矫正分析方法，他们得出结论：即使无关变量得以控制，婴儿出生体重仍然随吸烟情况的不同而变化。这就是说尽管有几个其他变量也对出生体重有影响，但很可能 X= 吸烟和 Y= 出生体重之间确实存在如图 7.4.1 所示的内在联系。其要点是说，混淆的存在并不意味着 X 和 Y 之间的关联关系不存在，而仅仅是说其他因素会掺杂在其中，以至于我们在解释观察研究的结果时不得不十分谨慎。

在另一项有关孕妇的研究中，研究者测量了与胎盘功能相关的不同变量[23]。他们发现吸烟女性比不吸烟女性会产生更多畸形胎盘，且婴儿血液中含有更高浓度的可丁尼（尼古丁衍生物）。同时他们还发现，在吸烟女性体内，停烟 3h 后胎盘的血液循环明显得到改善。

第三项研究采用配对设计，尝试把吸烟行为的效应分离出来。研究者调查了 159 位女性，她们在一次孕期吸烟而在下一孕期之前戒烟[24]。这些女性与连续两次孕期都在吸烟的 159 位女性一一配对；配对指标为第一个婴儿的出生体重、第一次孕期的吸烟量及其他的几个因素。这样，每一对的受试对象都被认为具有“生殖能力”。然后，研究者观察了第二个婴儿的出生体重，他们发现戒烟女性生下的婴儿比对照组持续吸烟的女性生下的婴儿要重得多。当然，我们不能排除戒烟的女性同时戒掉了其他坏习惯（如酗酒）的可能性，也不能排除出生体重的增加不是真的由戒烟所致。

例 7.4.6 表明观察研究可以提供因果关系的信息，但需谨慎地做出论断。通常研究者认为，观察到关联关系的因果性关系需要更多的证据来支持。例如，关联关系需要在不同的条件下实施持续观察研究得到，并会受到各种外来因素的影响。而理论上，因果联系应是由试验性证据支持得到的。我们并不是说观察性关联关系不能做出因果关系的论断，而是说做出这样的论断时需要特别审慎。

虚假的关联关系

例 7.4.7

超声波

对医生来说，对怀孕女性的胎儿进行超声波检查是很平常的事情。但是，最初运用超声波技术的时候，很多人担心这项操作可能会对婴儿造成伤害。早期的一项研究似乎支持这个说法：平均来说，如果子宫中的胎儿受到超声波扫描，出生时则比未经超声波扫描胎儿轻[25]。后来又进行了另一项研究，随机选取一些女性用超声波扫描，而其他女性不被超声波扫描，该研究发现两个试验组婴儿的出生体重没有差异[26]。似乎第一项研究出现差异的原因是超声波大多应用在了患有孕期疾病的女性身上。孕期并发症会导致婴儿较轻的出生体重，并不是因为扫描了超声波。

图 7.4.2 对例 7.4.7 的情形给出了图示。X（进行超声波检查）的变化与 Y（较轻的出生体重）的变化有关。然而，X 和 Y 都依赖于第三个变量 Z（是否患有孕期疾病），而 Z 是驱动关系的变量。X 的变化和 Y 的变化都是对第三变量 Z 的正常反映。我们称 X 与 Y 的关联关系是虚假的：如果控制了“隐形变量”Z，X 和 Y 的联系就消失了。在例 7.4.7 中，并不是超声波扫描影响了出生体重；最主要的是，是否受到了孕期疾病的干扰。

图 7.4.2 虚假关联关系的图示

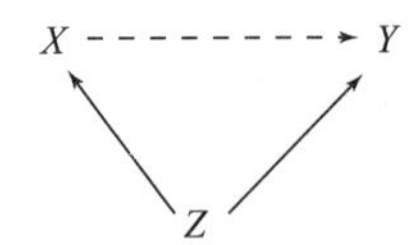

X 与 Y 的关联关系是虚假的：控制了隐形变量 Z，X 与 Y 的关系就消失了

试验研究的深入探讨

试验是研究人员通过干预或施加处理条件而进行的一种研究方法。下面举一个简单的例子。

例 7.4.8
头痛

假设研究人员让一些头痛患者服用布洛芬，而让另一些患者服用阿司匹林，然后检测每名患者头痛消失的时间长短。该研究设置了两种处理方法：布洛芬和阿司匹林。通过把受试者进行分组（布洛芬组和阿司匹林组），研究人员进行了一项试验研究。

当我们提到一项试验时，我们将接受试验处理的受试载体称为**试验单元**（experimental units）。在农业试验中，一个试验单元可以是田间一个小区。通常，试验单元是试验中接受试验处理的最小单元。因此，在例 7.4.8 中，由于试验处理作用于每一个人，故试验单元就是每个个体的人。

如果处理是随机设置的，例如，掷一枚硬币，正面向上意味着服用布洛芬，反面向上意味着服用阿司匹林，那么这个试验就是一个随机试验。有时试验实施中一组施加处理，而另一组（对照组）什么都不施加。例如，某人通过设置一组服用布洛芬，而另一组不服用任何止痛药，来调查布洛芬对治疗头痛的效果。相应地，一组服用布洛芬，而另一组服用阿司匹林的试验被称为具有"有效"对照，即阿司匹林组。

随机分布

在 5.2 节中，我们通过分析样本平均数 $\bar{Y}$ 从一个随机样本到另一个随机样本的变化，介绍了抽样分布的概念。严格来说，这在观察研究的分析中为推断提供了基础，而在试验研究中则行不通——因为其处理被安排在某个试验单元上，并非从总体中进行的随机抽样。然而，5.2 节的概念可以自然延伸发展到 $\bar{Y}$ 的**随机分布**（randomization distribution），这是一项试验中所有可能的 $\bar{Y}$ 的分布。这样随机分布就构成了试验推断的基础。

仅仅是统计意义上的？

"统计"这个词有时被用作（或者，甚至是错用作）某种别称。例如，一些人认为食用胆固醇和心脏疾病之间关系的证据"仅仅是统计意义上的"。他们真正的意思是"仅仅是观察到的"。只要来自于随机试验而不是观察性研究，统计证据就可以被认为是真正有说服力的。正如我们在前面例子中所见到的，从观察研究得到的统计证据必须要经得住推敲才能做出推断，因为它们可能会受到无关变量的潜在曲解。

练习 7.4.1—7.4.9

7.4.1 在 2005 年，美国有 5.3% 的人死于慢性下呼吸道疾病（如哮喘和肺气肿）。在亚利桑那州，死亡人数的 6.2% 是因慢性下呼吸道疾病造成的[27]。这意味着居住在亚利桑那州会加剧呼吸道疾病吗？如果不是，我们怎样解释亚利桑那州的发病率高于全国水平？

7.4.2 曾有假设称植入硅胶乳房会导致疾病。在一项研究中发现，与没有植入体的对照组女性相比，有植入体的女性更有可能吸烟、酗酒、染发、堕胎[28]。请使用统计学语言解释为什么这项研究为植入体引发疾病的假设招致质疑。

7.4.3 考察练习 7.4.2 中的设置。

（1）什么是自变量？

（2）什么是响应变量？

（3）什么是观察单元？

7.4.4 在一项有1040个对象的研究中，调查人员发现冠心病的发病率随着每日消费咖啡杯数的增加而增加[29]。

（1）什么是自变量？

（2）什么是响应变量？

（3）什么是观察单元？

7.4.5 在一项早期对饮食和心脏病关系的研究中，调查人员收集了不同国家心脏病死亡率和同一个国家国民饮食构成的数据。下图所示为6个国家在1948—1929年间变质性心脏病的死亡率（55~59岁男性），对应地绘制出饮食中的脂肪摄入量[30]。

下图可能会造成误解的方式是什么？这里会关系到哪些无关变量？试讨论。

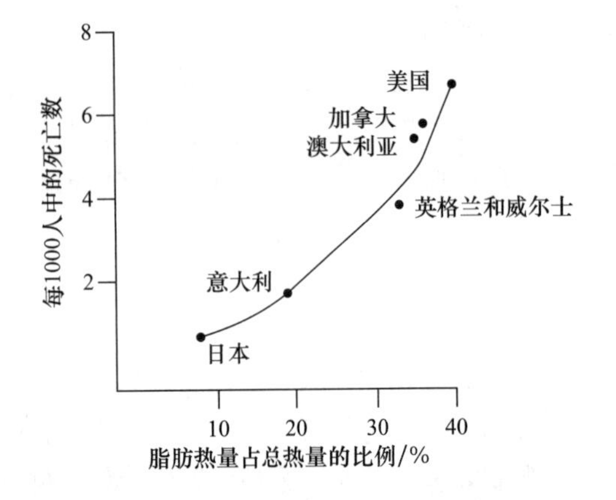

7.4.6 1999年情人节前不久，报纸上刊登出一篇标题为"研究表明，婚姻让人更加健康和长寿"的文章。这个题目来源于一项试验，该试验显示已婚人群比未婚人群活得更长，癌症、心脏病、中风的发病率也较低[31]。试用统计学语言讨论该题目。用类似于图7.4.1或图7.4.2的图示来佐证你对该案例的解释。

7.4.7 2009年6月，《纽约时报》刊登了一篇题为"酒精对你有益？一些科学家可不这么认为"的文章。作者写道，"经反复研究表明，适度饮酒促进心脏健康，甚至可以预防糖尿病和痴呆症。该研究的证据如此之多，以至于一些专家认为适度饮酒（女性一天一次，男性一天两次）是健康生活方式的重要组成部分。"但在文章后面作者又写道，"对一些科学家来说，问题并没有解决。批评家说还没有研究能够证明适度饮酒和较低的死亡风险之间存在因果关系。"请用统计学语言和类似于图7.4.1或图7.4.2的图示解释，为什么批评家说还没有研究能够证明其因果关系。

7.4.8 在一项出生体重和种族关系的研究中，检查了在伊利诺伊州出生婴儿的出生记录。研究人员发现，在美国出生的白人女性所生的孩子中，较低出生体重的婴儿所占的比例比在美国出生的黑人女性所生的孩子较低出生体重的婴儿比例低得多。这暗示出种族在决定婴儿低出生体重的出现概率中发挥了重要的作用。但是，在非洲出生的黑人女性所生孩子中，较低出生体重的婴儿所占的比例与在美国出生的美国白人女性所生孩子的比例基本相当[32]。请用统计学语言讨论这些数据反映出的低出生体重、种族以及母亲出生地之间的关系。并用类似于图7.4.1或图7.4.2的图示来佐证你的解释。

7.4.9 《哈利·波特》一书的发行是否让孩子们花更多的时间来阅读，因而减少了意外事故的发生呢？英国的博士们比较了在两种情况的周末中，来某家医院急诊室就诊的7~15岁孩子肌肉骨骼受伤的次数。这两种情况是：①《哈利·波特》系列中的两本发行日之后的周末；② 24个"对照"的周末。下表所示为该数据，其中"哈利·波特周末"用黑体表示[33]。

周末时间	受伤人数	周末时间	受伤人数
6/7/03	63	7/10/04	57
6/14/03	77	7/17/04	66
6/21/03	**36**	7/24/04	62
6/28/03	63	6/4/05	51
7/5/03	75	6/11/05	83
7/12/03	71	6/18/05	60
7/19/03	60	6/25/05	66
7/26/03	52	7/2/05	74
6/5/04	78	7/9/05	75
6/12/04	84	**7/16/05**	**37**
6/19/04	70	7/23/05	46
6/26/04	75	7/30/05	68
7/3/04	81	8/6/05	60

（1）根据原始数据，我们能否做出推断：《哈利·波特》一书的发行引起了意外事故的变化？为什么？

（2）哈利·波特周末的平均受伤人数为 36.5，标准差为 0.7。其他周末（对照组）的相应数据分别是 67.4 和 10.4。试在 α=0.01 时用 t 检验法分析下面这个推断：哈利·波特周末的低受伤人数归结于随机误差［注：由式（6.7.1）得出该数据的自由度为 23.9］。

7.5 单尾 *t* 检验

前面章节介绍的 t 检验称为**双尾 *t* 检验**（two-tailed t test）或**双侧 *t* 检验**（two-sided t test），因为如果 t_s 落入学生氏 t 分布的两尾则拒绝无效假设，且数据的 P 值是学生氏 t 分布曲线下的两尾面积之和。双尾 t 检验检测的无效假设是：

$$H_0: \mu_1=\mu_2$$

对应的备择假设是：

$$H_A: \mu_1 \neq \mu_2$$

该备择假设 H_A 称为**非定向备择假设**（nondirectional alternative）。

定向备择假设

在一些研究中从一开始（在数据收集之前）就显示出 H_0 只有一个合理的偏差方向。在这种情况下，用公式做一个定向备择假设更为合理。定向备择假设如下所示：

$$H_A: \mu_1<\mu_2$$

另一个定向备择假设为：

$$H_A: \mu_1>\mu_2$$

下面的两个例子说明了合理进行定向备择假设的情况。

例 7.5.1 补充烟酸

设想有一项羔羊饲喂试验。观察值 Y 是试验两周后的体重增重量。其中有 10 只动物接受饲料 1 处理，另外 10 只接受饲料 2 处理，则有：

饲料 1= 标准供给 + 烟酸

饲料 2= 标准供给

从生物学角度认为烟酸可以提高体重增重量；没有任何原因会怀疑它可能减少体重的增重量。合理的假设的公式应该是：

H_0：烟酸对提高体重增重量没有作用（$\mu_1=\mu_2$）。

H_A：烟酸对提高体重增重量有作用（$\mu_1>\mu_2$）。

例 7.5.2 染发剂与癌症

假设要检测某种染发剂是否是致癌的（癌症的诱因）。将这种染发剂涂在 20 只小鼠的皮肤上（第 1 组），而将一种惰性物质涂在另 20 只小鼠的皮肤上（第 2 组）作为对照。观察值 Y 为出现在每只小鼠身上的肿瘤数目。合理的假设公式应该是：

H_0：染发剂不是致癌的（$\mu_1=\mu_2$）。

H_A：染发剂是致癌的（$\mu_1>\mu_2$）。

注释 如果 H_A 是定向的，则一些人会重写 H_0 使其包括“另一个方向”。例如，如果 H_A 是 $H_A: \mu_1>\mu_2$，那么我们可以把 H_0 写成 $H_0: \mu_1 \leqslant \mu_2$。因此，无效假设表述为总体 1 的平均数没有总体 2 的平均数大，而备择假设则为总体 1 的平均数比总体 2 的平均数大。这两个假设涵盖了所有可能的情况。

单尾检验过程

当备择假设是定向的时候，t 检验的过程须做出调整。调整后的过程称为**单尾 *t* 检验**（one-tailed t test），具体有如下两个步骤。

步骤 1 检查其方向性：确定数据是否向着 H_A 指定的方向而偏离于 H_0：

（a）如果不是，则 P 值大于 0.50；

（b）如果是，则执行步骤 2。

步骤 2 数据的 P 值为超出 t_s 单尾的面积。

对该检验做结论时，可以在某一预设显著性水平 α 下做出推断：如果 P 值小于等于 α，则拒绝 H_0。

这两个步骤过程的基本原理是：P 值的大小反映出向着 H_A 指定的方向偏离于 H_0 的程度。图 7.5.1 所示为数据向着 H_A 指定的方向偏离 H_0 的两种情况下的单尾 P 值。图 7.5.2（a）所示为数据与 $H_A: \mu_1>\mu_2$ 一致的情况下的 P 值，图 7.5.2（b）所示为数据与 $H_A: \mu_1>\mu_2$ 不一致的情况下的 P 值。检验过程的两个步骤如例 7.5.3 所示。

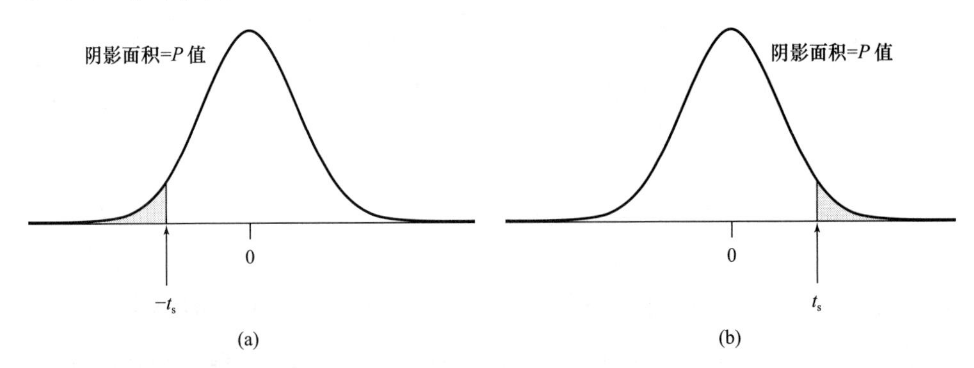

图 7.5.1 t 检验的单尾 P 值

（a）如果备择假设是 $H_A: \mu_1<\mu_2$，则 t_s 为负数 （b）如果备择假设是 $H_A: \mu_1>\mu_2$，则 t_s 为正数。

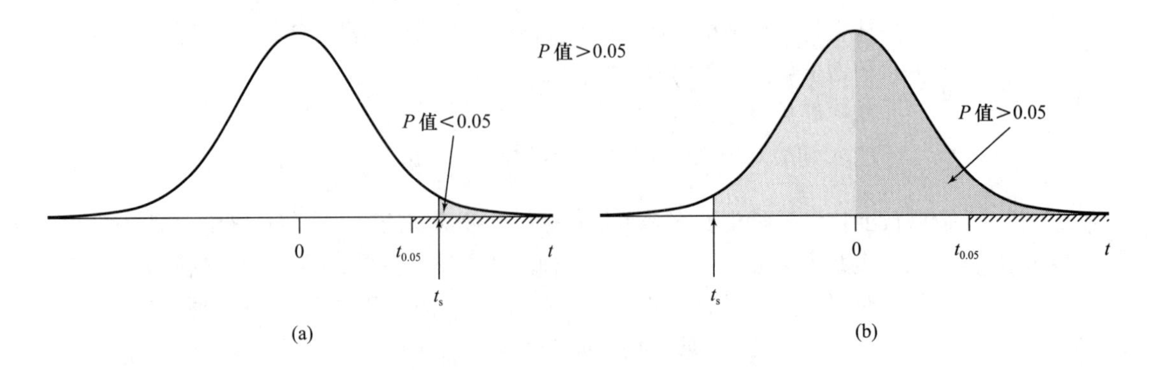

图 7.5.2 t 检验的单尾 P 值

（a）其数据与 $H_A: \mu_1>\mu_2$ 一致 （b）其数据与 $H_A: \mu_1>\mu_2$ 不一致。

例 7.5.3

补充烟酸

思考例 7.5.1 的羔羊饲喂试验。其备择假设是

$$H_A: \mu_1 > \mu_2$$

如果 $\bar{Y}_1$ 明显比 $\bar{Y}_2$ 大，我们可以认为有显著证据支持 H_A 成立。假设由式（6.7.1）得出 df=18。查书后统计表中的表 4，其临界值见表 7.5.1。

表 7.5.1 df=18 时的临界值

尾部面积	0.20	0.10	0.05	0.04	0.03	0.025	0.02	0.01	0.005	0.0005
临界值	0.862	1.330	1.734	1.855	2.007	2.101	2.214	2.552	2.878	3.922

为了说明单尾检验的过程，假设 [34]：

$$SE_{(\bar{Y}_1-\bar{Y}_2)} = 2.2\text{lb}$$

选取 α=0.05 水平。现在来考察一下两个样本平均数的各种可能。

（a）假设由数据得出 $\bar{y}_1$=10lb，$\bar{y}_2$=13lb。偏离 H_0 的方向与 H_A 认定的正好相反：我们得到的是 $\bar{y}_1 < \bar{y}_2$，但 H_A 认为 $\mu_1 > \mu_2$。因此 P 值 >0.50，所以在任何显著性水平上都找不到支持 H_A 的显著证据（我们永远不会使用大于 0.50 的 α 值）。结果我们可知：该数据未能提供证据证明烟酸对提高体重增重量有效。

（b）假设由数据得到 $\bar{y}_1$=14lb，$\bar{y}_2$=10lb。偏离 H_0 的方向与 H_A 一致（因为 $\bar{y}_1 > \bar{y}_2$），所以进行步骤 2。则 t_s 的值是：

$$t_s = \frac{(14-10)-0}{2.2} = 1.82$$

检验的（单尾）P 值是在自由度为 18 时得到 t 统计数的概率，它大于等于 1.82。该上尾概率（由计算机获得）是 0.043，如图 7.5.3 所示。

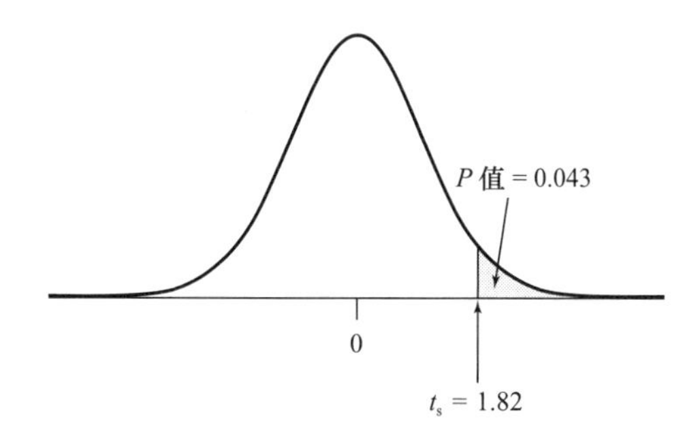

图 7.5.3 例 7.5.3 中 t 检验的单尾 P 值

如果没有可以利用的计算机或绘图计算器，我们可以用书后统计表中的表 4 来估计 P 值的范围。从表 4 中我们可以看出，P 值可归为以下范围：

$$0.04 < \text{单尾 } P \text{ 值} < 0.05$$

因为 P 值 $<\alpha$，故拒绝 H_0 并得出结论：有证据证明烟酸是有效的。

（c）假设由数据得到 $\bar{y}_1$=11lb，$\bar{y}_2$=10lb。那么，像（b）部分中发生的那样，我们计算出检验统计数为 t_s=0.45。则 P 值为 0.329。

如果没有可以利用的计算机或绘图计算器，我们可以用书后统计表中的表 4 来将 P 值的范围归为：

$$P \text{ 值} > 0.20$$

由于 P 值大于 α，我们未能找到支持 H_A 的显著证据；结论可得：没有充分证据证明烟酸是有效的。因此，尽管这些数据偏离 H_0 而朝向 H_A 的方向，但偏移量

没有大到足以证明 H_A 成立的程度。

注意单尾与双尾 t 检验的区别在于 P 值确定的方式，而不是结论的定向性或非定向性。如果我们找到了支持 H_A 的显著证据，则我们的结论可能被认为是定向的，即使我们假设的 H_A 是非定向的 *（例如，在例 7.2.4 中我们认为甲苯会增加 NE 浓度）。

定向与非定向的备择假设

根据备择假设是定向的还是非定向的，同样的数据可能会得到不同的 P 值。事实上，如果数据按照 H_A 指定的方向偏离 H_0，定向备择假设的 P 值将会是非定向备择假设检验 P 值的 1/2。所以偶尔会出现由相同的数据，在使用单尾检验时能为 H_A 的成立提供显著证据，而在使用双尾检验时则不能。如例 7.5.4 所示。

例 7.5.4　补充烟酸

思考例 7.5.3 中的（b）部分。在该例子中我们选取 α=0.05，并提出了如下检验：

$$H_0: \mu_1=\mu_2$$

对应的定向备择假设为：

$$H_A: \mu_1>\mu_2$$

如图 7.5.3 所示，可知 $\bar{y}_1$=14lb，$\bar{y}_2$=10lb，检验统计数 t_s=1.82，P 值为 0.043。则我们的结论认为有显著的证据支持 H_A 成立。

然而，假设我们希望检验：

$$H_0: \mu_1=\mu_2$$

对应的非定向备择假设为：

$$H_A: \mu_1\neq\mu_2$$

具有相同的数据：$\bar{y}_1$=14lb，$\bar{y}_2$=10lb，检验统计数仍是 t_s=1.82。但如图 7.5.4 所示，此时的 P 值为 0.086。所以，P 值 >α，我们不能拒绝 H_0。

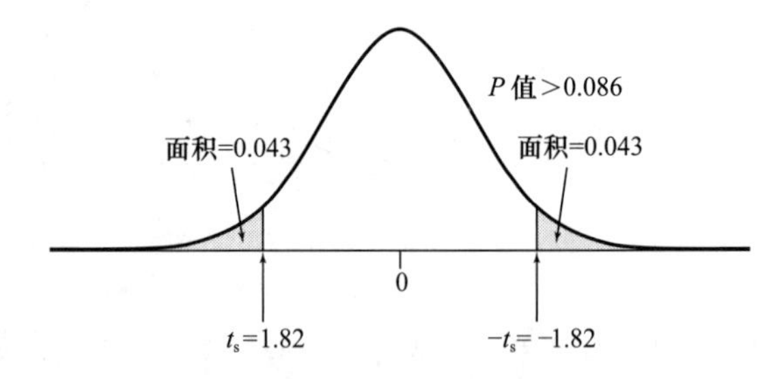

图 7.5.4　例 7.5.4 中 t 检验的双尾 P 值

因此，通过单尾检验能得到支持 H_A 的显著证据，但通过双尾检验却不能。在这种情况下，单尾检验比双尾检验“更容易”推断出证据能显著支持 H_A 成立。

为什么当备择假设是定向的时候，原双尾的 P 值就减少一半呢？在例 7.5.4 中，研究人员总结认为，“数据显示出烟酸能提高体重的增重量。但是如果烟酸没有作用，那么我在试验中所得到的这种数据（两个样本平均数具有大于等于 1.82SE 的差异）将会频频出现（P 值 =0.086）。有时烟酸饲料居上；有时标准饲料居上。根据看到的这些数据，我未能找到支持 H_A 的显著证据。”在例 7.5.3（b）中，研究人员会总结认为，“在试验实施之前，我猜想烟酸能提高体重的增重量。数据也提供

*　如果 H_A 是非定向的，有些作者一般不愿意做出定向的结论。

了证据以支持这个理论。如果烟酸没有效果，那么我在试验中得到的数据（含有烟酸的饲料的平均数大于标准饲料平均值 1.82SE）会很少发生（P 值 =0.043）。在试验实施之前我没考虑到含有烟酸饲料的平均数可能会低于标准饲料平均数的可能。因此，我可以断定我的证据足以支持 H_A 成立。”例 7.5.3（b）中的研究人员用了两个来源的信息来确认有显著的证据支持 H_A：①数据说明了什么（如尾部面积测量结果）；②预期期望（让研究人员忽略较小的尾端面积——图 7.5.4 中曲线下小于 −1.82 的 0.043 的面积）。

注意，当从双尾检验变为单尾检验时，检验程序的变化保持了 7.3 节中对显著性水平 α 的解释，即：

$$\text{如果 } H_0 \text{ 是正确的，} \alpha=P\{\text{拒绝 } H_0\}$$

以 α=0.05 为例。图 7.5.5 中阴影部分的总面积（拒绝 H_0 的概率）在双尾检验和单尾检验中都等于 0.05。这就意味着，如果很多研究人员都来检验一个正确存在的 H_0，那么 5% 的人会找到支持 H_A 的显著证据，而犯下第 I 类错误；此时，无论备择假设 H_A 是定向的还是非定向的，这个结论都是正确的。

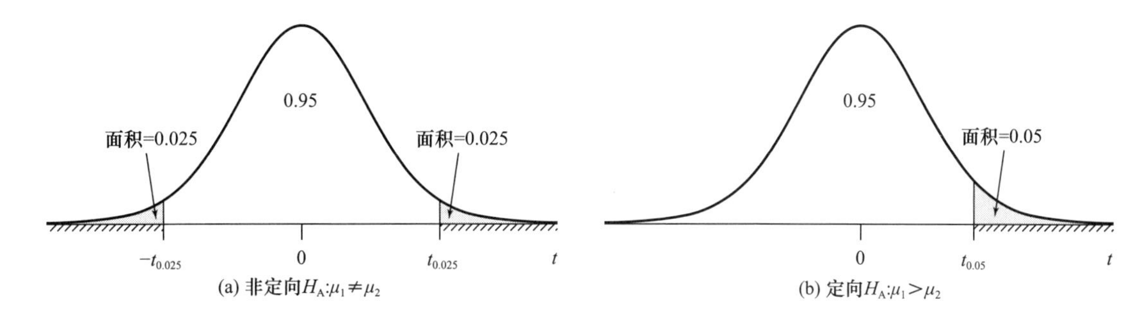

图 7.5.5 α=0.05 时的双尾和单尾 t 检验。当 t_s 落入 t 轴的阴影区域中时，该数据提供了显著证据支持 H_A 成立

对定向的 H_A 检验程序进行调整的重点在于，如果数据没有遵循 H_A 指定的方向而偏离 H_0，那么我们不能断定有显著的证据支持 H_A 成立。例如，在例 7.5.2 中的致癌作用试验中，如果涂有染发剂的小鼠身上肿瘤数比对照组少，则我们可以：①简单得出结论认为，该数据未能显示出致癌作用的效应；②如果处理组肿瘤数在实质上减少，以至于检验统计数 t_s 向 t 分布上错误一端偏离很远，我们应该查找试验中操作方法上的错误（例如，试验技术或数据记录上出现错误，在两个处理组内小鼠的非随机分配等），但是我们不会断定有显著的证据支持 H_A 成立。

当偏离 H_0 只有一个貌似可信的方向时，进行单尾 t 检验是很自然的。然而，单尾检验也用于两个偏离方向都有可能的情况,但我们感兴趣的只是其中一个方向。例如，在例 7.5.3 的烟酸试验中，没有必要让研究人员认为烟酸降低体重增重量是不可能的。在错误方向发生偏离（烟酸会减少体重增重量）不会导致做出有显著证据支持 H_A 成立的推断，因此，我们不会就烟酸的作用下定论。这是区别定向与非定向检验的基本特征。

选择 H_A 的形式

什么时候能合理使用定向 H_A，进而进行单尾检验呢？这个问题的答案与定向性的检查有关，即前文阐述的两个检验步骤的第一步。很明显，只有在检查数据之

前将 H_A 确立下来，该检查才是有意义的（如果我们是在数据的启发下才确定一个定向的 H_A，那么该数据当然会以“正确的”方向偏离 H_0，检验过程也会进入步骤2）。这就是下面这条定理的基本原理。

定向备择假设法则

只有在得到数据之前将 H_A 确定下来，才能合理地应用定向备择假设 H_A，而通过 H_A 指定的反向方式的结果不具有任何科学价值。

在研究中，相较于未发现任何证据来说，调查人员会从找到支持备择假设的显著证据中感到更多的欣慰。事实上，研究报告经常包含类似于“我们无法找到显著的证据支持备择假设的成立”或者“结果未能达到统计学意义上的显著性”的表述。在这种情况下，人们可能会质疑如果研究人员屈从于自然倾向而忽略应用前述的备择假设定理，其结果会是什么样。毕竟，人们经常会想到“追溯”效应的基本原理。也就是说，在已经进行了观察之后，回想一下虚构的植物喜好音乐试验，即能够解释这种情况。

例 7.5.5 音乐和金盏花

回忆一下例 7.3.2 的虚构试验，其中研究人员测量了接受巴赫和莫扎特音乐处理的金盏花高度。像前面那样，假设无效假设是正确的，其 df=60，研究人员都在 α=0.05 水平下进行 t 检验。现在再假设所有研究人员都违背定向备择定理，他们在得到数据之后才确定 H_A。一半的研究人员会得到 $\bar{y}_1 > \bar{y}_2$ 的数据，他们会提出备择假设：

$$H_A: \mu_1 > \mu_2 \text{（植物更喜欢巴赫的音乐）}$$

另一半人会得到 $\bar{y}_1 < \bar{y}_2$ 的数据，他们会提出备择假设：

$$H_A: \mu_1 < \mu_2 \text{（植物更喜欢莫扎特的音乐）}$$

现在想象一下将会发生什么。因为研究人员应用了定向备择假设，他们都可以只用分布的单尾来计算 P 值。我们预期他们会有如下情况：

90% 的人会在分布中间 90% 部分得到 1 个 t_s 值，且未找到支持 H_A 成立的显著证据。

5% 的人会在分布上端 5% 部分得到 1 个 t_s 值，且得出植物更喜欢巴赫音乐的结论。

5% 的人会在分布下端 5% 部分得到 1 个 t_s 值，且得出植物更喜欢莫扎特音乐的结论。

因此，总共有 10% 的研究人员会做出推断认为存在支持 H_A 的显著证据。当然每个研究人员本人都没有意识到此时犯第Ⅰ类错误的总比例是 10% 而不再是 5% 了。这样，植物更喜欢巴赫或是莫扎特的结论也会受到“追溯”合理原则的支持，其仅受研究人员想象力的局限。

正如例 7.5.5 所示，一位运用未被证明其合理性的定向备择假设的研究人员，要付出双倍的犯第Ⅰ类错误的风险。更有甚者，那些读了研究员报告的人未能意识到这种双倍的风险，这就是为什么一些科学家提倡不要运用定向备择假设的原因。

练习 7.5.1—7.5.13

7.5.1 对下面每个数据集，假定备择假设是 $H_A：\mu_1>\mu_2$，利用书后统计表中的表 4 确定 t 检验数据单尾 P 值的区间。

（a）

	样本 1	样本 2
n	10	10
$\bar{y}$	10.8	10.5

$SE_{(\bar{Y}_1-\bar{Y}_2)}=0.23$，df=18

（b）

	样本 1	样本 2
n	100	100
$\bar{y}$	750	730

$SE_{(\bar{Y}_1-\bar{Y}_2)}=11$，df=180

7.5.2 对下面每个数据集，假定备择假设是 $H_A：\mu_1>\mu_2$，利用书后统计表中的表 4 确定 t 检验数据单尾 P 值的区间。

（a）

	样本 1	样本 2
n	10	10
$\bar{y}$	3.24	3.00

$SE_{(\bar{Y}_1-\bar{Y}_2)}=0.61$，df=17

（b）

	样本 1	样本 2
n	6	5
$\bar{y}$	560	500

$SE_{(\bar{Y}_1-\bar{Y}_2)}=45$，df=8

（c）

	样本 1	样本 2
n	20	20
$\bar{y}$	73	79

$SE_{(\bar{Y}_1-\bar{Y}_2)}=2.8$，df=35

7.5.3 对下面每种情况，提出检验的假设 $H_0：\mu_1=\mu_2$，对应的 $H_A：\mu_1>\mu_2$。试说明是否有支持 H_A 成立的显著证据。

（a）$t_s=3.75$（df=19），$\alpha=0.01$；

（b）$t_s=2.6$（df=5），$\alpha=0.10$；

（c）$t_s=2.1$（df=7），$\alpha=0.05$；

（d）$t_s=1.8$（df=7），$\alpha=0.05$。

7.5.4 对下面每种情况，提出检验的假设 $H_0：\mu_1=\mu_2$，相应的 $H_A：\mu_1>\mu_2$。试说明是否有支持 H_A 成立的显著证据。

（a）$t_s=-1.6$（df=23），$\alpha=0.05$；

（b）$t_s=-2.3$（df=5），$\alpha=0.10$；

（c）$t_s=0.4$（df=16），$\alpha=0.10$；

（d）$t_s=-2.8$（df=27），$\alpha=0.01$。

7.5.5 生态学研究人员测量了 27 只野外捕捉的蜥蜴（*Sceloporis occidetitalis*）血液中红细胞浓度。此外，他们还检测了每只蜥蜴感染疟原虫 *Plasmodium* 的情况。测定红细胞数量（$10^{-3}\times$细胞数 /mm^3）见下表[35]。

	感染动物	未感染动物
n	12	15
$\bar{y}$	972.1	843.4
s	245.1	251.2

有人预期疟原虫可能会使红细胞数量减少，事实上已有前人用另一蜥蜴品种进行的试验获得了该效果。这些数据是否支持这一说法？假设该数据服从正态分布。检验的无效假设为两处理没有差异，相应的备择假设为被感染的总体红细胞数量较低。在以下两个显著水平做 t 检验：

（a）$\alpha=0.05$；

（b）$\alpha=0.10$。

［注：由式（6.7.1）得出 df=24］

7.5.6 某项研究对比了被某指令催眠和未催眠的个体的呼吸反应。将 16 位男性志愿者随机分配到试验组（进行催眠处理）或对照组。在试验一开始先进行基础呼吸测量。在数据分析的过程中，研究人员注意到两组受试者的基础呼吸模式不同；这很令人意外，因为直到此时所有个体的处理条件相同。一种对未预期差异的解释认为，试验组的受试者经过催眠过程后，预感其更加兴奋。下表所示为基础测量中的换气总量［L/（min · m^2 身体）］。下图所示为数据的平行点线图[36]［注：由公式（6.7.1）得出 df=14］。

	试验组	对照组
	5.32	4.50
	5.60	4.78
	5.74	4.79
	6.06	4.86
	6.32	5.41
	6.34	5.70
	6.79	6.08
	7.18	6.21
n	8	8
$\bar{y}$	6.169	5.291
s	0.621	0.652

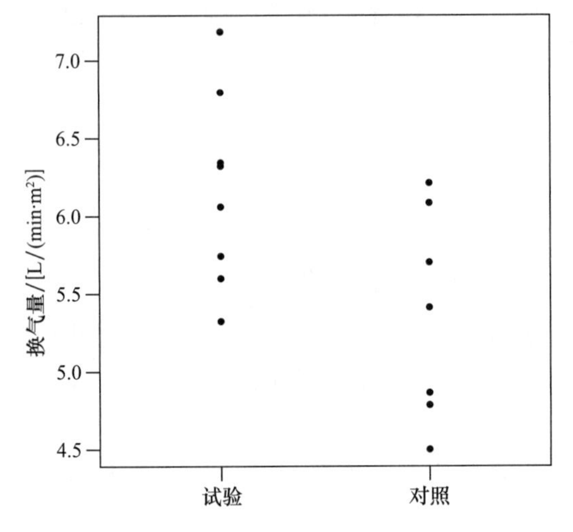

（a）对应非定向的备择假设，用 t 检验法检验“不同处理间没有差异”的假设。取 α=0.05；

（b）对应“试验组的平均数大于对照组”的备择假设，用 t 检验法检验“不同处理间没有差异”的假设。取 α=0.05；

（c）（a）和（b）两种检验方法中，哪一个更为合理？请做出解释。

7.5.7 在一项关于莴苣生长的研究中，将 10 株幼苗随机分配在两种培养液中培养，一组是标准营养液，另一组含有超量氮肥的溶液。培养 22d 后，将植株收获并称重，其结果见下表[37]。这些数据足以得出在这些条件下，超量氮肥能促进植物生长的结论吗？对应定向备择假设，在 α=0.10 水平下做 t 检验（假设数据服从正态分布）［注：由式（6.7.1）得出 df=7.7］。

营养液	叶干重 /g		
	n	平均数	SD
标准	5	3.62	0.54
超量氮肥	5	4.17	0.67

7.5.8 有研究显示，哺乳动物生育雄性对母体造成的压力比生育雌性更大。这会影响到下一胎的健康吗？一项研究比较了上一胎为男性和女性的婴儿出生体重。样本容量为 76，统计数列于下表，该数据服从于正态分布[38]。在 α=0.05 水平下做 t 检验，为调查该研究，其对应的定向备择假设为“当上一胎为男性时，婴儿的出生体重较轻”［注：由式（6.7.1）得出 df=69.5］。

上一胎性别	出生体重 /kg		
	n	平均数	SD
男性	33	3.32	0.62
女性	43	3.63	0.63

7.5.9 昆虫学家开展了一项试验，观察对番茄植株进行损伤处理是否能诱导提高其防御昆虫侵害的能力。他在受损植株和对照植株上培养烟草天蛾幼虫（*Manduca sexta*）。下表所示为幼虫培养 7d 后的质量（mg）[39]（假定该数据服从于正态分布）。该数据对研究者预期结果的支持程度如何？在 5% 显著性水平上做 t 检验。假设 H_A 为受损植株倾向于抑制幼虫的生长［注：由式（6.7.1）得出 df=31.8］。

	损伤组	对照组
n	16	18
$\bar{y}$	28.66	37.96
s	9.02	11.14

7.5.10 在 50 位正经历产后子宫痉挛痛苦的女性身上测试一种止痛药的功效。随机将 25 位女性分配在服用药物组，剩下的 25 人则服用一种安慰剂（惰性物质）。该药物和安慰剂的胶囊在早餐前和中午服用。其止痛的分值根据一整天中每小时对每位女性的问话而计算出来。可能出现的止痛分值从 0（不止痛）到 56（8h 完全止痛）不等。其结果见下表[40]［注：由式（6.7.1）得出 df=47.2］。

	止痛分值		
处理	n	平均数	SD
止痛药	25	31.96	12.05
安慰剂	25	25.32	13.78

（a）用 t 检验检验证据的有效性。选用定向备择假设，且 α=0.05；
（b）如果备择假设为非定向的，如何解释（a）中答案的变化？

7.5.11 术后肠梗阻（POI）是腹部手术后常见的一种肠胃功能障碍疾病，它能导致肠胃蠕动停止或延迟。腹部手术之后坐在椅子中摇动能缩短术后肠梗阻的持续时间吗？将 66 位腹部术后病人随机分配到两组中。试验组（n=34）接受标准护理并使用摇椅，对照组（n=32）仅接受标准护理。记录每位病人手术后到第一次排气（标志 POI 结束）的时间（天数）。其结果见下表[41]。

	到第一次排气的时间 /d		
	n	平均数	SD
摇动组	34	3.16	0.86
对照组	32	3.88	0.80

（a）是否有证据说明使用摇椅缩短了 POI 持续时间（即到第一次排气的时间）？在 α=0.05 水平下用定向备择假设做 t 检验；
（b）虽然研究人员假设使用摇椅能缩短 POI 的持续时间，但假设使用摇椅能增加 POI 持续的时间也并非毫无道理。基于这种可能，试讨论使用定向和非定向检验的合理性（提示：要考虑到基于这项研究而产生的医学建议）。

7.5.12 在例 7.2.5 中，我们考察了检验 $H_A：\mu_1>\mu_2$ 及对应的非定向备择假设 $H_A：\mu_1\neq\mu_2$，发现 P 值在 $0.06<P<0.10$。回顾其第 1 组（对照组）的样本平均数为 15.9，大于第 2 组（用嘧啶醇处理）的样本平均数 11.0。嘧啶醇被认为是一种生长抑制剂，这意味着如果嘧啶醇对所研究的植物（在本例中用的是 Wisconsin 速生植物）起作用，人们预期对照组平均数会大于处理组。假设研究人员（在试验实施之前）预期嘧啶醇阻碍生长并进行了检验，其 $H_0：\mu_1=\mu_2$，对应的非定向备择假设 $H_A：\mu_1>\mu_2$，取 α=0.05。则 P 值区间的上下限是多少？H_0 会被拒绝吗？为什么？该试验结论应该是什么？（注：此问题基本不需计算）

7.5.13（计算机练习） 一位生态学家在堡礁环绕的法属波利尼西亚岛附近研究了一种海生岩礁鱼类哈氏锦鱼（*Thalassoma hardwicke*）的栖息地。他检查了 48 座礁岩的每一座上距岩顶 250m 和 800m 两个距离处的定居点。在每一座礁岩上他都计算了"定居者的密度"，即每个定居的栖息地单元的定居者（幼鱼）数目。在收集数据之前，他假设随着距岩顶距离的增加，定居者密度可能会减少，因为海浪对礁岩顶部的冲击作用会使距岩顶较远的地方资源（即食物）减少。其数据如下[42]：

250m			800m		
0.318	0.758	0.318	0.941	0.289	0.399
0.637	0.372	0.524	0.279	0.392	0.955
0.196	0.637	1.404	1.021	0.725	0.531
0.624	1.560	0.000	0.108	1.318	0.252
0.909	0.207	1.061	0.738	0.612	1.179
0.295	0.685	0.590	0.907	0.637	0.442
0.594	0.000	0.363	0.503	0.181	0.291
0.442	1.303	1.567	0.637	0.941	0.579
1.220	0.898	1.577	1.498	0.265	0.252
1.303	1.157	0.312	0.866	0.979	0.373
0.187	0.970	0.758	0.588	0.909	0.000
1.560	0.624	0.505	0.606	0.283	0.463
0.849	1.592	0.909	0.490	0.337	1.248
2.411	1.019	0.362	0.163	0.813	2.010
1.705	0.829	0.329	0.277	0.000	1.213
1.019	0.884	0.909	0.293	0.544	0.808

在 250m 处，样本平均数是 0.818，样本标准差是 0.514。在 800m 处，样本平均数是 0.628，样本标准差是 0.413。在 0.10 水平上，该数据在统计学上是否提供了显著证据支持这位生态学家的理论？用合适的图来研究并进行检验。

7.6　统计显著性的更多解释

理想情况下，统计分析应该帮助研究人员从数据中分辨各种信息。为实现此目的，仅仅保证统计计算的正确性是不够的，必须能够对其结果做出合理的解释。在本节中，我们来探索一些不仅适用于 t 检验，还适用于后面将要讨论的其他统计检验的解释原则。

显著差异和重要差异

显著这一概念经常用来描述统计分析的结果。例如，由药物和安慰剂的对比试验得到了具有非常小 P 值的数据，则其结论可能被描述为“药物的效应是极显著的”。再看另一个例子，将小麦在两种肥料下的产量进行比较后得到一个较大的 P 值，则其结论可能被描述为“小麦产量在两种肥料之间未达显著差异”或者“两种肥料间的差异未达显著”。第三个例子，假设通过比较暴露处理组动物和对照组动物来检验某物质的毒效，其“无差异”的无效假设未被拒绝。则其结论可能陈述为“未发现有显著的毒性”。

很明显，使用名词显著这种措辞会产生严重的误导。毕竟，在普通的用法中，“显著”一词意味着“实质的”或“重要的”。但在统计学术语中，“差异是显著的”的表述：或多或少意味着：“拒绝无差异的无效假设”。这也就是说，“我们找到了充分的证据来证明样本平均数的差异不仅仅是由随机误差引起的。”

运用同样的表达方式，“差异未达显著”的表述就意味着：“没有充分的证据证明观察到的平均数差异不是由随机误差引起的”。

如果用其他的词来替换“显著”也许会更为合适，比如“可辨别的”（意思是通过检验辨别出某一差异）。可惜的是，在科学写作中对“显著”一词的专业化应用已经达成共识，以至于成为理解上产生混淆的源泉。

必须认识到统计检验仅为一个问题提供了信息：数据中观察到的差异是不是大到能够推断总体中同一方向存在差异？与（统计学上的）显著不同，差异是否“重要”这一问题，不能只靠 P 值来确定，还必须包括估计总体差异量级的检查，以及研究领域或实际情况中特殊的专业知识。下面的两个例子就说明了这一事实。

例 7.6.1
血清 LD

乳酸脱氢酶（lactate dehydrogenase，LD）是在心肌或其他组织受损后可增强活性的一种酶。在健康青年人群中进行了一项大规模血清 LD 调查，其结果见表 7.6.1[43]。

表 7.6.1　血清 LD　单位：U/L

	男性	女性
n	270	264
$\bar{y}$	60	57
s	11	10

男性和女性间的差异十分显著；我们实际上得到的 t_s=3.3，其 P 值≈0.001。但是，这并不意味着此差异大（60−57=3U/L）或重要到具有任何实际意义。

例 7.6.2
体重

设想我们正在研究男性和女性的体重，得到了表 7.6.2 中虚构但逼真的数据 [44]。

表 7.6.2 体重 单位：lb

	男性	女性
n	2	2
$\bar{y}$	175	143
s	35	34

在该数据中，由 t 检验得到 t_s=0.93，P 值≈ 0.45。观察到男女间的差异并不太小（175−143=32lb），但选取任何合理的 α 水平时，都未能达到统计学意义上的显著性。缺乏统计学上的显著性并不意味着体重上的性别差异很小或者不重要。它仅仅意味着该数据还不足以分辨不同总体平均数间的差异。如果两个总体是完全相同的，32lb 的样本差异也就很容易随机出现，尤其是有如此小样本容量的时候。

效应量

前面的例子显示出差异在统计学上的显著性或没有显著性并不能表明差异是否重要。不过，"重要性"的问题可以也应该在大多数数据分析中被提到。为了评估其重要性，人们需要考虑到差异的量级。在例 7.6.1 中，男女间的差异具有"统计学上的显著性"，但这很大程度上得益于其样本容量相当大。t 检验中用到的检验统计数如下：

$$t_s = \frac{(\bar{y}_1 - \bar{y}_2)}{\mathrm{SE}_{(\bar{Y}_1 - \bar{Y}_2)}}$$

如果 n_1 和 n_2 都很大，则 $\mathrm{SE}_{(\bar{Y}_1 - \bar{Y}_2)}$ 就会很小，即使观察到的平均数差数（$\bar{Y}_1 - \bar{Y}_2$）很小，其检验统计数也会很大。因此，即使 μ_1 和 μ_2 几乎相等，人们因为样本容量大也可能找到支持 H_A 的显著证据。样本容量像一个放大镜一样：样本容量越大，假设检验中能被检测的差异越小。

研究中的**效应量**（effect size）反映的是 μ_1 和 μ_2 之间的差异，它与其中一个总体的标准差有关。如果两个总体标准差相同，记为 σ，则效应量为 *：

$$效应量 = \frac{|\mu_1 - \mu_2|}{\sigma}$$

当然，处理样本数据时，我们只能用样本的统计数代替未知总体的参数去计算一个估计的效应量。

例 7.6.3
血清 LD

在由例 7.6.1 得到的数据中，样本平均数差数（60−57=3）小于标准差的 1/3。如果使用较大的样本标准差，我们可计算样本的效应量为：

$$效应量 = \frac{|\bar{y}_1 - \bar{y}_2|}{s} = \frac{60-57}{11} = 0.27$$

这表明两总体间有很大的重叠部分。图 7.6.1 所示为如果两个正态分布总体平均相差 0.27 个 SD 时的重叠程度。

* 如果标准差不相等，我们可以在定义效应量时使用较大的 SD。

图 7.6.1 当效应量为 0.27 时，两个正态分布总体间的重叠

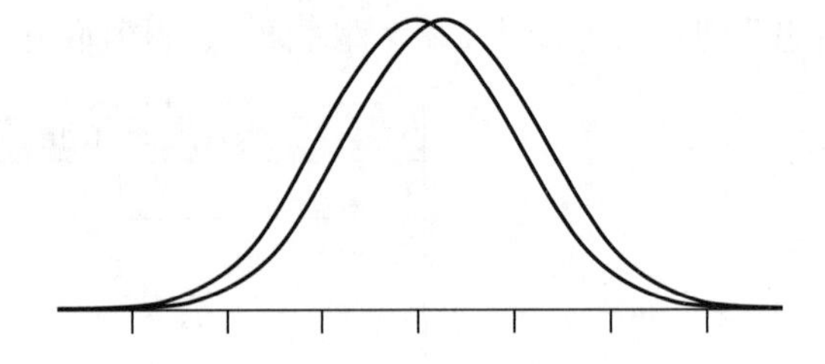

例 7.6.4
体重

在由例 7.6.2 给出的数据中，样本平均数差数为 175−143=32，约为 1 个标准差。其样本的效应量为：

$$效应量=\frac{|\overline{y}_1-\overline{y}_2|}{s}=\frac{175-143}{35}=0.91$$

图 7.6.2 所示为如果两个正态分布总体平均相差 0.91 个 SD 时的重叠程度。

图 7.6.2 当效应量为 0.91 时，两个正态分布总体间的重叠

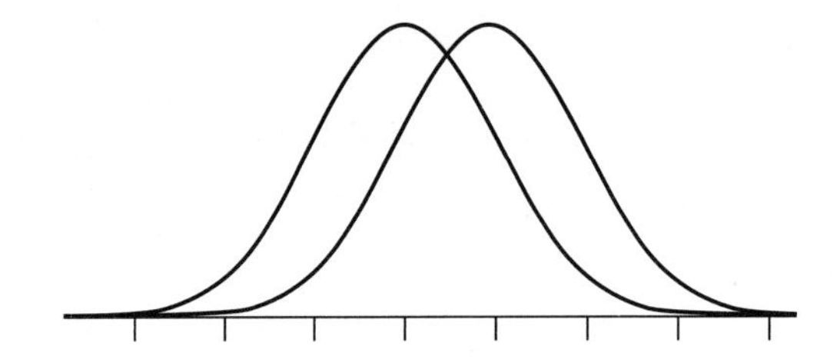

我们用的效应量概念对生物学专业的读者来说可能并不熟悉。在生物学上，更常见的是通过用差数占两个数值其中之一的百分比的形式将该差数“标准化”。例如，将由表 7.6.2 得到的男女体重的差异用该差数占女性体重平均数的百分比来表示，即：

$$\frac{\overline{y}_1-\overline{y}_2}{\overline{y}_2}=\frac{175-143}{143}=0.22 \text{ 或 } 22\%$$

因此，男性比女性约重 22%。但是，从统计学角度来看，“男女平均体重差数是 SD 的 0.91 倍”的表达更有意义。

用置信区间评估重要性

效应量的计算是衡量两个样本平均数相距多远的一种方法。另一种合理的方式是用观察到的样本差数（$\overline{Y}_1-\overline{\ }_2$）对总体差数（$\mu_1-\mu_2$）进行置信区间估计。在解释置信区间时，对“重要”事物的判断是建立在丰富的处理实际情况的经验上的。下面的三个例子说明了置信区间的用法。

例 7.6.5
血清 LD

对例 7.6.1 的 LD 数据，（$\mu_1-\mu_2$）的 95% 的置信区间为：

$$3\pm1.8$$

或者：

（1.2，4.8）

这个区间（95% 置信度）表明，不同性别间总体平均数差数不超过 4.8U/L。作为专业人士，医生了解了这项信息后就会知道人体 LD 水平的典型日常浮动在 6.5U/L 左右，其数值高于我们测得的最高平均性别差数值 4.8U/L，因此从医学角

度看，这个差异可以忽略。其结果是，医生可能下结论认为在确定诊断疾病的临床临界阈值时不需要对不同性别进行区分。在这个例子中，LD 的性别差异被认为具有统计学意义上的显著性，但不具备医学重要性。换言之，该数据显示实际上男性的 LD 水平比女性高，但其临床应用价值并不高。

例 7.6.6
体重

对例 7.6.2 的体重数据，（$\mu_1-\mu_2$）的 95% 的置信区间为：

$$32 \pm 149$$

或者：

$$(-117,\ 181)$$

从这个置信区间我们无法分辨真实的差异（不同总体平均数之间）是更青睐于女性，还是或多或少地青睐于男性。因为置信区间同时包含小量级和大量级的数字，这无法告诉我们性别间的差异是否重要。对于这么宽的区间，研究人员可能更希望实施一项大规模的研究以更好地估计差异的重要性。例如，假设由表 7.6.2 中得到了平均数和标准差，但每个性别的这一数据是基于 2000 人而不是 2 人。则 95% 的置信区间为：

$$32 \pm 2$$

或者：

$$(30,\ 34)$$

这个区间（95% 置信度）表明其差数至少有 30lb，这个数值至少在一些方面可以被认为相当重要。

例 7.6.7
番茄的产量

假设一位园艺家要比较两个品种番茄的产量，产量以每株植物番茄的磅数来计。基于实际的考虑，园艺家确定，一般情况下只有不同品种每株产量差数超过 1lb 时，才能认为该差异是“重要的”。也就是说，在如下条件下，差异是重要的：

$$|\mu_1-\mu_2|>1.0\text{lb}$$

假设由园艺家的数据得出 95% 置信区间为：

$$(0.2,\ 0.3)$$

因为此总体差数最大的估计值是 0.3lb（区间内所有值都小于 1.0lb），按园艺家的标准，该数据支持（在 95% 置信度下）此差异是不重要的推论。

在许多调查中，统计学上的显著性和实际上的重要性都有意义。下面的例子说明了如何用置信区间来反映两个概念间的关系。

例 7.6.8
番茄的产量

让我们再回到例 7.6.7 番茄试验中。其置信区间为：

$$(0.2,\ 0.3)$$

回忆 7.3 节中置信区间，可以借助 t 检验来进行解读。因为置信区间内的所有值都是正的，在 α=0.05 水平下的 t 检验（双尾）得到了支持 H_A 显著的证据。因此，两个品种间的差异具有统计学上的显著性，尽管它没有园艺学上的重要性，即数据显示品种 1 好于品种 2，但是也没有好太多。这个例子中显著性和重要性的区别可以用图 7.6.3 表示，图上在（$\mu_1-\mu_2$）轴上划分出置信区间。注意置信区间完全在 0 的一侧，也完全在“重要性”临界值 1.0 的一侧。

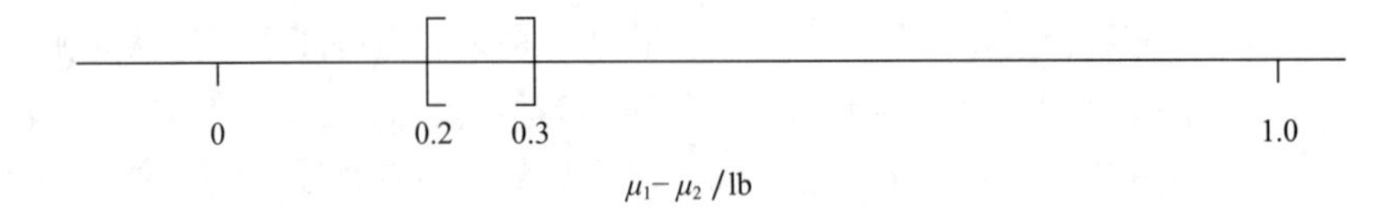

图 7.6.3 例 7.6.8 中的置信区间

为了进一步探讨显著性和重要性的关系，我们看一下番茄试验中其他可能的结果。表 7.6.3 所示为园艺家对各种可能的置信区间做出的解释，还应用了被认为具有重要性的差数必须超过 1.0lb 的标准。

表 7.6.3 置信区间的解释

95% 置信区间	差异是	
	显著性?	重要性?
(0.2，0.3)	是	否
(1.2，1.3)	是	是
(0.2，1.3)	是	不能确认
(−0.2，0.3)	否	否
(−1.2，1.3)	否	不能确认

表 7.6.3 反映出一个显著的差异可能具有或不具有重要性，而一个重要的差异也可能具有或不具有显著性。实际上，应用置信区间来做重要性的估计是对假设检验一种简单且极为有用的补充手段。

练习 7.6.1—7.6.8

7.6.1 实施一项对一个新种子处理进行评估的田间试验，据称该处理可提高大豆产量。当统计学家分析其数据时，发现处理过的种子得到的小区平均产量比未处理种子的对照多 4.5g/m^2。但是，这位统计学家声称这个差异“不具备（统计学上的）显著性”。对处理种子的支持者们强烈反对统计学家的言论，并指出，按现行的市场价格，4.5g/m^2 可以带来客观的利润，这对农民来说极为重要[45]。你会怎样回答这一反对意见？

7.6.2 在类风湿性关节炎治疗的临床研究中，将病人随机分配到接受标准药物和一种新型药物的两组中。适时观察一段时间后，统计分析显示两组治疗反应未见显著差异，但接受新型药物组的不良副作用发生率显著降低。研究人员总结认为，新型药物应该明显好于标准药物，因为它显示出与标准药物相同的治疗效果且产生较小的副作用。研究人员推理的漏洞在哪里？（假设“显著性”是指在 α=0.05 水平拒绝 H_0）

7.6.3 有一个古老的民间说法，认为根据胎儿心率可以在出生前判断出其性别。在一项检验该理论的调查中，经妈妈们允许进入产科病房观察胎儿的心率。结果（每分钟心跳次数）整理如下表[46]。

	心率 /（bpm）		
	n	平均数	标准误
男性	250	137.21	0.62
女性	250	137.18	0.53

构建总体平均数差数 95% 的置信区间。这个置信区间能反映出胎儿心率总体平均数的性别差异（如果存在的话）很小或不重要吗？（用你自己对心率的“专业”知识去判断什么是“不重要的”）

7.6.4 香豆酸是存在于玉米中的一种具有抗病作用的化合物。一位植物学家检测了生长在黑暗或光照 / 黑暗交替光周期中玉米幼苗的香豆酸浓度。结果（nmol 酸 /g 组织）见下表[47]［注：

由式（6.7.1）得出 df=5.7］。

	黑暗	光周期
n	4	4
$\bar{y}$	106	102
s	21	27

假设植物学家确定，如果平均数差数达到 20%（即大约 20nmol/g），则认为光照条件是“重要的”。根据 95% 的置信区间，统计数据能说明实际的差异是否“重要”吗？

7.6.5 重复练习 7.5.4，假设平均数和标准差如上表所示，但样本容量扩大 10 倍（即“黑暗”的 n=40，“光周期”的 n=40）［注：由式（6.7.1）得出 df=73.5］。

7.6.6 研究人员测量了 460 位青年（11~16 岁）踝关节宽度，单位：mm；结果见下表[48]。

	男性	女性
n	244	216
$\bar{y}$	55.3	53.3
s	6.1	5.4

由以上数据计算样本的效应量。

7.6.7 作为一项关于健康人群血清生化大型研究的一部分，下面数据显示的是 18~55 岁男性和女性的血清尿酸浓度[49]。

	血清尿酸 /（mmol/L）	
	男性	女性
n	530	420
$\bar{y}$	0.354	0.263
s	0.058	0.051

构建总体平均数实际差数的 95% 置信区间。设调查人员认为如果总体平均数差数超过 0.08mmol/L 时才具有“临床上的重要性”。该置信区间能显示出此差数是否具有“临床重要性”么？［注：由式（6.7.1）得出 df=934］

7.6.8 重复练习 7.6.7，假设平均数和标准差如上表所示，但样本容量只有原来的 1/10（即 53 个男性，42 个女性）［注：由式（6.7.1）得出 df=92］。

7.7 适度功效的设定（选修）

我们已经定义了统计检验的功效为：

如果 H_A 是正确的，功效 =P{有显著的证据支持 H_A 成立}。

换一种说法，检验的功效就是当 H_A 是正确的时候，所得数据对 H_A 成立提供的统计学上显著性证据的概率。

因为功效是不犯错误（第Ⅱ类错误）的概率，所以高功效是我们所期待的：如果 H_A 是正确的，研究人员在进行研究时就想把它找出来。但功效往往要付出代价。其他所有因素相同，观察的越多（较大的样本）则功效越大，但是其耗费时间和成本也越大。在本节中，我们来解释研究人员为达到研究项目的，如何合理地设计一项试验以获得适度的功效，同时花费还尽可能低。

确切地说，我们会考虑在显著水平为 α 时，两个样本的 t 检验的功效。假设其总体呈正态分布且具有相同的 SD，并将 SD 的一般值记作 σ（即 $\sigma_1=\sigma_2=\sigma$）。可以看出在这种情况下，如果样本容量相等，功效达到最大值，则可得出总样本容量为 $2n$。因此我们假设 n_1 和 n_2 相等，并将这个通用的值记作 n（即 $n_1=n_2=n$）。

在以上情况下，t 检验的功效取决于以下因素：（a）α；（b）σ；（c）n；（d）$(\mu_1-\mu_2)$。在简短讨论这每个因素后，我们将处理最重要的问题，即 n 值选择。

功效对 α 的依赖

在选择 α 时，人们会选择一个防止犯第Ⅰ类错误的水平。但是，这项防止措施是以犯第Ⅱ类错误为交换条件的。例如，如果选择了 α=0.01 而不是 α=0.05，则在确定具有显著的证据支持 H_A 的推断之前，需要找到支持 H_A 的更有力证据，所以（或许不知不觉地）也选择了增加犯第Ⅱ类错误的风险，而同时降低了功效。因此，在犯第Ⅰ类错误和第Ⅱ类错误的风险之间，不可避免地要做出权衡。

对 σ 的依赖

σ 值越大，功效也就越小（所有其他因素一致）。回忆第 5 章中的样本平均数的可靠性决定于这个量：

$$\sigma_{\bar{Y}} = \frac{\sigma}{\sqrt{n}}$$

其 σ 越大，样本平均数的变异就越大。因此，σ 越大，则意味着对每个总体平均数来说得到样本的可靠信息就越少，识别它们之间差异的功效也就越低。为了增加功效，研究人员通常尽量做好试验设计以使 σ 尽可能小。例如，一位植物学家要尝试控制光照条件使之持续覆盖温室的面积、一位药理学家要使用基因相同的试验动物等。但是，σ 常常无法降低到 0，在观察中仍会存在相当大的变化。

对 n 的依赖

n 值越大，功效也就越高（所有其他因素一致的情况下）。如果增大 n，则降低了 $\sigma/\sqrt{n}$；这样就提高了样本平均数（$\bar{Y}_1$ 和 $\bar{Y}_2$）的精度。另外，较大的 n 值可给出关于 σ 的更多信息。这反映在为检验提供了一个减小的临界值（减小的原因是具有较大的 df）。因此，增加 n 值可在两个方面提高效能。

对（$\mu_1-\mu_2$）的依赖

除了我们已经讨论过的因素外，t 检验的功效也取决于总体平均数间的实际差数，也就是说取决于（$\mu_1-\mu_2$）。这很自然，如下面的例子所示。

例 7.7.1 人体身高 为了清楚地说明这个概念，我们用一个熟悉的变量，人体的身高。如果某调查人员测量了均有 11 人（n=11）的两个随机样本的身高，并进行了 α=0.05 水平的双尾 t 检验。

（a）首先，假设样本 1 由 17 岁的男性组成，样本 2 由 17 岁的女性组成，两个总体平均数在实质上就有区别。实际上，（$\mu_1-\mu_2$）约为 5 英寸（$\mu_1\approx$69.1 英寸，$\mu_2\approx$64.1 英寸）[50]。可以看出，这种情况下调查人员大约有 99% 的机会获取差异显著（即 H_A）的证据，并得出 17 岁男性总体比女性总体高的正确结论。

（b）相反地，假设样本 1 由 17 岁女性组成，样本 2 由 14 岁女性组成。两个总体平均数不同，但是差异不大，差数（$\mu_1-\mu_2$）=0.6 英寸（$\mu_1\approx$64.1 英寸，$\mu_2\approx$63.5 英寸）。可以看出，这种情况下调查人员有小于 10% 的机会获取差异显著（即 H_A）的证据；换言之，调查人员有超过 90% 的机会证明不了 17 岁女孩高于 14 岁女孩（事实上，可以看出有 29% 的机会 $\bar{Y}_1$ 会小于 $\bar{Y}_2$，即有 29% 的机会会出现随机选择的 11 个 17 岁女孩的平均身高低于随机选择的 14 岁女孩的平均身高）。

将（a）和（b）进行对比后发现，其原因不是标准差的变化引起的。事实上，对以上三个总体中的每一个来说，σ 值大约均为 2.5 英寸。这个对比的起因是一个相当简单的事实：在固定的 n 和 σ 下，识别一个大的差异比识别小的差异要更容易。

研究设计

假设调查人员设计了一项适合做 t 检验的研究。他将如何照顾到所有影响检验功效的因素呢？首先考虑显著水平 α 的选择。一个简单的方法是用稍微自由的选择（比如，α=0.05 或 0.10），开始确定一项非常有效研究的成本。如果成本不高，调查人员可以考虑减小 α（比如，降到 0.01），并观察非常有效的研究是否仍可负担得起。

然后，设调查人员已选择了一个可行的 α 值。假设该试验也已设计成能降低 σ 值到可以操作的程度，且调查人员可以对这个 α 值进行评估或推测。

从这点来看，调查人员需要确定能够发现差数的量级。正如我们在例 7.7.1 中看到的那样，一个给定的样本容量也许足以识别总体平均数一个大的差异，但完全不足以识别一个小的差异。再来看一个更为实际的例子，某试验各选取 5 只大鼠安排在处理组和对照组，可能足以识别实质性的处理效应。但若要识别细微的处理效应则每组需要安排更多的大鼠（或许要达到 30 只）。

之前的讨论表明，为保证足够的功效，样本容量的选择就有点类似于显微镜的选择：如果我们想要看到非常细微的结构，就需要具有高分辨率的显微镜；如果是较大的结构，放大镜就够用了。为了让试验设计得以进行，调查人员需要确定要达到的效果是多大。

回顾 7.7 节中，我们定义了研究中的效应量为 μ_1 和 μ_2 间的差异，并与其中一个总体的标准差有关。如果像我们这里假设的一样，两个总体具有相同的标准差 σ，则其效应量为：

$$效应量=\frac{|\mu_1-\mu_2|}{\sigma}$$

也就是说，效应量是总体平均数差数与相关的同一总体标准差关系的表达。效应量是一种“透过噪声比的信号”，（$\mu_1-\mu_2$）代表我们想要探测的信号，σ 代表要掩盖信号的背景噪声。图 7.7.1（a）所示为效应量是 0.5 的两个正态曲线；图 7.7.1（b）所示为效应量是 4 的两个正态曲线。很明显，在某一固定样本容量下，图 7.7.1（b）比图 7.7.1（a）更容易识别曲线中的差异。

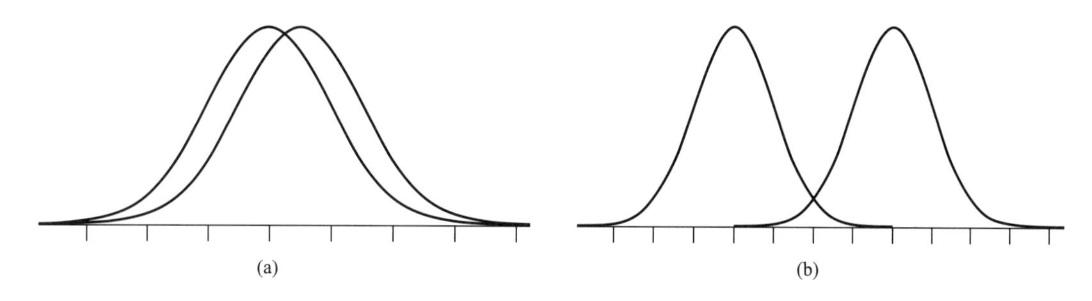

图 7.7.1 效应量为 0.5（a）和 4（b）的正态分布

如果 α 和效应量都已确定，则 t 检验的功效仅依赖于样本容量（n）。书后的

表5显示对应于一个特定的效应量，有一个能达到特定功效所需的 n 值。现在来看一看表5在我们熟悉的人体身高的例子中是如何应用的。

例 7.7.2
人体身高

在例7.7.1的（a）例中，我们观察了17岁男性和17岁女性的样本。其效应量为：

$$\frac{|\mu_1-\mu_2|}{\sigma}=\frac{|69.1-64.1|}{2.5}=\frac{5}{2.5}=2.0$$

对于 α=0.05水平的双尾 t 检验，表5表示功效为0.99的样本容量要求为 n=11。这是例7.7.1中推论的基础，该例中调查员有99%的机会识别出男女差异。图7.7.2所示为例7.7.2中考虑到的两个分布。假设100位研究人员每人都实施了下面的试验。选取有11位17岁男性和有11位17岁女性的随机样本各一个，找出这两组样本的平均身高，然后在 α=0.05水平下进行 H_0：$\mu_1=\mu_2$ 的双尾 t 检验。我们预期100位研究者中有99位发现了证明统计学上17岁男女差异显著的证据（即支持 H_A 的显著证据）。我们预期100位研究者中有1位在0.05显著水平下没有找到支持差异存在的充分证据（因此有Ⅰ个研究者会犯第Ⅱ类错误）。

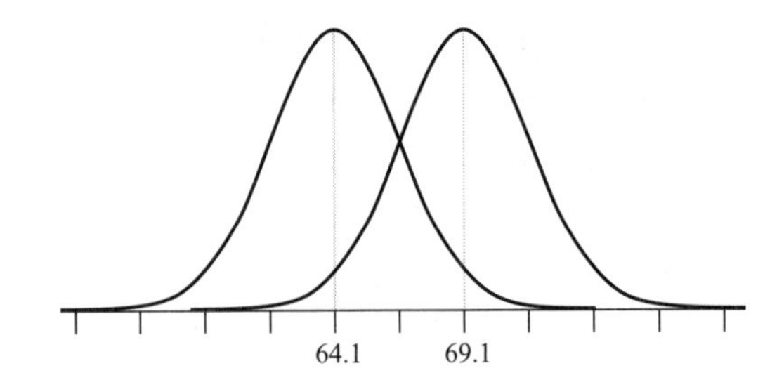

图 7.7.2 例 7.7.2 的身高分布

像我们看到那样，为了选择一个样本容量，研究者不仅需要确定她所希望识别效应量的大小，还需要确定她想要能识别差异的把握有多大；也就是说，她必须确定所期望功效的大小。因为功效反映的是避免第Ⅱ类错误的能力，对一个期望的功效水平的选择取决于来自第Ⅱ类错误的结果。如果犯第Ⅱ类错误的结果非常不幸(例如，一项有希望但又有风险的癌症治疗措施在人体上进行测试，负面的结果会使该治疗措施不被信任，以至于再也不会进行测试了），那么研究者可能会确定一个高的功效，比如说0.95或0.99。但依据 n 值，高功效的成本当然较高。对很多研究来说，第Ⅱ类错误并不是灾难，一个较低的功效（如0.80）可以被认为是恰当的。

下面的例子展示了在试验设计中表5的典型用法。

例 7.7.3
产后体重减少

一组科学家希望调查某一基于互联网介入的项目是否能帮助产后女性减轻体重。一组产后女性被安排注册了基于互联网的项目，给她们提供适合产后不同阶段的每周锻炼和饮食指导，跟踪她们的减重进度，并建立和其他新近妈妈进行营养和锻炼讨论的在线论坛。另一组产后女性（“对照组”）则给出由医生提供的传统书写的饮食和锻炼指导。该研究的因变量是产后12个月体重减少的数量（单位kg）。前面的研究已经显示在产后12个月，平均体重减少量约为3.6kg，其标准差为4.0kg。(注意：负的体重减少量表示体重增加）。研究小组希望看到基于互联网介入组在体重减少量上至少高出50%；也就是说，他们更愿意看到基于互联网项目的女性比对照组至少多减少了1.8kg（3.6kg的50%）的体重。他们计划在5%的显著性水平下进行单尾 t 检验。该研究小组需要确定每组参试的女性人数（n）。

研究小组希望达到的效应量为：

$$\frac{|\mu_1-\mu_2|}{\sigma}=\frac{1.8}{4.0}=0.45$$

对这个效应量，及进行 5% 显著性水平下的单尾检验的功效 0.80，由书后统计表中的表 5 可得 n=62，这就意味着每组需要 62 位女性。

从这点看，研究小组不得不考虑几个问题，如：①该研究中让 124 位产后女性（每组 62 人）进行注册是否可行呢？如果不可行，那么②为了减小所需的 n 值，他们会愿意重新确定可视为重要的两组差异的大小吗？带着如上这些问题，再次利用表 5，他们最终会确定一个严格的 n 值，或者因为充分的研究所需成本太高而可能决定放弃该项目。

通常到这里就可以结束了，但是在该研究设计中还有一个额外的问题：研究小组基于经验认为大约有 20% 已注册这类研究的参与女性会因种种原因而中途退出（没有公式或表格告诉人们有多少人会像这样从研究中退出，这只能靠经验）。在该例中，为了允许一定的损耗，并保证最终仍有足够的数据以达到他们期望的功效，研究小组需要计划让 150 位女性注册（额外多出稍多于 20% 的女性，即每组多 13 人）[51]。

练习 7.7.1—7.7.11

7.7.1 猪肉肉质的一项测量标准是背膘厚度。假设有两个研究者，Johns 和 Smith，计划测量不同饲料饲养下的两组猪的背膘厚度。他们决定每组设置相同数目（n）的猪，用 5% 显著性水平下的双尾 t 检验对背膘厚度的平均数进行比较。初步的试验数据显示背膘厚度 SD 为 0.3cm。

当研究者在选择 n 值过程中向统计学家求助时，统计学家自然要问他们想要识别多大差异。Johns 回答说："如果真实的差异大于等于 1/4cm，我希望能合理地确定去拒绝 H_0。" Smith 回答说："如果真实差异大于等于 1/2cm，我希望能非常肯定地拒绝 H_0。"

如果统计学家把"合理地确定"理解为 80% 的功效，"非常肯定"理解为 95% 的功效，为了满足下列要求，会推荐什么样的 n 值？

（a）为了满足 Johns 的要求；

（b）为了满足 Smith 的要求。

7.7.2 参考例 7.2.1 大脑 NE 的数据。假设正在设计一项类似的试验；研究 LSD（摇头丸，而不是甲苯）对大脑 NE 的作用。预期选用 α=0.05 水平下的双尾 t 检验。假设已确定 LSD 10% 的效果（平均 NE 值增加或降低）是重要的，并因此预期具有较好的功效（80%）以识别这个量值的差异。

（a）用例 7.2.1 中的数据作为"先导研究"，确定每组应该需要多少只大鼠（例 7.2.1 中对照组的 NE 平均数是 444.2ng/g，标准差 SD=69.6ng/g）。

（b）如果你计划用单尾 t 检验，要求需要多少只大鼠？

7.7.3 假设正在设计一项关于辣椒植株生长的温室试验。将 n 株单独盆栽的幼苗种在标准土壤上，而另外 n 株幼苗种在特殊处理的土壤上。21d 后，测量 Y= 每株植物的总茎长（cm）。如果土壤处理的效果使总体平均茎长增加了 2cm，则在单尾 t 检验中会有 90% 的机会拒绝 H_0。关于生长在标准土壤上的 15 株植株的先导研究数据（如练习 2.62 的数据）显示 $\bar{y}$=15cm，且 s=0.8cm。

（a）假设欲在 α=0.05 水平下进行检验。试用先导信息来确定 n 值应该定为多少？

（b）对（a）部分计算正确性的必需条件是什么？

哪一个可以在先导研究数据中被（粗略地）检验？

（c）假设你决定采取更加保守的态度，在 α=0.01 水平下进行检验。则应该确定 n 值为多少？

7.7.4　美国 18~44 岁男性舒张压测量值接近正态曲线，其 μ=81mmHg，σ=11mmHg。18~44 岁女性的舒张压分布也接近正态分布，有着相同的 SD，但是平均数更小：μ=75mmHg。[52] 假设我们打算测量年龄在 18~44 岁随机抽取的 n 位男性和 n 位女性的舒张压。经 t 检验发现男女差异达到统计学上的显著性为事件 E。则为了具有 $P\{E\}$=0.9，n 值必须为多大？

（a）如果我们用 α=0.05 水平的双尾检验；

（b）如果我们用 α=0.01 水平的双尾检验；

（c）如果我们用 α=0.05 水平的单尾检验（在正确方向）。

7.7.5　假设正在设计一项检测某种药物处理对大鼠喝水行为影响的试验。拟定用双尾 t 检验对处理组和对照组大鼠进行比较；观察值变量 Y= 断水 23h 后 1h 内的水摄入量。能够确定的是，在 5% 显著性水平下，如果药效显示改变总体平均耗水量大于等于 2mL，则期望有至少 80% 的机会找到 H_A 的显著证据。

（a）初步的数据显示，在对照条件下 Y 的 SD 接近 2.5mL。以此对 σ 进行估计，确定每组应该安排多少只大鼠；

（b）因为由（a）部分计算得出一个相当大的大鼠数量，假设需要考虑调整试验以减小 σ。你发现，通过换一个更好的大鼠供应商，以及改善试验程序，可以将 SD 降低一半；但是，每次观察的成本则翻了一倍。这些措施划算吗？也就是说，调整的试验会节约成本吗？

7.7.6　一项大型研究的数据表明，男性乳酸脱氢酶（LD）的血清浓度高于女性（数据如例 7.6.1 所示）。假设 Sanchez 博士打算实施自己的试验以重演该结果。但因试验资源局限，Sanchez 只为他的试验征募到了 35 位男性和 35 位女性。假设总体平均数间的真实差异为 4U/L，且每个总体 SD 为 10U/L，Sanchez 成功的概率有多大？明确地说，即 Sanchez 在 5% 显著性水平下进行单尾 t 检验拒绝 H_0 的概率。

7.7.7　参考练习 7.5.10 的止痛药研究。该研究的每个处理组包括 25 个观察值，并显示效应量约为 0.5。如果这是一个真实的总体效应量，在具有如此样本容量（即每组样本容量为 25）的试验中，找到两种药物效果平均数显著性差异的概率（近似）有多大？

7.7.8　参考练习 7.5.10 的止痛药研究。在该研究中，认同这种药物的证据刚刚达到显著（$0.025<P<0.05$）。假设 Williams 博士正设计一项对同样药物的新研究以试图重演原来的结论，即药物有效。如果她在 α=0.05 水平进行单尾检验而拒绝 H_0，则可以认定试验取得成功。在原来的试验中，处理的平均数差数大约为标准差的一半［（32−25）/13 ≈ 0.5）］。把它作为效应量暂定值，请确定 Williams 所需的每组病人人数，以使成功的概率达到：

（a）80%；

（b）90%。

（注：这个问题显示出为重演试验的价值，需要一个令人吃惊的很大样本容量，尤其是当原始研究只是刚刚达到显著的情况。）

7.7.9　考虑对两个正态分布进行比较，其差异的效应量为：

（a）3；　　　　（b）1。

在每种情况下，绘制出显示分布重叠程度的草图（参见图 7.2.1）。

7.7.10　某动物学家设计了一项试验以评估一种新的肉牛饲料添加剂。第一组牛饲喂标准饲料，第二组饲喂标准饲料加入该添加剂。在 α=0.05 水平下采用单尾 t 检验，研究者希望有 90% 的功效以识别平均体重增加 20kg 的增量。根据以往经验，他预期标准差为 17kg。则每组需要安排多少头牛？

7.7.11　某研究员计划实施一项试验，在 5% 显著性水平下进行双尾 t 检验的分析。在该试验中，她能提供两个试验组每组 20 个观察单位。为保证功效至少为 95% 时，效应量最小应是多少？

7.8 学生氏 *t* 检验：条件和概述

在前面的章节中，我们用建立在学生氏 *t* 分布基础上的经典方法对两个平均数的比较进行了讨论。这一节中，我们将描述这些方法成立的条件。此外，为了方便查阅，我们对这些方法进行了概述。

条件

我们已经描述过的 *t* 检验和置信区间的程序只有在符合以下条件 * 时才适用。

1. 关于研究设计的条件

（a）必须能合理地认为数据是来源于各自总体的随机样本。而这些总体相对于样本容量来说必须较大。每个样本中的观察值必须是独立的。

（b）两个样本必须相互独立。

2. 关于总体分布形式的条件

$\overline{Y}_1$和$\overline{Y}_2$的抽样分布必须是（近似）正态分布。如果总体是非正态的，但是样本容量较大（此处的“大”取决于总体非正态的程度），则可以通过总体的正态性转换或者中心极限定理（回顾 6.5 节）的应用来实现。在许多实际情况中，中等的样本容量（比如，n_1=20，n_2=20）已经足够“大”了。但是，值得注意的是，一两个极端异常值会对所有统计程序的结果产生很大的影响，包括 *t* 检验。

条件的确认

前述条件的检查应该是每项数据分析的一部分。

对置信区间（6.5 节）来说，要对条件 1（a）部分进行检查，研究者需要寻找试验设计的偏差并确认每个样本内不存在分层结构。

条件 1（b）意味着两个样本之间绝对不能具有配对关系或依存关系。在第 8 章和第 9 章中这个条件的完整意思会逐渐清晰。

有时从之前的研究我们可知总体是否近似于正态的。在没有这些信息时，其正态性的要求可以通过对每个独立样本绘制直方图、正态概率图或 Shaprio-Wilk 正态检验进行检查。幸运的是，*t* 检验对于偏离正态的现象具有相当的稳健性[53]。通常情况下，只有相当明显的正态偏离（异常值，或者长而散乱的尾部）才需引起注意。中等的偏态对于 *t* 检验几乎没有影响，即使是小样本。

不合理使用学生氏 *t* 检验的后果

我们对于 *t* 检验和置信区间的讨论（在 7.3~7.8 节）是以条件（1）和（2）为基础的。违背了这些条件就会导致方法不当。

如果未满足这些条件，则 *t* 检验可能出现以下两种不恰当的方式：

（1）在某种意义上 *t* 检验无效，因为犯第 I 类错误的实际风险大于名义上的显著性水平 α（换一种说法，由 *t* 检验程序得到的 *P* 值可能数值过小而不合适）。

（2）*t* 检验可能是有效的，但是不如一个更合适的检验方法有说服力。

如果试验设计包括了分析中被忽略的分层结构，则该 *t* 检验可能严重无效。如果样本间彼此没有相互独立，通常结果说服力不强。

---

* 在我们使用“条件”一词时，许多作者会使用“假定”。

偏离正态条件相当常见的类型是一个或两个总体具有长而散乱的尾部。这种非正态形式的影响会导致 SE 增大，进而使 t 检验丧失其说服力。

对置信区间的不合理使用类似于对 t 检验的不合理使用。如果违背了这些条件，则置信区间可能无效（即与规定的置信水平相比过窄），或者置信区间是有效的但是却比需要的更宽。

其他方法

因为以学生氏 t 分布为基础的方法不总是最恰当的，所以统计学家设计出了能实现类似目的的其他方法。其中之一就是 Wilcoxon-Mann-Whitney 检验，该检验法我们将在 7.10 节中进行陈述。另一个解决这个难题的方法就是变换数据，如分析 log（Y）或者 ln（Y）而不是 Y 本身。

例 7.8.1
组织炎症

研究者分别从 10 位曾接受过乳房植入的病人和 6 位对照组病人中获取了皮肤样本。每一组织样本培养 24h 后，研究者记录了白介素 -6 的水平［单位：pg/（mL·10g 组织）］，这是检测组织炎症的一种方法。表 7.8.1 为这些数据汇总[54]。图 7.8.1（a）所示为数据的平行点线图，图 7.8.2（a）所示为其正态概率图，并从中可看出分布出现严重的偏倚，因此在使用学生氏 t 检验之前需要先做数据转换。将每个观察值取以 10 为底的对数值并展示在表 7.8.1 的右列和图 7.8.1（b）中。图 7.8.2（b）的正态概率图显示数据变换为对数值后满足了正态性的条件。因此，我们将对数据的对数值进行分析。也就是说，我们将要检验：

$$H_0 : \mu_1=\mu_2$$

对应地：

$$H_A : \mu_1 \neq \mu_2$$

这里，μ_1 是乳房植入病人白介素 -6 水平对数值的总体平均数，而 μ_2 是对照组病人白介素 -6 水平对数值的总体平均数。假设取 α=0.10。则检验统计数为：

$$t_s = \frac{(4.549-3.262)}{0.553} = 2.33$$

表 7.8.1　乳房植入病人和对照组病人的白介素 -6 的水平

	原始数据 /［pg/（mL·10g）］		对数值	
	乳房植入病人	对照组病人	乳房植入病人	对照组病人
	231	35324	2.364	4.548
	308287	12457	5.489	4.095
	33291	8276	4.522	3.918
	124550	44	5.095	1.643
	17075	278	4.232	2.444
	22955	840	4.361	2.924
	95102		4.978	
	5649		3.752	
	840585		5.925	
	58924		4.770	
$\bar{y}$	150665	9537	4.549	3.262
s	259189	13613	0.992	1.111

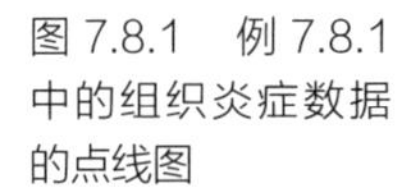

图 7.8.1 例 7.8.1 中的组织炎症数据的点线图

（a）原始尺度
（b）对数尺度

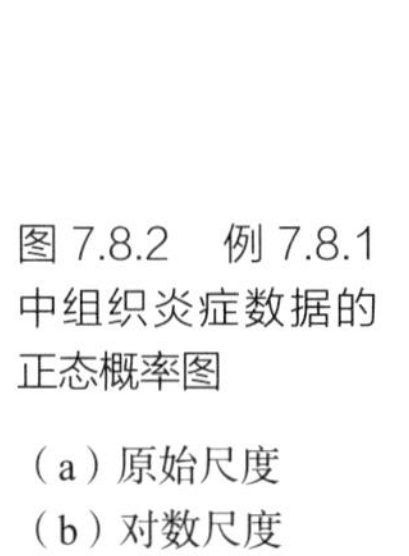

图 7.8.2 例 7.8.1 中组织炎症数据的正态概率图

（a）原始尺度
（b）对数尺度

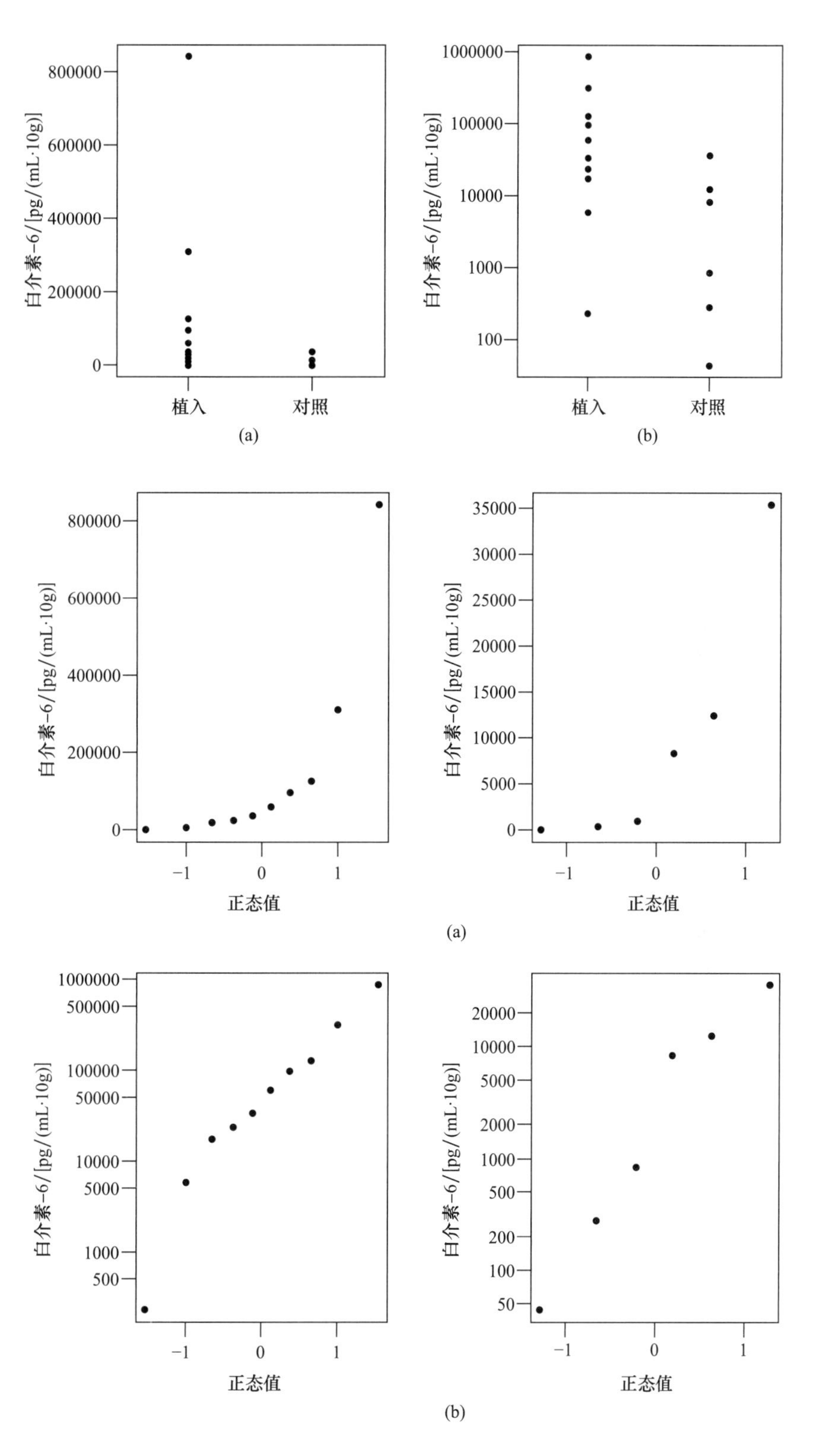

由式（6.7.1）得出 df=9.7。检验的 P 值为 0.045。因此，我们有证据说明在 0.10 的显著水平下（在 0.05 显著水平时同理），乳房植入总体白介素 -6 水平的对数平均数高于对照总体。

t 检验机理概述

为了方便查阅，我们总结了独立样本平均数的学生氏 t 检验的机理。

t 检验

$$H_0: \mu_1=\mu_2$$
$$H_A: \mu_1 \neq \mu_2 \text{（非定向的）}$$
$$H_A: \mu_1 < \mu_2 \text{（定向的）}$$
$$H_A: \mu_1 > \mu_2 \text{（定向的）}$$

检验统计数：$t_s = \dfrac{(\bar{y}_1-\bar{y}_2)-0}{SE_{(\bar{Y}_1-\bar{Y}_2)}}$

P 值 = 学生氏 t 分布曲线下方的尾部面积，具有：

$$df = \frac{\left(SE_1^2+SE_2^2\right)^2}{SE_1^4/(n_1-1)+SE_2^4/(n_2-1)}$$

非定向的 H_A：P 值 $=t_s$ 和 $-t_s$ 之外的双尾面积。

定向的 H_A：步骤 1：检查定向性；步骤 2：P 值 $=t_s$ 之外的单尾面积。

推断：如果 P 值 $\leqslant \alpha$，则有支持 H_A 的显著证据。

练习 7.8.1—7.8.2

7.8.1　为了检验环境是否影响牛的精子质量和产量，研究者将 13 头公牛随机分配到两种环境中。其中 6 头公牛在开放的环境中喂养，另 7 头在狭小的牛圈里喂养。下面的点线图显示了 13 头公牛精液样本的精子浓度（10^6 精子 /mL）[55]。

（a）使用之前的图来证明你的答案，在两种环境条件下使用学生氏 t 检验比较精子的平均浓度是适当的吗？

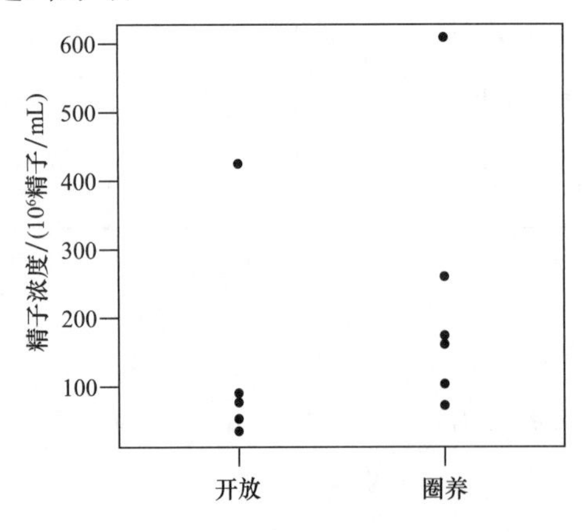

（b）如果该数据包含样本数为 60 和 70，而不是 6 和 7，对于（a）的变化你会如何回答？

（c）利用 Shaprio-Wilk 正态性检验可得出在开放环境和圈养环境中数据的 P 值分别为 0.0012 和 0.0139。该结果是否支持或反驳了你在（a）部分中的答案？

（d）数据转化如何帮助你分析这些数据？

7.8.2　参考练习 7.2.7 的血清素数据。能以什么理由提出对这些数据进行 t 检验的异议呢？（提示：对每一个样本，计算其 SD，并将其与样本平均数进行比较）

7.9 假设检验原理的深入探讨

我们对 t 检验的研究解释了一些假设检验的一般统计原则。在本章其余部分，我们将介绍除 t 检验之外的几种其他检验类型。

假设检验的概况

典型的统计检验包括一个无效假设 H_0，一个备择假设或者研究假设 H_A，和一个观察数据与 H_0 偏差或者不符的检验统计数。在 H_0 假设正确的条件下，检验统计数的抽样分布被称为检验统计数的**无效分布**（null distribution）。如果我们进行一项如 7.1 节那样的随机性检验，则无效分布就是观察对象被随机分配到不同试验组后所有可能样本平均数差数的分布，见表 7.1.2。再举一个例子，如果我们进行了一项 t 检验，则 t 检验统计数 t_s 的无效分布就是在某种情况下的学生氏 t 分布。无效分布显示了由于随机因素单独作用而使预期检验统计数偏离 H_0 的程度。

在检验一个假设的时候，我们通过定位检验统计数在无效分布上的位置来评估拒绝 H_0 的证据（或者说是支持 H_A 的）；P 值就是这个定位过程的度量值，它反映了数据和 H_0 之间的相符程度。相符和不相符之间的分界线由人为选择的显著性水平 α 而定。确定显著证据是否支持 H_A 与下面的原则有关：

如果 P 值 $\leqslant \alpha$，则拒绝 H_0。

如果没有可用的计算机，我们就没法准确计算出 P 值，但是我们可以用临界值表估计一个区间。如果 H_A 是定向的，则 P 值区间的估计需要两个步骤。

无效假设 H_0 的每一次检验都有相应犯第Ⅰ类错误（当 H_0 正确时发现支持 H_A 的显著证据）和第Ⅱ类错误（当 H_A 正确时却未发现支持 H_A 的显著证据）的风险。但是犯第Ⅰ类错误的风险经常会受限于显著性水平 α 的选择：

如果 H_0 是正确的，$P\{$拒绝 $H_0\} \leqslant \alpha$。

因此，检验假设过程会将第Ⅰ类错误作为最需严格防范的风险。相比之下，检验的功效可能就会非常低，而且相应地，如果样本容量很小，则犯第Ⅱ类错误的风险可能会相当大。

如何选择 H_0 和 H_A

研究假设检验，一开始会遇到的常见困难就是用数学方法表示出无效假设和备择假设应该是什么。一般而言，无效假设代表现状（默认情况下人们会相信的情况，除非数据显示的完全是另一种情况）*。典型的备择假设是指研究者试图建立的目标状况；因此 H_A 也就是指研究假设。例如，如果正在检验一种新药与标准药物的差异，则研究假设即为这种新药比标准药物好，相应的无效假设即为新药与标准药物没有差别，即因为缺少证据，我们预期两种药物是等效的。此典型的无效假设为 $H_0: \mu_1=\mu_2$，说明这两个总体平均数相等，且样本平均数间的差异仅仅是由抽样过程中的随机误差造成的。而备择假设为两种药物间有区别，因此观察到的样本平均数的差异都是正确效应所致，而不仅仅是由于随机误差造成的。我们可以得出结论，如果数据显示出样本平均数的差异超过因随机因素造成的合理差异，则说明我们具有支持研究假设统计学上的显著证据。

---

* 一般的原则并不总是真实的，其仅供参考。

再来看看其他的例子：如果将男女的某些属性进行比较，其无效假设一般为男女之间通常没有区别。如果我们研究两种环境中的生物多样性的某一指标，其无效假设一般为两种环境中的生物多样性通常相同。如果我们研究两种饮食，无效假设通常为两种饮食产生相同的平均反应。

从另一个角度看 *P* 值

为了在一般条件下定位 P 值，让我们考虑一下关于 P 值的几种通俗理解。

首先，我们回顾下随机检验。对于一个非定向的 H_A 来说，它的 P 值是导致样本平均数差异大于等于在实际研究中所观察到差异所有随机因素的比例。因此，我们可将 P 值定义为：

数据的 P 值是得到比实际观察结果一样或者更为极端的结果的概率（假设 H_0 是正确的）。

换一种说法为：

P 值是指如果 H_0 是正确的，得到的结果偏离 H_0 的程度大于等于实际差异的概率。

现在来考虑一下 t 检验。对一个非定向 H_A，我们对 P 值的定义是超过观察值 t_s 的学生氏 t 分布曲线下双尾的面积。

其实，关于 P 值的这些描述都略显局限。P 值实际上取决于备择假设的本质。当我们进行 t 检验验证其定向备择假设时，数据的 P 值只是（如果观察到的偏离在 H_A 的方向）超过观察值 t_s 的单尾面积。因此，关于 P 值更普遍的定义如下：

数据的 P 值（假设 H_0 是正确的）是指得到的结果大于等于实际观察偏离结果（在 H_A 方向上偏离 H_0 的差异）的概率。

P 值度量值可以很容易地解释为所观察到的偏差是因随机变异造成而不是因 H_A 备择假设所引起的。例如，如果 t 检验得出数据的 P 值为 P=0.036，则我们可以认为如果 H_0 正确，偏离我们预期数据 H_0 的差异仅占（元研究中）3.6% 的部分。

另一种引人深思的 P 值的定义如下：

数据的 P 值是指使用这些数据时很少拒绝 H_0 的 α 值。

为说明这个定义，设想一些对此颇具兴趣的科学家阅读了一份含有 P 值的研究报告。要想让那些对 H_A 持有较大怀疑态度的科学家们信服，则可能需要非常强有力的证据，因此可以使用一个非常保守的推断临界值，如 α=0.001；而对于倾向于支持 H_A 的科学家们，可能只需要较弱的证据即可，因此用一个宽松的值如 α=0.10。在这种观点影响下，数据的 P 值规定了一个点，它将发现的支持 H_A 的令人信服的数据和不支持 H_A 的证据分割开来。当然，如果 P 值很大，如 P=0.40，那么大概没有什么人会拒绝 H_0 而信服 H_A。

正如前面的讨论所示，P 值并未描述出数据的所有方面，但其仅与特定备择假设相对应的某一特定的无效假设的检验相关。实际上，我们会看到，数据的 P 值也取决于给定无效假设的统计检验类型。出于这个原因，在科学报告中对统计检验结果进行描述时，最好报告出其 P 值（尽可能地准确）、统计检验的名称，以及备择假设是定向还是非定向的。

特此重复一下，因为 P 值可在任何统计检验中应用，在 7.6 节中解释原则是：P 值是对应 H_0 证据力度的度量值，但是 P 值没有反映出数据与 H_0 偏离程度的大小。

数据可能仅是轻微地偏离 H_0，但如果样本容量很大，P 值仍可能十分小。同理，严重偏离 H_0 的数据却可以产生一个很大的 P 值。因此，单独的 P 值不能说明某一科学发现是否重要。

错误概率的解释

一种普遍的错误认识，是将 P 值作为无效假设正确的概率。与之相关的一个错误观念就是，如果发现了在 5% 显著水平下支持 H_A 的显著证据（打个比方），那么 H_0 正确的概率就是 5%。这些解释都不正确 *。关于这一点可以通过医学诊断的类推来阐明。

对某一疾病应用诊断进行检验时，无效假设即为此人是健康的（除非医学检验在其他方面有所指示），我们愿意相信这一点。这时可能会出现两种错误：一个健康的个体可能被诊断为患病（假阳性）或者一个患病的个体被诊断为健康（假阴性）。尝试对认为健康或患病的个体进行诊断检验，可以让我们估计出群体中被误诊的人的比例；但是仅凭这些信息还不能告诉我们所有阳性诊断中假阳性所占的比例。这些理念将在下面的例子中用数字进行说明。

例 7.9.1 医学检验

假设进行一项医学检验以确定某种疾病。进一步假设该总体中有 1% 的人存在疾病问题。如果检验显示这种疾病是存在的，我们就拒绝认为人们健康的无效假设。如果 H_0 是正确的，那么这就是第 I 类错误（即假阳性）。如果检验显示这种疾病不存在，我们就缺少支持 H_A（疾病）的显著证据。假设人们确患此病，该检验有 80% 的概率识别出这种疾病（这类似于假设检验的功效为 80%），而如果人们实际上未患病，则有 95% 的概率能正确推断出这种疾病不存在（这类似于有 5% 的比率犯第 I 类错误）。图 7.9.1 所示为这种情况的概率树，其中的粗体字显示了检验结果可能呈阳性的两种方式（即拒绝 H_0 的两种方式）。

图 7.9.1 医学检验例子的概率树

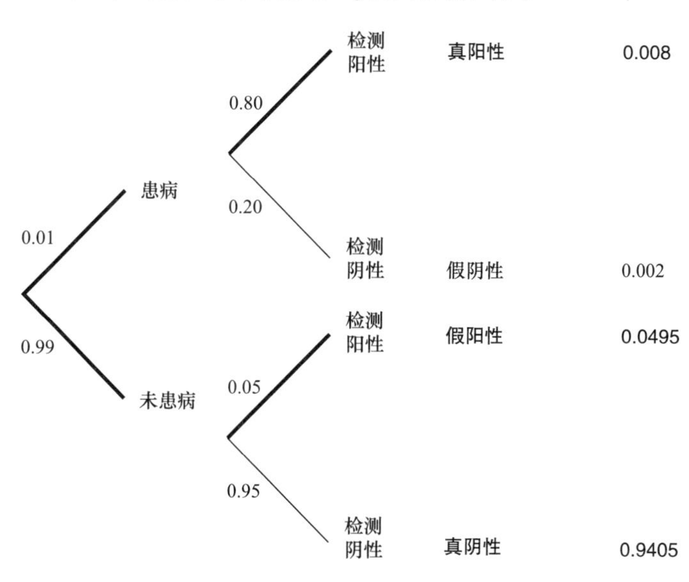

* 实际上，在标准的、接近于假设检验“频率论”的范围之内，H_0 真实的概率根本不能被计算出来。如果使用众所周知的 Bayesian 法（该内容超出了本教材的范围），则 $P\{H_0$ 是正确的$\}$ 才能被计算出来。

现在假设有 100,000 人接受了检验，其中实际有 1,000 人（1%）患有这种病。我们预期得到如表 7.9.1 的结果，其中有 5,750 人测试结果为阳性（类似于有 5,750 次找到了支持 H_A 的显著证据），4,950 人是假阳性。换种说法就是，假如我们找到了支持 H_A 的显著证据，则 H_0 正确的次数所占的比例为 4,950/5,750 ≈ 0.86，它与 0.05 相差很大；假阳性比例高得如此惊人，是因为这种疾病很罕见（正如人们所预期的那样，如果 H_0 是正确的，出现支持 H_A 显著证据的次数所占的比例为 4,950/99,000 ≈ 0.05，但是这是一个不同的条件概率。P{事件 B 成立条件下事件 A 发生的概率} ≠ P{事件 A 成立条件下事件 B 发生的概率}：电闪雷鸣时出现降雨的概率不同于降雨时出现电闪雷鸣的概率）。

表 7.9.1　100,000 人医学检验的假设结果

		实际状况		
		健康（H_0 正确）	患病（H_A 正确）	总和
检验结果	阴性（缺乏支持 H_A 的显著证据）	94,050	200	94,250
	阳性（具有支持 H_A 的显著证据）	4,950	800	5,750
总和		99,000	1,000	100,000

犯第Ⅰ类错误的风险是在假设 H_0 正确的条件下计算出的概率；类似地，犯第Ⅱ类错误的风险是在假设 H_A 正确时计算出的。如果我们有一项具有充分样本容量的良好设计的研究，犯两种错误的概率都会很小。然后我们进行一项良好的检验程序，即医学检验具有良好的诊断流程。即便这样，也不能保证大多数被拒绝的无效假设在实际上是错误的，或者大多数没有拒绝的在实际上是正确的。这个保证是否正确取决于一个未知或不可能知道的量，即在所有接受测试被检验的无效假设中正确的无效假设所占的比例（它类似于医学检验方案中的患病率）。

展望

应该指出的是，本章中我们所解释的统计学上的假设检验理论并未被所有的统计学家所认可。这里呈现出的观点，称为**频率论观点**（frequentist view），在科学研究中被广泛使用。另外一种观点，**Bayesian 观点**（Bayesian view），不仅包括研究中观察到的一手数据，还包括研究者从前人相关研究中获取的信息。过去，许多 Bayesian 技术未被用于实践是因为它所要求的数学过程太复杂。然而，近些年随着计算能力越来越强大及软件技术越来越先进，就使得 Bayesian 方法越来越受欢迎。

练习 7.9.1

7.9.1　假如我们进行了 α=0.05 水平、P 值为 0.04 的 t 检验。对下面每种情况，判断其是正确的还是错误的，并做出解释。

（a）H_0 正确的概率为 4%；

（b）在 α=0.05 水平下，拒绝 H_0；

（c）我们应该拒绝 H_0。如果重复该试验，有 4% 的概率再次拒绝 H_0；

（d）如果 H_0 是正确的，得到检验统计数大于等于实际测得的 t_s 值的概率为 4%。

7.10 Wilcoxon-Mann-Whitney 检验

Wilcoxon-Mann-Whitney 检验（Wilcoxon-Mann-Whitney test）是用于两个独立样本的比较*。它是 t 检验的竞争对手，但是与 t 检验不同的是，即使当总体不是正态分布时，Wilcoxon-Mann-Whitney 检验依旧有效。因此，Wilcoxon-Mann-Whitney 检验又被称为检验的**分布自由**（distribution-free）类型。另外，Wilcoxon-Mann-Whitney 检验并没有针对如平均数或者中位数等任何特别的参数。因此，它也被称为检验的**非参数**（nonparametric）类型。

H_0 和 H_A 的描述

让我们用 Y_1 和 Y_2 表示两个样本的观察值。Wilcoxon-Mann-Whitney 检验的无效假设和备择假设在一般情况下表示为：

H_0：Y_1 和 Y_2 的总体分布相同。

H_A：Y_1 的总体分布是由 Y_2 的总体分布转变过来的（即 Y_1 倾向于要么大于要么小于 Y_2）。

实际上，如例 7.10.1 所示，将 H_0 和 H_A 用适合于特殊应用的文字来描述则更为自然。

例 7.10.1 土壤呼吸

土壤呼吸是土壤微生物活性的度量，它会影响植物生长的状况。在某一研究中，从森林的两个位点采集了土样：①在森林覆盖中的一处开阔地（“间隙”区域）；②在茂密的树丛下的附近区域（“生长”区域）。检测了每种土样释放的 CO_2 的量［单位：mol CO_2/（g 土壤·h）］。数据列于表 7.10.1 中[56]。

表 7.10.1 例 7.10.1 土壤呼吸数据

单位：［mol CO_2/（g 土壤·h）］

生长区域				间隙区域			
17	20	170	315	22	29	13	16
22	190	64		15	18	14	6

合适的无效假设可以描述为：

H_0：抽取两个样本的总体具有相同的土壤呼吸分布。

或者，更加非正式的说法为：

H_0：间隙区域和生长区域在土壤呼吸方面没有不同。

其非定向备择假设可以描述为：

H_A：两个总体之一的土壤呼吸速率分布有较高趋势。

或者这个备择假设可以被定向地描述，如：

H_A：生长区域的土壤呼吸速率比间隙区域高。

* 这里介绍的这项检验方法是 Wilcoxon 在 1945 年的一篇文章中提出的。而 Mann 和 Whitney 在 1947 年的一篇文章中详细描述了该检验方法，它能够用两种数学上等价的方法获得。因此，许多著作和计算机程序用不同的形式来实施该检验法，而不是这里所展示的方式。还要注意的是，一些著作中称这个检验为 Wilcoxon 检验，另一些称为 Mann-Whitney 检验，还有一些（包括本文）称为 Wilcoxon-Mann-Whitney 检验。

Wilcoxon-Mann-Whitney 检验的应用

图 7.10.1 所示为例 7.10.1 土壤呼吸数据的点线图；图 7.10.2 为该数据的正态概率图。生长区域数据的分布向右偏倚，然而间隙区域数据的分布却是稍稍向左偏倚的。如果两个分布都向右偏倚，我们可以应用数据转换。但是，任何试图将生长区域数据分布进行转换的尝试（例如对这些数据求对数）都会导致区域数据的分布偏斜得更糟糕。因此，t 检验在此就不再适用了。而 Wilcoxon-Mann-Whitney 检验则没有要求数据呈正态分布。

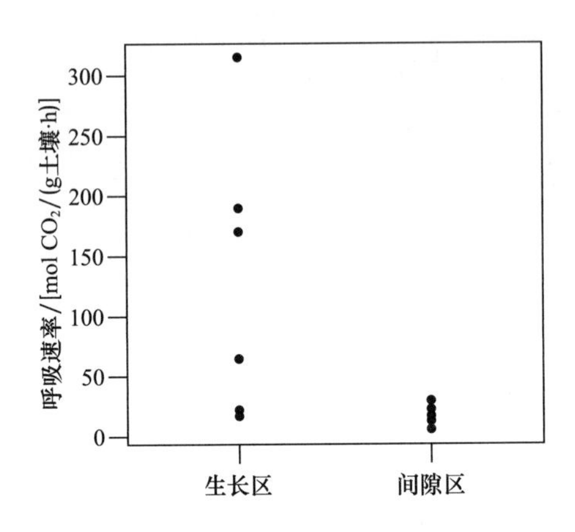

图 7.10.1 例 7.10.1 土壤呼吸数据点线图

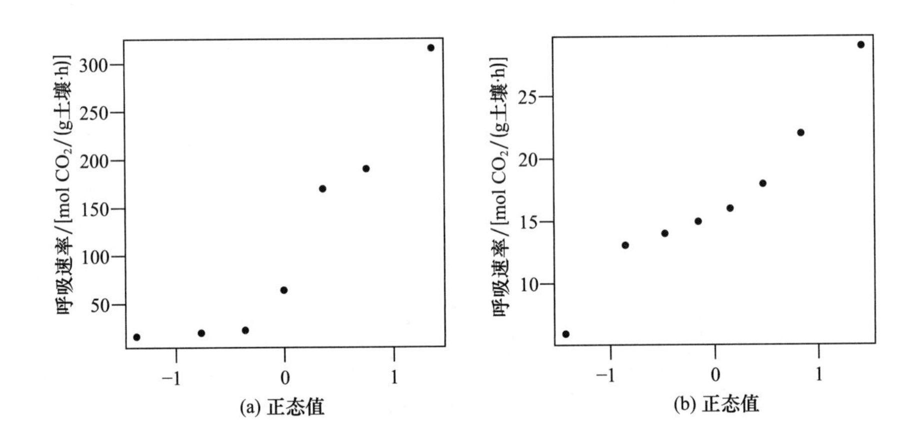

图 7.10.2 例 7.10.1（a）生长数据和（b）间隙数据正态概率图

方法

Wilcoxon-Mann-Whitney 检验的统计数，记作 U_s，它可度量两个样本之间的分离程度或转变程度。U_s 值较大表示两个样本分离较大，相对来说两者的重叠部分也就较少。书后统计表中的表 6 给出了 Wilcoxon-Mann-Whitney 检验的临界值。下面的例子说明了 Wilcoxon-Mann-Whitney 检验方法。

例 7.10.2 土壤呼吸

让我们对例 7.10.1 中的生物多样性数据进行一次 Wilcoxon-Mann-Whitney 检验。

（1）U_s 值取决于 Y_1 和 Y_2 的相对位置。决定 U_s 值的第一步是依照递增的顺序将观察值排序，见表 7.10.2。

表 7.10.2 对例 7.10.2 进行的 Wilcoxon-Mann-Whitney 计算

较小的间隙观察值的个数	Y_1 生长区数据	Y_2 间隙区数据	较小的生长观察值的个数
5	17	6	0
6	20	13	0
6.5	22	14	0
8	64	15	0
8	170	16	0
8	190	18	1
8	315	22	2.5
		29	3
K_1=49.5			K_2=6.5

（2）接下来我们要决定两个计数值，K_1 和 K_2，如下：

（a）K_1 计数值：对于样本 1 中的每个观察值，我们数出样本 2 中更小的观察值的个数（即左列）。对每个相等的观察值我们按 1/2 计数。在以上的数据中，有 5 个 Y_2 的值小于第一个 Y_1 值；有 6 个 Y_2 值小于第二个 Y_1 值；有 6 个 Y_2 值小于第三个 Y_1 值，且还有一个 Y_2 值与之相等，所以我们计为 6.5。目前，我们已有 5、6 和 6.5 三个计数值。同理继续下去，我们还会得到 8、8、8 和 8。总共获得了 7 个计数值，每个数对应一个 Y_1。这 7 个计数值的总和为 K_1=49.5。

（b）K_2 计数值：对于样本 2 的每个观察值，我们数出样本 1 中数值更小的观察值的个数，相等观察值记为 1/2。则得到的计数值为 0、0、0、0、0、1、2.5 和 3。这些计数值的总和为 K_2=6.5。

（c）核查：如果这项工作无误，K_1 和 K_2 的总量和应该等于样本容量的乘积：

$$K_1+K_2=n_1n_2$$

$$49.5+6.5=7\times 8$$

（3）这个检验统计数 U_s 是 K_1 和 K_2 中的较大值。在这个例子中，U_s=49.5。

（4）为了确定 P 值，我们以 n= 较大样本容量，n' = 较小样本容量来查书后统计表中的表 6。在该例中，n=8，且 n'=7。表 6 的数值复制在表 7.10.3 中。

表 7.10.3 n=8，n'=7 的表 6 的值

40 *0.189*	44 *0.093*	46 *0.054*	47 *0.040*	48 *0.021*	49 *0.014*	50 *0.009*

在 α=0.05 的显著性水平下，对应于一个非定向备择假设让我们来对 H_0 进行检验。从表 7.10.3 中我们注意到，当 U_s=49 时，P 值为 0.014；当 U_s=50 时，P 值为 0.009；因为本例中 49<U_s<50，所以 P 值就在 0.009~0.014，因此具有支持 H_A 的显著证据。有充分的证据说明间隙区域和生长区域的土壤呼吸速率是不同的。

如例 7.10.2 所述，就像 t 检验中利用书后统计表中的表 4 一样，对 Wilcoxon-Mann-Whitney 检验，书后统计表中的表 6 可以被用于界定 P 值的区间。如果观察到的 U_s 值没有给出，则人们会为观察到的 U_s 值的区间简单定位出其临界值。然后再根据相应栏目表头划出 P 值的区间。

方向性 对于 t 检验，人们通过观察是 $\bar{Y}_1>\bar{Y}_2$ 还是 $\bar{Y}_1<\bar{Y}_2$ 来决定数据的方向性。类似地，对于 Wilcoxon-Mann-Whitney 检验，可以通过比较 K_1 和 K_2 来确定其方向性：$K_1>K_2$ 反映出 Y_1 的计数值有大于 Y_2 计数值的倾向，而 $K_1<K_2$ 则正好反映出相反的

趋势。然而，通常没有必要进行这种正式的比较；因为看一下数据的图形就足够了。

定向备择假设　若备择假设 H_A 是定向的而不是非定向的，那么我们就需要调整 Wilcoxon-Mann-Whitney 检验的程序。因为在 t 检验中，调整后的程序有两个步骤。为了获得定向的 P 值，第二个步骤中就将非定向的 P 值减半。

步骤 1　检查其方向性：确定数据是否按着 H_A 指定的方向而偏离于 H_0

（a）如果不是，则 P 值大于 0.50；

（b）如果是，则执行步骤 2。

步骤 2　如果 H_A 是非定向的，则数据的 P 值减半。

为了在某一预设的显著性水平 α 下做出决定，如果 P 值 $\leq \alpha$，则说明具有支持 H_A 的显著证据。

下面的例子说明了这两个步骤的程序。

例 7.10.3
定向 H_A

假设 n=8，n'=7，H_A 是定向的。进一步假设这些数据按 H_A 指定的方向而偏离于 H_0。则表 7.10.3 中所示的数值可以像下面那样用于找到 P 值：

如果 U_s=40，则 P 值 =0.189/2=0.0945。

如果 U_s=46，则 P 值 =0.054/2=0.027。

如果 U_s=49.5，则 0.009/2<P 值 <0.014/2，因此 0.0045<P 值 <0.007。

如果 U_s=50（或更大），则 P 值 <0.009/2=0.0045。

基本原理

让我们来看看为什么说 Wilcoxon-Mann-Whitney 检验法是有一定道理的。举个具体的例子来说，假设样本容量是 n_1=5，n_2=4，因此对第一个样本中某一数据点和第二个样本中的某一数据点间可以进行 5 × 4=20 次比较。这样一来，不管数据如何，我们肯定会得出：

$$K_1+K_2=5\times 4=20$$

K_1 和 K_2 的相对量级反映了 Y_1 和 Y_2 的重叠程度。图 7.10.3 显示了这一状况。在图 7.10.3（a）的数据中，两个样本根本没有任何重叠；这些数据几乎与 H_0 不兼容，而为 H_A 提供了最有力的证据，因此 U_s 达到其最大值 U_s=20。同理，图 7.10.3（b）中，U_s=20。但在另一方面，如图 7.10.3（c）所示，样本出现最大程度的重叠

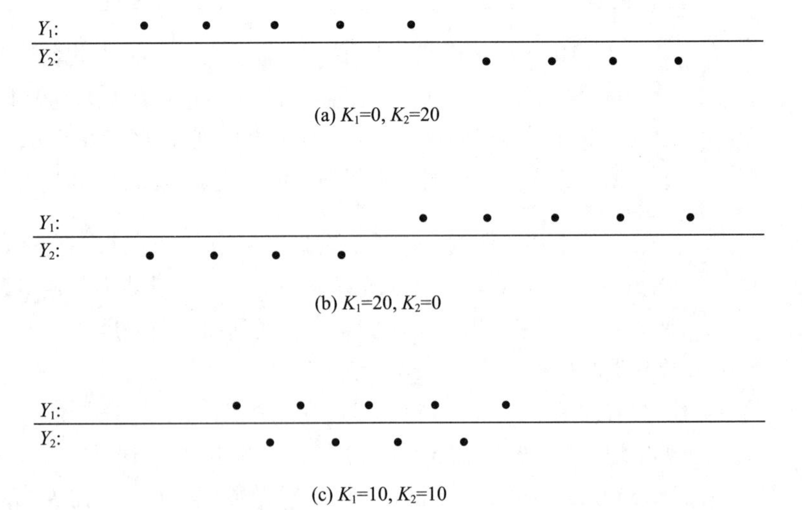

图 7.10.3 Wilcoxon-Mann-Whitney 检验法中 3 组数据的排列

时，数据点的排列与 H_0 达到最大兼容，而显示出缺乏支持 H_A 的证据；该排列中 K_1=10，K_2=10，U_s=10。

该数据其他所有可能出现的排列位置介于图 7.10.3 所示的 3 种排列情况之间；重叠较多的排列其 U_s 值接近于 10，重叠极少的排列其 U_s 接近于 20。所以，较大的 U_s 值意味着具有支持研究假设 H_A 的证据，或者相当于说该数据与 H_0 不相符。

现在我们来简单地考察一下 U_s 的无效分布，并指出如何确定书后统计表中的表 6 中的临界值（回顾 7.10 节：对任何统计检验，临界值的推断分布通常是检验统计数的无效分布，也就是它在 H_0 正确条件下的抽样分布）。为了确定 U_s 的无效分布，需要假定所有的 Y 值实际上都是从同一个总体中获取的，并计算出与该数据各种排列相关的概率*（附录 7.2 简略描述了计算其概率的方法）。

图 7.10.4（a）所示为 n=5、n'=4 时，K_1 和 K_2 的无效分布。例如，如果 H_0 正确，则可以表示为：

$$P\{K_1=0,\ K_2=20\}=0.008$$

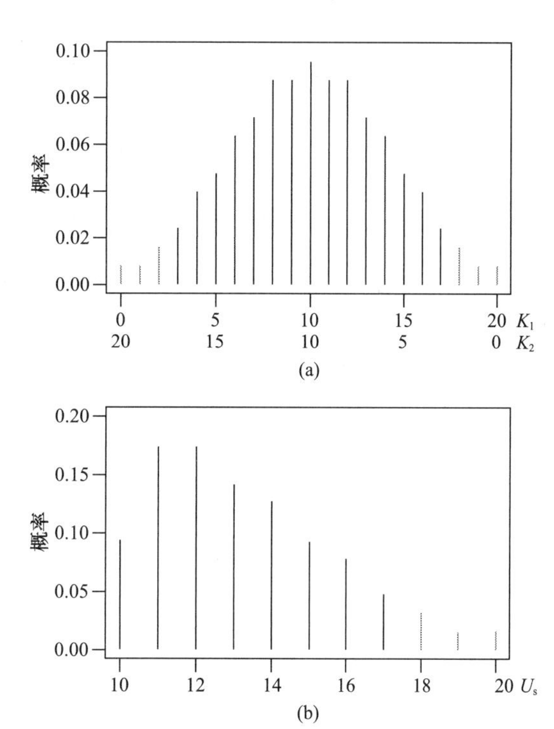

图7.10.4 当 n=5、n'=4 时，Wilcoxon-Mann-Whitney 检验的无效分布

（a）K_1 和 K_2 的无效分布 （b）U_s 的无效分布。阴影相当于 U_s=18 时的 P 值

图 7.10.4（a）所示的是第一个概率。注意图 7.10.4（a）的形状大致类似于 t 分布；K_1 的较大值（右尾）代表 Y_1 比 Y_2 大的证据，而 K_2 的较大值（左尾）代表 Y_2 比 Y_1 大的证据。

图 7.10.4（b）所示为 U_s 的无效分布，它直接来源于图 7.10.4（a）中的分布。例如，如果 H_0 正确，则有：

$$P\{K_1=0,\ K_2=20\}=0.008$$

和

$$P\{K_1=20,\ K_2=0\}=0.008$$

* 在本节所进行的计算概率中，已假定出现相等的观察值的概率可以忽略。这将使得采用较高的精度对连续型变量进行度量得以实现。但如果相等的观察值数量较多，则可进行矫正；参考 Noether 法（1967）[57]。

因此：

$$P\{U_s=20\}=0.008+0.008=0.016$$

这是图 7.10.4（b）最右边的概率。因此，K 分布的双尾被并入了 U 分布的上尾；例如，图 7.10.4（b）中的单尾阴影面积等于图 7.10.4（a）中的双尾阴影的面积。

Wilcoxon-Mann-Whitney 检验的 P 值是 U_s 分布中上尾的面积。例如，可以看出图 7.10.4（b）中灰色阴影部分的面积等于 0.064；这就意味着如果 H_0 正确，则有：

$$P\{U_s \geqslant 18\}=0.064$$

因此，得到 U_s=18 的数据就会有一个相关的 P 值为 0.064（假设 H_A 为非定向的）。

书后统计表中的表 6 的值是由 U_s 的无效分布而确定的。因为 U_s 的分布是离散的，对任何给定的样本容量 n_1 和 n_2，只有少数的 P 值适用于这种情况。表 6 用粗体字表示选定的 U_s 值，用斜体字表示 P 值。例如，如果样本容量分别是 5 和 4，那么由 U_s 值为 17 可得到 P 值为 0.111，由 U_s 值为 18 可得到 P 值为 0.064，由 U_s 值为 19 可得到 P 值为 0.032。所以，要在 α=0.05 水平下达到统计学意义上的显著需要检验统计数（U_s）的值为 19。当样本容量分别是 5 和 4 时，即当 U_s=20 时，最小可能的 P 值为 0.016，这也就意味着在 α=0.01 水平下应用非定向检验法未能达到统计学意义上的显著。

使用 Wilcoxon-Mann-Whitney 检验的条件

为了保证 Wilcoxon-Mann-Whitney 检验法的应用，这些数据必须能被合理地认为是从其相应的总体中获得的随机样本，每个样本的观察值都必须是相互独立的，且两个样本也是相互独立的。在这些条件下，如果提供的观察值变量 Y 是连续的，则无论总体分布形式如何，Wilcoxon-Mann-Whitney 检验都是有效的[58]。

假定相等的观察值没有出现，表 6 中给出的临界值则可以计算出来。如果该数据中包含一些相等的观察值，则 P 值需要做近似的矫正[*]。

Wilcoxon-Mann-Whitney 检验与 t 检验和随机性检验

尽管 Wilcoxon-Mann-Whitney 检验和 t 检验的目标都是回答这个相同的问题：两个总体分布的位置是不同的吗？或是，一个总体的值比另一个总体大（或者小）吗？但是它们处理数据的方式却截然不同。与 t 检验不同的是，Wilcoxon-Mann-Whitney 检验不使用 Y 的实际值，而是使用它们在排列顺序中的相对位置。这既是 Wilcoxon-Mann-Whitney 检验的优点，也是其缺陷。一方面，因为 U_s 的无效分布仅仅与 Y 的各种排列有关，因此它不依赖于总体分布的形式，所以该检验是分布自由的。另一方面，Wilcoxon-Mann-Whitney 检验可能无效：因为它没有使用数据的全部信息，所以它可能缺乏功效，其无效性对小样本尤其显著。

随机性检验在不依赖于正态性方面与 Wilcoxon-Mann-Whitney 检验具有内在的相似性，然而随机检验的功效却常常与 t 检验类似。进行随机性检验可能比较困难，这正是在计算能力普遍提高之前随机性检验没有得到广泛应用的重要原因。

---

* 实际上，Wilcoxon-Mann-Whitney 检验并不需要严格的连续型变量，它可以应用于任何普通变量。但是，如果 Y 是离散型变量或者是分类变量，则数据可能包括许多相等的观察值，该检验就不应该在没有做临界值的近似矫正时进行应用。

没有哪一个竞争者（随机性检验、t 检验或 Wilcoxon-Mann-Whitney 检验）明显优于其他两个。如果总体分布不是近似正态分布，t 检验甚至可能无效。另外，尤其在总体分布高度偏倚时，Wilcoxon-Mann-Whitney 检验可能比 t 检验具有更强的功效。如果总体分布为具有相等标准差的近似正态分布时，则 t 检验最好，但是其性能与随机性检验相似。对于中等样本容量，Wilcoxon-Mann-Whitney 检验几乎与 t 检验相同[59]。

有一个对总体中位数进行置信区间估计的方法，它与 Wilcoxon-Mann-Whitney 检验的关系类似于对（$\mu_1-\mu_2$）的置信区间估计与 t 检验的关系。该方法不在本教材范围内。

练习 7.10.1—7.10.9

7.10.1 考察两个容量分别为 n_1=5，n_2=7 的样本。假定 H_A 为非定向的、U_s 为以下情况时，请使用书后统计表中的表 6 找出对应的 P 值。

（a）U_s=26；

（b）U_s=30；

（c）U_s=35。

7.10.2 考察两个容量分别为 n_1=4，n_2=8 的样本。假定 H_A 为非定向的、U_s 为以下情况时，请使用书后统计表中的表 6 找出对应的 P 值。

（a）U_s=25；

（b）U_s=31；

（c）U_s=32。

7.10.3 在一项药理学研究中，研究者分别检测了 6 只暴露在甲苯中的大鼠和 6 只对照大鼠脑中化学物质多巴胺的浓度。（与例 7.2.1 描述的研究相同）大脑纹状体区域的浓度见下表[4]。

多巴胺 /（ng/g）	
甲苯	对照
3,420	1,820
2,314	1,843
1,911	1,397
2,464	1,803
2,781	2,539
2,803	1,990

（a）在 α=0.05 水平下，应用 Wilcoxon-Mann-Whitney 检验进行不同处理的比较。应用非定向备择假设。

（b）按照（a）部分的步骤进行，但备择假设为甲苯增加多巴胺的浓度。

7.10.4 在一项催眠研究中，分别观察了试验组和对照组受试对象的呼吸模式。其换气总量（身体每平方米每分钟换气的升数）的测量值显示如下[60]（表中所示数据与练习 7.5.6 相同）。请在 α=0.10 水平下，应用 Wilcoxon-Mann-Whitney 检验法比较两个处理组的差异。应用非定向备择假设。

试验组	对照组
5.32	4.50
5.60	4.78
5.74	4.79
6.06	4.86
6.32	5.41
6.34	5.70
6.79	6.08
7.18	6.21

7.10.5 在一项对比两种不同生长条件下温室菊花高度的试验中，发现所有在条件 1 下生长的植物都比在条件 2 下的高（也就是说，两个高度数据的分布没有重叠）。如果每组植物的数量为以下情况时，请计算 U_s 值并找出其 P 值。

（a）3；

（b）4；

（c）5。

（假设 H_A 是非定向的）

7.10.6 在对黑腹果蝇（*Drosophila melanogaster*）整羽行为的研究中，我们对与其他10只性别相同的果蝇同处一室的一只果蝇进行了为时3min的观察。观察者记录了这只受试果蝇每一段整羽时间（"回合"）。该试验用雄性果蝇重复了15次，用雌性果蝇重复了15次（每次用不同的果蝇）。现提出一个有趣的问题是：果蝇的整羽行为是否有性别差异。观察到的整羽时间（每个回合的平均时间，单位：s）见下表[61]：

雄性：	1.2，1.2，1.3，1.9，1.9，2.0，2.1，2.2，2.2，2.3，2.3，2.4，2.7，2.9，3.3
	$\bar{y}$=2.127 s=0.5936

雌性：	2.0，2.2，2.4，2.4，2.4，2.8，2.8，2.8，2.9，3.2，3.7，4.0，5.4，10.7，11.7，
	$\bar{y}$=4.093 s=3.014

（a）对于这些数据，Wilcoxon-Mann-Whitney的统计数为U_s=189.5。请应用Wilcoxon-Mann-Whitney检验调查整羽行为的性别差异。设H_A为非定向的，α=0.01；

（b）对于这些数据，（$\bar{Y}_1-\bar{Y}_2$）的标准误为SE=0.7933s。请应用t检验分析整羽行为的性别差异。设H_A为非定向的，α=0.01；

（c）对t检验有效但对Wilcoxon-Mann-Whitney检验无效所需要的条件是什么？该数据的哪些特点表现出本例可能不具备这个条件？

（d）验证（a）部分给出的U_s值。

7.10.7 经常会将具有致癌可能的物质涂在小鼠皮肤上来进行测试。但出现的问题是小鼠是否可能会因舔食或者咬了笼子里的同伴而导致剂量增加。为回答这个问题，将化合物苯并芘涂到10只小鼠的背部：其中5只独居，另5只在一个笼子里群居。48h后，测验每只老鼠胃组织中化合物的浓度。结果（nmol/g）如下[62]：

独居	群居
3.3	3.9
2.4	4.1
2.5	4.8
3.3	3.9
2.4	3.4

（a）请在α=0.01水平下，用Wilcoxon-Mann-Whitney检验对这两个分布进行比较。令备择假设为群居小鼠的苯并芘浓度高于独居的小鼠。

（b）为什么这个试验中的定向备择假设是有效的？

7.10.8 人类β内啡肽（HBE）是在压力条件下脑下垂体分泌的一种激素。一位运动生理学家测量了两组男性休息时（无压力时）血液中HBE的浓度：第1组的11位男性平日进行有规律的慢跑，第2组的15位男性则是刚刚加入健身计划。结果见下表[63]。

慢跑者				健身计划入门者				
39	40	32	60	70	47	54	27	31
19	52	41	32	42	37	41	9	18
13	37	28		33	23	49	41	59

在α=0.10水平下，用Wilcoxon-Mann-Whitney检验对两个分布进行比较。应用非定向的备择假设。

7.10.9（接7.10.8） 以下是练习7.10.8中HBE数据的正态概率点线图。

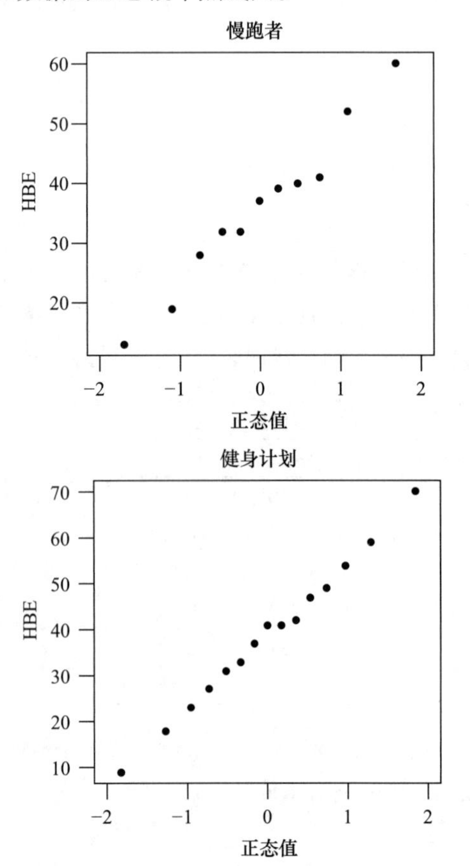

（a）在这两个样本中是否都能找到非正态的证据？请用点线图验证你的答案。

（b）根据对（a）的答案和点线图，我们应该能得出该数据的确呈正态分布的结论吗？并请解释。

（c）如果该数据的确是呈正态分布的，以这个问题为背景，请解释在分析数据时，相比两个样本的 t 检验法，应用 Wilcoxon-Mann-Whitney 检验法的缺点是什么？

（d）如果该数据的确不呈正态分布，以这个问题为背景，请解释在分析数据时，相比 Wilcoxon-Mann-Whitney 检验法，应用两个样本的 t 检验法的缺点是什么？

（e）根据你对以上问题的回答，试讨论对该数据应该用哪种检验方法。请注意，不只有一个正确答案。

7.11 展望

在本章中，我们讨论了当观察变量为定量变量时置信区间估计和假设检验等几种用于两个独立样本比较的方法。接下来的章节我们会介绍应用于各种其他情况的置信区间估计和假设检验的方法。在这之前，我们首先回顾本章所学的方法。

隐含假定

在讨论本章的 t 检验和 Wilcoxon-Mann-Whitney 检验中，我们已做出了一个没有言明的假定，现在我们来把它挑明。在对两个分布的比较做解释时，我们假定两个分布的关系是相对简单的：如果两个分布不同，则两个变量中的一个有比另一个变量大的持续倾向。比如，假设我们在比较两种饲料对小鼠体重增重量的影响，具有：

$$Y_1= \text{饲料 1 下小鼠增重量}$$
$$Y_2= \text{饲料 2 下小鼠增重量}$$

我们隐含的假定是：如果两种饲料完全不同，那么对所有小鼠个体来说其差异存在于一个持续的固定方向上。为了领会这个假定的意思，假设有如图 7.11.1 所示的两个分布。在这个例子中，即使饲料 1 下平均体重增重量较高，但是提出饲料 1 比饲料 2 的小鼠倾向于增加更多体重的推论也显得过于简单了；很明显饲料 1 下的一些小鼠增重比较少。像这种矛盾的情况偶尔也会发生，只做以 t 检验和 Wilcoxon-Mann-Whitney 检验为代表的简单分析可能是不够的。

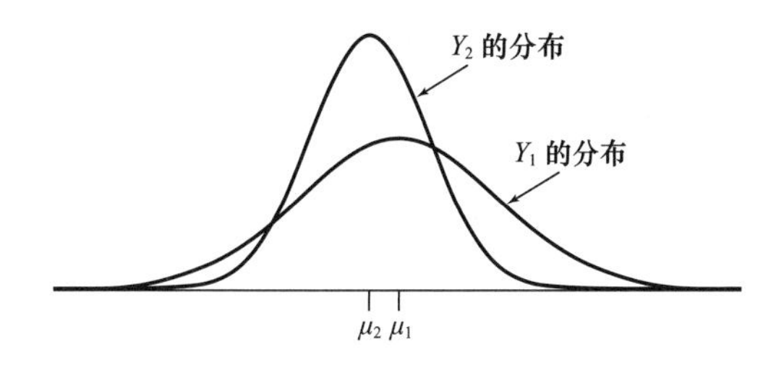

图 7.11.1 两种饲料下体重增重量的分布

比较两个形状大致相同、标准差相似的分布是相对简单的。然而，如果两个分布的形状和标准差彼此都有很大差异,则要对其分布做出有意义的比较就会很困难，尤其是对两个平均数的比较可能显得不太恰当。

何时用何种方法

如果我们对来自两个正态分布总体的样本进行比较，可以用 t 检验推断两个总体平均数是否有差异，如果存在差异的话还可以用置信区间来估计两个总体平均数间的差异有多大。一般，置信区间估计能比检验提供更多的信息，因为检验受限于一个狭隘的问题（“样本的差异能够被合理解释为随机因素造成的吗”），而置信区间估计则提出了一个较宽泛的问题（“μ_1 比 μ_2 大多少”）。

置信区间和 t 检验两者都以总体为正态分布为条件。如果没有满足该条件，则在之前可能需要进行数据转换以使该分布接近于正态。尽管考虑到转换，但是如果正态性的条件仍不确定，则可使用 Wilcoxon-Mann-Whitney 检验法（事实上，如果数据为正态时也可以应用 Wilcoxon-Mann-Whitney 检验，尽管它不如 t 检验更有效力）。如果这两种情况都不确定时，最好建议同时进行 t 检验和 Wilcoxon-Mann-Whitney 检验。如果两个检验给出了相似、清晰的结论（即，如果两个检验的 P 值相近，都比 α 大得多，或者都比 α 小得多），那么我们可以欣然接受这个结论。但是，如果一个检验得出的 P 值大于 α，而另一个得出的 P 值小于 α，则我们可能断定检验没有结果。

有时在一个数据集中会出现异常值，令人对 t 检验的结果质疑。简单地去忽略异常值是不合理的。一个明智的办法是在含有异常值时进行分析，然后再剔除异常值并重复进行分析。如果剔除异常值后结论不变，那么我们就可以有信心地认为没有哪个单一的观察值会对我们从数据得到的推断有过分的影响。但如果剔除异常值后结论发生了改变，那么我们就不能对得出的推断抱有信心。例如，如果有异常值存在时检验的 P 值很小，而剔除掉异常值后 P 值很大，那么我们可以认为，“有证据证明总体间彼此具有差异，但此证据主要来源于某一单一的观察值。”这个描述提醒读者，在不同样本间能被观察到的差异并不是太大。

多样性比较

有时 Y 的变化比它的平均数更能引起人们的兴趣。比如，在对两种不同的测量某种酶浓度的试验技术进行比较时，研究者可能主要想知道其中一项技术是否比另一项更精确，也就是说，是否其测量误差的分布具有较小的标准差。对此有好几种可用的方法，如检验假设 H_0：$\sigma_1=\sigma_2$，或用置信区间来比较 σ_1 和 σ_2。这些方法中的大多数都对可能分布的正态性条件比较敏感，这个条件限制了它们在实际中的应用。这些方法的实施不在本教材的范围内。

补充练习 7.S.1—7.S.30

（注：前面加星号的练习为选做部分。）

回答假设检验的问题时应该有一句针对预设情境做出结论的陈述（见例 7.2.4 和例 7.2.5）。

7.S.1 对下面每对样本，计算（$\overline{}_1-\bar{Y}_2$）的标准误。

（a）

	样本 1	样本 2
n	12	13
$\bar{y}$	42	47
s	9.6	10.2

（b）

	样本 1	样本 2
n	22	19
$\bar{y}$	112	126
s	2.7	1.9

（c）

	样本 1	样本 2
n	5	7
$\bar{y}$	14	16
SE	1.2	1.4

7.S.2 为调查细胞内钙和血压的关系，研究人员测量了 38 名正常血压人和 45 个高血压人的血小板中钙离子的浓度。结果见下表，其分布情况以箱线图显示[64]。用 t 检验法对两个平均数进行比较。令 α=0.01，H_A 为非定向的［注：由式（6.7.1）得出 df=67.5］。

血小板钙 /（nmol/L）			
血压	n	平均数	SD
正常	38	107.9	16.1
高	45	168.2	31.7

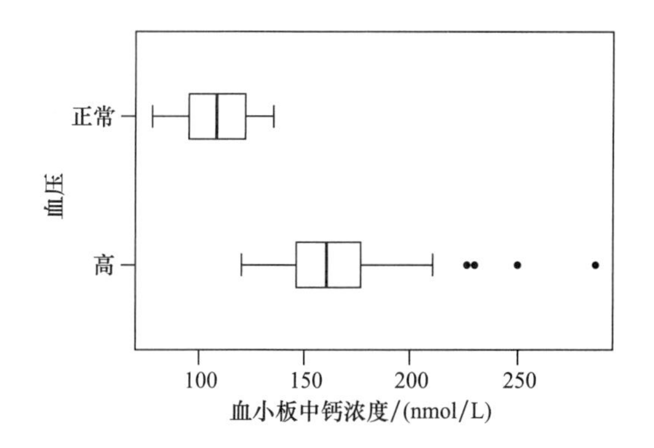

7.S.3 参考练习 7.S.2，构建总体平均数差数 95% 的置信区间。

7.S.4 参考练习 7.S.2，高血压组的箱线图向右偏倚且出现了异常值。这是否说明了对这些数据的 t 检验无效？为什么？

7.S.5 在一项用于干酪制品的羊乳生产方法的研究中，将母羊随机分配到采用机械和人工挤乳方法两个组中。调查人员质疑机械方法会刺激母羊的乳房而生产出体细胞浓度高的羊乳。下面的数据显示了每只母羊产乳的平均体细胞数量[65]。

	体细胞数量 /（10^{-3} × 细胞 /mL）	
	机械挤乳	人工挤乳
	2,966	186
	269	107
	59	65
	1,887	126
	3,452	123
	189	164
	93	408
	618	324
	130	548
	2,493	139
n	10	10
平均数	1,215.6	219.0
SD	1,342.9	156.2

（a）该数据支持调查人员的质疑吗？在 α=0.05 水平下，进行定向备择假设的 t 检验。（$\bar{Y}_1-\bar{Y}_2$）的标准误为 SE=427.54，由式（6.7.1）得出 df=9.2。

（b）该数据支持调查人员的质疑吗？在 α=0.05 水平下，进行定向备择假设的 Wilcoxon-Mann-Whitney 检验。（Wilcoxon-Mann-Whitney 检验统计数为 U_s=69。）并与（a）部分的结果进行比较。

（c）对 t 检验有效但对 Wilcoxon-Mann-Whitney 检验无效所需要的条件是什么？数据的哪些特征会引起对该条件的质疑？

（d）验证（b）中给出的 U_s 值。

7.S.6 某植物生理学家开展了一项试验，以确定机械胁迫是否会延缓大豆植株生长。将幼苗随机分配到两个试验组中，每组13株。其中一组植株每天两次接受机械摇动20min，而另一组的植株不被摇动。16d后，测量每个植株的总茎长（cm），结果见下表[66]。

	对照组	胁迫组
n	13	13
$\bar{y}$	30.59	27.78
s	2.13	1.73

在 α=0.01水平下，用 t 检验对不同处理进行比较。令备择假设为胁迫会延缓生长［注：由式（6.7.1）得出df=23］。

7.S.7 参考练习7.S.6，估计茎长总体平均减少量95%的置信区间。如果“园艺学上的重要性”定义为总体平均茎长减少量至少为以下值时，该置信区间能否说明胁迫的效应具有“园艺学上的重要性”？

（a）1cm；

（b）2cm；

（c）5cm。

7.S.8 参考练习7.S.6，将观察值（cm）以升序排列如下。在 α=0.01水平下，应用Wilcoxon-Mann-Whitney检验法对不同处理进行比较。令备择假设为胁迫会延缓生长。

对照组	胁迫组
25.2	24.7
29.5	25.7
30.1	26.5
30.1	27.0
30.2	27.1
30.2	27.2
30.3	27.3
30.6	27.7
31.1	28.7
31.2	28.9
31.4	29.7
33.5	30.0
34.3	30.6

7.S.9 河流冲积平原上的物种多样性沿河污染作用的一项检测指标。某研究对黑河（Black River）和朱砂河（Vermilion River）两条河进行了比较。沿河随机选取50m×20m的小区进行抽样，记录每个小区内树种的数量。数据见下表[67]。

朱砂河					黑河			
9	9	16	13	12	13	10	6	9
13	13	13	8	11	10	7	6	18
9	9	10			6			

黑河被认为污染程度略重于朱砂河，凭这一点预期黑河沿岸生物多样性偏低。在 α=0.10水平下，进行Wilcoxon-Mann-Whitney检验，设无效假设为选取两个样本的总体具有相同的生物多样性（每个小区树种的分布），相应地设一个合理的定向备择假设。

7.S.10 某发育生物学家从24只青蛙（*Xenopus laevis*）的卵巢中移出卵母细胞（正在发育的卵细胞）。测定每只青蛙卵母细胞的pH。另外，根据每只青蛙对黄体酮激素刺激的反应进行分组。pH如下[68]：

强烈反应：

7.06，7.18，7.30，7.30，7.31，7.32，7.33，7.34，7.36，7.36，7.40，7.41，7.43，7.48，7.49，7.53，7.55，7.57

无反应：

7.55，7.70，7.73，7.75，7.75，7.77

在 α=0.05水平下，应用Wilcoxon-Mann-Whitney检验研究卵母细胞pH与对黄体酮反应的关系。应用非定向备择假设。

7.S.11 参考练习7.S.10，将pH测量值的统计数汇总在下表中。在 α=0.05水平下，应用 t 检验研究卵母细胞pH和对黄体酮反应的关系。应用非定向备择假设［注：由式（6.7.1）得出df=14.1］。

	强烈反应	无反应
n	18	6
$\bar{y}$	7.373	7.708
s	0.129	0.081

7.S.12 一种推荐使用的新型肉牛饲料比标准饲料成本低。新饲料的支持者进行了一项比较研究，其中一组牛喂新型饲料，另一组喂标准饲料。他们发现在 5% 显著水平下，两组肉牛平均体重增重量之间没有统计上的显著性差异，因此他们认为该结果说明了新型廉价饲料和标准饲料（在体重增重量上）一样好。请对这个推断做出评论。

***7.S.13** 参考练习 7.S.12，假设你发现两种饲料每种各饲喂 25 头牛，且在该研究条件下体重增重的变异系数约为 20%。请用这些附加信息，写一篇关于支持者推断的评论，指出这项研究怎么能在关于廉价饲料的体重增重量上察觉出 10% 的缺陷（在 5% 显著性水平下应用双尾检验）。

7.S.14 在一项关于失聪的研究中，在 13 位病人身上发现了内淋巴囊瘤（ELSTs）。这 13 个病人总共有 15 个肿瘤（即大多数病人只有 1 个肿瘤，但其中 2 个病人每人有 2 个肿瘤）。10 个肿瘤与单耳功能性失聪有关，但是 5 个耳内有肿瘤的病人并没有丧失听力[69]。一个很自然的问题就是失聪与大肿瘤的关系是否比与小肿瘤的关系更密切。因此，又对肿瘤的大小进行了测量。假设样本平均数和标准差已给出，并正在考虑对平均肿瘤大小（失去听力的和没有失去听力的）进行比较。

（a）请解释在这里为什么不适合用 t 检验来比较平均肿瘤大小。

（b）如果给出原始数据，可以应用 Wilcoxon-Mann-Whitney 检验法吗？

7.S.15（计算机练习） 在一项食用铬（Cr）对糖尿病症状影响的研究中，14 只大鼠被饲喂低铬饲料，10 只饲喂正常饲料。响应变量是用放射性分子标记的肝脏酶 GITH 的活性。结果见下表，以 $\times 10^3$/（min·g 肝脏）计[70]。在 α=0.05 水平下，用 t 检验法对不同饲料进行比较。应用非定向备择假设［注：由式（6.7.1）得出 df=21.9］。

低铬饲料		正常饲料	
42.3	52.8	53.1	53.6
51.5	51.3	50.7	47.8
53.7	58.5	55.8	61.8
48.0	55.4	55.1	52.6
56.0	38.3	47.5	53.7
55.7	54.1		
54.8	52.1		

7.S.16（计算机练习） 参考练习 7.S.15，在 α=0.05 水平下，应用 Wilcoxon-Mann-Whitney 检验法对不同饲料进行比较。应用非定向备择假设。

7.S.17（计算机练习） 参考练习 7.S.15。

（a）构建总体平均数差数 95% 的置信区间；

（b）假设低铬饲料对 GITH 平均活性改变不到 15%，也就是说，如果总体平均数差数大约小于 8×10^3cpm/g，研究人员则认为其作用“不重要”。根据（a）部分的置信区间，该数据支持差异“不重要”的结论吗？

（c）如果判断的标准是 4×10^3cpm/g 而不是 8×10^3cpm/g，你怎样回答（b）部分的问题。

7.S.18（计算机练习） 在一项蜥蜴（*Scelopons occidentalis*）的研究中，研究人员调查了野外捕捉的蜥蜴感染疟原虫（*Plasmodium*）的情况。为帮助评估疟原虫感染的生态作用，研究员测试了 15 只被感染蜥蜴和 15 只未感染蜥蜴的体力，用每只蜥蜴两分钟内奔跑距离表示。距离结果（m）见下表[71]。

感染动物		未感染动物	
16.4	36.7	22.2	18.4
29.4	28.7	34.8	27.5
37.1	30.2	42.1	45.5
23.0	21.8	32.9	34.0
24.1	37.1	26.4	45.5
24.5	20.3	30.6	24.5
16.4	28.3	32.9	28.7
29.1		37.5	

该数据能为感染与体力下降有关系提供证据吗？请使用下面的检验方法进行该问题的调查：

（a）t 检验；
（b）Wilcoxon-Mann-Whitney 检验。
令 H_A 为定向备择假设，α=0.05 水平。

7.S.19　在一项苯丙胺对水分消耗影响的研究中，一位药理学家给 4 只大鼠注射了苯丙胺，而另 4 只注射盐水作为对照。测量了每只大鼠 24h 内消耗水的量。结果如下，以 mL 水 /kg 体重计[72]：

苯丙胺	对照
118.4	122.9
124.4	162.1
169.4	184.1
105.3	154.9

（a）在 α=0.10 水平下，用 t 检验进行不同处理间的比较。令备择假设为苯丙胺会抑制水分消耗。
（b）在 α=0.10 水平下，用 Wilcoxon-Mann-Whitney 检验进行不同处理间的比较，定向备择假设为苯丙胺会抑制水分消耗。
（c）为什么作为对照的注射盐水对大鼠很重要？即为什么研究人员没有仅仅将注射苯丙胺和未注射苯丙胺的大鼠进行比较？

7.S.20　一氧化氮（NO）有时可用于患有呼吸衰竭的新生儿身上。在一项试验中，对 114 个婴儿使用了 NO。并将这一组与 121 个婴儿组成的对照组进行比较。记录了这 235 个婴儿每人住院治疗的时间（单位：d）。NO 样本平均数为$\bar{y}_1$=36.4；对照组样本平均数为$\bar{y}_2$=29.5。$\mu_1-\mu_2$ 的 95% 的置信区间是（–2.3，16.1），其中 μ_1 是接受 NO 婴儿总体的平均住院时间，μ_2 是对照组婴儿总体的平均住院时间[73]。对下面每项陈述，判断其正误并说明原因。
（a）因为置信区间的大部分都大于零，因此有 95% 的置信度认为 μ_1 大于 μ_2；
（b）有 95% 的置信度认为 μ_1 与 μ_2 的差数在 –2.3~16.1d；
（c）有 95% 的置信度认为 $\bar{y}_1$ 与 $\bar{y}_2$ 的差数在 –2.3~16.1d；
（d）95% 的接受 NO 婴儿的住院时间比对照组婴儿的平均数长。

7.S.21　考察练习 7.S.20 中 $\mu_1-\mu_2$ 的置信区间：（–2.3，16.1）。请判断正误：如果我们检验 $H_0:\mu_1=\mu_2$，相对的 $H_A:\mu_1\neq\mu_2$，则在 α=0.05 水平下，我们会拒绝 H_0。

7.S.22　研究人员对肺炎患者进行调查，并将他们分为两组：接受与美国胸腔协会（American Thoracic Society，ATS）指南一致的医疗和接受与 ATS 指南不一致的医疗。一般情况下，“一致”组的患者比“不一致”组的人更早恢复工作。对该数据应用 Wilcoxon-Mann-Whitney 检验，检验的 P 值为 0.04[74]。对下面每项陈述，判断其正误并说明原因。
（a）“一致”和“不一致”总体分布实际上有 4% 的概率是相同的；
（b）如果“一致”和“不一致”总体分布是相同的，那么两个样本间的差异和研究人员观察到的差异一样大，仅有 4% 的发生概率；
（c）如果对“一致”和“不一致”总体进行新的研究，有 4% 的概率会再次拒绝 H_0。

7.S.23　某学生记录了一所大学餐厅提供的 56 道主菜的能量值，其中有 28 道素菜和 28 道非素菜[75]。数据见下表。数据的图形（这里没有给出）显示出两个分布都正好呈对称的钟形。$\mu_1-\mu_2$ 的 95% 置信区间为（–27，85）。对下面每项陈述，判断其正误并说明原因。

	n	平均数	标准差
素菜	28	351	119
非素菜	28	322	87

（a）有 95% 的数据在 –27~85cal；
（b）有 95% 的置信度认为 $\mu_1-\mu_2$ 在 –27~85cal；
（c）$\bar{}_1-\bar{Y}_2$ 有 95% 的概率在 –27~85cal；
（d）95% 的素菜在比非素菜小 27cal 到比其大 85cal。

7.S.24　参阅练习 7.S.23。请判断正误（并说明原因）：当按这个规模进行研究时，样本平均数的差数（$\bar{Y}_1-\bar{Y}_2$）接近总体平均数差数（$\mu_1-\mu_2$），即［85–（–27）］/2=56 卡路里的概率为 95%。

7.S.25（计算机练习） 藤本植物是生长在热带雨林的木质攀援植物。研究人员测量了巴西亚马逊中部区域几个小区的藤本植物的丰度（茎/公顷）。这些小区分为两种类型：接近森林边缘的小区（距离森林边缘100m以内）或远离森林边缘的小区。其原始数据汇总于表格中[76]。

	n	平均数	SD
接近边缘	34	438	125
远离边缘	34	368	114

接近边缘			远离边缘		
639	601	600	470	339	384
605	581	555	309	395	393
535	531	466	236	252	407
437	423	380	241	215	427
376	362	350	320	228	445
349	346	337	325	267	451
320	317	310	352	294	493
285	271	265	275	356	502
250	450	441	181	418	540
436	432	420	250	425	590
419	407		266	495	
702	676		338	648	

（a）绘制出数据的正态概率点线图，以确定该分布是轻度偏倚的；

（b）在α=0.05水平下，用t检验进行两种类型小区的比较，应用非定向备择假设；

（c）对数据进行对数转换，并重复（a）和（b）部分；

（d）比较（b）和（c）部分中的t检验。该结果表明，当样本容量相当大时，对轻度偏倚分布进行t检验的效果如何？

7.S.26 一些运动员认为雄烯二酮（andro）是一种能增强力量的类固醇。研究人员对这一观点进行了研究，一组男性接受雄烯二酮，而对照组男性接受安慰剂。试验中测试的变量之一是处理4周后每人“高滑轮下拉”力的增加量（单位：lb）。（高滑轮下拉是一种举重练习）其原始数据汇总于下面表格中[77]。

	n	平均数	SD
雄烯二酮	9	14.4	13.3
对照	10	20.0	12.5

对照				雄烯二酮			
30	10	10	30	0	10	0	10
40	20	30	20	10	40	20	10
10	0			30			

（a）在α=0.10水平下，用t检验进行不同组间的比较。应用非定向备择假设［注：由式（6.7.1）得出df=16.5］。

（b）在本研究之前期望雄烯二酮能够增加力量，这就意味着可使用定向备择假设。请用合理的定向备择假设重复（a）部分的分析。

7.S.27 下面是某研究中由计算机输出的样本[78]。请根据计算机输出的结果描述其问题和结论。

Y= 前7天的饮水量

对处理组和对照组做双样本的T检验：

	n	平均数	SD
处理	244	13.62	12.39
对照	238	16.86	13.49

mu1–mu2的95%置信区间：（–5.56，–0.92）

T检验 H_0：mu1= mu2（对应的为 <）

T=–2.74　P=0.0031　DF=474.3

7.S.28 在一个测定AZT（艾滋病防护药）作用有争议的研究中，将一组HIV-阳性的孕妇随机安排接受AZT或安慰剂。这些女性所生的部分婴儿呈HIV-阳性，而其他婴儿为阴性[79]。

（a）自变量是什么？

（b）响应变量是什么？

（c）试验单元是什么？

7.S.29 将患有急性呼吸衰竭的病人随机安排处于俯卧体位（脸向下）或仰卧体位（脸向上）。俯卧组中的152位病人有21人死亡。仰卧组中152位病人有25位死亡[80]。

（a）自变量是什么？

（b）响应变量是什么？

（c）试验单元是什么？

7.S.30　有一项关于绝经女性激素取代疗法（H.R.T.）的研究报道，这些女性心脏病发生率降低，甚至在与 H.R.T. 无关的谋杀和意外事故两方面造成的死亡率方面也有较大的下降。看起来接受 H.R.T. 的女性在生活的许多其他方面都与别人不同。比如，她们进行更多的锻炼；她们更富有并接受了较高程度的教育[81]。请用统计学语言讨论该数据，说明 H.R.T.、心脏病发病风险，以及如锻炼、富裕程度和教育程度等变量间的关系。用类似于图 7.4.1 或图 7.4.2 的示意图来为你的解释提供支持。

成对样本的比较 8

目标

在这一章，我们将学习成对样本的比较。我们将：
• 阐述如何进行成对样本的 t 检验；
• 阐述如何构建和理解成对数据差数平均数的置信区间；
• 讨论成对数据产生的方式，以及如何配对才是有利的；
• 考察成对样本 t 检验的有效适用条件；
• 说明如何使用符号检验和 Wilcoxon 符号秩次检验对成对数据进行分析。

8.1 导言

在第 7 章，我们已经考察了响应变量 Y 为定量变量时两个独立样本的比较。本章，我们将考虑两个非独立但配比成对的样本的比较。在**成对设计**（paired design）中，观察值（Y_1，Y_2）成对出现；配对的两个观察单位在某种程度上相互联系，以至于与其他对子中的观察值相比它们彼此之间有更多的共同点。下面是成对设计的一个例子。

例 8.1.1
血流量

喝咖啡，尤其在运动期间喝咖啡会影响血流量吗？医生让正在进行自行车运动的健康受试对象摄入了相当于两杯咖啡剂量的咖啡因，并测定了他们摄入前后的心肌血流量（MBF）*。表 8.1.1 所示为受试对象在摄入含有 200mg 咖啡因的药片之前（基线）和摄入之后（咖啡因）的 MBF 水平[1]。图 8.1.1 所示为这些数据的平行点线图，以线段连接每个受试对象的基线和咖啡因的读数，以便可以清晰地看出每个受试对象由“前”到“后”的变化。

例 8.1.1 中的数据是成对的，是在同一个人身上测定得到的。我们应该利用这种配对的特点对成对数据进行合理的分析。也就是说，我们可以假设在一项试验中，一些受试对象是在摄入咖啡因后接受测试，而另一些受试对象则是在未曾摄入咖啡因时接受测试的；这样的一项试验可以提供两个独立样本的数据，并用第 7 章的方法进行分析。但是，该试验使用的是成对设计的方法。人与人之间的心肌血流量是有差异的，一些受试对象在摄入咖啡因之前和之后都有较高的 MBF 水平，而另一些受试对象则有较低的 MBF 水平。了解某一受试对象在基线的 MBF 水平，能够告诉我们该受试对象对咖啡因的反应，反之亦然。当我们分析数据时希望能借助于这些信息。

* MBF 是在向患者输入 O^{15} 标记的水后利用正电子成像术（PET）测定的。

表 8.1.1　8 个受试对象的心肌血流量

单位：mL/（min·g）

	MBF	
	基线	咖啡因
受试对象	y_1	y_2
1	6.37	4.52
2	5.69	5.44
3	5.58	4.70
4	5.27	3.81
5	5.11	4.06
6	4.89	3.22
7	4.70	2.96
8	3.53	3.20
平均数	5.14	3.99
SD	0.83	0.86

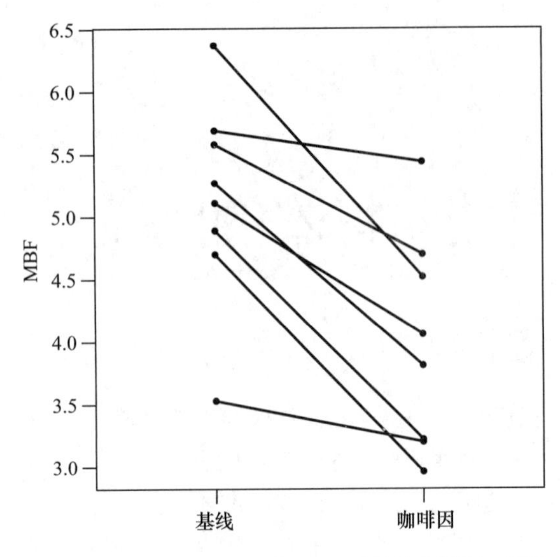

图 8.1.1　摄入咖啡因前后的 MBF 读数的点线图，以线段连接每个受试对象的读数

在 8.2 节中，我们将展示如何使用基于学生氏 t 分布的方法来分析成对数据。在 8.4 节和 8.5 节中，我们将描述成对数据的两种非参数检验方法。8.3 节、8.6 节和 8.7 节包含了更多的例子并对成对设计进行讨论。

8.2　成对样本的 t 检验与置信区间

在本节，我们将讨论对于成对数据如何使用学生氏 t 分布来进行检验和置信区间估计。

分析差数

在第 7 章，我们已考虑了如何分析来自两个独立样本的数据。当我们有了成对数据时，我们需要将视角进行一下简单的转换：不是分别考察 Y_1 和 Y_2，而是考察其差数 D，定义为：

$$D = Y_1 - Y_2$$

注意，在研究中将差数视为关注的响应变量通常是很自然的。例如，如果我们研究植物的生长速率，我们可能在研究之始将植物在对照条件下培养一段时间，然后施加某一处理持续一周。我们将使用前面介绍的 $D = Y_1 - Y_2$ 来测量施加处理后这一周期间植物的生长状况，其中 Y_1= 施加处理一周后植物的高度，Y_2= 施加处理前的高度*。有时，数据以不太明显的方式进行配对，但当我们有了成对数据时，我们希望分析的是观察值的差数。

我们将样本差数 D 的平均数记作 $\bar{D}$。$\bar{D}$ 的大小与单个样本的平均数相关，表示为：

$$\bar{D} = (\bar{Y}_1 - \bar{Y}_2)$$

类似地，总体平均数间的关系为：

* 练习 7.2.11 和练习 7.2.12 中都包含这类“前后对比”的数据。

$$\mu_D = \mu_1 - \mu_2$$

这样，我们可以得出差数的平均数等于平均数的差数。因为存在这种简单的关系，所以两个成对平均数的比较才可以完全借助于对 D 的分析来进行。

$\bar{D}$ 的标准误很容易就可以计算出来。因为 $\bar{D}$ 恰好可以被看作是单样本的平均数，我们可以应用第 6 章中的 SE 公式得到如下公式：

$$\mathrm{SE}_{\bar{D}} = \frac{s_D}{\sqrt{n_D}}$$

其中，S_D 表示 D 的标准差，n_D 表示 D 的个数。下面的例子说明了其计算过程。

例 8.2.1 血流量

表 8.2.1 所示为例 8.1.1 的血流量数据及其差数 d。

注意其差数的平均数等于平均数的差数：

$$\bar{d} = 1.15 = 5.14 - 3.99$$

图 8.2.1 所示为 8 个样本差数的分布。

平均数差数的标准误计算如下：

$$s_D = 0.63$$

$$n_D = 8$$

$$\mathrm{SE}_{\bar{D}} = \frac{0.63}{\sqrt{8}} = 0.22$$

尽管差数的平均数与平均数的差数相等，但需注意的是，平均数差数的标准误并不等于平均数标准误的差数。

表 8.2.1 8 个受试对象的心肌血流量

单位：mL/（min·g）

	MBF		
	基线	咖啡因	差数
受试对象	y_1	y_2	$d = y_1 - y_2$
1	6.37	4.52	1.85
2	5.69	5.44	0.25
3	5.58	4.70	0.88
4	5.27	3.81	1.46
5	5.11	4.06	1.05
6	4.89	3.22	1.67
7	4.70	2.96	1.74
8	3.53	3.20	0.33
平均数	5.14	3.99	1.15
SD	0.83	0.86	0.63

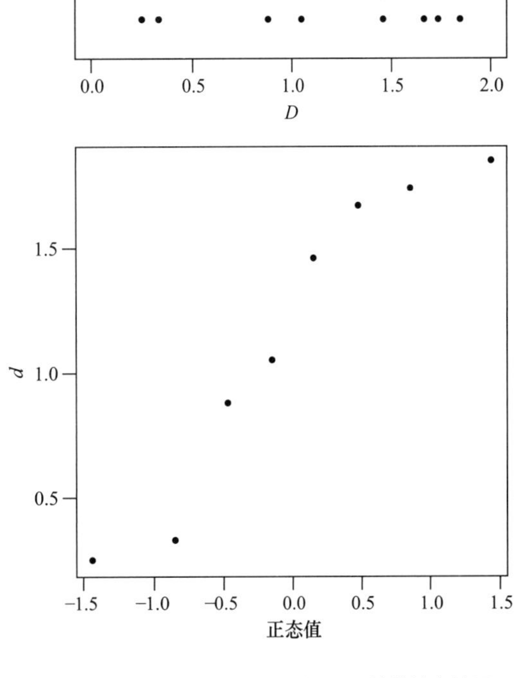

图 8.2.1 基线与摄入咖啡因后的 MBF 差数的点线图及其数据的正态概率图

置信区间与假设检验

之前讲述的标准误是进行**成对样本 *t* 检验法**（paired-sample *t* method）分析的基础，其可以用置信区间或假设检验的形式来表现。

μ_D 的 95% 置信区间的表达式为：

$$\bar{d} \pm t_{n_D-1,0.025}\mathrm{SE}_{\bar{D}}$$

其中，常数 $t_{n_D-1,0.025}$ 是由学生氏 *t* 分布的如下公式所决定的：

$$\mathrm{df} = n_D - 1$$

其他置信系数（如 90%，99% 等）置信区间的表达式与此类似（分别使用 $t_{0.05}$、$t_{0.005}$ 等）。下面例子说明了置信区间的计算过程。

例 8.2.2 血流量

根据血流量的数据，可以得到 df =8−1=7。由书后统计表中的表 4 得到 $t_{7,0.025}$=2.365；因此，μ_D 的 95% 置信区间为

$$1.15 \pm (2.365)\left(\frac{0.63}{\sqrt{8}}\right)$$

或者：

$$1.15 \pm 0.53$$

或者：

$$(0.62, 1.68)$$

我们还可以进行 *t* 检验。检验的无效假设为：

$$H_0: \mu_D = 0$$

用检验统计数：

$$t_s = \frac{\bar{d} - 0}{\mathrm{SE}_{\bar{D}}}$$

由 df = n_D−1 的学生氏 *t* 分布（表 4）可以得到其临界值。下面例子说明了 *t* 检验的过程。

例 8.2.3 血流量

对血流量的数据，我们提出无效假设和非定向备择假设：

H_0：基线的平均心肌血流量与摄入咖啡因后的是相同的。

H_A：基线的平均心肌血流量与摄入咖啡因后的是不同的。

或者，用符号表示为：

$$H_0: \mu_D = 0$$
$$H_A: \mu_D \neq 0$$

在 α=0.05 的显著水平下，我们来进行 H_0 及与之相应的 H_A 的检验。其检验统计数为：

$$t_s = \frac{1.15 - 0}{0.63/\sqrt{8}} = 5.16$$

由书后统计表中的表 4 可得，$t_{7,0.005}$=3.499，$t_{7,0.0005}$=5.408。因此我们拒绝 H_0，并有充分的证据（$0.001<P<0.01$）证明摄入咖啡因后心肌血流量的平均数下降（应

用计算机得到 P 值为 P=0.0013）。注意，尽管在摄入咖啡因后 MBF 水平有显著的下降，但我们仍然不能断定这种下降是咖啡因引起的。如它还有可能是由于时间推移而引起血流量下降。

忽视配对的后果

假如应用成对设计进行了一项研究，但是在数据分析中却忽略了其配对性。那么这样的分析就是无效的，因为它假定两个样本是相互独立的，而事实情况却并非如此。不恰当的分析会造成误导，如下例所示。

例 8.2.4 饥饿评级

在某减肥研究中，9 位受试对象均先接受了两周的活性药物间氯苯哌嗪（mCPP），然后接受两周的安慰剂，或者先接受两周的安慰剂再继续接受两周的间氯苯哌嗪。作为该项研究的一部分，在每两周时间结束时，调查受试对象以评估她们的饥饿等级。饥饿评级的数据如表 8.2.2 所示[2]。

对于饥饿评级数据，平均数差数的 SE 为：

$$\mathrm{SE}_{\bar{D}} = \frac{33}{\sqrt{9}} = 11$$

图 8.2.2 所示为 9 个样本差数的分布。

假设检验的无效假设为：

$$H_0: \mu_D = 0$$

相应的：

$$H_A: \mu_D \neq 0$$

表 8.2.2 9 名女性的饥饿评级

	饥饿评级		
	药物（mCPP）	安慰剂	差数
受试对象	y_1	y_2	$d=y_1-y_2$
1	79	78	1
2	48	54	−6
3	52	142	−90
4	15	25	−10
5	61	101	−40
6	107	99	8
7	77	94	−17
8	54	107	−53
9	5	64	−59
平均数	55	85	−30
SD	32	34	33

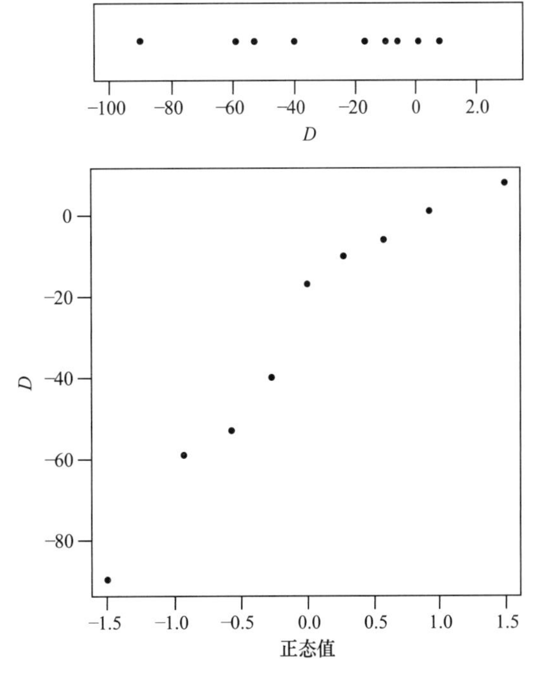

图 8.2.2 接受药物和安慰剂饥饿评级差数的点线图及其数据的正态概率图

得出检验统计数为：

$$t_s = \frac{-30-0}{11} = -2.72$$

该检验统计数的自由度为 8，应用计算机得到 P 值为 P=0.027。

图 8.2.3 分别显示了接受药物和安慰剂的数据。图中两个分布有相当大的重叠部分。该图未能显示出强有力的证据来说明药物降低了饥饿评级（由以上成对分析推断），因为此图没有考虑数据的成对的性质。

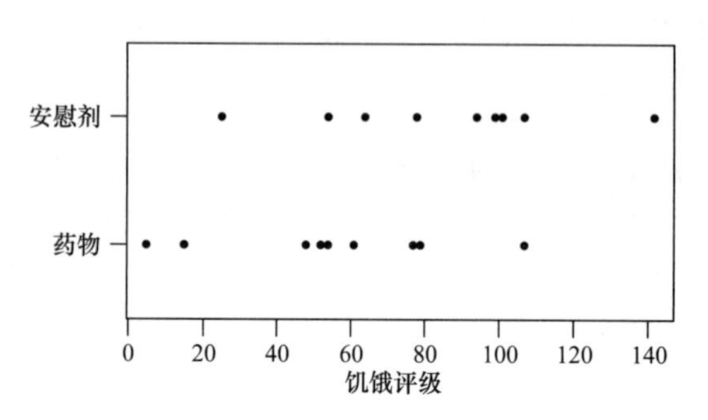

图 8.2.3 接受药物和安慰剂饥饿评级的平行点线图

分别观察接受药物和安慰剂的数据，两个样本的 SD 值分别为 s_1=32，s_2=34。如果我们不恰当地将这两个样本视为相互独立的，并应用第 7 章 SE 的公式，我们会得到：

$$SE_{(\bar{Y}_1-\bar{Y}_2)} = \sqrt{\frac{s_1^2}{n_1}+\frac{s_2^2}{n_2}} = \sqrt{\frac{32^2}{9}+\frac{34^2}{9}} = 15.6$$

此 SE 值比我们使用成对数据计算出的值（$SE_{\bar{D}}$ =11）大得多。

如果我们继续（错误地）将这两个样本视为相互独立的，则检验统计数为：

$$t_s = \frac{55-85}{15.6} = -1.92$$

这个检验的 P 值为 0.075，该值比正确进行检验的 P 值（0.027）大得多。

为了进一步比较成对分析与非成对分析，我们来考虑 $\mu_1-\mu_2$ 的 95% 置信区间。对于非成对分析来说，由式（6.7.1）得出自由度为 15.9 ≈ 16；并由此得到 $t_{16,0.025}$=2.121 的 t 的乘数，故置信区间为：

$$(55-85)\pm(2.121)(15.6)$$

或者：

$$-30\pm33.1$$

或者：

$$(-63.1, 3.1)$$

这个错误的置信区间比来自于成对分析的正确的置信区间宽。成对分析得到的较窄的置信区间为：

$$-30\pm(2.306)\times(11)$$

或者：

$$-30\pm25.4$$

或者：

$$(-55.4, -4.6)$$

因为应用了较小的 SE 值，所以成对样本的置信区间较窄；这种影响在 $t_{0.025}$ 值较大时会被稍微抵消（2.306 对 2.121）。

为什么由相同的数据计算出来的，成对样本的 SE 值小于独立样本的 SE 值呢？表 8.2.2 揭示了其中原因。该数据显示出不同受试对象间具有很大的差异。例如，接受药物和接受安慰剂时，4 号受试对象均具有较低的饥饿评级，而 6 号受试对象均具有较高的值。独立样本的 SE 计算公式合并了所有这些差异（以 s_1 和 s_2 来表示）；而在成对样本计算中，因为仅用到差数 D 值，所以不同受试对象间饥饿评级的差异对计算结果没有影响。试验中将每个受试对象都以她本身为对照，从而增加了试验的精确度。但是如果在分析中忽视了其配对性，则提高的精确度又会下降。

以上的例子说明采用成对设计并应用成对分析方法可以提高精确度。如何在成对设计和非成对设计中做出选择，将在 8.3 节中进行讨论。

学生氏 t 分析的有效条件

成对样本的 t 检验和置信区间的有效条件如下：

（1）必须能够合理地认为差数（D）是来自某一大总体的随机样本。

（2）差数 D 的总体分布必须是正态的。如果该总体分布近似正态分布或者样本容量（n_D）很大，则这种方法也就近似于有效。

上述条件与第 6 章所描述的相同，只不过因为此时的分析是在对差数分析的基础上进行的，所以将该条件应用于差数 D。条件的确认过程也与第 6 章所述的一致。首先，应该检查试验设计以确定差数 D 相互之间独立，尤其是在差数 D 中没有分层结构（注意，因其配对性，Y_1 与 Y_2 并不是相互独立的）。其次，差数 D 的直方图或点线图可以用来粗略地验证其是否近似服从于正态性。正态概率图也可以用于评估其正态性。

值得注意的是，因为成对分析仅依赖于差数 D，所以 Y_1 和 Y_2 的正态性并不是必须的。下面的例子就显示了 Y_1 和 Y_2 并非正态分布但差数 D 却符合正态性情况。

例 8.2.5 松鼠

如果你走近一只松鼠，它终究会跑到最近的树上以寻求安全。一位研究人员好奇，在松鼠开始逃跑前，他离松鼠的距离是否可以比松鼠离最近的树距离更近。他进行了 11 次观察，结果见表 8.2.3。图 8.2.4 显示，松鼠到人的距离的分布服从正态分布，

表 8.2.3 松鼠开始跑时距离人与树的距离 单位：in

松鼠	距离人 y_1	距离树 y_2	差数 $d=y_1-y_2$
1	81	137	−56
2	178	34	144
3	202	51	151
4	325	50	275
5	238	54	184
6	134	236	−102
7	240	45	195
8	326	293	33
9	60	277	−217
10	119	83	36
11	189	41	148
平均数	190	118	72
SD	89	101	148

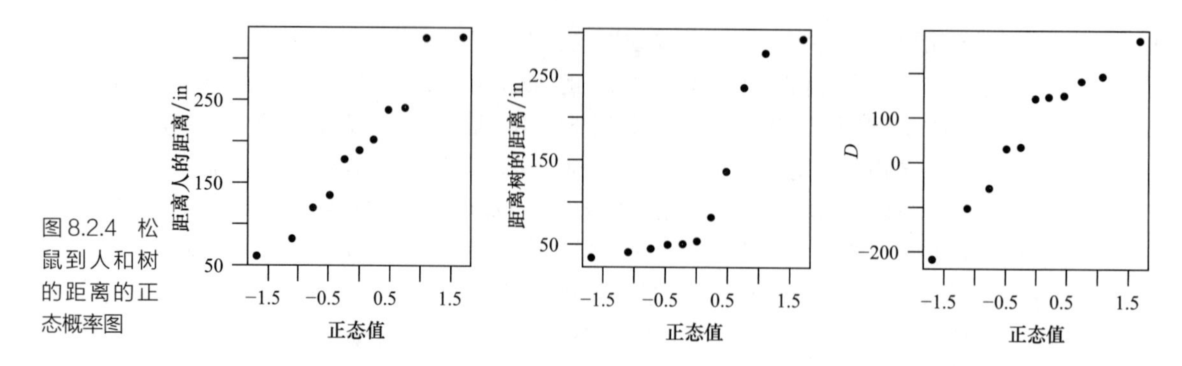

图 8.2.4　松鼠到人和树的距离的正态概率图

但是松鼠到树的距离却远不服从正态分布。然而，如图 8.2.4 的第三个图所示，这 11 个差数满足于正态性条件。既然成对 t 检验是分析这些差数的，那么这里的 t 检验（或者置信区间估计）是有效的 [3]。

公式总结

为便于查阅，我们将基于学生氏 t 检验的成对样本分析方法中所涉及的公式进行了总结。

$\bar{D}$ 的标准误

$$\mathrm{SE}_{\bar{D}}=\frac{S_D}{\sqrt{n_D}}$$

t 检验

$$H_0: \mu_D=0$$

$$t_s=\frac{\bar{d}-0}{\mathrm{SE}_{\bar{D}}}$$

μ_d 的 95% 置信区间

$$\bar{d}\pm t_{n_D-1,0.025}\mathrm{SE}_{\bar{D}}$$

当置信水平为其他水平（如 90%，99%）时，置信区间的表达式与此类似（分别使用 $t_{0.05}$，$t_{0.005}$）。

练习 8.2.1—8.2.11

8.2.1　在某农田试验中，区组被再分成 4 个面积均为 346ft² 的小区。则每一区组可提供两个成对的观察值：各自为不同的小麦品种。各个小区的小麦产量（lb）如下 [4]：

（a）计算品种间平均数差数的标准误；

（b）在 α=0.05 水平下，应用成对样本的 t 检验法，检验品种间差异的显著性。使用非定向备择假设；

（c）应用错误的独立样本检验法，检验品种间差异的显著性，并将结果与（b）部分进行比较。

区组	品种 1	品种 2	差数
1	32.1	34.5	−2.4
2	30.6	32.6	−2.0
3	33.7	34.6	−0.9
4	29.7	31.0	−1.3
平均数	31.52	33.17	−1.65
SD	1.76	1.72	0.68

8.2.2 在一项比较正在育肥的食用阉牛的两种饲料试验中，从牛群中选出 9 对受试动物，根据遗传因素尽可能将相近的对象配比成对。将两种饲料随机分配给每一对中的两头牛。在 140d 试验期结束后，接受饲料 1（Y_1）和饲料 2（Y_2）的牛的增重量（lb）结果见下表[5]。

配对	饲料 1	饲料 2	差数
1	596	498	98
2	422	460	−38
3	524	468	56
4	454	458	−4
5	538	530	8
6	552	482	70
7	478	528	−50
8	564	598	−34
9	556	456	100
平均数	520.4	497.6	22.9
SD	57.1	47.3	59.3

（a）计算平均数差数的标准误；

（b）在 α=0.01 水平下，应用成对样本的 t 检验法，检验饲料间差异的显著性。使用非定向备择假设；

（c）构建 μ_D 的 90% 置信区间；

（d）针对本文的内容，对（c）中的置信区间进行说明。

8.2.3 环腺苷酸（cAMP）是一种介导细胞对激素响应的物质。在一项关于有爪蟾蜍（*Xenopus laevis*）的卵细胞成熟过程的研究中，研究人员将从 4 只雌性个体得到的卵母细胞分成两组，一组受孕酮处理，另一组不做处理。2min 后，测定每组卵母细胞的 cAMP 含量，结果见下表[6]。应用 t 检验法来研究孕酮对 cAMP 的影响。设定 H_A 为非定向备择假设，α=0. 10。

蛙	cAMP /（pmol/ 卵母细胞）		
	对照	孕酮	d
1	6.01	5.23	0.78
2	2.28	1.21	1.07
3	1.51	1.40	0.11
4	2.12	1.38	0.74
平均数	2.98	2.31	0.68
SD	2.05	1.95	0.40

8.2.4 下表所示为例 8.2.4 中 9 个受试对象在接受药物 mCPP 和安慰剂后减轻的重量（kg）[2]（注意，如果受试对象体重增加，则记录其减重量为负值，如 2 号受试对象接受安慰剂后增重了 0.3kg）。应用 t 检验法来探讨 mCPP 会影响减重的说法。设定 H_A 为非定向备择假设，α=0. 01。

受试对象	重量变化		差数
	MCPP	安慰剂	
1	1.1	0.0	1.1
2	1.3	−0.3	1.6
3	1.0	0.6	0.4
4	1.7	0.3	1.4
5	1.4	−0.7	2.1
6	0.1	−0.2	0.3
7	0.5	0.6	−0.1
8	1.6	0.9	0.7
9	−0.5	−2.0	1.5
平均数	0.91	−0.09	1.00
SD	0.74	0.88	0.72

8.2.5 参阅练习 8.2.4。

（a）构建 μ_D 的 99% 置信区间；

（b）针对本题内容，对（a）中的置信区间进行说明。

8.2.6 在一定的条件下，对屠宰后的食用牛躯体施加电刺激可以提高肉质的柔嫩度。在一项对此影响的研究中，将屠宰后的食用牛躯体分成两半，一边（一半）接受短暂的电流，另一边是未加处理的对照。在每一边都切下牛肉，并用各种方法检测肉质的柔嫩度。在其中一项检测中，试验人员从牛肉中得到了结缔组织（胶原蛋白）的样品，并测定了该组织将要发生收缩时的温度；柔嫩的肉质一般有较低的胶原蛋白收缩温度。数据见下表[7]。

（a）构建处理组与对照组平均数差数的 95% 置信区间；

（b）应用错误的独立样本分析方法构建 95% 置信区间。该区间与（a）中得到的区间有什么不同？

躯体	胶原蛋白收缩温度 /℃		
	处理组	对照组	差数
1	69.50	70.00	−0.50
2	67.00	69.00	−2.00
3	70.75	69.50	1.25
4	68.50	69.25	−0.75
5	66.75	67.75	−1.00
6	68.50	66.50	2.00
7	69.50	68.75	0.75
8	69.00	70.00	−1.00
9	66.75	66.75	0.00
10	69.00	68.50	0.50
11	69.50	69.00	0.50
12	69.00	69.75	−0.75
13	70.50	70.25	0.25
14	68.00	66.25	1.75
15	69.00	68.25	0.75
平均数	68.750	68.633	0.117
SD	1.217	1.302	1.118

8.2.7 参阅练习 8.2.6。应用 t 检验法进行检验，检验的无效假设为没有影响，相应的备择假设为电处理能够降低胶原蛋白收缩的温度。设定 α=0.10。

8.2.8 拔毛发癖是一种精神疾病，它会让患者无法控制地拔自己的毛发。在一项有 13 名女性的研究中，比较了两种针对拔毛发癖的药物的治疗作用。在双盲试验中，每位女性在一段时间服用氯丙咪嗪，而在另一段时间服用去甲丙咪嗪。对每位女性在每一段时间内拔毛发癖的损伤程度进行评分，其中高分代表损伤程度较大。氯丙咪嗪组的 13 个检测值的平均数为 6.2；去甲丙咪嗪组的 13 个检测值的平均数为 4.2。[8] 由成对样本 t 检验法得到 t_s=2.47，双尾的 P 值为 0.03。试解释 t 检验的结果。或者说，该检验说明了氯丙咪嗪、去甲丙咪嗪与拔毛发间有什么关系？

8.2.9 某科学家进行了一项关于宠物长尾小鹦鹉鸣叫频率的研究。他记录了 30min 内这只鹦鹉清晰鸣叫的次数，期间房间内有时安静，有时候播放音乐。数据见下表[9]。构建播放音乐多于无音乐的（每 30min）鸣叫次数平均增量的 95% 的置信区间。

天数	30min 内鸣叫次数		
	有音乐	无音乐	差数
1	12	3	9
2	14	1	13
3	11	2	9
4	13	1	12
5	20	5	15
6	14	3	11
7	10	0	10
8	12	2	10
9	8	6	2
10	13	3	10
11	14	2	12
12	15	4	11
13	12	3	9
14	13	2	11
15	8	0	8
16	18	5	13
17	15	3	12
18	12	2	10
19	17	2	15
20	15	4	11
21	11	3	8
22	22	4	18
23	14	2	12
24	18	4	14
25	15	5	10
26	8	1	7
27	13	2	11
28	16	3	13
平均数	13.7	2.8	10.9
SD	3.4	1.5	3.0

8.2.10 考察练习 8.2.9 的数据。在 28 个差数中有 2 个异常值：最小值 2 和最大值 18。剔除这 2 个观察值，并用剩下的 26 个观察值构建平均增量的 95% 置信区间。问异常值对置信区间的影响大吗？

8.2.11 虚构出一个包含 5 对观察值的成对数据集，其中 $\bar{y}_1$ 和 $\bar{y}_2$ 不相等，$\mathrm{SE}_{\bar{Y}_1} > 0$ 且 $\mathrm{SE}_{\bar{Y}_2} > 0$，但 $\mathrm{SE}_{\bar{D}} = 0$。

8.3 成对设计

在理想的情况下，成对设计中每一对的两个成员彼此相对地接近，也就是说，在具有外扰变量方面，和其他配对的成员相比它们之间彼此更加相似。这种安排的优点是，当同一对成员进行比较时，该比较不受外扰变量干扰，而外扰因素主要造成不同对子间的差异。我们在给出一些案例后，将展开论述这个主题。

成对设计的案例

成对设计可以通过各种各样的方式实现，包括以下几种情况：
相似试验单位形式的配对试验；
同卵双胞胎的观察研究；
同一个体在两个不同时间进行的重复检测；
依据时间的配对。

成对单位的试验 想要比较两种处理效应的研究人员常常首先将相似的试验单位（例如，年龄和性别相同的动物，土壤类型及接受风、雨和日照相同的田间小区）配比成对（成对的动物、成对的田间小区等）。然后，随机选择配对中的一个成员接受第一种处理，另一个成员接受第二种处理。下面举例说明。

例 8.3.1
茄子施肥

在一项比较对茄子进行的两种肥料处理的温室试验中，将单独盆栽的植物成对地放置在温室的工作平台上，这样同一对的两株植物接受到相同的光照量、相同的温度等。在每一对内，一株植物（随机选择）将接受处理 1，而另一株植物将接受处理 2。

观察研究 正如在 7.4 节中提到的，随机试验更适合于进行观察性研究，因为在一项观察研究中可能出现许多易混淆的变量。观察研究可以告诉我们 X 和 Y 之间有关联，但是只有通过试验才能解释 X 是否能引起 Y 的变化的问题。如果无法进行试验则必须开展观察研究，且以同卵双胞胎作为观察单位来开展研究是最好的选择（尽管极少可能发生）。例如，在一项"二手烟"影响的研究中，观察性试验中，最理想的就是选择几对不吸烟的双胞胎，在每一对中一人和吸烟者生活在一起，另一位则不然。因为多对双胞胎极难得到，如果可以得到的话，经常应用**配对设计**（matched-pair designs），根据各种各样的外扰变量而将两组进行配对[10]。下面举例说明。

例 8.3.2
吸烟与肺癌

在一项关于肺癌的病例对照研究中，有 100 名肺癌患者参加。对每一个病例，研究人员都选择了与其年龄、性别、教育水平一致的个体作为对照。然后对病例和对照的吸烟习惯进行比较。

重复检测 许多生物学调查都有在不同时间对同一个体进行重复检测的过程，具体包括生长发育的研究、生物过程的研究，以及施加一定处理前后检测指标的研究。当重复检测次数仅为两次时，测定值就会配比成对，如例 8.1.1。下面举另一个例子进行说明。

例 8.3.3
运动与血清甘油三酯

甘油三酯是血液的组成成分，一直被认为对冠心病具有一定的作用。为了探讨有规律的运动是否可以降低甘油三酯的水平，研究人员测定了 7 名男性志愿者在参加为期 10 周的训练项目前后血清中甘油三酯的浓度。结果见表 8.3.1[11]。注意考虑到不同参与者间的变化，如参与者 1 在运动前后甘油三酯的水平均相对较低，而参与者 3 则具有相对较高的水平。

表 8.3.1 血清甘油三酯 单位：mmol/L

参与者	运动前	运动后
1	0.87	0.57
2	1.13	1.03
3	3.14	1.47
4	2.14	1.43
5	2.98	1.20
6	1.18	1.09
7	1.60	1.51

依据时间的配对 在某些情况下，在不同时间进行重复检测时，配对的形成并不明显。举例如下。

例 8.3.4 病毒的生长

对某种病毒（门戈病毒）的一系列试验中，一位微生物学家检测了两株病毒（突变系和非突变系）在培养基小鼠细胞上的生长情况。重复试验分别在不同的 19d 进行。数据见表 8.3.2。每个数值表示单个培养基中病毒在 24h 后的总生长情况[12]。

表 8.3.2 在 24h 后病毒生长情况

轮	非突变系	突变系	轮	非突变系	突变系
1	160	97	11	61	15
2	36	55	12	14	10
3	82	31	13	140	150
4	100	95	14	68	44
5	140	80	15	110	31
6	73	110	16	37	14
7	110	100	17	95	57
8	180	100	18	64	70
9	62	6	19	58	45
10	43	7			

注意，这里需要考虑到不同轮试验间的差异。例如，第 1 批得到相对较大的数值（160 和 97），反之第 2 批得到相对较小的值（36 和 55）。这种不同轮试验间的差异来自于试验条件中存在着无法避免的微小变化。比如，病毒的生长和检测技术都对培养箱中的温度、CO_2 浓度等环境条件高度敏感。我们无法控制环境条件的轻微波动，而这些波动就会引起变化并进而反映在数据上。因此，在这种情况下，对两株病毒同时进行试验（即配比成对）的优点就特别显著。

例 8.3.3 和例 8.3.4 都是在不同时间进行的检测。但需要注意的是这两个例子中的配对方式完全不同。在例 8.3.3 中，成对的数据是对同一个体在两次不同时间的测量值，而例 8.3.4 中成对的数据则是在同一时间对两个培养皿测量的值。虽然如此，这两个例子的配对原则却都是相同的：同一对的成员在外扰变量方面彼此相近。在例 8.3.4 中时间是外扰变量，而在例 8.3.3 中两次时间之间的比较（运动之前和之后）是主要的研究目的，个体差异则是外扰变量。

配对的目的

试验设计中的配对有利于减少偏差，提高精度，或者两者兼顾。通常，配对的主要目的是为了提高精度。

我们注意到在 7.4 节中，成对或者配对可以通过控制外扰变量引起的变异来减少偏差。用于配对的变量必须在要进行比较的两组间保持平衡，这样才不会使比较失真。例如，如果有两个组是由人们按年龄配对而组成，则这两个组间的比较就不受年龄分布的差异而导致偏差的影响。

通过随机分配而控制偏差的随机试验中，进行配对的主要原因就是要提高试验精度。试验中有效的配对可以通过增加信息的有效性来提高精度。这种通过提取出额外信息进行的恰当分析，可以得到更有效力的假设检验和更窄的置信区间。因此，有效的配对试验更加高效；在观察值数量相同时，它能够比非成对设计得到更多的信息。

例 8.2.4 的饥饿评级数据所示即为一个有效配对的范例。该配对之所以有效是因为检测中许多差异是由受试对象之间的差异引起的，而这种受试对象间的差异并未涉及处理间的比较。结果，与相互比较的非配对试验相比，配对比较试验，即接受 mCPP 的 9 位女性饥饿评级与接受安慰剂的另 9 位对照女性饥饿评级进行比较的试验，获得了更多关于处理差异的精确信息。

已知成对设计的有效性可以用 Y_2 对 Y_1 的散点图来进行直观表达；散点图上的每个点代表单独的一对（Y_1，Y_2）。图 8.3.1 所示为例 8.3.4 的病毒生长数据的散点图，以及差数的箱线图；散点图上的每个点代表单独一轮试验。可以看出散点图上的这些点显示出明显的上升趋势。这种上升趋势说明了配对的有效性：同一轮试验（如同一天）的检测比不同轮的检测具有更多的共同之处，以致具有相对较高 Y_1 值的一轮试验倾向于具有相对较高的 Y_2 值，而具有较低值的试验也有类似的趋势。

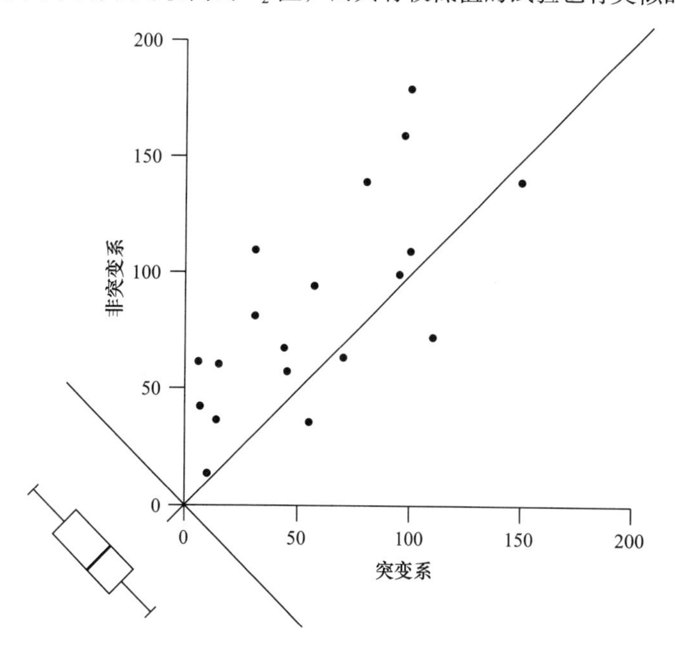

图 8.3.1 病毒生长数据的散点图及其差数的箱线图

注意，配对是试验设计的一种策略，而不是分析方法，因此配对需在对变量 Y 实施观察之前进行。而用已经观察到的值再进行配对是不正确的。这种对数据的篡改会使试验结果严重失真并被认为是学术造假。

随机成对设计与完全随机设计

在设计一项随机试验时，试验者可能需要决定是使用成对设计，还是使用没有配对的随机安排，即所谓的完全随机设计。我们已经说过，有效的配对可以极大地提高试验的精度。但在另一方面，如果观察的变量 Y 与配对的因素无关，则试验的配对可能是无效的。例如，假设现有仅根据年龄进行配对的对子，但 Y 实际上与年龄没有关系。可以证明，与没有配对的试验相比，无效的配对会得到更低的精度。比如，对于 t 检验，无效的配对不会降低 SE，但却会降低自由度，其最终结果可能引起功效降低。

是否使用成对设计的选择要依赖于实际情况（配对可能导致成本提高或灵活性下降）和精度的考虑。就精度而言，该选择取决于该配对所期望的有效性大小。下面的例子是对该问题的解释。

例 8.3.5 茄子施肥　某园艺家计划用单株盆栽的茄子进行一项温室试验，欲对两种肥料处理进行比较，观察变量记作 Y= 茄子产量（lb）。试验者已知 Y 受到如光照和温度等因素的影响，而这些因素在温室平台的不同位置总会多多少少发生一些变化。在平台上盆栽位置的安排可以按照完全随机设计实施，或者也可以按照如例 8.3.1 中的成对设计实施。在从这两个选项中做出决定时,试验者必须应用他关于成对设计有效性大小的知识，即平台上毗邻的两个盆栽产量是否比距离较远的盆栽接近得多。如果他判断的结果是成对设计并不是非常有效，那么他可能会选择完全随机设计。

注意，有效的配对并非等同于简简单单地使试验条件保持一致。配对是在满足了试验条件尽可能保持一致之后，控制仍然存在的、不可避免的差异的一种方法。理想的成对设计控制其变异以使得每一对内的差异最小，且不同对间的差异最大。

分析方法的选择

数据的统计分析方法应该与研究的试验设计相符合。如果试验设计是成对的，就应该使用成对样本的分析方法；如果试验设计是非成对的，就要使用独立样本的分析方法（见第 7 章）。

需要注意的是，对于一项有效的成对设计，如果使用了非成对的分析方法，则本应可利用的额外信息就会被完全浪费（我们已从例 8.2.4 中看到了这个问题的解释）。因此，成对设计只有配合成对样本的分析方法才能提高其效率。

练习 8.3.1—8.3.4

8.3.1（抽样练习）　本练习举例说明在 100 个椭圆的总体（见练习 3.1.1）上如何应用配对设计。下表所示为将 100 个椭圆配成 50 对的分组情况。

对数	椭圆	ID 号	对数	椭圆	ID 号	对数	椭圆	ID 号
01	20	45	18	11	46	35	16	66
02	03	49	19	09	29	36	18	58
03	07	27	20	19	39	37	30	50
04	42	82	21	00	10	38	76	86
05	81	91	22	40	55	39	17	83
06	38	72	23	21	56	40	04	52
07	60	70	24	08	62	41	12	64
08	31	61	25	24	78	42	23	57
09	77	89	26	67	93	43	98	99
10	01	41	27	35	80	44	36	96
11	14	48	28	74	88	45	44	84
12	59	87	29	94	97	46	06	51
13	22	68	30	02	28	47	85	90
14	47	79	31	26	71	48	37	63
15	05	95	32	25	65	49	43	69
16	53	73	33	15	75	50	34	54
17	13	33	34	32	92			

为了更好地领会本练习题，假设有如下试验背景。我们欲调查某一处理 T 对椭圆有机体（*C.ellipticus*）的影响，观察的变量为 Y= 长度。每个个体只能测量一次，这样我们将 n 个接受处理的个体与 n 个未处理的对照进行比较。我们已知参加试验的个体年龄各不相同，且年龄与体长有关，因此我们根据年龄配比形成了 50 个对子，并用其中一部分进行试验。配对的目的是通过消除因年龄引起的随机变异以提高试验的功效（当然，实际上椭圆本身并没有年龄，但表中的成对设计却是以模拟年龄配对的方式形成的）。

（a）应用随机数字（来自表 1 或计算器）从列表中选择一个有 5 个配对的随机样本；

（b）对每一个对子，应用随机数字（或抛硬币）的方式随机安排配对中的一个成员接受处理（T），同时另一个成员为对照（C）；

（c）测量这 10 个椭圆的长度。然后，为模拟处理效应，将处理组（T）的每个长度都增加 6mm；

（d）对所得数据进行成对样本的 t 检验。使用非定向备择假设，设定 α=0.05 水平；

（e）（d）中的分析方法会导致第二类错误的发生吗？

8.3.2（接练习 8.3.1） 对所得数据进行独立样本的 t 检验。使用非定向备择假设，设定 α=0.05 水平。这种分析方法会导致第二类错误的发生吗？

8.3.3（抽样练习） 参阅练习 8.3.1。假设配对试验无法实现（或许因为个体的年龄无法测定的缘故），因此我们决定使用完全随机设计来评价处理 T 的效果。

（a）应用随机数字（来自表 1 或计算器）从椭圆总体中选择一个有 10 个个体的随机样本。从这 10 个个体中，随机安排 5 个到处理组（T），另 5 个到对照组（C）（或者相当于，从总体中仅仅随机选择 5 个个体接受处理 T，5 个接受处理 C）；

（b）测量这 10 个椭圆的长度。然后，为模拟处理效应，将处理组（T）的每个长度都增加 6mm；

（c）对所得数据进行独立样本的 t 检验。使用非定向备择假设，设定 α=0.05 水平；

（d）（c）中的分析方法会导致第二类错误的发生吗？

8.3.4 参阅以下各练习，绘制其数据的散点图。其散点图的图形能说明此配对是有效的吗？

（a）练习 8.2.1；

（b）练习 8.2.2；

（c）练习 8.2.6。

8.4 符号检验

符号检验（sign test）是一种可以用于两个成对样本比较的非参数检验方法。尽管它的检验功效并不十分强，但是它在应用上非常灵活，且使用和理解都非常简单，像一件迟钝但便利的工具。

方法

与成对样本的 t 检验一样，符号检验也是建立在对差数分析基础上的。

$$D=Y_1-Y_2$$

使用符号检验需要的信息就只是每个差数的符号（正值或负值）。如果差数多数都为同一种符号，这就成为备择假设成立的证据。下面举例说明符号检验的过程。

例 8.4.1
皮肤移植

尸体的皮肤可以为严重烧伤患者提供暂时皮肤移植的来源。在不可避免地受到患者免疫系统的排斥之前，移植的皮肤存活的时间越长，对患者越有利。一个医学团队根据 HL-A（人类白细胞抗原）抗原系统调查了配对移植对患者的用处。每位患者均接受两种皮肤移植，一种具有相近的 HL-A 相容性，而另一种相容性较差。皮肤移植的存活时间见表 8.4.1[13]。

表 8.4.1　皮肤移植存活时间　　单位：d

	HL-A 相容性		
	相近	较差	符号
患者	y_1	y_2	$d=y_1-y_2$
1	37	29	+
2	19	13	+
3	57+	15	+
4	93	26	+
5	16	11	+
6	23	18	+
7	20	26	−
8	63	43	+
9	29	18	+
10	60+	42	+
11	18	19	−

注意，在这里不能使用 t 检验，因为观察的两个值是不完整的：3 号患者在移植皮肤始终存活时就已死亡，10 号患者的观察值由于不明原因也不完整。但是，因为符号检验仅依赖于每一名患者观察值差数的符号，所以我们可以进行符号检验，且我们已知这两位患者的差数 Y_1-Y_2 都是正值。

我们在 $\alpha=0.05$ 水平下，应用符号检验法来比较两种皮肤移植处理的存活时间。本试验适于定向研究（备择假设）的假设检验：

H_A：当 HL-A 相容性接近时，皮肤移植维持的时间较长。

其无效假设为：

H_0：HL-A 相容性接近的移植皮肤存活时间的分布与相容性较差时是一样的。

第一步，确定下列数值：

$$N_+ = \text{正值差数的个数}$$
$$N_- = \text{负值差数的个数}$$

由于 H_A 是定向的，这就预示大部分差数都是正值，因此检验统计数 B_S 为：

$$B_S = N_+$$

对这组数据，我们有：

$$N_+ = 9$$
$$N_- = 2$$
$$B_S = 9$$

下一步是确定 P 值。因为 B_S 的分布是建立在二项式分布基础上的，所以我们用字母 B 来标记检验统计数 B_S，用 p 表示差数为正值的概率。如果无效假设是正确的，则 p=0.5。因此，B_S 的无效分布就是当 n=11、p=0.5 时的二项式分布。也就是说，无效假设暗示出每个差数的符号是正或负，就像抛硬币的结果，正面向上表示为正的差数，背面向上表示为负的差数。

对于皮肤移植的数据，当 p=0.5 时，检验的 P 值即为在 11 个患者中得到 9 个或更多的正值差数的概率。即具有 n=11、p=0.5 的二项式随机变量大于或等于 9 时的概率。根据第 3 章的二项式公式，或使用计算机计算，我们得到这个概率为 0.03272*。

由于 P 值小于 α，因此我们得到了显著的证据支持 H_A 成立，即认为 HL-A 相容性相近比相容性较差的皮肤移植可维持的时间更长。

例 8.4.2 病毒的生长

表 8.4.2 所示为例 8.3.4 中病毒生长的数据以及差数的符号。

表 8.4.2 在 24h 后病毒生长情况

轮	非突变系 y_1	突变系 y_2	$d=y_1-y_2$ 的符号	轮	非突变系 y_1	突变系 y_2	$d=y_1-y_2$ 的符号
1	160	97	+	11	61	15	+
2	36	55	−	12	14	10	+
3	82	31	+	13	140	150	−
4	100	95	+	14	68	44	+
5	140	80	+	15	110	31	+
6	73	110	−	16	37	14	+
7	110	100	+	17	95	57	+
8	180	100	+	18	64	70	−
9	62	6	+	19	58	45	+
10	43	7	+				

现在进行符号检验来比较两个株系的生长情况，选择 α=0.10。无效假设和非定向备择假设为：

H_0：两个株系病毒的生长一样好。

* 本节的后半部分，我们将学习如何使用表格来计算这些 P 值。但是，如果已经学过了关于二项式分布的选修内容，则可以应用二项式公式来计算该概率值：

$$_{11}C_9(0.5)^9(0.5)^2 + {}_{11}C_{10}(0.5)^{10}(0.5)^1 + {}_{11}C_{11}(0.5)^{11} = 0.02686 + 0.00537 + 0.00049 = 0.03272$$

H_A：一株病毒比另一株生长快。

对于这些数据：

$$N_+ = 15$$
$$N_- = 4$$

当备择假设为非定向时，B_S 被定义为：

$$B_S = N_+ \text{ 或 } N_- \text{ 中的较大值}$$

因此对病毒生长的数据：

$$B_S=15$$

该检验的 P 值为，在具有 n=19 的二项式试验中，获得 15 或更多次正值的概率，与获得 4 或者更少次负值的概率之和。我们可以利用二项式公式来计算 P 值。根据备择假设，符号检验的临界值和 P 值可以由书后统计表中的表 7 得到。应用具有 n_D=19 的表 7，我们得到了临界值及相应的 P 值，见表 8.4.3：

表 8.4.3 当 n_D=19 时符号检验的临界值和 P 值

n_D	0.20	0.10	0.05	0.02	0.01	0.002	0.001
19	**13** *0.167*	**14** *0.064*	**15** *0.019*	**15** *0.019*	**16** *0.004*	**17** *0.0007*	**17** *0.0007*

从表中可以看出，对 B_S=15，P 值为 0.019，因此我们有显著的证据支持 H_A 成立。也就是说，我们拒绝 H_0，认为该数据提供了显著的证据证明在 24h 时，病毒的非突变系比突变系生长得更好。

***P* 值的界定** 如 Wilcoxon-Mann-Whitney test 检验一样，符号检验也具有一个离散的无效分布。书后统计表中的表 7 出现某些临界值的缺失，是因为在一些情况下，最极端的数据也不可能导致一个小的 P 值。表 7 具有与 Wilcoxon-Mann-Whitney test 检验不同的其他特性：由于无效分布的离散性，在同一列中一些临界值出现不止一次。

定向备择假设 使用表 7 时，如果备择假设是定向的，我们按照常用的两个步骤进行检验：

步骤 1. 检查其方向性（确定数据是否按 H_A 指定的方向而偏离于 H_0）

（a）如果不是，则 P 值大于 0.50；

（b）如果是，则执行步骤 2。

步骤 2. 如果 H_A 是非定向的，则 P 值为原来的一半。

注意 用于符号检验的表 7 与用于 t 检验的书后统计表中的表 4 组建是不同的：表 7 按 n_D 进行查找，而表 4 则按自由度 df = n_D −1 进行查找。

零的处理 可能会出现差数（Y_1−Y_2）的一些值等于零的情况。那么在确定 B_S 时，应该把它算作正值还是负值呢？推荐的方法是，从分析中减少相应配对的数量，并且相应地减少样本容量 n_D。换句话说，完全忽视差数为零的每个配对；并认为这样的配对在两个方向上都没有提供出反对的 H_0 任何证据。需要注意的是，在 t 检验中极少出现这种情况；t 检验处理为零的差数与处理其他值的差数是一样的。

例 8.4.3
无效分布

假设一个具有 10 对数据的试验，因此 n_D=10。如果 H_0 是真实的，那么 N_+ 的概率分布则为 n=10、p=0.5 的二项分布。图 8.4.1（a）所示为该二项分布，以及相关的 N_+ 和 N_- 的值。图 8.4.1（b）所示为 B_S 的无效分布，它是图 8.4.1（a）的“折叠版”，图 7.10.4 的（a）和（b）之间也有类似的关系。

如果 N_+ = 7 且 H_A 为定向的（预示着正值的差数比负值的差数可能更多），那么 P 值就是 10 个试验中获得 7 个或更多(+)号的概率。利用第 3 章中的二项式公式，或者通过计算机运算，得到此概率为 0.17188*。这个值（0.17188）为图 8.4.1（a）中右尾暗色条带的面积总和。如果 H_A 为非定向的，那么 P 值为图 8.4.1（a）中左尾和右尾暗色条带的面积总和。这两种暗色区域面积都等于 0.17188；因此，总的暗色面积，即 P 值，为：

$$P=2(0.17188)=0.34376\approx0.34$$

依据 B_S 的无效分布，P 值为上尾概率；因此，图 8.4.1（b）的暗色条带面积总和等于 0.34。

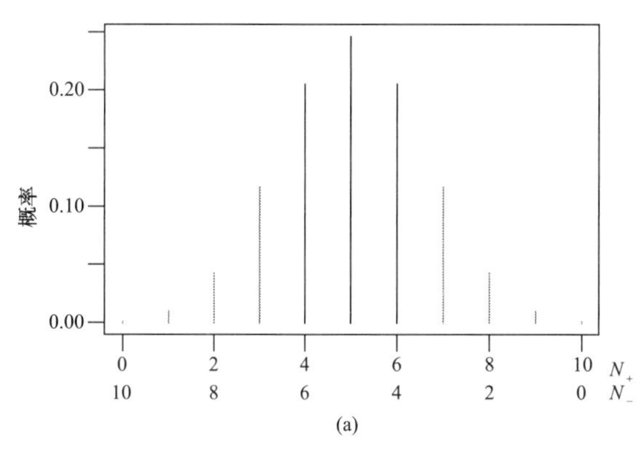

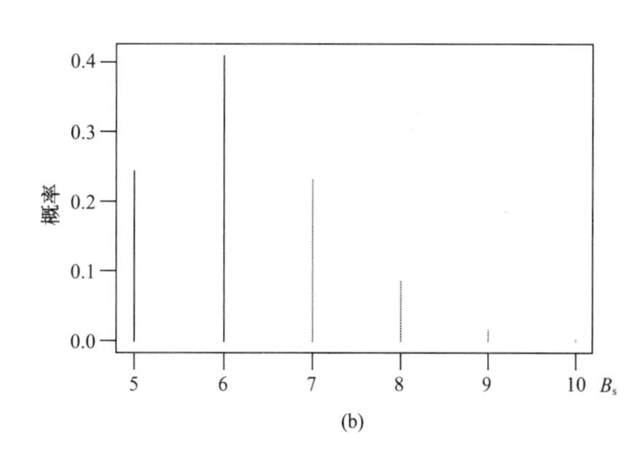

图 8.4.1 当 n_D=10 时符号检验的无效分布

（a）N_+ 和 N_- 的分布 （b）B_S 的分布

书后统计表中的表 7 是如何计算的？通过统计学的学习，你总是被要求无条件地相信各种表中的临界值。但表 7 是个例外。下面的例子展示了如何（如果你愿意的话）自己计算出临界值的方法。通过对这个例子的理解，能够帮助你领会其他表中的临界值是如何获得的。

例 8.4.4
假设 n_D=10

从例 8.4.3 我们可以看出：

如果 B_S=7，则数据的 P 值为 0.34376。

利用二项式公式可以做出类似的计算，如下：

如果 B_S=8，则数据的 P 值为 0.10938；

如果 B_S=9，则数据的 P 值为 0.02148；

如果 B_S=10，则数据的 P 值为 0.00195。

对于 H_0=10，书后统计表中的表 7 的临界值重现于表 8.4.4。

* 应用二项式公式我们可以得到：

$$_{10}C_7(0.5)^7(0.5)^3+{}_{10}C_8(0.5)^8(0.5)^2+{}_{10}C_9(0.5)^9(0.5)^1+{}_{10}C_{10}(0.5)^{10}$$
$$=0.11719+0.04394+0.00977+0.00098=0.17188$$

表 8.4.4 当 n_D= 10 时符号检验的临界值和 P 值

n_D	0.20	0.10	0.05	0.02	0.01	0.002	0.001
10	**8** *0.109*	**9** *0.021*	**9** *0.021*	**10** *0.002*	**10** *0.002*	**10** *0.0020*	

能使 P 值小于 0.20 的 B_S 的最小值为 B_S=8，因此 8 是 0.20 这列的临界值。对于 α=0.10 或 α=0.05，则需要 B_S=9。对于可能达到的极大值，B_S=10，其 P 值为 0.00195，在表中接近 0.0020。由于获得低至 0.001 的非定向的 P 值是不可能的，因此这一栏是空的。

符号检验的应用

在差数 D 彼此间相互独立的任何情况下，符号检验都是有效的，且无效假设可以被恰当地表达为：

$$H_0: P\{D \text{ 为正值}\}=0.5$$

因此，符号检验与分布无关，其有效性不依赖于差数 D 总体分布形式的任何条件。但这个比较宽泛的有效性也需要付出代价：如果差数 D 的总体分布的确为正态分布，则符号检验比 t 检验的效能要低得多。

符号检验很有用，因为它使用快捷且适用范围较广。实际上，符号检验有时甚至能用于根本无法进行 t 检验的数据，如例 8.4.1。对于成对数据，还有另外一种检验方法，Wilcoxon 符号秩次检验（见 8.5 节内容），这种检验方法一般比符号检验更有效，且与分布也没有关系。但是，Wilcoxon 符号秩次检验比符号检验更难进行，并且和 t 检验一样，在某些情况下是不适用的。下面就是另一个只能进行符号检验的例子。

例 8.4.5
THC 与化学疗法

癌症的化学疗法通常会引发恶心和呕吐。现将用于抑制这些副作用的 THC（四氢大麻酚——大麻中的活性成分）与标准药物甲哌氯丙嗪的作用效果进行比较。总共有 46 名患者服用了这两种药物（但没有被告之谁服用的药物是什么），其中有 21 名患者表示两种药物效果没什么差别，有 20 名倾向于 THC，5 名倾向于甲哌氯丙嗪。由于这种“倾向”能反映成差异的符号，而无法被量化，因此在这种情况下 t 检验并不适用。为了进行符号检验，我们得到 n_D=25，B_S=20，因此 P 值为 0.004；即使在 α=0.005 的水平下，我们也会拒绝 H_0，并认为该数据能够提供充分的证据，认为 THC 的效果要优于甲哌氯丙嗪[14]。

练习 8.4.1—8.4.11

8.4.1 利用书后统计表中的表 7 找出符号检验（相对于非定向备择假设）的 P 值，设 n_D=9 且：

（a）B_S=6；（b）B_S=7；

（c）B_S=8；（d）B_S=9。

8.4.2 利用表 7 找出符号检验（相对于非定向备择假设）的 P 值，设 n_D=15 且：

（a）B_S=10；（b）B_S=11；

（c）B_S=12；（d）B_S=13；

（e）B_S=14；（f）B_S=15。

8.4.3 有一组 30 位绝经的女性服用一个月的口服结合雌激素。其中 22 名女性纤溶酶原激活物 1 型抑制剂（PAI–1）的血浆水平下降，而另外 8 名水平升高[15]。用符号检验方法检验口服结合雌激素对 PAI–1 水平没有影响的无效假设。选择

α=0.10，并使用非定向备择假设。

8.4.4 脑力活动能够锻炼“脑部肌肉”吗？在一项针对这个问题的研究中，选取了12对同窝出生的幼年雄性大鼠；随机挑选每对中的一只放在有玩具和同伴的“良好”环境中喂养，而同窝的另一只则被独自放在“较差”环境中喂养。80d后，这些动物被处死，并由事先并不知道每只大鼠接受了何种处理的研究人员进行大脑解剖。研究人员关注的其中一个变量为大脑皮层的重量，用相对整个大脑重量的值表示。在12对大鼠中有10对，其“良好”大鼠的相对大脑皮层重量大于“较差”的大鼠；而在另外2对中，“较差”的大鼠反而具有较大的大脑皮层重量。在α=0.05水平下，用符号检验对环境的影响进行比较。设定备择假设为环境的丰富能够增加大脑皮层的相对比例[16]。

8.4.5 有20位阵发性癫痫病患者参加了一项新型抗痉挛药（2–丙基戊酸钠）的研究。这些患者中的10人（随机选择产生）每日服用2–丙基戊酸钠，而另外10人服用完全相同的安慰剂药片。在为期8周的观察周期里，记录每位患者大型癫痫发作和小型癫痫发作的次数。之后，所有的患者“互换”接受另外一项处理，继续记录第二个为期8周的观察周期内发作的次数。小型发作的次数见下表[17]。试在α=0.05的显著水平下，用符号检验法检验2–丙基戊酸钠的效果。使用定向备择假设［注意，该分析忽略了时间（第一个和第二个观察周期）可能造成的影响］。

患者编号	安慰剂周期	2–丙基戊酸钠周期	患者编号	安慰剂周期	2–丙基戊酸钠周期
1	37	5	11	7	8
2	52	22	12	9	8
3	63	41	13	65	30
4	2	4	14	52	22
5	25	32	15	6	11
6	29	20	16	17	1
7	15	10	17	54	31
8	52	25	18	27	15
9	19	17	19	36	13
10	12	14	20	5	5

8.4.6 生态学家研究了鸟类两个亚种之间的相互作用，这两个亚种分别是卡罗来纳州灯芯草雀和北部灯芯草雀。他把两只体型相近的两个亚种雄性灯芯草雀一起放进一个大型鸟舍，并从黎明开始连续观察45min。之后又在不同时间用不同的鸟进行了重复试验。下表所示为其中一只鸟表现出优势压过另一只鸟的次数，如追逐另外一只鸟或将它从自己的栖木上驱逐走[18]。使用符号检验对这两个亚种进行比较。应用非定向备择假设，并设定α=0.01。

对数	表现的次数	
	北部鸟占优势	卡罗来纳州鸟占优势
1	0	9
2	0	6
3	0	22
4	2	16
5	0	17
6	2	33
7	1	24
8	0	40

8.4.7

（a）假设一成对数据集具有n_D=4，B_S=4。对该数据进行符号检验分析（相对于非定向备择假设），计算确切的P值。

（b）在书后统计表中的表7中，当n_D=3时，解释为什么所有列中都没有临界值。

8.4.8 假设一成对数据集具有n_D=15。当B_S=15时，进行符号检验分析（相对于非定向备择假设），计算确切的P值。

8.4.9 在例8.2.4所述的研究中，还涉及将合成的mCPP应用于一组男性受试对象的试验。在每两个星期的周期结束时，对这些男性进行询问以评定其饥饿程度，并计算其差数（服用mCPP的饥饿评级–服用安慰剂的饥饿评级）。结果显示，这些差数的分布不是正态的。但是我们可以利用以下信息得到其符号：在8名接受饥饿评级调查的受试者中，有3人的记录显示服用mCPP比服用安慰剂的饥饿程度高，另外5人的记录则显示服用mCPP比服用安慰剂的饥饿程度低[2]。在α=0.10水平下进行符号检验，使用非定向备择假设。

8.4.10 根据练习 8.4.9 的资料，进行符号检验分析，计算数据的确切 P 值（注：H_A 为非定向备择假设）。

8.4.11 （强化题）某研究人员计划开展一项比较两个处理的试验，在这项试验中，配比成对的受试对象将被给予不同处理，并采用非定向备择假设的符号检验法来分析其效应的差异。
假设，研究人员认为一种处理的效果总会好于另一种。那么，假如他想在 α=0.05 的水平下拒绝 H_0，试验中需要多少个配对呢？假如在每个配对中都表现为其中一个处理效果"胜出"，则由此结果进行检验的 P 值应该是多少？

8.5 Wilcoxon 符号秩次检验

Wilcoxon 符号秩次检验（Wilcoxon signed-rank test）和符号检验一样，是一种可以用于比较成对样本的非参数检验方法。进行 Wilcoxon 符号秩次检验在一定程度上比进行符号检验要复杂得多，但 Wilcoxon 检验的功能比符号检验更强大。和符号检验一样，Wilcoxon 符号秩次检验不要求数据是来自于正态分布总体的样本。

Wilcoxon 符号秩次检验是建立在差数（$D=Y_1-Y_2$）集的基础上的。它将符号检验的基本思想（"考虑差异的符号"）与成对 t 检验的基本思想（"考虑差数的量值"）结合起来了。

方法

Wilcoxon 符号秩次检验包括几个步骤，在这里我们用一个例子来进行说明。

例 8.5.1 神经细胞密度

兽医解剖学家测定了 9 匹马肠道特定部位神经细胞密度。位点Ⅰ（空肠中部）和位点Ⅱ（空肠的肠系膜区）的结果见下表[19]。其中每一个密度值都是组织中 5 个相同部位神经细胞的平均数。无效假设是所有马匹总体中这两个位点间没有差异。

（1）Wilcoxon 符号秩次检验的第一步是计算差数，见表 8.5.1。

表 8.5.1 在每两个位点的神经细胞密度

动物	位点Ⅰ	位点Ⅱ	差数
1	50.6	38.0	12.6
2	39.2	18.6	20.6
3	35.2	23.2	12.0
4	17.0	19.0	−2.0
5	11.2	6.6	4.6
6	14.2	16.4	−2.2
7	24.2	14.4	9.8
8	37.4	37.6	−0.2
9	35.2	24.4	10.8

（2）每个差数取绝对值。

（3）将绝对值从小到大依次排列，见表 8.5.2。

表 8.5.2 依次排列的绝对值			
动物	差数，d	$\|d\|$	$\|d\|$ 秩次
1	12.6	12.6	8
2	20.6	20.6	9
3	12.0	12.0	7
4	−2.0	2.0	2
5	4.6	4.6	4
6	−2.2	2.2	3
7	9.8	9.8	5
8	−0.2	0.2	1
9	10.8	10.8	6

（4）重新将相应的 + 号和 − 号加在这些差数的绝对值的秩次前，见表 8.5.3。

表 8.5.3 重新添加符号后的差数			
动物	差数，d	$\|d\|$ 秩次	符号秩次
1	12.6	8	8
2	20.6	9	9
3	12.0	7	7
4	−2.0	2	−2
5	4.6	4	4
6	−2.2	3	−3
7	9.8	5	5
8	−0.2	1	−1
9	10.8	6	6

（5）将具有正号的秩次求和得到 W_+；将具有负号的秩次的绝对值求和得到 W-。则对此神经细胞数据，W_+=8+9+7+4+5+6=39，且 W-=2+3+1=6。检验统计数 W_s 定义为：

$$W_s = W_+ \text{ 和 } W\text{- 的较大值}$$

对于此神经细胞数据，W_s=39。

（6）为了找到 P 值，我们查书后统计表中的表 8。并将表 8 的部分数据复制在表 8.5.4 中。

表 8.5.4 当 n_D=9 时 Wilcoxon 符号秩次检验的临界值							
n	0.20	0.10	0.05	0.02	0.01	0.002	0.001
9	**35** *0.164*	**37** *0.098*	**40** *0.039*	**42** *0.020*	**44** *0.0078*		

从表 8.5.4 中，我们看到对应于 W_s=37，P 值为 0.098。因此较弱但隐含的证据（P=0.098）证明两个位点在神经细胞密度上有差异（如果 α 大于等于 0.10 则拒绝 H_0）。

***P* 值的界定** 像符号检验一样，Wilcoxon 符号秩次检验具有离散的无效分布。书后统计表中的表 8 中某些临界值是空白的；这种情况与我们学习 Wilcoxon-

Mann-Whitney 检验和符号检验时很相似。例如，如果 n_D=9，则拒绝 H_0 的最有力证据发生在所有 9 个差数都是正值时（或者所有 9 个差数都是负值时），在这种情况下 W_s =45。但是当 H_0 为真实时，W_s 等于 45 的概率是（1/2）^{9}+（1/2）^{9}，该值约为 0.0039。因此，双尾的 P 值不可能小于 0.002，更不必说 0.001 了。这就是为什么书后统计表中的表 8 中 n_D=9 一排上最后两格是空白的。同时也要注意，如果 W_s=34，那么该表仅能告诉我们 $P > 0.20$。

定向备择 使用表 8 时，如果备择假设是定向的，我们按照常用的两个步骤进行检验：

步骤 1. 检查其方向性（确定数据是否按着 H_A 的指向偏离于 H_0）。

（a）如果不是，则 P 值大于 0.50；

（b）如果是，则执行步骤 2。

步骤 2. 如果 H_A 是非定向的，则 P 值为原来的一半。

零的处理 如果差数（Y_1−Y_2）中的一些值为 0，则删除那部分数据点，因而样本容量也随之减小。如果例 8.5.1 中的 9 个差数其一为零，我们在进行 Wilcoxon 检验时就会删除那个点，因此样本容量就变成了 8。

相等值的处理 如果差数绝对值中有相等的值存在（在步骤 3 中），我们将这些相等值的秩次平均。当存在相等的值时，则由 Wilcoxon 符号秩次检验得到的 P 值仅仅是近似值。

Wilcoxon 符号秩次检验的应用

Wilcoxon 符号秩次检验适用于 D 值彼此相互独立且服从于对称分布时的任何情况，此分布不必是正态分布*。“处理效应无效”或者“总体间无差异”的无效假设可以表示为：

$$H_0 : \mu_D=0$$

有时候 Wilcoxon 符号秩次检验甚至可以在信息不完整时使用。例如，对例 8.4.1 的皮肤移植的数据也可以使用 Wilcoxon 符号秩次检验。患者两种移植方法的差数 d 的确切值实际上可能无法计算，但对于患者的两种方法的结果，其差数为正值且大于任一负的差数。表 8.5.5 中的数据显示差数中只有两个负值。较小值 −1 来自于 11 号患者。这个是绝对值最小的差数，所以其符号秩次为 1。剩余的另一个负的符号秩次来自 7 号患者；而其他所有的符号秩次都是正值（这个例子的余下部分留做练习）。

像独立样本的 Wilcoxon-Mann-Whitney 检验一样，通过与 Wilcoxon 符号秩次检验相关的步骤可以构建 μ_D 的置信区间。该步骤不在本教材的范围内。

总之，当处理成对数据时我们有三个可供参考的方法：成对 t 检验、Wilcoxon 符号秩次检验和符号检验。t 检验适用于来自正态分布总体的数据。若能够满足该条件，则 t 检验为首选方法，因为它比 Wilcoxon 符号秩次检验和符号检验更为有效。Wilcoxon 符号秩次检验不要求满足正态性，但是要求差数服从于对称分布且其可以进行排序，它比符号检验效力更高一些。符号检验是三种检验方法中效力最低的，但其适用性最广，因为它仅仅需要我们确定出差数是正值还是负值即可。

* 严格地讲，该分布必须是连续的，这就意味着相等值的概率等于零。

表 8.5.5 皮肤移植存活时间 单位：d

	HL-A 相容性		
	相近	较差	
患者	y_1	y_2	$d=y_1-y_2$
1	37	29	8
2	19	13	6
3	57+	15	42+
4	93	26	67
5	16	11	5
6	23	18	5
7	20	26	−6
8	63	43	20
9	29	18	11
10	60+	42	18+
11	18	19	−1

练习 8.5.1—8.5.7

8.5.1 查书后统计表中的表 8 中得到 Wilcoxon 符号秩次检验的 P 值（相应地选用非定向备择假设），假设 n_D=7 且：

(a) W_s=22；

(b) W_s=25；

(c) W_s=26；

(d) W_s=28。

8.5.2 查书后统计表中的表 8 得到 Wilcoxon 符号秩次检验的 P 值（相应的选用非定向备择假设），假设 n_D=12 且：

(a) W_s=55；

(b) W_s=65；

(c) W_s=71；

(d) W_s=73。

8.5.3 在例 8.2.4 所述的研究中，还涉及将合成的 mCPP 用于一组含 9 名男性受试对象的试验。在每两个星期的周期结束时对这些男性进行询问以评定其饥饿程度，并计算其差数（服用 mCPP 的饥饿评级 – 服用安慰剂的饥饿评级）。受试对象中的一个数据不可用；其他 8 个受试对象的数据见下表[2]。在 α=0.10 水平下，用 Wilcoxon 符号秩次检验分析这些数据，使用非定向备择假设。

	饥饿评级		
	mCPP	安慰剂	差数
受试对象	y_1	y_2	$d=y_1-y_2$
1	64	69	−5
2	119	112	7
3	0	28	−28
4	48	95	−47
5	65	145	−80
6	119	112	7
7	149	141	8
8	NA	NA	NA
9	99	119	−20

8.5.4 例 8.2.4（及练习 8.5.3）所述的研究中涉及合成的 mCPP 的一部分试验，还测量了 9 位男性的体重变化。因此对每位男性都有两个测量值：服用 mCPP 的体重变化和服用安慰剂的

体重变化，数据见下表[2]。在 α=0.05 水平下用 Wilcoxon 符号秩次检验分析这些数据，使用非定向备择假设。

	体重改变		
	mCPP	安慰剂	差数
受试对象	y_1	y_2	$d=y_1-y_2$
1	0.0	−1.1	1.1
2	−1.1	0.5	−1.6
3	−1.6	0.5	−2.1
4	−0.3	0.0	−0.3
5	−1.1	−0.5	−0.6
6	−0.9	1.3	−2.2
7	−0.5	−1.4	0.9
8	0.7	0.0	0.7
9	−1.2	−0.8	−0.4

8.5.5　考察例 8.4.1 皮肤移植的数据。在 8.5 节的最后，表 8.5.5 所示为实施 Wilcoxon 符号秩次检验的步骤 1，其无效假设设为 HL-A 相容性对移植皮肤的存活时间没有影响。请完成该检验过程。选取 α=0.05，使用定向备择假设（即当相容性的数值表示为相近时移植存活时间较长）。

8.5.6　在一项酗酒可能造成大脑损伤的调查中，使用如智能 X 射线断层摄影术（CT）扫描的 X-射线法检测了 11 名酗酒者的大脑密度。对每一名酗酒者，都选择了一名在年龄、性别、教育程度和其他因素方面都与酗酒者一致的不饮酒的人作对照。酗酒者及配对对照的大脑密度测量结果见下表[20]。用 Wilcoxon 符号秩次检验法检验无效假设（没有差异）与相应的备择假设（酗酒降低大脑密度）。设定 α=0.01。

对数	酗酒者	对照	差数
1	40.1	41.3	−1.2
2	38.5	40.2	−1.7
3	36.9	37.4	−0.5
4	41.4	46.1	−4.7
5	40.6	43.9	−3.3
6	42.3	41.9	0.4
7	37.2	39.9	−2.7
8	38.6	40.4	−1.8
9	38.5	38.6	−0.1
10	38.4	38.1	0.3
11	38.1	39.5	−1.4
平均数	39.14	40.66	−1.52
SD	1.72	2.56	1.58

8.5.7　关于咖啡因对心肌血流量的影响，例 8.1.1 所述的研究还测定了另外 10 名受试对象在摄入咖啡因前后的血流量，但这次是在与例 8.1.1 受试对象不同的环境条件下进行的[21]。由于研究背景不同，所得差数也就不再服从于正态分布，所以无法使用 t 检验。试用 Wilcoxon 符号秩次检验法检验无效假设（没有差异）与相应的备择假设（咖啡因对心肌血流量有影响）。设定 α=0.01。

受试对象	基线	咖啡因	差数
1	3.43	2.72	0.71
2	3.08	2.94	0.14
3	3.07	1.76	1.31
4	2.65	2.16	0.49
5	2.49	2	0.49
6	2.33	2.37	−0.04
7	2.31	2.35	−0.04
8	2.24	2.26	−0.02
9	2.17	1.72	0.45
10	1.34	1.22	0.12
平均数	2.51	2.15	0.36
SD	0.59	0.50	0.43

8.6　展望

在这一节，我们来讨论成对数据分析的一些限制因素。

前 – 后的研究

生命科学领域中的很多研究都是比较某些试验干预之前和之后的测量值，这就可能产生另外一种局限。因为试验干预的效应或许与超出时间因素的其他变化相混淆，所以这些研究可能难于解释。例如，在例 8.2.3 中我们找到了显著的证据支持摄入咖啡因后心肌血流量减少的论断，但是我们也注意到，即使受试对象没有摄入咖啡因，心肌血流量也可能会随着时间推移而减少。解决这个困难的一个方法是应用随机同步控制，如下例所示。

例 8.6.1
生物反馈和血压

一个医学研究团队调查了某项为降低血压而进行的生物反馈训练项目的效果。志愿者们被随机安排在生物反馈组或对照组。所有的志愿者都接受了健康教育宣传和一次简短的讲座。另外，生物反馈组接受了以生物反馈、冥想和呼吸练习作为辅助手段的为期 8 周的放松训练。训练前后的血液收缩压结果见表 8.6.1[22]。

表 8.6.1 生物反馈试验的结果

分组	n	血液收缩压 /mm Hg			
		之前的平均数	之后的平均数	差数	
				平均数	SE
生物反馈组	99	145.2	131.4	13.8	1.34
对照组	93	144.2	140.2	4.0	1.30

在 α=0.05 水平下，我们用成对 t 检验法来分析前 – 后的变化。在生物反馈组，血液收缩压平均数下降 13.8 mm Hg。为评估该下降在统计学意义上的显著性，其检验统计数为：

$$t_s = \frac{13.8}{1.34} = 10.3$$

该结果达到极显著水平（P 值 <<0.0001）。然而，单有这个结果还不能说明生物反馈训练的效果；血压的下降也可能部分或者全部由于其他因素所致，如健康教育宣传或来自所有参与者的特别重视。事实上，由对照组的成对 t 检验得出：

$$t_s = \frac{4.0}{1.30} = 3.08 \quad 0.001 < P\text{值} < 0.01$$

因此，那些没有接受生物反馈训练的人们的血压也具有统计学意义上显著的下降。

为了分离出生物反馈训练的效应，我们可以对两个样本的差数做一次独立样本的 t 检验，以比较这两个处理组的体验效果。再次应用 α=0.05 水平，两组的平均变化的差数为：

$$13.8-4.0=9.8 \text{ mmHg}$$

则差数的标准误为：

$$\sqrt{1.34^2+1.30^2} = 1.87$$

因此，t统计数为：

$$t_s = \frac{9.8}{1.87} = 5.24$$

这个检验提供了强有力的证据（$P<0.0001$）证明生物反馈训练项目是有效的。如果试验设计不包括对照组，那么最后这项决定性的比较就不再成为可能，生物反馈效力的支持度也就岌岌可危。

在分析现实的数据时，明智的做法是时刻牢记我们采纳的统计方法仅能处理有限的问题。

成对t检验受限于以下两个方面：

（1）受限于涉及$\bar{D}$的问题；

（2）受限于关于综合差异的问题。

第二种限制情况十分普遍，它不仅在本章的方法中存在，还在第7章的方法以及许多其他的基础统计方法中出现。我们将分别讨论这两种限制情况。

$\bar{D}$的限制

对成对t检验和置信区间的限制非常简单，却也经常易被忽略：当差数D中的一些值是正的而另一些是负的时，$\bar{D}$的量值未能反映出D的“代表性的”量值。下面的例子说明了$\bar{D}$的误导程度。

例8.6.2 血清胆固醇的测量

假设临床药剂师希望比较测量血液胆固醇的两种方法；他关注的是两种方法彼此一致的相似程度。他从400名患者中提取了血液样本，将每份样本再分成两份，其中一半采用方法A，另一半采用方法B。表8.6.2所示为虚构的数据，目的是为了夸张地阐明这个问题。

表8.6.2 血清胆固醇 单位：mg/dL

样本	方法A	方法B	$d=A-B$
1	200	234	−34
2	284	272	+12
3	146	153	−7
4	263	250	+13
5	258	232	+26
⋮	⋮	⋮	⋮
400	176	190	−14
平均数	215.2	214.5	0.7
SD	45.6	59.8	18.8

在表8.6.2中，样本平均数的差数很小（$\bar{d}$ =0.7）。而且，该数据总体平均数差数也很小（95%置信区间为$-1.1\text{mg/dL}<\mu_D<2.5\text{mg/dL}$）。但是，$\bar{D}$或者$\mu_D$的这些讨论不影响其核心问题，即这两种方法有多相似？事实上，表8.6.2表明了两种方法并不一致；方法A和方法B的各自差异在量值上并不小。$\bar{d}$的平均数很小是因为正的差数和负的差数相互抵消。用一个类似于图8.3.1的图形能够在确定两种

方法相似程度的视觉效果方面起到非常大的帮助作用。我们分析这样一个图形以判断散布在直线 $y=x$ 周围的点距直线的接近程度，以及判断差数的箱线图的伸展情况。为了做出两种方法间相似度的数字化评估，我们不应该仅关注平均数的差数 $\bar{D}$。对 d 的绝对（无符号的）量值（即 34，12，7，13，26 等）的分析将会显得更加中肯。这些量值可以采用各种方法来进行分析：我们可以算出平均数，也可以数出有多少是“大”的值（如超过 10mg/dL 的值）等。

综合观点的限制

考察成对试验的两种处理，如 A 和 B，施加在相同的人身上。如果采用 t 检验、符号检验或 Wilcoxon 符号秩次检验，我们是把人看成一个整体而不是个体。如果我们想要假定存在于 A 和 B 之间的差数（如果有的话）对于所有人具有一致的方向——或者，至少当把人们作为整体来看时其差数的重要特征方向维持一致，这是合情合理的。接下来的例子就阐述这种情况。

例 8.6.3 粉刺的治疗

试想有一项比较两种治疗粉刺的药物洗剂的临床研究。有 20 位患者参与。每一位患者在脸的一侧（随机选）使用洗剂 A，另一侧使用洗剂 B。3 周后，脸的每一侧用整体改善情况来进行评分。

首先，假设 10 位患者都是 A 侧脸比 B 侧脸改善得多，而另外 10 人则为 B 侧脸改善得多。根据符号检验，结果与无效假设完全一致。但是，在逻辑上有两种可能截然不同的理解。

理解 1：实际上处理 A 和 B 的效果完全一样，它们的作用无法区分。观察到的存在于脸的 A 侧和 B 侧间的差异完全是由于随机误差所致。

理解 2: 实际上处理 A 和 B 的效果完全不同。对一些人（大约为总体的 50%）而言，处理 A 比处理 B 更有效，而对该总体剩余的一半人来说，处理 B 更为有效。观察到的存在于脸的 A 侧和 B 侧间的差异具有生物学上的意义 *。

如果试验的结果表现为一种处理好于另一种，则同样会出现模棱两可的解释。例如，假设在这 20 个实例中有 18 个表现为 A 侧的改善好于 B 侧，而只有 2 位患者表现为 B 侧改善得多。这个结果，虽然具有统计学意义上的显著性（$P<0.001$），但仍可以用两种方式来理解。它可能意味着，对所有人而言处理 A 实际上优于处理 B，但是在另外 2 个患者身上随机误差掩盖了它的优势；或者，也可能意味着对大多数人而言处理 A 优于处理 B，但对总体中 10%（2/10=0.10）的人群来说处理 B 优于处理 A。

例 8.6.3 所述的困难并非只限于随机成对的试验中。事实上，它在另一种类型的、伴随时间变化进行检测的成对试验中特别突出。例如，考察例 8.6.1 的血压数据。我们对该研究的讨论是根据血压的综合测量值而定，即平均数。如果部分患者因为生物反馈导致血压上升，其余患者下降，这些细节会在基于学生氏 t 检验的分析中被忽略，只有平均数变化才会得到分析。

上述的困难也不仅限于人类的试验中。比如，假设在采用成对设计的农学试验

---

* 这可能看起来很牵强，但这种现象的确会发生；试想病人对 A 型或 B 型血液输血的反应，就是一个鲜明的例子。

中对两种肥料（A 和 B）进行比较，其数据使用成对 t 检验来进行分析。如果在酸性土壤上处理 A 优于 B，但是在碱性土壤上处理 B 好于 A，而对包含两种类型土壤的试验该事实就会被掩盖掉。

以上的例子中提到的问题非常普遍。设计如符号检验和 t 检验的简单统计方法都用来评价其处理的综合效应（即全体效应），如用人、小鼠或田间小区的总体。组间不同处理效应的分离则需要在试验设计和数据分析两方面都进行更为微妙的处理。

在第 7 章（独立样本）中应用这种观察的综合观点时所表现出的限制力比本章强得多。例如，如果将处理 A 施加在一组小鼠上，处理 B 施加在另一组，则根本不可能知道 A 组中的小鼠如果接受处理 B 会出现什么反应，唯一可能的比较就是综合的方法。在 7.11 节中，我们已陈述了独立样本在统计学上的比较依赖于“隐含假设”。本质上，假设就是在研究条件下从综合的观点得到的可以被充分观察到的现象。

在许多或绝大多数的生物学调查中，我们所关注的现象相当普遍，因此将个体淹没在综合中的情况不会引发严重的问题。然而，我们不应该无视综合会遮盖个体的重要细节这样的事实。

数据的报告

在交流试验结果时，令人满意的方法是选择一种报告的形式，它能够传达出通过配对提供的额外信息。对于小样本而言，可以使用图形的方法，如图 8.1.1 所示，其中的线段可以清晰地提供每个受试对象血流量下降的视觉证据。

在生物学研究的发表报告中，关于配对的重要信息通常被忽略。例如，常见的做法是报告 Y_1 和 Y_2 的平均数和标准差，但却忽略了差数 D 的标准差。这是一个严重的错误。最好的报告要有 D 的一些描述（参见图 8.1.1），或者有一幅 D 值的直方图，或者至少要有 D 的标准差。

练习 8.6.1—8.6.4

8.6.1　具有高血清胆固醇的 33 位男性，都是有规律的咖啡饮用者，他们参与了一项判断戒掉咖啡是否会影响其胆固醇水平的研究。其中，25 位男性（随机挑选）在 5 周内不喝咖啡，而剩余的 8 位照常喝咖啡。下表所示为他们在基线（研究在开始时）和 5 周后距基线变化的胆固醇水平（单位：mg/dL）[23]。

	不喝咖啡（n=25）		照常喝咖啡（n=8）	
	平均数	SD	平均数	SD
基线	341	37	331	30
距基线的变化	−35	27	+26	56

下面进行的 t 检验使用非定向备择假设，并设定 α=0.05。

（a）不喝咖啡组的平均胆固醇水平下降了 35mg/dL，使用 t 检验来评价这种下降的统计显著性；

（b）照常喝咖啡组的平均胆固醇水平上升了 26mg/dL，使用 t 检验来评价这种上升的统计显著性；

（c）使用 t 检验对不喝咖啡组平均变化（−35）和照常喝咖啡组平均变化（+26）进行比较。

8.6.2　有 8 位年轻女性参与了一项调查月经周期和食物摄入关系的研究。饮食的信息通过每日的采访获得。从某种意义上说，该项研究采取的是双盲模式，即参与者不知道试验目的，采访者不知道参与者的月经周期。下表所示为每一位参与者月经前 10d 和月经来潮后 10d 内的平均热量摄入量（这些数据只是一个周期的）。请用这些数据绘制一个如图 8.1.1 的图形[24]。

	食物摄入量	单位：cal
参与者	月经前的	月经后的
1	2,378	1,706
2	1,393	958
3	1,519	1,194
4	2,414	1,682
5	2,008	1,652
6	2,092	1,260
7	1,710	1,239
8	1,967	1,758

8.6.3 兽医对 29 只健康狗左右眼前房的葡萄糖浓度进行了检测，结果见下表[25]。

动物编号	葡萄糖 /（mg/dL）		动物编号	葡萄糖 /（mg/dL）	
	右眼	左眼		右眼	左眼
1	79	79	10	69	69
2	81	82	11	77	78
3	87	91	12	77	77
4	85	86	13	84	83
5	87	92	14	83	82
6	73	74	15	74	75
7	72	74	16	80	80
8	70	66	17	78	78
9	67	67	18	112	110

续表

动物编号	葡萄糖 /（mg/dL）		动物编号	葡萄糖 /（mg/dL）	
	右眼	左眼		右眼	左眼
19	89	91	25	116	113
20	87	91	26	84	80
21	71	69	27	78	80
22	92	93	28	94	95
23	91	87	29	100	102
24	102	101			

通过成对 t 检验法得到平均数差数的 95% 置信区间为 -1.1 mg/dL< μ_D < 0.7 mg/dL。这个结果说明了该总体中具有代表性的狗其两眼间葡萄糖浓度的差数小于 1.1mg/dL 吗？请解释。

8.6.4 妥布霉素是一种高效的抗生素。为了降低它的毒副作用，每位患者的使用剂量应分别对待。现有30位患者参与了个性化剂量准确度的研究。对于每位患者，基于其年龄、性别、体重和其他特性，可以计算出他们血清中妥布霉素的预期峰值浓度。然后注射妥布霉素，并测量其实际峰值浓度（μg/mL）。结果见下表[26]。

	预期值	实际值
平均数	4.52	4.40
SD	0.90	0.85
n	30	30

这些汇总的结果是否提供了足够信息来支持你判断，即从整体上看，个性化剂量是否准确接近预期峰值浓度？如果是，请描述你做出判断的过程；如果不是，请描述你需要的额外信息并说明原因。

补充练习 8.S.1—8.S.23

8.S.1 在动物避难所工作的志愿者开展了一项猫薄荷对避难所中的猫的影响的研究。志愿者记录了 15 只猫在服用一茶匙猫薄荷前后 15min 出现“负相互作用”的次数。每一组成对的测量值要在同一天的 30min 内收集完毕；数据见下表[27]。

猫	之前（Y_1）	之后（Y_2）	差数
Amelia	0	0	0
Bathsheba	3	6	−3
Boris	3	4	−1
Frank	0	1	−1
Jupiter	0	0	0
Lupine	4	5	−1
Madonna	1	3	−2
Michelangelo	2	1	1
Oregano	3	5	−2
Phantom	5	7	−2
Posh	1	0	1
Sawyer	0	1	−1
Scary	3	5	−2
Slater	0	2	−2
Tucher	2	2	0
平均数	1.8	2.8	−1
SD	1.66	2.37	1.20

（a）构建负相互作用的平均数差数的95%置信区间。

（b）使用错误的独立样本方法构建95%置信区间，并分析这个区间与在（a）中获得的区间相比有何不同？

8.S.2 参阅练习8.S.1。在α=0.05水平下，采用t检验法对前后两个总体进行比较。使用非定向备择假设。

8.S.3 参阅练习8.S.1。在α=0.05水平下，采用符号检验法对前后两个总体进行比较。使用非定向备择假设。

8.S.4 参阅练习8.S.1。构建数据的散点图。该散点图的形状说明了配对是有效的吗？请解释。

8.S.5 作为小麦成熟生理研究的一部分，某农学家从田间小区中随机选了6株小麦。测定了每一株两个部位种子的含水量：一部分来自麦穗"中部"，一部分来自其"顶部"，结果见下表[28]。请对麦穗两部位含水量的平均数差数构建其90%置信区间。

植物	含水量	单位：%
	中部	顶部
1	62.7	59.7
2	63.6	61.6
3	60.9	58.2
4	63.0	60.5
5	62.7	60.6
6	63.7	60.8

8.S.6 生物学家注意到，溪流中的一些鱼大多数出现在水塘中，也就是溪流的水深、流速缓慢的区域，而另一些鱼更喜欢待在浅滩处，即溪流的水浅、水流湍急的区域。为了调查这两个栖息地是否具有相同水平的多样性（即种类数量相同），他们在沿河的15个位点进行鱼的捕捞。每一个位点都记录出现在浅滩和毗连水塘的鱼的种类数量，下表所示为其结果[29]。请对栖息地类型间的平均多样性的差数构建90%的置信区间。

位点	水塘	浅滩	差数
1	6	3	3
2	6	3	3
3	3	3	0
4	8	4	4
5	5	2	3
6	2	2	0
7	6	2	4
8	7	2	5
9	1	2	−1
10	3	2	1
11	4	3	1
12	5	1	4
13	4	3	1
14	6	2	4
15	4	3	1
平均数	4.7	2.5	2.2
SD	1.91	0.74	1.86

8.S.7 参阅练习8.S.6。请问置信区间有效的必需条件是什么？本题满足这些条件吗？你是如何得知的？

8.S.8 参阅练习8.S.6。在α=0.10水平下，采用t

检验法对两个栖息地进行比较。使用非定向备择假设。

8.S.9 参阅练习 8.S.6。
（a）在 $\alpha=0.10$ 水平下，采用符号检验法对两个栖息地进行比较。使用非定向备择假设；
（b）使用二项式公式来计算（a）中确切的 P 值。

8.S.10 参阅练习 8.S.6。使用 Wilcoxon 符号秩次检验法分析该数据。

8.S.11 参阅练习 8.S.10 的 Wilcoxon 符号秩次检验，在什么情况下能说明该检验得到的 P 值可能不够准确？也就是说，在这种情况下为什么可以说 Wilcoxon 检验的 P 值不是拒绝 H_0 证据的完全准确的有力衡量值？

8.S.12 在一项关于咖啡因对肌肉代谢活动影响的研究中，9 位男性志愿者在两种分开的场合下接受了手臂运动的测试。在一种场合下志愿者在测试前 1h 服用了安慰剂胶囊；在另一种场合他服用的是含有纯咖啡因的胶囊（这两种场合的时间顺序是随机设定的）。在每次运动测试中，都测量了受试对象的呼吸交换率（RER）。RER 等于产生 CO_2 和消耗 O_2 的比值，并能说明能量是来自于碳水化合物还是来自于脂肪。结果如下表所示[30]。用 t 检验法评价咖啡因的作用。使用非定向备择假设，设定 $\alpha=0.05$。

	RER	单位：%
受试对象	安慰剂	咖啡因
1	105	96
2	119	99
3	92	89
4	97	95
5	96	88
6	101	95
7	94	88
8	95	93
9	98	88

8.S.13 对练习 8.S.12 数据，绘制如图 8.1.1 的图形。

8.S.14 参阅练习 8.S.12。用符号检验法分析该数据。

8.S.15 神经细胞的某些类型具有被切断后再生的能力。在对该过程的一项早期研究中检测了恒河猴的脊椎神经细胞。将脊椎左侧放射出来的神经切断，同时完整地保留右侧的神经。在再生过程中测量脊椎左右两侧的磷酸肌酸（CP）的含量。下表所示为右侧（对照组，Y_1）和左侧（再生组，Y_2）的数据。测量单位是每 100g 组织 CP 的毫克数[31]。请在 $\alpha=0.05$ 水平下，用 t 检验法对两侧进行比较。用非定向备择假设。

动物	右侧（对照组）	左侧（再生组）	差数
1	16.3	11.5	4.8
2	4.8	3.6	1.2
3	10.9	12.5	−1.6
4	14.2	6.3	7.9
5	16.3	15.2	1.1
6	9.9	8.1	1.8
7	29.2	16.6	12.6
8	22.4	13.1	9.3
平均数	15.50	10.86	4.64
SD	7.61	4.49	4.89

8.S.16 醛固酮是保持人体体液平衡的一种激素。在某兽医的研究中，用药物卡托普利处理 6 只患有心力衰竭的狗，然后测定处理前后醛固酮的血清浓度。结果见下表[32]。在 $\alpha=0.10$ 水平下，用符号检验法并采用非定向备择假设来查证卡托普利影响醛固酮水平的说法。

动物	处理前	处理后	差数
1	749	374	375
2	469	300	169
3	343	146	197
4	314	134	180
5	286	69	217
6	223	20	203
平均数	397.3	173.8	223.5
SD	190.5	136.4	76.1

8.S.17 参阅练习 8.S.16。用 Wilcoxon 符号秩次

检验法分析该数据。

8.S.18 参阅练习8.S.16。注意该研究中的狗没有与对照组进行比较。这会在多大程度上削弱对卡托普利可能产生有效性的推断?

8.S.19（计算机练习） 为了调查伤口愈合的机制，某生物学家选用了成对设计研究绿红东美螈（*Notophthalmus viridescens*）的左右后肢。在切除每个后肢后，她在其皮肤上划一个小伤口，并将后肢放在含有苯扎明溶液或者对照溶液中静置4h。她在理论上推测苯扎明会不利于伤口愈合。下表所示为伤口愈合的数值，用4h后新生皮肤覆盖的面积（mm^2）表示[33]。

动物	对照肢	苯扎明肢	动物	对照肢	苯扎明肢
1	0.55	0.14	10	0.42	0.21
2	0.15	0.08	11	0.49	0.11
3	0.00	0.00	12	0.08	0.03
4	0.13	0.13	13	0.32	0.14
5	0.26	0.10	14	0.18	0.37
6	0.07	0.08	15	0.35	0.25
7	0.20	0.11	16	0.03	0.05
8	0.16	0.00	17	0.24	0.16
9	0.03	0.05			

（a）在α=0.05水平下，使用t检验法评价苯扎明的效应。设定备择假设为研究者的预期是正确的；

（b）使用符号检验法重复（a）的过程；

（c）对苯扎明的平均效应值构建95%置信区间；

（d）绘制数据的散点图。该散点图的形状说明了成对设计是有效的吗？请解释。

8.S.20（计算机练习） 在一项关于催眠暗示的研究中，将16名男性志愿者随机安排在试验组和对照组。每个受试对象都参与了两个阶段的试验过程。在第一阶段，测量了受试者清醒和休息时的呼吸作用（这些测量指标已在练习7.5.6和练习7.10.4中描述过）。在第二阶段，要求受试者想象他正在从事体力工作，并再次测量其呼吸作用。

在第一和第二阶段之间对试验组的受试对象进行催眠；因此，想象从事体力工作的暗示对于试验组受试对象来说是“催眠暗示”，而对于对照组的受试对象来说则是“清醒暗示”。下表所示为所有16名受试对象总换气量（身体每平方米面积每分钟换气的升数）的测量值[34]。

试验组			对照组		
受试对象	休息	工作	受试对象	休息	工作
1	5.74	6.24	9	6.21	5.50
2	6.79	9.07	10	4.50	4.64
3	5.32	7.77	11	4.86	4.61
4	7.18	16.46	12	4.78	3.78
5	5.60	6.95	13	4.79	5.41
6	6.06	8.14	14	5.70	5.32
7	6.32	11.72	15	5.41	4.54
8	6.34	8.06	16	6.08	5.98

（a）用t检验法比较两组的平均休息值。用非定向备择假设并设定α=0.05。这与练习7.5.6（a）相同；

（b）用合适的成对或不成对的t检验法来调查：（ⅰ）试验组对暗示的反应；（ⅱ）对照组对暗示的反应；（ⅲ）试验组和对照组反应的差数。使用定向备择假设（暗示增加了换气量，且催眠暗示比清醒暗示增加得多）并设定α=0.05；

（c）用合适的非参数检验法（符号检验和Wilcoxon-Mann-Whitney检验）重复（b）的调查；

（d）用合适的图形来研究（b）中作为t检验基础正态条件的合理性。该调查怎样揭示了（b）和（c）中结果的矛盾?

8.S.21 假设我们想要检验某种试验性药物降低血压的作用是否比安慰剂更多。我们计划将这种药物或安慰剂施加在一些受试对象身上，并记录其血压的下降程度。现共有20个可以参试的受试对象。

（a）我们可以先配成10对，每一对受试对象的匹配都尽可能在性别和年龄上保持一致，然后随机安排每对中的一个受试对象接受这种药物，而另一个受试对象接受安慰剂。请解释为什么使用匹配的成对设计可能比较好；

（b）简要解释为什么匹配的成对设计也可能不

好。也就是说，这样的设计比完全随机设计可能差在哪里？

8.S.22 一组包括 20 位绝经后的女性使用为期 1 个月的雌二醇贴膜。这些女性中有 10 人的纤溶酶原激活物 1 型抑制剂（PAI–1）的血浆水平下降，而另外 10 人表现上升[35]。用符号检验法检验无效假设，即雌二醇贴膜对 PAI–1 的水平没有影响。选用 α=0.05 及非定向备择假设。

8.S.23 有 6 位肾病患者进行了血浆净化。每位患者在进行血浆净化的前后均检测了其尿蛋白排泌量（每克肌酸酐的蛋白质克数）。数据见下表[36]。使用该数据调查血浆净化是否能影响肾病患者的尿蛋白排泌量（提示：用该数据作图并在原比例尺上考虑进行 t 检验是否合适）。

患者	之前	之后	差数
1	20.3	0.8	19.5
2	9.3	0.1	9.2
3	7.6	3.0	4.6
4	6.1	0.6	5.5
5	5.8	0.9	4.9
6	4.0	0.2	3.8
平均数	8.9	0.9	7.9
SD	5.9	1.1	6.0

分类数据：一个样本分布 9

目标

在这一章，我们学习分类数据。我们将：
- 探讨描述二项总体估计量的抽样分布；
- 演示如何设定和解释比例的置信区间；
- 提供求出用于估计比例最优样本容量的方法；
- 展示如何及何时进行卡方拟合优度检验。

9.1 二项观察

第五章，我们讨论的问题涉及了数值变量和检验样本平均数的抽样分布。第六章，我们利用抽样分布解释样本平均数与总体平均数趋向于怎样的变异，我们构建总体平均数的置信区间。本章将以类似的方法开始，首先考察一个简单的二项分类变量（如一个只有两种可能值的分类变量）和样本比例的抽样分布。在 9.2 节，我们将使用样本比例的抽样分布来为总体比例构建置信区间。

Wilson 调整样本比例 $\tilde{p}$

当在一个大的二项总体中抽样时，总体比例的估计值 p 为样本比例，$\hat{p}=y/n$，其中 y 是样本中具有目标属性的观察值数目，n 为样本容量。

例 9.1.1 受污染的苏打水

在任何时间，软饮料自动售卖机中都可能存在如脑膜败血黄杆菌（*Chryseobacterium meningosepticum*）的有害致病细菌[1]。为了评估弗吉尼亚社区里受污染软饮料自动售卖机的比例，研究者随机抽取了 30 台自动售卖机并发现其中 5 台机器被脑膜败血黄杆菌污染。因此受污染自动售卖机的样本比例为

$$\hat{p}=\frac{5}{30}=0.167$$

在例 9.1.1 中得到的估计值 $\hat{p}$ =0.167，是受污染苏打水自动售卖机总体比例较好的估计值，但它并不是唯一可能的估计值。Wilson 调整样本比例 $\tilde{p}$ 是另一个总体比例的估计值，由下面方框中的公式给出。

Wilson 调整样本比例 $\tilde{p}$

$$\tilde{p}=\frac{y+2}{n+4}$$

例 9.1.2 受污染的苏打水

受污染苏打水自动售卖机的 Wilson 调整样本比例为

$$\tilde{p}=\frac{5+2}{30+4}=0.206^{*}$$

正如前面例子所示，增广样本比例 $\tilde{p}$ 与普通样本比例 $\tilde{p}$ 是等价的：一个包含多至四个软饮料自动售卖机的观察样本，其中两个观测值是受污染的，而另外两个没有。这种增广有使估计值倾向于 1/2 的效应。一般来说，我们更倾向于避免有偏估计，但我们将在 9.2 节看到，基于这种有偏估计 $\tilde{p}$ 构建的置信区间，确实要比那些基于 $\tilde{p}$ 构建的置信区间更可靠。

$\tilde{p}$ 的抽样分布

对于从大的二项总体中进行随机抽样，我们在第 3 章了解到如何用二项分布去计算所有可能样本组成的概率。这些概率相应地决定了 $\tilde{p}$ 的抽样分布。举例以下。

例 9.1.3 受污染的苏打水

设在美国某地区有 17% 的软饮料自动售卖机被脑膜败血黄杆菌污染了。如果我们要检查来自该总体的两个饮料售卖机随机样本，那么，我们可能会发现 0、1 或者 2 台机器被污染。两台自动售卖机都被污染的概率是 $0.17\times0.17=0.0289$；两台自动售卖机都没污染的概率是（1–0.17）×（1–0.17）=0.6889。有两种方法得到其中一台机器受污染、一台没有被污染的样本：第一台被污染，第二台没有被污染；反之亦然。因此，恰好一台机器被污染的概率为：

$$0.17\times(1-0.17)+0.17\times(1-0.17)=0.2822$$

如果用 $\tilde{p}$ 表示被污染的自动售卖机的 Wilson 调整样本比例，那么对于没有受污染的自动售卖机样本 $\tilde{p}=\frac{0+2}{2+4}=0.33$，它发生的概率为 0.6889；对于有一台被污染机器样本 $\tilde{p}=\frac{1+2}{2+4}=0.50$，它发生的概率为 0.2822；对于两台机器都被污染样本 $\tilde{p}=\frac{2+2}{2+4}=0.67$，它发生的概率为 0.0289**。因此，大概有 69% 的机会 $\tilde{p}$ 等于 0.33，有 28% 的机会 $\tilde{p}$ 等于 0.50，3% 的机会 $\tilde{p}$ 等于 0.67（图 9.1.1 和表 9.1.1）。

* 按照我们的惯例，$\tilde{p}$ 代表一个随机变量，而 $\tilde{p}$ 代表的是一个特定数值（如本例中的 0.206）。

** 值得注意的是，当样本容量较小（n=2）时，$\tilde{p}$ 的可能值为 0.33、0.50 和 0.67，而 $\hat{p}$ 的可能值为 0.00、0.50 和 1.00。这就揭示了为什么 $\tilde{p}$ 是总体比例的合理估计值，尤其对于小样本来说。在一个小样本里，即使受污染机器占总体的合理比例，也极有可能得到没有被污染的机器的样本。在这样一个小的样本里，断言受污染机器的总体比例为 0 是很轻率的。

表 9.1.1　受污染的自动售卖机在总体中占 17%，当样本容量 n=2 时 Y（受污染的自动售卖机的数量）和 $\tilde{p}$（受污染的自动售卖机 Wilson 调整比例）的抽样分布

Y	$\tilde{p}$	概率
0	0.33	0.6889
1	0.50	0.2822
2	0.67	0.0289

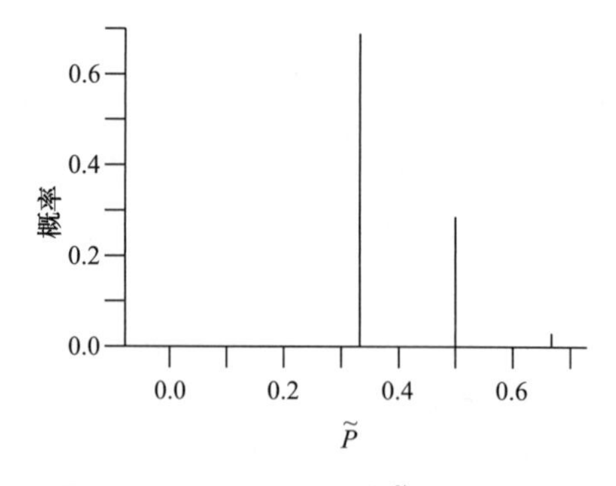

图 9.1.1　n=2、p=0.17 时 $\tilde{p}$ 的抽样分布

例 9.1.4　受污染的苏打水和一个大样本

假设我们要在一个污染率为 17% 的总体中检查 20 台自动售卖机样本。这个样本中理论上有多少台受污染的自动售卖机？正如例 9.1.3，这个问题能够用概率的语言回答。然而，由于 n=20 已经相当大，我们不列出每一个可能的样本，我们将利用 n=20 和 p=0.17 的二项分布来进行计算。例如，我们求在这个样本里 5 台自动售卖机被污染而 15 台没被污染的概率：

$$
\begin{aligned}
P\{5\text{ 台污染、}15\text{ 台没污染}\} &= {}_{20}C_5(0.17)^5(0.83)^{15} \\
&= 15{,}504(0.17)^5(0.83)^{15} \\
&= 0.1345
\end{aligned}
$$

用 $\tilde{P}$ 代表受污染自动售卖机的 Wilson 调整样本比例，那么对于一个含有 5 台受污染机器样本，有 $\tilde{p}=\frac{5+2}{20+4}=0.2917$。因此，我们发现

$$P\{\tilde{P}=0.2917\}=0.1345$$

二项分布能可以用来确定 $\tilde{P}$ 的整个抽样分布，其分布显示在表 9.1.2 和图 9.1.2 概率直方图中。

表 9.1.2　当 n=20、p=0.17 时，成功数 Y 和成功的 Wilson 调整比例 $\tilde{p}$ 的抽样分布

Y	$\tilde{p}$	概率	Y	$\tilde{p}$	概率
0	0.0833	0.0241	11	0.5417	0.0001
1	0.1250	0.0986	12	0.5833	0.0000
2	0.1667	0.1919	13	0.6250	0.0000
3	0.2083	0.2358	14	0.6667	0.0000
4	0.2500	0.2053	15	0.7083	0.0000
5	0.2917	0.1345	16	0.7500	0.0000
6	0.3333	0.0689	17	0.7917	0.0000
7	0.3750	0.0282	18	0.8333	0.0000
8	0.4167	0.0094	19	0.8750	0.0000
9	0.4583	0.0026	20	0.9167	0.0000
10	0.5000	0.0006			

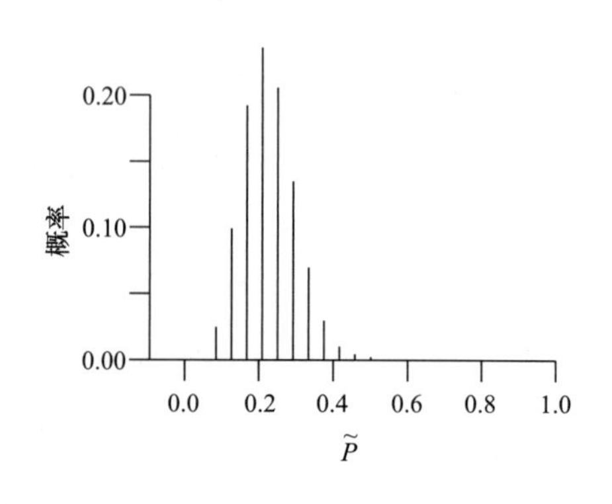

图 9.1.2　当 n=20、p=0.17 时 $\tilde{P}$ 的抽样分布

我们可以用这个分布回答类似这样的问题："如果我们随机抽取一个样本容量为 n=20 的样本，那么样本中受污染机器不超过 5 台的概率是多少？"需要注意的是，这个问题可以以两个等价的方式提问："$P\{Y \leqslant 5\}$ 为多少"和"$P\{\tilde{P} \leqslant 0.2917\}$ 为多少？"通过将表 9.1.2 里前六个的概率相加就能解答这一问题：

$$\begin{aligned} P\{Y \leqslant 5\} &= P\{\tilde{P} \leqslant 0.2917\} \\ &= 0.0241+0.0986+0.1919+0.2358+0.2053+0.1345 \\ &= 0.8902 \end{aligned}$$

与统计推断的关系

在进行从样本到总体的统计推断中，将 $\tilde{P}$ 作为 p 的估计值是相当合理的。$\tilde{P}$ 的抽样分布可以用来预测期望估计值的抽样误差有多大。例如，假设我们想要知道抽样误差是否小于 5%，换句话说，即 $\tilde{P}$ 是否在 $\pm 0.05p$ 范围内。我们不能确定这个事件是否会发生，但我们能求得它发生的概率，如下面例子所示。

例 9.1.5
受污染的苏打水

在 n=20 的苏打水饮料自动售卖机的例子中，我们从表 9.1.2 得知

$$\begin{aligned} P\{0.12 \leqslant \tilde{P} \leqslant 0.22\} &= 0.0986+0.1919+0.2358 \\ &= 0.5263 \approx 0.53 \end{aligned}$$

因此，对于容量为 20 的样本，$\tilde{P}$ 有 53% 的概率出现在 $\pm 0.05p$ 的范围内。

对样本大小的依赖

正如 $\bar{Y}$ 的抽样分布取决于 n，$\tilde{P}$ 的抽样分布也是这样的。n 的值越大，$\tilde{P}$ 越接近于 p*。下面的例子阐述了这个效应。

例 9.1.6
受污染的苏打水

图 9.1.3 所示为例 9.1.1 饮料自动售卖机总体中，对于 3 个不同 n 值的 $\tilde{P}$ 的抽样分布。（每一个抽样分布都由一个 p=0.17 的二项分布所决定。）

从图 9.1.3 中可以发现，随着 n 的增大，抽样分布越来越聚集在 p=0.17 附近；因此，随着 n 的增大，$\tilde{P}$ 趋近于 p 的概率越来越大。例如，考察 $\tilde{P}$ 在 p 的 $\pm$5% 范围内的概率。我们在例 9.1.5 中看到，对于 n=20，这个概率等于 0.53。表 9.1.3 和图 9.1.3 展示了这个概率是如何依赖于 n 值的。

注释 一个较大的样本能使 $\tilde{P}$ 更接近于 p。然而，我们应引以注意的是，即使 n 值非常大，$\tilde{P}$ 完全等于 p 的概率仍然是很小的。实际上，

当 n=80，$P\{\tilde{P}=0.17\}$=0.110**

$P\{0.12 \leqslant \tilde{P} \leqslant 0.22\}$=0.75 这个值是许多个小概率的总和，而其中最大的概率值是 0.110，可以从图 9.1.3（c）中清楚地发现这一效应。

* 这个表述不能完全依照字面意思去理解。作为 n 的函数，$\tilde{P}$ 接近于 p 的概率在总体上呈上升的趋势，但是它也可能有稍许波动。

** 当 y=12，n=80 时，$\tilde{p}$ =0.1677，这是最接近于 0.17 的可能值了。

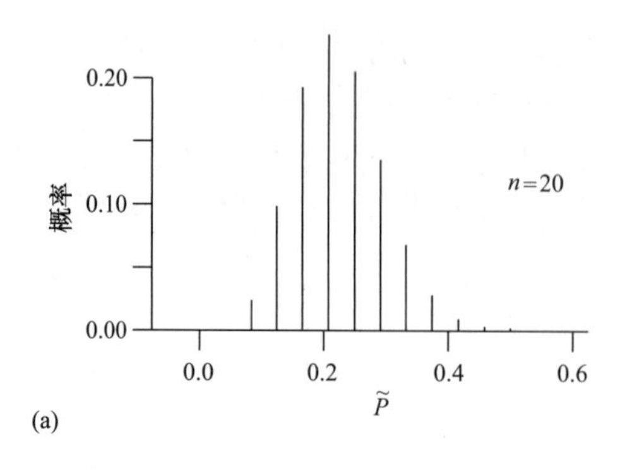

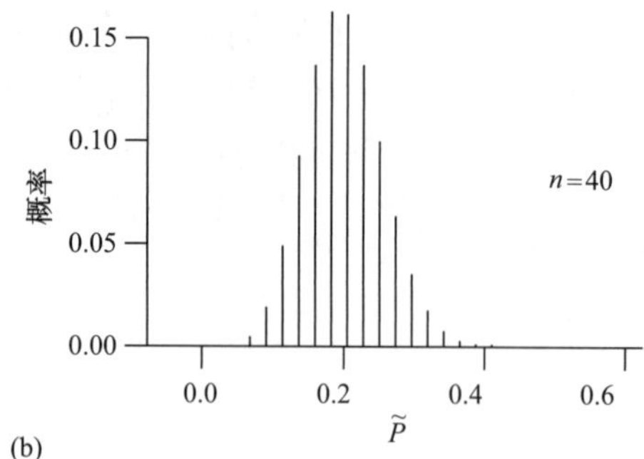

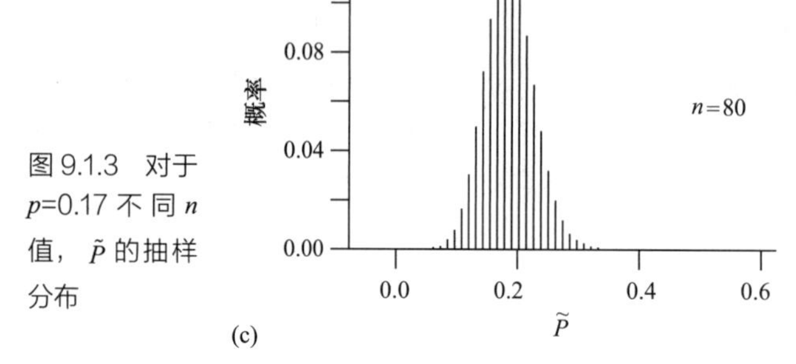

图 9.1.3　对于 p=0.17 不同 n 值，$\tilde{P}$ 的抽样分布

表 9.1.3

n	$P\{0.12 \leqslant \tilde{P} \leqslant 0.22\}$
20	0.53
40	0.56
80	0.75
400	0.99

练习 9.1.1—9.1.10

9.1.1　从一个吸烟人群中随机抽取样本容量为 3 的样本，尽可能记录其中患有肺癌的数量。用 $\tilde{P}$ 代表样本中患有肺癌人数的 Wilson 调整样本比例。$\tilde{P}$ 的抽样分布可能的值有哪些？

9.1.2　假如我们从一个有 37% 突变体的大总体中随机抽取含 3 个个体的样本（如例 3.6.4）。用 $\tilde{P}$ 代表这个样本中突变体的 Wilson 调整比例。计算 $\tilde{P}$ 等于以下值的概率：

（a）2/7；（b）3/7。

是否有可能得到一个含 3 个个体的样本，其 $\tilde{P}$ 为 0？请解释原因。

9.1.3　假如我们从一个有 37% 突变体的大总体中随机抽取含 5 个个体的样本（如例 3.6.4）。用 $\tilde{P}$ 代表在样本中突变体的 Wilson 调整比例。

（a）用表 3.6.3 中的结果，求 $\tilde{P}$ 等于以下值的概率：

（i）2/9；（ii）3/9；（iii）4/9；（iv）5/9；（v）6/9；（vi）7/9。

（b）用类似于图 9.1.1 的图形展示 $\tilde{P}$ 的抽样分布。

9.1.4　一种针对获得性免疫缺陷综合征（艾滋病，AIDS）的新疗法被应用于包括 15 个患者的小型临床试验。用表示对治疗有响应的 Wilson 调整比例 $\tilde{P}$，作为用于艾滋病患者总体中对该治疗有（潜在）响应比例 p 的估计。如果实际上 p=0.2，15 个患者被看作是总体中抽取的随机样本，求出以下情况时的概率：

（a）$\tilde{P}$ =5/19；（b）$\tilde{P}$ =2/19。

9.1.5　在某森林中，25% 的白松感染了疱锈病。假设选择一个含 4 棵白松的随机样本，用 $\tilde{P}$ 作为感染疱锈病白松的 Wilson 调整样本比例。

（a）计算当 $\tilde{P}$ 等于以下值的概率：

（i）2/8；（ii）3/8；（iii）4/8；（iv）5/8；（v）6/8。

（b）用类似于图 9.1.1 的图形展示 $\tilde{P}$ 的抽样分布。

9.1.6　参阅练习 9.1.5。

（a）在该森林里抽取的样本容量为 8 棵白松的样本，确定 $\tilde{P}$ 的抽样分布；

（b）使用相同的水平和垂直尺度，分别构建当 n=4、n=8 时 $\tilde{P}$ 的抽样分布图，直观地比较两者有何区别？

9.1.7 陆生蜗牛（*Limocolaria marfensiana*）的壳有两种不同的颜色：条纹的和苍白色的。在某一蜗牛总体中，60% 的个体是条纹壳（如练习 3.6.4）。假如在总体中随机抽取了一个含 6 个蜗牛的样本，$\tilde{P}$ 作为条纹壳蜗牛的 Wilson 调整样本比例，计算：

（a）$P\{\tilde{P}=0.5\}$；（b）$P\{\tilde{P}=0.6\}$；

（c）$P\{\tilde{P}=0.7\}$；（d）$P\{0.5 \leqslant \tilde{P} \leqslant 0.7\}$；

（e）$\tilde{P}$ 在 $\pm 0.10p$ 范围内的样本的百分比。

9.1.8 某一个社区，有 17% 的苏打水自动售卖机被污染（如例 9.1.5）。假如随机选取一个含 5 台自动售卖机的样本并观察其污染，用 $\tilde{P}$ 代表受污染售卖机的 Wilson 调整样本比例：

（a）计算 $\tilde{P}$ 的抽样分布；

（b）根据（a）中的分布画一个直方图，并且直观比较其与图 9.1.3 两个分布有何区别？

9.1.9 考察从一个二项总体中随机抽样，用 E 代表 $\tilde{P}$ 在 $\pm 0.05p$ 范围内的事件。在例 9.1.5 中，我们得知当 n=20、p=0.17 时，$P\{E\}$=0.53。计算当 n=20 且 p=0.25 时 $P\{E\}$ 的值（也许令人惊讶，这两个概率大致上相等）。

9.1.10 从某一大学学生总体中随机抽取一个容量为 10 个学生的样本，并且调查每一位学生是否吸烟。在这样的背景下，解释普通样本比例 $\tilde{P}$ 的抽样分布意味着什么？

9.2 总体比例的置信区间

在 6.3 节，我们描述了观察变量为定量变量时的置信区间。这种思路也可用于构建分类变量和相关参数为总体比例的置信区间的情况。我们假设数据可以看作是来自某些总体的随机样本。在本节中，我们将讨论总体比例置信区间的构建。

考察一个包含 n 个分类观察值的随机样本，我们把注意力集中在这些分类变量中的其中一个。例如，假设遗传学家观测 n 个豚鼠，其毛色可以是黑色、乌贼墨色、奶油色或白化变种，集中分析“黑色”类别，用 p 代表这个“黑色”目标类别的总体比例，让 $\tilde{P}$ 代表对 p 估计的 Wilson 调整样本比例（如 9.1 节一样），这种情况如图 9.2.1 所示。

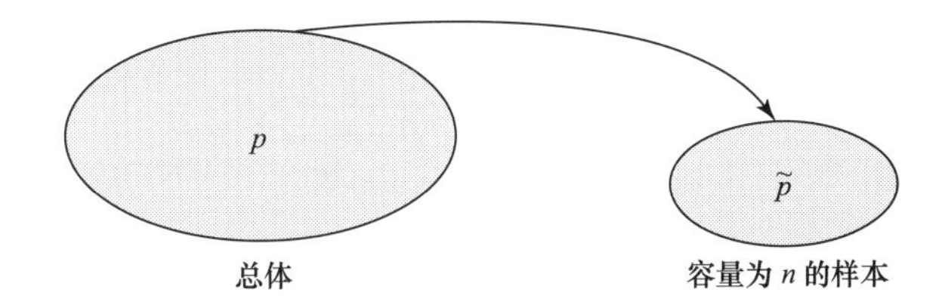

图 9.2.1 对于总体和样本比例的图释

$\tilde{P}$ 可能有多接近 p？我们在 9.1 节发现这个问题能依据 $\tilde{P}$ 的抽样分别来回答（由二项分布计算而得）。正如我们将要了解的，通过 $\tilde{P}$ 的抽样分布特性，如标准误和 $\tilde{P}$ 的近似正态行为，我们能够在一定情况下为 p 构建置信区间。为了构建这个区间，我们将用 6.3 节同样的基本原理，即基于 $\bar{Y}$ 的抽样分布特性为数值型数据 μ

构建置信度。

尽管 p 的置信区间可以直接由二项分布来构建，但是对于许多实际情况，可以应用另外一种简单的近似方法。由中心极限定理可知，当样本容量 n 较大时，$\tilde{P}$ 的抽样分布为近似正态。如果回顾图 9.1.2，会发现抽样分布类似于正态曲线，特别是 n=80 时的分布（这种近似正态曲线已在选修的 5.4 节进行了详细描述）。在 6.3 节，我们介绍了当数据来源于一个正态总体时，一个对于总体平均数 μ 的 95% 的置信区间构建方法为：

$$\bar{y} \pm t_{0.025}\mathrm{SE}_{\bar{Y}}$$

总体比例 p 置信区间可用类似的方法构建，我们用 $\tilde{P}$ 作为 p 的 95% 置信区间的中心。为了进行数据处理，我们首先需要计算 $\tilde{P}$ 的标准误。

$\tilde{P}$ 的标准误

使用以下公式计算估计值标准误。

> **$\tilde{P}$ 的标准误（对于 95% 置信区间）**
>
> $$\mathrm{SE}_{\tilde{P}} = \sqrt{\frac{\tilde{p}(1-\tilde{p})}{n+4}}$$

这个估计标准误的公式看起来类似于平均数标准误公式，只是用 $\sqrt{\tilde{p}(1-\tilde{p})}$ 代替了 s，用 n+4 代替了 n。

例 9.2.1 孕期吸烟

作为全国家庭成长调查的一部分，询问了 496 个年龄在 20~24 岁生过孩子的女性是否有吸烟的习惯[2]。据报告，样本中有 78 名女性在孕期吸烟，占 15.7%（78/496=0.157 或者 15.7%）。因此，$\tilde{p}$ 就是 $\frac{78+2}{496+4}=\frac{80}{500}=0.16$；标准误是 $\sqrt{\frac{0.16(1-0.16)}{500}}=0.016$ 或者 1.6%，$\tilde{P}$ 的样本值明显在总体比例 p 的 ±2 个标准误内。基于此标准误，我们预期所有年龄在 20~24 岁且在孕期吸烟女性的比例 p 的区间为（0.128,0.192）或（12.8%，19.2%）。p 的置信区间使这个思路更清晰。

p 的 95% 置信区间

一旦我们得到 $\tilde{P}$ 的标准误后，就需要知道 $\tilde{P}$ 有多大可能与 p 接近。构建比例置信区间的一般过程与 6.3 节进行平均数置信区间的构建方法相似。然而，平均数置信区间的构建是基于样本源自一个正态分布总体，我们用标准误与相应的 t 值相乘。当处理比例数据时，我们知道这个总体并不是正态性的（这个总体里只有两个数值）。但是中心极限定理告诉我们，如果样本容量 n 足够大时，$\tilde{P}$ 的抽样分布是近似正态的。而且，事实证明，对一个中等的或者小的样本来说，基于 $\tilde{P}$ 和 Z 相乘的置信区间对总体比例 p 的估计效果依然很好[3]。

对于 95% 的置信区间，适用的 Z 乘数为 $Z_{0.025}$=1.960。因此，总体比例 p 的近似 95% 置信区间的构建如下框所示*。

P 的 95% 置信区间

95% 置信区间：$\tilde{p} \pm 1.96\mathrm{SE}_{\tilde{P}}$

例 9.2.2 乳腺癌

BRCAI 是一个和乳腺癌有关的基因。研究者对 169 名有乳腺癌家族史的女性进行 DNA 分析，以寻找 *BRCAI* 基因变异。在测试的 169 名女性中，有 27 人（16%）存在 *BRCAI* 基因突变[4]。用 p 代表有乳腺癌家族史女性存在 *BRCAI* 基因变异的概率。

由这些数据，得 $\tilde{p} = \dfrac{27+2}{169+4} = 0.168$。$\tilde{P}$ 的标准误为 $\sqrt{\dfrac{0.168(1-0.168)}{169+4}} = 0.028$。因此，

p 的 95% 置信区间为

$$0.168 \pm (1.96) \times (0.028)$$

或

$$0.168 \pm 0.055$$

或

$$0.113 < p < 0.223$$

因此，我们有 95% 的置信度认为有乳腺癌家族史的女性存在 *BRCAI* 基因突变的概率在 0.113~0.223（即 11.3%~22.3%）。

注意，标准误的大小与 $\sqrt{n}$ 成反比，如下例所示。

例 9.2.3 乳腺癌

如例 9.2.2，假设有一个含 n 名有乳腺癌家族史女性的样本中有 16% 的人存在 *BRCAI* 基因突变，$\tilde{p} \approx 0.168$，且

$$\mathrm{SE}_{\tilde{P}} \approx \sqrt{\frac{0.168(0.832)}{n+4}}$$

如例 9.2.2，n=169，则

$$\mathrm{SE}_{\tilde{P}} = 0.028$$

如果 $n = 4 \times 169 = 676$，则

$$\mathrm{SE}_{\tilde{P}} = 0.014$$

因此，具有相同组成的样本（即存在 16% *BRCAI* 基因突变），当样本容量增大 4 倍时，将使 p 的估计精度提高一倍。

当样本容量较小时，Wilson 调整样本比例能够用来为 p 构建一个置信区间，

* 许多统计学书提出的比例置信区间为 $\hat{p} \pm 1.96\sqrt{\dfrac{\hat{p}(1-\hat{p})}{n}}$，其中 $\hat{p} = y/n$。常用的置信区间是类似于本教材提出的区间，特别是当 n 值较大时。对一些较小或者中等容量的样本，我们呈现的区间更有可能包含该总体比例 p。关于使用 $\tilde{P}$ 的 Wilson 区间学术性讨论在附录 9.1 中给出。

如下例所示。

例 9.2.4
体外膜肺氧合

体外膜肺氧合（ECMO）是一个用来治疗患有严重呼吸衰竭新生儿的备用救生程序。一项关于 11 名幼儿应用 ECMO 治疗试验表明没有一名幼儿死亡[5]。用 p 代表用 ECMO 治疗幼儿死亡的概率。试验中没有幼儿死亡的例证，并不能让大家相信死亡概率 p 恰好是 0（只是接近 0）。$\tilde{p}$ 的估计值为 2/15=0.133，$\tilde{p}$ 的标准误为

$$\sqrt{\frac{0.133(0.867)}{15}}=0.088^{*}$$

因此，p 的 95% 置信区间为

$$0.133\pm(1.96)(0.088)$$

或者

$$0.133\pm0.172$$

或者

$$-0.039<p<0.305$$

我们知道 p 不能为负值，所以我们表述其置信区间为（0，0.305）。

所以，我们有 95% 的置信度认为患有严重呼吸衰竭的新生儿应用 ECMO 治疗后死亡的概率在 0~0.305（即 0% ~ 30.5%）。

单侧置信区间

大多数的置信区间是“估计值 ± 误差范围”的形式，称为双侧置信区间。然而，当只有一个下限或者只有一个上限时，构建单侧置信区间相对更加适合，也更有意义。通过下面例子进行说明。

例 9.2.5
ECMO 单侧置信区间

考察例 9.2.4 中的 ECMO 数据，用来估计患有严重呼吸衰竭的新生儿的死亡概率 p。我们知道 p 不能比 0 小，但我们更想知道 p 可能会有多大。鉴于双侧置信区间是基于取自标准正态分布中间的 95% 概率，因此使用 Z 乘数即 ±1.96。单侧 95%（上尾）置信区间利用了 $P(-\infty<Z<1.645)=0.95$ 的事实。因此，这个置信区间的上限是 $\tilde{p}+1.645\times \mathrm{SE}_{\tilde{p}}$，下限是负无穷大。在这种情况下，我们得到

$$0.133+(1.645)(0.088)=0.133+0.145=0.278$$

将其作为上限。最终置信区间为（−∞，0.278），但是因为 p 不能为负值，所以我们进一步得到置信区间为（0,0.278）。也就是我们有 95% 的置信度认为死亡的概率最多是 27.8%。

估计 p 的研究设计

在 6.4 节，我们讨论了样本容量为 n 的选择方法，以便于提出对预期目标更加精确的研究设计。这个方法依赖于两个要素：①期望值 $\mathrm{SE}_{\bar{Y}}$ 的要求；② SD 的

---

* 注意，如果我们用一般的表示方法 $\hat{p}\pm1.96\sqrt{\frac{\hat{p}(1-\hat{p})}{n}}$，我们会发现标准误是 0，导致置信区间为 0±0，在实际中，这样的区间看起来并没有用处。

初步推测。在此背景下，当观察变量为分类变量时，可以应用类似的方法。如果 $SE_{\tilde{p}}$ 的期望值是特定的，并且对 $\tilde{p}$ 经过粗略推测是可计算得到的，那么所需的样本容量 n 可通过以下公式计算获得：

$$期望的\ SE=\sqrt{\frac{(\tilde{p}的推测值)(1-\tilde{p}的推测值)}{n+4}}$$

下面例子说明了该方法的应用。

例 9.2.6
左撇子

在对英国和苏格兰大学生一项调查中显示，400 个男生中有 40 个是左撇子[6]。

这个比例的样本估计是

$$\tilde{p}=\frac{40+2}{400+4}\approx 0.104$$

假如我们认为这些数据是试验性的研究，而现在我们想要规划一个足够大样本的研究，从而使得 p 的估算只有一个百分点的标准误，即 0.01。我们选择 n 满足下列关系：

$$\sqrt{\frac{0.104(0.896)}{n+4}}\leqslant 0.01$$

整理方程，很容易得出 $n+4\geqslant 931.8$。我们应该计划一个包含 928 个学生的样本。

无知的设计 假如没有初步的信息推测 p 是有效的。很明显，在这种情况下设计一个试验去获得 $SE_{\tilde{p}}$ 的期望值仍然是可能的*。这样一个“盲目的”设计所依据的就是，当 $\tilde{p}$ =0.5 时 $\sqrt{\tilde{p}(1-\tilde{p})}$ 这个重要值为最大的。从图 9.2.2 的曲线可看到这一点。由此断定，利用“猜测 $\tilde{p}$ ”=0.5 计算的 n 值是很保守的，也就是说 n 一定要足够大（当然，如果 $\tilde{p}$ 与 0.5 有很大不同时，所得 n 值将会远大于所需要数量）。下面的例子展示了这种“最坏情况”设计是如何应用的。

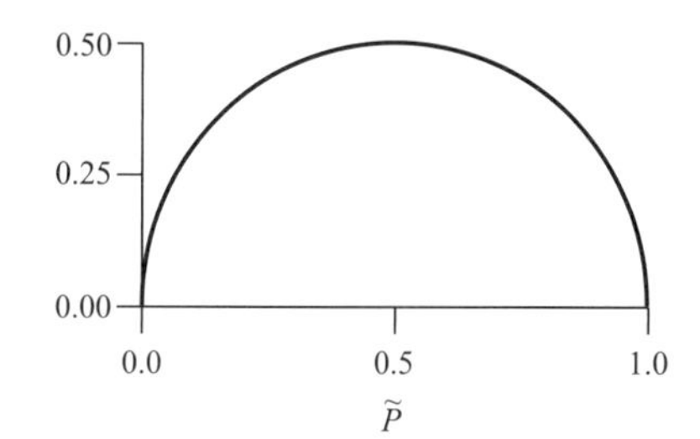

图 9.2.2 $\sqrt{\tilde{p}(1-\tilde{p})}$ 如何依赖于 $\tilde{p}$

例 9.2.7
左撇子

在例 9.2.6 中，假如我们设计关于左撇子的研究，并且想让 $SE_{\tilde{p}}$ 等于 0.01，但是如果我们没有任何初步的信息，只有使用 $\tilde{p}$ =0.5 的推测值，才能够如同例 9.2.6 一样进行研究。然后可得

* 相反，如果我们没有关于 SD 值的任何信息就计划研究评估总体平均数 μ，是不可能的。

$$\sqrt{\frac{0.5(0.5)}{n+4}} \leqslant 0.01$$

这意味着 $n+4 \geqslant 2500$，所以我们需要 n=2,496。因此，在不管 p 的实际值是多少的情况下，样本需要包含 2,496 名学生才能够在一个百分点的标准误下估计 p（当然如果 p=0.1，计算所得的 n 值将会远大于所需要数量）。

练习 9.2.1—9.2.13

9.2.1 应用头孢抗生素类治疗细菌性伤口感染患者。认为细菌学反应（细菌从伤口处消失）“满意”的有 84% 的病人[7]。如果病人情况如下，确定 $\tilde{P}$ 的标准误和“满意”反应的 Wilson 调整观察比例：

（1）50 名患者中有 42 人认为“满意”；

（2）200 名患者中有 168 人认为“满意”。

9.2.2 在存在某种变异果蝇（*Drosophila*）总体的试验中，检验了 n 个个体，其中 20% 发生了变异。试确定以下情况 $\tilde{P}$ 的标准误：

（a）n=100（20 个突变体）；（b）n=400（80 个突变体）。

9.2.3 参阅练习 9.2.2。当 n=100 和 n=400 时，为总体突变体比例构建 95% 的置信区间。

9.2.4 在密歇根州安阿伯市附近的一个老鼠（*Mus musculus*）自然总体中，一些个体肚子的毛皮上有白色斑点。在一个来自总体的 580 只老鼠样本中，28 个个体肚皮具有白色斑点[8]。构建一个具此总体比例特点的 95% 置信区间。

9.2.5 为了评估婴幼儿百日咳常规免疫接种政策，对 339 名第一次接受注射的婴儿进行不良反应监测，有 69 名婴儿发生了不良反应[9]：

（a）构建对疫苗有不良反应概率的 95% 置信区间；

（b）解释（a）部分的置信区间，用此区间如何理解百日咳疫苗？

（c）利用（a）部分的置信区间，我们能否相信对疫苗的不良反应的概率小于 0.25？

（d）什么水平的置信度与（c）部分的答案相关（提示：相关的单侧区间置信水平是多少）？

9.2.6 在非人灵长类动物的人血型研究中，检测了有 71 头猩猩的样本，发现有 14 头是 B 型血[10]。对这个猩猩总体中 B 型血的相对频率构建 95% 置信区间。

9.2.7 在蜗牛属（*Cepaea*）总体中，一些个体的壳有深色条纹，其他的个体则没有[11]。假设生物学家计划开展一项估计某个自然总体中带条纹个体比例的研究，估计的这个比例预测在 60% 附近，且不超过 4 个百分点的标准误。那么需要收集多少个蜗牛？

9.2.8（练习 9.2.7 的继续） 如果带条纹的贝壳的预测比例是 50% 而不是 60%，那么答案会是多少？

9.2.9 品尝化合物苯硫脲（PTC）的能力是由人类基因控制的性状。在欧洲和亚洲，大约 70% 的人是“品尝者”[12]。假设有一项估计某个亚洲人总体品尝者相对频率的研究，而且预期估计相对频率的标准误为 0.01，那么在这项研究中应该调查多少人？

9.2.10 参阅练习 9.2.9，假设计划对世界上某一部分人开展这项调查研究，而其“品尝者”比例是完全不知道的，因此练习 9.2.9 中 70% 这个比例是不可用的，那么需要多大的样本量才能使标准误不大于 0.01？

9.2.11 参阅练习 9.2.9，假设对 SE 的要求放宽 2 倍，即从 0.01 到 0.02，这会不会使所需的样本大小缩小 2 倍？请解释。

9.2.12 小麦品种“Luso”具有小麦瘿蚊抗性，为了理解遗传机制如何控制其抗性，农学家计划检验“Luso”和一个无抗性品种的杂交后代，每一个后代植株都被分为抗病或感病，同时农学家也估计具有抗性后代植株的比例[13]。为了能保证它估计比例的标准误不超过 0.05，需要对多少后代植株进行分类？

9.2.13（练习 9.2.12 的继续） 假如农学家认为这个抗性可能有两种遗传机制；一种遗传机制下其抗病和感病的总体比例为 1 ∶ 1，而另一种机制是 3 ∶ 1。如果农学家应用练习 9.2.12 中的样本容量，是否能确定至少排除一种遗传机制的 95% 置信区间？也就是说，能否确定这个置信区间不能同时包含 0.50 和 0.75？请解释。

9.3 其他置信水平（选修）

9.2 节的过程可以用来构建 95% 的置信区间。为了构建其他置信系数的区间，一些步骤是需要修改的。第一项修改与 $\tilde{P}$ 有关。对于一个 95% 的置信区间，我们定义了 $\tilde{p}$ 为 $\frac{y+2}{n+4}$。通常，对于一个 100（1−α）% 水平的置信区间来说，$\tilde{p}$ 可定义为：

$$\tilde{p}=\frac{y+0.5(z_{\alpha/2}^2)}{n+z_{\alpha/2}^2}$$

对 95% 的置信区间来说，$z_{\alpha/2}$ 是 1.96，所以 $\tilde{p}=\frac{y+0.5(1.96^2)}{n+1.96^2}$，等于 $\frac{y+1.92}{n+3.84}$，将其四舍五入为 $\frac{y+2}{n+4}$。其实，这个公式对于任何置信水平都能使用。例如，对一个 90% 的置信区间，$\tilde{p}=\frac{y+0.5(1.645^2)}{n+1.645^2}$，等于 $\frac{y+1.35}{n+2.7}$。

第二项修改与标准误有关。对 95% 的置信区间，我们将 $\sqrt{\frac{\tilde{p}(1-\tilde{p})}{n+4}}$ 作为标准误项。通常，我们使用 $\sqrt{\frac{\tilde{p}(1-\tilde{p})}{n+z_{\alpha/2}^2}}$ 作为标准误项。

最后，乘数 Z 一定要与置信水平相匹配（如 1.645 对应 90% 的置信区间）。这些可以很容易地从表 4 中的 df= ∞ 得到［回顾 6.3 节，当 df= ∞ 时 t 分布是一个正态（Z）分布］。通过下面例子对这些修改进行说明。

例 9.3.1 左撇子

在例 9.2.6 中，我们知道关于英国和苏格兰大学生的调查，400 名男生中有 40 人是左撇子。我们来为这个总体中左撇子个体在总体中所占的比例 p 构建 90% 的置信区间[6]。

这个比例的样本估计为：

$$\tilde{p} = \frac{40 + 0.5(1.645^2)}{400 + 1.645^2} = \frac{40 + 1.35}{400 + 2.7} \approx 0.103$$

SE 为：

$$\sqrt{\frac{0.103(0.897)}{402.7}} = 0.015$$

p 的 90% 置信区间为：

$$0.103 \pm (1.645)(0.015)$$

或

$$0.078 < p < 0.128$$

因此，我们有 90% 的置信度认为抽样总体中左撇子的概率为 7.8% ~ 12.8%。

练习 9.3.1—9.3.4

9.3.1　在一个包含 848 名 3~5 岁儿童的样本中，发现有 3.7% 的儿童缺铁[14]。利用这些数据对所有 3~5 岁儿童中缺铁的比例构建 90% 的置信区间。

9.3.2　研究者测试了带心脏起搏器的患者，观察使用移动电话是否会干扰心脏起搏器应用，对 959 人进行了一种移动电话类型的测试，测试中起搏器有干扰（用心电图监测）的比例占 15.7%[15]。

（a）利用这些数据构建恰当的 90% 置信区间；

（b）在（a）中得到的置信区间是一个多大度量的置信区间？请根据上下文回答。

9.3.3　在患有肌肉萎缩症的病人中发现有基因突变现象。在某项研究中，发现在 180 例肢带型肌肉萎缩症患者中，有 23 例肌聚糖蛋白的编码基因存在缺陷[16]。利用这些数据构建相应总体比例的 99% 置信区间。

9.3.4　在一项关于卡罗来纳州灯芯草雀的生态研究中，从某一总体中捕获 53 只小鸟，其中 40 只是雄性[17]。利用这些数据对卡罗来纳州灯芯草雀总体雄性鸟比例构建 90% 的置信区间。

9.4　比例的区间估计：卡方拟合优度检验

在 9.2 节，我们描述了当观察变量是分类变量时置信区间的构建方法，现在我们把注意力转向分类数据的假设检验。我们首先从分析单一样本的分类数据开始。我们假设这些数据能被当作从某些总体中得到的一个随机样本，并对无效假设进行检验，H_0 详细说明了不同类别的总体比例或者概率。现举例说明如下。

例 9.4.1
鹿的栖息地和火灾

火灾能影响鹿的行为吗？有 730 英亩的鹿栖息地遭受了一场火灾，6 个月后研究者在它周围的 3,000 英亩土地上开展了调查，把这片土地分为四个地区：（1）火灾中心区域；（2）火灾区内边缘；（3）火灾区外边缘；（4）火灾区外未燃烧区，如图 9.4.1 和表 9.4.1 所示[18]。无效假设为鹿对某一特定的烧毁或者没烧毁的栖息地没有任何偏向性，即它们随机分布在这 3,000 英亩的土地上；备择假设是鹿明确表现出了对某些区域的偏爱，即它们并不是随机分布在整个 3000 英亩的土地上。

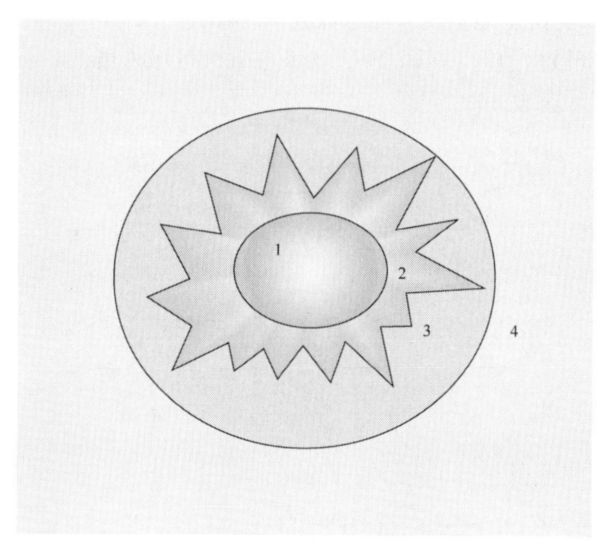

图 9.4.1 包括 730 英亩火灾区在内的 3,000 英亩区域示意图（未按比例）

表 9.4.1 鹿的分布

区域	英亩	比例
1. 火灾中心区	520	0.173
2. 火灾内边缘	210	0.070
3. 火灾外边缘	240	0.080
4. 火灾外未燃烧区	2,030	0.677
	3,000	1.000

无效假设中，如果鹿群随机分布在 3,000 英亩的土地上，则我们可以预测鹿在某一区域的数量和该区域的大小成比例关系。用以下观察到的鹿的概率从数字上表示无效假设为：

$$H_0\text{: }P\{\text{火灾中心区}\}=\frac{520}{3,000}=0.173$$

$$P\{\text{火灾内边缘}\}=\frac{210}{3,000}=0.070$$

$$P\{\text{火灾外边缘}\}=\frac{240}{3,000}=0.080$$

$$P\{\text{火灾外未燃烧区}\}=\frac{2,030}{3,000}=0.677$$

因为备择假设并不明确（它只是表述了鹿会比较偏爱某一区域，但是并没有表明偏好区域的性质），也没有一个简单的符号方法来表示备择假设，因此，我们通常不使用符号表示。如果我们选择用符号来表示这个备择假设，可以写成：

H_A：$P\{\text{火灾中心区}\}\neq 0.173$，和 / 或 $P\{\text{火灾内边缘}\}\neq 0.070$，和 / 或 $P\{\text{火灾外边缘}\}\neq 0.080$，和 / 或 $P\{\text{火灾外未燃烧区}\}\neq 0.677$

对给定 n 个分类观察值的随机样本，如何来判断所提供证据能否反驳这个说明了各类别概率的无效假设 H_0 呢？这里有两个互补的方法来解决这个问题：第一种是对每类观察的相对频率进行检验，第二种是直接检验这个频数。就第一种方法来说，所观察的相对频率是作为各类别概率的估计值。下面这种相对频率的表示方法很有用：当一个概率 $P\{E\}$ 是从观察数据估计得到的，这个估计能通过添加一个帽

子“^”来表示。即

$$\hat{P}\{E\}= \text{事件 } E \text{ 的估计概率}$$

例 9.4.2
鹿的栖息地和火灾

研究者在例 9.4.1 里描述的 3,000 英亩土地上观察到总数为 75 头的鹿：2 头在火灾中心区（区域 1），12 头在火灾区域内边缘（区域 2），18 头在火灾区域外边缘（区域 3），43 头在火灾外未燃烧区（区域 4）。

这些数据如图 9.4.2 所示。

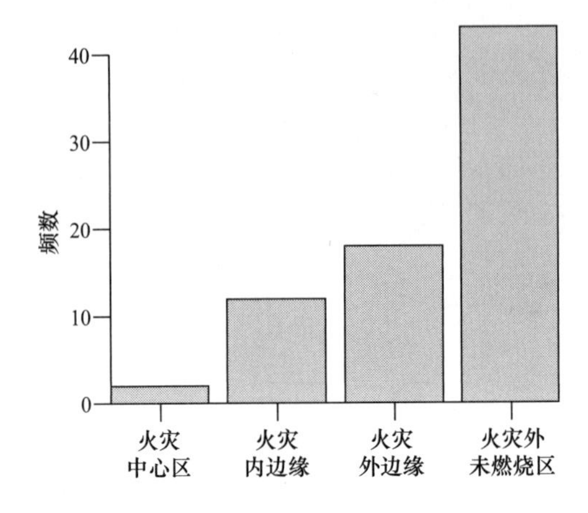

图 9.4.2　鹿分布数据的条形图

分类数据的概率估计是：

$$\hat{P}\{\text{火灾中心区}\}= \frac{2}{75} = 0.027$$

$$\hat{P}\{\text{火灾内边缘}\}= \frac{12}{75} = 0.160$$

$$\hat{P}\{\text{火灾外边缘}\}= \frac{18}{75} = 0.240$$

$$\hat{P}\{\text{火灾外未燃烧区}\}= \frac{43}{75} = 0.573$$

这些估计概率与 H_0 中说明的模型的概率有很大的不同。图 9.4.3 通过不同堆叠条形图展示了观察值和假设值的比例。

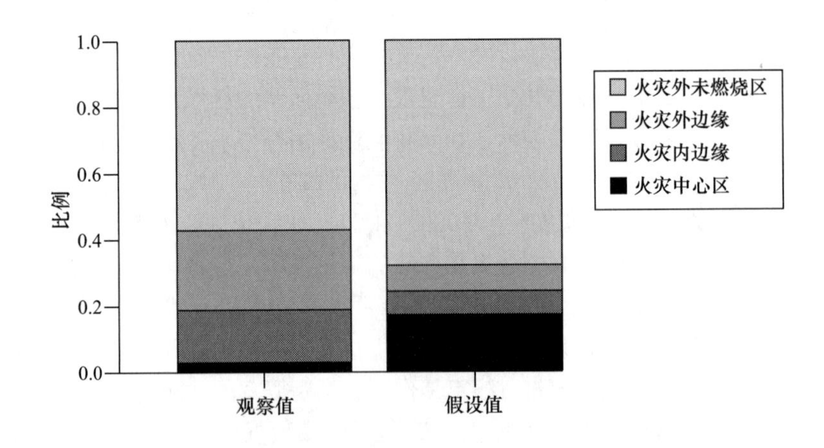

图 9.4.3　鹿比例的堆叠条形图

卡方统计数

第二种方法需要考虑实际频数并应用统计学检验来评估与 H_0 的数据兼容性，将其称为**拟合优度检验**（goodness-of-fit test）。应用最广泛的拟合优度检验方法是**卡方检验**（chi-square test）或者 χ^2 检验（χ 是希腊字母“chi”）。

卡方检验统计的计算是根据绝对数而不是相对数进行的，即用各类别的频率进行的。对于每一个类别水平 i，用 o_i 表示类别的**观察频数**（observed frequency），用 e_i 表示**期望频数**（expected frequency），也就是根据 H_0 预期的频数。e_i 的数值是由 H_0 中设定概率与 n 值相乘得到的，如例 9.4.3 所示。

例 9.4.3
鹿的栖息地和火灾

考察例 9.4.1 中的无效假设和例 9.4.2 中的数据，如果无效假设是正确的，那么我们预期 75 头鹿中有 17.3% 的鹿是在火灾中心区；75 的 17.3% 为 13：

火灾中心区：e_1=(0.173)(75)=13.00

类似的，其他区域期望频数是：

火灾内边缘：e_2=(0.070)(75)=5.25

火灾外边缘：e_3=(0.080)(75)=6.00

火灾外未燃烧区：e_4=(0.677)(75)=50.75

应用下面方格中的公式（k 为类别水平数），利用各 o_i 和 e_i 的值可以计算出卡方拟合优度检验的统计数。例 9.4.4 说明了这种卡方统计数的计算方法。

卡方统计数

$$\chi_s^2 = \sum_{i=1}^{k} \frac{(o_i - e_i)^2}{e_i}$$

总和为所有 k 类别之和。

例 9.4.4
鹿的栖息地和火灾

75 头鹿所在位置的观察频数是：

区域	火灾中心区	火灾内边缘	火灾外边缘	火灾外燃烧区	总计
观察值 o_i	2	12	18	43	75

期望频数是：

区域	火灾中心区	火灾内边缘	火灾外边缘	火灾外燃烧区	总计
期望值 e_i	13	5.25	6	50.75	75

注意期望频数的总和与观察频数的总和相同（75）。χ^2 统计数为：

$$\chi^2 = \frac{(2-13)^2}{13} + \frac{(12-5.25)^2}{5.25} + \frac{(18-6)^2}{6} + \frac{(43-50.75)^2}{50.75}$$

$$=43.2$$

计算注释 在计算卡方统计数时，o_i 一定要是绝对数而不是相对频率。

χ^2 分布

从 χ_s^2 定义的方式来看，很明显小的 χ_s^2 值能表明数据服从于 H_0，而大的 χ_s^2 值表明不一致。为了进行判断统计检验是否接受，我们需要知道 χ_s^2 受抽样变量的影响可能有多大。

我们考察一下 χ_s^2 的无效分布，即 H_0 是正确的情况下 χ_s^2 所遵循的抽样分布。这个抽样分布表明（使用数学统计的方法），如果样本足够大，这个 χ_s^2 的无效分布就是近似的 **χ^2分布**（χ^2 distribution）。χ^2分布的形式取决于所谓“自由度”（df）的参数。图 9.4.4 所示为 df=5 时的 χ^2 分布。

书后统计表中的表 9 给出了 χ^2 分布的临界值。例如，当 df=5，5% 的临界值是 $\chi^2_{5,0.05}$=11.07，这个临界值对应于 χ^2分布上尾的 0.05 的面积，如图 9.4.4 所示。

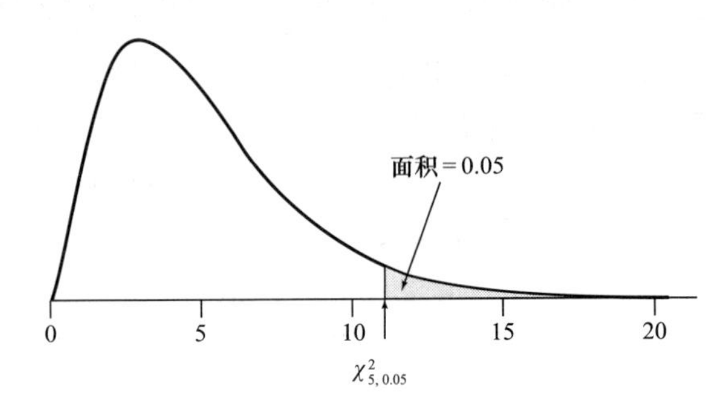

图 9.4.4 df=5 时的 χ^2分布

拟合优度检验

对于我们所提出的卡方拟合优度检验，χ_s^2 的无效分布近似于 df=k−1 的 χ^2 分布[*]，其中 k 为类别数。

例如，在例 9.4.4 中所展现的试验中有 4 个类别，因此 k=4。无效假设对每一个类别都指定了概率。然而，一旦前 3 个概率被指定，第 4 个也就确定了，因为 4 个概率的和肯定是 1。虽然试验中有 4 个类别，但是只有 3 个是“自由的”，最后一个受前 3 个的约束。

H_0 的检验通过使用书后统计表中的表 9 的临界值来进行，如下例所示。

例 9.4.5 鹿的栖息地和火灾

对于例 9.4.4 中的鹿栖息地数据，观测的卡方统计数是 χ_s^2=43.2。因为有 4 个类别，所以对于这个无效分布的自由度计算为

$$df=4-1=3$$

从书后统计表中的表 9，查出 df=3 时 $\chi^2_{3,0.0001}$=21.11。因为 χ_s^2=43.2 大于 21.1，所以超过 43.2 的上尾区要小于 0.0001。因此，P 值比 0.0001 小，我们有足够的证据否定 H_0，而支持备择假设，即鹿对一些区域显示出了偏爱。当比较观察频数和期望频数（或者说比较假设的和估计的概率），我们发现鹿是从火灾中心区（1）和火灾外未燃烧区（4）移动到边缘区域（2）和（3）（这些地方可能有新生的植物，但也临近老的生长居所）。

卡方检验可以用于任何分类数据。在例 9.4.6 中，这个检验就运用于有 6 个类别的变量。

* 卡方检验可以延伸到更多的一般情况，即在期望频数被计算之前评估相应参数。通常，检验自由度为（类别数）−（参数估计数）−1。我们仅考虑没有在数据中估计参数的情况。

例 9.4.6
亚麻籽

研究者研究了一种亚麻籽的突变体，希望它生产用于人造黄油和起酥油的亚麻油。在这项研究中，亚麻籽中软脂酸含量是很重要的因素，与此关联的是种子为棕色还是杂色。这些种子按软脂酸量和颜色分为 6 个组合，见表 9.4.2[19]。根据假设（孟德尔式）的基因模型，这 6 个组合发生的比例应为 3∶6∶3∶1∶2∶1。也就是说，棕色和低酸水平种子的发生概率应为 3/16，棕色和中级酸水平种子的发生概率应为 6/16，以此类推。无效假设认为这个模型是正确的，备择假设则认为这个模型是不正确的。χ^2 的统计数为

$$\chi_s^2=\frac{(15-13.5)^2}{13.5}+\frac{(26-27)^2}{27}+\frac{(15-13.5)^2}{13.5}+\frac{(0-4.5)^2}{4.5}+\frac{(8-9)^2}{9}+\frac{(8-4.5)^2}{4.5}$$
$$=7.71$$

表 9.4.2 亚麻籽的分布

颜色	酸水平	观察值（o_i）	期望值（e_i）
棕色	低	15	13.5
棕色	中等	26	27
棕色	高	15	13.5
杂色	低	0	4.5
杂色	中等	8	9
杂色	高	8	4.5
总计		72	72

χ^2 检验的自由度为 6−1=5，我们在书后统计表中的表 9 中查到 df=5 时 $\chi^2_{5,0.20}$=7.29、$\chi^2_{5,0.10}$=9.24。因此，P 值范围为 0.10<P 值 <0.20。如果此次检验选择的 α 水平为 0.10 或者更小，P 值将会大于 α，我们也不能拒绝 H_0。我们得出结论即没有明显的证据表明这些数据和孟德尔模型不一致（需要注意的是，我们并不需要证明这个孟德尔模型是正确的，仅仅证明我们不能拒绝这个模型）。

注意，卡方检验的临界值并不取决于样本容量 n，而 n 是通过影响卡方统计数的值来影响这个检验过程的。当保持固定的百分比组成时，如果我们改变样本的容量，那么 χ_s^2 将会直接随样本大小 n 变化而变化。例如，假设我们对样本本身添加一个相同的样本，则这个扩大的样本将会有原始样本 2 倍大的观察值，但是它们依然是一样的相对比例。每一个 o_i、e_i 值将扩大 2 倍，然后 χ^2 的值也将扩大 2 倍［因为 χ_s^2 的每一项里，分子（o_i-e_i）^{2} 将会乘以 4，分母 e_i 将会乘以 2］。也就是说，尽管那些数据的形式仍然没变，但是 χ_s^2 的值会上升 2 倍。这样的话，样本容量的增大会使无效假设中观察值和期望值之间的差异放大。

复合假设及定向性

让我们更仔细地研究一下拟合优度无效假设。在两个样本比较中（如 t 检验），无效假设包括一个确切的论断，如两个总体平均数是相等的。相反，拟合优度无效假设可能包含一个以上的论断，这样的无效假设被称为**复合无效假设**（compound null hypothesis）。如下例所示。

例 9.4.7

鹿的栖息地和火灾

例 9.4.1 的无效假设为

H_0：P{ 火灾中心区 }=0.173，P{ 火灾内边缘 }=0.070，P{ 火灾外边缘 }=0.080，P{ 火灾外未燃烧区 }=0.677

这就是一个复合假设，因为它有 3 个独立的推断，即

P{ 火灾中心区 }=0.173，P{ 火灾内边缘 }=0.070，P{ 火灾外边缘 }=0.080

注意，第 4 个推断（P{ 火灾外未燃烧区 }=0.677）不是独立的，因为它受其他 3 个推断的约束。

当无效假设为复合时，卡方检验就有两个特征。第一，备择假设必然是非定向性的；第二，如果 H_0 被拒绝，这个检验就不能产生定向的结论（然而，如果 H_0 被拒绝，检查所观察的比例，有时会显示与 H_0 相背离的一个有趣模式，如例 9.4.5 所示）。

当 H_0 为复合时，卡方检验在本质上是非定向性的（也许“全向性”会是一个更好的术语），因为卡方统计数偏差来自 H_0 的所有方向。统计方法可以得到有效的定向结论，并进行定向备择假设，但这样的方法已经超出了本教材的范围。

二分变量

如果用拟合优度检验分析的分类变量是二项的，那么无效假设就不是复合的，进行定向备择假设、得出定向结论也就不会有任何特殊的困难*。

定向结论 下面的例子对定向结论进行说明。

例 9.4.8

鹿的栖息地，火灾和两个区域

假设例 9.4.1 中鹿的栖息地数据被看作仅来源于两个区域 A 和 B，其中 A 是火灾的边缘，包括（2）和（3）区域；B 是剩余的部分，包括（1）和（4）区域。在 A 区域发现 30 头鹿，B 区域发现 45 头鹿。这能证实鹿更偏爱一个区域而不另一个区域吗？

恰当的无效假设是：

$$H_0：P\{\text{A 区域}\}=\frac{450}{3000}=0.15，P\{\text{B 区域}\}=\frac{2550}{3000}=0.85$$

这个假设不是复合的，因为它只包含了一个独立推断（注意第二个推断 P{B 区域 }=0.85 是多余的，因为它依赖于第一个推断）。

让我们检验与 H_0 所对应的非定向备择假设

$$H_A：P\{\text{A 区域}\}\neq 0.15$$

观察频数和期望频数见表 9.4.3。

表 9.4.3 两个区域鹿栖息的数据

	A	B	总和
观察值	30	45	75
期望值	11.25	63.75	75

由数据可得 χ_s^2=36.8，从书后统计表中的表 9 中我们发现 P<0.0001。即使在

* 当数据为二项时，对单一比例的检验有可替代拟合优度检验的方法，即 Z 检验。Z 检验所应用的计算方法看起来和拟合优度检验的有很大不同，但实际上，两个检验在数学上是等价的。然而，不像拟合优度检验能够处理任何分类数据，Z 检验只能用于数据为有两个类别的情况。因此，我们这里不再介绍。

α=0.0001 水平，我们也要拒绝 H_0，并发现有充足的证据得出鹿群对某一区域具有偏爱的结论。比较观察值和期望值，我们发现鹿群更偏爱 A 区而不是 B 区。

概括地说，因为我们知道假如 H_0 错误，例 9.4.8 中的定向结论是正确的，则必定有 P{A 区域}<0.15 或者 P{A 区域}>0.15。相反，在例 9.4.7 中 H_0 可能是错误的，但是 P{火灾外未燃烧区}可能仍然等于 0.677，卡方分析不能判断哪个概率不是由 H_0 所指定的。

定向备择假设 对于一个定向备择假设（当观察变量是二分时）的拟合优度检验通常采用两步过程：

步骤 1 检查方向性（判断在 H_A 指向的方向上，数据是否偏离了 H_0）。

（a）如果没有，P 值大于 0.50；

（b）如果偏离，进行步骤 2。

步骤 2 如果 H_A 是非定向的，P 值会是它本来的一半。

通过下面的例子来说明这个过程。

例 9.4.9 中秋节

那些即将死亡的人能否推迟死亡直到经历了一个有象征性意义的时刻？研究者研究了住在加利福尼亚的老年中国女性（年龄大于 75）中自然死亡的人。他们选择在中秋节附近进行调查，因为（1）这个传统中国节日每年变化不大，这使他们的研究效应不易受时间效应的影响；（2）这个节日年龄最长的女性在家中扮演很重要角色。

以前的研究表明，老年中国女性在节日来临前的死亡率可能下降，而在之后会上升。研究者发现在几年时间里，有 33 人在中秋节前一周死亡，而有 70 人在节日之后死亡[20]。这能有大程度支持人们能够延长生命直到一个有象征意义事件结束后的推断呢？

我们可以设定一个无效假设和一个备择假设如下：

H_0：假如一名老年中国女性在中秋节前后一周内死亡，她在节前和节后死亡的可能性是相等的；

H_A：假如一名老年中国女性在中秋节前后一周内死亡，她在节后死亡的可能性要大于在节前。

这些假设可以转换为：

$$H_0：P\{\text{节后死亡}\}=\frac{1}{2}$$

$$H_A：P\{\text{节后死亡}\}>\frac{1}{2}$$

这里，假如老年女性在节前的一周或节后的一周内死亡，P{节后死亡}可以理解为是节后死亡的概率。观察频数和期望频数见表 9.4.4。

表 9.4.4 中秋节数据

	中秋之前	中秋之后	总和
观察值	33	70	103
预期值	51.5	51.5	103

在这 103 个死亡数据中，我们首先注意到，这些数据确实是在 H_A 指定的方向

上偏离了 H_0，因为节后死亡的观察相对频率是 70/103，而这个比例远大于 1/2。卡方统计数的值是 χ_s^2=13.3，从书后统计表中的表 9 我们发现 P 值在 0.0001 ~ 0.001。然而，对于在此检验中所指向的定向备择假设，我们把 P 值定为 0.00005<P 值 <0.0005。我们的结论是，有足够证据表明在节后老年中国女性的死亡率明显上升*。

练习 9.4.1—9.4.13

9.4.1 白色和黄色西葫芦杂交后代颜色如下[21]：

颜色	白	黄	绿
子代的数目	155	40	10

这些数据是否符合某基因型所预期 12∶3∶1 的比例？在 α=0.10 水平上进行卡方检验。

9.4.2 参阅练习 9.4.1，假设样本组成相同但样本容量扩大 10 倍：1550 株白色，400 株黄色和 100 株绿色的后代。这些数据是否符合 12∶3∶1 的比例？

9.4.3 蜜蜂是如何识别花的？作为此问题研究的一部分，研究者使用了两种人造花[22]：

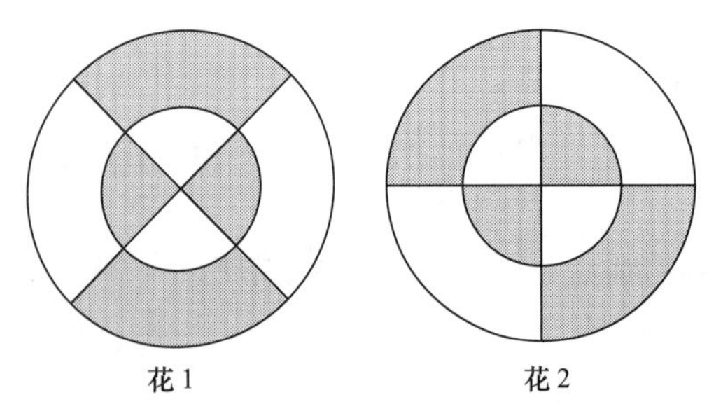

花 1　　花 2

试验对蜜蜂个体进行了一系列的测试，每个测试包括一只蜜蜂和两种花，然后观察蜜蜂首先会停在哪朵花上（花 1 有时放在左边，有时放在右边）。在整个“训练”测试中，花 1 含有蔗糖溶液，花 2 没有，因此，蜜蜂更喜欢花 1。在接下来两朵花都没有放蔗糖的试验中，用一只蜜蜂进行 25 次试验，这只蜜蜂在花 1 上停留 20 次，在花 2 上停留 5 次。

用拟合优度检验评估蜜蜂能够记忆和识别花的证据。用定向备择假设，令 α=0.05 水平。

9.4.4 在美国中西部的一家医院，连续 20 周内共出生了 932 名新生儿。在这些新生儿中，216 名在周末出生[23]。这些数据是否显示，新生儿随机出生的时间有更多的偶然误差？（检验其拟合优度，分为两种出生类别：周末出生和工作日出生。用非定向备择假设，令 α=0.05 水平。）

9.4.5 在一个育种试验中，将带有小鸡冠的白色鸡配成对，并且产生了 190 个后代，这些后代的类型见下表[24]。这 4 种类型数据是否符合孟德尔式的预期比例 9∶3∶3∶1 呢？在 α=0.10 水平上进行卡方检验。

类型	后代数目
白色羽毛，小鸡冠	111
白色羽毛，大鸡冠	37
深色羽毛，小鸡冠	34
深色羽毛，大鸡冠	8
总计	190

9.4.6 在某城市出生的 n 个孩子中，51% 是男孩[25]。假如我们想检验男孩真实概率为 1/2 的假设，计算以下情况的 χ_s^2 值，并确定非定向备择假设检验 P 值的范围：

（a）n=1,000；

（b）n=5,000；

（c）n=10,000。

9.4.7 在皱缩型花生种子与正常种子杂交的农学

---

* 基于这些结果，人们可能会转向这样的结论：为了保护老年中国女性，应该取消这个节日。然而因为这个研究仅是观察性调查，所以，我们不必得出这样一个因果关系。

试验中，农学家根据遗传模型预测正常与皱缩后代比例为 3∶1。他们得到了 95 个正常的和 54 个皱缩的后代[26]。这些数据是否能支持假设的模型？应用非定向备择假设，在 α=0.05 水平上进行卡方检验。

9.4.8 利用窝组匹配的试验设计来测试某种药物的潜在致癌性。从 50 窝大白鼠中的每一窝，选择 3 只雌性白鼠：随机选择其中一只，接受这个测验药物，其他两只作为对照。在两年的观测周期中，详细记录每只动物的肿瘤发生或者由于各种原因致死的时间。分析这些数据的一种方法是简单记录哪一只大鼠（每三个一组）最先长了肿瘤。在以下情况，这些组的记录是无效的：（a）同窝的三只老鼠都没有长肿瘤；（b）一只大鼠在同窝的同伴由于其他原因死亡后长了肿瘤。50 组结果见下表[27]。用拟合优度检验评估药物是否致癌。在 α=0.01 水平应用定向备择假设进行检验，陈述在这种背景下（a）的结论（提示：仅用 20 组提供完整信息的数据）。

	三只一组的数目
处理的大鼠首先出现肿瘤	12
对照的大鼠之一首先出现肿瘤	8
无肿瘤出现	23
死于其他原因	7
总和	50

9.4.9 应用含有三个能够分别照明的半透明小面板装置进行了松鼠色彩视觉的研究。训练这些松鼠通过按压控制杆选择明显不同于其他两个的面板（在这些“训练”测试中，这些面板只是明亮程度不同而不是颜色不同）。然后，检验这些松鼠辨别不同颜色的能力。在对某一松鼠进行的一系列测验中，一个面板是红色的，另外两个是白色的；红色面板的位置在试验中不停地随机变换。75 次试验中，该松鼠选择正确 45 次，选错 30 次[28]。有多大的把握支持动物能辨别两种颜色的推断？

（a）在 α=0.02 水平上应用定向备择假设，检验松鼠不能辨别红色与白色的这个无效假设。

（b）为什么在这种情况下用定向备择假设比较适合？

9.4.10 科学家应用蒙古沙土鼠进行神经学研究。某一品种沙鼠杂交后得到下面不同颜色的后代[29]：

颜色	黑	棕	白
后代数目	40	59	42

这些数据是否符合某一基因模型所预期 1∶2∶1 的比例？在 α=0.05 水平上进行卡方检验。

9.4.11 36 个男人分别被要求蒙眼触摸三个女人的前额，其中一位是他自己的配偶。两个“诱饵”女人具有男人配偶一样的年龄、身高和体重。36 名被测试的男士中，18 位能正确辨别出他们的配偶[30]。这些数据能否提供充分的证据证明男人能仅仅比猜测做得更好？进行合适的检验。

9.4.12 在一项试验中，遗传学家通过叶子特性来辨别植物，研究了豇豆的遗传模式，数据如下[31]。

类型	Ⅰ	Ⅱ	Ⅲ
数量	179	44	23

检验三种类型发生的概率分别是 12/16、3/16、1/16 的无效假设，在 α=0.10 水平上进行卡方检验。

9.4.13 在金鱼草（*Antirrhinum majus*）中，植物个体能开出红色、粉色或白色的花。根据某孟德尔遗传模型，粉色花的植株自交可以产生白色∶粉色∶红色 =1∶2∶1 的后代植株，某遗传学家用粉色的金鱼草进行自交，得到不同颜色的 234 个后代植株[32]，见下表。

类型	红色	粉色	白色
数量	54	122	58

在 α=0.10 水平，应用卡方检验检验三种颜色出现的概率为 1/4、1/2、1/4 无效假设。

9.5 展望与总结

在本章，我们讨论了分类数据的推断，包括置信区间和假设试验。本章所介绍的内容可在以下两种情况下应用：

（1）数据能够被看作是来自一个大总体中的随机样本；

（2）观察变量是独立的。总结如下。

分类数据推断方法总结

***p* 的 95% 置信区间**

$$\tilde{p} \pm 1.96\ \mathrm{SE}_{\tilde{P}}$$

其中：

$$\tilde{p} = \frac{y+2}{n+4}$$

$$\mathrm{SE}_{\tilde{p}} = \sqrt{\frac{\tilde{p}(1-\tilde{p})}{n+4}}$$

***P* 的一般形式的置信区间**

$$\tilde{p} \pm z_{\alpha/2}\mathrm{SE}_{\tilde{p}}$$

其中：

$$\tilde{p} = \frac{y+0.5(z_{\alpha/2}^2)}{n+z_{\alpha/2}^2}$$

$$\mathrm{SE}_{\tilde{p}} = \sqrt{\frac{\tilde{p}(1-\tilde{p})}{n+z_{\alpha/2}^2}}$$

拟合优度检验

数据：

o_i=i 分类数据的观察频数

无效假设：H_0 指定每个类别的概率*。

期望频数的计算：

$e_i = n\times$ 由 H_0 指定 i 分类数据的概率

统计检验：

$$\chi_s^2 = \sum_{i=i}^{k} \frac{(o_i - e_i)^2}{e_i}$$

无效分布（近似地）：

df=k−1 的 χ^2

其中 k 为分类数。

这个近似适用于 $e_i \geqslant 5$ 的分类数据。

---

* 对拟合优度检验形式进行微小的修改可用于仅限定概率而不是精确指定它们的假设检验，如检验二项分布与数据是否符合的例子（见选修 3.9 节）。这个检验的具体内容超过了本教材的范围。

补充练习 9.S.1—9.S.21

9.S.1 在某总体中，83% 的人是 Rh 阳性血型[33]。假如从该总体中抽取 n=10 的随机样本，用 $\tilde{p}$ 代表样本中 Rh 阳性血型人群的 Wilson 调整比例，求：

（a）$P\{\tilde{P}=0.714\}$；

（b）$P\{\tilde{P}=0.786\}$。

9.S.2 在某池塘生存的涡虫（*Planaria*）总体中，五分之一的个体是成年，五分之四是幼虫[34]。生态学家计数来自该池塘包含 16 个涡虫随机样本中成年个体的数量；他将使用样本中成年个体 Wilson 调整样本比例 $\tilde{p}$，作为这个池塘总体中成年个体所占比例 p 的估计值，求：

（a）$P\{\tilde{P}=p\}$；

（b）$P\{p-0.05 \leqslant \tilde{P} \leqslant p+0.05\}$。

9.S.3 在环境影响繁殖的研究中，在阿迪朗达克中心区域捕获 123 头雌性成年白尾鹿，发现 97 头怀孕[35]。构建鹿总体中雌性怀孕个体比例的 95% 置信区间。

9.S.4 参阅练习 9.S.3，这项研究置信区间的有效性条件在哪种情况下 t 可能与本研究不符？

9.S.5 在包含 32 个母乳喂养婴儿的样本中，发现有两名 5.5 月大的婴儿患有缺铁症[36]：

（a）应用这些数据构建合适的 90% 置信区间；

（b）对（a）中有效置信区间的哪些条件是必要的？

（c）根据上下文解释（a）中的置信区间，即置信区间中的数字告诉我们关于母乳喂养婴儿缺铁的什么情况？

9.S.6 加利福尼亚州某酒庄每年生产 720000 瓶葡萄酒。假设要估计这些葡萄酒中瓶塞污染的比例（即葡萄酒变质是由于坏的软木塞）。假如有 4% 的软木塞发生污染，用它作为 p 的初步估计，如果要求估计的标准误小于或等于一个百分点，随机样本中应包含多少瓶葡萄酒[37]？

9.S.7 参阅练习 9.S.6，假如你不相信这个酒庄大约 4% 的葡萄酒污染率是一个可靠的猜测。

（a）基于这个酒厂前几年的数据，假如有大约 10% 的酒瓶瓶塞污染，如果你要估计的标准误小于或等于一个百分点，那么随机样本需要有多少瓶葡萄酒？

（b）无论 p 值是多少，如果你要估计的标准误小于或等于一个百分点，那么随机样本需要有多少瓶葡萄酒？

9.S.8 当雄性老鼠被分组时，通常有一个会占统治地位。为了了解寄生感染可能会对竞争优势造成怎样的影响，雄性老鼠被分组安置：将三只老鼠放置于一个笼子里，每个笼子里的两只老鼠接触了轻微剂量的寄生虫（*H. polygyrus*）。两周后，以尾巴伤口有相对缺失作为标准来确定每个笼子里占统治地位的老鼠。在 30 笼的试验中发现，其中的 15 笼中未受感染的老鼠占统治地位[38]。这些数据能否表明寄生感染可抑制统治行为的发展？在 a=0.05 水平上用定向备择假设进行拟合优度检验（提示：这个试验观察的单位不是单个个体老鼠，而是一个笼子的三只老鼠）。

9.S.9 老鼠是左撇子还是右撇子？关于这个问题的一项研究中，使用了来自高度近交系的 320 只老鼠，观察其在一个狭窄的管道里是使用左前爪还是右前爪获取食物，来测试它们的偏爱性。每只动物都测试 50 次，共计 320×50=16,000 次观察，结果如下[39]。

	右	左
观察值数	7,871	8,129

假设我们分配每一个类别的期望频数为 8,000，进行拟合优度检验。我们求得 χ_s^2=4.16，在 α=0.05 水平我们拒绝这个 1:1 的假设，发现有足够的证据来推断这个品系的老鼠偏爱（轻微地）使用其左前爪。这个分析有一个致命错误，是什么呢？

9.S.10 在豇豆植物遗传模式的部分研究中，遗传学家在一个试验中根据植物有一片或三片叶子进行了分类。数据如下[40]：

叶子数目	1	3
植株数量	74	61

在 α=0.05 水平上，应用非定向备择假设检验这个两种类型的植物发生概率相等的无效假设。

9.S.11 拾摘野生蘑菇的人有时会意外地吃到有毒的“死亡帽子”蘑菇（*Amanita phalloides*）。回顾 1971—1980 年欧洲人关于“死亡帽子”中毒的 205 个案例时，研究者发现有 45 个受害人已死亡[41]。进行检验以比较这个死亡率和 1970 年以前的 30% 死亡率的差异。备择假设为死亡率随时间发展而减少，令 α=0.05 水平。

9.S.12 棉花幼苗阶段中叶子出现的色素腺体是受基因控制的。根据某控制机制理论，从杂交产生的有腺和无腺植株总体比例应该是 11:5；根据另一个理论，它应该是 13:3。在一个试验中，杂交产生了 89 株有腺植株和 36 株无腺植株[42]。用拟合优度检验（α=0.10 水平）去判断这些数据是否服从：

（a）11:5 理论；

（b）13:3 理论。

9.S.13（练习 9.S.12 的继续）

（a）如果 11:5 和 13:3 是仅有的两个可考虑的理论比例，你是否有令人信服的证据证明你在练习 9.S.12 中选择的理论是正确的？请解释。

（b）如果还有没考虑到的其他可能理论比例存在，你是否有令人信服的证据证明在练习 9.S.12 中选择的理论是正确的？请解释。

9.S.14 在鲦鱼（*Fundulus notti*）逃离捕食者时，其往往会向着海滨跳向浅滩。在这种鱼空间方位的研究中，受试个体在不同地点被捕捉，并随后在人造鱼塘中测验它们被释放时选择逃跑的方向，观察它们在被捕捉的地方是否会朝海滨方向游动？下表是 50 尾鱼在多云天气下进行测验所做的方向选择（±45°）[43]：

朝向海滨方向	18
远离海滨方向	12
沿着海滨右侧	13
沿着海滨左侧	7

在 α=0.05 的水平下用卡方检验检验这个假设：在多云天气情况下逃跑方向的选择是随机的。

（a）使用表格中的 4 种类别；

（b）把 4 种类别缩减为两种：“向着海滨方向”和“远离海滨方向”，并用定向的 H_A。

（注释：尽管卡方检验在这种设置下是有效的，但也应注意可能存在方向性数据的更有力的检验方法。）[44]

9.S.15 参阅练习 8.4.4 中的皮层重量的数据：

（a）用拟合优度检验去检验环境处理没有影响的这一假设。如练习 8.4.4 一样，在 α=0.05 水平上应用定向备择假设（这个练习转换了一个角度，展示了将符号检验如何重新理解为拟合优度检验。当然，本章描述的卡方拟合优度检验只有当观测数据的量足够大时才能使用）。

（b）检验的观察数据量在（a）测试中足以有效吗？

9.S.16 生物学家想知道豇豆象鼻虫是否更偏爱于将卵产在某种类型的豆子上。他在一个罐子里放入了同等数量的 4 种类型种子，并加入了成年象鼻虫成虫。几天之后，他观察到如下的数据[45]：

豆子的种类	卵的数目
花豆	167
豇豆	176
菜豆	174
北豆	194

这些数据能否证明象鼻虫对某种类型的豆子具有偏爱性？也就是说，这些数据是否和象鼻虫卵随机分布在这四种类型豆子上的假设相一致？

9.S.17 将两种小青南瓜进行杂交试验。根据某基因模型，后代植株中应该有 1/2 是深色的茎和深色的果，1/4 是浅色的茎和白色的果，1/4 应该是浅色的茎和白色的果。这三种类型的实际数据是 220、129 和 105 个[46]。这些数据是否否定了这一模型？在 α=0.10 水平进行卡方检验。

9.S.18 让 36 个男人分别蒙眼触摸 3 个女人的手背，其中一位女士是他们自己的配偶。两个“诱饵”女人和其配偶具有同样的年龄、身高和体重[30]。受试的36名男士中，16位能正确辨别出他们的配偶。这些数据能否提供充分的证据证明男人比猜测能更好地感知他们伴侣的预期？在α=0.05水平下，对这些数据进行拟合优度检验。

9.S.19 对大豆病毒抵抗力的研究试验中，生物学家将2种不同类型的大豆进行杂交，他们预期得到抗性和感病植株的比例为3:1。观察数据显示58株有抵抗力，26株易感病毒[47]。这些数据是否和预期的3:1的比例显著不一致？在α=0.10水平下应用非定向备择假设进行检验。

9.S.20 一组有1,438名性活跃的病人被告知避孕套的使用和性传染疾病（STD）的危险。六个月后，103名病人又患了新的性传染疾病[48]。为本项研究中受到告诫后在六个月内感染性病的人的概率构建95%的置信区间。

9.S.21（练习9.S.20的继续） 假设未被告诫的性活跃个体在六个月内感染性传染疾病的概率是10%：

（a）利用在练习9.S.21中计算的区间，是否有令人信服的证据证明其与那些被告诫的人六个月内感染性病的概率是不同的？

（b）利用练习9.S.21中的数据，进行非定向卡方检验，检验那些被告诫和未被告诫的个体在六个月内感染性病的概率是否不同？

（c）（a）的答案和（b）的是否一致？给出解释。

分类数据：关系 10

目标

本章我们将学习几种总体的分类数据。我们将：
• 讨论分类变量的独立性和关联性；
• 描述如何用卡方检验评价两个分类变量间的独立性；
• 考察卡方检验有效性的条件；
• 描述如何用 Fisher 精确检验验证两个分类变量间的独立性；
• 介绍如何用 McNemar 检验分析成对分类数据；
• 计算相对风险、比值比以及相应的置信区间。

10.1 引言

在第 9 章，我们考察了一个样本分类资料的分析方法。应用这种方法，我们评估了分类概率，并且比较了观察分类概率与无效假设条件下“预期”条件频率的关系。在本章，我们要将这些基本方法扩展到更复杂的情况。为更好地学习，这里举两个例子，第一个给出一个试验，第二个是一项观察研究。

例 10.1.1 偏头痛

患有中度到重度偏头痛的病人参加了一项双盲临床试验，以评估试验性手术的作用。将 75 位病人随机进行分组，一组是在偏头痛触发位点实施真正的手术（$n = 49$），另一组是仅仅开刀而不做进一步治疗的假手术（$n = 26$）。外科医生将病人偏头痛感觉“明显减轻”* 定义为“成功”，试验结果在表 10.1.1 中列出[1]。

表 10.1.1 对偏头痛手术的反应

		手术	
		真手术	假手术
偏头痛明显减轻?	成功	41	15
	失败	8	11
	总数	49	26

* “明显减轻”表示与手术前相比，偏头痛的频率、强度或持续时间减少至少 50%。

自然地，表述结果的方法可用如下百分比：

真手术，41/49 或 83.7% 为成功；

假手术，15/26 或 57.7% 为成功。

本研究中，成功减轻偏头痛的，真正接受手术的病人要普遍高于假手术病人，比例为 83.7% 对 57.7%。表 10.1.2 所示为汇总的数据；图 10.1.1 中的条形图列出了两组手术成功的百分率。

表 10.1.2 对偏头痛手术的反应

	手术	
	真手术	假手术
n	49	26
成功	41	15
百分率	83.7%	57.7%

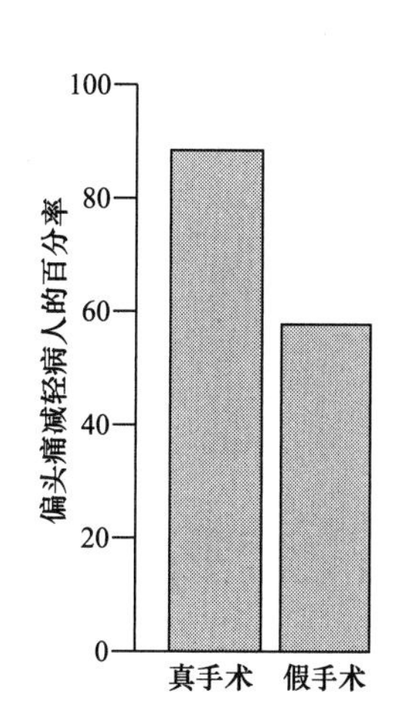

图 10.1.1 偏头痛数据的条形图

例 10.1.2 HIV 检测

一包含 120 名大学生的随机样本，发现样本中 61 名女生中有 9 名参加过 HIV 检测，59 名男生中有 8 名参加过 HIV 检测 [2]。数据见表 10.1.3。

表 10.1.3 HIV 检测数据

	女生	男生
HIV 检测	9	8
HIV 未检测	52	51
总数	61	59

女生中参加过 HIV 检测的占 9/61=0.148 或 14.8%；男生中参加过 HIV 检测的占 8/59=0.136 或 13.6%。

两者的比例几乎相同。

类似于表 10.1.1 和表 10.1.3 这样的表称为**列联表**（contingency tables）。列联表所关注的问题是行向量和列向量间的关联，例如，表 10.1.1 和表 10.1.3 中的处理和反应。表 10.1.1 和表 10.1.3 被称为 **2×2 列联表**（2×2 contingency tables），因为它们由两行（不包括“总数”）和两列构成。列联表中的每个分类项称为一个**单元格**（cell）。因此，2×2 列联表有四个单元格。

在进一步讨论更大的列联表之前，我们先分析和解释 2×2 列联表。

10.2 2×2 列联表的卡方检验

分析 2×2 列联表时，会自然而然地比较两种相对情况下某事件的概率。我们发现，将概率赋予新的概念非常有用，即条件概率 *。

条件概率

回想一下，某事件的概率就是预测某事件将会发生的可能性。**条件概率**（conditional probability）是预测某事件在特定条件下将会发生的可能性。条件概率的表示符号是：

$$P\{E|C\}$$

读作在“给定条件 C 下，E 的概率”。当条件概率是从观察值估计得到时，估计值符号要加个帽“^”，即：

$$\hat{P}\{E|C\}$$

下面举例说明这个概念。

例 10.2.1
偏头痛

考察例 10.1.1 偏头痛数据。数据的条件概率如下：

$P\{$ 偏头痛明显减轻 $|$ 真手术 $\} = P\{$ 成功 $|$ 真手术 $\}$
= 病人进行真实手术后头痛明显减轻的概率
$P\{$ 偏头痛明显减轻 $|$ 假手术 $\} = P\{$ 成功 $|$ 假手术 $\}$
= 病人进行假手术后头痛明显减轻的概率

从表 10.1.1 数据估计的条件概率值为：

$$\hat{P}\{\text{成功}\mid\text{真手术}\} = \frac{41}{49} = 0.837$$

和：

$$\hat{P}\{\text{成功}\mid\text{假手术}\} = \frac{15}{26} = 0.577$$

显而易见，要检验的假设与 2×2 列联表相关的条件概率是相等的。也就是说，E 事件的概率并不依赖于与第一个条件 C 的出现，或第二个条件“非 C”的出现。

$$H_0: P\{E \mid C\} = P\{E \mid \text{非}\ C\}$$

下面例子说明了这个无效假设。

例 10.2.2
偏头痛

对于例 10.1.1 偏头痛的研究，无效假设是：

$$H_0: P\{\text{成功}\mid\text{真手术}\} = P\{\text{成功}\mid\text{假手术}\}$$

或相当于：

$$H_0: P\{\text{成功}\mid\text{真手术}\} = P\{\text{成功}\mid\text{非真手术}\}$$

卡方统计数

显而易见，对前面无效假设进行检验的方法自然就是，如果 $\hat{P}\{E \mid C\}$ 与

* 条件概率在 3.3 节中选修部分也有讨论。

$\hat{P}$ { E | 非 C } 之间存在非常大的差异时，则拒绝 H_0。检验的方法被描述为 $\hat{P}$ { E | C } 与 $\hat{P}$ { E | 非 C } 进行间接比较，而不是直接比较。这个过程就是卡方检验，是在 9.4 节引入统计数 χ_s^2 的基础上进行的：

$$\chi_s^2 = \sum_{i=1}^{4} \frac{(o_i - e_i)^2}{e_i}$$

式中，总和是列联表中所有四个单元格相加得到的。o 代表观察频数，e 代表与 H_0 相一致的期望频数。现在我们介绍如何计算这些 e 值。

计算 e 值的第一步是计算列联表中行和列的总频数 [称为**边际频数**（marginal frequencies）] 和所有单元格频数的总和。e 值就可以从一个简单的基本原则得到，如例 10.2.3 中所示。

例 10.2.3
偏头痛

表 10.2.1 所示为例 10.1.1 的偏头痛数据和它们的边际频数。

表 10.2.1　边际研究的观察频数

	手术		总数
	真手术	假手术	
成功	41	15	56
失败	8	11	19
总数	49	26	75

e 值应该与无效假设完全一致。因为 H_0 主张成功的概率不依赖于处理，我们就可以进行这样的估计：这个概率是合并两组试验得到的。从表 10.2.1 可知，根据边际总数，合并估计值是 56/75。也就是说，如果 H_0 是真实的，那么“真”和“假”两列是等效的，我们就可以把它们合并在一起。我们对 P\{ 成功结果 \} 最好的估计是合并的估计值 56/75。我们把这个估计应用到每一个处理组，根据 H_0，成功结果的期望值是：

$$\text{真手术组：}\frac{56}{75} \times 49 = 36.59 \text{ 是成功结果的期望值}$$

$$\text{假手术组：}\frac{56}{75} \times 26 = 19.41 \text{ 是成功结果的期望值}$$

同样，P { 手术失败 } 的合并的估计值是 19/75。对两个处理组应用这个概率，得出：

$$\text{真手术组：}\frac{19}{75} \times 49 = 12.41 \text{ 是失败结果的期望值}$$

$$\text{假手术组：}\frac{19}{75} \times 26 = 6.59 \text{ 是失败结果的期望值}$$

将期望频数显示在表 10.2.2 中的括号中。注意，e 和 o 的边际总数是相等的。

表 10.2.2 边际研究的观察频数和期望频数

	手术		总数
	真手术	假手术	
成功	41（36.59）	15（19.41）	56
失败	8（12.41）	11（6.59）	19
总数	49	26	75

实际上，列联表中的期望频数并不一定必须从一系列推算中得到。e 值的计算过程可以化简为一个简单的公式。每一单元格的期望频数由该行与该列边际总数计算得到，如下式所示：

列联表中的期望频数

$$e=\frac{(\text{行的合计})\times(\text{列的合计})}{\text{总合计}}$$

利用公式进行计算的基本原则与例 10.2.2 是一样的。如下面例子。

例 10.2.4 偏头痛 我们将利用前面的公式计算例 10.1.1 的偏头痛数据。利用边际总数计算出真手术组成功结果的期望频数为：

$$e=\frac{56\times 49}{75}=36.59$$

注意这与例 10.2.2 所获结果是相同的。对列联表的每个单元格进行相似的计算，我们能够得到如表 10.2.2 所示的全部期望频数。

注意 尽管对列联表的 χ_s^2 公式与 9.4 节拟合优度检验是相同的，但因为无效假设不同，列联表中 e 的计算方法还是有很大不同。

检验程序

不同于以往提出的差异性，当计算期望值时，列联表的卡方检验方法与拟合优度检验相似。χ_s^2 值大，表明要拒绝 H_0，临界值可从书后统计表中的表 9 查得。2×2 列联表的自由度为：

$$\text{df}=1$$

2×2 列联表卡方检验的自由度为 1，是因为从某种意义上来说，表中只有一个自由单元格。表 10.2.2 有四个单元格，但是，一旦决定左上角方格的期望频数是 36.59，由于第一行的总数为 56，那么右上角方格中的期望频数只能是 19.41。同样，因为第一列的总数为 49，所以左下角方格的数值只能是 12.41。一旦这三个单元格确定下来，右下角剩下的一个单元格，数值也是确定的。这样，虽然表中有四个单元格，但只有一个是“自由”的。一旦我们用无效假设决定了一个单元格的期望频数，其他单元格的数值就被固定了。

对于 2×2 列联表，备择假设可以是定向的，也可以是非定向的。定向备择假设可以使用熟悉的两步法处理，如果数据偏离于 H_0，而服从于 H_A 指向的方向，则非定向的 P 值减小一半（或者，如果数据偏离于 H_0 而服从 H_A 指向的相反方向，

则说明 P 值 >0.50）。需要注意的是，χ_s^2 本身没有方向。为了确定数据方向，必须计算和比较估计的概率值。

以下例子说明卡方检验。

例 10.2.5 偏头痛

对例 10.1.1 的偏头痛试验，进行卡方检验。试验涉及头颅外科手术，犯第 I 类错误的可能性很大，因此选择一个保守的 α 值，令 $\alpha = 0.01$。我们可以将无效假设和定向的备择假设非正式地表示如下：

H_0：对减缓偏头痛，真手术不比假手术效果好。

H_A：对减缓偏头痛，真手术比假手术效果好。

用条件概率表示，表述如下：

$$H_0: P\{\text{成功} \mid \text{真手术}\} = P\{\text{成功} \mid \text{假手术}\}$$

$$H_A: P\{\text{成功} \mid \text{真手术}\} > P\{\text{成功} \mid \text{假手术}\}$$

为检验数据的定向性，我们计算了其相应的估计概率：

$$\hat{P}\{\text{成功} \mid \text{真手术}\} = \frac{41}{49} = 0.837$$

$$\hat{P}\{\text{成功} \mid \text{假手术}\} = \frac{15}{26} = 0.577$$

进而表示为：

$$\hat{P}\{\text{成功} \mid \text{真手术}\} > \hat{P}\{\text{成功} \mid \text{假手术}\}$$

这样，数据偏离 H_0 而向着 H_A 的方向。我们由表 10.2.2 的方法，计算卡方统计数如下：

$$\chi_s^2 = \frac{(41-36.59)^2}{36.59} + \frac{(15-19.41)^2}{19.41} + \frac{(8-12.41)^2}{12.41} + \frac{(11-6.59)^2}{6.59}$$

$$= 6.06$$

从书后统计表中的表 9 知，当 df=1，我们得到 $\chi^2_{1,0.02} = 5.41$ 和 $\chi^2_{1,0.01} = 6.63$，因此得到 0.005<P 值 <0.01。这样，我们就拒绝 H_0，表明这些数据提供足够的证据证明真手术比假手术缓解偏头痛的效果要好得多。

注意，即使 $\hat{P}$ {减缓头痛 | 真手术} 和 $\hat{P}$ {减缓头痛 | 假手术} 并没有出现在 χ_s^2 计算中，$\hat{P}$ {减缓头痛 | 真手术} 和 $\hat{P}$ {减缓头痛 | 假手术} 的计算仍是检验过程中的重要部分；而 $\hat{P}$ {减缓头痛 | 真手术} 和 $\hat{P}$ {减缓头痛 | 假手术} 所提供的信息对结果进行有意义的推断是必不可少的 *。

计算说明 下列提示可帮助分析 2×2 列联表：

（1）列联表格式方便计算。但在一份报告中呈现的数据，以表 10.1.2 中的形式出现更具有可读性。更多例子会在练习中出现。

（2）为了计算 χ_s^2，观察频数（o）必须是绝对值，而非相对值；同时，表格必须包含所有四个单元格，所以 o 的总和和所有观察值的和是相等的。

* 你会很自然地提出疑问，为什么不对 $\hat{P}\{E \mid C\}$ 和 $\hat{P}\{E \mid \text{非 } C\}$ 进行更直观的比较。实际上，有的检验过程是建立在 t 检验统计数基础上的，并由（$\hat{P}\{E \mid C\} - \hat{P}\{E \mid \text{非 } C\}$）除以标准误计算而得。这个 t 检验与卡方检验是等效的。我们选择卡方检验代替 t 检验，理由有两条：（1）它可将 2×2 列联表扩展；（2）在某些应用中，卡方统计数比 t 检验更常见。10.3 节中会出现部分应用。

无效假设的阐述

卡方统计数采用间接方式估量了数据和无效假设之间的差异；样本的条件概率间接说明期望频数的计算。如果样本的条件概率相等，则χ_s^2值为零。举例说明如下。

例 10.2.6
虚拟偏头痛研究

表 10.2.3 的虚拟数据与例 10.1.1 偏头痛研究相类似。

表 10.2.3 边际研究的虚拟数据

	手术		总数
	真手术	假手术	
成功	30	20	50
失败	120	80	200
总数	150	100	250

对表 10.2.3 数据，手术成功的估计概率是相等的：

$$\hat{P}\{\text{成功} \mid \text{真手术}\} = \frac{30}{150} = 0.20$$

$$\hat{P}\{\text{成功} \mid \text{假手术}\} = \frac{20}{100} = 0.20$$

很容易证明，表 10.2.3 中期望频数和观察频数是相等的，因此χ_s^2值为零。同时，也注意到表中各列间是成比例的。

正如前例所述，列联表中“眼球”分析是基于检查各列的比例。如果各列比例接近，数据就非常接近 H_0；如果比例高度不一致，其数据就与 H_0 不符。下面的例子显示了数据期望频数与 H_0 非常吻合的情形。

例 10.2.7
HIV 检测

例 10.1.2 中的数据表明，在 HIV 检测中男生和女生的比例相似。自然地，无效假设为 $P\{\text{HIV 检测} \mid \text{女生}\} = P\{\text{HIV 检测} \mid \text{男生}\}$，样本比例的差异仅来自于抽样过程的随机误差。期望频数列于表 10.2.4 的括号中。卡方检验统计数为$\chi_s^2 = 0.035$。查书后统计表中的表 8 可知，当 df = 1，$\chi^2_{1,0.20} = 1.64$。这样，P 值大于 0.20（利用计算机计算的 P 值 = 0.85），我们不能拒绝无效假设。结论表明，在 HIV 检测中，提供的数据间无显著证据证明（在大学进行的研究中）男生和女生比率有差异。

表 10.2.4 HIV 研究的观察频数与期望频数

	女生	男生	总数
HIV 检测	9（8.64）	8（8.36）	17
HIV 未检测	52（52.36）	51（50.64）	103
总数	61	59	120

注意，χ_s^2实际值依赖于样本容量和不成比例的程度。如 9.4 节所述，如果数据的百分比组成是固定的，但观察值的数目有变化，则χ_s^2变化与观察值的数目有直接关系。这体现了这样的法则：当观察值的数目足够大时，给定百分比偏离 H_0 的可能性很小。

练习 10.2.1—10.2.14

10.2.1 下表所示为对两个处理响应的列联表的一部分：

		处理	
		1	2
响应	成功	70	
	失败		
	总数	100	200

（a）创造一组虚拟数据填入表中，令 $\chi_s^2=0$；

（b）根据你建立的数据计算成功的估计概率（P{成功 | 处理 1}）和（P{成功 | 处理 2}）。它们是否相等？

10.2.2 按练习 10.2.1 的要求填写以下列联表：

		处理	
		1	2
响应	成功	30	
	失败		
	总数	300	100

10.2.3 按练习 10.2.1 的要求填写以下列联表：

		处理	
		1	2
响应	成功	5	20
	失败	10	

10.2.4 绝大多数的蜥蜴（*P. cinereus*）品种都有红色条纹，但也有一些个体全身为红色。这种周身红色的性状被认为是对火蜥蜴（*N. viridescens*）的一种模仿，而火蜥蜴对鸟类是有毒的。为了验证这种模仿形式是否带来更高的存活率，将 163 只带条纹的蜥蜴和 41 只全身红色的蜥蜴投放在鸟群出没的自然环境中。2h 后，仍有 65 只条纹和 23 只全身红色的蜥蜴存活[3]。用卡方检验验证这种模仿能够更成功存活的证据。使用定向备择假设，令 $\alpha=0.05$。

（a）用语言陈述无效假设；

（b）用符号陈述无效假设；

（c）计算出每组样本的存活率，并仿照表 10.1.2 将数据填入表格；

（d）得出检验统计数和 P 值；

（e）结合上述情形陈述检验的结论。

10.2.5 植物会对生物的侵袭产生抗性，这种抗性能否抵御后来攻击它的另一种生物？为研究这个问题，把单株盆栽的棉花（*Gossypium*）随机分成两组。一组接受红叶螨（*Tetranychus*）的侵染，另一组为对照。两周后将红叶螨移走，再让两组都接种黄萎病菌（*Verticillium*，一种可以导致植物枯萎的真菌）。下表列出棉株发生枯萎症状的数量[4]。这些数据是否可以充分说明感染红叶螨引起了植株对黄萎病的抗性这一结论？仿照练习 10.2.4 的五步问题法（a~e），用卡方检验法拒绝定向备选假设，令 $\alpha=0.01$。

		处理	
		红叶螨	无红叶螨
响应	枯萎病	11	17
	无枯萎病	15	14
	总数	26	21

10.2.6 有这样一个构想：由于手机用微波频率信号传递信息，那么长时间使用手机会增加得脑瘤的概率。根据这个构想，如果总是将手机放在头的一侧接听，那么头部肿瘤也会倾向于长在脑的一侧。针对此问题，对脑瘤病人进行调查，询问他们是否总是习惯在固定的一侧接听电话，如果是，是哪一边？结果有 88 人（喜欢用固定的一侧接电话），结果见下表[5]。这些数据能够为得出上述结论提供充分的证据吗？仿照练习 10.2.4 中的五步问题法（a~e），用卡方检验法拒绝定向备选假设。

		接听手机体侧	
		左	右
脑瘤部位	左	14	28
	右	19	27
	总数	33	55

10.2.7 苯妥因是一种标准的抗痉挛药，但有很多有害的副作用。2- 丙基戊酸钠是另一种治疗

癫痫的药品。有一项研究对苯妥因和2-丙基戊酸钠进行了比较。病人被随机分为两组，分别服用苯妥因或2-丙基戊酸钠12个月。其中20名服用2-丙基戊酸钠12个月的病人中有6人恢复健康，而17名服用苯妥因的病人中有6人康复[6]。
（a）仿照练习10.2.4中的五步问题法（a~e），用卡方检验比较服用这两种药康复结果的比率。令 H_A 为非定向，$\alpha = 0.1$ 水平；
（b）上述（a）中的结论是否提供充分证据说明这两种药的治愈效果相等？并进行讨论。

10.2.8 发情期的产物可以被用于让奶牛在可预测的时间内达到激动状态，这有利于成功进行人工授精。有一项有两种不同发情期产物的研究，将42头成熟奶牛（4~8岁）随机分组，分别接受产物A或产物B，然后将所有奶牛进行人工授精。下表所示为受精怀孕奶牛数量[7]。根据练习10.2.4中的五步问题法（a~e），用卡方检验比较两种产物的效果。用非定向备择假设，令 $\alpha = 0.05$ 水平。

	处理	
	产品A	产品B
奶牛总数	21	21
怀孕奶牛数	8	15

10.2.9 癌症试验研究中常常使用肿瘤自然发生率高的动物菌株。在本研究中，将易患肿瘤的小鼠饲养在一个无菌的环境里：一组小鼠一直保持无菌安全状态，而另一组暴露在肠道细菌大肠杆菌（*Escherichia coli*）环境中。下表所示为小鼠肝脏肿瘤的发生率[8]。

		患肝脏肿瘤的小鼠	
处理	小鼠总数	数目	百分率
无菌环境	49	19	39%
大肠杆菌	13	8	62%

（a）为什么暴露在大肠杆菌中的小鼠更容易被证明患肝脏肿瘤？用卡方检验法拒绝定向备择假设，根据练习10.2.4中的五步问题法（a~e）进行比较，令 $\alpha = 0.05$；
（b）如果小鼠患肝脏肿瘤的百分率（39%和62%）是相同的，但样本容量为以下情况时（a）中的结果会有什么变化？（i）2倍（98和26）；（ii）3倍（147和39）[提示：（b）部分基本不要求计算]。

10.2.10 为找出药物治疗肺癌的最佳时间进行了一个临床随机试验。有16位患者被要求同时服用4种药物，11位患者被要求陆续服用4种药物。结果显示有11位同时服用四种药物和3位陆续服用的患者，被观察到表现出治疗效果（经证实肿瘤至少缩小了50%）[9]。问哪种服药方式更加有效，这些数据可以提供证据吗？用卡方检验法拒绝非定向备择假设，根据练习10.2.4中的五步问题法（a~e）进行比较，令 $\alpha = 0.05$。

10.2.11 内科医生进行了一项试验，调查了髋关节保护器在防护老年人髋部骨折中的作用。他们随机地选择了一些老年人佩戴髋关节保护器，而其他人作为对照。然后记录每组中髋部骨折者[10]。下表数据是否提供了充足的证据证明髋关节保护器可以减少骨折的可能性？用卡方检验法拒绝定向备择假设，根据练习10.2.4中的五步问题法（a~e）进行比较，令 $\alpha = 0.01$ 水平。

		处理	
		髋关节保护器	对照
响应	髋关节骨折	13	67
	无髋关节骨折	640	1,081
	总数	653	1,148

10.2.12 调查了一个由276名健康成年志愿者组成的样本，询问他们各自所处的各种社会关系网络（如和父母、近邻以及同事的关系等）。给他们滴入含有鼻腔病毒的滴鼻剂后隔离5d。在123位具有5种以下社会关系的人群中，有57位（46.3%）患了感冒，在153位具有至少6种社会关系的人群中，有52位（34.0%）患了感冒[11]。因此，这项数据显示，身处多种类型社会关系中的人能更好地抵御感冒。为了得出患感冒的可能性大小并不取决于人们所处的社会关系类型的数量多少的结论，根据练习10.2.4中的五步问题法（a~e）用卡方检验法来验证这个无效假设。用非定向备择假设，令 $\alpha = 0.05$。

10.2.13　在一个双盲临床试验中，药物安克洛酶被用于中风患者，患者被随机确定服用安克洛酶或是安慰剂，试验的响应变量是这些中风患者是否会出现颅内出血[12]。数据见下表。根据练习 10.2.4 中的五步问题法（a~e），用卡方检验确定出血率的差异是否达到统计学显著标准。用非定向备择假设，令 $\alpha = 0.05$ 水平。

		处理	
		安克洛酶	安慰剂
出血?	是	13	5
	否	235	247
	总数	248	252

10.2.14　处在月经周期中排卵期的女性会更容易接受男性的恳求和诱惑吗？在这个问题的研究中，有 200 名独自走在街上的 18~25 周岁女性，让一位 20 岁充满魅力的男性逐一接近她们，并索要电话号码。之前的调查结果表明，处在月经周期中排卵期的女性，面对这种恳求时要比其他任何时候都更容易接受。有 60 位处在月经周期中排卵期的女性，有 13 位给出了她们的电话号码，47 位拒绝了；而未处在月经周期中排卵期的 140 女性，有 11 位给出了她们的电话号码，129 位拒绝了[13]。数据见下表。用卡方检验来确定成功率方面的差异是否提供了显著证据，以接受定向备择假设。根据练习 10.2.4 中的五步问题法（a~e）进行比较，令 $\alpha = 0.02$ 水平。

		阶段	
		排卵期	非排卵期
成功?	是	13	11
	否	47	129
	总数	60	140

10.3　2×2 列联表的独立性与关联性

2×2 列联表看似简单实则复杂。在这一节，我们将进一步来探究它所能表达的关系。

列联表的两种情形

一个 2×2 列联表可以出现在下列两种情形中，即：

（1）具有二分观察变量的两个独立样本；

（2）具有二分观察变量的单个样本。

例 10.1.1 的偏头疼数据说明了第一种情形，可以被视为两个独立样本，一个是样本容量为 $n_1 = 49$ 的真手术组，另一个是样本容量为 $n_2 = 26$ 的假手术组。观察变量便是手术的成功或失败。任何涉及一个二分观察变量，并且完全随机分配到两个处理中的研究都能被视为此方式。例 10.1.2 的 HIV 数据说明了第二种情形，可以被视为是一个 $n = 120$ 个学生的单一样本，通过二分法观察变量——性别（男或女）和 HIV 测试状态（此学生是否进行了 HIV 测试）来观察。

这两种情形为两个样本一个变量和一个样本两个变量，经常是不能明确区分的。比如，例 10.1.2 的 HIV 数据收集时可以分成两个样本：一组 61 个女生，一组 59 个男生，以一个二分观察变量来观察（HIV 测试状态）。

上述两种情况中，χ_s^2 检验算法相同，但假设的表述、说明和结论却有很大差别。

独立性和关联性

在许多列联表中，列所起的作用与行是不一样的。比如，在例 10.1.1 的偏头疼数据中，列代表处理，行代表响应。同样，在例10.1.2中，列的条件概率 $P\{\text{HIV 检测} \mid \text{女生}\}$ 和 $P\{\text{HIV 检测} \mid \text{男生}\}$ 的解释比行的条件概率 $P\{\text{女生} \mid \text{HIV 检测}\}$ 和 $P\{\text{男生} \mid \text{HIV 检测}\}$ 的解释显得更自然。

另一方面，有些情况下，列联表中行和列的作用是可以替换的。在这样的条件下，行或列的条件概率都可以计算，并且行或列卡方检验的无效假设也都可以表达出来。举例如下。

例10.3.1 头发颜色和眼睛颜色

为研究德国人头发颜色和眼睛颜色的关系，一个人类学家调查了6,800个德国男性的样本，结果见表10.3.1[14]。

表10.3.1 头发颜色和眼睛颜色

		头发颜色		总数
		黑色	浅色	
眼睛颜色	黑色	726	131	857
	浅色	3,129	2,814	5,943
	总数	3,855	2,945	6,800

表10.3.1的数据可被看作是一个 $n = 6{,}800$，包括头发颜色和眼睛颜色的二分观察变量的单一样本。为了描述这些数据，我们以DE和LE分别表示黑色眼睛和浅色眼睛，DH和LH分别表示黑色头发和浅色头发。我们可以计算出列的条件概率：

$$\hat{P}\{\text{DE}|\text{DH}\} = \frac{726}{3{,}855} \approx 0.19$$

$$\hat{P}\{\text{DE}|\text{LH}\} = \frac{131}{2{,}945} \approx 0.04$$

很自然地将这组数据列成比值，为0.19∶0.04。另一方面，很自然地可以计算出与之相比较的行的条件概率：

$$\hat{P}\{\text{DH}|\text{DE}\} = \frac{726}{857} \approx 0.85$$

$$\hat{P}\{\text{DH}|\text{LE}\} = \frac{3{,}129}{5{,}943} \approx 0.53$$

与列联表的这两个条件概率相对应，按列的卡方检验的无效假设可以被描述：

$$H_0 : \hat{P}\{\text{DE}|\text{DH}\} = \hat{P}\{\text{DE}|\text{LH}\}$$

或按行可描述为：

$$H_0 : \hat{P}\{\text{DH}|\text{DE}\} = \hat{P}\{\text{DH}|\text{LE}\}$$

正如我们看到的，这两个假设是等价的，即当任何总体满足其中的一个时，也满足另一个。

当一数据集被视为单一样本的两个二分观察变量时，H_0 所表达的关系被称为行变量和列变量的**统计独立性**（statistical independence）。不是独立变量的性质是**依赖性**（dependent）或者**关联性**（associated）。因此，卡方检验有时被称为“独立性检验”或者“关联性检验”。

例 10.3.2
头发颜色和眼睛颜色

例 10.3.1 的无效假设可以表述为：

H_0：眼睛颜色独立于头发颜色

或表示为：

H_0：头发颜色独立于眼睛颜色

或者更对称地表示为：

H_0：头发颜色和眼睛颜色是相互独立的

独立无效假设一般可以这样表述：G_1 和 G_2 两组在某个特性 C 的概率进行比较。无效假设为：

$$H_0 : P\{C \mid G_1\} = P\{C \mid G_2\}$$

注意，例 10.3.1 中 H_0 的两种表述都属于这个形式。

为了进一步阐述独立性的无效假设，我们在下面例子中检查了一组完全符合 H_0 的数据集。

例 10.3.3
株高和抗病性

考察一（虚构）植物，可以将其性状分为矮（S）或高（T），抗病（R）或不抗病（NR）。考虑下面的无效假设：

H_0：株高和抗病性是独立的

下面每种 H_0 的表述都是有效的：

（1）$H_0 : P\{\text{R} \mid \text{S}\} = P\{\text{R} \mid \text{T}\}$；

（2）$H_0 : P\{\text{NR} \mid \text{S}\} = P\{\text{NR} \mid \text{T}\}$；

（3）$H_0 : P\{\text{S} \mid \text{R}\} = P\{\text{S} \mid \text{NR}\}$；

（4）$H_0 : P\{\text{T} \mid \text{R}\} = P\{\text{T} \mid \text{NR}\}$。

下面不是 H_0 的表述：

（5）$H_0 : P\{\text{R} \mid \text{S}\} = P\{\text{NR} \mid \text{S}\}$。

注意表述 5 与表述 1 的差别。表述 1 比较了高矮两组中的抗病性，而表述 5 仅为单一组（矮株）中的抗病性分布情况；表述 5 只是表明矮型植物中有一半（50%）为抗病的，一半为不抗病的。

现在假定我们从总体中随机抽取了 100 株植株，并得到表 10.3.2 的数据。

表 10.3.2 株高和抗病性

		株高		总数
		S	T	
抗病性	R	12	18	30
	NR	28	42	70
	总数	40	60	100

表 10.3.2 的数据与 H_0 完全一致；这个推论可以用四种不同方式验证，对应 H_0 的四种不同表述方式。

（1）$\hat{P}\{\text{R} \mid \text{S}\} = \hat{P}\{\text{R} \mid \text{T}\}$

$$\frac{12}{40} = 0.30 = \frac{18}{60}$$

（2）$\hat{P}\{\text{NR} \mid \text{S}\} = \hat{P}\{\text{NR} \mid \text{T}\}$

$$\frac{28}{40}=0.70=\frac{42}{60}$$

（3）$\hat{P}\{\text{S}|\text{R}\}=\hat{P}\{\text{S}|\text{NR}\}$

$$\frac{12}{30}=0.40=\frac{28}{70}$$

（4）$\hat{P}\{\text{T}|\text{R}\}=\hat{P}\{\text{T}|\text{NR}\}$

$$\frac{18}{30}=0.60=\frac{42}{70}$$

注意表 10.3.2 的数据不支持表述 5：

$$\hat{P}\{\text{R}\mid\text{S}\}=\frac{12}{40}=0.30 \text{ 和 } \hat{P}\{\text{NR}\mid\text{S}\}=\frac{28}{40}=0.70$$

$$0.3\neq 0.70$$

行和列的法则

表 10.3.2 的数据显示，无论是行还是列都具有独立性。这并非偶然，如下所示。

法则 10.3.1　2×2 的列联表只有在行成比例时，列才是成比例的。假设 a、b、c、d 为四个任意正数，如表 10.3.3 排列。

表 10.3.3　2×2 列联表的一般形式

			总数
	a	b	$a+b$
	c	d	$c+d$
总数	$a+c$	$b+d$	

那么：

$$\text{当且仅当 } \frac{a}{b}=\frac{c}{d} \text{ 时，} \frac{a}{c}=\frac{b}{d}$$

也可以这样表述：

$$\text{当且仅当 } \frac{a}{a+b}=\frac{c}{c+d} \text{ 时，} \frac{a}{a+c}=\frac{b}{b+d}$$

用简单的代数很容易发现法则 10.3.1 是正确的。对于法则 10.3.1，无论是从行向来看还是列向来看，2×2 列联表独立性的关系都是一致的。还有，如果 2×2 列联表的行和列相互交换，期望频数和 χ_s^2 值仍保持不变。下面法则显示了不论是行还是列，独立性的方向也是一样的。

法则 10.3.2　假设 a、b、c、d 为任意四个正数，按表 10.3.3 排列，那么：

$$\text{当且仅当 } \frac{a}{a+b}>\frac{c}{c+d} \text{ 时，} \frac{a}{a+c}\quad\frac{b}{b+d}$$

同理：

$$\text{当且仅当}\frac{a}{a+b}<\frac{c}{c+d}\text{时，}\frac{a}{a+c}<\frac{b}{b+d}$$

注意 关于条件概率和独立性问题更多的讨论，参见 3.3 节选修部分。

关联性的言语描述

英语的日常表达中，经常以细微的方式来表现一些受逻辑思维影响的观念。下面的摘录源自于 Lewis Carroll 的《爱丽丝梦游仙境》（《*Alice in Wonderland*》）

“…你应该说你的意愿所表达的，”马驰艾尔继续说道。

“我确实是这样，”爱丽丝立即回答说；“至少——至少我的意思是我说的——这是同一件事情，你知道的”。

“一点也不同！”海特反驳道，“为什么会一样，那么照此你也可以说‘我看到了我所吃的’和‘我吃了我所看到的’是同一件事情！”

…“你也可以说，”德莫生接道…，“‘当我睡觉时我呼吸了’和‘当我呼吸时我睡觉了’是同一件事情！”

“对于你来说它是一样的，”海特说道…

我们也使用平常的语言来表达关于概率、条件概率和关联性的思想。比如，考虑下面的四种表述：

与女性相比，色盲在男性中更常见；

在所有患色盲的人中，男性比女性更常见；

大多数色盲患者是男性；

大多数男性是色盲。

前三个陈述都是正确的，它们实际上只是以不同的方式叙述了同一件事情。然而，最后一种表述是错的[15]。

在解释列联表时，常常需要以言语表述可能性的关系。这确实是一个挑战。如果你描述得很流畅，那么你总能“说出你所要表达的”和“表达出你要说的”。下面两个例子说明了这些问题。

例 10.3.4 株高和抗病性

对于例 10.3.3 的株高和抗病性的研究，我们设想了这个无效假设：

H_0：株高与抗病性是独立的。

这个假设也可以用下面的几种方式表述，例如：

H_0：矮的植株和高的植株的抗病性基本同等；

H_0：抗病和不抗病的植物都有可能是高的；

H_0：在高的和矮的植株中，抗病性基本相同。

例 10.3.5 头发颜色和眼睛颜色

我们来考察一下表 10.3.1 的推断。卡方统计数 $\chi_s^2=314$。从书后统计表中的表 9 中我们看到 P 值很小，因此独立性无效假设完全被拒绝。我们可以用多种方式来表述我们的结论。例如，假想我们在关注黑色眼睛的发生率。从这些数据中我们可以发现：

$$\hat{P}\{\mathrm{DE}|\mathrm{DH}\} > \hat{P}\{\mathrm{DE}|\mathrm{LH}\}$$

即：

$$\frac{726}{3{,}855} = 0.19 > \frac{131}{2{,}945} = 0.04$$

很自然，从这个对比中我们可以得出这样的结论：

结论 1：有充分证据表明，相比于浅色头发的男性，黑色头发的男性在更大的趋势上也有黑色眼睛。

这个表述措辞很严谨，因为表述“黑色头发的男性在更大的趋势上也有黑色眼睛”，这句话是有歧义的，它可以理解成“相比于浅色头发的男性，黑色头发的男性在更大的趋势上也有黑色眼睛。”或者“黑色头发的男性同是有黑色眼睛比具有浅色眼睛趋势大很多。”

上述的第一种表述为：

$$\hat{P}\{\mathrm{DE}|\mathrm{DH}\} > \hat{P}\{\mathrm{DE}|\mathrm{LH}\}$$

而第二种表述是：

$$\hat{P}\{\mathrm{DE}|\mathrm{DH}\} > \hat{P}\{\mathrm{LE}|\mathrm{DH}\}$$

第二种表述认为超过一半的黑色头发的男性也是黑色眼睛。注意，这些数据并不支持这种说法；因为 3,855 个黑色头发的男性中，只有 19%有黑色眼睛。

结论 1：只是这个列联表分析中几个可能结论中的一种表述方式。比如，若关注黑色的头发，你会发现：

结论 2：有充足的证据表明，相比于浅色眼睛男性，黑色眼睛的男性在更大的趋势上也有黑色头发。

更具有对称性的表述方式是：

结论 3：有充足的证据表明，黑色头发与黑色眼睛具有关联性。然而，结论 3 的措辞很容易被误解，它可以被理解为：“有充足的证据表明，大多数的黑色头发男性也是黑色眼睛。”这并不是一个正确的推断。

我们再一次强调我们在 10.2 节所表述的原则：恰当的条件概率 $\hat{P}$ 的计算和比较是卡方检验必不可少的部分。例 10.3.5 对于这点提供了充分的解释。

练习 10.3.1—10.3.12

10.3.1 考察一小鼠的虚拟总体。每只鼠皮毛的颜色是黑色（B）或灰色（G），质感是波浪型（W）或光滑型（S）。请表述下面与小鼠总体相关的概率或条件概率的各种关系。

（a）平滑型皮毛在黑色小鼠中比在灰色小鼠中更常见；

（b）平滑型皮毛在黑色小鼠中比在波浪型皮毛小鼠中更常见；

（c）与波浪型皮毛小鼠比，光滑型皮毛小鼠更常见的为黑色；

（d）光滑型皮毛小鼠的黑色比灰色更为常见；

（e）光滑型皮毛小鼠比波浪型的皮毛更为常见。

10.3.2 考察一小鼠的虚拟总体，每只鼠皮毛的颜色是黑色（B）或灰色（G），质感是波浪型（W）或光滑型（S）（同练习 10.3.1）。假设随机样本来自于该总体，毛皮的颜色和质感都是可观察的，考察下面部分未完成的列联表数据。

		颜色	
		B	G
质地	W		50
	S		
	总数	60	150

（a）设计一虚拟数据集以支持表中数据，同时满足：

（i）$\hat{P}\{W|B\} > \hat{P}\{W|G\}$；

（ii）$\hat{P}\{W|B\} = \hat{P}\{W|G\}$。

通过估算条件概率来验证每种情况下的结论；

（b）对于你在（a）中的两个数据集，计算 $\hat{P}\{B|W\}$ 和 $\hat{P}\{B|S\}$；

（c）上述（a）中的哪个数据集满足 $\hat{P}\{B|W\} > \hat{P}\{B|S\}$？你是否能设计一数据集，满足：

$\hat{P}\{W|B\} > \hat{P}\{W|G\}$ 但 $\hat{P}\{B|W\} < \hat{P}\{B|S\}$

如果可以，请完成它。如果不行，请说明理由。

10.3.3 患有前列腺癌的男性被随机安排进行手术治疗（$n = 374$）和密切观察治疗（不手术，$n = 348$）。在接下来的几年中，第一组有 83 人死亡，第二组有 106 人死亡。结果见下表[16]。

		治疗		
		手术	观察	总数
幸存情况	死亡	83	106	189
	存活	264	242	506
	总数	347	348	695

（a）分别让 D 和 A 代表死亡和存活，S 和 WW 代表手术和密切观察治疗。计算 $P\{D \mid S\}$ 和 $P\{D \mid WW\}$；

（b）此列联表中的卡方统计数为 $\chi_s^2 = 3.75$。检验治疗和存活之间的关系。用非定向备择假设，令 $\alpha = 0.05$ 水平。

10.3.4 在一个不对称行为的研究中，调查了 2,391 名女性手和脚左右使用偏爱的选择（如写字、踢球）。下表所示为调查结果[17]。

手的偏爱	脚的偏爱	女性人数
右	右	2,012
右	左	142
左	右	121
左	左	116
	总数	2,391

（a）估计使用右手的女性使用右脚的条件概率；

（b）估计使用左手的女性使用右脚的条件概率；

（c）假设我们想要检验手、脚的偏爱选择是相互独立性的无效假设。计算此假设的卡方统计数；

（d）假定我们要检验使用右手的女性也使用右脚或左脚。请计算此假设的卡方统计数。

10.3.5 考察一项关于调查某一药剂引发疾病的研究。在总体中随机选取 1,000 人，分为患病、不患病和接触药剂、未接触药剂。下面的列联表给出了研究结果：

		接触药剂	
		是	否
患病	是		
	否		

让 EY 和 EN 分别代表接触药剂和不接触药剂，让 DY 和 DN 分别代表患病和不患病。请表述下列各种条件概率的情况（注意，“大多数”表示“超过一半”）。

（a）接触药剂的患病人群常多于不接触药剂的；

（b）患病的人群中接触药剂的常多于不患病的；

（c）患病的人群中接触药剂的常多于不接触药剂的；

（d）患病人群中大多数是接触药剂的；

（e）接触药剂的人群大多数是患病者；

（f）接触药剂的人群可能患病的多于不接触药剂的；

（g）接触药剂的人群可能患病的多于不患病的。

10.3.6 参阅练习 10.3.5，哪种表述能够表达疾病的发生与接触药剂具有关联性？（可能不止一条）

10.3.7 参阅练习 10.3.5。设计一数据集，并通过估算适当的条件概率来验证其正确性。（数据不需要达到统计学的显著性。）

（a）设计数据集使之满足：

$$\hat{P}\{DY|EY\} > \hat{P}\{DY|EN\}$$

但

$$\hat{P}\{EY|DY\} < \hat{P}\{EN|DY\}$$

若不能满足，解释其原因；

（b）设计数据集，使之满足练习 10.3.5 的（a），但不满足（d）和（e）；若不能，解释其原因；

（c）设计数据集，使之满足：

$$\hat{P}\{DY|EY\} > \hat{P}\{DY|EN\}$$

但

$$\hat{P}\{EY|DY\} < \hat{P}\{EY|DN\}$$

若不能，解释其原因。

10.3.8 生态学家调查了一林地树木空间分布的情况。他从总共 21 英亩的区域内，随机选取了 144 个样方（小区），每个样方 38 平方英尺，并且统计了每个样方中是否有枫树和山胡桃树，下表所示为统计结果[18]。

		枫树	
		有	没有
山胡桃树	有	26	63
	没有	29	26

此列联表的卡方统计值为 $\chi_s^2 = 7.96$。检验这两种树木分布独立性的无效假设。用非定向备择假设，令 $\alpha = 0.01$。在表述你的结论中，指出这些数据是否表明这两个树种相互吸引。请用这些数据中获得的条件概率来支持你的推断。

10.3.9 参阅练习 10.3.8。假设我们虚拟了树种 A 和 B 的数据，见下表。此列联表的卡方统计值为 $\chi_s^2 = 9.07$。像练习 10.3.8 一样，用独立性的无效假设检验这两个树种间是否相互吸引或相互排斥，并解释你的结论。

		物种 A	
		有	没有
物种 B	有	30	10
	没有	49	55

10.3.10 有一项随机试验，调查了患有心脏动脉疾病的病人是选择了血管成形术还是搭桥手术。下表所示为在治疗五年后的患者心绞痛（胸口痛）发生率[19]。

		治疗		
		成形术	搭桥术	总数
心绞痛	是	111	74	185
	否	402	441	843
	总数	513	515	1,028

让 A 代表成形术，B 代表搭桥术。

（a）计算 $\hat{P}$｛是｜A｝和 $\hat{P}$｛是｜B｝；

（b）计算 $\hat{P}$｛A｜是｝和 $\hat{P}$｛A｜否｝。

10.3.11 参阅练习 10.3.10。设计有 1,000 个病人实施过心脏动脉疾病治疗并伴有心绞痛的虚拟数据集，使 $\hat{P}$｛是｜A｝是 $\hat{P}$｛是｜B｝的两倍，然而，多数患有心绞痛的病人也是做过搭桥术的（与血管成形术对比）。

10.3.12 假设调查多对异卵双胞胎的左右手使用习惯。假定所有的双胞胎都是龙凤胎。现有 1,000 对龙凤胎的数据，见下表[20]。判断下列每种表述的正误。

		女孩		
		左	右	总数
男孩	左	15	85	100
	右	135	765	900
	总数	150	850	1,000

（a）大多数男孩与其姐妹的左右手使用习惯一样；

（b）大多数女孩与其兄弟的左右手使用习惯一样；

（c）大多数双胞胎要么都是使用右手，要么都是使用左手；

（d）双胞胎姐妹的左右手的使用与双胞胎兄弟的左右手的使用相互独立；

（e）大多数使用左手的女孩其兄弟习惯使用右手。

10.4 Fisher 精确检验（选修）

在此选修部分，对于 2×2 列联表我们考虑到了一种卡方检验的方法，这种方法称为 **Fisher 精确检验**（Fisher's exact test），非常适合于小样本的检验。例 10.4.1 便是适合 Fisher 精确检验的一种情况。

例 10.4.1
ECMO

体外膜肺氧合（ECMO）是一种应用于患有严重呼吸疾病新生儿的救生技术。实施了这样一个试验，对 29 名婴儿用ECMO技术进行治疗，10 名婴儿以普通方式（CMT）进行治疗。数据见表 10.4.1[21]。

表 10.4.1 ECMO 试验数据

		治疗		总数
		CMT	ECTO	
结果	死亡	4	1	5
	存活	6	28	34
	总数	10	29	39

表 10.4.1 中的数据显示，39 个婴儿中有 34 个存活，5 个死亡。普通方式治疗的婴儿死亡率为 40%，而使用 ECMO 治疗的婴儿死亡率为 3.4%。但是，此例的样本容量是很小的。是否存在一种可能，其死亡率的差异只是偶然事件？

对此无效假设的关注点是试验结果（存活或死亡）和治疗方式（ECMO 或 CMT）是相互独立的。如果无效假设真实，那么我们对此数据可以用下面的方法进行考虑："ECMO" 和 "CMT" 这两列标签是任意的，无论这 5 个婴儿以哪种方法治疗，结果都是死亡；其中 CMT 治疗 4 个婴儿死亡只是偶然。

而备择假设认为死亡的概率与治疗方法有关。意思是，ECMO 和 CMT 之间存活率存在真实差异，其差异可以通过样本百分率进行说明。

因此，便产生了一个值得注意的问题："如果无效假设是真实的，那么获得表 10.4.1 中那样的数据可能性有多大？" 在进行 Fisher 精确检验后，我们发现表 10.4.1 观察值中，给定的边际总数（给定 10 个 CMT 和 29 个 ECMO 治疗中 5 个死亡、34 个存活）的概率是固定的。更具体一点地说，这 39 个婴儿中，有 5 个无论以哪种方法治疗都会死亡。进一步说，有 5 个婴儿病情严重，两种方法治疗都无法拯救他们的生命。那么其中有 4 个进入到 CMT 组的可能性多大？

若想得到这个概率，我们需要确定以下几点：

（1）注定死亡的 5 个婴儿中，有 4 个进入到 CMT 组的方式数；

（2）存活的 34 个婴儿中，有 6 个进入到 CMT 组的方式数；

（3）39 个婴儿中，有 10 个进入到 CMT 组的方式数。

（1）与（2）相乘，再除以（3）即为问题的概率。

组合

在 3.6 节，我们介绍了二项分布式。此二项式的组成部分有 ${}_nC_j$（在 3.6 节，我们称之为二项式系数）。系数 ${}_nC_j$ 表示在 n 个对象中，选出 j 个对象的方式数目。

比如，在本例中，从5个婴儿中选出4个为一组的方法数为 ${}_5C_4$。${}_nC_j$ 的数值可以根据式（10.4.1）得出：

$$ {}_nC_j = \frac{n!}{j!(n-j)!} \tag{10.4.1} $$

其中，$n!$（“n 的阶乘”）定义为对任意正整数：

$$ n! = n(n-1)(n-2)\cdots(2)(1) $$

并且 $0! = 1$。

比如，如果 $j = 1$，那么 ${}_nC_1 = \frac{n!}{1!(n-1)!} = n$，意思是：从对象 n 中选出1个对象有种选择方式。如果 $j = n$，那么 ${}_nC_n = \frac{n!}{n!0!} = 1$，即从 n 个对象中选取 n 个对象只有一种方式。

例 10.4.2 ECMO

我们可以应用式（10.4.1）如下：

（1）从5个死亡的婴儿中选定4个进入到CMT组的方式数是 ${}_5C_4 = \frac{5!}{4!1!} = 5$。

（2）从34个存活的婴儿中选出6个进入到CMT组的方式数为 ${}_{34}C_6 = \frac{34!}{6!28!} = 1{,}344{,}904$。

（3）从39个婴儿中选出10个进入到CMT组的方式数为 ${}_{39}C_{10} = \frac{39!}{10!29!} = 635{,}745{,}396$ *。

鉴于边际总和数是确定的，因此得到一组和表10.4.1中一样数据的概率为：

$$ \frac{{}_5C_4 \times {}_{34}C_6}{{}_{39}C_{10}} = \frac{5 \times 1{,}344{,}904}{635{,}745{,}396} = 0.01058 $$。

当运用 Fisher 精确检验进行对应定向备择的无效假设时，我们需要算出表格中所有数据的概率（与观察表的边际相同），按照 H_A 预测方向，提供了强有力的拒绝 H_0 的证据。

例 10.4.3 ECMO

在之前对例10.4.1试验的描述中，已有证据表明ECMO治疗优于CMT。因此，定向备择假设是适合的：

$$ H_A : P\{\text{死亡} \mid \text{ECMO}\} < P\{\text{死亡} \mid \text{CMT}\} $$

观察表10.4.1中的数据，支持 H_A。表10.4.2则显示了另一种可能，它和表10.4.1有着同样的边际，但是对 H_A 的支持更强。39个婴儿中5个死亡、10个以CMT方式治疗，最极端的可能结果是ECMO组的婴儿全部存活，死亡的5个婴儿全部是来自CMT组，这个结果支持备择假设（ECMO治疗优于CMT）。

* 从这个例子中，可以很明显地知道，当进行Fisher精确检验时，用电脑或者图形处理器可以更方便地进行计算。统计计算中，不借助科技手段是很难得出结果的。

表 10.4.2 从 ECMO 试验得到的更极端结果表

		治疗		总数
		CMT	ECTO	
结果	死亡	5	0	5
	存活	5	29	34
	总数	10	29	39

如果 H_0 真实，则表 10.4.2 的发生概率为 $\frac{{}_{5}C_{5}\times{}_{34}C_{5}}{{}_{39}C_{10}}=\frac{1\times 278{,}256}{635{,}745{,}396}=0.00044$ 。如果 H_0 成立，P 值就是所获取极端观察数据的概率。在这种情况下，P 值应该是表 10.4.1 或表 10.4.2 中获得数据的概率。因此，$P=0.01058+0.00044=0.01102$。由于这个 P 值很小，所以此试验有充分证据证明 H_0 是不真实的，即采用 ECMO 治疗优于 CMT。

与卡方检验的比较

10.2 节介绍的卡方检验常用于分析 2×2 列联表。卡方检验的一个优点是它可以应用到 2×3 列联表或者其他更大范围的列联表中，这将会在 10.6 节介绍。正如其名字显示的那样，卡方检验的 P 值是基于卡方分布。当样本容量变大时，这种分布为卡方检验统计数 χ_s^2 的理论抽样分布提供了一个比较好的近似值。但是，如果样本容量很小，那么这个近似值便不太可信，那么从卡方检验得出的 P 值也就变得不可靠了。

Fisher 精确检验之所以被称为“精确”检验，是因为它的 P 值是绝对确定的，使用如例 10.4.2 中的方法计算，而不是建立在一条渐近线的估算上。例 10.4.4 是对 ECMO 数据利用精确检验与卡方检验的比较。

例 10.4.4 ECMO

对表 10.4.1 中的 ECMO 试验数据进行卡方检验，下面是检验统计数：

$$\chi_s^2=\frac{(4-1.28)^2}{1.28}+\frac{(1-3.72)^2}{3.72}+\frac{(6-8.72)^2}{8.72}+\frac{(28-25.28)^2}{25.28}$$
$$=8.89$$

P 值（用定向备择假设）是 0.0014，这比精确检验的 P 值 0.01102 小得多。

非定向备择假设与精确检验

通常地，定向备择假设与非定向备择假设的区别是，非定向备择假设的 P 值通常是定向备择假设的二倍（假定这些数据符合 H_A 的特定方向，但不符合 H_0）。对于 Fisher 精确检验来说，这是不正确的。因为当 H_A 非定向时，得出的 P 值不是定向检验 P 值的二倍。相反，现在普遍认可的方法是求出所有和观察表相似表格的概率。所有的这些概率之和就是非定向备择假设检验的 P 值*。例 10.4.5 解释了这个概念。

* 对于此计算过程仍没有统一的定论。P 值可以看作是所采用的所有“极限”表格概率之和，但是对“极限”的判定有几种不同的方式。这里所示的一种方法是按照 χ_s^2 的值排序，并将与观察表中所得的 χ_s^2 值至少一样大的那个表格作为极限表格。另一种方式是按照 $|p_1-p_2|$ 排序。这些方式有时候得出的 P 值会与此处所得出的结果不同。

例 10.4.5
流感预防针

随机抽取一群大学生样本，其中 13 名在刚入冬时注射了流感预防针，另外 28 名没有注射。在注射流感预防针的 13 名学生中，有 3 名在过冬时患上流感。在没有注射流感预防针的另外 28 名同学中，15 名患上流感[22]。数据列于表 10.4.3 中。给出无效假设：无论是否注射流感预防针，每人患上流感的概率相同。给出的边际值是确定的，表 10.4.3 数据的概率为 $\frac{{}_{18}C_3 \times {}_{23}C_{10}}{{}_{41}C_{13}} = 0.05298$。

表 10.4.3　流感预防针数据

		未注射	注射	总数
流感?	是	15	3	18
	否	13	10	23
	总数	28	13	41

表	概率
15 3 / 13 10	0.05298
16 2 / 12 11	0.01174
17 1 / 11 12	0.00138
18 0 / 10 13	0.00006

图 10.4.1　表 10.4.3 数据的可能结果

自然地，定向备择假设是：注射流感预防针会降低大学生患流感的概率。图 10.4.1 所示为所获得的可能结果的数据（数据来自表 10.4.3），这些结果更强烈地支持了 H_A。每个表的概率在图 10.4.1 旁边列出。

所有这些表的概率之和便是定向检验的 P 值，即：$P = 0.05298 + 0.01174 + 0.00138 + 0.00006 = 0.06616$。

非定向备择假设表述了患流感取决于是否注射流感预防针，但却未表明流感预防针是提高、还是降低了患流感概率（有人可能会因注射流感预防针患上流感，因此，以下说法就趋于合理：注射过流感预防针的人比没有注射过的人患流感的概率更高，尽管公共卫生管理部门的官员并不希望如此）。

表	概率
5 13 / 23 0	0.00000
6 12 / 22 1	0.00002
7 11 / 21 2	0.00046
8 10 / 20 3	0.00440
9 9 / 19 4	0.02443
10 8 / 18 5	0.08356

图 10.4.2　表 10.4.3 数据的可能结果

图 10.4.2 所示为可能结果的表格：注射过流感预防针的人比没有注射过的人有更高的可能患流感。每个表格的概率也如前列出。前五个表的概率都低于表 10.4.3 中的概率 0.05298，但是，第六个表的概率却高于 0.05298。因此，从这一系列表中所得出的 P 值，是前五个表的概率之和，即：$0.00000 + 0.00002 + 0.00046 + 0.00440 + 0.02443 = 0.02931$。所以定向检验的 P 值 0.06616 与上面值的和便是非定向检验的 P 值，即 $P = 0.06616+0.02931 = 0.09547$。

正如本例所示，Fisher 精确检验的 P 值算法是相当烦琐的，尤其当备择假设为非定向时。因此，强力推荐应用统计软件进行检验。

练习 10.4.1—10.4.8

10.4.1　使用下表的虚拟数据进行 Fisher 精确检验。设无效假设为处理与响应相互独立，定向备择假设为处理 B 优于处理 A。请列出更有利于支持 H_A 的可能结果表。

		处理		
		A	B	总数
结果	死亡	4	2	6
	存活	10	14	24
	总数	14	16	30

10.4.2　使用下表的数据重复练习 10.4.1。

		处理		
		A	B	总数
结果	死亡	5	3	8
	存活	12	13	25
	总数	17	16	33

10.4.3　在一项随机的双盲临床试验中，让 156 位试验对象服用抗抑郁剂帮助戒烟，让另一组 153 位试验对象服用安慰剂。结果服用抗抑郁剂

组的人失眠的发生率高于服用安慰剂组。对于此失眠症，Fisher 精确检验的 P 值为 0.008。[23] 根据上文的临床试验，解释此 P 值。

10.4.4（计算机练习） 在一所音乐学校随机抽取 99 个学生样本，发现 48 名女生中有 9 名具有“完美音高”（一种能精准识别音乐的能力），但是 51 名男生中只有 1 个拥有“完美音高”[24]。使用 Fisher 精确检验来检验此无效假设：学生是否拥有“完美音高”与性别无关。使用定向备择假设，令 $\alpha = 0.05$。要拒绝 H_0 吗？为什么？

10.4.5 考查练习 10.4.4 的数据。进行卡方检验并将卡方检验与 Fisher 精确检验进行比较。

10.4.6（计算机练习） 人类生长因素的多样性与肿瘤的生长进程有关。在一项对肿瘤生长监测试验中，医生检测了患有胰腺癌病人和对照组病人的肿瘤多样性水平。他们发现 28 名对照组病人中仅有 2 名的肿瘤多样性水平比整组的平均数高出 2 倍标准差。而在患有胰腺癌的 41 名患者中，有 20 名的肿瘤多样性达到了此水平[25]。使用 Fisher 精确检验，确定如此大的差异是否（2/28 比 20/41）仅仅是偶然发生。用定向备择假设，令 $\alpha = 0.05$。

10.4.7（计算机练习） 在一双盲试验中，一组 225 个患有良性前列腺增生的男性被随机安排服用美洲蒲葵或者安慰剂。在此试验进行的一年中，服用美洲蒲葵的 112 名男性中有 45 人（40%）认为他们服用的是美洲蒲葵，而服用安慰剂的 113 名男性中有 52 人（46%）也这样认为[26]。这种差异与偶然变异一致吗？使用非定向备择假设进行 Fisher 精确检验。

10.4.8（计算机练习） 一组涉及精神分裂症的试验对比了“个人治疗”与“家庭治疗”的效果。进行家庭治疗的 24 名患者中有 8 名精神分裂症复发，而进行个人治疗的 23 名患者中只有 2 名复发[27]。这个有效的证据是否能得出如下结论：这两种治疗法并不是同样有效？使用非定向备择假设进行 Fisher 精确检验。

10.5 $r \times k$ 列联表

10.2 节与 10.3 节的概念可以很自然地拓展应用到比 2×2 更大的列联表中。我们现在考察一个具有 r 列和 k 行的列联表，即 **$r \times k$ 列联表**（$r \times k$ contingency table）。举例如下。

例 10.5.1 珩科鸟筑巢

野生动物生态学家历时三年调查了珩科鸟的栖息地且标记了其巢穴的位置。他们发现共有 66 个巢穴在农田（AF），67 个巢穴在矮狗尾草生长区（PD），另有 20 个巢穴在其他草地（G）。不同年份的珩科鸟筑巢位置共有 153 个样本，其数据列于表 10.5.1 中[28]。

表 10.5.1 珩科鸟三年筑巢的位置

位置	年份			总数
	2004	2005	2006	
农田（AF）	21	19	26	**66**
矮狗尾草生长区（PD）	17	38	12	**67**
草地（G）	5	6	9	**20**
总数	**43**	**63**	**47**	**153**

为了比较巢穴在这三个位置的分布，我们计算了各列百分比，见表 10.5.2（如

2004年有21/43或者48.8%的巢穴在农田）。表10.5.2清晰地显示了在这三个位置的百分比分布（行）的差异，2005年矮狗尾草生长区巢穴的百分比较另外两年高得多。

表10.5.2 历年巢穴百分比分布

位置	年份		
	2004	2005	2006
农田（AF）	48.8	30.2	55.3
矮狗尾草生长区（PD）	39.5	60.3	25.5
草地（G）	11.6	9.5	19.1
总数	**99.9***	**100.0**	**99.9***

* 由于四舍五入原因，2004年和2006年百分比之和不足100%。

图10.5.1所示为一个条形图，更直观地显示了分布情况。

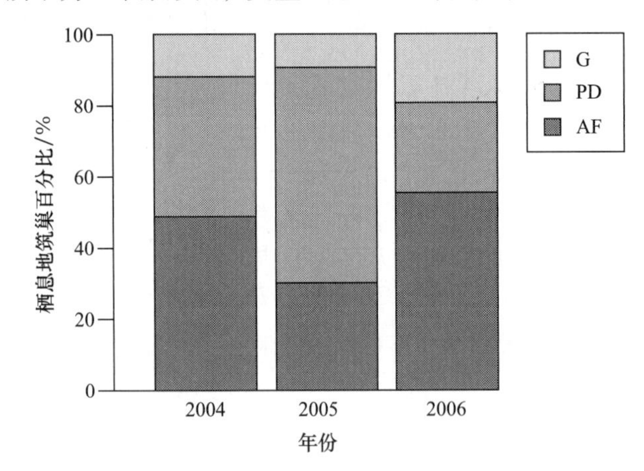

图10.5.1 历年珩科鸟巢穴分布相对频率（百分比）

$r \times k$ 表的卡方检验

统计分析 $r \times k$ 列联表的目的是探究行变量和列变量之间的关系。如表10.5.2所示，这种研究常常以调查行或列的百分比为开头。进一步的思路，就是要问百分比太大是否可以解释为抽样误差的矛盾。

这个问题可以由卡方检验来回答。通过下面这个熟悉的公式，可以计算出卡方统计数：

$$\sum_{\text{所有单元格}} \frac{(o_i - e_i)^2}{e_i}$$

其中，其和大于列联表中所有 $I = r \times k$ 个单元格之和，期望频数（e）的计算公式为：

$$e = \frac{(\text{行合计}) \times (\text{列合计})}{\text{总合计}}$$

期望频数（e）的计算方法可以通过10.2节给出的基本法则简单推导得出。卡方检验的临界值可用以下自由度查书后统计表中的表9而得：

$$\text{df} = (r-1)(k-1)$$

下面例子说明了卡方检验。

例 10.5.2 玠科鸟的筑巢

应用卡方检验分析例 10.5.1 玠科鸟的筑巢数据。无效假设为：

H_0：三年巢穴位置的总体分布是一样的。

此假设可以符号表述为如下条件概率：

$$H_0:\begin{Bmatrix} P\{\mathrm{AF}|2004\}=P\{\mathrm{AF}|2005\}=P\{\mathrm{AF}|2006\} \\ P\{\mathrm{PD}|2004\}=P\{\mathrm{PD}|2005\}=P\{\mathrm{PD}|2006\} \\ P\{\mathrm{G}|2004\}=P\{\mathrm{PG}|2005\}=P\{\mathrm{PG}|2006\} \end{Bmatrix}$$

注意，表 10.5.2 的百分比即为估算的条件概率，如下：

$$P\{\mathrm{AF}\mid 2004\}=0.488$$

$$P\{\mathrm{AF}\mid 2005\}=0.302$$

对 H_0 进行检验，对应的非定向备择假设为：

H_A：三年巢穴位置的总体分布是不一样的。

表 10.5.3 所示为其观察频数和期望频数。

表 10.5.3　玠科鸟筑巢的观察频数和期望频数

位置	年份			总数
	2004	2005	2006	
农田（AF）	21 (18.55)	19 (21.18)	26 (20.27)	**66**
矮狗尾草生长区（PD）	17 (18.83)	38 (27.59)	12 (20.58)	**67**
草地（G）	5 (5.62)	6 (8.24)	9 (6.14)	**20**
总数	**43**	**63**	**47**	**153**

从表 10.5.3 中，我们可以计算出此检验统计数：

$$\chi_s^2=\frac{(21-18.55)^2}{18.55}+\frac{(19-21.18)^2}{21.18}+\cdots+\frac{(9-6.14)^2}{6.14}$$

$$=14.09$$

对于这些数据，$r=3$，$k=3$，因此：

$$\mathrm{df}=(3-1)(3-1)=4$$

从书后统计表中的表 9 可知，当 df = 4 时，我们得到 $\chi^2_{4,0.01}=13.28$，$\chi^2_{4,0.001}=18.47$，所以有 $0.001<P$ 值 <0.01。因此卡方检验清晰地表明了三年间的巢穴位置是不一样的。

注意，例 10.5.2 中的 H_0 是 9.4 节定义的复合无效假设，即 H_0 包含了不止一个独立的表述。对于大于 2×2 的列联表，它永远是真实的，并且对于这些列联表，卡方检验的备择假设总是非定向的，如果 H_0 被拒绝，结论将会是非定向的。因此，卡方检验通常不能对 $r\times k$ 列联表做完整的分析。

$r\times k$ 列联表的两种情形

在 10.3 节，我们注意到一个 2×2 列联表可以应用在两种不同的情形。同样地，$r\times k$ 列联表也可应用在下面两种情形中：

（1）k 个独立样本，具有 r 个分类的分类观察变量；

（2）一个样本，包含两个分类观察变量，一个是具 k 个分类的变量，另一个是具 r 个分类的变量。

和 2×2 列联表一样，在这两种情形下，卡方统计数的计算是相同的。但是假设和结论的表述可能不同。下例说明第二种情形。

例 10.5.3
头发颜色和眼睛颜色

表 10.5.4 所示为 6,800 个德国男性的头发颜色与眼睛颜色之间的关系[29]（这与例 10.3.2 是同一研究）。

让我们用卡方检验来检验这个假设：

H_0：头发颜色与眼睛颜色相互独立。

表 10.5.4　头发颜色和眼睛颜色

		头发颜色			
		棕色	黑色	淡黄色	红色
眼睛颜色	棕色	438	288	115	16
	灰色或绿色	1387	746	946	53
	蓝色	807	189	1768	47

对表 10.5.4 的数据，我们可以计算出 $\chi_s^2=1{,}074$。此检验的自由度是 df = (3 − 1)(4 − 1) = 6。从书后统计表中的表 9 中我们得到 $\chi^2_{6,0.0001}=27.86$。这样，我们就可以完全拒绝 H_0，得出的结论是：有充分证据证明头发颜色与眼睛颜色密切相关。

练习 10.5.1—10.5.8

10.5.1　随机安排患有严重膝骨性关节炎的患者进行 5 选 1 治疗的临床试验：分别采用葡萄糖胺（G）、软骨素（Ch）、葡萄糖胺 + 软骨素（B）、安慰剂（P）和抑制剂（Ce）。试验记录每个患者在痛感或功能性的恢复上是否得到实质性的改善，数据列于下表[30]。

	成功的结果		
治疗	样本容量	成功数	百分比 /%
葡萄糖胺	317	192	60.6
软骨素	318	202	63.5
葡萄糖胺 + 软骨素	317	208	65.6
安慰剂	313	178	56.9
抑制剂	318	214	67.3

（a）在 $\alpha=0.05$ 的条件下使用卡方检验来比较成功率（卡方统计数为 $\chi_s^2=9.29$）；

（b）验证（a）中给出的 χ_s^2 值。

10.5.2　为了研究自由生活的果蝇（*Drosophila subobscura*）总体，研究者在两处林地和一处开阔草地放置了诱饵进行诱捕。一天中捕获的雌雄果蝇数见下表[31]。

	林地 1	林地 2	开阔草地
雄性	89	34	74
雌性	31	20	136
总数	120	54	210

（a）用卡方检验比较这三个地点果蝇的性别比例，令 $\alpha=0.05$。

（b）构建一个如练习 10.5.1 那样的表格，以增加数据的可读性。

10.5.3　在一项经典的胃溃疡研究中，确定了 1,655 名溃疡患者的血型。下表所示为这些患者和从相同城市独立抽取的 10,000 名健康人作为对照的数据[32]。

血型	胃溃疡患者	对照
O	911	4,578
A	579	4,219
B	124	890
AB	41	313
总数	1,655	10,000

（a）本列联表的卡方统计数为 $\chi_s^2=49.0$。在 $\alpha=0.01$ 的条件下进行卡方检验。

（b）构建一个表格，显示出患者和对照间的血型百分比分布。

（c）验证（a）中给出的 χ_s^2 值。

10.5.4 幼年期龙虾（*Homarus americanus*）的两只钳完全相同。然而，成年后两只钳出现差异，一只很强壮被称为“破碎机”，另一只细长被称为“切割机”。为研究这个分化的过程，26 只幼年龙虾被放置在光滑的盘子里饲养，18 只被放置在盛有大量牡蛎碎片的盘子里饲养（牡蛎碎片用来锻炼它们的钳），另外 23 只被放置在只有一片牡蛎碎片的盘子里饲养。下表是所有龙虾成年后两只钳子的形态统计[33]。

处理	钳子形态		
	右破碎 左切割	右切割 左破碎	右切割 左切割
牡蛎碎片	8	9	1
光滑盘子	2	4	20
一片牡蛎碎片	7	9	7

（a）本列联表的卡方统计数为 $\chi_s^2=24.35$。在 $\alpha=0.01$ 的条件下进行卡方检验。

（b）验证（a）中提供的 χ_s^2 值。

（c）构建一个表格，显示三种处理下龙虾钳子形态的百分比分布。

（d）用（c）来解释表格：哪一种处理影响钳子的功能？（比如，如果你想得到一只具有两只“切割机”钳的龙虾，你会选择哪种处理方式）

10.5.5 为研究阿尔茨海默病，开展了一项随机、双盲、安慰剂做对照的试验。病人服用一年银杏提取物（EGb）或安慰剂。根据阿尔茨海默病评定量表——认知量表（ADAS-Cog）测定患者得分的变化。检测结果如下[34]（注：如果 ADAS-Cog 指数下降，那么患者病情好转）。

	ADAS-Cog 得分变化				
	−4 OR 好转	−2 TO −3	−1 TO +1	+2 TO +3	+4 OR 恶化
EGb	22	18	12	7	16
安慰剂	10	11	19	11	24

（a）在 $\alpha=0.05$ 水平的条件下进行卡方检验（本列联表的卡方统计数为 $\chi_s^2=10.26$）。

（b）验证（a）中给出的 χ_s^2 值。

10.5.6 海洋生物学家观察表明，蚌身体最远端条纹的颜色与它死亡的时间有关。为了验证这个观点是否属实，一位生物学家用一种蚌（*Protothaca staminea*）进行了一项小型调查。她收集了含有 78 份蚌壳的样本，并且按照（1）死亡的月份和（2）身体最远端条纹颜色进行分类。数据见下表[35]。

	颜色		
	清晰	黑暗	无法辨别
二月	9	26	9
三月	6	25	3
总数	15	51	12

进行卡方检验以对比这两个月蚌壳的颜色分布。令水平 $\alpha=0.01$ 水平。

10.5.7 将一群患有暴饮暴食症的病人随机安排，进行一项为期 9 周的双盲临床试验。一组注射氟伏沙明（抗抑郁剂），另一组注射安慰剂。试验结束时，每个病人的情况按以下四种分类：无改善、适度改善、明显改善和好转。下表为分类结果数据[36]。在 0.01 水平下，是否有显著证据证明处理（氟伏沙明对安慰剂）与病况间有某种联系？

	无改善	适度改善	明显改善	好转	总数
氟伏沙明	15	7	3	15	40
安慰剂	22	7	3	11	43
总数	37	14	6	26	

10.5.8 对患有冠状动脉疾病的病人进行一项临床试验，病人被随机安排进行脉管修补结合药物治疗（$n=1{,}149$）或单一药物治疗（$n=1{,}138$）。几年后，85 名进行脉管修补的病人和 95 名药物治疗的病人死亡，死因分为心脏病发作、其他原因和原因不明。分类数据列入下表[37]。在 0.01 水平下，是否有明显的证据证明在处理与试验结果之间有某种联系？

	心脏病死亡	其他原因死亡	不明原因死亡	存活	总数
脉管修补	23	45	17	1,064	1,149
药物治疗	25	51	19	1,043	1,138
总数	48	96	36	2,107	2,287

10.6 方法的应用

在本节，我们将讨论何时使用卡方检验。

有效性的条件

下列条件下，卡方检验是有效的：

（1）设计条件　对于列联表的卡方检验，数据必须符合下面的情况之一：

（a）当含有两个或多个随机样本时，观察的是一个分类变量；

（b）当只有一个随机样本时，观察的是两个分类变量。

对于这两种卡方检验类型，样本内的观察值必须是互相独立的。

（2）样本容量条件　样本容量必须足够大。对于确定 P 值及与其相关的 χ_s^2 值来说，书后统计表中的表 9 给出的临界值只是近似于准确。即每个期望频数（e）在至少等于 5 时，此近似值才有效 *。对数据期望频数过小所构建的列联表，用 Fisher 精确检验会更适合。参见 10.4 节选修部分。

（3）H_0 的形式　对于列联表卡方检验的无效假设，其一般形式表示如下：

H_0：行变量与列变量相互独立。

（4）推断的范围　和其他统计检验一样，如果数据来源于处理随机设计的试验，如例 10.1.1，那么我们可以从中得出因果的推断；如果试验单位是从一个总体中随机抽取的，那么我们就可以把结论延伸至整个总体。但是，如果这些数据源自于一项观察研究，如例 10.1.2，那么一个小的 P 值只允许我们做出如下推断：观察到的关联并非出于偶然，但是我们也不能排斥其他解释。

设计条件的验证

为了验证设计条件，我们需要鉴定随机抽取样本的总体。如果数据是由几个样本组成的［上述情形（1）（a）］，那么样本必须保证相互独立。忽略此要求可能会造成结果失去说服力。如果数据中包含成对或匹配的试验单位，那么这些样本可以不必互相独立。10.8 节介绍了一种相互依赖样本的分析方法。

通常情况，在取样过程中的偏见喜好需要时刻被约束。另外，当使用复合随机取样方案，如整群抽样或分层随机抽样时，卡方检验便显得不合适了。最后，设计中一定要避免依存结构或分层结构的出现。忽略此要求极可能导致犯第 I 类错误（这比失去说服力更严重）。下面的例子展现了如何检查观察资料的相关性。

---

* 对于一个行和列都大于 2 的 $r \times k$ 列联表，如果平均数的期望频数不低于 5，即使有一部分单元格的计数很小，此近似值也是可信任的。

例 10.6.1
昆虫幼虫的食物选择

在对苜蓿根象鼻虫（*Sitona hispidulus*）的习性研究中，将 20 只幼虫放置在 6 个培养皿中，每皿包含的紫花苜蓿包括有瘤根和无瘤根，对称放置（这个试验在例 1.1.5 中有详细叙述）。24h 后，测定每只幼虫的位置，结果见表 10.6.1[38]。

表 10.6.1 苜蓿根象鼻虫的食物选择

皿号	幼虫的数量		
	有瘤根	无瘤根	其他（死亡、丢失等）
1	5	3	12
2	9	1	10
3	6	3	11
4	7	1	12
5	5	1	14
6	14	3	3
总数	46	12	62

假定如下分析成立。共有 58 只幼虫做出了选择；选择有瘤根和无瘤根的观察频数分别为 46 和 12。对应的期望频数为 29 和 29（假设是随机选择），这些数据的结果为 $\chi_s^2 = 19.93$，从书后统计表中的表 9 可知（使用定向选择）P 值$<$ 0.00005。此分析的有效性值得怀疑，因为它取决于假定所有培养皿中的行为是相互独立的；如果幼虫寻找食物时相伴而行（从生物角度是合理的），那么此假设将是错误的。

那么，如何分析这些数据？一种方式是做出合理的假设，即假设一个培养皿中的行为独立于另一个培养皿中的行为。在此假设下，我们可以基于这 6 个培养皿进行成对分析（$n_d = 6$）；成对 t 检验的结果 P 值≈ 0.005，符号检验 P 值≈ 0.02。注意，正是这个由不同培养皿间的独立性而引发的有问题的假设导致了 P 值过小。

例 10.6.2
花的传粉

开展了一项调查，以确定红色吉利草（*Ipomopsis aggregata*）花颜色的合适显著性。在野外环境中，选取 6 株红花植株和 6 株白花植株。允许蜂鸟为这些花传粉，但是另一主要传粉者——飞蛾，通过晚上遮蔽植株而被排斥在外。表 10.6.2 所示为每个植株在季末花和果实的总数[39]。

表 10.6.2 红色吉利草花的坐果情况

	红色植株			白色植株		
	花的数量	坐果数量	坐果百分比 /%	花的数量	坐果数量	坐果百分比 /%
	140	26	19	125	21	17
	116	11	9	134	17	13
	34	0	0	273	81	30
	79	9	11	146	38	26
	185	28	15	103	17	17
	106	11	10	82	24	29
总和	660	85		863	198	

我们感兴趣的问题是：红色植株与白色植株的坐果率是否相同？如果每朵花作为一个观察单位，那么数据可以用表 10.6.3 的列联表形式表现。

表 10.6.3 红色吉利草花的坐果情况			
		花的颜色	
		红色	白色
坐果	是	85	198
	否	575	665
总数		660	863
	坐果百分比	13	23

由表 10.6.3，得出结果为$\chi_s^2 = 25.0$，查书后统计表中的表 9 可知，P值$<$ 0.0001。但是，这样分析是不正确的，因为同一株上的花不是相互独立的；它们是有关联的，因为传粉媒介（蜂鸟）可能常常成群地给花传粉，并且同一株上的花可能在生理上或者基因上都是有联系的。因为数据的分层结构，使得卡方检验无效。

较好的方法是把整个植株当作一个观察单位。比如，表 10.6.2 中，可以将坐果百分比这一列作为基本观察单位；应用t检验，得出$t_s = 2.88$（$0.01 < P$值$<$ 0.02），并应用 Wilcoxon-Mann-Whitney 检验，结果为$U_s = 32$（$0.02 < P$值< 0.05）的。因此，从不合适的卡方检验分析中得出的P值太小了。

功效考量

很多研究中，卡方检验是有效的，但却不像其他的检验方法那样强大。尤其是在列联表的行或列（或者两者兼有）相当于一个具有两个以上类别的划分等级的分类变量。举例如下。

例 10.6.3 物理疗法

某医院开展了一项随机临床试验，以确定周六增加一次物理治疗（处理组）是否比仅周一至周五进行正常治疗（对照组）更有利于病人恢复。一项试验结果是为物理治疗病人安置的场所，分类为在家、低级护理（LLRC）、高级家庭护理（HLRC）以及重症病人转院（AHT）。结果见表 10.6.4[40]。

表 10.6.4 为物理治疗病人安置的场所			
		组别	
		处理	对照
场所	家	107	103
	LLRC	10	15
	HLRC	6	1
	AHT	7	13
	总数	130	132

列联表卡方检验在比较处理组和对照组时是有效的，但是这种检验的功效（说服力）不够，因为它并没有使用表中所包含的安置场所的类别排序信息（在家优于 LLRC，LLRC 优于 HLRC，HLRC 优于 AHT 治疗）。卡方检验的一个缺点是，即使H_0被拒绝，检验也不能得出像“试验组比对照组结果更好”的结论。

有效分析列联表中行和（或）列变量排列的方法有很多，但有些方法超出了本教材的范围。

练习 10.6.1—10.6.3

10.6.1 参阅练习 10.2.10 化学疗法数据。这个样本的容量够大到足以支持卡方检验近似有效性条件了吗?

10.6.2 在一项关于小鼠对痉挛敏感性胎儿期影响的研究中，将一批怀孕母鼠随机分配到对照组和“接触”组。接触组的母鼠在孕期接受三次假注射，而对照组母鼠无此处理。检测新出生的幼鼠通过噪声诱导的对痉挛的敏感性。研究人员发现幼鼠间的反应不尽相同。结果见下表[41]。

处理	窝组数量	母鼠数量	对噪声的反应		
			没反应	乱跑	痉挛
接触	19	104	23	10	71
对照	20	120	47	13	60

如果把这些数据作为一个 2×3 列联表进行分析，卡方统计数为 $\chi_s^2 = 8.45$，由书后统计表中的表 9 得 $0.01 < P$ 值< 0.02。这样分析对于本试验是否合适? 解释其原因（提示：这样的设计能够满足卡方检验有效性条件吗）。

10.6.3 在糖尿病的治疗中，了解摄入不同食物后病人血糖水平的变化非常重要。10 名志愿者参加了比较两种食物——糖和淀粉对血糖影响效果的研究。每个志愿者在进食定量的食物前，抽取了血样。然后，接下来的 4h 又抽血 11 次。每个志愿者对另一种食物也进行了同样的测定。特别值得注意的是，有些志愿者的血糖水平低于起始水平。观测值的数量见下表[42]。

食物	血糖值低于起始值的数目	观察值总数
食糖	26	110
淀粉	14	110

假设我们按列联表来分析这些数据，检验统计数为：

$$\chi_s^2 = \frac{(26-20)^2}{20} + \frac{(14-20)^2}{20} + \frac{(84-90)^2}{90} + \frac{(96-90)^2}{90} = 4.40$$

当 $\alpha = 0.05$，我们会拒绝 H_0，并发现有充足的证据表明：食用糖后血糖值水平低于起始水平的情况比食用淀粉后更为普遍。这个分析有两个缺点，它们是什么？（提示：检验有效性的条件得到满足了吗）

10.7 差分概率的置信区间

2×2 列联表的卡方检验仅仅回答了一个限定的问题：我们称为 $\hat{p}_1$ 和 $\hat{p}_2$ 的估计概率是否有足够的差异以说明真实概率 p_1 和 p_2 是不相同的? 补充的分析方法是建立差值（$p_1 - p_2$）量值上的置信区间。

在 9.2 节讨论构建单个比例的置信区间 p 时，我们基于“对数据加入两个成功和两个失败”的理念定义估计值 $\tilde{p}$ 。对数据进行调整，使置信区间具有较好的覆盖性。同样，当构建两个比例差异的置信区间时，我们会根据这一理念在表格的每个单元格加入 1 个观察值，定义新的估计值（所以加入数据的共有 2 个成功、2 个失败）。

考察一个 2×2 列联表，可将其看作是容量为 n_1 与 n_2 的两个样本关于二分响应变量的比较。给出的 2×2 表格如下：

样本 1	样本 2
y_1	y_2
$n_1 - y_1$	$n_2 - y_2$
n_1	n_2

我们定义：

$$\tilde{p}_1 = \frac{y_1 + 1}{n_1 + 2}$$

和：

$$\tilde{p}_2 = \frac{y_2 + 1}{n_2 + 2}$$

我们将使用新值的差异 $(\tilde{p}_1 - \tilde{p}_2)$ 来构建 $(p_1 - p_2)$ 的置信区间。如所有来自于样本的数值计算一样，$(\tilde{p}_1 - \tilde{p}_2)$ 的数值也可归为抽样误差。样本误差的大小可以表示为 $(\tilde{P}_1 - \tilde{P}_2)$ 的标准误，公式如下：

$$\mathrm{SE}_{(\tilde{P}_1 - \tilde{P}_2)} = \sqrt{\frac{\tilde{P}_1(1-\tilde{P}_1)}{n_1 + 2} + \frac{\tilde{P}_2(1-\tilde{P}_2)}{n_2 + 2}}$$

注意，$\mathrm{SE}_{(\tilde{P}_1 - \tilde{P}_2)}$ 近似于6.6节所描述的 $\mathrm{SE}_{(\bar{Y}_1 - \bar{Y}_2)}$。

根据 $\mathrm{SE}_{(\tilde{P}_1 - \tilde{P}_2)}$ 可以得到近似的置信区间，如95%的置信区间是：

$$(\tilde{p}_1 - \tilde{p}_2) \pm (1.96)\mathrm{SE}_{(\tilde{P}_1 - \tilde{P}_2)}$$

以这种方式构建的置信区间具有良好的覆盖特性。例如，所有95%的置信区间，几乎覆盖了容量为 n_1 与 n_2 的绝大多数任意样本真实差异 $(p_1 - p_2)$ 的95%[43]。下面例子说明置信区间的构建*。

例10.7.1 偏头痛

对例10.1.1偏头痛数据，样本大小为 $n_1 = 49$，$n_2 = 26$，偏头痛缓解的估计概率为：

$$\tilde{p}_1 = \frac{42}{51} = 0.824$$

$$\tilde{p}_2 = \frac{16}{28} = 0.571$$

两者的差数为：

$$\begin{aligned}\tilde{p}_1 - \tilde{p}_2 &= 0.824 - 0.571 \\ &= 0.253 \\ &\approx 0.25\end{aligned}$$

这样，与安慰手术（即假手术）相比，我们估计真实手术将偏头痛缓解概率提高了0.25。以这个估计值设定置信限，计算标准误差为：

$$\begin{aligned}\mathrm{SE}_{(\tilde{P}_1 - \tilde{P}_2)} &= \sqrt{\frac{0.824(0.176)}{51} + \frac{0.571(0.429)}{28}} \\ &= 0.1077\end{aligned}$$

95%置信区间为：

$$0.253 \pm (1.96)(0.1077)$$

$$0.253 \pm 0.211$$

$$0.042 < p_1 - p_2 < 0.464$$

* 在9.3节我们介绍了"加入2个成功2个失败"的一般说法，即 $\tilde{p}$ 的公式取决于置信水平（95%、90%等）。当构建两个比例差异的置信区间时，2×2表格的每个单元格加入1，区间具有良好的覆盖特性，无论使用哪个置信水平都是如此[44]。

我们有 95% 置信度证明，真实手术使得偏头痛缓解的概率比假手术高 0.042 ~ 0.464。

与检验的关系 2×2 列联表的卡方检验（10.2 节），是近似而并非准确的，它与检查 $(p_1 - p_2)$ 的置信区间是否包含零是等价的［回顾 7.3 节，t 检验与 $(\mu_1 - \mu_2)$ 的置信区间完全等价］。

练习 10.7.1—10.7.6

10.7.1 有一项双盲试验，患髋关节骨折的老年病人被随机分配接受安慰剂治疗（$n = 1,062$）或是唑来膦酸治疗（$n = 1,065$）。试验期间，分别有 193 名使用安慰剂和 92 名使用唑来膦酸治疗的病人又发生新的骨折[45]。用 p_1 和 p_2 分别代表使用安慰剂和使用唑来膦酸治疗后又发生新骨折的人数占各自总人数的比率。构建 $(p_1 - p_2)$ 的 95% 置信区间。

10.7.2 参阅练习 10.2.9 的肝脏肿瘤数据。

（a）构建（P｛肝脏肿瘤 | 无菌｝－ P｛肝脏肿瘤 | 大肠杆菌｝）的 95% 置信区间；

（b）解释（a）的置信区间，即解释该区间告诉了你有关肿瘤概率的信息是什么。

10.7.3 对于怀有双胞胎的孕妇来说，几乎她们中的所有人都被嘱咐过，怀孕晚期完全卧床休息可以降低早产风险。为了检验这个结论的真实性，将 212 位怀有双胞胎的孕妇随机分配，分为卧床休息组与对照组。下表所示为早产发生率（早产，即孕期少于 37 周）[46]。

	卧床休息	对照
早产的数量	32	20
孕妇的数量	105	107

构建（P｛早产 | 卧床休息｝－ P｛早产 | 对照｝）的 95% 置信区间。置信区间是否表明卧床休息是更好的方式？

10.7.4 参阅练习 10.7.3，表格中显示不同组别的孕妇所生较轻体重（小于等于 2,500g）的新生儿数量。

	卧床休息	对照
较轻体重婴儿数量	76	92
婴儿总数	210	214

分别用 p_1 和 p_2 代表两种条件下较轻体重新生儿占该组别的比率。说明为什么上述信息对构建 $(p_1 - p_2)$ 的置信区间来说不够充分。

10.7.5 参阅练习 10.5.3 中血型数据。分别用 p_1、p_2 代表 O 型血在病人和对照组中的比率。

（a）构建 $(p_1 - p_2)$ 的 95% 置信区间；

（b）解释（a）的置信区间，即解释该区间告诉了你有关 O 型血概率差异是多少。

10.7.6 在治疗患有“广泛性焦虑症”病人的试验中，71 位服用羟嗪类药物的病人里有 30 位症状有所缓解。在使用安慰剂的另外 70 位病人中，有 20 位症状有所缓解[47]。分别用 p_1 和 p_2 代表使用羟嗪类药物和使用安慰剂后有所改善的人数占该组总人数的比率。构建 $(p_1 - p_2)$ 的 95% 置信区间。

10.8 成对数据与 2×2 列联表（选修）

在第 8 章，我们考察了响应变量为连续变量时的成对数据。在本节，我们将考察成对分类数据的分析。

例 10.8.1
HIV 对儿童的传播

进行了一项确定女性将 HIV 病毒传递给她未出世孩子风险性的研究。样本为 114 名感染了 HIV 病毒并生育两个孩子的女性，发现 114 个年长的孩子中感染 HIV 的有 19 个，114 个年幼的孩子中感染 HIV 的有 20 个[48]。数据见表 10.8.1。

表 10.8.1 HIV 感染数据

		年长的孩子	年幼的孩子
HIV？	是	19	20
	否	95	94
	总数	114	114

看上去，可以用常规的卡方检验来检验此无效假设：年长的孩子感染 HIV 的概率等于年幼的孩子感染 HIV 的概率。但是，正如 10.6 节所述的，这种检验仅在 114 个年长的孩子与 114 个年幼的孩子相互独立的条件下才是有效的。在本例，很显然样本不是独立的。的确，这是由一个家庭所产生的成对数据（年长的孩子和年幼的孩子）。

表 10.8.2 是以不同的形式表现的数据。这种形式有助于聚焦数据相联系的部分*。

表 10.8.2 HIV 感染成对数据

		年幼的孩子感染 HIV？	
		是	否
年长的孩子感染 HIV？	是	2	17
	否	18	77

从表 10.8.2 中，我们可以看出有 79 对兄弟有同样的 HIV 感染情况：2 对均感染 HIV，77 对均未感染 HIV。这 79 对，称为**一致对**（concordant pairs），它并不能帮助我们确定年幼的孩子感染 HIV 的可能性是否比年长的孩子大。剩余的 35 对中，有 17 对为“是 / 否”，18 对为“否 / 是”，这些数据为兄弟、姊妹间感染 HIV 的相关性提供了信息。这些对称为**不一致对**（discordant pairs）。我们将重点分析这 35 对。

如果被 HIV 感染的概率对于年长的孩子和年幼的孩子来说是一样的，那么“是 / 否”和“否 / 是”情况是完全相同的。因此，无效假设为：

H_0：年长的孩子和年幼的孩子感染 HIV 的概率是相同的等价于

$$H_0\text{：在不一致对中，}P(\text{是}\mid\text{否}) = P(\text{否}\mid\text{是}) = \frac{1}{2}$$

McNemar 检验

可能为“是 / 否”或者“否 / 是”的不一致对的假设，可用 9.4 节介绍的卡方拟合优度检验来检验。拟合优度的应用被称为 **McNemar 检验**（McNemar's test），是一种特别简单的形式**。用 n_{11} 代表“是 / 是”的数目，n_{12} 代表“是 / 否”的数目，

* 注：表 10.8.2 不是由表 10.8.1 得来的。

** 应用 McNemar 检验的无效假设也可应用于二项分布检验。无效假设认为，在不一致对中，$p(\text{是}\mid\text{否}) = p(\text{否}\mid\text{是}) = 1/2$。因此，在无效假设中，“是 / 否”对数就是 $n =$ 不一致对数和 $p = 0.5$ 的二项分布。

n_{21} 代表“否 / 是”的数目，n_{22} 代表“否 / 否”的数目，如表 10.8.3 所示。如果 H_0 是正确的，那么预期“是 / 否”的数目应为（$n_{12}+n_{21}$）/2，等于预期“否 / 是”的数目。因此，其检验统计数为：

$$\chi_s^2=\frac{\left[n_{12}-\frac{(n_{12}+n_{21})}{2}\right]^2}{\frac{(n_{12}+n_{21})}{2}}+\frac{\left[n_{21}-\frac{(n_{12}+n_{21})}{2}\right]^2}{\frac{(n_{12}+n_{21})}{2}}$$

简化为：

$$\chi_s^2=\frac{(n_{12}-n_{21})^2}{n_{12}+n_{21}}$$

无效假设下的 χ_s^2 分布近似于自由度为 1 的 χ^2 分布。

表 10.8.3 成对比例数据的一般表格

	是	否
是	n_{11}	n_{12}
否	n_{21}	n_{22}

例 10.8.2 HIV 对儿童的传播

对例 10.8.1 所给资料，$n_{12}=17$，$n_{21}=18$。因此，

$$\chi_s^2=\frac{(17-18)^2}{17+18}=0.0286$$

从书后统计表中的表 9 中可知，p 值大于 0.20（使用计算机，得 $p=0.87$）。数据非常符合无效假设，即年长的孩子感染 HIV 的概率与年幼的孩子是一样的。

练习 10.8.1—10.8.4

10.8.1 作为中风风险因素研究的一部分，采访了 155 位曾患出血性卒中的女性病例。对每个病例，选择未发生过中风的女性为对照；对照组的女性与配对的病例的女性居所、年龄与种族均保持一致。每位女性都被问及是否服用口服避孕药。155 位女性数据见下表，“是”与“否”分别代表使用与不使用口服避孕药[49]。

		病例	
		是	否
对照	是	107	30
	否	13	5

为检验口服避孕药与中风现象的关联性，仅考虑 43 对不一致对（即每对女性的回答不一致）和检验不一致对“是 / 否”与“否 / 是”的假设。用 McNemar 检验对应的非定向备择假设：使用口服避孕药与中风是相互独立的。令 $\alpha=0.05$。

10.8.2 例 10.8.1 是关于感染 HIV 病毒并生有两个孩子女性的例子。研究结果之一是孩子的胎龄是否少于 38 周，共记录了 106 个家庭的信息。下表所示为这个变量的数据。用 McNemar 检验分析该数据。使用非定向备择假设，令 $\alpha=0.01$ 水平。

		年幼的孩子＜38 周?	
		是	否
年长的孩子	是	26	5
＜38 周?	否	21	54

10.8.3 一项研究发现，85 位患有霍奇金病的病人中有 41 位曾做过扁桃体切除术。每位病人都有和他们性别相同的同胞。同胞中仅有 33 位

切除过扁桃体。数据见下表[50]。用 McNemar 检验进行“是 / 否”与“否 / 是”是否相等的检验。先前的研究表明，扁桃体切除术会增加患霍奇金病的风险，这样，使用定向备择假设，令 $\alpha = 0.01$。

		同胞	
		是	否
霍奇金病人	是	26	15
扁桃体切除术	否	7	37

10.8.4 有一项关于蟋蟀（*Gryllus campestris*）交尾行为的研究。将成对的雌性蟋蟀放入仅有一只雄性蟋蟀的树脂玻璃盒中。在 54 起雌性争夺战中，42 起争夺战中获胜的雌性蟋蟀和雄性蟋蟀交尾，8 起争斗失败的雌性蟋蟀与雄性蟋蟀交尾，4 起斗争中无交尾现象。数据列于下表[51]。使用 McNemar 检验进行假设检验：获胜的、失败的雌性蟋蟀与雄性蟋蟀交尾的概率相同。使用定向备择假设，令 $\alpha = 0.05$。

		获胜者	
		是	否
失败者	是	0	8
	否	42	4

10.9 相对风险和比值比（选修）

经常会用无效假设来进行两个总体比率 p_1 和 p_2 相等的检验。基于 2×2 列联表的卡方检验经常用于此目的。$(p_1 - p_2)$ 的置信区间为 p_1 和 p_2 之间的差值幅度提供了信息。本节，我们考虑另两种依存关系的度量：相对风险与比值比。

相对风险

有时，研究者更喜欢比较比率的概率，而不是比较它们的差异性。当结果事件是有害时（如患心脏病或癌症），概率的比率被称为**相对风险**（relative risk），或风险系数。相对风险被定义为 p_1/p_2。这种度量指标被广泛应用于人类健康的研究。以下就是一例。

例 10.9.1 吸烟与肺癌

多年来，有人追踪调查了 11,900 位中年吸烟男性的健康史。在此项研究中，126 名男性患肺癌，其中 89 名吸烟者，37 名为已戒烟者。数据见表 10.9.1[52]。

表 10.9.1 肺癌发生率与吸烟状况

		吸烟史	
		吸烟者	已戒烟者
肺癌?	是	89	37
	否	6,063	5,711
	总数	6,152	5,748

最先要关注的概率是列的条件概率：

$$p_1 = P\{\text{肺癌} \mid \text{吸烟者}\}$$
$$p_2 = P\{\text{肺癌} \mid \text{已戒烟者}\}$$

从这些数据进行估计：

$$\hat{p}_1 = \frac{89}{6{,}152} = 0.01447 \approx 0.014$$

$$\hat{p}_1 = \frac{37}{5,748} = 0.00644 \approx 0.006$$

估计相对风险为：

$$\frac{\hat{p}_1}{\hat{p}_2} = \frac{0.01447}{0.00644} = 2.247 \approx 2.2$$

这样，我们估计患肺癌的风险（如条件概率），吸烟者是已戒烟者的 2.2 倍。当然，因为这是一个观察型研究，我们还不能做出吸烟引发肺癌的结论。

比值比

另一种比较两个概率的方法是**比值**（odds）。事件 E 的比值被定义为事件 E 发生的概率除以事件 E 不发生的概率：

$$E\text{ 的比值} = \frac{P\{E\}}{1 - P\{E\}}$$

例如，如果一个事件的发生概率为 1/4，那么这个事件的比值为（1/4）/（3/4）= 1/3 或 1 ∶ 3。再举一例，如果一个事件的发生概率为 1/2，那么这个事件的比值为（1/2）/（1/2）= 1 或 1 ∶ 1。

比值比（odds ratio）就是指在两种条件下比值的比。特别地，假设 p_1 和 p_2 是一个事件两种不同条件下的条件概率。那么比值比 θ（读作“theta”）被定义为：

$$\theta = \frac{\dfrac{p_1}{1 - p_1}}{\dfrac{p_2}{1 - p_2}}$$

如果估计概率 $\hat{p}_1$ 和 $\hat{p}_2$ 是从 2×2 列联表中计算得来的，相应地，比值比的估计值，用 $\hat{\theta}$ 表示，被定义为：

$$\hat{\theta} = \frac{\dfrac{\hat{p}_1}{1 - \hat{p}_1}}{\dfrac{\hat{p}_2}{1 - \hat{p}_2}}$$

我们用例子说明。

例 10.9.2 吸烟与肺癌

从例 10.9.1 的数据中，我们估计出患肺癌的比值为：

吸烟者：$\widehat{\text{比值}} = \dfrac{0.01447}{1 - 0.01447} = 0.01468$

已戒烟者：$\widehat{\text{比值}} = \dfrac{0.00644}{1 - 0.00644} = 0.00648$

估计比值比为：

$$\hat{\theta} = \frac{0.01468}{0.00648} = 2.265 \approx 2.3$$

因此，我们估计，吸烟者患肺癌的比值比是已戒烟者的 2.3 倍。

比值比与相对风险

比值比是一种与相对风险有关联的不常见度量指标，相对风险是一种更常见的衡量指标。幸运的是，在大多应用中，这两种度量指标近似相等。一般情况下，比值比与相对风险的关系如式：

$$\text{比值比}=\text{相对风险}\times\frac{1-p_2}{1-p_1}$$

注意，如果 p_1 和 p_2 的值很小，那么相对风险的值近似等于比值比。我们以吸烟与患肺癌的数据来说明。

例 10.9.3
吸烟与肺癌

根据表 10.9.1 中的数据，我们可估计肺癌的相对风险为：

$$\text{估计相对风险}=2.247$$

估计比值比为：

$$\hat{\theta}=2.265$$

这两个值近似相等，是因为结果（患肺癌）发生率很小，所以 $\hat{p}_1$ 和 $\hat{p}_2$ 也都很小。

比值比的优点

相对风险 p_1/p_2 和差值（p_1-p_2）比比值比更容易解释。那么究竟为什么要用比值比？在某种研究中，比值比的一个优点就是，它可以在不能估计 p_1 和 p_2 时被估算出来。为了解释这一性质，我们必须先讨论列联表中条件概率估算问题。

在 2×2 列联表中，条件概率可以由行或列来定义。观察数据的概率是否能估计取决于研究设计本身。下面这一例子说明了这一观点。

例 10.9.4
吸烟与肺癌

在研究吸烟与肺癌的关系时，首先关注条件概率是：

$$p_1=P\{\text{肺癌}\mid\text{吸烟者}\}$$

和：

$$p_2=P\{\text{肺癌}\mid\text{已戒烟者}\}$$

这个概率同表 10.9.1 中的列式概率相同。我们还要考虑下列行式概率：

$$p_1^*=P\{\text{吸烟者}\mid\text{肺癌}\}$$

和：

$$p_2^*=P\{\text{吸烟者}\mid\text{非肺癌}\}$$

当然，p_1^* 和 p_2^* 并没有生物学上的特别意义。从例 10.9.1 的研究描述来看，这是一个容量为 $n=11{,}900$、有关吸烟状况与肺癌的单个样本，我们能估计的不仅是 p_1 和 p_2，还可估计出 p_1^* 和 p_2^*。然而，还有一些重要的研究设计，并不能为其估计所有的条件概率提供足够的信息。例如，假设一个研究，选择一组 500 名吸烟者与另一组 500 名已戒烟者，然后观察他们中有多少人患了肺癌。这种研究称为预期性研究或**群组研究**（cohort study）。这样的研究产生的数据仅可能是虚拟的而非真实的，见表 10.9.2。

表 10.9.2 吸烟与肺癌死亡率的群组研究虚拟数据

		吸烟史	
		吸烟者	已戒烟者
肺癌?	是	7	3
	否	473	497
	总数	500	500

表 10.9.2 的数据可被看作是两个独立的样本。从数据中我们可以估计出两个总体（吸烟者和已戒烟者）中肺癌发生的条件概率：

$$\hat{p}_1 = \frac{7}{500} = 0.014 \qquad \hat{p}_2 = \frac{3}{500} = 0.006$$

相比之下，行的概率 p_1^* 和 p_2^* 是不能从表 10.9.2 中估计而来的。因为吸烟者与已戒烟者的相对人数在研究设计中就已预先确定（$n_1 = 500$，$n_2 = 500$），该数据并未包括吸烟普遍性的信息，因此也没有关于人口数值的信息：

$$P\{\text{吸烟者} \mid \text{肺癌}\} \text{ 和 } P\{\text{吸烟者} \mid \text{非肺癌}\}$$

表 10.9.2 是由固定的列总数和行变量生成的。现在考虑进行逆向设计，假设我们选择死于肺癌的 500 名男性和死于非肺癌的 500 名男性，然后我们再决定男性的吸烟史。这样的设计称为**条件控制设计**（case-control design）。这样的设计可能是虚拟的但却是符合实际的，见表 10.9.3。

表 10.9.3 吸烟与肺癌死亡率的群组研究虚拟数据

		吸烟史		
		吸烟者	已戒烟者	总数
肺癌?	是	273	227	500
	否	173	327	500

从表 10.9.3 我们可以估计出行的条件概率：

$$p_1^* = \frac{273}{500} = 0.546 \approx 0.55$$

$$p_2^* = \frac{173}{500} = 0.346 \approx 0.35$$

然而，从表 10.9.3 的数据我们无法估计出列的条件概率 p_1 和 p_2：因为行的总数要设计时已经给出，数据却没有 $P\{\text{肺癌} \mid \text{吸烟者}\}$ 和 $P\{\text{肺癌} \mid \text{已戒烟者}\}$ 的相关信息。

上述例子表明，根据设计，该研究不可能同时估计列的概率 p_1 和 p_2 和行的概率 p_1^* 和 p_2^*。幸运的是，无论由列的概率或行的概率估计时，比值比都是一样的。特别地：

$$\theta = \frac{\dfrac{p_1}{1-p_1}}{\dfrac{p_2}{1-p_2}} = \frac{\dfrac{p_1^*}{1-p_1^*}}{\dfrac{p_2^*}{1-p_2^*}}$$

因为这个关系，比值比 θ 可通过估计 p_1 和 p_2 和估计 p_1^* 和 p_2^* 来估算出来。这个法则有很重要的应用，尤其在控制条件的研究中，由下例说明。

例 10.9.5
吸烟与肺癌

在描述吸烟与肺癌死亡率的关系时，列的概率 p_1 和 p_2 比行的概率 p_1^* 和 p_2^* 更具有生物学意义。如果我们想利用条件控制设计去研究两者之间的关系，p_1 和 p_2 都不能从数据中估算出来（例 10.9.4）。但是，比值比能够从数据中计算得来。例如，从例 10.9.3 中，我们可得：

$$\theta=\frac{\dfrac{\hat{p}_1^*}{1-\hat{p}_1^*}}{\dfrac{\hat{p}_2^*}{1-\hat{p}_2^*}}=\frac{\dfrac{0.546}{1-0.546}}{\dfrac{0.346}{1-0.346}}=2.265\approx 2.27$$

我们可以阐明比值比如下：我们知道患肺癌的结果事件是很少的，所以可得比值比近似等于相对风险 p_1/p_2。因此，我们估计出吸烟者患肺癌的风险程度是已戒烟者的 2.3 倍。

有一个更容易的方法是根据 2×2 列联表计算比值比。对于一般的 2×2 列联表，用 n_{11} 代表第一行第一列观察数值。同样，用 n_{12} 代表第一行第二列观察数值，以此类推。那么，一般的 2×2 列联表有如下形式：

n_{11}	n_{12}
n_{21}	n_{22}

从表中数据估计比值比如下：

$$\hat{\theta}=\frac{n_{11}n_{22}}{n_{12}n_{21}}$$

例 10.9.6
吸烟与肺癌

从表 10.9.1 数据我们可以计算出比值比：

$$\hat{\theta}=\frac{89\times 5,711}{37\times 6,063}=2.265\approx 2.27$$

条件控制设计是研究结果很罕见事件的最有效设计，如罕见的疾病。尽管表 10.9.3 是由假定的病例和对照两个独立的样本所构建，更普遍的设计是要考虑到潜在的混淆因素（如年龄）进行病例和对照的非比例匹配。如我们所见，可以利用比值比的优点以病例 – 对照研究方式估计罕见事件的相对风险，尽管不能分别估计风险值 p_1 和 p_2。

如果比值比（或相对风险）等于 1.0，那么比值（或风险）对于比较的两组来说就是一样的。在表 10.9.1 的吸烟与肺癌的数据里，比值比大于 1.0，证明吸烟者中患肺癌的比值大于已戒烟者患肺癌的比值。注意到这点，我们可以集中在不患肺癌的比值上。在本案例中，比值比小于 1.0，如例 10.9.7。

例 10.9.7
吸烟与肺癌

假设我们重排表 10.9.1 中的数据，将肺癌患者由第一行换到第二行：

		吸烟史	
		吸烟者	已戒烟者
肺癌?	否	6,063	5,711
	是	89	37
	总数	6,152	5,748

在此案例中，比值比是吸烟者不患肺癌的值比上已戒烟者不患肺癌的值。我们估计比值比如下：

$$\hat{\theta} = \frac{6,063 \times 37}{5,711 \times 89} = 0.44$$

这个值就是例 10.9.6 中比值比的倒数：1/2.27=0.44。比值比小于 1.0 意味着事件（不患肺癌）对于吸烟者的发生概率小，对于已戒烟者的发生概率大。

比值比的置信区间

在第 6 章，我们讨论了有关比例的置信区间，它的形式是 $\tilde{p} \pm Z_{\alpha/2}\mathrm{SE}_{\tilde{p}}$，其中 $\tilde{p} = \frac{y+2}{n+4}$。特别的，$p$ 的 95% 的置信区间为 $\tilde{p} \pm Z_{0.025}\mathrm{SE}_{\tilde{p}}$。这样的置信区间是基于对于大样本的 $\tilde{p}$ 的抽样分布近似于正态（根据中心极限定理）的事实。

类似地，我们可以为比值比构建一个置信区间。有一个问题是 $\hat{\theta}$ 的抽样分布不是正态的。但是，如果对 $\hat{\theta}$ 取自然对数，那么我们得到的分布就是近似于正态的。因此，我们先找到 $\ln(\hat{\theta})$ 的置信区间，然后改变端点回到原尺度构建置信区间 θ。

为了构建设 $\ln(\theta)$ 的置信区间，我们需知道 $\ln(\hat{\theta})$ 的标准误。$\ln(\hat{\theta})$ 的标准误公式如下：

$\ln(\hat{\theta})$ 的标准误

$$\mathrm{SE}_{\ln(\hat{\theta})} = \sqrt{\frac{1}{n_{11}} + \frac{1}{n_{12}} + \frac{1}{n_{21}} + \frac{1}{n_{22}}}$$

$\ln(\hat{\theta})$ 的 95% 置信区间由 $\ln(\hat{\theta}) \pm (1.96)\mathrm{SE}_{\ln(\hat{\theta})}$ 给出。我们取此区间的两个端点的指数，计算 θ 的 95% 置信区间。其他置信系数的区间也可类比构建；例如，构建 90% 的置信区间可以 $Z_{0.025}(1.645)$ 代替 $Z_{0.025}(1.96)$，求解置信区间的过程总结在下框中 *。

* 相对风险的置信区间可以这样的方式由数据估计的相对风险做适当的修饰而求得。

θ 的置信区间

为构建 θ 的 95% 的置信区间：

（1）计算 $\ln(\hat{\theta})$；

（2）利用公式 $\ln(\hat{\theta}) \pm (1.96)\mathrm{SE}_{\ln(\hat{\theta})}$ 为 $\ln(\hat{\theta})$ 构建置信区间；

（3）取此区间两端点的指数，得到 θ 的置信区间。

下面例子说明了这个过程。

例 10.9.8 吸烟与肺癌

从表 10.9.1 中数据可得，估计的比值比为：

$$\hat{\theta} = \frac{89 \times 5,711}{37 \times 6,063} = 2.27$$

因此，$\ln(\hat{\theta}) = \ln(2.27) = 0.820$。

标准误差由 $\mathrm{SE}_{\ln(\hat{\theta})} = \sqrt{\frac{1}{89} + \frac{1}{37} + \frac{1}{6,063} + \frac{1}{5,711}} = 0.1965$ 得到。

$\ln(\hat{\theta})$ 的 95% 置信区间为 0.820 ± (1.96)(0.1965) 或 0.820 ± (0.385)。该区间为（0.435，1.205）。

为得到 θ 的 95% 置信区间，我们近似取 $e^{0.435} = 1.54$，$e^{1.205} = 3.24$。因此，我们有 95% 的可信度相信，比值比的总体值处于 1.54 ~ 3.24。

例 10.9.9 心脏病和阿司匹林

在医生健康研究期间，11,037 位医生被随机分配每隔一天服用 325mg 阿司匹林；在研究过程中，有 104 位医生患上了心脏病。另有 11,034 位医生被随机分配服用安慰剂；其中，109 位医生患上心脏病。这些数据在表 10.9.4 列出[53]。服用阿司匹林和服用安慰剂的医生患心脏病人数的比值比为：

$$\hat{\theta} = \frac{189 \times 10,933}{104 \times 10,845} = 1.832$$

因此，$\ln(\hat{\theta}) = \ln(1.832) = 0.605$。

其标准误为：

$$\mathrm{SE}_{\ln(\hat{\theta})} = \sqrt{\frac{1}{189} + \frac{1}{104} + \frac{1}{10,845} + \frac{1}{10,933}} = 0.123$$

$\ln(\hat{\theta})$ 的 95% 置信区间为 0.605 ± (1.96)(0.123) 或 0.605 ± 0.241。这个置信区间为（0.364，0.846）。

为得到 θ 的 95% 的置信区间，我们近似取 $e^{0.364} = 1.44$，$e^{0.846} = 2.33$。这样，我们有 95% 的可信度相信，该总体值的比值比处于 1.44 ~ 2.33。因为在数据中心脏病人数相对较少，相对风险近似等于比值比，因此，我们得出，有 95% 的可信度认为服用安慰剂的人患心脏病的概率是服用阿司匹林的人患心脏病的概率的 1.44 ~ 2.33 倍。

表 10.9.4 服用安慰剂与服用阿司匹林后患心脏病的情况

	安慰剂	阿司匹林
心脏病	189	104
无心脏病	10,845	10,933
总数	11,034	11,037

练习 10.9.1—10.9.8

10.9.1 对下列每个表格，计算：（i）相对风险；（ii）比值比。

（a）

25	23
495	614

（b）

12	8
93	84

10.9.2 对下列每个表格，计算：（i）相对风险；（ii）比值比。

（a）

14	16
322	412

（b）

15	7
338	82

10.9.3 髋关节发育不良会导致许多大型犬髋关节畸形。有一项研究，调查了来自 27 个兽医医疗教学医院的关于犬类的医疗记录，发现金毛猎犬髋关节发育畸形的要多于博德牧羊犬，数据见下表[54]。计算博德牧羊犬与金毛猎犬髋关节发育畸形的相对风险值。

		金毛猎犬	博德牧羊犬
髋关节畸形?	是	3,995	221
	否	42,946	5,007
	总数	46,941	5,228

10.9.4 参阅练习 10.9.3 的数据。

（a）计算比值比的样本值；

（b）构建比值比总体值的 95% 置信区间；

（c）结合本练习上下文内容，解释（b）的置信区间。

10.9.5 作为国际健康调查报告的一部分，收集了数万名美国工人的工伤数据。部分数据见下表[55]。

		自我雇佣	被雇佣
受伤?	是	210	4,391
	否	33,724	421,502
	总数	33,934	425,893

（a）计算样本值的比值比；

（b）根据比值比结果，自我雇佣者是否更容易或更不容易受伤呢?

（c）构建比值比总体值的 95% 置信区间；

（d）结合练习上下文内容，解释（b）的置信区间。

10.9.6 非处方的减充血剂和食欲抑制剂均含苯丙醇胺成分。一项调查研究了这种成分是否与中风有关。研究发现，702 位中风者中 6 位使用含苯丙醇胺的食欲抑制剂，而对照组 1,376 人中仅 1 人使用。数据总结如下[56]。

		中风	未中风
食欲抑制剂?	是	6	1
	否	696	1,375
	总数	702	1,376

（a）计算比值比的样本值；

（b）构建比值比总体值的 95% 置信区间；

（c）在了解这些数据之前，有些科学家称研究“不准确”，因为服用含苯丙醇胺成分食欲抑制剂的人太少了。如何回答这些科学家的问题?

10.9.7 一项双盲、随机临床试验，比较了冠状动脉疾病患者服用肝素和依诺肝素后的治疗效果。根据治疗效果，将患者分为正效应和负效应组。数据见下表[57]。

		肝素	依诺肝素
效果	负	309	266
	正	1,225	1,341
	总数	1,564	1,607

（a）计算比值比的样本值；

（b）构建比值比总体值的 95% 置信区间；

（c）结合本练习上下文内容，解释（b）的置信区间。

10.9.8 参阅练习 10.7.1 的数据，假定服用安慰剂的 1,062 人中有 139 名髋关节骨折，服用唑来膦酸的 1,065 人中有 92 位患髋部骨折，构建比值比总体值的 95% 置信区间。

10.10 卡方检验总结

卡方检验经常被应用于列联表，汇总如下。

列联表的卡方检验总结

无效假设：

H_0：行变量与列变量是独立的。

期望频数计算：

$$e_i = \frac{(行合计)\times(列合计)}{总合计}$$

检验统计数：

$$\chi_s^2 = \sum_{所有单元格} \frac{(o_i - e_i)^2}{e_i}$$

无效分布（近似）：

具 $df = (r-1)(k-1)$ 的 χ^2 分布

其中 r 为行数，k 为列数。当每个单元格的 $e_i \geqslant 5$ 时，其估计值是合适的。如果 r 和 k 很大，且平均期望频数至少等于 5 时，即使有些空格内的值很小，χ^2 值也是合适的，条件 $e_i \geqslant 5$ 就不那么重要了。

观察值必须相互独立的。如果是成对数据的 2×2 表，那么适用于 McNemar 检验（10.8 节）。

补充练习 10.S.1—10.S.20

（注：练习前面带“*”的是选修章节内容。）

10.S.1 在女性健康自主饮食调整试验中，女性们被随机分到介入组与对照组。介入包括减少脂肪摄入和增加水果与蔬菜摄入的科学饮食建议。搜集了她们六年的冠心病（CHD）数据；结果见下表[58]。数据是否提供了饮食介入造成了差异的证据？这个列联表的卡方统计数为 $\chi^2 = 0.69$。采用非定向备择假设，令 $\alpha = 0.01$。

		分组		
		介入	对照	
CHD?	是	1,000	1,549	2,549
	否	18,541	27,745	46,286
	总数	19,541	29,294	48,835

10.S.2 用练习10.S.1中的数据，构建（$P\{CDH \mid 介入\} - P\{CHD \mid 对照\}$）95%的置信区间。

10.S.3 作为环境影响月银汉鱼（*Menidia*）性别决定研究的一部分，一次交尾中产生的鱼卵被分成两组，分别在温暖与寒冷的环境中进行培养。发现在温暖环境下141个后代中有73个为雌性；而在寒冷环境下169个后代中有107个为雌性[59]。在下列卡方检验中，采用非定向备择假设，令$\alpha = 0.05$。

（a）进行温暖环境中总体性别比例为1:1的检验假设；

（b）进行寒冷环境中总体性别比例为1:1的检验假设；

（c）进行温暖环境与寒冷环境中总体性别比例相同的检验假设；

（d）应用（a）~（c）得到的结论定义总体。（这完全是月银汉鱼（*Menidia*）种吗）

10.S.4 排列在鼻子内的鼻毛拥有类似头发的结构，它可以保护呼吸道远离灰尘与外来颗粒。一个医疗团队在一家托儿所采集感染过上呼吸道病毒儿童的鼻腔组织样品，也采集了同一班级内健康儿童的样品。将这些组织制成切片并放在显微镜下观察缺陷鼻毛，调查结果见下表[60]。数据表明，在曾感染过的孩子身上缺陷鼻毛的百分比更大（15.7%对3.1%）。用卡方检验验来比较这两个百分比是有效的吗？如果有效，请进行检验。如果无效，解释其原因。

			缺陷鼻毛	
	儿童人数	鼻毛总数	数量	百分比
对照	7	556	17	3.1
呼吸道感染	22	1,493	235	15.7

10.S.5 一登山者队参与了一项利尿剂预防高空疾病作用的试验研究。在攀登雷尼尔峰期间，登山队员被随机分配服用利尿剂或安慰剂。试验设计为双盲试验，并向他们问询了接受药物处理方面的问题（副作用的有无或预期治疗效果）。为调查这个试验的各种可能性，登山队员被问及猜测自己服用的是哪种药（试验结束后）[61]。结果列入以下列联表中，$\chi_s^2 = 5.07$：

		接受治疗	
		药物	安慰剂
猜测	正确	20	12
	错误	11	21

或者，同样的结果按下列列联表重排，$\chi_s^2 = 0.01$：

		接受治疗	
		药物	安慰剂
猜测	药物	20	21
	安慰剂	11	12

考虑无效假设：

H_0：盲法效果非常好（登山队员未接受暗示）。

卡方检验H_0所对应的为定向备择假设（认为登山队员接受暗示），令$\alpha = 0.05$水平（你必须判断列联表与哪个问题有关）。（提示：为明确问题，以大多数登山队员接受强烈暗示为由尝试构建虚拟数据，然后我们可以预计一个较大的χ_s^2值；然后在每个列联表公式中更改虚拟的数据，并标明哪个表可以产生更大的χ_s^2值）

***10.S.6** 沙漠蜥蜴（*Dipsosaurus dorsalis*）可以借助晒太阳或躲进阴影来调整自己的体温。通常，蜥蜴在日间的体温维持在38℃。当它们生病时，体温有2~4℃的升高，即“发烧”。在一个测试发烧是否有益的试验中，蜥蜴被细菌感染；36只沙漠蜥蜴被限制在一个38℃的恒温箱中以防它们发烧，而12只被限制在40℃的环境中。下表描述了24h后的死亡率[62]。这些结果对支持发烧有益于生存这一假设有多大说服力？使用Fisher精确检验，对应定向备择假设，令$\alpha = 0.05$。

	38℃	40℃
死亡	18	2
生存	18	10
总数	36	12

10.S.7 考察练习 10.S.6 数据，用卡方检验分析数据。令 $\alpha = 0.05$。

10.S.8 在一项随机临床试验中，154 位患乳腺癌的女性被安排接受化学疗法，另外 164 位女性被安排接受化学疗法与放射疗法。15 年后存活率数据见下表[63]。使用这些数据进行接受治疗类型不影响存活率的无效假设检验。令 $\alpha = 0.05$。

	化疗	化疗和放疗
死亡	78	66
生存	76	98
总数	154	164

***10.S.9** 参阅练习 10.S.8 数据。

（a）计算样本比值比；

（b）求出比值比总体值的 95% 置信区间。

10.S.10 检验齐多夫定与去羟肌苷两种药阻止儿童 HIV 恶化的效果。在双盲诊断试验中，276 位 HIV 患儿接受齐多夫定的治疗，281 位接受去羟肌苷的治疗，274 位同时接受两种药物的治疗。下表所示为三组儿童的存活率[64]。利用这些数据进行存活率与治疗方法相互独立的无效假设检验。令 $\alpha = 0.01$ 水平。

	齐多夫定	去羟肌苷	齐多夫定和去羟肌苷
死亡	17	7	10
生存	259	274	264
总数	276	281	274

10.S.11 比较了印度诊所里的疟疾病人的血型与附近一家医院参观者样本中获得的血型。数据见下表[65]。用这些数据进行血型与感染疟疾无关的无效假设检验。令 $\alpha = 0.05$。

	A	B	O	AB	总数
疟疾病例	138	199	106	33	476
对照	229	535	428	96	1,300

10.S.12 通过从两个不同栖息地捕捉的果蝇（*Drosophila subobscura*）研究其选择栖息地的行为。果蝇以微粒的荧光颜色进行标记以示来自不同的捕捉地点，然后在两个捕捉位点的中间处释放。两天之后，在两个地点进行捕捉。结果汇总见下表[66]。此列联表卡方统计数为 $\chi_s^2 = 10.44$。检验独立的无效假设，所对应的备择假设为：果蝇优先飞回原捕捉位点。令 $\alpha = 0.01$ 水平。

		再捕捉位点	
		Ⅰ	Ⅱ
原捕捉位点	Ⅰ	78	56
	Ⅱ	33	58

10.S.13 花圃中的豌豆（*Pisum sativum*）种子颜色为黄色（Y）或绿色（G），种子形状为圆滑（R）或皱缩（W）。考察下列三种描述植株总体的假设：

$$H_0^{(1)}: P\{Y\} = \frac{3}{4}$$

$$H_0^{(2)}: P\{R\} = \frac{3}{4}$$

$$H_0^{(3)}: P\{R|Y\} = P\{R \mid G\}$$

第一个假设认为黄色与绿色豌豆出现的比例为 3 ：1；第二个假设认为圆滑与皱缩豌豆出现的比例为 3 ：1；第三个假设认为颜色和形状相互独立（事实上，对于有交叉的双因子杂交植株总体，已知三种假设都是正确的）。

假定随机观察了 1,600 个样本，请将数据填在下面列联表中：

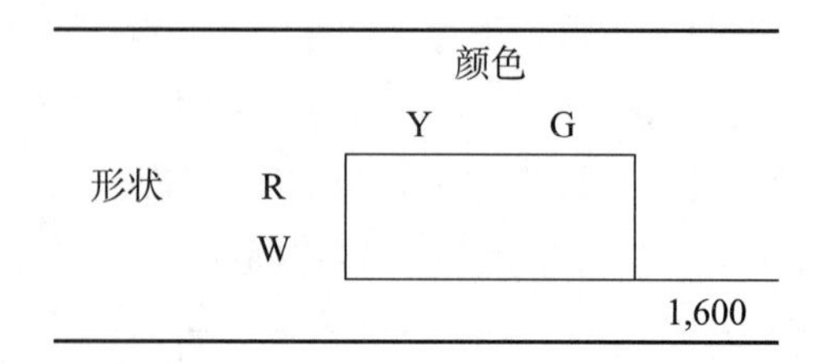

		颜色	
		Y	G
形状	R		
	W		
			1,600

根据特定要求构建虚构数据，通过计算估计条件概率来证明每个答案（提示：对每个情况都从边际频数开始）。

（a）给出与数据非常吻合的无效假设 $H_0^{(1)}$，$H_0^{(2)}$，$H_0^{(3)}$；

（b）给出与数据非常吻合的无效假设 $H_0^{(1)}$，$H_0^{(2)}$，但与 $H_0^{(3)}$ 不吻合；

（c）给出与数据非常吻合的无效假设 $H_0^{(3)}$，但与 $H_0^{(1)}$ 和 $H_0^{(2)}$ 不吻合。

***10.S.14** 一项研究调查了 36,080 位曾患心脏病的患者，发现男性比女性的存活率更高。收集的数据见下表[67]。

		男性	女性
至少存活 24h？	是	25,339	8,914
	否	1,141	686
	总数	26,480	9,600

（a）计算比较男女存活率的比值比；

（b）构建比值比总体值的 95% 置信区间；

（c）比值比和这些数据的相对风险非常相近么？为什么？

***10.S.15** 在练习 10.9.6 所述的研究中，变量的度量指标之一为是否服用含有苯丙醇胺的药物。比值比为 1.49，试验组中风患者比对照组使用过更多的苯丙醇胺[56]。比值比总体值的 95% 置信区间为（0.84,2.64）。根据练习的有关内容，解释置信区间。

10.S.16（计算机练习） 在一项对孕期女性吸烟影响的研究中，研究人员检查了 58 位女性在孩子出生后的胎盘。他们以完好或缺失（P 或 A）来表示个体胎盘畸形（即绒毛萎缩）。另外，每位女性被归类为不吸烟者（N）、中度吸烟者（M）和重度吸烟者（H）。下表所示为每位女性的身份号（#）、吸烟（S）和绒毛萎缩（V）情况[68]。

（a）检验吸烟状况与绒毛萎缩间的关系，用卡方检验，令 $\alpha = 0.05$；

（b）制作一个表格，列出每个吸烟类别女性的总数，以及每个患有绒毛萎缩类别的人数和百分比；

#	S	V	#	S	V	#	S	V
1	N	A	21	M	A	41	M	A
2	M	A	22	H	A	42	N	A
3	N	A	23	M	P	43	H	A
4	M	A	24	N	A	44	M	A
5	M	A	25	N	P	45	M	P
6	M	P	26	N	A	46	M	A
7	H	P	27	N	A	47	H	P
8	N	A	28	M	P	48	H	P
9	N	A	29	N	A	49	H	A
10	M	P	30	N	A	50	N	P
11	N	A	31	M	A	51	N	A
12	N	P	32	M	A	52	M	P
13	H	P	33	N	A	53	M	A
14	M	A	34	N	A	54	H	P
15	M	P	35	N	A	55	H	A
16	H	P	36	H	P	56	M	P
17	H	P	37	N	A	57	H	P
18	N	A	38	H	P	58	H	P
19	M	P	39	H	P			
20	N	P	40	N	A			

（c）出现在表格（b）中的哪些类型没有在（a）的检验中用到？

***10.S.17** 研究人员调查了发生过交通事故的 699 人的手机通话记录。他们发现 699 人中有 170 人在事故发生前 10min 内有通话记录；这个时期被称为风险时段。有 37 人在事故发生前一天的这 10min 内有通话记录；这个时期被称为对照时段。最后，有 13 人在这两个区间内都有通话[69]。这些数据是否表明事故发生率的上升与手机的使用有一定关系呢？用 McNemar 检验分析数据。用定向备择假设。令 $\alpha = 0.01$。

		对照时段通话	
		是	否
风险时段通话	是	13	157
	否	24	505

10.S.18 在流感传播季到来之前，随机分配试验者使用流感疫苗或安慰剂。在流感传播季，813 位接受疫苗的人中有 28 位患流感，而 325 位接受安慰剂的人中有 35 位患流感[70]。这些数

据是否能够证明疫苗是有效的呢？用定向备择假设进行合理的检验，令 $\alpha = 0.05$。

***10.S.19** 参阅练习 10.S.18 的数据。

（a）计算样本比值比；

（b）求出比值总体值比的 95% 置信区间。

10.S.20 考察练习 9.S.18。在练习 9.S.18 中讨论的 36 位男士的浪漫女伴也要接受测试（例如，她们被蒙住眼睛并被要求通过接触三个男人的手背以确定同伴）。在这些女士中，25 位成功，11 位失败。这些数据是对男性女性分辨同伴的能力有所不同这一假设的显著证据么？

进行检验，令 $\alpha = 0.05$，用非定向备择假设。

11 多个独立样本平均数的比较

目标

在这一章，我们学习方差分析（ANOVA）。我们将：

- 讨论什么情况下、为什么进行方差分析；
- 培养分析方差模型的直觉；
- 演示如何进行方差分析计算；
- 描述并检查方差分析有效性的条件；
- 了解区组的运用以及如何进行随机区组设计方差分析；
- 描述因子方差分析模型的交互作用和主效；
- 构建对照及其他线性平均数组合；
- 介绍并比较几种不同的多重比较方法。

11.1 引言

在第 7 章，我们学习了两个独立样本定量变量 Y 的比较。比较两个样本平均数 $\bar{Y}_1$ 和 $\bar{Y}_2$ 的经典方法是基于学生氏 t 分布的检验和置信区间。本章，我们将学习 I 个独立样本平均数的比较，这里 I 应大于 2。下面举例说明 $I=5$ 时的情况。

例 11.1.1 甜玉米

种植甜玉米时，是否能用有机方法有效控制害虫并减轻其对玉米的伤害？在这个问题的研究过程中，研究人员做了一个试验，使用有机方法种植玉米，然后比较五种不同条件下玉米穗的重量。第一块玉米地上引进有益线虫，第二块玉米地使用寄生黄蜂，第三块地同时使用有益线虫和黄蜂，第四块地接种细菌，最后第五块玉米地为对照，不做任何处理。因此，处理如下：

处理 1：有益线虫；

处理 2：黄蜂；

处理 3：有益线虫和黄蜂；

处理 4：细菌；

处理 5：对照。

从每块玉米地随机挑选玉米穗并称重。结果如表 11.1.1 与图 11.1.1 所示[1]。除处理间平均数不同外，组内也存在差异。

我们将讨论分析 I 个独立样本中数据的经典方法。这个方法称为**方差分析**

（analysis of variance，ANOVA）。应用方差分析时，数据为 I 个总体中的随机样本。我们将各样本中的平均数表示为 μ_1，μ_2，…，μ_I，标准差为 σ_1，σ_2，…，σ_I。

表 11.1.1 甜玉米每穗重 单位：oz

	处理				
	1	2	3	4	5
	16.5	11.0	8.5	16.0	13.0
	15.0	15.0	13.0	14.5	10.5
	11.5	9.0	12.0	15.0	11.0
	12.0	9.0	10.0	9.0	10.0
	12.5	11.5	12.5	10.5	14.0
	9.0	11.0	8.5	14.0	12.0
	16.0	9.0	9.5	12.5	11.0
	6.5	10.0	7.0	9.0	9.5
	8.0	9.0	10.5	9.0	18.5
	14.5	8.0	10.5	9.0	17.0
	7.0	8.0	13.0	6.5	10.0
	10.5	5.0	9.0	8.5	11.0
平均数	11.5	9.6	10.3	11.1	12.3
SD	3.5	2.4	2.0	3.1	2.9
n	12	12	12	12	12

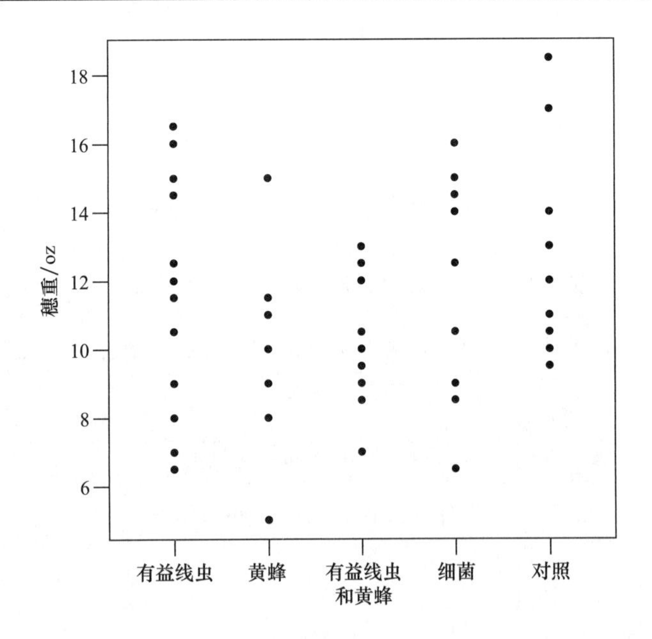

图 11.1.1 五个不同处理的玉米穗重

为什么不重复 t 检验？

我们自然会想知道 I 个样本平均数的比较为什么要使用新的方法。例如，为什么不在每对样本中采用双样本的 t 检验？ t 检验不是理想方法的原因有三。

（1）多重比较的问题 “重复 t 检验”过程中最严重的问题在于导致犯第 I 类错误的机会增加：错误拒绝无效假设的可能性比原来提高了。例如，假设 I=4，无效假设为 4 个总体平均数相等（H_0：$\mu_1=\mu_2=\mu_3=\mu_4$），相应的备择假设为 4 个总体平均数不完全相等 *。4 个平均数两两配对，可能有 6 对比较的结果。配对如图 11.1.2 所示。6 种最终的假设为：

$$H_0: \mu_1=\mu_2 \quad H_0: \mu_1=\mu_3 \quad H_0: \mu_1=\mu_4$$
$$H_0: \mu_2=\mu_3 \quad H_0: \mu_2=\mu_4 \quad H_0: \mu_3=\mu_4$$

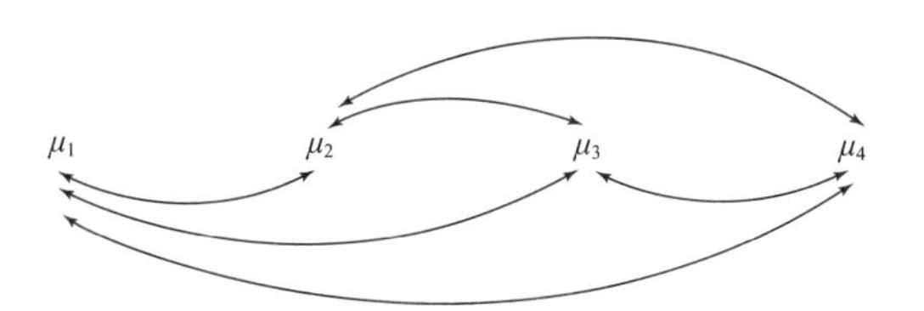

图 11.1.2 四个总体平均数的比较需要 6 对比较

让我们考察一下进行 6 个独立的 t 检验验证最初的无效假设（四个平均数相等）时犯第 I 类错误的风险。若四个平均数事实上相等，但 6 个 t 检验中发现任何一对平均数中存在显著性差异，就发生了第 I 类错误。这样，设定每个独立的 t 检验的 α=0.05，最后，犯第 I 类错误的总体风险会大于 5%。

我们的直觉也许会认为，前面例子中第 I 类错误的总体风险应该是 6 × 0.05=0.3=30%（在 6 个 t 检验的每一个中，我们错误地找到差异的证据都会有 5% 的可能性），但事实并非如此。这种发生第 I 类错误的总风险更加复杂。表 11.1.2 所示为发生第 I 类错误的总风险 **，即：

发生第 I 类错误的总风险 = 当 $\mu_1=\mu_2=\mu_3=\cdots=\mu_I$ 时至少其中一组 t 检验拒绝无效假设的概率。

表 11.1.2 α=0.05 时重复 t 检验所犯第 I 类错误的总风险

I	总风险
2	0.05
3	0.12
4	0.20
6	0.37
8	0.51
10	0.63

如果 I=2，则总风险应该是 0.05，但随着 I 值逐渐变大，风险也迅速增加；当 I=6 时，风险为 0.37。如表 11.1.2 所示，显然除了在 I 极小的情况下，使用重复 t 检验会因为发生第 I 类错误而站不住脚。

表 11.1.2 所展现的困难在于**多重比较**（multiple comparisons）——基于一组数据的多次比较。当使用方差分析（ANOVA）来比较几组数据时，困难就会减少。

（2）标准差的估算　方差分析（ANOVA）同时结合了所有样本的变量信息。这种总体信息共享能够提高分析精度。

（3）组间的结构　许多研究中，处理和对照的逻辑结构并非简单的两两比较就能解决。例如，如果我们希望同时研究两种实验因素的影响，方差分析（ANOVA）就可以分析这种情况的数据（见 11.6 节、11.7 节和 11.8 节）。

* 在 11.2 节，我们将详细说明这种备择假设。

** 表 11.1.2 是假定样本容量很大且相等，同时总体分布是正态的，并具有相同标准差的情况下计算得到的。

方差分析的图示

用方差分析法来分析数据时，通常第一步是把以下情况作为整体进行无效假设检验：

$$H_0: \mu_1=\mu_2=\mu_3=\cdots=\mu_I$$

它认为所有总体平均数都是相等的。H_0 的统计检验将在 11.4 节中讨论。我们首先从图示角度来进行方差分析。

观察图 11.1.3（a）所示的点线图。它们是在 H_0 成立的情况下绘制的。样本平均数为图中的短线，它们各不相同只是误差的结果。从图 11.1.3（b）可以看出，H_0 是错误的。样本平均数差异显著，表明两组样本平均数间有很大变化，为相应总体平均数（μ_1，μ_2，μ_3 和 μ_4）并不完全相等提供了证据。这种情况下，μ_1 和 μ_2 不等于 μ_3 和 μ_4。

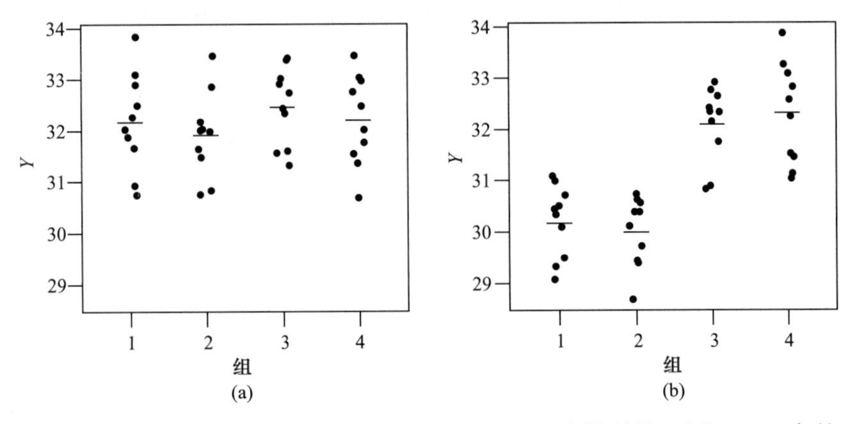

图 11.1.3　(a) H_0 正确，(b) H_0 错误，各组具有较小的 SD

图 11.1.4 所示的情况并不太清楚。事实上，这里 H_0 是错误的，图 11.1.4 中的平均数和图 11.1.3（b）完全相同。然而，每一组的标准差都非常大，因此很难判断总体平均数是否相等*。

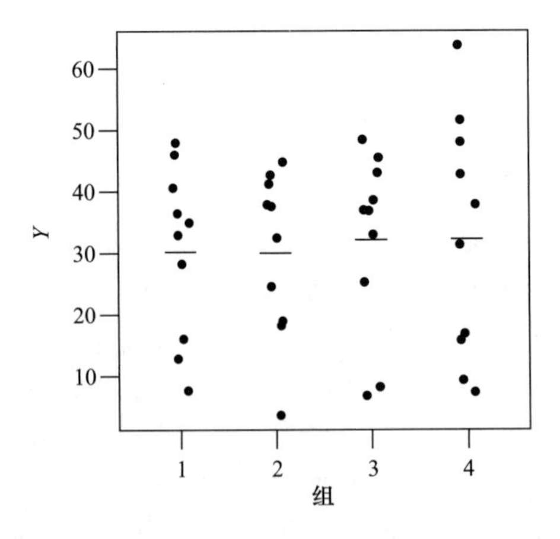

图 11.1.4　H_0 错误，各组具有较大的 SD

在我们能够判断样本平均数的变异相当小，以致归结为随机误差，或者该变异过大是否仅仅起因于随机误差之前，我们需要知道数据中存在多少的内在变异性。由图 11.1.3 和图 11.1.4 所示，为了找到总体平均数差异的确凿证据，不仅要求：①各组平均数组间存在变异；②组内有内在的变异，而且组间变异还必须相对大于

* 注意图 11.1.4 纵轴的尺度变化。

各组内在的变异。通过比较这两种变异间的相对大小，也称之为“方差分析”，我们就能够对这些平均数进行推断。

展望

如果拒绝整体无效假设 $\mu_1=\mu_2=\mu_3=\cdots=\mu_I$，那么就有足够证据说明至少其中有部分 μ 与其他数据不相等；研究者通常会继续做更详细的比较，从而得出 μ 之间差异的模式。如果缺少拒绝整个无效假设的证据，研究者可能会选择去构建一个或多个置信区间来描述 μ 之间缺乏显著差异的特性。

本章所有的统计过程，包括整体无效假设分析和平均数详细比较的多种方法，都取决于相同的基础计算。这些计算方法将在 11.2 节中介绍。

11.2 基本的单因素方差分析

在 11.1 节中提到，把平均数分成三组或三组以上进行比较的方法称为**单因素方差分析**（one-way ANOVA）。其中“单因素”是指组与组之间或处理之间只有一个变量不同（例如，在甜玉米的例子中，仅依据有害昆虫 / 细菌类型做处理）。本章后面的内容，我们还会分析其他的方差分析方法，如随机区组设计方差分析（11.6 节）和二因素方差分析（11.7 节），这些分析方法考虑到了一个以上的不确定分组的变量的影响和如何划分试验单位。

本节中，我们将讲述单因素方差分析计算的基本方法，从而用于描述数据以便于进一步分析。在之前的章节，我们注意到，如果相对于组内平均数，组间平均数差异较大，我们将以此为证据拒绝组间总体平均数相等这个无效假设。因此，I 个样本或分组的方差分析，就是从计算各组之间以及组内数据变异大小开始的 *（为了更加清晰化，本章内我们会经常将样本看作是观察“组”）。

标记法

描述几组定量观测数据时，我们采用两个下标：一个用来记录组数，另一个记录观察值在组内的位置。这样，我们记第 i 组第 j 个观察值为：

$$y_{ij}=\text{第 } i \text{ 组第 } j \text{ 个观察值}$$

因此，第一组第一个观察值为 y_{11}，第一组第二个观察值为 y_{12}，第二组第三个观察值为 y_{23}，以此类推。

此外，我们还将用下列方式标记：

$I=$ 组数；

$n_i=$ 第 i 组的观察值个数；

$\bar{y}_i=$ 第 i 组的平均数；

$s_i=$ 第 i 组的标准差。

观察值总数为：

$$n.=\sum_{i=1}^{I}n_i$$

* 从语法上讲，“之间（among）”这个词不是指两个之间而应该是指分组大于等于 3；我们用“之间（between）”是因为它更能表明组间是两两进行比较。

总平均数（grand mean）即所有观察值的平均数为：

$$\bar{\bar{y}} = \frac{\sum_{i=1}^{I}\sum_{j=1}^{n_i} y_{ij}}{n_\bullet}$$

同样，我们可以用$\bar{\bar{y}}$表示各组平均数的加权平均数：

$$\bar{\bar{y}} = \frac{\sum_{i=1}^{I} n_i \bar{y}_i}{\sum_{i}^{I} n_i} = \frac{\sum_{i=1}^{I} n_i \bar{y}_i}{n_\bullet}$$

下面的例子说明了这种标记法。

例 11.2.1
羔羊增重

表 11.2.1 所示为三种不同饲料下羔羊增重情况（两周内）。（这些数据为虚构的，但除了各组平均数为整数，这些虚构数据均合理）[2]

观察值总数为：

$$n. = 3 + 5 + 4 = 12$$

表 11.2.1 羔羊体重的增加[*] 单位：lb

	饲料 1	饲料 2	饲料 3
	8	9	15
	16	16	10
	9	21	17
		11	6
		18	
n_i	3	5	4
总和 = $\sum_{j=1}^{n_i} y_{ij}$	33	75	48
平均数 = $\bar{y}_i$	11.000	15.000	12.000
SD=s_i	4.359	4.950	4.967

[*] 列出较多位数以便后续精确计算。

所有观察值总数为：

$$\sum_{i=1}^{I}\sum_{j=1}^{n_i} y_{ij} = 33+75+48=156，或相当于 3\times 11+5\times 15+4\times 12=156$$

总平均数为：

$$\bar{\bar{y}} = \frac{156}{12} = 13\,\text{lb}$$

如果样本容量（n_i）均相等，则总平均数$\bar{\bar{y}}$就是各组平均数（$\bar{y}_i$）的平均数；若样本容量不相等，情况就不同了。如例 11.2.1 所示：

$$\frac{11+15+12}{3} \neq 13$$

组内方差的度量

I个组内方差的合并度量值称为合并标准差 $s_{合并}$，通常简化为 s，计算如下 [*]。

* 毫无疑问，标记 s_i（即 s 加一个下标）表示各组样本的标准差。

合并标准差

$$s_{合并} = s = \sqrt{\frac{\sum_{i=1}^{I}(n_i - 1)s_i^2}{\sum_{i=1}^{I}(n_i - 1)}} = \sqrt{\frac{\sum_{i=1}^{I}(n_i - 1)s_i^2}{n_{\bullet} - I}}$$

我们称 $s^2_{合并}=s^2$ 为合并方差 *：

$$s^2_{合并} = s^2 = \frac{\sum_{i=1}^{I}(n_i - 1)s_i^2}{\sum_{i=1}^{I}(n_i - 1)}$$

检查公式后我们可以看到，合并方差是组内样本方差的加权平均数，因此合并标准差可大体看作组内标准差的加权平均数。

下面的例子给出了合并标准差 S 的计算。

例 11.2.2 羔羊增重

表 11.2.1 所示为羔羊增重数据的组内样本容量和组内标准差。合并方差和标准差计算如下：

$$s^2 = \frac{(3-1)4.359^2 + (5-1)4.950^2 + (4-1)4.967^2}{12-3} = 23.336$$

$$s = \sqrt{23.336} = 4.831$$

由此看到，合并标准差为 4.831 lb，是三组标准差 4.359 lb、4.950 lb 和 4.967 lb 的合理代表。如果我们假设三种饲料饲喂下，增重的总体标准差相等，那么我们将这个值估计为 4.83 lb。这个估算仅依据组内变异，而不是依据它们的平均数。图 11.2.1（a）对应表 11.2.1，而图 11.2.1（b）对应表微调后的数据，即饲料 2 的每个观察值加上 7，饲料 3 的每个观察值减去 5。我们可以看到，尽管这两组数据的组内平均数均不同，但合并标准差（每组的固有差异）是相同的。

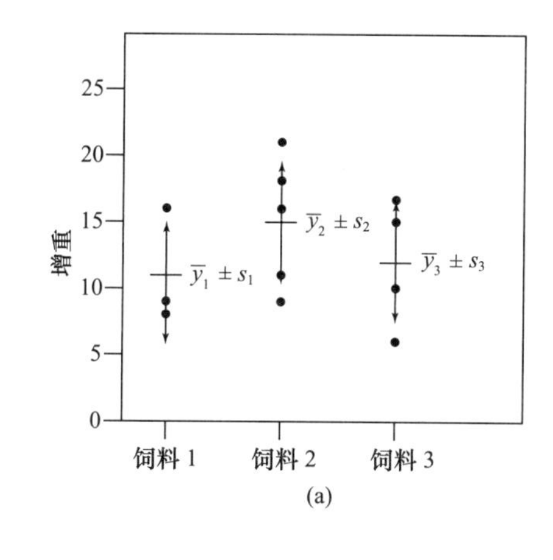

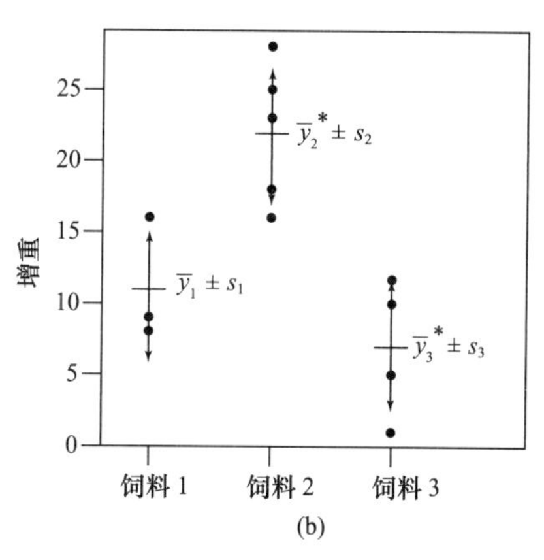

图 11.2.1 检查组内标准差

（a）表 11.2.1 增重数据，其 $s = 4.831$
（b）调整数据，其各自组内标准差相同，仍为相同的合并标准差 $s = 4.831$

* 回顾第 2 章，方差为标准差的平方。

方差分析的标记

之前的公式运用的是熟悉的标记和用语，然而我们会发现将可分解为几个部分的合并方差定义为新的变量，应用在方差分析中更为简便。

合并方差的分子为**组内平方和**或 **SS（组内）**（sum of squares within groups），而分母为**组内自由度**或 **df（组内）**（degrees of freedom within groups）。公式如下框所示 *。

组内平方和与组内自由度

$$SS（组内）= \sum_{i=1}^{I}(n_i - 1)s_i^2$$

$$df（组内）= n_{\bullet} - I$$

它们的比定义为**组内均方**或 **MS（组内）**（mean squares within groups）。注意，组内均方为合并方差的另一个名字。

组内均方

$$MS(组内) = \frac{SS(组内)}{df\ (组内)}$$

所以，组内均方的大小反映组内的变异 **。

下面的例子展示了 SS（组内）、df（组内）以及 MS（组内）的计算。

例 11.2.3 羔羊增重

例 11.2.2 中，当计算合并方差时，我们发现

$$s^2 = \frac{(3-1)4.359^2 + (5-1)4.950^2 + (4-1)4.967^2}{12-3} = \frac{210.025}{9} = 23.336$$

因此，SS（组内）=210.025，df（组内）=9，MS（组内）=23.336。

组间方差

对于两个组而言，两组差值可简单用 $\bar{y}_1 - \bar{y}_2$ 来表示。然而如何表示组数大于 2 的组间变异呢？简单计算组间平均数的样本方差的想法就太过天真了。**组间均方**或 **MS（组间）**（square between groups）就是在这种观点下产生的。事实上，若不是因为下面表达式分子中的 n_i（用来调节各组的样本容量），组内方差一定为组内平均数的样本方差。

---

* 组内平方和公式普遍的但不够直观的表示方法为：$SS（组内）= \sum_{i=1}^{I}\sum_{j=1}^{n_i}(y_{ij} - \bar{y}_i)^2$。

** 如果只有一组，组内观测值为 n，df（组内）为 $n-1$，SS（组内）为 $(n-1)s^2$。MS（组内）可简化为 $\frac{(n-1)s^2}{(n-1)} = s^2$，即样本方差。

组间均方

$$\text{MS（组间）}=\frac{\sum_{i=1}^{I}n_i\left(\bar{y}_i-\bar{\bar{y}}\right)^2}{I-1}$$

正如用组内方差（MS 组内）来表示组内变异一样，为方便起见，我们把组间均方的分子定义为**组间平方和**或 **SS（组间）**（sum of squares between groups），分母定义为**组间自由度**或 **df（组间）**（degrees of freedom between groups），因而：

$$\text{MS(组间)}=\frac{\text{SS(组间)}}{\text{df (组间)}}$$

其中 SS（组间）和 df（组间）明确定义如下：

组间平方和与组间自由度

$$\text{SS（组间）}=\sum_{i=1}^{I}n_i\left(\bar{y}_i-\bar{\bar{y}}\right)^2$$

$$\text{df（组间）}=I-1$$

下面的例子展示了以上定义。

例 11.2.4 羔羊增重

针对例 11.2.1 中的数据，组间平方和的值见表 11.2.2。

表 11.2.2 计算羔羊体重的组间 SS 值

	饲料 1	饲料 2	饲料 3
平均数：$\bar{y}_i$	11	15	12
n_i	3	5	4
总平均 $\bar{\bar{y}}=13$			

根据表 11.2.2，我们计算出：

$$\text{SS（组间）}=3（11-13）^2+5（15-13）^2+4（12-13）^2=36$$

因为 I=3，可知：

$$\text{df（组间）}=3-1=2$$

因此：

$$\text{MS（组间）}=\frac{36}{2}=18$$

由 SS（组间）和 MS（组间）可度量各组样本平均数之间的变异。其变异如图 11.2.2 所示。

方差分析的基本关系

方差分析一词源于 SS（组间）和 SS（组内）的基本关系。考察独立观察值 y_{ij}，很显然：

$$y_{ij}-\bar{\bar{y}}=(y_{ij}-\bar{y}_i)+(\bar{y}_i-\bar{\bar{y}})$$

此等式表示某个观察值与总平均数的差由两部分之和组成：组内偏差$(y_{ij}-\bar{y}_i)$及一个组间偏差$(\bar{y}_i-\bar{\bar{y}})$。同样确信（但并不明显）的是，相似的关系在相应的平

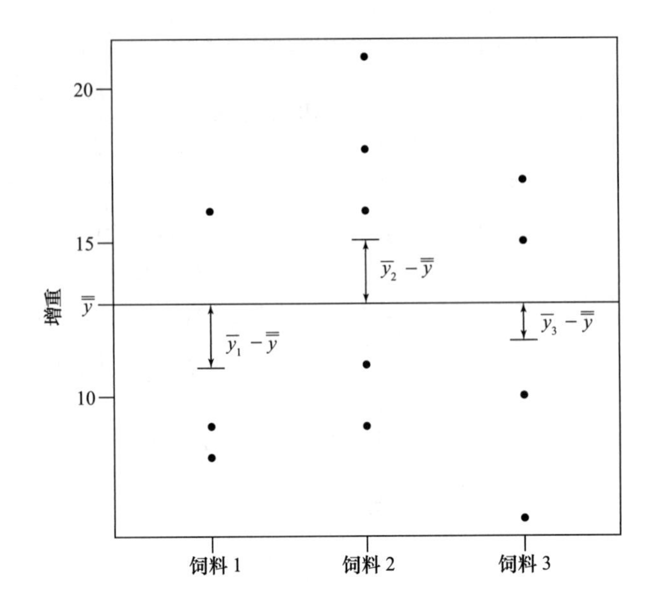

图 11.2.2　组间平均数差异的度量

方和中也成立，即：

$$\sum_{i=1}^{I}\sum_{j=1}^{n_i}(y_{ij}-\bar{\bar{y}})^2=\sum_{i=1}^{I}\sum_{j=1}^{n_i}(y_{ij}-\bar{y}_i)^2+\sum_{i=1}^{I}\sum_{j=1}^{n_i}(\bar{y}_i-\bar{\bar{y}})^2 \quad (11.2.1)$$

将式（11.2.1）右边每部分的总和重新整理为：

$$\sum_{i=1}^{I}\sum_{j=1}^{n_i}(y_{ij}-\bar{\bar{y}})^2=\sum_{i=1}^{I}(n_i-1)s_i^2+\sum_{i=1}^{I}n_i(\bar{y}_i-\bar{\bar{y}})^2$$

=SS（组内）+SS（组间）

式（11.2.1）左边的值称为**总平方和**或 **SS（总）**（total sum of squares）：

总平方和的定义

$$\text{SS（总）}=\sum_{i=1}^{I}\sum_{j=1}^{n_i}(y_{ij}-\bar{\bar{y}})^2$$

注意，SS（总）度量的是 I 组中所有 n 个观察值的变异。其关系［式（11.2.1）］可写为：

平方和之间的关系

SS（总）=SS（组间）+SS（组内）

前面提到的基本关系展示了如何分析或将数据集中的总变异拆分为两个可解释的部分，即样本间的变异及样本内的变异。这种拆分就是方差分析。

总自由度或 **df（总）**（total degrees of freedom）定义如下：

总自由度

df（总）$=n_{.}-1$

根据此定义，自由度的累加与平方和的累加相似，即：

$$\text{df（总）}=\text{df（组内）}+\text{df（组间）}$$

$$n.-1=(n.-I)+(I-1)$$

注意，如果我们将所有 n 个观察值当作一个样本，那么这个样本的平方和（即方差的分子）为总平方和，相应的自由度（即方差的分母）为总自由度。因此，当不考虑分组关系时，$\sqrt{\frac{\text{SS(总)}}{\text{df(总)}}}$就是整个数据集的标准差。

下面的例子说明了平方和与自由度之间的基本关系。

例 11.2.5
羔羊增重

从表 11.2.1 的数据中我们得到$\bar{\bar{y}}$ =13；计算 SS（总）为：

$$\begin{aligned}\text{SS（总）} &= \sum_{i=1}^{I}\sum_{j=1}^{n_i}(y_{ij}-\bar{\bar{y}})^2\\ &=[(8-13)^2+(16-13)^2+(9-13)^2]\\ &\quad+[(9-13)^2+(16-13)^2+(21-13)^2+(11-13)^2+(18-13)^2]\\ &\quad+[(15-13)^2+(10-13)^2+(17-13)^2+(6-13)^2]\\ &=246\end{aligned}$$

由该数据，我们已得到 SS（组间）=36，SS（组内）=210。我们证实：

$$246 = 36 + 210$$

同理，我们已得到 df（组内）=9，df（组间）=2。我们证实：

$$\text{df（总）}=12-1=11=9+2$$

方差分析表

当进行方差分析数值计算时，通常要将其整理到一个表中。下面的例子展示了方差分析表的典型格式。

例 11.2.6
羔羊增重

表 11.2.3 所示为羔羊增重数据的方差分析。注意，方差分析表清晰地表明了平方和与自由度的可加性。

术语评述 “组间”和“组内”并不是专业术语，它们只是便于描述和理解方差分析模型。电脑软件以及其他文献通常将这些变异来源称为**处理**（treatment）（组间）和**误差**（error）（组内）。

表 11.2.3 羔羊增重的方差分析表

来源	df	SS	MS
饲料间	2	36	18.00
饲料内	9	210	23.33
总变异	11	246	

公式总结

为方便查找，我们在下框中总结了基本方差分析的计算式。

用公式计算方差分析值

来源	df	SS（平方和）	MS（均方）
组间	$I-1$	$\sum_{i=1}^{I} n_i(\bar{y}_i - \bar{\bar{y}})^2$	SS/df
组内	$n.-I$	$\sum_{i=1}^{I}(n_i - 1)s_i^2$	SS/df
总变异	$n.-1$	$\sum_{i=1}^{I}\sum_{j=1}^{n_j}\left(y_{ij} - \bar{\bar{y}}\right)^2$	

练习 11.2.1—11.2.7

11.2.1 下表所示为三个样本的虚拟数据。

	样本		
	1	2	3
	48	40	39
	39	48	30
	42	44	32
	43		35
平均数	43.00	44.00	34.00
SD	3.74	4.00	3.92

（a）计算 SS（组间）和 SS（组内）；

（b）计算 SS（总），并证明 SS（组间）、SS（组内）以及 SS（总）的关系；

（c）计算 MS（组间）、MS（组内）和 $s_{合并}$。

11.2.2 对下列数据进行计算，问题同练习 11.2.1。

	样本		
	1	2	3
	23	18	20
	29	12	16
	25	15	17
	23		23
			19
平均数	25.00	15.00	19.00
SD	2.83	3.00	3.16

11.2.3 下列数据中，SS（组内）=116，SS（总）= 338.769。

样本		
1	2	3
31	30	39
34	26	45
39	35	39
32	29	37
	30	

（a）求解 SS（组间）；

（b）计算 MS（组间）、MS（组内）和 $s_{合并}$。

11.2.4 下面的方差分析表只完成了一部分。

来源	df	SS	MS
组间	3		45
组内	12	337	
总变异		472	

（a）将此表补充完整；

（b）此研究共有几个组？

（c）此研究共有几个观察值？

11.2.5 下面的方差分析表只完成了一部分。

来源	df	SS	MS
组间	4		
组内		964	
总变异	53	1123	

（a）将此表补充完整；

（b）此研究共有几个组？

（c）此研究共有几个观察值？

11.2.6 下面的方差分析表只完成了一部分。

来源	df	SS	MS
组间		258	
组内	26		
总变异	29	898	

（a）将此表补充完整；

（b）此研究共有几个组？

（c）此研究共有几个观察值？

11.2.7 根据以下条件创建例子。

（a）SS（组间）=0 和 SS（组内）> 0；

（b）SS（组间）> 0 和 SS（组内）=0；

（c）针对每个例子，使用三个样本，每个样本容量为 5。

11.3 方差分析模型

在 11.2 节中，我们介绍了表示第 i 组的第 j 次观察值的标记符号为 y_{ij}。我们认为 y_{ij} 是第 i 组中的一个随机观察值，i 组的总平均数为 μ_i。我们用方差分析来研究无效假设 $\mu_1=\mu_2=\cdots=\mu_I$。以下模型对理解 ANOVA 很有帮助。

$$y_{ij}=\mu+\tau_i+\varepsilon_{ij}$$

此模型中，μ 代表共同的总体平均数，即所有的组合并后的总体平均数。若无效假设成立，则 μ 就是总体平均数。若无效假设不成立，则至少有部分组的平均数 μ_i 与总平均数 μ 不同。

τ_i 代表第 i 组的效应，即第 i 组平均数 μ_i 与总体平均数 μ 的差异（τ 为希腊字母“tau”）。因此：

$$\tau_i=\mu_i-\mu$$

无效假设为：

$$H_0\text{：}\mu_1=\mu_2=\cdots=\mu_I$$

相当于：

$$H_0\text{：}\tau_1=\tau_2=\cdots=\tau_I=0$$

若 H_0 不成立，则至少有几组与其他组不同。若 τ_i 为正，则第 i 组的观察值大于总平均数；若 τ_i 为负，则第 i 组的数据小于总平均数。

模型中的 e_{ij} 代表第 i 组第 j 次观察的随机误差。因此，模型：

$$y_{ij}=\mu+\tau_i+\varepsilon_{ij}$$

可用文字描述为：

观察值 = 总平均数 + 组间效应 + 随机误差

我们用样本的总平均数来估计总体平均数 μ：

$$\hat{\mu}=\bar{\bar{y}}$$

同样，我们用第 i 组的样本平均数来估计第 i 组的总体平均数：

$$\hat{\mu}_i=\bar{y}_i$$

由于组间效应为：

$$\tau_i=\mu_i-\mu$$

我们将 τ_i 估算为：

$$\hat{\tau}_i=\bar{y}_i-\bar{\bar{y}}$$

最后，我们估计观察值 y_{ij} 的随机误差 ε_{ij} 为：

$$\hat{\varepsilon}_{ij} = y_{ij} - \bar{y}_i$$

将这些估计式合并在一起，可得到：

$$y_{ij} = \bar{\bar{y}} + (\bar{y}_i - \bar{\bar{y}}) + (y_{ij} - \bar{y}_i)$$

或

$$y_{ij} = \hat{\mu} + \hat{\tau}_i + \hat{\varepsilon}_{ij}$$

注释 一些作者用术语 SS（误差）代替我们所说的 SS（组内）。这是因为可用组内成分 $y_{ij} - \bar{y}_i$ 估计 ANOVA 模型中的随机误差。

例 11.3.1 羔羊增重

对例 11.2.1 中数据，总平均数估计值为 $\hat{\mu} = 13$。组间效应的估计值为：

$$\hat{\tau}_1 = \bar{y}_1 - \bar{\bar{y}} = 11 - 13 = -2$$

$$\hat{\tau}_2 = 15 - 13 = 2$$

和

$$\hat{\tau}_3 = 12 - 13 = -1$$

因此，我们估计饲料 2 饲喂下的增重量平均增加 2 lb（与三种饲料的平均数相比），饲料 1 饲喂下增重量平均减少 2 lb，饲料 3 饲喂下的增重量平均减少 1 lb。

我们在进行方差分析时，通过比较样本组间效应 $\hat{\tau}_i$ 的大小和数据中随机误差 $\hat{\varepsilon}_{ij}$ 的大小，可得到：

$$\text{SS（组间）} = \sum_{i=1}^{I} n_i \hat{\tau}_i^2$$

和

$$\text{SS（组内）} = \sum_{i=1}^{I} \sum_{j=1}^{n_i} \hat{\varepsilon}_{ij}^2$$

11.4 整体 *F* 检验

整体无效假设为：

$$H_0: \mu_1 = \mu_2 = \cdots = \mu_I$$

我们认为与检验 H_0 所对应的非定向（全方向）备择假设为：

$$H_A: \mu_i \text{ 间均不相等}$$

注意，H_0 为复合假设（I =2 除外），所以拒绝 H_0 并没有指出哪项 μ_i 不同。如果我们拒绝 H_0，那么就要在 μ_i 中进行一个更深入的分析，做出详细的比较。检验无效假设就像用显微镜的低倍镜看上面是否有东西；如果我们看到有，则要再放大倍数观察其细微结构。

F 分布

***F* 分布**（*F* distributions），是以统计学家兼遗传学家 R.A.Fisher 的名字命名，应用于多种统计分析的概率分布。*F* 分布的形式取决于两个参数：**分子自由度**（numerator degrees of freedom）和**分母自由度**（denominator degrees of freedom）。图 11.4.1 所示为分子 df=4，分母 df=20 时的 *F* 分布。书后统计表中的表 10 给出了 *F* 分布的临界值。表 10 共 10 页，每页都有不同分子自由度的值。当分子自由度 =4，分母自由度 =20 时，从表 10 得出 $F(4,20)_{0.05}$=2.87；这个值如图 11.4.1 所示。

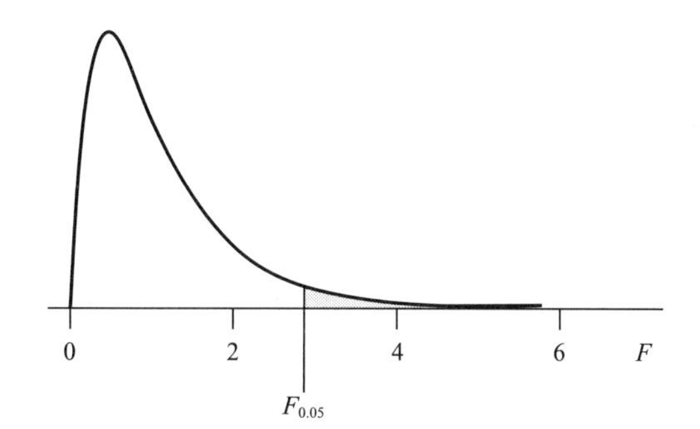

图11.4.1 分子df=4和分母 df=12 的 F 分布

F 检验

F 检验（F test）是整体无效假设的经典检验方法。检验统计数 **F 统计数**（F statistic）计算如下：

$$F_s = \frac{\text{MS}(\text{组间})}{\text{MS}(\text{组内})}$$

根据均方的定义（11.2 节），如果组间平均数（$\bar{Y}_i's$）中的差异较组内差异大，那么 F_s 就会很大。因此，大的 F_s 值就提供了拒绝 H_0 成立的证据，即证明组平均数之间有差异。

进行整体无效假设的 F 检验，临界值可从自由度为以下值的 F 分布表（书后统计表中的表 10）中得出临界值。

分子 df=df（组间）

和

分母 df=df（组内）

（适当条件下）F_s 的无效假设即为具有上述所给自由度的 F 分布。

下面的例子展示了 F 检验过程。

例 11.4.1 羔羊增重

对于例 11.2.1 中的饲喂羔羊试验，无效假设及备择假设可描述为：

H_0：三种饲料的平均增质量是相同的；

H_A：三种饲料的平均增质量是相同的。

或用符号表示为：

H_0：$\mu_1=\mu_2=\mu_3$；

H_A：μ_i 并不完全相同。

从图 11.2.2 中可知，与组内变异相比，三个样本平均数相差不大，因此不能作为有力证据拒绝 H_0。当 α=0.05 时，通过进行 F 检验进一步印证了这一效果。由方差分析表（表 11.2.3），我们得出：

$$F_s = \frac{18.00}{23.33} = 0.77$$

自由度也可由方差分析表得到：

分子 df=2

分母 df=9

由表 10 可知 $F(2,9)_{0.20}=1.93$，则有 $P>0.20$。因此，缺乏拒绝 H_0 的有力证据；因而得出，三种饲料增重的总平均数间存在差异这一结论缺乏足够证据。观察到的样本平均数间的差异可归因为误差所致。由于这项研究为试验性研究（与观察研究相反），我们甚至可以对结果做出较为明确的总结：这三种饲料饲喂下，不同饲料影响增重量这一结论缺乏足够证据。

F 检验与 t 检验的关系

假设只有两组（I=2）比较。可以通过 F 检验或 t 检验中的任意一个来检验 H_0：$\mu_1=\mu_2$，相应的 H_A：$\mu_1 \neq \mu_2$。可将第 7 章的 t 检验稍做改动，在计算标准误差 $(\bar{Y}_1-\bar{Y}_2)$ 前，将每个样本标准差替换为 11.2 节中的合并标准差 $s_{合并}$。可看出 F 检验与"合并的" t 检验实际上是一致的。检验统计数之间的关系为 $t_s^2=F_s$；也就是说，任何数据集中 F 统计数的值都必然等于（合并的）t 统计数值的平方。临界值之间的相互关系为 $t_{0.025}^2=F_{0.05}$，$t_{0.005}^2=F_{0.01}$，以此类推。例如，假设 n_1=10，n_2=7，那么恰当的 t 分布应有 df=n_1+n_2−2=15，且 $t_{15,0.025}$=2.131，而 F 分布有分子 df=I−1=1 和分母 df=$n.$−I=15，因此 $F(1,15)_{0.05}$=4.54；注意，$(2.131)^2$=4.54。由于两种检验为等价检验，因此对于同样的数据，应用 F 检验比较两个样本的平均数总是能够得出与合并的 t 检验完全相同的 P 值。

练习 11.4.1—11.4.7

11.4.1 单胺氧化酶（MAO）是一种影响人行为的酶。为研究不同种类精神分裂症是否具有不同活性的 MAO，研究者收集了 42 个病人的血样并测量了血小板中 MAO 的活性。测量结果汇总于下表［单位：nmol 苯甲醛产物 /(10^8 血小板·h)］[3]。由原始数据，计算出 SS（组间）=136.12，SS（组内）=418.25。

诊断	MAO 活性		
	平均数	SD	病人数量
慢性未分型精神分裂症	9.81	3.62	18
带有偏执狂特征的未分型精神分裂症	6.28	2.88	16
偏执狂精神分裂症	5.97	3.19	8

（a）根据这些数据做出点线图如下所示。根据点线图，无效假设成立吗？为什么？

（b）构建 ANOVA 表，并检验当 α=0.05 水平时的整体无效假设；

（c）计算合并标准差 $s_{合并}$。

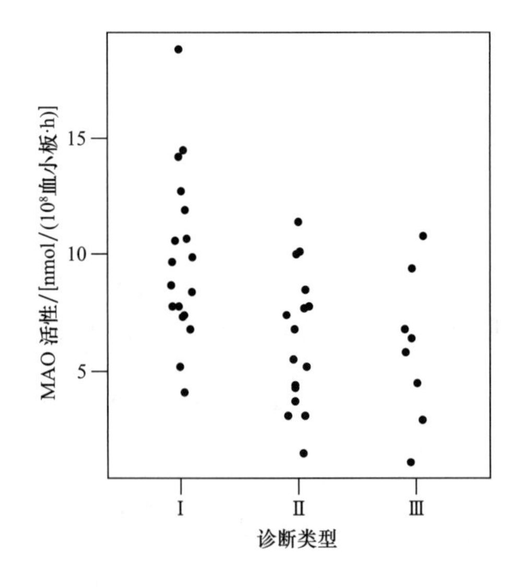

11.4.2 人们普遍认为压力可能通过对免疫系统的抑制而使人抵抗力变差。在对这一项理论研究的试验中，随机将 48 只大鼠分配在四个处理组中：无压力、轻微压力、中度压力和重度压力。压力条件设置为不同程度的约束和电击。测量每只大鼠外周血淋巴细胞的浓度（细胞数目 /mL × 10^{-6}），详见下表[4]。根据原始数据计算

出 SS（组间）=89.036，SS（组内）=340.24。

	无压力	轻微压力	中度压力	重度压力
$\bar{y}$	6.64	4.84	3.98	2.92
s	2.77	2.42	3.91	1.45
n	12	12	12	12

（a）构建 ANOVA 表，并检验当 α=0.05 时的整体无效假设；

（b）计算合并标准差 $s_{合并}$。

11.4.3 人体 β- 内啡肽（HBE）是脑垂体在压力条件下分泌的一种激素。运动生理学家测定出三组男性静息时（无压力）血中 HBE 的浓度：15 位刚加入健身组织、11 位已进行规律性慢走训练一段时间、10 位长期久坐。HBE 水平（pg/mL）如下表所示[5]。根据原始数据计算出 SS（组间）= 240.69，SS（组内）=6,887.6。

	健身计划参与者	慢跑者	久坐不动
平均数	38.7	35.8	42.5
SD	16.1	13.4	12.8
n	15	11	10

（a）用文字描述本例中恰当的无效假设；

（b）用符号表示无效假设；

（c）构建 ANOVA 表，并进行无效假设检验，令 α=0.05；

（d）计算合并标准差 $s_{合并}$。

11.4.4 某项试验中，流感病人服用抗病毒药物扎那米韦。测定不同服药方式对流感病人症状减轻的时间：85 位病人使用吸入式扎那米韦、88 位病人采用吸入式及鼻内的扎那米韦、89 位病人使用安慰剂。整理的数据如下表所示[6]。ANOVA 的 SS（组间）=53.67，SS（组内）= 2,034.52。

	吸入式扎那米韦	吸入式及鼻内的扎那米韦	安慰剂
平均数	5.4	5.3	6.3
SD	2.7	2.8	2.9
n	85	88	89

（a）用文字描述本例中恰当的无效假设；

（b）用符号表示无效假设；

（c）构建 ANOVA 表，并检验当 α=0.05 水平时的无效假设；

（d）计算合并标准差 $s_{合并}$。

11.4.5 研究人员分别从大楼四面以及大楼附近开阔区域收集了一些水仙花。他想知道水仙花平均茎长与其生长的朝向是否有关。整理的数据见下表[7]。ANOVA 的 SS（组间）= 871.408，SS（组内）=3,588.54。

	北面	东面	南面	西面	开阔区域
平均数	41.4	43.8	46.5	43.2	35.5
SD	9.3	6.1	6.6	10.4	4.7
n	13	13	13	13	13

（a）根据这些数据做出的点线图如下所示，根据点线图能够算出无效假设成立吗？为什么？

（b）用符号表示无效假设；

（c）构建 ANOVA 表，并检验当 α=0.10 时的无效假设。

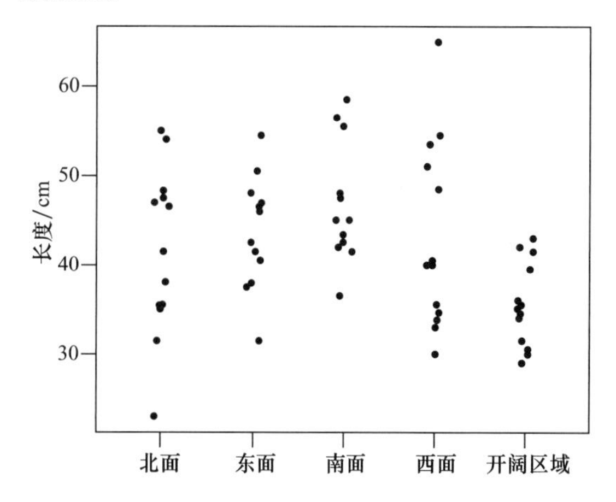

11.4.6 研究人员研究了不同运动方式对女性柔韧度的影响，10 位参加有氧运动，10 位参加现代舞班，9 位作为对照。研究者对每位女性采用的测量方法为脊椎拉伸，即测量女性曲背伸展的程度。测量分别在训练之前和之后的 16 周进行。每位女性脊椎拉伸变化的数据见下表[8]。ANOVA 的 SS（组间）=7.04，SS（组内）=15.08。

	有氧运动	现代舞	对照
平均数	−0.18	0.98	0.13
SD	0.80	0.86	0.57
n	10	10	9

（a）根据这些数据做出点线图如下所示，根据该点线图能够看出无效假设成立吗？为什么？
（b）用符号表示无效假设；
（c）构建 ANOVA 表，并检验当 α=0.10 时的无效假设。

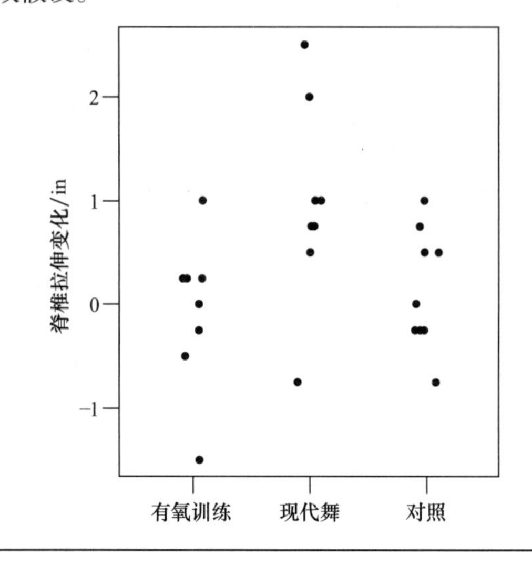

11.4.7 下面是电脑输出数据的方差分析，它比较了不同品种燕麦的产量（蒲式耳 / 英亩）[9]。

来源	自由度	平方和	均方	F 值	P
组间	2	76.8950	38.4475	0.40245	0.6801
误差	9	859.808	95.5342		
总变异	11	936.703			

（a）这项试验中共有几个品种（组）？
（b）陈述 ANOVA 的结论；
（c）计算合并标准差 $s_{合并}$。

11.5 方法应用

同所有其他统计推断的方法一样，方差分析的计算与解释是基于某些条件的。

标准条件

本章所描述的包括整体 F 检验的方差分析方法，只有满足下列条件才是有效的。

（1）设计条件

（a）各组的观察值应该是来自各自总体的随机样本，这样的观察值才是合理的；

（b）I 个样本间必须是相互独立的。

（2）总体条件　I 个总体分布必须是（近似）正态的，且具有相等的标准差：

$$\sigma_1=\sigma_2=\cdots=\sigma_I$$

这些条件是第 7 章中给出的独立样本 t 检验条件的延伸，同时加上标准差必须相等这一条件。如果样本数量（n_i）很大并且近似相等，具有相同标准差的正态总体这一条件就不那么重要了。

条件的确认

对独立样本 t 检验来说，设计条件是可以证实的。为验证条件（1）(a)，需要找出所收集数据的偏差或分层结构。完全随机设计能够保证样本的独立性［条件（1）(b)］。如果以非随机方式将试验单元安排在试验组（如 11.6 节即将讨论的随机区组设计）或同一试验单元内的观察值出现在不同样本中（例如，若 I=2，第 9 章所示的成对数据），那么样本就不是独立的。

正如独立样本 t 检验一样，总体条件可粗略地从数据中检查出来。为了验证正态性，可将样本绘制成分离的直方图或正态概率图。或者将所有样本组合的离差值（$y_{ij}-\bar{y}_i$）绘制成单个的直方图或正态概率图。根据方差分析的内容，我们可将所有这些来自各组的数据与组平均数的离差称为**残差**（residuals）。因此，残差度量的是各组观察值远离各自组平均数的大小。

同样，总体 SD 的相等性可用样本 SD 的比较来进行检验。一个有用的方法是做出对应于平均数（$\bar{y}_i$）的 SD 图以检查其趋势。另一方法是做出对应于平均数（$\bar{y}_i$）的残差（$\bar{y}_{ij}-\bar{y}_i$）图。根据经验，我们希望最大的样本 SD 除以最小的样本 SD 小于 2 或者差不多。如果比率比 2 大得多，尤其是当样本容量很小且不相等时，我们将不能确定方差分析的 P 值。特别是当样本容量不相等且小样本的样本 SD 刚刚大于其他样本 SD 时，那么 P 值也就不可能太准确。

例 11.5.1 羔羊增重 考察例 11.2.2 羔羊增重的试验。图 11.2.1（11.2 节）中的数据显示三种不同饲喂方式组内变异近乎相等：三个样本的 SD 分别是 4.36、4.95 和 4.97。图 11.5.1 所示为 12 个残差（$y_{ij}-\bar{y}_i$）的正态概率图（饲料 1 有 3 个，饲料 2 有 5 个，饲料 3 有 4 个）。这些点近似直线排列，因此没有证据能够质疑其正态条件。

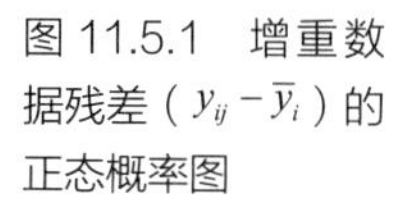
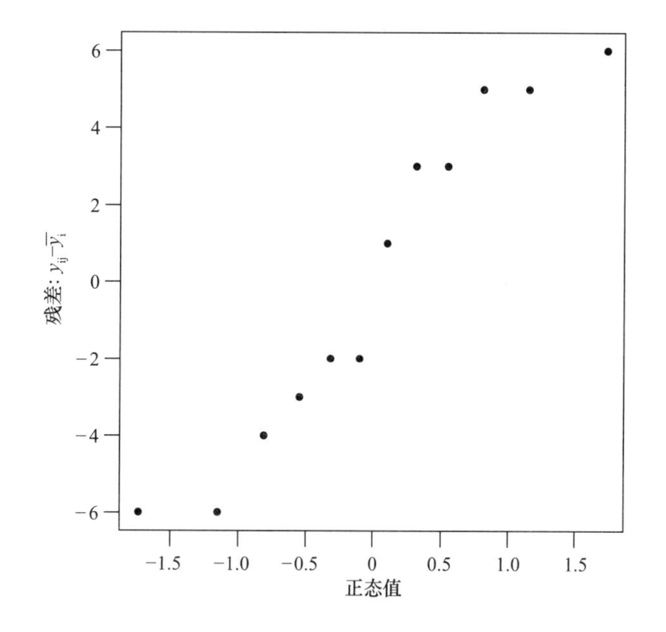

图 11.5.1 增重数据残差（$y_{ij}-\bar{y}_i$）的正态概率图

例 11.5.2 甜玉米 考察例 11.1.1 中的甜玉米数据。图 11.5.2（a）所示为标有不同图例符号的各组数据。每组数据使用相同的图例符号，图 11.5.2（b）所示为对应于每组平均数（$\bar{y}_i$）的残差（$y_{ij}-\bar{y}_i$）[又称方差分析内容中的**拟合值**（fitted value）]。图 11.5.2（b）表明（度量垂直方向发散程度的）变异在平均数变化时无明显变化（这是很好的，因为如果变异随平均数增大而增大，那将违反条件 2）。

我们从数据的原始图 [图 11.5.2（a）] 能够直观地观察到所有组的 SD 都很近似，而图 11.5.2（b）显示的数据则突出了某些形象化的优点。首先，借助检查残差 [图 11.5.2（b）] 而不是原始数据 [图 11.5.2（a）]，我们能够不被变化的平均数混淆，从左向右扫视图形以更清楚地比较各组间的变异性。而且，组内 SD 值随平均数变大，一般是违反 SD 值相等这一要求的做法。为说明这一违规，考察一下由虚拟数据绘制的图 11.5.3（a），包含 5 个组，每组 7 个观察值。这 5 个组的变异明显不同。在图 11.5.3（b）中，与平均数所对应的残差图更清晰地揭示了这个问题，显示出 SD（表示垂直方向上的扩散）是随平均数而增长的。我们经常在残差中把它描述为漏斗形或喇叭形。

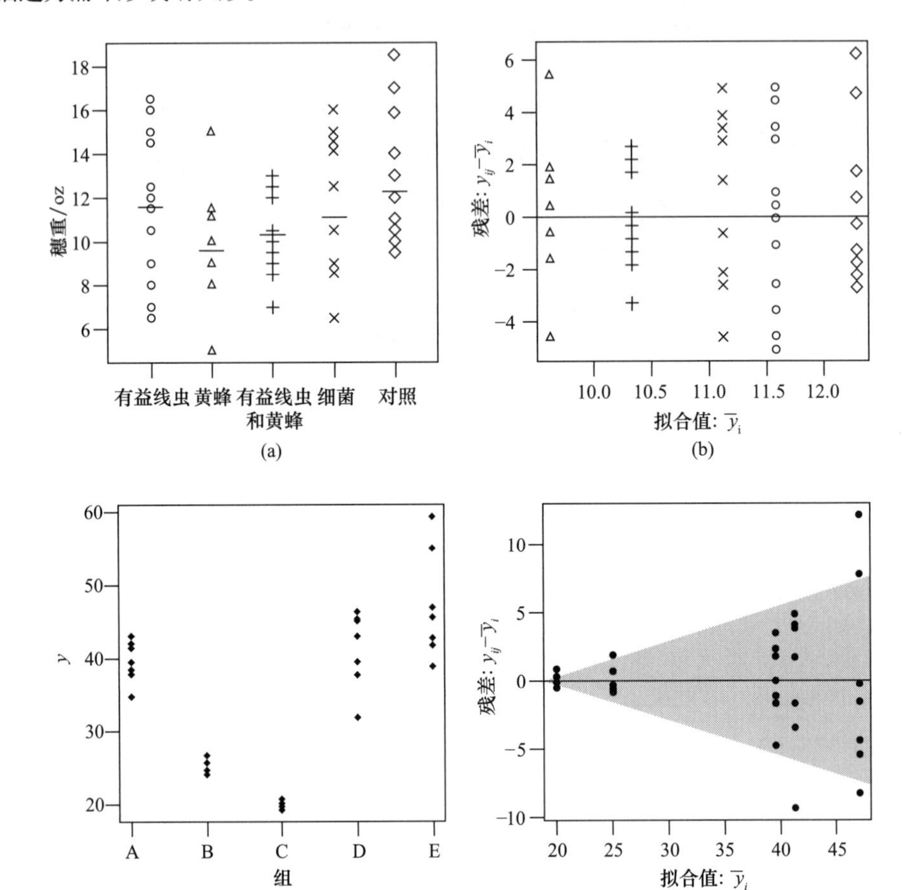

图 11.5.2 甜玉米数据残差对样本平均数的图形

图 11.5.3 标准差随平均数增加的虚拟数据集残差对应样本平均数的图形

例 11.5.3 甜玉米

再次考察例 11.2.1 中的甜玉米数据，我们通过检验残差来检验这些分组的正态性。图 11.5.4 包含一个直方图与一个由 60 个残差（$y_{ij}-\bar{y}_i$）构成的正态概率图。（a）中的钟形图和（b）中的线形毋庸置疑地反映出正态条件。

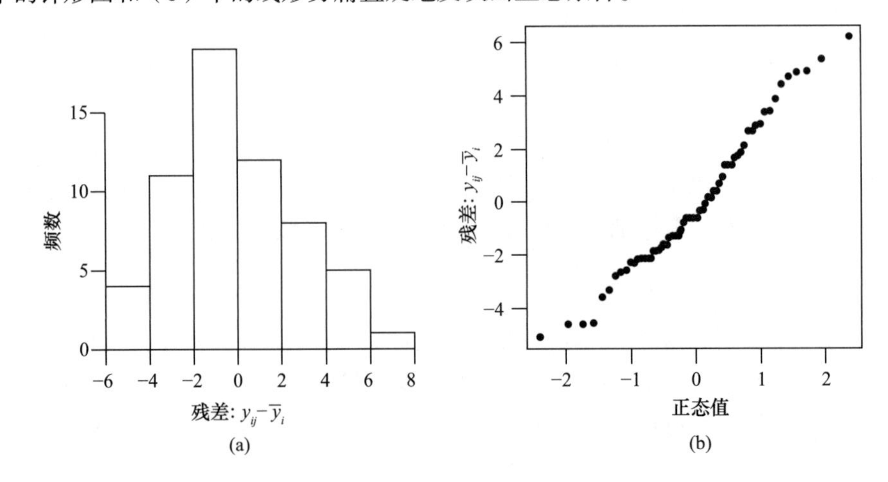

图 11.5.4 甜玉米数据的直方图和离差（$y_{ij}-\bar{y}_i$）正态概率图

进一步的分析

除与F检验相关联外，标准条件还是许多进一步进行数据分析经典方法的基础。如果I个总体有相同的 SD，那么方差分析中对数据 SD 的合并估计值为：

$$s_{合并} = \sqrt{\mathrm{MS}(组内)}$$

由于合并标准差$s_{合并}$基于更多观察值，因此$s_{合并}$对任意单个的样本 SD 来说都是较好的估计值。

发现$s_{合并}$优点的一个简单的方法是：考察单个样本平均数的标准误，计算如下：

$$\mathrm{SE}_{\bar{Y}} = \frac{s_{合并}}{\sqrt{n}}$$

其中，n为单个样本的容量。此处，标准误的自由度为 df（组内），它是所有样本自由度之和。相比之下，如果用单独的 SD 计算$\mathrm{SE}_{\bar{Y}}$，它的 df 仅为（n–1）。当将 SE 用于推断时，大的自由度临界值小（见书后统计表中的表 4），这样可以提高精度并缩小置信区间。

在选修 11.7 节与 11.8 节中，我们将考察各组平均数，$\bar{Y}_1$，$\bar{Y}_2$⋯ $\bar{Y}_I$更详细的分析方法。类似F检验，这些方法是为来自正态总体且具有相同标准差的独立样本所设计的。这种方法所使用的标准误是基于合并标准差估计值$s_{合并}$。

练习 11.5.1—11.5.2

11.5.1 参阅练习 11.4.2 淋巴细胞数据。整体F检验是基于与总体分布相关的特定条件。

（a）陈述其条件；

（b）本例中，数据的哪个特点表明这些条件可能存在疑点？

11.5.2 为研究存活时间与不同部位癌症的关系，对患有晚期胃癌、支气管癌、结肠癌、卵巢癌或乳腺癌的患者分别进行抗坏血酸治疗。关注的变量是生存时间（单位：d）[10]。以下是原始数据的平行点线图。

对原始数据进行平方根转换后进行方差分析。进行数据转换有两个（相关）原因。是哪两个？

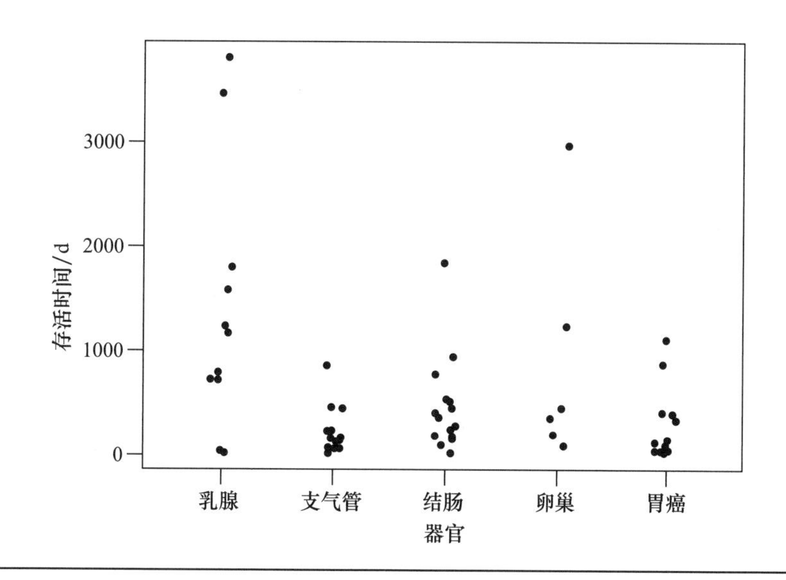

11.6 单因素随机区组设计

完全随机设计中的试验单位间是没有区别的。一个试验常常可以采用更加精确的方法来改进，即利用试验单位已知变异模式的一种方法。

在**随机区组设计**（randomized blocks design）中，我们首先把试验单位分成集合或**区组**（blocks），区组内小区相对近似，然后在区组内随机安排各处理。举例如下。

例 11.6.1 苜蓿和酸雨

研究者调查了酸雨对苜蓿株生长率的影响。试验设置了3个处理，即弱酸、强酸和对照。试验的响应变量是5d后生长在发泡胶杯中苜蓿的高度*。每个处理有5个杯子，共有15个观察值。他们将这些杯子放在窗户附近，并试图解释不同光照强度对其生长高度的影响。因此，他们把其分成5个区组，每个区组离窗户的距离都是固定的（区组1最近，区组5最远），每个区组中的3种处理都是随机安排的。如图11.6.1所示[11]。

图 11.6.1 苜蓿试验的设计

	区组1	区组2	区组3	区组4	区组5
窗	强酸	对照	对照	对照	强酸
	对照	弱酸	强酸	弱酸	弱酸
户	弱酸	强酸	弱酸	强酸	对照

例11.6.1是随机区组设计的一个说明。为了进行随机区组设计，试验者将试验单位分成合适的区组，然后将每个处理随机安排在每个区组内，这样就让每个处理出现在每个区组内**。在例11.6.1中，距离窗户相等的每一排杯子看作是一个区组。通常我们设置区组是为了减少或消除由无关变量引起的变异，这样就可以提高试验的精度。我们希望区组内试验单元是同质的，而区组之间有较大的差异。在生物试验中，使用随机区组设计的例子有很多。

例 11.6.2 窝组设计

经历如何影响大脑骨骼发育？在研究这个问题的经典试验中，分别将幼鼠放置在3种不同环境中待了80d：

T_1：标准环境。一只幼鼠仅和一个同伴关在同一个标准实验笼内。

T_2：较优环境。一只幼鼠和许多同伴关在同一个较大的、放置了各种杯具的实验笼内。

T_3：恶劣环境。仅有一只幼鼠单独关在标准实验笼内。

经过80d后，测量幼鼠大脑不同骨骼尺寸。

假设研究者要用30只大鼠开展以上试验，为了缩小效应值的变异，30只大鼠都选用雄性，且具有相同年龄与血缘。为了进一步缩小变异，研究者可以利用同一窝鼠的相似性。所以，他们从10个窝组的鼠中各挑选出3只雄鼠，来自同一窝组的3只大鼠将被随机分配在不同处理组：1只放 T_1 组，1只放 T_2 组，1只放 T_3 组[12]。

---

* 更准确地说，响应变量是一个杯子里植株的平均高度，所以观察单位是整个杯子，而不是单个植株。

** 严格地讲，我们所讨论的设计都是完全随机区组设计，因为每种处理在每个区组中都出现。在不完全区组设计中，每个区组可能只含有部分而不是全部的处理。

另一种方法是用表格的形式直观表现该试验设计，见表 11.6.1，表格中的“Y”代表一只鼠的观察值。根据表 11.6.1 的安排，试验者可以比较同一窝组不同处理的鼠间的差别。这样就不会受不同窝组之间可能存在差异（遗传或者其他因素）的影响。

表 11.6.1　大鼠大脑数据格式

	处理		
	T_1	T_2	T_3
窝组 1	Y	Y	Y
窝组 2	Y	Y	Y
窝组 3	Y	Y	Y
⋮	⋮	⋮	⋮
窝组 10	Y	Y	Y

例 11.6.3
受试对象内分组（成对）

皮肤科医生计划开展一项研究，比较两种药液治疗粉刺的效果。20 位病人参加了本次试验，每位病人的一边脸使用药液 A 而另一边脸使用药液 B。使用 3 个月后，医生观察两边脸的改善情况。A、B 药液用在病人哪边脸上是随机的。药瓶上贴上代码标签，所以病人和医生均不知道哪瓶装的是药液 A，哪瓶是药液 B，即除区组外试验均采用盲法[13]。该试验中，每个区组里有两种处理，是一个成对试验：左脸与右脸配比成对。在第 8 章我们已学习了成对数据的分析。

例 11.6.4
农田研究中的区组设计

当比较不同品种谷物时，农学家通常将每一品种种植在许多块地上，并测量每块地的产量。产量的差异不仅反映了不同品种基因型的差别，也反映了不同块地的土壤肥力、pH、持水能力等方面的差异。因此，对田块的空间划分非常重要。有效利用可用田块的方法是将其分成许多大的区域，即区组，再将每个区组细分成小区，在每个区组内，将不同谷物品种随机种到小区里。例如，我们想要试验 4 个不同大麦品种，每个区组都包含 4 个小区，随机分配情况如图 11.6.2。图 11.6.2 是田间示意图。“处理”T_1，T_2，T_3 和 T_4 是 4 个不同大麦品种。

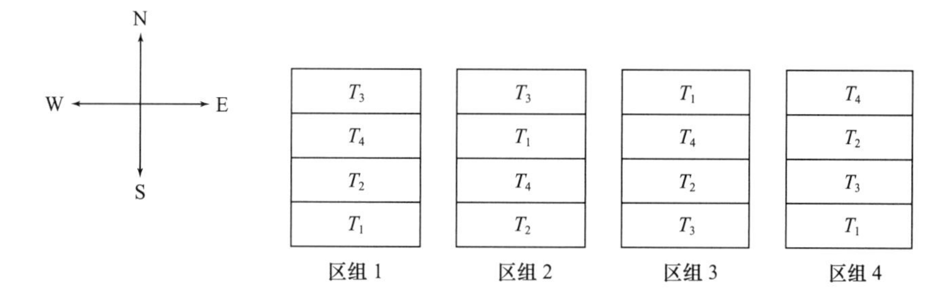

图 11.6.2　农田随机区组设计布局

设置区组

正如前面例子所示，区组设计是一种安排试验单位间有固有变异的设计方法。理想情况下，区组安排可以增加试验中的可利用信息。为实现这一目标，试验者设置区组应尽量使区组内同质化，以尽可能将试验单元间固有变异作为区组间的差异，而不是区组内的差异。这一原则在前面的例子中已经说明（如例 11.6.2 的窝组试验，就是利用了同窝小鼠比不同窝小鼠相似的特点）。下面再举一个例子。

例 11.6.5
农田研究

对于例 11.6.4 的大麦试验，农学家们如何在一个地块中做出最好的区组安排呢？他们利用对该农田土壤肥力的前期了解来进行区组设计。例如，如果他们知道这个地块存在东西方向的肥力梯度（也许该地块是从东到西斜坡走向，所以西区末端的好土更厚或较易灌溉），那么他们会选择如表 11.6.2 所示的区组设计，该设计使区组间的土壤差异最大，区组内差异最小（尽管该地块看似比较一致，但在农学试验中通常也用区组设计，因为在同一地块中相距较近的土壤比相距较远的土壤的性质更加相似）。

为了增加此例的可靠性，我们来观察下面关于大麦的随机区组试验设计数据，表 11.6.2 所示为每小区的大麦产量（蒲式耳 / 英亩），每个小区宽 3.5 英尺、长 80 英尺[14]。

表 11.6.2 大麦产量 单位：lb

	区组 1	区组 2	区组 3	区组 4	品种平均数
品种 1	93.5	66.6	50.5	42.4	63.3
品种 2	102.9	53.2	47.4	43.8	61.8
品种 3	67.0	54.7	50.0	40.1	53.0
品种 4	86.3	61.3	50.7	46.4	61.2
区组平均数	87.4	59.0	49.7	43.2	

表 11.6.2 显示，区组间的产量有很大不同，这些数据表明从区组 1 到区组 4 存在一定的肥力梯度。由于选用区组设计，所以品种的比较相对不受肥力梯度的影响。当然在区组内也存在很大的差异（仔细观察这些数据，你可能发现它是一个有趣的例子，仔细观察数据并提问品种间的差异是否足够大？例如，品种 1 的产量平均数是否远大于品种 3？用你的直觉回答而不是进行统计分析。真实情况在注释 14 中揭晓）。

随机化过程

一旦区组设计完成，试验单位的区组分配就很简单了，就好像在每个区组中进行小试验，每个独立的区组设计中都体现了随机化，如下例所示。

例 11.6.6
农田研究

考察例 11.6.4 的农田试验。在区组 1 中，我们给从北到南的小区 1、2、3、4 标注了标签（图 11.6.2）；我们将每个品种都安排在一个小区里，遵循完全随机设计分配，从这 4 个地块中随机挑选，T_1 中放第一个，T_2 中放第二个，以此类推。例如，使用电脑随机排列数字 1 ~ 4（或者随机打乱数字 1 ~ 4）我们可能获得的序号为 4、3、1、2，即如下所示：

区组 1

T_1：小区 4；

T_2：小区 3；

T_3：小区 1；

T_4：小区 2。

这实际上就是图 11.6.2 中我们对区组 1 的安排。然后我们对区组 2、3 等也采取同样的操作步骤。

随机区组试验的数据分析

与数据为成对的使我们不能使用两个样本 t 检验的方法一样，当试验区组化后，也不能再使用 11.4 节的方差分析方法。取而代之，使用**随机区组方差分析**（randomized blocks ANOVA）模型。再考察苜蓿和酸雨的试验，我们就会理解这个概念。例 11.6.1 中研究者试验时杯子是平行于窗户成排摆放，每个区组内的光强几乎相同，数据在表 11.6.3 中列出，并绘制出相应图形（图 11.6.3）。

表 11.6.3 五天后紫花苜蓿株高 单位：cm

	强酸	弱酸	对照	区组平均数
区组 1	1.30	1.78	2.67	1.917
区组 2	1.15	1.25	2.25	1.550
区组 3	0.50	1.27	1.46	1.077
区组 4	0.30	0.55	1.66	0.837
区组 5	1.30	0.80	0.80	0.967
处理平均数 = $\bar{y}_i$	0.910	1.130	1.768	
n	5	5	5	

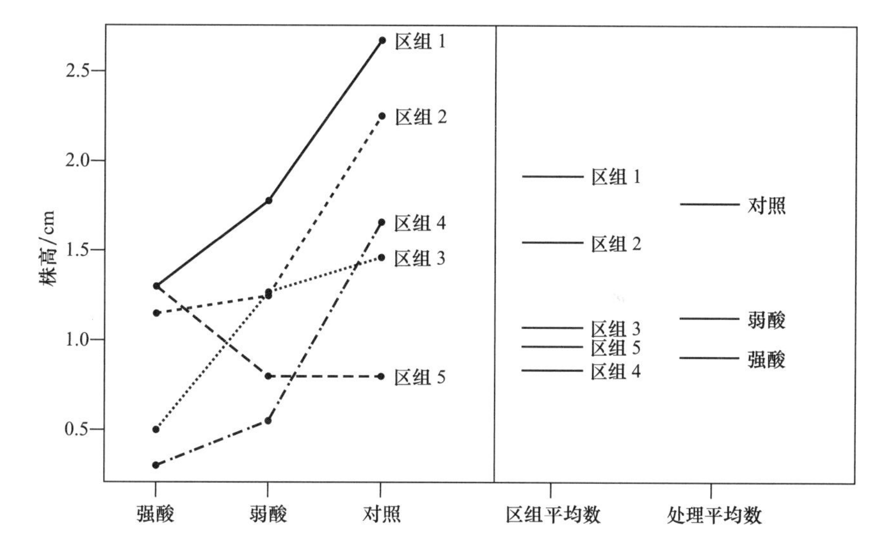

图 11.6.3 具有区组和处理平均数汇总数据的苜蓿生长点线图

我们常用 ANOVA 比较 I 个总体或处理的无效假设为：

$$H_0 : \mu_1 = \mu_2 = \cdots = \mu_I$$

例 11.6.7
苜蓿和酸雨

苜蓿生长试验的无效假设是酸雨对 5d 的生长没有影响（由于这是试验，所以我们可以这样随意假定）。更直接一些，无效假设是指 3 种处理 5d 后苜蓿的生长情况相同（弱酸、强酸和对照）。

$$H_0 : \mu_1 = \mu_2 = \mu_3$$

这种假设可用方差分析中的 F 检验来检验，但我们首先要消除区组间差异所造成的数据变异。这样，我们把 11.3 节中所出现的方差模型展开成以下模型：

$$y_{ijk} = \mu + \tau_i + \beta_j + \varepsilon_{ijk}$$

在该模型中，y_{ijk} 代表第 i 处理第 j 区组中的第 k 个观察值（例 11.6.1 中，每个区组每个处理仅有一个观察值，但是通常可能不止一个）。这里和前面一样，μ 代表总体平均数，τ_i 代表第 i 组的处理效应。模型中的新项 β_j 代表 j 区组的效应。

图示区组效应

为了理解区组如何影响方差分析，我们把模型稍微做一些调整：

$$\left(y_{ijk}-\tau_i\right)=\mu+\beta_j+\varepsilon_{ijk}$$

等式左边描述的是除去处理效应后的数据，通过数据分析左边可近似等于：

$$y_{ijk}-\hat{\tau}_i=y_{ijk}-\overline{y}_i$$

也就是，在每个处理组内的每个数值减去处理平均数 *，之前在单因素方差分析中见过这种情况（11.2 节），我们称之为离差或残差。图 11.6.4 所示为区组间苜蓿偏离处理平均数的残差图。在这些数据中，我们仍可以找到规律：区组 1 和区组 2 的平均数的离差大于 0，而区组 3、4、5 离差小于 0（结果处于平均数以上的是窗户附近的杯子，平均数以下的是远离窗户的杯子）。平均数的残差不为 0 是区组间有差异的结果。以后，我们还会描述通过**区组均方**或 **MS（区组）**（mean squares for blocks）来度量区组平均数离差的变异。

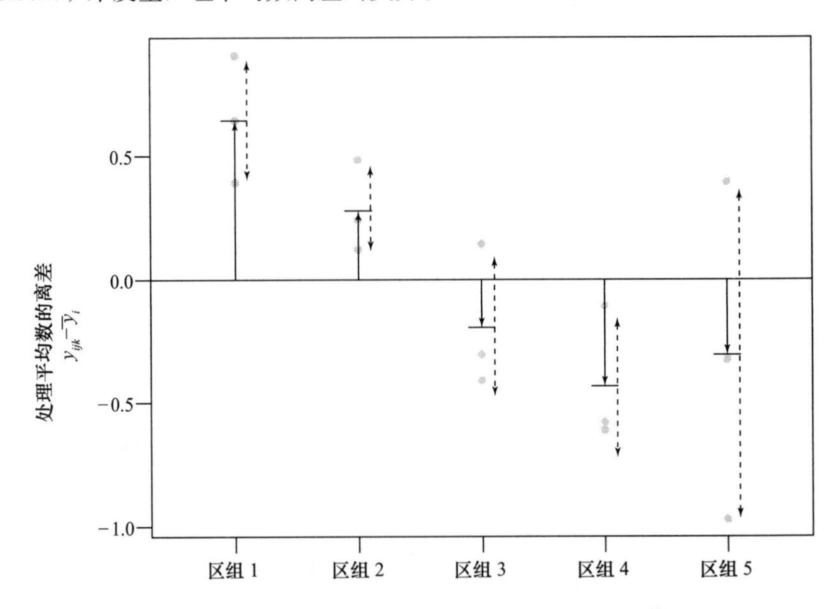

图 11.6.4 不同区组的苜蓿生长数据处理平均数的离差

为了直观说明区组与区组间的变异如何帮助我们识别处理效应，考察一下图 11.6.5 中苜蓿与酸雨的试验数据。图 11.6.5（a）所示为完全忽略区组效应的每个处理的生长数据；而图 11.6.5（b）所示为调整了区组效应估计值之后的生长数据 **。当小区间处理平均数的变异不变时，在考虑了区组后，我们发现处理组内的变异非常小，而处理间的差异比较明显。

单因素随机完全区组的 F 检验

回顾方差分析，F 检验就是处理间平均数变异与组内平均数的变异的比率。如图 11.6.5 所示，对区组的估算缩小了组内效应，因而增加了 F 统计数的值。现在我们简要讨论如何估算完全随机区组 F 检验的方差分析表。

* 这儿我们写成 $\overline{y}_{i\cdot}$ 而非 $\overline{y}_i$，是为了区别处理平均数与区组平均数 $\overline{y}_{\cdot j}$。

** 为了解释区组效应，每个处理区在 y 轴的调整生长数据用式 $y_{ijk}-\overline{y}_{\bullet j\cdot}$ 来计算。

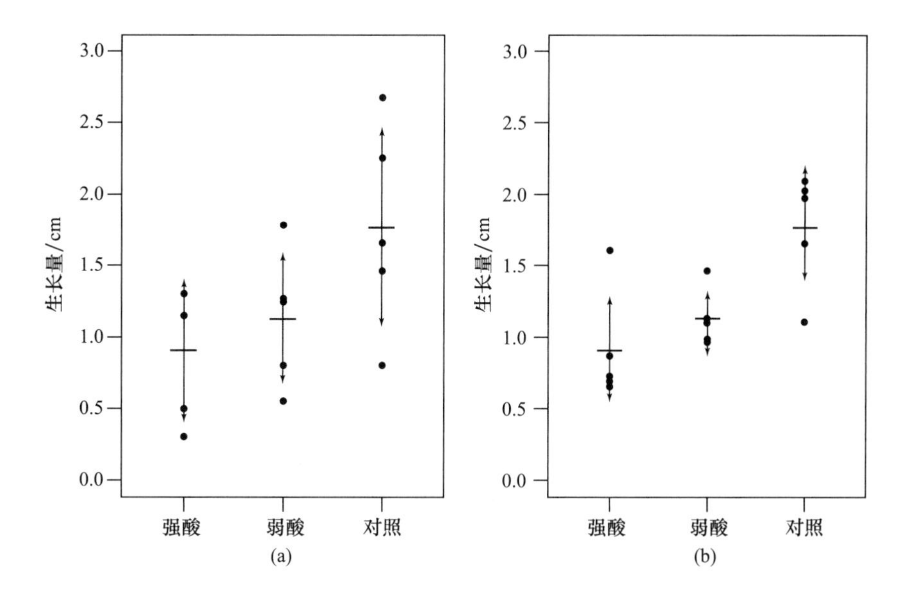

图 11.6.5 比较苜蓿试验中 3 种酸强度生长平均数时的区组效应直观分析

（a）原始数据

（b）调整了区组效应估计值之后的生长数据。处理平均数如横线所示，组内标准差如箭头所示

在 11.2 节的单因素方差分析中，我们讨论了如何把总平方和分解为度量处理间平均数变异的SS(组间)和度量数据中无法解释的随机变量造成的组内变异SS(组内）。在随机区组试验中，我们用 SS（处理）而不是 SS（组间）来描述处理间平均数的变异，会更加清楚地说明我们度量的是处理间而非区组间的变异。同时，我们将单因素方差分析中 SS（组内）也分成两部分：度量区组间平均数变异的 SS（区组）和度量随机误差引起变异的 SS（组内）。所以，我们有：

单因素方差分析：SS（总）=SS（组内）+SS（组间）

单因素区组方差分析：SS（总）=SS（组内）+SS（区组）+SS（处理）

通常，我们对于区组的假设并不感兴趣，我们重点考虑的是区组效应对响应变量的影响。通过计算 SS（区组）来改善单因素方差分析实现这一目标，此外，如果合理选择区组，就能够获得更有力的检验效果。

计算平方和的经典方法是用计算机而非人工操作。尽管如此，我们以公式的形式从数学角度来对区组做出解释还是有价值的。

区组均方（mean squares between blocks）的计算可采用与 11.2 节单因素方差分析中计算 MS（组间）相似的方法。大致说来，我们计算一种区组平均数的加权方差，该方差用来表示区组平均数与总平均数间的差数除以区组样本容量的值。如果我们把第 j 区组中观察值的平均数定义为$\bar{y}_{\bullet j}$，则 m_j 代表第 j 区组中观察值的数量。因此，区组均方可定义为：

区组均方

$$\text{MS（区组）} = \frac{\sum_{j=1}^{J} m_j(\bar{y}_{\bullet j} - \bar{\bar{y}})^2}{J-1}$$

类似 11.2 节中的公式，我们把SS(区组)作为分子，df(区组)作为分母，MS(区组）表示如下：

区组平方和与自由度

$$\text{SS（区组）} = \sum_{j=1}^{J} m_j (\bar{y}_{\bullet j} - \bar{\bar{y}})^2$$

$$\text{df（区组）} = J-1$$

正如以前所讲，区组的设置减小了 MS（组内）。为得到随机区组中的 MS（组内），我们计算：

SS（组内）=SS（总）−SS（处理）−SS（区组）

SS（处理）和 SS（总）的计算见 11.2 节。由于平方和非负，所以前面的公式直接显示了区组是如何减小组内误差的。

类似地，为计算随机区组试验中的 df（组内），我们有：

df（组内）=df（总）−df（处理）−df（区组）

$=(n_{.}-1)-(I-1)-(J-1)$

$=n_{.}-I-J+1$

例 11.6.8 苜蓿和酸雨

在表 11.6.2 中苜蓿生长数据中，所有观察值的总和是 1.30+1.15+⋯+0.80=19.04，总平均数为：

$$\bar{\bar{y}} = \frac{19.04}{15} = 1.269$$

我们计算：

SS（处理）=5（0.910−1.269）^{2}+5（1.130−1.269）^{2}+5（1.768−1.269）^{2}

=1.986

因为 I=3，我们得到：

df（处理）=3−1=2

所以：

$$\text{MS（处理）} = \frac{1.986}{2} = 0.993$$

我们计算：

SS（区组）=3（1.917−1.269）^{2}+3（1.550−1.269）^{2}

+3（1.077−1.269）^{2}+3（1.837−1.269）^{2}

+3（1.967−1.269）^{2}

=2.441

因为 J=5，我们得到：

df（区组）=5−1=4

和

$$\text{MS（区组）} = \frac{2.441}{4} = 0.610$$

总平方和为（1.30−1.269）^{2}+⋯+（0.80−1.269）^{2}=5.879。

通过减法运算，我们计算的 SS（组内）为：

SS（组内）=SS（总）−SS（处理）−SS（区组）

=5.879−1.986−2.441=1.452

类似地，我们计算得 df（组内）为：

$$df（组内）=df（总）-df（处理）-df（区组）$$

这样我们得到：14−2−4=8。

因此：

$$MS（组内）=\frac{1.452}{8}=0.182$$

平方和、自由度、均方都汇集在扩展的方差表中，表中还包括区组效应。

为了检验无效假设，我们计算：

$$F_s=\frac{MS（处理）}{MS（组内）}$$

如果 P 值太小则拒绝 H_0。

例 11.6.9 苜蓿和酸雨

例 11.6.1 苜蓿生长数据中，方差分析概括在表 11.6.4 中，F 值为 0.993/0.182=5.47，分子的自由度为 2，分母的自由度为 8。从书后统计表中的表 10，我们可知 P 值范围为 $0.02<P<0.05$（用计算机得到的 P 值为 0.0318）。P 值较小，表明这三个样本平均数间的差异大于预期的仅由误差造成的差异。有显著证据证明酸雨影响了苜蓿植物生长（值得注意的是，如果我们忽略区组效应做一个错误的单因素方差分析，会发现 P 值为 0.0842，其在显著水平 α=0.05 上没有提供出显著证据证明酸雨是有影响的）。

表 11.6.4 紫花苜蓿试验的方差分析表

来源	df	SS	MS	F 值
处理间	2	1.986	0.993	5.47
区组间	4	2.441	0.610	
组内	8	1.452	0.182	
总变异	14	4.278		

练习 11.6.1—11.6.10

（注意：在一些练习中要求进行随机分配。要达到这一要求，可以使用书后统计表中的表 1，或借助计算器或计算机获得随机数据）。

11.6.1 在比较 6 种不同肥料对马铃薯生长影响的试验中，随机选取 36 株单盆盆栽幼苗，每 6 盆使用一种肥料。将马铃薯植株种植在温室中，观察每株马铃薯的产量。试验者使用随机区组设计：将这些放在温室平台上的马铃薯分为 6 个区组，每个区组有 6 个小区，两种可能的排列如下图所示。

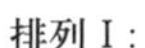

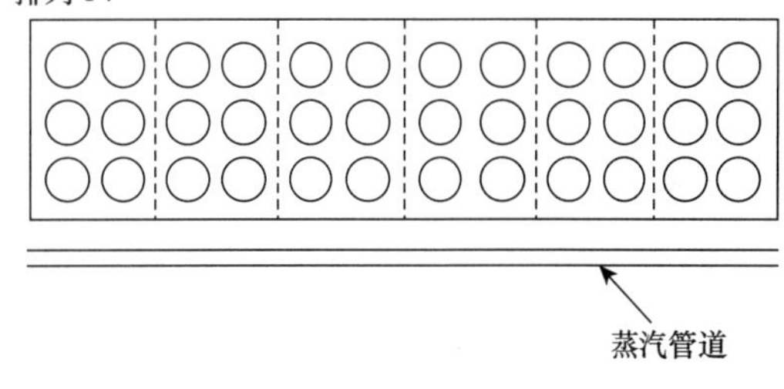

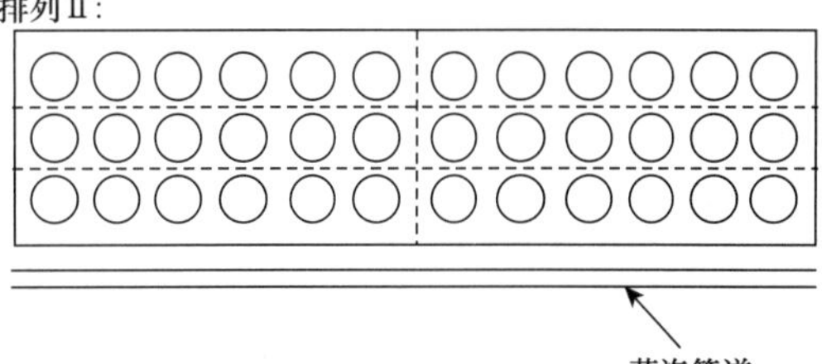

温度是影响马铃薯产量的一个因素，整个温室内温度不可能保持完全恒定。实际上，平台上可能存在温度梯度，温室中的热量来自放置在

平台边缘的蒸汽管道，因此靠近蒸汽管道的平台面会更加温暖些。

（a）哪个区组排列（Ⅰ或Ⅱ）更好？为什么？

（b）对区组内的这些盆马铃薯进行随机分配处理（参阅例 11.6.4；假定盆中的幼苗以及区组内盆的位置的排列已经都设置好了）。

11.6.2 在一项关于乳猪维生素摄取的试验中，按窝进行随机区组设计，有 5 种处理：4 种摄取类型和一个对照。因此每个窝组的 5 只乳猪都会用到。试验包括 5 个窝组，请用随机区组安排乳猪处理（参阅例 11.6.4）。

11.6.3 参阅练习 11.6.2 中的维生素试验，假如试验组的一个成员提出另一种方案设置：同一窝的乳猪都接受相同的处理，5 个窝组被随机分配接受 5 个处理。他指出他的建议将会减少很多劳动，简化所做记录。如果你是试验者，是否认同这种提议？

11.6.4 在与大鼠进食行为有关的药理学试验中，将 18 只大鼠随机分配到 3 组处理中：T_1，T_2，T_3。进行观察时，将大鼠放在架子上的单个笼子里。每个架子有 3 层，每层放 6 个笼子，尽管尽力保持灯光强度一致，但不同分层的光照还是有差别（底部最暗）。试验者关心的是灯光影响老鼠的进食行为。下面是安排大鼠在架子上位置（将老鼠分成不同处理组后再分层）的三个计划：

计划Ⅰ：随机将 18 个大鼠分配到架子的 18 个位置；

计划Ⅱ：将所有 T_1 组的大鼠放到第一层，T_2 组的大鼠都放在第 2 层，T_3 组的大鼠都放在第 3 层；

计划Ⅲ：在每一层，放两只 T_1 组的大鼠，两只 T_2 组的老鼠和两只 T_3 组的大鼠。

将这 3 个计划从好到坏排序，解释原因。

11.6.5 研究者计划进行一项农田试验，比较 25 个玉米品种的产量。他用 6 个区组进行了随机区组设计，这样共有 150 个小区，并测定每个小区的产量。研究者意识到收割和称量每个小区产量所需时间太长以至于下雨会中断操作过程。而且如果下雨，雨前收获还是雨后收获会造成产量差异。研究人员考虑采取以下方案。

方案Ⅰ：先收获品种 1 中的所有块地，然后是品种 2，依次类推；

方案Ⅱ：先收获区组 1 中的所有块地，然后是区组 2，依次类推。

哪一种方案更好？为什么？

11.6.6 在一项比较牛的两种不同人工授精方法的试验中，可以选用下面几种类型的牛：

小牛犊（14~15 个月）：8 只；

幼牛（2~3 岁）：8 只；

成年牛（4~8 岁）：10 只。

以三种年龄作为区组，把这些动物随机分配到两个不同处理中。请进行合理安排，将每个年龄层的牛随机地分配到两个容量相等的处理组中。

11.6.7 判断正误（说明理由）：在试验中使用随机区组设计的主要原因是减小偏差。

11.6.8 在研究鱼类养殖对溪流中无脊椎动物种群影响的一项试验中，研究者在 3 条溪流中建立了 9 条观察渠道。设置 3 种不同的处理方式：没有放入鱼、放入南乳鱼、放入鲑鱼；每条溪流中的 3 条渠道各设置其中一种处理方式（每条渠道里都有网，防止鱼的进出）。在建立渠道 12d 后，计算出现在渠道里特定领域的蜉蝣（*Deleatidium*）稚虫的数量。每条小溪中每种处理的稚虫的数量如下[15]。

		溪流		
		A	B	C
处理	没有鱼	11	8	7
	南乳鱼	9	4	4
	鲑鱼	6	4	0

（a）找出区组、处理（相关的解释变量）和该研究中的响应变量；

（b）结合本练习，对从来没学过统计学的人解释，如果存在处理间差异，为什么设置区组可以帮助他更好地分辨处理的差异。

11.6.9（练习 11.6.8 的继续）

（a）附表是练习 11.6.8 中数据（不太恰当）的

方差分析表，该分析并没有对试验中的区组进行区分。以这些数据为基础，能说明鱼会影响渠道中蜉蝣稚虫的数量吗？取 α=0.05。

	df	平方和	均方	F 值
组间	2	42.889	21.444	2.924
组内	6	44.000	7.333	
总变异	8	86.889		

（b）以下方差分析表区分了区组，对数据做出了合理解释。以这个合理的分析为基础，说明鱼会影响渠道中出现的蜉蝣稚虫的数量吗？取 α=0.05。

	df	平方和	均方	F 值
组间	2	42.889	21.444	16.783
区组	2	38.889	19.444	15.217
组内	4	5.111	1.278	
总变异	8	86.889		

（c）用（a）和（b）中的方差分析表来计算和比较 $s_{合并}$，为什么一个估计值比另一个要大？在（a）中 $s_{合并}$值是多少？在（b）中呢？

11.6.10 考察练习 11.6.8 中的试验。除了计算 12d 后蜉蝣稚虫的数量，每个渠道中移走相同大小的石头，并计算一下九块石头中每一块上藻类的生长量（mg/cm^2），得到 SS（区组）=0.889，SS（组内）=0.444，SS（总数）= 2.889。

（a）根据这些汇总数据，构建一个与表 11.6.4 类似的方差分析表；

（b）这能说明鱼的存在或其种类和每个渠道藻类的干物质量有关吗？取 α=0.05 水平；

（c）能从（b）部分的数据分析中，得出一个有因果关系的结论吗？如果可以，结论是什么？如果不行，解释原因。

11.7 二因素方差分析

析因方差分析

在典型的方差分析应用中，只有一个解释变量或**因素**（factor）出现在研究中。例如，在例 11.2.1 羔羊增重的试验中，因素是饮食类型，呈现 3 个**水平**（levels）：饲料 1，饲料 2，饲料 3。可是，有些方差分析同时涉及两个或多个因素的研究，举例如下。

例 11.7.1 大豆生长

农学家调查机械胁迫对大豆植株生长的影响时，将幼苗随机分到 4 组处理中，每组 13 株，其中有两组每天受外界机械胁迫两次，每次 20min，而另外两组不受外力作用。因此，试验中第一个因素是胁迫的有无，其 2 个水平为：对照或胁迫。此外，植物被安排在弱光或适宜光照下生长，因此，第二个因素是光照，也有 2 个水平，即：弱光或适宜光。该试验是一个 2×2 因素的试验；包括 4 种处理：

处理 1：对照，弱光；

处理 2：胁迫，弱光；

处理 3：对照，适宜光；

处理 4：胁迫，适宜光。

生长 16d 后，收获植株，测量每株大豆的总叶面积（cm^2），结果见表 11.7.1，并将数据绘图（图 11.7.1）[16]。

表 11.7.1　大豆植株的叶面积　　单位：cm^2

	处理			
	对照，弱光	胁迫，弱光	对照，适宜光	胁迫，适宜光
	264	235	314	283
	200	188	320	312
	225	195	310	291
	268	205	340	259
	215	212	299	216
	241	214	268	201
	232	182	345	267
	256	215	271	326
	229	272	285	241
	288	163	309	291
	253	230	337	269
	288	255	282	282
	230	202	273	257
平均数	245.3	212.9	304.1	268.8
SD	27.0	29.7	26.9	35.2
n	13	13	13	13

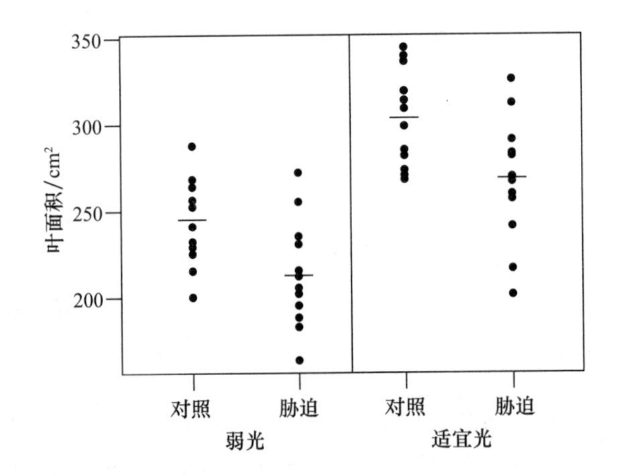

图 11.7.1　接受 4 种不同处理的大豆植株叶面积，用(—)表示组平均数

图 11.7.1 说明胁迫减小了叶面积，弱光或适宜光下都是如此。此外，不管有无胁迫，适宜光增加了大豆叶面积。

这种设计可用数学模型表示：

$$y_{ijk} = \mu + \tau_i + \beta_j + \varepsilon_{ijk}$$

式中　y_{ijk}——第一个因素的第 i 个水平、第二个因素的第 j 个水平中的第 k 个观察值

τ_i——第一个因素的第 i 个水平效应（例 11.7.1 中的胁迫条件）

β_j——第二个因素的第 j 个水平效应（例 11.7.1 中的光照条件）

在一个试验中研究两个因素时，将样本平均数列入一个反映试验结构的表中，并将这些样本平均数绘制成一副能显示该结构特征的图，都是不无裨益的。

例 11.7.2
大豆生长

表 11.7.2 汇总了例 11.7.1 中的数据。例如，第一个因素的第一个水平（对照），第二个因素的第一个水平（弱光）的条件下，样本平均数是 $\bar{y}_{11} = 245.3$。该表的格式使我们很容易单独或同时考察两个因素（胁迫条件和光照条件）。最后一列所示为每个胁迫水平下光照的影响，该列的数字证实了图 11.7.1 的正确性：不论有无胁迫，适宜光均增加了大概相同的平均叶面积。同样，最后一行（−32.4 和 −35.3）显示了每种光照水平下胁迫的影响，效果大概也相同。

表 11.7.2 大豆试验的平均叶面积 单位：cm²

		光照条件		
		弱光	适宜光	差数
胁迫	对照	245.3	304.1	58.8
条件	胁迫	212.9	268.8	55.9
	差数	−32.4	−35.3	

如果两种因素的共同影响等于它们单独作用的影响之和，则认为这两个因素具有效应的**可加性**（additive）。例如，在例 11.7.1 的大豆试验中，如果在每种光照条件下，胁迫都减小相同的叶面积，那么胁迫的效应（本例为负效应）就可以与光照的效应相加。为直观表示效应的可加性，我们来考察显示了四个处理平均数的图 11.7.2。图中连接平均数的两条实线几乎是平行的，因为这些数据显示出一个似乎完美的可加性类型*。

当因素效应具有可加性时，我们认为在因素之间没有**交互作用**（interaction）。只显示处理平均数的图常称为交互作用图，图 11.7.3 是图 11.7.2 的概括图形，它是充分反映在两种光照条件下胁迫对叶面积平均数影响的交互作用图，同样，也可以制成一个探究在两种胁迫条件下，光照对平均叶面积的影响的图。

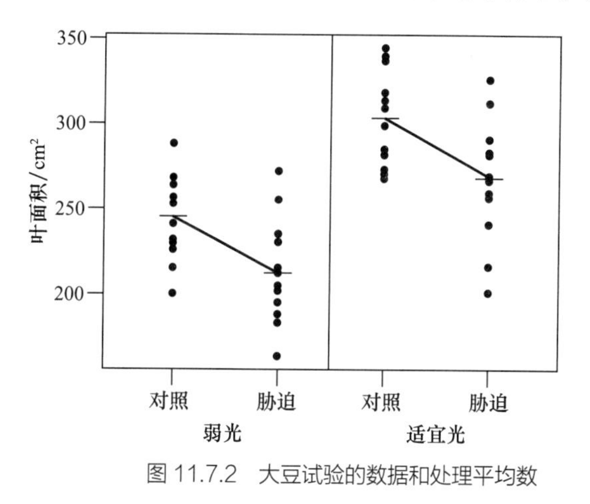

图 11.7.2 大豆试验的数据和处理平均数

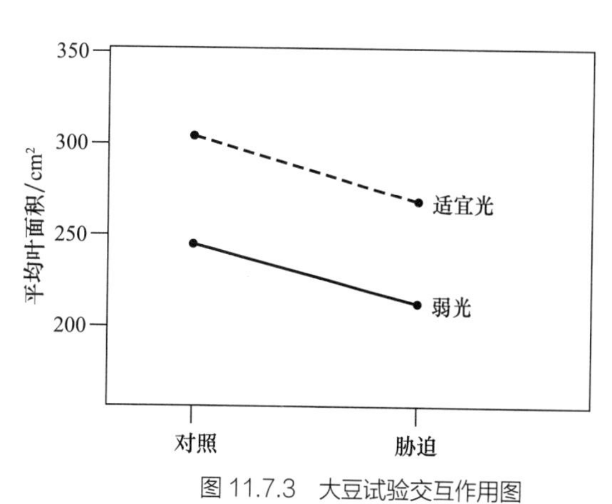

图 11.7.3 大豆试验交互作用图

有时，一个因素对响应变量的影响会依赖于第二个因素的水平。这时，我们就说这两个因素之间存在交互作用。下面给出了一个例子。

* 在弱光、胁迫条件下叶面积平均数（212.9）和弱光、对照下叶面积平均数（245.3）之间的差异称为弱光条件下胁迫的**简单效应**（simple effect）。因此，弱光条件下胁迫的简单效应是 212.9−245.3=−32.4。同样，适宜光条件下胁迫的简单效应是 268.8−304.1=−35.3。**主效应**（main effect）是各简单效应的平均数。例如，胁迫的主效应是 [−32.4 +（−35.3）]/2= −33.85，光照的主要效应是 (58.8+55.9)/2=57.35。

例 11.7.3 在牛奶水果饮料中添加铁

在以牛乳为基本原料的水果饮料中添加 Fe 和 Zn 是很常见的做法。为了更好地理解这种饮料配方对细胞中 Fe 的潴留效果，研究者设置了一组试验，分别在以牛乳为基础原料的饮料中添加了低水平和高水平的 Fe 和 Zn，饮料在模拟胃肠道中进行消化，然后测量细胞中 Fe 的含量（μgFe/mg 细胞蛋白）。数据见表 11.7.3，每个 Zn 和 Fe 添加水平组合包含 8 个观察值[17]，图 11.7.4 所示为 4 个平均数的交互作用图。注意，Zn 添加量低时， Fe 的添加水平对细胞潴留的影响比 Zn 添加量高时要小得多（两条线的斜率不同，即两条线是不平行的）。因此，Fe 素的添加量对平均细胞潴留能力的影响取决于使用 Zn 的添加量。我们认为 Fe 和 Zn 在对细胞潴留能力的影响上有交互作用。

表 11.7.3 饮料添加试验中 Fe 潴留平均数　　单位：μgFe/mg 细胞蛋白

		锌水平		
		低	高	差数
铁水平	低	0.707	0.215	−0.492
	高	0.994	1.412	0.418
	差数	0.287	1.197	

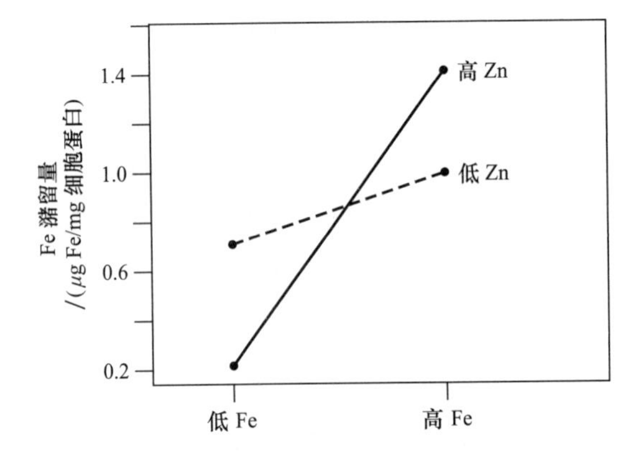

图 11.7.4 饮料添加试验的交互作用图

当我们怀疑在方差分析时两个因素之间存在交互作用时，就可以在数据模型中添加一个交互作用项：

$$y_{ijk}=\mu+\tau_i+\beta_j+\gamma_{ij}+\varepsilon_{ijk}$$

γ_{ij} 是第一个因素的第 i 个水平和第二个因素的第 j 个水平之间的交互作用。像前面一样，如果总共有 $n.$ 个观察值，那么 df（总）=$n.-1$。如果第一个因素有 I 个水平，那么它的自由度为 $I-1$。同样地，如果第二个因素有 J 个水平，那么它的自由度为 $J-1$。交互作用的自由度为（$I-1$）×（$J-1$）。第一个因素的 I 个水平与第二个因素的 J 个水平组合成 IJ 个处理，所以，df（组内）=$n.-IJ$ *。

交互项的无效假设为所有的交互项都等于 0：

$$H_0：\gamma_{11}=\gamma_{12}=\cdots=\gamma_{IJ}=0$$

为了检验该无效假设，我们计算：

$$F_s=\frac{\text{MS（互作）}}{\text{MS（组内）}}$$

* 这与 11.2 节中单因素方差分析定义 df（组内）=$n.-I$ 是相似的。在每一个设计中，df（组内）= 总观察值的个数 − 处理的个数。

如果 P 值太小就拒绝 H_0。

例 11.7.4 在牛奶水果饮料中添加铁

表 11.7.4 所示为例 11.7.3 中饮料添加试验的方差分析结果。该表包括了一行交互作用项*。每种 Zn、Fe 添加水平组合都有 8 个观察值，因此 $n.=32$，df（总）=31。在该例中，$I=J=2$，因此 df（Fe 水平）=df（Zn 水平）= df（互作）=1，所以，df（组内)=31−1−1−1=28［这和按公式 df（组内）=$n.-IJ$=32−2×2 计算的结果一致］。

为了检验 Fe、Zn 的添加水平是否存在交互作用，我们计算出 F=1.6555/0.0019=871.3，其分子的自由度为 1，分母的自由度为 28。根据书后统计表中的表 10，我们认为 P 值小于 0.0001。这个 P 值是极其小的，表明图 11.7.4 中的交互作用比预期的仅由误差引起的效应明显得多。这样，我们就否定了 H_0。

表 11.7.4 饮料添加试验的方差分析表

来源	df	SS	MS	F 值
Fe 水平间	1	4.4023	4.4023	2317.0
Zn 水平间	1	0.0109	0.0109	5.736
交互作用	1	1.6555	1.6555	871.3
组内	28	0.0523	0.0019	
总变异	31	6.1210		

交互作用的概念在生物学中普遍出现。例如，“协同作用”与“拮抗作用”经常用来描述生物试剂间的交互作用，“异位显性”描述的是两个位点上基因间的交互作用。

当存在交互作用时，如例 11.7.3，因素的主效应与以前的解释是不同的。就例 11.7.3 来说，很难陈述 Fe 的独立效应，因为这个效应的性质和程度取决于 Zn 的添加水平。因此，我们通常首先检验一下是否存在交互作用。如果存在交互作用，如例 11.7.3，那么我们就在这个阶段停止分析。如果不能证明交互作用存在（也就是说，不能否定 H_0），那么我们就检验各个因素的主效应。下面这个例子就说明了这个过程。

例 11.7.5 大豆生长

表 11.7.5 是例 11.7.1 中大豆生长数据的方差分析表。无效假设为：

$$H_0：\gamma_{11}=\gamma_{12}=\gamma_{21}=\gamma_{22}=0$$

检验的 F 值为：

$$F_s=\frac{\text{MS（互作）}}{\text{MS（组内）}}=\frac{26.3}{895.34}=0.029$$

从书后统计表中的表 10 查出自由度分别为 1 和 12 的概率，我们发现 P 值大于 0.20。所以没有明显的证据表明因素间存在交互作用，我们不能否定 H_0。

由于没有证据显示存在交互作用，我们需要检验胁迫水平的主效应。这里 F 值为：

$$F_s=\frac{\text{MS（胁迫水平间）}}{\text{MS（组内）}}=\frac{14,858.5}{895.34}=16.6$$

* 方差分析中用于计算交互作用平方和的公式比较麻烦，此处不再列出。需要特别指出的，不管设计是否“均衡”，交互作用都是很重要的。饮料添加试验的设计是均衡的，因为表 11.7.3 显示了在 4 个因素水平组合中，每个组合都有 8 个观测值。可是，也有可能由于设计的不均衡，导致复杂的计算与分析。我们这里依靠计算机软件来计算必需的平方和。

该值达到极显著（即 P 值非常小），因此我们否定 H_0。

同样，检验光照水平下的主效应，其 F 值为：

$$F_s=\frac{\text{MS（光照水平间）}}{\text{MS（组内）}}=\frac{42,751.6}{895.34}=47.75$$

其值是极显著的，我们同样否定 H_0。

表 11.7.5 大豆生长试验的方差分析表

来源	df	SS	MS	F 值
胁迫水平间	1	14,858.5	14,858.5	16.60
光照水平间	1	42,751.6	42,751.6	47.75
交互作用	1	26.3	26.3	0.029
组内	48	42,976.3	895.34	
总变异	51	10,0612.7		

当一个因素有多于两个水平时，可以使用交互作用图。

例 11.7.6 蟾蜍

研究者研究了紫外线 B 辐射对西方蟾蜍（*Bufo boreas*）胚胎存活率的影响。他们做了一个试验，将一些受过 UV-B 辐射的蟾蜍胚胎放到 3 种不同的水深中：10cm，50cm，100cm，两种辐射背景：暴露在 UV-B 下和遮蔽不受紫外线照射。响应变量是孵化的胚胎的成活率。数据见表 11.7.6，每个水深与 UV-B 辐射的组合有 4 个观察值。图 11.7.5 所示为 6 个平均数的交互作用图。这里的交互作用是非常明显的，表 11.7.7 汇总了该试验的方差分析[18]。

表 11.7.6 蟾蜍试验的胚胎存活率

		UV-B		
		裸露	遮蔽	差数
水深	10cm	0.425	0.759	0.334
	50cm	0.729	0.748	0.019
	100cm	0.785	0.766	−0.019

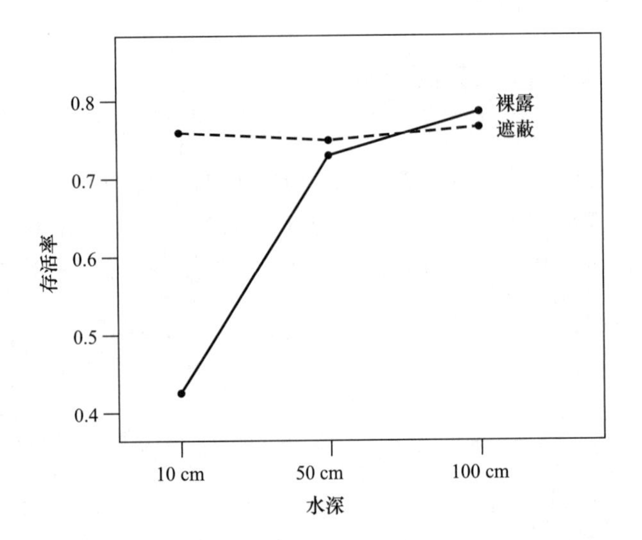

图 11.7.5 蟾蜍试验的交互作用

表 11.7.7 蟾蜍试验的方差分析表

来源	df	SS	MS	F 值
不同水深间	2	0.150676	0.075338	13.92
UV-B 水平间	1	0.074371	0.074371	13.74
交互作用	2	0.150185	0.075093	13.88
组内	18	0.097401	0.005411	
总变异	23	0.472633		

在 11.8 节，还要接着讨论交互作用。

练习 11.7.1—11.7.6

11.7.1 植物生理学家调查了淹水对两树种根系新陈代谢的影响：耐涝的水白桦和不耐涝的欧洲桦树。将每树种 4 株幼苗淹水 1d，另外 4 株幼苗作对照，测定每个植株根系 ATP 含量，下表所示为所得数据（单位：nmol ATP/mg 组织）[19]。

	水白桦		欧洲桦	
	淹水	对照	淹水	对照
	1.45	1.70	0.21	1.34
	1.19	2.04	0.58	0.99
	1.05	1.49	0.11	1.17
	1.07	1.91	0.27	1.30
平均数	1.19	1.785	0.2925	1.20

绘制交互作用图（如图 11.7.3）。

11.7.2 考察练习 11.7.1 的数据。由这些数据，SS（桦树种类）=2.19781，SS（淹水）=2.25751，SS（互作）=0.097656，SS（组内）=0.47438。

（a）构建一个方差分析表；

（b）对交互作用进行 F 检验。令 α=0.05 水平；

（c）检验无效假设，即树种对 ATP 含量没有影响。令 α=0.01 水平；

（d）假如 4 个总体有相同的标准差，用这些数据来计算一下标准差估计值。

11.7.3 现进行一项完全随机双盲临床试验，比较两种药物替尼酸（T）和双氢克尿噻（H）对高血压的治疗效果，每种药物都设置低剂量和高剂量两个组，且都服用六周。下表所示为心脏收缩压的下降值（初始值减去最终值，单位：mm Hg）[20]。

	替尼酸		双氢克尿噻	
	低剂量	高剂量	低剂量	高剂量
平均数	13.9	17.1	15.8	17.5
病人数	53	57	55	58

绘制交互作用图（如图 11.7.3）。

11.7.4 考察练习 11.7.3 中的数据。不同剂量下两种药物 T 和 H 响应变量的差异似乎是低剂量比高剂量要大。

（a）对交互作用进行 F 检验，判断这种结果是否是由偶然误差引起的。令 α=0.10，SS（互作）=31.33，SS（组内）=30,648.81；

（b）以（a）中的结果为依据，检验和说明药品种类和剂量的主效应，你觉得合理吗？

11.7.5 考察练习 11.7.3 中的数据，即 SS（药物）=69.22，SS（剂量）=330.00，SS（互作）=31.33，SS（组内）=30,648.81。

（a）构建一个方差分析表；

（b）进行假设检验，无效假设检验为两种药物（T 和 H）的作用效果相同，令 α=0.05 水平。

11.7.6 在研究莴苣生长的试验中，将 36 棵幼苗随机分配到 4 个处理中，分别为强光、标准营养液，弱光、标准营养液，强光、额外加氮，弱光、额外加氮。经过 16d 的生长后，收获莴苣，并称量每株叶片干重。下表所示为每个处理组 9 株叶片的干重（单位：g）[21]。

	营养液	
	标准	额外加氮
弱光	2.16	3.09
强光	3.26	4.48

由以上数据，SS（营养液）=10.4006，SS（光）=13.95023，SS（互作）=0.18923，SS（组内）=11.1392。

（a）构建一个方差分析表；

（b）对交互作用进行 F 检验。取 α=0.05 水平；

（c）对无效假设营养液对干重没有影响进行检验，α=0.01 水平。

11.8 平均数的线性组合（选修）

在许多研究中，考察组平均数的线性组合可以解决一些引人关注的问题。**线性组合**（linear combination）L 可以表示为下面公式：

$$L = m_1\overline{y}_1 + m_2\overline{y}_2 + \cdots + m_I\overline{y}_I$$

式中 m_i—— $\overline{y}_i$的乘数。

线性组合的调整

线性组合的一个作用是为外部变量做“调整”，下面举例说明。

例 11.8.1 用力肺活量

用力肺活量（FVC）是一项衡量肺功能的重要指标，它表示人每次呼吸时呼出气体的最大值。在一项公共健康问题的调查中，研究者们测量了人群大样本的 FVC 值。戒烟男性按照年龄分组的调查结果，见表 11.8.1[22]。

表 11.8.1 男性戒烟者的 FVC 单位：L

	FVC		
年龄 / 岁	n	平均数	SD
25~34	83	5.29	0.76
35~44	102	5.05	0.77
45~54	126	4.51	0.74
55~64	97	4.24	0.80
65~74	73	3.58	0.82
25~74	481	4.56	

假设我们要计算出戒烟男性的 FVC 汇总值。一种可行的方法是直接求出上述 481 个观察值的总平均数 4.56L。但这个总平均数有一个明显的缺陷：它不能合理地与代表不同年龄分布的其他总体进行比较。例如，我们现在想对戒烟者和不吸烟者进行比较，但因为戒烟的这一组往往比不吸烟的年长，所观察到 FVC 的差异则是被曲解的。“年龄调整”平均数的方法就会避免这种缺陷，该平均数是在具有不同年龄分布的参照总体平均数中平均 FVC 的估计值。为了说明这一点，我们将用表 11.8.2 中的参考分布，它近似于是全美国的人口分布情况[23]。

“年龄调整”平均 FVC 值如下列线性组合所示：

$$L = 0.23\overline{y}_1 + 0.22\overline{y}_2 + 0.24\overline{y}_3 + 0.22\overline{y}_4 + 0.09\overline{y}_5$$

表 11.8.2 参照人口的年龄分布

年龄	相对频率
25~34	0.23
35~44	0.22
45~54	0.24
55~64	0.22
65~74	0.09

其中，乘数（m_i）为参照人口中的相对频率。从表 11.8.1 可知，L 值为：

$$L=(0.23)(5.29)+(0.22)(5.05)+(0.24)(4.51)+(0.22)(4.24)+(0.09)(3.58)=4.67\text{L}$$

这个值是理想人群总体 FVC 平均数估计值，该人群就在生物学上类似于戒烟男性，且其年龄分布与参照总体一致。

对比

乘数（m_i）相加之和为 0 的线性组合称为**对比**（contrast）。下面举例说明如何运用对比来描述试验结果。

例 11.8.2 大豆生长

表 11.8.3 所示为例 11.6.8 中大豆生长试验处理的平均数和样本容量，我们用对比来描述两种不同光照条件下胁迫的影响。

表 11.8.3 大豆生长数据

处理	平均叶面积 /cm^2	n
1. 对照，弱光	245.3	13
2. 胁迫，弱光	212.9	13
3. 对照，适宜光	304.1	13
4. 胁迫，适宜光	268.8	13

（a）首先要注意，一般成对的差异就是对比。例如，度量弱光条件下胁迫的效应时，我们可以认为对比为：

$$L=\bar{y}_1-\bar{y}_2=245.3-212.9=32.4$$

在此对比中，乘数分别为 $m_1=1$，$m_2=-1$，$m_3=0$，$m_4=0$，注意它们的值相加为零。

（b）度量适宜光照条件下胁迫的效应时，我们可以认为对比为：

$$L=\bar{y}_3-\bar{y}_4=304.1-268.8=35.3$$

在此对比中，乘数分别为 $m_1=0$，$m_2=0$，$m_3=1$，$m_4=1$，注意它们的值相加为零。

（c）度量胁迫的整体效应，我们可以将（a）和（b）中得到的对比值平均获得以下对比：

$$L=\frac{1}{2}(\bar{y}_1-\bar{y}_2)+\frac{1}{2}(\bar{y}_3-\bar{y}_4)$$
$$=\frac{1}{2}(32.4)+\frac{1}{2}(35.3)=33.85$$

在此对比中，乘数为 $m_1=1/2$，$m_2=-1/2$，$m_3=1/2$，$m_4=-1/2$。

线性组合的标准误

每一个线性组合 L 都是基于 $\bar{y}$ 的相关总体平均数 μ 的线性组合的一个估计值。作为统计推断的基础，我们需要考察线性组合标准误，计算方法如下。

L 的标准误

线性组合的标准误：

$$L = m_1\bar{y}_1 + m_2\bar{y}_2 + \cdots + m_I\bar{y}_I$$

为：

$$\mathrm{SE}_L = s_{合并}\sqrt{\sum_{i=1}^{I}\frac{m_i^2}{n_i}}$$

式中，$s_{合并} = \sqrt{\mathrm{MS}（组内）}$ 来自方差分析。

由公式知，SE 可以具体写成：

$$\mathrm{SE}_L = s_{合并}\sqrt{(\frac{m_1^2}{n_1} + \frac{m_2^2}{n_2} + \cdots + \frac{m_I^2}{n_I})}$$

假设所有的样本容量（n_i）是相等的，那么 SE 可写成下列形式：

$$\mathrm{SE}_L = s_{合并}\sqrt{\frac{(m_1^2 + m_2^2 + \cdots + m_I^2)}{n}} = s_{合并}\sqrt{\frac{1}{n}\sum_{i=1}^{I} m_i^2}$$

下面举两个例子说明标准误公式的运用。

例 11.8.3　用力肺活量

根据例 11.8.1 中定义的线性组合 L，我们可得：

$$\sum_{i=1}^{I}\frac{m_i^2}{n_i} = \frac{0.23^2}{83} + \frac{0.22^2}{102} + \frac{0.24^2}{126} + \frac{0.22^2}{97} + \frac{0.09^2}{73} = 0.0021789$$

对这些数据进行方差分析得到 $s_{合并} = \sqrt{0.59989} = 0.77453$。因此，$L$ 的标准误为：

$$\mathrm{SE}_L = 0.77453\sqrt{0.0021789} = 0.0362$$

例 11.8.4　大豆生长

由例 11.8.2（a）定义的线性组合 L，我们可得：

$$\sum_{i=1}^{I} m_i^2 = (1)^2 + (-1)^2 + (0)^2 + (0)^2 = 2$$

所以：

$$\mathrm{SE}_L = s_{合并}\sqrt{\frac{2}{13}}$$

置信区间

平均数的线性组合可用于进行假设检验，也可用于确立置信区间。临界值可从学生氏 t 分布得到*，其 df 的计算公式来自于方差分析，如下：

* 这种确定临界值的方法并未考虑多重比较。详见 11.9 节。

df=df（组内）

置信区间也可由类似于 t 分布的形式来构建。例如，95% 的置信区间为：

$$L \pm t_{0.025}\mathrm{SE}_L$$

下面举例说明置信区间的构建方法。

例 11.8.5 大豆生长

考察例 11.8.2（c）中定义的对比：

$$L = \frac{1}{2}(\bar{y}_1 - \bar{y}_2) + \frac{1}{2}(\bar{y}_3 - \bar{y}_4)$$

这个对比为一个估计值，其大小为：

$$\lambda = \frac{1}{2}(\mu_1 - \mu_2) + \frac{1}{2}(\mu_3 - \mu_4)$$

它是不同光照条件下的平均数，可用于描述胁迫的真实（总体）效应。我们现在来构建这个真实差异的 95% 置信区间。

我们可得例 11.8.2 中的 L 值为：

$$L=33.85$$

为计算出 SE_L 的值，我们首先计算：

$$\sum_{i=1}^{I}\frac{m_i^2}{n_i} = \frac{\left(\frac{1}{2}\right)^2}{13} + \frac{\left(-\frac{1}{2}\right)^2}{13} + \frac{\left(\frac{1}{2}\right)^2}{13} + \frac{-\left(\frac{1}{2}\right)^2}{13} = \frac{1}{13}$$

根据表 11.8.4 所示的方差分析，我们可求得 $s_{合并} = \sqrt{895.34} = 29.922$，因此：

$$\mathrm{SE}_L = s_{合并}\sqrt{\sum_{i=1}^{I}\frac{m_i^2}{n_i}} = 29.922\sqrt{\frac{1}{13}} = 8.299$$

表 11.8.4 大豆生长试验的方差分析表

来源	df	SS	MS	F 值
胁迫水平间	1	14,858.5	14,858.5	16.60
光照水平间	1	42,751.6	42,751.6	47.75
交互作用	1	26.3	26.3	0.029
组内	48	42,976.3	895.34	
总变异	51	10,0613		

查书后统计表中的表 4，自由度 =40 ≈ 48，得 $t_{40,0.025}$=2.021，其置信区间为：

$$33.85 \pm (2.021)(8.299)$$

$$33.85 \pm 16.77$$

或（17.1，50.6）。

因此，我们有 95% 的置信度认为，在不同光照条件下平均的胁迫效应可使叶面积平均减少 17.1~50.6 cm^2。

t 检验

为检验对比的总体值为 0 的无效假设，计算的检验统计数为：

$$t_s = \frac{L}{\mathrm{SE}_L}$$

且此 t 检验将以普通方式进行。这将在例 11.8.6 中进行解释。

通过对比评估交互作用

有时，研究者希望探究两个或两个以上因素对响应变量 Y 的单独效应或联合效应。在 11.7 节中，我们已经介绍了两个因素的交互作用的概念。线性对比提供了另一种研究互作的方法。下面举例说明。

例 11.8.6 大豆生长

大豆生长试验（例 11.6.8 和例 11.8.2）中，胁迫和光照是两个关键因素。表 11.8.5 所示为重新排列的处理平均数，以便我们更容易理解单独或综合因素的效果。

表 11.8.5 大豆试验的平均叶面积 单位：cm^2

		光照条件		
		弱光	适宜光	差数
胁迫条件	对照	245.3（1）	304.1（3）	58.8
	胁迫	212.9（2）	268.8（4）	55.9
	差数	−32.4	−35.3	

每一种光照水平下，胁迫效应的平均数可用下列对比来度量：

弱光下胁迫的效应：$\bar{y}_2 - \bar{y}_1 = 212.9 - 245.3 = -32.4$。

适宜光下胁迫的效应：$\bar{y}_4 - \bar{y}_3 = 268.8 - 304.1 = -35.3$。

现在请考虑这个问题：在两种光照条件下，由于胁迫不同而造成叶面积的减少是一样的么？解答此问题的方法之一是比较 $(\bar{y}_2 - \bar{y}_1)$ 与 $(\bar{y}_4 - \bar{y}_3)$。这两个数的差数，形成一个对比：

$$L = (\bar{y}_2 - \bar{y}_1) - (\bar{y}_4 - \bar{y}_3)$$
$$= -32.4 - (-35.3) = 2.9$$

这个对比 L 是求解置信区间和进行假设检验的基础。我们来阐释这个检验。无效假设：

$$H_0:\ (\mu_2 - \mu_1) = (\mu_4 - \mu_3)$$

或者用文字表述为：

H_0：在两种光照条件下胁迫的效应是一样的。

对前述的 L，$\sum_{i=1}^{I} \frac{m_i^2}{n_i} = \frac{4}{13}$，标准误为：

$$SE_L = s_{合并}\sqrt{\sum_{i=1}^{I}\frac{m_i^2}{n_i}} = s_{合并}\sqrt{\frac{4}{13}} = 29.922\sqrt{\frac{4}{13}} = 16.6$$

检验统计数为：

$$t_s = \frac{2.9}{16.6} = 0.2$$

查书后统计表中的表 4，当自由度 df=40 时，得出 $t_{40,0.20}$=1.303。此数据并不能证明两种光照条件下胁迫的效应不同。这与例 11.7.5 进行的互作 F 检验是一致的。

在 11.7 节已介绍并在这里通过对比又重新审视的交互作用的统计学定义比较特殊。它的定义是从观察值的角度出发而非生物学原理。进一步说，通过对比度量的交互作用被定义为平均数的差异。而实际运用时，有些生物学家认为，平均数的比值这一概念比差值更具说服力。以下面例子来说明这两种不同观点导致的不同计算结果。

例 11.8.7
染色体畸变

一个调查组研究了两种小鼠处理的单独效应和联合效应，一是将小鼠置于高温（35℃）环境下，另一种注射了抗癌药物环磷酰胺（CTX）。试验采用完全随机设计，每组处理有 8 只小鼠。研究人员对每只小鼠骨髓中的染色体畸变发生率进行了测量，结果以每 1,000 个细胞中产生的变异细胞数目表示。处理平均数见表 11.8.6[24]。

表 11.8.6 不同处理下染色体畸变的平均发生率

		注射	
		CTX	无
温度	室温	23.5	2.7
	高温	75.4	20.9

CTX 对染色体的效应在室温还是高温下更大？其结果取决于衡量这个效应的方法是绝对的还是相对的。

若以差值来衡量，则 CTX 的效应为：

室温：23.5−2.7=20.8。

高温：75.4−20.9=54.5。

因此，CTX 的绝对效应在高温条件下更大。但如果我们用比值而非差值来衡量 CTX 的效应时，数量关系如下所示：

室温：23.5/2.7=8.70。

高温：75.4/20.9=3.61。

在室温下，CTX 处理的染色体畸变几乎达到原来的 9 倍，而高温下还不到 4 倍。因此，采用相对衡量方法的 CTX 的效应在室温环境下更为突出。

若研究的现象是倍增而非加和的，此时相对变化比绝对变化更为重要，因此不能使用普通的对比法。这种情况下，可以用一种简单的对数转换法，即计算 $Y'=\log(Y)$，然后再用对比法分析 Y'。这种方法的目的在于，将 Y 值变化范围中恒定的相对量关系转化成 Y' 值变化范围中恒定的绝对量关系。

练习 11.8.1—11.8.10

11.8.1 参阅例 11.8.1 中的 FVC 数据。

（a）证实 481 个 FVC 值的总平均数为 4.56；

（b）针对 481 位被调查者及美国人口的年龄分布，从直观上解释为什么总平均数（4.56L）比按“调整年龄”的平均数（4.67L）小。

11.8.2 为探究血压与分娩之间有无关系，研究者通过一个大型的健康调查得到一些数据。下表所示为一些随机样本的收缩压数据（单位：mmHg）。这些样本来自于两个女性总体：未生育的女性和生育 5 个及以上子女的女性，8 个组的合并标准差 $s_{合并}$=18mm Hg。[25]

年龄	未生育		5 个及以上孩子	
	平均血压	女性数量	平均血压	女性数量
18~24	113	230	114	7
25~34	118	110	116	82
35~44	125	105	124	127
45~54	134	123	138	124
18~54	121	568	127	340

如表所示，利用下列参照分布，进行年龄调整近似反映美国女性的分布情况[26]。

年龄	相对频率
18~24	0.17
25~34	0.29
35~44	0.31
45~54	0.23

（a）计算年龄调整后的未生育女性血压平均数；

（b）计算年龄调整后的生育 5 个及以上子女女性的血压平均数；

（c）计算（a）和（b）中数据的差值，直观地说明为什么这个结果比未调整过的差值 127−121=6 mgHg 小；

（d）计算（a）中结果的标准误；

（e）计算（c）中结果的标准误。

11.8.3 参阅练习 11.7.1 中的 ATP 数据。其样本平均数和标准差如下：

	水白桦		欧洲桦	
	淹水	对照	淹水	对照
$\bar{y}$	1.19	1.78	0.29	1.20
s	0.18	0.24	0.20	0.16

定义线性组合（即确定乘数），以衡量下面的值：

（a）淹水对水白桦的效应；

（b）淹水对欧洲桦的效应；

（c）水白桦和欧洲桦在淹水下 ATP 的差值（即淹水与物种间的交互作用）。

11.8.4（练习 11.8.3 的继续）

（a）运用 t 检验验证淹水对水白桦和欧洲桦是否具有相同的效应。用非定向备择假设，令 α= 0.05 水平（合并标准差 $s_{合并}$=0.199）；

（b）若每组样本容量为 n=10 而非 n=4，但平均数、标准差和 $s_{合并}$保持不变，（a）中结果将会怎样变化？

11.8.5（练习 11.8.4 的继续）

考察无效假设：淹水对水白桦的 ATP 水平没有明显效果。可以用两种方法对这个假设进行检验：11.8 节中的对比法和练习 7.2.11 中两个样本的 t 检验法。无须实际进行检验，回答下列问题。

（a）两种方法的检验过程有什么不同?

（b）确保这两种检验方法正确的条件有什么不同？

（c）为保证检验有效性，其中一种检验方法需要更多条件，并且如果条件具备，其将比另一种方法更具优势。那么，这些具体的优势是什么呢?

11.8.6 考察练习 11.7.3 中关于两种药物替尼酸（T）和双氢克尿噻（H）对比的数据。这些数汇总如下表所示，合并标准差为 $s_{合并}$=11.83mm Hg。

	替尼酸（T）		双氢克尿噻（H）	
	低剂量	高剂量	低剂量	高剂量
平均数	13.9	17.1	15.8	17.5
病人数	53	57	55	58

若两种药物对血压有相同的效应，那么药物 T 也许更好，因为它的副作用更小。

（a）构建两种剂量平均水平上不同药物（平均降压量）差异的 95% 置信区间；

（b）据本例上下文，对（a）中置信区间进行解释说明。

11.8.7 考察练习 11.7.6 中描述的萬苣生长试验。每组处理都有 9 株植物，其叶片干重如下表所示，从方差分析结果可知 MS（组内）为 0.3481。

	营养液	
	标准	额外加氮
弱光	2.16	3.09
强光	3.26	4.48

构建两种光照平均水平下额外加氮效应的 95%

置信区间。

11.8.8 参阅练习 11.4.1 中的 MAO 数据。
（a）定义一个对比用于比较慢性未分型精神分裂症和两种带有偏执狂特征的未分型精神分裂症两个总体的 MAO 活性值；
（b）计算（a）中的对比和它的标准误；
（c）对（a）中结果进行 t 检验。设 H_A 为非定向备择假设，α=0.05 水平。

11.8.9 左撇子的大脑结构与普通人有何不同？为探究这一问题，神经系统科学家对 42 位死者的脑组织进行了检验。根据每个人生前习惯用左右手的情况，将他们分成习惯用右手组（CRH）和使用双手组（MH）。脑胼胝体（连接左右脑的一种结构）组织前半区面积的测试结果见下表[27]。由方差分析已知 MS（组内）为 2,498。

组别	面积 /mm²		
	平均数	SD	n
1. 男：MH	423	48	5
2. 男：CRH	367	49	7
3. 女：MH	377	63	10
4. 女：CRH	345	43	20

（a）男性 MH 与 CRH 的差异为 56mm²，而女性为 32mm²。是否有充分理由说明男性的总体差异一定大于女性？检验合理的假设（用非定向备择假设，令 α=0.10 水平）；
（b）作为对 MH 和 CRH 的差异的整体衡量，你可以考察 0.5（μ_1-μ_2）+0.5（μ_3-μ_4）的值。构建这个值的 95% 置信区间（这是对 MH 和 CRH 性别调整后的比较，其参照总体的男女比例为 1∶1）。

11.8.10 考察练习 11.4.5 中水仙花的数据。
（a）定义一个对比，比较来自开阔区域的与来自建筑物东、西、南、北四个方向水仙花茎的平均长度；
（b）计算（a）中的对比值和标准误；
（c）对（a）中结果进行 t 检验。设 H_A 为非定向备择假设，α=0.05 水平。

11.9　多重比较（选修）

在进行了整体 F 检验之后，我们或许会发现总体平均数 μ_1，μ_2⋯ μ_I 之间也存在差异。在此情况下，我们通常希望考虑到所有成对的比较对样本平均数，$\bar{Y}_1$，$\bar{Y}_2$⋯ $\bar{Y}_I$做进一步细致的分析。也就是说，我们期望检验所有可能配对的假设，即：

$$H_0:\ \mu_1=\mu_2$$
$$H_0:\ \mu_1=\mu_3$$
$$H_0:\ \mu_2=\mu_3$$
$$\vdots$$
$$\vdots$$

在 11.1 节中，我们已经了解到，多次运用 t 检验会增大犯第 I 类错误的风险（例如，总体平均数间本来没有差异，但反复 t 检验却会显示存在差异）。事实上，我们最初进行的整体 F 检验正是为了规避这种错误。在本节中，我们将介绍三种多重比较来控制此类错误，即 Bonferroni 法、Fisher 的**最小显著差数法**（least significant difference）和 Tukey 的**可靠显著差异法**（honest significant difference）。但在进行多重比较时，我们首先需要掌握犯第 I 类错误的不同类型。

试验错误和比较错误

考察包括 μ_1，μ_2，μ_3，μ_4 4 个总体平均数比较的研究。如 11.1 节所述，共有 6 种可能的比较：

$$H_0: \mu_1=\mu_2 \quad H_0: \mu_1=\mu_3 \quad H_0: \mu_1=\mu_4$$
$$H_0: \mu_2=\mu_3 \quad H_0: \mu_2=\mu_4 \quad H_0: \mu_3=\mu_4$$

当进行 6 个比较时，我们将在某一特定比较（如 H_0：$\mu_1=\mu_2$）犯第 I 类错误的可能称为比较**第 I 类错误率**（comparisonwise Type Ⅰ error rate），用 α_{cw} 表示。或者，将在 6 组比较中的任意一组犯第 I 类错误的可能称为**试验第 I 类错误率**（experimentwise Type Ⅰ error rate），用 α_{ew} 表示 *。例如，表 11.1.2 所示为当比较第 I 类错误率 α_{cw}=0.05 时不同比较次数的试验。

α_{cw} 与 α_{ew} 的关系虽然复杂，但通常满足下列关系式：

$$\alpha_{ew} \leqslant k \times \alpha_{cw}$$

其中，k 为比较次数。因此，若在 α_{cw}=0.05 的水平上进行 6 次独立比较，则试验第 I 类错误率（α_{ew}）大约为 6 × 0.05=0.30。

Fisher 的最小显著差数法

在选修 11.8 节中，我们已经介绍过估计线性对比的步骤。Fisher 最小显著差数法（LSD）就是利用线性对比得到 $\alpha_{cw}=\alpha$ 时总体平均数差值的所有成对的置信区间，即方差分析中用过的第 I 类错误率。若区间内不包括 0，则证明用于比较的总体平均数之间存在显著差异。

具体分析过程如下所示。

例 11.9.1
牡蛎和海草

为探究牡蛎密度对海草生物量的影响，研究者将牡蛎分别投入 30 块 $1m^2$ 大小的区域，该区域有生长良好的海草，且这些海草在试验前都被剪短到相同高度。接着，随机选取 10 个区域作为高密度牡蛎养殖地，10 个为中等密度，其余 10 个为低密度。另设置 10 个完全相同但没有牡蛎的区域作为空白对照。两周之后，测量每个区域海草的地下部分生物量（单位：g/m^2）。数据在统计过程中丢失了某些区域的，其余数据及方差分析分别列于表 11.9.1 和表 11.9.2 中 [28]。

表 11.9.1 海藻的地下部分生物量 单位：g/m^2

	牡蛎密度			
	无（1）	低（2）	中（3）	高（3）
平均数	34.81	33.13	28.33	15.00
SD	13.44	17.36	17.11	10.97
n	9	10	8	10

表 11.9.2 海藻地下部分生物量的方差分析表 单位：g/m^2

	df	平方和	均方	F	P 值
组间	3	2,365.5	788.51	3.5688	0.0243
组内	33	7,291.1	220.94		
总变异	36	9,656.6			

* 尽管 experimentwise 中包含单词 experiment，但这个术语适用于试验研究和观察研究。

方差分析的 P 值为 0.0243，说明在以上不同试验条件下，海草生物量平均数间存在显著差异。此差异足以让我们继续进行比较。

回顾任意线性对比 $L = m_1\bar{y}_1 + m_2\bar{y}_2 + \cdots + m_I\bar{y}_I$：

$$\mathrm{SE}_L = s_{合并}\sqrt{\sum_{i=1}^{I}\frac{m_i^2}{n_i}}$$

此处：

$$s_{合并} = \sqrt{\mathrm{MS}(组内)}$$

因此，为比较无牡蛎（1）和低密度牡蛎（2）这两种试验条件，我们定义 $D_{12} = \bar{Y}_1 - \bar{Y}_2$，则其线性对比为：

$$d_{12} = 1\bar{y}_1 + (-1)\bar{y}_2 + 0\bar{y}_3 + 0\bar{y}_4$$
$$=(1)(34.81)+(-1)(33.13)+(0)(28.33)+(0)(15.00)=1.68$$

又因为 $s_{合并} = \sqrt{220.94} = 14.86$，则有：

$$\mathrm{SE}_{D_{12}} = 14.86\times\sqrt{\frac{1^2}{9}+\frac{(-1)^2}{10}+\frac{0^2}{8}+\frac{0^2}{10}} = 6.82$$

在无牡蛎和低密度牡蛎两种条件下，海草地下部分生物量的总体平均数差数 $\mu_1-\mu_2$ 的 95% 置信区间可由下式给出

$$d_{12} \pm t_{33,0.025}\times \mathrm{SE}_{D_{12}}=1.68 \pm 2.0345\times 6.82=1.68 \pm 13.89=(-12.21,15.57)$$

我们有 95% 的置信度，无牡蛎区域下的海草的平均地下生长量比低密度牡蛎区域低 12.21g/m^2 到高 15.57g/m^2。由于此区间包括 0，则证明在这两种条件下，海草的平均地下生物量之间无显著差异。

同样，在接下来的 5 组比较中重复此过程，中间的计算过程及最终区间汇总于表 11.9.3。

表 11.9.3　不同牡蛎密度条件下，海草地下生物量的计算过程及 95% 的 Fisher LSD 置信区间 *

比较	$d_{ab} = \bar{y}_a - \bar{y}_b$	$\sqrt{(1/n_a)+(1/n_b)}$	$\mathrm{SE}_{D_{ab}} = s_{合并}\times\sqrt{(1/n_a)+(1/n_b)}$	$t_{33,0.025}\times \mathrm{SE}_{D_{ab}}$
无－低	1.68	0.459	6.828	13.891
无－中	6.48	0.486	7.221	14.690
无－高	*19.81*	*0.459*	*6.828*	*13.891*
低－中	4.80	0.474	7.049	14.341
低－高	*18.13*	*0.447*	*6.646*	*13.520*
中－高	13.33	0.474	7.049	14.341
比较	低于 95%	高于 95%		
无－低	-12.2	15.6		
无－中	-8.2	21.2		
无 - 高	*5.9*	*33.7*		
低 - 中	-9.5	19.1		
低 - 高	*4.6*	*31.7*		
中 - 高	-1.0	27.7		

* 区间不包括 0 的（也就是总平均数间存在统计学上的显著差异）用斜体字标出。注意 $|D_{ab}| > t\times \mathrm{SE}_{D_{ab}}$ 时，区间内将不含 0（$t_{33,0.025}$=2.0345 是由计算机求得的。查书后统计表中的表 4，我们很容易得到相近的 t 值，即当自由度为 30 时，$t_{33,0.025}$=2.042）。

由表 11.9.3 知，仅有两组在平均地下生物量上表现出显著差异，即无牡蛎与高密度牡蛎组以及低密度、高密度牡蛎组。

下面的方框所示为对于（$\mu_a - \mu_b$）的 100（1−α）% Fisher LSD 置信区间的一般通式。

（μ_a−μ_b）的 100（1−α）% Fisher LSD 置信区间

$$d_{ab} \pm t_{df,\alpha/2} \times SE_{D_{ab}}$$

其中

$$d_{ab} = \bar{y}_a - \bar{y}_b$$

$$SE_{D_{ab}} = s_{合并}\sqrt{\frac{1}{n_a}+\frac{1}{n_b}}$$

$$s_{合并} = \sqrt{MS(组内)}$$

df=df（组内）

Fisher LSD 法是如何控制试验第 I 类错误率的？当方差分析中否定了整体无效假设，即所有总体平均数都相等：H_0：$\mu_1=\mu_2=\cdots=\mu_I$，我们才会使用 Fisher LSD 法进行比较。方差分析的整体 F 检验发挥了是否进行多重比较的甄别作用，因此控制着 α_{ew} 的值。

结果的呈现

表 11.9.3 的海草例子中，所有 6 个 Fisher LSD 区间的呈现是一项有用的汇总工作，却不利于结果的发表传播和分析交流。下面分步说明如何有效地将结果呈现在一张简表内。

第 1 步 安排组标签。按照平均数递增的顺序安排标签。

第 2 步 对平均数进行系统比较，并在差异不显著的组别下划横线。

（a）首先比较最大值与最小值以检验区间。若区间包括 0，则说明平均数在统计学上的差异不显著，在这些标签下面划线，从而将最大值组与最小值组“联系”起来；若区间不包括 0，则继续下列步骤。

（b）忽略含最小平均数的组，按第 2（a）步骤比较其余 I−1 组平均数的子阵。若区间包括 0，则差异不显著，在这些组标签下面划线，以显示要比较的“有联系”的组。然后，比较除最大平均数外其余 I−1 个平均数组成的子阵。同理，若区间含 0 则在该子阵下划线。

（c）不断重复（b）中的步骤，比较 I−2、I−3 等所有子阵，以此类推，直到区间含 0 或再无可以比较的子阵时为止。

特别注释 在上述过程中，无须在已经划过线的子阵进行比较，因为这些组平均数显然不具有统计学意义上的显著差异。此外，要注意每次比较时所划的横线不能重合。

第 3 步 将这些划线的标签汇总在表格里。新建一张数据汇总表，并用上标字母的方法注明哪些组的平均数之间不存在显著差异。

例 11.9.2
牡蛎和海草

我们将按照上面所示步骤，具体呈现表 11.9.3 中牡蛎和海草的 Fisher LSD 比较的过程。

第 1 步 按照平均数（见表 11.9.1）递增的顺序安排标签。

高　　　中　　　低　　　无

第 2 步 比较最小平均数(高密度牡蛎)和最大平均数(无牡蛎)：$\mu_{无}-\mu_{高}$=(5.9, 33.7)。这个区间不包括 0，则意味着这两个平均数之间差异显著，无须划线*。我们继续下一步［步骤 2（b）］，比较含三个平均数的子阵。首先比较中密度牡蛎和无牡蛎：

$$\mu_{无}-\mu_{中}=(-8.2, 21.2)$$

这个区间包含 0，所以划线如下：

高　　　<u>中　　　低　　　无</u>

这条下划线代表这三个组的平均数间没有显著差异。接下来比较另一个含三个平均数的子阵，高密度到低密度，即 $\mu_{高}-\mu_{低}$=（4.16,31.7）。该区间不含 0 所以也不划线，也就是说，高密度与低密度这两种牡蛎条件下，海草地下生物量的平均数间存在显著差异。

比较完三个平均数的所有子阵后，我们继续比较含两个平均数子阵。唯一未划线的是高密度与中密度比较的子阵，该区间为 $\mu_{中}-\mu_{高}$=（−1.0,27.7），其中包括 0，因而加下划线。

<u>高　　　中</u>
　　　　<u>中　　　低　　　无</u>

第 3 步 分析交流这些结果时，我们在每条下划线旁边标一个字母，然后再将这些字母作为组平均数的表格中的上标，见表 11.9.4。也可以以图解的方式呈现，如图 11.9.1 所示。

高　　　a <u>中　　　低　　　无</u>
b <u>高　　　中</u>

表 11.9.4 不同牡蛎密度水平下地下海藻生物量　　单位：g/m²

	牡蛎密度			
	无	低	中	高
平均数	34.8[a]	33.1[a]	28.3[a,b]	15.0[b]
SD	13.4	17.4	17.1	11.0
n	9	10	8	10

标有相同上标的组意味着当 α_{cw}=0.05 时，用基于 Fisher LSD 比较的结果不具有统计学意义上的显著差异。

* 很显然，我们否定了整体 F 检验中的无效假设，因而这个区间不应该包含 0。但实际情况中也有一些实例与我们进行的多重比较过程和整体 F 检验的结果不太相符。

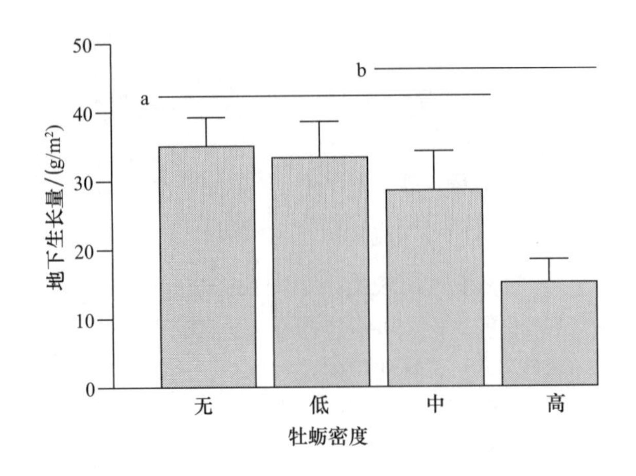

图11.9.1 不同密度牡蛎下海草地下生物量（g/m^2）。条形图所示为加上标准差之后的平均数，共同上划线表示当 α_{cm}=0.05 水平时，这些组之间无显著差异

Bonferroni 法

Bonferroni 法（Bonferroni method）是基于下列一种简单而普遍的关系：几个事件中至少发生一个的概率不能超过所有概率的总和。例如，我们现在要做 6 次假设检验，每次均为 α_{cw}=0.01 水平，则犯第一类错误 α_{ew}，即当这 6 个假设实际上都是真实的时，否定至少其中之一几率的总风险不会超过：

$$0.01+0.01+0.01+0.01+0.01+0.01=0.06$$

换一种思路，假设一位研究者计划做 6 次假设检验且使犯第 I 类错误的风险控制在 α_{ew}=0.05 之内。有一种可靠的方法就是在显著水平 α_{cw}=0.05/6=0.0083 下，对每一组假设都进行单独检验，这种方法被称为 **Bonferroni 调整**（Bonferroni adjustment）。

注意，Bonferroni 法是一种非常广泛而实用的方法。这种独立的检验可能与不同的响应变量、不同的子集等相关。有些可能是 t 检验，有些可能是 χ^2 检验等。

若一篇研究报告的作者已明确给出了 P 值，那么读者在理解它的时候可以使用 Bonferroni。例如，报告中含有 6 个 P 值，读者若想将犯第 I 类错误的风险控制在 5% 的水平，那么只有 P 值不小于 α_{cw}=0.083 时，才有充分证据说明其效应是显著的。

Bonferroni 调整也能用于确定置信区间。例如，假设要构建 6 个置信区间，并想要得到一个 α_{ew}=0.05 下的 95% 的整体概率，这个概率表示了所有区间包含它们各自参数的百分比，那么我们可以将成功构建每个区间在 99.17% 的置信水平上（因为 0.05/6=0.0083 且 1−0.0083=0.9917）。

总而言之，为了构建 k 个具有 100（1−α_{ew}）% 总概率的 Bonferroni 调整置信区间，该概率表示了所有区间包含它们各自参数的百分比，我们在 100（1−α_{cw}）% 的置信水平上构建每个置信区间。其中，$\alpha_{cw}=\alpha_{ew}/k$。这种计算方法除了 t 的乘数 $t_{df,\alpha_{cw}/2}$ 改变外，本质上与 Fisher LSD 法是一致的。注意这种方法的运用需要特定的临界值，因此标准表格是不够用的。书后统计表中的表 11 为基于 t 分布的置信区间提供了 Bonferroni 乘数，当然也可以用软件来模拟出合适的乘数。例 11.9.3 说明了这种思路。

例 11.9.3 牡蛎和海草

在牡蛎与海草的例子中，为计算出 Bonferroni 调整的试验 95%（即 α_{ew}=0.05）的置信区间，我们首先需要进行 6 次比较，也就是说：α_{cw}=0.05/6=0.0083，且

$t_{30,0.0083/2}$=2.825［由于表 11 只列出了部分自由度所对应的 t 值，因此我们选择 df=30，它是与 df（组内）=33 最接近的］。类似于表 11.9.3 中的 Fisher LSD 法的置信区间，我们将区间情况总结在表 11.9.5 中。

表 11.9.5 不同牡蛎密度条件下，比较海草地下生物量的中间计算过程和试验的 95%（或比较的 99.17%）的 Bonferroni 置信区间

比较	$d_{ab}=\bar{y}_a-\bar{y}_b$	$SE_{D_{ab}}$	$t_{30,0.025}\times SE_{D_{ab}}$	下限 99.17%	上限 99.17%
无 - 低	1.68	6.828	13.891	−17.6	21.0
无 - 中	6.48	7.221	14.690	−13.9	26.9
无 - 高	*19.81*	*6.828*	*13.891*	*0.5*	*39.1*
低 - 中	4.80	7.049	14.341	−15.1	24.7
低 - 高	18.13	6.646	13.520	−0.6	36.9
中 - 高	13.33	7.049	14.341	−6.6	33.2

不包括 0 的区间（也就是总平均数在统计学上差异显著）用斜体字表示，注意前两列（d_{ab} 和 $SE_{D_{ab}}$）与表 11.9.3 是一致的。

用划线的方法使比较结果更加直观清晰，则有：

高　　中　　低　　无

b ————————（高、中、低）

a ————————（中、低、无）

下划线表示海草平均地下生物量仅在高密度牡蛎与无牡蛎之间存在显著差异，结果汇总在表 11.9.6 中。

表 11.9.6 不同牡蛎密度下海藻地下生物量 单位：g/m²

	牡蛎密度			
	无	低	中	高
平均数	34.8^{a}	$33.1^{a,b}$	$28.3^{a,b}$	15.0^{b}
SD	13.4	17.4	17.1	11.0
n	9	10	8	10

当在 α_{ew}=0.05 下用 Bonferroni 法比较时，上标相同则表示这些组不存在统计学上的显著差异。

注意，Fisher LSD 区间与 Bonferroni 区间并不完全相同（因为 α_{ew} 更小，Bonferroni 法求得的取值范围更大）。另外，两种方法的结果也不相同。当 Fisher LSD 区间明确显示低、高密度两种牡蛎条件下总平均数有差异时，Bonferroni 区间则不会显示其差异。这是因为 Bonferroni 区间具有较小的功效，因此比 Fisher LSD 区间更加保守，而与 Fisher 区间不同的是，我们能够确保 Bonferroni 区间具有小于或等于期望试验第 I 类错误率的 α_{ew}。

遗憾的是，Bonferroni 区间常因过度保守而容易导致 α_{ew} 的实际值比期望试验第 I 类错误率小得多。这样，更多的功效都浪费在了避免第 I 类错误上。当样本容量相等时，可用更为复杂的 Tukey 可靠显著差异法。这种方法能够准确达到期望的错误率，因而比 Bonferroni 法更有效。

Tukey 可靠显著差异法

Tukey 可靠显著差异法（HSD 法）与 LSD 法、Bonferroni 调整法非常类似，只是在求置信区间的公式中没有用到乘数 t，其相关数据均来自学生氏 t 分布。大多数计算机软件包会为任何期望的试验第 I 类错误率 α_{ew} 提供所有成对的 HSD 区间。作为一个实例，图 11.9.2 所示为 R 统计软件包中用 Tukey 法输出的牡蛎与海草数据。注意除区间外，大多数软件还会提供"调整"的 P 值。当"调整"的 P 值与 α_{ew} 相比时，即使进行了多重比较，总试验第 I 类错误率仍将保持不变。

	差异	下限	上限	调整 P
中 – 高	13.33	– 5.74	32.40	0.2515
低 – 高	18.13	0.15	36.11	0.0475
无 – 高	19.81	1.34	38.28	0.0318
低 – 中	4.80	– 14.27	23.87	0.9037
无 – 中	6.48	– 13.06	26.02	0.8063
无 – 低	1.68	– 16.79	20.15	0.9947

图 11.9.2 用 R 软件输出的牡蛎与海草例子的试验 95% Tukey HSD 的区间

图 11.9.2 中的区间显示出了 Tukey HSD 区间与 Fisher LSD 区间相一致的结论：高、低密度牡蛎间以及高密度、无牡蛎间的平均数差异显著。但是，试验 95%Tukey HSD 区间与 Fisher LSD 及 Bonferroni 区间都不相同。

有效性条件

以上三种多重比较方法都需要满足 11.5 节的同一标准的方差分析条件。另外，Fisher LSD 法的有效性条件要求，只有当否定了所有平均数都相等的无效假设时才能用此方法。相反，HSD 和 Bonferroni 区间无须在计算前进行整体 F 检验（但计算 $s_{合并}$仍必不可少）。为准确达到我们所期望的试验第 I 类错误率，Tukey HSD 法必须建立在样本容量相等的基础之上。若样本大小不同，实际错误率会比理论错误率低一些，因而导致功效降低。

Bonferroni 法的优点在于应用广泛，因而很容易推广到方差分析之外的情况。练习中将出现相应的例子。

练习 11.9.1—11.9.8

11.9.1 植物学家采用完全随机设计，将 45 株单独盆栽的茄子种在 5 个不同处理的土壤中。观察变量为生长 31d 后植株地上部的干重（单位：g）。处理平均数见下表[29]。MS（组内）为 0.2246。用 Fisher LSD 法求所有成对平均数比较的区间，令 α_{ew}=0.05。结果汇总于类似表 11.9.4 的表内（提示：注意所有样本容量相同，因此比较时只需计算一次误差范围，共有 10 组可能的比较）。

处理	A	B	C	D	E
平均数	4.37	4.76	3.70	5.41	5.38
n	9	9	9	9	9

11.9.2 重复练习 11.9.1，但要求用 Bonferroni 法求 α_{ew}=0.05 的区间。

11.9.3 在一项关于食物处理治疗牛贫血症的研究中，专家将 144 头奶牛随机分成 4 组。A 为试验对照组，B、C、D 分别饲喂含硒的不同饲料。持续饲喂一年后，采集血样并分析血硒含量。下表所示为血硒平均浓度数据（单位：μg/dL）[30]。方差分析得 MS（组内）=2.071。

组别	平均数	n
A	0.8	36
B	5.4	36
C	6.2	36
D	5.0	36

（a）用 Bonferroni 调整法计算饲料 B、C、D 与对照组（饲料 A）比较的三个区间，令 α_{ew}=0.05（注意：以该题为例，在这类情况下，我们更倾向于用 Bonferroni 法而非 Tukey HSD 法进行比较。因为并非所有的比较都要考虑，我们只关注对照组与其他三个试验组的比较）。

（b）在这个问题中，比较对照组（A 组）和与其差异最大的组，解释（a）中求得的 Bonferroni 区间。

11.9.4 考察练习 11.9.3 中的试验和数据。用 R 统计软件求得 Tukey HSD 试验的 95% 区间，如以下所示：

	差异	下限 R	上限 R
B–A	4.6	3.72	5.48
C–A	5.4	4.52	6.28
D–A	4.2	3.32	5.08
C–B	0.8	−0.08	1.68
D–B	−0.4	−1.28	0.48
D–C	−1.2	−2.08	−0.31

（a）用上面输出结果证明你的答案，是否有充分证据说明 B、C、D 的饲料组与对照组 A 有显著差异？

（b）根据前述的 Tukey HSD 区间和练习 11.9.3 中汇总数据，饲料 C 的平均硒浓度最大，且远远高于对照组。若研究者的目的是找到一种含硒最多的饲料，那么饲料 C 是一个合理的选择吗？也就是说，我们应当排除 B 或 C，或者两种都排除么？参照 Tukey HSD 区间来验证你的答案。

11.9.5 比较 10 种不同的处理对小鼠肝脏的影响，每个处理均包括 13 只小鼠。方差分析得 MS（组内）=0.5842。下表所示为肝脏的平均重量[31]。

处理	平均肝脏重量/g	处理	平均肝脏重量/g
1	2.59	6	2.84
2	2.28	7	2.29
3	2.34	8	2.45
4	2.07	9	2.76
5	2.40	10	2.37

（a）用 Fisher LSD 区间来进行 α_{cw}=0.05 水平下所有成对平均数的比较，并将结果汇总在类似表 11.9.4 的表中［省时提示：首先应注意所有的样本容量都相等，则所有比较都可以利用同一个误差范围，即 $t \times SE_{D_{ab}}$。另外，因为只需做一张汇总表，所以无须计算实际求得的区间，只需检验 $|d_{ab}| > t \times SE_{D_{ab}}$ 是否成立。若成立，则求得的区间将不包括 0，差异显著。最后注意并非所有的比较都需要检验（共有 45 组）：当用划线的方式汇总结果时，一旦在某一子阵下面划了线，则其中包含的所有比较都被认为差异不显著］。

（b）若（a）中运用 Bonferroni 法而非 Fisher LSD 法，且 α_{ew}=0.05，则哪一组平均数的差异是显著的？

11.9.6 考察例 11.2.1 中有关羔羊增重的数据。对这些数据进行方差分析，得到 MS（组内）= 23.333。饲料 2 的样本平均数为 15，饲料 1 为 11。

（a）用 Bonferroni 法构建这两种饲料总体平均数差数的 95% 置信区间（假设另外两个可能比较的区间也需被计算出）。

（b）假设（a）中的比较是唯一考虑的比较（也就是说，是一次比较而非三次），那么（a）中的区间将会如何变化：变大、变小或保持不变？试解释。

11.9.7 我们已在本章讲过，Bonferroni 法适用于许多种情况。考察 10.5 节珩科鸟的例子，其比较了三年之内鸟巢的位置变化。下表所示为鸟巢分布的百分比。

地点	年份		
	2004	2005	2006
农田（AF）	48.8	30.2	55.3
矮狗尾草生长区（PD）	39.5	60.3	25.5
草地（G）	11.6	9.5	19.1
总和	99.9*	100.0	99.9*

* 由于猎捕，2004 年和 2006 年的总百分比小于 100%。

对这些数据进行 χ^2 检验，得 P 值为 0.07，则证明当 α=0.10 时，这三年内鸟巢位置的分布有显著差异。从表中抽取部分数据，并用 χ^2 检验来比较每两个年份间的鸟巢分布情况，可以得到下列 P 值。

年际间比较	P 值
2004—2005	0.100
2004—2006	0.307
2005—2006	0.001

令 α_{ew}=0.10，用 Bonferroni 调整法来比较哪两个年份的鸟巢位置分布存在显著差异？指明所用的值 α_{cw}。

11.9.8 练习 10.5.1 表述了下列问题：在一项临床试验中，患有疼痛性膝关节炎的病人被随机分成 5 组进行治疗，治疗物分别为：葡萄糖胺、软骨素、葡萄糖胺＋软骨素、安慰剂或抑制剂（标准疗法）。将病人在接受治疗后有无实质性改善或有所好转作为记录的结果。下表所示为相关数据。

处理	成功的结果		
	样本大小	数量	百分比 /%
葡萄糖胺	317	192	60.6
软骨素	318	202	63.5
葡萄糖胺＋软骨素	317	208	65.6
安慰剂	313	178	56.9
抑制剂	318	214	67.3

（a）假设我们仅仅期望进行每一种疗法与对照组（安慰剂）成功率的比较，采用 χ^2 检验的方法，做 4 个单独的 2×2 列联表，所得的 P 值见下表。令 α_{ew}=0.05，用 Bonferroni 调整法比较：与安慰剂相比，哪种疗法的效果有显著差异？指明所用的 α_{cw} 值。

与安慰剂相比	P 值
葡萄糖胺	0.346
软骨素	0.088
葡萄糖胺＋软骨素	0.024
抑制剂	0.007

（b）考虑整个 5×2 的列联表，χ^2 检验所得的 P 值为 0.054，其未能充分证明当 α=0.05 水平时，5 种疗法的成功率之间有任何差异。请解释这个结果为何与（a）并不相矛盾。[提示：（a）中共有多少组比较而该 χ^2 检验考虑了多少组？为达到 α_{ew}=0.05，用 Bonferroni 调整法进行比较，那么 α_{cw} 应该是多大？而实际上（a）中的 α_{cw} 又是多大呢？为什么使用 Bonferroni 调整法进行检验时会影响到每次检验的功效]

11.10　展望

在第 11 章中，我们介绍了一些用于分析两个以上样本数据的统计学知识，还学习了一些经典的分析方法。在本节中，我们将回顾这些知识点，并简单介绍几种可供选择的分析方法。

整体法的优势

我们总结一下将 I 个独立样本放在一起进行比较，相比于两两进行比较的优点。

（1）多重比较　在 11.1 节中，我们了解到多次使用 t 检验会大大提高犯第 I 类错误的总风险。而若在分析数据前能首先进行整体 F 检验，则可在一定程度上控制第 I 类错误。此外，我们在选修 11.9 节中讲过，运用其他多重比较的方法（如 Bonferroni 法和 Tukey HSD 法）也可以更加严格地控制第 I 类错误（注意，多重比较问题并不受方差分析的限制）。

（2）处理和分组中的结构运用　在解释数据时，对组平均数进行合理的组合分析是非常有用的。许多相关的方法并未包括在本书内。选修 11.7 节和 11.8 节给出了可能性的提示。在第 12 章中，当处理本身属于数量性状（如剂量）时，我们将讨论几种适用的方法。

（3）利用合并的 SD　我们已了解到，将所有的样本内变异合并成一个合并的 SD 后，可以对总体 SD 进行更好的估计，因此分析也更为准确。尤其是当单个样本容量（n）很小，单个 SD 估计值又相当不准确时，这种方法的优势会更加突出。当然只有总体 SD 相等时我们才可以用合并的 SD。有时会因无法确保总体 SD 是否相等而无法使用合并的 SD。在这种情况下，一种方法就是进行变量转换，如 log（Y）。转化后的 SD 或许更接近相等。

其他试验设计

在本章中，我们只详细介绍了独立样本的分析方法，但将变量按照处理间和处理内进行分组的基本思路，可以用于很多试验设计中。例如，本章介绍的所有方法都可（通过 SE 计算适当修改）用来进行数据分析，这些数据来自两个以上因素的试验，或者来自于全部或部分试验因素是定量变量而不是分类变量的情况。这些以及相关的分析方法都属于一个大的称为方差分析的范畴，而我们只讨论了其中的一小部分。

非参数统计法

非参数统计中包括了 k 个样本模拟的 Wilcoxon-Mann-Whitney 检验和其他非参数检验（如 Kruskal-Wallis 检验法）。这些方法的优点是无须假设它满足服从正态分布的潜在条件。但参数法也有非参数法所不具备的许多优点，如线性组合的应用，而它在非参数背景下则不易实施。

排列与选择

在一些研究中，调查者的最初目标仅仅是选择一个或几个“最优”总体而非回答关于总体的问题。例如，假定共有 10 个产蛋鸡总体（库存），现欲从中选出一具有最高产蛋潜力的总体。调查者从每一总体中随机选取含有 n 只鸡的一个样本，并在 500d 内持续观察每只母鸡的产蛋总量 Y[32]。现提出一个相关的问题：为使实际最优总体（即有最大 μ 值）同时相似于最优总体（即有最大 $\bar{Y}$ 值），那么样本 n 应取多大？这些类似的问题可以在统计学的分支学科——排列与选择理论中找到答案。

补充练习 11.S.1—11.S.19

（注意：练习前面带“*”的请参阅选修章节。）

11.S.1　考察练习 11.4.6 中的研究。在这项研究中，10 位女性参加了有氧运动训练，10 位进行现代舞训练，另有 9 位作为对照组。持续训练 16 周，并将每位女性非脂肪物质的组织量作为测量指标。统计数见下表[8]。方差分析得 SS（组间）为 2.465，SS（组内）为 50.133。

	有氧运动	现代舞	对照
平均数	0.00	0.44	0.71
SD	1.31	1.17	1.68
n	10	10	9

（a）请陈述此问题中，方差分析所检验的无效假设是什么？

（b）构建方差分析表，并检验无效假设。令 α=0.05 水平。

11.S.2　参阅练习 11.S.1，F 检验是基于总体分布的特定条件下进行的。

（a）请具体陈述这些条件；

（b）下图所示为试验的原始数据。根据这个图和练习 11.S.1 中给出的信息，试回答：该试验是否满足了 F 检验的特定条件，为什么？

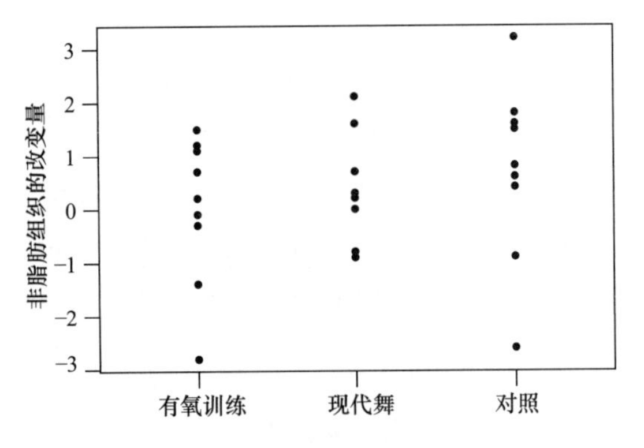

11.S.3　在一项关于色素性视网膜炎（RP）的研究中，根据疾病的遗传模式，211 位病人被分成 4 组。分别测试眼睛的视力（球面折射的屈光度偏差），然后将两眼视力的平均数作为每位病人的视力观察值。下表所示为每组人数及屈光偏差的总平均数[33]。对 211 个观察值进行方差分析，得 SS（组间）=129.49，SS（组内）= 2,506.8。构建方差分析表，进行 F 检验，令 α =0.05。

组别	患者数量	屈光偏差平均数
常染色体显性遗传 RP	27	+0.07
常染色体隐性遗传 RP	20	−0.83
伴性遗传 RP	18	−3.30
隔代遗传 RP	146	−0.84
总和	211	

11.S.4（练习 11.S.3 的继续）　分析上述数据的另一种方法是将眼睛而非个人作为观察单位，则 211 个人共可得到 422 个屈光偏差的观察值。下表总结了这些数据，对 422 个观察值进行方差分析，得 SS（组间）=258.97，SS（组内）= 5,143.9。

组别	眼睛数量	屈光偏差平均数
常染色体显性遗传 RP	54	+0.07
常染色体隐性遗传 RP	40	−0.83
伴性遗传 RP	36	−3.30
隔代遗传 RP	292	−0.84
总和	422	

（a）构建方差分析表，并求出 F 检验的 P 值。将此 P 值与练习 11.S.3 中的 P 进行比较，哪一个 P 值的有效性更容易被质疑，为什么？

（b）患伴性遗传 RP 的人屈光偏差平均数为 −3.30。用两种方法计算这个平均数的标准误：（i）将个体作为观察单位，并利用练习 11.S.3 中方差分析得到的 $s_{合并}$；（ii）将眼睛作为观察单位，并利用本练习中方差分析得到的 $s_{合并}$。这两个标准误中，哪一个的有效性更值得怀疑，为什么？

***11.S.5**　欲探究两种空气污染物——臭氧和二氧化硫的交互作用，将蓝湖四季豆种植在顶部开放的田间培养间内。一些培养间反复通入二氧化硫气体，另一些培养间的空气被活性炭过滤器滤掉了外界的臭氧。将培养间随机分配，每一处理组合有 3 个培养间。一个月之后，记录每个培养间中的豆荚总产量（单位：kg），

结果汇总见下表。对这些数据，SS（组间）=1.3538，SS（组内）=0.27513。补充方差分析表，并在 α=0.05 水平下进行 F 检验。

	无臭氧		有臭氧	
	二氧化硫		二氧化硫	
	无	有	无	有
	1.52	1.49	1.15	0.65
	1.85	1.55	1.30	0.76
	1.39	1.21	1.57	0.69
平均数	1.587	1.417	1.340	0.700
SD	0.237	0.181	0.213	0.056

制作交互作用的图（类似于图 11.7.3）。

*11.S.6 考察练习 11.S.5 中的数据，其中 SS（臭氧）=0.696，SS（二氧化硫）=0.492，SS（互作）=0.166，SS（组内）=0.275。

（a）构建方差分析表；

（b）对交互作用进行 F 检验，取 α=0.05；

（c）对无效假设臭氧对产量没有影响进行检验，取 α=0.05。

*11.S.7 参阅练习 11.S.5。定义度量下列每个效应的对比，并计算对比值。

（a）无臭氧时二氧化硫的效应；

（b）臭氧存在时二氧化硫的效应；

（c）二氧化硫与臭氧间的交互作用。

11.S.8（练习 11.S.6 和 11.S.7 的继续） 在四季豆的例子中，用 t 检验法来检验不存在交互作用的无效假设，相应的备择假设为臭氧存在时二氧化硫的危害会比无臭氧更大，令 α=0.05。与练习 11.S.6（b）中的 F 检验相比，这种方法如何？（其为非定向备择假设）

11.S.9（电脑练习） 参阅练习 11.S.5 中四季豆数据。采用倒数转换法，也就是说，对每一个 Y 值，计算 $Y'=1/Y$。

（a）为 Y' 列出方差分析表，并进行 F 检验；

（b）通常会出现这种情况：相比于原始数据，转换后的 SD 值往往更趋于相等。那么这种情况在此例中也成立吗？

（c）画出残差（$y'_{ij}-\bar{y}'_i$）的正态概率图，此图能否说明该总体呈正态分布？

11.S.10（电脑练习——练习 11.S.8 和 11.S.9 的继续） 用 Y' 而非 Y 重复练习 11.S.7 中的检验，并与练习 11.S.7 中的结果进行比较。

11.S.11 假设有一项关于治疗人类高血压的研究，欲对一种治疗高血压的药物和标准血压药物进行对比。

（a）利用区组设计，为这个研究提供一种试验设计思路，注意哪些部分的设计可以随机而哪些不能。

（b）你在（a）部分描述的试验可以包括盲法吗？若可以，请解释如何利用盲法。

11.S.12 在一项关于球囊血管成形术的研究中，患有冠状动脉疾病的病人被随机分成四组服用不同的药物：安慰剂、丙丁酚（一种试验药物）、复合维生素（含 β- 胡萝卜素、维生素 E 和维生素 C）、丙丁酚与复合维生素混合。每位患者都做了球囊血管成形手术。之后，记录每位病人的“最小血管直径”（这是一种衡量手术能否较好地扩张动脉的方法）。下表所示为相关的统计数[35]。

	安慰剂	丙丁酚	复合维生素	丙丁酚和复合维生素
n	62	58	54	56
平均数	1.43	1.79	1.40	1.54
SD	0.58	0.45	0.55	0.61

（a）补充方差分析表，求出进行 F 检验的 P 值；

来源	df	SS	MS	F
处理间	___	5.4336	___	___
处理内	___	___	___	___
总变异	229	73.9945	___	___

（b）若 α=0.01，是否会拒绝总平均数相等的无效假设？为什么？

*11.S.13 参阅练习 11.S.12。定义衡量下列每种效应的对比，并计算对比值。

（a）无复合维生素时丙丁酚的效应；

（b）复合维生素存在时丙丁酚的效应；

（c）复合维生素和丙丁酚间的交互作用。

***11.S.14** 参阅练习 11.S.12。构建一个 95% 的置信区间（α=0.05）来探究无复合维生素时丙丁酚的效应，也就是说，为 $\mu_{丙丁酚}-\mu_{安慰剂}$构建一个 95% 的置信区间。

***11.S.15** 参阅练习 11.S.12。假设要求计算出组平均数之间所有可能的比较，用 Bonferroni 法为无复合维生素时丙丁酚的效应构建一个 95% 的置信区间。也就是说，用 Bonferroni 调整法为 $\mu_{丙丁酚}-\mu_{安慰剂}$构建一个 95% 的置信区间（α_{ew}=0.05）。

***11.S.16** 三位大学生从木材垛中收集了一些鼠妇虫，并用它们做试验。在试验中，他们测量了这些小虫在一个自制的装置中移动 15cm 所需要的时间（单位：s），设 3 个组：一组放在强光条件下，一组刺激因素为潮湿环境，另外一组作为对照。所得的数据见下表[36]。

	亮度	湿度	对照
	23	170	229
	12	182	126
	29	286	140
	12	103	260
	5	330	330
	47	55	310
	18	49	45
	30	31	248
	8	132	280
	45	150	140
	36	165	160
	27	206	192
	29	200	159
	33	270	62
	24	298	180
	17	100	32
	11	162	54
	25	126	149
	6	229	201
	34	140	173
平均数	23.6	169.2	173.5
SD	12.3	83.5	86.0
n	20	20	20

显然，标准差显示组间的变异并不一样，因此需要进行数据转换。在下图和概括统计数中，对每一个观测结果都取自然对数。

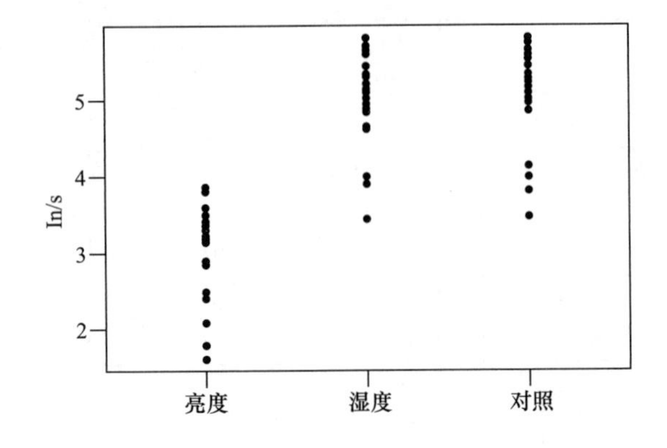

	亮度	湿度	对照
平均数	2.99	4.98	4.99
SD	0.65	0.62	0.66

对转化后的数据进行方差分析，得 SS（组间）为 55.1103，SS（组内）为 23.5669。

（a）用符号来描述无效假设；

（b）构建方差分析表，并检验无效假设，令 α=0.05；

（c）计算合并标准差 $s_{合并}$。

***11.S.17** 爬山爱好者爬到一定高度时，通常会出现几种不同症状。为探究高度对人类骨骼肌组织的效应，研究者构建了一个 2×2 的析因试验，并对研究对象进行了长达六周的自行车训练。第一个因素是受试对象是在低氧（与海拔 3850m 的氧气条件一致）还是正常条件下进行训练。第二个因素是受试对象是在高能量消耗还是低能量消耗（比高能量至少低 25%）下进行训练。每个因子水平组合都包括 7~8 个研究对象。下表所示为响应变量“发生改变的血管内皮细胞生长因子 mRNA 的百分比”的结果[37]。

	低氧		正常	
能量	低水平	高水平	低水平	高水平
平均数	117.7	173.2	95.1	114.6
患者数量	7	7	8	8

制作交互作用图（类似图 11.7.3）。

*11.S.18 考察练习 11.S.17 中的数据。

（a）完成下面的方差分析表；

来源	df	SS	MS	F 值
低氧和正常之间	1	12,126.5	____	____
能量水平之间	1	10,035.7	____	____
交互作用	1	____	____	____
组内	26	56,076.0	____	____
总变异	29	80,738.7	____	____

（b）令 α=0.05，检验交互作用；

（c）根据（b）中结论，试说明检验氧气条件和能量水平的主效应是否合理？

（d）检验无效假设能量水平对响应变量没有影响，取 α=0.05；

（e）检验无效假设缺氧训练和正常训练两种条件的效应相同，取 α=0.05。

*11.S.19 为探究氨气对动物饲料消毒的作用，研究者将一些沙门菌（*Salmonella*）接种到玉米青贮饲料上。接着将两个盛有 5g 污染饲料的培养皿放在含有无水氨气中，另有两个同样盛有 5g 污染饲料但不用氨气处理的培养皿作为对照。试验重复两次，共有三次操作，因为在任意指定的时间，只有两个培养皿能被放入密封气室中。在接种和通气后的 24h 时，记录每一个培养皿中菌落的数量（菌落形成单位 cfu）。由于数据严重偏倚，我们用 log（cfu）进行分析[38]。

（a）区别本试验的区组、处理和响应变量；

（b）完成下面区组分析的方差分析表；

	df	SS	MS	F 值
操作之间	1	1.141	1.141	7.107
试点之间	2	3.611	____	____
组内	8	____	____	
总和	11	6.036		

（c）运用（b）中完整的方差分析表，说明氨气是否会影响污染水平［即平均 log（cfu）］？令 α=0.05。

（d）你能否从前面的分析和信息中推测出氨气会降低污染？若不能，请说明需要怎样的信息才能得出这个推论？

线性回归和相关 12

目标

在这一章，我们要学习回归与相关。我们将：
- 演示相关系数的计算，并给出相应的解释；
- 展示用最小二乘法回归模型来拟合数据；
- 验证回归直线、样本相关性的关系，对平均数做出预测；
- 展示如何对回归关系进行显著性检验；
- 对回归概念在多元回归、协方差分析和 logistic 回归分析中进行扩展。

12.1 引言

在本章中，我们将讨论两个定量变量 X 和 Y 之间关系的分析方法。**线性回归**（linear regression）和**相关分析**（correlation analysis）是基于数据拟合直线的分析方法。

举例

用于回归和相关分析的数据是由成对观察值(X, Y)构成的。看下面这两个例子。

例 12.1.1 苯丙胺和食物消耗量

苯丙胺是一种可以抑制食欲的药物。在一项苯丙胺药效的研究中，药理学家随机选择了 24 只老鼠分到 3 个试验组中，分别注射 2 个剂量的苯丙胺和盐水。注射后，研究者测量了每只动物 3h 内的食物消耗量。结果（每千克体重消耗食物的克数）列于表 12.1.1。

图 12.1.1 所示为 Y 和 X 的**散点图**（scatterplot），其中：

$$Y = \text{食物消耗量}$$

对应于：

$$X = \text{苯丙胺剂量}$$

这个散点图反映了明确的剂量反应关系，也就是随着的 X 值的增加，Y 的值相应减小*。

* 在许多剂量反应关系中，反应与剂量的对数值（log 值）而不是剂量值本身呈线性关系。为了便于说明，我们这里选择的是剂量反应曲线的直线部分。

表 12.1.1 老鼠食物消耗量（Y）		单位：g/kg	
	X＝苯丙胺剂量 /(mg/kg)		
	0	2.5	5.0
	112.6	73.3	38.5
	102.1	84.8	81.3
	90.2	67.3	57.1
	81.5	55.3	62.3
	105.6	80.7	51.5
	93.0	90.0	48.3
	106.6	75.5	42.7
	108.3	77.1	57.9
平均数	100.0	75.5	55.0
SD	10.7	10.7	13.3
动物的数量	8	8	8

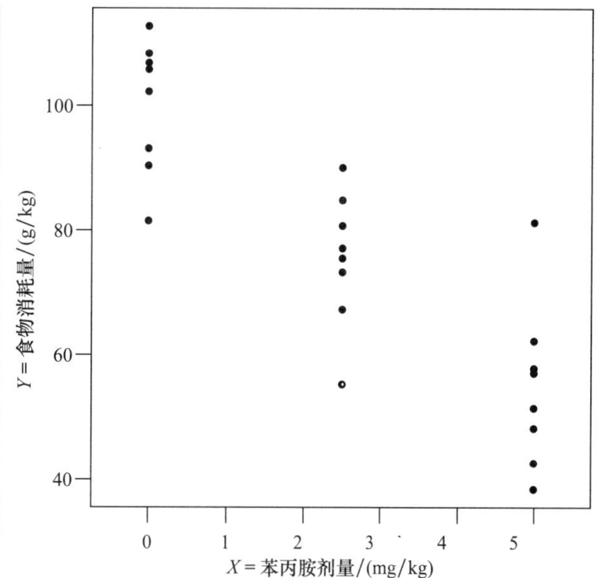

图 12.1.1 食物消耗量对苯丙胺剂量的散点图

例 12.1.2
水稻中的砷

环境中的污染物能够通过食物所生长的土壤进入食物中。有人假设水稻植株中自然存在的硅（Si）可以抑制一些污染物的吸收。在一项化合物对水稻砷吸收减缓作用的研究中，研究者选取了 32 株水稻植株，测量了每株稻米中砷（As）的含量（μg/kg 水稻）和秸秆中硅（Si）的含量（g/kg 秸秆）[2]。图 12.1.2 所示为 Y 和 X 的散点图，其中：

Y＝稻米中 As 的含量

对应于：

X＝秸秆中 Si 的含量

该散点图表明，秸秆中 Si 含量（X）越高，稻米中 As 含量（Y）就越低。

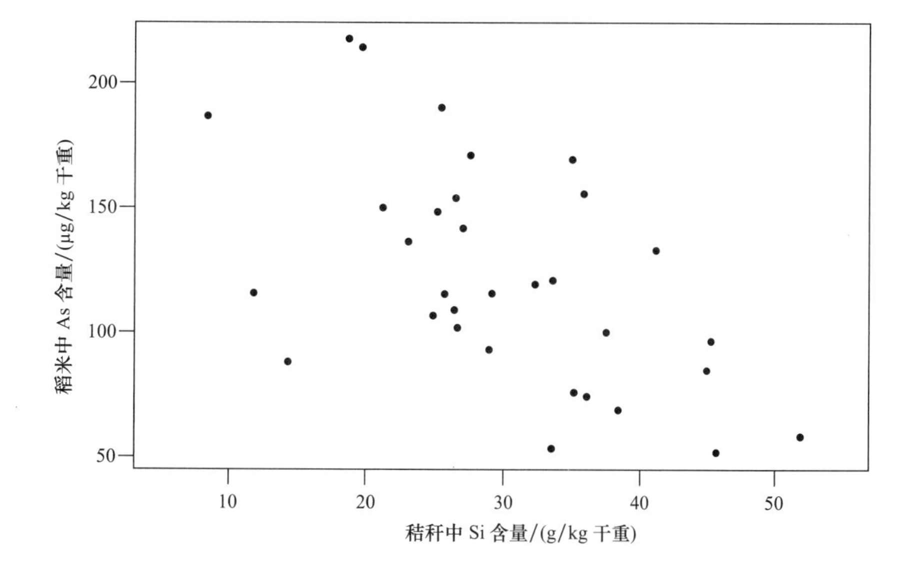

图 12.1.2 稻米中 As 含量对秸秆中 Si 含量的散点图

12.2 相关系数

假设我们有一个 n 对数据组成的样本，每一对由 X 和 Y 两个变量的观察值构成。如果 Y 对 X 的散点图呈直线趋势，那么很自然地我们希望可以描述这种线性关系的强弱程度。在这一节，我们将学习用**相关系数**（correlation coefficient）来描述线性关系的程度。下面的例子表明了我们要考察的情况。

例 12.2.1 蛇的体长和体重

在研究蝰蛇（*Vipera bertis*）自由生活状态的总体时，研究者捕捉了 9 条成年雌性蛇，并进行了测量[3]。其体长和体重数据列于表 12.2.1，图 12.2.1 所示为数据的散点图。观察值的个数 $n = 9$。

表 12.2.1 蛇的体长和体重

	体长 X/cm	体重 Y/g
	60	136
	69	198
	66	194
	64	140
	54	93
	67	172
	59	116
	65	174
	63	145
平均数	63	152
SD	4.6	35.3

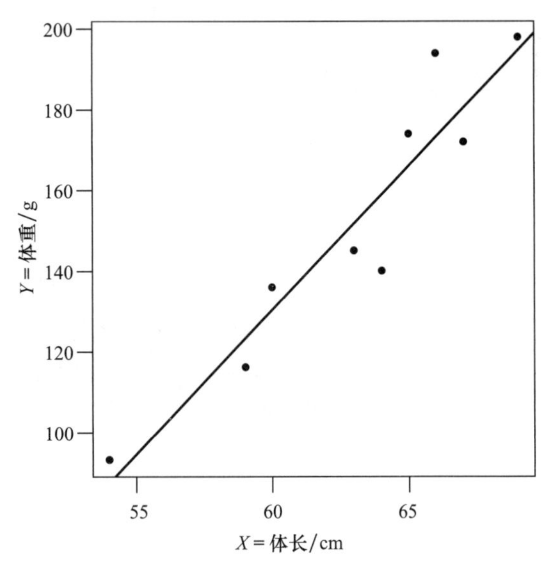

图 12.2.1 9 只雌性蛇的体长和体重及拟合回归直线

图 12.2.1 的散点图表现出明显的上升趋势。我们可以看出体重与体长有**正向关系**（positive association），表明蛇的体长越长，其体重越高。因此，体长大于平均长度 $\bar{x} = 63$ 的蛇，其体重也高于平均体重 $\bar{y} = 152$。在图上叠加的直线我们称为 Y 依 X 的**最小二乘直线**（least-squares line）或**拟合回归直线**（fitted regression line）。我们将在 12.3 节学习回归直线的计算和解释。

线性关系程度的度量

蛇的体长和体重之间线性关系的强弱如何表示？这些数据的点是紧密聚集在回归直线的周围还是零散地分散？要回答这些问题，我们需要计算相关系数，它是表示两个定量变量之间线性关系强弱的、并且与尺度无关的数量指标。由于与尺度无关，因此相关系数不受测量尺度变化的影响。也就是说，无论测量值是以厘米、克表示还是以英寸和磅表示，体长和体重之间的相关性都是一样的。为了理解相关系数是如何应用的，我们仍以蛇的体长和体重为例。我们以表 12.2.2 中列出的数据标准化值（z 值）而不是原始数据绘制散点图 12.2.2，可以看出这个散点图与原始数据的散点图看起来是相同的，只是没有度量衡单位了。

表 12.2.2 蛇体重、体长数据的标准化值及其乘积

	体重	体长	体重的标准化值	体长的标准化值	标准化值的乘积
	X	Y	$z_x = \frac{x-\bar{x}}{s_x}$	$z_y = \frac{y-\bar{y}}{s_y}$	$z_x z_y$
	60	136	−0.65···	−0.45···	0.29···
	69	198	1.29···	1.30···	1.68···
	66	194	0.65···	1.19···	0.77···
	64	140	0.22···	−0.34···	−0.07···
	54	93	−1.94···	−1.67···	3.24···
	67	172	0.86···	0.57···	0.49···
	59	116	−0.86···	−1.02···	0.88···
	65	174	0.43···	0.62···	0.27···
	63	145	0.00···	−0.20···	0.00···
总和	567	1,368	0.00	0.00	7.5494
平均数	63.000	152.000	0.00	0.00	
SD	4.637	35.338	1.00	1.00	

注：为便于阅读，表中的数据进行了删减。因为汇总后的数据将用于后续的计算，这些数据通常包含多位小数而不是只有一位小数，我们可以根据四舍五入的方法得到这些数值。

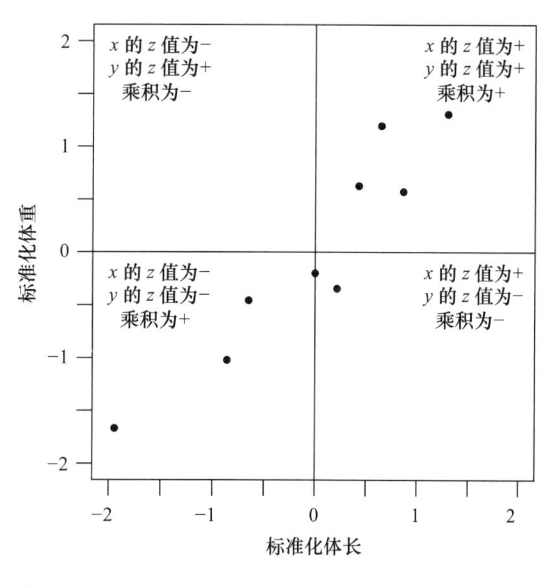

图 12.2.2 体重与体长标准化值的散点图

根据标准化值的符号，我们将图分成不同的象限，可以看出大多数的点落在右上象限和左下象限。落在这些象限的点，它们标准化值的乘积为正值。同样，落在左上和右下象限的点，其标准化值的乘积是负值。计算这些乘积和，可以得到一个表明这些点分布情况的数量指标（例如，哪一个象限的点比较多）。在这个例子中，因为体长和体重之间有正向关系，大多数的点分布在乘积和为正的象限；因此，标准化值的乘积和是正值。如果给出的两个变量是负向关系，那么大多数的点将分布在负的象限中，它们的乘积和也是负值。同时，如果两个变量没有线性关系，这些点将均匀地分布在四个象限，因此，乘积为正值和乘积为负值也是均等的，它们的和将是零。

相关系数就是建立在这个乘积和基础上的。它是计算标准化值乘积的平均数(计算平均数时使用 $n-1$ 而不是 n)*。

相关系数，r

$$r=\frac{1}{n-1}\sum_{i=1}^{n}\left(\frac{x-\overline{x}}{s_x}\right)\left(\frac{y-\overline{y}}{s_y}\right)$$

从这个公式中，我们可以清楚地看出 X 和 Y 在相关系数 r 中是对称的；因此，如果交换我们的变量 X 和 Y 的标签，r 不会发生变化。实际上，这是相关系数作为概括统计数的一个优势：在解释 r 时，我们没有必要知道（或者决定）哪个变量是 X，哪个变量是 Y。

相关系数的解释

从数学上看，相关系数是没有单位的，并且取值在 −1 和 1 之间。相关符号所指示就是这样关系的标志，与回归直线的斜率符号是一致的：也就是正（增加）或负（减少）。相关越接近 1 或 −1，X 和 Y 之间的线性关系就越强。相关为 1 或 −1，表明两个变量有完全的直线关系，也就是说这些数据的散点图表明这些点都恰好在一条直线上。有意思的是，零相关并不意味着 X 和 Y 之间没有关系，它只是表明 X 和 Y 之间没有线性关系。前面相关的计算表明，当标准化值的乘积正负彼此平衡时，其乘积和将为零；这在很多情况下都会发生。图 12.2.3 所示为不同相关系数值的若干例子。

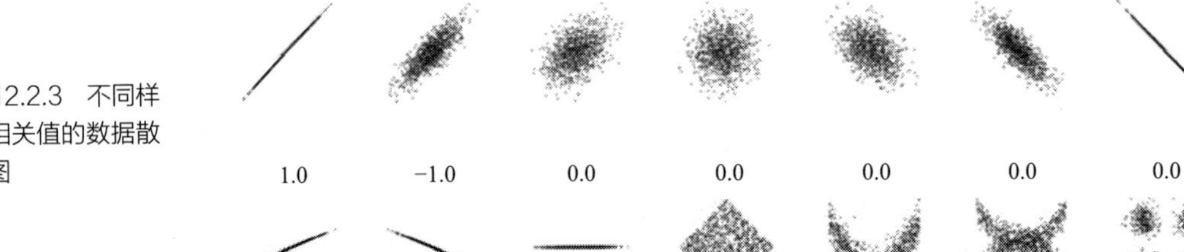

图 12.2.3 不同样本相关值的数据散点图

例 12.2.2 蛇的体长和体重

由表 12.2.2，我们知道蛇体长和体重标准化值的乘积和为 7.5494。因此，这 9 条蛇构成的样本中体长和体重的相关系数约为 0.94。

$$r=\frac{1}{9-1}\times 7.5494\approx 0.94$$

在这个例子中，我们也可以称 0.94 这个值为**样本相关**（sample correlation），因为这 9 条蛇的体长和体重构成的样本是来自于一个大的总体。样本相关是**总体相关**（population correlation）的估计值（常以希腊字母“rho”，ρ 表示），在这个例

* 以 $\sqrt{\sum_{i=1}^{n}(x-\overline{x})^2/(n-1)}$ 代替 s_x，以 $\sqrt{\sum_{i=1}^{n}(y-\overline{y})^2/(n-1)}$ 代替 s_y，相关系数的计算公式也可以记作 $r=\frac{\sum_{i=1}^{n}(x-\overline{x})(y-\overline{y})}{\sqrt{\sum_{i=1}^{n}(x-\overline{x})^2\sum_{i=1}^{n}(y-\overline{y})^2}}$。

子中表示全部成年雌性蝰蛇体长和体重所构成总体的相关系数。为了能将样本相关系数 r 作为总体参数的一个估量，X 变量和 Y 变量的值必须是随机选择的，服从下面的**二元随机样本模型**（bivariate random sampling model）：

二元随机样本模型

我们把每一对（x_i，y_i）看作是从成对（x，y）构成的总体中随机获取的。

在二元随机样本模型中，变量 X 的观察值是随机样本，变量 Y 的观察值也是随机样本，因此，边际统计数 $\bar{x}$、$\bar{y}$、s_x 和 s_y 可以估计相应总体 μ_x、μ、σ_x 和 σ_y 的值。

对于很多调查，随机抽样模型是合理的，但是附加的二元随机样本模型的假设并不都是可行的。如果变量 X 的值可以被研究者确定，这种情况就会发生。如例 12.1.1 中，研究者将老鼠分为 3 组，分别注射不同浓度的苯丙胺，因此 X 值是确定的。这类抽样模型称为随机抽样模型，将在 12.4 节中解释。在这种情况下，由样本相关系数来估计总体相关是不合适的。

关于相关的推断

我们已经知道了相关系数是如何描述二元随机抽样模型中数据集的。现在我们要考察从这个模型数据得到 r 的统计推断。考察下面的例子。

检验假设 H_0：$\rho=0$

在一些调查中，X 和 Y 之间可能并没有关系。因而，数据所表现的变化趋势是虚假的，它仅仅反映了抽样变异性，我们需要考察这种情况的概率。在这种情况下，很自然地无效假设为：

H_0：X 和 Y 的总体没有相关性。

或者，我们也可以这样认为：

H_0：X 和 Y 之间没有线性关系。

H_0 的 t 检验基于如下检验统计数：

$$t_s = r\sqrt{\frac{n-2}{1-r^2}}$$

我们可以从学生氏 t 分布得到临界值，具有自由度为：

$$df=n-2$$

下面的例子说明了 t 检验的应用。

例 12.2.3 血压和血小板中的钙

有人认为血液中血小板的钙可能与血压有关系。作为两者关系研究的一部分，研究者选择了 38 位受试者，他们的血压都是正常的（也就是说没有异常升高）[4]。研究者测量了每一位受试者的 2 项指标：血压（心脏收缩压和舒张压的平均数）和血小板中钙的含量。数据如图 12.2.4 所示。样本数量 $n = 38$，样本相关系数 $r = 0.5832$。

是否能证明血压与血小板钙含量有线性关系？我们将检验无效假设：

$$H_0: \rho=0$$

相应的非定向备择假设：

$$H_A: \rho \neq 0$$

这些假设可以表述为：

H_0：血小板钙含量与血压没有线性关系；

H_A：血小板钙含量与血压有线性关系。

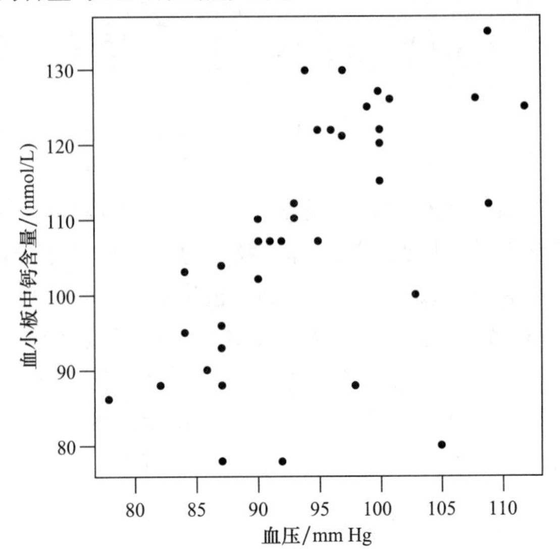

图 12.2.4 38 位血压正常人的血压和血小板钙含量

我们选择 α=0.05，检验统计数为：

$$t_s = 0.5832\sqrt{\frac{38-2}{1-0.5832^2}} = 4.308$$

由书后统计表中的表 4，我们知道 df=n−2=36 ≈ 40 时，$t_{40,0.0005}$=3.551。因此，P 值 < 0.0005 × 2=0.001（因为 H_A 是非定向），这样我们就拒绝 H_0。这些数据为血小板钙含量与血压的线性关系提供了强有力的证据（t_s=4.308，df=36，P 值 <0.001）。

为什么是 n−2？在前面总体相关系数的假设检验中，我们使用 t 统计数时，所用的自由度 df=n−2。我们很容易解释 n−2 的来源。我们知道，任意两点决定一条直线，但是这样小的数据集（n−2）不能提供关于这些散点变异性的信息（或者，也可以认为 X 和 Y 之间的关联强度）。直到我们观察到第三个点，才能够开始估计各种关系的强度。正如前面我们提到的 t 分布和 F 分布（第 6、7、8 和 11 章），自由度是由数据 “噪声” 中得到我们希望获得“信号”的信息片段数量。

ρ 的置信区间（选修）

如果样本容量较大，我们可以构建 ρ 的置信区间。样本相关系数 r 的抽样分布是偏态的，为了构建置信区间我们就需要对 r 值进行 Fisher 转换：

$$z_r = \frac{1}{2}\ln\left[\frac{1+r}{1-r}\right]$$

式中，ln 是自然对数（以 e 为底）。我们可以构建 $\frac{1}{2}\ln\left[\frac{1+\rho}{1-\rho}\right]$ 的 95% 置信区间为：

$$z_r \pm 1.96\frac{1}{\sqrt{n-3}}$$

最后，我们把 $\frac{1}{2}\ln\left[\frac{1+\rho}{1-\rho}\right]$ 置信区间的上下限转换成 ρ 的置信区间，这可以通过

解下列方程得到：

$$\frac{1}{2}\ln\left[\frac{1+\rho}{1-\rho}\right]=z_r\pm1.96\frac{1}{\sqrt{n-3}}$$

同样，我们可以构建其他概率水平的置信区间。例如，当构建 90% 的置信区间时，我们以 1.645 代替 1.96。我们以例 12.2.4 来说明相关系数置信区间的构建。

例 12.2.4
血压和血小板中的钙

对于例 12.2.3 的数据，样本容量 n=38，样本相关系数 r=0.5832。r 的 Fisher 转换如下：

$$z_r=\frac{1}{2}\ln\left[\frac{1+0.5832}{1-0.5832}\right]=\frac{1}{2}\ln\left[\frac{1.5832}{0.4168}\right]=0.6673$$

$\frac{1}{2}\ln\left[\frac{1+\rho}{1-\rho}\right]$的 95% 置信区间为：

$$0.6673\pm1.96\frac{1}{\sqrt{38-3}}$$

或者写作 0.6673 ± 0.3313，即（0.3360,0.9986）。

当$\frac{1}{2}\ln\left[\frac{1+\rho}{1-\rho}\right]=0.3360$时，$\rho=\frac{e^{2(0.3360)}-1}{e^{2(0.3360)}+1}=0.32$

当$\frac{1}{2}\ln\left[\frac{1+\rho}{1-\rho}\right]=0.9986$时，$\rho=\frac{e^{2(0.9986)}-1}{e^{2(0.9986)}+1}=0.76$

我们有 95% 的概率保证血压和血小板钙含量总体相关系数在 0.32~ 0.76。因此，ρ 的 95% 置信区间为（0.32,0.76）。

相关性和因果关系

我们之前已经注意到，观察到两个变量之间有联系，并不一定意味着它们之间有因果关系。在解释相关性时，我们必须要认识到这一点。下面这个例子说明，即使变量间有很强的相关，它们之间也可能并没有任何因果关系。

例 12.2.5
海藻的繁殖

厚垣孢子是绿藻（*Pithophora oedogonia*）产生的一种孢子繁殖结构。在海藻生活周期的一项研究中，研究者历时 17 个月，在印第安纳州湖的 26 个点进行了取样，测量了海藻样品中厚垣孢子的数量。低计数表明了厚垣孢子的萌发情况。研究者同时记录了这 26 个样点的温度和光周期（白天的长度，以小时计）。调查数据表明，厚垣孢子数量和光周期之间有很强的负相关；相关系数 r=−0.72。然而，研究者意识到观察到的这种相关并不能反映两者之间的因果关系。白天越长（增加光周期），导致温度越高，实际上孢子可能是对温度而不是光周期有响应。为了回答这一问题，研究者在室内设计了温度和光周期分别变化的试验；试验结果表明，温度而不是光周期是主要原因[5]。

正如例 12.2.5 所表明的，确立因果关系的一种方法是进行可控试验，在这个试验中，只有假定的原因变量变化而其他因素都保持不变或是随机可控的。如果这种试验无法进行，我们可以使用统计分析的间接方法来阐明潜在的因果关系（这种方法将在例 12.8.3 中进行说明）。

注意事项

为描述相关系数的检验结果，研究者经常使用显著性这一术语，但这一术语常常引起误解。例如，“高度相关是显著的”这一表述就容易引起误解。我们要谨记这一点，统计上的显著性只表明拒绝无效假设，并不能说明有大的或者重要的影响。“显著”相关有时可能实际上相关关系很微弱；它的“显著性”仅仅表明我们不能轻易用偶然性去进行解释。由公式 $t_s = r\sqrt{\frac{n-2}{1-r^2}}$ ，我们知道固定 r，t_s 随 n 的增加而增大。因此，如果样本容量足够大，无论 r 有多么小，t_s 都会很大，使相关系数达到“显著”。因此，构建我们感兴趣的总体参数置信区间，并评价任何结果的显著性是明智的。

极端点常会对相关系数产生较大影响。例如，图 12.2.5（a）所示为相关系数 r=0.2 的 25 个点的散点图；其中一个点被标注为空心点（○）。图 12.2.5（b）除了空心点发生了变化之外，其余各点都与图 12.2.5（a）相同。只有这一个空心点的变化，就使得相关系数由 0.2 增加到 0.6。图 12.2.5（c）所示为该数据的另一种变化（空心点变化到另一位置）。在这种情况下，相关系数 r=−0.1。这三个图说明数据中一个点的变动就可以使相关系数的大小发生极大的改变。因此，在使用 r（或者其他统计数）概括数据之前，将数据绘制成散点图是非常重要的。

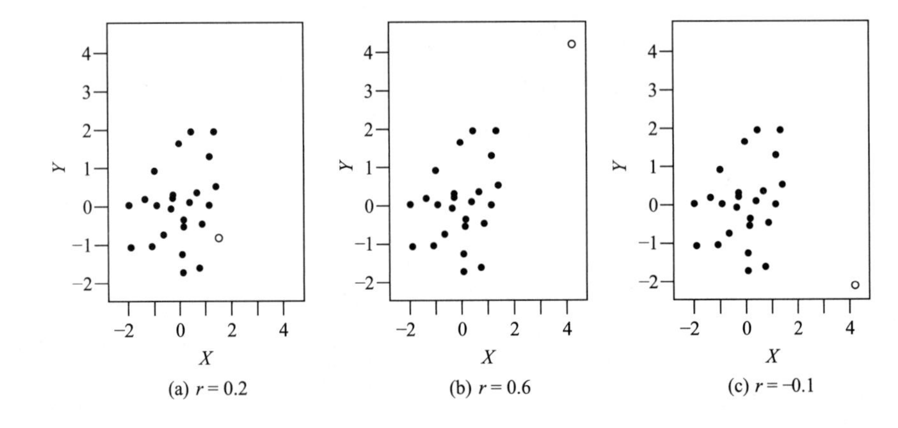

图 12.2.5 异常值对样本相关系数的影响

练习 12.2.1—12.2.10

12.2.1 将下列散点图按照相关关系进行排序（从接近 −1 到接近 +1 的顺序）。

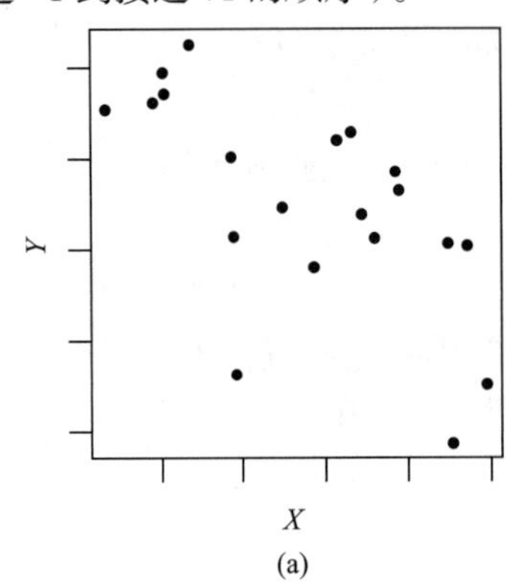

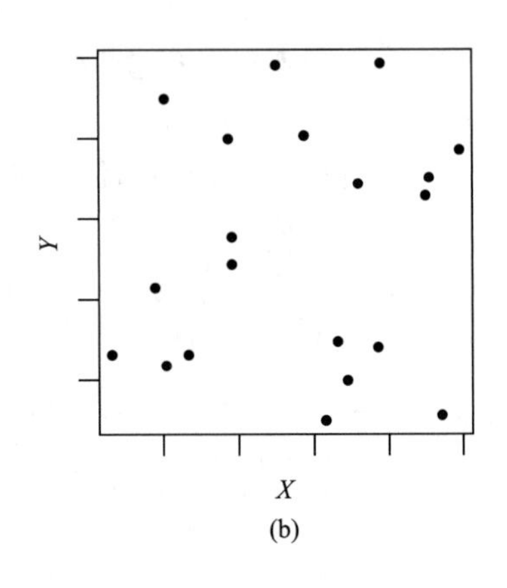

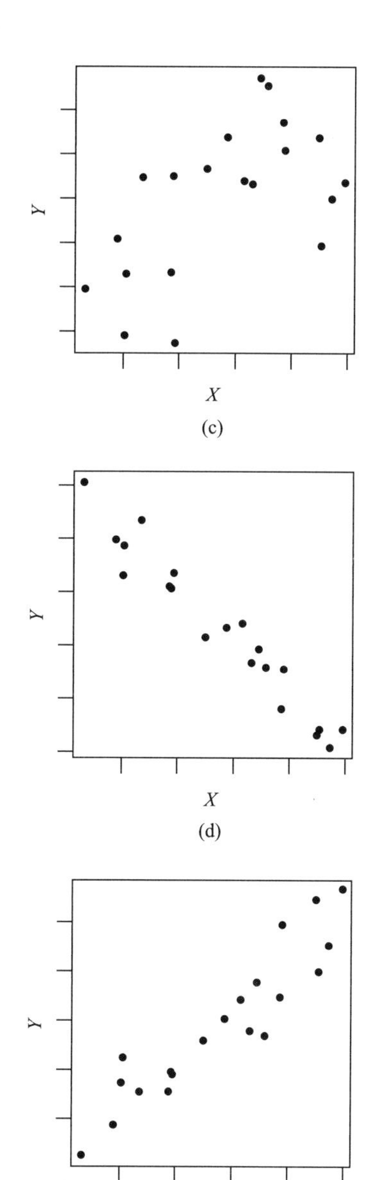

(c)

(d)

(e)

12.2.2 考察下面的数据。

	X	Y
	6	6
	1	7
	3	3
	2	2
	5	14
平均数	3.4	6.4
SD	2.1	4.7

（a）绘制数据的散点图。X 和 Y 之间有关系吗？它们的关系是线性还是非线性的？两者之间的关系是强还是弱？

（b）计算 X 和 Y 之间样本相关系数；

（c）有无明显证据表明 X 和 Y 之间有关系？以 α=0.05 水平进行检验。

12.2.3 在一项血液化学组成的自然变化研究中，研究者采集了 284 位健康人体的血液样品。测量了每份样品中尿素和尿酸的含量，得到两者之间的相关系数为 r=0.2291。检验如下假设：假设总体相关系数为零，与之相应的备择假设为两者之间呈正相关关系[6]。以 α=0.05 水平进行检验。

12.2.4 研究者测量了 8 位死者脑部海马区 CA1 区域神经元的数量，他们的死亡原因与大脑功能无关。研究者发现这些数据与年龄呈负相关，样本相关系数 r=−0.63。[7]

（a）该相关系数与零差异显著吗？以 α=0.10 水平进行检验。

（b）假设（a）中你认为相关系数与零差异显著。这是否能够证明年龄是引发 CA1 神经元数量下降的原因？如果不能，我们应该如何描述？简要进行解释。

12.2.5 研究者从一大块玉米田里随机选择 20 个小区，每个小区为 10m×4m。测定了每个小区的植株密度（小区植株的数量）和玉米穗轴平均质量（每个穗轴上籽粒重，以 g 表示）。结果见下表[8]。

植株密度 X	穗轴重 Y	植株密度 X	穗轴重 Y
137	212	173	194
107	241	124	241
132	215	157	196
135	225	184	193
115	250	112	224
103	241	80	257
102	237	165	200
65	282	160	190
149	206	157	208
85	246	119	224

初步计算结果如下：

$\bar{x}=128.05$　　$\bar{y}=224.10$

$s_x = 32.61332$ $s_y = 24.95448$

$r=-0.94180$

（a）是否有明显的证据表明穗轴重和植株密度之间有线性关系？以 $\alpha=0.05$ 水平进行合适的检验；

（b）该研究是观察性研究还是试验性研究？

（c）农民对控制植株密度是否可以改变穗轴重非常感兴趣。这些数据是否能回答这个问题？如果不能，我们应该如何描述？请简要说明。

12.2.6 苦杏仁酸是一种能够控制农作物植株真菌感染疾病的化合物。下表数据描述了不同苦杏仁酸浓度下真菌终极腐霉（*Pythium ultimum*）的生长结果。终极腐霉的生长值是在有盖培养皿中培养 24h 后，测定 4 向半径的平均数；每一个苦杏仁酸浓度重复 2 次[9]。

（a）有无明显证据表明真菌生长与酸浓度呈线性关系？以 $\alpha=0.05$ 水平进行合适的检验；

（b）该研究是观察研究还是试验研究？

（c）有人认为苦杏仁酸能够抑制真菌生长。这些数据能否证明这一说法。如果不能，我们应该如何描述？请简要说明。

	苦杏仁酸浓度 X/(μg/mL)	真菌生长 Y/mm
	0	33.3
	0	31.0
	3	29.8
	3	27.8
	6	28.0
	6	29.0
	10	25.5
	10	23.8
	20	18.3
	20	15.5
	30	11.7
	30	10.0
平均数	11.500	23.642
SD	10.884	7.8471
	$r=-0.98754$	

12.2.7 为了研究能量消耗对健身的影响，研究者使用水下称重技术测量了 7 位男性的去脂体重，同时也测量了这 7 位男性静坐状态下 24h 的能量消耗[10]（见练习 12.5.5）。

个体	去脂体重 X/kg	能量消耗 Y/kcal
1	49.3	1,894
2	59.3	2,050
3	68.3	2,353
4	48.1	1,838
5	57.6	1,948
6	78.1	2,528
7	76.1	2,568
平均数	62.400	2,168.429
SD	12.095	308.254
	$r=0.98139$	

（a）能量消耗和去脂体重之间相关关系非常大（接近 1），相关系数为 0.98139，但是样本容量只有 7，比较小。是否有足够的证据表明相关关系不为零？以 $\alpha=0.05$ 水平进行合适的检验；

（b）该研究是观察研究还是试验研究？

（c）经常参加运动的人能够提高去脂体重。这些数据能否说明他们的能量消耗也是增加的？如果不能，我们应该如何描述？请简要说明。

12.2.8 细胞调节体内平衡的能力以基底钙泵活性的测量值表示。体内的钙平衡异常会对细胞的功能产生强烈的影响。母亲体内汞含量以头发中汞含量（μg/g）表示，它会影响新生儿基底钙泵的活性［nmol/（mg·h）］吗？下面是 75 位新生儿和他们母亲的数据及数据图[11]。

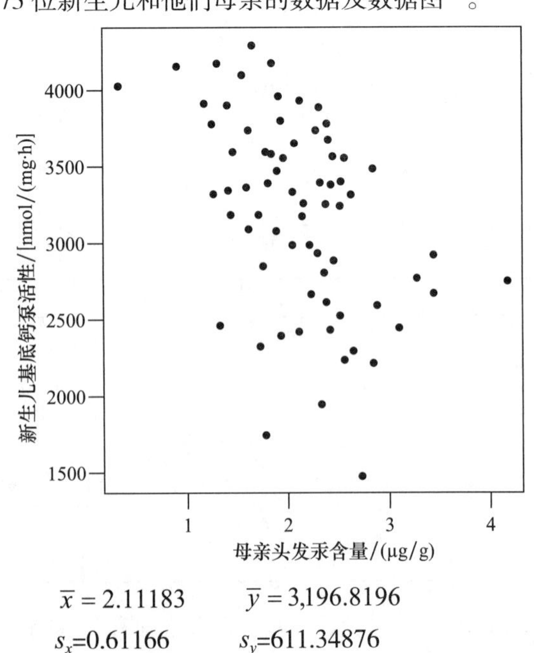

$\bar{x} = 2.11183$ $\bar{y} = 3,196.8196$

$s_x=0.61166$ $s_y=611.34876$

$r=-0.45289$

（a）在分析数据前先绘制数据图是一个好习惯。检查上述散点图，数据看起来是否有线性趋势？两者的关系是上升还是下降？两者的关系是强还是弱？

（b）观察该散点图，我们发现一位母亲头发中汞含量约为 4.2μg/g。如果她孩子的基底钙泵活性由 2,800 变到 2,000nmol/（mg・h），样本相关系数是增加还是减少？

（c）有没有证据表明新生儿基底钙泵活性与母亲头发中汞含量呈线性下降关系？以 α=0.05 水平进行合适的检验；

（d）在（c）部分，你应该已经发现了强有力的证据表明 X 和 Y 之间呈线性下降关系。尽管散点图表明点是分散的，并且样本相关系数也不是接近 -1，为什么却有如此有力的证据来表明两者之间的线性关系？

（e）基于（c）部分的回答和该研究的设计，我们如何回答研究初始提出的问题：是否有统计学证据表明以头发中汞含量（μg/g）表示的母亲体内汞含量会影响新生儿基底钙泵的活性［nmol/（mg・h）］？

12.2.9 对于下边的例子，用样本相关系数 r 作为总体相关系数 ρ 的估计值是否合理？简要证明你的答案。

（a）练习 12.2.3 中血液化学成分的数据；

（b）练习 12.2.4 中 CA1 神经元的数据；

（c）练习 12.2.5 中玉米穗轴重量的数据；

（d）练习 12.2.6 中真菌生长的数据；

（e）练习 12.2.8 中基底钙泵活性的数据。

12.2.10（选做） 根据下面的数据，计算总体相关系数 95% 的置信区间。

（a）练习 12.2.3 中血液化学成分的数据；

（b）练习 12.2.5 中玉米穗轴重量的数据；

（c）练习 12.2.7 中能量消耗的数据。

12.3 拟合回归直线

在 12.2 节，我们已经知道相关系数是如何描述两个数量变量 X 和 Y 之间线性关系强弱的。在这一节，我们将学习如何找到并解释能概括两者线性关系的直线。

例 12.3.1 海水温度

我们考虑 X 和 Y 两个变量之间有极好的直线关系，例如，温度测定值以 X 表示摄氏度，Y 表示华氏度。图 12.3.1 所示为加利福尼亚州一个海岸城市 20 周的海水温度（以℃和℉表示），图中有一条直线较好地描述了两者之间的关系*：$y=32+9/5x$。数据汇总列于表 12.3.1[12]。

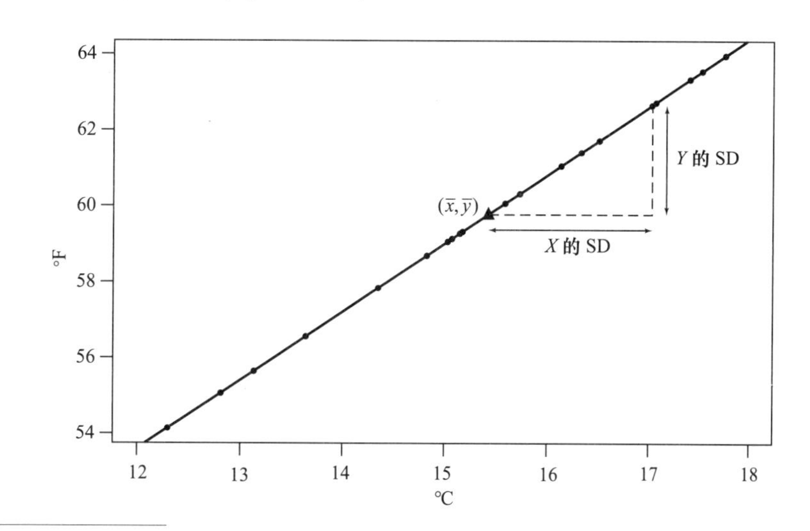

图 12.3.1 Y= 海水华氏度（℉）和 X= 海水摄氏度（℃）的散点图［平均数 $(\bar{x},\bar{y})$ 以▲表示］

* 方程式是摄氏温度与华氏温度的转换公式。

表 12.3.1 海水温度数据汇总

	X/℃	Y/ ℉
平均数	15.43	59.77
SD	1.60	2.88

因为 X 和 Y 是对同一个变量（温度）的测定值。对于一份水样，摄氏度比摄氏平均温度高 1 个标准差（s_x=1.60），则华氏度也应该比华氏平均温度高 1 个标准差（s_y=2.88）。把两者结合起来，这些数值可以描述数据精确拟合直线的斜率。

$$踏步高宽比=\frac{s_y}{s_x}=\frac{2.88}{1.60}=1.80$$

在这个例子中，我们也恰好知道了描述摄氏度和华氏度相互转换的方程式。直线的斜率为 9/5=1.80，与我们之前的发现是一致的。

SD 线

在绝对的线性相关（例如，相关系数 $r=\pm 1$）中，数据绝对的拟合直线的斜率为 $\pm s_y/s_x$（斜率的符号与相关系数的符号是一致的），这条直线经过点（$\bar{x},\bar{y}$）。这条直线也称 **SD 线**或**标准差线**（SD line）。上述海水温度的例子表明了这个性质。但是如果相关系数 r 不是 ± 1，也就是 X 和 Y 之间的关系不是完全的直线关系，情况又是怎样呢?

例 12.3.2 水稻中的砷

在 12.1 节中，我们通过散点图知道稻米中砷含量和水稻秸秆中硅含量呈现出线性关系（r=−0.566）。图 12.3.2 所示为这些数据的散点图，并绘制了 SD 线（图中以虚线表示）。首先，我们可以观察到这条 SD 线看起来很好地拟合了这些数据；然而，进一步的观察给我们提示了其他信息。假设我们希望通过秸秆中硅含量为 15g/kg 来估计水稻植株稻米砷的平均含量。SD 线表明稻米中砷含量平均数的估计值约为 190μg/kg。估计该数值的另一种方法，是只使用样本中水稻秸秆硅含量约为 15g/kg 时稻米砷含量的平均数。水稻秸秆硅含量为 10~20g/kg 时，稻米砷含量的平均数为 158.6μg/kg（图中以▲表示），这个值低于 SD 线给出的 190μg/kg。同样，水稻秸秆硅含量约为 45g/kg 时，SD 线给出稻米砷含量约为 55μg/kg，而当样本中水稻秸秆硅含量为 40~50g/kg，稻米砷含量平均数约为 91.4μg/kg，这个值更高一些。

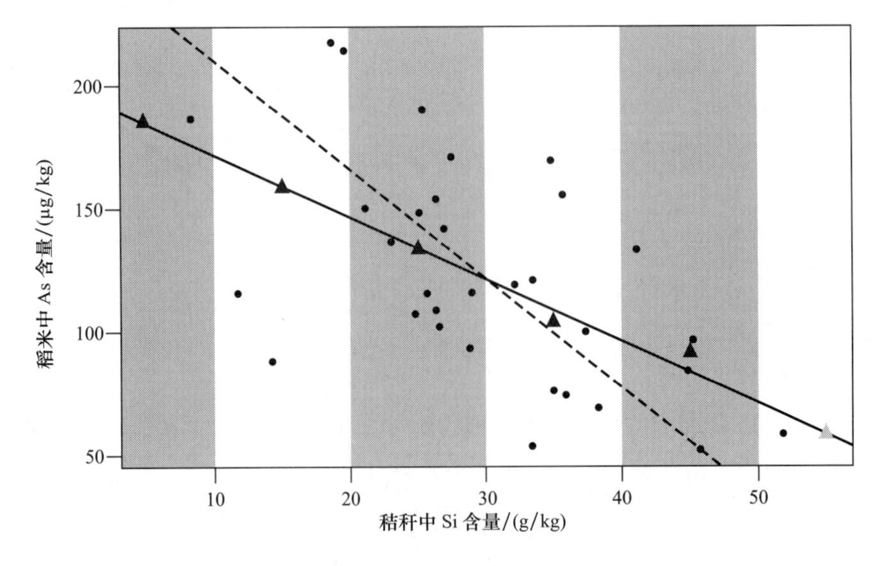

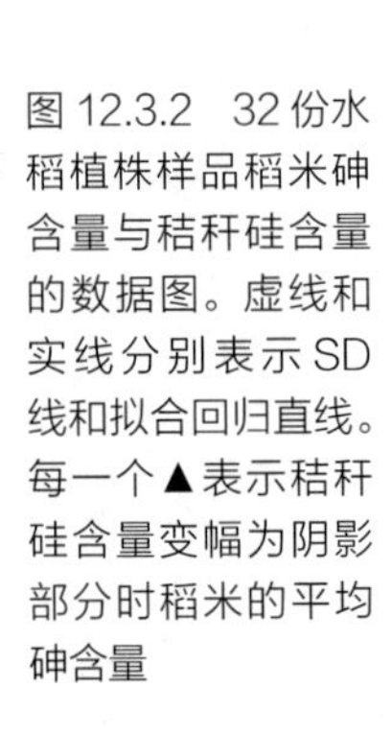
图 12.3.2 32 份水稻植株样品稻米砷含量与秸秆硅含量的数据图。虚线和实线分别表示 SD 线和拟合回归直线。每一个▲表示秸秆硅含量变幅为阴影部分时稻米的平均砷含量

稻米砷含量的例子表明，用 SD 线估计 Y 的平均数时，当 X 低于平均数时，Y 的估计值偏高；而当 X 高于平均数时，Y 的估计值偏低。图 12.3.3 所示为一个相当夸张的例子，数据的相关关系远离 ±1，接近 0（r=−0.05）。我们知道，相关系数为 0 意味着 X 和 Y 之间没有线性关系。实际上，我们可以看到，不管 X 的值是多少，Y 的平均数（≈ 17）是一致的（图中大多数▲都接近 17），这进一步表明了二者之间不存在线性关系。

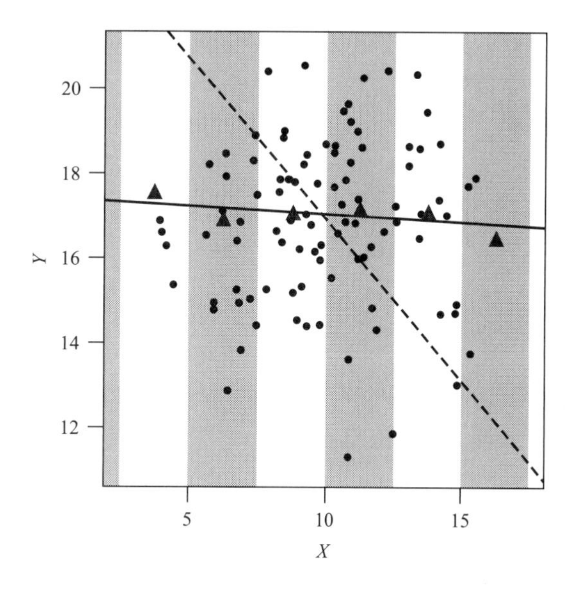

图 12.3.3 100 对 (x,y) 数据的散点图、SD 线（虚线）和拟合回归直线（实线），这些数据的相关系数接近 0。▲表示 X 变化范围为阴影部分时，Y 的平均数

如果 SD 线对数据的代表性比较弱，那我们为什么还要了解它呢？因为它是基于绝对线性关系思想的。在存在绝对线性关系（正向）时，SD 线是最优的拟合直线，其斜率为 s_y/s_x。上述例子表明如果两者的关系不是绝对直线关系，那么 Y 的平均数和 X 之间的关系就有一个平坦的斜率。在数学意义上来说，能预测 Y 的最合适的直线，被称为**最小二乘**（least-squares）或**拟合回归**（fitted regression）直线，即直线的斜率为 r（s_y/s_x），且经过点（$\bar{x},\bar{y}$）。也就是说，X 的值高于平均数 1 个标准差时，Y 的平均数也比平均数高 r 倍标准差（假设 r 是正数；如果 r 是负数，则 X 的值高于平均数 1 个标准差时，Y 的平均数将低于平均数 r 倍标准差）。

例 12.3.3 水稻中的砷

稻米中砷含量数据的汇总和散点图如表 12.3.2 和图 12.3.4 所示。在这个例子中，当水稻植株秸秆硅含量比平均数高 s_x=10.04g/kg（也就是比平均数高 1 个标准差）时，我们估计稻米砷含量比平均数低 25.19 μ g/kg（$r \times s_y$=−0.566 × 44.50=−25.19）。这就相当于，拟合回归直线的斜率是：

$$r(s_y/s_x)=-0.566 \times (44.50/10.04)=-2.51(\mu\text{gAs/kg 稻米})/(\text{gSi/kg 秸秆})$$

表明水稻植株秸秆硅含量每增加 1g/kg，稻米砷含量平均下降 2.51 μ g/kg 。

表 12.3.2 水稻砷含量数据的概括

	X= 秸秆硅含量 /(g/kg)	Y= 稻米砷含量 /(μ g/kg)
平均数	29.85	122.25
SD	10.04	44.50
	r=−0.566	

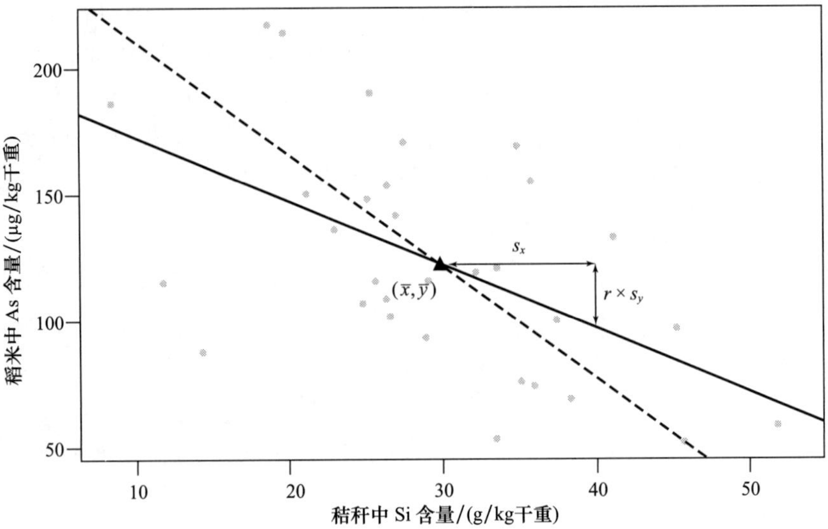

图 12.3.4 32 份水稻植株稻米砷含量与秸秆硅含量的 SD 线（虚线）和拟合回归直线（直线）

回归直线方程的拟合

直线方程可以写成：

$$Y=b_0+b_1X$$

式中 b_0—— Y 轴截距

b_1—— 直线的斜率，Y 随着 X 改变而变化的比率

Y 随 X 变化的拟合回归直线，写作 $\hat{y}=b_0+b_1x$。该式中，我们以 $\hat{y}$（读作“Y 帽”）表示而不是以 Y 表示，这就提醒我们这条直线仅仅能估计或预测 Y 值；如果相关关系不是 ±1，我们不能期望这些数据点完全都在这条直线上。利用拟合回归直线，我们可以估计任意 X 值对应 Y 的平均数。我们将回归直线称为平均数线，这一概念我们将在后面详细讨论。

最小二乘*回归直线的斜率和截距是由下面数据计算出来的：

Y 随 X 变化的最小二乘回归直线

斜率：$b_1=r\left(\dfrac{s_y}{s_x}\right)$

截距：$b_0=\bar{y}-b_1\bar{x}$

之前我们已经知道了公式中斜率 b_1 的含义，那么公式中截距的含义也很容易推断出。我们可以将截距的公式改写为：

$$\bar{y}=b_0+b_1\bar{x}$$

这表明数据的回归直线经过平均数的连接点（$\bar{x},\bar{y}$）。

我们继续用水稻中砷的例子来说明这些公式的用法。

例 12.3.4 水稻中的砷

之前我们已知回归直线的斜率为 $b_1=r(s_y/s_x)=-2.51$(μgAs/kg 稻米)/(gSi/kg 秸秆)。

* 还可以用其他方法来确定拟合回归直线。在本教材中，我们只考虑最小二乘回归直线，它使得数据点到拟合直线垂直距离的平方最小。

由这个值，我们可以得到 Y 的截距：

$$b_0=122.5-(-2.51)\times 29.85=197.17\ \mu g/kg$$

因此，图 12.3.4 中绘制的拟合回归直线方程为 $\hat{y}$ =197.17−2.51x。

我们注意到 Y 轴的截距点（$0,b_0$）=（0,197.17），在图 12.3.4 散点图中并未显示出来，这是因为 X 轴并未延伸到零；X 轴的值从 5 到 55，于是就产生了图中的数据点。

平均数图

给定 X 值，如果我们有几个观察值 Y，我们用 Y 的样本平均数 $\bar{y}$ 就可以估计给定 $X(\mu_{Y|X})$ 值时 Y 的总体平均数；我们将这个样本平均数记为 $\bar{y}|X$*。有时我们也可以计算多个 X 值中每一个的样本平均数 $\bar{y}$。$\bar{y}|X$ 的图称为**平均数图**（graph of averages），因为它表明了不同 X 值时 Y（观察值）的平均数。

例 12.3.5 苯丙胺和食物的消耗量

表 12.1.1 中食物消耗量平均数如图 12.3.5 所示，它描述了 3 个不同 X 值时 y 的平均数。从图中可以看出，3 个 $\bar{y}$ 的值几乎在一条直线上。这表明线性模型对这些数据是适用的。

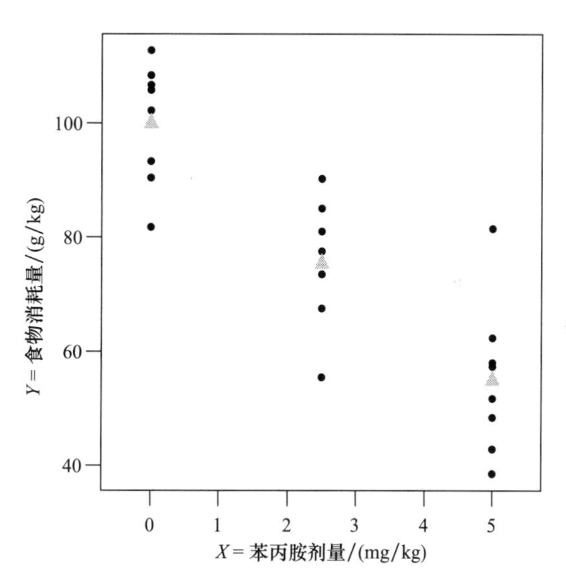

图12.3.5 例12.1.1中食物消耗量平均数（以▲表示）和原始数据（以黑点表示）图

如果平均数图中 $\bar{y}$ 值完全在一条直线上，那么这条直线就是回归直线，并且 $\mu_{Y|X}$ 由 $\bar{y}|X$ 估计得到。但是，通常这些 $\bar{y}$ 值并不是完全共线的。在这个例子中，回归直线是平均数图的一个平滑类型，从而使得在拟合模型中所有 $\mu_{Y|X}$ 的估计值都在一条直线上。通过平均数图的平滑直线，我们可以利用所有观察值的信息来估计任意 X 值下的 $\mu_{Y|X}$。

例 12.3.6 苯丙胺和食物的消耗量

如果我们使用上述回归方程来描述表 12.1.1 食物消耗量的数据，我们得到 b_0=99.3 和 b_1=−9.01。因此，$\mu_{Y|X=0}$ 的估计值是 99.3g/kg。这个估计值与 $\bar{y}|X$ =0 时的 100.0 略有不同。估计值 99.3 利用了：（1）X=0 时，y 的 8 个观察值（其平均数为 100）；（2）其他 16 个数据点决定了直线的变化趋势，线性趋势表明低剂量苯丙胺导致

* 更详细的阐释将在 12.4 节进行说明。

高的食物消耗量。同样，$\mu_{Y|X=2.5}$ 为 99.3−9.01 × 2.5=76.78g/kg，与 $\bar{y}|X$ =2.5 时的 75.5g/kg 略有不同，$\mu_{Y|X=5}$ 为 99.3−9.01 × 5=54.25g/kg 与 $\bar{y}|X$ =5 时的 55.0 g/kg 略有不同。

将平均数图平滑成直线的思想延伸到这样一种情况：即每一个 X 值只对应一个观察值，如水稻中的砷这一例子。当我们绘制经过一系列（X，Y）数据点的直线时，我们认为 Y 的平均数依赖于 X 的变化是潜在平滑的，即使数据只是粗略地显示出两者之间的关系。线性回归是提供数据平滑性描述的一种方法。

残差（剩余）平方和

我们现在考虑一个统计数，它可以描述数据点相对于拟合回归直线的分散性。拟合直线的方程是 $y=b_0+b_1x$。因此，对于数据中的每一个观察值 x_i，Y 的预测值为：

$$\hat{y}_i = b_0 + b_1x_i$$

因此，对于每一对观察值（x_i，y_i），都有一个称为**残差**（residual）的统计数，它的定义如下：

$$e_i = y_i - \hat{y}_i$$

图 12.3.6 所示为 $\hat{y}$ 和一个特定点（x_i，y_i）的残差。从图中可以看出，如果考虑残差的符号，那么这些残差的和通常为零，这是因为数据点在拟合回归直线的上方和下方是“均衡”分布的。每一个残差的大小（绝对值）是数据点到拟合直线的垂直距离。

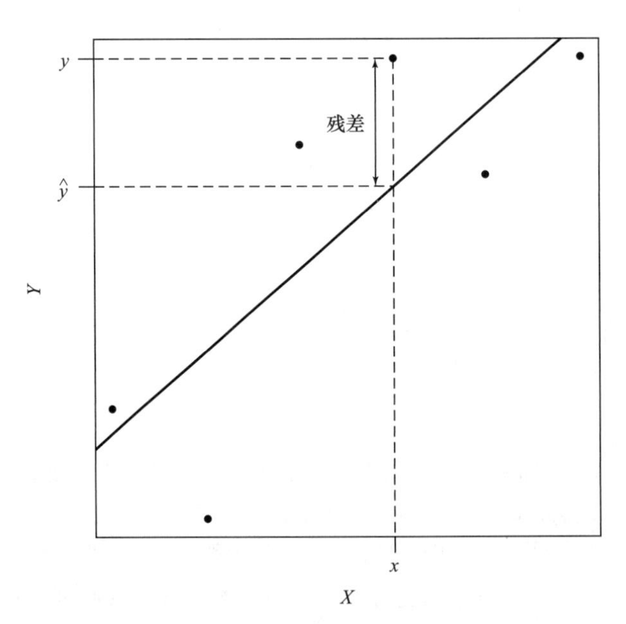

图 12.3.6　$\hat{y}$ 和特定点（x，y）的残差

我们注意到，残差的计算依赖于垂直距离。在使用回归模型 $\hat{y} = b_0 + b_1x$ 时，我们将变量 X 作为预测变量，变量 Y 是依赖于 X 变量的响应变量。我们首先考虑的是每一个观察值 y_i 与预测值 $\hat{y}_i$ 的接近程度。因此我们测量每个点到拟合直线的垂直距离。数据点到回归直线距离的概括性度量被称为**残差平方和或 SS(残差)**(residual sum of squares)，定义如下：

残差平方和

$$\text{SS（残差）}=\sum_{i=1}^{n}(y_i-\hat{y}_i)^2=\sum_{i=1}^{n}e_i^2$$

从上述定义中可以看出，如果数据点都非常接近直线，则残差平方和将会很小。下面的例子说明了 SS（残差）的计算。

例 12.3.7 水稻中的砷

对于水稻中砷含量的数据，表 12.3.3 表明如何根据定义计算 SS（残差）。为方便阅读，表中的数据进行了省略。

表 12.3.3 水稻砷含量部分数据的 SS（残差）计算

观察序号	x	y	$\hat{y}$	$y-\hat{y}$	$(y-\hat{y})^2$
1	8.3	186.2	176.2...	10.0...	99.50...
2	11.8	115.5	167.6...	−52.1...	2716.00...
3	14.3	87.9	161.2...	−73.3...	5373.93...
4	18.7	217.2	150.2...	67.0...	4492.74...
5	19.7	213.8	147.8...	66.0...	4356.67...
6	21.2	150.0	144.0...	6.0...	35.53...
7	23.0	136.2	139.4...	−3.2...	10.26...
8	25.1	148.3	134.1...	14.2...	200.46...
9	26.4	153.4	130.8...	22.6...	512.49...
⋮	⋮	⋮	⋮	⋮	⋮
27	38.3	69.0	101.0...	−32.1...	1028.99...
28	41.1	132.8	94.0...	38.8...	1503.19...
29	45.2	96.6	83.6...	12.9...	167.11...
30	44.9	84.5	84.5...	0.0...	0.00...
31	45.7	51.7	82.5...	−30.8...	948.51...
32	51.8	58.6	67.1...	−8.5...	71.69...
和				0.0	41,727.11 = SS(残差)

最小二乘法

确定一系列数据点的“最优”直线有很多准则。其中经典的准则是最小二乘法：

最小二乘法

残差平方和最小的直线是“最优”的拟合直线。

b_0 和 b_1 的计算公式来自于最小二乘法，最小二乘法是应用微积分来解决最小化问题（来源见附录 12.1）。因此，拟合回归直线也称“最小二乘直线”。

最小二乘法可能看起来是随意的，甚至有人认为根本没有必要。为什么不能用一把尺子通过目测得到一条拟合直线？实际上，如果数据不是接近于直线，仅通过目测得到拟合直线是非常困难的。最小二乘法提供了一种不依赖于个人判断的解决方法，并且它能够合理地解释对于每一个固定的 X 值所得到 Y 估计值的分布。此外，我们将在 12.8 节了解到最小二乘法是一个通用的概念，并不仅限于简单拟合直线的应用。

残差标准差

线性回归分析的结果中应该包括衡量数据点与拟合直线接近程度的统计数。由残差平方和中可以得到**残差标准差**（residual standard deviation），记作 s_e，定义如下：

残差标准差

$$s_e = \sqrt{\frac{\sum_{i=1}^{n}(y_i - \hat{y}_i)^2}{n-2}} = \sqrt{\frac{\sum_{i=1}^{n} e_i^2}{n-2}} = \sqrt{\frac{\text{SS(残差)}}{n-2}}$$

残差标准差告诉我们数据点高于或低于回归直线的程度。因此，残差标准差明确了利用回归模型进行预测的偏离趋势。注意公式中的分母是 $n-2$，而不是通常所用的 $n-1$。下例说明了 s_e 的计算。

例 12.3.8
水稻中的砷

对于水稻砷含量的数据，我们用例 12.3.7 中的残差平方和计算 s_e：

$$s_e = \sqrt{\frac{41,727.11}{32-2}} = \sqrt{1,390.90} = 37.30\mu g/kg$$

因此，基于回归模型预测稻米砷含量平均约有 37.70 μ g/kg 的误差。

注意，s_e 的公式和 s_y 的公式很接近：

$$s_y = \sqrt{\frac{\sum_{i=1}^{n}(y_i - \bar{y})^2}{n-1}}$$

这些 SD 都表明了 Y 值的变异，但是残差 SD 表示围绕回归直线的变异，而普通 SD 表示围绕平均数 $\bar{y}$ 的变异。粗略来讲，s_e 表示数据点到回归直线的垂直距离（我们注意到，s_e 的单位与 Y 相同，如在水稻砷含量这一例子中都是 μ g/kg，在例 12.2.1 蛇的数据中都是 g）。图 12.3.7 所示为例 12.2.1 中蛇的数据的散点图和回归直线，各数据点的残差以垂直线表示，残差 SD 以垂直标线表示。我们可以看出，残差 SD 粗略地表示了一个典型残差的大小。在本节后面的练习中，将让大家计算这条直线的方程和残差标准差。

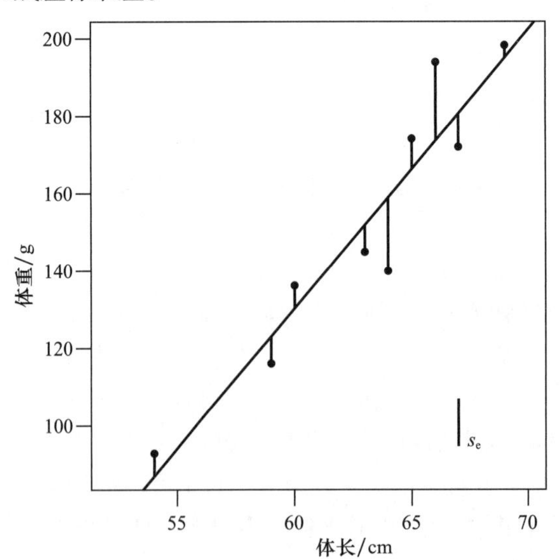

图 12.3.7　9 只蛇体重对体长数据图，表明了残差及残差 SD 的标尺线

在很多情况下，我们可以对 s_e 进行明确的数量解释。在 2.6 节，我们知道一个“好的”数据集，我们预期约有 68% 的观察值在平均数 1 倍 SD 范围内（同样，95% 的观察值在平均数 2 倍 SD 范围内）。同时我们也知道如果数据近似服从正态分布，这些规律就能够很好地表现出来。因此，我们可以对残差 SD 进行类似的解释：对于一个大样本“好的”数据集，我们预期约有 68% 的观察值 Y 在回归直线 ±1 倍残差 SD 范围内。也就是说，我们预期约有 68% 的数据点在回归直线上下 1 倍 s_e 垂直距离之内（同样，95% 的数据点在回归直线上下 2 倍 s_e 垂直距离之内）。如果残差近似服从正态分布，这些规律就能够很好地表现出来。我们之前计算的水稻砷含量的数据就很好地解释了 68% 这一规律。

例 12.3.9 水稻中的砷

对于水稻中砷含量的数据，拟合回归直线为 $\hat{y}=197.17-2.51x$，残差标准差为 s_e=37.30。图 12.3.8 所示为数据和回归直线。图中虚线表示离开回归直线的垂直距离为 s_e。对于 32 个数据点，其中有 22 个点在虚线范围内；因此，约有 22/32 或 ≈69% 的观察值 Y 在回归直线 $\pm 1s_e$ 之内。

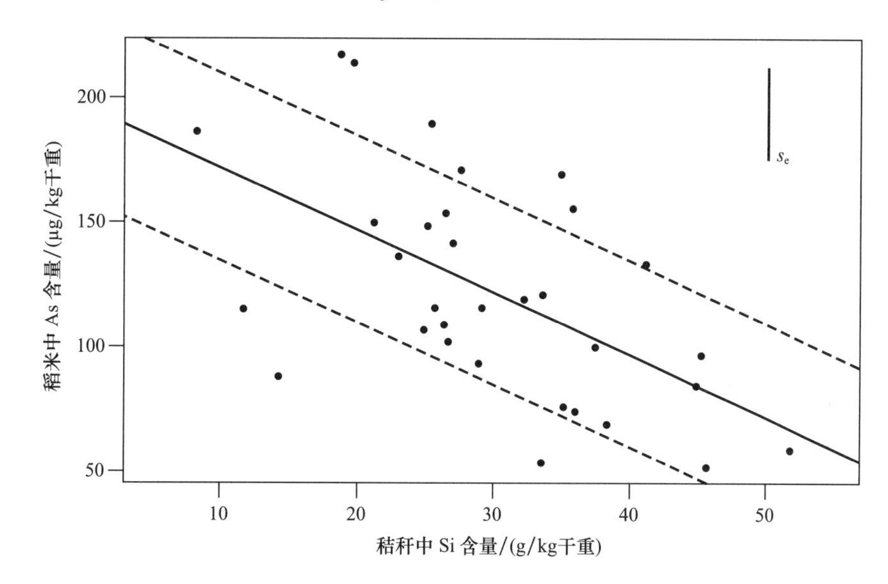

图 12.3.8 32 株水稻植株秸秆硅含量和稻米砷含量的数据图。虚线表示离开回归直线的垂直距离为 1 倍 s_e

决定系数

我们已经知道，r 的大小描述了 X 和 Y 之间线性关系的紧密程度，并且 r 与回归直线的斜率有关。将 r 值平方，它表示另一个统计数，这个统计数可以对回归关系进行补充和解释。我们称 r^2 为**决定系数**（coeffcient of determination），它表示 Y 的变异中能用 Y 和 X 之间的线性关系进行解释的比例。这一解释来自于下列定理（在附录 12.2 中证明）。

法则 12.3.1：r 与 s_e 的近似关系

相关系数 r 服从下列近似关系：

$$r^2 \approx \frac{s_y^2 - s_e^2}{s_y^2} = 1 - \frac{s_e^2}{s_y^2}$$

在法则12.3.1中，n值越大，近似结果越好，但是我们认为即使n为10时它已经非常合理了。式中分子$s_y^2 - s_e^2$，可以粗略地认为是由回归直线引发的Y的变异：Y的变异与残差变异是不同的，残差变异是指数据拟合回归直线后剩余的变异。如果回归直线对数据拟合得非常好，那么s_e^2将接近零，因此分子将接近s_y^2，在这种情况下，r^2接近于1。我们考虑另一种极端情况，如果这条直线拟合性非常差，那么s_e^2将接近于s_y^2，分子接近0；此时，r^2将趋近0。式中分母s_y^2，表示Y的变异；因此，这个比值，也就是r^2，表示Y的变异中能用Y和X之间的回归关系进行解释的比例。我们可以看出，由于$-1 \leqslant r \leqslant 1$，因此，$0 \leqslant r^2 \leqslant 1$。下面的例子说明了如何根据上下文对$r^2$进行解释和应用。

例12.3.10 水稻中的砷

对于水稻砷含量的数据，我们知道r=−0.566，所以r^2=0.320或32.0%。因此，水稻植株稻米中砷含量的变异有32%能够用稻米砷含量与水稻植株秸秆硅含量的线性关系进行解释。

例12.3.11 苯丙胺和食物消耗量

全部24只老鼠（也就是接受3种苯丙胺剂量的所有老鼠）构成样本，食物消耗量的标准差是s_y=21.84g/kg。进而假设是r^2为0.739。对于接受4mg/kg苯丙胺剂量的老鼠来说，食物消耗量的标准差估计值是多少？也就是说，$s_{Y|X=4}$的值是多少？

为了回答这个问题，我们首先必须明确X的值是无关的；残差标准差s_e表示给定X值所对应Y值的标准差，此例中X=4。因此，我们需要得到s_e的值。由法则12.3.1中，我们知道：

$$r^2 \approx 1 - \frac{s_e^2}{s_y^2}$$

经过代数计算，我们得到接受4mg/kg苯丙胺剂量处理的老鼠，其食物消耗量的标准差（近似值）为：

$$s_e \approx s_y\sqrt{1-r^2} = 21.84\sqrt{1-0.739} = 11.16\,\text{g/kg}$$

练习12.3.1—12.3.10

12.3.1 在研究有爪蟾蜍（*Xenopus laevis*）卵母细胞（发育的卵细胞）中蛋白质合成时，一位生物学家给每一个卵母细胞注射了放射性标记的亮氨酸。在注射后的不同时间，他检测了放射性并计算了被蛋白质吸收的亮氨酸的量。结果见右表，每一个亮氨酸的值是2个卵母细胞中标记的亮氨酸的量。全部的卵母细胞来自同一个雌性个体[13]。

	时间	亮氨酸
	0	0.02
	10	0.25
	20	0.54
	30	0.69
	40	1.07
	50	1.50
	60	1.74
平均数	30.00	0.830
SD	21.60	0.637
	r=0.993	
	SS（残差）=0.035225	

（a）绘制数据图。由图中可以看出X和Y之间的关系吗？两者的关系是线性还是非线性？两者的关系是弱还是强？

（b）用线性回归估计标记亮氨酸的吸收率；

（c）在图中绘出回归直线；

（d）计算残差标准差。

12.3.2 在乙醇（酒精）对生理影响的研究中，15只老鼠被随机分为三组，每一组从口中注入不同剂量的酒精。注射的剂量是每千克体重分别为1.5g、3.0g和6.0g。在酒精注射之前测量每一只老鼠的体温，酒精注射后20min再次进行测量。下表所示为每只老鼠的体温下降值（注射之前的体温与注射后20min体温的差值）（负值–0.1表示老鼠的温度是上升而不是下降）。[14]

酒精		体温下降值 /℃					
剂量 (g/kg)	log(剂量) x	观察个体的值 (y)					平均数
1.5	0.176	0.2	1.9	−0.1	0.5	0.8	0.66
3.0	0.477	4.0	3.2	2.3	2.9	3.8	3.24
6.0	0.778	3.3	5.1	5.3	6.7	5.9	5.26

（a）绘制体温下降平均数与剂量的数据图。绘制体温下降平均数与log(剂量)的数据图。哪个图更接近直线？

（b）绘制(x, y)数据图[此处X=log(剂量)]；

（c）对于Y依X=log（剂量）变化的回归，初步计算如下：$\bar{x}$=0.477，$\bar{y}$=3.05333，s_x=0.25439，s_y=2.13437，r=0.91074。计算拟合回归直线和残差标准差（近似值）；

（d）在图中绘出回归直线；

（e）该研究是观察研究还是试验研究？你是如何判断的?

（f）从该研究的数据中，能否认为酒精降低了体温？请简要说明。

12.3.3 考察练习12.2.5中玉米穗轴重的数据。

（a）使用练习12.2.5的汇总数据，计算拟合回归直线和残差标准差的近似值；

（b）根据上下文解释回归直线的斜率b_1；

（c）SS（残差）=1337.3。根据这个值计算残差标准差。这个值与（a）中计算得到的近似值相比是什么结果?

（d）根据上下文解释s_e的值；

（e）玉米穗轴重量的变异有多少比例可用玉米穗轴重与植株密度的线性关系进行解释?

12.3.4 考察练习12.2.6中真菌增长的数据。

（a）计算Y依X变化的线性回归方程；

（b）绘制数据图，并在图中标出回归线。观察直线是否很好地拟合了数据?

（c）SS（残差）=16.7812。根据这个值计算s_e。s_e的单位是什么?

（d）在图中绘出一条标尺线表明s_e的大小。（参见图12.3.8）

12.3.5 考察练习12.2.7能量消耗的数据。

（a）计算Y依X变化的线性回归方程。

（b）绘制数据图，并在图中标出回归线。直线是否很好地拟合了数据?

（c）根据上下文解释回归直线的斜率b_1；

（d）SS（残差）=21026.1。根据这个值计算s_e。s_e的单位是什么?

12.3.6 花楸（*Sorbus aucuparia*）生长在不同高度的地区。为了研究花楸树是如何适应栖息地环境变化的，研究者从苏格兰北安格斯不同高度地区采集了12棵花楸树的树枝，这些树枝均带有嫩芽。芽被带回实验室用于测定暗呼吸速率。下表所示为嫩芽采集的原始高度（单位：m）和暗呼吸速率（以每毫克组织干重每小时产生的氧气的微升数表示）[15]。

	原始高度 X/m	暗呼吸率 Y/[μL/(h·mg)]
	90	0.11
	230	0.20
	240	0.13
	260	0.15
	330	0.18
	400	0.16
	410	0.23
	550	0.18
	590	0.23
	610	0.26
	700	0.32
	790	0.37
平均数	433.333	0.21000
SD	214.617	0.07710
	r=0.88665	
	SS（残差）=0.013986	

（a）计算Y依X变化的线性回归方程；

（b）绘制数据图并标出回归直线；

（c）根据上下文解释回归直线的斜率 b_1；
（d）计算残差标准差。

12.3.7 科学家研究了牛蛙的体长和跳跃距离的关系。在研究中，研究者调查了 11 只牛蛙。结果见下表[16]。

牛蛙	体长 X/mm	跳跃的最大值 Y/cm
1	155	71.0
2	127	70.0
3	136	100.0
4	135	120.0
5	158	103.3
6	145	116.0
7	136	109.2
8	172	105.0
9	158	112.5
10	162	114.0
11	162	122.9
平均数	149.6364	103.9909
SD	14.4725	17.9415
	r=0.28166	
	SS（残差）=2,963.61	

（a）计算 Y 依 X 变化的线性回归方程；
（b）根据上下文解释回归直线的斜率 b_1；
（c）最大跳跃距离的变异中能够用跳跃距离与蛙体长两者之间的线性关系进行解释的比例是多少？
（d）计算残差标准差，并明确其单位；
（e）根据上下文解释残差标准差的值。

12.3.8 一个人深吸气后呼出气体的最高流速称为气体流速峰值。气体流速峰值以每分钟气体的升数表示，能反映个体的呼吸系统健康状况。研究者测量了 17 位男性的身高和气体流速峰值。结果见下表[17]。
（a）计算 Y 依 X 变化的线性回归方程；
（b）气体流速的变异中能够用流速和身高的线性关系进行解释的比例是多少？
（c）用（a）所得到的回归方程，预测每一受试者的气体流速峰值；
（d）根据（c）的结果，计算每一受试者的残差；

观察值	身高 X/cm	最高流速 Y/(L/min)
1	174	733
2	183	572
3	176	500
4	169	738
5	183	616
6	186	787
7	178	866
8	175	670
9	172	550
10	179	660
11	171	575
12	184	577
13	200	783
14	195	625
15	176	470
16	176	642
17	190	856
平均数	180.4118	660.0000
SD	8.5591	117.9952
	r=0.32725	
	SS（残差）=198,909	

（e）计算 s_e，并明确其单位；
（f）数据点在回归直线 $\pm s_e$ 范围的比例是多少？也就是说，17 个残差中在区间（$-s_e$，s_e）的比例是多少？

12.3.9 对于下列数据，如图 12.3.8 一样绘制数据图，在图中标明数据点、回归直线及回归直线上下垂直距离为 s_e 的两条线。在回归直线 $\pm s_e$ 内的数据点的百分比是多少？你预期在回归直线 $\pm s_e$ 内数据点的百分比是多少？如何比较这些数据？
（a）练习 12.3.2 中体温的数据；
（b）练习 12.3.3 中玉米穗轴重量的数据。

12.3.10 假定成对（x, y）构成一个大容量样本，我们可以建立 Y 依 X 变化的线性回归方程。现在假设我们另外观察 100 对数据（x, y）。你预期这些新数据中约有多少在回归直线 $2s_e$ 范围外？

12.4 回归参数解释：线性模型

回归分析的用处之一是提供了描述数据的简单方法。b_0 和 b_1 的值决定了回归直线，s_e 描述了数据点围绕回归直线的分散性。

然而，对于很多研究目的来说，仅仅对数据进行描述是不够的。在这一节，我们考虑如何由数据的结果推断总体的特征。在前面章节中，我们已经提到 Y 值的一个或多个总体。现在，我们也要考虑 X 变量，需要把这个概念延伸到总体。

条件总体和条件分布

Y 值的**条件总体**（conditional population）是指固定或给定 X 值时 Y 值的总体。在条件总体中，我们可能提到 Y 的**条件分布**（conditional distribution）。条件总体分布的平均数和标准差表示为：

$\mu_{Y|X}$= 给定 X 值时 Y 的总体平均数

$\sigma_{Y|X}$= 给定 X 值时 Y 的总体 SD

注意，“给定”的符号“|”与第 3 章和第 10 章用于条件概率时是一样的。下例表明了这一符号的应用。

例 12.4.1
苯丙胺和食物的消耗量

例 12.1.1 老鼠试验中，响应变量 Y 是食物消耗量，X（剂量）的 3 个值分别是 $X=0$、$X=2.5$ 和 $X=5$。在例 12.3.5 中我们得到了平均数图，并将食物消耗量的数据作为 3 个独立样本（对方差分析而言）。在方差分析部分，我们将 3 个总体平均数分别表示为 μ_1、μ_2 和 μ_3。在回归分析中，这些平均数分别表示为：

$$\mu_{Y|X=0} \qquad \mu_{Y|X=2.5} \qquad \mu_{Y|X=5}$$

同样，在方差分析部分，3 个总体标准差分别表示为 σ_1、σ_2 和 σ_3，而在回归分析中分别表示为：

$$\sigma_{Y|X=0} \qquad \sigma_{Y|X=2.5} \qquad \sigma_{Y|X=5}$$

也就是说，符号 $\mu_{Y|X}$ 和 $\sigma_{Y|X}$ 表示接受给定剂量为 X 的老鼠，其食物消耗量数值的平均数和标准差。

在观察研究中，条件分布从属于子总体，而不是试验分组，以下例进行说明。

例 12.4.2
青年男性的身高和体重

对于青年男性构成的总体，考察下面变量：

X= 身高

Y= 体重

条件平均数和标准差是：

$\mu_{Y|X}$= 身高为 X in 青年男性体重的平均数

$\sigma_{Y|X}$= 身高为 X in 青年男性体重的 SD

因此，$\mu_{Y|X}$ 和 $\sigma_{Y|X}$ 是身高为 X 的青年男性子总体体重的平均数和标准差。当然，每一个 X 值对应不同的子总体。

线性模型

当我们进行线性回归分析时，我们认为 Y 是一个取决于 X 的分布。如果线性模型满足两个条件，那么回归分析就能给出参数的解释。下框中列出了构成**线性模型**（linear model）的条件。

线性模型

（1）线性关系 $Y=\mu_{Y|X}+\varepsilon$，此处 $\mu_{Y|X}$ 是 X 的线性方程，也就是：

$$\mu_{Y|X}=\beta_0+\beta_1X$$

因此，$Y=\beta_0+\beta_1X+\varepsilon$。

（2）标准差为常数 $\sigma_{Y|X}$ 不依赖于 X。我们用 σ_ε 表示这个常数。

在线性模型 $Y=\beta_0+\beta_1X+\varepsilon$ 中，ε 表示**随机误差**（random error）。它在模型中反映了 Y 的变异，包括固定 X 时 Y 的变异。对于固定的 X 值，Y 的变异以 Y 的条件标准差 $\sigma_{Y|X}$ 表示。但是，由于线性模型要求对于每个 X 值，标准差都相等，我们通常使用 σ_e 这个符号来表示该标准差，并把它称为随机误差的标准差。

下面两个例子说明了线性模型的含义。

例 12.4.3 苯丙胺和食物的消耗量

对于老鼠食物消耗量的实验，线性模型表明：①食物消耗量的总体平均数是苯丙胺剂量的线性函数；②对于所有苯丙胺剂量来说，食物消耗量的总体标准差是相同的。我们注意到，第二个条件与方差分析中总体 SD 相等即 $\sigma_1=\sigma_2=\sigma_3$ 这一条件是相似的。当 X 值固定时，线性模型也考虑到 Y 存在变异性这一事实。例如，$X=5$ 时有 8 个观察值。这 8 个观察值的平均数为 55.0，但是没有一个观察值正好等于 55.0；这 8 个 Y 值实际上存在变异性。该变异性可以用 SD 为 13.3 来表示。

例 12.4.4 青年男性的身高和体重

我们考虑一个理想化的假定青年男性总体，其身高和体重的分布都非常符合线性模型。对于这一假定总体，我们假设给定身高下体重的条件平均数和 SD 如下：

$$\mu_{Y|X}=-145+4.25X$$
$$\sigma_e=20$$

因此，总体回归参数为 $\beta_0=-145$ 和 $\beta_1=4.25$（这个假定总体与美国 17 岁青少年所构成的总体类似）[18]。因此，回归模型为 $Y=-145+4.25X+\varepsilon$。

表 12.4.1 所示为部分特定身高为 X、体重为 Y 的条件平均数和 SD。图 12.4.1 所示为给定 X 值所对应 Y 值子总体的条件分布。

表 12.4.1 青年男性总体给定身高下体重的条件平均数和 SD

身高 X/in	体重平均数 $\mu_{Y\|X}$/lb	体重标准差 $\sigma_{Y\|X}$/lb
64	127	20
68	144	20
72	161	20
76	178	20

注：所有 $\sigma_{Y|X}$ 值是相同的，都等于 $\sigma_\varepsilon=20$。

我们注意到，例如，身高＝ 68in 时，体重的平均数为 144lb，体重的标准差是 20lb。对于这个子总体，$Y=144+\varepsilon$。如果一位青年男性身高 68in，体重为 145lb，那么对于他来说 $\varepsilon=1$。如果另一位青年男性身高 68in，体重 140lb，则 $\varepsilon=-4$。当然，β_0、β_1 和 ε 通常不能观察到。这个例子是假定的。

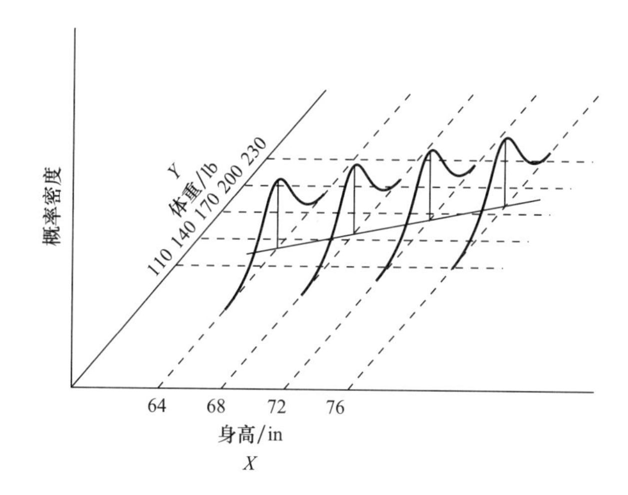

图 12.4.1 青年男性总体中给定身高下体重的分布

注释 实际上，回归并不仅限于线性回归。通常，$\mu_{Y|X}$ 和 X 之间的关系被称为 Y 依 X 的回归。线性假定表明 Y 依 X 的回归是直线方程，而不是曲线等其他方程。

线性模型的估计

我们现在考虑分析一组数据（X，Y）。假定我们认为线性模型真实地描述了 Y 和 X 之间的关系。我们进一步假定采用下列**随机二次抽样模型**（random subsampling model）：

随机二次抽样模型

> 对于每一对观察值（x，y），我们认为 y 值是由给定 X 值为 x 时 Y 的条件总体中随机抽样得来的。

根据线性模型和随机二次抽样模型的结构，由回归分析计算出的 b_0、b_1 和 s_e 可以估计总体参数：

b_0 是 β_0 的估计值；

b_1 是 β_1 的估计值；

s_e 是 σ_ε 的估计值。

例 12.4.5 蛇的体长和体重

由例 12.2.1 和例 12.2.2 蛇体长和体重的汇总数据，我们可以计算出回归系数，b_0=−301，b_1=7.19 和 s_e=12.5（根据提供的汇总数据，自己进行有关的计算是一个很好的练习机会）。因此：

−301 是 β_0 的估计值；

7.19 是 β_1 的估计值；

12.5 是 σ_ε 的估计值。

线性模型在蛇数据中的应用形成了两个优点。首先，回归直线的斜率 7.19g/cm 是形态学参数（“单位体长的重量”）的估计值，这是蛇总体特征中一个潜在的生物学指标。第二，我们得到了固定蛇体长时其体重变异的估计值（12.5g），尽管因为没有两条蛇的体长是相同的，通常我们不能直接得到这个估计值。

线性模型的内插

在 12.3 节，我们将回归直线看作平均数的直线。将平均数图平滑为直线，这一思想可以延伸至每一 X 值只有一个观察值的情况。当通过一系列（X，Y）数据绘制一条直线时，我们认为即使数据显示两者的关系是粗略的，Y 随 X 值的变化仍存在潜在的平滑性。线性回归是提供数据平滑性描述的一种方法，我们以下例进行说明。

例 12.4.6 水稻中的砷

水稻植株秸秆硅含量是 33g/kg 时，稻米中砷含量的平均数和标准差是多少？我们观察的水稻植株中没有一株秸秆硅含量正好为 33.3g/kg。如果我们观察到秸秆硅含量为 33.3g/kg 的水稻植株，可以计算稻米砷含量的平均数以得到这一问题的答案，但是因为 Y 和 X 之间有明显的线性关系，我们可以利用所有数据得到的回归直线来更好地预测稻米砷含量平均数的估计值。例 12.3.4 中，我们知道回归方程为 $\hat{y}=197.17-2.51x$，$s_e=37.30$。因此，水稻植株秸秆硅含量为 33g/kg 时，稻米砷含量平均数的估计值为 $197.17-2.51\times33=114.35$ μg/kg，标准差为 $s_e=37.30$ μg/kg。图 12.4.2 以图形的方式表示了这种内插。

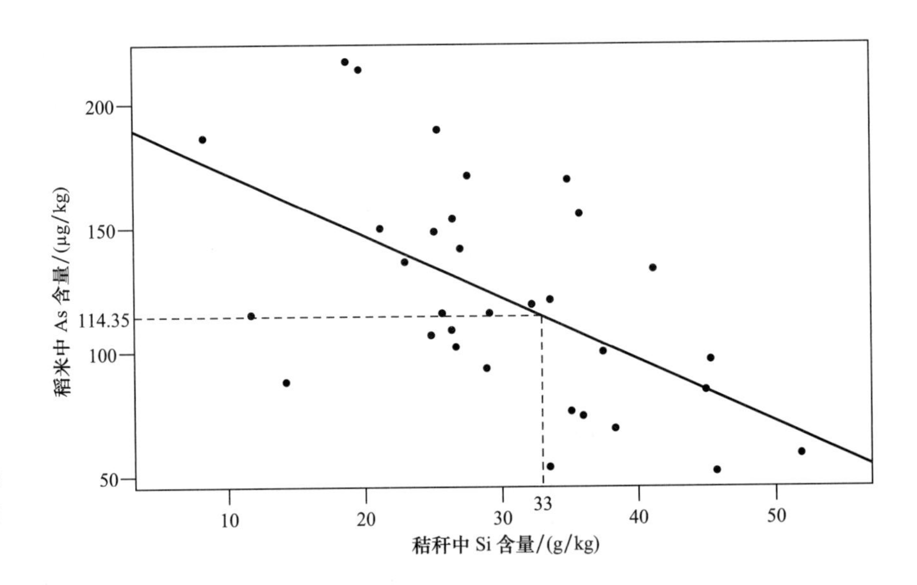

图 12.4.2　32 株水稻植株秸秆硅含量和稻米砷含量

注意，对平均数进行估计利用了线性模型中的线性条件，而对标准差进行估计则利用了标准差不变这一条件。在一些情况下，只有线性条件可能是合理的，因此也就只能估计平均数。

例 12.4.6 是**内插**（interpolation）的一个例子，因为我们选择的 X 值（水稻砷含量例子中 X 为 33，食物消耗量例子中 X 为 3.5）在 X 观察值的范围内。与之相比，**外推**（extrapolation）是回归直线（或者其他曲线）的另一个用途，它可以预测 X 在数据取值范围之外时相对应的 Y 值。如果条件允许，外推应该避免，因为当 X 在观察值范围之外时，通常不能保证 $\mu_{Y|X}$ 和 X 之间存在直线关系。许多生物学中的关系只在 X 值取值范围的一部分内呈直线关系。请看下面的例子。

例 12.4.7
苯丙胺和食物消耗量

例 12.1.1 中老鼠食物消耗量试验中剂量响应关系近似如图 12.4.3 所示[19]。数据中仅有一部分呈线性关系。因此，利用拟合直线来外推 X=10 或 X=15 时 Y 的值是不明智的。

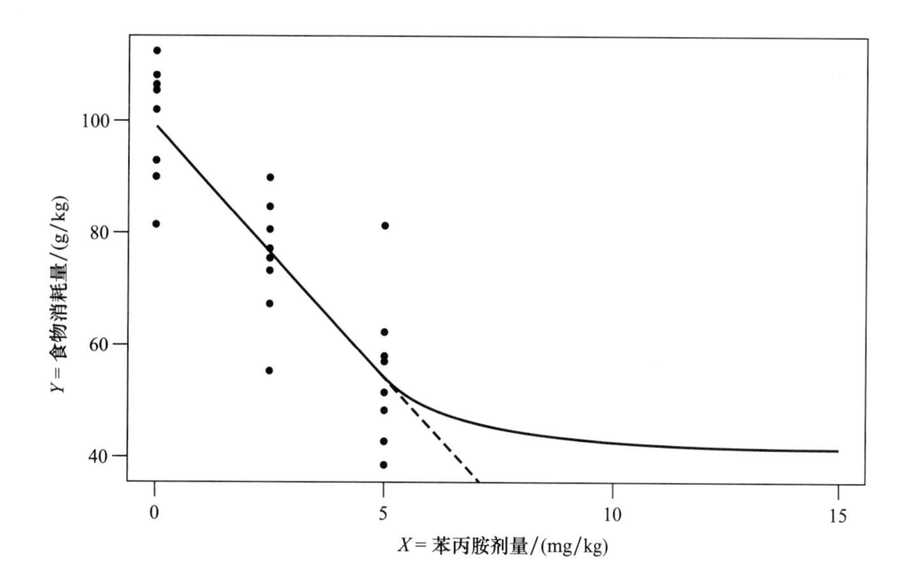

图 12.4.3 老鼠食物消耗量试验中剂量响应曲线（平均反应与剂量）

预测和线性模型

对于一组平均体重为 150 lb 的青年男性组成的大样本，考察如何使用身高 X 预测体重 Y。假定随机抽取一位青年男性，我们需要预测他的体重。

（1）如果我们不知道这位青年男性身高的任何信息，我们能够给出的体重最好估计值是平均体重$\bar{y}$ =150 lb。

（2）假设我们知道这位青年男性的身高是 76in。如果我们知道所有身高为 76in 的青年男性构成样本的平均体重是 180 lb，那么我们就以这个条件平均数 $\bar{y}|x=76$作为体重的预测值。我们期望通过平均数图（并不是平滑的）得到的预测值，比方法 1 得到的值更准确。

（3）假设我们知道这位青年男性的身高是 76in，并且我们还知道最小二乘回归方程是 Y=−140+4.3X。那么我们可以用 x=76 得到一个预测值，即：$-140+4.3\times76=186.8$。

方法 3 得到的预测值是否优于方法 2 得到的预测值？由于使用回归方程相当于将平均数图进行平滑，因此，从我们认为身高和体重有线性关系这一点来看，我们期望用方法 3 进行预测要优于方法 2。用方法 3 进行预测，其优点是利用了所有数据的信息，而不是仅利用 x=76 的数据信息。方法 3 的另一个优势是，当 X 变量值（身高）不是原始数据中的值时，我们不知道$\bar{y}|x$，但我们仍然可以进行预测（在前面“线性模型的内插”部分讨论过）。然而，如果线性关系不存在，方法 3 得到的预测值也是不准确的。因此，在使用回归模型之前，认真思考并且用图来表示它们的关系是非常重要的。

练习 12.4.1—12.4.9

12.4.1 对练习 12.2.6 的数据中，当 X=0 时有两个观察值。这些点（Y 值）的平均数是（33.3+31.0）/2=32.15。然而，回归直线的截距 b_0 不是 32.15。为什么不是 32.15？苦杏仁酸浓度为 0 时，为什么 b_0 作为真菌增长平均数的估计值要优于 32.15?

12.4.2 参阅练习 12.3.2 中体温的数据。假设线性模型是适用的，当老鼠接受 2g/kg 酒精剂量处理时，估计其体温下降的平均数和标准差。[提示：X 变量是剂量还是 log（剂量）]

12.4.3 参阅练习 12.2.5 和练习 12.3.3 中玉米穗轴重的数据。假设线性模型可用。

（a）小区中有（i）100 株和（ii）120 株玉米植株时，估计穗轴重的平均数；

（b）假设每株植株只有一个穗轴。小区有（i）100 株和（ii）120 株玉米植株时，我们期望其籽粒产量是多少？

12.4.4（练习 12.4.3 的继续） 对于玉米穗轴重的数据，SS（残差）=1,337.3。估计小区中有（i）100 株和（ii）120 株玉米植株时，玉米穗轴重的标准差。

12.4.5 参阅练习 12.2.6 真菌生长的数据。对于这些数据，SS（残差）=16.7812。假设线性模型是适用的，当苦杏仁酸浓度是 15μg/mL 时，估计真菌生长的平均数和标准差。

12.4.6 参阅练习 12.2.7 能量消耗的数据。假设线性模型是适用的，如果一位男性的去脂体重为 55kg，估计其 24h 的能量消耗量。

12.4.7 参阅练习 12.2.8 中钙泵活性的数据。对于这些数据，SS（残差）=21,984,623。

（a）假设线性模型是适用的，母亲头发中汞含量为是 3μg/g 时，估计孩子基底钙泵活性的平均数和标准差。

（b）母亲头发中 Hg 含量为 3μg/g，而孩子的基底钙泵活性值高于 4000nmol/(mg·h)，这个结果奇怪吗？根据（a）计算得到的数值来解释你的答案。

12.4.8 参阅练习 12.3.7 牛蛙的数据。假设线性模型是适用的，牛蛙体长为 150mm 时，估计其最大跳跃距离。

12.4.9 参阅练习 12.3.8 中气体流速峰值的数据。假设线性模型是适用的，当人的身高为 180cm 时，估计气体流速峰值的平均数和标准差。

12.5 关于 β_1 的统计推断

线性模型为 b_0、b_1 和 s_e 提供了解释，使它们超出了数据描述而进入统计推断领域。在这一节，我们主要考察回归直线真正的斜率 β_1 的统计推断。该推断方法是建立在每个 X 值所对应 Y 的条件总体分布是一个正态分布的基础上的。也就是说，在线性模型 $Y=\beta_0+\beta_1X+\varepsilon$ 中，ε 服从正态分布。

b_1 的标准误

在线性模型中，b_1 是 β_1 的估计值。和所有由数据计算得到的估计值一样，b_1 也存在抽样误差。b_1 的标准误计算如下：

b_1 的标准误

$$\mathrm{SE}_{b_1}=\frac{s_e}{s_x\sqrt{n-1}}$$

下例说明了SE_{b_1}的计算。

例 12.5.1 蛇的体长和体重

对于蛇体长和体重的数据，由表 12.2.2，我们知道 n=9，s_x=4.637，由例 12.4.5 得到 s_e=12.5。b_1 的标准误为：

$$SE_{b_1}=\frac{12.5}{4.637\times\sqrt{9-1}}=0.9531$$

概括来说，拟合回归直线（由例 12.4.5 得出）的斜率为：

$$b_1=7.19\text{g/cm}$$

此斜率的标准误为：

$$SE_{b_1}=0.95\text{g/cm}$$

SE 的结构 我们来看 b_1 的标准误是如何依赖于数据各方面特性的。我们知道 $SE_{\bar{Y}}$ 取决于 Y 数据的变异（s_y）和样本容量（n），同样，SE_{b_1}取决于数据偏离回归直线的分散程度（s_e）和样本容量（n）。由 SE_{b_1} 的计算公式，我们直觉认为数据偏离回归直线的分散程度越小（较小的 s_e）以及样本容量越大（n 较大），对 β_1 的估计越精确（也就是SE_{b_1}较小）。虽然 Y 的变异和样本容量是影响我们估计总体平均数精确性（$SE_{\bar{Y}}$）的两个因素，但在精确估计 β_1 时还有第三个重要因素：这就是 X 数据的变异。X 值越分散（s_x 较大），我们对 β_1 的估计就会越精确。对 X 值离散性的依赖如图 12.5.1 所示，该图所示为 s_e 和 n 相同而 s_x 不同的两组数据集。试想一下，如果目测用尺子来拟合一条直线的话；我们直觉上清楚地认为有较大 s_x 的图 12.5.1（b）中，对拟合直线的斜率的估计更精确。

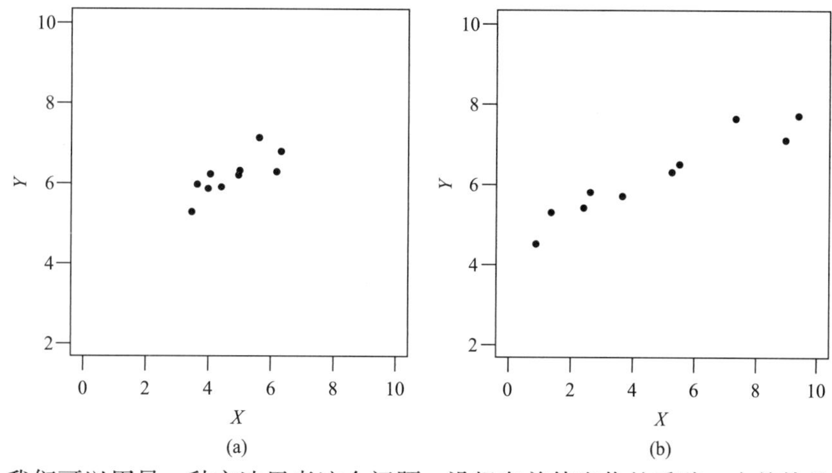

图 12.5.1 n 和 s_e 相同而 s_x 不同的 2 个数据集

（a）s_x 较小
（b）s_x 较大

我们可以用另一种方法思考这个问题，设想向前伸出你的手臂，在前伸的双手食指上放置一把米尺使它保持平衡。如果移动双手，使双手相互远离，那么尺子的平衡就相对容易——这就类似图 12.5.1（b）。但是，如果移动双手使双手相互靠近，那么尺子平衡就变得比较困难——这就类似图 12.5.1（a）。双手远离使得尺子的稳定性增加。同样，X 值分散，斜率的标准误降低。

设计的影响 前面的讨论表明，为了获得精确的 β_1 信息，X 值应尽可能地分散。如果试验设计中包含 X 值的选择时，这一概念就可以指导研究者进行试验设计。但是，其他因素也有一定的作用。例如，如果 X 是一种药物的剂量，X 值尽可能分散这一特性将会导致只使用两种剂量：低剂量和高剂量。而实际上，研究者为了证实数据范围内的直线关系常希望选择中间剂量的几个观察值。

β_1 的置信区间

在很多研究中，β_1 的数值是生物学研究中一个有意义的参数，并且数据分析的主要目的就是估计 β_1。β_1 的置信区间可以由我们熟悉的基于 SE 和学生氏 t 分布的方法来构建。例如，构建 β_1 的 95% 置信区间为：

$$b_1 \pm t_{0.025}\mathrm{SE}_{b_1}$$

这里，$t_{0.025}$ 的临界值由学生氏 t 分布得到，其自由度为：

$$\mathrm{df}=n-2$$

类似地，我们可以构建其他置信系数下的置信区间；例如，构建 90% 的置信区间时，我们要使用 $t_{0.05}$ 的临界值。

例 12.5.2
蛇的体长和体重

以蛇体长和体重数据构建 β_1 的 95% 置信区间。我们知道 b_1=7.19186，$\mathrm{SE}_{b_1}=0.9531$。样本容量为 n=9，由书后统计表中的表 4，我们知道时 df=9−2=7 时：

$$t_{7,0.025}=2.365$$

置信区间为：

$$7.19186 \pm 2.365 \times 0.9531$$

或者表示为：

$$4.94\mathrm{g/cm}<\beta_1<9.45\mathrm{g/cm}$$

我们有 95% 的概率保证，蛇的体重依体长变化的直线回归总体斜率在 4.94~9.45g/cm。这个区间比较大，是因为样本容量较小的缘故。

检验假设 H_0：β_1=0

在一些调查中，我们事先并不确定 X 和 Y 之间是否存在线性关系。于是，我们可能会考虑数据所表现出来的趋势是错误的概率，它只反映了抽样的变异性。在这种情况下，我们会很自然地用公式来表述无效假设：

$$H_0\text{：}\mu_{Y|X} \text{ 与 } X \text{ 无关}$$

在线性模型中，这个假设可以写作：

$$H_0\text{：}\beta_1=0$$

H_0 的 t 检验基于下面这个统计数 *：

$$t_s=\frac{b_1-0}{\mathrm{SE}_{b_1}}$$

临界值由学生氏 t 分布获得，其自由度为：

$$\mathrm{df}=n-2$$

下面的例子说明了 t 检验的应用。

例 12.5.3
血压和血小板中的钙

例 12.2.3 中血压和血小板钙含量的数据如图 12.5.2 所示。由这些数据，我们可以计算出，$\bar{x}$ =94.50000，$\bar{y}$ =107.86840，s_x=8.04968，s_y=16.07780，由此我们可以计算出 **：

$$b_0=-2.2009\text{，}b_1=1.16475$$

* 检验统计数的分子上包括“−0”提醒我们，如果无效假设是正确的，我们把（观测到的）斜率 b_1 的估计值和期望观测到的斜率进行比较。在练习中我们将考虑假设斜率是一个不为零的值。

** 由于下列值用于回归计算的中间过程，我们保留了数据的多个小数位而不是通常在数据汇总时只保留一位小数。

残差平方和是 6,311.7618。

因此：

$$s_e = \sqrt{\frac{6,311.76}{38-2}} = 13.24 \text{，} \quad SE_{b_1} = \frac{13.24}{8.04968\sqrt{38-1}} = 0.2704$$

b_0、b_1、SS（残差）和SE_{b_1}的值通常由计算机软件计算得到。下面是典型的计算机输出结果。

回归方程为：

血小板钙含量 =−2.2+1.16× 血压

预测变量	系数	SE 系数	T	P
常数	−2.20	25.65	−0.09	0.932
血压	1.1648	0.2704	4.31	0.000

S=13.2411　R−Sq=34.0%　R−Sq（调整）=32.2%

方差分析：

来源	DF	SS	MS	F	P
回归	1	3252.6	3252.6	18.55	0.000
残差	36	6311.8	175.3		
总	37	9564.3			

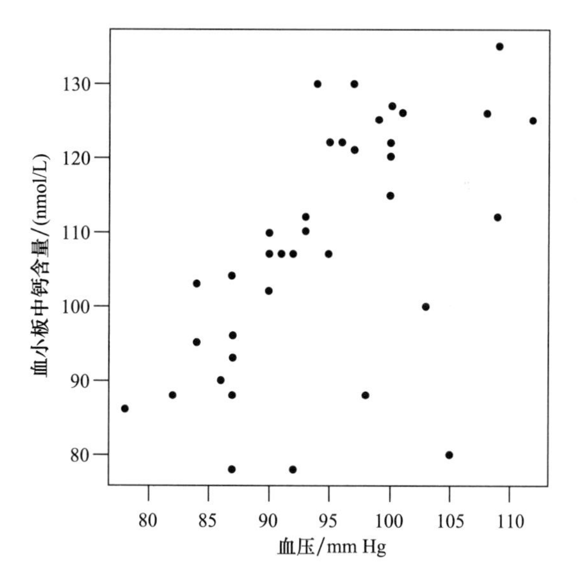

图 12.5.2 38 位血压正常人的血压值和血小板钙含量

我们将检验无效假设：

$$H_0\text{：}\beta_1=0$$

相应的备择假设：

$$H_A\text{：}\beta_1 \neq 0$$

在线性模型中，这些假设可以描述为：

H_0：血小板钙含量的平均数与血压无线性关系；

H_A：血小板钙含量的平均数与血压有线性关系。

（注："线性关系"不是指我们在 12.2 节讨论的因果关系。）

我们选择 α=0.05。检验统计数为：

$$t_s = \frac{1.16475}{0.2704} = 4.308$$

由书后统计表中的表 4，我们知道，df=n−2=36 ≈ 40 时，$t_{40,0.0005}$=3.551。由此，我们得到 P 值 < 0.001，于是否定 H_0。数据为我们提供了充分的（强有力的）证据，由此可以推断血小板钙含量依血压变化的总体回归斜率是正值（也就是，β_1>0）

注意，β_1 的检验并不需要判断 $\mu_{Y|X}$ 与 X 之间是否有线性关系。检验关注假设线性模型是否适用，我们能否推断出斜率不为零。因此，由检验得出推断的表述必须慎重。例如，“具有明显的线性趋势”这一表述就很容易让人产生误解 *。

与其他假设检验一样，如果我们希望用到定向备择假设时，我们要按照两步进行：①检查确定的方向是正确的（在回归分析中意味着检查回归直线的斜率的 + 或 − 号是正确的）；②如果条件满足，将双尾 P 值减小一半。

练习 12.5.1—12.5.9

12.5.1 参阅练习 12.3.1 亮氨酸的数据。

（a）构建 β_1 95% 的置信区间；

（b）根据上下文解释（a）所得到的置信区间。

12.5.2 参阅练习 12.3.2 的体温数据。对于这些数据，s_e=0.91472。构建 β_1 的 95% 置信区间。

12.5.3 参阅练习 12.2.5 玉米穗轴重的数据。对于这些数据，SS（残差）=1,337.3。

（a）构建 β_1 95% 的置信区间；

（b）根据上下文解释（a）所得到的置信区间。

12.5.4 参阅练习 12.2.6 真菌生长的数据。对于这些数据，SS（残差）=16.7812。

（a）计算斜率的标准误 SE_{b_1}；

（b）考察无效假设：苦杏仁酸对真菌的生长没有影响。假设线性模型适用，用公式计算回归直线，并进行检验，对应的备择假设为苦杏仁酸抑制了真菌生长。取 α=0.05。

12.5.5 参阅练习 12.2.7 能量消耗的数据。对于这些数据，SS（残差）=21,026.1。

（a）构建 β_1 95% 置的信区间；

（b）构建 β_1 90% 的置信区间。

12.5.6 参阅练习 12.2.8 基底钙泵的数据。对于这些数据，s_e=548.78。

（a）构建 β_1 95% 的置信区间；

（b）如何考虑 β_1 低于 −800［nmol/(mg/h)］/(μg/g) 这一描述？用（a）得到的置信区间来解释答案；

（c）如何考虑 β_1 低于 800［nmol/(mg/h)］/(μg/g) 这一描述？用（a）得到的置信区间来解释答案。

12.5.7 参阅练习 12.3.6 呼吸速率的数据。假设线性模型适用，提出无效假设为花楸树所生长的海拔高度与呼吸速率无关，备择假设为来自高海拔地区的花楸树有高的呼吸速率。对无效假设进行检验，取 α=0.05。

12.5.8 下面是用计算机对例 12.2.2 蛇体长和体重数据进行回归分析的结果。根据这些结果构建 β_1 95% 的置信区间。

回归方程为：

体重 =−301+7.19× 体长

预测变量	系数	标准差	t	P
常数	−301.09	60.19	−5.00	0.000
体长	7.1919	0.9531	7.55	0.000

* 有些检验（在某些情况下）能够检验线性关系是否真正存在。并且，有些检验方法可以检验不用假定线性关系的线性组合趋势。这些检验方法不在本教材范围之内。

S=12.50 R-Sq=89.1% R-Sq（调整）=87.5%

方差分析

来源	df	SS	MS	F	P
回归	1	8896.3	8896.3	56.94	0.000
残差	7	1093.7	156.2		
总	8	9990.0			

12.5.9 参阅练习 12.3.8 气体流速峰值的数据。假定线性模型适用。

（a）检验无效假设：气体流速峰值与身高无关；备择假设：气体流速峰值与身高有关。用非定性备择假设，令 α=0.10 水平；

（b）对（a）的假设再次进行检验，用定向备择假设，即假设气体流速峰值会随着身高的增加而增加。我们仍使用 α=0.10。

12.6 回归和相关解释准则

任何一组（X，Y）数据都可以进行回归分析，并可计算出 b_0、b_1、s_e 和 r 的值，但在解释这些计算出来的值时需要慎重。在这一节，我们讨论解释线性回归和相关时需要注意的一些问题。我们首先考察回归和相关在数据描述中的应用，之后我们考察它们在推断中的应用。

何种条件下线性回归的描述不合适?

如果存在下列特征之一,用线性回归和相关对数据进行描述就可能是不合适的:

- 曲线关系；
- 异常值；
- 影响点。

我们简要对这些特征进行讨论。

如果 Y 依 X 实际上不是直线关系而是曲线关系，应用线性回归和相关就会引起误解。下例说明这是如何发生的。

例 12.6.1 与 X 有关的曲线关系 图 12.6.1 中的数据服从 $Y=-1+6X-X^2$ 这一确定的函数关系，这组数据是虚构的。但是，通过计算得到 r=0，且 b_1=0，因此 X 和 Y 不相关。由数据得出的最优直线是一条水平线，这条直线无法为我们提供 X 和 Y 之间曲线关系的信息。残差标准差 s_e=2.27；但是，由于这些数据不是随机的，s_e 不能表示随机误差，而只是表示了偏离直线的程度。

通常，曲线关系会导致：①拟合直线不能充分地反映数据的信息；②使人们误认为相关程度很小；③ s_e 值过高。当然，例 12.6.1 是一个极端的例子。图 12.6.2 所示为一个我们可以清楚看出来是曲线关系的数据集，其曲线关系比较微弱。

异常值（outlier）是在回归分析中远离由数据得到的线性趋势的数据点。异常值会使回归分析存在以下两个误区：①夸大的 s_e 值降低了相关性；②过度影响回归直线。值得注意的是，散点图中异常值的点可能在 X 分布或 Y 分布中都不是异常值，我们以下例进行说明。

图 12.6.3 所示为不同异常值的数据集。图 12.6.3（a）的数据集无异常值，图 12.6.3（b）和图 12.6.3（c）则描述了回归的异常值，数据中有一些点远离回归直线。从图 12.6.3（b）来看，异常值并没有对回归直线的斜率产生太大的影响，但是它却提高了残差标准差 s_e，同时降低了相关性。图 12.6.3（c）中的异常值看起

来对回归直线的斜率影响较大；它也提高了 s_e，同时降低了相关性。图 12.6.3（d）中有这样一个特殊点，从 X（和 Y）的分布来看，它是异常值，但是在回归分析中，它并没有远离回归直线。

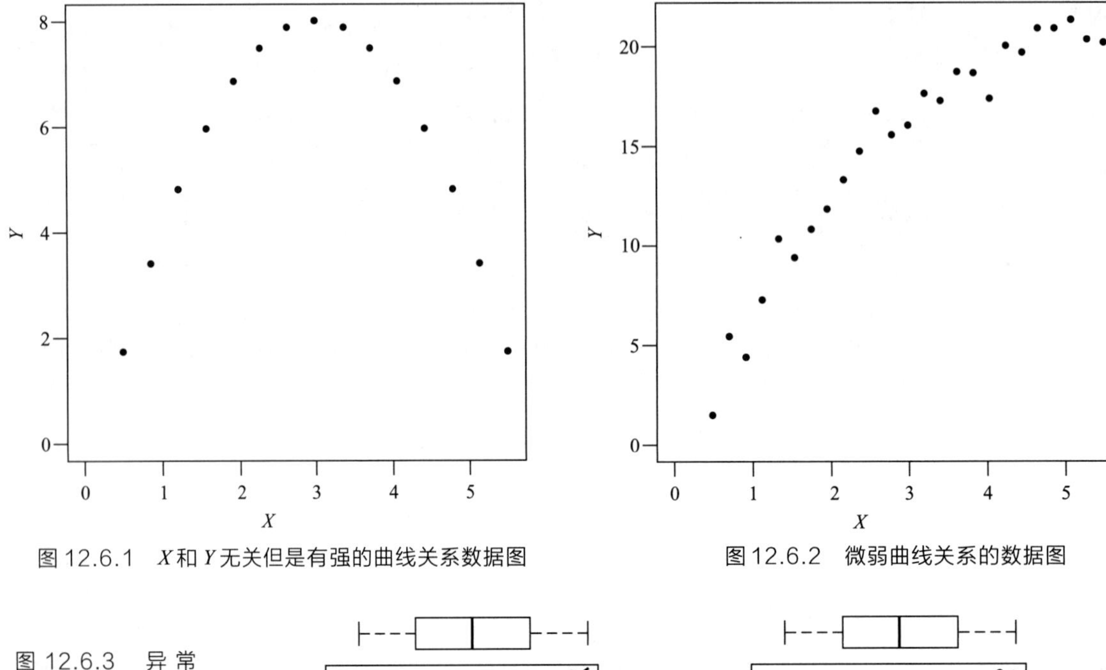

图 12.6.1　X 和 Y 无关但是有强的曲线关系数据图

图 12.6.2　微弱曲线关系的数据图

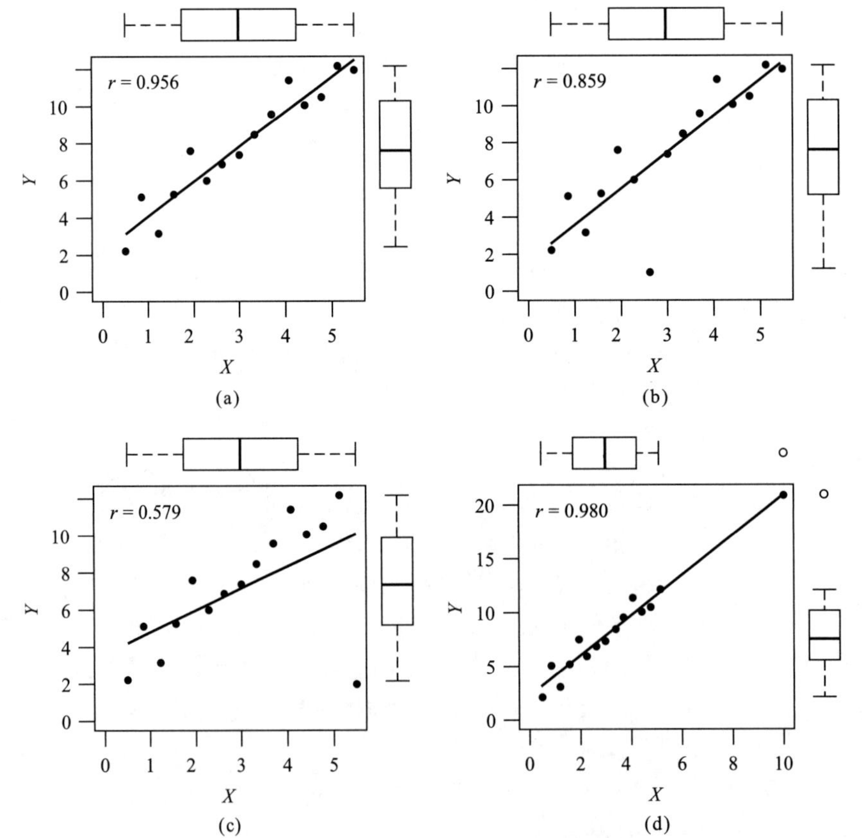

图 12.6.3　异常值对回归直线的不同影响。每一个散点图的旁边是 X 和 Y 数据的箱线图

（a）无异常值的数据

（b）与（a）相比，只是在 X 中间值处出现了一个异常值　（c）仍然是相同的数据，只是在 X 最高值处出现了一个异常值（同时也是杠杆点和影响点）　（d）仍然是相同的数据，只是有一个点，从 X（以及 Y）分布来看是异常值，但却不是回归直线的异常值（也是杠杆值，但不是影响点）

杠杆点（leverage points）是指对拟合回归模型的斜率有较大影响潜力的点。一个点的 X 值越远离 X 分布的中心，这个点对整个回归模型的杠杆影响作用就越大。

但是，拥有杠杆作用和实际发挥杠杆作用是不同的。图 12.6.3（c）和图 12.6.3（d）标注了杠杆值。图 12.6.3（c）中，杠杆点实际上确实发挥了它对直线的杠杆作用，使大多数数据点得到的回归直线发生了偏转。我们称对回归模型有较大影响的点为**影响点**（influential point）。图 12.6.3（d）描述了一个杠杆点（由于 X 极端值的缘故），但是它并没有对回归模型产生影响，因为回归直线仍然是大多数数据得到的回归直线。应该注意的是，图 12.6.3（b）中的异常值并不能认为是杠杆点，因为这个点的 X 坐标值在 X 分布的近中心部分，它对直线斜率的影响作用非常弱。

影响点还能够极大地影响（增加或减少）相关系数。在图 12.6.3（c）中的影响点使得相关系数由图 12.6.3（a）中的 r=0.956 降低为 r=0.579。例 12.6.3 描述了由于影响点的出现而使相关系数增加的情况。

图 12.6.4（a）所示为一个数据集及其回归直线。图 12.6.4（b）所示为相同的数据，但是增加了一个影响点。我们可以看出，数据中增加了影响点后明显改变了回归直线。尽管这个影响点从 X 分布和 Y 分布来看是异常值，但是由于这个点的误差并不大，它并不是回归直线的异常值。

图 12.6.4（a）中数据的相关系数为 r=0.053。图 12.6.4（b）中，只是数据中增加了一个影响点，数据的相关系数就改变为 r=0.759。

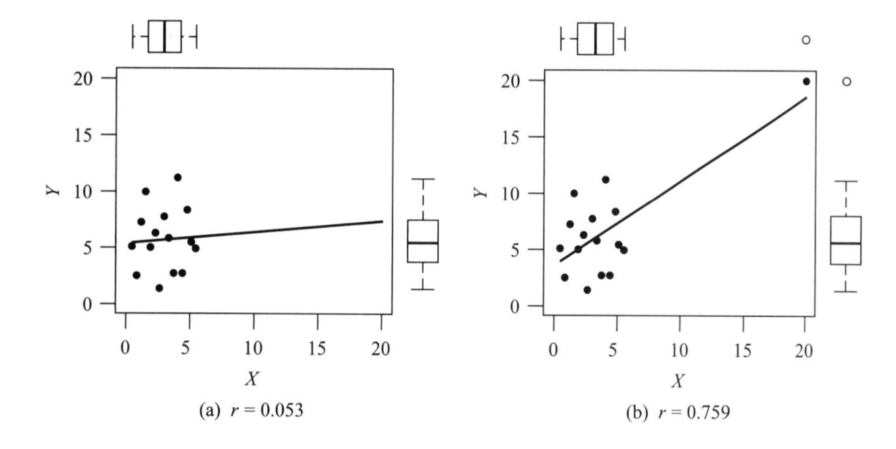

图 12.6.4 影响点对回归直线的作用

（a）一组数据集

（b）相同的数据，只是增加了一个影响点

推断的条件

b_0、b_1、s_e 和 r 可以描述有线性趋势的散点图。但是，基于这些统计数的统计推断还依赖于研究设计、参数和条件总体分布等。下面就对这些条件进行概括，并对这些条件的应用和注意事项进行讨论。

（1）设计条件　我们已经讨论了回归和相关的两个抽样模型。

（a）随机二次抽样模型：对于任一观察值 X，相应的观察值 Y 是从对应于该 X 的 Y 的条件总体分布中随机抽样得到的 *。

（b）二元随机抽样模型：每一对观察值（X，Y）是从联合二元总体分布（X，Y）中随机抽样得到的。

在任何一种模型下，每一对观察值（X，Y）彼此是相互独立的。这就意味着试验设计中不包括配对、区组或者分层结构。

* 如果 X 变量包括测量误差，那么线性模型中的 X 应该解释为 X 的观察值而不是潜在的“真正”的 X 值。线性模型包含 X 的“真”值会导致另一种回归分析。

（2）参数的条件 线性模型表明：

（a）$\mu_{Y|X}=\beta_0+\beta_1 X$

（b）σ_e 与 X 无关。

（3）总体分布的条件 置信区间和 t 检验要求固定 X 时 Y 的条件总体分布是正态分布。

如果 b_0、b_1、s_e 被视为线性模型参数 β_0、β_1、σ_ε 的估计值，那么随机二次抽样模型是必需的。如果将 r 作为总体参数 ρ 的估计值，那么二元随机抽样模型是必需的。如果二元随机抽样模型是适用的，那么随机二次抽样模型也是适用的。因此，如果相关参数能够被估计，那么回归参数也能够被估计，但是反之是不行的。

抽样条件的准则

偏离抽样条件，不仅影响如 β_1 置信区间构建方法等的有效性，还会导致在没有进行正式统计分析时对数据进行错误的解释。在实际应用中，存在以下两种情况时会出现错误的解释：①没有考虑观察值的独立性；②解释 r 值时没有注意到 X 的观察值并不是一个随机样本。

下面两个例子说明了观察值的独立性。

例 12.6.2 血清胆固醇和血糖

现有包含 20 对人体血清胆固醇含量（X）和血糖含量（Y）观察值的数据集。但是，试验中只包含 2 个受试对象，每个受试对象测量了 10 次。由于数据的从属性，我们不能简单地把这 20 个数据点看成是一样的。图 12.6.5 描述了这种困难；从图中我们无法看到能够表明 X 和 Y 之间有任何相关的证据，我们只能看到 X 值较高的受试对象其 Y 值通常也较高。很明显，如果 20 个值都以相同符号表示的话，我们不能合理地解释这一散点图。同样，对于这 20 个观察值，应用回归或相关的公式会产生极大的歧义[20]。

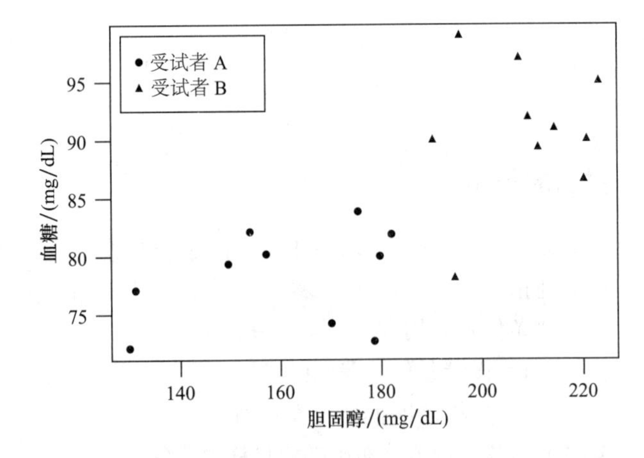

图 12.6.5 人体 20 对血清胆固醇含量（X）和血糖含量（Y）的观察值

例 12.6.3 阉牛的生长

图 12.6.6 所示为一项饲养试验中阉牛体重（Y）和生长时间（X）的 20 对观察值。数据为 4 只动物在 5 个不同时间的测定值；图中每只动物的观察值以线进行连接。对这 20 个数据点进行普通的回归分析将忽视连线所提供的信息，这会导致产生较大的 SE，使检验灵敏度下降。同样，普通的散点图（没有连接线）不能反映出数据足够的信息[21]。

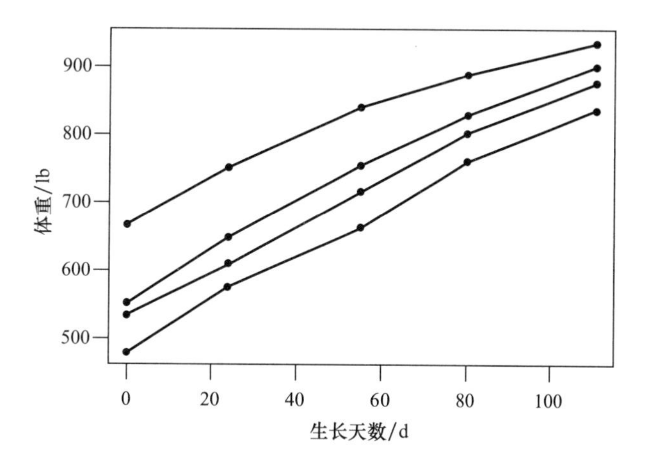

图 12.6.6　4 只阉牛生长天数（X）和体重（Y）的 20 对观察值。每只动物的观察值用线连接起来

在例 12.6.2 中，忽视观察值彼此的依赖性将导致对数据进行过度解释，也就是说，我们推断数据的相关性存在，而实际上只有很少的证据能够说明两者存在相关性。与之相比，忽视例 12.6.3 中数据的依赖性将导致数据的解释不足，也就是说，从“噪声”中提取“信息”不足。

在解释相关系数 r 时，我们应该认识到 r 受 X 取值分布程度的影响。如果回归统计数 b_0、b_1、s_e 不变，X 值分布越广泛，导致相关关系越强（r 值越高）。下例将表明这是如何发生的。

例 12.6.4

图 12.6.7 表明 r 是如何受 X 值分布影响的，图中的数据是虚构的。（a）和（b）中的数据点全部出现在（c）中。在这三个散点图中，回归直线基本上是一致的，但是我们注意到（c）中 X 和 Y 看起来相关程度高于（a）和（b）。散点图的对比结果可以用相关系数进行表示，实际上，（a）图中 r=0.60，（b）图中 r=0.58，（c）图中 r=0.85。

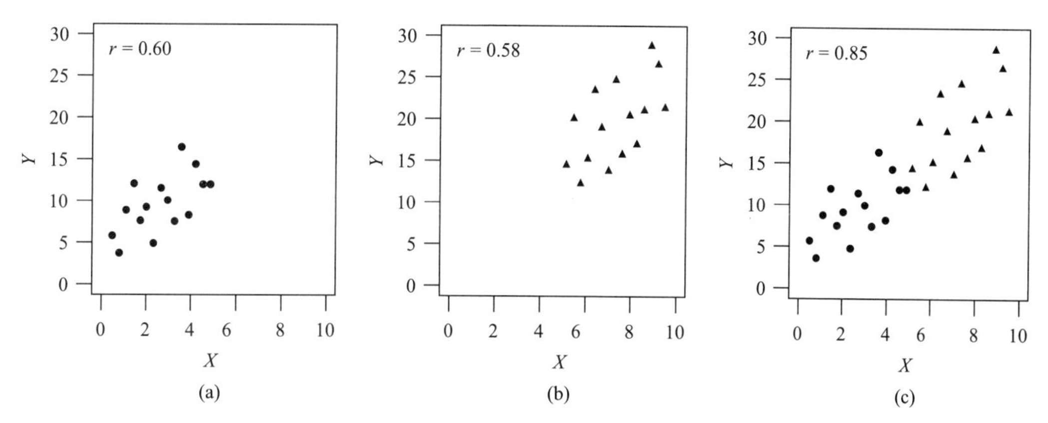

图 12.6.7　r 取决于 X 的分布。（a）和（b）中的数据点全部出现在（c）中

实际上，r 取决于 X 的分布并不意味着 r 作为一个描述统计数是无效的。但是它表明，当 X 不能被看作是一个随机样本时，我们在解释 r 时必须慎重。例如，假设两个研究者分别研究了不同剂量药物（X）的效应（Y）。他（她）们每人都根据自己的数据计算 r 值，但是如果他们两人没有选择相同的剂量（X），他们不可能期望得到相似的 r 值。相比之下，只要剂量 - 响应关系在剂量使用范围内是一样的，那么不管他们选择的 X 值是多少，都将得到相似的回归直线和残差标准差。

X 和 Y 的变量标签 如果二元随机抽样模型是适用的，研究者可随意选择变量作为 X 变量和 Y 变量。当然，计算相关系数 r 时，变量标签并不重要。对于回归计算，哪个变量作为 X 变量，哪个变量作为 Y 变量，取决于分析的目的。Y 依 X 的回归将得到（在线性模型中）$\mu_{Y|X}$ 的估计值，也就是对于固定 X 值时 Y 的总体平均数。同样地，X 依 Y 的回归，其目的是要估计 $\mu_{Y|X}$，也就是对于固定 Y 值时 X 的总体平均数。不同的方法将导致不同的回归方程，这是因为它们回答问题的方向不同。下面是一个直观的例子。

例 12.6.5 青年男性的身高和体重

对于例 12.4.4 所描述的青年男性总体，身高为 76in 的青年男性的平均体重是 178 lb。现在我们考虑这个问题：体重 178 lb 的青年男性，他们的平均身高是多少？我们没有理由回答是 76in。直觉表明，答案应该低于 76 in——实际上它是 76in。

关于线性模型和正态条件的准则

β_1 的检验和置信区间是基于线性模型和正态分布条件的。如果线性条件不满足的话，这些推断的解释就要大打折扣了。毕竟，我们已经在这一节的前面了解到，如果有曲线关系或者异常值存在，回归的描述作用就降低了。

除了线性条件，线性模型要求对于所有的观察值来说，σ_ε 是相同的。偏离这一条件的一种常见情况就是平均数较高的同时，SDs 也较高。如果 SDs 变化不是太大，那么它不会严重影响 b_0、b_1、SE_{b_1} 和 r 的解释（尽管将 s_e 解释为普通 SD 的合并估计值是无效的）。

残差图

本教材并未涉及曲线关系、标准差不相等、非正态性和异常值的检验方法。然而，发现这些特征的最有效工具是我们的眼睛，我们可以通过散点图看出来。例如，我们通过眼睛可以很容易发现图 12.6.2 为微弱的曲线关系和图 12.6.3（b）中的异常值。同样，我们可以通过观察图 12.6.3（b）中 X 和 Y 的边际分布，确定有无异常值产生。

除了 Y 与 X 的散点图，观察各种残差的表现也是有用的。由每一个 $\hat{y}_i$ 和残差（$y_i - \hat{y}_i$）所构成的散点图称为**残差图**（residual plot）。残差图对于发现曲线关系是很有用处的，它们还能够揭示条件标准差的趋势。图 12.6.8 所示为图 12.6.2 的数据和这些数据的残差图。

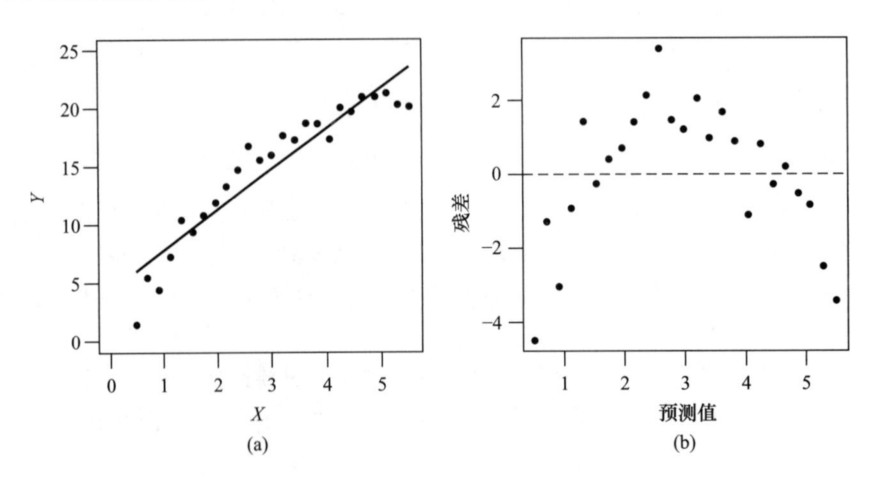

图 12.6.8 （a）表现出微弱曲线关系的数据及回归直线；（b）数据的残差图

残差图描述了线性趋势改变后的数据，能够更容易看出来数据的非线性特征。图 12.6.8（a）中可以明显看出散点所表现出的曲线关系，而从图 12.6.8（b）的残差图来看，数据的曲线关系更加明显。

如果线性模型适用，没有异常值，那么拟合回归线能够描述数据的趋势，在残差图中表现出随机特性。因此，我们期望从残差图中看不到明显的模式。例如，图 12.6.9 所示为例 12.2.1 蛇数据的残差图。我们从该图中看不出异常特征，因此我们认为回归模型适用于这些数据。

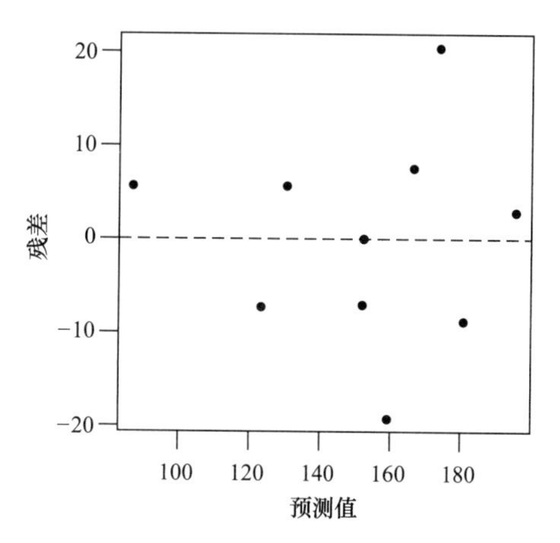

图 12.6.9 蛇数据的残差图

如果满足正态性的条件，那么残差的分布看起来应该和正态分布很相像*。残差的正态概率图提供了正态分布条件的有效检查方法。图 12.6.10 所示为蛇数据的正态概率图，从图中可以看出数据点呈线性，表明 12.5 节中 t 检验和置信区间的使用都是可行的。

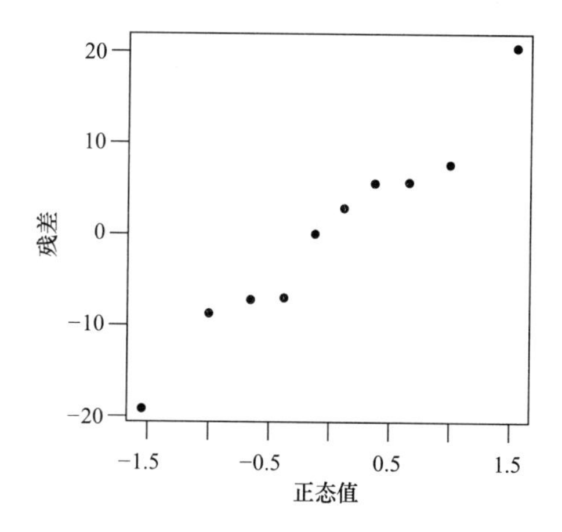

图 12.6.10 蛇数据的正态分布概率图

转换的使用

如果线性、标准差的恒定性和正态分布这些条件不满足，有时我们可以采用转换 Y 变量或（和）X 变量测量尺度的方法进行补救。下面的例子说明了对数转换的使用。

* 这是 12.3 节中对 s_e 进行 68% 和 98% 解释的基础。

例 12.6.6 大豆的生长

植物学家采集了 60 株生长 1 周的大豆幼苗，盆栽种植，每盆 1 株。生长 12d 后，她收获了 12 株幼苗，进行烘干称重。之后，于生长第 23d、27d、31d 和 34d 分别取 12 幼苗株进行烘干称重。图 12.6.11 所示为这 60 株大豆幼苗的重量与生长天数之间的数据图，各组的平均数以曲线相连。由图 12.6.11，我们很容易看出大豆植株幼苗重量的平均数与生长天数之间为曲线关系而不是直线关系，并且条件标准差并不是恒定的而是逐渐增加的[22]。

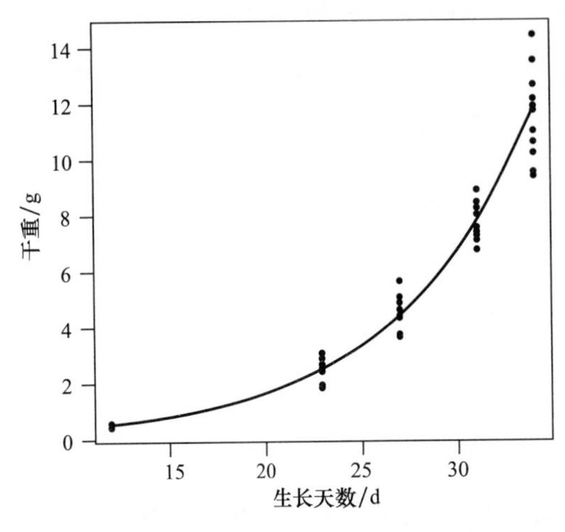

图 12.6.11 大豆幼苗重量与生长天数数据图

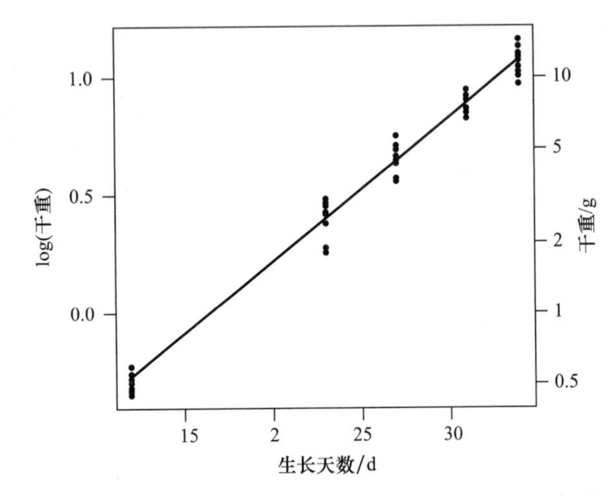

图 12.6.12 大豆幼苗重量的对数值与生长天数数据图

图 12.6.12 所示为植株重量的对数值（以 10 为底）与生长天数之间的关系，图中绘制了回归直线。我们可以看到，对数转换后曲线变直了，同时标准差也接近相等。因此假定 Y（干重的对数值）和 X（生长天数）之间的线性模型是合理的。表 12.6.1 所示为数据在进行对数转换之前和之后的平均数和标准差。注意，对数转换后的各个 SD 没有特别的差异。

表 12.6.1 大豆幼苗生长的原始数据和对数转换后数据概括

生长天数	植株数量	干重 /g		log（干重）	
		平均数	SD	平均数	SD
12	12	0.5	0.06	−0.31	0.055
23	12	2.63	0.37	0.42	0.062
27	12	4.67	0.70	0.67	0.066
31	12	7.57	1.19	0.87	0.069
34	12	11.20	1.62	1.04	0.064

练习 12.6.1—12.6.9

12.6.1 在一项代谢研究中，研究者选取了 4 头公猪，当它们的体重分别为 30kg、60kg 和 90kg 时，对其进行了检测。在每次检测时，研究者分析了其 15d 的采食量和粪便、尿液的排出量，通过这些数据计算了氮平衡，以表示身体组织每天吸收氮素的量。结果列于下表[23]。

动物编号	氮平衡 / (g/d)		
	体重 30kg	体重 60kg	体重 90kg
1	15.8	21.3	16.5
2	16.4	20.8	18.2
3	17.3	23.8	17.8
4	16.4	22.1	17.5
平均数	16.48	22.00	17.50

假设对这些数据进行线性回归分析。其中，X= 体重，Y= 氮平衡，初步计算得到$\bar{x}$ =60，$\bar{y}$ =18.7。斜率 b_1=0.017，其标准误为SE_{b_1} =0.032。统计数 t 为 t_s=0.53，t 在任何一个合理的显著水平上都未达到显著水平。根据这些分析，研究者认为在本研究条件下氮平衡依赖于体重这一推断缺少足够的证据。

上述分析有两方面的缺陷。分别是什么？（提示：考虑推断条件是否满足。尽管可能有多个偏离条件，你只需要找出两个主要的即可。这一过程中不需要进行计算）

12.6.2 为测量植物饲料的消化性，我们可以用两种方法：一种方法是在玻璃容器中将植物材料用消化液进行发酵，另一种方法是饲喂动物。不论用哪一种方法，我们以消化的量占总干重的百分比来表示消化性。两位研究者分别使用不同的植物饲料，用这两种方法进行研究和比较。A 研究者认为两种方法得到的消化性数值的相关系数为 r=0.8，B 研究者认为相关系数为 r=0.3。造成研究结果的不同，主要是由于一个研究者仅检测了金丝雀草（消化性的值为 56%~65%），而另一位研究者检测了多种植物，这些植物包括从消化性为 35% 的玉米秸秆到 72% 的梯牧草[24]。哪一位调查者（A 还是 B）仅使用了金丝雀草？选择的试验材料不同如何能够解释相关系数的不同？

12.6.3 参阅练习 12.2.7 中能量消耗的数据。每一位受试者的能量消耗值（Y）是两个不同测量时间的平均数。有人也许认为将两次测定作为不同的数据点会更好一些，这样就得到 14 个观察值而不是 7 个。如果我们采用这种方法的话，推断条件中的一项条件就要被高度置疑。哪一个？为什么？

12.6.4 参阅练习 12.2.6 中真菌生长的数据。该数据中，研究者发现 r=−0.98745。假定另一位研究者来重复该研究，使用苦杏仁酸浓度分别为 0、2mg、4mg、6mg、8mg、10mg，每一浓度重复两次。你能否对第二位研究者计算得到的 r 值进行预测，它与练习 12.2.6 中得到的值相比，是相等、增加或者减小？对答案进行解释。

12.6.5 下图为练习 12.2.8 中基底钙泵活性数据的散点图，其中一个点以 × 表示。此外，图中有两条回归线：实线是包含所有数据的回归线，虚线则是忽略了 × 点之后的回归线。

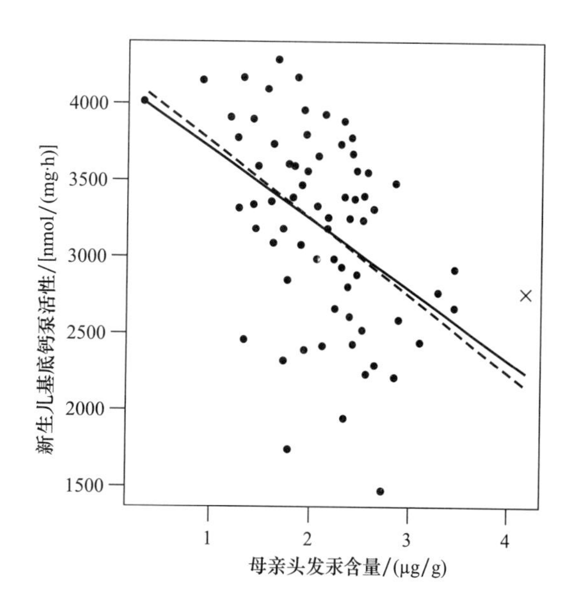

(a) 我们是否能认为“×”点这个数据是异常值？请加以解释。
(b) 我们是否能认为“×”点这个数据是杠杆值？请加以解释。
(c) 我们注意到实线和虚线的斜率变化非常小，我们能否认为“×”点这个数据是影响值？请加以解释。

12.6.6 下列（i）、（ii）、（iii）三个残差图是由（a）、（b）、（c）三个散点图的拟合回归直线得出来的。哪个残差图是和哪个散点图匹配的？你是如何判断的？

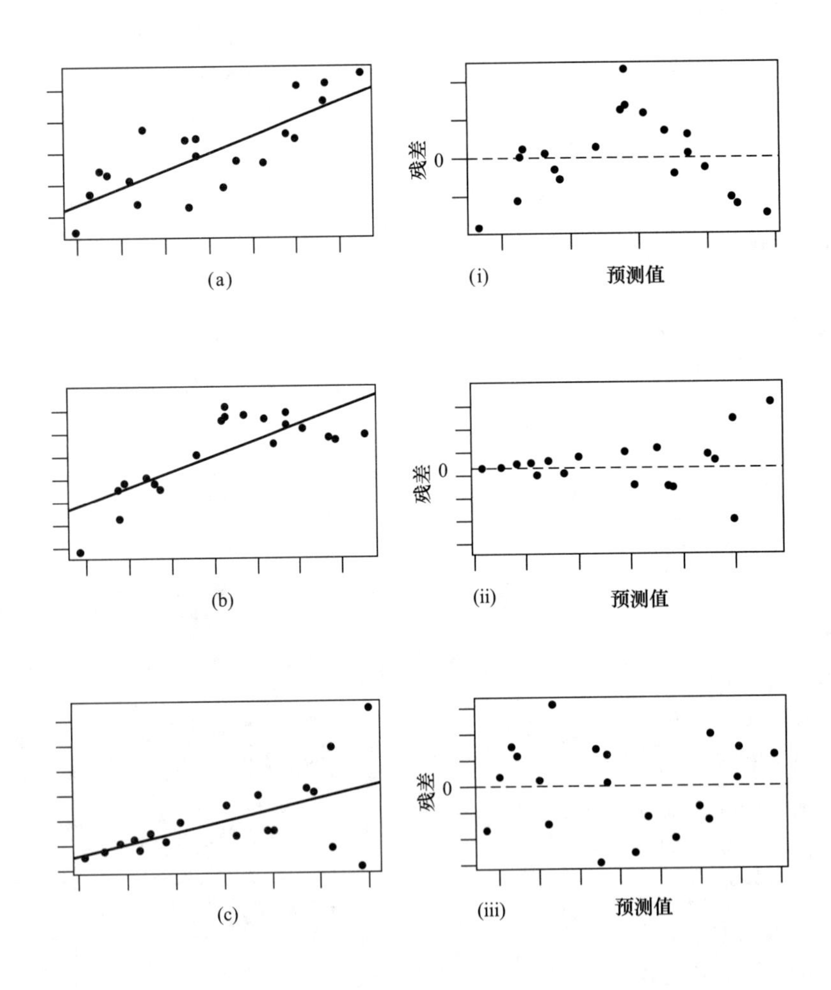

12.6.7 下列（i）和（ii）两个残差图是由（a）和（b）两个散点图的拟合回归直线得出来的。哪个残差图是和哪个散点图匹配的？你是如何判断的？

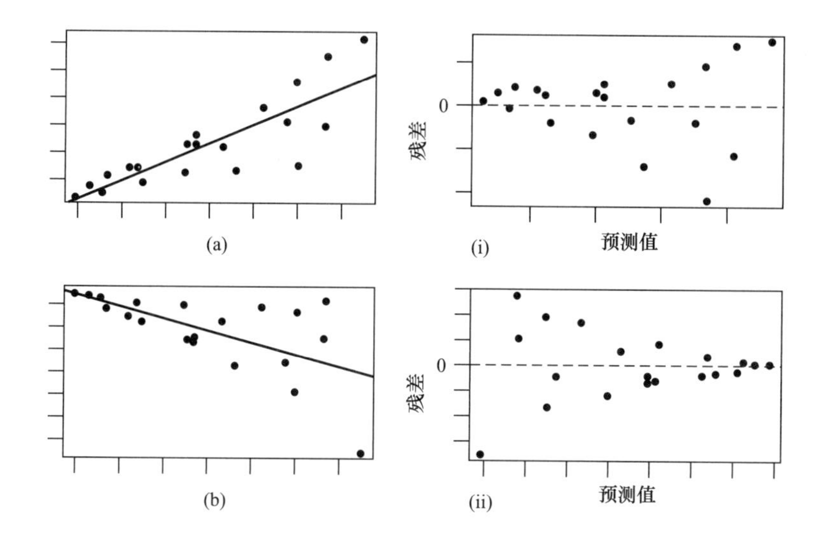

(a) (i)
(b) (ii)

12.6.8 对下面的散点图进行回归直线拟合，并绘制残差图的草图。其中的一个点以“×”表示。请在残差图上标注出这个点。

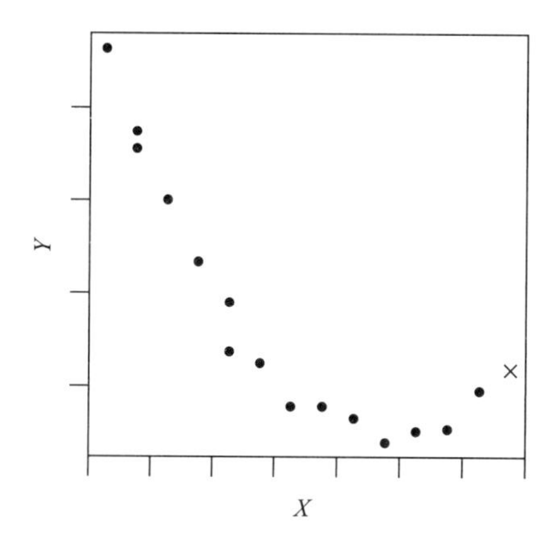

12.6.9（计算机练习） 研究者测量了亚马逊中部雨林 20 棵树的直径，用 ^{14}C- 标记来测定这些树木的年龄。数据列于下表[25]。以树木直径作为 X，用它来预测树木的年龄 Y。

直径 /cm	年龄 / 年	直径 /cm	年龄 / 年
180	1,372	115	512
120	1,167	140	512
100	895	180	455
225	842	112	352
140	722	100	352
142	657	118	249
139	582	82	249
150	562	130	227
110	562	97	227
150	552	110	172

（a）以年龄（Y）和树木直径（X）绘制散点图，并绘出数据的拟合回归直线；

（b）根据 (a) 中的回归直线绘制残差图。然后绘制残差的正态概率图。通过这些图，我们为何会对直线模型和回归推断过程产生置疑？

（c）将年龄值进行对数转换。以年龄的对数值（Y）和树木直径（X）绘制散点图，并绘出数据的拟合回归直线；

（d）根据（c）中的回归直线绘制残差图。然后绘制残差的正态概率图。根据这些图，（c）中以对数尺度所建立的回归模型看起来是否更合适？

12.7 预测精度（选修）

在 12.4 节，我们知道回归的一个实际作用是进行预测。在本节，我们将区分给定 X 值时平均数 Y 值的预测和给定 X 值时单个 Y 值的预测。我们还要比较这两种不同预测类型的精度。

置信度和预测区间

在例 12.4.6 中，我们根据回归直线 $\hat{y}$ =197.17−2.51x 进行预测。使用回归直线，我们可以预测水稻植株秸秆的硅含量为 40g/kg 时，稻米中的砷含量平均数为 $\hat{y}$ =197.17−2.51 × 40 μ g/kg。如果我们不是估计所有秸秆的硅含量为 40g/kg 的水稻植株稻米中砷的平均含量，我们只是希望预测一株秸秆硅含量为 40g/kg 的水稻植株稻米中砷的含量，应该如何进行预测？我们的估计值是一样的，即 $\hat{y}$ =96.77 μ g/kg。也就是说，对于给定的 X 值，无论我们是估计 Y 的平均数还是单个 Y 值，我们都同样使用回归直线。然而，这两种估计的精度是不一样的。

预测单个 Y 值的精度远低于 Y 平均数，这是因为除了回归直线的不确定性（例如，我们对直线斜率和截距估计的不确定性）之外，对于相同的 X 值，Y 值也存在不确定的潜在变异。例如，所有秸秆硅含量为 40g/kg 的水稻植株，其稻米中砷含量存在变异（我们用 s_e 来估计其变异性）。图 12.7.1 中的两个图表明了这两种预测类型的不同。

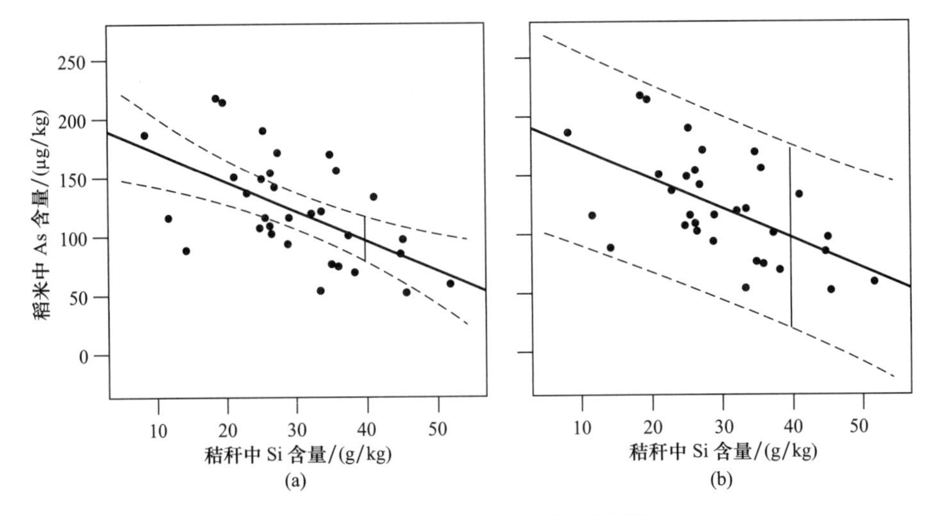

图 12.7.1　稻米砷含量 95% 的预测区

（a）秸秆硅含量为 40g/kg 的水稻植株稻米砷含量平均数 95% 的置信带和置信区间
（b）秸秆硅含量为 40g/kg 的水稻植株稻米中砷含量 95% 的置信带和置信区间

图 12.7.1（a）显示的带区表示水稻植株稻米砷含量平均数 95% 的置信区间以及当 X=40g/kg 时以垂直线表示的特定区间。置信带反映了对回归直线的斜率和截距估计的不确定性。我们注意到，植株秸秆硅含量越靠近数据集的中间部分，区间越窄（更精确），而植株秸秆硅含量在两端附近时，区间较宽。我们有 95% 的概率保证总体回归直线 $\beta_0+\beta_1x$ 在这个区间内。X 值在数据两端时，区间比较宽，这表明我们对回归直线斜率进行估计的不确定性。X 取值在数据中间部分预测带的宽度，表明我们对回归直线整个高度估计的不确定性（针对 b_0）。

与图 12.7.1（a）相比，图 12.7.1（b）的区带表示水稻植株稻米砷含量 95% 的预测区间带。当 X=40g/kg 时，图中以垂直线表示其预测区间。我们可以看出，图 12.7.1（b）的预测带宽于图 12.7.1（a）。例 12.7.1 说明了回归预测中置信度和预测区间的应用。

例 12.7.1
水稻中的砷

图 12.7.1 表明水稻植株秸秆硅含量为 40g/kg，稻米砷含量平均数 95% 的置信区间为 75~125 μ g/kg。换句话说，我们有 95% 的概率保证秸秆硅含量为 40g/kg 时，水稻植株稻米砷含量为 75~125 μ g/kg。另一方面， 根据预测区间，秸秆硅含量为 40g/kg 时，我们估计有 95% 的水稻植株稻米中砷含量为 75~125 μ g/kg。

我们已经知道，回归直线可以解释为"平均数的直线"，单个值肯定来自于这个平均数。这些图告诉我们，我们不能肯定地说"秸秆硅含量为 X 的水稻植株，稻米砷含量为 Y"，而应该说"秸秆硅含量为 X 的水稻植株，稻米中砷含量的平均数为 Y"。

区间的计算

我们预测 $\mu_{Y|X=x^*}$，或 $Y|X=x^*$，也就是当 $X=x^*$ 时，预测 Y 的平均数或实际值。$\mu_{Y|X=x^*}$ 95% 置信区间按下式计算：

$$\hat{y} \pm t_{0.025} s_e \sqrt{\frac{1}{n} + \frac{(x^* - \overline{x})^2}{(n-1)s_x^2}}$$

对于 $Y|X=x^*$，95% 预测区间按下式计算：

$$\hat{y} \pm t_{0.025} s_e \sqrt{1 + \frac{1}{n} + \frac{(x^* - \overline{x})^2}{(n-1)s_x^2}}$$

$t_{0.025}$ 的临界值由自由度为 df=n−2 的学生氏 t 分布得到。

尽管这两个公式很相近，但是我们注意到预测区间的公式中根号下多了一个"1"。这个"1"就是我们预测单个值时比预测总体平均数时增加的变异性。

正如我们由图 12.7.1 中看到的，当我们对远离数据中间的值进行预测时，置信区间和预测区间均较宽。两个公式通过 $\frac{(x^* - \overline{x})^2}{(n-1)s_x^2}$ 对这种附加的不确定性进行了解释。当 x^* 远离 $\overline{x}$ 时，$\frac{(x^* - \overline{x})^2}{(n-1)s_x^2}$ 值将会增大，因此增加了区间的宽度。我们注意到，当 $x^*=\overline{x}$ 时，置信区间的公式简化为我们熟悉的形式：$\hat{y} \pm t_{0.025}(\frac{s_e}{\sqrt{n}})$，这看起来和第 6 章总体平均数置信区间的公式十分相似。

大多数统计软件都能够十分方便地计算并表示出预测区间和置信区间。

练习 12.7.1—12.7.3

12.7.1 在一项奶牛热激研究中，研究者测量了 1,280 头泌乳奶牛的直肠温度（℃）（Y）与相对湿度（%）（X）[26]。下图所示为测量数据及回归直线（实线）。图中还有两组成对的线：虚线和点线。一组线描述的是 95% 的置信带，另一组描述的是 95% 的预测带。

（a）哪一组描述的是置信带？置信带告诉我们什么信息？

（b）哪一组描述的是预测带？预测带告诉我们什么信息？

（c）如果数据集较小，这些区带将会如何变化。围绕回归直线，这些区带会变窄还是变宽？

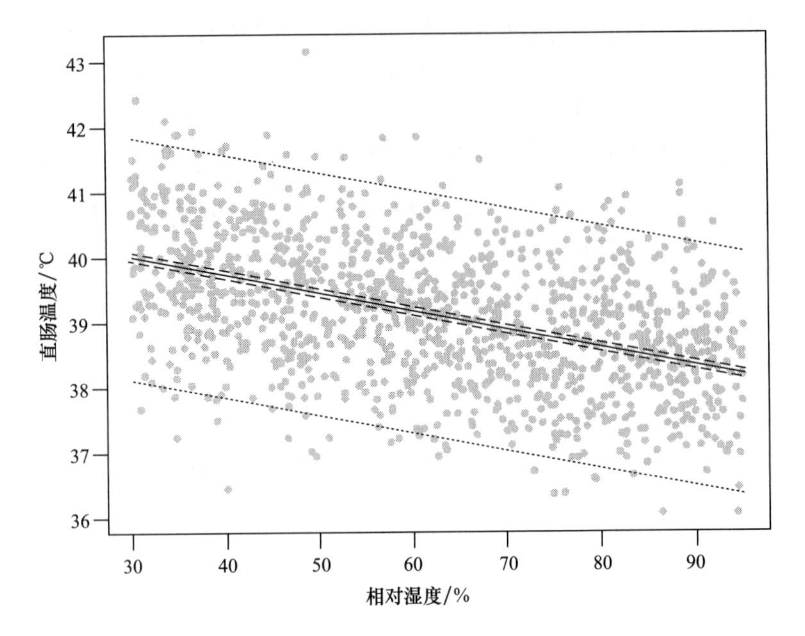

12.7.2（练习 12.7.1 的继续） 假设样本中另外增加了 5,000 头奶牛，我们对于这个新形成的大样本，同样绘制数据的散点图、回归直线、置信带和预测带。预测带将会变窄吗？请解释原因。

12.7.3 下图所示为练习 12.3.8 呼出气体最高流速数据的回归直线和 95% 置信带和预测带。

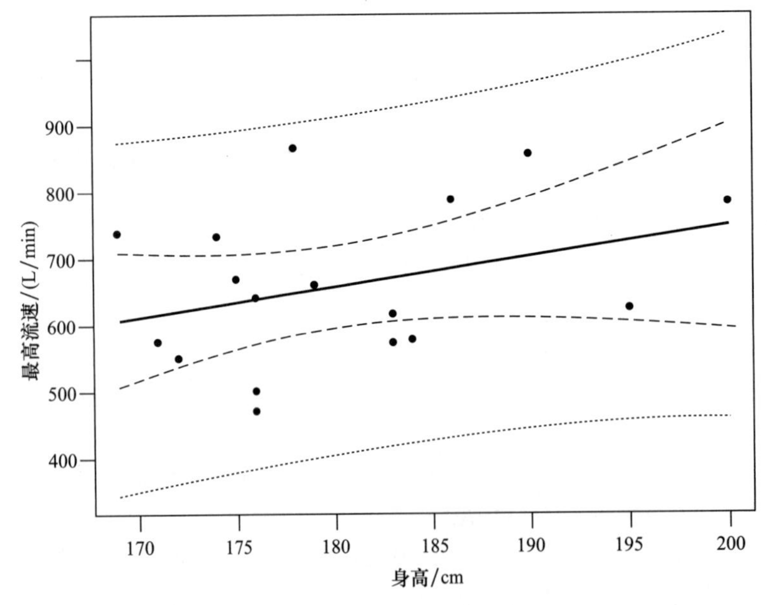

（a）一位身高 195cm 的人，其呼出气体最高流速高于 900 L/min，这是不是很奇怪？根据图对答案进行说明。

（b）一组身高 195cm 的人，其平均呼出气体最高流速高于 900 L/min，这是不是很奇怪？根据图对答案进行说明。

12.8 展望

为了对第 12 章中介绍的方法进行展望，我们将讨论其与之前章节方法的关系，以及与后续可能涉及方法的关系。我们首先将回归与第 7 章和第 11 章的方法进行联系。

回归和 t 检验

当两个 X 值中每一个 X 值都有若干 Y 值时，我们能够对这些数据进行双样本 t 检验，也可以对其进行回归分析。每一种方法都可以利用数据来估计给定 X 值时 Y 的条件平均数，可以通过回归方法中的拟合直线 b_0+b_1x 以及 t 检验中单个样本平均数来 $\overline{Y}$ 估计这些参数。为了检验 Y 不依赖于 X 变化这一无效假设，每一种方法都将无效假设转换成各自的表述方法。下例说明了这些方法。

例 12.8.1
甲苯和大脑

在第 7 章，我们分析了暴露于甲苯环境中的 6 只老鼠以及 5 只对照老鼠大脑中去甲肾上腺素（NE）含量的数据。数据重新列于表 12.8.1。

表 12.8.1 NE 含量 单位：ng/g

	甲苯	对照
	543	535
	523	385
	431	502
	635	412
	564	387
	549	
y	6	5
$\overline{y}$	540.83	444.20
s	66.12	69.64

在第 7 章，无效假设为：

$$H_0\text{：}\mu_1-\mu_2=0$$

以（未合并的）双样本 t 检验方法进行检验。检验统计数为：

$$t_s=\frac{(540.83-444.20)-0}{41.195}=2.346$$

这些数据能够用合并 t 检验的方法进行分析（或者，用等效的方差分析方法）。合并方差为：

$$s^2_{合并}=\frac{(6-1)\times 66.12^2+(5-1)\times 69.64^2}{(6+5-2)}=4,584.24=67.71^2$$

合并 SE 为：

$$SE_{合并}=67.71\sqrt{\frac{1}{6}+\frac{1}{5}}=41.00$$

进而，检验统计数为：

$$t_s = \frac{(540.83 - 444.20) - 0}{41.00} = 2.357$$

该结果与合并 t 检验的结果基本相同。

这些数据也能够用回归模型进行分析。为了使用回归，我们定义一个指示变量（indicator variable），该变量表明组成员的关系，举例如下。令 X=0 为对照组的观察值，X=1 为甲苯暴露组的观察值。这样我们就可以得到如图 12.8.1 的散点图。

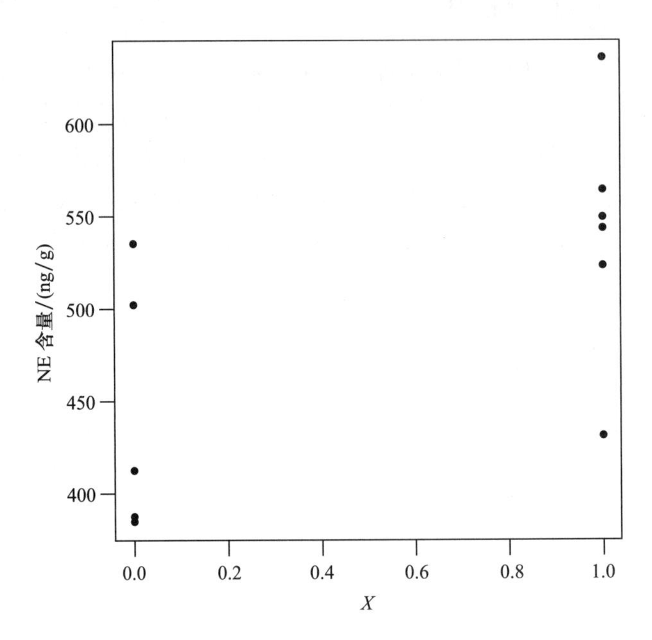

图 12.8.1 NE 含量数据。X=0 表示对照组，X=1 表示甲苯暴露组

我们能够用线性模型分析散点图的数据：

$$Y = \beta_0 + \beta_1 X + \varepsilon$$

上式表明 $\mu_{Y|X} = \beta_0 + \beta_1 X$。

线性模型表明，对照组老鼠 NE 含量（总体）平均数为：

$$\mu_{Y|X=0} = \beta_0 + \beta_1(0) = \beta_0$$

对于暴露于甲苯环境中的老鼠，NE 含量为：

$$\mu_{Y|X=0} = \beta_0 + \beta_1(1) = \beta_0 + \beta_1$$

这两组平均数的不同就在于 β_1。因此，无效假设：

$$H_0：\mu_{Y|X=0} - \mu_{Y|X=1} = 0$$

等同于无效假设：

$$H_0：\beta_1 = 0$$

拟合回归直线为 $\hat{y}$ = 444.2+96.63x。我们注意到，当 X=0 时，由拟合回归直线得到 $\hat{y}$ =444.2，它表示对照组的样本平均数。当 X=1 时，由拟合回归直线得到 $\hat{y}$ =444.2+96.63=540.83，它表示甲苯组的样本平均数。也就是说，当样本平均数由对照组（X=0）改变为甲苯组（X=1）时，斜率是不变的，如图 12.8.2 所示。

无效假设 H_0：β_1=0 的检验统计数为：

$$t_s = \frac{96.63}{41.0} = 2.36$$

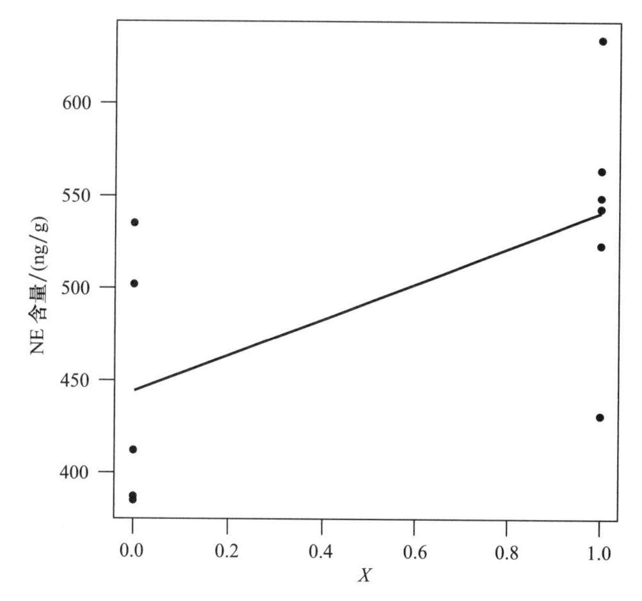

图 12.8.2 NE 含量数据及其回归直线

这一结果与前面合并双样本 t 检验的结果是一致的（注意，回归分析中，假定 $\sigma_{Y|X}=\sigma_{\varepsilon}$ 是恒定的。因此，回归分析与合并 t 检验是相同的，而不是未合并的 t 检验）。下列计算机输出结果列出了拟合回归直线的系数以及 t 统计数。

回归方程为：

NE=444+96.6X

预测值	系数	SE 系数	T	P
常数	444.20	30.28	14.67	0.000
X	96.63	41.00	2.36	0.043

S=67.7049　　R－Sq=38.2%　　R－Sq（调整）=31.3%

方差分析

来源	df	SS	MS	F	P
回归	1	25467	25467	5.56	0.043
残差	9	41256	4584		
总	10	66723			

下例比较了 X 值在样本内和样本间都有变化的数据集的回归方法和双样本 t 检验方法。

例 12.8.2

血压和血小板中的钙

在例 12.5.3 中，我们描述了 38 位受试者的血压值（X）和血小板钙含量（Y）。实际上，该研究中包含两组个体：一组为医院实验室人员及其他健康人群中血压正常的 38 位受试者，另一组为 45 位高血压患者。表 12.8.2 所示为两组样本血小板钙含量的测量值汇总，图 12.8.3 所示为所有 83 位受试者的血压值和钙含量值[4]。

表 12.8.2　两组样本血小板钙含量值　　单位：nmol/L

	血压正常组	高血压组
$\bar{y}$	107.9	168.2
s	16.1	31.7
n	38	45

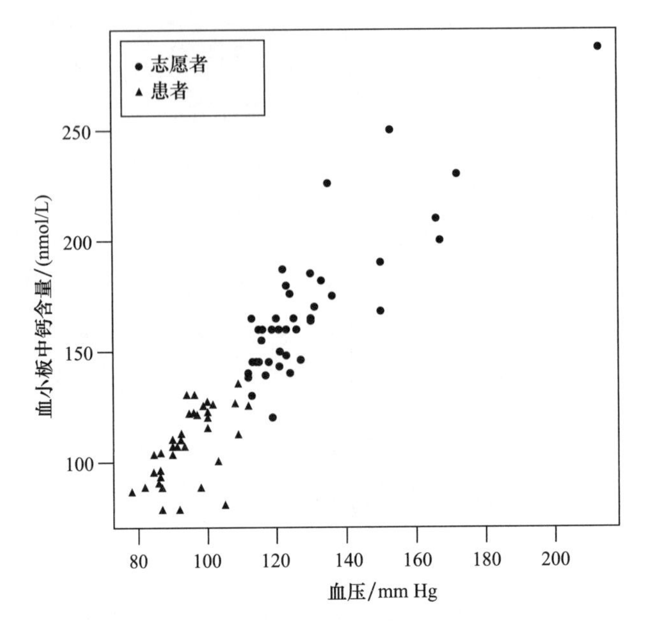

图12.8.3 83位受试者的血压值和血小板钙含量

我们用独立样本分析和回归分析这两种方法对数据进行分析。为检验血压和血小板钙含量之间的关系，我们可以：（1）根据表12.8.2的数据，进行H_0：$\mu_1=\mu_2$的双样本t检验；（2）根据图12.8.3的数据进行H_0：$\beta_1=0$的回归t检验。双样本t检验（未合并的）统计数为$t_s=11.2$，回归分析t检验的统计数为$t_s=20.8$。两者都达到了极显著水平，但是后者更高一些，这是因为回归分析提取了数据更多的信息。

对于这些数据，回归分析的方法比双样本方法更令人信服并且有启发作用。图12.8.3表明血小板钙含量与血压有关系，这种关系不仅在组间存在，同时在组内也存在。有意义的回归分析包括：①每一组内部分别进行关系的检验（如例12.2.3和例12.5.3）；②整体关系的检验（如上段所述）；③检验两组回归直线是否一样（该方法不在本教材范围）。

把正式的检验放在一边，我们注意到散点图作为理解数据和表述结果这一工具的优势。图12.8.3提供了强有力的证据表明血压和血小板钙含量之间真实存在的关系（我们再次强调，“真正”的关系并不意味着两者之间存在因果关系。而且，即使两者之间有因果关系，数据也没有表明因果关系的方向——也就是说，是高钙含量引起高血压，还是高血压引起高的钙含量*）。

例12.8.2表明了一个普遍规律：如果可以获得X变量的数量信息，通常要利用这些信息而不是忽略它。

最小二乘法的扩展

我们已经知道数据拟合直线的经典方法是基于最小二乘法。这一准则在其他多种统计问题中是通用的。例如，在**曲线回归**（curvilinear regression）中，利用最小二乘法拟合曲线关系如下：

$$Y=\beta_0+\beta_1X+\beta_2X^2+\varepsilon$$

另一用途是**多元回归和相关**（multiple regression and correlation），利用最小二

* 实际上，研究者标注“细胞内高的钙含量可能是高血压引起的结果而不是高血压的原因。”

乘法拟合 Y 与多个 X 变量——X_1、X_2 等的方程式；例如：

$$Y = \beta_0 + \beta_1 X_1 + \beta_2 X_2 + \varepsilon$$

下例说明了曲线回归和多元回归。

例 12.8.3 血清胆固醇和血压

作为健康研究的一部分，研究者测量了 2,599 位男性的血压、血液化学成分及体格等多项指标[27]。研究者发现，血压和血清胆固醇之间呈正相关关系（对于收缩压来说 r=0.23）。但是血压和血清胆固醇含量也与年龄和体格有关。为研究它们之间的关系，研究者利用最小二乘法得到下列拟合方程：

$$Y = b_0 + b_1 X_1 + c_1 X_1^2 + b_2 X_2 + b_3 X_3 + b_4 X_4$$

式中 Y——收缩压

X_1——年龄

X_2——血清胆固醇含量

X_3——血糖

X_4——肥胖指数（身高除以体重的立方根）

注意，对于年龄（X_1）回归是曲线的，而对于其他 X 变量，回归是直线的。

通过多元回归和相关分析，研究者在考虑到血压和年龄及肥胖指数之间关系之后，认为血压和血清胆固醇含量之间相关性很小或者说没有相关性。因此，研究者推断所观察到的血清胆固醇含量和血压之间的相关是它们与年龄和体格相关的间接结果。

非参数与稳健回归和相关

我们已经讨论了回归和相关分析中经典的最小二乘法。除此之外，还有一些并不是建立在最小二乘法基础上的其他好的方法。这些方法中有一些是稳健的，也就是说，即使给定 X 时 Y 的条件分布有长且散乱的尾部或者异常值，这些方法也能够进行应用。非参数方法假定 Y 依赖于 X 线性或非线性程度很小或者两者没有关系，或者不用假设条件分布的形式。

协方差分析

有时回归的方法能够增加数据分析的深度，即使我们最初并不关心 X 和 Y 之间是否存在关系。看下面这一例子。

例 12.8.4 毛虫头部尺寸

饮食是否能够影响毛虫头部尺寸？这一影响看起来是可信的，因为毛虫的咀嚼肌占据了头部的大部分。为了研究饮食的影响，生物学家选择了 3 种饮食饲喂毛虫（*Pseudaletia unipuncta*）：饮食 1，人工软食；饮食 2，软草；饮食 3，硬草。他在幼虫发育的最后阶段测量了毛虫头部的重量和全身的重量。测量结果如图 12.8.4 所示，图中以 X 为 ln(身体重量) 和 Y 为 ln(头部重量)，3 种饮食以不同符号标注[28]。从图中我们可以看出，饮食的影响是明显的；3 组点值之间没有重叠。但是如果我们忽略 X 只考虑 Y，如图 12.8.5 所示，饮食的影响作用就不那么显著了。

例 12.8.4 表明了如何利用与 Y 变量有关的 X 变量的附加信息来进行多组 Y 变量之间的比较。对于这类数据经典的统计分析方法是**方差分析**（analysis of covariance），这种方法以（X，Y）数据的拟合回归直线开始。但是，即使不用这种方法，调查者也能通过绘制如图 12.8.4 的散点图对数据进行解释。根据 X 绘制散点图，我们可以通过视觉分辨出 Y 变异中能够用 X 来进行解释的部分，从而使得处理效应与残差变化更加明显。

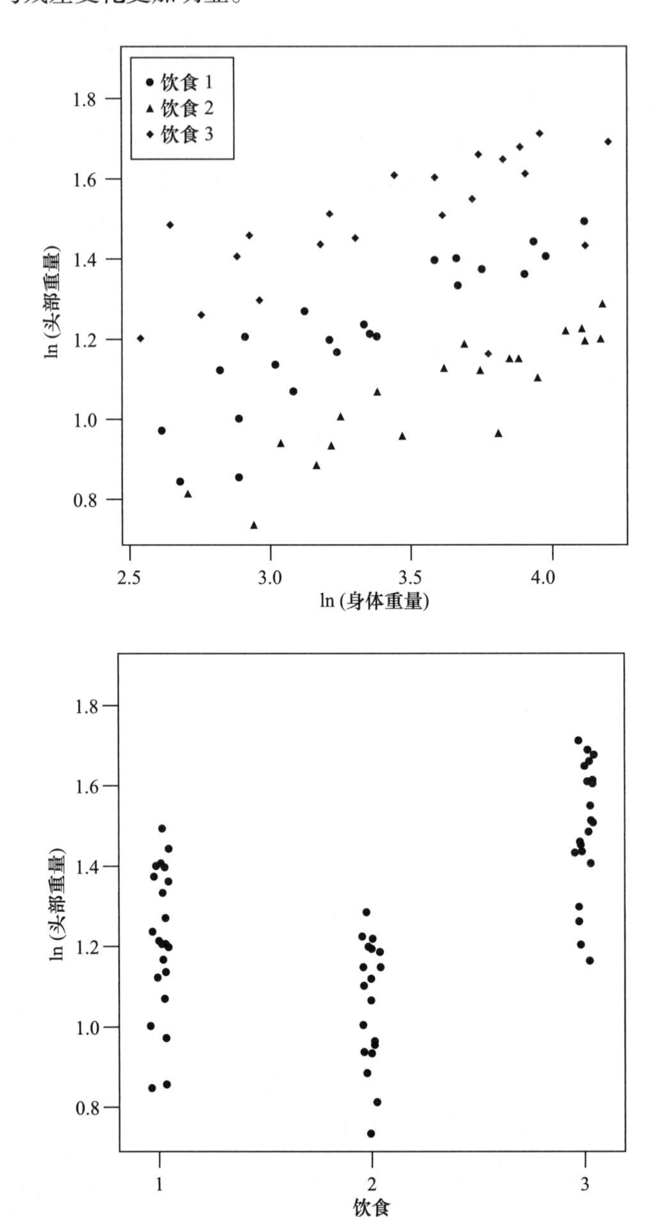

图 12.8.4 3 种饮食条件下毛虫头部重量和身体重量（对数尺度）

图 12.8.5 3 种饮食条件下毛虫头部重量（对数尺度）

Logistic 回归

相关和回归常用来分析两个数值变量 X 和 Y 的关系。有时我们会用数值变量 X 来预测分类变量 Y 的结果。例如，我们可能希望用 X= 胆固醇含量作为一个人是否患有心脏病的预测因子。此时，我们可以对 Y 变量进行如下定义：如果患有心脏病我们定义 Y 变量为 1，没有心脏病我们定义 Y 变量为 0。那么我们就可以研究 Y 依赖于 X 的变化关系。正如在这个例子中，当响应变量为两个值时，我们可以用 **logistic 回归**（logistic regression）来模拟它们之间的关系。例如，logistic 回归可用来模拟心脏病是如何依赖于血压的。

例 12.8.5 详细介绍了 logistic 回归的应用。

例 12.8.5 食管癌

食管癌是一种非常严重且侵袭性很强的疾病。研究者选择了 31 位食管癌患者开展了一项研究，分析了病人体内肿瘤的大小和癌细胞是否扩散（转移）至淋巴结之间的关系。在该研究中，响应变量有两个：如果癌细胞已经扩散至淋巴结则 Y=1，如果没有则 Y=0。预测变量是食管中肿瘤的大小（以最大尺寸计，单位为 cm）。数据列于表 12.8.3 和图 12.8.6[29]。

表 12.8.3 食管癌数据

患者编号	肿瘤尺寸 X /cm	淋巴结转移 Y	患者编号	肿瘤尺寸 X /cm	淋巴结转移 Y
1	6.5	1	17	6.2	1
2	6.3	0	18	2.0	0
3	3.8	1	19	9.0	1
4	7.5	1	20	4.0	0
5	4.5	1	21	3.0	1
6	3.5	1	22	6.0	1
7	4.0	0	23	4.0	0
8	3.7	0	24	4.0	0
9	6.3	1	25	4.0	0
10	4.2	1	26	5.0	1
11	8.0	0	27	9.0	1
12	5.2	1	28	4.5	1
13	5.0	1	29	3.0	0
14	2.5	0	30	3.0	1
15	7.0	1	31	1.7	0
16	5.3	0			

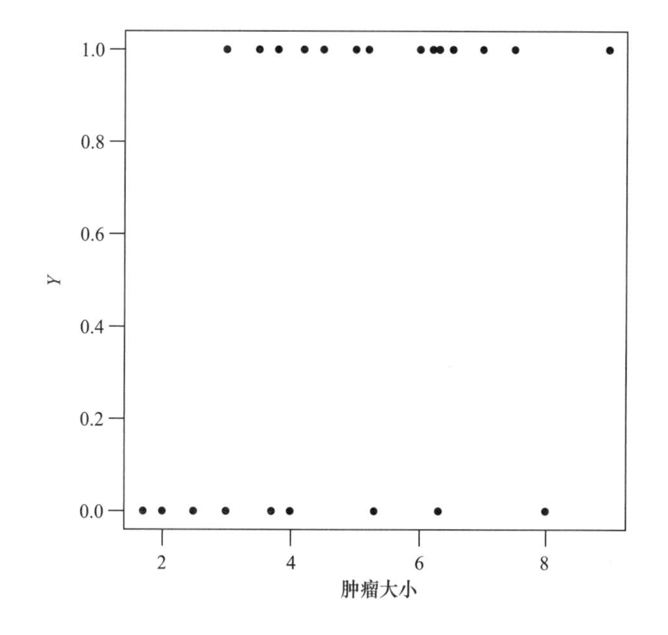

图 12.8.6 淋巴结转移 Y 与肿瘤大小 X 的数据图

logistic 回归的思想是通过拟合响应曲线的值在0~1来模拟 X 和 Y 的关系。对于0~1的这一范围值，logistic 回归模型能够用来估计给定 X 值（如肿瘤大小）时 Y=1（如癌变转移）的可能性。因此，线性回归是将 Y 模拟为 X 的线性方程（这时 Y 值并没有限制在0~1），而 logistic 回归则不同，我们以S形曲线模拟 X 和 Y 之间的关系，如图12.8.7所示。

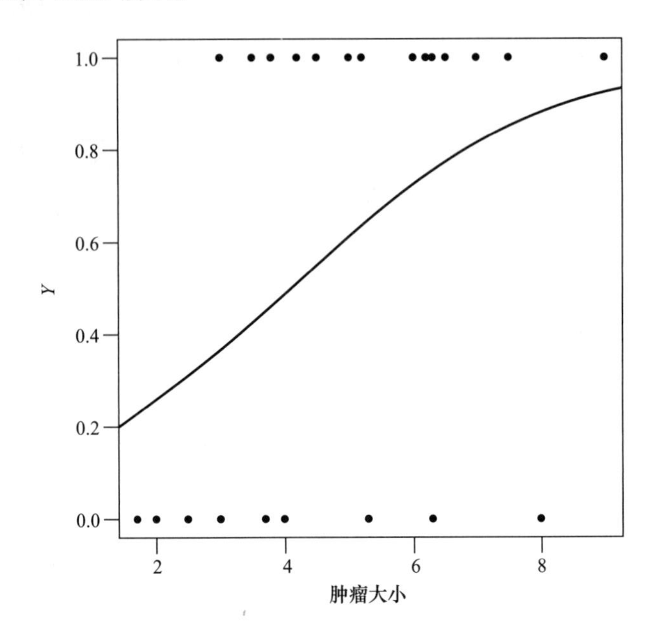

图12.8.7 淋巴结转移 Y 与肿瘤大小 X 的数据图，附有光滑曲线

最初考虑这些数据的一个方法是根据肿瘤大小 X 进行分组，然后计算每组中 Y 值为1的比例（这与我们前面12.3节描述的平均数图有些类似，只是这里我们根据 X 值的不同进行了数据的分组）。表12.8.4所示为这种情况下的汇总数据，同时也以图12.8.8进行了描述。我们注意到，Y 值为1的比例（也就是，癌细胞发生转移的病人的比例）随着肿瘤的增大而增加，除了最后一组（7.5,9］，该组中只有3个个体。

表12.8.4 食管癌数据的分组

肿瘤大小	Y=1的点	Y=0的点	Y=1的分数	Y=1的比例
（1.5,3.0］	2	4	2/6	0.33
（3.0,4.5］	5	6	5/11	0.45
（4.5,6.0］	4	1	4/5	0.80
（6.0,7.5］	5	1	5/6	0.83
（7.5,9.0］	2	1	2/3	0.67

去除表12.8.4中最后一列的比例，我们能够拟合一条光滑连续的方程来描述数据。我们也能够利用方程是单向递增这一条件，这就意味着癌细胞转移（Y=1）的可能性随着肿瘤的增大而增加。为完成这些分析，我们可以利用计算机来拟合 **logistic 响应方程**（logistic response function）*。食管癌数据的 logistic 拟合方程为：

$$P\{Y=1\}=\frac{e^{-2.086+0.5117\times 大小}}{1+e^{-2.086+0.5117\times 大小}}$$

* logistic 模型的拟合远比直线回归模型的拟合复杂得多。通常，借助于计算机，我们可以使用最大似然估计的方法。

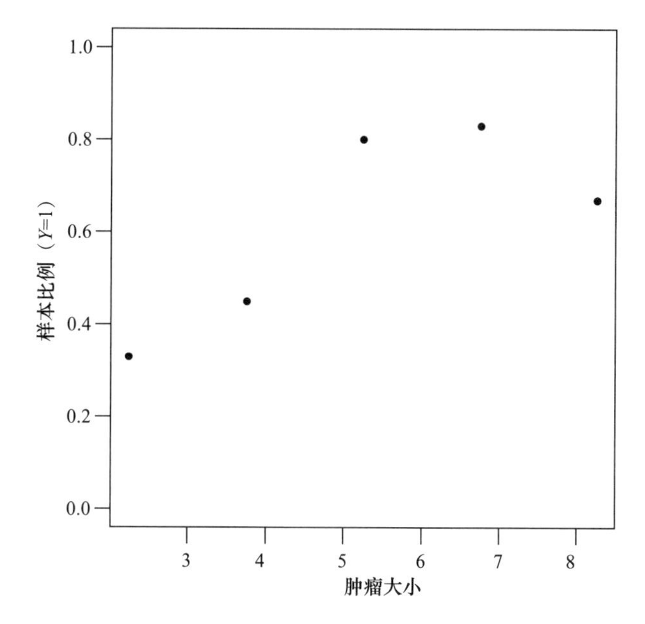

图 12.8.8 根据不同肿瘤大小 X 进行分组的病人中癌细胞转移至淋巴结的比例

例如，假定肿瘤大小为 4.0cm，那么，预测癌变转移的概率为：

$$\frac{e^{-2.086+0.5117(4)}}{1+e^{-2.086+0.5117(4)}}=\frac{e^{-0.0392}}{1+e^{-0.0392}}=\frac{0.96156}{1+0.96156}=0.49$$

另一方面，假定肿瘤大小为 8.0cm，那么，预测癌变转移的概率为：

$$\frac{e^{-2.086+0.5117\times 8}}{1+e^{-2.086+0.5117\times 8}}=\frac{e^{2.0076}}{1+e^{2.0076}}=\frac{7.4454}{1+7.4454}=0.88$$

我们能够计算 X 为任一值时 Y=1 的预测概率。图 12.8.9 所示为这种预测，一般来说，预测趋势线为 S 形。

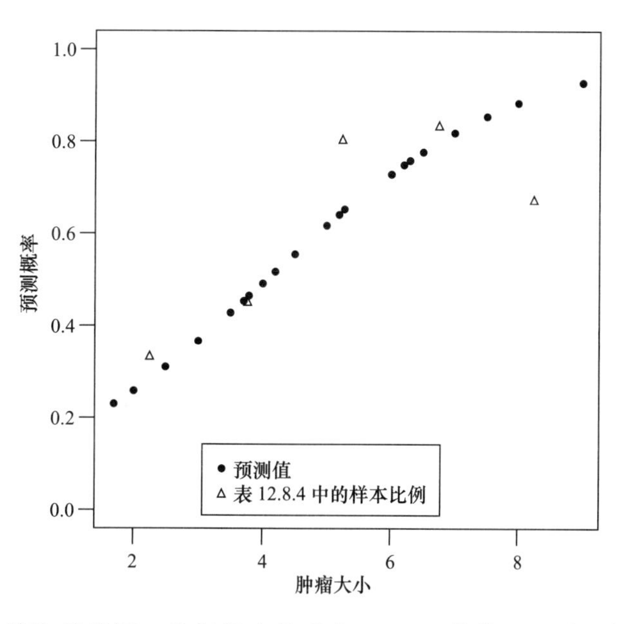

图 12.8.9 表 12.8.4 样本比例中对于肿瘤大小 X 值下 Y=1 的预测概率

如果延长 X 的取值范围，我们很容易看出 logistic 曲线呈 S 形，如图 12.8.10 所示。随着 X 增加，logistic 曲线无限接近 1 但不会超过 1。同样，如果我们延长曲线到 X 值比 0 小的区域，我们可以看到 X 越来越小，logistic 曲线接近 0 但不会低于 0（当然，例 12.8.5 的数据集中，讨论肿瘤大小为负值没有任何意义。因此，我们只显示了 X 为正值时的 logistic 曲线）。

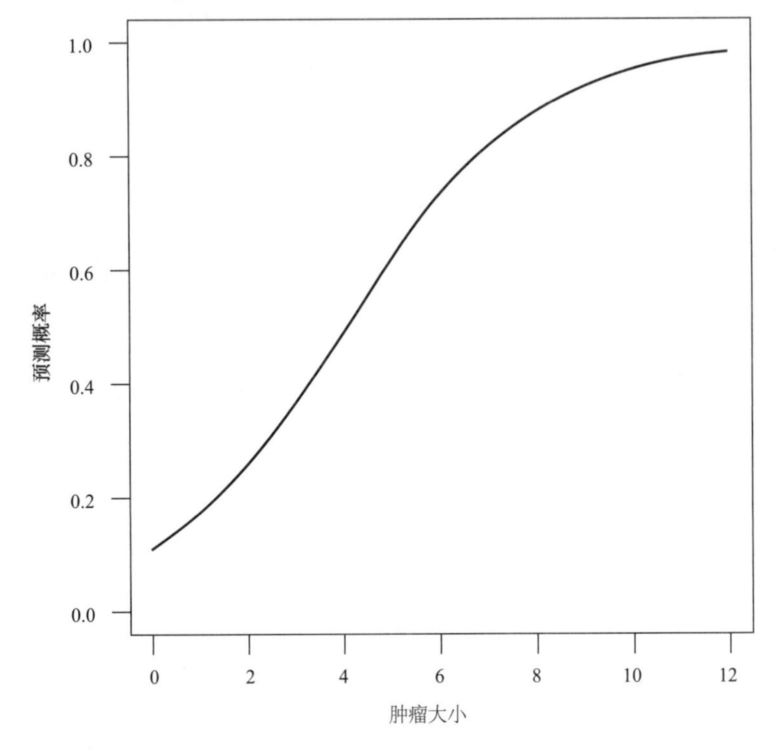

图 12.8.10 食管癌数据较大取值范围时的 logistic 响应方程

通常，如果我们有如下 logistic 响应方程

$$P\{Y=1\}=\frac{e^{b_0+b_1x}}{1+e^{b_0+b_1x}}$$

如果 b_1 为正值，那么随着 X 增加，$P\{Y=1\}$ 接近 1，随着 X 减小，$P\{Y=1\}$ 接近 0。因此，与线性回归模型不同，logistic 曲线的值在 0~1，这使得它对于模拟响应概率是合适的。

12.9 公式归纳

为方便查阅，我们将 12 章的公式归纳如下。

相关系数

$$r=\frac{1}{n-1}\sum_{i=1}^{n}\left(\frac{x-\bar{x}}{s_x}\right)\left(\frac{y-\bar{y}}{s_y}\right)$$

法则 12.3.1：$r^2\approx\frac{s_y^2-s_e^2}{s_y^2}=1-\frac{s_e^2}{s_y^2}$

拟合回归直线

$$\hat{y} = b_0 + b_1 x$$

式中：

$$b_1 = r \times \left(\frac{s_y}{s_x}\right)$$

$$b_0 = \bar{y} - b_1 \bar{x}$$

残差：

$$y_i - \hat{y}_i \text{，此处 } \hat{y}_i = b_0 + b_1 x_i$$

残差平方和：

$$\text{SS（残差）} = \sum (y_i - \hat{y}_i)^2$$

残差标准差：

$$s_e = \sqrt{\frac{\text{SS(残差)}}{n-2}}$$

推断

b_1 的标准误：

$$\text{SE}_{b_1} = \frac{s_e}{s_x \sqrt{n-1}}$$

β_1 的 95% 置信区间：

$$b_1 \pm t_{0.025} \text{SE}_{b_1}$$

假设检验 H_0：β_1=0 或者 H_0：ρ=0：

$$t_s = \frac{b_1}{\text{SE}_{b_1}} = r\sqrt{\frac{n-1}{1-r^2}}$$

检验和置信区间的临界值来自 df=n−2 的学生氏 t 分布。

预测

$\mu_{Y|X=x^*}$ 的 95% 置信区间为：

$$\hat{y} \pm t_{0.025} s_e \sqrt{\frac{1}{n} + \frac{(x^* - \bar{x})^2}{(n-1)s_x^2}}$$

$Y|X=x^*$ 的 95% 预测区间为：

$$\hat{y} \pm t_{0.025} s_e \sqrt{1 + \frac{1}{n} + \frac{(x^* - \bar{x})^2}{(n-1)s_x^2}}$$

区间的临界值来自 df=n−2 的学生氏 t 分布。

补充练习 12.S.1—12.S.23

12.S.1 在摩门蟋蟀（*Anabrus simplex*）研究中，发现雌性个体体重与卵巢重量的相关系数 r=0.836。蟋蟀卵巢重量的标准差为 0.429g。假设线性模型适用，估计体重为 4g 的蟋蟀卵巢重量的标准差[30]。

12.S.2 在一项空气污染导致作物减产的研究中，研究者将蓝湖豆角种植于被不同浓度二氧化硫熏烤的开放田间培养室中。熏烤一个月后，研究者收割了这些植物并记录了每一个培养室豆荚的总产量。结果列于下表[31]。

	X= 二氧化硫浓度 /(mg/kg)			
	0	0.06	0.12	0.30
Y= 产量 /kg	1.15	1.19	1.21	0.65
	1.30	1.64	1.00	0.76
	1.57	1.13	1.11	0.69
平均数	1.34	1.32	1.11	0.70

初步计算结果如下。

$\bar{x}=0.12$　　$\bar{y}=1.117$

s_X=0.11724　　s_Y=0.31175

r=−0.8506　　SS（残差）=0.2955

（a）计算 Y 依 X 的线性回归方程；

（b）绘制散点图，并在图中绘制出回归直线；

（c）计算 s_e。s_e 的单位是什么？

12.S.3 参阅练习 12.S.2。

（a）假定线性模型适用，估计暴露于 0.24mg/kg 二氧化硫环境下豆角产量的平均数和标准差；

（b）豆角数据中，线性模型的哪个条件看起来是令人质疑的？

12.S.4 参阅练习 12.S.2。无效假设为二氧化硫浓度对豆角产量没有影响。假设线性模型适用，用公式表述真正回归直线分析时的无效假设。使用数据检验无效假设和定向备择假设。令 α=0.05。

12.S.5 练习 12.S.2 数据的另一种分析方法是将每一处理组的平均数作为观察值 Y；由此汇总数据见下表。

	二氧化硫浓度 X /(mg/kg)	产量平均数 Y /kg
	0.00	1.34
	0.06	1.32
	0.12	1.11
	0.30	0.70
平均数	0.1200	1.1175
SD	0.12961	0.29714
	r=−0.98666	
	SS（残差）=0.007018	

（a）对于平均产量依 X 的回归，计算回归直线方程和残差标准差，与练习 12.S.2 的结果进行比较，解释为什么结果的不一致是我们意料之中的；

（b）平均产量的变化有多少比例可由平均产量与二氧化硫之间的线性回归关系进行解释？根据练习 12.S.5 的数据，单个培养室作物产量的变化有多少比例可由平均产量与二氧化硫之间的线性回归关系进行解释？解释为什么结果的不一致是我们意料之中的。

12.S.6 在一项簇山雀（*Parus bicolor*）研究中，生态学家捕捉了 7 只雄雀，测量了它们的翅膀长度和其他特征，进行标记之后将它们放生。在接下来的冬季，当这些标记的簇山雀在枝头搜查昆虫和种子时，他再次进行了观察。他记载了每一次观察的树枝直径，计算了每一只簇山雀采食时的树枝直径的平均数（50 个观察值的平均数）。结果见下表[32]。

（a）计算 s_e 并明确它的单位。证实 s_Y 与 s_e 和 r 的近似关系；

（b）数据是否提供了足够的证据表明雄雀选择树枝的直径与它们的翅膀长度有关？提出合理的无效假设和非定方备择假设，并进行检验，令 α=0.05；

（c）上述（b）* 部分的检验是基于 7 个观察值，每一个树枝直径的值是 50 个观察值的平均数。

* 原文为（a）部分。根据上下文内容，应为（b）部分。

如果我们用原始数据检验（b）部分中的假设，我们将会有 350 个观察值而不是只有 7 个。为什么这种方法不可用？

簇山雀	翅膀长度 X/mm	树枝直径 Y/cm
1	79.0	1.02
2	80.0	1.04
3	81.5	1.20
4	84.0	1.51
5	79.5	1.21
6	82.5	1.56
7	83.5	1.29
平均数	81.429	1.2614
SD	1.98806	0.21035
	r=−0.80335	
	SS（残差）=0.09415	

12.S.7（练习 12.S.6 的继续） 练习 12.S.6 数据的散点图和拟合回归直线如下。每一只雄雀在图中都进行了标注。

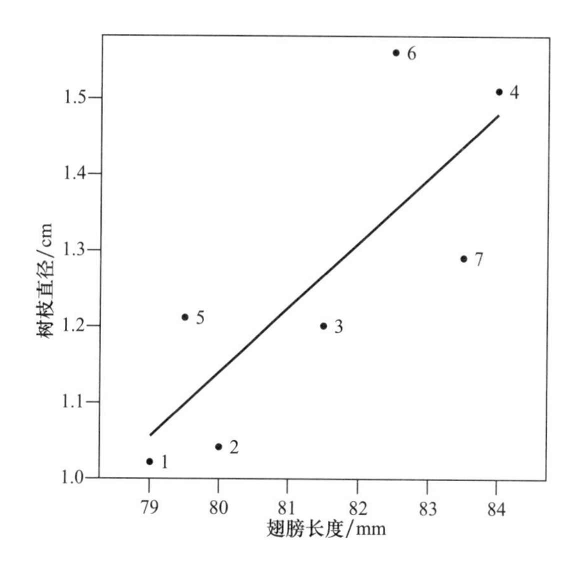

（a）哪一只雄雀（哪一个数据点）的回归误差最大？

（b）哪一只或哪些雄雀（哪一个点或哪些点）杠杆效应最大？

（c）有无影响点？

（d）虚构一组观察数据，其中 x= 翅膀长度和 y= 树枝直径，使这个点为回归直线的异常值；

（e）虚构一组观察数据，其中 x= 翅膀长度和 y= 树枝直径，使这个点为回归直线的杠杆值。

12.S.8 练习 12.3.7 表明了牛蛙体长和跳跃距离的关系。研究中测量的第三个变量是牛蛙的体重。下表所示为这些数据[16]。

牛蛙	体长 X/mm	体重 Y/g
1	155	404
2	127	240
3	136	296
4	135	303
5	158	422
6	145	308
7	136	252
8	172	533.8
9	158	470
10	162	522.9
11	162	356
平均数	149.636	373.427
SD	14.4725	104.2922

初步计算结果如下：

r=19,642　　SS（残差）=19,642

（a）计算 Y 依 X 的线性回归方程；

（b）根据上下文解释回归直线的斜率 b_1；

（c）计算 s_e 并根据上下文进行解释；

（d）计算 r^2 并根据上下文进行解释。

12.S.9（练习 12.S.8 的继续） 练习 12.S.8 中基于牛蛙体重 Y 依 X 线性回归的残差图和正态概率图如下。根据这些图，对回归推断所需要的条件进行评价。有无理由质疑满足了这些条件？

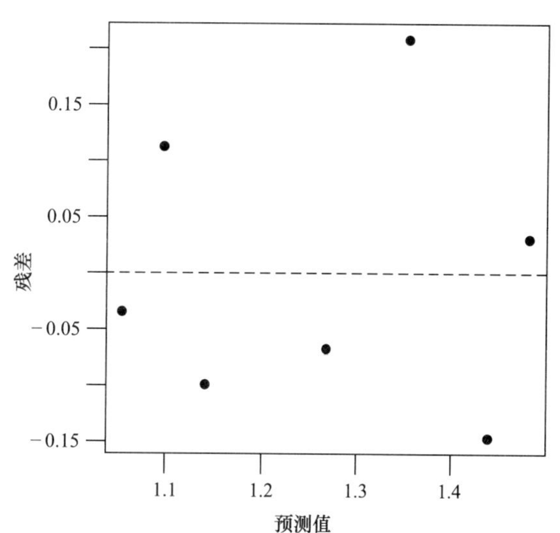

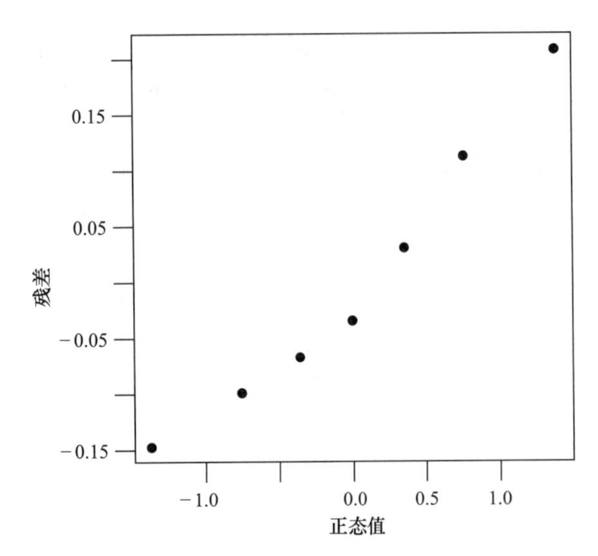

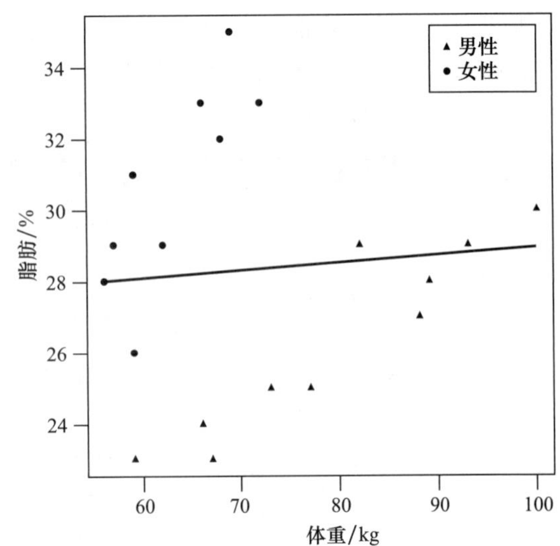

12.S.10　运动生理学家在一项健身活动中选择了 19 位参与者，以他们的皮下脂肪厚度来估计身体的脂肪含量，脂肪含量以体重的百分比进行表示。脂肪百分比和体重见下表[33]。

个体	体重 X/kg	脂肪 Y/%	个体	体重 X/kg	脂肪 Y/%
1	89	28	11	57	29
2	88	27	12	68	32
3	66	24	13	69	35
4	59	23	14	59	31
5	93	29	15	62	29
6	73	25	16	59	26
7	82	29	17	56	28
8	77	25	18	66	33
9	100	30	19	72	33
10	67	23			

实际上，参与者 1~10 为男性，参与者 11~19 为女性。男性、女性以及两者合起来的数据如下。

男性（n=10）	女性（n=9）	男女合计（n=19）
$\bar{x}$ =79.40	$\bar{x}$ =63.1	$\bar{x}$ =71.68
$\bar{y}$ =26.30	$\bar{y}$ =30.67	$\bar{y}$ =28.37
s_X=13.2430	s_X=5.7975	s_X=13.1320
s_Y=2.6269	s_Y=2.8723	s_Y=3.4835
r=0.9352	r=0.8132	r=0.0780

（a）分别计算男性和女性的回归方程；

（b）男性女性合在一起所构成样本的拟合回归直线为$\hat{y}$ =26.88+0.021x，如图所示。该直线的斜率与（a）所计算的斜率相比较有何不同？能否对这种差异进行解释？

（c）计算下列相关系数：（i）男性；（ii）女性；（iii）男女合计。这些值与（b）中所提出的理由是否一致？

12.S.11　参阅练习 12.3.6 呼吸速率的数据。构建的 β_1 的 95% 置信区间。

12.S.12　下图所示为一些数据拟合回归模型的残差图。绘出这些数据的散点图草图（注意：有两种可能的散点图：一种 b_1 为正值，一种 b_1 为负值）。

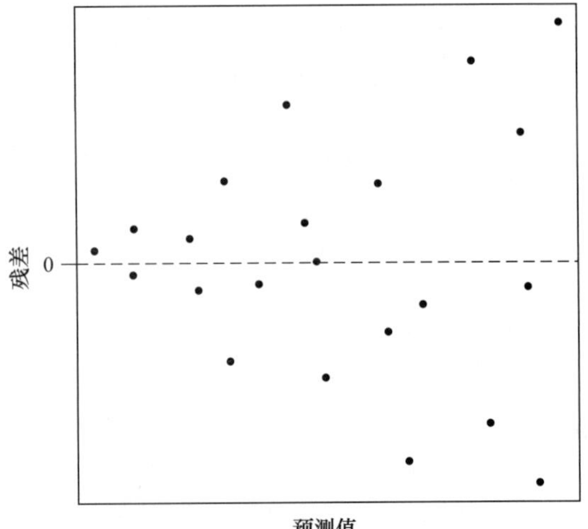

12.S.13 生物学家研究了20种鸟类的卵重与胚胎心率之间的关系。他们发现心率 Y 与卵重 X 的对数值有线性关系。数据见下表[34]。

种类	卵重/g	log(卵重) X	心率 Y/(次/min)
斑胸草雀	0.96	0.018	335
孟加拉雀	1.10	0.041	404
沼泽山雀	1.39	0.143	363
岸燕	1.42	0.152	298
大山雀	1.59	0.201	348
赤腹山雀	1.69	0.228	356
树麻雀	2.09	0.320	335
虎皮鹦鹉	2.19	0.340	314
家燕	2.25	0.352	357
日本白颊鸟	2.56	0.408	370
紫背椋鸟	4.14	0.617	358
澳洲鹦鹉	5.08	0.706	300
栗耳短脚鹎	6.40	0.806	333
家鸽	17.10	1.233	247
扇尾鸽	19.70	1.294	267
信鸽	19.80	1.297	230
仓鸮	20.10	1.303	219
乌鸦	20.50	1.312	297
牛背鹭	27.50	1.439	251
地中海隼	41.20	1.615	242
平均数	9.94	0.690	311

对于这些数据，拟合回归方程为：

$$\hat{y} = 368.06 - 82.452x$$

且：

$$SS（残差）=15,748.6$$

（a）根据上下文解释回归直线的截距 b_0；

（b）根据上下文解释回归直线的斜率 b_1；

（c）计算 s_e，并明确它的单位；

（d）根据上下文解释 s_e。

12.S.14（计算机练习） 下表所示为（A）和（B）两组数据。两组数据的 X 值是一样的，并且只出现一次。

	(A)	(B)		(A)	(B)
X	Y	Y	X	Y	Y
0.61	0.88	0.96	2.56	1.97	1.20
0.93	1.02	0.97	2.74	2.02	3.59
1.02	1.12	0.07	3.04	2.26	3.09
1.27	1.10	2.54	3.13	2.27	1.55
1.47	1.44	1.41	3.45	2.43	0.71
1.71	1.45	0.84	3.48	2.57	3.05
1.91	1.41	0.32	3.79	2.53	2.54
2.00	1.59	1.46	3.96	2.73	3.33
2.27	1.58	2.29	4.12	2.92	2.38
2.33	1.66	2.51	4.21	2.96	3.08

（a）绘制两组数据的散点图；

（b）对于每一组数据，（i）视觉估计 r，（ii）计算 r；

（c）对于数据集（A），X 值乘以10，Y 值乘以3再加5。再次计算 r，并与转换之前进行比较，r 是如何受到线性转换的影响的？

（d）找出回归直线的方程，并证明两组数据的回归直线实际上是一样的（尽管它们的相关系数相差很大）；

（e）在每一个散点图上绘出回归直线；

（f）绘制两组数据叠加在一起的散点图，每一组数据用不同的符号进行标注。

12.S.15（计算机练习） 本练习表明散点图可以揭示数据的特征，这些数据用普通的线性回归来计算它们的关系不是很明显。下表所示为A、B、C 3组虚构的数据集。每一组 X 的值相同，但 Y 值不同[35]。

数据集	A	B	C
X	Y	Y	Y
10	8.04	9.14	7.46
8	6.95	8.14	6.77
13	7.58	8.74	12.74
9	8.81	8.77	7.11
11	8.33	9.26	7.81
14	9.96	8.10	8.84
6	7.24	6.13	6.08
4	4.26	3.10	5.39
12	10.84	9.13	8.15
7	4.82	7.26	6.42
5	5.68	4.74	5.73

（a）证明三组数据集的拟合回归直线几乎是相同的，残差标准差相同吗？ r 值是否相同？
（b）绘制每一组数据集的散点图，每一个散点图告诉我们对数据进行线性回归分析是否适用？
（c）绘出每一散点图的拟合回归直线。

12.S.16（计算机练习） 在一项药理学研究中，让 12 只老鼠随机接受两种不同剂量苯丙胺和盐水的注射。下表所示为注射 24h 后每只老鼠消耗水量（每千克体重水的毫升数）[36]。

苯丙胺剂量 /(mL/kg)		
0	1.25	2.5
122.9	118.4	134.5
162.1	124.4	65.1
184.1	169.4	99.6
154.9	105.3	89.0

（a）计算消耗水量依苯丙胺剂量变化的回归直线方程，并计算残差标准差；
（b）绘制消耗水量依苯丙胺剂量变化的散点图；
（c）在散点图上绘制回归直线；
（d）利用线性回归检验苯丙胺不会对消耗水量产生影响的假设和苯丙胺会降低消耗水量的假设（令 α=0.05）；
（e）利用方差分析检验苯丙胺不会对消耗水量产生影响的假设（令 α=0.05）；并与（d）的结果进行比较；
（f）哪些条件是（d）部分检验必需而不是（e）部分检验所必需的？
（g）根据方差分析计算合并标准差，并与（a）部分所计算的残差标准差进行比较。

12.S.17（计算机练习） 考察练习 12.6.9 亚马逊中部雨林地区树木的数据资料。研究中调查者欲知道树龄 Y 与生长速率 X 的关系，这里生长速率定义为直径 / 年龄（也就是，每年生长的厘米数）。
（a）以直径除以相应树龄，创造变量“生长速率”；
（b）绘制 Y= 树龄和 X= 生长速率的散点图，并根据这些数据拟合回归直线；
（c）根据（b）的回归直线绘制残差图，然后绘制残差的正态概率图。这些图如何让我们对线性模型和回归推断过程产生质疑？
（d）将树龄数据和生长速率的数据进行对数转换，绘制 Y=log（树龄）和 X=log（生长速率）的散点图，并根据这些数据拟合回归直线；
（e）根据（d）的回归直线绘制残差图，然后绘制残差的正态概率图。根据这些图，判断（d）中用对数尺度转换后数据的回归模型看起来是否合适？

12.S.18（计算机练习） 研究者测量了 22 位学生在放松状态和一场重要考试期间的血压值。下表所示为每一位学生在两种场合下的收缩压和舒张压[37]。

考试期间		放松状态	
收缩压 /mmHg	舒张压 /mmHg	收缩压 /mmHg	舒张压 /mmHg
132	75	110	70
124	170	90	75
110	65	90	65
110	65	110	80
125	65	100	55
105	70	90	60
120	70	120	80
125	80	110	60
135	80	110	70
105	80	110	70
110	70	85	65
110	70	100	60
110	70	120	80
130	75	105	75
130	70	110	70
130	70	120	80
120	75	95	60
130	70	110	65
120	70	100	65
120	80	95	65
120	70	90	60
130	80	120	70

（a）计算考试期间与放松状态下收缩压的差值，作为变量 X；

（b）同（a），计算考试期间与放松状态下舒张压的差值，作为变量 Y；

（c）绘制 Y 和 X 的散点图，并根据数据拟合回归直线；

（d）根据（c）部分的回归直线，绘制残差图；

（e）在残差图上标注出异常值［同时在（c）的散点图上也进行标注］，从数据集中删去异常值，然后重复（c）和（d）；

（f）（删去异常值之后）拟合回归模型是什么？

12.S.19（练习 12.S.18 的继续） 考察练习 12.S.18 数据的（f）部分。

（a）构建 β_1 95% 的置信区间；

（b）根据上下文对（a）所构建的置信区间进行解释。

12.S.20 硒（Se）是一种必需元素，在保护水生哺乳动物抵抗汞（Hg）及其他金属元素的毒害方面起着重要的作用。有人认为水生哺乳动物牙齿的金属含量能够作为身体金属含量的潜在生物学指标。1996 年和 2002 年，作为传统的因纽特人捕猎的一部分，研究者在麦肯齐河西北区域捕获了 20 只白鲸 (*Delphinapterus leucas*)。下表所示为其牙齿和肝脏中 Se 的含量，数据如下表和图所示[38]。

鲸	肝脏 Se 含量 /(μg/g)	牙齿 Se 含量 /(ng/g)	鲸	肝脏 Se 含量 /(μg/g)	牙齿 Se 含量 /(ng/g)
1	6.23	140.16	11	15.28	112.63
2	6.79	133.32	12	18.68	245.07
3	7.92	135.34	13	22.08	140.48
4	8.02	127.82	14	27.55	177.93
5	9.34	108.67	15	32.83	160.73
6	10.00	146.22	16	36.04	227.60
7	10.57	131.18	17	37.74	177.69
8	11.04	145.51	18	40.00	174.23
9	12.36	163.24	19	41.23	206.30
10	14.53	136.55	20	45.47	141.31

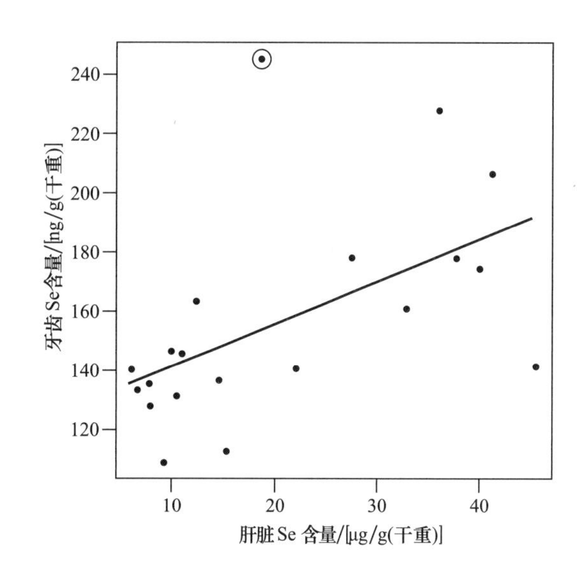

（a）能否将牙齿 Se 含量（Y）和肝脏 Se 含量（X）的样本相关系数 r=0.53726 作为总体相关系数的估计值，简要进行解释；

（b）如果将图中圈出的数据点移出，（a）部分所得到的样本相关系数会增加，减少还是保持不变？

（c）如果将 X 和 Y 的标签进行转换（也就是，Y= 肝脏 Se 含量，X= 牙齿 Se 含量），（a）所得到的样本相关系数会增加，减少还是保持不变？

（d）图中圈出的数据点是杠杆点和（或）有影响的点吗？简要进行解释；

（e）图中圈出的数据点是异常值吗？

12.S.21（练习 12.S.20 的继续） 下面是练习 12.S.20 中 Se 数据的统计结果。

$\bar{x}$ =20.684　　$\bar{y}$ =156.599

s_X=13.4489　　s_Y=36.0586

r=0.53726　　SS（残差）=17,573.3

（a）计算牙齿 Se 含量依肝脏 Se 含量变化的回归直线；

（b）构建回归直线斜率 95% 的置信区间；

（c）根据上下文解释（b）所构建的置信区间；

（d）根据（b）所构建的置信区间，是否有理由认为斜率小于 0.25(ng/g)/(μg/g)？

12.S.22（练习 12.S.20 和练习 12.S.21 的继续） 参阅练习 12.S.20 中 Se 含量的数据图，下面哪

幅图是练习 12.S.21（a）得到的拟合回归直线的残差图？证明你的答案。

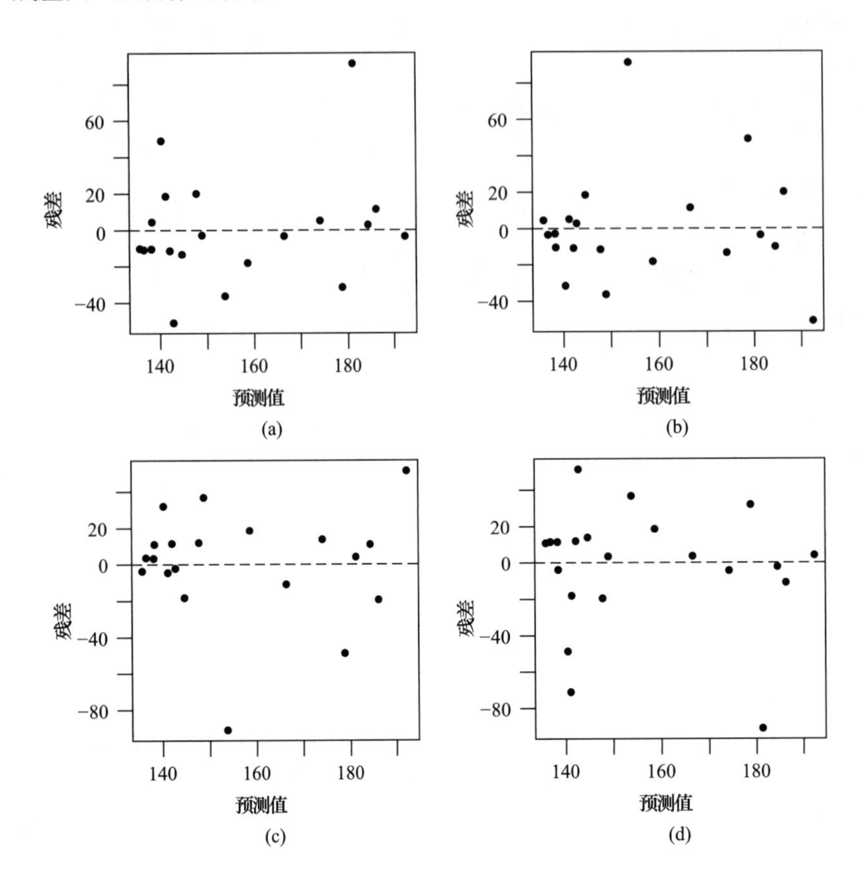

12.S.23（练习 12.S.20 的继续） 本研究中的观察值取自传统的因纽特人 2 年捕猎的数据。我们应该假设捕获的白鲸具有什么特点以保证我们之前对数据的分析是正确的?

13 推断方法归纳

目标

在这一章，我们将对全书中出现的推断方法进行归纳和总结。我们将：

- 展示出现在前面各章中合适推断技术的选择过程；
- 考察几个选择推断方法的例子。

13.1 引言

在第 2 章和第 6~12 章，我们引入了许多图示的和数字的汇总数据以进行推断的统计方法。学生们经常被统计数字和已经出现的各种统计程序弄得不知所措。统计学家认为用于分析数据很清晰的工具集，对初学者来说也会变得模糊不清。在这一章，我们列举各种前面各章出现的展示研究分析过程和归纳总结推断方法的例子。通过这些例子，我们还提供一些非常有用的指导，来确定对给定数据的数据集如何进行推断。

对已有的数据集，提出一系列问题是很有用的。

（1）研究人员尝试回答的问题是什么时候采集这些数据？进行数据分析的目的是：挖掘信息，帮助做出决定。当观察数据时，有助于考虑所采集数据的用途。例如，对服用药物的病人和服用安慰剂的病人，研究人员是否会尝试进行组间比较？他们试图分析两个定量变量的相关性，能用一个变量预测另一个变量吗？他们检查是否假设模型能给出与分类变量相联系的精确概率预测吗？很好地理解数据是怎么采集的，常常可以辨清下一个问题。

（2）研究中响应变量是什么？例如，如果研究人员关心药物对血压的效应，那么很可能响应变量 Y= 个体血压的变化（连续的数值变量）。如果他们关心的是药物是否治疗疾病，那么响应变量就是具有两个水平的分类变量：是，如果一个人被治愈；不是，如果一个人没有被治愈，或者甚至有第三种或更多有序层次水平的分类变量：痊愈、好转、没有好转。

（3）预测变量，如果真有的话，会涉及吗？例如，如果一个新药与安慰剂进行比较时，那么预测变量就是一组成员：一个病人要么在服用新药的组内，要么在安慰剂组。如果用身高预测体重，身高就是预测变量（同时体重就是响应变量）。有时不存在预测变量。例如，研究人员会对成人的胆固醇水平的分布感兴趣。在这此种情况下，响应变量就是胆固醇水平，但不存在预测变量。有人也许会提出：有预测者，不管他是否为成人。如果我们希望比较成人与儿童的胆固醇水平，那么不管他是不是成人，他都会成为预测者。但如果没有进行这种比较，研究中的每个人都是同一组（成人），那么就不能说它是预测变量，因为组内成员并不需要在人与人之间找出不同。

回答这些问题有助于表达所进行的分析。有时，分析全部是描述性的，并不包括任何统计推断，如当数据不是通过随机抽样的方式获得的。即使需要进行统计推断时，一般也会有一个以上的选择方式。两个统计学家对同一套数据进行分析，所使用的方法会稍有差异，得出的结论也会有不同。然而，在各种情况下都会有通用的统计程序。图13.1.1所示的流程图有助于整理本教材中出现的推断方法。

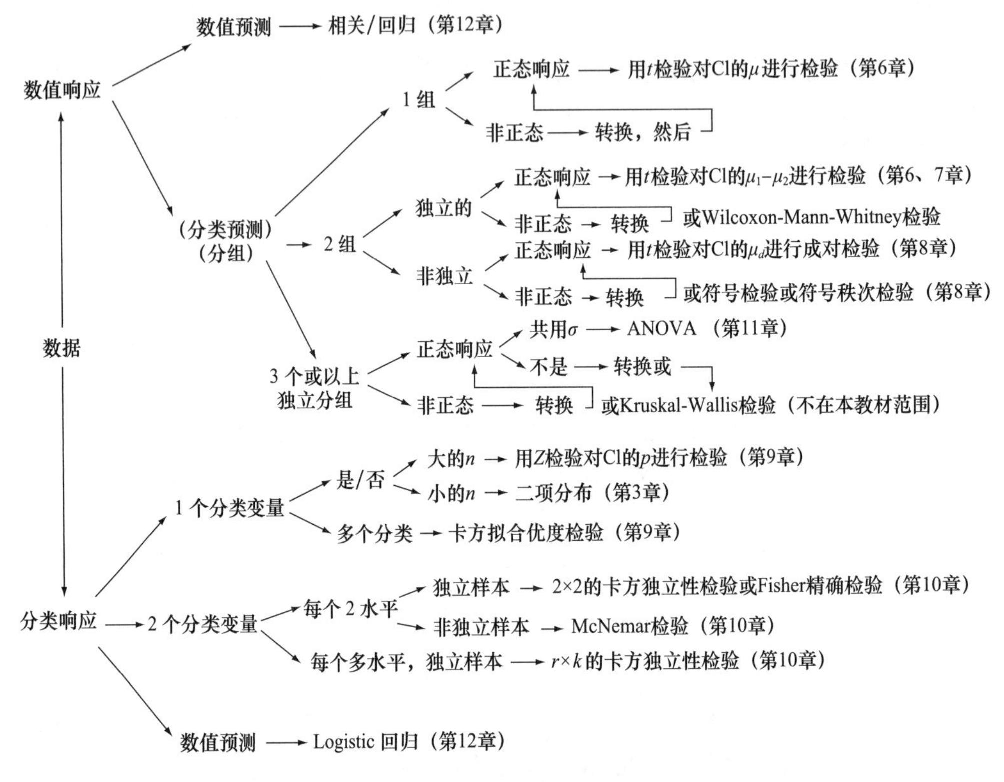

图13.1.1 推断方法流程图

为了使用这个流程图，我们首先要问响应变量是数值型还是分类型。然后我们就要考察研究中预测变量的类型和收集的样本是独立的还是非独立的（如配对数据）。许多方法，如第6章中出现的总体平均数的区间估计，所依赖的数据为来自于具有正态分布的总体（根据中心极限定理，这个条件对大样本来说并不重要，但对于小样本来说是很重要的）。非正态数据也能转换为近似正态性，然后基于正态方法进行应用。如果转换获得近似正态性失败的话，还可用非参数方法，如Wilcoxon-Mann-Whitney检验或Wilcoxon符号秩检验。

注意，流程图仅仅是收集了前面各章中出现的推断给出引导；它并不是一个完整的列表。要谨防Mark Twain的谬论：“当你唯一的工具是个锤子时，每个问题看起来都像一个钉子。”并不是每个统计推断都会有现成的方法。实际上，这些方法是以考察参数为重点的，如总体平均数μ、总体比例p。有时，研究人员对分布的其他方面如第75个百分位感兴趣。当对分析过程有疑问时，也可以请教统计学家。

探索性数据分析

无论所考察的分析是何种类型，从制作一个或多个数据图形开始总是一个好主意。图形的选择依赖于所要分析的数据类型。例如，当比较两个数值数据的样本时，一起排列的点线图或箱线图能够提供有用的信息（两者都可对两个样本进行可视化比较），然后判断数据是否满足正态性条件。当分析分类数据时，条形图是很有用的。当处理两个定量变量时，散点图很有用。

要记住，统计分析的目的是帮助我们理解手头的科学问题。因此，结论应该用科学研究的语境来陈述。在 13.2 节，我们列举一些数据集和各种分析的例子。

13.2 数据分析示例

在这一节，我们将考察几种数据集和相对应的分析方法。13.1 节中所陈述的三个问题和图 13.1.1 所示的流程图提供了讨论下列例子的框架。

例 13.2.1
赤霉素

赤霉素（GA）被认为能够促进植物茎节的伸长。研究人员进行了 GA 对白菜属 *ros* 突变株效应的试验。他们对 17 株用了 GA，15 株用水作为对照。14d 后，测量了 32 株的生长情况。15 个对照株的平均生长量为 26.7mm，SD 是 37.5mm。用 GA 进行处理的 17 株，平均生长量是 92.6mm，SD 是 41.7mm。其数据列于表 13.2.1，图形绘于图 13.2.1[1]。

表 13.2.1 14d 后 *ros* 植株的生长量 单位：mm

	对照	GA
	3	71
	2	87
	34	117
	13	80
	6	112
	118	66
	14	128
	107	153
	30	131
	9	45
	3	38
	3	137
	49	57
	4	163
	6	47
		108
		35
平均数	26.7	92.6
SD	37.5	41.7

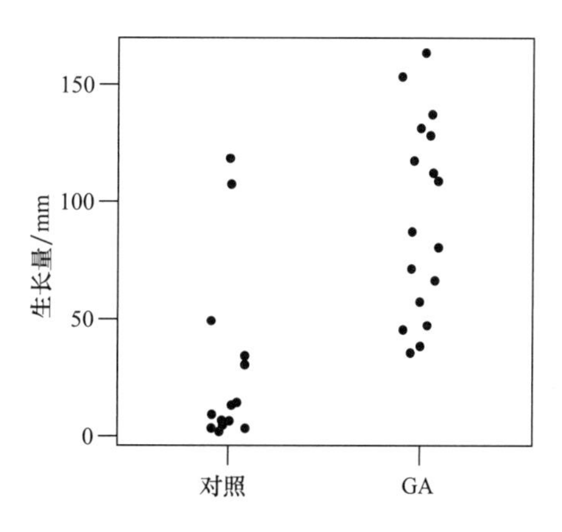

图 13.2.1 14d 后 *ros* 植株的生长量的点线图

让我们回到 13.1 节的三个问题上：①在这个试验中，研究人员试图确定 GA 是否影响了 *ros* 植株生长速率；②响应变量是 *ros* 植株 14d 的生长量，为数值型；③预测变量是群组成员（GA 组或对照组），为分类型；两组是相互独立的。

图 13.1.1 中的流程图告诉我们，如果数据是正态的或能转换为正态性时考虑用两个样本的 t 检验，否则要用 Wilcoxon-Mann-Whitney 检验。图 13.2.2 表明，对照数据样本的分布明显是非正态的，因此，需要进行数据转换。

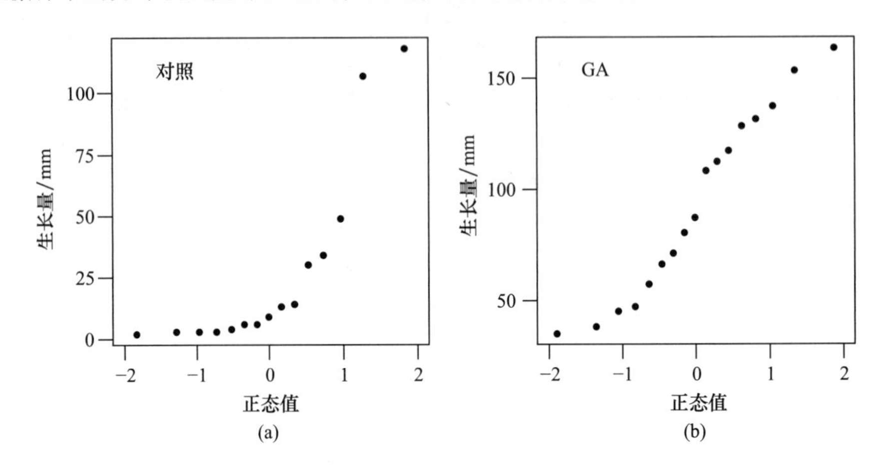

图 13.2.2　（a）对照数据和（b）GA 数据的正态概率图

对每个观察值进行对数转换得出点线图和正态概率图，分别如图 13.2.3 和图 13.2.4 所示。

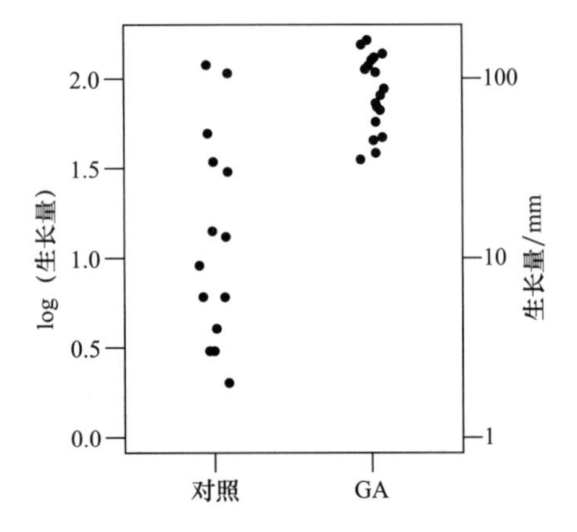

图 13.2.3　14d 后 *ros* 植株的生长量对数的点线图

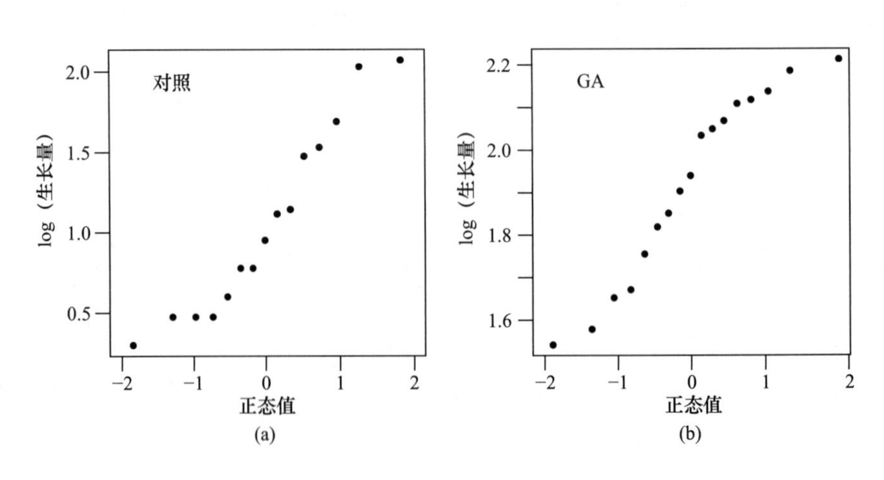

图 13.2.4　（a）对照数据和（b）GA 数据对数尺度的正态概率图

在对数尺度上，其数据并没有显示出异常性的显著证据（对照和 GA 的 Shapiro-Wilk P 值分别为 0.2083 和 0.2296），所以我们按照两个样本进行 t 检验。两个样本的标准差，如图 13.2.3 所示，很明显是不一样的。然而，用非汇集 t 检验仍然是合适的。下面的计算机输出结果表明，t_s=–5.392，P 值很小。因此，我们就有强有力的证据证明 GA 能够促进 *ros* 植株生长。

两个样本的 t– 检验
数据：以 10 为底的对数（生长量）
t=–5.3917，df =17.445，P 值 <0.0001
备择假设：平均数存在真实差异，不在 95% 置信区间：
–1.1943596，–0.5234687

例 13.2.2 鲸游泳速度

生物学家对白鲸游泳速度与摆尾频度之间的关系很感兴趣。研究的样本有 19 头鲸，测量的是游泳速度和摆尾频率。游泳速度的测量单位为每秒钟鲸的身长（也就是 1.0 代表每秒钟鲸向前移动一个身长），摆尾频率的测量单位是赫兹（也就是 1.0 代表每秒摆尾 1 个来回）[2]。数据见下表。

鲸	速度 /（L/s）	频率 /Hz	鲸	速度 /（L/s）	频率 /Hz
1	0.37	0.62	11	0.68	1.20
2	0.50	0.675	12	0.86	1.38
3	0.35	0.68	13	0.68	1.41
4	0.34	0.71	14	0.73	1.44
5	0.46	0.80	15	0.95	1.49
6	0.44	0.88	16	0.79	1.50
7	0.51	0.88	17	0.84	1.50
8	0.68	0.92	18	1.06	1.56
9	0.51	1.08	19	1.04	1.67
10	0.67	1.14			

我们自然会问：“当尾巴摆得越快时，鲸游得也越快吗？”但生物学家研究聚焦的相关问题是“摆尾频率依赖速度吗？”生物学家这些问题，其响应变量是频率，为数值型，而预测变量是速度，也是数值型。我们就能考虑用回归分析来研究速度与频率间的关系。图 13.2.5 所示为数据的散点图，它呈现出频率随速度增加而增加的趋势。

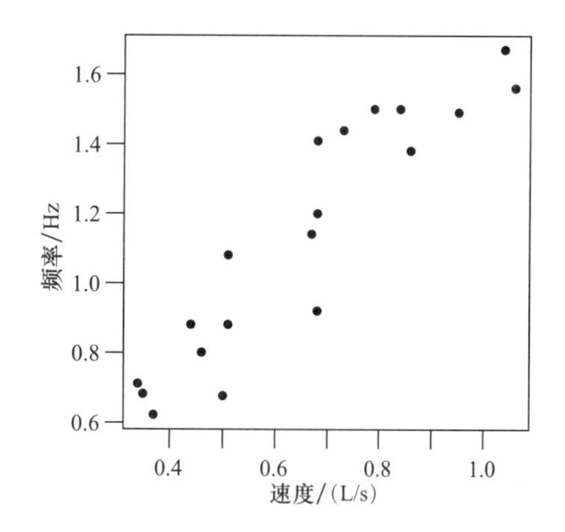

图 13.2.5 频率对速度的散点图

这些数据的回归模型是 $Y=\beta_0+\beta_1X+\varepsilon$ 。按照这个模型对这些数据所拟合方程为 $\hat{y}=0.19+1.439x$ ，或者说频率 =0.19+1.439× 速度，结果见计算机输出。图 13.2.6 所示为这种拟合的残差图。实际上，在这个图中，并不存在任何明显的模式能够支持回归模型的使用。

系数：

估计标准误			t 值	P（>|t|）
（截距）	0.1895	0.1004	1.887	0.0763
速度	1.4393	0.1451	9.917	1.75e–08

残差标准误：0.1396 ，自由度为 17

R– 平方：0.8526

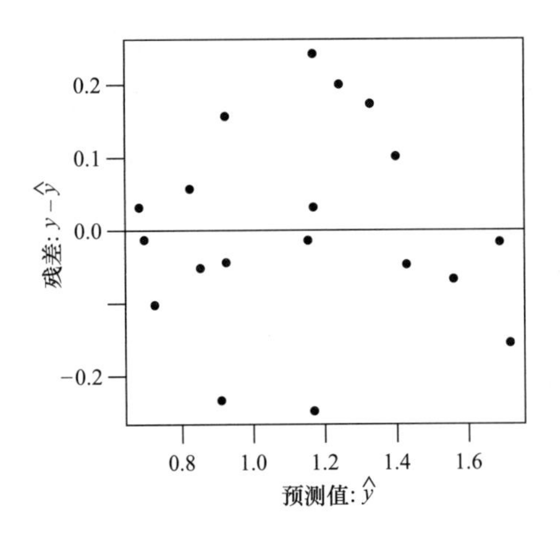

图 13.2.6　频率回归拟合的残差图

无效假设

$$H_0: \ \beta_1=0$$

用 t 检验，结果参见回归输出。残差部分的正态概率图如图 13.2.7 所示，其结果支持 t 检验结论。这是由于它指出了如下情况：如果随机误差来自于正态分布，那么这 19 个残差部分的分布与我们所期望看到的是一致的。t 统计数具有 17 个自由度，P 值小于 0.0001。这样就证明了频率与速度具有较强的相关性，我们就可以拒绝线性趋势是由于偶然因素引起的假设。

继续进行分析，计算机输出结果表明，r^2 为 85.3%。因此，这个样本中，频率变量有 83.5% 是由速度变量来决定的（它与 t 检验假设 H_0：$\beta_1=0$ 中的 0 有显著的差异）。

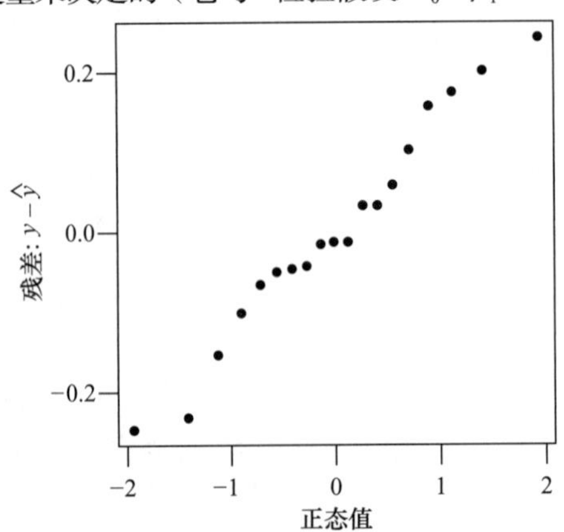

图 13.2.7　频率回归拟合中残差部分的正态概率图

例 13.2.3 他莫昔芬

在一随机双盲试验中，6,681 名女性服用了药物他莫昔芬，另外 6,707 名女性服用了安慰剂。之后的四年中，在他莫昔芬组中有 89 例患上了乳腺癌，而安慰剂组有 175 例[3]。

这个试验的目的就是要确定他莫昔芬是否对预防癌症有效果。注意，这是一个试验，不是一个观察性研究，我们就可以用因 - 果关系的术语来讨论这件事。响应变量是女性是否患上了癌症。预测变量是群组成员（例如，女性是否服用了他莫昔芬）。图 13.2.8 所示为这些数据的条形图，显示出安慰剂组的癌症比一般情况下要多得多。

这些数据可以排列成 2 × 2 的列联表，见表 13.2.2。进行独立性 χ^2 检验得出 χ_s^2 = 28.2，自由度为 1，这个检验的 P 值接近于 0。结论是有强有力的证据证明他莫昔芬能够减少患乳腺癌的概率。

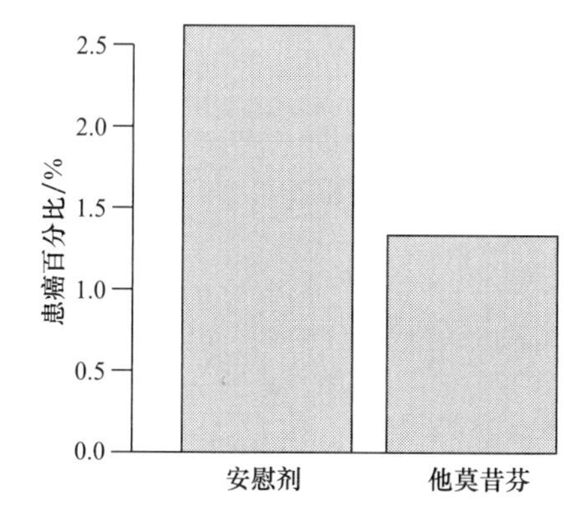

图 13.2.8 他莫昔芬数据的条形图

表 13.2.2 他莫昔芬数据

	处理 安慰剂	他莫昔芬	
癌症	175	89	264
非癌症	6,532	6,592	13,124
总数	6,707	6,681	13,388

我们还可以构建这些数据的置信区间。对安慰剂组病人，175/6,707 或者 2.61% 患上癌症，所以 $\tilde{p}_1$ =（175+1）/（6,707+2）=0.0262。对他莫昔芬组病人，89/6,681 或者 1.33% 患上癌症，所以 $\tilde{p}_2$ =（89+1）/（6,681+2）=0.0135。其差异的标准误是：

$$\mathrm{SE}_{(\tilde{p}_1-\tilde{p}_2)}=\sqrt{\frac{0.0262(1-0.0262)}{6{,}707+2}+\frac{0.0135(1-0.0135)}{6{,}681+2}}$$

$$=0.0024$$

其 p_1-p_2 的 95% 置信区间为（0.0262-0.0135）± 1.96 × 0.0024，即（0.0080,0.0174）。因此，我们得出结论：他莫昔芬减少患乳腺癌概率 95% 的置信区间为 0.80~1.74 个百分点。

我们还可以计算出癌症的相对风险率。估计的相对风险率是：

$$\frac{P\{\text{癌症}\mid\text{他莫昔芬}\}}{P\{\text{癌症}\mid\text{安慰剂}\}}=\frac{0.0261}{0.0133}=1.96$$

因此，我们估计得出的结论是，服用安慰剂患乳腺癌的可能性是服用他莫昔芬的 1.96 倍。

例 13.2.4 染色体膨胀

热休克蛋白（HSPs）是某些组织由于受到高温危害进行自我保护而产生的一种蛋白。在对果蝇 *Drosophila melanogaster* 的研究中，在其伸展并呈现膨胀的染色体上发现了编码 HSPs 的基因。这些膨胀的染色体可以在显微镜下看到。生物学家分别进行了三种热休克处理：对 40 头 *Drosophila* 幼虫在 37℃下处理 30min、对 40 头 *Drosophila* 幼虫热处理 60min 和 40 头 *Drosophila* 幼虫作为对照，计数了幼虫唾腺每条染色体臂上的膨胀数。

这个试验的目的是确定热休克是否对 HSPs 产生作用。响应变量是染色体臂上的膨胀数，为数值型。预测变量是群组成员（对照组、30min 组和 60min 组），为分类型。图 13.2.9 所示为数据的点线图，数据列于表 13.2.3[4]。

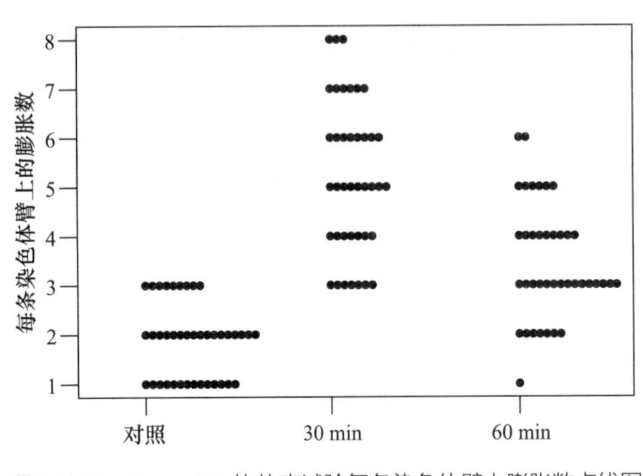

图 13.2.9 *Drosophila* 热休克试验每条染色体臂上膨胀数点线图

表 13.2.3 *Drosophila* 热休克试验每条染色体臂上的膨胀数

分组	n	平均	SD
对照	40	1.88	0.76
30min	40	5.20	1.54
60min	40	3.45	1.18

点线图表明了由于热休克引起的效应（我们说效应，不只是一种联想，因为这是一个试验）。这种看得见的印象可以通过方差分析得到印证。图形还显示，每个分布只有极少的几个值，无法满足方差分析的正态性条件。然而，由于分布还是相当对称的，样本容量也够适当大且都是相等的，组间的标准差也都相似，我们能够确信方差分析的 P 值。下面的计算机输出证明，有很有力的证据拒绝假设 H_0：$\mu_1=\mu_2=\mu_3$。我们得出结论是：热休克的确能够增加每条染色体臂上的膨胀数。

	自由度	平方和	均方	F 值	概率（$>F$）
组间	2	221.32	110.658	76.757	<0.0001
残差	117	168.68	1.442		
总和	119	390.00			

作为方差分析的延伸，我们可以考虑将对照平均数与两个热休克平均数进行一下对比。

例 13.2.5 治疗性接触

治疗性接触（TT）是执业医生对病人推拿所产生人类能量场的一种替代医学形式。然而，许多人对 TT 执业医生探测人类能量场的能力有疑问，甚至怀疑是否存在人类能量场。一个试验测试了下面 28 个 TT 从业者的能力。试验者和从业者在桌子两端相对而坐，在他们中间树立一面屏风。从业者面对屏风伸展他（或她）的双手并放松，把手放在桌子上，手心向上。研究人员掷币选择从业者的一只手。然后试验者举起右手掌心向下，放在执业者所选的那只手上面。然后，问从业者选择的是哪只手，进行执业者是否能够从试验者的手上探测到人类能量场的测试。

对 28 位 TT 执业者每人测试 10 次。在 10 次试验中，“猜中”次数为 1~8 不等，平均为 4.4 次。在总共 280 次试验中“猜中”出现 123 次[5]。表 13.2.4 所示为 28 位从业者进行试验“猜中”次数的分布。

表 13.2.4 治疗性接触试验中每 10 次试验“猜中”次数的分布

猜中次数	从业者的人数
0	0
1	1
2	1
3	8
4	5
5	7
6	2
7	3
8	1
9	0
10	0
总数	28

这个试验的目的是确定 TT 执业者探测人类能量场的能力。响应变量是 yes/no（分类）变量：yes 表示“猜中”一次，no 表示没有“猜中”。这里没有预测变量，只有参与试验的一组 28 个执业者。

让 p 表示试验中得到一次击打的概率，无效假设是 H_0：p=0.5。分析这些数据的一个方法，是引入卡方拟合优度检验，用 280 次试验数据检验 H_0，其备择假设 H_A：p>0.5。这个检验的 P 值大于 0.5，这是由于在 H_A 方向上的数据并没有从 H_0 中剥离出来。

有人也许会有疑问，对一些 TT 从业者来说 p 也许会大于 0.5，但对所有的从业者来说也有可能不是这样。如果每位 TT 从业者 p 不是一样的（对任何人 p 是否都是 0.5），那么用于 280 次试验的卡方拟合优度检验就是不适当的，这是因为 280 次试验并是相互独立的。然而，28 位从业者的数据是可以分别进行分析的。在这些分析中，也能够用二项分布模型，因为样本容量 n=10 是相当小的。表 13.2.5 中给出了二项概率。对具 p=0.5 的二项分布，10 次试验中出现 8 次或以上的概率是 0.04395+0.00977+0.00098=0.0547。因此，如果对 28 位从业者每人的数据分别分析，检验 H_0：p=0.5 对应 H_A：p>0.5，28 个 P 值中最小的一个将是 0.0547，另外没有显著的证据支持 H_A*。

引入不同的分析方法都是为了研究表 13.2.4 中 280 个观测值是否符合二项分布模型。实际上，我们检查其模型，Y 存在一个具有 n=10，p=0.5 的二项分布，这里 Y 为 10 次试验出现击打的次数（这与 3.9 节的分析是相似的）。在这里，可以使用拟合优度检验。表 13.2.5 所示为 11 种可能的观测次数（来自表 13.2.4）和期望次数结果（由于小数取值误差，期望次数总和并不是 28）。

* 考察 11.9 节（选修）关于多重比较中的材料。注意，如果我们要考虑这所有 28 次检验，就需要大量的证据才能拒绝 H_0。用 Bonferroni 校正检验，我们将需要单个 P 值小于 α_{cw}=0.05/28=0.0018 才能拒绝 H_0。

表 13.2.5 治疗性触摸试验中每 10 次试验猜中的观测与期望次数（如果 p=0.5）			
击打次数	二项概率	观测次数 O	期望次数 E
0	0.00098	0	0.027
1	0.00977	1	0.273
2	0.04395	1	1.231
3	0.11719	8	3.281
4	0.20508	5	5.742
5	0.24609	7	6.891
6	0.20508	2	5.742
7	0.11710	3	3.281
8	0.04395	1	1.231
9	0.00977	0	0.273
10	0.00098	0	0.027
总数	1.00000	28	27.999

卡方统计数为 $\chi_s^2 = \sum \frac{(o_i - e_i)^2}{e_i} = 11.7$。检验统计数有 10 个自由度，因为这个模型中有 11 个分类项。这个检验的 P 值是 0.306，这是一个很大的值。因此，数据符合 p=0.5 的二项分布（例如，TT 从业者也可以掷币来选择一个手，而不是试图探测试验者的人类能量场）。（注意：这些数据并不能证明人类能量场的存在，他们并不能为它的存在提供证据）

简短的例子

我们将考察一些能确定合适类型分析的例子，但不再引入具体的分析。

例 13.2.6 海星

研究人员测量了 200 多个海星 *Phataria unifascialis*（墨西哥加利福尼亚湾水域发现的一种海星）最长腕的长度。其中在洛雷托附近发现了 184 个体，其样本平均长度为 6.78cm，SD 为 1.21cm；在洛杉矶的巴伊亚（Bahia）附近发现了 77 个个体，其样本平均长度为 8.13 cm，SD 为 1.33cm[6]。

响应变量为数值型，有两个独立组。因此，用两个样本的 t 检验是适当的，同时可以做出总体平均差数的置信区间（注意：正态条件并不是必需的，因为样本容量总够大）。

例 13.2.7 孪生

芬兰的研究人员研究了上百对同性双胞胎的身体活动水平。1975 年，他们根据身体活动情况把研究对象分为“好动的”和“不好动的”两个类别。他们追踪研究对象健康状况一直到 1994 年。在这段时间内，有若干对双胞胎中的一个还活着，而另一个已经死亡。在这一组，有 49 个还活着的“不好动的”双胞胎，他们的“好动的”孪生对已经死亡；有 76 个还活着的“好动的”双胞胎，他们的“不好动的”孪生对已经死亡[7]。

这个观察研究中，响应变量是研究对象是否活着，为分类型。预测变量也是分类型的，即这个人是“好动的”还是“不好动的”。由于数据是成对的，所以用 McNemar 检验是合适的。

例 13.2.8

土壤样本

研究人员在地中海牧场的6个地点分别取了8个土壤样本。他们把这些样本分成4对，将土壤放入陶盆中。每对中一盆保持连续灌水，而另一盆为13d灌一次水，然后是18d灌一次水，再然后是30d灌一次水。研究人员记录了试验过程中每盆发芽的数目[8]。

这个例子与例13.2.6相似，为两个样本的比较，其响应变量都是数值型的。然而，这些样本是成对的，所以需要用成对分析（第8章）。如果24个样本差异表现为正态分布，那么就可以用成对 t 检验或置信区间；如果不是，可以将数据转换后再试一下，或者用 Wilcoxon 秩和或符号检验。

例 13.2.9

疫苗

1996年，佐治亚州的一家儿童治疗中心暴发了水痘疾病。一些孩子使用了抗水痘的疫苗，但另一些没有使用。在使用疫苗的66个孩子中有9个出现了水痘，在没有使用疫苗的82个孩子中有72个出现了水痘[9]。

这个试验中的响应变量和预测变量都是分类型的。数据可以安排成 2×2 的列联表，用 χ^2 独立性检验进行分析。样本比例差异是很大的。然而，这只是一个观察性研究而不是试验。因此，我们就不能得出比例差异完全是由于疫苗效应的结论，因为其他变量如经济状况的作用，会与疫苗的效应混淆在一起。

例 13.2.10

雌激素与类固醇

对服用了雌激素（普雷马林）的女性和对照的女性的血浆雌激素+雌二醇（血浆 E_{1+2}）类固醇水平进行了测定。服用雌激素的女性被分成三个处理组，一组每天服用剂量为0.625mg，一组每天服用1.25mg，第三组每天服用2.5mg。研究人员注意到，血浆类固醇水平并不是正态分布，但经过对数转换后可以变成正态分布。表13.2.6所示为对数尺度上的数据[10]。

表 13.2.6 雌激素研究中血浆 E_{1+2} 浓度（ng/100mL）的对数值

分组	n	平均数	SD
对照	30	2.01	0.27
0.625	16	2.10	0.31
1.25	24	2.34	0.39
2.5	21	2.20	0.24

试验中的响应变量，log（血浆 E_{1+2} 浓度）是数值型，它已经通过转换成为正态性的。有4个独立的组进行比较，所以用方差分析是合适的。进行对照与三个处理组平均数的比较是很有用的。

例 13.2.11

蜻蜓

研究人员捕捉了雄性蜻蜓，并随机把他们分为三组。第一组，在其翅膀上人工用红色墨水涂抹上红色斑点，第二组用透明墨水涂上斑点，第三组作为对照。然后将蜻蜓释放到一个封闭区域。22d后确定三组中每组生存的数量。三组中每组都有312只蜻蜓。22d后，在“人工涂抹红色墨水”的一组有41只存活，在“透明墨水涂抹”的一组有49只存活，对照组有57只存活[11]。

在这个试验中，响应变量是生存数，为分类型。而预测变量是墨水的状态或类型。这些数据可以安排成一个 2×3 的列联表，用 χ^2 独立性检验进行分析。

例 13.2.12

烟草使用与预防

在 Hutchinson 吸烟预防计划中，将华盛顿州的40个学区根据学区规模、地点和研究开始时高中学生吸烟的流行情况分成20对。在每一对中，一个学区随机分配在干预组，另一个安排在对照中。如果一个学区在干预组，那么这个学区的三年级学生就要开设预防烟草使用的课程，学区内的老师也要进行专门的训练来帮助学生不要吸烟。一年后，换为下一个新三年级学生再重复进行这个试验。然后，对所有的学生跟踪若干年。研究测试的初步结果是高中毕业两年后学生是否还在吸烟。

这里，试验单元为整个学区，所以其响应变量自然就是一个学区吸烟学生的比例，为数值变量。预测变量是分类型，即干预组或对照组。因为有两组，因而试验就按成对设计。20对的结果是，有13对为对照学区吸烟的比率比较高，有7对是干预学区的吸烟比率比较高[12]。可以用符号检验来分析这些数据。

练习 13.2.1–13.2.22

13.2.1 研究人员开展了一个随机双盲临床试验，让一部分精神分裂症病人服用氯氮平，另一部分服用氟哌丁苯。一年后，氯氮平组的163位病人中有61位的症状得到显著改善，相比之下氟哌丁苯中的159位病人中有51位得到改善[13]。确定适合进行这些数据分析的统计模型，但不要实际进行分析。

13.2.2 考察练习13.2.1中的数据。进行这些数据合适、完整的分析，并且包括数据能否满足有效性必要条件的图示和讨论。

13.2.3 生物学家收集了10个女性的身高（in）和最大呼吸流量（PEF：对一个人能呼吸多少空气的测量，测量单位是L/min）数据[14]。数据如下：

研究对象	身高/in	PEF/（L/min）	研究对象	身高/in	PEF/（L/min）
1	63	410	6	62	360
2	63	440	7	67	380
3	66	450	8	64	380
4	65	510	9	65	360
5	64	340	10	67	570

PEF与身高有关系么？确定适合进行这些数据分析的统计模型，但不要实际进行分析。

13.2.4 考察练习13.2.3中的数据。Maria比Anika高1in。用练习13.2.3中的信息，你预测Maria的PEF会比Anika大多少？

13.2.5 遗传学家对粉花金鱼草进行了自交，种植后得到97株不同颜色的植株，其中红花22株，粉花52株，白花23株[15]。这个试验的目的是研究一个遗传模型，其红、粉、白花的概率分别是0.25、0.50和0.25。确定适合进行这些数据分析的统计模型，但不要实际进行分析。

13.2.6 考察练习13.2.5中的数据。进行这些数据合适、完整的分析，并且包括数据能否满足有效性必要条件的图示和讨论。

13.2.7 饮食对心脏病的效应已经有了广泛研究。作为这个领域研究的一部分内容，研究人员感兴趣的是饮食对内皮功能的短期效应，如对甘油三酯的效应。为了研究这些内容，他们设计了以20个健康人为对象的试验，早上8点按随机顺序提供高脂肪早餐或和低脂肪早餐，接着12h禁食，连续一周互相隔离。早餐前和餐后4h测定每个研究对象血清中的甘油三酯水平[16]。如果使用此试验中所有的测定结果，将如何进行数据分析？

13.2.8 生物学家关注繁茂林地树木的分布。他们打算用100m^{2}区域内的树木数量作为测量的基本单位。然而，他们担心区域的形状有可能会影响数据的采集。为了尽可能地做好调查，他们对方形区、圆形区和矩形区的数目进行了计数。数据见下表[17]。哪种分析类型对这些数据是适合的？

区域形状		
方形	圆形	矩形
5	5	10
5	7	2
5	5	3
8	2	12
8	4	9

续表

	区域形状		
	方形	圆形	矩形
	7	4	5
	4	4	3
	9	7	6
	9	7	5
	7	10	3
	5	9	8
	2	2	9
	8	7	3
平均数	6.3	5.6	6.0
SD	2.14	2.47	3.27

13.2.9 考察练习 13.2.8 中的数据。进行这些数据合适、完整的分析，并且包括数据能否满足有效性必要条件的图示和讨论。

13.2.10 有一包括 15 位病人的样本，将其随机分为两组进行双盲试验以比较两种止痛药[18]。第一组的 7 位病人服用了德美罗，报告的疼痛缓解的小时数为：

2，6，4，13，5，8，4

第二组的 8 位病人服用的是一种试验药物，报告的疼痛缓解的小时数为：

0，8，1，4，2，2，1，3

对这些数据如何进行分析？

13.2.11 考察练习 13.2.10 中的数据。进行这些数据合适、完整的分析，并且包括数据能否满足有效性必要条件的图示和讨论。

13.2.12 研究人员对前臂长和身高之间的关系很有兴趣。他测量了一个包含 16 个女性样本的前臂长和身高，数据如下[19]。这些数据如何图示和进行分析？

前臂		前臂	
身高 /cm	长度 /cm	身高 /cm	长度 /cm
163	25.5	157	26
161	26	178	27
151	25	163	24.5
163	25	161	26
166	27.2	173	28

续表

前臂		前臂	
身高 /cm	长度 /cm	身高 /cm	长度 /cm
168	26	160	24.5
170	26	158	25
163	26	170	26

13.2.13 对病人进行了一个随机双盲的冠状动脉血管成形术临床试验，以比较洛伐他汀与安慰剂的效果。对正在进行血管成形术的 160 位服用了洛伐他汀的病人和 161 位服用安慰剂的病人的狭窄（血管收窄）百分比进行了测定。洛伐他汀组，平均数是 46%，SD 为 20%。安慰组平均数是 44%，SD 为 21%[20]。哪种分析类型适合这些数据？

13.2.14 考察练习 13.2.13 中的数据。

（a）对这些数据进行合适的分析；

（b）图示这些数据，并描述其图解过程；

（c）讨论数据能否可能满足有效性的必要条件，尽管你接触不到这些原始数据。

13.2.15 研究人员研究了进行静脉注射免疫球蛋白（IGIV）的人，以观察他们是否受到 C 型肝炎病毒（HCV）的感染。作为研究的一部分，他们考察了 210 位静脉注射免疫球蛋白病人的剂量。他们根据“由未筛选或第一代 HCV- 抗体筛选血浆制造的静脉注射型免疫球蛋白”的剂量大小将病人分成 4 组。在注射了 0~3 剂量的 48 人中，有 4 例感染了 HCV。在注射了 4~20 剂量的 45 人中，有 2 例感染了 HCV。在注射了 21~65 剂量的 57 人中，有 7 例感染了 HCV。在注射了 65 以上剂量的 51 人中，感染了 HCV 的有 10 例[21]。哪种分析类型适合这些数据？

13.2.16 考察练习 13.2.15 中的数据。对这些数据进行合适的分析。

13.2.17 试验研究了他莫昔芬治疗宫颈癌病人的效果。在服用了他莫昔芬之前和之后，分别测定了微血管密度（MVD）。MVD 是指每平方毫米测定出的血管数，是与能够长瘤并扩散的血管信息相关的度量值。因此，小的 MVD 比大的好。18 个病人的数据如下所示[22]。这些数据怎么分析?

病人	之前的MVD	之后的MVD	病人	之前的MVD	之后的MVD
1	98	75	10	70	60
2	100	60	11	60	65
3	82	25	12	88	45
4	100	55	13	45	36
5	93	78	14	159	144
6	119	102	15	65	27
7	70	58	16	98	90
8	78	70	17	66	16
9	104	90	18	67	33

13.2.18 考察练习 13.2.17 中的数据。进行这些数据合适、完整的分析，并且包括数据能否满足有效性必要条件的图示和讨论。

13.2.19 作为一项大型试验的一部分，研究人员种植了枫香幼苗 2,400 株，美国梧桐幼苗 2,400 株和绿灰树幼苗 1,200 株。18 年后，枫香的存活率是 93%，美国梧桐为 88%，绿灰树是 95%[23]。哪种分析类型适合这些数据?

13.2.20 考察练习 13.2.19 中的数据。进行这些数据合适、完整的分析，并且包括数据能否满足有效性必要条件的图示和讨论。

13.2.21 一组女大学生根据其上肢肌力被分成三组。检验她们支撑力量的方法是测试支撑 246lb 直到体力耗尽所持续的连续时间（研究对象只允许在两次连续试举间休息一秒钟）。数据见下表[24]。哪种分析类型适合这些数据?

	上肢肌力组		
	低	中	高
	55	40	181
	70	200	85
	45	250	416
	246	192	228
	240	117	257
	96	215	316
	225		134
平均数	140	169	231
SD	93	77	112

13.2.22 考察练习 13.2.21 中的数据。进行这些数据合适、完整的分析，并且包括数据能否满足有效性必要条件的图示和讨论。

各章附录

附录

3.1　二项分布公式的深入探讨　　521
3.2　二项分布的平均数和标准差　　524
4.1　无限延伸区域的面积　　525
5.1　中心极限定理和二项分布的正态近似之间的关系　　527
6.1　有效数字　　528
7.1　如何计算功效　　529
7.2　Wilcoxon-Mann-Whitney 检验的深入探讨　　531
9.1　比例置信区间的深入探讨　　533
12.1　最小二乘法公式　　535
12.2　法则 12.3.1 的离差　　537

附录 3.1
二项分布公式的深入探讨

在这一部分附录中，我们将深入解释二项分布公式背后的推理。

二项分布公式

首先，我们从 n=3 的二项分布公式进行推导。假设我们进行三个独立试验，每个试验结果有成功（S）或失败（F）。接着，假设在每个试验中，成功和失败的概率是：

$$P\{S\}=p$$
$$P\{F\}=1-p$$

三个试验中会有 8 种可能的结果。例 3.6.3 中的推理表明这些结果出现的概率如下：

结果	成功的次数	失败的次数	概率
FFF	0	3	$(1-p)^3$
FFS	1	2	$p(1-p)^2$
FSF	1	2	$p(1-p)^2$
SFF	1	2	$p(1-p)^2$
FSS	2	1	$p^2(1-p)$
SFS	2	1	$p^2(1-p)$
SSF	2	1	$p^2(1-p)$
SSS	3	0	p^3

对例 3.6.3 再次进行平行推导，把这些概率组合在一起就能得到 n=3 的二项分布公式，如下表所示：

次数		概率
成功 j	失败 n-j	
0	3	$1p^0(1\text{-}p)^3$
1	2	$3p^1(1\text{-}p)^2$
2	1	$3p^2(1\text{-}p)^1$
3	0	$1p^3(1\text{-}p)^0$

这个分布说明了二项系数的来源。系数 ${}_3C_1$（=3）就是 2 个 S 和 1 个 F 所有排列方式的数目，系数 ${}_3C_2$（=3）就是 1 个 S 和 2 个 F 所有排列方式的数目。

与此相似，就有一般公式（对任意 n）为：

$$P\{j \text{ 成功和 } n\text{-}j \text{ 失败}\}={}_nC_j p^j(1-p)^{n-j}$$

这里，${}_nC_j$=j 个 S 和 n–j 个 F 所有排列方式的数目。

组合 二项系数 ${}_nC_j$ 也称 n 个项次同时获得 j 次的组合数，它和来自于 n 个项次集合中具有 j 个不同子集的数目是相等的。

二项系数：公式

二项系数可以由下面公式算出：

$${}_nC_j=\frac{n!}{j!(n-j)!}$$

这里，$x!$（“x 的阶乘”）被定义为对于任意正整数 x，有：

$$x!=x(x-1)(x-2)\cdots(2)(1)$$

并且有 0!=1。

例如，对于 n=7，j=4，可由公式给出：

$${}_7C_4=\frac{7!}{4!3!}=\frac{7\times6\times5\times4\times3\times2\times1}{(4\times3\times2\times1)(3\times2\times1)}=35$$

要清楚为什么这样是正确的，让我们详细考察一下 4 个 S 和 3 个 F 所有排列方式的数目，等于：

$$\frac{7!}{4!3!}$$

假设 4 个 S 和 3 个 F 都写在下面的卡片上：

$\boxed{S_1}$ $\boxed{S_2}$ $\boxed{S_3}$ $\boxed{S_4}$ $\boxed{F_1}$ $\boxed{F_2}$ $\boxed{F_3}$

我们暂且用下标来区分 S 和 F。首先让我们看一下一排中的 7 个卡片有多少种排列方式：

某个卡片放在第一的有 7 种选择；

对于放在第一的卡片来说，其余卡片放在第二的有 6 种选择；

对于这两张卡片来说，其余卡片放在第三的有 5 种选择；

对于这三张卡片来说，其余卡片放在第四的有 4 种选择；

对于这四张卡片来说，其余卡片放在第五的有 3 种选择；

对于这五张卡片来说，其余卡片放在第六的有 2 种选择；

对这六张张卡片来说，放在最后的卡片只有 1 种选择。

由此而得，7 个卡片共有 7! 个排列方式。现在考察一下 4 个 S 的位置。在它们之间 S 能够排列的方式共有 4! 种。同样，在几个 F 之间能够排列的方式共有 3! 种。如果我们忽略了这些 S 和 F 的子集，那么 7 个卡片 7! 个排列中的一部分将无法进行区分。的确，几个 S 之间的任意排列让 7 个卡片的排列看起来是一样的。与此相似，几个 F 之间的任意排列让 7 个卡片的排列看起来是一样的。因此，能够进行区别的排列数为：

$$\frac{7!}{4!3!}$$

附录 3.2
二项分布的平均数和标准差

设 Y 为二项随机变量，具有 n 次试验和每次试验中出现成功的概率 p。那么，我们可以将 Y 作为 n 个变量 X_1，$X_2 \cdots X_n$ 的总和，这里每个 X_i 的值非 0 即 1（0 代表失败，1 代表成功）。即，$Y=\sum X_i$，具有 $P\{X_i=0\}=1-p$ 和 $P\{X_i=1\}=p$。包含 n 个 X_i 的样本来自于假设总体 X，其总体平均数为 $\mu_X=p$［因为 $0\times(1-p)+1\times p=p$］。

现在考察总体标准差，即总体 X 的 σ_X。我们回到 2.8 节，对于变量 X，其 σ 的定义是：

$$\sigma=\sqrt{(X-\mu)^2\text{的总体平均数}}$$

对于总体 X，其平均数为 $\mu_X=p$。因此，对于这个总体：

$$\sigma_X=\sqrt{(X-p)^2\text{的总体平均数}}$$

在 X 总体中，其 $(X-p)^2$ 的值只有两种可能：

$$(X-p)^2=\begin{cases}(0-p)^2 & \text{如果}X=0\\(1-p)^2 & \text{如果}X=1\end{cases}$$

再者，这些只能分别出现在比例 $(1-p)$ 和 p 中，因此 $(X-p)^2$ 的总体平均数等于：

$$(0-p)^2\times(1-p)+(1-p)^2\times p$$

此式可简化为：

$$\begin{aligned}p^2\times(1-p)+(1-p)^2\times p&=p\,[p(1-p)+(1-p)^2]\\&=p(p-p^2+1-2p+p^2)\\&=p(1-p)\end{aligned}$$

因此，$(X-p)^2$ 的总体平均数就是 $p(1-p)$，所以 $\sigma_X=\sqrt{p(1-p)}$。

二项随机变量 Y 就是 $\sum X_i$。为了找出 Y 的平均数和标准差，我们需要两个法则：

法则 1：对任何一组随机变量 X_1，$X_2 \cdots X_n$，其 $\sum X_i$ 的平均数 $=\sum$（X_i 的平均数）；

法则 2：对一组独立随机变量 X_1，$X_2 \cdots X_n$，其 $\sum X_i$ 的方差 $=\sum$（X_i 的方差）。（记住，方差 σ^2 就是标准差 σ 的平方。）

根据法则 1，我们知道 Y 的平均数是 $\sum X_i$ 的平均数，在这里 $\sum X_i$ 就是 $\sum p$。因此，Y 的平均数就是 $\mu_Y=np$。

根据法则 2，Y 的方差是 $\sum X_i$ 的方差，在这里 $\sum X_i$ 的方差就是 $\sum$（X_i 的方差）或 $np(1-p)$。因此，Y 的标准差是 $\sigma_Y=\sqrt{np(1-p)}$。

附录 4.1
无限延伸区域的面积

考察正态曲线与水平轴之间围成的区域。因为曲线从不会与轴线接触，其区域可以向左向右延伸到无限远。然而，区域的面积完全等于 1.0。对于一个无限延伸的区域，怎么可能有一个有限的面积?

为了深入了解这个矛盾状况，考察下图，它显示了比正态曲线围成的更简单的区域。在这个区域中，每一条的宽度为 1.0，第一个条的高度为 $\frac{1}{2}$，第二个条的高度为第一个条的一半，第三个条是第二个条的一半，以此类推。这些条就形成了一个无限延伸的区域。无论如何，我们将有道理说这个区域面积等于 1.0。

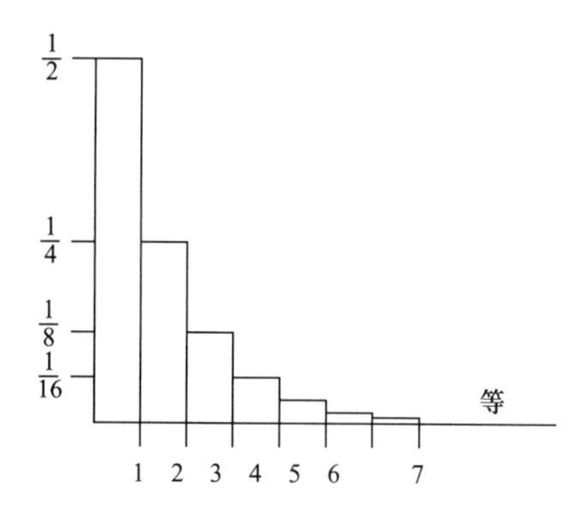

让我们首先考察一下各个条的面积。第一个条的面积是 1/2，第二个条的面积是 1/4，第三个条的面积是 1/8，以此类推。现在假设我们选择了一个数字，如说 k，把从第一到 k 个条的面积加起来，数值如下：

条	条的高度	累计总面积
1	$\frac{1}{2}$	$\frac{1}{2}$
2	$\frac{1}{4}$	$\frac{3}{4}$
3	$\frac{1}{8}$	$\frac{7}{8}$
4	$\frac{1}{16}$	$\frac{15}{16}$
⋮	⋮	⋮
k	$\frac{1}{2^k}$	$\frac{2^k-1}{2^k}$

第一至第二个条的总面积是 3/4，第一至第三个条的总面积是 7/8，以此类推。事实上，第一至第 k 个条总面积等于：

$$\frac{2^k-1}{2^k}=1-\frac{1}{2^k}$$

如果 k 很大，这个面积就接近于 1.0。事实上，只要选择的 k 足够大，我们就能期望这个面积接近 1.0。在此情况下，有理由说无限延伸区域整体的总面积完全等于 1.0。

前面例子表明，无限延伸区域可以有有限的面积。同样，正态曲线下面的总面积是 1.0（但这个论断需要高级微积分来证明）。

附录 5.1
中心极限定理和二项分布的正态近似之间的关系

考察从二分总体中的抽样。定理 5.4.1 指出，$\hat{P}$ 的抽样分布，即等效的二项分布，能够通过正态分布进行近似。在本附录中，我们将说明这些近似与定理 5.2.1 中心极限定理有何联系。

如附录 3.2 表述的那样，如果 Y 是一个二项随机变量，具有 n 次试验和每次试验成功的概率 p，那么我们就可以认为 Y 是 n 个变量 X_1，$X_2 \cdots X_n$ 的总和。这里，每个 X_i 要么等于 0 要么等于 1（失败为 0，成功为 1）。对 0 和 1 的总体，1 的比例用 p 表示，其平均数为 p，标准差是 $\sigma = \sqrt{p(1-p)}$。X_1，$X_2 \cdots X_n$ 的样本平均数是 $\bar{X}$，它与此样本中的 1 的比例（即 $\hat{P}$）是一样的。因此，样本比例 $\hat{P}$ 可以被看作是样本平均数，它的抽样分布在定理 5.2.1 中已经描述了。

根据定理 5.2.1 的第 3 部分（中心极限定理），如果 n 很大，则 $\hat{P}$ 的抽样分布可以近似为正态分布。由定理 5.2.1 的第 1 部分，$\hat{P}$ 抽样分布的平均数等于总体平均数，即 p，其值由定理 5.4.1（b）给出。依据定理 5.2.1 的第 2 部分，$\hat{P}$ 抽样分布的标准差等于：

$$\frac{\sigma}{\sqrt{n}}$$

这里，σ 代表 0 和 1 总体的标准差，为 $\sqrt{p(1-p)}$。因此，$\hat{P}$ 抽样分布的标准差等于：

$$\frac{\sqrt{p(1-p)}}{\sqrt{n}} = \sqrt{\frac{p(1-p)}{n}}$$

这就是定理 5.4.1（b）给出的值。

注意，二项分布恰好是 $\hat{P}$ 抽样分布的调整版本：$\hat{P}$ $=Y/n$，所以 $Y = n\hat{P}$。由此可知，二项分布也可以通过具有适当调整平均数和标准差的正态曲线来近似。$\hat{P}$ 的平均数为 p，$\hat{P}$ 的标准差为：

$$\sqrt{\frac{p(1-p)}{n}}$$

调整的平均数是 np，调整的标准差是：

$$n\sqrt{\frac{p(1-p)}{n}} = \sqrt{np(1-p)}$$

这是由定理 5.4.1（a）给出的。

附录 6.1
有效数字

在本附录中，我们来回顾一下有效数字的概念。让我们从一个例子开始。

假设一位大学校长报告该校有 23,000 名学生。数字 23,000 有多少位有效数字？

数字用普通的方式而不是科学记数法来表达时，就不可能真正确认它有多少位有效数字。校长的真实意思是：

23,000 不是 23,001 或者 22,999？

如果他确信如此，那么所有 5 位都是有效数字。如果（大概）他的真实意思是：

23,000 不是 22,000 或者 24,000

那么就只有 2 位或 3 位是有效数字，因为只有这些数字是确切知道的，23,000 中的三个 0 为占位符。科学记数法则消除了这样的模棱两可：

2.3×10^4　　有 2 位有效数字

2.3000×10^4　　有 5 位有效数字

正如前面例子所说的，你可以通过科学记数法的数字表达搞清数字中有多少位有效数字。这里有一些例子：

普通记数法	科学记数法	有效位数
60,700	6.07×10^4	3
60,700	6.0700×10^4	5
60.7	6.07×10^1	3
60.70	6.070×10^1	4
0.0607	6.07×10^{-2}	3
0.06070	6.070×10^{-2}	4

在前面的数字中，注意中间的零（6 和 7 之间）总是有效数字；领头的零（6 前面）不是有效数字；后面的零（7 后面），在科学记数法中是有效数字，在普通记数法中是含糊不清的。

下面是几个两位有效数字四舍五入的例子：

数字	两位有效数字的四舍五入
60,700	61,000（即 6.1×10^4）
60.7	61
0.0607	0.061
0.0592	0.059
0.0596	0.060

附录 7.1
如何计算功效

书后统计表中的表 5 中所要求的样本容量是由计算 t 检验的功效来确定的。对于大样本，合适的功效是基于正态曲线（书后统计表中的表 3）计算的。在本附录中，我们将说明如何进行近似的计算。

记住，功效是当 H_A 正确时拒绝 H_0 的概率。因此，为了计算功效，我们需要知道当 H_A 正确时 t_s 的抽样分布。对于大样本，如下面定理所展示的，其抽样分布可由正态曲线来近似。

定理 A.1　假设我们从具有平均数 μ_1、μ_2 和共同标准差 σ 的正态总体中选择出样本容量为 n 的独立随机样本。如果 n 很大，t_s 的抽样分布就可用：

$$\text{平均数}=\frac{\mu_1-\mu_2}{\sqrt{\frac{\sigma^2}{n}+\frac{\sigma^2}{n}}}=\sqrt{\frac{n}{2}}\left(\frac{\mu_1-\mu_2}{\sigma}\right)$$

和

$$\text{标准差}=1$$

的正态分布来近似。

为了说明用定理 A.1 进行功效的计算，假如我们考虑的是 $\alpha=0.025$ 的一尾 t 检验。其假设为：

$$H_0:\ \mu_1=\mu_2$$
$$H_A:\ \mu_1>\mu_2$$

如果我们想得到效应值为 0.4、功效为 0.80，那么由书后统计表中的表 5 可知样本容量 $n=100$。让我们用定理 A.1 来证实。

如果 H_0 是正确的，那么 $\mu_1=\mu_2$，则 t_s 的抽样分布就可近似为具平均数为 0、标准差为 1 的正态分布。这就是 t_s 的无效分布，由下图的虚线曲线表示。

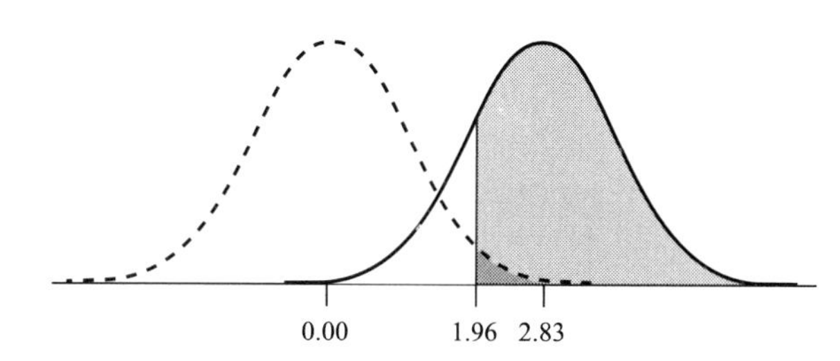

如果 H_A 是正确的，其效应值为：

$$\frac{\mu_1-\mu_2}{\sigma}=0.4$$

我们所用的样本容量 $n=100$。那么，按照定理 A.1，t_s 的抽样分布将近似为标准差为 1、平均数等于：

$$\sqrt{\frac{n}{2}}\left(\frac{\mu_1-\mu_2}{\sigma}\right)=\sqrt{\frac{100}{2}}(0.4)=2.83$$

的正态分布。这个分布就是图中的实线曲线。

对于 $n_1=n_2=100$，我们有 df ≈∞，所以从书后统计表中的表 4 可知，临界值等于 1.96。这样，其 P 值将是小于 0.025 的，如果：

$$t_s>1.96$$

我们将拒绝 H_0。由点曲线，得出此事件的概率为 0.025，就是图中所显示的暗灰色区域。由实线曲线，得出 $t_s>1.96$ 的概率为图中所有阴影部分。阴影的面积可以通过书后统计表中的表 3 由：

$$Z=\frac{1.96-2.83}{1}=-0.87$$

来确定。由表 3 可知，其面积为 0.8078 ≈ 0.81。这样，我们可以表述为：对于 $n_1=n_2=100$：

$$\text{如果}\ \frac{\mu_1-\mu_2}{\sigma}=0.4\text{，那么}\ P\{\text{拒绝}\ H_0\}\approx 0.81$$

我们发现，其拒绝备择假设的功效约为 0.81，这和书后统计表中的表 5 查到的功效等于 0.80 是一致的。

如果我们关心的是 $\alpha=0.05$ 的双尾检验，其临界值还是 1.96，因而其功效还将约等于 0.81，因为同为阴影曲线左尾和实线曲线下的面积可以忽略不计。

当然，在构建表 5 时，是从具体的功效（0.80）开始并确定 n 的，而不是相反。“相反的”问题可以用前面提到过的相似的途径来解决。在图中，阴影面积（0.80）是给定的，由它来确定 Z 值，依次确定 n，还有具体的效应值。

附录 7.2
Wilcoxon-Mann-Whitney 检验的深入探讨

在 7.10 节，我们了解到 Wilcoxon-Mann-Whitney 检验的临界值是如何与 K_1、K_2 和 U_s 的无效分布相关联的。在本附录中，我们将说明这些无效分布是如何通过简单计数方法来确定的。

让我们考察一下容量为 n=5 和 n'=4 的样本。在图 7.10.3，以 Y_1 和 Y_2 为点来作图。为了节省空间，让我们以更紧凑的方式来表示这些数据。我们将用“1”代表 Y_1，“2”代表 Y_2。因此，图 7.10.3（a）（这里，Y_1 全部在 Y_2 左边）的排列可以表示为：

$$1\quad 1\quad 1\quad 1\quad 1\quad 2\quad 2\quad 2\quad 2$$

对于容量为 n=5 和 n'=4 的样本，Y_1 和 Y_2 的排列共有 126 种可能。下表排列了和 Y_1、Y_2 的关联值：

序号	排列	K_1	K_2
1	1 1 1 1 1 2 2 2 2	0	20
2	1 1 1 1 2 1 2 2 2	1	19
3	1 1 1 1 2 2 1 2 2	2	18
4	1 1 1 2 1 1 2 2 2	2	18
5	1 1 2 1 1 1 2 2 2	3	17
6	1 1 1 2 1 2 1 2 2	3	17
7	1 1 1 1 2 2 2 1 2	3	17
8	1 2 1 1 1 1 2 2 2	4	16
9	1 1 2 1 1 2 1 2 2	4	16
10	1 1 1 2 1 2 2 1 2	4	16
11	1 1 1 2 2 1 1 2 2	4	16
12	1 1 1 1 2 2 2 2 1	4	16
	……		
126	2 2 2 2 1 1 1 1 1	20	0

为了从这张表中确定无效分布，我们需要知道假定 H_0 是正确的前提下各种排列的可能性。根据 H_0，来自同一总体的所有 9 个观察值（Y）随机进行排列。在这种假设下，所有全部可能的排列是 126 种。由于简单、简洁，K_1 和 K_2 的无效分布（且因此 U_s）可以直接由计数来确定。对上面的列表进行分析，我们找到下列概率：

K_1	K_2	概率
0	20	$\frac{1}{126}$
1	19	$\frac{1}{126}$
2	18	$\frac{1}{126}$
3	17	$\frac{1}{126}$

续表

K_1	K_2	概率
4	16	$\frac{1}{126}$
	……	$\frac{1}{126}$
20	0	$\frac{1}{126}$
		总计 1

这些概率构成了 K_1 和 K_2 的无效分布，绘图于图 7.10.4（a）。如 7.10 节所述，无效分布的第一个概率是：

$$P\{K_1=0,\ K_2=20\}=\frac{1}{126}\approx 0.008$$

Wilcoxon-Mann-Whitney 检验的分布为什么是自由的？从前面的讨论中应该很清楚其中的原因。如果两个总体分布是一样的，那么 Y 的所有可能排列相同，和总体分布的具体形状没有关系（当然，我们假定的是没有联系；如果可能有联系，其无效分布就会发生改变）。

Wilcoxon-Mann-Whitney 无效分布总是可以如上面举例说明的通过直接计数来确定（尽管大容量的样本计数起来很枯燥，可用近似的方法来代替）。容量为 n 和 n' 的样本可能排列数等于：

$$\frac{(n+n')!}{n!n'!}$$

例如，对于容量为 5 和 4 的样本（如前例），我们会发现：

$$\frac{9!}{5!4!}$$

为了理解这个公式为什么会是这样，请参阅附录 3.1 后面的二项系数公式的讨论，其原因是完全类似的。

附录 9.1
比例置信区间的深入探讨

在本附录中，我们给出包括 9.2 节引出的比例置信区间背后的一些技术细节。对于这些思想更全面的讨论，请参见第 9 章注释 3 中 Agresti 和 Coull 的文章。

假设我们要得到比例 p 的 100（1-α）% 的置信区间，如 95% 的置信区间对应 α=0.05。一般程序是用：

$$\hat{p} \pm z_{\alpha/2}\sqrt{\frac{\hat{p}(1-\hat{p})}{n}}$$

这被称为 Wald 置信区间。

构建置信区间的另一种方法是找出 p 的所有值，如：

$$-z_{\alpha/2} \leqslant \frac{\hat{p}-p}{\sqrt{p(1-p)/n}} \leqslant z_{\alpha/2} \qquad (1)$$

这也被称为“假设检验的转换”；有关比例的假设检验在 9.4 节已经讨论过。这里的基本理念就是 $\hat{p}$ 的抽样分布可以通过正态分布来近似，我们将按照正态分布中部的 100（1–α）% 得到这些值。

在下面的介绍中，我们将令 z 表示 $z_{\alpha/2}$。对 p，解不等式（1）得到下式给出其区间：

$$\frac{\hat{p}+\dfrac{z^2}{2n} \pm z\sqrt{\dfrac{\hat{p}(1-\hat{p})+\dfrac{z^2}{4n}}{n}}}{1+\dfrac{z^2}{n}}$$

这被称为得分置信区间。

大多数书中所呈现的是 Wald 置信区间（没有给出其名称），原因是在形式上它比得分置信区间要简单得多。然而，Wald 置信区间的覆盖特性要差一些，名义上的 95%Wald 置信区间实际上只覆盖了 80%，而不是 95%。得分置信区间有较好的覆盖性，但它很复杂。

9.2 节中出现的 Wilson 置信区间，其公式是建立在近似得分区间基础上的。通过代数推导，其得分区间的中点可表示为：

$$\hat{p}\left(\frac{n}{n+z^2}\right)+\frac{1}{2}\left(\frac{z^2}{n+z^2}\right) \qquad (2)$$

它是 $\hat{p}$ 和 1/2 的加权平均数，具有权重 $\dfrac{n}{n+z^2}$ 和 $\dfrac{z^2}{n+z^2}$。注意，当 n 增加时，$\hat{p}$ 的权重会更大；而当 n 很小时，1/2 的权重就更大。因为 $\hat{p}=\dfrac{y}{n}$，由式（2）可以得出其中点：

$$\frac{n}{n+z^2}+\frac{\frac{1}{2}z^2}{n+z^2}$$

对于 95% 置信区间，$z=1.96\approx 2$，所以其中点可由下式近似：

$$\frac{y}{n+4}+\frac{2}{n+4}=\frac{y+2}{n+4}$$

在 9.1 节，我们将其称为 $\tilde{p}$。

Wilson 置信区间中所用的标准误为$\sqrt{\frac{\hat{p}(1-\hat{p})}{n}}$。其依据是，由附录 3.2 推导出 Y 的方差等于 $np(1-p)$，因此，$\hat{P}$ 的方差等于$\frac{np(1-p)}{n^2}$或$\frac{p(1-p)}{n}$。所以，$\hat{P}$ 的标准差等于$\sqrt{\frac{p(1-p)}{n}}$，正如附录 5.1 中讨论的那样。样本比例 $\hat{p}$ 的标准误可代替 p 值未知时的标准误。同样，$\tilde{P}$ 的方差等于$\frac{np(1-p)}{(n+z^2)^2}$，它近似等于$\frac{p(1-p)}{n+z^2}$。因此，Wilson 置信区间的标准误可以由式$\sqrt{\frac{\tilde{p}(1-\tilde{p})}{n+z^2}}$给出；对其 95% 置信区间，$z\approx 2$，得出：

$$\sqrt{\frac{\tilde{p}(1-\tilde{p})}{n+4}}$$

我们注意到有些作者提倡基于二项分布使用“精确的”置信区间。然而，就像 Agresti 和 Coull 所指出的，精确的置信区间是很保守的，这也是它得不到广泛应用的一个原因（它也是很复杂的）。

附录 12.1
最小二乘法公式

在本附录中，我们展示的是用最小二乘准则推导出公式：

$$b_1 = r\frac{s_y}{s_x} \text{ 和 } b_0 = \bar{y} - b_1 x$$

我们将利用二次方程的最小值公式 $Q(x)=Ax^2+Bx+c$ 产生 $x=-\frac{B}{2A}$。

初步的结果

给出数据集 y_1，$y_2 \cdots y_n$，$\sum_{i=1}^{n}(y_i-c)^2$ 值最小化的数字 c 就是平均数 $\bar{y}$。

为了理解这一点，首先将（y_i-c）^{2} 展开得到 $y_i^2-2y_ic+c^2$。然后分开相加得到：

$$\sum_{i=1}^{n}(y_i-c)^2=\sum_{i=1}^{n}y_i^2-2c\sum_{i=1}^{n}y_i+nc^2$$

最后的表达式就是二次方程 $Q(x)=Ax^2+Bx+c$，这里 $A=n$，$B=-2\sum_{i=1}^{n}y_i$。因此，

通过公式最小化，产生 $c=-\frac{B}{2A}=\frac{-2\sum_{i=1}^{n}y_i}{2n}=\bar{y}$。

记住，如果 $\hat{y}_i=b_0+b_1x$ 是最小二乘回归线，那么 b_0 和 b_1 残差平方和最小化的值，

可由下式给出：

$$\text{SS(残差)}=\sum_{i=1}^{n}(y_i-\hat{y}_i)^2=\sum_{i=1}^{n}\left[y_i-(b_0+b_1x_i)\right]^2$$

我们可以把 $y_i-(b_0+b_1x_i)$ 写成 $(y_i-b_1x_i)-b_0$。接着，我们应用初步结果 $(y_i-b_1x_i)$ 代替 y_i，用 b_0 代替 c。这样，对于最小残差平方和，其：

$$b_0=(y_i-b_1x_i)\text{ 的平均数}=\bar{y}-b_1\bar{x} \tag{1}$$

因此，最小二乘线通过平均数 $(\bar{x}, \bar{y})$ 这个点。

把 b_0 值代入残差平方和，得：

$$\text{SS(残差)}=\sum_{i=1}^{n}\left(y_i-(\bar{y}-b_1\bar{x})-b_1x_i\right)^2=\sum_{i=1}^{n}\left(y_i-\bar{y}+b_1\bar{x}-b_1x_i\right)^2$$

$$=\sum_{i=1}^{n}\left[(y_i-\bar{y})-b_1(x_i-\bar{x})\right]^2$$

这个式子可以扩展为：

$$\text{SS(残差)}=\sum_{i=1}^{n}\left[(y_i-\bar{y})^2-2b_1(x_i-\bar{x})(y_i-\bar{y})+b_1^2(x_i-\bar{x})^2\right]$$

$$=\sum_{i=1}^{n}(y_i-\bar{y})^2-2b_1\sum_{i=1}^{n}(x_i-\bar{x})(y_i-\bar{y})+b_1^2\sum_{i=1}^{n}(x_i-\bar{x})^2$$

因此，残差平方和就是其 b_1 具有 $A=\sum_{i=1}^{n}(x_i-\overline{x})^2$ 和 $B=-2\sum_{i=1}^{n}(x_i-\overline{x})(y_i-\overline{y})$ 的二次方程。因此，SS(残差) 最小值出现在 $-\dfrac{B}{2A}$ 或

$$
\begin{aligned}
b_1 &= -\frac{-2\sum_{i=1}^{n}(x_i-\overline{x})(y_i-\overline{y})}{2\sum_{i=1}^{n}(x_i-\overline{x})^2}=\frac{\sum_{i=1}^{n}(x_i-\overline{x})(y_i-\overline{y})}{\sum_{i=1}^{n}(x_i-\overline{x})^2} \\
&= \frac{\sum_{i=1}^{n}\left(\frac{x_i-\overline{x}}{s_x}\right)\left(\frac{y_i-\overline{y}}{s_y}\right)}{(n-1)s_x^2}s_x s_y \\
&= r\left(\frac{s_y}{s_x}\right)
\end{aligned}
\tag{2}
$$

把式（1）和式（2）放在一起，就是最小二乘回归线的系数。

附录 12.2
法则 12.3.1 的离差

由定义

$$r = \frac{1}{n-1}\sum_{i=1}^{n}\left(\frac{x_i - \overline{x}}{s_x}\right)\left(\frac{y_i - \overline{y}}{s_y}\right)$$

定义$\text{SPXY} = \sum_{i=1}^{n}(x_i - \overline{x})(y_i - \overline{y})$，$\text{SSX} = \sum_{i=1}^{n}(x_i - \overline{x})^2$，和$\text{SSY} = \sum_{i=1}^{n}(y_i - \overline{y})^2$，因此：

$$s_x^2 = \frac{\text{SSX}}{n-1} \text{ 和 } s_y^2 = \frac{\text{SSY}}{n-1}$$

那么$r = \frac{1}{n-1}\frac{\text{SPXY}}{s_x s_y}$，所以$r^2 = \frac{\text{SPXY}}{(\text{SSX})(\text{SSY})}$。

记住$b_1 = r\left(\frac{s_x}{s_y}\right)$和$b_0 = \overline{y} - b_1\overline{x}$。因此：

$$b_1 = \frac{1}{n-1}\frac{\text{SPXY}}{s_x s_y}\left(\frac{s_y}{s_x}\right) = \frac{1}{n-1}\frac{\text{SPXY}}{s_x^2} = \frac{\text{SPXY}}{\text{SSX}}$$

残差部分定义为$y - \hat{y}$，但这和$y-(y_0+b_1x)=y-\left[(\overline{y}-b_1\overline{x})+b_1x\right]=(y-\overline{y})-b_1(x-\overline{x})$是一样的。

因此：

$$\begin{aligned}
\text{SS(残差)} &= \sum_{i-1}^{n}[(y_i - \overline{y}) - b_1(x_i - \overline{x})]^2 \\
&= \sum_{i-1}^{n}(y_i - \overline{y})^2 - 2b_1\sum_{i-1}^{n}(y_i - \overline{y})(x_i - \overline{x}) + b_1^2\sum_{i=1}^{n}(x_i - \overline{x})^2 \\
&= \text{SSY} - 2b_1\text{SPXY} + b_1^2\text{SSX} \\
&= \text{SSY} - 2\frac{\text{SPXY}}{\text{SSX}}\text{SPXY} + \frac{\text{SPXY}^2}{\text{SSX}} \\
&= \text{SSY} - \frac{\text{SPXY}^2}{\text{SSX}}
\end{aligned}$$

因此，我们建立公式$\frac{\text{SPXY}^2}{\text{SSX}} = \text{SSY} - \text{SS(残差)}$。

这样：

$$r^2 = \frac{\text{SPXY}^2}{(\text{SSX})(\text{SSY})} = \frac{\text{SSY} - \text{SS(残差)}}{\text{SSY}}$$

所以：

$$r^2 = \frac{\dfrac{\text{SSY}}{n-1} - \dfrac{\text{SS(残差)}}{n-1}}{\dfrac{\text{SSY}}{n-1}} = \frac{s_y^2 - s_e^2\left(\dfrac{n-2}{n-1}\right)}{s_y^2} = \frac{s_y^2 - s_e^2 f}{s_y^2} \approx \frac{s_y^2 - s_e^2}{s_y^2}$$

式中，$f = \dfrac{n-2}{n-1}$。

因子 f 接近于 1，除非 n 很小。这里有几个 f 值：

n	f
10	0.89
15	0.93
20	0.95

如果 $n \geqslant 10$，其近似是相当的好。

各章注释

第1章

1. Nicolle, J. (1961). *Louis Pasteur: The Story of His Major Discoveries*. New York: Basic Books. p. 170. © 1961 by Jacques Nicolle. © 1961 English translation Hutchinson & Co. (Publishers) Ltd. Reprinted by permission of Perseus Books Group.

2. Mizutani, T., and Mitsuoka, T. (1979). Effect of intestinal bacteria on incidence of liver tumors in gnotobiotic C3H/He male mice. *Journal of the National Cancer Institute* **63**, 1365–1370.

3. Tripepi, R. R., and Mitchell, C. A. (1984). Metabolic response of river birch and European Birch roots to hypoxia. *Plant Physiology* **76**, 31–35. Raw data courtesy of the authors.

4. Adapted from Potkin, S. G., Cannon, H. E., Murphy, D. L., and Wyatt, R. J. (1978). Are paranoid schizophrenics biologically different from other schizophrenics? *New England Journal of Medicine* **298**, 61–66. The data are approximate, having been reconstructed from the histograms and summary information given by Potkin et al. Reprinted by permission of the *New England Journal of Medicine*.

5. Wolfson, J. L. (1987). Impact of *Rhizobium* nodules on *Sitona hispidulus*, the clover root curculio. *Entomologia Experimentalis et Applicata* **43**, 237–243. Data courtesy of the author. The experiment actually included 11 dishes.

6. Webb, P. (1981). Energy expenditure and fat-free mass in men and women. *American Journal of Clinical Nutrition* **34**, 1816–1826.

7. The headline appeared on page 2 of the Sunday edition of *The New York Times*, 16 July 1911.

8. Allen, L. S., and Gorski, R. A. (1992). Sexual orientation and the size of the anterior commissure in the human brain. *Proceedings of the National Academy of Science* **89**, 7199–7202. The data are approximate, having been reconstructed from the dotplots and summary information given by Allen and Gorski. Regarding the first concern mentioned in Example 1.2.2, the authors were mindful of the effect that the two largest observations could have on their conclusions and calculated the average for the homosexual men a second time, after deleting these two values. As for the second concern, the authors calculated the averages for those who had AIDS and those who did not in each group of men. They found that AIDS is associated with smaller, not larger, AC areas, so that when only persons without AIDS are compared, the difference between homosexual and heterosexual men is even larger than the difference found in the full data set.

9. Hakansson, K., Rovio, S., Helkala, E. L., Vilska, A. R., Winblad, B., Soininen, H., Nissinen, A., Mohammed, A. H., and Kivipelto, M. (2009). Association between mid-life marital status and cognitive function in later life: Population based cohort study. *BMJ* **339**, b2462.

10. Bradstreet, T. E. (1992). Favorite data sets from early phases of drug research—part 2. *Proceedings of the Section on Statistical Education of the American Statistical Association*, 219–223.

11. Benson, H., and Friedman, R. (1996). Harnessing the power of the placebo effect and renaming it "remembered wellness." In *Annual Review of Medicine* **47**, 193–199. Annual Reviews, Inc., Palo Alto, Calif.

12. Sandler, A. D., Sutton, K. A., DeWeese, J., Girardi, M. A., Sheppard, V., and Bodfish, J. W. (1999). Lack of benefit of a single dose of synthetic human secretin in the treatment of autism and pervasive developmental disorder. *New England Journal of Medicine* **341**, 1801–1806. The improvement in the placebo group was somewhat better than the improvement in the secretin group for the response variable of change in total Autism Behavior Checklist score, but the *P*-value for the difference was 0.11.

13. Butler, C., and Steptoe, A. (1986). Placebo response: An experimental study of asthmatic volunteers. *British Journal of Clinical Psychology* **25**, 173–183.

14. Barsamian, E. M. (1977). The rise and fall on internal mammary artery ligation in the treatment of angina pectoris and the lessons learned: In Bunker, J. P., Barnes, B. A., and Mosteller, F. (eds.), *Costs, Risks, and Benefits of Surgery*. New York: Oxford University Press, pp. 212–220.

15. Chalmers, T. C., Celano, P., Sacks, H. S., and Smith, H. (1983). Bias in treatment assignment in con-

trolled clinical trials. *New England Journal of Medicine* **309**, 1358–1361.

16. The Coronary Drug Project Research Group (1980). Influence of adherence to treatment and response of cholesterol on mortality in the coronary drug project. *New England Journal of Medicine* **303**, 1038–1041. Several variables were measured on each subject at the start of the experiment. Adjusting for the effects of these covariates within the placebo group only slightly reduces the difference in mortality rates between adherers and nonadherers. Thus, differences in overall health explain only a small part of the "adherer versus nonadherer" mortality rate difference.

17. Diehl, H. S., Baker, A. B., and Cowan, D. W. (1938). Cold vaccines: An evaluation based on a controlled study. *Journal of the American Medical Association* **111**, 1168–1173.

18. Peto, R., Pike, M. C., Armitage, P., Breslow, N. E., Cox, D. R., Howard, S. V., Mantel, N., McPherson, K., Peto, J., and Smith, P. G. (1976). Design and analysis of randomized clinical trials requiring prolonged observation of each patient. I. Introduction and design. *British Journal of Cancer* **34**, 585–612.

19. Sacks, H., Chalmers, T. C., and Smith, H. (1982). Randomized versus historical controls for clinical trials. *American Journal of Medicine* **72**, 233–240.

20. Dublin, L. I. (1957). *Water fluoridation: Facts, not myths*. New York: Public Affairs Committee, Inc.

21. Sandler, R. S., Zorich, N. L., Filloon, T. G., Wiseman, H. B., Lietz, D. J., Brock, M. H., Royer, M. G., and Miday, R. K. (1999). Gastrointestinal symptoms in 3181 volunteers ingesting snack foods containing olestra or triglycerides. A 6-week randomized, placebo-controlled trial. *Annals of Internal Medicine* **130**, 253–261.

22. Moertel, C. G., Fleming, T. R., Creagan, E. T., Rubin, J., O'Connell, M. J., and Ames, M. M. (1985). High-dose vitamin C versus placebo in the treatment of patients with advanced cancer who have had no prior chemotherapy. *New England Journal of Medicine* **312**, 137–141.

23. Pauling, L., and Cameron, E. (1976). Supplemental ascorbate in the supportive treatment of cancer: Prolongation of survival times in terminal human cancer. *Proceedings of the National Academy of Sciences* **73**, 3685–3789.

24. *Cleveland Plain Dealer*, 23 October 1997, page 15-A.

25. Huber, Ann M. (2005). Moisture requirements for the germination of early seedling survival of *Cirsium loncholepis*. Master's thesis in Biological Sciences, California Polytechnic State University.

26. Personal communication from L. Vredevoe regarding an ongoing research project (2009).

27. Parks, N. J., Krohn, K. A., Mathis, C. A., Chasko, J. H., Geiger, K. R., Gregor, M. E., and Peek, N. F. (1981). Nitrogen-13-labelled nitrite and nitrate: Distribution and metabolism after intratracheal administration. *Science* **212**, 58–61.

28. *Cleveland Plain Dealer*, 25 June 1991, page 3-A.

29. Hull, H. F., Bettinger, C. J., Gallaher, M. M., Keller, N. M., Wilson, J., and Mertz, G. J. (1988). Comparison of HIV-antibody prevalence in patients consenting to and declining HIV-antibody testing in an STD clinic. *Journal of the American Medical Association,* **260**, 935–938.

30. Hoover, D. W., and Milich, R. (1994). Effects of sugar ingestion expectancies on mother-child interactions. *Journal of Abnormal Psychiatry* **22**, 501–515.

31. Krummel, D. A., Seligson, F. H., and Guthrie, H. A. (1996). Hyperactivity: Is candy causal? *Critical Reviews in Food Science and Nutrition* **36**, 31–47.

第2章

1. Stewart, R. N., and Arisumi, T. (1966). Genetic and histogenic determination of pink bract color in poinsettia. *Journal of Heredity* **57**, 217–220.

2. Haselgrove, C., Straker, L., Smith, A., O'Sulllivan, P., Perry, M., and Sloan, N. (2008). Perceived school bag load, duration of carriage, and method of transport to school are associated with spinal pain in adolescents: An observational study. *Australian Journal of Physiotherapy* **54**, 193–200.

3. Data obtained online from *The World Factbook* produced by the CIA at www.cia.gov/library/publications/the-world-factbook/

4. Unpublished data courtesy of C. M. Cox and K. J. Drewry.

5. Unpublished data courtesy of W. F. Jacobson.

6. Unpublished data collected at Oberlin College by J. Witmer.

7. Knoll, A. E., and Barghoorn, E. S. (1977). Archean microfossils showing cell division from the Swaziland system of South Africa. *Science* **198**, 396–398.

8. Nurse, C. A. (1981). Interactions between dissociated rat sympathetic neurons and skeletal muscle cells developing in cell culture. II. Synaptic mechanisms. *Developmental Biology* **88**, 71–79.

9. Topinard, P. (1888). Le poids de l'encephale d'apres les registres de Paul Broca. *Memoires Societe d'Anthropologie Paris*, 2nd series, **3**, 1–41. The data shown are a subset of the data published by Topinard.

10. Johannsen, W. (1903). *Ueber Erblicheit in Populationen und in reinen Linien*. Jena: G. Fischer. Data reproduced in Strickberger, M. W. (1976). *Genetics,* New York: Macmillan, p. 277; and Peters, J. A. (ed.) (1959). *Classic Papers in Genetics*, Englewood Cliffs, N.J.: Prentice Hall, p. 23.

11. Unpublished data courtesy of W. F. Jacobson.

12. Simpson, G. G., Roe, A., and Lewontin, R. C. (1960). *Quantitative Zoology*. New York: Harcourt,

Brace. p. 51.

13. Adapted from Potkin, S. G., Cannon, H. F., Murphy, D. L., and Wyatt, R. J. (1978). Are paranoid schizophrenics biologically different from other schizophrenics? *New England Journal of Medicine* **298**, 61–66. The data given are approximate, having been reconstructed from the histogram and summary information given by Potkin et al. Reprinted by permission of the *New England Journal of Medicine.*

14. Peters, H. G., and Bademan, H. (1963). The form and growth of stellate cells in the cortex of the guinea-pig. *Journal of Anatomy* (London) **97**, 111–117.

15. Data courtesy of R. F. Jones, Indiana State Dairy Association, Inc.

16. Unpublished data courtesy of D. J. Honor and W. A. Vestre.

17. Hepp, J., Buck, C., and Catalano, J. (2007). Analysis of three corn hybrids to determine if more expensive varieties are worth their cost. Unpublished manuscript, Oberlin College.

18. Bruce, D., Harvey, D., Hamerton, A. E., and Bruce, L. (1913). Morphology of various strains of the trypanosome causing disease in man in Nyasaland. I. The human strain. *Proceedings of the Royal Society of London*, Series B **86**, 285–302. See also Pearson, K. (1914). On the probability that two independent distributions of frequency are really samples of the same population, with reference to recent work on the identity of trypanosome strains. *Biometrika* **10**, 85–143.

19. Shields, D. R. (1981). The influence of niacin supplementation on growing ruminants and *in vivo* and *in vitro* rumen parameters. Ph.D. thesis, Purdue University. Raw data courtesy of the author and D. K. Colby.

20. Gwynne, D. T. (1981). Sexual difference theory: Mormon crickets show role reversal in mate choice. *Science* **213**, 779–780. Copyright 1981 by the AAAS. Raw data courtesy of the author.

21. Unpublished data courtesy of M. A. Morse and G. P. Carlson.

22. Adapted from Anderson, J. W., Story, L., Sieling, B., Chen, W. L., Petro, M. S., and Story, J. (1984). Hypocholesterolemic effects of oat-bran or bean intake for hypercholesterolemic men. *American Journal of Clinical Nutrition* **40**, 1146–1155. There were actually 20 men in the study.

23. Unpublished data courtesy of C. H. Noller.

24. Luria, S. F., and Delbruck, M. (1943). Mutations of bacteria from virus sensitivity to virus resistance. *Genetics* **28**, 491–511.

25. Fictitious but realistic data. See Roberts, J. (1975). Blood pressure of persons 18–74 years, United States, 1971–72. U.S. National Center for Health Statistics, *Vital and Health Statistics*, Series 11, No. 150. Washington, D.C.: U.S. Department of Health, Education and Welfare.

26. Unpublished data collected from a sample of Oberlin College students.

27. Unpublished data courtesy of M. Kimmel.

28. Unpublished data courtesy of F. Delgado.

29. Kitts, C., Moline, M., Schaffner, A., Samadpour, M., MacNiel, K., and Duffield, S. (2002). *Identifying the Sources of Escherichia coli Contamination in Crassostrea gigas from the Morro Bay Estuary.* Technical Report for the National Estuary Program and the California Central Coast Regional Water Quality Control Board.

30. Kinghorn, A., Humphries, M., Outridge, P., and Chan H. M. (2008). Teeth as biomonitors of selenium concentrations in tissues of beluga whales (*Delphinapterus leucas*). *Science of the Total Environment* **402**, 43–50.

31. Govind, C. K., and Pearce, J. (1986). Differential reflex activity determines claw and closer muscle asymmetry in developing lobsters. *Science* **233**, 354–356. Copyright 1986 by the AAAS.

32. Adapted from Gerdes, N. (2001). Morphological and life history variation in three populations of golden-mantled ground squirrels along a Pacific coast transect. Master's thesis California Polytechnic State University, San Luis Obispo.

33. Adapted from Barclay, A. M., and Crawford, R. M. M. (1984). Seedling emergence in the rowan (*Sorbus aucuparia*) from an altitudinal gradient. *Journal of Ecology* **72**, 627–636. Reprinted with permission of Blackwell Scientific Publications Limited.

34. Fictitious but realistic data. Based on Beyl, C. A., and Mitchell, C. A. (1977). Characterization of mechanical stress dwarfing in chrysanthemum. *Journal of the American Society for Horticultural Science* **102**, 591–594.

35. Based on a subset of the data in Tuddenham, R. D., and Snyder, M. M. (1954). Physical growth of California boys and girls from birth to age 18. *Calif. Publ. Child Develop.* **1**, 183–364. Data as reported in Weisberg, S. (1985). *Applied Linear Regression*, 2nd ed. New York: Wiley, p. 57.

36. Nelson, L. A. (1980). Report of the Indiana Beef Evaluation Program, Inc. Purdue University, West Lafayette, Indiana.

37. Data collected by J. Witmer at a statistics workshop at Johns Hopkins University, July 1995.

38. Day, K. M., Patterson, F. L., Luetkemeier, O. W., Ohm, H. W., Polizotto, K., Roberts, J. J., Shaner, G. E., Huber, D. M., Finney, R. F., Foster, J. F., and Gallun, R. L. (1980). Performance and adaptation of small grains in Indiana. Station Bulletin No. 290. West Lafayette, Ind., Agricultural Experiment Station of Purdue University. Raw data provided courtesy of W. F. Nyquist.

39. Tripepi, R. R., and Mitchell, C. A. (1984). Metabolic response of river birch and European birch roots to hypoxia. *Plant Physiology* **76**, 31–35. Raw data courtesy of the authors.

40. Ogilvie, R. I., Macleod, S., Fernandez, P., and McCullough, W. (1974). Timolol in essential hypertension. In B. Magnani (ed.). *Beta-Adrenergic Blocking Agents in the Management of Hypertension and Angina Pectoris.* New York: Raven Press. pp. 31–43.

41. Unpublished data courtesy of J. F. Nash and J. E. Zabik.

42. Schall, J. J., Bennett, A. F., and Putnam, R. W. (1982). Lizards infected with malaria: Physiological and behavioral consequences. *Science* **217**, 1057–1059. Copyright 1982 by the AAAS. Raw data courtesy of J. J. Schall.

43. Fictitious but realistic data. Each observation is the average of several measurements made on the same woman at different times. See Royston, J. P., and Abrams, R. M. (1980). An objective method for detecting the shift in basal body temperature in women. *Biometrics* **36**, 217–224.

44. Adapted from data in Cicirelli, M. F., Robinson, K. R., and Smith, L. D. (1983). Internal pH of *Xenopus* oocytes: A study of the mechanism and role of pH changes during meiotic maturation. *Developmental Biology 100*, 133–146.

45. Adapted from Royston, J. P., and Abrams, R. M. (1980). An objective method for detecting the shift in basal body temperature in women. *Biometrics* **36**, 217–224.

46. Adapted from data provided courtesy of L. A. Nelson.

47. Ikin, E. W., Prior, A. M., Race, R. R., and Taylor, G. L. (1939). The distribution of the A_1A_2BO blood groups in England. *Annals of Eugenics* (London) **9**, 409–411. Reprinted with permission of Cambridge University Press.

48. Borg, S., Kvande, H., and Sedvall, G. (1981). Central norepinephrine metabolism during alcohol intoxication in addicts and healthy volunteers. *Science* **213**, 1135–1137. Copyright 1981 by the AAAS. Raw data courtesy of S. Borg.

49. Fictitious but realistic population. Adapted from LeClerg, E. L., Leonard, W. H., and Clark, A. G. (1962). *Field Plot Technique.* Minneapolis: Burgess.

50. Selawry, O. S. (1974). The role of chemotherapy in the treatment of lung cancer. *Seminars in Oncology* **1**, No. 3, 259–272.

51. Hayes, H. K., East, E. M., and Bernhart, E. G. (1913). *Connecticut Agricultural Experiment Station Bulletin 176.* Data reproduced in Strickberger, M. W. (1976). *Genetics*. New York: Macmillan, p. 288.

52. Unpublished data courtesy of J. Y. Latimer and C. A. Mitchell.

53. Connolly, K. (1968). The social facilitation of preening behaviour in *Drosophila melanogaster*. *Animal Behaviour* **16**, 385–391.

54. The results of similar assays are reported in Pascholati, S. F., and Nicholson, R. L. (1983). *Helminthosporum maydis* suppresses expression of resistance to *Helminthosporum carbonum* in corn. *Phytopathologische Zeitschrift* **107**, 97–105. Unpublished data courtesy of the investigators.

55. Richens, A., and Ahmad, S. (1975). Controlled trial of valproate in severe epilepsy. *British Medical Journal* **4**, 255–256.

56. Fleming, W. E., and Baker, F. E. (1936). A method for estimating populations of larvae of the Japanese beetle in the field. *Journal ofAgricultural Research* **53**, 319–331. Data reproduced in *Statistical Ecology*, Vol. 1 (1971). University Park: Pennsylvania State University Press, p. 327.

57. Chiarotti, R. M. (1972). An investigation of the energy expenditure of women squash players. Master's thesis, Pennsylvania State University. Raw data courtesy of R. M. Lyle (nee Chiarotti).

58. Masty, J. (1983). Innervation of the equine small intestine. Master's thesis, Purdue University. Raw data courtesy of the author.

59. Fictitious but realistic data. Adapted from data presented in Falconer, D. S. (1981). *Introduction to Quantitative Genetics*, 2nd ed. New York: Longman, Inc., p. 97.

60. Dow, T. G. B., Rooney, P J., and Spence, M. (1975). Does anaemia increase the risks to the fetus caused by smoking in pregnancy? *British Medical Journal* **4**, 253–254.

61. Christophers, S. R. (1924). The mechanism of immunity against malaria in communities living under hyper-endemic conditions. *Indian Journal of Medical Research* **12**, 273–294. Data reproduced in Williams, C. B. (1964). *Patterns in the Balance of Nature.* London: Academic Press. p. 243.

62. Data taken from *Climatological Data, Ohio*, and *Local Climatological Data, Cleveland, Ohio*; National Oceanic and Atmospheric Administration, U.S. Dept. of Commerce.

63. These data were published on page 8-A of the *Cleveland Plain Dealer*, 6 February 1997, from information compiled by the United Network for Organ Sharing. The mortality rate and volume variables are averages over a four-year period beginning in October 1987. There are 31 hospitals in the low-volume group and 76 in the high-volume group.

64. Erne, P., Bolli, P., Buergisser, E., and Buehler, F. R. (1984). Correlation of platelet calcium with blood pressure. *New England Journal of Medicine* **310**, 1084–1088. Reprinted by permission. Raw data courtesy of F. R. Buehler. The original data set had 47 subjects; we have omitted 9 patients with "borderline" high blood pressure.

第3章

1. Based on an article by the Neonatal Inhaled Nitric Oxide Study Group (1997). See Inhaled nitric oxide in full-term and nearly full-term infants with hypoxic respiratory failure. *New England Journal of Medicine* **336**, 597–604.

2. Fictitious but realistic population. Adapted from Hubbs, C. L., and Schultz, L. P. (1932). *Cottus tubulatus*, a new sculpin from Idaho. *Occasional Papers of the Museum of Zoology, University of Michigan* **242**, 1–9. Data reproduced in Simpson, G. G., Roe, A., and Lewontin, R. C. (1960). *Quantitative Zoology*. New York: Harcourt, Brace. p. 81.

3. www.bloodbook.com/world-abo.html

4. This table is a modified version of data adapted from Ammon, O. (1899). *Zur Anthropologie der Badener.* Jena: G. Fischer. Ammon's data appear in Goodman, L. A., and Kruskal, W. H. (1954). Measures of association for cross classifications. *Journal of the American Statistical Association* **49**, 732–764. The numbers in the table have been rounded to aid the exposition.

5. Unpublished data courtesy of Diana Zumas and Lisa Yasuhara, Oberlin College.

6. Adapted from Taira, D. A., Safran, D. G., Seto, T. B., Rogers, W. H., and Tarlov, A. R. (1997). The relationship between patient income and physician discussion of health risk behaviors. *Journal of the American Medical Association* **278**, 1412–1417.

7. The population is fictitious but resembles the population of American women aged 18–24, excluding known or suspected diabetics, as reported in Gordon, T. (1964). Glucose tolerance of adults, United States 1960–62. *U.S. National Center for Health Statistics, Vital and Health Statistics*, Series 11, No. 2. Washington, D.C.: U.S. Department of Health, Education and Welfare.

8. Meyer, W. H. (1930). Diameter distribution series in even-aged forest stands. *Yale University School of Forestry Bulletin* **28**. The curve is fitted in Bliss, C. I., and Reinker, K. A. (1964). A lognormal approach to diameter distributions in even-aged stands. *Forest Science* **10**, 350–360.

9. Pearson, K. (1914). On the probability that two independent distributions of frequency are really samples of the same population, with reference to recent work on the identity of trypanosome strains. *Biometrika* **10**, 85–143. Reprinted by permission of the Biometrika Trustees.

10. Adapted from unpublished data courtesy of Gloria Zender, Oberlin College.

11. Fictitious but realistic situation. Based on data given by Lack, D. (1948). Natural selection and family size in the starling. *Evolution* **2**, 95–110. Data reproduced by Riclefs, R. E. (1973). *Ecology.* Newton, Mass.: Chiron Press. p. 37.

12. Adapted from unpublished data courtesy of Marni Hansill, Oberlin College.

13. Halpine, T., and Kerr, S. J. (1986). Mutant allele frequencies in the cat population of Omaha, Nebraska. *The Journal of Heredity* **77**, 460–462.

14. This is one of the crosses performed by Gregor Mendel in his classic studies of heredity; heterozygous plants (which are yellow seeded because yellow is dominant) are crossed with each other.

15. Fictitious but realistic value. See Hutchison, J. G. P., Johnston, N. M., Plevey, M. V. P., Thangkhiew, I., and Aidney, C. (1975). Clinical trial of Mebendazole, a broad-spectrum anthelminthic. *British Medical Journal* **2**, 309–310.

16. Fictitious but realistic population. Adapted from Owen, D. F. (1963). Polymorphism and population density in the African land snail, *Limicolaria martensiana. Science* **140**, 666–667.

17. Mathews, T. J., and Hamilton, B. E. (2005). Trend analysis of the sex ratio at birth in the United States. *National Vital Statistics Reports* **53**, No. 20. Hyattsville Md.; National Center for Health Statistics. The sex ratio varies slightly over time and by race.

18. Adapted from discussion in Galen, R. S., and Gambino, S. R. (1980). *Beyond Normality: The Predictive Value and Efficiency of Medical Diagnoses*. New York: Wiley. pp. 71–74.

19. This would be true for some central-city populations. See Annest, J. L., Mahaffey, K. R., Cox, D. H., and Roberts, J. (1982). Blood lead levels for persons 6 months–74 years of age: United States, 1976–80. *U.S. National Center for Health Statistics, Advance Data from Vital and Health Statistics*, No. 79. Hyattsville, Md.; U.S. Department of Health and Human Services.

20. Geissler, A. (1889). Beitrage zur Frage des Geschlechtsverhaltnisses der Geborenen. *Zeitschrift des K. Sachsischen Statistischen Bureaus* **35**, 1–24. Data reproduced by Edwards, A. W. F. (1958). An analysis of Geissler's data on the human sex ratio. *Annals of Human Genetics* **23**, 6–15. The data are also discussed by Stern, C. (1960). *Human Genetics.* San Francisco: Freeman.

21. Haseman, J. K., and Soares, E. R. (1976). The distribution of fetal death in control mice and its implications on statistical tests for dominant lethal effects. *Mutation Research* **41**, 277–288.

22. Data courtesy of S. N. Postlethwaite.

23. Adapted from Looker, A., et al. (1997). Prevalence of iron deficiency in the United States. *Journal of the American Medical Association* **277**, 973–976.

24. Fictitious but realistic situation. See Krebs, C. J. (1972). *Ecology: The Experimental Analysis of Distribution and Abundance.* New York: Harper & Row. p. 142.

25. See Mather, K. (1943). *Statistical Analysis in Biology* London: Methuen. p. 38.

26. The technique is described in Waid, W. M., Orne, E. C., Cook, M. R., and Orne, M. T. (1981). Meprobamate reduces accuracy of physiological detection of deception. *Science* **212**, 71–73.

27. Fictitious but realistic population, closely resembling the population of males aged 45–59 years as described in Roberts, J. (1975). Blood pressure of persons 18–74 years, United States, 1971–72. *U.S. National Center for Health Statistics, Vital and Health Statistics*, Series 11, No. 150. Washington, D.C.: U.S. Department of Health, Education and Welfare.

第4章

1. Data from the 2003–2004 National Health and Nutrition Examination Survey, which can be found at www.denofinquiry.com/nhanes/source/choose.php
2. Ikeme, A. I., Roberts, C., Adams, R. L., Hester, P. Y., and Stadelman, W. J. (1983). Effects of supplementary water-administered vitamin D_3 on egg shell thickness. *Poultry Science* **62**, 1120–1122. The normal curve was fitted to raw data provided courtesy of W. J. Stadelman and A. I. Ikeme.
3. Hengstenberg, R. (1971). Das Augenmuskelsystem der Stubenfliege Musca domestica. 1. Analyse der "clock-spikes" und ihrer Quellen. *Kybernetik* **2**, 56–57.
4. Adapted from Magath, T. B., and Betkson, J. (1960). Electronic blood-cell counting. *American Journal of Clinical Pathology* **34**, 203–213. Actually, the percentage error is somewhat less for high counts and somewhat more for low counts. Described in Coulter Electronics (1982). *Performance Characteristics and Specifications for Coulter Counter Model S-560.* Hialeah, Fl: Coulter Electronics.
5. Fictitious but realistic population. Adapted from data given by Hildebrand, S. F., and Schroeder, W. C. (1927). Fishes of Chesapeake Bay. *Bulletin of the United States Bureau of Fisheries* **43**, Part 1, p. 88. The fish are young of the year, observed in October; they are quite small. (The distribution of lengths in older populations is not approximately normal.)
6. Adapted from Pearl, R. (1905). Biometrical studies on man. I. Variation and correlation in brain weight. *Biometrika* **4**, 13–104.
7. Adapted from Swearingen, M. L., and Halt, D. A. (1976). Using a "blank" trial as a teaching tool. *Journal of Agronomic Education* **5**, 3–8. The standard deviation given in this problem is realistic for an idealized "uniform" field, in which yield differences between plots are due to local random variation rather than large-scale and perhaps systematic variation.
8. Adapted from Coulter Electronics (1982). *Performance Characteristics and Specifications for the Coulter Counter Model S-560.* Hialeah, Fl: Coulter Electronics.
9. Unpublished data courtesy of Susan Whitehead, Oberlin College.
10. Data taken from www.athlinks.com/results/50228/97027/u1/2008-Rome-Marathon.aspx
11. Unpublished data courtesy of Kaelyn Stiles, Oberlin College.
12. Unpublished data courtesy of Paul Harnik and Lydia Ries, Oberlin College.
13. Summary weather information derived from www.centralcoastweather.net
14. Summary weather information derived from www.wrcc.dri.edu/cgi-bin/cliMAIN.pl?akjune
15. Long, E. C. (1976). *Liquid Scintillation Counting Theory and Techniques*. Irvine, Calif.: Beckman Instruments. The distribution is actually a discrete distribution called a Poisson distribution; however, a Poisson distribution with large mean is approximately normal.
16. Fictitious but realistic population, based on data of Emerson, R. A., and East, E. M. (1913). Inheritance of quantitative characters in maize. *Nebraska Experimental Station Research Bulletin* **2**. Data reproduced by Mather, K. (1943). *Statistical Analysis in Biology*. London: Methuen. pp. 29, 34. Modern hybrid corn is taller and less variable than this population.
17. These percentiles are based on data in the National Health and Nutrition Examination Survey (NHANES), conducted by the National Center for Health Statistics Centers for Disease Control and Prevention. The following URL provides a link to the data table: www.cdc.gov/nchs/about/major/nhanes/hgtfem.pdf
18. This is the standard reference distribution for Stanford-Binet scores. See Sattler, J. M. (1982). *Assessment of Children's Intelligence and Special Abilities*, 2nd ed. Boston: Allyn and Bacon. p. 19 and back cover.
19. Unpublished data courtesy of Forrest Crawford and Yvonne Piper, Oberlin College.

第5章

1. Data from the 2003–2004 National Health and Nutrition Examination Survey, which can be found at www.denofinquiry.com/nhanes/source/choose.php
2. Fictitious but realistic population. See Example 2.2.11.
3. The mean and standard deviation are realistic for American women aged 25–34. See O'Brien, R. J., and Drizd, T. A. (1981). Basic data on spirometry in adults 25–74 years of age: United States, 1971–75. *U.S. National Center for Health Statistics, Vital and Health Statistics*, Series 11, No. 222. Washington, D.C.: U.S. Department of Health and Human Services. The normality assumption may or may not be realistic.
4. Adapted from data given in Sebens, K. P. (1981). Recruitment in a sea anemone population; juvenile substrate becomes adult prey. *Science* **213**, 785–787.
5. Fictitious but realistic data. Adapted from distribution given for men aged 45–59 in Roberts, J. (1975).

Blood pressure of persons 18–74 years, United States, 1971–72. *U.S. National Center for Health Statistics, Vital and Health Statistics*, Series 11, No. 150. Washington, D.C.: U.S. Department of Health, Education and Welfare.

6. Based on data in Roberts, J. D., et al. (1997). Inhaled nitric oxide and persistent pulmonary hypertension of the newborn. *New England Journal of Medicine* **336**, 605–610.

7. The distribution in Figure 5.3.1 is based on data given in Zeleny, C. (1922). The effect of selection for eye facet number in the white bar-eye race of *Drosophila melanogaster. Genetics* **7**, 1–115. The data are displayed in Falconer, D. S. (1981). *Introduction to Quantitative Genetics*, 2nd ed. New York: Longman. p. 97.

8. The distribution in Figure 5.3.3 is adapted from data described by Bradley, J. V. (1980). Nonrobustness in one-sample Z and t tests: A large-scale sampling study. *Bulletin of the Psychonomic Society* **15** (1), 29–32, used by permission of the Psychonomic Society, Inc.; and Bradley, J. V. (1977). A common situation conducive to bizarre distribution shapes. *American Statistician* **31**, 147–150. Bradley's distribution included additional peaks, because sometimes the subject fumbled the button more than once on a single trial.

9. Fictitious but realistic situation, adapted from data given in Bradley, D. D., Krauss, R. M., Petitte, D. B., Ramcharin, S., and Wingird, I. (1978). Serum high-density lipoprotein cholesterol in women using oral contraceptives, estrogens, and progestins. *New England Journal of Medicine* **299**, 17–20.

10. Kahneman, D., and Tversky, A. (1972). Subjective probability: A judgment of representativeness. *Cognitive Psychology* **3**, 430–454.

11. Strickberger, M. W. (1976). *Genetics*, 2nd ed. New York: Macmillan. p. 206.

12. www.cureresearch.com/artic/other_important_stds_niaid_fact_sheet_niaid.htm

13. Fictitious but realistic situation. See Waugh, G. D. (1954). The occurrence of Mytilicola intestinalis (Steuer) on the east coast of England. *Journal of Animal Ecology* **23**, 364–367.

14. Mosteller, F., and Tukey, J. W. (1977). *Data Analysis and Regression.* Reading, Mass.: Addison-Wesley. p. 25.

15. Fictitious but realistic population, resembling the population of young American men aged 18–24, as described in Abraham, S., Johnson, C. L., and Najjar, M. F. (1979). Weight and height of adults 18–74 years of age: United States 1971–1974. *U.S. National Center for Health Statistics*, Series 11, No. 211. Washington, D.C.: U.S. Department of Health, Education and Welfare.

16. The mean and standard deviation are realistic, based on unpublished data provided courtesy of J. Y. Ustimer and C. A. Mitchell. The normality assumption may or may not be realistic.

17. The mean and standard deviation are realistic, based on unpublished data provided courtesy of S. Newman and D. L. Harris. The normality assumption may or may not be realistic.

第6章

1. Data provided by Dennis Frey, California Polytechnic State University, San Luis Obispo.

2. Newman, S., Everson, D. O., Gunsett, F. C., and Christian, R. E. (1984). Analysis of two- and three-way crosses among Ramhouillet, Targhee, Columbia, and Suffolk sheep for three preweaning traits. Unpublished manuscript. Raw data courtesy of S. Newman.

3. Adapted from the following two papers. Potkin, S. G., Cannon, H. E., Murphy, D. L., and Wyatt, R. J. (1978). Are paranoid schizophrenics biologically different from other schizophrenics? *New England Journal of Medicine* **298**, 61–66. Murphy, D. L., Wright, C., Buchsbaum, M., Nichols, A., Costa, J. L., and Wyatt, R. J. (1976). Platelet and plasma amine oxidase activity in 680 normals: Sex and age differences and stability over time. *Biochemical Medicine* **16**, 254–265. The data displayed are fictitious but realistic, having been reconstructed from the histograms and summary information given by Potkin et al. and Murphy et al.

4. Based on data reported in Rea, T. M., Nash, J. F., Zabik, J. E., Born, G. S., and Kessler, W. V. (1984). Effects of toluene inhalation on brain biogenic amines in the rat. *Toxicology* **31**, 143–150.

5. Based on an experiment by M. Morales.

6. Adapted from Cherney, J. H., Volenec, J. J., and Nyquist, W. E. (1985). Sequential fiber analysis of forage as influenced by sample weight. *Crop Science* **25**, No. 6 (Nov./Dec. 1985), 1113–1115 (Table 1). By permission of the Crop Science Society of America, Inc. Raw data courtesy of W. E. Nyquist.

7. Dice, L. R. (1932). Variation in the geographic race of the deermouse, *Peromyscus maniculatus bairdii. Occasional Papers of the Museum of Zoology, University of Michigan*, No. 239. Data reproduced in Simpson, G. G., Roe, A., and Lewontin, R. C. (1960). *Quantitative Zoology.* New York: Harcourt, Brace, p. 79.

8. Bodor, N., and Simpkins, J. W. (1983). Redox delivery system for brain-specific, sustained release of dopamine. *Science* **221**, 65–67.

9. Student (W. S. Gosset) (1908). The probable error of a mean. *Biometrika* **6**, 1–25.

10. The Writing Group for the PEPI Trial (1996). Effects of hormone therapy on bone mineral density. *Journal of the American Medical Association* **276**, 1389–1396. This study compared change in bone

mineral density over 36 months for four medications and a placebo. (Hip bone mineral density was measured at the beginning of the experiment and again 36 months later.) Only the data for those women who adhered to the experimental protocol are used in the example. Standard deviations are calculated based on the standard errors reported in the article.

11. Data collected by Denise D'Abundo, Oberlin College, April 1991.

12. Bockman, D. E., and Kirby, M. L. (1984). Dependence of thymus development on derivatives of the neural crest. *Science* **223**, 498–500. Copyright 1984 by the AAAS.

13. Brown, S. A., Riviere, J. E., Coppoc, G. L., Hinsman, E. J., Carlton, W. W., and Steckel, R. R. (1985). Single intravenous and multiple intramuscular dose pharmacokinetics and tissue residue profile of gentamicin in sheep. *American Journal of Veterinary Research* **46**, 69–74. Raw data courtesy of S. A. Brown and G. L. Coppoc.

14. Lobstein, D. D. (1983). A multivariate study of exercise training effects on beta-endorphin and emotionality in psychologically normal, medically healthy men. Ph.D. thesis, Purdue University. Raw data courtesy of the author.

15. Nicholson, R. L., and Moraes, W. B. C. (1980). Survival of *Colletotrichum graminicola:* Importance of the spore matrix. *Phytopathology* **70**, 255–261.

16. Adapted from Morris, J. G., Gripe, W. S., Chapman, H. L., Jr., Walker, D. F., Armstrong, J. B., Alexander, J. D., Jr., Miranda, R., Sanchez, A., Jr., Sanchez, B., Blair-West, J. R., and Denton, D. A. (1984). Selenium deficiency in cattle associated with Heinz bodies and anemia. *Science* **223**, 491–492. Copyright 1984 by the AAAS.

17. Shaffer, P. L., and Rock, G. C. (1983). Tufted apple budmoth (*Lepidoptera: Tortricidae*): Effects of constant daylengths and temperatures on larval growth rate and determination of larval-pupal ecdysis. *Environmental Entomology* **12**, 76–80.

18. Bishop, N. J., Morley, R., Day, J. P., and Lucas, A. L. (1997). Aluminum neurotoxicity in preterm infants receiving intravenous-feeding solutions. *New England Journal of Medicine* **336**, 1557–1561.

19. Kaufman, J. S., Reda, D. J., Fye, C. L., Goldfarb, D. S., Henderson, W. G., Kleinman, J. G., and Vaamonde, C. A. (1998). Subcutaneous compared with intravenous epoetin in patients receiving hemodialysis. *New England Journal of Medicine* **339**, 578–583.

20. Based on data provided by C. H. Noller.

21. This is roughly the SD for the U.S. population of middle-aged men. See Moore, F. E., and Gordon, T. (1973). Serum cholesterol levels in adults, United States 1960–62. *U.S. National Center for Health Statistics, Vital and Health Statistics*, Series 11, No. 22. Washington, D.C.: U.S. Department of Health, Education and Welfare.

22. Pappas, T., and Mitchell, C. A. (1984). Effects of seismic stress on the vegetative growth of *Glycine max* (L.) Merr. cv. Wells II. *Plant, Cell and Environment* **8**, 143–148.

23. Noll, S. L., Waibel, P. E., Cook, R. D., and Witmer, J. A. (1984). Biopotency of methionine sources for young turkeys. *Poultry Science* **63**, 2458–2470.

24. Schaeffer, J., Andrysiak, T., and Ungerleider, J. T. (1981). Cognition and long-term use of ganja (cannabis). *Science* **213**, 465–466.

25. Desai, R. (1982). An anatomical study of the canine male and female pelvic diaphragm and the effect of testosterone on the status of the levator ani of male dogs. *Journal of the American Animal Hospital Association* **18**, 195–202.

26. Nicholson, R. L., and Moraes, W. B. C. (1980). Survival of *Colletotrichum graminicola:* Importance of the spore matrix. *Phytopathology* **70**, 255–261. Raw data courtesy of R. L. Nicholson.

27. The probabilities in Table 6.5.2 were estimated by computer simulation carried out by M. Samuels and R. P. Becker. The standard error of each probability estimate is less than 0.0015. The sources of the parent distributions are given in Notes 7 and 8 to Chapter 5.

28. Burnett, A., and Haywood, A. (1997). A statistical analysis of differences in sediment yield over time on the West Branch of the Black River. Unpublished manuscript, Oberlin College.

29. Hessell, E. A., Johnson, D. D., Ivey, T. D., and Miller, D. W. (1980). Membrane vs bubble oxygenator for cardiac operations. *Journal of Thoracic and Cardiovascular Surgery* **80**, 111–122.

30. Peters, H. G. and Bademan, H. (1963). The form and growth of stellate cells in the cortex of the guinea-pig *Journal of Anatomy* (London) **97**, 111–117.

31. Kaneto, A., Kosaka, K., and Nakao, K. (1967). Effects of stimulation of the vagus nerve on insulin secretion. *Endocrinology* **80**, 530–536. Copyright © 1967 by the Endocrine Society.

32. Simmons, F. J. (1943). Occurrence of superparasitism in *Nemeritis canescens. Revue Canadienne de Biologie* **2**, 15–40. Data reproduced in Williams, C. B (1964). *Patterns in the Balance of Nature.* London: Academic Press. p. 223.

33. These data are diameters at breast height of American Sycamore trees in the floodplain of the Vermilion River. Data collected Emily Norland, Oberlin College, March 1995.

34. Adapted from Sanders, K. (2004). A quantitative, vegetative, and reproductive comparison of *Centromadia parryi* ssp. congdonii in two locations. Master's Thesis, California Polytechnic State University.

35. Hunter, A., and Terasaki, T. (1993). Statistical analysis comparing vital capacities of brass majors in the Conservatory and a normal population. Unpublished manuscript, Oberlin College. All subjects were men, age 18–21, with heights between 175 and 183 cm. Because vital capacity is related to height, the raw data were adjusted slightly, using linear regression, to control for the effect of height.

36. Chang, K. (2005). Randomized controlled trial of Coblation versus electocautery tonsillectomy. *American Academy of Otolaryngology—Head and Neck Surgery* **132**, 273–280.

37. Knight, S. L., and Mitchell, C. A. (1983). Enhancement of lettuce yield by manipulation of light and nitrogen nutrition. *Journal of the American Society for Horticultural Science* **108**, 750–754. Raw data courtesy of the authors. (The actual sample sizes were equal; some observations have been omitted from the exercise.)

38. O'Marra, S. (1996). Antibacterial soaps: Myth or reality. Unpublished manuscript, Oberlin College. The primary purpose of this study was to assess the effectiveness of antibacterial soaps. A solution made from antibacterial soap killed all *E. coli*, in contrast to the non-antibacterial soap and the control. The soap solution was a 1:4 solution of soap and water.

39. Ahern, T. (1998). Statistical analysis of EIN plants treated with ancymidol and H_2O. Unpublished manuscript, Oberlin College. The mutant strain EIN (e-longated in-ternode) of *Brassica* was used in this experiment. The data presented here are a randomly selected subset of the full data set.

40. Hagerman, A. E., and Nicholson, R. L. (1982). High-performance liquid chromatographic determination of hydroxycinnamic acids in the maize mesocotyl. *Journal of Agricultural and Food Chemistry* **30**, 1098–1102. Reprinted with permission. Copyright 1982 American Chemical Society.

41. Patel, C., Marmot, M. M., and Terry, D. J. (1981). Controlled trial of biofeedback-aided behavioral methods in reducing mild hypertension. *British Medical Journal* **282**, 2005–2008.

42. Lipsky, J. J., Lewis, J. C., and Novick, W. J., Jr. (1984). Production of hypoprothrombinemia by Moxalactam and 1-methyl-5-thiotetrazole in rats. *Antimicrobial Agents and Chemotherapy* **25**, 380–381.

43. Long, T. F., and Murdock, L. L. (1983). Stimulation of blowfly feeding behavior by octopaminergic drugs. *Proceedings of the National Academy of Sciences* **80**, 4159–4163. Raw data courtesy of the authors and L. C. Sudlow.

44. Gwynne, D. T. (1981). Sexual difference theory: Mormon crickets show role reversal in mate choice. *Science* **213**, 779–780. Copyright 1981 by the AAAS. Data provided courtesy of the author.

45. Appel, L. J., et al. (1997). A clinical trial of the effects of dietary patterns on blood pressure. *New England Journal of Medicine* **336**, 1117–1124.

46. Crawford, F., and Piper, Y. (1999). How does caffeine influence heart rate? Unpublished manuscript, Oberlin College. There were 10 subjects in the caffeine group, but an outlier was deleted from the data.

47. Gent, A. (1999). Unpublished data collected at Oberlin College. The colors of light were created using gels: thin pieces of colored plastic used in theater lighting.

48. Parks, N. J., Krohn, K. A., Mathis, C. A., Chasko, J. H., Geiger, K. R., Gregor, M. E., and Peek, N. F. (1981). Nitrogen-13-labelled nitrite and nitrate: Distribution and metabolism after intratracheal administration. *Science* **212**, 58–61. Copyright 1981 by the AAAS. Raw data courtesy of N. J. Parks.

49. Krick, J. A. (1982). Effects of seeding rate on culm diameter and the inheritance of culm diameter in soft red winter wheat *(Triticum aestivum* L. em Thell). Master's thesis, Department of Agronomy, Purdue University. Raw data courtesy of J. A. Krick and H. W. Ohm. Each diameter is the mean of measurements taken at six prescribed locations on the stem.

50. Data collected by Deborah Ignatoff, Oberlin College, spring 1997.

51. Bailey, J., and Marshall, J. (1970). The relationship of the post-ovulatory phase of the menstrual cycle to total cycle length. *Journal of Biosocial Science* **2**, 123–132.

52. Nansen, C., Tchabi, A., and Meikle, W. G. (2001). Successional sequence of forest types in a disturbed dry forest reserve in southern Benin, West Africa. *Journal of Tropical Ecology* **17**, 525–539.

53. Unpublished data courtesy of W. F. Jacobson.

54. Dale, E. M., and Housley, T. L. (1986). Sucrose synthase activity in developing wheat endosperms differing in maximum weight. *Plant Physiology* **82**, 7–10. Raw data courtesy of the authors.

55. See Note 23 of Chapter 3.

56. Adapted from data courtesy of the Morro Bay National Estuary Foundation, 2009.

57. Graph created from data included in Erne, P., Bolli, P., Buergisser, E., and Buehler, F. R. (1984). Correlation of platelet calcium with blood pressure. *New England Journal of Medicine* **310**, 1084–1088. Reprinted by permission. Raw data courtesy of F. R. Buehler.

58. Urban L. E., et al. (2010). The accuracy of stated energy contents of reduced-energy, commercially prepared foods. *J. Am. Diet Assoc.* **110**, 116–123.

第7章

1. Kotler, D. (2000). A comparison of aerobics and modern dance training on health-related fitness in college women. Unpublished manuscript, Oberlin College.

2. Pappas, T., and Mitchell, C. A. (1985). Effects of seismic stress on the vegetative growth of *Glycine max* (L.) Merr. cv. Wells II. *Plant, Cell and Environment* **8**, 143–148. Reprinted with permission of Blackwell Scientific Publications Limited. Raw data courtesy of the authors. The original experiment included many treatments and more than nine observations per group; only a subset of the data is presented here, for simplicity.

3. Unpublished data courtesy of J. A. Henricks and V. J. K. Liu.

4. Rea, T. M., Nash, J. F., Zabik, J. E., Born, G. S., and Kessler, W. V. (1984). Effects of toluene inhalation on brain biogenic amines in the rat. *Toxicology* **31**, 143–150. Raw data courtesy of J. F. Nash and J. E. Zabik.

5. Sagan, C. (1977). *The Dragons of Eden.* New York: Ballantine. p. 7.

6. Lemenager, R. P., Nelson, L. A., and Hendrix, K. S. (1980). Influence of cow size and breed type on energy requirements. *Journal of Animal Science* **51**, 566–576. Some of the animals *lost* weight during the 78 days, so that the mean weight gains are based on both positive and negative values.

7. Adapted from Miyada, V. S. (1978). Uso da levedura seca de distilarias de alcool de cana de acucar na alimentacao de suinos em crescimento e acabamento. Master's thesis, University of Sao Paulo, Brazil.

8. Kalsner, S., and Richards, R. (1984). Coronary arteries of cardiac patients are hyperreactive and contain stores of amines: A mechanism for coronary spasm. *Science* **223**, 1435–1437. Copyright 1984 by the American Association for the Advancement of Science (AAAS).

9. Adapted from Dybas, H. S., and Lloyd, M. (1962). Isolation by habitat in two synchronized species of periodical cicadas (Homoptera, Cicadidae, *Magicicada*). *Ecology* **43**, 444–459.

10. Namdar, M., Koepfli, P., Grathwohl, R., Siegrist, P. T., Klainguti, M., Schepis, T., Deleloye, R., Wyss, C. A., Gaemperli, O., and Kaufmann, P. A. (2006). Caffeine decreases exercise-induced myocardial flow reserve. *Journal of the American College of Cardiology* **47**, 405–410. Raw data read from Figure 1.

11. Bockman, D. E., and Kirby, M. L. (1984). Dependence of thymus development on derivatives of the neural crest. *Science* **223**, 498–500. Copyright 1984 by the AAAS.

12. Tripepi, R. R., and Mitchell, C. A. (1984). Metabolic response of river birch and European birch roots to hypoxia. *Plant Physiology* **76**, 31–35. Raw data courtesy of the authors.

13. Lamke, L. O., and Liljedahl, S. O. (1976). Plasma volume changes after infusion of various plasma expanders. *Resuscitation* **5**, 93–102.

14. Anderson, J. W., Story, L., Sieling, B., Chen, W. J. L., Petro, M. S., and Story, J. (1984). Hypocholesterolemic effects of oat-bran or bean intake for hypercholesterolemic men. *The American Journal of Clinical Nutrition* **40**, 1146–1155.

15. Ahne, A., and Myers, S. (1999). The effect of Miracle Grow on radish growth. Unpublished manuscript, Oberlin College. The data presented here are a subset of the full data set. (The means and standard deviations for the full data set are similar to those for the subset presented here. In particular, the sample mean for the control group is greater than for the fertilizer group.)

16. Borg, E. (2008). A comparison of *Orconectes rusticus* and *O. sanbornii* weight. Unpublished manuscript, Oberlin College.

17. Heald, F. (1974). Hematocrit values of youths 12–17 years, United States. *U.S. National Center for Health Statistics, Vital and Health Statistics*, Series 11, No. 146. Washington, D.C.: U.S. Department of Health, Education and Welfare. Actually, the data were obtained by a sampling scheme more complicated than simple random sampling.

18. Long, T. F., and Murdock, L. L. (1983). Stimulation of blowfly feeding behavior by octopaminergic drugs. *Proceedings of the National Academy of Sciences* **80**, 4159–4163. Raw data courtesy of the authors and L. C. Sudlow.

19. Yerushalmy, J. (1971). The relationship of parents' cigarette smoking to outcome of pregnancy—implications as to the problem of inferring causation from observed associations. *American Journal of Epidemiology* **93**, 443–456.

20. Gould, S. J. (1981). *The Mismeasure of Man.* New York: Norton. pp. 50ff. The SDs were estimated from the ranges reported by Gould.

21. Yerushalmy, J. (1972). Infants with low birth weight born before their mothers started to smoke cigarettes. *American Journal of Obstetrics and Gynecology* **112**, 277–284.

22. Anderson, G. D., Blidner, I. N., McClemont, S., and Sinclair, J. C. (1984). Determinants of size at birth in a Canadian population. *American Journal of Obstetrics and Gynecology* **150**, 236–244.

23. Mochizuki, M., Marno, T., Masuko, K., and Ohtsu, T. (1984). Effects of smoking on fetoplacental-maternal system during pregnancy. *American Journal of Obstetrics and Gynecology* **149**, 413–420.

24. Wainright, R. L. (1983). Change in observed birth weight associated with a change in maternal cigarette smoking. *American Journal of Epidemiology* **117**, 668–675.

25. Moore, R. M., Diamond, E. L., and Cavalieri, R. L. (1988). The relationship of birth weight and intrauterine diagnostic ultrasound exposure. *Obstetrics and Gynecology* **71**, 513–517.

26. Waldenstrom, U., Nilsson, S., Fall, O., Axelsson, O., Eklund, G., Lindeberg, S., and Sjodin, Y. (1988). Effects of routine one-stage ultrasound screening in pregnancy: A randomized clinical trial. *Lancet* (10 Sept.), 585–588.

27. National Center for Health Statistics. Data are taken from Table LCWK9 (www.cdc.gov/nchs/datawh/statab/unpubd/mortabs/lcwk9_10.htm).

28. Cook, L. S., Daling, J. R., Voigt, L. F., deHart, M. P., Malone, K. E., Stanford, J. L., Weiss, N. S., Brinton, L. A., Gammon, M. D., and Brogan, D. (1997). Characteristics of women with and without breast augmentation. *Journal of the American Medical*

Association **277**, 1612–1617.

29. LaCroix, A. Z., Mead, L. A., Liang, K., Thomas, C. B., and Pearson, T. A. (1986). Coffee consumption and the incidence of coronary heart disease. *New England Journal of Medicine* **315**, 977–982.

30. Yerushalmy, J., and Hilleboe, H. E. (1957). Fat in the diet and mortality from heart disease. *New York State Journal of Medicine* **57**, 2343–2354. Reprinted by permission. Copyright by the Medical Society of the State of New York.

31. *Cleveland Plain Dealer*, 10 February 1999, page 17–A.

32. David, R. J., and Collins, J. W. (1997). Differing birth weight among infants of U.S.-born blacks, African-born blacks, and U.S.-born whites. *New England Journal of Medicine* **337**, 1209–1214. Low birth weight means a weight of less than 1500 g, which the authors referred to as "very low birth weight" in the article.

33. Gwilyn, S., Howard, D. P. J., Davies, N., and Willett, K. (2005). Harry Potter casts a spell on accident prone children. *British Medical Journal* **331**, 1505–1506. The authors note that the weather on "Harry Potter" weekends was good and was not appreciably different from weather on other weekends.

34. Adapted from data provided courtesy of D. R. Shields and D. K. Colby. See Shields, D. R. (1981). The influence of niacin supplementation on growing ruminants and *in vivo* and *in vitro* rumen parameters. Ph.D. thesis, Purdue University.

35. Schall, J. J., Bennett, A. F., and Putnam, R. W. (1982). Lizards infected with malaria: Physiological and behavioral consequences. *Science* **217**, 1057–1059. Copyright 1982 by the AAAS.

36. Agosti, E., and Camerota, G. (1965). Some effects of hypnotic suggestion on respiratory function. *International Journal of Clinical and Experimental Hypnosis* **13**, 149–156.

37. Adapted from Knight, S. L., and Mitchell, C. A. (1983). Enhancement of lettuce yield by manipulation of light and nitrogen nutrition. *Journal of the American Society for Horticultural Science* **108**, 750–754.

38. Rickard, I. J. (2008). Offspring are lighter at birth and smaller in adulthood when born after a brother versus a sister in humans. *Evolution and Human Behavior* **29**, 196–200.

39. Unpublished data courtesy of J. L. Wolfson.

40. Fictitious but realistic data.

41. Massey, R. L. (2010). A randomized trial of rocking-chair motion on the effect of postoperative ileus duration in patients with cancer recovering from abdominal surgery. *Applied Nursing Research* **23**, 59–64.

42. Shima, J. S. (2001). Recruitment of a coral reef fish: Roles of settlement, habitat, and postsettlement losses. *Ecology* **82**, 2190–2199. Raw data courtesy of the author.

43. Adapted from Williams, G. Z., Widdowson, G. M., and Penton, J. (1978). Individual character of variation in time-series studies of healthy people. II. Differences in values for clinical chemical analytes in serum among demographic groups, by age and sex. *Clinical Chemistry* **24**, 313–320.

44. Fictitious but realistic data. See Abraham, S., Johnson, C. L., and Najjar, M. F. (1979). Weight and height of adults 18–74 years of age, United States 1971–74. *U.S. National Center for Health Statistics, Vital and Health Statistics*, Series 11, No. 211. Washington, D.C.: U.S. Department of Health, Education and Welfare.

45. Example communicated by D. A. Holt.

46. Petrie, B., and Segalowitz, S. J. (1980). Use of fetal heart rate, other perinatal and maternal factors as predictors of sex. *Perceptual and Motor Skills* **50**, 871–874. Copyright 1980 by Ammons Scientific, Ltd. Reproduced with permission of Ammons Scientific, Ltd. via Copyright Clearance Center.

47. Hagerman, A. E., and Nicholson, R. L. (1982). High-performance liquid chromatographic determination of hydroxycinnamic acids in the maize mesocotyl. *Journal of Agricultural and Food Chemistry* **30**, 1098–1102. Copyright 1982 American Chemical Society. Reprinted with permission.

48. Ressler, S. (1977) AnthroKids—Anthropometric data of children. Data are taken from the file individuals.csv at ovrt.nist.gov/projects/anthrokids/

49. Adapted from Williams, G. Z., Widdowson, G. M., and Penton, J. (1978). Individual character of variation in time-series studies of healthy people. II. Difference in values for clinical chemical analytes in serum among demographic groups, by age and sex. *Clinical Chemistry* **24**, 313–320. Reprinted by permission.

50. Hamill, P. V. V., Johnston, F. E., and Lemeshow, S. (1973). Height and weight of youths 12–17 years, United States. *U.S. National Center for Health Statistics, Vital and Health Statistics*, Series 11, No. 124. Washington, D.C.: U.S. Department of Health, Education and Welfare.

51. Phelan, S., and Schaffner, A. (2009). NIH grant proposal: Prevention of postpartum weight retention in low-income WIC women.

52. Roberts, J. (1975). Blood pressure of persons 18–74 years, United States, 1971–72. *U.S. National Center for Health Statistics, Vital and Health Statistics*, Series 11, No. 150. Washington, D.C.: U.S. Department of Health, Education and Welfare. However, the distribution of systolic blood pressure is more skewed (see Exercise 5.2.18).

53. Pearson, E. S., and Please, N. W. (1975). Relation between the shape of population distribution and the robustness of four simple test statistics. *Biometrika* **62**, 223–241.

54. Mena, E. A., Kossovsky, N., Chu, C., and Hu, C. (1995). Inflammatory intermediates produced by tissues encasing silicone breast implants. *Journal of Investigative Surgery* **8**, 31–42. [*Note*: There were two control groups in this study. The control group included in this analysis is "patients undergoing reverse augmentation mammaplasty" (the "scar" group discussed in the article). Also, the authors neglected to transform the data before conducting a *t* test. Thus, they got a large *P*-value, although they noted that the two groups looked quite different.]

55. Fictitious but realistic data. Based on unpublished data provided by Bill Plummer.

56. Fierer, N. (1994). Statistical analysis of soil respiration rates in a light gap and surrounding old-growth forest. Unpublished manuscript, Oberlin College.

57. Noether, G. E. (1967). *Elements of Nonparametric Statistics*. New York: Wiley.

58. It is sometimes stated that the validity of the Mann–Whitney test requires that the two population distributions have the same shape and differ only by a shift. This is not correct. The computations underlying Table 6 require only that the common population distribution (under the null hypothesis) be continuous. A further property, technically called *consistency* of the test, requires that the two distributions be *stochastically ordered*, which is the technical way of saying that one of the variables has a consistent tendency to be larger than the other. In fact, the title of Mann and Whitney's original paper is "On a test of whether one of two random variables is stochastically larger than the other" *(Annals of Mathematical Statistics* **18**, 1947). In Section 7.12 we discuss the requirement of stochastic ordering, calling it an "implicit assumption." (The confidence interval procedure mentioned at the end of Section 7.10 does require the stronger assumption that the distributions have the same shape.)

59. Zimmerman, D. W., and Zumbo, B. D. (1993). The relative power of parametric and nonparametric statistical methods in G. Keren and C. Lewis (Eds.), *A Handbook for Data Analysis in the Behavioral Sciences: Methodological Issues.* pp. 481–517. Hillsdale, N.J.: Lawrence Erlbaum Associates. The authors use simulations to show that the Wilcoxon-Mann-Whitney test is more powerful than the *t* test in the presence of outliers, but that in the absence of outliers, the *t* test is slightly preferable for a variety of population distributions.

60. Agosti, E., and Camerota, G. (1965). Some effects of hypnotic suggestion on respiratory function. *International Journal of Clinical and Experimental Hypnosis* **13**, 149–156.

61. Connolly, K. (1968). The social facilitation of preening behaviour in *Drosophila melanogaster. Animal Behaviour* **16**, 385–391.

62. Unpublished data courtesy of G. P. Carlson and M. A. Morse.

63. Lobstein, D. D. (1983). A multivariate study of exercise training effects on beta-endorphin and emotionality in psychologically normal, medically healthy men. Ph.D. thesis, Purdue University. Raw data courtesy of the author.

64. Erne, P., Bolli, P., Buergisser, E., and Buehler, F. R. (1984). Correlation of platelet calcium with blood pressure. *New England Journal of Medicine* **310**, 1084–1088. Reprinted by permission of the *New England Journal of Medicine.* Summary statistics calculated from raw data provided courtesy of F. R. Buehler.

65. Adapted from unpublished data provided by F. Delgado. The extremely high somatic cell counts probably represent cases of mastitis.

66. Pappas, T., and Mitchell, C. A. (1985). Effects of seismic stress on the vegetative growth of *Glycine max* (L.) Merr. cv. Wells II. *Plant, Cell and Environment* **8**, 143–148. Reprinted with permission of Blackwell Scientific Publications Limited. Raw data courtesy of the authors. The original experiment included more than two treatment groups.

67. Wee, K. (1995). Species diversity in floodplain forests. Unpublished manuscript, Oberlin College.

68. Cicirelli, M. F., Robinson, K. R., and Smith, L. D. (1983). Internal pH of *Xenopus* oocytes: A study of the mechanism and role of pH changes during meiotic maturation. *Developmental Biology* **100**, 133–146. Raw data courtesy of M. F. Cicirelli.

69. Manski, T. J., et al. (1997). Endolymphatic sac tumors: A source of morbid hearing loss in von Hippel-Lindau disease. *Journal of the American Medical Association* **277**, 1461–1466.

70. Unpublished data courtesy of J. A. Henricks and V. J. K. Liu.

71. Schall, J. J., Bennett, A. F., and Putnam, R. W. (1982). Lizards infected with malaria: Physiological and behavioral consequences. *Science* **217**, 1057–1059. Copyright 1982 by the AAAS. Raw data courtesy of J. J. Schall.

72. Unpublished data courtesy of M. B. Nichols and R. P. Maickel.

73. The neonatal inhaled nitric oxide study group (1997). Inhaled nitric oxide in full-term and nearly full-term infants with hypoxic respiratory failure. *New England Journal of Medicine* **336**, 597–604.

74. Gleason, P. P., et al. (1997). Medical outcomes and antimicrobial costs with the use of American Thoracic Society guidelines for outpatients with community-acquired pneumonia. *Journal of the American Medical Association* **278**, 32–39.

75. Hodapp, M. (1998). A Study of CDS Nutrition. Unpublished manuscript, Oberlin College.

76. Laurance, W. F., Perez-Salicrup, D., Delamonica, P., Fearside, P. M., D'Angelo, S., Jerozolinski, A., Pohl, L., and Lovejoy, T. E. (2001). Rain forest fragmentation and the structure of Amazonian liana communities. *Ecology* **82**, 105–116. The data presented were read by J. Witmer from Figure 2 in the paper and may not be completely accurate.

77. King, D. S., Sharp, R. L., Vukovich, M. D., Brown, G. A., Reifenrath, T. A., Uhl, N. L., and Parsons, K. A. Effect of oral androstenedione on serum testosterone and adaptations to resistance training in young men. *Journal of the American Medical Association* **281**, 2020–2028. Raw data courtesy of the authors. The response variable shown here is change in "maximum muscle strength," which is the greatest weight the subject could lift. There were several other measurements taken in the experiment; generally they showed the same results seen in the lat pulldown data. A primary purpose of the experiment was to study the effect of andro on testosterone level. The researchers found that andro had no effect on serum testosterone level.

78. Fleming, M. F., Barry, K. L., Manwell, L. B., Johnson, K., and London, R. (1997). Brief physician advice for problem alcohol drinkers. *Journal of the American Medical Association* **277**, 1039–1045.

79. Conner, E. M., Sperling, R. S., Gerber, R., Kisalev, P., Scott, G., O'Sullivan, M. J., Van Dyke, R., Bey, M., Shearer, W., Jacobsen, R. L., Jimenez, E., O'Neill, E., Bazin, B., Delfraissy, J.-F., Culname, M., Coombs, R., Elkins, M., More, J., Stratton, P., and Balsley, J. (1994). Reduction of maternal-infant transmission of Human Immunodeficiency Virus Type I with zidovudine treatment. *New England Journal of Medicine* **331**, 1173–1180. Some people feel that this study should not have been conducted as a randomized experiment, since there was reason to believe that AZT would be helpful in preventing the transfer of HIV to the babies and since HIV is such a serious disease.

80. Gattinoni, L., Tognoni, G., Pesenti, A., Taccone, P., Mascheroni, D., Labarta, V., Malacrida, R., Di Giulio, P., Fumagalli, R., Pelosi, P., Brazzi, L., and Latini, R. (2001). Effect of prone positioning on the survival of patients with acute respiratory failure. *New England Journal of Medicine* **345**, 568–573.

81. Petitti, D. B., Perlman, J. A., and Sidney, S. (1987). Noncontraceptive estrogens and mortality: Long-term follow-up of women in the Walnut Creek Study. *Obstetrics & Gynecology* **70**, 289–293.

第8章

1. Namdar, M., Koepfli, P., Grathwohl, R., Siegrist, P. T., Klainguti, M., Schepis, T., Delaloye, R., Wyss, C. A., Fleischmann, S. P., Gaemperli, O., and Kaufmann, P. A. (2006). Caffeine decreases exercise-induced myocardial flow reserve. *Journal of the American College of Cardiology* **47**, 405–410.

2. Sargent, P. A., Sharpley, A. L., Williams, C., Goodall, E. M., and Cowen, P. J. (1997). 5-HT_{2C} receptor activation decreases appetite and body weight in obese subjects. *Psychopharmacology* **133**, 309–312. Hunger ratings were recorded "on 10 cm visual analogue scales."

3. Unpublished data courtesy of R. Buchman. The data were collected in Oberlin, Ohio, during the spring of 2001.

4. Day, K. M., Patterson, F. L., Luetkemeier, O. W., Ohm, H. W., Polizotto, K., Roberts, J. J., Shaner, G. E., Huber, D. M., Finney, R. E., Foster, J. E., and Gallun, R. L. (1980). Performance and adaptation of small grains in Indiana. *Station Bulletin*, No. 290. West Lafayette, Ind.: Agricultural Experiment Station of Purdue University. Raw data provided courtesy of W. E. Nyquist. The actual trial included more than two varieties.

5. Unpublished data courtesy of C. H. Noller.

6. Cicirelli, M. F., and Smith, L. D. (1985). Cyclic AMP levels during the maturation of *Xeno pus* oocytes. *Developmental Biology* **108**, 254–258. Raw data courtesy of M. F. Cicirelli.

7. Judge, M. D., Aberle, E. D., Cross, H. R., and Schanbacher, B. D. (1984). Thermal shrinkage temperature of intramuscular collagen of bulls and steers. *Journal of Animal Science* **59**, 706–709. Raw data courtesy of the authors and E. W. Mills.

8. Swedo, S. E., Leonard, H. L., Rapoport, J. L., Lenane, M. C., Goldberger, E. L., and Cheslow, B. S. (1989). A double-blind comparison of clomipramine and desipramine in the treatment of trichotillomania (hair pulling). *New England Journal of Medicine* **321**, 497–501.

9. Unpublished data courtesy of A. Ladavac. The data were collected in Oberlin, Ohio, in November 1996.

10. In a study in which there is no natural pairing (for example, if identical twins are not available), one may wish to take two equal size groups and create pairs by using covariates such as age and weight. If an experiment is conducted in which members of a pair are randomly assigned to opposite treatment groups, then a paired data analysis has good properties. However, if an observational study is conducted (so that there is no random assignment within pairs), then a paired analysis, such as a paired t test, will tend to understate the true variability of the difference being studied and the true Type I error rate of a t test will be greater than the nominal level of the test. For discussion, see David, H. A., and Gunnink, J. L. (1997). The paired t test under artificial pairing. *The American Statistician* **51**, 9–12.

11. Schriewer, H., Guennewig, V., and Assmann, G. (1983). Effect of 10 weeks endurance training on the concentration of lipids and lipoproteins as well as on the composition of high-density lipoproteins in blood serum. *International Journal of Sports Medicine* **4**, 109–115. Reprinted with permission of Georg Thieme Verlag KG.

12. Data from experiments reported in several papers, for example, Fout, G. S., and Simon, E. H. (1983). Antiviral activities directed against wild-type and interferon-sensitive mengovirus. *Journal of General Virology* **64**, 1543–1555. Raw data courtesy of E. H. Simon. The unit of measurement is proportional to the number of plaques formed by the virus on a monolayer of mouse cells. Because they are

obtained by a serial dilution technique, the measurements have varying numbers of significant digits; the final zeroes of the three-digit numbers are not significant digits.

13. Adapted from Batchelor, J. R., and Hackett, M. (1970). HL-A matching in treatment of burned patients with skin allografts. *Lancet* **2**, 581–583.

14. Sallan, S. E., Cronin, C., Zelen, M., and Zinberg, N. E. (1980). Antiemetics in patients receiving chemotherapy for cancer. *New England Journal of Medicine* **302**, 135–138. Reprinted by permission.

15. Koh, K. K., Mincemoyer, R., Bui, M. N., Csako, G., Pucino, F., Guetta, V., Waclawiw, M., and Cannon, R. O. (1997). Effects of hormone replacement therapy on fibrinolysis in postmenopausal women. *New England Journal of Medicine* **336**, 683–690. Raw data courtesy of K. K. Koh.

16. Rosenzweig, M. R., Bennett, E. L., and Diamond, M. C. (1972). Brain changes in response to experience. *Scientific American* **226**, No. 2, 22–29. Also Bennett, E. L., Diamond, M. C., Krech, D., and Rosenzweig, M. R. (1964). Chemical and anatomical plasticity of brain. *Science* **146**, 610–619. Copyright 1964 by the American Association for the Advancement of Science.

17. Richens, A., and Ahmad, S. (1975). Controlled trial of valproate in severe epilepsy. *British Medical Journal* **4**, 255–256.

18. Wiedenmann, R. N., and Rabenold, K. N. (1987). The effects of social dominance between two subspecies of dark-eyed juncos, *Junco hyemalis*. *Animal Behavior* **35**, 856–864. Raw data courtesy of the authors.

19. Masty, J. (1983). Innervation of the equine small intestine. Master's thesis, Purdue University. Raw data courtesy of the author.

20. Golden, C. J., Graber, B., Blose, I., Berg, R., Coffman, J., and Block, S. (1981). Difference in brain densities between chronic alcoholic and normal control patients. *Science* **211**, 508–510. Raw data courtesy of C. J. Golden. Copyright 1981 by the AAAS.

21. Data from Namdar, M., et al. The experiment described in Example 8.1.1 was conducted under simulated high altitude, whereas the experiment described in Exercise 8.5.7 was conducted under conditions that mimic being at sea level.

22. Patel, C., Marmot, M. G., and Terry, D. J. (1981). Controlled trial of biofeedback-aided behavioural methods in reducing mild hypertension. *British Medical Journal* **282**, 2005–2008.

23. Forde, O. H., Knutsen, S. F., Arnesen, E., and Thelle, D. S. (1985). The Tromso heart study: Coffee consumption and serum lipid concentrations in men with hypercholesterolaemia: A randomised intervention study. *British Medical Journal* **290**, 893–895. (The sample sizes are unequal because the 25 no-coffee men actually represent three different treatment groups, which followed the same regimen for the first five weeks of the study and different regimens thereafter.)

24. Dalvit, S. P. (1981). The effect of the menstrual cycle on patterns of food intake. *American Journal of Clinical Nutrition* **34**, 1811–1815.

25. Unpublished data courtesy of D. J. Honor and W. A. Vestre.

26. Sesin, G. P. (1984). Pharmacokinetic dosing of Tobramycin sulfate. *American Pharmacy NS24*, 778. Vakoutis, J., Stein, G. E., Miller, P. B., and Clayman, A. E. (1981). Aminoglycoside monitoring program. *American Journal of Hospital Pharmacy* **38**, 1477–1480. Copyright 1981, American Society of Hospital Pharmacists, Inc. All rights reserved. Reprinted with permission.

27. Jovan, S. (2000). Catnip bonanza. *Stats*, No. 27, 25–27.

28. Dale, E. M., and Housley, T. L. (1986). Sucrose synthase activity in developing wheat endosperms differing in maximum weight. *Plant Physiology* **82**, 7–10. Raw data courtesy of the authors.

29. Unpublished data courtesy of M. Heithaus and D. Rogers. The samples were taken from the Vermilion River in northern Ohio during the spring of 1995.

30. Salib, N. M. (1985). The effect of caffeine on the respiratory exchange ratio of separate submaximal arms and legs exercise of middle distance runners. Master's thesis, Purdue University.

31. Adapted from Bodian, D. (1947). Nucleic acid in nerve-cell regeneration. *Symposia of the Society for Experimental Biology*, No. 1, *Nucleic Acid*, 163–178. Used with permission from The Society for Experimental Biology.

32. Knowlen, G. G., Kittleson, M. D., Nachreiner, R. F., and Eyster, G. E. (1983). Comparison of plasma aldosterone concentration among clinical status groups of dogs with chronic heart failure. *Journal of the American Veterinary Medical Association* **183**, 991–996.

33. Robinson, L. R. (1985). The effects of electrical fields on wound healing in *Notophthalmus viridescens*. Master's thesis, Purdue University. Raw data courtesy of the author and J. W. Vanable, Jr.

34. Agosti, E., and Camerota, G. (1965). Some effects of hypnotic suggestion on respiratory function. *International Journal of Clinical and Experimental Hypnosis* **13**, 149–156. The experiment actually included a third phase.

35. Koh, K. K., Mincemoyer, R., Bui, M. N., Csako, G., Pucino, F., Guetta, V., Waclawiw, M., and Cannon, R. O. (1997). Effects of hormone replacement therapy on fibrinolysis in postmenopausal women. *New England Journal of Medicine* **336**, 683–690. Raw data courtesy of K. K. Koh.

36. Savin, V. J., Sharma, R., Sharma, M., McCarthy, E. T., Swan, S. K., Ellis, E., Lovell, H., Warady, B., Gunwar, S., Chonko, A. M., Artero, M., and Vincenti, F. (1996). Circulating factor associated with increased glomerular permeability to albumin in recurrent focal segmental glomerulosclerosis. *New England Journal of Medicine* **334**, 878–883. Raw data cour-

tesy of V. J. Savin.

第9章

1. White, A. S., Godard, R. D., Belling, C, Kasza, V., and Beach, R. L. (2010). Beverages obtained from soda fountain machines in the U.S. contain microorganisms, including coliform bacteria. *International Journal of Food Microbiology* **137**, 61–66.

2. From the National Survey of Family Growth (2002). U.S. Dept. of Health and Human Services, *Vital and Health Statistics*, Series 23, No. 25. Data are taken from Table 75.

3. Agresti, A., and Coull, B. A. (1998). Approximate is better than "exact" for interval estimation of binomial proportions. *The American Statistician* **52**, 119–126. The authors show that 95% confidence intervals based on $\tilde{p}$ are superior to other commonly used confidence intervals. They also note that if one uses $\tilde{p}$, then it is not necessary to construct tables or rules for how large the sample size needs to be in order for the confidence interval to have good coverage properties.

4. Couch, F. J., et al. (1997). *BRCA1* mutations in women attending clinics that evaluate the risk of breast cancer. *New England Journal of Medicine* **336**, 1409–1415.

5. Ware, J. H. (1989). Investigating therapies of potentially great benefit: ECMO. *Statistical Science* **4**, 298–306. The ECMO data are discussed in greater detail in Section 10.4.

6. Oldfield, R. C. (1971). The assessment and analysis of handedness: The Edinburgh inventory. *Neuropsychologia* **9**, 97–113.

7. Adapted from McCloskey, R. V., Goren, R., Bissett, D., Bentley, J., and Tutlane, V. (1982). Cefotaxime in the treatment of infections of the skin and skin structure. *Reviews of Infectious Diseases* **4**, Supp., S444–S447.

8. Adapted from Petras, M. L. (1967). Studies of natural populations of *Mus*. III. Coat color polymorphisms. *Canadian Journal of Genetic Cytology* **9**, 287–296.

9. Miller, C. L., Pollock, T. M., and Clewer, A. D. F. (1974). Whooping-cough vaccination: An assessment. *The Lancet* **ii**, 510–513.

10. Erskine, A. G., and Socha, W. W. (1978). *The Principles and Practices of Blood Grouping.* St. Louis: Mosby, p. 209.

11. Curtis, H. (1983). *Biology*, 4th ed. New York: Worth, p. 908.

12. Mourant, A. E., Kopec, A. C., and Domaniewska-Sobczak, K. (1976). *The Distribution of Human Blood Groups and Other Polymorphisms*, 2nd ed. London: Oxford University Press, p. 44.

13. Based on an experiment described in Oellerman, C. M., Patterson, F. L., and Gallun, R. L. (1983). Inheritance of resistance in "Luso" wheat to Hessian fly. *Crop Science* **23**, 221–224.

14. Cogswell, M. E., Looker, A. C., Pfeiffer, C. M., Cook, J. D., Lacher, D. A., Beard, J. L., Lynch, S. R., and Grummer-Strawn, L. M. (2009). Assessment of iron deficiency in US preschool children and nonpregnant females of childbearing age: National Health and Nutrition Examination Survey 2003–2006. *American Journal of Clinical Nutrition* **89**, 1334–1342.

15. Hayes, D. L., et al. (1997). Interference with cardiac pacemakers by cellular telephones. *New England Journal of Medicine* **336**, 1473–1479. The data cited are for CDMA telephones. Although interference was recorded in 15.7% of the tests, a much smaller percentage of the tests caused symptoms that were clinically significant.

16. Duggan, D. J., Gorospe, J. R., Fanin, M., Hoffman, E. P., and Angelini, C. (1997). Mutations in the sarcoglycan genes in patients with myopathy. *New England Journal of Medicine* **336**, 618–624.

17. Rabenold, K. R., and Rabenold, P. P. (1985). Variation in altitudinal migration, winter segregation, and site tenacity in two subspecies of dark-eyed juncos in the Southern Appalachians. *The Auk* **102**, 805–819.

18. Fictitious but realistic data based on a personal communication with F. Villablanca.

19. Saeidi, G., and Rowland, G. G. (1997) The inheritance of variegated seed color and palmitic acid in flax. *Journal of Heredity* **88**, 466–468.

20. Phillips, D. P., and Smith, D. G. (1990). Postponement of death until symbolically meaningful occasions. *Journal of the American Medical Association* **263**, 1947–1951. For comparison purposes, the authors also examined deaths among elderly Jewish women during the same time period; they did not find any excess of deaths after the festival for this comparison group.

21. Sinnott, E. W., and Durham, G. B. (1922). Inheritance in the summer squash. *Journal of Heredity* **13**, 177–186.

22. Adapted from Gould, J. L. (1985). How bees remember flower shapes. *Science* **227**, 1492–1494. Figure copyright 1985 by the American Association for the Advancement of Science; used by permission.

23. Adapted from 1983 birth data for West Lafayette, Indiana.

24. Bateson, W., and Saunders, E. R. (1902). *Reports to the Evolution Committee of the Royal Society* **1**, 1–160. Feather color and comb shape are controlled independently; white feather is dominant and small comb is dominant. The parents in the experiment were first-generation hybrids (F_1) and thus were necessarily double heterozygotes.

25. This is a realistic value. See Exercise 3.6.6.

26. Jakkula, L. R., Knault, D. A., and Gorbet, D. W.

(1997). Inheritance of a shriveled seed trait in peanut. *Journal of Heredity* **88**, 47–51. The data are taken from Table 5 of the paper.

27. Adapted from Mantel, N., Bohidar, N. R., and Ciminera, J. L. (1977). Mantel-Haenszel analyses of litter-matched time-to-response data, with modifications for recovery of inter-litter information. *Cancer Research* **37**, 3863–3868. (A more powerful analysis, which uses the partially informative triplets, is described in the paper.)

28. Adapted from Jacobs, G. H. (1978). Spectral sensitivity and colour vision in the ground-dwelling sciurids: Results from golden mantled ground squirrels and comparisons for five species. *Animal Behaviour* **26**, 409–421. See also Jacobs, G. H. (1981). *Comparative Color Vision*, Academic Press.

29. Petrij, F., van Veen, K., Mettler, M., and Bruckmann, V. (2001). A second acromelanistic allelomorph at the albino locus of the Mongolian gerbil (*Meriones unguiculatus*). *Journal of Heredity* **92**, 74–78. The gerbils we call "brown" are referred to as "Siamese" by the authors.

30. Kaitz, M. (1992). Recognition of familiar individuals by touch. *Physiology and Behavior* **52**, 565–567.

31. Fawole, I. (2001). Genetic analysis of mutations at loci controlling leaf form in cowpea (*Vigna unguiculata* [L.] Walp). *Journal of Heredity* **92**, 43–50. These data come from the 1993a generation listed in Table 8 of the article. The types we call I, II, and III are identified by the authors as trifoliolate, trifoliolate orbicular, and unifoliolate orbicular.

32. Baur, E., Fischer, E., and Lenz, F. (1931). *Human Heredity*, 3rd ed. New York: Macmillan, p. 52.

33. This is typical for U.S. populations. See, for example, Maccready, R. A., and Mannin, M. C. (1951). A typing study of one hundred and fifty thousand bloods. *Journal of Laboratory and Clinical Medicine* **37**, 634–636.

34. Fictitious but realistic situation. See Krebs, C. J. (1972). *Ecology: The Experimental Analysis of Distribution and Abundance.* New York: Harper and Row.

35. Cheatum, F. L., and Severinghaus, C. W. (1950). Variations in fertility of white-tailed deer related to range conditions. *Transactions of the North American Wildlife Conference* **15**, 170–189.

36. Ziegler, E. E., Nelson, S. E., and Jeter, J. M. (2009). Iron supplementation of breastfed infants from an early age. *American Journal of Clinical Nutrition* **89**, 525–532.

37. Fischer, C., and Fischer, U. (1997). Analysis of cork taint in wine and cork material at olfactory subthreshold levels by solid phase microextraction. *Journal of Agricultural and Food Chemistry* **45**, 1995–1997.

38. Freeland, W. J. (1981). Parasitism and behavioral dominance among male mice. *Science* **213**, 461–462. Copyright 1981 by the AAAS.

39. Collins, R. L. (1970). The sound of one paw clapping: An inquiry into the origin of left-handedness. In Lindzey, G., and Thiessen, D. D. (eds.). *Contributions to Behavior-Genetic Analysis: The Mouse as Prototype*. Appleton-Century-Crofts.

40. Fawole, I. op cit. These data are from Table 3 of the paper.

41. Floersheim, G. L., Weber, O., Tschumi, P., and Ulbrich, M. (1983). Research cited in *Scientific American* **248** (April 1983), No. 4, p. 75.

42. Fuchs, J. A., Smith, J. D., and Bird, L. S. (1972). Genetic basis for an 11:5 dihybrid ratio observed in *Gossypium hirsutum. Journal of Heredity* **63**, 300–303. The genetic basis for the 13:3 and 11:5 ratios is explained in Strickberger, M. W. (1976). *Genetics*, 2nd ed. New York: Macmillan, pp. 206–208.

43. Adapted from Goodyear, C. P. (1970). Terrestrial and aquatic orientation in the starhead top-minnow, *Fundulus noti. Science* **168**, 603–605. Copyright 1970 by the AAAS.

44. See Batschelet, E. (1981). *Circular Statistics in Biology.* Academic Press.

45. Unpublished data courtesy J. L. Wolfson, collected at Bard College in 1997.

46. Paris, H. S. (1997). Genes for developmental fruit coloration of acorn squash. *Journal of Heredity* **88**, 52–56. The experiment included crossing Table Queen squash (TQE) with Vegetable Spaghetti (VSP). The data presented in the exercise are from a back-cross of VSP with a TQE × VSP cross.

47. Chen, P., Ma, G., Buss, G. R., Gunduz, I., Roane, C. W., and Tolin, S. A. (2001). Inheritance and alleism tests of Raiden soybean for resistance to soybean mosaic virus. *Journal of Heredity* **92**, 51–55. The "resistant" classification includes both resistant and systemic necrotic plants.

48. Lamb, M. L., Fishbein, M., Douglas, J. M., Rhodes, F., Rogers, J., Bolan, G., Zenilman, J., Hoxworth, T., Malotte, K., Iatesta, M., Kent, C., Lentz, A., Graziano, S., Byers, R. H., and Peterman, T. A. (1998). Efficacy of risk-reduction counseling to prevent human immunodeficieny virus and sexually transmitted diseases. *Journal of the American Medical Association* **280**, 1161–1167.

第10章

1. Guyuron, B., Reed, D., Kriegler, J., Davis, J., Pashmini, N., and Amini, S. (2009). A placebo-controlled surgical trial of the treatment of migraine headaches. *Plastic and Reconstructive Surgery* **124**, 461–468.

2. Unpublished data courtesy of D. Wallace, collected at Oberlin College in the fall of 1995.

3. Brodie, E. D., Jr., and Brodie, E. D. III. (1980). Differential avoidance of mimetic salamanders by free-ranging birds. *Science* **208**,181–182. Copyright 1980 by the AAAS.

4. Karban, R., Adamchak, R., and Schnathorst, W. C.

(1987). Induced resistance and interspecific competition between spider mites and a vascular wilt fungus. *Science* **235**, 678–680. Copyright 1987 by the AAAS.

5. Inskip, P. D., Targone, R. E., Hatch, E. E., Wilcosky, T. C., Shapiro, W. R., Selker, R. G., Fine, H. A., Black, P. M., Loeffler, J. S., and Linet, M. S. (2001). Cellular-telephone use and brain tumors. *New England Journal of Medicine* **344**, 79–86. The data are taken from Table 4 of the paper.

6. Turnbull, D. M., Rawlins, M. D., Weightman, D., and Chadwick, D. W. (1982). A comparison of phenytoin and valproate in previously untreated adult epileptic patients. *Journal of Neurology, Neurosurgery, and Psychiatry* **45**, 55–59.

7. Unpublished data courtesy of W. Singleton and K. Hendrix.

8. Mizutani, T., and Mitsuoka, T. (1979). Effect of intestinal bacteria on incidence of liver tumors in gnotobiotic C3H/He male mice. *Journal of the National Cancer Institute* **63**, 1365–1370.

9. Selawry, O. S. (1974). The role of chemotherapy in the treatment of lung cancer. *Seminars in Oncology* **1**, 259–272.

10. Kannus, P., Parkkari, J., Niemi, S., Pasanen, M., Palvanen, M, Jarvinen, M., and Vuori, I. (2000). Prevention of hip fracture in elderly people with use of a hip protector. *New England Journal of Medicine* **343**, 1506–1513.

11. Cohen, S., Doyle, W. J., Skoner, D. P., Rabin, B. S., and Gwaltney, J. M. (1997). Social ties and susceptibility to the common cold. *Journal of the American Medical Association* **277**, 1940–1944.

12. Sherman, D. G., Atkinson, R. P., Chippendale, T., Levin, K. A., Ng, K., Futrell, N., Hsu, C. Y., and Levy, D. E. (2000). Intravenous ancrod for treatment of acute ischemic stroke. *Journal of the American Statistical Association* **283**, 2395–2403.

13. Gueguen, N. (2009). The receptivity of women to courtship solicitation across the menstrual cycle: A field experiment. *Biological Psychology* **80**, 321–324.

14. Adapted from Ammon, O. (1899). *Zur Anthropologie der Badener.* Jena: G. Fischer. Ammon's data appear in Goodman, L. A., and Kruskal, W. H. (1954). Measures of association for cross classifications. *Journal of the American Statistical Association* **49**, 732–764. Light hair was blonde or red; dark hair was brown or black. Light eyes were blue, grey, or green; dark eyes were brown.

15. Cruz-Coke, R. (1970). *Color Blindness; An Evolutionary Approach.* Springfield, Ill.: Thomas.

16. Bill-Alexson, A., et al. for the Scandinavian Prostate Cancer Study Group No. 4 (2005). Radical prostatectomy versus watchful waiting in early prostate cancer. *New England Journal of Medicine* **352**, 1977–1984.

17. Adapted from Porac, C., and Coren, S. (1981). *Lateral Preferences and Human Behavior.* New York: Springer-Verlag. The frequencies given are approximate, having been deduced from percentages on pages 36 and 45. People with neutral preference were counted as Left.

18. Upton, G., and Fingleton, B. (1985). *Spatial Data Analysis by Example: Point Pattern and Quantitative Data*, Vol. 1. New York: Wiley, p. 230. Adapted from Diggle, P. J. (1979). Statistical methods for spatial point patterns in ecology, pp. 95–150 in *Spatial and Temporal Analysis in Ecology*, R. M. Cormack and J. K. Ord (eds.). Fairland, Md.: International Cooperative Publishing House.

19. Based on an article by the Writing Group for Bypass Angioplasty Revascularization Investigation (BARI) Investigators (1997). See five-year clinical and functional outcome comparing bypass surgery and angioplasty in patients with multivessel coronary disease. *Journal of the American Medical Association* **277**, 715–721.

20. These data are fictitious, but the proportions of left-handed males and females are realistic and the independence of the twins is in agreement with published data. See Porac, C., and Coren, S. (1981). *Lateral Preferences and Human Behavior.* New York: Springer-Verlag, p. 36; and Morgan, M. C., and Corballis, M. J. (1978). On the biological basis of human laterality: I. Evidence for a maturational left-right gradient. *The Behavioral and Brain Sciences* **2**, p. 274.

21. Ware, J. H. (1989). Investigating therapies of potentially great benefit: ECMO. *Statistical Science* **4**, 298–306. There is controversy surrounding this experiment. An earlier experiment using a nonstandard randomization scheme had shown ECMO to be highly effective. Thus, some statisticians question whether this second experiment was necessary. For a discussion of these issues see the articles on pages 306–340 that follow the Ware article in *Statistical Science* **4**.

22. Remus, J. K., and Zahren, L. (1995). An investigation of the influenza virus at Oberlin College. Unpublished manuscript, Oberlin College. This study actually involved more students than are reported here. For simplicity, we restrict attention to the 41 students who had at least two colds during the 1994–1995 school year.

23. Hurt, R. D., Sachs, D. P. L., Glover, E. D., Offord, K. P., Johnston, J. A., Dale, L. C., Khayrallah, M. A., Schroeder, D. R., Glover, P. N., Sullivan, C. R., Croghan, I. T., and Sullivan, P. M. (1997). A comparison of sustained-release bupropion and placebo for smoking cessation. *New England Journal of Medicine* **337**, 1195–1202.

24. Unpublished data courtesy of B. Rogers, collected at the Oberlin College Conservatory of Music in the spring of 1991.

25. Souttou, B., Juhl, H., Hackenbruck, J., Rockseisen, M., Klomp, H.-J., Raulais, D., Vigny, M., and Wellstein, A. (1998). Relationship between serum concentrations of the growth factor pleiotrophin and pleiotrophin-positive tumors. *Journal of the*

National Cancer Institute **90**, 1468–1473.

26. Bent, S., Kane, C., Katsuto, S., Neuhaus, J., Hudes, E. S., Goldberg, H., and Avins, A. L. (2006). Saw palmetto for benign prostatic hyperplasia. *New England Journal of Medicine* **354**, 557–566.

27. Hogarty, G. E., Kornblith, S. J., Greenwald, D., DiBarry, A. L., Cooley, S., Ulrich, R. F., Carter, M., and Flesher, S. (1997). Three-year trials of personal therapy among schizophrenic patients with or independent of family, I: Description of study and effects on relapse rates. *American Journal of Psychiatry* **154**, 1504–1513.

28. Dreitz, V. J. (2009). Parental behavior of a precocial species: Implications for juvenile survival. *Journal of Applied Ecology* **46**, 870–878.

29. Adapted from Ammon, O. (1899). *Zur Anthropologie der Badener.* Jena: G. Fischer. Ammon's data appear in Goodman, L. A., and Kruskal, W. H. (1954). Measures of association for cross classifications. *Journal of the American Statistical Association* **49**, 732–764.

30. Clegg, D. O., et al. (2006). Glucosamine, chondroitin sulfate, and the two in combination for painful knee osteoarthritis. *New England Journal of Medicine* **354**, 795–808.

31. Inglesfield, C., and Begon, M. (1981). Open-ground individuals and population structure in *Drosophila subobscura* Collin. *Biological Journal of the Linnean Society* **15**, 259–278.

32. Aird, I., Bentall, H. H., Mehigan, J. A., and Roberts, J. A. F. (1954). The blood groups in relation to peptic ulceration and carcinoma of colon, rectum, breast, and bronchus: An association between the ABO blood groups and peptic ulceration. *British Medical Journal* **ii**, 315–321.

33. Govind, C. K., and Pearce, J. (1986). Differential reflex activity determines claw and closer muscle asymmetry in developing lobsters. *Science* **233**, 354–356. Copyright 1986 by the AAAS.

34. LeBars, P. L., Katz, M. M., Berman, N., Itil, T. M., Freedman, A. M., and Schatzberg, A. F. (1997). A placebo-controlled, double-blind, randomized trial of an extract of Gingko biloba for dementia. *Journal of the American Medical Association* **278**, 1327–1332.

35. Unpublished data courtesy of L. Solimine.

36. Hudson, J. I., McElroy, S. L., Raymond, N. C., Crow, S., Keck, P. E., Carter, W. P., Mitchell, J. E., Strakowski, S. M., Pope, H. G., Coleman, B. S., and Jonas, J. M. (1998). Fluvoxamine in the treatment of binge-eating disorder: A multicenter placebo-controlled, double-blind trial. *American Journal of Psychiatry* **155**, 1756–1762. The response variable has ordered categories, so there are more powerful methods, beyond the scope of this text, that can be used to analyze the data.

37. Boden, W. E., O'Rourke, R. A., Teo, K. K., Hartigan, P. M., Maron, D. J., Kostuk, W. J., et al. COURAGE Trial Research Group. (2007). Optimal medical therapy with or without PCI for stable coronary disease. *New England Journal of Medicine* **356**, 1503–1516.

38. Wolfson, J. L. (1987). Impact of *Rhizobium* nodules on *Sitona hispidulus*, the clover root curculio. *Entomologia Experimentalis et Applicata* **43**, 237–243. Data courtesy of the author. The experiment actually included 11 dishes.

39. Adapted from Paige, K. N., and Whitham, T. G. (1985). Individual and population shifts in flower color by scarlet gilia: A mechanism for pollinator tracking. *Science* **227**, 315–317. The raw data given are fictitious but have been constructed to agree with the summary statistics given by Paige and Whitham.

40. Brusco, N. K., Shields, N., Taylor, N. F., and Paratz, J. (2007). A Saturday physiotherapy service may decrease length of stay in patients undergoing rehabilitation in hospital: A randomised controlled trial. *Australian Journal of Physiotherapy* **53**, 75–81.

41. Beck, S. L., and Gavin, D. L. (1976). Susceptibility of mice to audiogenic seizures is increased by handling their dams during gestation. *Science* **193**, 427–428. Copyright 1976 by the AAAS.

42. Pittet, P. G., Acheson, K. J., Wuersch, P., Maeder, E., and Jequier, E. (1981). Effects of an oral load of partially hydrolyzed wheatflour on blood parameters and substrate utilization in man. *The American Journal of Clinical Nutrition* **34**, 2438–2445.

43. Agresti, A., and Caffo, B. (2000). Simple and effective confidence intervals for proportions and differences of proportions result from adding two successes and two failures. *The American Statistician* **54**, 280–288. Agresti and Caffo conduct a series of simulations which show that adding 1 to each cell results in good coverage properties when the sample sizes, n_1 and n_2, are as small as 10. Unpublished calculations done by J. Witmer show that these good properties are also obtained when n_1 and n_2 are as small as 5, provided p_1 and p_2 are not both close to 0 or both close to 1, in which case the interval becomes quite conservative (i.e., the coverage rate approaches 100% for a nominal 95% confidence interval).

44. Agresti, A. Personal communication.

45. Lyles, K. W., et al. for the HORIZON Recurrent Fracture Trial (2007). Zolendronic acid and clinical hip fractures and mortality after hip fracture. *New England Journal of Medicine* **357**, 1799–1809.

46. Saunders, M. C., Dick, J. S., Brown, I. M., McPherson, K., and Chalmers, I. (1985). The effects of hospital admission for bed rest on the duration of twin pregnancy: A randomised trial. *The Lancet* **ii**, 793–795.

47. Lader, M., and Scotto, J.-C. (1998). A multicentre double-blind comparison of hydroxyzine, buspirone and placebo in patients with generalized anxiety disorder. *Psychopharmacology* **139**, 402–406. Improvement is taken to be a 50% or greater reduction in Hamilton Anxiety (HAM-A) score. There was a third treatment group in this study, which we are ignoring here.

48. Nesheim, S. R., Shaffer, N., Vink, P., Thea, D. M., Palumbo, P., Greenberg, B., Weedon, J., and Simmons, R. J. (1996). Lack of increased risk for perinatal human immunodeficiency virus transmission to subsequent children born to infected women. *Pediatric Infectious Disease Journal* **15**, 886–890.

49. Collaborative Group for the Study of Stroke in Young Women (1973). Oral contraception and increased risk of cerebral ischemia or thrombosis. *New England Journal of Medicine* **288**, 871–878. Reprinted by permission.

50. Johnson, S. K., and Johnson, R. E. (1972). Tonsillectomy history in Hodgkin's disease. *New England Journal of Medicine* **287**, 1122–1125.

51. Rillich, J., Buhl, E., Schildberger, K., and Stevenson, P. A. (2009). Female crickets are driven to fight by the male courting and calling songs. *Animal Behavior* **77**, 737–742.

52. Sidney, S., Tekawa, I. S., and Friedman, G. D. (1993). A prospective study of cigarette tar yield and lung cancer. *Cancer Causes and Control* **4**, 3–10.

53. The steering committee of the Physicians' Health Study Research Group. (1988). Preliminary report: Findings from the aspirin component of the ongoing physicians' health study. *New England Journal of Medicine* **318**, 262–264.

54. Witsberger, T. H., Villamil, J. A., Schultz, L. G., Hahn, A. W., and Cook, J. L. (2008). Prevalence of and risk factors for hip dysplasia and cranial cruciate ligament deficiency in dogs. *Journal of the American Veterinary Medical Association* **232**, 1818–1824.

55. Zwerling, C., Whitten, P. S., Davis, C. S., and Sprince, N. L. (1997). Occupational injuries among workers with disabilities. *Journal of the American Medical Association* **278**, 2163–2166. In this study an injury means an occupational injury in the year preceding when the person was interviewed.

56. Kernan, W. N., Viscoli, C. M., Brass, L. M., Broderick, J. P., Brott, T., Feldmann, E., Morgenstern, L. B., Wilterdink, J. L., and Horwitz, R. I. (2000). Phenypropanolamine and the risk of hemorrhagic stroke. *New England Journal of Medicine* **343**, 1826–1832.

57. Cohen, M., Demers, C., Gurfinkel, E. P., Turpie, A. G. G., Fromell, G. J., Goodman, S., Langer, A., Califf, R. M., Fox, K. A. A., Premmereur, J., and Bigonzi, F. (1997). A comparison of low-molecular-weight heparin with unfractioned heparin for unstable coronary artery disease. *New England Journal of Medicine* **337**, 447–452. A negative outcome here is taken to be death, myocardial infarction, or recurrent angina during the first 14 days after treatment.

58. Howard, B. V., et al. (2006). Low-fat dietary pattern and risk of cardiovascular disease. *Journal of the American Medical Association* **295**, 655–666.

59. Conover, D. O., and Kynard, B. E. (1981). Environmental sex determination: Interaction of temperature and genotype in a fish. *Science* **213**, 577–579. Copyright 1981 by the AAAS.

60. Carson, J. L., Collier, A. M., and Hu, S. S. (1985). Acquired ciliary defects in nasal epithelium of children with acute viral upper respiratory infections. *New England Journal of Medicine* **312**, 463–468. Reprinted by permission.

61. Larson, E. B., Roach, R. C., Schoene, R. B., and Hombein, T. F. (1982). Acute mountain sickness and acetazolamide. *Journal of the American Medical Association* **248**, 328–332. Copyright 1982 American Medical Association.

62. Kluger, M. J., Ringler, D. H., and Anver, M. R. (1975). Fever and survival. *Science* **188**, 166–168. Copyright 1975 by the AAAS. The original article contains a misprint, but Dr. Kluger has kindly provided the correct mortality at 40 °C.

63. Ragaz, J., Jackson, S. M., Le, N., Plenderleith, I. H., Spinelli, J. J., Basco, V. E., Wilson, K. S., Knowling, M. A., Coppin, C. M. L., Paradis, M., Coldman, A. J., and Olivotto, I. A. (1997). Adjuvant radiotherapy and chemotherapy in node-positive premenopausal women with breast cancer. *New England Journal of Medicine* **337**, 956–962.

64. Englund, J. A., Baker, C. J., Raskino, C., McKinney, R. E., Petrie, B., Fowler, M. G., Pearson, D., Gershon, A., McSherry, G. D., Abrams, E. J., Schliozberg, J., and Sullivan, J. L. (1997). Zidovudine, didanosine, or both as the initial treatment for symptomatic HIV-infected children. *New England Journal of Medicine* **336**, 1704–1712. The data presented here are for an interim analysis that was conducted approximately two years into the study. As a result of the interim analysis of death rates and of rates of disease progression, the use of zidovudine alone was stopped before the end of the trial.

65. Gupta, M., and Chordhuri, A. N. R. (1980). Relationship between ABO blood groups and malaria. *Bulletin of the World Health Organization* **58**, 913–915.

66. Shorrocks, B., and Nigro, L. (1981). Microdistribution and habitat selection in *Drosophila subobscura* collin. *Biological Journal of the Linnean Society* **16**, 293–301.

67. Malacrida, R., Genoni, M., Maggioni, A. P., Spatato, V., Parish, S., Palmer, A., Collins, R., and Moccetti, T. (1998). A comparison of the early outcome of acute myocardial infarction in women and men. *New England Journal of Medicine* **338**, 8–14. Although the odds ratio for these data shows that men are more likely to survive than are women, the authors discuss the effect that age has on this finding. They calculate a new odds ratio after adjusting for age and other covariates (using methods that are beyond the scope of this text) and conclude that much of the difference in survival probability is due to these covariates.

68. Mochizuki, M., Marno, T., Masuko, K., and Ohtsu, T. (1984). Effects of smoking on fetoplacental-maternal system during pregnancy. *American Journal of Obstetrics and Gynecology* **149**, 413–420.

69. Redelmeier, D. A., and Tibshirani, R. J. (1997). Association between cellular-telephone calls and motor vehicle collisions. *New England Journal of Medicine* **336**, 453–458. Also see Redelmeier, D. A., and Tibshirani, R. J. (1997). Is using a car phone like driving drunk? *Chance* **10**, No. 2, 5–9.

70. Monto, A. S., Ohmit, S. E., Petrie, J. G., Johnson, E., Truscon, R., Teich, E., Rotthoff, J., Boulton, M., and Victor, J. (2009). Comparative efficacy of inactivated and live attenuated influenza vaccines. *New England Journal of Medicine* **361**, 1260–1267.

第11章

1. Martinez, J. (1998). Organic practices for the cultivation of sweet corn. Unpublished manuscript, Oberlin College. For pedagogical purposes, the data presented here are a random sample from a larger study. The nematode used was *Steinernema carpocapsae*, the bacterium was *Bacillus thuringiensis*, and the wasp was *Trichogramma pretiosum*.

2. Shields, D. R. (1981). The influence of niacin supplementation on growing ruminants and *in vivo* and *in vitro* rumen parameters. Ph.D. thesis, Purdue University. Adapted from raw data provided courtesy of the author and D. K. Colby.

3. Adapted from Potkin, S. G., Cannon, H. E., Murphy, D. L., and Wyatt, R. J. (1978). Are paranoid schizophrenics biologically different from other schizophrenics? *New England Journal of Medicine*, **298**, 61–66. Reprinted by permission. The calculations are based on the data in Example 1.1.4 in this book, which are an approximate reconstruction from the histograms and summary information given by Potkin et al.

4. Adapted from Keller, S. E., Weiss, J. M., Schleifer, S. J., Miller, N. E., and Stein, M. (1981). Suppression of immunity by stress: Effect of a graded series of stressors on lymphocyte stimulation in the rat. *Science* **213**, 1397–1400. Copyright 1981 by the AAAS. The SDs and SSs were estimated from the SEs given by Keller et al.

5. Lobstein, D. D. (1983). A multivariate study of exercise training effects on beta-endorphin and emotionality in psychologically normal, medically healthy men. Ph.D. thesis, Purdue University. Raw data courtesy of the author.

6. Hayden, F. G., Osterhaus, A. D., Treanor, J. J., Fleming, D. M., Aoki, F. Y., Nicholson, K. G., Bohnen, A. M., Hirst, H. M., Keene, O., and Wightman, K. (1997). Efficacy and safety of the neuraminidase inhibitor zanamivir in the treatment of influenzavirus infections. *New England Journal of Medicine* **337**, 874–880. The sums of squares have been calculated from the means and SDs given in the paper.

7. Person, A. (1999). Daffodil stem lengths. Unpublished manuscript, Oberlin College. The full data set is somewhat larger than that presented here.

8. Kotler, D. (2000). A comparison of aerobics and modern dance training on health-related fitness in college women. Unpublished manuscript, Oberlin College.

9. Unpublished data courtesy of H. W. Ohm.

10. Cameron, E., and Pauling, L. (1978). Supplemental ascorbate in the supportive treatment of cancer: Re-evaluation of prolongation of survival times in terminal human cancer. *Proceedings of the National Academy of Science USA* **75**, 4538–4542.

11. Neumann, A., Richards, A. -L., and Randa, J. (2001). Effects of acid rain on alfalfa plants. Unpublished manuscript, Oberlin College. The low acid group was given three drops of 1.5 M HCL as well as two droppers full of water each day. For the high acid group 3.0 M HCL was used. The control group was only given water. The original data have been modified slightly for pedagogical purposes.

12. This is the design described in the following papers. Rosenzweig, M. R., Bennett, E. L., and Diamond, M. C. (1972). Brain changes in response to experience. *Scientific American* **226**, No. 2, 22–29. Bennett, E. L., Diamond, M. C., Krech, D., and Rosenzweig, M. R. (1964). Chemical and anatomical plasticity of brain. *Science* **146**, 610–619.

13. Based on an experiment by Resh, W., and Stoughton, R. B. (1976). Topically applied antibiotics in acne vulgaris. *Archives of Dermatology* **112**, 182–184.

14. Swearingen, M. L., and Holt, D. A. (1976). Using a "blank" trial as a teaching tool. *Journal of Agronomic Education* **5**, 3–8. Reprinted by permission of the American Society of Agronomy, Inc via Copyright Clearance Center. In fact, in order to demonstrate the variability of plot yields, the experimenters planted the *same* variety of barley in all 16 plots.

15. Data adapted from McIntosh, A. R., and Townsend, C. R. (1996). Interactions between fish, grazing invertebrates and algae in a New Zealand stream: A trophic cascade mediated by fish-induced changes to grazer behavior. *Oecologia* **108**, 174–181.

16. Pappas, T., and Mitchell, C. A. (1985). Effects of seismic stress on the vegetative growth of *Glycine max* (L.) Merr. cv. Wells II. *Plant, Cell and Environment* **8**, 143–148. Raw data courtesy of the authors. The original experiment included more than four treatments. Reprinted with permission of Plant, Cell, and Environment.

17. Garcia-Nebot, M., Alegria, A., Barbera, R., Clemente, G., and Romero, F. (2010). Addition of milk or caseinophophopeptides to fruit beverages to improve iron bioavailability. *Food Chemistry* **119**, 141–148.

18. Kiesecker, J. M., Blaustein, A. R., and Belden, L. K. (2001). Complex causes of amphibian population declines. *Nature* **410**, 681–684. Sample means and standard deviation were read from Figure 2a in the article.

19. Tripepi, R. R., and Mitchell, C. A. (1984). Metabolic response of river birch and European birch roots to hypoxia. *Plant Physiology* **76**, 31–35. Raw data courtesy of the authors.

20. Adapted from Veterans Administration Cooperative Study Group on Antihypertensive Agents (1979). Comparative effects of ticrynafen and hydrochlorothiazide in the treatment of hypertension. *New England Journal of Medicine* **301**, 293–297. Reprinted by permission. The value of s_{pooled} was calculated from the SEs given in the paper. Copyright © 1979 Massachusetts Medical Society. All rights reserved.

21. Knight, S. L., and Mitchell, C. A. (1983). Enhancement of lettuce yield by manipulation of light and nitrogen nutrition. *Journal of the American Society for Horticultural Science* **108**, 750–754. Calculations based on raw data provided by the authors.

22. Fictitious but realistic data, adapted from O'Brien, R. J., and Drizd, T. A. (1981). Basic data on spirometry in adults 25–74 years of age: United States, 1971–75. *U.S. National Center for Health Statistics, Vital and Health Statistics*, Series 11, No. 222. Washington, D.C.: U.S. Department of Health and Human Services.

23. U.S. Bureau of the Census. The 2008 age distribution is taken from www.census.gov/compendia/statab/cats/population/estimates_and_projections_by_age_sex_raceethnicity.html The percentages have been rounded to sum to 1.

24. Chrisman, C. L., and Baumgartner, A. P. (1980). Micronuclei in bone-marrow cells of mice subjected to hyperthermia. *Mutation Research* **77**, 95–97. The original experiment included six treatments.

25. Baird, J. T., and Quinlivan, L. G. (1973). Parity and hypertension. *U.S. National Center for Health Statistics, Vital and Health Statistics*, Series 11, No. 38. Washington, D.C.: U.S. Department of Health, Education and Welfare.

26. U.S. Bureau of the Census (1997). *Statistical Abstract of the United States*, 1997 117th ed. Washington, D.C: U.S. Government Printing Office.

27. Adapted from Witelson, S. F. (1985). The brain connection: The corpus callosum is larger in left-handers. *Science* **229**, 665–668. Copyright 1985 by the AAAS. The SDs and MS (within) have been calculated from the standard errors given by Witelson. Reprinted with permission from AAAS.

28. Adapted from Booth, D. M., and Heck, K. L., (2009). Effects of the American oyster *Crassostrea* virginica on growth rates of the seagrass *Halodule wrightii*. *Marine Ecology Progress Series* **389**, 117–126. The article has the full data set; we present only part of the data for pedagogical purposes.

29. Latimer, J. (1985). Adapted from unpublished data provided by the investigator.

30. Adapted from Morris, J. G., Cripe, W. S., Chapman, H. L., Jr., Walker, D. F., Armstrong, J. B., Alexander, J. D., Jr., Miranda, R., Sanchez, A., Jr., Sanchez, B., Blair-West, J. R., and Denton, D. A. (1984). Selenium deficiency in cattle associated with Heinz bodies and anemia. *Science* **223**, 491–492. Copyright 1984 by the AAAS. The MS(within) is fictitious but agrees with the standard errors given by Morris et al.

31. Fictitious but realistic data. Adapted from Mizutani, T., and Mitsuoka, T. (1979). Effect of intestinal bacteria on incidence of liver tumors in gnotobiotic C3H/He male mice. *Journal of the National Cancer Institute* **63**, 1365–1370.

32. Becker, W. A. (1961). Comparing entries in random sample tests. *Poultry Science* **40**, 1507–1514.

33. Adapted from Rosner, B. (1982). Statistical methods in ophthalmology: An adjustment for the intraclass correlation between eyes. *Biometrics* **38**, 105–114. Reprinted with permission from The International Biometric Society. The medical study is reported in Berson, E. L., Rosner, B., and Simonoff, E. (1980). An outpatient population of retinitis pigmentosa and their normal relatives: Risk factors for genetic typing and detection derived from their ocular examinations. *American Journal of Ophthalmology* **89**, 763–775. The means and sums of squares have been estimated from data given by Rosner, after estimating missing values for two patients for whom only one eye was measured.

34. Heggestad, H. E., and Bennett, J. H. (1981). Photochemical oxidants potentiate yield losses in snap beans attributable to sulfur dioxide. *Science* **213**, 1008–1010. Copyright 1981 by the AAAS. Raw data courtesy of H. E. Heggestad.

35. Tardif, J., Cote, G., Lesperance, J., Bourassa, M., Lambert, J., Doucet, S., Bilodeau, L., Nattel, S., and DeGuise, P. (1997). Probucol and multivitamins in the prevention of restenosis after coronary angioplasty. *New England Journal of Medicine* **337**, 365–372.

36. Walker, P., Osredkar, M., and Bilancini, S. (1999). The effect of stimuli on pillbug movement. Unpublished manuscript, Oberlin College.

37. Hoppeler, H., and Vogt, M. (2001). Muscle tissue adaptations to hypoxia. *The Journal of Experimental Biology* **204**, 3133–3139.

38. Adapted from Tajkarimi, M., Riemann, H., Hajmeer, M., Gomez, E., Razavilar, V., and Cliver, D. (2008). Ammonia disinfection of animal feeds—laboratory study. *International Journal of Food Microbiology* **122**, 23–28.

第12章

1. Unpublished data courtesy of M. B. Nichols and R. P. Maickel. The original experiment contained more than three treatment groups.

2. Bodgan, K., and Schenk, M. (2009). Evaluation of soil characteristics potentially affecting arsenic concentration in paddy rice (*Oryza sativa* L.).

Environmental Pollution **157**, 2617–2621. 2006 data digitized from Figure 3.

3. Adapted from Andren, C., and Nilson, G. (1981). Reproductive success and risk of predation in normal and melanistic colour morphs of the adder, *Vipera berus. Biological Journal of the Linnean Society* **15**, 235–246. (The data are for the melanistic females; the values have been manipulated slightly to simplify the exposition.)

4. Erne, P., Bolli, P., Buergisser, E., and Buehler, F. R. (1984). Correlation of platelet calcium with blood pressure. *New England Journal of Medicine* **310**, 1084–1088. Reprinted by permission. Raw data courtesy of F. R. Buehler. To simplify the discussion, we have omitted nine patients with "borderline" high blood pressure.

5. Adapted from Spencer, D. F., Volpp, T. R., and Lembi, C. A. (1980). Environmental control of *Pithophora oedogonia* (Chlorophyceae) akinete germination. *Journal of Phycology* **16**, 424–427. The value $r = -0.72$ was calculated from data displayed graphically by Spencer et al.

6. Albert, A. (1981). Atypicality indices as reference values for laboratory data. *American Journal of Clinical Pathology* **76**, 421–425.

7. Harding, A. J., Wong, A., Svoboda, M, Kril, J. J., and Halliday, G. M. (1997). Chronic alcohol consumption does not cause hippocampal neuron loss in humans. *Hippocampus* **7**, 78–87. The value $r = -0.63$ was calculated from data displayed graphically by Harding et al.

8. Smith, R. D. (1978–1979). Institute of Agricultural Engineering Annual Report. Salisbury, Zimbabwe: Department of Research and Specialist Services, Ministry of Agriculture. Raw data courtesy of R. D. Smith.

9. Bowers, W. S., Hoch, H. C., Evans, P. H., and Katayama, M. (1986). Thallophytic allelopathy: Isolation and identification of laetisaric acid. *Science* **232**, 105–106. Copyright 1986 by the AAAS. Raw data courtesy of the authors.

10. Webb, P. (1981). Energy expenditure and fat-free mass in men and women. *American Journal of Clinical Nutrition* **34**, 1816–1826.

11. Huel, G., et al. (2008). Hair mercury negatively correlates with calcium pump activity in human term newborns and their mothers at delivery. *Environmental Health Perspectives* **116**, 263–267.

12. Simulated data based on typical annual ocean temperatures near Morro Bay, California.

13. Cicirelli, M. F., Robinson, K. R., and Smith, L. D. (1983). Internal pH of *Xenopus* oocytes: A study of the mechanism and role of pH changes during meiotic maturation. *Developmental Biology* **100**, 133–146. Raw data courtesy of M. F. Cicirelli.

14. Maickel, R. P., and Nash, J. F., Jr. (1985). Differing effects of short-chain alcohols on body temperature and coordinated muscular activity in mice. *Neuropharmacology* **24**, 83–89. Reprinted with permission. Copyright 1985, Pergamon Journals, Ltd. Raw data courtesy of J. F. Nash, Jr.

15. Adapted from Barclay, A. M., and Crawford, R. M. M. (1984). Seedling emergence in the rowan (*Sorbus aucuparia*) from an altitudinal gradient. *Journal of Ecology* **72**, 627–636. Reprinted with permission from John Wiley.

16. Olson, J. M., and Mardh, R. L. (1998). Activation patterns and length changes in hindlimb muscles of the bullfrog *Rana catesbeiana* during jumping. *The Journal of Experimental Biology* **201**, 2763–2777.

17. Sulcove, J. A., and Lacuesta, N. N. (1998). The effect of gender and height on peak flow rate. Unpublished manuscript, Oberlin College.

18. Hamill, P. V. V., Johnston, F. E., and Lemeshow, S. (1973). Height and weight of youths 12–17 years, United States. *U.S. National Center for Health Statistics, Vital and Health Statistics*, Series 11, No. 124. Washington, D.C.: U.S. Department of Health, Education and Welfare. The conditional distributions of weight given height are plotted in Figure 12.4.1 as normal distributions. The fictitious population agrees well with the real population (as described by Hamill et al.) in the central portion of each conditional distribution, but the real conditional distributions have shorter left tails and longer right tails than the fictitious normal conditional distributions.

19. Maickel, R. P. Personal communication.

20. Fictitious but realistic data, based on inter- and intra-individual variation as described in Williams, G. Z., Widdowson, G. M., and Penton, J. (1978). Individual character of variation in time-series studies of healthy people. II. Differences in values for clinical chemical analytes in serum among demographic groups, by age and sex. *Clinical Chemistry* **24**, 313–320.

21. Stewart, T. S., Nelson, L. A., Perry, T. W., and Martin, T. G. (1985). Unpublished data provided courtesy of T. S. Stewart.

22. Pappas, T., and Mitchell, C. A. (1985). Effects of seismic stress on the vegetative growth of *Glycine max* (L.) Merr. cv. Wells II. *Plant, Cell and Environment* **8**, 143–148. Reprinted with permission from John Wiley. Raw data courtesy of the authors.

23. Fialho, E. T., Ferreira, A. S., Freitas, A. R., and Albino, L. F. T. (1982). Energy and nitrogen balance of ration (corn-soybean meal) for male castrated and non-castrated swine of different weights and breeds (in Portuguese). *Revista Sociedade Brasileira de Zootecnia* **11**, 405–419. Raw data courtesy of E. T. Fialho.

24. Example communicated by D. A. Holt.

25. Chambers, J. Q., Higuhi, N., and Schimel, J. (1998). Ancient trees in Amazonia. *Nature* **391**, 135–136. Raw data courtesy of J. Chambers.

26. Dikmen, S., and Hansen, P. (2009). Is the temperature-humidity index the best indicator of heat stress in lactating dairy cows in a subtropical environment?

Journal of Dairy Science **92**, 109–116. Data were simulated to produce similar results as those presented in the article.

27. Florey, C. du V., and Acheson, R. M. (1969). Blood pressure as it relates to physique, blood glucose, and serum cholesterol. *U.S. National Center for Health Statistics*, Series 11, No. 34. Washington, D.C.: U.S. Department of Health, Education and Welfare.

28. Bernays, E. A. (1986). Diet-induced head allometry among foliage-chewing insects and its importance for graminovores. *Science* **231**, 495–497. Copyright 1986 by the AAAS. Raw data courtesy of the author.

29. Hibi, K., Taguchi, M., Nakayama, H., Takase, T., Kasai, Y., Ito, K., Akiyama, S., and Nakao, A. (2001). Molecular detection of p16 promoter methylation in the serum of patients with esophageal squamous cell carcinoma. *Clinical Cancer Research* **7**, 3135–3138. There were 38 patients in the study; only the 31 patients for whom "tumor DNA was methylated" are included in this analysis.

30. Gwynne, D. T. (1981). Sexual difference theory: Mormon crickets show role reversal in mate choice. *Science* **213**, 779–780. Copyright 1981 by the AAAS. Calculations based on raw data provided courtesy of the author.

31. Heggestad, H. E., and Bennett, J. H. (1981). Photochemical oxidants potentiate yield losses in snap beans attributable to sulfur dioxide. *Science* **213**, 1008–1010. Copyright 1981 by the AAAS. Raw data courtesy of H. E. Heggestad.

32. Thirakhupt, K. (1985). Foraging ecology of sympatric parids: Individual and population responses to winter food scarcity. Ph.D. thesis, Purdue University. Raw data courtesy of the author and K. N. Rabenold.

33. Unpublished data courtesy of A. H. Ismail and L. S. Verity.

34. Tazawa, H., Pearson, J. T., Komoro, T., and Ar, A. (2001). Allometric relationships between embryonic heart rate and fresh egg mass in birds. *The Journal of Experimental Biology* **204**, 165–174.

35. These data sets were invented by F. J. Anscombe. See Anscombe, F. J. (1973). Graphs in statistical analysis. *The American Statistician* **27**, 17–21.

36. Unpublished data courtesy of M. B. Nichols and R. P Maickel. The experiment actually contained more than three groups. The data in Example 12.1.1 are from another part of the same study, using a different chemical form of amphetamine.

37. Marazziti, D., DiMuro, A., and Castrogiovanni, P. (1992). Psychological stress and body temperature changes in humans. *Psychology & Behavior* **52**, 393–395.

38. Kinghorn, A., Humphries, M., Outridge, P., and Chan, H. M. (2008). Teeth as biomonitors of selenium concentrations in tissues of beluga whales (*Delphinapterus leucas*). *Science of the Total Environment* **402**, 43–50. Data digitized from Figure 3.

第13章

1. Unpublished data courtesy of M. A. Johnson and F. Bretos. Data collected at Oberlin College in the fall of 1997.

2. Fish, F. E. (1998). Comparative kinematics and hydrodynamics of odontocete cetaceans: morphological and ecological correlates with swimming performance. *Journal of Experimental Biology* **201**, 2867–2877. The data presented here were read from Figure 1 in the article.

3. Fisher, B., Costantino, J. P., Wickerman, L, Redmond, C. K., Kavanah, M., Cronin, W. M., Vogel, V., Robidoux, A., Dimitrov, N., Atkins, J., Daly, M., Wieand, S., Tan-Chiu, E., Ford, L., Wolmark, N., et al. (1998). Tamoxifen for prevention of breast cancer: Report of the national surgical adjuvant breast and bowel project P-1 study. *Journal of the National Cancer Institute* **30**, 1371–1388.

4. Unpublished data courtesy of K. Pretl. Data collected at Oberlin College in the spring of 1997.

5. Rosa, L., Rosa, E., Sarner, L., and Barrett, S. (1998). A close look at therapeutic touch. *Journal of the American Medical Association* **279**, 1005–1010.

6. Morgan, M. B., and Cowles, D. L. (1996). The effects of temperature on the behaviour and physiology of *Phataria unifascialis* (Gray) (Echinodermata, Asteroidea); implications for the species' distribution in the Gulf of California, Mexico. *Journal of Experimental Marine Biology and Ecology* **208**, 13–27.

7. Kujala, U. M., Kaprio, J., Sarna, S., and Koshenvuo, M. (1998). Relationship of leisure-time physical activity and mortality: The Finnish cohort study. *Journal of the American Medical Association* **279**, 440–444. The "exerciser" category actually had two sub-categories of "occasional exerciser" and "conditioning exerciser," which we have combined here.

8. Espigares, T., and Peco, B. (1995). Mediterranean annual pasture dynamics: Impact of autumn drought. *Journal of Ecology* **83**, 135–142.

9. Izurieta, H. S., Strebel, P. M., and Blake, P. A. (1997). Postlicensure effectiveness of varicella vaccine during an outbreak in a child care center. *Journal of the American Medical Association* **278**, 1495–1499.

10. Rose, D. P., Fern, M., Liskowski, L., and Milbrath, J. R. (1977). Effect of treatment with estrogen conjugates on endogenous plasma steroids. *Obstetrics and Gynecology* **49**, 80–82.

11. Grether, G. (1997). Survival cost of an intrasexually selected ornament in a damselfly. *Proceedings of the Royal Society of London* **B 264**, 207–210.

12. Peterson, A. V., Kealey, K. A., Mann, S. L., Marek, P. M., and Sarason, I. G. (2000). Hutchinson smoking prevention project: Long-term randomized trial in school-based tobacco use prevention—results on smoking. *Journal of the National Cancer Institute* **92**, 1979–1991. The authors analyzed these data not with a sign test, but with a randomization test, similar to that presented in Section 7.1.

13. Rosenheck, R., Cramer, J., Xu, W., Thomas, J., Henderson, W., Frisman, L., Fye, C., and Charney, D., for the Department of Veterans Affairs Cooperative Study Group on Clozapine in Refractory Schizophrenia (1997). A comparison of clozapine and haloperidol in hospitalized patients with refractory schizophrenia. *New England Journal of Medicine* **337**, 809–815.

14. Unpublished data courtesy of K. Roberts. Data collected at Oberlin College in the spring of 1997.

15. Baur, E., Fischer, E., and Lenz, F. (1931). *Human Heredity*, 3rd ed. New York: Macmillan, p. 45.

16. Plotnick, G. D., Corretti, M. C., and Vogel, R. A. (1997). Effect of antioxidant vitamins on the transient impairment of endothelium-dependent brachial artery vasoactivity following a single high-fat meal. *Journal of the American Medical Association* **278**, 1682–1686.

17. Unpublished data collected by E. Lohan and M. Josephy, Oberlin College, in the fall of 1997.

18. Meier, P., Free, S. M., and Jackson, G. L. (1958). Reconsideration of methodology in studies of pain relief. *Biometrics* **14**, 330–342.

19. Unpublished data collected by J. Amundson, Oberlin College, in the fall of 1997.

20. Weintraub, W. S., Boccuzzi, S. J., Klein, J. L., Kosinski, A. S., King, S. B., Ivanhoe, R., Cedarholm, J. C., Stillabower, M. E., Talley, J. D., DeMaio, S. J., O'Neill, W. W., Frazier, J. E., Cohen-Bernstein, C. L., Robbins, D. C., Brown, C. L., Alexander, R. W., and the Lovastatin Restenosis Trial Study Group. (1994). Lack of effect of lovastatin on restenosis after coronary angioplasty. *New England Journal of Medicine* **331**, 1331–1337.

21. Bresee, J., Mast, E. E., Coleman, P. J., Baron, M. J., Schonberger, L. B., Alter, M. J., Jonas, M. M., Yu, M. W., Renzi, P. M., and Schneider, L. C. (1996). Hepatitis C virus infection associated with administration of intravenous immune globulin: A cohort study. *Journal of the American Medical Association* **276**, 1563–1567.

22. Ferrandina, G., Ranelletti, F. O., Larocca, L. M., Maggiano, N., Fruscella, E., Legge, F., Santeusanio, G., Bombonati, A., Mancuso, S., and Scambia, G. (2001). Tamoxifen modulates the expression of Ki67, apoptosis, and microvessel density in cervical cancer. *Cancer Clinical Research* **7**, 2656–2661.

23. Devine, W. D., Houston, A. E., and Tyler, D. D. (2000). Growth of three hardwood species through 18 years on a former agricultural bottomland. *Southern Journal of Applied Forestry* **24**, 159–165.

24. Unpublished data collected by S. Haaz, Oberlin College, in the spring of 1999. The division into groups is based on bench press strength, adjusted for height, weight, and whether or not the student was on an athletic team.

统计表

表 1　随机数字表　564
表 2　二项系数 ${}_nC_j$　566
表 3　正态曲线下的面积　567
表 4　学生氏 t 分布的临界值　569
表 5　独立样本 t 检验功效水平选择所需的样本容量　570
表 6　Wilcoxon-Mann-Whitney 检验 U_s 的临界值和 P 值　572
表 7　符号检验 B_s 的临界值和 P 值　576
表 8　Wilcoxon 符号秩检验 W_s 的临界值和 P 值　577
表 9　卡方分布的临界值　578
表 10　F 分布的临界值　579
表 11　95% 置信区间的 Bonferroni 乘数　589

表 1 随机数字表

	01	06	11	16	21	26	31	36	41	46
01	06048	96063	22049	86532	75170	65711	29969	06826	39208	80631
02	25636	73908	85512	78073	19089	66458	06597	93985	14193	69366
03	61378	45410	43511	54364	97334	01267	28304	35047	38789	84896
04	15919	71559	12310	00727	54473	51547	09816	83641	72973	75367
05	47328	20405	88019	82276	33679	10328	25116	59176	64675	95141
06	72548	80667	53893	64400	81955	15163	06146	58549	75530	19582
07	87154	04130	55985	44508	37515	71689	80765	46598	45539	12792
08	68379	96636	32154	94718	22845	80265	92747	66238	58474	23783
09	89391	54041	70806	36012	30833	83132	39338	54753	00722	44568
10	15816	60231	28365	61924	66934	21243	09896	92428	51611	46756
11	29618	55219	18394	11625	27673	08117	89314	42581	36897	03738
12	30723	42988	30002	95364	45473	46107	34222	00739	84847	49096
13	54028	04975	92323	53836	76128	84762	32050	59516	40831	59687
14	40376	02036	48087	05216	26684	97959	85601	86622	70750	15603
15	64439	37357	90935	57330	79738	65361	85944	23619	30504	61564
16	83037	30144	29166	20915	53462	42573	75204	50064	08847	07082
17	71071	01636	31085	71638	77357	14256	89174	15184	81701	21592
18	67891	43187	58159	24144	29683	04276	02987	04571	18334	04291
19	52487	39499	97330	40045	47304	98528	00422	82693	87547	73525
20	67550	82107	27302	79145	73213	27217	19211	59784	63929	04609
21	86472	80165	70773	90519	49710	31921	36102	45042	04203	01439
22	08699	38051	60404	06609	98435	91560	22634	98014	43316	61099
23	59596	13000	07655	74837	81211	71530	28341	83110	72289	25180
24	31810	54868	92799	09893	97499	96509	71548	06462	40498	22628
25	71753	90756	21382	84209	95900	11119	34507	61241	17641	83147
26	17155	07370	65655	04824	53417	20737	70510	92615	89967	50216
27	36211	24724	94769	16940	43138	25260	75318	69037	95982	28631
28	94777	66946	16120	56382	58416	92391	81457	28101	69766	32436
29	52994	58881	81841	51844	75566	48567	18552	66829	91230	39141
30	84643	32635	51440	96854	35739	66440	82806	82841	56302	31640
31	95690	34873	11297	60518	72717	47616	55751	37187	31413	31132
32	64093	92948	21565	51686	40368	66151	82877	99951	85069	54503
33	89484	50055	67586	16439	96385	67868	66597	51433	44764	66573
34	70184	38164	74646	90244	83169	85276	07598	69242	90088	32308
35	75601	91867	80848	94484	98532	36183	28549	17704	28653	80027
36	99044	78699	34681	31049	40790	50445	79897	68203	11486	93676
37	10272	18347	89369	02355	76671	34097	03791	93817	43142	24974
38	69738	85488	34453	80876	43018	59967	84458	71906	54019	70023
39	93441	58902	17871	45425	29066	04553	42644	54624	34498	27319
40	25814	74497	75642	58350	64118	87400	82870	26143	46624	21404
41	29757	84506	48617	48844	35139	97855	43435	74581	35678	69793
42	56666	86113	06805	09470	07992	54079	00517	19313	53741	25306
43	26401	71007	12500	27815	86490	01370	47826	36009	10447	25953
44	40747	59584	83453	30875	39509	82829	42878	13844	84131	48524
45	99434	51563	73915	03867	24785	19324	21254	11641	25940	92026
46	50734	88330	39128	14261	00584	94266	99677	19852	49673	18680
47	89728	32743	19102	83279	68308	41160	32365	25774	39699	50743
48	71395	61945	41082	93648	99874	82577	26507	07054	29381	16995
49	50945	68182	23108	95765	81136	06792	13322	41631	37118	35881
50	36525	26551	28457	75699	74537	68623	50099	91909	23508	35751

续表

	51	56	61	66	71	76	81	86	91	96
01	64825	74126	86159	26710	49256	04655	06001	73192	67463	16746
02	46184	63916	89160	87844	53352	43318	70766	23625	09906	65847
03	79976	48891	69431	86571	25979	58755	08884	36704	01107	12308
04	10656	47210	48512	06805	42114	98741	51440	06070	49071	02700
05	18058	84528	56753	02623	81077	60045	06678	53748	10386	37895
06	58979	98046	88467	27762	24781	12559	98384	40926	79570	34746
07	12705	41974	14473	49872	29368	80556	95833	20766	76643	35656
08	39660	83664	18592	82388	27899	24223	36462	61582	95173	36155
09	00360	42077	84161	04464	45042	29560	37916	29889	00342	82533
10	09873	64084	34685	53542	09254	23257	14713	44295	94139	00403
11	12957	84063	79808	23633	77133	41422	26559	29131	74402	82213
12	06090	71584	48965	60201	02786	88929	19861	99361	27535	38297
13	66812	57167	28185	19708	74672	25615	61640	18955	40854	50749
14	91701	36216	66249	04256	31694	33127	67529	73254	72065	74294
15	02775	78899	36471	37098	50270	58933	91765	95157	01384	75388
16	75892	53340	92363	58300	77300	08059	63743	12159	05640	87014
17	18581	70057	82031	68349	55759	46851	33632	28855	74633	08598
18	69698	18177	52824	61742	58119	04168	57843	37870	50988	80316
19	30023	30731	00803	09336	87709	39307	09732	66031	04904	91929
20	94334	05698	97910	37850	77074	56152	67521	48973	29448	84115
21	64133	14640	28418	45405	86974	06666	07879	54026	92264	23418
22	93895	83557	17326	28030	09113	56793	79703	18804	75807	20144
23	54438	83097	52533	86245	02182	11746	58164	90520	99255	44830
24	90565	76710	42456	22612	00232	18919	24019	32254	30703	00678
25	90848	81871	24382	16218	98216	42323	75061	68261	09071	68776
26	41169	08175	69938	61958	72578	31791	74952	71055	40369	00429
27	84627	70347	41566	00019	24481	15677	54506	54545	89563	50049
28	67460	49111	54004	61428	61034	47197	90084	88113	39145	94757
29	99231	60774	52238	05102	71690	72215	61323	13326	01674	81510
30	95775	73679	04900	27666	18424	59793	14965	22220	30682	35488
31	42179	98675	69593	17901	48741	59902	98034	12976	60921	73047
32	91196	05878	92346	45886	31080	21714	19168	94070	77375	10444
33	18794	03741	17612	65467	27698	20456	91737	36008	88225	58013
34	88311	93622	34501	70402	12272	65995	66086	04938	52966	71909
35	17904	33710	42812	72105	91848	39724	26361	09634	50552	98769
36	05905	28509	69631	69177	39081	58818	01998	53949	47884	91326
37	23432	22211	65648	71866	49532	45529	00189	80025	68956	26445
38	29684	43229	54771	90604	48938	13663	24736	83199	41512	43364
39	26506	65067	64252	49765	87650	72082	48997	04845	00136	98941
40	08807	43756	01579	34508	94082	68736	67149	00209	76138	95467
41	50636	70304	73556	32872	07809	20787	85921	41748	10553	97988
42	32437	41588	46991	36667	98127	05072	63700	51803	77262	31970
43	32571	97567	78420	04633	96574	88830	01314	04811	10904	85923
44	28773	22496	11743	23294	78070	20910	86722	50551	37356	92698
45	65768	76188	07781	05314	26017	07741	22268	31374	53559	46971
46	68601	06488	73776	45361	89059	59775	59149	64095	10352	11107
47	98364	17663	85972	72263	93178	04284	79236	04567	31813	82283
48	95308	70577	96712	85697	55685	19023	98112	96915	50791	31107
49	68681	24419	15362	60771	09962	45891	03130	09937	15775	51935
50	30721	22371	65174	57363	37851	71554	19708	23880	86638	05880

表2 二项系数 $_nC_j$

n	j 0	1	2	3	4	5	6	7	8	9	10
1	1	1									
2	1	2	1								
3	1	3	3	1							
4	1	4	6	4	1						
5	1	5	10	10	5	1					
6	1	6	15	20	15	6	1				
7	1	7	21	35	35	21	7	1			
8	1	8	28	56	70	56	28	8	1		
9	1	9	36	84	126	126	84	36	9	1	
10	1	10	45	120	210	252	210	120	45	10	1
11	1	11	55	165	330	462	462	330	165	55	11
12	1	12	66	220	495	792	924	792	495	220	66
13	1	13	78	286	715	1,287	1,716	1,716	1,287	715	286
14	1	14	91	364	1,001	2,002	3,003	3,432	3,003	2,002	1,001
15	1	15	105	455	1,365	3,003	5,005	6,435	6,435	5,005	3,003
16	1	16	120	560	1,820	4,368	8,008	11,440	12,870	11,440	8,008
17	1	17	136	680	2,380	6,188	12,376	19,448	24,310	24,310	19,448
18	1	18	153	816	3,060	8,568	18,564	31,824	43,758	48,620	43,758
19	1	19	171	969	3,876	11,628	27,132	50,388	75,582	92,378	92,378
20	1	20	190	1,140	4,845	15,504	38,760	77,520	125,970	167,960	184,756

表 3 正态曲线下的面积

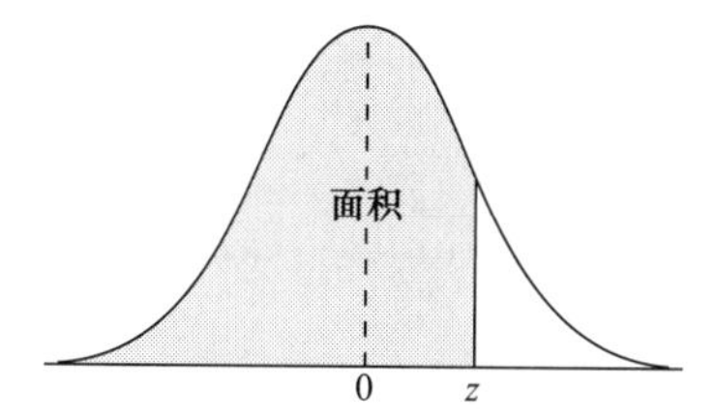

Z	0.00	0.01	0.02	0.03	0.04	0.05	0.06	0.07	0.08	0.09
−3.4	0.0003	0.0003	0.0003	0.0003	0.0003	0.0003	0.0003	0.0003	0.0003	0.0002
−3.3	0.0005	0.0005	0.0005	0.0004	0.0004	0.0004	0.0004	0.0004	0.0004	0.0003
−3.2	0.0007	0.0007	0.0006	0.0006	0.0006	0.0006	0.0006	0.0005	0.0005	0.0005
−3.1	0.0010	0.0009	0.0009	0.0009	0.0008	0.0008	0.0008	0.0008	0.0007	0.0007
−3.0	0.0013	0.0013	0.0013	0.0012	0.0012	0.0011	0.0011	0.0011	0.0010	0.0010
−2.9	0.0019	0.0018	0.0017	0.0017	0.0016	0.0016	0.0015	0.0015	0.0014	0.0014
−2.8	0.0026	0.0025	0.0024	0.0023	0.0023	0.0022	0.0021	0.0021	0.0020	0.0019
−2.7	0.0035	0.0034	0.0033	0.0032	0.0031	0.0030	0.0029	0.0028	0.0027	0.0026
−2.6	0.0047	0.0045	0.0044	0.0043	0.0041	0.0040	0.0039	0.0038	0.0037	0.0036
−2.5	0.0062	0.0060	0.0059	0.0057	0.0055	0.0054	0.0052	0.0051	0.0049	0.0048
−2.4	0.0082	0.0080	0.0078	0.0075	0.0073	0.0071	0.0069	0.0068	0.0066	0.0064
−2.3	0.0107	0.0104	0.0102	0.0099	0.0096	0.0094	0.0091	0.0089	0.0087	0.0084
−2.2	0.0139	0.0136	0.0132	0.0129	0.0125	0.0122	0.0119	0.0116	0.0113	0.0110
−2.1	0.0179	0.0174	0.0170	0.0166	0.0162	0.0158	0.0154	0.0150	0.0146	0.0143
−2.0	0.0228	0.0222	0.0217	0.0212	0.0207	0.0202	0.0197	0.0192	0.0188	0.0183
−1.9	0.0287	0.0281	0.0274	0.0268	0.0262	0.0256	0.0250	0.0244	0.0239	0.0233
−1.8	0.0359	0.0352	0.0344	0.0336	0.0329	0.0322	0.0314	0.0307	0.0301	0.0294
−1.7	0.0446	0.0436	0.0427	0.0418	0.0409	0.0401	0.0392	0.0384	0.0375	0.0367
−1.6	0.0548	0.0537	0.0526	0.0516	0.0505	0.0495	0.0485	0.0475	0.0465	0.0455
−1.5	0.0668	0.0655	0.0643	0.0630	0.0618	0.0606	0.0594	0.0582	0.0571	0.0559
−1.4	0.0808	0.0793	0.0778	0.0764	0.0749	0.0735	0.0722	0.0708	0.0694	0.0681
−1.3	0.0968	0.0951	0.0934	0.0918	0.0901	0.0885	0.0869	0.0853	0.0838	0.0823
−1.2	0.1151	0.1131	0.1112	0.1093	0.1075	0.1056	0.1038	0.1020	0.1003	0.0985
−1.1	0.1357	0.1335	0.1314	0.1292	0.1271	0.1251	0.1230	0.1210	0.1190	0.1170
−1.0	0.1587	0.1562	0.1539	0.1515	0.1492	0.1469	0.1446	0.1423	0.1401	0.1379
−0.9	0.1841	0.1814	0.1788	0.1762	0.1736	0.1711	0.1685	0.1660	0.1635	0.1611
−0.8	0.2119	0.2090	0.2061	0.2033	0.2005	0.1977	0.1949	0.1922	0.1894	0.1867
−0.7	0.2420	0.2389	0.2358	0.2327	0.2296	0.2266	0.2236	0.2206	0.2177	0.2148
−0.6	0.2743	0.2709	0.2676	0.2643	0.2611	0.2578	0.2546	0.2514	0.2483	0.2451
−0.5	0.3085	0.3050	0.3015	0.2981	0.2946	0.2912	0.2877	0.2843	0.2810	0.2776
−0.4	0.3446	0.3409	0.3372	0.3336	0.3300	0.3264	0.3228	0.3192	0.3156	0.3121
−0.3	0.3821	0.3783	0.3745	0.3707	0.3669	0.3632	0.3594	0.3557	0.3520	0.3483
−0.2	0.4207	0.4168	0.4129	0.4090	0.4052	0.4013	0.3974	0.3936	0.3897	0.3859
−0.1	0.4602	0.4562	0.4522	0.4483	0.4443	0.4404	0.4364	0.4325	0.4286	0.4247
−0.0	0.5000	0.4960	0.4920	0.4880	0.4840	0.4801	0.4761	0.4721	0.4681	0.4641

续表

Z	0.00	0.01	0.02	0.03	0.04	0.05	0.06	0.07	0.08	0.09
0.0	0.5000	0.5040	0.5080	0.5120	0.5160	0.5199	0.5239	0.5279	0.5319	0.5359
0.1	0.5398	0.5438	0.5478	0.5517	0.5557	0.5596	0.5636	0.5675	0.5714	0.5753
0.2	0.5793	0.5832	0.5871	0.5910	0.5948	0.5987	0.6026	0.6064	0.6103	0.6141
0.3	0.6179	0.6217	0.6255	0.6293	0.6331	0.6368	0.6406	0.6443	0.6480	0.6517
0.4	0.6554	0.6591	0.6628	0.6664	0.6700	0.6736	0.6772	0.6808	0.6844	0.6879
0.5	0.6915	0.6950	0.6985	0.7019	0.7054	0.7088	0.7123	0.7157	0.7190	0.7224
0.6	0.7257	0.7291	0.7324	0.7357	0.7389	0.7422	0.7454	0.7486	0.7517	0.7549
0.7	0.7580	0.7611	0.7642	0.7673	0.7704	0.7734	0.7764	0.7794	0.7823	0.7852
0.8	0.7881	0.7910	0.7939	0.7967	0.7995	0.8023	0.8051	0.8078	0.8106	0.8133
0.9	0.8159	0.8186	0.8212	0.8238	0.8264	0.8289	0.8315	0.8340	0.8365	0.8389
1.0	0.8413	0.8438	0.8461	0.8485	0.8508	0.8531	0.8554	0.8577	0.8599	0.8621
1.1	0.8643	0.8665	0.8686	0.8708	0.8729	0.8749	0.8770	0.8790	0.8810	0.8830
1.2	0.8849	0.8869	0.8888	0.8907	0.8925	0.8944	0.8962	0.8980	0.8997	0.9015
1.3	0.9032	0.9049	0.9066	0.9082	0.9099	0.9115	0.9131	0.9147	0.9162	0.9177
1.4	0.9192	0.9207	0.9222	0.9236	0.9251	0.9265	0.9278	0.9292	0.9306	0.9319
1.5	0.9332	0.9345	0.9357	0.9370	0.9382	0.9394	0.9406	0.9418	0.9429	0.9441
1.6	0.9452	0.9463	0.9474	0.9484	0.9495	0.9505	0.9515	0.9525	0.9535	0.9545
1.7	0.9554	0.9564	0.9573	0.9582	0.9591	0.9599	0.9608	0.9616	0.9625	0.9633
1.8	0.9641	0.9649	0.9656	0.9664	0.9671	0.9678	0.9686	0.9693	0.9699	0.9706
1.9	0.9713	0.9719	0.9726	0.9732	0.9738	0.9744	0.9750	0.9756	0.9761	0.9767
2.0	0.9772	0.9778	0.9783	0.9788	0.9793	0.9798	0.9803	0.9808	0.9812	0.9817
2.1	0.9821	0.9826	0.9830	0.9834	0.9838	0.9842	0.9846	0.9850	0.9854	0.9857
2.2	0.9861	0.9864	0.9868	0.9871	0.9875	0.9878	0.9881	0.9884	0.9887	0.9890
2.3	0.9893	0.9896	0.9898	0.9901	0.9904	0.9906	0.9909	0.9911	0.9913	0.9916
2.4	0.9918	0.9920	0.9922	0.9925	0.9927	0.9929	0.9931	0.9932	0.9934	0.9936
2.5	0.9938	0.9940	0.9941	0.9943	0.9945	0.9946	0.9948	0.9949	0.9951	0.9952
2.6	0.9953	0.9955	0.9956	0.9957	0.9959	0.9960	0.9961	0.9962	0.9963	0.9964
2.7	0.9965	0.9966	0.9967	0.9968	0.9969	0.9970	0.9971	0.9972	0.9973	0.9974
2.8	0.9974	0.9975	0.9976	0.9977	0.9977	0.9978	0.9979	0.9979	0.9980	0.9981
2.9	0.9981	0.9982	0.9982	0.9983	0.9984	0.9984	0.9985	0.9985	0.9986	0.9986
3.0	0.9987	0.9987	0.9987	0.9988	0.9988	0.9989	0.9989	0.9989	0.9990	0.9990
3.1	0.9990	0.9991	0.9991	0.9991	0.9992	0.9992	0.9992	0.9992	0.9993	0.9993
3.2	0.9993	0.9993	0.9994	0.9994	0.9994	0.9994	0.9994	0.9995	0.9995	0.9995
3.3	0.9995	0.9995	0.9995	0.9996	0.9996	0.9996	0.9996	0.9996	0.9996	0.9997
3.4	0.9997	0.9997	0.9997	0.9997	0.9997	0.9997	0.9997	0.9997	0.9997	0.9998

表4 学生氏 t 分布的临界值

df	上尾概率									
	0.20	0.10	0.05	0.04	0.03	0.025	0.02	0.01	0.005	0.0005
1	1.376	3.078	6.314	7.916	10.579	12.706	15.895	31.821	63.657	636.619
2	1.061	1.886	2.920	3.320	3.896	4.303	4.849	6.965	9.925	31.599
3	0.978	1.638	2.353	2.605	2.951	3.182	3.482	4.541	5.841	12.924
4	0.941	1.533	2.132	2.333	2.601	2.776	2.999	3.747	4.604	8.610
5	0.920	1.476	2.015	2.191	2.422	2.571	2.757	3.365	4.032	6.869
6	0.906	1.440	1.943	2.104	2.313	2.447	2.612	3.143	3.707	5.959
7	0.896	1.415	1.895	2.046	2.241	2.365	2.517	2.998	3.499	5.408
8	0.889	1.397	1.860	2.004	2.189	2.306	2.449	2.896	3.355	5.041
9	0.883	1.383	1.833	1.973	2.150	2.262	2.398	2.821	3.250	4.781
10	0.879	1.372	1.812	1.948	2.120	2.228	2.359	2.764	3.169	4.587
11	0.876	1.363	1.796	1.928	2.096	2.201	2.328	2.718	3.106	4.437
12	0.873	1.356	1.782	1.912	2.076	2.179	2.303	2.681	3.055	4.318
13	0.870	1.350	1.771	1.899	2.060	2.160	2.282	2.650	3.012	4.221
14	0.868	1.345	1.761	1.888	2.046	2.145	2.264	2.624	2.977	4.140
15	0.866	1.341	1.753	1.878	2.034	2.131	2.249	2.602	2.947	4.073
16	0.865	1.337	1.746	1.869	2.024	2.120	2.235	2.583	2.921	4.015
17	0.863	1.333	1.740	1.862	2.015	2.110	2.224	2.567	2.898	3.965
18	0.862	1.330	1.734	1.855	2.007	2.101	2.214	2.552	2.878	3.922
19	0.861	1.328	1.729	1.850	2.000	2.093	2.205	2.539	2.861	3.883
20	0.860	1.325	1.725	1.844	1.994	2.086	2.197	2.528	2.845	3.850
21	0.859	1.323	1.721	1.840	1.988	2.080	2.189	2.518	2.831	3.819
22	0.858	1.321	1.717	1.835	1.983	2.074	2.183	2.508	2.819	3.792
23	0.858	1.319	1.714	1.832	1.978	2.069	2.177	2.500	2.807	3.768
24	0.857	1.318	1.711	1.828	1.974	2.064	2.172	2.492	2.797	3.745
25	0.856	1.316	1.708	1.825	1.970	2.060	2.167	2.485	2.787	3.725
26	0.856	1.315	1.706	1.822	1.967	2.056	2.162	2.479	2.779	3.707
27	0.855	1.314	1.703	1.819	1.963	2.052	2.158	2.473	2.771	3.690
28	0.855	1.313	1.701	1.817	1.960	2.048	2.154	2.467	2.763	3.674
29	0.854	1.311	1.699	1.814	1.957	2.045	2.150	2.462	2.756	3.659
30	0.854	1.310	1.697	1.812	1.955	2.042	2.147	2.457	2.750	3.646
40	0.851	1.303	1.684	1.796	1.936	2.021	2.123	2.423	2.704	3.551
50	0.849	1.299	1.676	1.787	1.924	2.009	2.109	2.403	2.678	3.496
60	0.848	1.296	1.671	1.781	1.917	2.000	2.099	2.390	2.660	3.460
70	0.847	1.294	1.667	1.776	1.912	1.994	2.093	2.381	2.648	3.435
80	0.846	1.292	1.664	1.773	1.908	1.990	2.088	2.374	2.639	3.416
100	0.845	1.290	1.660	1.769	1.902	1.984	2.081	2.364	2.626	3.390
140	0.844	1.288	1.656	1.763	1.896	1.977	2.073	2.353	2.611	3.361
1000	0.842	1.282	1.646	1.752	1.883	1.962	2.056	2.330	2.581	3.300
∞	0.842	1.282	1.645	1.751	1.881	1.960	2.054	2.326	2.576	3.291
	60%	80%	90%	92%	94%	95%	96%	98%	99%	99.9%
	置信水平临界值									

表 5 独立样本 t 检验功效水平选择所需的样本容量

	显著水平（双尾检验）																				
	α=0.01					α=0.02					α=0.05					α=0.10					
功效→	0.99	0.95	0.90	0.80	0.50	0.99	0.95	0.90	0.80	0.50	0.99	0.95	0.90	0.80	0.50	0.99	0.95	0.90	0.80	0.50	
0.20																				137	0.20
0.25															124					88	0.25
0.30										123					87					61	0.30
0.35					110					90					64				102	45	0.35
0.40					85					70				100	50			108	78	35	0.40
0.45				118	68				101	55			105	79	39		108	86	62	28	0.45
0.50				96	55			106	82	45		106	86	64	32		88	70	51	23	0.50
$\frac{\lvert\mu_1-\mu_2\rvert}{\sigma}$ 0.55			101	79	46		106	88	68	38		87	71	53	27	112	73	58	42	19	0.55
0.60		101	85	67	39		90	74	58	32	104	74	60	45	23	89	61	49	36	16	0.60
0.65		87	73	57	34	104	77	64	49	27	88	63	51	39	20	76	52	42	30	14	0.65
0.70	100	75	63	50	29	90	66	55	43	24	76	55	44	34	17	66	45	36	26	12	0.70
0.75	88	66	55	44	26	79	58	48	38	21	67	48	39	29	15	57	40	32	23	11	0.75
0.80	77	58	49	39	23	70	51	43	33	19	59	42	34	26	14	50	35	28	21	10	0.80
0.85	69	51	43	35	21	62	46	38	30	17	52	37	31	23	12	45	31	25	18	9	0.85
0.90	62	46	39	31	19	55	41	34	27	15	47	34	27	21	11	40	28	22	16	8	0.90
0.95	55	42	35	28	17	50	37	31	24	14	42	30	25	19	10	36	25	20	15	7	0.95
1.00	50	38	32	26	15	45	33	28	22	13	38	27	23	17	9	33	23	18	14	7	1.00
	α=0.005					α=0.01					α=0.025					α=0.05					
	显著水平（单尾检验）																				

续表

	显著水平（双尾检验）																				
	α=0.01					α=0.02					α=0.05					α=0.10					
功效→	0.99	0.95	0.90	0.80	0.50	0.99	0.95	0.90	0.80	0.50	0.99	0.95	0.90	0.80	0.50	0.99	0.95	0.90	0.80	0.50	
1.1	42	32	27	22	13	38	28	23	19	11	32	23	19	14	8	27	19	15	12	6	1.1
1.2	36	27	23	18	11	32	24	20	16	9	27	20	16	12	7	23	16	13	10	5	1.2
1.3	31	23	20	16	10	28	21	17	14	8	23	17	14	11	6	20	14	11	9	5	1.3
1.4	27	20	17	14	9	24	18	15	12	8	20	15	12	10	6	17	12	10	8	4	1.4
1.5	24	18	15	13	8	21	16	14	11	7	18	13	11	9	5	15	11	9	7	4	1.5
1.6	21	16	14	11	7	19	14	12	10	6	16	12	10	8	5	14	10	8	6	4	1.6
1.7	19	15	13	10	7	17	13	11	9	6	14	11	9	7	4	12	9	7	6	3	1.7
1.8	17	13	11	10	6	15	12	10	8	5	13	10	8	6	4	11	8	7	5		1.8
1.9	16	12	11	9	6	14	11	9	8	5	12	9	7	6	4	10	7	6	5		1.9
$\frac{\lvert\mu_1-\mu_2\rvert}{\sigma}$ 2.0	14	11	10	8	6	13	10	9	7	5	11	8	7	6	4	9	7	6	4		2.0
2.1	13	10	9	8	5	12	9	8	7	5	10	8	6	5	3	8	6	5	4		2.1
2.2	12	10	8	7	5	11	9	7	6	4	9	7	6	5		8	6	5	4		2.2
2.3	11	9	8	7	5	10	8	7	6	4	9	7	6	5		7	5	5	4		2.3
2.4	11	9	8	6	5	10	8	7	6	4	8	6	5	4		7	5	4	4		2.4
2.5	10	8	7	6	4	9	7	6	5	4	8	6	5	4		6	5	4	3		2.5
3.0	8	6	6	5	4	7	6	5	4	3	6	5	4	4		5	4	3			3.0
3.5	6	5	5	4	3	6	5	4	4		5	4	4	3		4	3				3.5
4.0	6	5	4	4		5	4	4	3		4	4	3			4					4.0
	α=0.005					α=0.01					α=0.025					α=0.05					
	显著水平（单尾检验）																				

来源：“Number of observations for t-test of difference between two means.” *Research*, Volume 1 (1948), pp. 520–525. Used with permission of the Longman Group UK Ltd. and Butterworth Scientific Publications.

表 6 Wilcoxon-Mann-Whitney 检验 U_s 的临界值和 P 值

注释：由于 Wilcoxon-Mann-Whitney 检验零分布是非连续的，此表提供了用**粗体**表示的检验统计量 U_s 的选择值和用*斜体*表示的非定向备择假设相一致的 P 值。定向备择假设的 P 值为斜体数字的一半。

n	*n′*	0.20	0.10	0.05	0.025	0.01	0.005
3	2	**6** *0.200*					
	3	**8** *0.200*	**9** *0.100*				
4	2	**8** *0.133*					
	3	**11** *0.114*	**12** *0.057*				
	4	**13** *0.200*	**15** *0.057*	**16** *0.029*			
5	2	**9** *0.191*	**10** *0.095*				
	3	**13** *0.143*	**14** *0.071*	**15** *0.036*			
	4	**16** *0.191*	**18** *0.064*	**19** *0.032*	**20** *0.016*		
	5	**20** *0.151*	**21** *0.095*	**23** *0.032*	**24** *0.016*	**25** *0.0079*	
6	2	**11** *0.143*	**12** *0.071*				
	3	**15** *0.167*	**16** *0.095*	**17** *0.048*	**18** *0.024*		
	4	**19** *0.171*	**21** *0.067*	**22** *0.038*	**23** *0.019*	**24** *0.0095*	
	5	**23** *0.178*	**25** *0.082*	**27** *0.030*	**28** *0.017*	**29** *0.0087*	**30** *0.0043*
	6	**27** *0.180*	**29** *0.093*	**31** *0.041*	**33** *0.015*	**34** *0.0087*	**35** *0.0043*
7	2	**13** *0.111*	**14** *0.056*				
	3	**17** *0.183*	**19** *0.067*	**20** *0.033*	**21** *0.017*		
	4	**22** *0.164*	**24** *0.072*	**25** *0.042*	**26** *0.024*	**28** *0.0061*	
	5	**27** *0.149*	**29** *0.073*	**30** *0.048*	**32** *0.018*	**34** *0.0051*	**35** *0.0025*
	6	**31** *0.181*	**34** *0.073*	**36** *0.035*	**37** *0.022*	**39** *0.0082*	**40** *0.0047*
	7	**36** *0.165*	**38** *0.097*	**41** *0.038*	**43** *0.018*	**45** *0.0070*	**46** *0.0041*
8	2	**14** *0.178*	**15** *0.089*	**16** *0.044*			
	3	**19** *0.194*	**21** *0.085*	**22** *0.049*	**23** *0.024*		
	4	**25** *0.154*	**27** *0.073*	**28** *0.049*	**30** *0.016*	**31** *0.0081*	**32** *0.0040*
	5	**30** *0.171*	**32** *0.093*	**34** *0.045*	**36** *0.019*	**38** *0.0062*	**39** *0.0031*
	6	**35** *0.181*	**38** *0.081*	**40** *0.043*	**42** *0.020*	**44** *0.0080*	**45** *0.0047*
	7	**40** *0.189*	**43** *0.094*	**46** *0.041*	**48** *0.021*	**50** *0.0093*	**52** *0.0037*
	8	**45** *0.195*	**49** *0.083*	**51** *0.050*	**54** *0.021*	**57** *0.0070*	**58** *0.0047*
9	2	**16** *0.146*	**17** *0.073*	**18** *0.036*			
	3	**22** *0.146*	**23** *0.100*	**25** *0.036*	**26** *0.018*	**27** *0.0091*	
	4	**27** *0.199*	**30** *0.076*	**32** *0.034*	**33** *0.020*	**35** *0.0056*	**36** *0.0028*
	5	**33** *0.190*	**36** *0.083*	**38** *0.042*	**40** *0.019*	**42** *0.0070*	**43** *0.0040*
	6	**39** *0.181*	**42** *0.088*	**44** *0.050*	**47** *0.018*	**49** *0.0076*	**50** *0.0048*
	7	**45** *0.174*	**48** *0.091*	**51** *0.042*	**53** *0.023*	**56** *0.0079*	**58** *0.0033*
	8	**50** *0.200*	**54** *0.093*	**57** *0.046*	**60** *0.021*	**63** *0.0079*	**65** *0.0037*
	9	**56** *0.190*	**60** *0.094*	**64** *0.040*	**66** *0.024*	**70** *0.0078*	**72** *0.0040*
10	2	**17** *0.182*	**19** *0.061*	**20** *0.030*			
	3	**24** *0.161*	**26** *0.077*	**27** *0.049*	**29** *0.014*	**30** *0.0070*	
	4	**30** *0.188*	**33** *0.076*	**35** *0.036*	**36** *0.024*	**38** *0.0080*	**39** *0.0040*
	5	**37** *0.165*	**39** *0.099*	**42** *0.040*	**44** *0.019*	**46** *0.0080*	**47** *0.0047*
	6	**43** *0.181*	**46** *0.093*	**49** *0.042*	**51** *0.023*	**54** *0.0075*	**55** *0.0047*
	7	**49** *0.193*	**53** *0.088*	**56** *0.043*	**58** *0.025*	**61** *0.0097*	**63** *0.0046*
	8	**56** *0.173*	**60** *0.083*	**63** *0.043*	**66** *0.021*	**69** *0.0085*	**71** *0.0044*
	9	**62** *0.182*	**66** *0.095*	**70** *0.044*	**73** *0.022*	**77** *0.0076*	**79** *0.0041*
	10	**68** *0.190*	**73** *0.089*	**77** *0.043*	**80** *0.023*	**84** *0.0089*	**87** *0.0039*

续表

n	n'	0.20	0.10	0.05	0.025	0.01	0.005
11	2	**19** *0.154*	**21** *0.051*	**22** *0.026*			
	3	**26** *0.170*	**28** *0.088*	**30** *0.039*	**31** *0.022*	**33** *0.0055*	
	4	**33** *0.177*	**36** *0.078*	**38** *0.040*	**40** *0.018*	**42** *0.0059*	**43** *0.0029*
	5	**40** *0.180*	**43** *0.090*	**46** *0.038*	**48** *0.019*	**50** *0.0087*	**52** *0.0032*
	6	**47** *0.180*	**50** *0.098*	**53** *0.048*	**56** *0.020*	**59** *0.0071*	**60** *0.0048*
	7	**54** *0.179*	**58** *0.085*	**61** *0.044*	**64** *0.020*	**67** *0.0083*	**69** *0.0041*
	8	**61** *0.177*	**65** *0.091*	**69** *0.041*	**72** *0.020*	**75** *0.0091*	**77** *0.0050*
	9	**68** *0.175*	**72** *0.095*	**76** *0.047*	**80** *0.020*	**83** *0.0097*	**86** *0.0042*
	10	**74** *0.197*	**79** *0.099*	**84** *0.043*	**87** *0.024*	**92** *0.0079*	**94** *0.0048*
	11	**81** *0.193*	**87** *0.088*	**91** *0.047*	**95** *0.023*	**100** *0.0083*	**103** *0.0041*
12	2	**20** *0.198*	**22** *0.088*	**23** *0.044*	**24** *0.022*		
	3	**28** *0.180*	**31** *0.070*	**32** *0.048*	**34** *0.018*	**35** *0.0088*	**36** *0.0044*
	4	**36** *0.170*	**39** *0.078*	**41** *0.042*	**43** *0.020*	**45** *0.0077*	**46** *0.0044*
	5	**43** *0.195*	**47** *0.082*	**49** *0.049*	**52** *0.019*	**54** *0.0094*	**56** *0.0039*
	6	**51** *0.180*	**55** *0.083*	**58** *0.042*	**60** *0.025*	**63** *0.0097*	**65** *0.0047*
	7	**58** *0.196*	**63** *0.083*	**66** *0.045*	**69** *0.022*	**72** *0.0098*	**75** *0.0037*
	8	**66** *0.181*	**70** *0.098*	**74** *0.047*	**78** *0.020*	**81** *0.0096*	**84** *0.0041*
	9	**73** *0.193*	**78** *0.096*	**82** *0.049*	**86** *0.023*	**90** *0.0093*	**93** *0.0043*
	10	**81** *0.180*	**86** *0.093*	**91** *0.043*	**94** *0.025*	**99** *0.0090*	**102** *0.0044*
	11	**88** *0.190*	**94** *0.091*	**99** *0.044*	**103** *0.023*	**108** *0.0086*	**111** *0.0045*
	12	**95** *0.198*	**102** *0.089*	**107** *0.045*	**111** *0.024*	**117** *0.0083*	**120** *0.0045*
13	2	**22** *0.171*	**24** *0.076*	**25** *0.038*	**26** *0.019*		
	3	**30** *0.189*	**33** *0.082*	**35** *0.039*	**36** *0.025*	**38** *0.0071*	**39** *0.0036*
	4	**39** *0.163*	**42** *0.079*	**44** *0.045*	**46** *0.023*	**49** *0.0059*	**50** *0.0034*
	5	**47** *0.173*	**50** *0.095*	**53** *0.046*	**56** *0.019*	**58** *0.0098*	**60** *0.0044*
	6	**55** *0.179*	**59** *0.087*	**62** *0.046*	**65** *0.022*	**68** *0.0092*	**70** *0.0047*
	7	**63** *0.183*	**67** *0.097*	**71** *0.046*	**74** *0.024*	**78** *0.0085*	**80** *0.0047*
	8	**71** *0.185*	**76** *0.089*	**80** *0.045*	**83** *0.025*	**87** *0.0099*	**90** *0.0045*
	9	**79** *0.186*	**84** *0.096*	**89** *0.043*	**93** *0.021*	**97** *0.0089*	**100** *0.0043*
	10	**87** *0.186*	**93** *0.088*	**97** *0.049*	**102** *0.021*	**106** *0.0099*	**110** *0.0041*
	11	**95** *0.186*	**101** *0.093*	**106** *0.047*	**111** *0.022*	**116** *0.0088*	**119** *0.0048*
	12	**103** *0.186*	**109** *0.098*	**115** *0.046*	**120** *0.022*	**125** *0.0096*	**129** *0.0045*
	13	**111** *0.186*	**118** *0.091*	**124** *0.044*	**129** *0.022*	**135** *0.0086*	**139** *0.0042*
14	2	**23** *0.200*	**25** *0.100*	**27** *0.033*	**28** *0.017*		
	3	**32** *0.197*	**35** *0.091*	**37** *0.047*	**39** *0.021*	**41** *0.0059*	**42** *0.0029*
	4	**41** *0.192*	**45** *0.079*	**47** *0.046*	**49** *0.025*	**52** *0.0078*	**53** *0.0046*
	5	**50** *0.186*	**54** *0.087*	**57** *0.044*	**60** *0.019*	**63** *0.0072*	**64** *0.0050*
	6	**59** *0.179*	**63** *0.091*	**67** *0.041*	**70** *0.020*	**73** *0.0087*	**75** *0.0046*
	7	**67** *0.197*	**72** *0.094*	**76** *0.046*	**79** *0.025*	**83** *0.0097*	**86** *0.0042*
	8	**76** *0.188*	**81** *0.095*	**86** *0.042*	**89** *0.024*	**94** *0.0081*	**96** *0.0050*
	9	**85** *0.179*	**90** *0.096*	**95** *0.046*	**99** *0.023*	**104** *0.0086*	**107** *0.0043*
	10	**93** *0.192*	**99** *0.096*	**104** *0.048*	**109** *0.022*	**114** *0.0089*	**117** *0.0048*
	11	**102** *0.183*	**108** *0.095*	**114** *0.044*	**118** *0.025*	**124** *0.0090*	**128** *0.0042*
	12	**110** *0.193*	**117** *0.095*	**123** *0.046*	**128** *0.023*	**134** *0.0091*	**138** *0.0045*
	13	**119** *0.185*	**126** *0.095*	**132** *0.048*	**138** *0.022*	**144** *0.0091*	**148** *0.0047*
	14	**127** *0.194*	**135** *0.094*	**141** *0.050*	**147** *0.024*	**154** *0.0091*	**158** *0.0049*
15	2	**25** *0.177*	**27** *0.088*	**29** *0.029*	**30** *0.015*		
	3	**35** *0.164*	**35** *0.076*	**40** *0.039*	**42** *0.017*	**43** *0.0098*	**44** *0.0049*
	4	**44** *0.185*	**48** *0.080*	**50** *0.049*	**53** *0.020*	**55** *0.0093*	**57** *0.0036*

续表

n	n′	0.20	0.10	0.05	0.025	0.01	0.005
	5	**53** *0.197*	**57** *0.098*	**61** *0.042*	**64** *0.019*	**67** *0.0077*	**69** *0.0037*
	6	**63** *0.178*	**67** *0.095*	**71** *0.045*	**74** *0.023*	**78** *0.0084*	**80** *0.0046*
	7	**72** *0.185*	**77** *0.091*	**81** *0.047*	**85** *0.021*	**89** *0.0085*	**92** *0.0038*
	8	**81** *0.190*	**87** *0.087*	**91** *0.047*	**95** *0.024*	**100** *0.0085*	**103** *0.0042*
	9	**90** *0.194*	**96** *0.096*	**101** *0.048*	**106** *0.021*	**111** *0.0083*	**114** *0.0044*
	10	**99** *0.196*	**106** *0.091*	**111** *0.048*	**116** *0.023*	**121** *0.0096*	**125** *0.0044*
	11	**108** *0.198*	**115** *0.097*	**121** *0.047*	**126** *0.024*	**132** *0.0092*	**136** *0.0045*
	12	**117** *0.200*	**125** *0.093*	**131** *0.047*	**136** *0.025*	**143** *0.0087*	**147** *0.0044*
	13	**127** *0.185*	**134** *0.098*	**141** *0.046*	**147** *0.022*	**153** *0.0096*	**158** *0.0044*
	14	**136** *0.186*	**144** *0.093*	**151** *0.046*	**157** *0.023*	**164** *0.0091*	**169** *0.0043*
	15	**145** *0.187*	**153** *0.098*	**161** *0.045*	**167** *0.024*	**174** *0.0099*	**179** *0.0049*
16	2	**27** *0.157*	**29** *0.078*	**31** *0.026*	**32** *0.013*		
	3	**37** *0.171*	**40** *0.085*	**42** *0.048*	**44** *0.023*	**46** *0.0083*	**47** *0.0041*
	4	**47** *0.178*	**50** *0.100*	**53** *0.050*	**56** *0.022*	**59** *0.0074*	**60** *0.0050*
	5	**57** *0.179*	**61** *0.091*	**65** *0.040*	**67** *0.025*	**71** *0.0082*	**73** *0.0041*
	6	**67** *0.178*	**71** *0.098*	**75** *0.049*	**79** *0.021*	**83** *0.0080*	**85** *0.0045*
	7	**76** *0.198*	**82** *0.089*	**86** *0.047*	**90** *0.023*	**94** *0.0096*	**97** *0.0046*
	8	**86** *0.192*	**92** *0.093*	**97** *0.045*	**101** *0.023*	**106** *0.0087*	**109** *0.0045*
	9	**96** *0.187*	**102** *0.095*	**107** *0.049*	**112** *0.023*	**117** *0.0096*	**121** *0.0043*
	10	**106** *0.182*	**112** *0.097*	**118** *0.047*	**123** *0.023*	**129** *0.0087*	**133** *0.0041*
	11	**115** *0.195*	**122** *0.099*	**129** *0.044*	**134** *0.023*	**140** *0.0093*	**144** *0.0047*
	12	**125** *0.189*	**132** *0.100*	**139** *0.047*	**145** *0.023*	**151** *0.0097*	**156** *0.0044*
	13	**134** *0.199*	**143** *0.092*	**149** *0.050*	**156** *0.022*	**163** *0.0087*	**167** *0.0048*
	14	**144** *0.193*	**153** *0.093*	**160** *0.047*	**166** *0.025*	**174** *0.0091*	**179** *0.0045*
	15	**154** *0.188*	**163** *0.093*	**170** *0.049*	**177** *0.024*	**185** *0.0093*	**190** *0.0048*
	16	**163** *0.196*	**173** *0.094*	**181** *0.047*	**188** *0.023*	**196** *0.0096*	**202** *0.0045*
17	2	**28** *0.187*	**31** *0.070*	**32** *0.047*	**33** *0.023*		
	3	**39** *0.179*	**42** *0.093*	**45** *0.040*	**47** *0.019*	**49** *0.0070*	**50** *0.0035*
	4	**50** *0.172*	**53** *0.099*	**57** *0.040*	**59** *0.024*	**62** *0.0090*	**64** *0.0040*
	5	**60** *0.189*	**65** *0.085*	**68** *0.048*	**71** *0.025*	**75** *0.0086*	**77** *0.0046*
	6	**71** *0.177*	**76** *0.087*	**80** *0.044*	**83** *0.024*	**87** *0.0099*	**90** *0.0045*
	7	**81** *0.187*	**86** *0.100*	**91** *0.047*	**95** *0.024*	**100** *0.0085*	**103** *0.0042*
	8	**91** *0.194*	**97** *0.098*	**102** *0.050*	**107** *0.023*	**112** *0.0090*	**115** *0.0048*
	9	**101** *0.200*	**108** *0.095*	**114** *0.045*	**118** *0.025*	**124** *0.0092*	**128** *0.0043*
	10	**112** *0.187*	**119** *0.093*	**125** *0.046*	**130** *0.024*	**136** *0.0093*	**140** *0.0047*
	11	**122** *0.191*	**130** *0.091*	**136** *0.047*	**142** *0.022*	**136** *0.0093*	**152** *0.0049*
	12	**132** *0.195*	**140** *0.097*	**147** *0.048*	**153** *0.024*	**160** *0.0093*	**165** *0.0043*
	13	**142** *0.198*	**151** *0.095*	**158** *0.048*	**164** *0.025*	**172** *0.0091*	**177** *0.0045*
	14	**153** *0.186*	**161** *0.100*	**169** *0.048*	**176** *0.023*	**184** *0.0090*	**189** *0.0046*
	15	**163** *0.189*	**172** *0.097*	**180** *0.049*	**187** *0.024*	**195** *0.0100*	**201** *0.0047*
	16	**173** *0.191*	**183** *0.094*	**191** *0.049*	**199** *0.023*	**207** *0.0097*	**213** *0.0048*
	17	**183** *0.193*	**193** *0.099*	**202** *0.049*	**210** *0.024*	**219** *0.0095*	**225** *0.0048*
18	2	**30** *0.168*	**32** *0.095*	**34** *0.042*	**35** *0.021*		
	3	**41** *0.185*	**45** *0.080*	**47** *0.047*	**49** *0.024*	**52** *0.0060*	**53** *0.0030*
	4	**52** *0.195*	**56** *0.098*	**60** *0.042*	**63** *0.019*	**66** *0.0074*	**67** *0.0049*
	5	**63** *0.200*	**68** *0.094*	**72** *0.046*	**75** *0.024*	**79** *0.0089*	**81** *0.0049*
	6	**74** *0.199*	**80** *0.090*	**84** *0.047*	**88** *0.022*	**92** *0.0094*	**95** *0.0044*
	7	**85** *0.198*	**91** *0.097*	**96** *0.047*	**100** *0.025*	**105** *0.0094*	**108** *0.0049*
	8	**96** *0.196*	**103** *0.091*	**108** *0.047*	**113** *0.022*	**118** *0.0092*	**122** *0.0042*

续表

n	n'	0.20	0.10	0.05	0.025	0.01	0.005
	9	**107** *0.194*	**114** *0.095*	**120** *0.046*	**125** *0.023*	**131** *0.0089*	**135** *0.0043*
	10	**118** *0.191*	**125** *0.099*	**132** *0.045*	**137** *0.024*	**143** *0.0100*	**148** *0.0044*
	11	**129** *0.188*	**137** *0.092*	**143** *0.049*	**149** *0.024*	**156** *0.0094*	**161** *0.0043*
	12	**139** *0.200*	**148** *0.095*	**155** *0.048*	**161** *0.025*	**169** *0.0089*	**173** *0.0050*
	13	**150** *0.196*	**159** *0.097*	**167** *0.046*	**173** *0.025*	**181** *0.0095*	**186** *0.0049*
	14	**161** *0.193*	**170** *0.099*	**178** *0.049*	**185** *0.025*	**194** *0.0089*	**199** *0.0047*
	15	**172** *0.190*	**182** *0.093*	**190** *0.048*	**197** *0.025*	**206** *0.0094*	**212** *0.0046*
	16	**182** *0.199*	**193** *0.095*	**202** *0.046*	**209** *0.025*	**218** *0.0099*	**224** *0.0050*
	17	**193** *0.195*	**204** *0.096*	**213** *0.049*	**221** *0.025*	**231** *0.0093*	**237** *0.0048*
	18	**204** *0.192*	**215** *0.097*	**225** *0.047*	**233** *0.024*	**243** *0.0096*	**250** *0.0046*
19	2	**31** *0.191*	**34** *0.086*	**36** *0.038*	**37** *0.019*	**38** *0.0095*	
	3	**43** *0.191*	**47** *0.087*	**50** *0.040*	**52** *0.021*	**54** *0.0091*	**56** *0.0026*
	4	**55** *0.188*	**59** *0.097*	**63** *0.044*	**66** *0.021*	**69** *0.0086*	**71** *0.0041*
	5	**67** *0.183*	**72** *0.088*	**76** *0.044*	**79** *0.024*	**83** *0.0093*	**86** *0.0039*
	6	**78** *0.198*	**84** *0.092*	**89** *0.043*	**93** *0.021*	**97** *0.0090*	**100** *0.0044*
	7	**90** *0.188*	**96** *0.094*	**101** *0.048*	**106** *0.022*	**111** *0.0085*	**114** *0.0045*
	8	**101** *0.198*	**108** *0.095*	**114** *0.045*	**119** *0.022*	**124** *0.0094*	**128** *0.0044*
	9	**113** *0.188*	**120** *0.095*	**126** *0.048*	**131** *0.025*	**138** *0.0086*	**142** *0.0043*
	10	**124** *0.195*	**132** *0.094*	**138** *0.050*	**144** *0.024*	**151** *0.0091*	**155** *0.0048*
	11	**136** *0.185*	**144** *0.094*	**151** *0.047*	**157** *0.023*	**164** *0.0094*	**169** *0.0045*
	12	**147** *0.191*	**156** *0.093*	**163** *0.048*	**170** *0.023*	**177** *0.0097*	**182** *0.0049*
	13	**158** *0.195*	**167** *0.100*	**175** *0.049*	**182** *0.025*	**190** *0.0098*	**196** *0.0045*
	14	**169** *0.199*	**179** *0.098*	**188** *0.046*	**195** *0.024*	**203** *0.0099*	**209** *0.0048*
	15	**181** *0.190*	**191** *0.096*	**200** *0.047*	**208** *0.023*	**216** *0.0100*	**223** *0.0045*
	16	**192** *0.194*	**203** *0.095*	**212** *0.048*	**220** *0.024*	**230** *0.0090*	**236** *0.0047*
	17	**203** *0.196*	**214** *0.100*	**224** *0.049*	**233** *0.023*	**242** *0.0100*	**249** *0.0048*
	18	**214** *0.199*	**226** *0.098*	**236** *0.049*	**245** *0.024*	**255** *0.0100*	**262** *0.0050*
	19	**226** *0.191*	**238** *0.096*	**248** *0.050*	**258** *0.023*	**268** *0.0099*	**276** *0.0046*
20	2	**33** *0.173*	**36** *0.078*	**38** *0.035*	**39** *0.017*	**40** *0.0087*	
	3	**45** *0.197*	**49** *0.094*	**52** *0.046*	**55** *0.018*	**57** *0.0079*	**58** *0.0045*
	4	**58** *0.183*	**62** *0.097*	**66** *0.045*	**69** *0.023*	**72** *0.0100*	**75** *0.0034*
	5	**70** *0.192*	**75** *0.097*	**80** *0.042*	**83** *0.024*	**87** *0.0096*	**90** *0.0043*
	6	**82** *0.196*	**88** *0.095*	**93** *0.046*	**97** *0.023*	**102** *0.0087*	**105** *0.0043*
	7	**94** *0.198*	**101** *0.092*	**106** *0.048*	**111** *0.022*	**116** *0.0093*	**120** *0.0041*
	8	**106** *0.199*	**113** *0.099*	**119** *0.049*	**124** *0.025*	**130** *0.0096*	**134** *0.0047*
	9	**118** *0.199*	**126** *0.095*	**132** *0.049*	**138** *0.023*	**144** *0.0097*	**149** *0.0043*
	10	**130** *0.198*	**138** *0.100*	**145** *0.049*	**151** *0.024*	**158** *0.0096*	**163** *0.0045*
	11	**142** *0.197*	**151** *0.095*	**158** *0.049*	**165** *0.023*	**172** *0.0095*	**177** *0.0047*
	12	**154** *0.195*	**163** *0.099*	**171** *0.048*	**178** *0.024*	**186** *0.0092*	**191** *0.0048*
	13	**166** *0.194*	**176** *0.094*	**184** *0.048*	**191** *0.024*	**200** *0.0090*	**205** *0.0049*
	14	**178** *0.192*	**188** *0.097*	**197** *0.047*	**204** *0.025*	**213** *0.0098*	**219** *0.0049*
	15	**190** *0.191*	**200** *0.099*	**210** *0.046*	**218** *0.023*	**227** *0.0095*	**233** *0.0049*
	16	**201** *0.200*	**213** *0.095*	**222** *0.049*	**231** *0.024*	**241** *0.0091*	**247** *0.0049*
	17	**213** *0.198*	**225** *0.097*	**235** *0.049*	**244** *0.024*	**254** *0.0097*	**261** *0.0048*
	18	**225** *0.196*	**237** *0.099*	**248** *0.048*	**257** *0.024*	**268** *0.0094*	**275** *0.0048*
	19	**237** *0.194*	**250** *0.095*	**261** *0.047*	**270** *0.024*	**281** *0.0099*	**289** *0.0047*
	20	**249** *0.192*	**262** *0.097*	**273** *0.049*	**283** *0.025*	**295** *0.0095*	**303** *0.0047*

表 7 符号检验 B_S 的临界值和 P 值

注释：由于符号检验零分布是非连续的，此表提供了用**粗体**表示的检验统计量 B_s 的选择值和用斜体表示的非定向备择假设相一致的 P 值。定向备择假设的 P 值为斜体数字的一半。

n_d	0.20	0.10	0.05	0.02	0.01	0.002	0.001
1							
2							
3							
4							
5	**5** *0.063*	**5** *0.063*					
6	**6** *0.031*	**6** *0.031*	**6** *0.031*				
7	**6** *0.125*	**7** *0.016*	**7** *0.016*	**7** *0.016*			
8	**7** *0.070*	**7** *0.070*	**8** *0.008*	**8** *0.008*	**8** *0.008*		
9	**7** *0.180*	**8** *0.039*	**8** *0.039*	**9** *0.004*	**9** *0.004*		
10	**8** *0.109*	**9** *0.021*	**9** *0.021*	**10** *0.002*	**10** *0.002*	**10** *0.0020*	
11	**9** *0.065*	**9** *0.065*	**10** *0.012*	**10** *0.012*	**11** *0.001*	**11** *0.0010*	**11** *0.0010*
12	**9** *0.146*	**10** *0.039*	**10** *0.039*	**11** *0.006*	**11** *0.006*	**12** *0.0005*	**12** *0.0005*
13	**10** *0.092*	**10** *0.093*	**11** *0.023*	**12** *0.003*	**12** *0.003*	**13** *0.0002*	**13** *0.0002*
14	**10** *0.180*	**11** *0.057*	**12** *0.013*	**12** *0.013*	**13** *0.0018*	**13** *0.0018*	**14** *0.0001*
15	**11** *0.118*	**12** *0.035*	**12** *0.035*	**13** *0.007*	**13** *0.007*	**14** *0.0010*	**14** *0.0010*
16	**12** *0.077*	**12** *0.077*	**13** *0.021*	**14** *0.004*	**14** *0.004*	**15** *0.0005*	**15** *0.0005*
17	**12** *0.143*	**13** *0.049*	**13** *0.049*	**14** *0.013*	**15** *0.002*	**16** *0.0003*	**16** *0.0003*
18	**13** *0.096*	**13** *0.096*	**14** *0.031*	**15** *0.008*	**15** *0.008*	**16** *0.0013*	**17** *0.0001*
19	**13** *0.167*	**14** *0.064*	**15** *0.019*	**15** *0.019*	**16** *0.004*	**17** *0.0007*	**17** *0.0007*
20	**14** *0.115*	**15** *0.041*	**15** *0.041*	**16** *0.012*	**17** *0.003*	**18** *0.0004*	**18** *0.0004*
21	**14** *0.189*	**15** *0.078*	**16** *0.027*	**17** *0.007*	**17** *0.007*	**18** *0.0015*	**19** *0.0002*
22	**15** *0.134*	**16** *0.052*	**17** *0.017*	**17** *0.017*	**18** *0.004*	**19** *0.0009*	**19** *0.0009*
23	**16** *0.093*	**16** *0.093*	**17** *0.037*	**18** *0.011*	**19** *0.003*	**20** *0.0005*	**20** *0.0005*
24	**16** *0.152*	**17** *0.064*	**18** *0.023*	**19** *0.007*	**19** *0.007*	**20** *0.0015*	**21** *0.0003*
25	**17** *0.108*	**18** *0.043*	**18** *0.043*	**19** *0.015*	**20** *0.004*	**21** *0.0009*	**21** *0.0009*
26	**17** *0.168*	**18** *0.076*	**19** *0.029*	**20** *0.009*	**20** *0.009*	**22** *0.0005*	**22** *0.0005*
27	**18** *0.122*	**19** *0.052*	**20** *0.019*	**20** *0.019*	**21** *0.006*	**22** *0.0015*	**23** *0.0003*
28	**18** *0.185*	**19** *0.087*	**20** *0.036*	**21** *0.013*	**22** *0.004*	**23** *0.0009*	**23** *0.0009*
29	**19** *0.136*	**20** *0.061*	**21** *0.024*	**22** *0.008*	**22** *0.008*	**24** *0.0005*	**24** *0.0005*
30	**20** *0.099*	**20** *0.099*	**21** *0.043*	**22** *0.016*	**23** *0.005*	**24** *0.0014*	**25** *0.0003*
31	**20** *0.152*	**21** *0.071*	**22** *0.029*	**23** *0.011*	**24** *0.003*	**25** *0.0009*	**25** *0.0009*

表 8 Wilcoxon 符号秩检验 W_s 的临界值和 P 值

注释：由于 Wilcoxon 符号秩检验零分布是非连续的，此表提供了用**粗体**表示的检验统计量 W_s 的选择值和用斜体表示的非定向备择假设相一致的 P 值。定向备择假设的 P 值为斜体数字的一半。

n	0.20	0.10	0.05	0.02	0.01	0.002	0.001
1							
2							
3							
4	**10** *0.125*						
5	**13** *0.188*	**15** *0.063*					
6	**18** *0.156*	**19** *0.093*	**21** *0.031*				
7	**23** *0.156*	**25** *0.078*	**26** *0.047*	**28** *0.016*			
8	**28** *0.195*	**31** *0.078*	**33** *0.039*	**35** *0.016*	**36** *0.0078*		
9	**35** *0.164*	**37** *0.098*	**40** *0.039*	**42** *0.020*	**44** *0.0078*		
10	**41** *0.193*	**45** *0.084*	**47** *0.049*	**50** *0.020*	**52** *0.0098*	**55** *0.0020*	
11	**49** *0.175*	**53** *0.083*	**56** *0.042*	**59** *0.019*	**61** *0.0098*	**65** *0.0020*	**66** *0.0010*
12	**57** *0.176*	**61** *0.092*	**65** *0.042*	**69** *0.016*	**71** *0.0093*	**76** *0.0015*	**77** *0.0010*
13	**65** *0.191*	**70** *0.094*	**74** *0.048*	**79** *0.017*	**82** *0.0081*	**87** *0.0017*	**89** *0.0007*
14	**74** *0.194*	**80** *0.091*	**84** *0.049*	**90** *0.017*	**93** *0.0085*	**99** *0.0017*	**101** *0.0009*
15	**84** *0.188*	**90** *0.095*	**95** *0.048*	**101** *0.018*	**105** *0.0084*	**112** *0.0015*	**114** *0.0009*
16	**94** *0.193*	**101** *0.093*	**107** *0.044*	**113** *0.018*	**117** *0.0092*	**125** *0.0017*	**128** *0.0008*
17	**105** *0.190*	**112** *0.098*	**119** *0.045*	**126** *0.017*	**130** *0.0093*	**139** *0.0017*	**142** *0.0008*
18	**116** *0.196*	**124** *0.099*	**131** *0.048*	**139** *0.018*	**144** *0.0090*	**153** *0.0019*	**157** *0.0008*
19	**128** *0.196*	**137** *0.096*	**144** *0.049*	**153** *0.018*	**158** *0.0094*	**169** *0.0017*	**172** *0.0010*
20	**141** *0.189*	**150** *0.097*	**158** *0.048*	**167** *0.019*	**173** *0.0094*	**184** *0.0020*	**189** *0.0009*
21	**154** *0.191*	**164** *0.096*	**173** *0.046*	**182** *0.019*	**189** *0.0090*	**201** *0.0019*	**206** *0.0009*
22	**167** *0.198*	**178** *0.094*	**188** *0.046*	**198** *0.019*	**205** *0.0093*	**218** *0.0019*	**223** *0.0009*
23	**182** *0.190*	**193** *0.098*	**203** *0.048*	**214** *0.020*	**222** *0.0091*	**236** *0.0019*	**241** *0.0010*
24	**196** *0.197*	**209** *0.095*	**219** *0.049*	**231** *0.019*	**239** *0.0096*	**255** *0.0018*	**260** *0.0010*
25	**212** *0.191*	**225** *0.096*	**236** *0.048*	**249** *0.019*	**257** *0.0096*	**274** *0.0018*	**280** *0.0009*
26	**227** *0.199*	**241** *0.099*	**253** *0.049*	**267** *0.019*	**276** *0.0094*	**293** *0.0020*	**300** *0.0009*
27	**244** *0.194*	**259** *0.095*	**271** *0.049*	**286** *0.019*	**295** *0.0096*	**314** *0.0019*	**321** *0.0009*
28	**261** *0.194*	**276** *0.099*	**290** *0.048*	**305** *0.019*	**315** *0.0095*	**335** *0.0019*	**342** *0.0010*
29	**278** *0.198*	**295** *0.096*	**309** *0.048*	**325** *0.019*	**335** *0.0099*	**256** *0.0020*	**364** *0.0010*
30	**296** *0.198*	**314** *0.096*	**328** *0.050*	**345** *0.020*	**356** *0.0099*	**379** *0.0019*	**387** *0.0010*
31	**315** *0.195*	**333** *0.098*	**349** *0.048*	**366** *0.020*	**378** *0.0097*	**402** *0.0019*	**410** *0.0010*

表 9 卡方分布的临界值

注释：栏标题为非定向备择假设（全向）的 P 值。如果 H_S 为定向备择假设（当 df=1 时，只有一种可能），定向备择假设的 P 值为栏标题的一半。

	尾部概率						
df	0.02	0.10	0.05	0.02	0.01	0.001	0.0001
1	1.64	2.71	3.84	5.41	6.63	10.83	15.14
2	3.22	4.61	5.99	7.82	9.21	13.82	18.42
3	4.64	6.25	7.81	9.84	11.34	16.27	21.11
4	5.99	7.78	9.49	11.67	13.28	18.47	23.51
5	7.29	9.24	11.07	13.39	15.09	20.51	25.74
6	8.56	10.64	12.59	15.03	16.81	22.46	27.86
7	9.80	12.02	14.07	16.62	18.48	24.32	29.88
8	11.03	13.36	15.51	18.17	20.09	26.12	31.83
9	12.24	14.68	16.92	19.68	21.67	27.88	33.72
10	13.44	15.99	18.31	21.16	23.21	29.59	35.56
11	14.63	17.28	19.68	22.62	24.72	31.26	37.37
12	15.81	18.55	21.03	24.05	26.22	32.91	39.13
13	16.98	19.81	22.36	25.47	27.69	34.53	40.87
14	18.15	21.06	23.68	26.87	29.14	36.12	42.58
15	19.31	22.31	25.00	28.26	30.58	37.70	44.26
16	20.47	23.54	26.30	29.63	32.00	39.25	45.92
17	21.61	24.77	27.59	31.00	33.41	40.79	47.57
18	22.76	25.99	28.87	32.35	34.81	42.31	49.19
19	23.90	27.20	30.14	33.69	36.19	43.82	50.80
20	25.04	28.41	31.41	35.02	37.57	45.31	52.39
21	26.17	29.62	32.67	36.34	38.93	46.80	53.96
22	27.30	30.81	33.92	37.66	40.29	48.27	55.52
23	28.43	32.01	35.17	38.97	41.64	49.73	57.08
24	29.55	33.20	36.42	40.27	42.98	51.18	58.61
25	30.68	34.38	37.65	41.57	44.31	52.62	60.14
26	31.79	35.56	38.89	42.86	45.64	54.05	61.66
27	32.91	36.74	40.11	44.14	46.96	55.48	63.16
28	34.03	37.92	41.34	45.42	48.28	56.89	64.66
29	35.14	39.09	42.56	46.69	49.59	58.30	66.15
30	36.25	40.26	43.77	47.96	50.89	59.70	67.63

表 10 *F* 分布的临界值

分子 df=1							
分母 df	尾部概率						
	0.20	0.10	0.05	0.02	0.01	0.001	0.0001
1	9.47	39.86	161	101^{1}	405^{1}	406^{3}	405^{5}
2	3.56	8.53	18.51	48.51	98.50	998	100^{2}
3	2.68	5.54	10.13	20.62	34.12	167	784
4	2.35	4.54	7.71	14.04	21.20	74.14	242
5	2.18	4.06	6.61	11.32	16.26	47.18	125
6	2.07	3.78	5.99	9.88	13.75	35.51	82.49
7	2.00	3.59	5.59	8.99	12.25	29.25	62.17
8	1.95	3.46	5.32	8.39	11.26	25.41	50.69
9	1.91	3.36	5.12	7.96	10.56	22.86	43.48
10	1.88	3.29	4.96	7.64	10.04	21.04	38.58
11	1.86	3.23	4.84	7.39	9.65	19.69	35.06
12	1.84	3.18	4.75	7.19	9.33	18.64	32.43
13	1.82	3.14	4.67	7.02	9.07	17.82	30.39
14	1.81	3.10	4.60	6.89	8.86	17.14	28.77
15	1.80	3.07	4.54	6.77	8.68	16.59	27.45
16	1.79	3.05	4.49	6.67	8.53	16.12	26.36
17	1.78	3.03	4.45	6.59	8.40	15.72	25.44
18	1.77	3.01	4.41	6.51	8.29	15.38	24.66
19	1.76	2.99	4.38	6.45	8.18	15.08	23.99
20	1.76	2.97	4.35	6.39	8.10	14.82	23.40
21	1.75	2.96	4.32	6.34	8.02	14.59	22.89
22	1.75	2.95	4.30	6.29	7.95	14.38	22.43
23	1.74	2.94	4.28	6.25	7.88	14.20	22.03
24	1.74	2.93	4.26	6.21	7.82	14.03	21.66
25	1.73	2.92	4.24	6.18	7.77	13.88	21.34
26	1.73	2.91	4.23	6.14	7.72	13.74	21.04
27	1.73	2.90	4.21	6.11	7.68	13.61	20.77
28	1.72	2.89	4.20	6.09	7.64	13.50	20.53
29	1.72	2.89	4.18	6.06	7.60	13.39	20.30
30	1.72	2.88	4.17	6.04	7.56	13.29	20.09
40	1.70	2.84	4.08	5.87	7.31	12.61	18.67
60	1.68	2.79	4.00	5.71	7.08	11.97	17.38
100	1.66	2.76	3.94	5.59	6.90	11.50	16.43
140	1.66	2.74	3.91	5.54	6.82	11.30	16.05
∞	1.64	2.71	3.84	5.41	6.63	10.83	15.14

注 :406^{3} 为 406×10^{3}。

续表

分母 df	分子 df=2						
	尾部概率						
	0.20	0.10	0.05	0.02	0.01	0.001	0.0001
1	12.00	49.50	200	125^1	500^1	500^3	500^5
2	4.00	9.00	19.00	49.00	99.00	999	100^2
3	2.89	5.46	9.55	18.86	30.82	149	695
4	2.47	4.32	6.94	12.14	18.00	61.25	198
5	2.26	3.78	5.79	9.45	13.27	37.12	97.03
6	2.13	3.46	5.14	8.05	10.92	27.00	61.63
7	2.04	3.26	4.74	7.20	9.55	21.69	45.13
8	1.98	3.11	4.46	6.64	8.65	18.49	36.00
9	1.93	3.01	4.26	6.23	8.02	16.39	30.34
10	1.90	2.92	4.10	5.93	7.56	14.91	26.55
11	1.87	2.86	3.98	5.70	7.21	13.81	23.85
12	1.85	2.81	3.89	5.52	6.93	12.97	21.85
13	1.83	2.76	3.81	5.37	6.70	12.31	20.31
14	1.81	2.73	3.74	5.24	6.51	11.78	19.09
15	1.80	2.70	3.68	5.14	6.36	11.34	18.11
16	1.78	2.67	3.63	5.05	6.23	10.97	17.30
17	1.77	2.64	3.59	4.97	6.11	10.66	16.62
18	1.76	2.62	3.55	4.90	6.01	10.39	16.04
19	1.75	2.61	3.52	4.84	5.93	10.16	15.55
20	1.75	2.59	3.49	4.79	5.85	9.95	15.12
21	1.74	2.57	3.47	4.74	5.78	9.77	14.74
22	1.73	2.56	3.44	4.70	5.72	9.61	14.41
23	1.73	2.55	3.42	4.66	5.66	9.47	14.12
24	1.72	2.54	3.40	4.63	5.61	9.34	13.85
25	1.72	2.53	3.39	4.59	5.57	9.22	13.62
26	1.71	2.52	3.37	4.56	5.53	9.12	13.40
27	1.71	2.51	3.35	4.54	5.49	9.02	13.21
28	1.71	2.50	3.34	4.51	5.45	8.93	13.03
29	1.70	2.50	3.33	4.49	5.42	8.85	12.87
30	1.70	2.49	3.32	4.47	5.39	8.77	12.72
40	1.68	2.44	3.23	4.32	5.18	8.25	11.70
60	1.65	2.39	3.15	4.18	4.98	7.77	10.78
100	1.64	2.36	3.09	4.07	4.82	7.41	10.11
140	1.63	2.34	3.06	4.02	4.76	7.26	9.84
∞	1.61	2.30	3.00	3.91	4.61	6.91	9.21

续表

分母 df	分子 df=3						
	尾部概率						
	0.20	0.10	0.05	0.02	0.01	0.001	0.0001
1	13.06	53.59	216	135^{1}	540^{1}	540^{3}	540^{5}
2	4.16	9.16	19.16	49.17	99.17	999	100^{2}
3	2.94	5.39	9.28	18.11	29.46	141	659
4	2.48	4.19	6.59	11.34	16.69	56.18	181
5	2.25	3.62	5.41	8.67	12.06	33.20	86.29
6	2.11	3.29	4.76	7.29	9.78	23.70	53.68
7	2.02	3.07	4.35	6.45	8.45	18.77	38.68
8	1.95	2.92	4.07	5.90	7.59	15.83	30.46
9	1.90	2.81	3.86	5.51	6.99	13.90	25.40
10	1.86	2.73	3.71	5.22	6.55	12.55	22.04
11	1.83	2.66	3.59	4.99	6.22	11.56	19.66
12	1.80	2.61	3.49	4.81	5.95	10.80	17.90
13	1.78	2.56	3.41	4.67	5.74	10.21	16.55
14	1.76	2.52	3.34	4.55	5.56	9.73	15.49
15	1.75	2.49	3.29	4.45	5.42	9.34	14.64
16	1.74	2.46	3.24	4.36	5.29	9.01	13.93
17	1.72	2.44	3.20	4.29	5.18	8.73	13.34
18	1.71	2.42	3.16	4.22	5.09	8.49	12.85
19	1.70	2.40	3.13	4.16	5.01	8.28	12.42
20	1.70	2.38	3.10	4.11	4.94	8.10	12.05
21	1.69	2.36	3.07	4.07	4.87	7.94	11.73
22	1.68	2.35	3.05	4.03	4.82	7.80	11.44
23	1.68	2.34	3.03	3.99	4.76	7.67	11.19
24	1.67	2.33	3.01	3.96	4.72	7.55	10.96
25	1.66	2.32	2.99	3.93	4.68	7.45	10.76
26	1.66	2.31	2.98	3.90	4.64	7.36	10.58
27	1.65	2.30	2.96	3.87	4.60	7.27	10.41
28	1.65	2.29	2.95	3.85	4.57	7.19	10.26
29	1.65	2.28	2.93	3.83	4.54	7.12	10.12
30	1.64	2.28	2.92	3.81	4.51	7.05	9.99
40	1.62	2.23	2.84	3.67	4.31	6.59	9.13
60	1.60	2.18	2.76	3.53	4.13	6.17	8.35
100	1.58	2.14	2.70	3.43	3.98	5.86	7.79
140	1.57	2.12	2.67	3.38	3.92	5.73	7.57
∞	1.55	2.08	2.60	3.28	3.78	5.42	7.04

续表

分子 df=4							
分母 df	尾部概率						
	0.20	0.10	0.05	0.02	0.01	0.001	0.0001
1	13.64	55.83	225	141^{1}	562^{1}	562^{3}	562^{5}
2	4.24	9.24	19.25	49.25	99.25	999	100^{2}
3	2.96	5.34	9.12	17.69	28.71	137	640
4	2.48	4.11	6.39	10.90	15.98	53.44	172
5	2.24	3.52	5.19	8.23	11.39	31.09	80.53
6	2.09	3.18	4.53	6.86	9.15	21.92	49.42
7	1.99	2.96	4.12	6.03	7.85	17.20	35.22
8	1.92	2.81	3.84	5.49	7.01	14.39	27.49
9	1.87	2.69	3.63	5.10	6.42	12.56	22.77
10	1.83	2.61	3.48	4.82	5.99	11.28	19.63
11	1.80	2.54	3.36	4.59	5.67	10.35	17.42
12	1.77	2.48	3.26	4.42	5.41	9.63	15.79
13	1.75	2.43	3.18	4.28	5.21	9.07	14.55
14	1.73	2.39	3.11	4.16	5.04	8.62	13.57
15	1.71	2.36	3.06	4.06	4.89	8.25	12.78
16	1.70	2.33	3.01	3.97	4.77	7.94	12.14
17	1.68	2.31	2.96	3.90	4.67	7.68	11.60
18	1.67	2.29	2.93	3.84	4.58	7.46	11.14
19	1.66	2.27	2.90	3.78	4.50	7.27	10.75
20	1.65	2.25	2.87	3.73	4.43	7.10	10.41
21	1.65	2.23	2.84	3.69	4.37	6.95	10.12
22	1.64	2.22	2.82	3.65	4.31	6.81	9.86
23	1.63	2.21	2.80	3.61	4.26	6.70	9.63
24	1.63	2.19	2.78	3.58	4.22	6.59	9.42
25	1.62	2.18	2.76	3.55	4.18	6.49	9.24
26	1.62	2.17	2.74	3.52	4.14	6.41	9.07
27	1.61	2.17	2.73	3.50	4.11	6.33	8.92
28	1.61	2.16	2.71	3.47	4.07	6.25	8.79
29	1.60	2.15	2.70	3.45	4.04	6.19	8.66
30	1.60	2.14	2.69	3.43	4.02	6.12	8.54
40	1.57	2.09	2.61	3.30	3.83	5.70	7.76
60	1.55	2.04	2.53	3.16	3.65	5.31	7.06
100	1.53	2.00	2.46	3.06	3.51	5.02	6.55
140	1.52	1.99	2.44	3.02	3.46	4.90	6.35
∞	1.50	1.94	2.37	2.92	3.32	4.62	5.88

续表

分母 df	分子 df=5						
	尾部概率						
	0.20	0.10	0.05	0.02	0.01	0.001	0.0001
1	14.01	57.24	230	144^{1}	576^{1}	576^{3}	576^{5}
2	4.28	9.29	19.30	49.30	99.30	999	100^{2}
3	2.97	5.31	9.01	17.43	28.24	135	628
4	2.48	4.05	6.26	10.62	15.52	51.71	166
5	2.23	3.45	5.05	7.95	10.97	29.75	76.91
6	2.08	3.11	4.39	6.58	8.75	20.80	46.75
7	1.97	2.88	3.97	5.76	7.46	16.21	33.06
8	1.90	2.73	3.69	5.22	6.63	13.48	25.63
9	1.85	2.61	3.48	4.84	6.06	11.71	21.11
10	1.80	2.52	3.33	4.55	5.64	10.48	18.12
11	1.77	2.45	3.20	4.34	5.32	9.58	16.02
12	1.74	2.39	3.11	4.16	5.06	8.89	14.47
13	1.72	2.35	3.03	4.02	4.86	8.35	13.29
14	1.70	2.31	2.96	3.90	4.69	7.92	12.37
15	1.68	2.27	2.90	3.81	4.56	7.57	11.62
16	1.67	2.24	2.85	3.72	4.44	7.27	11.01
17	1.65	2.22	2.81	3.65	4.34	7.02	10.50
18	1.64	2.20	2.77	3.59	4.25	6.81	10.07
19	1.63	2.18	2.74	3.53	4.17	6.62	9.71
20	1.62	2.16	2.71	3.48	4.10	6.46	9.39
21	1.61	2.14	2.68	3.44	4.04	6.32	9.11
22	1.61	2.13	2.66	3.40	3.99	6.19	8.87
23	1.60	2.11	2.64	3.36	3.94	6.08	8.65
24	1.59	2.10	2.62	3.33	3.90	5.98	8.46
25	1.59	2.09	2.60	3.30	3.85	5.89	8.28
26	1.58	2.08	2.59	3.28	3.82	5.80	8.13
27	1.58	2.07	2.57	3.25	3.78	5.73	7.99
28	1.57	2.06	2.56	3.23	3.75	5.66	7.86
29	1.57	2.06	2.55	3.21	3.73	5.59	7.74
30	1.57	2.05	2.53	3.19	3.70	5.53	7.63
40	1.54	2.00	2.45	3.05	3.51	5.13	6.90
60	1.51	1.95	2.37	2.92	3.34	4.76	6.25
100	1.49	1.91	2.31	2.82	3.21	4.48	5.78
140	1.48	1.89	2.28	2.78	3.15	4.37	5.59
∞	1.46	1.85	2.21	2.68	3.02	4.10	5.15

续表

分母 df	分子 df=6						
	尾部概率						
	0.20	0.10	0.05	0.02	0.01	0.001	0.0001
1	14.26	58.20	234	146^{1}	586^{1}	586^{3}	586^{5}
2	4.32	9.33	19.33	49.33	99.33	999	100^{2}
3	2.97	5.28	8.94	17.25	27.91	133	620
4	2.47	4.01	6.16	10.42	15.21	50.53	162
5	2.22	3.40	4.95	7.76	10.67	28.83	74.43
6	2.06	3.05	4.28	6.39	8.47	20.03	44.91
7	1.96	2.83	3.87	5.58	7.19	15.52	31.57
8	1.88	2.67	3.58	5.04	6.37	12.86	24.36
9	1.83	2.55	3.37	4.65	5.80	11.13	19.97
10	1.78	2.46	3.22	4.37	5.39	9.93	17.08
11	1.75	2.39	3.09	4.15	5.07	9.05	15.05
12	1.72	2.33	3.00	3.98	4.82	8.38	13.56
13	1.69	2.28	2.92	3.84	4.62	7.86	12.42
14	1.67	2.24	2.85	3.72	4.46	7.44	11.53
15	1.66	2.21	2.79	3.63	4.32	7.09	10.82
16	1.64	2.18	2.74	3.54	4.20	6.80	10.23
17	1.63	2.15	2.70	3.47	4.10	6.56	9.75
18	1.62	2.13	2.66	3.41	4.01	6.35	9.33
19	1.61	2.11	2.63	3.35	3.94	6.18	8.98
20	1.60	2.09	2.60	3.30	3.87	6.02	8.68
21	1.59	2.08	2.57	3.26	3.81	5.88	8.41
22	1.58	2.06	2.55	3.22	3.76	5.76	8.18
23	1.57	2.05	2.53	3.19	3.71	5.65	7.97
24	1.57	2.04	2.51	3.15	3.67	5.55	7.79
25	1.56	2.02	2.49	3.13	3.63	5.46	7.62
26	1.56	2.01	2.47	3.10	3.59	5.38	7.48
27	1.55	2.00	2.46	3.07	3.56	5.31	7.34
28	1.55	2.00	2.45	3.05	3.53	5.24	7.22
29	1.54	1.99	2.43	3.03	3.50	5.18	7.10
30	1.54	1.98	2.42	3.01	3.47	5.12	7.00
40	1.51	1.93	2.34	2.88	3.29	4.73	6.30
60	1.48	1.87	2.25	2.75	3.12	4.37	5.68
100	1.46	1.83	2.19	2.65	2.99	4.11	5.24
140	1.45	1.82	2.16	2.61	2.93	4.00	5.06
∞	1.43	1.77	2.10	2.51	2.80	3.74	4.64

续表

分母 df	分子 df=7						
	尾部概率						
	0.20	0.10	0.05	0.02	0.01	0.001	0.0001
1	14.44	58.91	237	148^{1}	593^{1}	59^{33}	593^{5}
2	4.34	9.35	19.35	49.36	99.36	999	100^{2}
3	2.97	5.27	8.89	17.11	27.67	132	614
4	2.47	3.98	6.09	10.27	14.98	49.66	159
5	2.21	3.37	4.88	7.61	10.46	28.16	72.61
6	2.05	3.01	4.21	6.25	8.26	19.46	43.57
7	1.94	2.78	3.79	5.44	6.99	15.02	30.48
8	1.87	2.62	3.50	4.90	6.18	12.40	23.42
9	1.81	2.51	3.29	4.52	5.61	10.70	19.14
10	1.77	2.41	3.14	4.23	5.20	9.52	16.32
11	1.73	2.34	3.01	4.02	4.89	8.66	14.34
12	1.70	2.28	2.91	3.85	4.64	8.00	12.89
13	1.68	2.23	2.83	3.71	4.44	7.49	11.79
14	1.65	2.19	2.76	3.59	4.28	7.08	10.92
15	1.64	2.16	2.71	3.49	4.14	6.74	10.23
16	1.62	2.13	2.66	3.41	4.03	6.46	9.66
17	1.61	2.10	2.61	3.34	3.93	6.22	9.19
18	1.60	2.08	2.58	3.27	3.84	6.02	8.79
19	1.58	2.06	2.54	3.22	3.77	5.85	8.45
20	1.58	2.04	2.51	3.17	3.70	5.69	8.16
21	1.57	2.02	2.49	3.13	3.64	5.56	7.90
22	1.56	2.01	2.46	3.09	3.59	5.44	7.68
23	1.55	1.99	2.44	3.05	3.54	5.33	7.48
24	1.55	1.98	2.42	3.02	3.50	5.23	7.30
25	1.54	1.97	2.40	2.99	3.46	5.15	7.14
26	1.53	1.96	2.39	2.97	3.42	5.07	6.99
27	1.53	1.95	2.37	2.94	3.39	5.00	6.86
28	1.52	1.94	2.36	2.92	3.36	4.93	6.75
29	1.52	1.93	2.35	2.90	3.33	4.87	6.64
30	1.52	1.93	2.33	2.88	3.30	4.82	6.54
40	1.49	1.87	2.25	2.74	3.12	4.44	5.86
60	1.46	1.82	2.17	2.62	2.95	4.09	5.27
100	1.43	1.78	2.10	2.52	2.82	3.83	4.84
140	1.42	1.76	2.08	2.48	2.77	3.72	4.67
∞	1.40	1.72	2.01	2.37	2.64	3.47	4.27

续表

分母 df	分子 df=8						
	尾部概率						
	0.20	0.10	0.05	0.02	0.01	0.001	0.0001
1	14.58	59.44	239	149^{1}	598^{1}	598^{3}	598^{5}
2	4.36	9.37	19.37	49.37	99.37	999	100^{2}
3	2.98	5.25	8.85	17.01	27.49	131	609
4	2.47	3.95	6.04	10.16	14.80	49.00	157
5	2.20	3.34	4.82	7.50	10.29	27.65	71.23
6	2.04	2.98	4.15	6.14	8.10	19.03	42.54
7	1.93	2.75	3.73	5.33	6.84	14.63	29.64
8	1.86	2.59	3.44	4.79	6.03	12.05	22.71
9	1.80	2.47	3.23	4.41	5.47	10.37	18.50
10	1.75	2.38	3.07	4.13	5.06	9.20	15.74
11	1.72	2.30	2.95	3.91	4.74	8.35	13.80
12	1.69	2.24	2.85	3.74	4.50	7.71	12.38
13	1.66	2.20	2.77	3.60	4.30	7.21	11.30
14	1.64	2.15	2.70	3.48	4.14	6.80	10.46
15	1.62	2.12	2.64	3.39	4.00	6.47	9.78
16	1.61	2.09	2.59	3.30	3.89	6.19	9.23
17	1.59	2.06	2.55	3.23	3.79	5.96	8.76
18	1.58	2.04	2.51	3.17	3.71	5.76	8.38
19	1.57	2.02	2.48	3.12	3.63	5.59	8.04
20	1.56	2.00	2.45	3.07	3.56	5.44	7.76
21	1.55	1.98	2.42	3.02	3.51	5.31	7.51
22	1.54	1.97	2.40	2.99	3.45	5.19	7.29
23	1.53	1.95	2.37	2.95	3.41	5.09	7.09
24	1.53	1.94	2.36	2.92	3.36	4.99	6.92
25	1.52	1.93	2.34	2.89	3.32	4.91	6.76
26	1.52	1.92	2.32	2.86	3.29	4.83	6.62
27	1.51	1.91	2.31	2.84	3.26	4.76	6.50
28	1.51	1.90	2.29	2.82	3.23	4.69	6.38
29	1.50	1.89	2.28	2.80	3.20	4.64	6.28
30	1.50	1.88	2.27	2.78	3.17	4.58	6.18
40	1.47	1.83	2.18	2.64	2.99	4.21	5.53
60	1.44	1.77	2.10	2.51	2.82	3.86	4.95
100	1.41	1.73	2.03	2.41	2.69	3.61	4.53
140	1.40	1.71	2.01	2.37	2.64	3.51	4.36
∞	1.38	1.67	1.94	2.27	2.51	3.27	3.98

续表

分母 df	分子 df=9						
	尾部概率						
	0.20	0.10	0.05	0.02	0.01	0.001	0.0001
1	14.68	59.86	241	151^{1}	602^{1}	602^{3}	602^{5}
2	4.37	9.38	19.38	49.39	99.39	999	100^{2}
3	2.98	5.24	8.81	16.93	27.35	130	606
4	2.46	3.94	6.00	10.07	14.66	48.47	155
5	2.20	3.32	4.77	7.42	10.16	27.24	70.13
6	2.03	2.96	4.10	6.05	7.98	18.69	41.73
7	1.93	2.72	3.68	5.24	6.72	14.33	28.99
8	1.85	2.56	3.39	4.70	5.91	11.77	22.14
9	1.79	2.44	3.18	4.33	5.35	10.11	18.00
10	1.74	2.35	3.02	4.04	4.94	8.96	15.27
11	1.70	2.27	2.90	3.83	4.63	8.12	13.37
12	1.67	2.21	2.80	3.66	4.39	7.48	11.98
13	1.65	2.16	2.71	3.52	4.19	6.98	10.92
14	1.63	2.12	2.65	3.40	4.03	6.58	10.09
15	1.61	2.09	2.59	3.30	3.89	6.26	9.42
16	1.59	2.06	2.54	3.22	3.78	5.98	8.88
17	1.58	2.03	2.49	3.15	3.68	5.75	8.43
18	1.56	2.00	2.46	3.09	3.60	5.56	8.05
19	1.55	1.98	2.42	3.03	3.52	5.39	7.72
20	1.54	1.96	2.39	2.98	3.46	5.24	7.44
21	1.53	1.95	2.37	2.94	3.40	5.11	7.19
22	1.53	1.93	2.34	2.90	3.35	4.99	6.98
23	1.52	1.92	2.32	2.87	3.30	4.89	6.79
24	1.51	1.91	2.30	2.83	3.26	4.80	6.62
25	1.51	1.89	2.28	2.81	3.22	4.71	6.47
26	1.50	1.88	2.27	2.78	3.18	4.64	6.33
27	1.49	1.87	2.25	2.76	3.15	4.57	6.21
28	1.49	1.87	2.24	2.73	3.12	4.50	6.09
29	1.49	1.86	2.22	2.71	3.09	4.45	5.99
30	1.48	1.85	2.21	2.69	3.07	4.39	5.90
40	1.45	1.79	2.12	2.56	2.89	4.02	5.26
60	1.42	1.74	2.04	2.43	2.72	3.69	4.69
100	1.40	1.69	1.97	2.33	2.59	3.44	4.29
140	1.39	1.68	1.95	2.29	2.54	3.34	4.12
∞	1.36	1.63	1.88	2.19	2.41	3.10	3.75

续表

分母 df	分子 df=10						
	尾部概率						
	0.20	0.10	0.05	0.02	0.01	0.001	0.0001
1	14.77	60.19	242	151^{1}	606^{1}	606^{3}	606^{5}
2	4.38	9.39	19.40	49.40	99.40	999	100^{2}
3	2.98	5.23	8.79	16.86	27.23	129	603
4	2.46	3.92	5.96	10.00	14.55	48.05	154
5	2.19	3.30	4.74	7.34	10.05	26.92	69.25
6	2.03	2.94	4.06	5.98	7.87	18.41	41.08
7	1.92	2.70	3.64	5.17	6.62	14.08	28.45
8	1.84	2.54	3.35	4.63	5.81	11.54	21.68
9	1.78	2.42	3.14	4.26	5.26	9.89	17.59
10	1.73	2.32	2.98	3.97	4.85	8.75	14.90
11	1.69	2.25	2.85	3.76	4.54	7.92	13.02
12	1.66	2.19	2.75	3.59	4.30	7.29	11.65
13	1.64	2.14	2.67	3.45	4.10	6.80	10.60
14	1.62	2.10	2.60	3.33	3.94	6.40	9.79
15	1.60	2.06	2.54	3.23	3.80	6.08	9.13
16	1.58	2.03	2.49	3.15	3.69	5.81	8.60
17	1.57	2.00	2.45	3.08	3.59	5.58	8.15
18	1.55	1.98	2.41	3.02	3.51	5.39	7.78
19	1.54	1.96	2.38	2.96	3.43	5.22	7.46
20	1.53	1.94	2.35	2.91	3.37	5.08	7.18
21	1.52	1.92	2.32	2.87	3.31	4.95	6.94
22	1.51	1.90	2.30	2.83	3.26	4.83	6.73
23	1.51	1.89	2.27	2.80	3.21	4.73	6.54
24	1.50	1.88	2.25	2.77	3.17	4.64	6.37
25	1.49	1.87	2.24	2.74	3.13	4.56	6.23
26	1.49	1.86	2.22	2.71	3.09	4.48	6.09
27	1.48	1.85	2.20	2.69	3.06	4.41	5.97
28	1.48	1.84	2.19	2.66	3.03	4.35	5.86
29	1.47	1.83	2.18	2.64	3.00	4.29	5.76
30	1.47	1.82	2.16	2.62	2.98	4.24	5.66
40	1.44	1.76	2.08	2.49	2.80	3.87	5.04
60	1.41	1.71	1.99	2.36	2.63	3.54	4.48
100	1.38	1.66	1.93	2.26	2.50	3.30	4.08
140	1.37	1.64	1.90	2.22	2.45	3.20	3.93
∞	1.34	1.60	1.83	2.12	2.32	2.96	3.56

表 11　95% 置信区间的 Bonferroni 乘数

df	检验的数目									
	1	2	3	4	5	6	8	10	15	20
1	12.706	25.452	38.185	50.923	63.657	76.384	101.856	127.321	190.946	254.647
2	4.303	6.205	7.648	8.860	9.925	10.885	12.590	14.089	17.275	19.963
3	3.182	4.177	4.857	5.392	5.841	6.231	6.895	7.453	8.575	9.465
4	2.776	3.495	3.961	4.315	4.604	4.851	5.261	5.598	6.254	6.758
5	2.571	3.163	3.534	3.810	4.032	4.219	4.526	4.773	5.247	5.604
6	2.447	2.969	3.287	3.521	3.707	3.863	4.115	4.317	4.698	4.981
7	2.365	2.841	3.128	3.335	3.499	3.636	3.855	4.029	4.355	4.595
8	2.306	2.752	3.016	3.206	3.355	3.479	3.677	3.833	4.122	4.334
9	2.262	2.685	2.933	3.111	3.250	3.364	3.547	3.690	3.954	4.146
10	2.228	2.634	2.870	3.038	3.169	3.277	3.448	3.581	3.827	4.005
11	2.201	2.593	2.820	2.981	3.106	3.208	3.370	3.497	3.728	3.895
12	2.179	2.560	2.779	2.934	3.055	3.153	3.308	3.428	3.649	3.807
13	2.160	2.533	2.746	2.896	3.012	3.107	3.256	3.372	3.584	3.735
14	2.145	2.510	2.718	2.864	2.977	3.069	3.214	3.326	3.529	3.675
15	2.131	2.490	2.694	2.837	2.947	3.036	3.177	3.286	3.484	3.624
16	2.120	2.473	2.673	2.813	2.921	3.008	3.146	3.252	3.444	3.581
17	2.110	2.458	2.655	2.793	2.898	2.984	3.119	3.222	3.410	3.543
18	2.101	2.445	2.639	2.775	2.878	2.963	3.095	3.197	3.380	3.510
19	2.093	2.433	2.625	2.759	2.861	2.944	3.074	3.174	3.354	3.481
20	2.086	2.423	2.613	2.744	2.845	2.927	3.055	3.153	3.331	3.455
25	2.060	2.385	2.566	2.692	2.787	2.865	2.986	3.078	3.244	3.361
30	2.042	2.360	2.536	2.657	2.750	2.825	2.941	3.030	3.189	3.300
40	2.021	2.329	2.499	2.616	2.704	2.776	2.887	2.971	3.122	3.227
50	2.009	2.311	2.477	2.591	2.678	2.747	2.855	2.937	3.083	3.184
60	2.000	2.299	2.463	2.575	2.660	2.729	2.834	2.915	3.057	3.156
70	1.994	2.291	2.453	2.564	2.648	2.715	2.820	2.899	3.039	3.137
80	1.990	2.284	2.445	2.555	2.639	2.705	2.809	2.887	3.026	3.122
100	1.984	2.276	2.435	2.544	2.626	2.692	2.793	2.871	3.007	3.102
140	1.977	2.266	2.423	2.530	2.611	2.676	2.776	2.852	2.986	3.079
1000	1.962	2.245	2.398	2.502	2.581	2.643	2.740	2.813	2.942	3.031
∞	1.960	2.241	2.394	2.498	2.576	2.638	2.734	2.807	2.935	3.023

表中给出的值是 $f_{\mathrm{df},0.025/k}$，其中 k 为检验的数目。

部分练习答案

第 1 章

1.2.3 针灸师希望针灸治疗比服用阿司匹林作用更好一些，因此他“看到”进行针灸治疗的人比服用阿司匹林的人有更多的改善——即使两组患者对治疗的反应实际是相同的。

1.3.1 （a）整群抽样。三个诊所是三个群。

1.3.2 （a）样本是非随机的，很可能不能代表一般总体，因为它是由（1）来自于夜总会的（2）志愿者组成。（i）参加夜总会人的社交焦虑水平很可能低于普通大众的社交焦虑水平；（ii）最好的抽样分层是从交叉总体招募研究对象。

第 2 章

2.1.2 （a）（i）体重和身高；（ii）连续变量；（iii）一个儿童；（iv）37。（b）（i）血型与胆固醇水平；（ii）血型是分类型的，胆固醇水平是连续型的；（iii）一个人；（iv）129。

2.2.1 （a）（i）没有唯一正确的答案。一种可能是：

臼齿宽度	频数（样品的数目）
[5.4，5.6)	1
[5.6，5.8)	5
[5.8，6.0)	7
[6.0，6.2)	12
[6.2，6.4)	8
[6.4，6.6)	2
[6.6，6.8)	1
合计	36

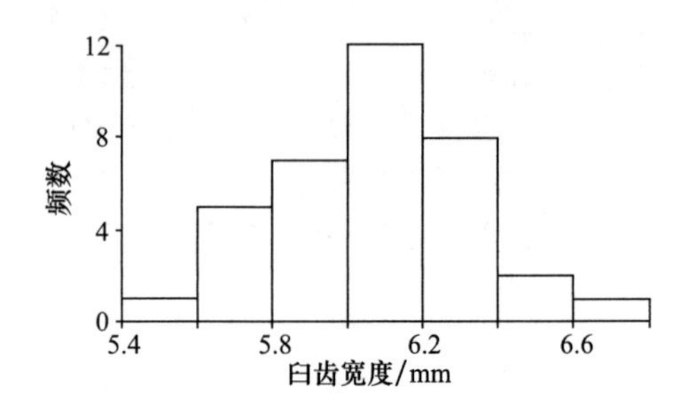

（b）这个分布是相当对称的。

2.2.7 没有唯一正确的答案。一种可能是：

葡萄糖 /%	频数（狗的数目）
[70，75)	3
[75，80)	5
[80，85)	10
[85，90)	5
[90，95)	2
[95，100)	2
[100，105)	1
[105，110)	1
[110，115)	0
[115，120)	1
[120，125)	0
[125，130)	0
[130，135)	1
合计	31

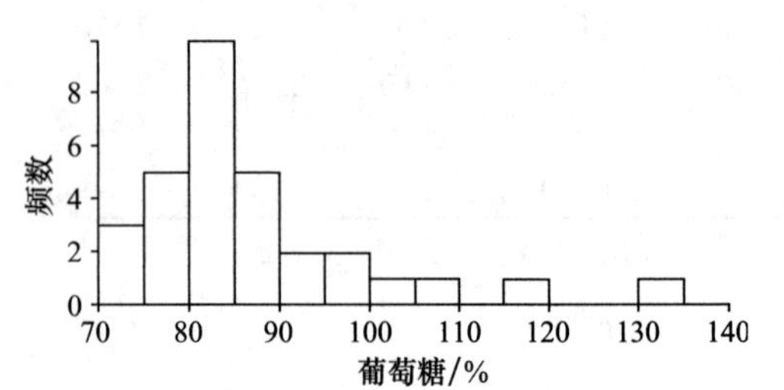

2.3.1 具有$\sum y_i$=100 的任何样本都是正确的。例如，18，19，20，21，22。

2.3.5 $\bar{y}$ =293.8mg/dL, 中位数 =283mg/dL。

2.3.6 $\bar{y}$ =309mg/dL, 中位数 =292mg/dL。

2.3.11 中位数 =10.5 仔猪。

2.3.13 平均数≈中位数≈ 50。

2.3.14 15%。

2.4.2 （a）中位数 =9.2,Q_1=7.4,Q_2=11.9；（b）IQR=4.5；（c）上栅栏 =18.65；

（d）

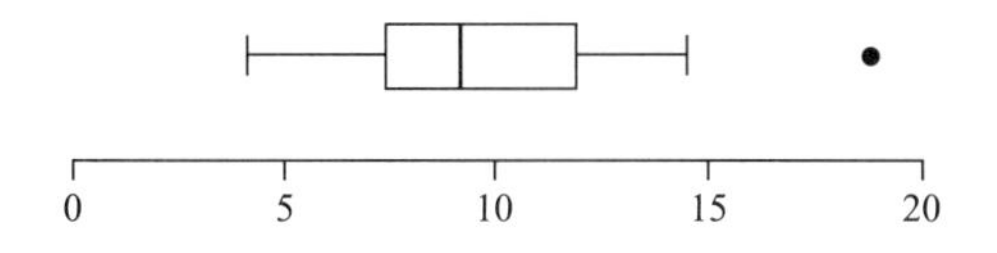

2.6.1 （a）s=2.45；（b）s=3.32。

2.6.4 （a）$\bar{y}$ =33.10lb，s=3.444lb;（b）变异系数 =10.4%。

2.6.9 （a）32.23 ± 8.07 表示有 10/15 或 67% 的观察值；（b）16.09~ 48.37 表示有 15/15 或 100% 的观察值。

2.6.14 4%

2.6.15 $\bar{y}$ =45,s=12。

2.7.1 平均数 =37.3, 标准差 =12.9。

2.S.13 （a）中位数 =38；（b）Q_1=36,Q_3=41；（d）66.4%。

第 3 章

3.2.1 （a）0.51；（b）0.94；（c）0.46；（d）0.54。

3.2.5 （a）0.107。

3.2.6 （a）0.916。

3.3.1 （a）0.185；（b）0.117；（c）不是相互独立的，P{ 吸烟 }≠P{ 吸烟｜高收入 }。

3.4.3 （a）0.62。

3.5.5 0.9。

3.5.6 0.794。

3.6.6 （a）0.3746；（b）0.0688；（c）0.1254。

3.6.9 （a）0.75^6=0.1780；（b）1−0.1780=0.8220。

3.7.1 依据期望频率所得数量：939.5；5982.5；15873.1；22461.8；17879.3；7590.2；1342.6。

3.S.3 0.3369。

3.S.7 （a）$1-0.99^{100}$=0.6340；

(b) $1-0.99^n \geqslant 0.95$,因此$n \geqslant \log(0.05)/\log(0.99)$,$n \geqslant 299$。

3.S.10 (a) 0.0209。

第 4 章

4.3.3 （a）84.13%；（b）61.47%；（c）77.34%；（d）22.66%；（e）20.38%；（f）20.38%。

4.3.4 （a）22.66%；（b）20.38%。

4.3.8 （a）90.7lb；（b）85.3lb。

4.3.12 （a）98.76%；（b）98.76%；（c）1.24%。

4.4.3 （b）

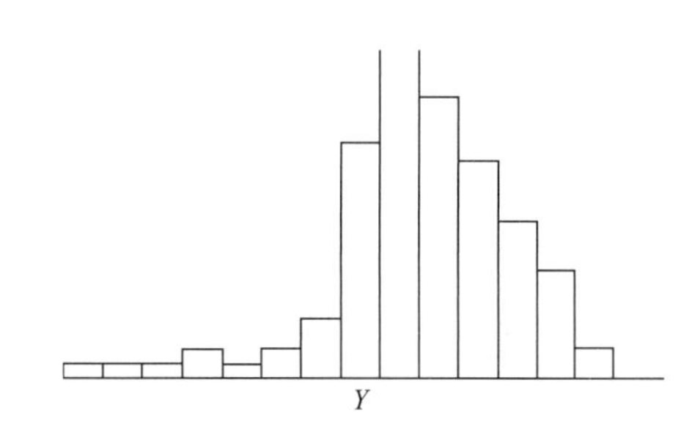

4.4.8 （a）否，小的p值只说明数据是非正态的。

4.S.4 （a）97.98%；（b）12.71%；（c）46.39%；（d）10.69%；（e）35.51%；（f）5.59%；（g）59.10%。

4.S.5 0.122。

4.S.6 173.2cm。

4.S.8 （a）1.96；（b）2.58。

4.S.15 0.1056。

4.S.18 200。

第 5 章

5.1.2 23/64。

5.2.5 （a）28.12%；（b）71.54%；（c）0.7154。

5.2.6 （a）0.6680。

5.2.10 （a）0.1861；（b）0.9044。

5.2.13 （a）0.1056；（b）0.0150。

5.2.15 （a）41.5；（b）2.35。

5.3.1 （a）0.66；（b）0.29。

5.4.1 （a）0.1762；（b）0.1742。

5.4.4 （a）0.7198。

5.4.6 （a）0.9708。

5.S.1 （a）0.2611。

5.S.9 9.68%。

第 6 章

6.2.1 （a）51.3ng/g；（b）26.5ng/g。

6.3.3 （a）SE=3.9mg；（b）（23.4,40.0）。

6.3.10 （a）4.1 $< \mu <$ pg/mL。

（b）所有本研究中参加健身运动的人，一月到五月血液中 HBE 含量平均下降最少 4.1pg/mL，最高 21.9pg/mL，这个推断我们有 95% 的置信度。

6.3.14 1.17 $< \mu <$ 1.23mm。

6.3.18 2.81。

6.4.2 178 位中年男子。

6.4.5 36 株。

6.5.1 SD 比平均值高，但是观察值为负值是不可能的。因此，分布肯定是右偏的。

6.5.6 观察单元（培养瓶中的每份样品）嵌套在随机分配的处理单元（培养瓶）内。因此，数据中有分层结构，这 6 个观察值彼此之间可能不是相互独立的，试验中 SE 的计算方法可能不正确。

6.6.1 2.41。

6.6.7 0.44。

6.7.1 1.46 $< \mu_1\text{-}\mu_2 <$ 3.34。

6.7.6 （a）-5 $< \mu_1\text{-}\mu_2 <$ 9（S）；

（c）我们有 90% 的置信度推断：抗生素处理后老鼠凝血酶原时间的总体平均值（μ_1）比正常组老鼠凝血酶原时间的总体平均值（μ_2）低 5S，最多高 9S。

6.S.2 （a）$\bar{y}$ =2.275;s=0.238;SE=0.084。

（b）（2.08,2.47）。

（c）μ 红皮软粒冬小麦“Tetratichon”花后 3 周茎秆直径的总体平均值。

6.S.4 63 株。

6.S.9 （a）我们必须能够认为数据是来自一个近似正态分布总体、由相互独立的观察值构成的较大随机样本。

（b）总体分布的正态性。

（c）孪生个体的出生体重之间是有关联的，因此需对观察值的独立性提出质疑。

第 7 章

关于假设检验的讨论 假设检验练习的答案应包括假设的文字陈述和针对文中试验问题结论的文字陈述。在这些陈述的表述中，我们尽量抓住解决生物学问题的本质。陈述必须尽量简洁，尽管这样会掩盖很多事实上可能很重要的问题。例如，假设和结论可能显示出在处理和效应之间呈现出某种因果关系；事实上，这种因果关系解释的正确性通常取决于有关研究设计（比如动物在不同试验处理组中的无偏分配）和详细的试验过程（比如检测或测量技术的精确性）及因素数目。总之，学生们应该意识到文字陈述的目的是澄清统计学概念；而其生物学内容则可能有待商榷。

7.1.2 （b）9。

7.2.1 （a）t_s=–3.13，因此 0.02 $< P$ 值$<$ 0.04；

（b）t_s=1.25，因此 0.02 $< P <$ 0.40；

（c）t_s=4.62，因此 $P <$ 0.001。

7.2.3 （a）是；（b）否；（c）是；（d）否。

7.2.7 （a）：平均血清素浓度在心脏病患者组和对照组是一样的（μ_1=μ_2）；H_A：平均血清素浓度在心脏病患者组和对照组是不一样的（$\mu_1 \neq \mu_2$）。t_s=–1.38。不能拒绝 H_0。因此没有足够的证据（0.10 $< P <$ 0.20）得出结论：血清素的水平在心脏病患者组和对照组之间是有差异的。

7.2.11 H_0: 浸水处理对 ATP 没有影响（μ_1=μ_2）；H_A：浸水处理对 ATP 有影响（$\mu_1 \neq \mu_2$）。t_s=–3.92。H_0 被拒绝。

7.3.4 第Ⅱ类错误。

7.3.6 会拒绝；因为 0 在置信区间之外，我们知道 P 值<0.05，所以拒绝 $\mu_1\text{-}\mu_2$=0 这个假设。

7.4.1 有呼吸道疾病的人搬到了亚利桑那州（是因为干燥的空气对他们有益）。

7.4.4 （a）咖啡消费速度；

（b）冠心病（表现出来的或没有表现出来的）；

（c）受试个体（即 1040 个人）。

7.5.1 （a）0.10 $< P <$ 0.20；

（b）0.03 $< P <$ 0.04。

7.5.3 （a）是；（b）是；（c）是；（d）否。

7.5.9 H_0: 受损植物对幼虫生长没有影响(μ_1=μ_2)；H_A：受损植株倾向于抑制幼虫的生长（$\mu_1 < \mu_2$），其中 1 表示受损植物，2 表示对照植物。t_s=–2.69。拒绝 H_0。有足够的证据（0.005 $< P <$ 0.01) 得出结论：受损植株倾向于抑制幼虫的生长。

7.5.10 （a）H_0：药物对疼痛无效 ($\mu_1=\mu_2$)；H_A：药物可以止痛（$\mu_1 > \mu_2$）。t_s=1.81。H_0 被拒绝。有足够的证据（$0.03 < P < 0.04$）得出结论：药物是有效的。
（b）P 值在 0.06~0.08。在 α=0.05 水平下我们不能拒绝 H_0。

7.6.4 否，根据置信区间，该数据未能说明实际的差数是“重要的”。

7.6.6 0.33。

7.7.1 （a）23；（b）11。

7.7.4 （a）71；（b）101；（c）58。

7.7.6 0.5。

7.10.1 （a）$P > 0.149$；（b）P=0.048；（c）P=0.0025。

7.10.3 （a）H_0：甲苯对大鼠纹状体的多巴胺没有影响；H_A：甲苯对大鼠纹状体的多巴胺有影响。U_S=32。拒绝 H_0。有足够的证据（$0.015 < P < 0.041$）得出结论：甲苯增加了大鼠纹状体的多巴胺浓度。

7.S.2 H_0：高血压人群的血小板钙离子平均数与正常血压人群相同（$\mu_1=\mu_2$）；H_A：高血压人群的血小板钙离子平均数与正常血压人群不同（$\mu_1 \neq \mu_2$）。
t_s=11.2。H_0 被拒绝。有足够的证据（$P < 0.0001$）得出结论：高血压人群的血小板钙离子比较高。

7.S.4 否；因为样本容量相当大，所以 t 检验是有效的。

7.S.8 H_0：胁迫对生长没有影响；H_A：胁迫会延缓生长。U_s=148.5。拒绝 H_0。有足够的证据（$P < 0.0021$）得出结论：胁迫会延缓生长。

7.S.21 错误；0 在置信区间内。

第 8 章

8.2.1 （a）0.34。

8.2.3 H_0：孕酮对 cAMP 没有影响（$\mu_1=\mu_2$）；H_A：孕酮对 cAMP 有一些影响（$\mu_1=\mu'_2$）。t_s=3.4。拒绝 H_0。有足够的证据（$0.04 < P$ 值< 0.05）得出结论：在这些条件下孕酮会使 cAMP 降低。

8.2.6 （a）$-0.50 < \mu_1-\mu_2 < 0.74$(℃)，其中 1 表示处理，2 表示对照。

8.4.1 （a）$P > 0.20$；（b）P=0.180；（c）P=0.039；（d）P=0.04。

8.4.4 H_0：大脑皮层的重量不受环境的影响（p=0.05）；H_A：环境的丰富增加了大脑皮层的重量（$p > 0.5$）。H_s=10。拒绝 H_0。有足够的证据（P=0.0195）得出结论：环境的丰富增加了大脑皮层的重量。

8.4.8 0.000061。

8.4.11 n=6;P 值 =0.03125。

8.5.1 （a）$P > 0.20$；（b）P=0.078；（c）P=0.047；（d）P=0.016。

8.5.3 H_0：饥饿评级不受处理（mCPP 与安慰剂）的影响；H_A：处理影响饥饿评级。W_s=27 且 n_D=8。不能拒绝 H_0。没有足够的证据（$P > 0.20$）得出结论：处理具有影响。

8.6.4 否。“准确”的预期值意味着个体差异（差数）很小。要判断是否为这种情况，我们需要有差数各自的值；只有这样，我们才可以判断出大多数的量值（差数的绝对值）是否都很小。

8.S.8 H_0：水塘中鱼种类的平均数量与浅滩的一样（$\mu_1=\mu_2$）；H_A：水塘和浅滩中鱼种类的平均数量不同（$\mu_1 \neq \mu_2$）。t_s=4.58。拒绝 H_0。有足够的证据（$P < 0.001$）得出结论：水塘中鱼种类的平均数量比浅滩中的多。

8.S.12 H_0：咖啡因对 RER 没有影响（$\mu_1=\mu_2$）；H_A：咖啡因对 RER 有一些影响（$\mu_1 \neq \mu_2$）。t_s=3.94。拒绝 H_0。有足够的证据（$0.001 < P < 0.01$）得出结论：在这些条件下咖啡因能够降低 RER。

第 9 章

9.1.2 （a）0.250；（b）0.441；
（c）不可能，变异的最低可能性为 0，而在此情况下 $\tilde{p}$ 为 2/7。

9.1.4 （a）0.2501；（b）0.0352。

9.1.5 （a）（i）0.3164；（ii）0.4219；（iii）0.2109；（iv）0.0469；（v）0.0039。

9.1.9 0.5259。

9.2.2 （a）0.040；（b）0.020。

9.2.3 （a）(0.134, 0.290)；（b）(0.164, 0.242)。

9.2.5 （a）（0.164, 0.250）；
（b）我们有 95% 的置信度认为第一次接受疫苗

注射的婴儿产生不良反应的概率在 0.164~0.250 之间。

9.2.7 $n \geqslant 146$。

9.3.4 （0.646,0.838）。

9.4.1 H_0：总体比例为 12:3:1（P{ 白色 }=0.75，P{ 黄 色 }=0.1875，P{ 绿 色 }=0.0625）；H_A：比例不是 12:3:1。χ_s^2=0.69，接受 H_0，很小或没有证据显示（P 值 >0.20）比例是错误的，数据与比例相符。

9.4.2 如练习 9.4.1 中的 H_A 和 H_0。χ_s^2=6.9，拒绝，0.02<P 值 <0.05，有足够证据推断这个比例是不正确的，数据与比例不符。

9.4.8 H_0：药物不会引起肿瘤（P{T}=1/3）；H_A：药物引起肿瘤（P{T}>1/3），其中 T 表示处理的小白鼠首先发现肿瘤。χ_s^2=6.4，拒绝 H_0，0.005<p<0.01，有足够证据推断药物可引起肿瘤发生。

9.S.2 （a）0.2111；（b）0.5700。

9.S.3 （0.707,0.853）。

9.S.14 H_0: 方向性选择是随机的（P{ 向海滨方向 }=0.25，P{ 远离海滨方向 }=0.25，P{ 沿着海岸右侧 }=0.25，P{ 沿着海岸左侧 }=0.25）；H_A：方向性选择不是随机的。χ_s^2=4.88，接受 H_0，0.10<P 值 <0.20；没有足够证据推断方向性选择不是随机的。

9.S.16 H_0：对于 4 种类型豆子，象鼻虫将卵产在某特定类型豆子上的概率是 0.25；H_A：H_0 是错误的。χ_s^2=2.33，接受 H_0，P 值 >0.20，没有足够证据推断豆象对某种类型豆子具有偏爱性。

第 10 章

10.2.3 （a）

5	20
10	40

（b）$\hat{p}_1$=5/15=1/3，$\hat{p}_2$=20/60=1/3；是。

10.2.5 H_0：感染红叶螨并未引起植株对黄萎病的抗性（p_1=p_2）；H_A：感染红叶螨能够引起植株对黄萎病的抗性（$p_1 < p_2$），其中，用 p 代表棉株枯萎的概率，1 表示有红叶螨，2 代表没有红叶螨。χ_s^2=7.21，0.0005 < P < 0.005，拒绝 H_0，有足够证据表明感染红叶螨确实能引起植株对黄萎病的抗性。

10.2.10 H_0：这两种服药方式具有相同的作用效果（p_1=p_2）；H_A：这两种服药方式的作用效果不同（$p_1 \neq p_2$）。χ_s^2=4.48。0.02 < P < 0.05，拒绝 H_0。有足够证据说明同时服用几种药物比陆续服用的效果更好。

10.2.13 H_0：安克洛酶和安慰剂的作用效果相同（p_1=p_2）；H_A：安克洛酶和安慰剂的作用效果不同（$p_1 \neq p_2$）。χ_s^2=3.82。0.05 < P 值< 0.10，接受 H_0，认为没有足够证据证明这两种药物的作用效果不同。

10.3.3 （a）$\hat{P}$ {D|S}=0.239，$\hat{P}$ {D|WW}=0.305，$\hat{P}$ {S|D}=0.439，{S|A}=0.522。

(b)：H_0 治疗方式与存活率之间没有关系（P{D|S}= $\hat{p}$ {D|WW}）；H_A：治疗方式（手术治疗和密切观察治疗）与存活率密切相关（P{D|S} ≠ P{D|WW}）。0.05 < P < 0.10，接受 H_0，没有足够证据证明这两种治疗方式的作用效果不同。

10.3.4 （a）$\hat{P}$ {RF|RH}=0.934；
（b）$\hat{P}$ {RF|LH}=0.511；（c）χ_s^2=398；
（d）χ_s^2=1623。

10.4.1

5	1
9	15

6	0
8	16

10.5.3 H_0：溃疡患者的血型分布与健康人群相同（P{O|UP}=P{O|C}，P{A|UP}=P{A|C}，P{B|UP}=P{B|C}，P{B|UP}=P{AB|C}）；H_A：两个人群的血型分布不同。拒绝 H_0，P 值< 0.0001，df=3，有足够证据证明溃疡患者的血型分布与健康人群的显著不同。

10.5.5 （a）H_0：ADAS-Cog 得分的改变与治疗方式无关；H_A：ADAS-Cog 得分的改变与治疗方式有关。χ_s^2=10.26，df=4。拒绝，0.02 < P < 0.05，认为有足够的证据证明银杏提取物（EGb）与安慰剂的作用效果不同。

10.6.2 这种分析方法并不恰当，因为不同窝组的观察值向量（小鼠）是随机分配的。这种分组结构会产生质疑，即 224 只小鼠的观察条件是否相互独立，尤其是研究人员认为不同窝组间存在较大差异。

10.7.3 $0.001 < p_1\text{-}p_2 < 0.230$。否；该置信区间说明卧床休息或许对健康是不利的。

10.7.5 （a）$0.067 < p_1\text{-}p_2 < 0.118$。

（b）我们有 95% 的置信度认为胃溃疡患者中，O 型血人群所占的比例与健康人群中的比例在 0.067~0.118；也就是说，我们有 95% 的置信度认为 p_1 比 p_2 大 0.067~0.118。

10.8.1 H_0：中风与使用口服避孕药之间没有必然联系（p=0.5）；H_A：中风与使用口服避孕药有关（$p \neq 0.5$），此处，p 代表不协调对“是（实验组）/ 否（对照组）”的概率。χ_s^2=6.72，拒绝 H_0。$0.001 < P$ 值< 0.01，有足够证据说明口服避孕药很可能导致中风（P 值> 0.5）。

10.9.1 （a）（i）1.339，（ii）1.356；（b）（i）1.314，（ii）1.355。

10.9.7 （a）1.241；（b）（1.036，1.488）。

（c）我们有 95% 的置信度认为与服用依诺肝素相比，服用肝素能使产生不适反应的人数增加 1.036~1.488 倍。

10.S.3 （a）H_0：温暖环境中性别比例为 1:1（p_1=0.5）；H_A：温暖环境中性别比例并非 1:1（$p_1 \neq 0.5$），此处，p_1 代表温暖环境中雌性所占的概率。χ_s^2=0.18，接受 H_0。P 值> 0.20，认为没有足够证据证明温暖环境中群体性别比例不是 1:1。

（c）H_0：两种环境条件下的群体性别比例相同（p_1=p_2）；H_A：两种环境条件下的群体性别比例不相同（$p_1 \neq p_2$）；此处，p 代表雌性所占的概率，1 和 2 分别代表温暖和寒冷两种环境。χ_s^2=4.20，否定 H_0。$0.02 < P$ 值< 0.05，有足够证据说明寒冷环境中雌性所占的比例比温暖环境中高。

10.S.12 H_0：原捕捉位点与再捕捉位点之间没有关联（P{RI|CI}=P{RI|CII}）；H_A：果蝇优先返回原捕捉位点（P\{RI|CI\} $> P$\{RI|CII\}），此处，C 和 R 分别代表首次捕获和重捕，I 和 II 分别代表捕获地点。拒绝 H_0，$0.0005 < P$ 值< 0.005，有足够证据认为果蝇优先返回它们的原捕捉位点。

10.S.14 （a）1.709；（b）$1.55 < P < 1.89$；（c）比值比给出了与女性相比男性存活率的估计值。与男性（1.658）相比，该比例（1.709）为女性死亡相对风险的近似估计值，因此死亡率较低。

第 11 章

11.2.1 （a）SS（组间）=228，SS（组内）=120；

（b）SS（总）=348；

（c）MS（组间）=114，MS（组内）=15， =3.87。

11.2.4 （a）

来源	df	SS	MS
组间	3	135	45
组内	12	337	28.08
总变异	15	472	

（b）4；

（c）16。

11.4.2 （a）H_0：不同压力条件下淋巴细胞浓度的平均数相等（μ_1=μ_2=μ_3=μ_4）；H_A：不同压力条件会导致淋巴细胞浓度的平均数不同（即不完全相等）。F_S=3.84，拒绝 H_0。$0.01 < P$ 值< 0.02，认为有足够证据证明不同压力条件确实会导致不同的淋巴细胞平均浓度。

（b）$s_{合并}$=2.78 个细胞 /mL × 10^6。

11.4.3 （a）H_0：三组人的 HBE 平均数相等（μ_1=μ_2=μ_3）；H_A：三组人的 HBE 平均数不相等（即不完全相等）。F_S=0.58，接受 H_0。P 值< 0.20，则认为没有足够证据证明三组人的 HBE 平均值不相等。

（d）$s_{合并}$=14.4pg/mL。

11.6.2 此题的正确答案不止一个。一种可能性如下：

处理	乳猪				
	窝组 1	窝组 2	窝组 3	窝组 4	窝组 5
1	2	5	2	4	5
2	1	4	1	1	2
3	4	2	5	2	4
4	5	3	3	3	3
5	3	1	4	5	1

11.6.5 方案 II 更好。我们想使同一区组间的单元彼此相似，方案 II 达到了这一期望。而方案 I 中，雨水的效应可能与其他因素混淆。

11.7.2 （a）

来源	df	SS	MS
树种之间	1	2.19781	2.19781
涝害水平之间	1	2.25751	2.25751
交互作用	1	0.097656	0.097656
组内	12	0.47438	0.03953
总变异	15	5.027356	

（b）F_S=0.097656/0.03953=2.47。查书后统计表中的表 10 知，当自由度 df 为 1 和 12 时，$F_{0.20}$=1.84 且 $F_{0.10}$=3.18。因此，0.10 < P 值 < 0.20，我们接受 H_0。因为 p > 0.10，认为没有足够证据证明两者存在互作效应。

（c）F_S=2.19781/0.03953=55.60。查书后统计表中的表 10 知，当自由度 df 为 1 和 12 时，$F_{0.0001}$=32.43。因此，P 值 < 0.0001，拒绝 H_0。P 值 < 0.0001，有足够证据说明不同树种的 ATP 含量不同。

（d）$s_{合并}=\sqrt{0.03953}$ =0.199。

11.7.4 （a）$F_s=\dfrac{31.33/1}{30,648.81/(223-4)}$ =31.33/139.95=0.22。查表 10 知，当自由度 df 为 1 和 140 时，$F_{0.20}$=1.66。因此，P 值 > 0.20，接受 H_0。P 值 > 0.20，认为没有足够证据说明两者存在互作效应。

11.8.2 （a）123mm Hg；（b）123.2 mm Hg；（d）0.851mm Hg。

11.8.7 0.67 < μ_E-μ_S < 1.48gm，此处，μ_E=(1/2)（$\mu_{E·低}$+$\mu_{E·高}$），且 μ_s=(1/2)（$\mu_{s·低}$+$\mu_{s·高}$）。

11.8.8 （b）L=3.685nmol/10^8 血小板 /h；SEL=1.048nmol/10^8 血小板 /h。

11.9.1 拒绝下列假设：H_0：μ_C=μ_D；H_0：μ_A=μ_D：H_0：μ_B=μ_D；H_0：μ_C=μ_E：H_0：μ_A=μ_E；H_0：μ_B=μ_E：H_0：μ_B=μ_C；H_0：μ_A=μ_c。接受下列假设：H_0：μ_A=μ_B：H_0：μ_D=μ_E。

概括为：

C $\underline{\text{A B}}$ $\underline{\text{E D}}$

有足够证据证明 D、E 处理的平均值最大，A、B 次之，C 最小。因此，没有足够证据说明处理 A、B 或 D、E 间的平均值不同。

11.9.2 下列假设不被拒绝：H_0：μ_A=μ_B；H_0：μ_B=μ_D；H_0：μ_B=μ_E；H_0：μ_D=μ_E。

概括为：

C A $\underline{\text{B E D}}$

11.9.4 （a）是，B、C、D 三种饮食均与 A 不同，因为这三个区间都不包括 0。

11.S.1 H_0：三种训练方式的非脂肪组织的平均改变量相同（μ_1=μ_2=μ_3=μ_4）；H_A：至少有一种训练方式的平均数不同（即三个 μ 值不完全相等）。F_s=0.64，接受 H_0。P > 0.20，没有足够证据表明三个总体平均数不同。

11.S.3 H_0：4 个总体的眼睛屈光不正平均数相同（μ_1=μ_2=μ_3=μ_4）；H_A：至少有一种训练方式的平均数不同（即不完全相等）。F_s=3.56，拒绝 H_0。0.01 < P 值 < 0.02，有足够证据表明某些总体的眼睛屈光不正平均值不相等。

11.S.13 令 1、2、3 和 4 分别代表安慰剂、丙丁酚、复合维生素和安慰剂与复合维生素的混合药物。

（a）$\bar{y}_1-\bar{y}_2$ = 1.79–1.43 = 0.36；

（b）$\bar{y}_3-\bar{y}_4$ = 1.54–1.40 = 0.14；

（c）衡量丙丁酚与复合维生素间互作的对比是（a）与（b）的差值，即：

$$(\bar{y}_1-\bar{y}_2)-(\bar{y}_3-\bar{y}_4) = 0.36-0.14=0.22$$

［注意：正确答案并不唯一；改变（a）、（b）或（c）中的符号依然成立。］

第 12 章

12.2.1 （d），（a），（b），（c），（e）（相关系数为 –0.97，–0.63，0.10，0.58 和 0.93）。

12.2.2 （b）r=0.439。

12.2.3 H_0：血液中尿素含量与尿酸含量无相关关系（ρ=0）；H_A：血液中尿素含量与尿酸含量呈正相关关系（ρ > 0）。t_s=3.592。拒绝 H_0。有足够的证据（P < 0.0005）表明血液中尿素含量与尿酸含量呈正相关关系。

12.2.5 （a）H_0：植株密度与穗轴重量平均数无相关关系（ρ=0）；H_A：植株密度与穗轴重量平均数有相关关系（$\rho\neq0$）。t_s=-11.9。拒绝

H_0。有足够的证据（$P < 0.001$）表明植株密度与穗轴重量平均数有负相关关系。

（b）观察性研究。

（c）不能。这是一项观察性研究，植株密度是观察到的而不是可操控的。研究表明植株密度值得进一步试验研究。

12.3.1 （b）亮氨酸 =-0.05+0.02928× 时间；斜率为 0.02928ng/min；

（d）s_e=0.0839。

12.3.2 （c）$\hat{y} = -0.592 + 7.641x$;s_e=0.881℃

12.3.5 （a）$\hat{y} = 607.7 + 25.01x$

（b）

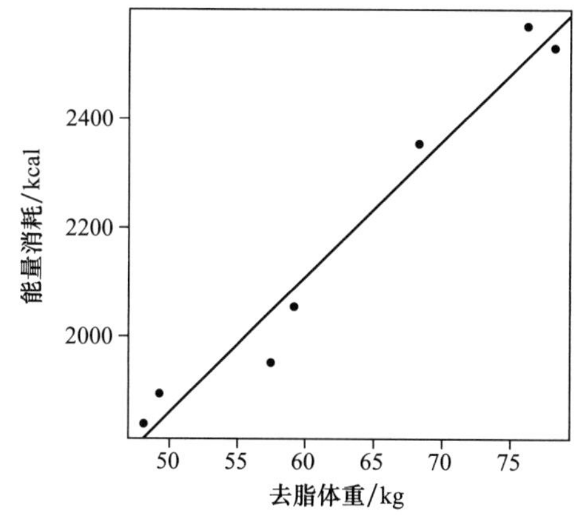

（c）去脂体重每增加 1kg，能量消耗平均增加 25.01kcal。

（d）s_e=64.85kcal。

12.3.8 （b）r^2=0.107=10.7%；（f）12/17=71%。

12.4.5 平均数的估计值为 21.1mm；SD 的估计值为 1.3mm。

12.4.9 平均数的估计值为 658.1L/min；SD 的估计值为 115.16L/min。

12.5.1 （a）$0.0252 < \beta_1 < 0.0334$ng/min。

（b）我们有 95% 的概率保证所有有爪蟾蜍（*Xenopus laevis*）卵母细胞所构成的总体中蛋白质吸收亮氨酸的量为 0.0252~0.0334ng/min。

12.5.5 （a）$19.4 < \beta_1 < 30.6$（kcal/kg）。

（b）$20.6 < \beta_1 < 30.6$（kcal/kg）。

12.5.7 H_0：花楸树呼吸速率和所生长地区的海拔高度无线性关系（β_1=0）；H_A：高海拔地区的花楸树有高的呼吸速率（$\beta_1 > 0$）。t_s=6.06。拒绝 H_0。有足够的证据（$P < 0.005$）表明高海拔地区的花楸树有高的呼吸速率。

12.6.6 （a）-（iii）；（b）-（i）；（c）-（ii）。

12.7.1 （a）虚线是（总体）真正的回归直线。

12.S.1 0.24g。

12.S.3 （a）平均数的估计值为 0.85kg；SD 的估计值为 0.17kg。

12.S.6 （a)s_e=0.137cm。

（b）H_0：ρ=0 或者 H_0：β_1=0。拒绝 H_0。有足够的证据（$0.02 < P < 0.04$）表明所选择树枝的直径和翅膀长度有正相关。

第 13 章

13.2.1 用 χ^2 的适合性检验是合适的。无效假设为：H_0：p_1=p_2，这里 p_1=P{服用氯平临床有显著改善},p_2=P{服用氟哌丁苯临床有显著改善}。p_1-p_2 的置信区间是关联的。

13.2.10 这里是两个样本的比较，但由于数据没有达到正态性条件。所以，用 Wilcoxon-Mann-Whitney 检验较为合适。

13.2.12 自然会考虑到相关和回归。对于此例，我们求解 Y= 前臂长对 X= 身高的回归。我们还能得出前臂长与身高的相关性，对无效假设总体相关为零进行检验。

索引

中文词汇	英文词汇	页码
2×2 列联表	2×2 contingency table	337
Bayesian 观点	Bayesian view	258
Bonferroni 法	Bonferron method	432
Bonferroni 调整	Bonferroni adjustment	432
Fisher 精确检验	Fisher's exact test	353
F 分布	*F* distributions	396
F 检验	*F* test	397
F 统计数	*F* statistic	397
logistic 回归	logistic regression	494
logistic 响应方程	logistic response function	496
McNemar 检验	McNemar′ s test	368
P 值	*P*-value	208
$r \times k$ 列联表	$r \times k$ contingency table	357
SD 线，标准差线	SD line	454
Shapiro-Wilk 检验	Shapiro-Wilk test	129
t 检验	*t*-test	207
Wilcoxon-Mann-Whitney 检验	Wilcoxon-Mann-Whitney test	259
Wilcoxon 符号秩次检验	Wilcoxon signed-rank test	296
χ^2 分布	χ^2distribution	326
Z 值	*Z* scores	116
安慰剂	placebo	8
备择假设	alternative hypothesis	206
比值	odds	371
比值比	odds ratio	371
边际频数	marginal frequencies	339
编码	coding	64
变量	variable	24
变异系数	cofficient of variation	58
标准差	standard deviation	55

标准尺度	standardized scale	116
标准误	standard error	159
标准正态	standard normal	116
并列式点线图	side-by-side dotplots	51
并列式箱线图	side-by-side boxplots	51
不一致对	discordant pairs	368
参数	parameter	70
残差	residuals	401，458
残差标准差	residual standard deviation	460
残差平方和，SS（残差）	residual sum of squares	458
残差图	residual plot	480
层	strata	17
成对设计	paired design	275
成对样本 t 检验法	paired-sample t method	278
乘法	multiplication	63
抽样变异	sampling variability	135
抽样分布	sampling distribution	135
抽样框	sampling frame	15
抽样偏差	sampling bias	18
抽样随机误差	chance error due to sampling	18
抽样误差	sampling error	18
处理	treatment	393
单变量	univariate	48
单峰	unimodal	32
单尾 t 检验	one-tailed t test	232
单因素方差分析	one-way ANOVA	387
单元格	cell	337
第Ⅰ类错误率	comparisonwise Type Ⅰ error rate	428
第Ⅱ类错误	Type II error	220
第三个四分位数	three quartile	42
第一个四分位数	first quartile	42
第Ⅰ类错误	Type I error	220
点线图	dotplot	27
独立试验模型	independent-trials model	99
堆叠条形图	stacked bar charts	49
堆叠相对频率	stacked relative frequency	50
对比	contrast	421
多元回归和相关	multiple regression and correlation	492
多重比较	multiple comparisons	385
二项式	binomial	98
二项随机变量	binomial random variable	101

二项系数	binomial coefficient	101
二元随机样本模型	bivariate random sampling model	447
方差	variance	56
方差分析	analysis of variance， ANOVA	383，493
非参数	nonparametric	259
非抽样误差	nonsampling error	20
非定向备择假设	nondirectional alternative	231
分布自由	distribution-free	259
分层结构	hierarchical structure	177
分层随机样本	stratified random sample	17
分类变量	categorical variable	24
分母自由度	denominator degrees of freedom	396
分子自由度	numerator degrees of freedom	396
分组	classes	29
符号检验	sign test	289
复合无效假设	compound null hypothesis	327
改进的箱线图	modified boxplot	46
概率	probability	77
概率树	probability tree	81
杠杆点	leverage points	476
功效	power	222
固定偏差	panel bias	11
关联性	associated	346
观察单位	observational units	25
观察频数	observed frequency	325
观察性研究	observational study	7，223，225
回归线	regression line	53
混淆	confounded	227
加法	additive	64
假设检验	test of hypothesis	207
检验统计数	test statistic	207
简单随机样本	simple random sample	13，15
简单效应	simple effect	415
交互作用	interaction	415
局部加权回归散点平滑线，LOWESS 平滑线	lowess smooth	53
决定系数	coeffcient of determination	461
卡方检验	chi-square test	325
抗性	resistant	39
可加性	additive	415
可靠显著差异法	honest significant difference	427

离差	deviation	39
离散型变量	discrete variable	25
连续型变量	continuous variable	24
列联表	contingency tables	337
盲法	blinding	9
密度尺度	density scale	91
密度曲线	density curve	91
描述统计学	descriptive statistics	37
内插	interpolation	468
拟合回归	fitted regression	455
拟合回归直线	fitted regression line	444
拟合优度检验	goodness-of-fit test	325
拟合值	fitted value	401
配对设计	matched-pair designs	285
偏差	biased	14
频率解释	frequency interpretation	79
频率论观点	frequentist view	258
频数分布	frequency distribution	26
平均数	mean	38
平均数的标准误	standard error of the mean	159
平均数图	graph of averages	457
期望频数	expected frequency	325
区组	blocks	404
区组，窝组	nested	179
区组均方，MS（区组）	mean squares for blocks，mean squares between block	408，409
曲线回归	curvilinear regression	492
缺失数据	missing data	20
群组研究	cohort study	372
散点图	scatterplot	52，442
上栅栏	upper fence	45
试验	experiment	8，223
试验单元	experimental units	229
试验第 I 类错误率	experimentwise Type Ⅰ error rate	428
数值变量	numeric variable	24
双变量	bivariate	48
双变量频数表	bivariate frequency table	48
双侧 t 检验	two-sided t test	231
双峰	bimodality	32
双盲	double-blind	10
双尾 t 检验	two-tailed t test	231

水平	levels	413
四分位数	quartile	42
四分位数间距	interquartile range，IQR	43
随机抽样模型	random sampling model	18
随机二次抽样模型	random subsampling model	467
随机分布	randomization distribution	229
随机区组方差分析	randomized blocks ANOVA	407
随机区组设计	randomized blocks design	404
随机误差	random error	466
随机性检验	randomization test	203
随机样本	random sample	17
随机整群样本	random cluster samaple	17
条件分布	conditional distribution	465
条件概率	conditional probability	338
条件控制设计	case-control design	373
条件总体	conditional population	465
条形图	bar chart	26
统计独立性	statistical independence	346
统计数	statistic	37，70
统计推断	statistical inference	68
统计学	statistics	24
外推	extrapolation	468
尾巴	tails	30
稳健	robust	39
无响应偏差	nonresponse bias	20
无效分布	null distribution	255
无效假设	null hypothesis	206
五数概括	five-number summary	43
误差	error	393
误差临界值	margin of error	175
下栅栏	lower fence	45
显著水平	significance level	209
线性	linear	63
线性回归	linear regression	442
线性模型	linear model	466
线性转换	linear transformation	64
线性组合	linear combination	420
相对频率	relative frequency	29
相对风险	relative risk	370
相关分析	correlation analysis	442
相关系数	correlation coefficient	444

箱线图	boxplot	43
响应变量	response variable	223
向右端偏斜	skewed to the right	30
效应量	effect size	241
序数	ordinal	24
学生氏 t 分布	student' s t distributions	165
研究假设	research hypothesis	206
样本	sample	14
样本相关	sample correlation	446
一致对	concordant pairs	368
依赖性	dependent	346
异常值	outlier	45，475
轶事证据	anecdotal evidence	6
因素	factor	413
影响点	influential point	477
有限总体校正系数	finite population correction factor	140
有效	valid	180
元研究	meta-study	136
正态分布	normal distribution	112
正态概率图	normal probability plot	124
正态曲线	normal curve	112
正向关系	positive association	444
直方图	histogram	27
指示变量	indicator variable	490
置信区间	confidence interval	164
中位数	median	37
中心极限定理	Central Limit Theorem	142
众数	mode	30
主效应	main effect	415
自变量	explanation variable	223
自由度	degrees of freedom	57
总平方和，SS（总）	total sum of squares	392
总平均数	grand mean	388
总体	population	13
总体 SD	population SD	71
总体平均数	population mean	71
总体相关	population correlation	446
总自由度，df（总）	total degrees of freedom	392
组间均方，MS（组间）	square between groups	390
组间平方和，SS（组间）	sum of squares between groups	391
组间自由度，df（组间）	degrees of freedom between groups	391

组内均方，MS（组内） mean squares within groups 390
组内平方和，SS（组内） sum of squares within groups 390
组内自由度，df（组内） degrees of freedom within groups 390
最小二乘 east-squares 445
最小二乘直线 least-squares line 444
最小显著差数法 least significant difference 427